소방자격증 **합격교재**

소방설비기사
단원별 기출문제집

1차 전기분야

서울고시각

**Stand by
Strategy
Satisfaction**

새로운 출제경향에 맞춘 수험서의 완벽서

머리말

본 교재는 소방설비기사 필기시험의 기출문제를 단원별, 과목별로 풀이할 수 있도록 구성하였으며 이론과 예상문제를 통한 기초학습 이후 실전대비를 위한 필수 참고자료로서 활용될 것입니다.

본서는 대영소방전문학원 소방설비기사 필기강의의 최종 참고자료로 합격의 나침반이 될 것입니다.

[본서의 특징]

1. 본 교재와 더불어 동영상강의와 연계하면 최종 실력향상에 도움이 됩니다.
2. 단원별, 과목별로 기출문제를 정리함으로써 각 과목에서 높은 점수를 받으실 수 있도록 도움을 드립니다.
3. 소방설비기사 전체 기출문제를 수록함으로써 시험트렌드를 분석할 수 있습니다.
4. 대영소방전문학원의 강의용 교재로서 교재만으로 활용이 어려운 부분은 홈페이지를 통해 쉽게 해결받을 수 있습니다.
   [www.dyedu.co.kr]

부족하지만 심혈을 기울여 쓴 본 교재가 수험생 여러분의 합격에 일조할 수 있는 수험서가 되기를 간절히 바라며, 다시 한 번 합격의 영광을 위해 불철주야 공부에 매진하고 있는 수험생 여러분께 가슴으로부터 우러나오는 격려와 애정을 표현하면서 수험생 여러분의 합격을 진심으로 기원합니다.

끝으로 본서가 나오기까지 물심양면으로 힘써주신 서울고시각 김용관 회장님, 김용성 사장님, 그리고 편집부 직원 여러분께 지면으로나마 감사의 말씀을 전합니다.

편저자 씀

시험 GUIDE

- **자격명** : 소방설비기사(전기분야)
- **영문명** : Engineer Fire Protection System – Electrical
- **관련부처** : 소방청
- **시행기관** : 한국산업인력공단
- **취득방법**
  ① 시 행 처 : 한국산업인력공단
  ② 관련학과 : 대학 및 전문대학의 소방학, 건축설비공학, 기계설비학, 가스냉동학, 공조냉동학 관련학과
  ③ 시험과목
   - 필기 : 1. 소방원론 2. 소방전기일반 3. 소방관계법규 4. 소방전기시설의 구조 및 원리
   - 실기 : 소방전기시설 설계 및 시공실무
  ④ 검정방법
   - 필기 : 객관식 4지 택일형 과목당 20문항(과목당 30분)
   - 실기 : 필답형(3시간)
  ⑤ 합격기준
   - 필기 : 100점을 만점으로 하여 과목당 40점 이상, 전과목 평균 60점 이상
   - 실기 : 100점을 만점으로 하여 60점 이상
- **직무내용**

  소방시설(전기)의 설계, 공사, 감리 및 점검업체 등에서 설계 도서류를 작성하거나, 소방설비 도서류를 바탕으로 공사 관련 업무를 수행하고, 완공된 소방설비의 점검 및 유지관리업무와 소방계획 수립을 통해 소화, 화재통보 및 피난 등의 훈련을 실시하는 소방안전관리자로서의 주요사항을 수행하는 직무

- **필기시험 출제기준**

필기과목명	문제수	주요항목	세부항목	세세항목
소방원론	20	1. 연소이론	1. 연소 및 연소현상	1. 연소의 원리와 성상 2. 연소생성물과 특성 3. 열 및 연기의 유동의 특성 4. 열에너지원과 특성 5. 연소물질의 성상 6. LPG, LNG의 성상과 특성
		2. 화재현상	1. 화재 및 화재현상	1. 화재의 정의, 화재의 원인과 영향 2. 화재의 종류, 유형 및 특성 3. 화재 진행의 제요소와 과정

필기과목명	문제수	주요항목	세부항목	세세항목
소방원론	20	2. 화재현상	2. 건축물의 화재현상	1. 건축물의 종류 및 화재현상 2. 건축물의 내화성상 3. 건축구조와 건축내장재의 연소 특성 4. 방화구획 5. 피난공간 및 동선계획 6. 연기확산과 대책
		3. 위험물	1. 위험물 안전관리	1. 위험물의 종류 및 성상 2. 위험물의 연소특성 3. 위험물의 방호계획
		4. 소방안전	1. 소방안전관리	1. 가연물·위험물의 안전관리 2. 화재시 소방 및 피난계획 3. 소방시설물의 관리유지 4. 소방안전관리계획 5. 소방시설물 관리
			2. 소화론	1. 소화원리 및 방식 2. 소화부산물의 특성과 영향 3. 소화설비의 작동원리 및 점검
			3. 소화약제	1. 소화약제이론 2. 소화약제 종류와 특성 및 적응성 3. 약제유지관리
소방전기일반	20	1. 전기회로	1. 직류회로	1. 전압과 전류 2. 전력과 열량 3. 전기저항 4. 전류의 열작용과 화학작용
			2. 정전용량과 자기회로	1. 콘덴서와 정전용량 2. 전계와 자계 3. 자기회로 4. 전자력과 전자유도 5. 전자파
			3. 교류회로	1. 단상 교류회로 2. 3상 교류회로
		2. 전기기기	1. 전기기기	1. 직류기 2. 변압기 3. 유도기 4. 동기기 5. 소형교류전동기, 교류정류기 6. 전력용 반도체에 의한 전기기기제어

시험 GUIDE

필기과목명	문제수	주요항목	세부항목	세세항목
소방전기일반	20	2. 전기기기	2. 전기계측	1. 전기계측기기의 구조 및 원리 2. 전기요소의 측정
		3. 제어회로	1. 자동제어의 기초	1. 자동제어의 개요 2. 제어계의 요소 및 구성 3. 블록선도 4. 전달함수
			2. 시퀀스 제어회로	1. 불대수의 기본정리 및 응용 2. 무 접점논리회로 3. 유 접점회로
			3. 제어기기 및 응용	1. 제어기기의 구성요소 2. 제어의 종류 및 특성
		4. 전자회로	1. 전자회로	1. 전자현상 및 전자소자 2. 정전압 전원회로 및 정류회로 3. 증폭회로 및 발진회로 4. 전자회로의 응용
소방관계법규	20	1. 소방기본법	1. 소방기본법, 시행령, 시행규칙	1. 소방기본법 2. 소방기본법 시행령 3. 소방기본법 시행규칙
		2. 화재의 예방 및 안전관리에 관한 법	1. 화재의 예방 및 안전관리에 관한 법, 시행령, 시행규칙	1. 화재의 예방 및 안전관리에 관한 법률 2. 화재의 예방 및 안전관리에 관한 시행령 3. 화재의 예방 및 안전관리에 관한 시행규칙
		3. 소방시설 설치 및 관리에 관한 법	1. 소방시설 설치 및 관리에 관한 법, 시행령, 시행규칙	1. 소방시설 설치 및 관리에 관한 법률 2. 소방시설 설치 및 관리에 관한 시행령 3 소방시설 설치 및 관리에 관한 시행규칙
		4. 소방시설 공사업법	1. 소방시설공사업법, 시행령, 시행규칙	1. 소방시설공사업법 2. 소방시설공사업법 시행령 3. 소방시설공사업법 시행규칙
		5. 위험물안전관리법	1. 위험물안전관리법, 시행령, 시행규칙	1. 위험물안전관리법 2. 위험물안전관리법 시행령 3. 위험물안전관리법 시행규칙

필기과목명	문제수	주요항목	세부항목	세세항목
소방전기시설의 구조 및 원리	20	1. 소방전기시설 및 화재안전성능기준·화재안전기술기준	1. 비상경보설비 및 단독경보형감지기	1. 설치대상과 기준, 종류, 특징, 동작원리, 배선 2. 화재안전성능기준·화재안전기술기준 등 기타 관련사항
			2. 비상방송설비	1. 설치대상과 기준, 구성, 기능, 동작원리, 배선 2. 화재안전성능기준·화재안전기술기준 등 기타 관련사항
			3. 자동화재탐지설비 및 시각경보장치	1. 설치대상, 경계구역, 비화재보 원인과 대책, 화재안전성능기준·화재안전기술기준 2. 각 구성기기의 종류 및 특징, 화재안전성능기준·화재안전기술기준 등 기타 관련사항
			4. 자동화재속보설비	1. 설치대상과 기준, 구성과 종류 2. 화재안전성능기준·화재안전기술기준 등 기타 관련사항
			5. 누전경보기	1. 설치대상과 기준, 종류, 구성, 특징, 동작원리, 변류기 설치와 결선 2. 화재안전성능기준·화재안전기술기준 등 기타 관련사항
			6. 유도등 및 유도표지	1. 설치대상과 기준, 구성, 기능, 동작원리, 전원, 배선 시험 2. 화재안전성능기준·화재안전기술기준 등 기타 관련사항
			7. 비상조명등	1. 설치대상과 기준, 구성, 전원, 배선, 시험 2. 화재안전성능기준·화재안전기술기준 등 기타 관련사항
			8. 비상콘센트	1. 설치대상과 기준, 구조, 기능, 비상콘센트설비의 전원 및 보호함, 배선 2. 화재안전성능기준·화재안전기술기준 등 기타 관련사항
			9. 무선통신보조설비	1. 설치대상과 기준, 구조, 기능, 사용방법, 누설동축케이블 2. 화재안전성능기준·화재안전기술기준 등 기타 관련사항
			10. 기타 소방전기시설	1. 화재안전성능기준·화재안전기술기준 등 기타 관련사항

Contents

Chapter 1

[제1과목] 소방원론 / 1

- 2015년 제1회 소방설비기사[전기분야] 1차 필기 ·········· 3
- 2015년 제2회 소방설비기사[전기분야] 1차 필기 ·········· 7
- 2015년 제4회 소방설비기사[전기분야] 1차 필기 ·········· 11
- 2016년 제1회 소방설비기사[전기분야] 1차 필기 ·········· 15
- 2016년 제2회 소방설비기사[전기분야] 1차 필기 ·········· 19
- 2016년 제4회 소방설비기사[전기분야] 1차 필기 ·········· 23
- 2017년 제1회 소방설비기사[전기분야] 1차 필기 ·········· 27
- 2017년 제2회 소방설비기사[전기분야] 1차 필기 ·········· 32
- 2017년 제4회 소방설비기사[전기분야] 1차 필기 ·········· 37
- 2018년 제1회 소방설비기사[전기분야] 1차 필기 ·········· 42
- 2018년 제2회 소방설비기사[전기분야] 1차 필기 ·········· 46
- 2018년 제4회 소방설비기사[전기분야] 1차 필기 ·········· 50
- 2019년 제1회 소방설비기사[전기분야] 1차 필기 ·········· 54
- 2019년 제2회 소방설비기사[전기분야] 1차 필기 ·········· 58
- 2019년 제4회 소방설비기사[전기분야] 1차 필기 ·········· 62
- 2020년 제1,2회 소방설비기사[전기분야] 1차 필기 ·········· 67
- 2020년 제3회 소방설비기사[전기분야] 1차 필기 ·········· 72
- 2020년 제4회 소방설비기사[전기분야] 1차 필기 ·········· 76
- 2021년 제1회 소방설비기사[전기분야] 1차 필기 ·········· 80
- 2021년 제2회 소방설비기사[전기분야] 1차 필기 ·········· 84
- 2021년 제4회 소방설비기사[전기분야] 1차 필기 ·········· 88
- 2022년 제1회 소방설비기사[전기분야] 1차 필기 ·········· 92
- 2022년 제2회 소방설비기사[전기분야] 1차 필기 ·········· 96
- 2022년 제4회 소방설비기사[전기분야] 1차 필기 ·········· 100
- 2023년 제1회 소방설비기사[전기분야] 1차 필기 ·········· 104
- 2023년 제2회 소방설비기사[전기분야] 1차 필기 ·········· 108
- 2023년 제4회 소방설비기사[전기분야] 1차 필기 ·········· 112
- 2024년 제1회 소방설비기사[전기분야] 1차 필기 ·········· 116
- 2024년 제2회 소방설비기사[전기분야] 1차 필기 ·········· 120
- 2024년 제3회 소방설비기사[전기분야] 1차 필기 ·········· 124

Chapter 2

[제2과목] 소방전기회로 / 129

- 2015년 제1회 소방설비기사[전기분야] 1차 필기 ··· 131
- 2015년 제2회 소방설비기사[전기분야] 1차 필기 ··· 135
- 2015년 제4회 소방설비기사[전기분야] 1차 필기 ··· 139
- 2016년 제1회 소방설비기사[전기분야] 1차 필기 ··· 143
- 2016년 제2회 소방설비기사[전기분야] 1차 필기 ··· 147
- 2016년 제4회 소방설비기사[전기분야] 1차 필기 ··· 151
- 2017년 제1회 소방설비기사[전기분야] 1차 필기 ··· 155
- 2017년 제2회 소방설비기사[전기분야] 1차 필기 ··· 160
- 2017년 제4회 소방설비기사[전기분야] 1차 필기 ··· 165
- 2018년 제1회 소방설비기사[전기분야] 1차 필기 ··· 171
- 2018년 제2회 소방설비기사[전기분야] 1차 필기 ··· 175
- 2018년 제4회 소방설비기사[전기분야] 1차 필기 ··· 180
- 2019년 제1회 소방설비기사[전기분야] 1차 필기 ··· 184
- 2019년 제2회 소방설비기사[전기분야] 1차 필기 ··· 188
- 2019년 제4회 소방설비기사[전기분야] 1차 필기 ··· 193
- 2020년 제1,2회 소방설비기사[전기분야] 1차 필기 ······································ 197
- 2020년 제3회 소방설비기사[전기분야] 1차 필기 ··· 202
- 2020년 제4회 소방설비기사[전기분야] 1차 필기 ··· 207
- 2021년 제1회 소방설비기사[전기분야] 1차 필기 ··· 212
- 2021년 제2회 소방설비기사[전기분야] 1차 필기 ··· 218
- 2021년 제4회 소방설비기사[전기분야] 1차 필기 ··· 223
- 2022년 제1회 소방설비기사[전기분야] 1차 필기 ··· 229
- 2022년 제2회 소방설비기사[전기분야] 1차 필기 ··· 234
- 2022년 제4회 소방설비기사[전기분야] 1차 필기 ··· 241
- 2023년 제1회 소방설비기사[전기분야] 1차 필기 ··· 247
- 2023년 제2회 소방설비기사[전기분야] 1차 필기 ··· 251
- 2023년 제4회 소방설비기사[전기분야] 1차 필기 ··· 255
- 2024년 제1회 소방설비기사[전기분야] 1차 필기 ··· 260
- 2024년 제2회 소방설비기사[전기분야] 1차 필기 ··· 265
- 2024년 제3회 소방설비기사[전기분야] 1차 필기 ··· 270

Contents

Chapter 3

[제3과목] 소방관계법규 / 275

- 2015년 제1회 소방설비기사[전기분야] 1차 필기 ·········· 277
- 2015년 제2회 소방설비기사[전기분야] 1차 필기 ·········· 283
- 2015년 제4회 소방설비기사[전기분야] 1차 필기 ·········· 288
- 2016년 제1회 소방설비기사[전기분야] 1차 필기 ·········· 294
- 2016년 제2회 소방설비기사[전기분야] 1차 필기 ·········· 299
- 2016년 제4회 소방설비기사[전기분야] 1차 필기 ·········· 306
- 2017년 제1회 소방설비기사[전기분야] 1차 필기 ·········· 312
- 2017년 제2회 소방설비기사[전기분야] 1차 필기 ·········· 320
- 2017년 제4회 소방설비기사[전기분야] 1차 필기 ·········· 328
- 2018년 제1회 소방설비기사[전기분야] 1차 필기 ·········· 335
- 2018년 제2회 소방설비기사[전기분야] 1차 필기 ·········· 342
- 2018년 제4회 소방설비기사[전기분야] 1차 필기 ·········· 349
- 2019년 제1회 소방설비기사[전기분야] 1차 필기 ·········· 356
- 2019년 제2회 소방설비기사[전기분야] 1차 필기 ·········· 363
- 2019년 제4회 소방설비기사[전기분야] 1차 필기 ·········· 367
- 2020년 제1,2회 소방설비기사[전기분야] 1차 필기 ·········· 373
- 2020년 제3회 소방설비기사[전기분야] 1차 필기 ·········· 380
- 2020년 제4회 소방설비기사[전기분야] 1차 필기 ·········· 387
- 2021년 제1회 소방설비기사[전기분야] 1차 필기 ·········· 393
- 2021년 제2회 소방설비기사[전기분야] 1차 필기 ·········· 403
- 2021년 제4회 소방설비기사[전기분야] 1차 필기 ·········· 411
- 2022년 제1회 소방설비기사[전기분야] 1차 필기 ·········· 420
- 2022년 제2회 소방설비기사[전기분야] 1차 필기 ·········· 427
- 2022년 제4회 소방설비기사[전기분야] 1차 필기 ·········· 434
- 2023년 제1회 소방설비기사[전기분야] 1차 필기 ·········· 440
- 2023년 제2회 소방설비기사[전기분야] 1차 필기 ·········· 447
- 2023년 제4회 소방설비기사[전기분야] 1차 필기 ·········· 456
- 2024년 제1회 소방설비기사[전기분야] 1차 필기 ·········· 464
- 2024년 제2회 소방설비기사[전기분야] 1차 필기 ·········· 472
- 2024년 제3회 소방설비기사[전기분야] 1차 필기 ·········· 482

Chapter 4

[제4과목] 소방전기구조원리 / 491

- 2015년 제1회 소방설비기사[전기분야] 1차 필기 ······ 493
- 2015년 제2회 소방설비기사[전기분야] 1차 필기 ······ 500
- 2015년 제4회 소방설비기사[전기분야] 1차 필기 ······ 507
- 2016년 제1회 소방설비기사[전기분야] 1차 필기 ······ 512
- 2016년 제2회 소방설비기사[전기분야] 1차 필기 ······ 518
- 2016년 제4회 소방설비기사[전기분야] 1차 필기 ······ 524
- 2017년 제1회 소방설비기사[전기분야] 1차 필기 ······ 531
- 2017년 제2회 소방설비기사[전기분야] 1차 필기 ······ 539
- 2017년 제4회 소방설비기사[전기분야] 1차 필기 ······ 546
- 2018년 제1회 소방설비기사[전기분야] 1차 필기 ······ 552
- 2018년 제2회 소방설비기사[전기분야] 1차 필기 ······ 558
- 2018년 제4회 소방설비기사[전기분야] 1차 필기 ······ 564
- 2019년 제1회 소방설비기사[전기분야] 1차 필기 ······ 570
- 2019년 제2회 소방설비기사[전기분야] 1차 필기 ······ 575
- 2019년 제4회 소방설비기사[전기분야] 1차 필기 ······ 582
- 2020년 제1,2회 소방설비기사[전기분야] 1차 필기 ······ 588
- 2020년 제3회 소방설비기사[전기분야] 1차 필기 ······ 595
- 2020년 제4회 소방설비기사[전기분야] 1차 필기 ······ 601
- 2021년 제1회 소방설비기사[전기분야] 1차 필기 ······ 608
- 2021년 제2회 소방설비기사[전기분야] 1차 필기 ······ 615
- 2021년 제4회 소방설비기사[전기분야] 1차 필기 ······ 621
- 2022년 제1회 소방설비기사[전기분야] 1차 필기 ······ 627
- 2022년 제2회 소방설비기사[전기분야] 1차 필기 ······ 633
- 2022년 제4회 소방설비기사[전기분야] 1차 필기 ······ 639
- 2023년 제1회 소방설비기사[전기분야] 1차 필기 ······ 645
- 2023년 제2회 소방설비기사[전기분야] 1차 필기 ······ 650
- 2023년 제4회 소방설비기사[전기분야] 1차 필기 ······ 656
- 2024년 제1회 소방설비기사[전기분야] 1차 필기 ······ 662
- 2024년 제2회 소방설비기사[전기분야] 1차 필기 ······ 667
- 2024년 제3회 소방설비기사[전기분야] 1차 필기 ······ 673

CHAPTER

01

[제1과목]
소방원론

소방설비기사 기출문제집 [필기]

2015년 제1회 소방설비기사[전기분야] 1차 필기

[제1과목 : 소방원론]

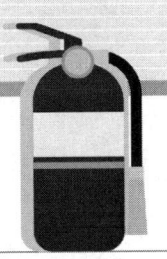

01 위험물안전관리법령상 제4류 위험물인 알코올류에 속하지 않는 것은?

① C_2H_5OH ② C_4H_9OH
③ CH_3OH ④ C_3H_7OH

해설 위험물안전관리법상 제4류 위험물에 해당되는 알코올류란 한 분자 내의 탄소원자 수가 1개 내지 3개인 포화 1가 알코올로서 변성알코올을 포함한다(CH_3OH, C_2H_5OH, C_3H_7OH, 변성알코올).

02 이산화탄소의 증기비중은 약 얼마인가?

① 0.81 ② 1.52
③ 2.02 ④ 2.51

해설 증기비중 = $\dfrac{측정물질의\ 분자량}{공기의\ 분자량}$
= $\dfrac{44}{29}$ = 1.52

03 화재 시 불티가 바람에 날리거나 상승하는 열기류에 휩쓸려 멀리 있는 가연물에 착화되는 현상은?

① 비화 ② 전도
③ 대류 ④ 복사

해설 불티가 바람에 날려 인근의 가연물에 착화되는 것을 비화연소라 하며 비화의 조건은 불티, 바람, 주변의 가연물이다.

04 할로겐화합물 소화약제에 관한 설명으로 틀린 것은?

① 비열, 기화열이 작기 때문에 냉각효과는 물보다 작다.
② 할로겐 원자는 활성기의 생성을 억제하여 연쇄반응을 차단한다.
③ 사용 후에도 화재현장을 오염시키지 않기 때문에 통신 기기실 등에 적합하다.
④ 약제의 분자 중에 포함되어 있는 할로겐 원자의 소화 효과는 F>Cl>Br>I의 순이다.

해설 할로겐화합물 소화약제에 포함된 할로겐족 원소의 소화 효과순서 F<Cl<Br<I

05 불활성기체 소화약제인 IG-541의 성분이 아닌 것은?

① 질소 ② 아르곤
③ 헬륨 ④ 이산화탄소

해설 불활성기체 소화약제의 종류별 성분
㉠ IG-01 : Ar : 100[%]
㉡ IG-100 : N_2 : 100[%]
㉢ IG-541 : N_2 : 52[%]
　　　　　　Ar : 40[%]
　　　　　　CO_2 : 8[%]
㉣ IG-55 : N_2 : 50[%], Ar : 50[%]

06 벤젠의 소화에 필요한 CO_2의 이론소화농도가 공기 중에서 37[vol%]일 때 한계산소농도는 약 몇 [vol%]인가?

① 13.2[vol%] ② 14.5[vol%]
③ 15.5[vol%] ④ 16.5[vol%]

해설 CO_2의 농도 = $\dfrac{21-O_2}{21} \times 100$

O_2 : 약제 방사 후 산소의 [%]

정답 01.② 02.② 03.① 04.④ 05.③ 06.①

$$\therefore O_2 = 21 - \frac{21 \times CO_2}{100}$$
$$= 21 - \frac{21 \times 37}{100} = 13.2[\%]$$

07 소방안전관리대상물에 대한 소방안전관리자의 업무가 아닌 것은?
① 소방계획서의 작성
② 자위소방대의 구성
③ 소방훈련 및 교육
④ 소방용수시설의 지정

해설 소방안전관리자의 업무
- 소방계획서 작성
- 자위소방대의 조직
- 피난시설 및 방화시설의 유지·관리
- 소방훈련 및 교육
- 소방시설 그 밖의 소방관련시설의 유지·관리
- 화기 취급의 감독
- 그 밖에 소방안전관리상 필요한 업무

08 착화에너지가 충분하지 않아 가연물이 발화되지 못하고 다량의 연기가 발생되는 연소형태는?
① 훈소   ② 표면연소
③ 분해연소   ④ 증발연소

해설 훈소(Smoldering)란 빛이 없는 연소로 연소조건에 맞지 않는 연소이므로 연기가 많이 발생된다.

09 가연성 액화가스의 용기가 과열로 파손되어 가스가 분출된 후 불이 폭발하는 현상은?
① 블레비(Bleve)
② 보일오버(Boil Over)
③ 슬롭오버(Slop Over)
④ 플래시오버(Flash Over)

해설 • 보일오버(Boil Over) 현상
유류탱크 화재 시 액체 위험물 밑부분에 존재하고 있는 물이 열파에 의해 비점 이상으로 되어 급격히 증발하면서 가연성 액체를 탱크 밖으로 비산시키는 현상

• 슬롭오버(Slop Over) 현상
액체 위험물 화재 시 화재의 계속 진행에 의해 연소 유면이 가열된 상태에서 물이 포함되어 있는 소화약제를 방사할 경우 물이 갑자기 기화하면서 액체위험물을 탱크 밖으로 비산시키는 현상

• 프로스오버(Froth Over) 현상
화재 이외의 경우에 발생할 수 있는 현상으로 점도가 높은 유류를 저장하는 탱크의 바닥에 있는 수분이 어떤 원인에 의해 비등하면서 액체위험물과 물이 넘치는 현상

• 블레비(Bleve) 현상
용기 내부의 액화가스가 열로 인해 급격한 팽창과 함께 비등하면서 압력에너지를 형성하는데 용기에 균열이 생겨 파열되면서 주위 공간으로 날아가 거대한 화구를 형성하는 현상

10 그림에서 내화구조 건물의 표준 화재 온도-시간 곡선은?

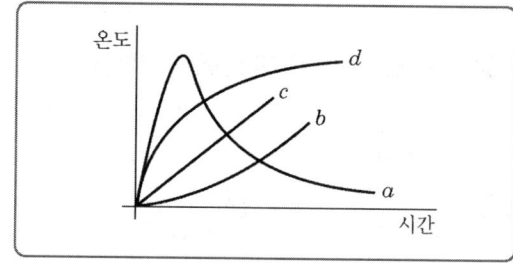

① a ② b
③ c ④ d

해설 목조건축물은 고온단기형, 내화건축물은 저온장기형으로 그림의 a는 목조건축물, d는 내화건축물의 곡선이다.

11 할론 소화약제의 분자식이 틀린 것은?
① 할론 2402 : $C_2F_4Br_2$
② 할론 1211 : CCl_2FBr
③ 할론 1301 : CF_3Br
④ 할론 1040 : CCl_4

해설 할론약제의 명명법
할론 ⓐ ⓑ ⓒ ⓓ
ⓐ : 탄소(C)의 수
ⓑ : 불소(F)의 수

정답 07.④ 08.① 09.① 10.④ 11.②

ⓒ : 염소(Cl)의 수
ⓓ : 브롬(Br)의 수

할론 약제별 분자식
㉠ 할론 2402 : $C_2F_4Br_2$
㉡ 할론 1211 : CF_2ClBr
㉢ 할론 1301 : CF_3Br
㉣ 할론 1011 : CH_2ClBr
㉤ 할론 1040 : CCl_4

12 간이소화용구에 해당되지 않는 것은?
① 이산화탄소소화기 ② 마른모래
③ 팽창질석   ④ 팽창진주암

해설 간이소화용구 : 에어로졸식 소화용구, 투척용 소화용구, 팽창질석, 팽창진주암, 마른모래

13 건축물의 주요 구조부에 해당되지 않는 것은?
① 기둥   ② 작은 보
③ 지붕틀   ④ 바닥

해설 건축물 주요구조부의 종류
내력벽, 기둥, 바닥, 보, 지붕틀, 주계단

14 축압식 분말소화기의 충전압력이 정상인 것은?
① 지시압력계의 지침이 노란색부분을 가리키면 정상이다.
② 지시압력계의 지침이 흰색부분을 가리키면 정상이다.
③ 지시압력계의 지침이 빨간색부분을 가리키면 정상이다.
④ 지시압력계의 지침이 녹색부분을 가리키면 정상이다.

해설 축압식 분말소화기에는 압력계가 부착되어 있고 정상 압력범위는 0.7~0.95[MPa]이며, 이 부분은 녹색 부분에 해당된다.

15 가연물이 되기 쉬운 조건이 아닌 것은?
① 발열량이 커야 한다.
② 열전도율이 커야 한다.
③ 산소와 친화력이 좋아야 한다.
④ 활성화에너지가 작아야 한다.

해설 가연물이 되기 쉬운 조건
• 열전도율이 작을수록
• 활성화에너지가 작을수록
• 발열량이 클수록
• 산소와 친화력이 클수록
• 표면적이 클수록
• 주위 온도가 높을수록

16 위험물안전관리법령상 옥외 탱크저장소에 설치하는 방유제의 면적기준으로 옳은 것은?
① 30,000[m^2] 이하   ② 50,000[m^2] 이하
③ 80,000[m^2] 이하   ④ 100,000[m^2] 이하

해설 위험물 옥외탱크저장소 주위에 설치하는 방유제의 면적은 80,000[m^2] 이하이어야 한다.

17 유류탱크 화재 시 발생하는 슬롭오버(Slop Over) 현상에 관한 설명으로 틀린 것은?
① 소화 시 외부에서 방사하는 포에 의해 발생한다.
② 연소유가 비산되어 탱크 외부까지 화재가 확산된다.
③ 탱크의 바닥에 고인 물의 비등 팽창에 의해 발생한다.
④ 연소면의 온도가 100[℃] 이상일 때 물을 주수하면 발생한다.

해설 화재발생 이전부터 존재했던 물이 비등하면서 기름을 넘치게 하는 것은 보일오버(Boil Over) 현상에 해당된다.

정답 12.① 13.② 14.④ 15.② 16.③ 17.③

18 마그네슘에 관한 설명으로 옳지 않은 것은?
① 마그네슘의 지정수량은 500[kg]이다.
② 마그네슘 화재 시 주수하면 폭발이 일어날 수도 있다.
③ 마그네슘 화재 시 이산화탄소 소화약제를 사용하여 소화한다.
④ 마그네슘의 저장·취급 시 산화제와의 접촉을 피한다.

해설 마그네슘(Mg)은 금속의 성질을 가지는 2류 위험물로 분진폭발의 우려가 있으며 물과 접촉 시 발열과 함께 가연성 가스인 수소(H_2)를 발생하고, 가스계 소화약제와 반응하여 가연성 물질을 생성하므로 사용이 금지된다.

19 가연성물질별 소화에 필요한 이산화탄소 소화약제의 설계농도로 틀린 것은?
① 메탄 : 34[vol%]   ② 천연가스 : 37[vol%]
③ 에틸렌 : 49[vol%] ④ 아세틸렌 : 53[vol%]

해설 각 가연물의 소화에 필요한 이산화탄소의 설계농도

가연물의 종류	설계농도[%]	가연물의 종류	설계농도[%]
수소	75[%]	아세틸렌	66[%]
일산화탄소	64[%]	산화에틸렌	53[%]
에틸렌	49[%]	에탄	40[%]
석탄가스, 천연가스	37[%]	스킬로프로판	37[%]
이소부탄	36[%]	프로판	36[%]
부탄	34[%]	메탄	34[%]

20 부촉매소화에 관한 설명으로 옳은 것은?
① 산소의 농도를 낮추어 소화하는 방법이다.
② 화학반응으로 발생한 탄산가스에 의한 소화방법이다.
③ 활성기(Free Radical)의 생성을 억제하는 소화방법이다.
④ 용융잠열에 의한 냉각효과를 이용하여 소화하는 방법이다.

해설 부촉매소화(억제소화)는 화학반응에 의한 소화방법으로 활성기의 생성을 억제하는 화학적 소화방법에 해당된다.

정답 18.③ 19.④ 20.③

2015년 제2회 소방설비기사[전기분야] 1차 필기

[제1과목 : 소방원론]

01 화재강도(Fire Intensity)와 관계가 없는 것은?
① 가연물의 비표면적 ② 발화원의 온도
③ 화재실의 구조 ④ 가연물의 발열량

해설 화재강도(Fire Intensity)는 가연물의 발열량, 가연물의 비표면적, 공기의 공급조절, 화재실의 구조에 의해 크고 작음을 결정한다.

02 방화구조의 기준으로 틀린 것은?
① 심벽에 흙으로 맞벽치기한 것
② 철망모르타르로서 그 바름 두께가 2[cm] 이상인 것
③ 시멘트모르타르 위에 타일을 붙인 것으로서 그 두께의 합계가 1.5[cm] 이상인 것
④ 석고판 위에 시멘트모르타르 또는 회반죽을 바른 것으로서 그 두께의 합계가 2.5[cm] 이상인 것

해설 방화구조의 기준
㉠ 철망모르타르로서 그 바름두께가 2[cm] 이상인 것
㉡ 석고판 위에 시멘트모르타르 또는 회반죽을 바른 것으로서 그 두께의 합계가 2.5[cm] 이상인 것
㉢ 시멘트모르타르 위에 타일을 붙인 것으로서 그 두께의 합계가 2.5[cm] 이상인 것
㉣ 심벽에 흙으로 맞벽치기한 것
㉤ 기타 방화 2급 이상에 해당하는 것

03 분진폭발을 일으키는 물질이 아닌 것은?
① 시멘트 분말 ② 마그네슘 분말
③ 석탄 분말 ④ 알루미늄 분말

해설 분진폭발이란 아주 작은 가연성 분진입자가 공기 중에 부유하여 폭발범위를 형성하고 있다가 착화에너지에 의해 착화되어 폭발하는 것으로 착화에너지는 $10^{-3} \sim 10^{-2}$[Joule]이다.
㉠ 분진폭발을 일으키는 물질 : 밀가루, 커피가루, 석탄 분진, 쌀가루, 금속분말 등
㉡ 분진폭발을 일으키지 않는 물질 : 가성소다, 대리석, 시멘트 가루, 석회석

04 소화약제로서 물에 관한 설명으로 틀린 것은?
① 수소결합을 하므로 증발잠열이 작다.
② 가스계 소화약제에 비해 사용 후 오염이 크다.
③ 무상으로 주수하면 중질유 화재에도 사용할 수 있다.
④ 타 소화약제에 비해 비열이 크기 때문에 냉각 효과가 우수하다.

해설 물은 극성 공유결합 및 수소결합을 하며, 증발잠열이 크다.

05 제6류 위험물의 공통성질이 아닌 것은?
① 산화성 액체이다.
② 모두 유기화합물이다.
③ 불연성 물질이다.
④ 대부분 비중이 1보다 크다.

해설 6류 위험물의 공통성질
㉠ 산화성 액체로 비중이 1보다 크며 물에 잘 녹는다.
㉡ 불연성이지만 분자 내에 산소를 많이 함유하고 있어 다른 물질의 연소를 돕는 조연성 물질이다.
㉢ 부식성이 강하며 증기는 유독하다.
㉣ 가연물 및 분해를 촉진하는 약품과 접촉 시 분해 폭발한다.

정답 01.② 02.③ 03.① 04.① 05.②

06 이산화탄소 소화설비의 적용대상이 아닌 것은?
① 가솔린
② 전기설비
③ 인화성 고체 위험물
④ 나이트로셀룰로오스

해설 나이트로셀룰로오스는 자기연소성 물질인 5류 위험물로 질식소화가 불가능하여 이산화탄소 소화설비로는 소화효과를 거둘 수가 없다.

07 표준상태에서 메탄가스의 밀도는 몇 [g/L]인가?
① 0.21[g/L]   ② 0.41[g/L]
③ 0.71[g/L]   ④ 0.91[g/L]

해설 표준상태의 기체 밀도 = $\dfrac{\text{분자량}}{22.4\ L}$

∴ $\dfrac{16g}{22.4L} = 0.71[g/L]$

08 분말소화약제의 열분해 반응식 중 옳은 것은?
① $2KHCO_3 \rightarrow KCO_3 + 2CO_2 + H_2O$
② $2NaHCO_3 \rightarrow NaCO_3 + 2CO_2 + H_2O$
③ $NH_4H_2PO_4 \rightarrow HPO_3 + NH_3 + H_2O$
④ $2KHCO_3 \rightarrow (NH_2)_2CO + K_2CO_3 + NH_2 + CO_2$

해설 분말소화약제의 열분해반응식
㉠ 제1종 분말
   $2NaHCO_3 \rightarrow Na_2CO_3 + CO_2 + H_2O - Q\text{kcal}$
㉡ 제2종 분말
   $2KHCO_3 \rightarrow K_2CO_3 + CO_2 + H_2O - Q\text{kcal}$
㉢ 제3종 분말
   $NH_4H_2PO_4 \rightarrow NH_3 + HPO_3 + H_2O - Q\text{kcal}$
㉣ 제4종 분말
   $2KHCO_3 + NH_2CONH_2 \rightarrow 2NH_3 + K_2CO_3 + 2CO_2 - Q\text{kcal}$

09 화재 시 분말소화약제와 병용하여 사용할 수 있는 포 소화약제는?
① 수성막포 소화약제
② 단백포 소화약제
③ 알콜형포 소화약제
④ 합성계면활성제포 소화약제

해설 3종 분말소화약제와 수성막포소화약제를 함께 사용할 때 소화력이 증대되며 이런 소화약제를 CDC 소화약제라 한다.

10 위험물안전관리법령상 가연성 고체는 제 몇 류 위험물인가?
① 제1류   ② 제2류
③ 제3류   ④ 제4류

해설 위험물별 공통성질
㉠ 제1류 위험물 : 산화성 고체
㉡ 제2류 위험물 : 가연성 고체
㉢ 제3류 위험물 : 자연발화성 물질 및 금수성 물질
㉣ 제4류 위험물 : 인화성 액체
㉤ 제5류 위험물 : 자기연소성(반응성) 물질
㉥ 제6류 위험물 : 산화성 액체

11 버너의 불꽃을 제거한 때부터 불꽃을 올리며 연소하는 상태가 끝날 때까지의 시간은?
① 10초 이내
② 20초 이내
③ 30초 이내
④ 40초 이내

해설 ㉠ 잔염시간 : 착염 후 버너를 제거한 때부터 불꽃을 올리며 연소하는 상태가 그칠 때까지의 경과시간 [20초 이내]
㉡ 잔진시간 : 착염 후에 버너를 제거한 때부터 불꽃을 올리지 않고 연소하는 상태가 그칠 때까지의 경과시간 [30초 이내]

정답 06.④ 07.③ 08.③ 09.① 10.② 11.②

12 이산화탄소 소화약제의 주된 소화효과는?
① 제거소화　② 억제소화
③ 질식소화　④ 냉각소화

해설 이산화탄소의 소화효과는 질식효과, 냉각효과, 피복효과가 있으며 대표적인 소화효과는 질식효과이다.

13 화재 시 이산화탄소를 방출하여 산소농도를 13vol%로 낮추어 소화하기 위한 공기 중의 이산화탄소의 농도는 약 몇 vol%인가?
① 9.5vol%　② 25.8vol%
③ 38.1vol%　④ 61.5vol%

해설 이산화탄소 소화약제의 농도 계산식

$$CO_2의 \% = \frac{21 - O_2}{21} \times 100$$
$$= \frac{21 - 13}{21} \times 100 = 38.1 \text{vol}\%$$

14 목조건축물에서 발생하는 옥내출화 시기를 나타낸 것으로 옳지 않은 것은?
① 천장속, 벽속 등에서 발염 착화할 때
② 창, 출입구 등에 발염 착화할 때
③ 가옥의 구조에는 천장면에 발염 착화할 때
④ 불연 벽체나 불연 천장인 경우 실내의 그 뒷면에 발염 착화할 때

해설 창, 출입문 등에 발염 착화하는 것은 옥외출화에 해당된다.

▶ **옥내출화와 옥외출화**
㉠ 옥내출화
　ⓐ 건축물 실내의 천장속, 벽 내부에서 발염착화
　ⓑ 준불연성, 난연성으로 피복된 내부의 목재에 착화
㉡ 옥외출화
　ⓐ 건축물 외부의 가연물질에 발염착화
　ⓑ 창, 출입구 등의 개구부 등에 착화

15 전기에너지에 의하여 발생되는 열원이 아닌 것은?
① 저항가열　② 마찰 스파크
③ 유도가열　④ 유전가열

해설 에너지원의 종류
㉠ 화학적 에너지 : 산화열, 분해열, 화합열, 중합열 등
㉡ 기계적 에너지 : 마찰열, 압축열, 마찰스파크 등
㉢ 전기적 에너지 : 저항가열, 유도가열, 유전가열, 아크가열, 정전기가열 등

16 건축물의 방재계획 중에서 공간적 대응 계획에 해당되지 않는 것은?
① 도피성 대응　② 대항성 대응
③ 회피성 대응　④ 소방시설방재 대응

해설 화재에 대한 인간의 대응
㉠ 공간적 대응
　ⓐ 대항성(對抗性)
　　건축물의 내화성능, 방화구획성능, 화재방어력, 방연성능, 초기소화대응력 등의 화재사상과 대항하여 저항하는 성능을 가진 항력
　ⓑ 회피성(回避性)
　　건축물의 불연화, 난연화, 내장제한, 구획의 세분화, 방화훈련, 불조심 등과 화기취급의 제한 등과 같은 화재의 예방적 조치 및 상황
　ⓒ 도피성(逃避性)
　　화재발생 시 사람이 궁지에 몰리지 않고 안전하게 피난할 수 있는 공간성과 시스템을 말하며 거실의 배치, 피난통로의 확보, 피난시설의 설치 및 건축물의 구조계획서, 방재계획서 등
㉡ 설비적 대응
　화재에 대응하여 설치하는 소화설비, 경보설비, 피난설비 등의 소방시설

17 플래시 오버(Flash Over) 현상에 대한 설명으로 틀린 것은?
① 산소의 농도와 무관하다.
② 화재공간의 개구율과 관계가 있다.
③ 화재공간 내의 가연물의 양과 관계가 있다.
④ 화재실 내의 가연물의 종류와 관계가 있다.

정답 12.③ 13.③ 14.② 15.② 16.④ 17.①

해설 플래시 오버 현상은 실내의 온도가 급격히 상승하여 어느 순간 화재실 전체에 화염이 확대되는 현상으로 산소의 농도가 충분한 화재의 성장기에 발생한다.

18 유류탱크 화재 시 기름 표면에 물을 살수하면 기름이 탱크 밖으로 비산하여 화재가 확대되는 현상은?

① 슬롭 오버(Slop Over)
② 보일 오버(Boil Over)
③ 프로스 오버(Froth Over)
④ 블레비(Bleve)

해설 ㉠ 보일오버(Boil over) 현상
유류탱크 화재 시 액체 위험물 밑부분에 존재하고 있는 물이 열파에 의해 비점 이상으로 되어 급격히 증발하면서 가연성 액체를 탱크 밖으로 비산시키는 현상
㉡ 슬롭 오버(Slop over) 현상
액체 위험물 화재 시 화재의 계속 진행에 의해 연소 유면이 가열된 상태에서 물이 포함되어 있는 소화약제를 방사할 경우 물이 갑자기 기화하면서 액체위험물을 탱크 밖으로 비산시키는 현상
㉢ 프로스 오버(Floth over) 현상
화재 이외의 경우에 발생할 수 있는 현상으로 점도가 높은 유류를 저장하는 탱크의 바닥에 있는 수분이 어떤 원인에 의해 비등하면서 액체위험물과 물이 넘치는 현상

19 가연물이 공기 중에서 산화되어 산화열의 축적으로 발화되는 현상은?

① 분해연소   ② 자기연소
③ 자연발화   ④ 폭굉

해설 가연물이 공기 중의 산소와 산화반응을 통하여 생성된 산화열을 축적하여 발화점이 되어 스스로 발화하는 현상을 자연발화라 한다.

20 저팽창포와 고팽창포에 모두 사용할 수 있는 포소화약제는?

① 단백포 소화약제
② 수성막포 소화약제
③ 불화단백포 소화약제
④ 합성계면활성제포 소화약제

해설 포소화약제 중 합성계면활성제 포소화약제는 저팽창포, 고팽창포 모두 사용 가능하지만, 나머지 포소화약제는 저팽창포용으로만 사용 가능하다.

정답 18.① 19.③ 20.④

2015년 제4회 소방설비기사[전기분야] 1차 필기

[제1과목 : 소방원론]

01 갑종방화문과 을종방화문의 비차열 성능은 각각 얼마 이상이어야 하는가?

① 갑종 : 90분, 을종 : 40분
② 갑종 : 60분, 을종 : 30분
③ 갑종 : 45분, 을종 : 20분
④ 갑종 : 30분, 을종 : 10분

해설 갑종방화문은 비차열 1시간 이상, 을종방화문은 비차열 30분 이상의 성능이 확보되어야 한다.

[현행개정]
건축법 시행령 제64조(방화문의 구분)
① 방화문은 다음 각 호와 같이 구분한다.
1. 60분+ 방화문 : 연기 및 불꽃을 차단할 수 있는 시간이 60분 이상이고, 열을 차단할 수 있는 시간이 30분 이상인 방화문
2. 60분 방화문 : 연기 및 불꽃을 차단할 수 있는 시간이 60분 이상인 방화문
3. 30분 방화문 : 연기 및 불꽃을 차단할 수 있는 시간이 30분 이상 60분 미만인 방화문
② 제1항 각 호의 구분에 따른 방화문 인정 기준은 국토교통부령으로 정한다.

02 다음 물질 중 공기에서 위험도(H)가 가장 큰 것은?

① 에테르 ② 수소
③ 에틸렌 ④ 프로판

해설 $H = \dfrac{U-L}{L}$

H : 위험도, U : 상한값(%), L : 하한값(%)

① 에테르의 위험도 : $\dfrac{48-1.9}{1.9} = 24.26$

② 수소의 위험도 : $\dfrac{75-4}{4} = 17.75$

③ 에틸렌의 위험도 : $\dfrac{36-2.7}{2.7} = 12.33$

④ 프로판의 위험도 : $\dfrac{9.5-2.1}{2.1} = 3.52$

03 물리적 소화방법이 아닌 것은?

① 연쇄반응의 억제에 의한 방법
② 냉각에 의한 방법
③ 공기와의 접촉 차단에 의한 방법
④ 가연물 제거에 의한 방법

해설 소화의 방법 중 물리적인 소화방법은 냉각, 질식, 제거소화 등이며, 억제(부촉매)소화에 의한 소화방법은 화학적인 소화방법이다.

04 마그네슘의 화재에 주수하였을 때 물과 마그네슘의 반응으로 인하여 생성되는 가스는?

① 산소   ② 수소
③ 일산화탄소 ④ 이산화탄소

해설 마그네슘은 2류 위험물이지만 금속성 물질로 물과 접촉 시 가연성 기체인 수소를 생성하므로 물과의 접촉을 피해야 한다.
$Mg + 2H_2O \rightarrow Mg(OH)_2 + H_2 \uparrow$

05 비수용성 유류의 화재 시 물로 소화할 수 없는 이유는?

① 인화점이 변하기 때문
② 발화점이 변하기 때문
③ 연소면이 확대되기 때문
④ 수용성으로 변하여 인화점이 상승하기 때문

정답 01.② 02.① 03.① 04.② 05.③

해설 유류의 경우 대부분 물보다 가볍고 물에 녹지 않는 비수용성이므로 물을 방사 시 연소면을 확대시킬 우려가 있다.

06 제1인산암모늄이 주성분인 분말소화약제는?

① 1종 분말소화약제
② 2종 분말소화약제
③ 3종 분말소화약제
④ 4종 분말소화약제

해설 분말소화약제의 주성분에 의한 구분

종류	주성분	착색	적응화재
제1종 분말	탄산수소나트륨 (NaHCO$_3$)	백색	B, C급
제2종 분말	탄산수소칼륨 (KHCO$_3$)	보라색 (자색)	B, C급
제3종 분말	인산암모늄 (NH$_4$H$_2$PO$_4$)	핑크색 (담홍색)	A, B, C급
제4종 분말	탄산수소칼륨+요소 (KHCO$_3$+NH$_2$CONH$_2$)	회색	B, C급

07 고비점유 화재 시 무상주수하여 가연성 증기의 발생을 억제함으로써 기름의 연소성을 상실시키는 소화효과는?

① 억제효과
② 제거효과
③ 유화효과
④ 파괴효과

해설 유화효과는 고비점 중질유 화재 시 고압의 분무수를 방사하면 불연성의 에멀션층을 생성하여 연소 저하현상으로 인한 소화작용을 촉진하는 효과이다.

08 할로겐화합물 소화약제의 구성 원소가 아닌 것은?

① 염소
② 브롬
③ 네온
④ 탄소

해설 할로겐화합물 소화약제의 주성분은 주기율표상의 7족 원소인 할로겐족 원소로 불소(F), 염소(Cl), 브롬(Br), 요오드(I) 등이다.

09 다음 중 인화점이 가장 낮은 물질은?

① 경유
② 메틸알코올
③ 이황화탄소
④ 등유

해설 각 물질의 인화점
① 경유 : 60~70℃
② 메틸알코올 : 11℃
③ 이황화탄소 : −30℃
④ 등유 : 40~70℃

10 건물 내에서 화재가 발생하여 실내온도가 20℃에서 600℃까지 상승했다면 온도 상승만으로 건물 내의 공기 부피는 처음의 약 몇 배 정도 팽창하는가? (단, 화재로 인한 압력의 변화는 없다고 가정한다)

① 3배
② 9배
③ 15배
④ 30배

해설 기체를 이상기체로 가정하면 보일-샤를(Boyle-Charles)의 법칙을 만족한다.

$\dfrac{P_1 V_1}{T_1} = \dfrac{P_2 V_2}{T_2}$ 에서

압력의 변화가 없으므로 $\dfrac{V_1}{T_1} = \dfrac{V_2}{T_2}$ 이다.

$\therefore V_2 = \dfrac{T_2}{T_1} \times V_1$

$= \dfrac{(600+273)[K]}{(20+273)[K]} \times V_1 = 2.98 V_1 ≒ 3 V_1$

11 건축물 화재에서 플래시 오버(Flash over) 현상이 일어나는 시기는?

① 초기에서 성장기로 넘어가는 시기
② 성장기에서 최성기로 넘어가는 시기
③ 최성기에서 감쇠기로 넘어가는 시기
④ 감쇠기에서 종기로 넘어가는 시기

해설 플래시 오버 현상
실내의 온도가 급격히 상승하여 어느 순간 화재실 전체에 화염이 확대되는 현상을 말하며, 화재의 성장기에 발생하여 최성기로 넘어가며, 플래시 오버 발생시간까지가 피난허용시간이다.

정답 06.③ 07.③ 08.③ 09.③ 10.① 11.②

12 화재하중 계산 시 목재의 단위발열량은 약 몇 kcal/kg인가?

① 3,000kcal/kg　② 4,500kcal/kg
③ 9,000kcal/kg　④ 12,000kcal/kg

해설
• 목재의 단위발열량 : 4,500kcal/kg
• 고무의 단위발열량 : 9,000kcal/kg

13 위험물의 유별에 따른 대표적인 성질의 연결이 옳지 않은 것은?

① 제1류 : 산화성 고체
② 제2류 : 가연성 고체
③ 제4류 : 인화성 액체
④ 제5류 : 산화성 고체

해설 위험물별 공통성질
㉠ 제1류 위험물 : 산화성 고체
㉡ 제2류 위험물 : 가연성 고체
㉢ 제3류 위험물 : 자연발화성 물질 및 금수성 물질
㉣ 제4류 위험물 : 인화성 액체
㉤ 제5류 위험물 : 자기연소성(반응성) 물질
㉥ 제6류 위험물 : 산화성 액체

14 같은 원액으로 만들어진 포의 특성에 관한 설명으로 옳지 않은 것은?

① 발포배율이 커지면 환원시간은 짧아진다.
② 환원시간이 길면 내열성이 떨어진다.
③ 유동성이 좋으면 내열성이 떨어진다.
④ 발포배율이 작으면 유동성이 떨어진다.

해설 포의 환원시간이란 포(거품)가 수용액으로 되는 시간으로 보통 25% 환원시간을 많이 이용한다. 환원시간이 길다는 것은 거품상태로 오랜시간 지속된다는 것이므로 환원시간이 길면 내열성이 우수하다는 의미이다.

15 가연물의 종류에 따른 화재의 분류방법 중 유류화재를 나타내는 것은?

① A급 화재　② B급 화재
③ C급 화재　④ D급 화재

해설 화재의 분류

화재의 분류		소화기표시색	소화방법
A급	일반화재	백색	냉각효과
B급	유류화재	황색	질식효과
C급	전기화재	청색	질식효과
D급	금속화재	-	건조사피복
E급	가스화재	-	질식효과
K급	주방화재	-	질식소화

16 제2류 위험물에 해당하지 않는 것은?

① 황　② 황화인
③ 적린　④ 황린

해설 황린(P_4)은 3류 위험물 중 위험등급 Ⅰ등급에 해당되는 자연발화성 물질이다.

17 다음 중 방염대상물품이 아닌 것은?

① 카펫
② 무대용 합판
③ 창문에 설치하는 커튼
④ 두께 2mm 미만인 종이벽지

해설 방염처리 대상물품의 종류
㉠ 창문에 설치하는 커튼류(블라인드를 포함한다)
㉡ 카펫, 두께가 2밀리미터 미만인 벽지류(종이벽지는 제외한다)
㉢ 전시용 합판 또는 섬유판, 무대용 합판 또는 섬유판
㉣ 암막·무대막(영화관에 설치하는 스크린을 포함)
㉤ 섬유류 또는 합성수지 등을 원료로 하여 제작된 소파·의자

18 화재의 일반적 특성이 아닌 것은?

① 확대성　② 정형성
③ 우발성　④ 불안정성

해설 화재의 일반적인 특성은 확대성, 우발성, 불안정성이다.

정답 12.② 13.④ 14.② 15.② 16.④ 17.④ 18.②

01. 소방원론

19 공기 중에서 연소상한값이 가장 큰 물질은?

① 아세틸렌   ② 수소
③ 가솔린   ④ 프로판

해설 각 물질의 연소범위
① 아세틸렌 : 2.5~81%
② 수소 : 4~75%
③ 가솔린 : 1.4~7.6%
④ 프로판 : 2.1~9.5%

20 화재에 대한 건축물의 손실정도에 따른 화재형태를 설명한 것으로 옳지 않은 것은?

① 부분소화재란 전소화재, 반소화재에 해당하지 않는 것을 말한다.
② 반소화재란 건축물에 화재가 발생하여 건축물의 30% 이상 70% 미만 소실된 상태를 말한다.
③ 전소화재란 건축물에 화재가 발생하여 건축물의 70% 이상이 소실된 상태를 말한다.
④ 훈소화재란 건축물에 화재가 발생하여 건물물의 10% 이하가 소실된 상태를 말한다.

해설 화재의 소실정도
㉠ 부분소화재 : 전소화재, 반소화재에 해당하지 않는 경우
㉡ 반소화재 : 전체의 30% 이상 70% 미만이 소손된 경우
㉢ 전소화재 : 전체의 70% 이상이 소손되거나 70% 미만이라 할지라도 재수리 사용이 불가능하도록 소손된 경우

정답 19.① 20.④

제1회 소방설비기사[전기분야] 1차 필기
[제1과목 : 소방원론]

01 무창층 여부를 판단하는 개구부로서 갖추어야 할 조건으로 옳은 것은?

① 개구부 크기가 지름 30cm의 원이 내접할 수 있는 것
② 해당 층의 바닥면으로부터 개구부 밑 부분까지의 높이가 1.5m인 것
③ 내부 또는 외부에서 쉽게 파괴 또는 개방할 수 있을 것
④ 창에 방범을 위하여 40cm 간격으로 창살을 설치한 것

해설 무창층
지상층 중 다음에 해당하는 개구부의 면적의 합계가 그 층의 바닥면적의 30분의 1 이하가 되는 층
㉠ 개구부의 크기가 지름 50cm 이상의 원이 내접할 수 있을 것
㉡ 그 층의 바닥면으로부터 개구부 밑부분까지의 높이가 1.2m 이내일 것
㉢ 도로 또는 차량의 진입이 가능한 공지에 면할 것
㉣ 화재 시 건축물로부터 쉽게 피난할 수 있도록 창살, 그 밖의 장애물이 설치되지 아니할 것
㉤ 내부 또는 외부에서 쉽게 파괴 또는 개방이 가능할 것

02 위험물안전관리법령상 제4류 위험물의 화재에 적응성이 있는 것은?

① 옥내소화전설비   ② 옥외소화전설비
③ 봉상수소화기   ④ 물분무소화설비

해설 제4류 위험물은 인화성 액체로 B급 화재에 해당되며, 분무상태의 주수는 B급, C급 화재에 적응성이 있다.

03 증기비중의 정의로 옳은 것은? (단, 보기에서 분자, 분모의 단위는 모두 g/mol이다)

① $\dfrac{분자량}{22.4}$ ② $\dfrac{분자량}{29}$
③ $\dfrac{분자량}{44.9}$ ④ $\dfrac{분자량}{100}$

해설 증기비중 = $\dfrac{측정\ 기체의\ 분자량}{공기의\ 분자량}$ = $\dfrac{분자량}{29}$

04 건물화재 시 패닉(Panic)의 발생원인과 직접적인 관계가 없는 것은?

① 연기에 의한 시계 제한
② 유독가스에 의한 호흡 장애
③ 외부와 단절되어 고립
④ 불연내장재의 사용

해설 화재 시 열, 연기, 어둠 등은 인간이 공포를 느끼게 되는 원인이 된다. 하지만 건물의 불연내장재는 연소성에 관한 사항으로 패닉(Panic)의 직접적인 원인이 되지 않는다.

05 가연성 가스가 아닌 것은?

① 일산화탄소
② 프로판
③ 수소
④ 아르곤

해설 아르곤(Ar)은 주기율표상 0족(8족) 원소인 불활성 기체로 가연물이 될 수 없다.

정답 01.③ 02.④ 03.② 04.④ 05.④

06 공기 중에서 수소의 연소범위로 옳은 것은?

① 0.4~4vol% ② 1~12.5vol%
③ 4~75vol% ④ 67~92vol%

해설 주요 물질의 연소범위
㉠ 아세틸렌 : 2.5~81%
㉡ 수소 : 4~75%
㉢ 메탄 : 5~15%
㉣ 프로판 : 2.1~9.5%

07 위험물안전관리법령상 위험물 유별에 따른 성질이 잘못 연결된 것은?

① 제1류 위험물 – 산화성 고체
② 제2류 위험물 – 가연성 고체
③ 제4류 위험물 – 인화성 액체
④ 제6류 위험물 – 자기반응성 물질

해설 위험물의 유별 공통성질
㉠ 제1류 위험물 : 산화성 고체
㉡ 제2류 위험물 : 가연성 고체
㉢ 제3류 위험물 : 자연발화성 물질 및 금수성 물질
㉣ 제4류 위험물 : 인화성 액체
㉤ 제5류 위험물 : 자기연소성(반응성) 물질
㉥ 제6류 위험물 : 산화성 액체

08 목조건축물에서 발생하는 옥외 출화 시기를 나타낸 것으로 옳은 것은?

① 창, 출입구 등에 발염 착화한 때
② 천장 속, 벽 속 등에서 발염 착화한 때
③ 가옥 구조에서는 천장면에 발염 착화한 때
④ 불연 천장인 경우 실내의 그 뒷면에 발염 착화한 때

해설 출화의 구분
㉠ 옥내 출화
  • 건축물 실내의 천장 속, 벽 내부에서 발염 착화
  • 준불연성, 난연성으로 피복된 내부의 목재에 착화
㉡ 옥외 출화
  • 건축물 외부의 가연물질에 발염 착화
  • 창, 출입구 등의 개구부 등에 착화

09 일반적인 자연발화의 방지법으로 틀린 것은?

① 습도를 높일 것
② 저장실의 온도를 낮출 것
③ 정촉매 작용을 하는 물질을 피할 것
④ 통풍을 원활하게 하여 열축적을 방지할 것

해설 자연발화 방지법
㉠ 습도가 높은 것을 피한다.
㉡ 저장실의 온도를 낮춘다.
㉢ 통풍을 잘 시킨다.
㉣ 열의 축적을 방지한다.

10 제거소화의 예가 아닌 것은?

① 유류화재 시 다량의 포를 방사한다.
② 전기화재 시 신속하게 전원을 차단한다.
③ 가연성 가스 화재 시 가스의 밸브를 닫는다.
④ 산림화재 시 확산을 막기 위하여 산림의 일부를 벌목한다.

해설 유류화재 시 포를 방사하는 것은 피복에 의한 질식소화에 해당된다.

11 황린의 보관 방법으로 옳은 것은?

① 물속에 보관
② 이황화탄소 속에 보관
③ 수산화칼륨 속에 보관
④ 통풍이 잘 되는 공기 중에 보관

해설 황린의 발화점은 34[℃]로 매우 낮아 공기 중에서 자연발화의 위험이 크므로 비열이 큰 물속에 저장한다.

12 화재 발생 시 건축물의 화재를 확대시키는 주요인이 아닌 것은?

① 비화 ② 복사열
③ 화염의 접촉(접염) ④ 흡착열에 의한 발화

해설 건축물 화재 확대의 주요인은 접염(화염의 접촉), 복사열, 비화이다.

정답 06.③ 07.④ 08.① 09.① 10.① 11.① 12.④

13 가연성 가스나 산소의 농도를 낮추어 소화하는 방법은?

① 질식소화 ② 냉각소화
③ 제거소화 ④ 억제소화

해설
- 산소의 농도를 낮추는 소화방법 : 질식소화
- 가연성 가스의 농도를 낮추는 소화방법 : 희석소화

14 화재 최성기 때의 농도로 유도등이 보이지 않을 정도의 연기농도는? (단, 감광계수로 나타낸다)

① $0.1m^{-1}$ ② $1m^{-1}$
③ $10m^{-1}$ ④ $30m^{-1}$

해설 감광계수의 주변 상황

감광계수	가시거리	상황 설명
0.1Cs ($0.1m^{-1}$)	20~30m	• 희미하게 연기가 감도는 정도의 농도 • 연기감지기가 작동되는 농도 • 건물구조에 익숙하지 않은 사람이 피난에 지장을 받을 수 있는 농도
0.3Cs ($0.3m^{-1}$)	5m	건물구조를 잘 아는 사람이 피난에 지장을 받을 수 있는 농도
0.5Cs ($0.5m^{-1}$)	3m	약간 어두운 정도의 농도
1.0Cs ($1.0m^{-1}$)	1~2m	전방이 거의 보이지 않을 정도의 농도
10Cs ($10m^{-1}$)	수십cm	• 최성기 때 화재층의 연기 농도 • 유도등도 보이지 않는 암흑상태의 농도
30Cs ($30m^{-1}$)	—	출화실에서 연기가 배출될 때의 농도

15 화재 발생 시 주수소화가 적합하지 않은 물질은?

① 적린 ② 마그네슘 분말
③ 과염소산칼륨 ④ 황

해설 마그네슘(Mg)은 2류 위험물 중 금속분에 해당되는 위험물로 주수 시 가연성 가스인 수소(H_2)가 발생되므로 사용할 수 없다.

16 공기 중의 산소의 농도는 약 몇 vol%인가?

① 10vol% ② 13vol%
③ 17vol% ④ 21vol%

해설 공기 중 산소의 농도가 체적%는 21%, 중량%는 23%이다.

17 이산화탄소(CO_2)에 대한 설명으로 틀린 것은?

① 임계온도는 97.5[℃]이다.
② 고체의 형태로 존재할 수 있다.
③ 불연성가스로 공기보다 무겁다.
④ 상온, 상압에서 기체 상태로 존재한다.

해설 CO_2의 임계온도는 31.25[℃]이며, −78[℃] 이하에서는 고체 탄산(드라이아이스)가 된다.
CO_2는 분자량이 44이므로 공기보다 무겁다.

18 화학적 소화방법에 해당하는 것은?

① 모닥불에 물을 뿌려 소화한다.
② 모닥불을 모래로 덮어 소화한다.
③ 유류화재를 할론 1301로 소화한다.
④ 지하실 화재를 이산화탄소로 소화한다.

해설
① 냉각소화
② 질식소화
③ 억제소화
④ 질식소화
- 물리적 소화방법 : 냉각, 질식, 제거소화
- 화학적 소화방법 : 억제(부촉매)소화

19 제2종 분말 소화약제가 열분해되었을 때 생성되는 물질이 아닌 것은?

① CO_2 ② H_2O
③ H_3PO_4 ④ K_2CO_3

해설 제2종 분말의 열분해 반응식
$2KHCO_3 \rightarrow K_2CO_3 + CO_2 + H_2O - Q\,kcal$

정답 13.① 14.③ 15.② 16.④ 17.① 18.③ 19.③

20 분말소화약제 중 A급, B급, C급 화재에 모두 사용할 수 있는 것은?

① Na_2CO_3
② $NH_4H_2PO_4$
③ $KHCO_3$
④ $NaHCO_3$

해설 분말소화약제별 적응화재

종류	주성분	적응화재
제1종 분말	탄산수소나트륨($NaHCO_3$)	B, C급
제2종 분말	탄산수소칼륨($KHCO_3$)	B, C급
제3종 분말	인산암모늄($NH_4H_2PO_4$)	A, B, C급
제4종 분말	탄산수소칼륨+요소 ($KHCO_3+NH_2CONH_2$)	B, C급

정답 20.②

제2회 소방설비기사[전기분야] 1차 필기

[제1과목 : 소방원론]

01 스테판-볼츠만의 법칙에 의해 복사열과 절대온도와의 관계를 옳게 설명한 것은?

① 복사열은 절대온도의 제곱에 비례한다.
② 복사열은 절대온도의 4제곱에 비례한다.
③ 복사열은 절대온도의 제곱에 반비례한다.
④ 복사열은 절대온도의 4제곱에 반비례한다.

해설 스테판-볼츠만의 법칙
복사에너지는 면적에 비례하고 절대온도의 4제곱에 비례한다.

$$Q = 4.887 A\varepsilon \left\{ \left(\frac{T_1}{100}\right)^4 - \left(\frac{T_2}{100}\right)^4 \right\}$$

Q : 복사열량(kcal/hr)
A : 단면적(m^2), ε : 계수
T_1 : 고온체의 절대온도(K)
T_2 : 저온체의 절대온도(K)

02 물을 사용하여 소화가 가능한 물질은?

① 트리메틸알루미늄 ② 나트륨
③ 칼륨 ④ 적린

해설 트리메틸알루미늄[($CH_3)_3Al$], 나트륨(Na), 칼륨(K)은 3류 위험물(자연발화성 물질 및 금수성 물질) 중 위험등급 Ⅰ등급에 해당되는 물질로 물과 접촉 시 가연성 가스가 발생하므로 주수소화가 불가능하다.
하지만 적린(P)은 2류 위험물(가연성 고체)로 주수에 의한 냉각소화가 효과적이다.

03 화씨 95도를 켈빈(Kelvin)온도로 나타내면 약 몇 K인가?

① 178K ② 252K
③ 308K ④ 368K

해설 $℃ = \frac{5}{9}(℉ - 32) = \frac{5}{9}(95 - 32) = 35℃$
$K = 273 + 35 = 308K$

04 알킬알루미늄 화재에 적합한 소화약제는?

① 물 ② 이산화탄소
③ 팽창질석 ④ 할로겐화합물

해설 알킬알루미늄(R_3Al)은 3류 위험물(자연발화성 물질 및 금수성 물질) 중 위험등급 Ⅰ등급에 해당되는 물질로 물 및 가스계 소화약제와 접촉 시 가연성 가스가 발생하므로 사용 불가능하고, 마른 모래, 팽창질석, 팽창진주암으로 피복소화하는 것이 효과적이다.

05 제1종 분말소화약제의 열분해 반응식으로 옳은 것은?

① $2NaHCO_3 \rightarrow Na_2CO_3 + CO_2 + H_2O$
② $2KHCO_3 \rightarrow K_2CO_3 + CO_2 + H_2O$
③ $2NaHCO_3 \rightarrow Na_2CO_3 + 2CO_2 + H_2O$
④ $2KHCO_3 \rightarrow K_2CO_3 + 2CO_2 + H_2O$

해설 1종 분말소화약제의 열분해 반응식
$2NaHCO_3 \rightarrow Na_2CO_3 + CO_2 + H_2O$

06 폭굉(Detonation)에 관한 설명으로 틀린 것은?

① 연소속도가 음속보다 느릴 때 나타난다.
② 온도의 상승과 충격파의 압력에 기인한다.
③ 압력상승은 폭연의 경우보다 크다.
④ 폭굉의 유도거리는 배관의 지름과 관계가 있다.

정답 01.② 02.④ 03.③ 04.③ 05.① 06.①

해설 폭연과 폭굉의 비교
- 폭연(Deflagration)
  연소파의 전파속도가 음속보다 느린 것으로 폭속은 0.1~10m/sec 정도이다.
- 폭굉(Detonation)
  연소파의 전파속도가 음속보다 빠른 것으로 폭속은 1,000~3,500m/sec 정도이며 파면에 충격파(압력파)가 진행되어 심한 파괴작용을 동반한다.

07 화재의 종류에 따른 표시 색 연결이 틀린 것은?
① 일반화재 – 백색 ② 전기화재 – 청색
③ 금속화재 – 흑색 ④ 유류화재 – 황색

해설 화재의 분류

화재의 분류		소화기표시색	소화방법
A급	일반화재	백색	냉각소화
B급	유류화재	황색	질식소화
C급	전기화재	청색	질식소화
D급	금속화재	–	건조사피복
E급	가스화재	–	질식소화
K급	주방화재	–	질식소화

08 화재 및 폭발에 관한 설명으로 틀린 것은?
① 메탄가스는 공기보다 무거우므로 가스탐지부는 가스기구의 직하부에 설치한다.
② 옥외저장탱크의 방유제는 화재 시 화재의 확대를 방지하기 위한 것이다.
③ 가연성 분진이 공기 중에 부유하면 폭발할 수도 있다.
④ 마그네슘의 화재 시 주수 소화는 화재를 확대할 수 있다.

해설 메탄(CH_4)은 분자량이 16인 기체이며 분자량 29인 공기보다 가벼운 가스로 가스탐지부는 천장 주변에 설치하는 것이 바람직하다.

09 굴뚝효과에 관한 설명으로 틀린 것은?
① 건물 내·외부의 온도차에 따른 공기의 흐름 현상이다.
② 굴뚝효과는 고층건물에서는 잘 나타나지 않고 저층건물에서 주로 나타난다.
③ 평상시 건물 내의 기류분포를 지배하는 중요 요소이며 화재 시 연기의 이동에 큰 영향을 미친다.
④ 건물외부의 온도가 내부의 온도보다 높은 경우 저층부에서는 내부에서 외부로 공기의 흐름이 생긴다.

해설 굴뚝효과(Stack Effect)는 건물의 높이와 밀접한 관계가 있어 고층건축물에서 효과가 크게 나타나므로 고층건축물의 제연에 이용된다.

10 위험물안전관리법상 위험물의 지정수량이 틀린 것은?
① 과산화나트륨 – 50[kg]
② 적린 – 100[kg]
③ 트리나이트로톨루엔 – 100[kg]
④ 탄화알루미늄 – 400[kg]

해설 ③ 트리나이트로톨루엔(5류 위험물 1종 : 100kg)
④ 탄화알루미늄(Al_4C_3) : 3류 위험물, 위험등급 Ⅲ등급, 지정수량 300kg

11 연쇄반응을 차단하여 소화하는 약제는?
① 물   ② 포
③ 할론 1301 ④ 이산화탄소

해설 연쇄반응을 차단하는 억제소화는 화학적인 소화방법에 해당된다.
억제소화는 화학 반응력이 큰 유리기를 생성할 수 있는 할론소화약제와 분말소화약제 방사 시 거둘 수 있는 소화효과이다.

정답 07.③ 08.① 09.② 10.④ 11.③

12 화재 발생 시 인간의 피난 특성으로 틀린 것은?
① 본능적으로 평상시 사용하는 출입구를 사용한다.
② 최초로 행동을 개시한 사람을 따라서 움직인다.
③ 공포감으로 인해서 빛을 피하여 어두운 곳으로 몸을 숨긴다.
④ 무의식 중에 발화 장소의 반대쪽으로 이동한다.

해설 인간의 피난 특성 중 지광본능(智光本能)은 위험에 처했을 때 밝은 곳으로 모이려는 경향을 보이는 것을 말한다.

▶ 인간의 피난 특성
- 귀소본능(歸巢本能)
- 퇴피본능(退避本能)
- 지광본능(智光本能)
- 좌회본능(左廻本能)
- 추종본능(追從本能)

13 에스테르가 알칼리의 작용으로 가수분해 되어 알코올과 산의 알칼리염이 생성되는 반응은?
① 수소화 분해반응 ② 탄화반응
③ 비누화반응 ④ 할로겐화반응

해설 에스테르가 알칼리와 작용하여 알코올과 산의 알칼리염을 생성하는 반응을 비누화반응이라고 하며, 제1종 분말을 식용유나 지방질유 등의 화재에 방사 시 비누화(검화) 현상에 의해 금속비누를 발생시켜 소화효과를 증대시킨다.

14 위험물에 관한 설명으로 틀린 것은?
① 유기금속화합물인 사에틸납은 물로 소화할 수 없다.
② 황린은 자연발화를 막기 위해 통상 물속에 저장한다.
③ 칼륨, 나트륨은 등유 속에 보관한다.
④ 황은 자연발화를 일으킬 가능성이 없다.

해설 사에틸납[$(C_2H_5)_4Pb$]은 3류 위험물인 유기금속화합물에 속하지 않으며, 과거 가솔린의 옥탄가를 높이기 위해서 첨가했던 물질이다.

15 블레비(BLEVE) 현상과 관계가 없는 것은?
① 핵분열
② 가연성 액체
③ 화구(Fire ball)의 형성
④ 복사열의 대량 방출

해설 블레비(BLEVE) 현상
용기 내부의 액화가스가 급격히 비등하여 압력에너지를 형성하면서 용기에 균열이 생겨 파열되며 주위공간으로 날아가 거대한 화구를 형성하는 현상으로 물리적인 폭발에 해당된다.

16 소화기구는 바닥으로부터 높이 몇 m 이하의 곳에 비치하여야 하는가? (단, 자동소화장치를 제외한다.)
① 0.5m ② 1.0m
③ 1.5m ④ 2.0m

해설 소화기구는 바닥으로부터 1.5m 이하의 높이에 설치하여야 한다.

17 제4류 위험물의 화재 시 사용되는 주된 소화방법은?
① 물을 뿌려 냉각한다.
② 연소물을 제거한다.
③ 포를 사용하여 질식 소화한다.
④ 인화점 이하로 냉각한다.

해설 4류 위험물인 인화성 액체의 소화에는 물을 사용할 수 없으며, 대표적인 소화방법은 포를 이용한 질식소화 방법이다.

18 증발잠열을 이용하여 가연물의 온도를 떨어뜨려 화재를 진압하는 소화방법은?
① 제거소화 ② 억제소화
③ 질식소화 ④ 냉각소화

해설 가연물의 온도를 떨어뜨림으로써 가연물을 냉각시켜 소화하는 소화방법은 냉각소화에 해당된다.

정답 12.③ 13.③ 14.① 15.① 16.③ 17.③ 18.④

19 분말소화약제 중 담홍색 또는 황색으로 착색하여 사용하는 것은?

① 탄산수소나트륨
② 탄산수소칼륨
③ 제1인산암모늄
④ 탄산수소칼륨과 요소와의 반응물

해설 분말소화약제의 종류

종류	주성분	착색
제1종 분말	탄산수소나트륨 (NaHCO$_3$)	백색
제2종 분말	탄산수소칼륨 (KHCO$_3$)	보라색 (자색)
제3종 분말	인산암모늄 (NH$_4$H$_2$PO$_4$)	핑크색 (담홍색)
제4종 분말	탄산수소칼륨+요소 (KHCO$_3$+NH$_2$CONH$_2$)	회색

20 건축물의 내화구조 바닥이 철근콘크리트조 또는 철골콘크리트조인 경우 두께가 몇 [cm] 이상이어야 하는가?

① 4[cm] ② 5[cm]
③ 7[cm] ④ 10[cm]

해설 내화구조의 바닥 기준
- 철근콘크리트조 또는 철골철근콘크리트조로서 두께 10[cm] 이상인 것
- 철재로 보강된 콘크리트블록조·벽돌조 또는 석조로서 철재로 덮은 콘크리트 블록의 두께가 5[cm] 이상인 것
- 철재의 양면을 두께 5[cm] 이상의 철망모르타르 또는 콘크리트로 덮은 것

정답 19.③ 20.④

2016년 제4회 소방설비기사[전기분야] 1차 필기

[제1과목 : 소방원론]

01 할로겐 화합물 소화약제 중 HCFC-22를 82[%] 포함하고 있는 것은?

① IG-541 ② HFC-227ea
③ IG-55   ④ HCFC BLEND A

해설 HCFC BLENDF A의 주요 성분
- HCFC-123($CHCl_2CF_3$) : 4.75[%]
- HCFC-22($CHClF_2$) : 82[%]
- HCFC-124($CHClFCF_3$) : 9.5[%]
- $C_{10}H_{16}$: 3.75[%]

02 피난계획의 일반원칙 중 Fool Proof 원칙에 해당하는 것은?

① 저지능인 상태에서도 쉽게 식별이 가능하도록 그림이나 색채를 이용하는 원칙
② 피난설비를 반드시 이동식으로 하는 원칙
③ 한 가지 피난기구가 고장이 나도 다른 수단을 이용할 수 있도록 고려하는 원칙
④ 피난설비를 첨단화된 전자식으로 하는 원칙

해설 Fool Proof
저지능인 상태에서도 쉽게 식별이 가능하도록 그림이나 색채를 이용하는 원칙

Fail Safe
인간이 어처구니 없는 실수를 하지 않도록 하거나 실수를 하여도 사고나 위험상황에 빠지지 않도록 하는 것을 말한다.

03 자연발화의 예방을 위한 대책이 아닌 것은?

① 열의 축적을 방지한다.
② 주위 온도를 낮게 유지한다.
③ 열전도성을 나쁘게 한다.
④ 산소와의 접촉을 차단한다.

해설 자연발화 방지법
- 통풍이 잘 되는 곳에 저장할 것
- 열의 축적을 방지할 것
- 저장실의 온도를 낮출 것
- 습도가 높은 곳을 피할 것
- 열전도를 크게 할 것

04 다음 중 제거소화 방법과 무관한 것은?

① 산불의 확산방지를 위하여 산림의 일부를 벌채한다.
② 화학반응기의 화재 시 원료 공급관의 밸브를 잠근다.
③ 유류화재 시 가연물을 포로 덮는다.
④ 유류탱크 화재 시 주변에 있는 유류탱크의 유류를 다른 곳으로 이동시킨다.

해설 유류화재 시 가연물을 포로 덮는 방법은 질식소화에 해당된다.

05 건축물의 화재성상 중 내화건축물의 화재성상으로 옳은 것은?

① 저온 장기형
② 고온 단기형
③ 고온 장기형
④ 저온 단기형

해설 내화건축물은 견고한 구조로 공기의 유통이 좋지 않아 서서히 연소하는 저온 장기형의 특성을 가지게 된다.

정답 01.④ 02.① 03.③ 04.③ 05.①

01. 소방원론

06 정전기에 의한 발화과정으로 옳은 것은?
① 방전 → 전하의 축적 → 전하의 발생 → 발화
② 전하의 발생 → 전하의 축적 → 방전 → 발화
③ 전하의 발생 → 방전 → 전하의 축적 → 발화
④ 전하의 축적 → 방전 → 전하의 발생 → 발화

해설 정전기에 의한 발화과정
전하의 발생 → 전하의 축적 → 방전 → 발화

07 다음 중 증기비중이 가장 큰 것은?
① 이산화탄소 ② 할론 1301
③ 할론 1211 ④ 할론 2402

해설
$$증기비중 = \frac{측정기체의\ 분자량}{공기의\ 분자량}$$

① 이산화탄소의 증기비중 $= \frac{44}{29} = 1.52$

② 할론 1301의 증기비중 $= \frac{149}{29} = 5.14$

③ 할론 1211의 증기비중 $= \frac{165.5}{29} = 5.71$

④ 할론 2402의 증기비중 $= \frac{260}{29} = 8.97$

※ 증기비중은 분자량에 비례한다.

08 실내에서 화재가 발생하여 실내의 온도가 21℃에서 650℃로 되었다면, 공기의 팽창은 처음의 약 몇 배가 되는가? (단, 대기압은 공기가 유동하여 화재 전후가 같다고 가정한다)
① 3.14배 ② 4.27배
③ 5.69배 ④ 6.01배

해설 샤를의 법칙
$$\frac{V_1}{T_1} = \frac{V_2}{T_2}$$
$$V_2 = V_1 \times \frac{T_2}{T_1} = V_1 \times \frac{650+273}{21+273} = V_1 \times 3.14$$
∴ 3.14배

09 조연성가스로만 나열되어 있는 것은?
① 질소, 불소, 수증기
② 산소, 불소, 염소
③ 산소, 이산화탄소, 오존
④ 질소, 이산화탄소, 염소

해설 일반적인 조연성 가스는 산소공급원으로 해석되어 산소, 오존을 말하지만, 화학적으로 산화제의 기능을 하는 할로겐족원소인 플루오르(불소), 염소, 브롬(취소), 요오드(옥소)도 조연성 가스로 해석된다.

10 분말소화약제의 열분해 반응식 중 다음 ( ) 안에 알맞은 화학식은?

$$2NaHCO_3 \rightarrow Na_2CO_3 + H_2O + (\ \ )$$

① CO ② CO_2
③ Na ④ Na_2

해설 1종 분말의 열분해 반응식
$2NaHCO_3 \rightarrow Na_2CO_3 + CO_2 + H_2O - Q\text{kcal}$

11 화재실 혹은 화재공간의 단위바닥면적에 대한 등가가연물량의 값을 화재하중이라 하며 식으로 표시할 경우에는 $Q = \sum(H_t \cdot G_t)/H_W \cdot A$와 같이 표현할 수 있다. 여기에서 H_W는 무엇을 나타내는가?
① 목재의 단위발열량
② 가연물의 단위발열량
③ 화재실 내 가연물의 전체 발열량
④ 목재의 단위발열량과 가연물의 단위발열량을 합한 것

해설 화재하중(Fire Load)
일정한 구역 안에 있는 가연물 전체발열량을 목재의 단위질량당 발열량으로 나누면 목재의 질량으로 환산되고, 이를 다시 바닥면적으로 나누면 단위면적당 가연물(목재)의 질량이 되는데 이를 화재하중이라 하며, 주수시간을 결정하는 주요인이 된다.

정답 06.② 07.④ 08.① 09.② 10.② 11.①

$$Q(\text{kg/m}^2) = \frac{\Sigma(G_t \cdot H_t)}{H_W \cdot A} = \frac{\Sigma Q_t}{4,500A}$$

Q : 화재하중(kg/m²)
G_t : 가연물 질량(kg)
H_t : 가연물의 단위질량당 발열량(kcal/kg)
A : 바닥면적(m²)
Q_t : 가연물의 전체 발열량(kcal)

12 연기에 의한 감광계수가 0.1[m⁻¹], 가시거리가 20~30[m]일 때의 상황을 옳게 설명한 것은?

① 건물 내부에 익숙한 사람이 피난에 지장을 느낄 정도
② 연기감지기가 작동할 정도
③ 어두운 것을 느낄 정도
④ 앞이 거의 보이지 않을 정도

해설 연기의 농도에 따른 상황

감광계수	가시거리	상황 설명
0.1Cs (m⁻¹)	20~30[m]	• 희미하게 연기가 감도는 정도의 농도 • 연기감지기가 작동되는 농도 • 건물구조에 익숙하지 않은 사람이 피난에 지장을 받을 수 있는 농도
0.3Cs (m⁻¹)	5[m]	건물구조를 잘 아는 사람이 피난에 지장을 받을 수 있는 농도
0.5Cs (m⁻¹)	3[m]	약간 어두운 정도의 농도
1.0Cs (m⁻¹)	1~2[m]	전방이 거의 보이지 않을 정도의 농도
10Cs (m⁻¹)	수십[cm]	• 최성기 때 화재층의 연기 농도 • 유도등도 보이지 않는 암흑상태의 농도
30Cs (m⁻¹)	—	출화실에서 연기가 배출될 때의 농도

13 보일 오버(Boil over) 현상에 대한 설명으로 옳은 것은?

① 아래층에서 발생한 화재가 위층으로 급격히 옮겨 가는 현상
② 연소유의 표면이 급격히 증발하는 현상
③ 기름이 뜨거운 표면 아래에서 끓는 현상
④ 탱크 저부의 물이 급격히 증발하여 기름이 탱크 밖으로 화재를 동반하여 방출하는 현상

해설 보일 오버(Boil over) 현상
유류탱크 화재 시 액체 위험물 밑부분에 존재하고 있는 물이 열파에 의해 비점 이상으로 되어 급격히 증발하면서 가연성 액체를 탱크 밖으로 비산시키는 현상

14 할론소화설비에서 Halon 1211 약제의 분자식은?

① CBr_2ClF
② CF_2BrCl
③ CCl_2BrF
④ BrC_2ClF

해설 ㉠ 할론 2402 : $C_2F_4Br_2$
㉡ 할론 1211 : CF_2ClBr
㉢ 할론 1301 : CF_3Br
㉣ 할론 1011 : CH_2ClBr
㉤ 할론 1040 : CCl_4

▶ 할론약제의 명명법
할론 ⓐⓑⓒⓓ
ⓐ : 탄소(C)의 수
ⓑ : 불소(F)의 수
ⓒ : 염소(Cl)의 수
ⓓ : 브롬(Br)의 수

15 칼륨에 화재가 발생할 경우에 주수를 하면 안 되는 이유로 가장 옳은 것은?

① 산소가 발생하기 때문에
② 질소가 발생하기 때문에
③ 수소가 발생하기 때문에
④ 수증기가 발생하기 때문에

해설 칼륨(K), 나트륨(Na)은 물과 접촉 시 심한 발열반응과 함께 가연성 가스인 수소(H_2)가 발생한다.

정답 12.② 13.④ 14.② 15.③

16 위험물안전관리법상 위험물의 적재 시 혼재기준 중 혼재가 가능한 위험물로 짝지어진 것은? (단, 각 위험물은 지정수량의 10배로 가정한다)

① 질산칼륨과 가솔린
② 과산화수소와 황린
③ 철분과 유기과산화물
④ 등유와 과염소산

해설 위험물의 유별 혼재 가능 여부

위험물의 구분	제1류	제2류	제3류	제4류	제5류	제6류
제1류		×	×	×	×	○
제2류	×		×	○	○	×
제3류	×	×		○	×	×
제4류	×	○	○		○	×
제5류	×	○	×	○		×
제6류	○	×	×	×	×	

※ 단, 지정수량 1/10 이하의 위험물은 적용하지 않음.
① 질산칼륨(KNO_3, 초석) : 1류 위험물, 가솔린(휘발유) : 4류 위험물
② 과산화수소(H_2O_2) : 6류 위험물, 황린(P_4) : 3류 위험물
③ 철분(Fe) : 2류 위험물, 유기과산화물 : 5류 위험물
④ 등유(케로신) : 4류 위험물, 과염소산($HClO_4$) : 6류 위험물

17 나이트로셀룰로오스에 대한 설명으로 틀린 것은?

① 질화도가 낮을수록 위험성이 크다.
② 물을 첨가하여 습윤시켜 운반한다.
③ 화약의 원료로 쓰인다.
④ 고체이다.

해설 나이트로셀룰로오스는 5류 위험물인 자기연소성 물질로 폭발성 물질이며 질화면이라고도 한다. 질화도란 나이트로셀룰로오스에 함유하고 있는 질소의 함량 %로 질화도가 클수록 폭발성이 강하여 위험성이 크다.

18 밀폐된 내화건물의 실내에 화재가 발생했을 때 그 실내의 환경변화에 대한 설명 중 틀린 것은?

① 기압이 강하한다.
② 산소가 감소된다.
③ 일산화탄소가 증가한다.
④ 이산화탄소가 증가한다.

해설 실내에 화재가 발생하면 온도 상승에 의해 내부 기체가 팽창하므로 내부 압력이 상승한다.

19 물의 물리·화학적 성질로 틀린 것은?

① 증발잠열은 539.6cal/g으로 다른 물질에 비해 매우 큰 편이다.
② 대기압하에서 100℃의 물이 액체에서 수증기로 바뀌면 체적은 약 1,603배 정도 증가한다.
③ 수소 1분자와 산소 1/2분자로 이루어져 있으며 이들 사이의 화학결합은 극성 공유결합이다.
④ 분자간의 결합은 쌍극자-쌍극자 상호작용의 일종인 산소결합에 의해 이루어진다.

해설 ④ 물 분자간 결합은 분자간 인력인 수소결합이다.

20 제1종 분말소화약제인 탄산수소나트륨은 어떤 색으로 착색되어 있는가?

① 담회색 ② 담홍색
③ 회색   ④ 백색

해설 분말소화약제의 종류 및 특성

종류	주성분	착색	적응화재
제1종 분말	탄산수소나트륨 ($NaHCO_3$)	백색	B, C급
제2종 분말	탄산수소칼륨 ($KHCO_3$)	보라색 (자색)	B, C급
제3종 분말	인산암모늄 ($NH_4H_2PO_4$)	핑크색 (담홍색)	A, B, C급
제4종 분말	탄산수소칼륨+요소 ($KHCO_3+NH_2CONH_2$)	회색	B, C급

정답 16.③ 17.① 18.① 19.④ 20.④

2017년 제1회 소방설비기사[전기분야] 1차 필기

[제1과목 : 소방원론]

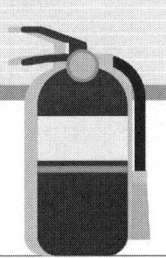

01 고층 건축물 내 연기이동 중 굴뚝효과에 영향을 미치는 요소가 아닌 것은?

① 건물 내·외의 온도차
② 화재실의 온도
③ 건물의 높이
④ 층의 면적

해설 굴뚝효과에 영향을 미치는 요소
㉠ 건물 내·외의 온도차
㉡ 밀도차
㉢ 건물의 높이
㉣ 화재실의 온도

02 섭씨 30도는 랭킨(Rankine)온도로 나타내면 몇 도인가?

① 546도
② 515도
③ 498도
④ 463도

해설
$°F = \frac{9}{5}°C + 32 = \frac{9}{5} \times 30 + 32 = 86°F$
$R = °F + 460 = 86 + 460 = 546R$

03 물질의 연소범위와 화재 위험도에 대한 설명으로 틀린 것은?

① 연소범위의 폭이 클수록 화재 위험이 높다.
② 연소범위의 하한계가 낮을수록 화재 위험이 높다.
③ 연소범위의 상한계가 높을수록 화재 위험이 높다.
④ 연소범위의 하한계가 높을수록 화재 위험이 높다.

해설 연소범위와 화재위험도
㉠ 연소범위의 폭이 클수록 화재 위험이 높다.
㉡ 연소범위의 하한계가 낮을수록 화재 위험이 높다.
㉢ 연소범위의 상한계가 높을수록 화재 위험이 높다.
㉣ 연소범위의 하한계가 높을수록 화재 위험이 낮다.
④ 높다. → 낮다.
• 연소범위=연소한계=가연한계=가연범위=폭발한계=폭발범위
• 하한계=연소하한값
• 상한계=연소상한값

04 A급, B급, C급 화재에 사용이 가능한 제3종 분말 소화약제의 분자식은?

① $NaHCO_3$
② $KHCO_3$
③ $NH_4H_2PO_4$
④ Na_2CO_3

해설 분말소화기(질식효과)

종별	소화약제	약제의 착색	화학반응식	적응 화재
제1종	탄산수소 나트륨 ($NaHCO_3$)	백색	$2NaHCO_3 \rightarrow$ $Na_2CO_3 + CO_2 + H_2O$	BC급
제2종	탄산수소칼륨 ($KHCO_3$)	담자색 (담회색)	$2KHCO_3 \rightarrow$ $K_2CO_3 + CO_2 + H_2O$	BC급
제3종	인산암모늄 ($NH_4H_2PO_4$)	담홍색	$NH_4H_2PO_4 \rightarrow$ $HPO_3 + NH_3 + H_2O$	ABC급
제4종	탄산수소칼륨 + 요소 ($KHCO_3$ + $(NH_2)_2CO$)	회(백)색	$2KHCO_3 +$ $(NH_2)_2CO \rightarrow$ $K_2CO_3 +$ $2NH_3 + 2CO_2$	BC급

• 탄산수소나트륨=중탄산나트륨
• 탄산수소칼륨=중탄산칼륨
• 제1인산암모늄=인산암모늄=인산염
• 탄산수소칼륨+요소=중탄산칼륨+요소

정답 01.④ 02.① 03.④ 04.③

05 할론(Halon) 1301의 분자식은?

① CH₃Cl
② CH₃Br
③ CF₃Cl
④ CF₃Br

해설 할론소화약제의 약칭 및 분자식

종 류	약 칭	분자식
할론 1011	CB	CClBrH₂
할론 104	CTC	CCl₄
할론 1211	BCF	CF₂ClBr(CClF₂Br)
할론 1301	BTM	CF₃Br
할론 2402	FB	C₂F₄Br₂

06 소화약제의 방출수단에 대한 설명으로 가장 옳은 것은?

① 액체 화학반응을 이용하여 발생되는 열로 방출한다.
② 기체의 압력으로 폭발, 기화작용 등을 이용하여 방출한다.
③ 외기의 온도, 습도, 기압 등을 이용하여 방출한다.
④ 가스압력, 동력, 사람의 손 등에 의하여 방출한다.

해설 소화약제의 방출수단
㉠ 가스압력(CO₂, N₂ 등)
㉡ 동력(전동기 등)
㉢ 사람의 손

07 다음 중 가연성 가스가 아닌 것은?

① 일산화탄소
② 프로판
③ 아르곤
④ 수소

해설 가연성 가스와 지연성 가스

가연성 가스	지연성 가스(조연성 가스)
• 수소 • 메탄 • 일산화탄소 • 천연가스 • 부탄 • 에탄 • 암모니아 • 프로판	• 산소 • 공기 • 염소 • 오존 • 불소

08 1기압, 100[℃]에서의 물 1g의 기화잠열은 약 몇 [cal]인가?

① 425[cal]
② 539[cal]
③ 647[cal]
④ 734[cal]

해설 물(H₂O)

기화잠열(증발잠열)	융해잠열
539[cal/g]	80[cal/g]

09 건축물의 화재 시 피난자들의 집중으로 패닉(panic) 현상이 일어날 수 있는 피난방향은?

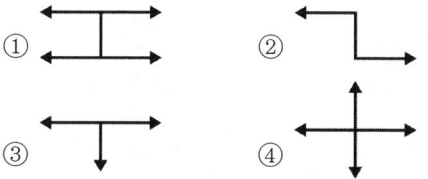

해설 피난형태

형 태	피난방향	상 황
X형		확실한 피난통로가 보장되어 신속한 피난이 가능하다.
Y형		
CO형		피난자들의 집중으로 패닉(panic)현상이 일어날 수 있다.
H형		

10 연기의 감광계수(m⁻¹)에 대한 설명으로 옳은 것은?

① 0.5는 거의 앞이 보이지 않을 정도이다.
② 10은 화재 최성기 때의 농도이다.
③ 0.5는 가시거리가 20~30[m] 정도이다.
④ 10은 연기감지기가 작동하기 직전의 농도이다.

해설 연기의 농도에 따른 상황

감광계수	가시거리	상황설명
$0.1Cs(m^{-1})$	20~30[m]	• 희미하게 연기가 감도는 정도의 농도 • 연기감지기가 작동되는 농도 • 건물구조에 익숙하지 않은 사람이 피난에 지장을 받을 수 있는 농도
$0.3Cs(m^{-1})$	5[m]	건물구조를 잘 아는 사람이 피난에 지장을 받을 수 있는 농도
$0.5Cs(m^{-1})$	3[m]	약간 어두운 정도의 농도
$1.0Cs(m^{-1})$	1~2[m]	전방이 거의 보이지 않을 정도의 농도
$10Cs(m^{-1})$	수십[cm]	• 최성기 때 화재층의 연기 농도 • 유도등도 보이지 않는 암흑상태의 농도
$30Cs(m^{-1})$	—	출화실에서 연기가 배출될 때의 농도

11 위험물의 저장 방법으로 틀린 것은?

① 금속나트륨 - 석유류에 저장
② 이황화탄소 - 수조 물탱크에 저장
③ 알킬알루미늄 - 벤젠액에 희석하여 저장
④ 산화프로필렌 - 구리 용기에 넣고 불연성 가스를 봉입하여 저장

해설 물질에 따른 저장장소

물 질	저장장소
황린, 이황화탄소(CS_2)	물속
나이트로셀룰로오스	알코올 속
칼륨(K), 나트륨(Na), 리튬(Li)	석유류(등유) 속
알킬알루미늄	벤젠액 속
아세틸렌(C_2H_2)	디메틸포름아미드(DMF), 아세톤에 용해

12 건축방화계획에서 건축구조 및 재료를 불연화하여 화재를 미연에 방지하고자 하는 공간적 대응 방법은?

① 회피성 대응   ② 도피성 대응
③ 대항성 대응   ④ 설비적 대응

해설

(1) 공간적 대응

종 류	설 명
대항성	내화성능·방연성능·초기 소화대응 등의 화재사상의 저항능력
회피성	불연화·난연화·내장제한·구획의 세분화·방화훈련(소방훈련)·불조심 등 출화유발·확대 등을 저감시키는 예방조치 강구
도피성	화재가 발생한 경우 안전하게 피난할 수 있는 시스템

(2) 설비적 대응 : 화재에 대응하여 설치하는 소화설비, 경보설비, 피난설비, 소화활동설비 등의 제반소방시설

13 할론 가스 45kg과 함께 기동가스로 질소 2kg을 충전하였다. 이때 질소가스의 몰분율은? (단, 할론 가스의 분자량은 149이다)

① 0.19   ② 0.24
③ 0.31   ④ 0.39

해설 몰분율

$$몰분율 = \frac{어떤\ 성분의\ 몰수}{전체\ 몰수}$$

$$몰수 = \frac{질량(kg)}{분자량(kg/kmol)}$$

㉠ 할론가스의 몰수 $= \dfrac{질량(kg)}{분자량(kg/kmol)}$

$= \dfrac{45(kg)}{149(kg/kmol)} ≒ 0.3(kmol)$

㉡ 질소가스의 몰수 $= \dfrac{질량(kg)}{분자량(kg/kmol)}$

$= \dfrac{2(kg)}{28(kg/kmol)} ≒ 0.07(kmol)$

정답 10.② 11.④ 12.① 13.①

질소가스의 몰분율 = $\dfrac{\text{질소의 몰수}}{\text{전체 몰수}}$

$= \dfrac{0.07(\text{kmol})}{(0.3+0.07)(\text{kmol})}$

$= 0.189$

$\fallingdotseq 0.19$

14 다음 중 착화온도가 가장 낮은 것은?

① 에틸알코올
② 톨루엔
③ 등유
④ 가솔린

[해설]

물 질	인화온도	착화온도
• 프로필렌	-107[℃]	497[℃]
• 에틸에테르 • 디에틸에테르	-45[℃]	180[℃]
• 가솔린(휘발유)	-43[℃]	300[℃]
• 이황화탄소	-30[℃]	100[℃]
• 아세틸렌	-18[℃]	335[℃]
• 아세톤	-18[℃]	538[℃]
• 톨루엔	4.4[℃]	480[℃]
• 에틸알코올	13[℃]	423[℃]
• 아세트산	40[℃]	-
• 등유	43~72[℃]	210[℃]
• 경유	50~70[℃]	200[℃]
• 적린	-	260[℃]

※ 착화온도=착화점=발화온도=발화점

15 B급 화재 시 사용할 수 없는 소화방법은?

① CO_2 소화약제로 소화한다.
② 봉상주수로 소화한다.
③ 3종 분말약제로 소화한다.
④ 단백포로 소화한다.

[해설] B급 화재 시 소화방법
㉠ CO_2 소화약제(이산화탄소소화약제)
㉡ 분말약제(1~4종)
㉢ 포(단백포, 수성막포 등 모든 포)
㉣ 할론 소화약제
㉤ 할로겐 화합물 및 불활성기체소화약제
㉥ 봉상주수는 연소면(화재면)이 확대되어 B급 화재에는 오히려 더 위험하다.

16 가연물의 제거와 가장 관련이 없는 소화방법은?

① 촛불을 입김으로 불어서 끈다.
② 산불 화재 시 나무를 잘라 없앤다.
③ 팽창 진주암을 사용하여 진화한다.
④ 가스화재 시 중간밸브를 잠근다.

[해설] 팽창진주암 사용은 피복, 질식소화이다.

17 유류 저장탱크의 화재에서 일어날 수 있는 현상이 아닌 것은?

① 플래시 오버(Flash Over)
② 보일 오버(Boil Over)
③ 슬롭 오버(Slop Over)
④ 프로스 오버(Froth Over)

[해설] ㉠ 보일 오버(Boil over) 현상
유류탱크 화재 시 액체 위험물 밑 부분에 존재하고 있는 물이 열파에 의해 비점 이상으로 되어 급격히 증발하면서 가연성 액체를 탱크 밖으로 비산시키는 현상
㉡ 슬롭 오버(Slop over) 현상
액체 위험물 화재 시 화재의 계속 진행에 의해 연소 유면이 가열된 상태에서 물이 포함되어 있는 소화약제를 방사할 경우 물이 갑자기 기화하면서 액체위험물을 탱크 밖으로 비산시키는 현상
㉢ 프로스 오버(Floth over) 현상
화재 이외의 경우에 발생할 수 있는 현상으로 점도가 높은 유류를 저장하는 탱크의 바닥에 있는 수분이 어떤 원인에 의해 비등하면서 액체위험물과 물이 넘치는 현상

정답 14.③ 15.② 16.③ 17.①

18 분말소화약제 중 탄산수소칼륨($KHCO_2$)과 요소($CO(NH_2)_2$)와의 반응물을 주성분으로 하는 소화약제는?

① 제1종 분말 ② 제2종 분말
③ 제3종 분말 ④ 제4종 분말

해설 분말소화약제(질식효과)

종별	분자식	착색	적응화재	비고
제1종	탄산수소나트륨 ($NaHCO_3$)	백색	BC급	식용유 및 지방질유의 화재에 적합
제2종	탄산수소칼륨 ($KHCO_3$)	담자색 (담회색)	BC급	-
제3종	제1인산암모늄 ($NH_4H_2PO_4$)	담홍색	ABC급	차고·주차장에 적합
제4종	탄산수소칼륨+요소 ($KHCO_3+(NH_2)_2CO$)	회(백)색	BC급	-

19 소화효과를 고려하였을 경우 화재 시 사용할 수 있는 물질이 아닌 것은?

① 이산화탄소 ② 아세틸렌
③ Halon 1211 ④ Halon 1301

해설 소화약제
㉠ 물
㉡ 이산화탄소
㉢ 할론 소화약제(Halon 1301, Halon 1211 등)
㉣ 할로겐 화합물 및 불활성기체 소화약제
㉤ 포

② 아세틸렌(C_2H_2) : 가연성 가스로서 화재 시 사용하면 화재가 더 확대된다.

20 인화성 액체의 연소점, 인화점, 발화점을 온도가 높은 것부터 옳게 나열한 것은?

① 발화점 > 연소점 > 인화점
② 연소점 > 인화점 > 발화점
③ 인화점 > 발화점 > 연소점
④ 인화점 > 연소점 > 발화점

해설 인화성 액체의 온도가 높은 순서
발화점 > 연소점 > 인화점

2017 제2회 소방설비기사[전기분야] 1차 필기

[제1과목 : 소방원론]

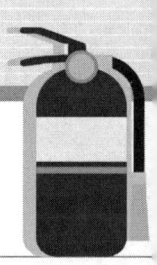

01 화재 시 이산화탄소를 사용하여 화재를 진압하려고 할 때 산소의 농도를 13[vol%]로 낮추어 화재를 진압하려면 공기 중 이산화탄소의 농도는 약 몇 [vol%]가 되어야 하는가?

① 18.1[vol%]   ② 28.1[vol%]
③ 38.1[vol%]   ④ 48.1[vol%]

해설

$$CO_2 = \frac{21 - O_2}{21} \times 100$$

여기서, CO_2 : CO_2의 농도(vol%)
O_2 : O_2의 농도(vol%)

$$CO_2 = \frac{21 - O_2}{21} \times 100$$

$$CO_2 = \frac{21 - 13}{21} \times 100 ≒ 38.1[vol\%]$$

02 건물화재의 표준시간-온도곡선에서 화재발생 후 1시간이 경과할 경우 내부 온도는 약 몇 [℃] 정도 되는가?

① 225[℃]
② 625[℃]
③ 840[℃]
④ 925[℃]

해설 시간경과시의 온도

경과시간	온도
30분 후	840[℃]
1시간 후	925~950[℃]
2시간 후	1010[℃]

03 프로판 50vol%, 부탄 40vol%, 프로필렌 10vol%로 된 혼합가스의 폭발하한계는 약 vol%인가? (단, 각 가스의 폭발하한계는 프로판은 2.2vol%, 부탄은 1.9vol% 프로필렌은 2.4vol%이다.)

① 0.83[vol%]
② 2.09[vol%]
③ 5.05[vol%]
④ 9.44[vol%]

해설

$$\frac{100}{L} = \frac{V_1}{L_1} + \frac{V_2}{L_2} + \frac{V_3}{L_3}$$

$$\frac{100}{L} = \frac{50}{2.2} + \frac{40}{1.9} + \frac{10}{2.4}$$

$$\frac{100}{\frac{50}{2.2} + \frac{40}{1.9} + \frac{10}{2.4}} = L$$

$$L = \frac{100}{\frac{50}{2.2} + \frac{40}{1.9} + \frac{10}{2.4}} ≒ 2.09[vol\%]$$

04 유류탱크에 화재 시 발생하는 슬롭 오버(Slop over)현상에 관한 설명으로 틀린 것은?

① 소화 시 외부에서 방사하는 포에 의해 발생한다.
② 연소유가 비산되어 탱크 외부까지 화재가 확산된다.
③ 탱크의 바닥에 고인 물의 비등 팽창에 의해 발생한다.
④ 연소면의 온도가 100[℃] 이상일 때 물을 주수하면 발생된다.

정답 01.③ 02.④ 03.② 04.③

해설
㉠ 보일 오버(Boil over) 현상
유류탱크 화재 시 액체 위험물 밑 부분에 존재하고 있는 물이 열파에 의해 비점 이상으로 되어 급격히 증발하면서 가연성 액체를 탱크 밖으로 비산시키는 현상
㉡ 슬롭 오버(Slop over) 현상
액체 위험물 화재 시 화재의 계속 진행에 의해 연소유면이 가열된 상태에서 물이 포함되어 있는 소화약제를 방사할 경우 물이 갑자기 기화하면서 액체위험물을 탱크 밖으로 비산시키는 현상
㉢ 프로스 오버(Floth over) 현상
화재 이외의 경우에 발생할 수 있는 현상으로 점도가 높은 유류를 저장하는 탱크의 바닥에 있는 수분이 어떤 원인에 의해 비등하면서 액체위험물과 물이 넘치는 현상

05 에테르, 케톤, 에스테르, 알데히드, 카르복시산, 아민 등과 같은 가연성인 수용성 용매에 유효한 포 소화약제는?

① 단백포
② 수성막포
③ 불화단백포
④ 내알코올포

해설 내알코올형포(알코올포)
㉠ 알코올류 위험물(메탄올)의 소화에 사용
㉡ 수용성 유류화재(아세트알데히드, 에스테르류)에 사용 : 수용성 용매에 사용
㉢ 가연성 액체에 사용

06 화재의 소화원리에 따른 소화방법의 적용으로 틀린 것은?

① 냉각소화 : 스프링클러설비
② 질식소화 : 이산화탄소소화설비
③ 제거소화 : 포소화설비
④ 억제소화 : 할론소화설비

해설 화재의 소화원리에 따른 소화방법

소화원리	소화설비
냉각소화	① 스프링클러설비 ② 옥내·외소화전설비
질식소화	① 이산화탄소소화설비 ② 포소화설비 ③ 분말소화설비 ④ 불활성기체소화설비
억제소화 (부촉매효과)	① 할론소화설비 ② 할로겐화합물소화설비

07 동식물유류에서 "요오드값이 크다."라는 의미를 옳게 설명한 것은?

① 불포화도가 높다.
② 불건성유이다.
③ 자연발화성이 낮다.
④ 산소와의 결합이 어렵다.

해설 "요오드값이 크다."라는 의미
㉠ 불포화도가 높다.
㉡ 건성유이다.
㉢ 자연발화성이 높다.
㉣ 산소화 결합이 쉽다.
※ **요오드값** : 기름 100[g]에 첨가되는 요오드의 g수

08 다음 중 연소 시 아황산가스를 발생시키는 것은?

① 적린
② 황
③ 트리에틸알루미늄
④ 황린

해설

$$S + O_2 \rightarrow SO_2$$

황   산소   아황산가스

09 탄화칼슘이 물과 반응할 때 발생되는 기체는?

① 일산화탄소
② 아세틸렌
③ 황화수소
④ 수소

정답 05.④ 06.③ 07.① 08.② 09.②

해설 탄화칼슘과 물의 반응식
$$CaC_2 + 2H_2O \rightarrow Ca(OH)_2 + C_2H_2 \uparrow$$
탄화칼슘   물   수산화칼슘   아세틸렌

10 주성분이 인산염류인 제3종 분말소화약제가 다른 분말소화약제와 다르게 A급 화재에 적용할 수 있는 이유는?

① 열분해 생성물인 CO_2가 열을 흡수하므로 냉각에 의하여 소화된다.
② 열분해 생성물인 수증기가 산소를 차단하여 탈수작용 한다.
③ 열분해 생성물인 메타인산(HPO_3)이 산소의 차단 역할을 하므로 소화가 된다.
④ 열분해 생성물인 암모니아가 부촉매 작용을 하므로 소화가 된다.

해설 제3종 분말의 열분해 생성물
㉠ H_2O(물)
㉡ NH_3(암모니아)
㉢ HPO_3(메타인산) : 산소 차단

11 표면온도가 300℃에서 안전하게 작동하도록 설계된 히터의 표면온도가 360℃로 상승하면 300℃에 비하여 약 몇 배의 열을 방출할 수 있는가?

① 1.1배   ② 1.5배
③ 2.0배   ④ 2.5배

해설 스테판-볼츠만의 법칙(Stefan-Bolzman's law)
$$\frac{Q_2}{Q_1} = \frac{(273+t_2)^4}{(273+t_1)^4} = \frac{(273+360)^4}{(273+300)^4} \fallingdotseq 1.5배$$

12 화재를 소화하는 방법 중 물리적 방법에 의한 소화가 아닌 것은?

① 억제소화   ② 제거소화
③ 질식소화   ④ 냉각소화

해설 억제소화는 화학적 소화방법이다.

13 위험물의 유별 성질이 자연발화성 및 금수성 물질은 제 몇 류 위험물인가?

① 제1류 위험물   ② 제2류 위험물
③ 제3류 위험물   ④ 제4류 위험류

해설 위험물의 유별 공통성질
㉠ 제1류 위험물 : 산화성 고체
㉡ 제2류 위험물 : 가연성 고체
㉢ 제3류 위험물 : 자연발화성 물질 및 금수성 물질
㉣ 제4류 위험물 : 인화성 액체
㉤ 제5류 위험물 : 자기연소성(반응성) 물질
㉥ 제6류 위험물 : 산화성 액체

14 다음 중 열전도율이 가장 작은 것은?

① 알루미늄   ② 철재
③ 은   ④ 암면(광물섬유)

해설 27℃에서 물질의 열전도율

물 질	열전도율
암면(광물섬유)	0.046[W/m·℃]
철재	80.3[W/m·℃]
알루미늄	273[W/m·℃]
은	427[W/m·℃]

15 건축물의 피난동선에 대한 설명으로 틀린 것은?

① 피난동선은 가급적 단순한 형태가 좋다.
② 피난동선은 가급적 상호 반대방향으로 다수의 출구와 연결되는 것이 좋다.
③ 피난동선은 수평동선과 수직동선으로 구분된다.
④ 피난동선은 복도, 계단을 제외한 엘리베이터와 같은 피난전용의 통행구조를 말한다.

해설 피난동선의 특성
㉠ 가급적 단순형태가 좋다.
㉡ 수평동선과 수직동선으로 구분한다.
㉢ 가급적 상호 반대방향으로 다수의 출구와 연결되는 것이 좋다.
㉣ 어느 곳에서도 2개 이상의 방향으로 피난할 수 있으며, 그 말단은 화재로부터 안전한 장소이어야 한다.

정답 10.③ 11.② 12.① 13.③ 14.④ 15.④

④ 피난동선 : 복도・통로・계단과 같은 피난전용의 통행구조

16 공기와 할론 1301의 혼합기체에서 할론 1301에 비해 공기의 확산속도는 약 몇 배인가? (단, 공기의 평균분자량은 29, 할론 1301의 분자량은 149이다)

① 2.27배
② 3.85배
③ 5.17배
④ 6.46배

해설 그레이엄의 확산속도법칙

$$\frac{V_B}{V_A} = \sqrt{\frac{M_A}{M_B}}$$

여기서, V_A : 공기의 확산속도(m/s)
V_B : 할론 1301의 확산속도(m/s)
M_A : 공기의 분자량
M_B : 할론 1301의 분자량

$\frac{V_B}{V_A} = \sqrt{\frac{M_A}{M_B}}$ 는 $\boxed{\frac{V_A}{V_B} = \sqrt{\frac{M_B}{M_A}}}$ 로 쓸 수 있으므로

∴ $\frac{V_A}{V_B} = \sqrt{\frac{M_B}{M_A}} = \sqrt{\frac{149}{29}} = 2.27$배

17 내화구조의 기준 중 벽의 경우 벽돌조로서 두께가 최소 몇 cm 이상이어야 하는가?

① 5
② 10
③ 12
④ 19

해설 내화구조의 벽
㉠ 철근콘크리트조 또는 철골콘크리트조로서 두께가 10[cm] 이상인 것
㉡ 골구를 철골조로 하고 그 양면을 두께 4[cm] 이상의 철망모르타르 또는 두께 5[cm] 이상의 콘크리트블록・벽돌 또는 석재로 덮은 것
㉢ 철재로 보강된 콘크리트블록조・벽돌조 또는 석조로서 철재에 덮은 콘크리트 블록의 두께가 5cm 이상인 것
㉣ 벽돌조로서 두께가 19[cm] 이상인 것
㉤ 고온・고압의 증기로 양생된 경량기포 콘크리트판넬 또는 경량기포 콘크리트블록조로서 두께가 10[cm] 이상인 것

18 가연물이 연소가 잘 되기 위한 구비조건으로 틀린 것은?

① 열전도율이 클 것
② 산소와 화학적으로 친화력이 클 것
③ 표면적이 클 것
④ 활성화에너지가 작을 것

해설 가연물이 연소하기 쉬운 조건
㉠ 산소와 친화력이 클 것
㉡ 발열량이 클 것
㉢ 표면적이 넓을 것
㉣ 열전도율이 작을 것
㉤ 활성화에너지가 작을 것
㉥ 연쇄반응을 일으킬 수 있을 것
㉦ 산소가 포함된 유기물일 것

19 질식소화 시 공기 중의 산소농도는 일반적으로 약 몇 [vol%] 이하로 하여야 하는가?

① 25[vol%]
② 21[vol%]
③ 19[vol%]
④ 15[vol%]

해설 소화형태

소화형태	설명
냉각소화	• 점화원을 냉각하여 소화하는 방법 • 증발잠열을 이용하여 열을 빼앗아 가연물의 온도를 떨어뜨려 화재를 진압하는 소화 • 다량의 물을 뿌려 소화하는 방법
질식소화	• 공기 중의 산소농도를 16[vol%](또는 15[vol%]) 이하로 희박하게 하여 소화하는 방법
제거소화	• 가연물을 제거하여 소화하는 방법
부촉매소화 (=화학소화)	• 연쇄반응을 차단하여 소화하는 방법
희석소화	• 기체・고체・액체에서 나오는 분해가스나 증기의 농도를 낮춰 소화하는 방법

20 다음 원소 중 수소와의 결합력이 가장 큰 것은?

① F
② Cl
③ Br
④ I

해설 할로겐화합물소화약제
㉠ 부촉매효과(소화능력) 크기 : I>Br>Cl>F
㉡ 전기음성도(친화력, 결합력) 크기 : F>Cl>Br>I
※ 전기음성도 크기=수소와의 결합력 크기

정답 20.①

2017년 제4회 소방설비기사[전기분야] 1차 필기

[제1과목 : 소방원론]

01 목재 화재 시 다량의 물을 뿌려 소화할 경우 기대되는 주된 소화효과는?
① 제거효과 ② 냉각효과
③ 부촉매효과 ④ 희석효과

해설) 다량의 물 : 냉각소화

02 포소화약제 중 고팽창포로 사용할 수 있는 것은?
① 단백포 ② 불화단백포
③ 내알코올포 ④ 합성계면활성제포

해설) 포소화약제

저팽창포	고팽창포
• 단백포소화약제 • 수성막포소화약제 • 내알코올형포소화약제 • 불화단백포소화약제 • 합성계면활성제포소화약제	• 합성계면활성제포소화약제

03 FM-200이라는 상품명을 가지며 오존파괴 지수(ODP)가 0인 할론 대체 소화약제는 무슨 계열인가?
① HFC 계열 ② HCFC 계열
③ FC 계열 ④ Blend 계열

해설) 할로겐화합물 및 불활성기체 소화약제의 종류(NFSC 107A 4조)

계열	소화약제	상품명	화학식
FC	퍼플루오로부탄 (FC-3-1-10)	CEA-410	C_4F_{10}
HFC	트리플루오로메탄 (HFC-23)	FE-13	CHF_3
	펜타플루오로에탄 (HFC-125)	FE-25	CHF_2CF_3
	헵타플루오로프로판 (HFC-227ea)	FM-200	CF_3CHFCF_3
HCFC	클로로테트라플루오로에탄 (HCFC-124)	FE-241	$CHClFCF_3$

	하이드로클로로플루오로카본혼화제
	(HCFC BLEND A)
		NAF S-Ⅲ	• $C_{10}H_{16}$: 3.75%
			• HCFC-123
			  ($CHCl_2CF_3$) : 4.75%
			• HCFC-124
			  ($CHClFCF_3$) : 9.5%
			• HCFC-22
			  ($CHClF_2$) : 82%

IG	불연성·불활성 기체혼합가스 (IG-541)	Inergen	• CO_2 : 8% • Ar : 40% • N_2 : 52%

04 화재 시 소화에 관한 설명으로 틀린 것은?
① 내알코올포 소화약제는 수용성용제의 화재에 적합하다.
② 물은 불에 닿을 때 증발하면서 다량의 열을 흡수하여 소화한다.
③ 제3종 분말소화약제는 식용유화재에 적합하다.
④ 할로겐화합물 소화약제는 연쇄반응을 억제하여 소화한다.

해설) 분말소화약제

종별	주성분	착색	적응화재	비고
제1종	중탄산나트륨 ($NaHCO_3$)	백색	BC급	식용유 및 지방질유의 화재에 적합

정답 01.② 02.④ 03.① 04.③

제2종	중탄산칼륨 (KHCO₃)	담자색 (담회색)	BC급	–
제3종	제1인산암모늄 (NH₄H₂PO₄)	담홍색 (황색)	ABC급	차고· 주차장에 적합
제4종	중탄산칼륨+요소 (KHCO₃+ (NH₂)₂CO)	회(백)색	BC급	–

③ 제3종 → 제1종

05 화재의 종류에 따른 분류가 틀린 것은?
① A급 : 일반화재 ② B급 : 유류화재
③ C급 : 가스화재 ④ D급 : 금속화재

해설) 화재의 종류

화재의 분류		소화기표시색	소화방법
A급	일반화재	백색	냉각효과
B급	유류화재	황색	질식효과
C급	전기화재	청색	질식효과
D급	금속화재	–	건조사피복
E급	가스화재	–	질식효과
K급	주방화재	–	질식효과

06 휘발유의 위험성에 관한 설명으로 틀린 것은?
① 일반적인 고체 가연물에 비해 인화점이 낮다.
② 상온에서 가연성 증기가 발생한다.
③ 증기는 공기보다 무거워 낮은 곳에 체류한다.
④ 물보다 무거워 화재발생 시 물분무소화는 효과가 없다.

해설) 물보다 가벼우며 분무주수 시 유화효과 이용

07 질소 79.2[vol%], 산소 20.8[vol%]로 이루어진 공기의 평균분자량은?
① 15.44 ② 20.21
③ 28.83 ④ 36.00

해설) 질소 N_2 : $14 \times 2 \times 0.792 = 22.176$
산소 O_2 : $16 \times 2 \times 0.208 = 6.656$
공기의 평균분자량 = 28.832 ≒ 28.83

08 고비점 유류의 탱크화재 시 열유층에 의해 탱크 아래의 물이 비등·팽창하여 유류를 탱크 외부로 분출시켜 화재를 확대시키는 현상은?
① 보일 오버(Boil over)
② 롤 오버(Roll over)
③ 백 드래프트(Back draft)
④ 플래시 오버(Flash over)

해설) 보일 오버(Boil over)
㉠ 중질유의 탱크에서 장시간 조용히 연소하다 탱크 내의 잔존기름이 갑자기 분출하는 현상
㉡ 유류탱크에서 탱크바닥에 물과 기름의 에멀션이 섞여 있을 때 이로 인하여 화재가 발생하는 현상
㉢ 연소유면으로부터 100[℃] 이상의 열파가 탱크 저부에 고여 있는 물을 비등하게 하면서 연소유를 탱크 밖으로 비산시키며 연소하는 현상
㉣ 고비점 유류의 탱크화재 시 열류층에 의해 탱크 아래의 물이 비등·팽창하여 유류를 탱크 외부로 분출시켜 화재를 확대시키는 현상

09 전기불꽃, 아크 등이 발생하는 부분을 기름 속에 넣어 폭발을 방지하는 방폭구조는?
① 내압 방폭구조   ② 유입 방폭구조
③ 안전증 방폭구조 ④ 특수 방폭구조

해설) 방폭구조의 종류
㉠ 내압(耐壓) 방폭구조
용기 내부에서 가연성 가스를 폭발시켰을 때 그 폭발압력에 견딜 수 있는 특수한 구조로 설계하는 것으로 가장 많이 이용되고 있는 방식이다.
㉡ 압력(壓力) 방폭구조
용기 내부에 불활성 가스 등을 압입시켜 외부의 폭발성 가스의 유입을 방지하는 구조로 내압의 유지방식에 따라 통풍식, 봉입식, 밀봉식으로 구분한다.
㉢ 유입 방폭구조
전기불꽃이 발생될 우려가 있는 부분을 기름 속에 넣어 폭발성 가스와 격리시키는 구조

정답 05.③ 06.④ 07.③ 08.① 09.②

ⓓ 충전 방폭구조
  전기불꽃이 발생될 우려가 있는 부분을 석영가루나 유리입자 등의 충전물로 완전히 덮어 폭발성 가스와 격리시키는 구조
ⓔ 몰드 방폭구조
  전기불꽃이 발생될 우려가 있는 부분을 절연성이 있는 콤파운드로 포입하는 구조
ⓕ 안전증 방폭구조
  전기불꽃 발생부나 고온부가 존재하지 않는 구조로서 특별히 안전도를 증가시켜 고장을 일으키지 않도록 한 구조
ⓖ 본질안전 방폭구조
  안전지역과 위험지역 사이에 안전장치를 설치하여 위험지역으로 유입되는 전압과 전류를 제거하여 폭발을 일으킬 수 있는 최소 에너지보다 작게 하는 구조

10 할로겐원소의 소화효과가 큰 순서대로 배열된 것은?

① I > Br > Cl > F
② Br > I > F > Cl
③ Cl > F > I > Br
④ F > Cl > Br > I

해설 할로겐화합물소화약제

부촉매효과(소화효과) 크기	전기음성도(친화력) 크기
I > Br > Cl > F	F > Cl > Br > I

• 소화효과=소화능력
• 전기음성도 크기=수소와의 결합력 크기

11 이산화탄소 20g은 몇 mol인가?

① 0.23mol   ② 0.45mol
③ 2.2mol   ④ 4.4mol

해설 비례식으로 풀면 44g : 1mol = 20g : x
$x = \dfrac{20g}{44g} \times 1mol ≒ 0.45mol$
이산화탄소 $CO_2 = 12 + 16 \times 2 = 44g/mol$
그러므로 이산화탄소는 44g=1mol이다.

12 공기 중에서 연소범위가 가장 넓은 물질은?
① 수소   ② 이황화탄소
③ 아세틸렌   ④ 에테르

해설 공기 중의 폭발한계(상온, 1atm)

가 스	하한계(vol%)	상한계(vol%)
아세틸렌(C_2H_2)	2.5	81
수소(H_2)	4	75
일산화탄소(CO)	12.5	74
에테르(($C_2H_5)_2O$)	1.9	48
이황화탄소(CS_2)	1.2	44
에틸렌($CH_2=CH_2$)	3.1	32
암모니아(NH_3)	15	28
메탄(CH_4)	5	15
에탄(C_2H_6)	3	12.4
프로판(C_3H_8)	2.1	9.5
부탄(C_4H_{10})	1.8	8.4
가솔린($C_5H_{12} \sim C_9H_{20}$)	1.4	7.6

13 건축물에 설치하는 방화벽의 구조에 대한 기준 중 틀린 것은?

① 내화구조로서 홀로 설 수 있는 구조이어야 한다.
② 방화벽의 양쪽 끝은 지붕면으로부터 0.2[m] 이상 튀어 나오게 하여야 한다.
③ 방화벽의 위쪽 끝은 지붕면으로부터 0.5[m] 이상 튀어 나오게 하여야 한다.
④ 방화벽에 설치하는 출입문은 너비 및 높이가 각각 2.5[m] 이하인 60분+ 또는 60분 방화문을 설치하여야 한다.

해설 방화벽의 구조

대상 건축물	• 주요구조부가 내화구조 또는 불연재료가 아닌 연면적 1,000[m²] 이상인 건축물
구획단지	• 연면적 1,000[m²] 미만마다 구획
방화벽의 구조	• 내화구조로서 홀로 설 수 있는 구조일 것 • 방화벽의 양쪽 끝과 위쪽 끝을 건축물의 외벽면 및 지붕면으로부터 0.5[m] 이상 튀어나오게 할 것 • 방화벽에 설치하는 출입문의 너비 및 높이는 각각 2.5[m] 이하로 하고 이에 60분+ 또는 60분 방화문을 설치할 것

정답 10.① 11.② 12.③ 13.②

14 분말소화약제에 관한 설명 중 틀린 것은?

① 제1종 분말은 담홍색 또는 황색으로 착색되어 있다.
② 분말의 고화를 방지하기 위하여 실리콘 수지 등으로 방습처리 한다.
③ 일반화재에도 사용할 수 있는 분말소화약제는 제3종 분말이다.
④ 제2종 분말의 열분해식은 $2KHCO_3 \rightarrow K_2CO_3 + CO_2 + H_2O$이다.

해설 분말소화약제

종별	주성분	착색	적응화재	비고
제1종	중탄산나트륨 ($NaHCO_3$)	백색	BC급	식용유 및 지방질유의 화재에 적합
제2종	중탄산칼륨 ($KHCO_3$)	담자색(담회색)	BC급	-
제3종	제1인산암모늄 ($NH_4H_2PO_4$)	담홍색(황색)	ABC급	차고·주차장에 적합
제4종	중탄산칼륨+요소 ($KHCO_3$+$(NH_2)_2CO$)	회(백)색	BC급	-

15 공기 중에서 자연발화 위험성이 높은 물질은?

① 벤젠
② 톨루엔
③ 이황화탄소
④ 트리에틸알루미늄

해설 제3류 위험물

제3류	자연발화성 물질 및 금수성 물질	• 황린 • 칼륨 • 나트륨 • 알칼리토금속 • 트리에틸알루미늄

문제의도는 3류위험물을 묻는 문제임.

16 제3류 위험물로서 자연발화성만 있고 금수성이 없기 때문에 물속에 보관하는 물질은?

① 염소산암모늄
② 황린
③ 칼륨
④ 질산

해설 물질에 따른 저장장소

물질	저장장소
황린, 이황화탄소(CS_2)	물 속
나이트로셀룰로오스	알코올 속
칼륨(K), 나트륨(Na), 리튬(Li)	석유류(등유) 속
아세틸렌(C_2H_2)	디메틸포름아미드, 아세톤에 용해

17 건물의 주요 구조부에 해당되지 않는 것은?

① 바닥
② 천장
③ 기둥
④ 주계단

해설 주요구조부
• 건축물의 골격을 유지하는 부분
• 종류 : 내력벽, 기둥, 바닥, 보, 지붕 및 주계단(다만, 사잇벽, 사잇기둥, 최하층바닥, 작은보, 차양, 옥외계단 등은 제외)

18 폭발의 형태 중 화학적 폭발이 아닌 것은?

① 분해폭발
② 가스폭발
③ 수증기폭발
④ 분진폭발

해설 폭발의 종류

화학적 폭발	물리적 폭발
• 가스폭발 • 유증기폭발 • 분진폭발 • 화약류의 폭발 • 산화폭발 • 분해폭발 • 중합폭발	• 증기폭발 • 전선폭발 • 상전이폭발 • 압력방출에 의한 폭발

19 연소확대 방지를 위한 방화구획과 관계없는 것은?

① 일반 승강기의 승강장 구획
② 층 또는 면적별 구획
③ 용도별 구획
④ 방화댐퍼

정답 14.① 15.④ 16.② 17.② 18.③ 19.①

[해설] 연소확대 방지를 위한 방화구획
　㉠ 층 또는 면적별 구획
　㉡ 피난용 승강기의 승강로구획
　㉢ 위험용도별 구획(용도별 구획)
　㉣ 방화댐퍼 설치

　① 일반 승강기 → 피난용 승강기
　　 승강장 → 승강로

20 피난층에 대한 정의로 옳은 것은?
　① 지상으로 통하는 피난계단이 있는 층
　② 비상용 승강기의 승강장이 있는 층
　③ 비상용 출입구가 설치되어 있는 층
　④ 직접 지상으로 통하는 출입구가 있는 층

[해설] **피난층** : 직접 지상으로 통하는 출입구가 있는 층

2018년 제1회 소방설비기사[전기분야] 1차 필기
[제1과목 : 소방원론]

01 pH 9 정도의 물을 보호액으로 하여 보호액 속에 저장하는 물질은?
① 나트륨   ② 탄화칼슘
③ 칼륨   ④ 황린

- 물속에 저장 : 황린, 이황화탄소(CS_2)
- 발화점 : 황린 34[℃], 이황화탄소 100[℃]

02 고분자 재료와 열적 특성의 연결이 옳은 것은?
① 폴리염화비닐 수지 – 열가소성
② 페놀 수지 – 열가소성
③ 폴리에틸렌 수지 – 열경화성
④ 멜라민 수지 – 열가소성

합성수지의 분류
㉠ 열가소성 수지 : 가열하면 용융되어 액체로 되고 식으면 다시 굳어지는 수지로 화재 위험성이 크다.
  예) 폴리에틸렌, 폴리프로필렌, 폴리스티렌, 폴리염화비닐, 아크릴수지 등
㉡ 열경화성 수지 : 가열하여도 용융되지 않고 바로 분해되는 수지로 열가소성에 비해 화재의 위험성이 작다.
  예) 페놀수지, 요소수지, 멜라민수지

03 소화약제로 물을 사용하는 주된 이유는?
① 촉매역할을 하기 때문에
② 증발잠열이 크기 때문에
③ 연소작용을 하기 때문에
④ 제거작용을 하기 때문에

물의 특성
㉠ 물의 비열은 1[kcal/kg℃]로 다른 약제에 비해 매우 크다.
㉡ 물의 증발잠열은 539[kcal/kg]이다.
㉢ 얼음의 융해잠열은 80[kcal/kg]이다.
㉣ 액체의 물이 기화 시 약 1,700배의 수증기가 된다.
㉤ 겨울철에 동결의 우려가 있으므로 동결방지조치를 강구해야 한다.
㉥ 인체에 독성이 없고 쉽게 구할 수 있다.
㉦ 일반적으로 전기화재에는 사용이 불가하다.

04 대두유가 침적된 기름걸레를 쓰레기통에 장시간 방치한 결과 자연발화에 의하여 화재가 발생한 경우 그 이유로 옳은 것은?
① 분해열 축적   ② 산화열 축적
③ 흡착열 축적   ④ 발효열 축적

※ 자연발화 : 열축적
  기름걸레 : 산화열 축적

[자연발화의 원인]
㉠ 분해열에 의한 발열 : 셀룰로이드류, 나이트로셀룰로오스 등
㉡ 산화열에 의한 발열 : 석탄, 건성유 등
㉢ 흡착열에 의한 발열 : 활성탄, 목탄 등
㉣ 미생물에 의한 발열 : 퇴비, 먼지 등
㉤ 중합열에 의한 발열 : 시안화수소 등

05 다음 그림에서 목조건물의 표준 화재 온도 시간 곡선으로 옳은 것은?

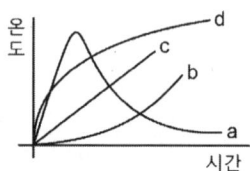

① a   ② b
③ c   ④ d

정답 01.④ 02.① 03.② 04.② 05.①

해설
- d – 내화건축물(저온 장기) : 800[℃]
- a – 목조건축물(고온 단기) : 1300[℃]

06 포소화약제가 갖추어야 할 조건이 아닌 것은?
① 부착성이 있을 것
② 유동성과 내열성이 있을 것
③ 응집성과 안정성이 있을 것
④ 소포성이 있고 기화가 용이할 것

해설 소포성이 없고, 기화가 용이하지 않을 것

07 탄화칼슘이 물과 반응 시 발생하는 가연성 가스는?
① 메탄 ② 포스핀
③ 아세틸렌 ④ 수소

해설
㉠ 탄화칼슘 $CaC_2 + 2H_2O \rightarrow Ca(OH)_2 + C_2H_2$
㉡ 과산화칼륨 $2K_2O_2 + 2H_2O \rightarrow 4KOH + O_2$

08 건축물의 바깥쪽에 설치하는 피난계단의 구조 기준 중 계단의 유효너비는 몇 m 이상으로 하여야 하는가?
① 0.6[m] ② 0.7[m]
③ 0.8[m] ④ 0.9[m]

해설 계단의 유효너비는 0.9미터 이상으로 할 것

09 0[℃], 1[atm] 상태에서 부탄(C_4H_{10}) 1[mol]을 완전연소시키기 위해 필요한 산소의 mol수는?
① 2 ② 4
③ 5.5 ④ 6.5

해설 $C_4H_{10} + \dfrac{13}{2}O_2 = 4CO_2 + 5H_2O$

10 상온, 상압에서 액체인 물질은?
① CO_2 ② Halon 1301
③ Halon 1211 ④ Halon 2402

해설

상온·상압에서 기체상태	상온·상압에서 액체상태
Halon 1301(CF_3Br)	Halon 1011($CClBrH_2$)
Halon 1211(CF_2ClBr)	Halon 1040(CCl_4)
CO_2	Halon 2402($C_2F_4Br_2$)

11 MOC(Minimum Oxygen Concentration : 최소산소 농도)가 가장 작은 물질은?
① 메탄 ② 에탄
③ 프로판 ④ 부탄

해설 MOC(최소산소농도)
=산소 mol수×하한계(vol%)
㉠ 메탄
$CH_4 + 2O_2 \rightarrow CO_2 + 2H_2O$
MOC=2×5=10[vol%]
㉡ 에탄
$C_2H_6 + \dfrac{7}{2}O_2 \rightarrow 2CO_2 + 3H_2O$
MOC=$\dfrac{7}{2}$×3=10.5[vol%]
㉢ 프로판
$C_3H_8 + 5O_2 \rightarrow 3CO_2 + 4H_2O$
MOC=5×2.1=10.5[vol%]
㉣ 부탄
$C_4H_{10} + \dfrac{13}{2}O_2 \rightarrow 4CO_2 + 5H_2O$
MOC=$\dfrac{13}{2}$×1.8=11.7[vol%]

가연성 가스	하한계(vol%)	상한계(vol%)
아세틸렌	2.5	81
산화에틸렌	3	80
수소	4	75
일산화탄소	12.5	74
에테르	1.9	48
이황화탄소	1.2	44
에틸렌	2.7	36
암모니아	15	28
메탄	5	15
에탄	3	12.4
프로판	2.1	9.5
부탄	1.8	8.4

정답 06.④ 07.③ 08.④ 09.④ 10.④ 11.①

01. 소방원론

12 분진폭발의 위험성이 가장 낮은 것은?
① 알루미늄분 ② 황
③ 팽창질석 ④ 소맥분

해설) 분진폭발을 일으키지 않는 물질(=물과 반응하여 가연성 기체를 발생하지 않는 것)
㉠ 시멘트
㉡ 석회석
㉢ 탄산칼슘($CaCO_3$)
㉣ 생석회(CaO)=산화칼슘
㉤ 팽창질석

13 소화의 방법으로 틀린 것은?
① 가연성 물질을 제거한다.
② 불연성 가스의 공기 중 농도를 높인다.
③ 산소의 공급을 원활히 한다.
④ 가연성 물질을 냉각시킨다.

해설) ③ 원활히 한다(×) → 차단한다(○)
① 제거소화
② 희석소화
④ 냉각소화

14 수성막포 소화약제의 특성에 대한 설명으로 틀린 것은?
① 내열성이 우수하여 고온에서 수성막의 형성이 용이하다.
② 기름에 의한 오염이 적다.
③ 다른 소화약제와 병용하여 사용이 가능하다.
④ 불소계 계면활성제가 주성분이다.

해설) • 내열성이 우수 : 단백포 소화약제

15 1기압상태에서, 100[℃] 물 1[g]이 모두 기체로 변할 때 필요한 열량은 몇 [cal]인가?
① 429[cal] ② 499[cal]
③ 539[cal] ④ 639[cal]

해설) • 기화잠열(증발잠열) : 539[cal/g](539[kcal/kg])
• 융해잠열 : 80[cal/g](80[kcal/kg])

16 다음 중 발화점이 가장 낮은 물질은?
① 휘발유 ② 이황화탄소
③ 적린 ④ 황린

해설) 발화점
① 휘발유 : 300[℃]
② 이황화탄소 : 100[℃]
③ 적린 : 260[℃]
④ 황린 : 34[℃]

17 위험물안전관리법령에서 정하는 위험물의 한계에 대한 정의로 틀린 것은?
① 황은 순도가 60중량퍼센트 이상인 것
② 인화성고체는 고형알코올 그 밖에 1기압에서 인화점이 섭씨 40도 미만인 고체
③ 과산화수소는 그 농도가 35중량퍼센트 이상인 것
④ 제1석유류는 아세톤, 휘발유 그 밖에 1기압에서 인화점이 섭씨 21도 미만인 것

해설) 위험물
㉠ 과산화수소 : 농도가 36중량퍼센트 이상
㉡ 황 : 순도 60중량퍼센트 이상
㉢ 질산 : 비중 1.49 이상

18 건축물 내 방화벽에 설치하는 출입문의 너비 및 높이의 기준은 각각 몇 [m] 이하인가?
① 2.5[m] ② 3.0[m]
③ 3.5[m] ④ 4.0[m]

해설) 방화벽
㉠ 대상건축물
- 연면적 1,000[m^2] 이상인 건축물로서 그 주요구조부가 내화구조 또는 불연재료가 아닌 건축물에는 다음 기준에 의하여 1,000[m^2] 미만마다 방화벽을 설치하여야 한다.

정답 12.③ 13.③ 14.① 15.③ 16.④ 17.③ 18.①

ⓒ 방화벽의 구조
- 내화구조로서 홀로 설 수 있는 구조일 것
- 방화벽의 양쪽 끝과 위쪽 끝은 건축물의 외벽면 및 지붕면으로부터 0.5[m] 이상 돌출되도록 할 것
- 방화벽에 설치하는 출입문의 너비 및 높이는 각각 2.5[m] 이하로 하고 당해 출입문은 60+ 또는 60분 방화문으로 설치할 것

ⓒ 연면적 1,000[m²] 이상인 목조건축물의 방화벽 설치기준
- 방화구조로 하거나 불연재료로 할 것
- 외벽 및 처마 밑의 연소할 우려가 있는 부분을 방화구조로 하되 그 지붕은 불연재료로 할 것

19 Fourier법칙(전도)에 대한 설명으로 틀린 것은?
① 이동열량은 전열체의 단면적에 비례한다.
② 이동열량은 전열체의 두께에 비례한다.
③ 이동열량은 전열체의 열전도도에 비례한다.
④ 이동열량은 전열체 내·외부의 온도차에 비례한다.

$Q(\text{kcal/hr}) = \dfrac{\lambda \cdot A \cdot \Delta T}{l}$

$Q(\text{kcal/hr})$: 전도열량
λ : 열전도도(kcal/m·hr℃)
A : 접촉면적(m²)
ΔT : 온도차(℃)
l : 두께(m)

20 다음의 가연성 물질 중 위험도가 가장 높은 것은?
① 수소   ② 에틸렌
③ 아세틸렌   ④ 이황화탄소

위험도 $= \dfrac{U-L}{L}$

㉠ 수소
위험도 $= \dfrac{75-4}{4} = 17.75$

㉡ 에틸렌
위험도 $= \dfrac{36-2.7}{2.7} = 12.33$

㉢ 아세틸렌
위험도 $= \dfrac{81-2.5}{2.5} = 31.4$

㉣ 이황화탄소
위험도 $= \dfrac{44-1.2}{1.2} = 35.66$

가연성 가스	하한계(vol%)	상한계(vol%)
아세틸렌	2.5	81
산화에틸렌	3	80
수소	4	75
일산화탄소	12.5	74
에테르	1.9	48
이황화탄소	1.2	44
에틸렌	2.7	36
암모니아	15	28
메탄	5	15
에탄	3	12.4
프로판	2.1	9.5
부탄	1.8	8.4

cf. 연소범위
  아세틸렌 > 수소 > 이황화탄소 > 에틸렌
cf. 위험도
  이황화탄소 > 아세틸렌 > 수소 > 에틸렌

2018년 제2회 소방설비기사[전기분야] 1차 필기
[제1과목 : 소방원론]

01 다음의 소화약제 중 오존파괴지수(ODP)가 가장 큰 것은?
① 할론 104   ② 할론 1301
③ 할론 1211   ④ 할론 2402

해설 Halon 1301의 특징
㉠ 할론약제 중 소화효과가 가장 좋다.
㉡ 할론약제 중 오존파괴지수가 가장 높다.
㉢ 할론약제 중 독성이 가장 약하다.

$$ODP = \frac{측정물질\,1kg이\,파괴하는\,오존의\,양}{CFC-11,\,1kg이\,파괴하는\,오존의\,양}$$

$$GWP = \frac{측정물질\,1kg에\,의한\,지구온난화\,정도}{CO_2,\,1kg에\,의한\,지구온난화\,정도}$$

02 자연발화 방지대책에 대한 설명 중 틀린 것은?
① 저장실의 온도를 낮게 유지한다.
② 저장실의 환기를 원활히 시킨다.
③ 촉매물질과의 접촉을 피한다.
④ 저장실의 습도를 높게 유지한다.

해설 ④ 높게(×) → 낮게(○)

자연발화 방지법
㉠ 습도가 높은 것을 피한다.
㉡ 저장실의 온도를 낮춘다.
㉢ 통풍을 잘 시킨다.
㉣ 열의 축적을 방지한다.

03 건축물의 화재발생 시 인간의 피난 특성으로 틀린 것은?
① 평상시 사용하는 출입구나 통로를 사용하는 경향이 있다.
② 화재의 공포감으로 인하여 빛을 피해 어두운 곳으로 몸을 숨기는 경향이 있다.
③ 화염, 연기에 대한 공포감으로 발화지점의 반대방향으로 이동하는 경향이 있다.
④ 화재 시 최초로 행동을 개시한 사람을 따라 전체가 움직이는 경향이 있다.

해설 공포감으로 인해서 빛을 따라 외부로 달아나려는 경향이 있다.

04 건축물에 설치하는 방화구획의 설치기준 중 스프링클러설비를 설치한 11층 이상의 층은 바닥면적 몇 [m²] 이내마다 방화구획을 하여야 하는가? (단, 벽 및 반자의 실내에 접하는 부분의 마감은 불연재료가 아닌 경우이다)
① 200[m²]   ② 600[m²]
③ 1000[m²]   ④ 3000[m²]

해설 방화구획의 구분(층별, 면적별, 수직관통부, 용도별)
㉠ 층별 구획 : 층마다 구획할 것
㉡ 면적별 구획

대상물의 구분	소화설비	구획면적
(지하층 포함) 10층 이하의 건축물	일반건축물	1,000[m²] 이내
	자동식 소화설비가 설치된 건축물	3,000[m²] 이내
11층 이상의 건축물	일반건축물	200[m²] 이내
	자동식 소화설비가 설치된 건축물	600[m²] 이내
11층 이상의 건축물(불연재료 마감)	일반건축물	500[m²] 이내
	자동식 소화설비가 설치된 건축물	1,500[m²] 이내

㉢ 수직관통부 구획 : 계단실, 엘리베이터 승강로, 경사로, 전기 PIT실, 린넨슈트 등

정답 01.② 02.④ 03.② 04.②

㉣ 용도별 구획 : (면적 상관없이) 내화구조/비내화구조
→ 상호 방화구획

05 인화점이 낮은 것부터 높은 순서로 옳게 나열된 것은?

① 에틸알코올<이황화탄소<아세톤
② 이황화탄소<에틸알코올<아세톤
③ 에틸알코올<아세톤<이황화탄소
④ 이황화탄소<아세톤<에틸알코올

해설 이황화탄소(−30[℃])<아세톤(−18[℃])<에틸알코올(13[℃])

06 분말소화약제로서 ABC급 화재에 적응성이 있는 소화약제의 종류는?

① $NH_4H_2PO_4$ ② $NaHCO_3$
③ Na_2CO_3 ④ $KHCO_3$

해설 ABC급 화재 : 제3종 분말소화약제

07 조연성가스에 해당되는 것은?

① 일산화탄소   ② 산소
③ 수소   ④ 부탄

해설
• 조연성가스(=지연성가스) : 공기, 산소, 오존, 염소, 불소
• 가연성가스 : 수소, 메탄, 일산화탄소, 천연가스, 부탄, 에탄, 암모니아, 프로판

08 액화석유가스(LPG)에 대한 성질로 틀린 것은?

① 주성분은 프로판, 부탄이다.
② 천연고무를 잘 녹인다.
③ 물에 녹지 않으나 유기용매에 용해된다.
④ 공기보다 1.5배 가볍다.

해설 공기보다 1.5배 또는 2배 무겁다.
- LPG의 주성분은 프로판(C_3H_8), 부탄(C_4H_{10})이다.

㉠ 프로판(C_3H_8) = $\dfrac{\text{프로판의 분자량}}{\text{공기 분자량}}$ = $\dfrac{44}{29}$ = 1.517

㉡ 부탄(C_4H_{10}) = $\dfrac{\text{부탄의 분자량}}{\text{공기 분자량}}$ = $\dfrac{58}{29}$ = 2

※ 비중(무차원수, 무게의 비 → 밀도(=$\dfrac{\text{부피}}{\text{밀도}}$)의 비)

㉠ 액체·고체의 비중
= $\dfrac{\text{측정하고자하는 액·고체의 밀도}}{\text{물의 밀도}}$
= $\dfrac{\text{측정하고자하는 액·고체의 비중량}}{\text{물의 비중량}}$

㉡ 기체의 비중(증기비중)
= $\dfrac{(\text{표준상태에서})\text{측정하고자하는 기체의 밀도}}{(\text{표준상태에서})\text{공기의 밀도}}$

= $\dfrac{\frac{M_\text{측정기체}}{22.4}}{\frac{M_\text{공기}}{22.4}}$ = $\dfrac{M_\text{측정기체}}{M_\text{공기}}$ = $\dfrac{M_\text{측정기체}}{29}$

09 과산화칼륨이 물과 접촉하였을 때 발생하는 것은?

① 산소   ② 수소
③ 메탄   ④ 아세틸렌

해설 ㉠ 탄화칼슘 $CaC_2 + 2H_2O \rightarrow Ca(OH)_2 + C_2H_2$
㉡ 과산화칼륨 $2K_2O_2 + 2H_2O \rightarrow 4KOH + O_2$

10 제2류 위험물에 해당되는 것은?

① 황   ② 질산칼륨
③ 칼륨   ④ 톨루엔

해설 ② 질산칼륨 : 1류 위험물
③ 칼륨 : 3류 위험물
④ 톨루엔 : 4류 위험물(제1석유류)

11 물리적 폭발에 해당되는 것은?

① 분해폭발   ② 분진폭발
③ 증기운폭발 ④ 수증기폭발

해설 ①, ②, ③ : 화학적 폭발

12 산림화재 시 소화효과를 증대시키기 위해 물에 첨가하는 증점제로서 적합한 것은?

① Ethylene Glycol
② Potassium Carbonate
③ Ammonium Phosphate
④ Sodium Carboxy Methyl Cellulose

해설 CMC(증점제) : Sodium Carboxy Methyl Cellulose
(산림화재에 주로 사용됨)

13 물과 반응하여 가연성 기체를 발생하지 않는 것은?

① 칼륨   ② 인화아연
③ 산화칼슘   ④ 탄화알루미늄

해설 분진폭발을 일으키지 않는 물질(=물과 반응하여 가연성 기체를 발생하지 않는 것)
㉠ 시멘트
㉡ 석회석
㉢ 탄산칼슘($CaCO_3$)
㉣ 생석회(CaO)=산화칼슘

14 피난계획의 일반원칙 중 Fool Proof 원칙에 대한 설명으로 옳은 것은?

① 1가지가 고장이 나도 다른 수단을 이용하는 원칙
② 2방향의 피난동선을 항상 확보하는 원칙
③ 피난수단을 이동식 시설로 하는 원칙
④ 피난수단을 조작이 간편한 원시적 방법으로 하는 원칙

해설 ①, ② : Fail Safe
③ (이동식 → 고정식) : Fool Proof
④ : Fool Proof

15 물체의 표면온도가 250℃에서 650℃로 상승하면 열 복사량은 약 몇 배 정도 상승하는가?

① 2.5배   ② 5.7배
③ 7.5배   ④ 9.7배

해설 스테판-볼츠만의 법칙
복사열량 $Q[kcal/hr]$

$$\frac{Q_2}{Q_1} = \frac{\left(\frac{T_2}{100}\right)^4}{\left(\frac{T_1}{100}\right)^4}$$

$$= \frac{\left(\frac{650+273.15}{100}\right)^4}{\left(\frac{250+273.15}{100}\right)^4}$$

$$= 9.69 ≒ 9.7$$

16 화재발생 시 발생하는 연기에 대한 설명으로 틀린 것은?

① 연기의 유동속도는 수평방향이 수직방향보다 빠르다.
② 동일한 가연물에 있어 환기지배형 화재가 연료지배형 화재에 비하여 연기발생량이 많다.
③ 고온상태의 연기는 유동확산이 빨라 화재전파의 원인이 되기도 한다.
④ 연기는 일반적으로 불완전 연소 시에 발생한 고체, 액체, 기체 생성물의 집합체이다.

해설 연기의 유동속도
• 수평속도 : 0.5~1[m/s]
• 수직속도 : 2~3[m/s]
• 수직공간 : 3~5[m/s]

17 소화방법 중 제거소화에 해당되지 않는 것은?

① 산불이 발생하면 화재의 진행방향을 앞질러 벌목
② 방안에서 화재가 발생하면 이불이나 담요로 덮음
③ 가스 화재 시 밸브를 잠궈 가스흐름을 차단
④ 불타지 않는 장작더미 속에서 아직 타지 않는 것을 안전한 곳으로 운반

해설 ② 질식소화

정답 12.④ 13.③ 14.④ 15.④ 16.① 17.②

18 주수소화 시 가연물에 따라 발생하는 가연성 가스의 연결이 틀린 것은?

① 탄화칼슘 – 아세틸렌
② 탄화알루미늄 – 프로판
③ 인화칼슘 – 포스핀
④ 수소화리튬 – 수소

해설 ② 탄화알루미늄 – 메탄

19 포소화약제의 적응성이 있는 것은?

① 칼륨 화재   ② 알킬리튬 화재
③ 가솔린 화재   ④ 인화알루미늄 화재

해설 **포소화약제** : 제4류 위험물 적응소화약제
①, ②, ④ : 제3류 위험물

20 위험물안전관리법령상 지정된 동식물유류의 성질에 대한 설명으로 틀린 것은?

① 요오드가가 작을수록 자연발화의 위험성이 크다.
② 상온에서 모두 액체이다.
③ 물에는 불용성이지만 에테르 및 벤젠 등의 유기용매에는 잘 녹는다.
④ 인화점은 1기압하에서 250[℃] 미만이다.

해설 요오드값이 크다.
=불포화도가 높다.
=건성유이다.
=자연발화성이 크다.
=산소와 결합이 쉽다.

정답 18.② 19.③ 20.①

제4회 소방설비기사[전기분야] 1차 필기
[제1과목 : 소방원론]

01 피난로의 안전구획 중 2차 안전구획에 속하는 것은?

① 복도
② 계단부속실(계단전실)
③ 계단
④ 피난층에서 외부와 직면한 현관

[해설] 안전구획의 종류

1차 안전구획	복도
2차 안전구획	계단부속실(전실)
3차 안전구획	계단

02 어떤 기체가 0[℃], 1기압에서 부피가 11.2[L], 기체질량이 22[g] 이었다면 이 기체의 분자량은? (단, 이상기체로 가정한다.)

① 22[g/mol]　② 35[g/mol]
③ 44[g/mol]　④ 56[g/mol]

[해설] ▶ 방법 1(이상기체상태 방정식 이용)
이상기체상태방정식 $PV = nRT$
- P[atm] : 기압
- V[m³] : 부피
- n[무차원수] : 몰수($\frac{W(질량)[kg]}{M(분자량)[kg/kmol]}$)
- R[기체상수] : 1. 0.082 atm·m³/kmol·K
　　　　　　　　2. 8.314 kPa·m³/kmol·K
- T[K] : 절대온도(273.15 + ℃)

$PV = nRT = \frac{W}{M}RT$

$M = \frac{WRT}{PV}$

$= \frac{(0.022kg)(0.082 atm \cdot m^3/kmol \cdot K)(273.15K)}{(1atm)(11.2L) \times \left(\frac{1m^3}{1000L}\right)}$

$= 43.99 ≒ 44 kg/kmol = 44 g/mol$

▶ 방법 2(아보가드로 법칙 이용)
아보가드로법칙 : 표준상태(0℃, 1atm)에서 모든 기체 1kmol(mol)이 차지하는 부피는 22.4m³(L)이다.

$\frac{22.4[L]}{1[mol]} \times \frac{22[g]}{11.2[L]} = 44[g/mol] = 44[kg/kmol]$

03 제3종 분말소화약제에 대한 설명으로 틀린 것은?

① A, B, C급 화재에 모두 적응한다.
② 주성분은 탄산수소칼륨과 요소이다.
③ 열분해 시 발생되는 불연성 가스에 의한 질식 효과가 있다.
④ 분말운무에 의한 열방사를 차단하는 효과가 있다.

[해설] 분말소화약제

구분	주성분	착색	적응화재
제1종분말 (식용유화재)	탄산수소나트륨 (NaHCO₃)	백색	B C
제2종분말	탄산수소칼륨 (KHCO₃)	자색 (보라색)	B C
제3종분말 (차고, 주차장)	인산암모늄 (NH₄H₂PO₄)	담홍색 (핑크색)	A B C
제4종분말	탄산수소칼륨+요소 (KHCO₃+(NH₂)₂CO)	회색	B C

정답　01.②　02.③　03.②

04 연소의 4요소 중 자유활성기(free radical)의 생성을 저하시켜 연쇄반응을 중지시키는 소화방법은?
① 제거소화　　② 냉각소화
③ 질식소화　　④ 억제소화

해설 ▶ 자유활성기(원소)의 생성 저하로 인한 소화 : 억제소화(부촉매소화)

05 할론계 소화약제의 주된 소화효과 및 방법에 대한 설명으로 옳은 것은?
① 소화약제의 증발잠열에 의한 소화방법이다.
② 산소의 농도를 15% 이하로 낮게하는 소화방법이다.
③ 소화약제의 열분해에 의해 발생하는 이산화탄소에 의한 소화방법이다.
④ 자유활성기(free radical)의 생성을 억제하는 소화방법이다.

해설 ▶ 할론계 소화약제 → 억제소화(부촉매소화)
＝자유활성기(원소)의 생성 저하로 인한 소화

06 다음 중 분진폭발의 위험성이 가장 낮은 것은?
① 소석회　　② 알루미늄분
③ 석탄분말　　④ 밀가루

해설 ▶ 분진폭발을 일으키지 않는 물질 (＝물과 반응하여 가연성 기체를 발생하지 않는 것)
㉠ 시멘트
㉡ 석회석
㉢ 탄산칼슘($CaCO_3$)
㉣ 생석회(CaO)＝산화칼슘
㉤ 팽창질석

07 갑종방화문과 을종방화문의 비차열 성능은 각각 최소 몇 분 이상이어야 하는가?
① 갑종 90분, 을종 40분
② 갑종 60분, 을종 30분
③ 갑종 45분, 을종 20분
④ 갑종 30분, 을종 10분

해설 ▶ [현행개정된 부분]
건축법 시행령 제64조(방화문의 구분)
① 방화문은 다음 각 호와 같이 구분한다.
1. 60분+ 방화문 : 연기 및 불꽃을 차단할 수 있는 시간이 60분 이상이고, 열을 차단할 수 있는 시간이 30분 이상인 방화문
2. 60분 방화문 : 연기 및 불꽃을 차단할 수 있는 시간이 60분 이상인 방화문
3. 30분 방화문 : 연기 및 불꽃을 차단할 수 있는 시간이 30분 이상 60분 미만인 방화문
② 제1항 각 호의 구분에 따른 방화문 인정 기준은 국토교통부령으로 정한다.

08 경유화재가 발생했을 때 주수소화가 오히려 위험할 수 있는 이유는?
① 경유는 물과 반응하여 유독가스를 발생하므로
② 경유의 연소열로 인하여 산소가 방출되어 연소를 돕기 때문에
③ 경유는 물보다 비중이 가벼워 화재면의 확대 우려가 있으므로
④ 경유가 연소할 때 수소가스를 발생하여 연소를 돕기 때문에

해설 ▶ 물보다 비중이 가벼워 물 위에 떠서 화재 확대의 우려가 있다.

09 비열이 가장 큰 물질은?
① 구리　　② 수은
③ 물　　　④ 철

해설 ▶ 물의 비열 : 1[kcal/kg℃]

10 TLV(Threshold Limit Value)가 가장 높은 가스는?
① 시안화수소　　② 포스겐
③ 일산화탄소　　④ 이산화탄소

해설 ▶ TLV(Threshold Limit Value) : 독성가스의 허용농도
① 시안화수소 : 10[ppm]
② 포스겐 : 0.1[ppm]
③ 일산화탄소 : 50[ppm]
④ 이산화탄소 : 5000[ppm]

정답　04.④　05.④　06.①　07.②　08.③　09.③　10.④

11 소방시설 설치 및 관리에 관한 법령에 따른 개구부의 기준으로 틀린 것은?

① 해당 층의 바닥면으로부터 개구부 밑부분까지의 높이가 1.5[m] 이내일 것
② 크기는 지름 50[cm] 이상의 원이 내접할 수 있는 크기일 것
③ 도로 또는 차량이 진입할 수 있는 빈터를 향할 것
④ 내부 또는 외부에서 쉽게 부수거나 열 수 있을 것

해설 1.5[m] → 1.2[m]

12 소화약제로 사용할 수 없는 것은?

① $KHCO_3$ ② $NaHCO_3$
③ CO_2 ④ NH_3

해설
① $KHCO_3$: 제2종 분말소화약제(B, C급에 적응성)
② $NaHCO_3$: 제1종 분말소화약제(B, C급에 적응성)
③ CO_2 : 이산화탄소소화약제(B, C급에 적응성)
④ NH_3 : 독성이 있으므로 소화약제로 사용할 수 없음

13 염소산염류, 과염소산염류, 알칼리금속의 과산화물, 질산염류, 과망가니즈산염류의 특징과 화재 시 소화방법 대한 설명 중 틀린 것은?

① 가열 등에 의해 분해하여 산소를 발생하고 화재 시 산소의 공급원 역할을 한다.
② 가연물, 유기물, 기타 산화하기 쉬운 물질과 혼합물은 가열, 충격, 마찰 등에 의해 폭발하는 수도 있다.
③ 알칼리금속의 과산화물을 제외하고 다량의 물로 냉각소화한다.
④ 그 자체가 가연성이며 폭발성을 지니고 있어 화약류 취급 시와 같이 주의를 요한다.

해설 제1류 위험물(산소공급원)
④ 그 자체가 가연성이며 → 일반적으로 불연성이며

14 내화구조에 해당하지 않는 것은?

① 철근콘크리트조로 두께가 10[cm] 이상인 벽
② 철근콘크리트조로 두께가 5[cm] 이상인 외벽 중 비내력벽
③ 벽돌조로서 두께가 19[cm] 이상인 벽
④ 철골철근콘크리트조로서 두께가 10[cm] 이상인 벽

해설 5[cm] 이상 → 7[cm] 이상

15 소방시설 중 피난구조설비에 해당하지 않는 것은?

① 무선통신보조설비
② 완강기
③ 구조대
④ 공기안전매트

해설 무선통신보조설비 : 소화활동설비

16 폭연에서 폭굉으로 전이되기 위한 조건에 대한 설명으로 틀린 것은?

① 정상연소속도가 작은 가스일수록 폭굉으로 전이가 용이하다.
② 배관 내에 장애물이 존재할 경우 폭굉으로 전이가 용이하다.
③ 배관의 관경이 가늘수록 폭굉으로 전이가 용이하다.
④ 배관 내 압력이 높을수록 폭굉으로 전이가 용이하다.

해설 정상연소속도가 작은 가스일수록 → 큰 가스일수록

17 어떤 유기화합물을 원소 분석한 결과 중량백분율이 C : 39.9[%], H : 6.7[%], O : 53.4[%]인 경우 이 화합물의 분자식은? (단, 원자량은 C=12, O=16, H=1이다)

① $C_2H_8O_2$ ② $C_2H_4O_2$
③ C_2H_4O ④ $C_2H_6O_2$

정답 11.① 12.④ 13.④ 14.② 15.① 16.① 17.②

해설 화합물의 분자식

$$= \frac{39.9}{12} : \frac{6.7}{1} : \frac{53.4}{16} = 3.33 : 6.7 : 3.33$$
$$= 1 : 2 : 1 = C_2H_4O_2$$

18 유류 탱크의 화재 시 탱크 저부의 물이 뜨거운 열유층에 의하여 수증기로 변하면서 급작스런 부피 팽창을 일으켜 유류가 탱크 외부로 분출하는 현상은?

① 슬롭 오버(Slop Over)
② 블레비(BLEVE)
③ 보일 오버(Boil Over)
④ 파이어 볼(Fire Ball)

해설 고비점 액체가연물에서 발생될 수 있는 현상

보일오버	슬롭오버	프로스 오버
• 화재 시 • 탱크 내에 잔존해 있던 물 • 비등하는 현상	• 화재 시 • 소화수(탱크 내 잔존 물 ×) • 비등하는 현상	• 비화재 시 • 외부원인에 의해 탱크 내에 잔존해 있던 물 • 비등하는 현상

19 건축물의 피난·방화구조 등의 기준에 관한 규칙에 따른 철망모르타르로서 그 바름두께가 최소 몇 [cm] 이상인 것을 방화구조로 규정하는가?

① 2[cm] ② 2.5[cm]
③ 3[cm] ④ 3.5[cm]

해설 방화구조
㉠ 철망모르타르로서 그 바름두께가 2[cm] 이상인 것
㉡ 석고판 위에 시멘트모르타르 또는 회반죽을 바른 것으로서 그 두께의 합계가 2.5[cm] 이상인 것
㉢ 시멘트모르타르 위에 타일을 붙인 것으로서 그 두께의 합계가 2.5[cm] 이상인 것
㉣ 심벽에 흙으로 맞벽치기한 것
㉤ 기타 방화2급 이상에 해당하는 것

20 제4류 위험물의 물리·화학적 특성에 대한 설명으로 틀린 것은?

① 증기비중은 공기보다 크다.
② 정전기에 의한 화재발생위험이 있다.
③ 인화성 액체이다.
④ 인화점이 높을수록 증기발생이 용이하다.

해설 인화점이 낮을수록 증기발생이 용이하다.

정답 18.③ 19.① 20.④

2019년 제1회 소방설비기사[전기분야] 1차 필기

[제1과목 : 소방원론]

01 불활성 가스에 해당하는 것은?
① 수증기   ② 일산화탄소
③ 아르곤   ④ 아세틸렌

[해설] 불활성가스 : He, Ne, Ar, Kr, Xe, Rn

02 이산화탄소소화약제의 임계온도로 옳은 것은?
① 24.4[℃]   ② 31.1[℃]
③ 56.4[℃]   ④ 78.2[℃]

[해설] 이산화탄소 임계점 : 31.25[℃]
이산화탄소 삼중점 : -56.7[℃]

03 분말소화약제 중 A급, B급, C급 화재에 모두 사용할 수 있는 것은?
① Na_2CO_3
② $NH_4H_2PO_4$
③ $KHCO_3$
④ $NaHCO_3$

[해설] 분말소화약제 주성분에 의한 구분

종류	주성분	착색	적응화재
제1종 분말	탄산수소나트륨($NaHCO_3$)	백색	B, C급
제2종 분말	탄산수소칼륨($KHCO_3$)	보라색 (자색)	B, C급
제3종 분말	인산암모늄($NH_4H_2PO_4$)	핑크색 (담홍색)	A, B, C급
제4종 분말	탄산수소칼륨+요소 ($KHCO_3+NH_2CONH_2$)	회색	B, C급

04 방화구획의 설치기준 중 스프링클러 기타 이와 유사한 자동식 소화설비를 설치한 10층 이하의 층은 몇 [m²] 이내마다 구획하여야 하는가?
① 1,000[m²]
② 1,500[m²]
③ 2,000[m²]
④ 3,000[m²]

[해설] 방화구획의 구분(층별, 면적별, 수직관통부, 용도별)
㉠ 층별 구획 : 층마다 구획할 것
㉡ 면적별 구획

대상물의 구분	소화설비	구획면적
(지하층 포함) 10층 이하의 건축물	일반건축물	1,000[m²] 이내
	자동식 소화설비가 설치된 건축물	3,000[m²] 이내
11층 이상의 건축물	일반건축물	200[m²] 이내
	자동식 소화설비가 설치된 건축물	600[m²] 이내
11층 이상의 건축물 (불연재료 마감)	일반건축물	500[m²] 이내
	자동식 소화설비가 설치된 건축물	1,500[m²] 이내

㉢ 수직관통부 구획 : 계단실, 엘리베이터 승강로, 경사로, 전기 PIT실, 린넨슈트 등
㉣ 용도별 구획 : (면적 상관없이) 내화구조/비내화구조 → 상호 방화구획

05 탄화칼슘의 화재 시 물을 주수하였을 때 발생하는 가스로 옳은 것은?
① C_2H_2 ② H_2
③ O_2 ④ C_2H_6

[해설] 탄화칼슘 $CaC_2+2H_2O \rightarrow Ca(OH)_2+C_2H_2$
과산화칼륨 $2K_2O_2+2H_2O \rightarrow 4KOH+O_2$

정답 01.③ 02.② 03.② 04.④ 05.①

06 이산화탄소의 질식 및 냉각 효과에 대한 설명 중 틀린 것은?

① 이산화탄소의 증기비중이 산소보다 크기 때문에 가연물과 산소의 접촉을 방해한다.
② 액체 이산화탄소가 기화되는 과정에서 열을 흡수한다.
③ 이산화탄소는 불연성 가스로서 가연물의 연소반응을 방해한다.
④ 이산화탄소는 산소와 반응하며 이 과정에서 발생한 연소열을 흡수하므로 냉각효과를 나타낸다.

해설 ① 이산화탄소 증기비중 $= \dfrac{M_{측정기체}}{M_{공기}} = \dfrac{44}{29} = 1.51$
② 드라이아이스현상으로 열을 흡수한다.
③ 이산화탄소는 불연성가스이다.
④ 이산화탄소는 안정된 물질로서 산소와 반응하지 않는다.

07 증기비중의 정의로 옳은 것은? (단, 분자, 분모의 단위는 모두 g/mol이다.)

① $\dfrac{분자량}{22.4}$ ② $\dfrac{분자량}{29}$
③ $\dfrac{분자량}{44.8}$ ④ $\dfrac{분자량}{100}$

해설 증기비중 $= \dfrac{M_{측정기체}}{M_{공기}} = \dfrac{M_{측정기체}}{29}$

08 화재의 분류방법 중 유류화재를 나타낸 것은?

① A급 화재 ② B급 화재
③ C급 화재 ④ D급 화재

해설 화재의 분류 및 소화방법

화재의 분류		소화기 표시색	소화 방법	특성
A급	일반화재	백색	냉각 효과	• 백색 연기 발생 • 연소 후 재를 남김
B급	유류화재	황색	질식 효과	• 검은색 연기 발생 • 연소 후 재가 없음
C급	전기화재	청색	질식 효과	전기시설물이 점화원의 기능을 함
D급	금속화재	–	건조사 피복	금속이 열을 생성
E급	가스화재	–	질식 효과	재를 남기지 않음
K급	식용유 (주방)화재	–	냉각 질식	강화액소화기

09 공기와 접촉되었을 때 위험도(H)가 가장 큰 것은?

① 에테르 ② 수소
③ 에틸렌 ④ 부탄

해설 위험도 $= \dfrac{U-L}{L} = \dfrac{연소범위}{연소하한계}$

① 에테르 위험도 $= \dfrac{U-L}{L} = \dfrac{48-1.9}{1.9} = 24.26$
② 수소 위험도 $= \dfrac{U-L}{L} = \dfrac{75-4}{4} = 17.75$
③ 에틸렌 위험도 $= \dfrac{U-L}{L} = \dfrac{36-2.7}{2.7} = 12.33$
④ 부탄 위험도 $= \dfrac{U-L}{L} = \dfrac{8.4-1.8}{1.8} = 3.66$

10 제2류 위험물에 해당하지 않는 것은?

① 황 ② 황화인
③ 적린 ④ 황린

해설 황린 : 제3류 위험물

11 주요구조부가 내화구조로 된 건축물에서 피난층이 아닌 층의 거실 각 부분으로부터 하나의 직통계단에 이르는 보행거리는 피난자의 안전상 몇 m 이하이어야 하는가?

① 50 ② 60
③ 70 ④ 80

해설 피난층에서의 보행거리
피난층의 계단 및 거실로부터 건축물 바깥 쪽으로의 출구에 이르는 보행거리

정답 06.④ 07.② 08.② 09.① 10.④ 11.①

㉠ 계단으로부터 옥외의 출구까지는 30m 이하가 되도록 할 것. 다만, 주요구조부가 내화구조 또는 불연재료로 된 건축물에 있어서는 그 보행거리가 50m(층수가 16층 이상인 공동주택의 경우에는 40m) 이하가 되도록 설치할 수 있다.

㉡ 거실로부터 옥외로의 출구까지는 60m 이하가 되도록 할 것. 다만, 주요구조부가 내화구조 또는 불연재료로 된 건축물에 있어서는 그 보행거리가 100m(층수가 16층 이상인 공동주택의 경우에는 80m) 이하가 되도록 설치할 수 있다.

피난층이 아닌 층에서 거실로부터 계단에 이르는 보행거리

거실로부터 계단까지의 거리는 30m 이하가 되도록 할 것. 다만, 주요구조부가 내화구조 또는 불연재료로 된 건축물에 있어서는 그 보행거리가 50m(층수가 16층 이상인 공동주택의 경우에는 40m) 이하가 되도록 설치할 수 있다.

12 분말소화약제 분말입도의 소화성능에 관한 설명으로 옳은 것은?

① 미세할수록 소화성능이 우수하다.
② 입도가 클수록 소화성능이 우수하다.
③ 입도와 소화성능과는 관련이 없다.
④ 입도가 너무 미세하거나 너무 커도 소화 성능은 저하된다.

13 마그네슘의 화재에 주수하였을 때 물과 마그네슘의 반응으로 인하여 생성되는 가스는?

① 산소　　　　② 수소
③ 일산화탄소　④ 이산화탄소

해설 $Mg + H_2O \rightarrow MgO + H_2 \uparrow$

14 물질의 취급 또는 위험성에 대한 설명 중 틀린 것은?

① 융해열은 점화원이다.
② 질산은 물과 반응시 발열 반응하므로 주의를 해야 한다.
③ 네온, 이산화탄소, 질소는 불연성 물질로 취급한다.
④ 암모니아를 충전하는 공업용 용기의 색상은 백색이다.

해설 ㉠ 융해열 : 점화원(×), 용해열 : 점화원(○)
㉡ 질산+물 → 발열반응, 질산+산소 → 흡열반응

15 화재에 관련된 국제적인 규정을 제정하는 단체는?

① IMO(International Maritime Organization)
② SFPE(Society of Fire Protection Engineers)
③ NFPA(National fire protection Association)
④ ISO(International Organization for Standardization)

16 위험물안전관리법령상 위험물의 지정수량이 틀린 것은?

① 과산화나트륨 - 50kg
② 적린 - 100kg
③ 트리나이트로톨루엔 - 100kg
④ 탄화알루미늄 - 400kg

해설 ③ 트리나이트로톨루엔(5류 위험물 1종 : 100kg)
④ 탄화알루미늄 - 300kg

17 연면적이 1,000m² 이상인 목조건축물은 그 외벽 및 처마 밑의 연소할 우려가 있는 부분을 방화구조로 하여야 하는데 이때 연소우려가 있는 부분은? (단, 동일한 대지 안에 2동 이상의 건물이 있는 경우이며, 공원·광장, 하천의 공지나 수면 또는 내화구조의 벽 기타 이와 유사한 것에 접하는 부분을 제외한다)

① 상호의 외벽 간 중심선으로부터 1층은 3m 이내의 부분
② 상호의 외벽 간 중심선으로부터 2층은 7m 이내의 부분
③ 상호의 외벽 간 중심선으로부터 3층은 11m 이내의 부분
④ 상호의 외벽 간 중심선으로부터 4층은 13m 이내의 부분

정답 12.④ 13.② 14.① 15.④ 16.④ 17.①

해설 연소할 우려가 있는 건축물
- 1층 기준 : 6m 이내의 부분
- 2층 이상의 층 기준 : 10m 이내의 부분
※ 문제에서 중심선 기준이므로 절반이 되어야 한다.

18 물의 기화열이 539.6cal/g인 것은 어떤 의미인가?
① 0℃의 물 1g이 얼음으로 변화하는데 539.6cal의 열량이 필요하다.
② 0℃의 얼음 1g이 얼음으로 변화하는데 539.6 cal의 열량이 필요하다.
③ 0℃의 물 1g이 100℃의 물로 변화하는데 539.6 cal의 열량이 필요하다.
④ 100℃의 물 1g이 수증기로 변화하는데 539.6 cal의 열량이 필요하다.

해설 기화열
액체가 기체가 될 때 필요로 하는 열

19 인화점이 40℃ 이하인 위험물을 저장, 취급하는 장소에 설치하는 전기설비는 방폭구조로 설치하는데, 용기의 내부에 기체를 압입하여 압력을 유지하도록 함으로써 폭발성가스가 침입하는 것을 방지하는 구조는?
① 압력 방폭구조　② 유입 방폭구조
③ 안전증 방폭구조　④ 본질안전 방폭구조

해설 방폭구조의 종류
㉠ 내압(耐壓) 방폭구조
용기 내부에서 가연성 가스를 폭발시켰을 때 그 폭발 압력에 견딜 수 있는 특수한 구조로 설계하는 것으로 가장 많이 이용되고 있는 방식이다.
㉡ 압력(壓力) 방폭구조
용기 내부에 불활성 가스 등을 압입시켜 외부의 폭발성 가스의 유입을 방지하는 구조로 내압의 유지방식에 따라 통풍식, 봉입식, 밀봉식으로 구분한다.
㉢ 유입 방폭구조
전기불꽃이 발생될 우려가 있는 부분을 기름 속에 넣어 폭발성 가스와 격리시키는 구조

㉣ 충전 방폭구조
전기불꽃이 발생될 우려가 있는 부분을 석영가루나 유리입자 등의 충전물로 완전히 덮어 폭발성 가스와 격리시키는 구조
㉤ 몰드 방폭구조
전기불꽃이 발생될 우려가 있는 부분을 절연성이 있는 콤파운드로 포입하는 구조
㉥ 안전증 방폭구조
전기불꽃 발생부나 고온부가 존재하지 않는 구조로서 특별히 안전도를 증가시켜 고장을 일으키지 않도록 한 구조
㉦ 본질안전 방폭구조
안전지역과 위험지역 사이에 안전장치를 설치하여 위험지역으로 유입되는 전압과 전류를 제거하여 폭발을 일으킬 수 있는 최소 에너지보다 작게 하는 구조

20 화재하중에 대한 설명 중 틀린 것은?
① 화재하중이 크면 단위면적당의 발열량이 크다.
② 화재하중이 크다는 것은 화재구획의 공간이 넓다는 것이다.
③ 화재하중이 같더라도 물질의 상태에 따라 가혹도는 달라진다.
④ 화재하중은 화재구획실 내의 가연물 총량을 목재 중량당비로 환산하여 면적으로 나눈 수치이다.

해설 화재하중과 화재구획의 공간은 무관

정답　18.④　19.①　20.②

2019년 제2회 소방설비기사[전기분야] 1차 필기
[제1과목 : 소방원론]

01 목조건축물의 화재 진행상황에 관한 설명으로 옳은 것은?

① 화원 – 발염착화 – 무염착화 – 출화 – 최성기 – 소화
② 화원 – 발염착화 – 무염착화 – 소화 – 연소낙하
③ 화원 – 무염착화 – 발염착화 – 출화 – 최성기 – 소화
④ 화원 – 무염착화 – 출화 – 발염착화 – 최성기 – 소화

해설 목조건축물 화재의 진행단계
화재원인 – 무염착화 – 발염착화 – 최성기 – 연소낙하 – 소화

02 연면적이 1,000m² 이상인 건축물에 설치하는 방화벽이 갖추어야 할 기준으로 틀린 것은?

① 내화구조로서 홀로 설 수 있는 구조일 것
② 방화벽이 양쪽 끝과 위쪽 끝을 건축물의 외벽면 및 지붕면으로부터 0.1m 이상 튀어나오게 할 것
③ 방화벽에 설치하는 출입문의 너비는 2.5m 이하로 할 것
④ 방화벽에 설치하는 출입문의 높이는 2.5m 이하로 할 것

해설 ② 0.1m(×) → 0.5(m)
방화벽 기준
연면적 1,000m² 이상인 건축물로서 그 주요구조부가 내화구조 또는 불연재료가 아닌 건축물에는 다음 기준에 의하여 1,000m² 미만마다 방화벽을 설치하여야 한다.
㉠ 내화구조로서 홀로 설 수 있는 구조일 것
㉡ 방화벽의 양쪽 끝과 위쪽 끝은 건축물의 외벽면 및 지붕면으로부터 0.5m 이상 돌출되도록 할 것
㉢ 방화벽에 설치하는 출입문의 너비 및 높이는 각각 2.5m 이하로 하고 당해 출입문은 갑종방화문으로 설치할 것
㉣ 연면적 1,000m² 이상인 목조건축물의 방화벽 설치 기준
ⓐ 방화구조로 하거나 불연재료로 할 것
ⓑ 외벽 및 처마 밑의 연소할 우려가 있는 부분을 방화구조로 하되 그 지붕은 불연재료로 할 것

03 화재의 일반적 특성으로 틀린 것은?

① 확대성　② 정형성
③ 우발성　④ 불안정성

해설 화재의 일반적 특성 : 확대성, 우발성, 불안정성

04 공기의 부피 비율이 질소 79%, 산소 21%인 전기실에 화재가 발생하여 이산화탄소 소화약제를 방출하여 소화하였다. 이때 산소의 부피농도가 14%이었다면 이 혼합 공기의 분자량은 약 얼마인가? (단, 화재시 발생한 연소가스는 무시한다)

① 28.9　② 30.9
③ 33.9　④ 35.9

해설 화재 전 공기의 구성
N_2 : 79%, O_2 : 21%
화재 후 공기의 구성
N_2 : 52.67%(100%−14%−33.33%),
O_2 : 14%, CO_2 : 33.33%
$CO_2(\%) = \dfrac{21-14}{21} \times 100 = 33.33\%$
질소 : 28×0.5267=14.75[kg/kmol]
산소 : 32×0.14=4.48[kg/kmol]
이산화탄소 : 44×0.3333=14.67[kg/kmol]
14.75+4.48+14.67=33.9[kg/kmol]

정답　01.③　02.②　03.②　04.③

05 다음 가연성 기체 1몰이 완전 연소하는데 필요한 이론공기량으로 틀린 것은? (단, 체적비로 계산하며 공기 중 산소의 농도를 21vol%로 한다)

① 수소 - 약 2.38몰
② 메탄 - 약 9.52몰
③ 아세틸렌 - 약 16.91몰
④ 프로판 - 약 23.81몰

해설
㉠ $H_2 + 0.5O_2 \rightarrow H_2O$
수소 1mol 완전연소되려면 산소 0.5mol이 필요하다.
$\dfrac{산소 mol수}{21\%} = \dfrac{공기 mol수}{100\%}$ 비례식에 의해

[공기mol수 = $\dfrac{100}{21}$ × 산소mol수]

따라서 공기mol = $\dfrac{100}{21}$ × 0.5

공기mol수 = 2.38 mol

㉡ $CH_4 + 2O_2 \rightarrow CO_2 + 2H_2O$
메탄 1mol 완전연소되려면 산소 2mol이 필요하다.
$\dfrac{산소 mol수}{21\%} = \dfrac{공기 mol수}{100\%}$ 비례식에 의해

[공기mol수 = $\dfrac{100}{21}$ × 산소mol수]

따라서 공기mol = $\dfrac{100}{21}$ × 2

공기mol수 = 9.52 mol

㉢ $C_2H_2 + 2.5O_2 \rightarrow 2CO_2 + H_2O$
아세틸렌 1mol 완전연소되려면 산소 2.5mol이 필요하다.
$\dfrac{산소 mol수}{21\%} = \dfrac{공기 mol수}{100\%}$ 비례식에 의해

[공기mol수 = $\dfrac{100}{21}$ × 산소mol수]

따라서 공기mol = $\dfrac{100}{21}$ × 2.5

공기mol수 = 11.9 mol

㉣ $C_3H_8 + 5O_2 \rightarrow 3CO_2 + 4H_2O$
프로판 1mol 완전연소되려면 산소 5mol이 필요하다.
$\dfrac{산소 mol수}{21\%} = \dfrac{공기 mol수}{100\%}$ 비례식에 의해

[공기mol수 = $\dfrac{100}{21}$ × 산소mol수]

따라서 공기mol = $\dfrac{100}{21}$ × 5

공기mol수 = 23.81 mol

06 물의 소화능력에 관한 설명 중 틀린 것은?
① 다른 물질보다 비열이 크다.
② 다른 물질보다 융해잠열이 작다.
③ 다른 물질보다 증발잠열이 크다.
④ 밀폐된 장소에서 증발가열되면 산소희석작용을 한다.

해설 ② 다른 물질보다 융해잠열이 크다.
융해잠열 : 80kcal/kg

07 화재실의 연기를 옥외로 배출시키는 제연방식으로 효과가 가장 적은 것은?
① 자연 제연방식
② 스모크타워 제연방식
③ 기계식 제연방식
④ 냉난방설비를 이용한 제연방식

해설
㉠ **자연 제연방식** : 평소 사용되고 있는 창, 개구부 등을 통하여 온도차에 의한 밀도차 또는 바람 등을 이용하여 연기를 외부로 배출하는 방법이다. 동력이 필요하지 않고 설비도 간단하지만 풍속, 풍압, 풍향 등에 영향을 많이 받는 단점이 있다.
㉡ **스모크타워 제연방식** : 고층건축물에 적합한 방식으로 제연 전용의 수직 샤프트를 설치하고 온도차에 의한 밀도차를 이용한 흡인력을 이용하여 연기를 옥상부분으로 배출하는 방식이다.
㉢ **기계식 제연방식** : 실내의 연기를 기계적인 동력을 이용하여 강제로 배출하는 방식으로 1종, 2종, 3종 기계제연으로 분류된다.

08 분말 소화약제의 취급시 주의사항으로 틀린 것은?
① 습도가 높은 공기 중에 노출되면 고화되므로 항상 주의를 기울인다.
② 충전 시 다른 소화약제와 혼합을 피하기 위하여 종별로 각각 다른 색으로 착색되어 있다.
③ 실내에서 다량 방사하는 경우 분말을 흡입하지 않도록 한다.
④ 분말 소화약제와 수성막포를 함께 사용할 경우 포의 소포현상을 발생시키므로 병용해서는 안 된다.

해설 분말 소화약제의 특징
분말약제는 미세한 고체입자이므로 CO_2 또는 할론약제와 달리 자체 증기압을 가질 수 없다. 그러므로 약제방출을 위한 추진가스로 N_2, CO_2가 필요하며 저장상태에 따라 축압식과 가압식으로 구분한다. 분말약제는 약제 변질의 우려는 없으나 미세한 고체입자이므로 수분이나 습기에 노출되면 입자끼리 뭉치게 되어 배관 및 관부속물을 막거나 방사에 어려움이 있을 수 있으므로 금속비누(스테아르산아연, 스테아르산알미늄), 실리콘 등으로 방습처리한다. 또한 수성막포와 함께 사용 가능하다.

09 건축물의 화재를 확산시키는 요인이라 볼 수 없는 것은?

① 비화(飛火) ② 복사열(輻射熱)
③ 자연발화(自然發火) ④ 접염(接炎)

해설 건축물의 화재원인
㉠ 접염
㉡ 복사열
㉢ 비화

10 석유, 고무, 동물의 털, 가죽 등과 같이 황성분을 함유하고 있는 물질이 불완전연소될 때 발생하는 연소가스로 계란 썩는 듯한 냄새가 나는 기체는?

① 아황산가스 ② 시안화수소
③ 황화수소 ④ 암모니아

해설 황화수소(H_2S)
황을 함유하고 있는 유기화합물이 불완전연소 시 발생되며 연소 시 유독성 기체인 아황산가스를 발생하며 계란 썩는 듯한 냄새가 난다.

11 다음 중 동일한 조건에서 증발잠열(kJ/kg)이 가장 큰 것은?

① 질소 ② 할론 1301
③ 이산화탄소 ④ 물

해설 물의 증발잠열
539[kcal/kg]

12 탱크화재 시 발생되는 보일오버(Boil Over)의 방지방법으로 틀린 것은?

① 탱크 내용물의 기계적 교반
② 물의 배출
③ 과열방지
④ 위험물 탱크 내의 하부에 냉각수 저장

해설 보일오버(Boil Over) 현상
유류탱크 화재 시 액체위험물의 밑부분에 존재하고 있던 물이 열파에 의해 비점 이상으로 되면 급격히 증발하면서 가연성 액체를 탱크 밖으로 비산시켜 화재를 확대시키는 현상

보일오버의 발생조건
• 탱크 내부에 수분이 존재할 것
• 열파를 형성하는 유류일 것
• 적당한 점성과 거품을 가진 유류일 것
• 비점이 물보다 높은 유류일 것

13 화재 시 CO_2를 방사하여 산소농도를 11vol%로 낮추어 소화하려면 공기 중 CO_2의 농도는 약 몇 vol%가 되어야 하는가?

① 47.6vol% ② 42.9vol%
③ 37.9vol% ④ 34.5vol%

해설
$$CO_2(\%) = \frac{21-11}{21} \times 100 = 47.6\%$$

14 물 소화약제를 어떠한 상태로 주수할 경우 전기화재의 진압에서도 소화능력을 발휘할 수 있는가?

① 물에 의한 봉상주수
② 물에 의한 적상주수
③ 물에 의한 무상주수
④ 어떤 상태의 주수에 의해서도 효과가 없다.

해설 화재의 분류 및 소화방법

화재의 종류		표시색	소화효과	적응소화기
A급	일반화재	백색	냉각효과	물, 강화액, 산·알칼리, 포말, 할론, 청정, 분말(3종 소화기)

정답 09.③ 10.③ 11.④ 12.④ 13.① 14.③

급	종류	색	효과	소화약제
B급	유류화재	황색	질식효과	포말, 탄산가스, 할론, 청정, 분말소화기
C급	전기화재	청색	질식효과	물(분무), 강화액(분무), 탄산가스, 할론, 청정, 분말소화기
D급	금속화재	–	건조사 피복	건조사, 팽창질석, 팽창진주암
E급	가스화재	–	질식효과	탄산가스, 할론, 분말소화기
K급	주방화재	–	냉각 질식	강화액소화기

15 도장작업 공정에서의 위험도를 설명한 것으로 틀린 것은?

① 도장작업 그 자체 못지않게 건조공정도 위험하다.
② 도장작업에서는 인화성 용제가 쓰이지 않으므로 폭발의 위험이 없다.
③ 도장작업장은 폭발시를 대비하여 지붕을 시공한다.
④ 도장실의 환기덕트를 주기적으로 청소하여 도료가 덕트 내에 부착되지 않게 한다.

[해설] 도장작업에서는 인화성 용제가 쓰이므로 폭발의 위험이 있다.

16 방호공간 안에서 화재의 세기를 나타내고 화재가 진행되는 과정에서 온도에 따라 변하는 것으로 온도–시간 곡선으로 표시할 수 있는 것은?

① 화재저항 ② 화재가혹도
③ 화재하중 ④ 화재플럼

[해설] 화재가혹도(Fire Severity)
㉠ 화재 시 최고온도와 지속시간은 화재의 규모를 판단하는 중요한 요소가 된다.
㉡ 화재가혹도는 최고온도×지속시간으로 표현되며 화재로 인한 피해의 정도를 판단할 수 있는 척도가 된다.
㉢ 화재가혹도의 주요소는 가연물의 연소열, 비표면적, 공기의 공급조절, 화재실의 구조 등이다.

17 다음 위험물 중 특수인화물이 아닌 것은?
① 아세톤 ② 디에틸에테르
③ 산화프로필렌 ④ 아세트알데히드

[해설] 아세톤
제4류 위험물 중 제1석유류

18 다음 중 가연물의 제거를 통한 소화방법과 무관한 것은?
① 산불의 확산방지를 위하여 산림의 일부를 벌채한다.
② 화학반응기의 화재 시 원료 공급관의 밸브를 잠근다.
③ 전기실 화재 시 IG-541 약제를 방출한다.
④ 유류탱크 화재 시 주변에 있는 유류탱크의 유류를 다른 곳으로 이동시킨다.

[해설] ③ IG-541 : 냉각효과, 질식효과

19 화재 표면온도(절대온도)가 2배로 되면 복사에너지는 몇 배로 증가되는가?
① 2 ② 4
③ 8 ④ 16

[해설] 복사에너지는 절대온도의 4승에 비례하므로 16배가 된다.

20 산불화재의 형태로 틀린 것은?
① 지중화 형태 ② 수평화 형태
③ 지표화 형태 ④ 수관화 형태

[해설] 산불화재 종류(지중, 지표, 수관, 수간)
㉠ 지중 : 땅 속의 나무뿌리의 유기물에 의한 화재
㉡ 지표 : 땅 위의 낙엽에 의한 화재
㉢ 수관 : 나뭇가지에 의한 화재
㉣ 수간 : 나무기둥에 의한 화재

정답 15.② 16.② 17.① 18.③ 19.④ 20.②

2019년 제4회 소방설비기사[전기분야] 1차 필기
[제1과목 : 소방원론]

01 방화벽의 구조 기준 중 다음 ( ) 안에 알맞은 것은?

> • 방화벽의 양쪽 끝과 위쪽 끝을 건축물의 외벽면 및 지붕면으로부터 (㉠)m 이상 튀어 나오게 할 것
> • 방화벽에 설치하는 출입문의 너비 및 높이는 각각 (㉡)m 이하로 하고, 해당 출입문에는 갑종방화문을 설치할 것

① ㉠ 0.3, ㉡ 2.5　② ㉠ 0.3, ㉡ 3.0
③ ㉠ 0.5, ㉡ 2.5　④ ㉠ 0.5, ㉡ 3.0

해설 방화벽 기준
연면적 1,000m² 이상인 건축물로서 그 주요구조부가 내화구조 또는 불연재료가 아닌 건축물에는 다음 기준에 의하여 1,000m² 미만마다 방화벽을 설치하여야 한다.
㉠ 내화구조로서 홀로 설 수 있는 구조일 것
㉡ 방화벽의 양쪽 끝과 위쪽 끝은 건축물의 외벽면 및 지붕면으로부터 0.5m 이상 돌출되도록 할 것
㉢ 방화벽에 설치하는 출입문의 너비 및 높이는 각각 2.5m 이하로 하고 당해 출입문은 60+ 또는 60분 방화문으로 설치할 것
㉣ 연면적 1,000m² 이상인 목조건축물의 방화벽 설치 기준
　ⓐ 방화구조로 하거나 불연재료로 할 것
　ⓑ 외벽 및 처마 밑의 연소할 우려가 있는 부분을 방화구조로 하되 그 지붕은 불연재료로 할 것

02 물의 소화력을 증대시키기 위하여 첨가하는 첨가제 중 물의 유실을 방지하고 건물, 임야 등의 입체면에 오랫동안 잔류하게 하기 위한 것은?
① 증점제　② 강화액
③ 침투제　④ 유화제

해설 소화효과 증대를 위한 첨가제
㉠ 부동액(Antifreeze Agent)
　에틸렌글리콜, 프로필렌글리콜, 글리세린
㉡ 침투제(Wetting Agent)
　물의 표면장력을 낮추고 침투력을 높임
㉢ 증점제(Viscosity Agent)
　점도증가, CMC(카르복시메틸셀룰로오스), gelgard, Organic-gel
㉣ 유화제(Emulsifier)
　친수성콜로이드(기름막형성제), 에틸렌글리콜, 계면활성제

03 BLEVE 현상을 설명한 것으로 가장 옳은 것은?
① 물이 뜨거운 기름표면 아래에서 끓을 때 화재를 수반하지 않고 over flow 되는 현상
② 물이 연소유의 뜨거운 표면에 들어갈 때 발생되는 over flow 현상
③ 탱크 바닥에 물과 기름의 에멀젼이 섞여 있을 때 물의 비등으로 인하여 급격하게 over flow 되는 현상
④ 탱크 주위 화재로 탱크 내 인화성 액체가 비등하고 가스부분의 압력이 상승하여 탱크가 파괴되고 폭발을 일으키는 현상

해설 블레비(BLEVE : Boiling Liquid Expanding Vapor Explosion, 비등액체팽창증기폭발)
액화가스를 저장하는 용기 주변에 화재 등의 발생으로 용기가 가열되는 경우 액화 가스의 비등으로 급격한 압력의 상승이 있다. 이때 안전장치(안전밸브, 봉판)를 통하여 이루어지는 압력의 완화율보다 내부의 압력증가율이 큰 경우 용기가 파열되는 현상을 BLEVE라 한다. 또한 액화가스가 가연성인 경우 거대한 화구를 형성하게 되는데 이런 현상을 파이어볼(Fire ball)이라고 한다.

정답　01.③　02.①　03.④

※ 예방대책
- 방액제를 경사지게 한다(화염이 탱크 외부에 직접 닿지 않도록).
- 저장탱크 주위에 고정식 살수설비를 설치한다.
- 저장탱크 내용물의 긴급 이송장치를 설치한다.
- 용기가 외력에 의해 파괴되는 것을 방지한다.
- 저장탱크 외벽에 단열조치를 한다.

04 소화원리에 대한 설명으로 틀린 것은?

① 냉각소화 : 물의 증발잠열에 의해서 가연물의 온도를 저하시키는 소화방법
② 제거소화 : 가연성 가스의 분출화재 시 연료 공급을 차단시키는 소화방법
③ 질식소화 : 포소화약제 또는 불연성가스를 이용해서 공기 중의 산소공급을 차단하여 소화하는 방법
④ 억제소화 : 불활성기체를 방출하여 연소범위 이하로 낮추어 소화하는 방법

해설 소화의 종류
㉠ 냉각소화 : 발화점 이하의 온도로 낮추어 소화하는 방법
㉡ 질식소화 : 공기 중의 산소농도를 21[vol%]에서 15[vol%] 이하로 낮추어 소화하는 방법
㉢ 제거소화 : 화재현장의 가연물을 없애주어 소화하는 방법
㉣ 억제소화(부촉매소화) : 연쇄반응을 억제하여 소화하는 방법
㉤ 희석소화 : 알코올, 에테르, 에스테르, 케톤류 등 수용성물질에 다량의 물을 방사하여 가연물의 농도를 낮추어 소화하는 방법
㉥ 유화효과 : 물분무소화설비를 중유에 방사하는 경우 유류표면에 형성되는 엷은 막(유화층)으로 산소를 차단하여 소화하는 방법
㉦ 피복효과 : 가연물 주변을 포, 이산화탄소 등으로 피복하여 산소를 차단, 소화하는 방법

05 화재강도(Fire Intensity)와 관계가 없는 것은?

① 가연물의 비표면적   ② 발화원의 온도
③ 화재실의 구조   ④ 가연물의 발열량

해설 화재강도에 영향을 미치는 인자
① 가연물의 비표면적
② 화재실의 구조
③ 가연물의 발열량
④ 화재의 온도(발화원의 온도×)

06 다음 중 인화점이 가장 낮은 물질은?

① 산화프로필렌
② 이황화탄소
③ 메틸알코올
④ 등유

해설 인화점
① 산화프로필렌 : -37℃
② 이황화탄소 : -30℃
③ 메틸알코올 : 11℃
④ 등유 : 40~70℃

07 에테르, 케톤, 에스테르, 알데히드, 카르복실산, 아민 등과 같은 가연성인 수용성 용매에 유효한 포소화약제는?

① 단백질   ② 수성막포
③ 불화단백포   ④ 내알코올포

해설 내알코올형포 소화약제
단백질의 가수분해 생성물과 합성세제 등을 주성분으로 제조하며 일반포로서는 소화작용이 어려운 수용성 액체 위험물의 소화에 적합하다. 약제생성 후 2~3분 이내에 사용하지 않으면 침전이 생겨 소화효과가 떨어지는 단점이 있다.

알코올형포를 사용해야 하는 액체위험물의 종류
알코올류, 아세톤, 초산, 의산, 피리딘, 초산에스테르류, 의산에스테르류 등

08 할로겐화합물 소화약제는 일반적으로 열을 받으면 할로겐족이 분해되어 가연물질의 연소과정에서 발생하는 활성종과 화합하여 연소의 연쇄반응을 차단한다. 연쇄반응의 차단과 가장 거리가 먼 소화약제는?

① FC-3-1-10   ② HFC-125
③ IG-541   ④ FIC-13I1

정답 04.④ 05.② 06.① 07.④ 08.③

해설 IG-541 : 불활성기체 소화약제로서 화재실에 방사 시 상대적으로 산소의 농도를 떨어뜨려 연소반응을 저해시키는 기능이 있다(질식효과).

09 화재발생 시 인명피해 방지를 위한 건물로 적합한 것은?
① 피난설비가 없는 건물
② 특별피난계단의 구조로 된 건물
③ 피난기구가 관리되고 있지 않은 건물
④ 피난구 폐쇄 및 피난구유도등이 미비되어 있는 건물

10 특정소방대상물(소방안전관리대상물은 제외)의 관계인과 소방안전관리대상물의 소방안전관리자의 업무가 아닌 것은?
① 화기 취급의 감독
② 자체소방대의 운용
③ 소방 관련 시설의 유지·관리
④ 피난시설, 방화구획 및 방화시설의 유지·관리

해설 화재예방, 소방시설 설치·유지 및 안전관리에 관한 법률 제20조(특정소방대상물의 소방안전관리)
특정소방대상물(소방안전관리대상물은 제외한다)의 관계인과 소방안전관리대상물의 소방안전관리자의 업무는 다음 각 호와 같다. 다만, 제1호·제2호 및 제4호의 업무는 소방안전관리대상물의 경우에만 해당한다.
1. 제21조의2에 따른 피난계획에 관한 사항과 대통령령으로 정하는 사항이 포함된 소방계획서의 작성 및 시행
2. 자위소방대(自衛消防隊) 및 초기대응체계의 구성·운영·교육
3. 제10조에 따른 피난시설, 방화구획 및 방화시설의 유지·관리
4. 제22조에 따른 소방훈련 및 교육
5. 소방시설이나 그 밖의 소방 관련 시설의 유지·관리
6. 화기(火氣) 취급의 감독
7. 그 밖에 소방안전관리에 필요한 업무

[22.12.1이후 개정]
화재의 예방 및 안전관리에 관한 법률
제24조(특정소방대상물의 소방안전관리) 제5항
⑤ 특정소방대상물(소방안전관리대상물은 제외한다)의 관계인과 소방안전관리대상물의 소방안전관리자는 다음 각 호의 업무를 수행한다. 다만, 제1호·제2호·제5호 및 제7호의 업무는 소방안전관리대상물의 경우에만 해당한다.
1. 제36조에 따른 피난계획에 관한 사항과 대통령령으로 정하는 사항이 포함된 소방계획서의 작성 및 시행
2. 자위소방대(自衛消防隊) 및 초기대응체계의 구성, 운영 및 교육
3. 「소방시설 설치 및 관리에 관한 법률」 제16조에 따른 피난시설, 방화구획 및 방화시설의 관리
4. 소방시설이나 그 밖의 소방 관련 시설의 관리
5. 제37조에 따른 소방훈련 및 교육
6. 화기(火氣) 취급의 감독
7. 행정안전부령으로 정하는 바에 따른 소방안전관리에 관한 업무수행에 관한 기록·유지(제3호·제4호 및 제6호의 업무를 말한다)
8. 화재발생 시 초기대응
9. 그 밖에 소방안전관리에 필요한 업무

11 CF_3Br 소화약제의 명칭을 옳게 나타낸 것은?
① 할론 1011   ② 할론 1211
③ 할론 1301   ④ 할론 2402

해설 할론약제의 종류
㉠ Methane의 유도체
ⓐ 할론 1211(CF_2ClBr) : 일취화일염화이불화메탄(BCF)
ⓑ 할론 1301(CF_3Br) : 일취화삼불화메탄(BTM)
ⓒ 할론 1011(CH_2ClBr) : 이루치화일염화메탄(CB)
ⓓ 할론 1040(CCl_4) : 사염화탄소(CTC)
㉡ Ethane의 유도체
할론 2402($C_2F_4Br_2$) : 이취화사불화에탄(FB)

12 화재의 유형별 특성에 관한 설명으로 옳은 것은?
① A급 화재는 무색으로 표시하며, 감전의 위험이 있으므로 주수소화를 엄금한다.
② B급 화재는 황색으로 표시하며, 질식소화를 통해 화재를 진압한다.
③ C급 화재는 백색으로 표시하며, 가연성이 강한 금속의 화재이다.
④ D급 화재는 청색으로 표시하며, 연소 후에 재를 남긴다.

정답 09.② 10.② 11.③ 12.②

해설 화재의 종류

화재의 분류		소화기 표시색	소화 방법	소화방법
A급	일반화재	백색	냉각 효과	• 백색 연기 발생 • 연소 후 재를 남김
B급	유류화재	황색	질식 효과	• 검은색 연기 발생 • 연소 후 재가 없음 • 정전기로 인한 착화 가능성 있음
C급	전기화재	청색	질식 효과	통전 중인 전기시설물이 점화원의 기능을 함
D급	금속화재	–	건조사 피복	금속이 열을 생성
E급	가스화재	–	질식 효과	재를 남기지 않음
K급	주방화재	–	냉각, 질식	주방내 식용유 화재

13 다음 중 전산실, 통신 기기실 등에서의 소화에 가장 적합한 것은?

① 스프링클러설비
② 옥내소화전설비
③ 분말소화설비
④ 할로겐화합물 및 불활성기체 소화설비

해설 "할로겐화합물 및 불활성기체소화약제"라 함은 할로겐화합물(할론 1301, 할론 2402, 할론 1211 제외) 및 불활성 기체로서 전기적으로 비전도성이며 휘발성이 있거나 증발 후 잔여물을 남기지 않는 소화약제를 말한다.

14 프로판가스의 연소범위(vol%)에 가장 가까운 것은?

① 9.8~28.4
② 2.5~81
③ 4.0~75
④ 2.1~9.5

해설 공기 중에서 가연성 가스의 폭발범위

가스	하한계(%)	상한계(%)	가스	하한계(%)	상한계(%)
메탄	5.0	15.0	아세트알데히드	4.1	57.0
에탄	3.0	12.4	에테르	1.9	48.0
프로판	2.1	9.5	산화에틸렌	3.0	80.0
부탄	1.8	8.4	벤젠	1.4	7.1
에틸렌	2.7	36.0	톨루엔	1.4	6.7
아세틸렌	2.5	81.0	이황화탄소	1.2	44.0
황화수소	4.3	45.4	메틸알코올	7.3	36.0
수소	4.0	75.0	에틸알코올	4.3	19.0
암모니아	15.0	28.0	일산화탄소	12.5	74.0

15 가연물의 제거와 가장 관련이 없는 소화방법은?

① 유류화재 시 유류공급 밸브를 잠근다.
② 산불화재 시 나무를 잘라 없앤다.
③ 팽창 진주암을 사용하여 진화한다.
④ 가스화재 시 중간밸브를 잠근다.

해설 팽창 진주암을 사용하여 진화 : 피복소화

16 화재 시 이산화탄소를 방출하여 산소농도를 13vol%로 낮추어 소화하기 위한 공기 중 이산화탄소의 농도는 약 몇 vol%인가?

① 9.5
② 25.8
③ 38.1
④ 61.5

해설 $CO_2(\%) = \dfrac{21-13}{21} \times 100 = 38.1\%$

17 독성이 매우 높은 가스로서 석유제품, 유지(油脂) 등이 연소할 때 생성되는 알데히드 계통의 가스는?

① 시안화수소
② 암모니아
③ 포스겐
④ 아크로레인

정답 13.④ 14.④ 15.③ 16.③ 17.④

해설 아크로레인(CH_2CHCHO)
석유제품이나 유지류 등이 탈 때 발생되는 가스로 일반적인 화재에서 발생되는 경우는 극히 드물며 10[ppm] 이상의 농도를 흡입하면 즉시 사망한다.

18 다음 중 인명구조기구에 속하지 않는 것은?
① 방열복
② 공기안전매트
③ 공기호흡기
④ 인공소생기

해설 인명구조기구
방열복, 공기호흡기, 인공소생기, 방화복

19 불포화 섬유지나 석탄에 자연발화를 일으키는 원인은?
① 분해열
② 산화열
③ 발효열
④ 중합열

해설 자연발화의 5가지 원인과 종류
㉠ 분해열에 의한 발열 : 셀룰로이드류, 나이트로셀룰로오스 등
㉡ 산화열에 의한 발열 : 석탄, 건성유(기름걸레) 등
㉢ 흡착열에 의한 발열 : 활성탄, 목탄 등
㉣ 미생물에 의한 발열 : 퇴비, 먼지 등
㉤ 중합열에 의한 발열 : 시안화수소(HCN) 등

20 화재의 지속시간 및 온도에 따라 목재건물과 내화건물을 비교했을 때, 목재건물의 화재성상으로 가장 적합한 것은?
① 저온장기형이다.
② 저온단기형이다.
③ 고온장기형이다.
④ 고온단기형이다.

해설 목조건축물 : 고온단기형
내화건축물 : 저온장기형

정답 18.② 19.② 20.④

2020년 제1,2회 소방설비기사[전기분야] 1차 필기

[제1과목 : 소방원론]

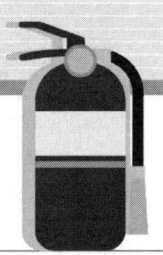

01 0[℃], 1기압에서 44.8[m³]의 용적을 가진 이산화탄소를 액화하여 얻을 수 있는 액화탄산 가스의 무게는 약 몇 [kg]인가?

① 88[kg]   ② 44[kg]
③ 22[kg]   ④ 11[kg]

해설 1기압 0[℃] 상태에서 1[kmol]은 22.4[m³]의 부피를 갖는다.
44.8[m³]이므로 2[kmol]의 이산화탄소
따라서 $2[kmol] \times \dfrac{44[kg]}{1[kmol]} = 88[kg]$

02 제거소화의 예에 해당하지 않는 것은?

① 밀폐 공간에서의 화재 시 공기를 제거한다.
② 가연성 가스 화재 시 가스의 밸브를 닫는다.
③ 산림화재 시 확산을 막기 위하여 산림의 일부를 벌목한다.
④ 유류탱크 화재 시 연소되지 않은 기름을 다른 탱크로 이동시킨다.

해설 화재 시 공기를 차단, 제거하는 것은 질식소화이다.
제거소화의 예
㉠ 가스나 유류화재시 밸브를 폐쇄하는 방법
㉡ 촛불을 입으로 불어 소화하는 방법
㉢ 산불 화재시 진행 방향의 나무를 벌목하는 방법
㉣ 유전화재시 질소폭탄을 투하하는 방법
㉤ 전기화재시 전원을 차단하는 방법

03 다음 중 소화에 필요한 이산화탄소소화약제의 최소설계농도 값이 가장 높은 물질은?

① 메탄   ② 에틸렌
③ 천연가스   ④ 아세틸렌

해설 이산화탄소소화설비의 화재안전기준
가연성 액체 또는 가연성 가스의 소화에 필요한 설계농도(제5조제1호 나목관련)

방호대상물	설계농도(%)
수소(Hydrogen)	75
아세틸렌(Acetylene)	66
일산화탄소(Carbon Monoxide)	64
산화에틸렌(Ethylene Oxide)	53
에틸렌(Ethylene)	49
에탄(Ethane)	40
석탄가스, 천연가스(Coal, Natural gas)	37
사이크로 프로판(Cyclo Propane)	37
이소부탄(Iso Butane)	36
프로판(Propane)	36
부탄(Butane)	34
메탄(Methane)	34

04 인화알루미늄의 화재 시 주수소화하면 발생하는 물질은?

① 수소   ② 메탄
③ 포스핀 ④ 아세틸렌

해설 인화알루미늄은 물 또는 습기와 접촉 시 가연성, 유독성의 포스핀(PH_3)를 발생한다.
$AlP + 3H_2O \rightarrow Al(OH)_3 + PH_3 \uparrow$
(인화알루미늄) (물) (수산화알루미늄) (포스핀)

05 다음 물질의 저장창고에서 화재가 발생하였을 때 주수소화를 할 수 없는 물질은?

① 부틸리튬
② 질산에틸
③ 나이트로셀룰로오스
④ 적린

정답 01.① 02.① 03.④ 04.③ 05.①

해설 부틸리튬은 제3류 위험물로서 금수성물질
질산에틸, 나이트로셀룰로오스는 제5류 위험물로 주수소화가능
적린은 제2류 위험물로서 주소소화 가능

06 이산화탄소에 대한 설명으로 틀린 것은?

① 임계온도는 97.5[℃]이다.
② 고체의 형태로 존재할 수 있다.
③ 불연성 가스로 공기보다 무겁다.
④ 드라이아이스와 분자식이 동일하다.

해설 이산화탄소의 물리적 성질

구 분	물 성
임계압력	72.75[atm]
임계온도	31.35[℃](약 31.3[℃])
3중점	-56.3[℃](약 -56[℃])
승화점(비점)	-78.5[℃]
허용농도	0.5[%]
증기비중	1.529
수분	0.05[%] 이하(함량 99.5[%] 이상)
형상	고체의 형태로 존재할 수 있음
가스 종류	불연성 가스로 공기보다 무거움
분자식	드라이아이스와 분자식이 동일

07 실내 화재 시 발생한 연기로 인한 감광계수(m^{-1})와 가시거리에 대한 설명 중 틀린 것은?

① 감광계수가 0.1일 때 가시거리는 20~30[m]이다.
② 감광계수가 0.3일 때 가시거리는 15~20[m]이다.
③ 감광계수가 1.0일 때 가시거리는 1~2[m]이다.
④ 감광계수가 10일 때 가시거리는 0.2~0.5[m]이다.

해설 연기의 농도에 따른 현상

감광계수	가시거리	상황설명
0.1[Cs]	20~30[m]	• 희미하게 연기가 감도는 정도의 농도 • 연기감지기가 작동되는 농도 • 건물구조에 익숙치 않은 사람이 피난에 지장을 받을 수 있는 농도
0.3[Cs]	5[m]	• 건물구조를 잘 아는 사람이 피난에 지장을 받을 수 있는 농도
0.5[Cs]	3[m]	• 약간 어두운 정도의 농도
1.0[Cs]	1~2[m]	• 전방이 거의 보이지 않을 정도의 농도
10[Cs]	수십[cm]	• 최성기 때 화재층의 연기농도 • 유도등도 보이지 않는 암흑상태의 농도
30[Cs]	-	• 출화실에서 연기가 배출될 때의 농도

08 물질의 화재 위험성에 대한 설명으로 틀린 것은?

① 인화점 및 착화점이 낮을수록 위험
② 착화에너지가 작을수록 위험
③ 비점 및 융점이 높을수록 위험
④ 연소범위가 넓을수록 위험

해설 화재 위험성
㉠ 비점 및 융점이 낮을수록 위험하다.
㉡ 발화점 및 인화점이 낮을수록 위험하다.
㉢ 연소하한계가 낮을수록 위험하다.
㉣ 연소범위가 넓을수록 위험하다.
㉤ 증기압이 클수록 위험하다.

09 이산화탄소의 증기비중은 약 얼마인가? (단, 공기의 분자량은 29이다)

① 0.81 ② 1.52
③ 2.02 ④ 2.51

해설 $증기비중 = \dfrac{어떤 기체의 분자량}{공기의 분자량}$
$= \dfrac{44}{29} = 1.52$

정답 06.① 07.② 08.③ 09.②

10 위험물안전관리법령상 제2석유류에 해당하는 것으로만 나열된 것은?

① 아세톤, 벤젠
② 중유, 아닐린
③ 에테르, 이황화탄소
④ 아세트산, 아크릴산

해설 제4류 위험물의 종류

품 명	대표물질
특수인화물	이황화탄소·디에틸에테르·아세트알데히드·산화프로필렌·이소프렌·펜탄·디비닐에테르·트리클로로실란
제1석유류	• 아세톤·휘발유·벤젠 • 톨루엔·크실렌·시클로헥산 • 아크롤레인·초산에스테르류 • 의산에스테르류 • 메틸에틸케톤·에틸벤젠·피리딘
제2석유류	• 등유·경유·의산 • 초산·테레빈유·장뇌유 • 아세트산·아크릴산 • 송근유·스티렌·메틸셀로솔브 • 에틸셀로솔브·클로로벤젠·알릴알코올
제3석유류	• 중유·크레오소트유·에틸렌글리콜 • 글리세린·나이트로벤젠·아닐린 • 담금질유
제4석유류	• 기어유·실린더유

11 다음 중 연소범위를 근거로 계산한 위험도 값이 가장 큰 물질은?

① 이황화탄소   ② 메탄
③ 수소   ④ 일산화탄소

해설 위험도 $H = \dfrac{U-L}{L}$

① 이황화탄소 위험도 $H = \dfrac{44-1.2}{1.2} = 35.66$
② 메탄 위험도 $H = \dfrac{15-5}{5} = 2$
③ 수소 위험도 $H = \dfrac{75-4}{4} = 17.75$
④ 일산화탄소 위험도 $H = \dfrac{74-12.5}{12.5} = 4.92$

12 가연물이 연소가 잘되기 위한 구비조건으로 틀린 것은?

① 열전도율이 클 것
② 산소와 화학적으로 친화력이 클 것
③ 표면적이 클 것
④ 활성화에너지가 작을 것

해설 가연물이 되기 쉬운 조건
㉠ 열전도율이 작을수록
㉡ 활성화에너지가 작을수록
㉢ 발열량이 클수록
㉣ 산소와 친화력이 클수록
㉤ 표면적이 클수록
㉥ 주위온도가 높을수록

13 유류탱크 화재 시 기름 표면에 물을 살수하면 기름이 탱크 밖으로 비산하여 화재가 확대되는 현상은?

① 슬롭 오버(Slop Over)
② 플래시 오버(Flash Over)
③ 프로스 오버(Froth Over)
④ 블레비(BLEVE)

해설 고비점 액체가연물에서 발생될 수 있는 현상

보일 오버	슬롭 오버	프로스 오버
화재 시 탱크 내에 잔존해 있던 물이 비등하는 현상	화재 시 소화수(탱크 내 잔존 물 ×)가 비등하는 현상	비화재 시 외부원인에 의해 탱크 내에 잔존해 있던 물이 비등하는 현상

14 화재 시 나타나는 인간의 피난특성으로 볼 수 없는 것은?

① 어두운 곳으로 대피한다.
② 최초로 행동한 사람을 따른다.
③ 발화지점의 반대방향으로 이동한다.
④ 평소에 사용하던 문, 통로를 사용한다.

해설 인간의 피난특성
  ㉠ 귀소본능(歸巢本能)
    인간은 비상시 본능적으로 자신의 신체를 보호하기 위하여 자주 이용하는 경로 및 원래 온 길로 돌아가려는 특성
  ㉡ 퇴피본능(退避本能)
    위험사태가 발생하면 반사적으로 그 지점에서 멀어지려는 특성
  ㉢ 지광본능(智光本能)
    화재시 정전이나 검은 연기에 의해 암흑상태가 되면 사람들이 밝은 곳으로 모이려는 특성
  ㉣ 좌회본능(左廻本能)
    사람의 대부분은 오른손잡이이며, 이로 인해 오른발이 발달해 있어 어둠속에서 걷게 되면 왼쪽으로 돌게 되는 특성
  ㉤ 추종본능(追從本能)
    화재와 같은 급박한 상황에서 리더(Leader) 한 사람의 행동을 따라하는 특성

15 종이, 나무, 섬유류 등에 의한 화재에 해당하는 것은?
  ① A급 화재
  ② B급 화재
  ③ C급 화재
  ④ D급 화재

해설 화재의 종류

구 분	표시색	적응물질
일반화재(A급)	백색	• 일반가연물 • 종이류 화재 • 목재·섬유화재
유류화재(B급)	황색	• 가연성 액체 • 가연성 가스 • 액화가스 화재 • 석유화재
전기화재(C급)	청색	• 전기설비
금속화재(D급)	–	• 가연성 금속
가스화재(E급)	–	• 도시가스, LPG화재
주방화재(K급)	–	• 식용유화재

16 $NH_4H_2PO_4$를 주성분으로 한 분말소화약제는 제 몇 종 분말소화약제인가?
  ① 제1종
  ② 제2종
  ③ 제3종
  ④ 제4종

해설 분말소화약제의 주성분에 의한 구분

종류	주성분	착색	적응화재
제1종 분말	탄산수소나트륨($NaHCO_3$)	백색	B,C급
제2종 분말	탄산수소칼륨($KHCO_3$)	보라색 (자색)	B,C급
제3종 분말	인산암모늄($NH_4H_2PO_4$)	핑크색 (담홍색)	A,B,C급
제4종 분말	탄산수소칼륨+요소 ($KHCO_3+NH_2CONH_2$)	회색	B,C급

17 다음 물질 중 연소하였을 때 시안화수소를 가장 많이 발생시키는 물질은?
  ① Polyethylene
  ② Polyurethane
  ③ Polyvinyl Chloride
  ④ Polystyrene

해설 연소 시 시안화수소(HCN) 발생물질
  ㉠ 요소
  ㉡ 멜라닌
  ㉢ 아닐린
  ㉣ Polyurethane(폴리우레탄)

18 산소의 농도를 낮추어 소화하는 방법은?
  ① 냉각소화
  ② 질식소화
  ③ 제거소화
  ④ 억제소화

해설 질식소화 : 산소의 차단, 제거, 농도저하

정답 15.① 16.③ 17.② 18.②

19 다음 중 상온·상압에서 액체인 것은?

① 탄산가스　　② 할론 1301
③ 할론 2402　　④ 할론 1211

상온·상압에서 기체상태	상온·상압에서 액체상태
• 할론 1301 • 할론 1211 • 이산화탄소(CO_2)	• 할론 1011 • 할론 104 • 할론 2402

20 밀폐된 내화건물의 실내에 화재가 발생했을 때 그 실내의 환경변화에 대한 설명 중 틀린 것은?

① 기압이 급강하한다.
② 산소가 감소한다.
③ 일산화탄소가 증가한다.
④ 이산화탄소가 증가한다.

밀폐된 실내 화재시 기압은 상승한다.

2020년 제3회 소방설비기사[전기분야] 1차 필기

[제1과목 : 소방원론]

01 화재의 종류에 따른 분류가 틀린 것은?
① A급 : 일반화재
② B급 : 유류화재
③ C급 : 가스화재
④ D급 : 금속화재

해설 화재의 종류

구 분	표시색	적응물질
일반화재(A급)	백색	• 일반가연물 • 종이류 화재 • 목재 · 섬유 화재
유류화재(B급)	황색	• 가연성 액체 • 가연성 가스 • 액화가스 화재 • 석유화재
전기화재(C급)	청색	• 전기설비
금속화재(D급)	–	• 가연성 금속
가스화재(E급)	–	• 도시가스, LPG화재
주방화재(K급)	–	• 식용유화재

02 다음 중 고체 가연물이 덩어리보다 가루일 때 연소되기 쉬운 이유로 가장 적합한 것은?
① 발열량이 작아지기 때문이다.
② 공기와 접촉면이 커지기 때문이다.
③ 열전도율이 커지기 때문이다.
④ 활성화에너지가 커지기 때문이다.

해설 덩어리상태보다 가루상태일 때 표면적이 커지고 산소와의 반응접촉면적이 넓어진다.
가루상태일 때 활성화에너지가 작아진다.

03 위험물과 위험물안전관리법령에서 정한 지정수량을 옳게 연결한 것은?
① 무기과산화물 – 300[kg]
② 황화인 – 500[kg]
③ 황린 – 20[kg]
④ 질산에스터류 – 200[kg]

해설 위험물지정수량
① 무기과산화물 : 50[kg](제1류 위험물)
② 황화인 : 100[kg](제2류 위험물)
③ 황린 : 20[kg](제3류 위험물)
④ 질산에스터류 : 10[kg](제5류 위험물)

04 다음 중 발화점이 가장 낮은 물질은?
① 휘발유   ② 이황화탄소
③ 적린   ④ 황린

해설 발화점
① 휘발유 : 300[℃]
② 이황화탄소 : 100[℃]
③ 적린 : 260[℃]
④ 황린 : 34[℃]

05 화재 시 발생하는 연소가스 중 인체에서 헤모글로빈과 결합하여 혈액의 산소운반을 저해하고 두통, 근육조절의 장애를 일으키는 것은?
① CO_2 ② CO
③ HCN ④ H_2S

해설 탄소 함유 가연물의 불완전연소 시 일산화탄소(CO)가 발생되며 일산화탄소는 혈액 중에 헤모글로빈과 결합하여 $COHb$가 되어 산소운반을 저해하여 두통을 일으키고, 고농도의 경우 의식불명을 초래한다.

정답 01.③ 02.② 03.③ 04.④ 05.②

06 다음 원소 중 전기음성도가 가장 큰 것은?

① F ② Br
③ Cl ④ I

해설 할론소화약제

부촉매효과(소화능력) 크기	전기음성도(친화력, 결합력) 크기
I > Br > Cl > F	F > Cl > Br > I

• 전기음성도 크기=수소와의 결합력 크기

07 탄화칼슘이 물과 반응 시 발생하는 가연성 가스는?

① 메탄 ② 포스핀
③ 아세틸렌 ④ 수소

해설 탄화칼슘과 물의 반응식

CaC_2 + $2H_2O$ → $Ca(OH)_2$ + C_2H_2 ↑
(탄화칼슘) (물) (수산화칼슘) (아세틸렌)

08 공기의 평균 분자량이 29일 때 이산화탄소 기체의 증기비중은 얼마인가?

① 1.44 ② 1.52
③ 2.88 ④ 3.24

해설 증기비중 = $\dfrac{어떤\ 기체의\ 분자량}{공기의\ 분자량}$

$= \dfrac{44}{29} = 1.52$

09 밀폐된 공간에 이산화탄소를 방사하여 산소의 체적 농도를 12[%] 되게 하려면 상대적으로 방사된 이산화탄소의 농도는 얼마가 되어야 하는가?

① 25.40[%] ② 28.70[%]
③ 38.35[%] ④ 42.86[%]

해설 $CO_2(\%) = \dfrac{21 - O_2}{21} \times 100 = \dfrac{21 - 12}{21} \times 100$

$= 42.857 ≒ 42.86[\%]$

10 화재하중의 단위로 옳은 것은?

① kg/m^2 ② $℃/m^2$
③ $kg \cdot L/m^3$ ④ $℃ \cdot L/m^3$

해설 화재하중

화재하중(Fire Load)이란 일정한 구역 안에 있는 가연물 전체 발열량을 동일한 발열량의 목재의 질량으로 환산하여 화재구역의 면적으로 나눈 것으로 주수시간 결정의 주요인이 되며 화재의 위험성을 나타낸다.

$Q[kg/m^2] = \dfrac{\sum(G_t H_t)}{H_w A} = \dfrac{\sum Q_t}{4,500A}$

Q : 화재하중[kg/m^2]
G_t : 실내 각 가연물의 중량[kg]
H_t : 실내 각 가연물의 단위 발열량[kcal/kg]
A : 화재실의 바닥면적[m^2]
Q_t : 화재실 내 가연물의 전체 발열량[kcal]
H_w : 목재의 단위발열량(4,500[kcal/kg])

11 인화점이 20[℃]인 액체위험물을 보관하는 창고의 인화 위험성에 대한 설명 중 옳은 것은?

① 여름철에 창고 안이 더워질수록 인화의 위험성이 커진다.
② 겨울철에 창고 안이 추워질수록 인화의 위험성이 커진다.
③ 20[℃]에서 가장 안전하고 20[℃]보다 높아지거나 낮아질수록 인화의 위험성이 커진다.
④ 인화의 위험성은 계절의 온도와는 상관없다.

해설 주위온도가 높을수록 인화위험성은 커진다.

12 소화약제인 IG-541의 성분이 아닌 것은?

① 질소 ② 아르곤
③ 헬륨 ④ 이산화탄소

해설 불활성기체소화약제의 종류 및 주성분

㉠ IG-01 : Ar
㉡ IG-100 : N_2
㉢ IG-541 : N_2 : 52[%], Ar : 40[%], CO_2 : 8[%]
㉣ IG-55 : N_2 : 50[%], Ar : 50[%]

13 이산화탄소소화약제 저장용기의 설치장소에 대한 설명 중 옳지 않은 것은?

① 반드시 방호구역 내의 장소에 설치한다.
② 온도의 변화가 적은 곳에 설치한다.
③ 방화문으로 구획된 실에 설치한다.
④ 해당 용기가 설치된 곳임을 표시하는 표지를 한다.

해설 이산화탄소소화설비 저장용기 설치장소 기준
㉠ 방호구역외의 장소에 설치할 것. 다만, 방호구역내에 설치할 경우에는 피난 및 조작이 용이하도록 피난구 부근에 설치하여야 한다.
㉡ 온도가 40[℃] 이하이고, 온도변화가 적은 곳에 설치할 것
㉢ 직사광선 및 빗물이 침투할 우려가 없는 곳에 설치할 것
㉣ 방화문으로 구획된 실에 설치할 것
㉤ 용기의 설치장소에는 해당 용기가 설치된 곳임을 표시하는 표지를 할 것
㉥ 용기간의 간격은 점검에 지장이 없도록 3cm 이상의 간격을 유지할 것
㉦ 저장용기와 집합관을 연결하는 연결배관에는 체크밸브를 설치할 것. 다만, 저장용기가 하나의 방호구역만을 담당하는 경우에는 그러하지 아니하다.

14 화재의 소화원리에 따른 소화방법의 적용으로 틀린 것은?

① 냉각소화 : 스프링클러설비
② 질식소화 : 이산화탄소소화설비
③ 제거소화 : 포소화설비
④ 억제소화 : 할로겐화합물소화설비

해설 포소화설비는 질식, 냉각, 유화소화방법을 이용하는 설비이다.

15 건축물의 내화구조에서 바닥의 경우에는 철근콘크리트의 두께가 몇 [cm] 이상이어야 하는가?

① 7[cm]　② 10[cm]
③ 12[cm]　④ 15[cm]

해설 내화구조의 바닥
㉠ 철근콘크리트조 또는 철골철근콘크리트조로서 두께 10[cm] 이상인 것
㉡ 철재로 보강된 콘크리트블록조·벽돌조 또는 석조로서 철재로 덮은 콘크리트 블록 등의 두께가 5[cm] 이상인 것
㉢ 철재의 양면을 두께 5[cm] 이상의 철망모르타르 또는 콘크리트로 덮은 것

16 소화효과를 고려하였을 경우 화재 시 사용할 수 있는 물질이 아닌 것은?

① 이산화탄소
② 아세틸렌
③ Halon 1211
④ Halon 1301

해설 아세틸렌(C_2H_2)
연소범위 2.5~81[%]의 가연성가스, 분해폭발의 위험이 있다.

17 질식소화 시 공기 중의 산소농도는 일반적으로 약 몇 [vol%] 이하로 하여야 하는가?

① 25[vol%]　② 21[vol%]
③ 19[vol%]　④ 15[vol%]

해설 질식소화
정상적인 연소가 진행되기 위해서는 일정 농도 이상의 산소가 필요하며, 대부분의 산소공급은 공기를 통해 이루어진다. 그러므로 가연물 주변의 공기를 차단하여 산소농도를 15[%] 이하로 하면 산소부족에 의해 계속적인 연소가 어려워진다. 질식소화를 위한 산소농도의 유효한 계치는 10~15[%]이다.

18 제1종 분말소화약제의 주성분으로 옳은 것은?

① $KHCO_3$
② $NaHCO_3$
③ $NH_4H_2PO_4$
④ $Al_2(SO_4)_3$

정답　13.①　14.③　15.②　16.②　17.④　18.②

[해설] 분말소화약제의 주성분에 의한 구분

종류	주성분	착색	적응화재
제1종 분말	탄산수소나트륨($NaHCO_3$)	백색	B,C급
제2종 분말	탄산수소칼륨($KHCO_3$)	보라색 (자색)	B,C급
제3종 분말	인산암모늄($NH_4H_2PO_4$)	핑크색 (담홍색)	A,B,C급
제4종 분말	탄산수소칼륨+요소 ($KHCO_3+NH_2CONH_2$)	회색	B,C급

19 Halon 1301의 분자식은?

① CH_3Cl ② CH_3Br
③ CF_3Cl ④ CF_3Br

[해설] 할론약제의 명명법
할론ⓐⓑⓒⓓ
ⓐ : 탄소(C)의 수
ⓑ : 불소(F)의 수
ⓒ : 염소(Cl)의 수
ⓓ : 브롬(Br)의 수
할론약제의 분자식
㉠ 할론 2402 : $C_2F_4Br_2$
㉡ 할론 1211 : CF_2ClBr
㉢ 할론 1301 : CF_3Br
㉣ 할론 1011 : CH_2ClBr
㉤ 할론 1040 : CCl_4

20 다음 중 연소와 가장 관련 있는 화학반응은?

① 중화반응 ② 치환반응
③ 환원반응 ④ 산화반응

[해설] 연소는 일종의 산화반응으로 열과 빛을 동반한 발열반응을 말한다.

2020년 제4회 소방설비기사[전기분야] 1차 필기
[제1과목 : 소방원론]

01 일반적인 플라스틱 분류 상 열경화성 플라스틱에 해당하는 것은?
① 폴리에틸렌 ② 폴리염화비닐
③ 페놀수지   ④ 폴리스티렌

해설
㉠ 열경화성 수지 : 열을 가하여도 녹지 않는 수지로 페놀수지, 멜라민수지, 요소수지 등이 있다.
㉡ 열가소성 수지 : 열을 가하면 녹아 액체로 되는 수지로 PVC, PE(폴리에틸렌), PP(폴리프로필렌) 등이 있다.

02 공기 중에서 수소의 연소범위로 옳은 것은?
① 0.4~4[vol%]   ② 1~12.5[vol%]
③ 4~75[vol%]   ④ 67~92[vol%]

해설 연소범위

가연성 가스	하한계(vol%)	상한계(vol%)
아세틸렌	2.5	81
산화에틸렌	3	80
수소	4	75
일산화탄소	12.5	74
에테르	1.9	48
이황화탄소	1.2	44
에틸렌	2.7	36
암모니아	15	28
메탄	5	15
에탄	3	12.4
프로판	2.1	9.5
부탄	1.8	8.4

03 건물 내 피난동선의 조건으로 옳지 않은 것은?
① 2개 이상의 방향으로 피난할 수 있어야 한다.
② 가급적 단순한 형태로 한다.
③ 통로의 말단은 안전한 장소이어야 한다.
④ 수직동선은 금하고 수평동선만 고려한다.

해설 피난동선이 특성
㉠ 가급적 단순형태가 좋다.
㉡ 수평동선과 수직동선으로 구분한다.
㉢ 가급적 상호 반대방향으로 다수의 출구와 연결되는 것이 좋다.
㉣ 어느 곳에서도 2개 이상의 방향으로 피난할 수 있으며, 그 말단은 화재로부터 안전한 장소이어야 한다.

04 증발잠열을 이용하여 가연물의 온도를 떨어뜨려 화재를 진압하는 소화방법은?
① 제거소화 ② 억제소화
③ 질식소화 ④ 냉각소화

해설 냉각소화
물의 현열 및 증발잠열을 이용하여 화재장소에서의 온도를 떨어뜨리는 소화방법이다.

05 열분해에 의해 가연물 표면에 유리상의 메타인산 피막을 형성하여 연소에 필요한 산소의 유입을 차단하는 분말약제는?
① 요소
② 탄산수소칼륨
③ 제1인산암모늄
④ 탄산수소나트륨

정답 01.③ 02.③ 03.④ 04.④ 05.③

[해설] **분말소화약제의 종류 및 특성**

종류	주성분	착색	적응화재
제1종 분말	탄산수소나트륨($NaHCO_3$)	백색	B,C급
제2종 분말	탄산수소칼륨($KHCO_3$)	보라색 (자색)	B,C급
제3종 분말	인산암모늄($NH_4H_2PO_4$)	핑크색 (담홍색)	A,B,C급
제4종 분말	탄산수소칼륨+요소 ($KHCO_3+NH_2CONH_2$)	회색	B,C급

제3종분말 방사시 생성되는 메타인산(HPO_3)의 방진작용으로 A급화재에도 적응성이 있다.

06 화재를 소화하는 방법 중 물리적 방법에 의한 소화가 아닌 것은?

① 억제소화 ② 제거소화
③ 질식소화 ④ 냉각소화

[해설] **소화방법**
소화방법에는 물리적 소화와 화학적 소화가 있으며 부촉매의 연쇄반응 억제작용에 의한 소화방법은 화학적 소화방법에 해당된다.

07 물과 반응하여 가연성 기체를 발생하지 않는 것은?

① 칼륨 ② 인화아연
③ 산화칼슘 ④ 탄화알루미늄

[해설] **분진폭발을 일으키지 않는 물질**
물과 반응하여 가연성 기체를 발생하지 않는 것
㉠ 시멘트
㉡ 석회석
㉢ 탄산칼슘($CaCO_3$)
㉣ 생석회(CaO)=산화칼슘

08 다음 물질을 저장하고 있는 장소에서 화재가 발생하였을 때 주수소화가 적합하지 않은 것은?

① 적린 ② 마그네슘 분말
③ 과염소산칼륨 ④ 황

[해설] 칼륨, 나트륨, 마그네슘의 경우 물과 반응하여 수소를 발생시킨다.
마그네슘과 물의 반응식
$Mg + 2H_2O \rightarrow Mg(OH)_2 + H_2 \uparrow$

09 과산화수소와 과염소산의 공통성질이 아닌 것은?

① 산화성 액체이다.
② 유기화합물이다.
③ 불연성 물질이다.
④ 비중이 1보다 크다.

[해설] 과산화수소와 과염소산은 제6류 위험물로서 산화성 액체, 불연성이며 비중이 1보다 크다.
유기화합물이란 탄소를 함유하고 있는 화합물이다.

10 다음 중 가연성 가스가 아닌 것은?

① 일산화탄소 ② 프로판
③ 아르곤 ④ 메탄

[해설] 아르곤(Ar)은 불활성기체이다.

11 화재 발생 시 인간의 피난 특성으로 틀린 것은?

① 본능적으로 평상시 사용하는 출입구를 사용한다.
② 최초로 행동을 개시한 사람을 따라서 움직인다.
③ 공포감으로 인해서 빛을 피하여 어두운 곳으로 몸을 숨긴다.
④ 무의식중에 발화 장소의 반대쪽으로 이동한다.

[해설] **인간의 피난특성**
㉠ 귀소본능(歸巢本能)
인간은 비상시 본능적으로 자신의 신체를 보호하기 위하여 자주 이용하는 경로 및 원래 온 길로 돌아가려는 특성
㉡ 퇴피본능(退避本能)
위험사태가 발생하면 반사적으로 그 지점에서 멀어지려는 특성

정답 06.① 07.③ 08.② 09.② 10.③ 11.③

01. 소방원론

ⓒ 지광본능(智光本能)
화재 시 정전이나 검은 연기에 의해 암흑상태가 되면 사람들이 밝은 곳으로 모이려는 특성

ⓔ 좌회본능(左廻本能)
사람의 대부분은 오른손잡이며, 이로 인해 오른발이 발달해 있어 어둠 속에서 걷게 되면 왼쪽으로 돌게 되는 특성

ⓜ 추종본능(追從本能)
화재와 같은 급박한 상황에서 리더(Leader) 한 사람의 행동을 따르하는 특성

12 실내화재에서 화재의 최성기에 돌입하기 전에 다량의 가연성 가스가 동시에 연소되면서 급격한 온도상승을 유발하는 현상은?

① 패닉(Panic) 현상
② 스택(Stack) 현상
③ 화이어 볼(Fire Ball) 현상
④ 플래시 오버(Flash Over) 현상

해설 Flash Over는 실내 화재에서 발생될 수 있는 현상으로 화재로 인해 화재실 내부의 온도가 상승되어 있다가 화염이 급격히 확대되는 현상으로 화재 성장기와 최성기의 분기점에서 발생된다. 소화활동 및 피난활동은 Flash Over 이전에 행하여야 한다.

13 다음 원소 중 할로겐족 원소인 것은?

① Ne   ② Ar
③ Cl   ④ Xe

해설 할로겐족 원소란 주기율표상 7족 원소로 다음과 같다.
F(불소), Cl(염소), Br(브롬), I(요오드)

14 피난 시 하나의 수단이 고장 등으로 사용이 불가능하더라도 다른 수단 및 방법을 통해서 피난할 수 있도록 하는 것으로 2방향 이상의 피난통로를 확보하는 피난대책의 일반 원칙은?

① Risk-down 원칙
② Feed-back 원칙
③ Fool-proof 원칙
④ Fail-safe 원칙

해설 Fool Proof와 Fail Safe
ⓐ 소방에서 Fool Proof란 인간이 실수를 하거나, 잘못된 판단을 하더라도 충분히 피난활동에는 지장을 주지 않아야 하는 것을 의미한다.
ⓑ 소방에서 Fail Safe란 인간이 아닌 기계, 즉 피난기구에 문제가 발생하더라도 대체할 수 있는 다른 피난기구를 설치하는 것을 의미한다.

15 목재건축물의 화재 진행과정을 순서대로 나열한 것은?

① 무염착화 - 발염착화 - 발화 - 최성기
② 무염착화 - 최성기 - 발염착화 - 발화
③ 발염착화 - 발화 - 최성기 - 무염착화
④ 발염착화 - 최성기 - 무염착화 - 발화

해설 목조건축물 및 내화건축물의 연소과정
ⓐ 목조건축물 : 무염착화 → 발염착화 → 출화 → 최성기 → 연소낙하 → 진화
ⓑ 내화건축물 : 발화 → 성장기 → 최성기 → 감퇴기 → 종기

16 탄산수소나트륨이 주성분인 분말소화약제는?

① 제1종 분말
② 제2종 분말
③ 제3종 분말
④ 제4종 분말

해설 분말소화약제의 종류 및 특성

종류	주성분	착색	적응화재
제1종 분말	탄산수소나트륨($NaHCO_3$)	백색	B,C급
제2종 분말	탄산수소칼륨($KHCO_3$)	보라색 (자색)	B,C급
제3종 분말	인산암모늄($NH_4H_2PO_4$)	핑크색 (담홍색)	A,B,C급
제4종 분말	탄산수소칼륨+요소 ($KHCO_3+NH_2CONH_2$)	회색	B,C급

정답 12.④ 13.③ 14.④ 15.① 16.①

17 공기와 할론 1301의 혼합기체에서 할론 1301에 비해 공기의 확산속도는 약 몇 배인가? (단, 공기의 평균분자량은 29, 할론 1301의 분자량은 149이다)

① 2.27배   ② 3.85배
③ 5.17배   ④ 6.46배

해설 그레이엄의 확산속도의 법칙
기체의 확산속도는 그 기체의 분자량(밀도)의 제곱근에 반비례한다.

$$\frac{U_2}{U_1} = \sqrt{\frac{M_1}{M_2}} = \sqrt{\frac{\rho_1}{\rho_2}}$$

U : 확산속도, M : 분자량, ρ : 밀도

$$\frac{U_{공기}}{U_{할론1301}} = \sqrt{\frac{149}{29}} = 2.27$$

18 불연성 기체나 고체 등으로 연소물을 감싸 산소 공급을 차단하는 소화방법은?

① 질식소화   ② 냉각소화
③ 연쇄반응차단소화   ④ 제거소화

해설 소화방법의 종류
㉠ 제거소화
　가연물질을 완전 제거하거나 가연성 액체 또는 가연성증기의 농도를 희석시켜 연소하한계 이하로 하여 연소를 저지시키는 소화방법
㉡ 질식소화
　가연물 주변에 공기를 차단하여 산소농도를 15% 이하로 하면 산소부족에 의해 연소의 계속이 어려워지는데 이와 같이 산소의 농도를 낮추어 소화하는 소화방법
㉢ 냉각소화
　가연물 또는 그 주변의 온도를 냉각시켜 인화점 및 발화점 이하로 낮추어 소화하는 방법
㉣ 억제소화(부촉매소화)
　화학반응력의 차이를 이용한 연쇄반응의 억제를 통한 소화방법으로 화재면에 화학반응성이 큰 원소를 발생시킬 수 있는 소화약제를 방사하여 가연물이 산소와 반응하는 것을 억제하는 소화방법

19 공기 중의 산소의 농도는 약 몇 [vol%]인가?

① 10[vol%]   ② 13[vol%]
③ 17[vol%]   ④ 21[vol%]

해설 산소%
- 부피%(vol%) : 21[vol%]
- 중량%(wt%) : 23[wt%]

20 자연발화 방지대책에 대한 설명 중 틀린 것은?

① 저장실의 온도를 낮게 유지한다.
② 저장실의 환기를 원활히 시킨다.
③ 촉매물질과의 접촉을 피한다.
④ 저장실의 습도를 높게 유지한다.

해설 자연발화의 방지법
㉠ 통풍이 잘되는 곳에 저장할 것
㉡ 열의 축적을 방지할 것
㉢ 저장실의 온도를 낮출 것
㉣ 습도가 높은 곳을 피할 것

2021년 제1회 소방설비기사[전기분야] 1차 필기

[제1과목 : 소방원론]

01 위험물별 저장방법에 대한 설명 중 틀린 것은?
① 황은 정전기가 축적되지 않도록 하여 저장한다.
② 적린은 화기로부터 격리하여 저장한다.
③ 마그네슘은 건조하면 부유하여 분진폭발의 위험이 있으므로 물에 적시어 보관한다.
④ 황화인은 산화제와 격리하여 저장한다.

해설 ▶ 제2류 위험물(가연성 고체) 저장 및 취급방법
㉠ 점화원으로부터 멀리하고 가열을 피할 것
㉡ 산화제와의 접촉을 피할 것
㉢ 철분, 마그네슘, 금속분류는 산 또는 물과의 접촉을 피할 것
㉣ 용기 등의 파손으로 위험물의 누설에 주의할 것

02 분자식이 CF_2BrCl인 할로겐화합물 소화약제는?
① Halon 1301
② Halon 1211
③ Halon 2402
④ Halon 2021

해설 ▶ 할론약제의 종류
㉠ Methane의 유도체
ⓐ 할론1211(CF_2ClBr) : 일취화일염화이불화메탄(BCF)
ⓑ 할론1301(CF_3Br) : 일취화삼불화메탄(BTM)
ⓒ 할론1011(CH_2ClBr) : 일취화일염화메탄(CB)
ⓓ 할론1040(CCl_4) : 사염화탄소(CTC)
㉡ Ethane의 유도체
할론2402($C_2F_4Br_2$) : 이취화사불화에탄(FB)

03 건축물의 화재 시 피난자들의 집중으로 패닉(panic) 현상이 일어날 수 있는 피난방향은?

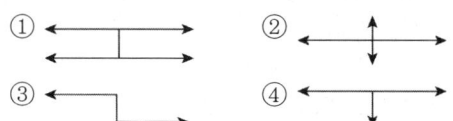

해설 ▶ 피난형태

구 분	구 조	특 징
T형		
Y형		피난자에게 피난경로를 확실하게 알려주는 형태
X형		양방향으로 피난할 수 있는 확실한 형태
H형		
CO형		중앙코너방식으로 피난자의 집중으로 패닉현상이 일어날 우려가 있는 형태
Z형		중앙복도형 건축물에서의 피난경로로서 코너식 중 제일 안전한 형태

04 할로겐화합물 소화약제에 관한 설명으로 옳지 않은 것은?
① 연쇄반응을 차단하여 소화한다.
② 할로겐족 원소가 사용된다.
③ 전기에 도체이므로 전기화재에 효과가 있다.
④ 소화약제의 변질분해 위험성이 낮다.

해설 ▶ 할로겐화합물 소화약제는 전기에 부도체이므로 전기화재에 적응성이 있다.

정답 01.③ 02.② 03.① 04.③

[할로겐화합물 및 불활성기체소화약제의 소화효과]
㉠ 억제효과[할로겐] : 화재면에 방사 시 열분해에 의한 라디칼을 생성하여 가연물과 산소의 반응을 억제하는 효과에 의한 소화작용을 한다.
㉡ 냉각효과[할로겐, 불활성] : 고압의 할론이 방사되면서 줄–톰슨효과에 의한 저온 상태로 방사되며, 열분해 반응 시 필요한 에너지에 의하여 주변온도를 떨어뜨리는 냉각작용이 있다.
㉢ 질식효과[불활성] : 화재실에 방사 시 상대적으로 산소의 농도를 떨어뜨려 연소반응을 저해시키는 기능이 있다.

05 스테판–볼츠만의 법칙에 의해 복사열과 절대온도와의 관계를 옳게 설명한 것은?
① 복사열은 절대온도의 제곱에 비례한다.
② 복사열은 절대온도의 4제곱에 비례한다.
③ 복사열은 절대온도의 제곱에 반비례한다.
④ 복사열은 절대온도의 4제곱에 반비례한다.

해설 스테판-볼츠만의 법칙

$$Q = 4.887 A\varepsilon \left\{ \left(\frac{T_1}{100}\right)^4 - \left(\frac{T_2}{100}\right)^4 \right\}$$

Q : 복사열량(kcal/hr)
A : 단면적(m^2)
ε : 계수
T_1 : 고온체의 절대온도(K)
T_2 : 저온체의 절대온도(K)
즉, 복사에너지는 면적에 비례하고 절대온도의 4승에 비례한다.

06 일반적으로 공기 중 산소농도를 몇 vol% 이하로 감소시키면 연소속도의 감소 및 질식소화가 가능한가?
① 15vol%   ② 21vol%
③ 25vol%   ④ 31vol%

해설 대부분의 가연물은 공기 중 산소농도가 10~15vol% 정도로 낮아지면 산소부족에 의해 질식 소화된다.

07 이산화탄소의 물성으로 옳은 것은?
① 임계온도 : 31.35℃, 증기비중 : 0.529
② 임계온도 : 31.35℃, 증기비중 : 1.529
③ 임계온도 : 0.35℃, 증기비중 : 1.529
④ 임계온도 : 0.35℃, 증기비중 : 0.529

해설 이산화탄소 임계점 : 31.25[℃]
이산화탄소 증기비중 : 1.529

08 조연성 가스에 해당하는 것은?
① 일산화탄소   ② 산소
③ 수소   ④ 부탄

해설 조연성 가스란 연소 시 자기자신은 연소하지 않지만 다른 가연물 연소 시 산소공급원의 기능을 할 수 있는 가스로 산소, 오존, 할로겐족원소 등을 말한다.

09 가연물질의 구비조건으로 옳지 않은 것은?
① 화학적 활성이 클 것
② 열의 축적이 용이할 것
③ 활성화 에너지가 작을 것
④ 산소와 결합할 때 발열량이 작을 것

해설 가연물이 되기 쉬운 조건
㉠ 열전도율이 작을수록
㉡ 활성화 에너지가 작을수록
㉢ 발열량이 클수록
㉣ 산소와 친화력이 클수록
㉤ 표면적이 클수록
㉥ 주위온도가 높을수록

10 가연성 가스이면서도 독성 가스인 것은?
① 질소   ② 수소
③ 염소   ④ 황화수소

해설 황화수소(H_2S)
황을 함유하고 있는 유기화합물이 불완전연소 시 발생되며 연소 시 유독성 기체인 아황산가스를 발생하며 계란 썩는 듯한 냄새가 난다.

정답 05.② 06.① 07.② 08.② 09.④ 10.④

11 다음 물질 중 연소범위를 통해 산출한 위험도 값이 가장 높은 것은?

① 수소   ② 에틸렌
③ 메탄   ④ 이황화탄소

해설) 위험도 = $\dfrac{U-L}{L}$

- 수소 위험도 = $\dfrac{75-4}{4} = 17.75$
- 에틸렌 위험도 = $\dfrac{36-2.7}{2.7} = 12.33$
- 메탄 위험도 = $\dfrac{15-5}{5} = 2$
- 이황화탄소 위험도 = $\dfrac{44-1.2}{1.2} = 35.66$

12 다음 각 물질과 물이 반응하였을 때 발생하는 가스의 연결이 틀린 것은?

① 탄화칼슘 – 아세틸렌
② 탄화알루미늄 – 이산화황
③ 인화칼슘 – 포스핀
④ 수소화리튬 – 수소

해설) 탄화알루미늄 – 메탄

13 블레비(BLEVE) 현상과 관계가 없는 것은?

① 핵분열
② 가연성 액체
③ 화구(Fire ball)의 형성
④ 복사열의 대량 방출

해설) 블레비(BLEVE) 현상
용기 내부의 액화가스가 급격히 비등하여 압력에너지를 형성하면서 용기에 균열이 생겨 파열되며 주위공간으로 날아가 거대한 화구를 형성하는 현상으로 물리적인 폭발에 해당된다.

14 인화점이 낮은 것부터 높은 순서로 옳게 나열된 것은?

① 에틸알코올 < 이황화탄소 < 아세톤
② 이황화탄소 < 에틸알코올 < 아세톤
③ 에틸알코올 < 아세톤 < 이황화탄소
④ 이황화탄소 < 아세톤 < 에틸알코올

해설) 이황화탄소(-30[℃]) < 아세톤(-18[℃]) < 에틸알코올(13[℃])

15 물에 저장하는 것이 안전한 물질은?

① 나트륨   ② 수소화칼슘
③ 이황화탄소   ④ 탄화칼슘

해설) 물질에 따른 저장장소

물 질	저장장소
황린, 이황화탄소(CS_2)	물속
나이트로셀룰로오스	알코올 속
칼륨(K), 나트륨(Na), 리튬(Li)	석유류(등유) 속
알킬알루미늄	벤젠액 속
아세틸렌(C_2H_2)	디메틸포름아미드(DMF), 아세톤에 용해

16 대두유가 침적된 기름 걸레를 쓰레기통에 장시간 방치한 결과 자연발화에 의하여 화재가 발생한 경우 그 이유로 옳은 것은?

① 융해열 축적   ② 산화열 축적
③ 증발열 축적   ④ 발효열 축적

해설) ※ 자연발화 : 열축적 – 기름걸레 : 산화열 축적
[자연발화의 원인]
㉠ 분해열에 의한 발열 : 셀룰로이드류, 나이트로셀룰로오스 등
㉡ 산화열에 의한 발열 : 석탄, 건성유 등
㉢ 흡착열에 의한 발열 : 활성탄, 목탄 등
㉣ 미생물에 의한 발열 : 퇴비, 먼지 등
㉤ 중합열에 의한 발열 : 시안화수소 등

정답 11.④ 12.② 13.① 14.④ 15.③ 16.②

17 건축법령상 내력벽, 기둥, 바닥, 보, 지붕틀 및 주계단을 무엇이라 하는가?
① 내진구조부 ② 건축설비부
③ 보조구조부 ④ 주요구조부

해설 주요구조부는 벽, 보, 지붕틀, 바닥, 주계단, 기둥 등이며 작은 보, 차양, 최하층바닥, 옥외계단, 사잇기둥 등은 제외된다.

18 전기화재의 원인으로 거리가 먼 것은?
① 단락 ② 과전류
③ 누전 ④ 절연 과다

해설 전기화재 발생원인
㉠ 단락에 의한 발화
㉡ 과부하(과전류)에 의한 발화
㉢ 정전기에 의한 발화
㉣ 낙뢰에 의한 발화
㉤ 접속기 과열에 의한 발화
㉥ 전기불꽃에 의한 발화
㉦ 누전에 의한 발화

19 소화약제로 사용하는 물의 증발잠열로 기대할 수 있는 소화효과는?
① 냉각소화 ② 질식소화
③ 제거소화 ④ 촉매소화

해설 물이 냉각소화제로 효과가 가장 큰 이유 : 비열과 증발잠열
[물의 소화효과]
냉각효과, 질식효과, 희석효과, 유화효과(분무주수시)
[물의 특성]
㉠ 물의 비열은 1kcal/kg℃로 다른 약제에 비해 매우 크다.
㉡ 물의 증발잠열은 539kcal/kg이다.
㉢ 얼음의 융해잠열은 80kcal/kg이다.
㉣ 액체의 물이 기화 시 약 1,700배의 수증기가 된다.
→ 상대적으로 주변 산소농도 저하 → 질식효과
㉤ 겨울철에 동결의 우려가 있으므로 동결방지조치를 강구해야 한다.
㉥ 인체에 독성이 없고 쉽게 구할 수 있다.

20 1기압상태에서, 100℃ 물 1g이 모두 기체로 변할 때 필요한 열량은 몇 cal인가?
① 429cal ② 499cal
③ 539cal ④ 639cal

해설 물의 잠열
㉠ 물의 융해잠열 : 80kcal/kg(80cal/g)
㉡ 물의 기화잠열 : 539kcal/kg(539cal/g)

정답 17.④ 18.④ 19.① 20.③

2021년 제2회 소방설비기사[전기분야] 1차 필기

[제1과목 : 소방원론]

01 제3종 분말소화약제의 주성분은?

① 인산암모늄
② 탄산수소칼륨
③ 탄산수소나트륨
④ 탄산수소칼륨과 요소

해설 분말소화약제의 주성분에 의한 분류

종류	주성분	착색	적응화재
제1종 분말	탄산수소나트륨($NaHCO_3$)	백색	B,C급
제2종 분말	탄산수소칼륨($KHCO_3$)	보라색 (자색)	B,C급
제3종 분말	인산암모늄($NH_4H_2PO_4$)	핑크색 (담홍색)	A,B,C급
제4종 분말	탄산수소칼륨+요소 ($KHCO_3+NH_2CONH_2$)	회색	B,C급

02 화재발생 시 피난기구로 직접 활용할 수 없는 것은?

① 완강기
② 무선통신보조설비
③ 피난사다리
④ 구조대

해설 무선통신보조설비 : 소화활동설비

03 소화약제 중 HFC-125의 화학식으로 옳은 것은?

① CHF_2CF_3 ② CHF_3
③ CF_3CHFCF_3 ④ CF_3I

해설 할로겐화합물 소화약제의 종류

소화약제	화학식
퍼플루오로부턴 (이하 "FC-3-1-10"이라 한다)	C_4F_{10}
하이드로클로로플루오로카본혼화제 (이하 "HCFC BLEND A"라 한다)	HCFC-123 ($CHCl_2CF_3$) : 4.75% HCFC-22 ($CHClF_2$) : 82% HCFC-124 ($CHClFCF_3$) : 9.5% $C_{10}H_{16}$: 3.75%
클로로테트라플루오로에탄 (이하 "HCFC-124"라 한다)	$CHClFCF_3$
펜타플루오로에탄 (이하 "HFC-125"라 한다)	CHF_2CF_3
헵타플루오로프로판 (이하 "HFC-227ea"라 한다)	CF_3CHFCF_3
트리플루오로메탄 (이하 "HFC-23"라 한다)	CHF_3
헥사플루오로프로판 (이하 "HFC-236fa"라 한다)	$CF_3CH_2CF_3$
트리플루오로이오다이드 (이하 "FIC-13I1"라 한다)	CF_3I
도데카플루오로-2-메틸펜탄-3-원 (이하 "FK-5-1-12"라 한다)	$CF_3CF_2C(O)CF(CF_3)_2$

04 위험물안전관리법령상 제6류 위험물을 수납하는 운반용기의 외부에 주의사항을 표시하여야 할 경우, 어떤 내용을 표시하여야 하는가?

① 물기엄금
② 화기엄금
③ 화기주의·충격주의
④ 가연물접촉주의

정답 01.① 02.② 03.① 04.④

해설. 운반용기 외부에 표시해야 하는 사항
㉠ 품명, 위등급, 화학명 및 수용성
㉡ 위험물의 수량
㉢ 위험물에 따른 주의사항

유별	품명	운반용기의 주의사항
제1류	알칼리금속 과산화물	화기·충격주의, 가연물접촉주의, 물기엄금
	그 밖의 것	화기·충격주의, 가연물접촉주의
제2류	철분, 금속분, 마그네슘	화기주의, 물기엄금
	인화성 고체	화기엄금
	그 밖의 것	화기주의
제3류	금수성 물질	물기엄금
	자연발화성 물질	화기엄금, 공기접촉엄금
제4류	인화성 액체	화기엄금
제5류	자기반응성 물질	화기엄금, 충격주의
제6류	산화성 액체	가연물접촉주의

05 분말소화약제 중 A급, B급, C급 화재에 모두 사용할 수 있는 것은?

① 제1종 분말　② 제2종 분말
③ 제3종 분말　④ 제4종 분말

해설. 분말소화약제의 주성분에 의한 분류

종류	주성분	착색	적응화재
제1종 분말	탄산수소나트륨 ($NaHCO_3$)	백색	B, C급
제2종 분말	탄산수소칼륨 ($KHCO_3$)	보라색 (자색)	B, C급
제3종 분말	인산암모늄 ($NH_4H_2PO_4$)	핑크색 (담홍색)	A, B, C급
제4종 분말	탄산수소칼륨+요소 ($KHCO_3+NH_2CONH_2$)	회색	B, C급

06 열전도도(Thermal Conductivity)를 표시하는 단위에 해당하는 것은?

① $J/m^2 \cdot h$　② $kcal/h \cdot ℃^2$
③ $W/m \cdot K$　④ $J \cdot K/m^3$

해설. 전도열량

$$Q(kcal/hr) = \frac{\lambda \cdot A \cdot \Delta T}{l}$$

$Q(kcal/hr)$: 전도열량
λ : 열전도도($kcal/m \cdot hr℃$)
A : 접촉면적(m^2)
ΔT : 온도차(℃)
l : 두께(m)
※ $kcal/m \cdot hr \cdot ℃ = W/m \cdot k$

07 알킬알루미늄 화재에 적합한 소화약제는?

① 물　② 이산화탄소
③ 팽창질석　④ 할로겐화합물

해설. 금수성물질 소화약제 → 마른모래, 팽창질석, 팽창진주암

[자연발화성 물질 및 금수성 물질(제3류 위험물)의 종류]
칼륨, 나트륨, 알킬알루미늄, 알킬리튬, 황린, 알칼리금속, 유기금속화합물, 금속의 수소화물, 금속의 인화물, 칼슘 또는 알루미늄의 탄화물 등

08 가연물질의 종류에 따라 화재를 분류하였을 때 섬유류 화재가 속하는 것은?

① A급 화재　② B급 화재
③ C급 화재　④ D급 화재

해설. 섬유류 화재는 A급 화재(일반화재)에 속한다.

09 다음 연소생성물 중 인체에 독성이 가장 높은 것은?

① 이산화탄소　② 일산화탄소
③ 수증기　④ 포스겐

해설. 대부분의 가연물은 유기화합물이다. 가연물 중 탄소(C)와 염소(Cl)를 함유한 물질이 연소시 맹독성 가스인 포스겐($COCl_2$)가스가 발생된다.
$COCl_2$의 허용농도는 0.1ppm이다.

10 내화건축물과 비교한 목조건축물 화재의 일반적인 특징을 옳게 나타낸 것은?

① 고온, 단시간형   ② 저온, 단시간형
③ 고온, 장시간형   ④ 저온, 장시간형

해설 목조건축물은 공기의 유통이 좋아 급속한 연소현상이 진행되어 고온단기형의 연소특성을 가진다. 반면 내화건축물은 견고한 구조로 공기의 유통이 좋지 않아 서서히 연소하는 저온장기형의 특성을 가지게 된다.

11 정전기에 의한 발화과정으로 옳은 것은?

① 방전 → 전하의 축적 → 전하의 발생 → 발화
② 전하의 발생 → 전하의 축적 → 방전 → 발화
③ 전하의 발생 → 방전 → 전하의 축적 → 발화
④ 전하의 축적 → 방전 → 전하의 발생 → 발화

해설 정전기에 의한 발화과정
전하의 발생 → 전하의 축적 → 방전 → 발화

12 물리적 소화방법이 아닌 것은?

① 산소공급원 차단   ② 연쇄반응 차단
③ 온도 냉각   ④ 가연물 제거

해설 소화방법
소화방법에는 물리적 소화방법과 화학적 소화방법이 있으며 부촉매의 연쇄반응 억제(차단)작용에 의한 소화방법은 화학적 소화방법에 해당된다.

13 이산화탄소 소화기의 일반적인 성질에서 단점이 아닌 것은?

① 밀폐된 공간에서 사용 시 질식의 위험성이 있다.
② 인체에 직접 방출 시 동상의 위험성이 있다.
③ 소화약제의 방사 시 소음이 크다.
④ 전기가 잘 통하기 때문에 전기설비에 사용할 수 없다.

해설 이산화탄소는 전기 절연성이 우수하여 전기화재의 소화에 효과적이다.

14 위험물안전관리법령상 위험물에 대한 설명으로 옳은 것은?

① 과염소산은 위험물이 아니다.
② 황린은 제2류 위험물이다.
③ 황화인의 지정수량은 100kg이다.
④ 산화성 고체는 제6류 위험물의 성질이다.

해설
① 과염소산은 제6류 위험물이다.
② 황린은 제3류 위험물이다.
④ 산화성 고체는 제1류 위험물의 성질이다.

15 탄화칼슘이 물과 반응할 때 발생되는 기체는?

① 일산화탄소   ② 아세틸렌
③ 황화수소   ④ 수소

해설 탄화칼슘과 물의 반응식
$CaC_2 + 2H_2O \rightarrow Ca(OH)_2 + C_2H_2 \uparrow$
(탄화칼슘) (물)   (수산화칼슘) (아세틸렌)

16 다음 중 증기비중이 가장 큰 것은?

① Halon 1301   ② Halon 2402
③ Halon 1211   ④ Halon 104

해설 [증기비중] = $\dfrac{측정기체의\ 분자량}{공기의\ 분자량}$

① 할론 1301의 증기비중 = $\dfrac{149}{29}$ = 5.14
② 할론 2402의 증기비중 = $\dfrac{260}{29}$ = 8.97
③ 할론 1211의 증기비중 = $\dfrac{165.5}{29}$ = 5.71
④ 할론 1040의 증기비중 = $\dfrac{154}{29}$ = 5.31

17 분자내부에 나이트로기를 갖고 있는 TNT, 나이트로셀룰로스 등과 같은 제5류 위험물의 연소형태는?

① 분해연소   ② 자기연소
③ 증발연소   ④ 표면연소

정답 10.① 11.② 12.② 13.④ 14.③ 15.② 16.② 17.②

해설 자기연소(내부연소)

가연물의 분자 내에 산소를 함유하고 있어 외부로부터 산소의 공급 없이도 연소가 계속 진행되는 것으로 질산에스터류, 셀룰로이드류, 나이트로 화합물, 하이드라진, 제5류 위험물 등의 연소형태이다.

18 IG-541이 15℃에서 내용적 50리터 압력용기에 155kgf/cm²으로 충전되어 있다. 온도가 30℃가 되었다면 IG-541 압력은 약 몇 kgf/cm²가 되겠는가? (단, 용기의 팽창은 없다고 가정한다)

① 78kgf/cm²   ② 155kgf/cm²
③ 163kgf/cm²   ④ 310kgf/cm²

해설 보일샤를법칙

$$\frac{P_1 V_1}{T_1} = \frac{P_2 V_2}{T_2} \quad (V_1 = V_2)$$

$$\frac{155[\text{kgf/cm}^2]}{15+273[\text{K}]} = \frac{P_2}{30+273[\text{K}]}$$

$$P_2 = 163.07[\text{kgf/cm}^2]$$

19 프로판 50vol%, 부탄 40vol%, 프로필렌 10vol%로 된 혼합가스의 폭발하한계는 약 몇 vol%인가? (단, 각 가스의 폭발하한계는 프로판은 2.2vol%, 부탄은 1.9vol%, 프로필렌은 2.4vol%이다)

① 0.83vol%   ② 2.09vol%
③ 5.05vol%   ④ 9.44vol%

해설

$$\frac{100}{L} = \frac{V_1}{L_1} + \frac{V_2}{L_2} + \frac{V_3}{L_3}$$

$$\frac{100}{L} = \frac{50}{2.2} + \frac{40}{1.9} + \frac{10}{2.4}$$

$$\frac{100}{\frac{50}{2.2} + \frac{40}{1.9} + \frac{10}{2.4}} = L$$

$$L = \frac{100}{\frac{50}{2.2} + \frac{40}{1.9} + \frac{10}{2.4}} ≒ 2.09[\text{vol}\%]$$

20 조연성 가스에 해당하는 것은?

① 수소   ② 일산화탄소
③ 산소   ④ 에탄

해설
- 조연성 가스(=지연성 가스): 공기, 산소, 오존, 염소, 불소
- 가연성 가스: 수소, 메탄, 일산화탄소, 천연가스, 부탄, 에탄, 암모니아, 프로판

정답 18.③ 19.② 20.③

제4회 소방설비기사[전기분야] 1차 필기
[제1과목 : 소방원론]

01 소화기구 및 자동소화장치의 화재안전기준에 따르면 소화기구(자동확산소화기는 제외)는 거주자 등이 손쉽게 사용할 수 있는 장소에 바닥으로부터 높이 몇 m 이하의 곳에 비치하여야 하는가?
① 0.5m ② 1.0m
③ 1.5m ④ 2.0m

해설 소화기구 및 자동소화장치의 화재안전기술기준(NFTC 101) 2.1(설치기준)
2.1.1 소화기구는 다음의 기준에 따라 설치하여야 한다.
 2.1.1.6. 소화기구(자동확산소화기를 제외한다)는 거주자 등이 손쉽게 사용할 수 있는 장소에 바닥으로부터 높이 1.5m 이하의 곳에 비치하고, 소화기에 있어서는 "소화기", 투척용소화용구에 있어서는 "투척용소화용구", 마른모래에 있어서는 "소화용모래", 팽창질석 및 팽창진주암에 있어서는 "소화질석"이라고 표시한 표지를 보기 쉬운 곳에 부착할 것. 다만, 소화기 및 투척용소화용구의 표지는 「축광표지의 성능인증 및 제품검사의 기술기준」에 적합한 축광식표지로 설치하고, 주차장의 경우 표지를 바닥으로부터 1.5m 이상의 높이에 설치할 것

02 화재의 분류방법 중 유류화재를 나타낸 것은?
① A급 화재 ② B급 화재
③ C급 화재 ④ D급 화재

해설 화재의 분류

화재의 분류		소화기 표시색	소화방법	특성
A급	일반화재	백색	냉각효과	• 백색 연기 발생 • 연소 후 재를 남김
B급	유류화재	황색	질식효과	• 검은색 연기 발생 • 연소 후 재가 없음
C급	전기화재	청색	질식효과	전기시설물이 점화원의 기능을 함
D급	금속화재	-	건조사 피복	금속이 열을 생성
E급	가스화재	-	질식효과	재를 남기지 않음
K급	식용유(주방)화재	-	냉각질식	강화액소화기

03 연기감지기가 작동할 정도이고 가시거리가 20~30m에 해당하는 감광계수는 얼마인가?
① $0.1m^{-1}$
② $1.0m^{-1}$
③ $2.0m^{-1}$
④ $10m^{-1}$

해설 연기의 농도에 따른 현상

감광계수	가시거리	상황설명
0.1[Cs]	20~30[m]	• 희미하게 연기가 감도는 정도의 농도 • 연기감지기가 작동되는 농도 • 건물구조에 익숙하지 않은 사람이 피난에 지장을 받을 수 있는 농도
0.3[Cs]	5[m]	• 건물구조를 잘 아는 사람이 피난에 지장을 받을 수 있는 농도
0.5[Cs]	3[m]	• 약간 어두운 정도의 농도
1.0[Cs]	1~2[m]	• 전방이 거의 보이지 않을 정도의 농도
10[Cs]	수십[cm]	• 최성기 때 화재층의 연기농도 • 유도등도 보이지 않는 암흑상태의 농도
30[Cs]	-	• 출화실에서 연기가 배출될 때의 농도

정답 01.③ 02.② 03.①

04 소화약제로 사용되는 물에 관한 소화성능 및 물성에 대한 설명으로 틀린 것은?

① 비열과 증발잠열이 커서 냉각소화 효과가 우수하다.
② 물(15℃)의 비열은 약 1cal/g·℃이다.
③ 물(100℃)의 증발잠열은 439.6kcal/kg이다.
④ 물의 기화에 의한 팽창된 수증기는 질식소화 작용을 할 수 있다.

해설 물은 대표적인 냉각소화약제이다. 이는 물의 비열 및 잠열이 크기 때문이며, 특히 증발잠열은 539kcal/kg으로 매우 크다.

05 소화에 필요한 CO_2의 이론소화농도가 공기 중에서 37Vol%일 때 한계산소농도는 약 몇 vol%인가?

① 13.2vol%   ② 14.5vol%
③ 15.5vol%   ④ 16.5vol%

해설
CO_2의 농도 = $\frac{21-O_2}{21} \times 100$

O_2 : 약제 방사 후 산소의 [vol%]

∴ $O_2 = 21 - \frac{21 \times CO_2}{100}$

$= 21 - \frac{21 \times 37}{100} = 13.2[vol\%]$

06 물리적 소화방법이 아닌 것은?

① 연쇄반응의 억제에 의한 방법
② 냉각에 의한 방법
③ 공기와의 접촉 차단에 의한 방법
④ 가연물 제거에 의한 방법

해설 소화의 방법 중 물리적인 소화방법은 냉각, 질식, 제거소화 등이며, 억제(부촉매)소화에 의한 소화방법은 화학적인 소화방법이다.

07 Halon 1211의 화학식에 해당하는 것은?

① CH_2BrCl ② CF_2ClBr
③ CH_2BrF ④ CF_2HBr

해설 할론약제의 명명법
할론 ⓐ ⓑ ⓒ ⓓ
ⓐ : 탄소(C)의 수
ⓑ : 불소(F)의 수
ⓒ : 염소(Cl)의 수
ⓓ : 브롬(Br)의 수

할론 약제별 분자식
㉠ 할론 2402 : $C_2F_4Br_2$
㉡ 할론 1211 : CF_2ClBr
㉢ 할론 1301 : CF_3Br
㉣ 할론 1011 : CH_2ClBr
㉤ 할론 1040 : CCl_4

08 마그네슘의 화재에 주수하였을 때 물과 마그네슘의 반응으로 인하여 생성되는 가스는?

① 산소   ② 수소
③ 일산화탄소   ④ 이산화탄소

해설 $Mg + H_2O \rightarrow MgO + H_2 \uparrow$

09 제2종 분말소화약제의 주성분으로 옳은 것은?

① NaH_2PO_4 ② KH_2PO_4
③ $NaHCO_3$ ④ $KHCO_3$

해설 분말소화약제의 종류 및 특성

종류	주성분	착색	적응화재
제1종 분말	탄산수소나트륨 ($NaHCO_3$)	백색	B, C급
제2종 분말	탄산수소칼륨 ($KHCO_3$)	보라색 (자색)	B, C급
제3종 분말	인산암모늄 ($NH_4H_2PO_4$)	핑크색 (담홍색)	A, B, C급
제4종 분말	탄산수소칼륨+요소 ($KHCO_3 + NH_2CONH_2$)	회색	B, C급

01. 소방원론

10 조연성 가스로만 나열되어 있는 것은?
① 질소, 불소, 수증기
② 산소, 불소, 염소
③ 산소, 이산화탄소, 오존
④ 질소, 이산화탄소, 염소

해설 일반적인 조연성 가스는 산소공급원으로 해석되어 산소, 오존을 말하지만, 화학적으로 산화제의 기능을 하는 할로젠족원소인 플루오르(불소), 염소, 브롬(취소), 요오드(옥소)도 조연성 가스로 해석된다.

11 위험물안전관리법령상 자기반응성물질의 품명에 해당하지 않는 것은?
① 나이트로화합물   ② 할로겐화합물
③ 질산에스터류   ④ 하이드로실아민염류

해설 위험물법 시행령 [별표1] 참조
▶ 제5류 위험물(자기반응성 물질)의 종류
   ㉠ 유기과산화물
   ㉡ 질산에스터류
   ㉢ 나이트로화합물
   ㉣ 나이트로소화합물
   ㉤ 아조화합물
   ㉥ 다이아조화합물
   ㉦ 하이드라진유도체
   ㉧ 하이드로실아민
   ㉨ 하이드로실아민염류

12 건축물 화재에서 플래시오버(Flash over) 현상이 일어나는 시기는?
① 초기에서 성장기로 넘어가는 시기
② 성장기에서 최성기로 넘어가는 시기
③ 최성기에서 감쇠기로 넘어가는 시기
④ 감쇠기에서 종기로 넘어가는 시기

해설 Flash Over는 실내화재에서 발생될 수 있는 현상으로 화재성장기말(최성기로 넘어가는 분기점)에 발생하며 화재로 인한 화재실 내부의 온도 상승으로 가연물의 열분해 속도가 빨라져 실 전체가 연소범위에 도달하여 어느 순간 화재가 실 전체로 확산되는 현상이다.

13 물과 반응하였을 때 가연성 가스를 발생하여 화재의 위험성이 증가하는 것은?
① 과산화칼슘   ② 메탄올
③ 칼륨   ④ 과산화수소

해설 칼륨, 인화아연, 탄화알루미늄은 제3류 위험물인 자연발화성 물질 및 금수성 물질로 물과 접촉 시 가연성 기체를 생성하는 물질이다.
• 과산화칼슘 : 제1류 위험물(산소공급원)
• 과산화수소 : 제6류 위험물(산소공급원)
• 메탄올(수용성) + 물(수용성) → 희석(섞임)

14 인화칼슘과 물이 반응할 때 생성되는 가스는?
① 아세틸렌   ② 황화수소
③ 황산   ④ 포스핀

해설 인화칼슘(Ca_3P_2)은 제3류 위험물 중 위험등급 Ⅲ등급, 지정수량 300kg에 해당되는 위험물로 물과 반응 시 가연성, 독성인 포스핀(인화수소, PH_3)을 생성한다.
$Ca_3P_2 + H_2O \rightarrow Ca(OH)_2 + PH_3$

15 다음 중 공기에서의 연소범위를 기준으로 했을 때 위험도(H)값이 가장 큰 것은?
① 디에틸에테르   ② 수소
③ 에틸렌   ④ 부탄

해설 위험도 $= \dfrac{U-L}{L} = \dfrac{연소범위}{연소하한계}$
① 에테르 위험도 $= \dfrac{U-L}{L} = \dfrac{48-1.9}{1.9} = 24.26$
② 수소 위험도 $= \dfrac{U-L}{L} = \dfrac{75-4}{4} = 17.75$
③ 에틸렌 위험도 $= \dfrac{U-L}{L} = \dfrac{36-2.7}{2.7} = 12.33$
④ 부탄 위험도 $= \dfrac{U-L}{L} = \dfrac{8.4-1.8}{1.8} = 3.66$

정답 10.② 11.② 12.② 13.③ 14.④ 15.①

16 소화약제로 사용되는 이산화탄소에 대한 설명으로 옳은 것은?
① 산소와 반응 시 흡열반응을 일으킨다.
② 산소와 반응하여 불연성 물질을 발생시킨다.
③ 산화하지 않으나 산소와는 반응한다.
④ 산소와 반응하지 않는다.

해설 이산화탄소는 안정된 물질로서 산소와 반응하지 않는다.

17 다음 중 피난자의 집중으로 패닉현상이 일어날 우려가 가장 큰 형태는?
① T형　② X형
③ Z형　④ H형

해설 피난형태

형태	피난방향	상황
X형	↔↕	확실한 피난통로가 보장되어 신속한 피난이 가능하다.
Y형	⋏	
CO형	→□←	피난자들의 집중으로 패닉(panic)현상이 일어날 수 있다.
H형	↔□↔	

18 물리적 폭발에 해당하는 것은?
① 분해 폭발　② 분진 폭발
③ 중합 폭발　④ 수증기 폭발

해설 폭발의 종류

화학적 폭발	물리적 폭발
• 가스폭발 • 유증기폭발 • 분진폭발 • 화약류의 폭발 • 산화폭발 • 분해폭발 • 중합폭발	• 증기폭발 • 전선폭발 • 상전이폭발 • 압력방출에 의한 폭발

19 다음 중 착화온도가 가장 낮은 것은?
① 아세톤　② 휘발유
③ 이황화탄소　④ 벤젠

해설 착화점
① 아세톤 : 538℃
② 휘발유 : 300℃
③ 이황화탄소 : 100℃
④ 벤젠 : 538℃

20 건물화재 시 패닉(panic)의 발생원인과 직접적인 관계가 없는 것은?
① 연기에 의한 시계 제한
② 유독가스에 의한 호흡 장애
③ 외부와 단절되어 고립
④ 불연내장재의 사용

해설 화재 시 열, 연기, 어둠 등은 인간이 공포를 느끼게 되는 원인이 된다. 하지만 건물의 불연내장재는 연소성에 관한 사항으로 패닉(Panic)의 직접적인 원인이 되지 않는다.

정답 16.④ 17.④ 18.④ 19.③ 20.④

2022년 제1회 소방설비기사[전기분야] 1차 필기
[제1과목 : 소방원론]

01 소화원리에 대한 설명으로 틀린 것은?
① 억제소화 : 불활성기체를 방출하여 연소범위 이하로 낮추어 소화하는 방법
② 냉각소화 : 물의 증발잠열을 이용하여 가연물의 온도를 낮추는 소화방법
③ 제거소화 : 가연성 가스의 분출화재 시 연료공급을 차단시키는 소화방법
④ 질식소화 : 포소화약제 또는 불연성기체를 이용해서 공기 중의 산소공급을 차단하여 소화하는 방법

해설 소화의 종류
㉠ 냉각소화 : 발화점 이하의 온도로 낮추어 소화하는 방법
㉡ 질식소화 : 공기 중의 산소농도를 21[vol%]에서 15[vol%] 이하로 낮추어 소화하는 방법
㉢ 제거소화 : 화재현장의 가연물을 없애주어 소화하는 방법
㉣ 억제소화(부촉매소화) : 연쇄반응을 억제하여 소화하는 방법
㉤ 희석소화 : 알코올, 에테르, 에스테르, 케톤류 등 수용성물질에 다량의 물을 방사하여 가연물의 농도를 낮추어 소화하는 방법
㉥ 유화효과 : 물분무소화설비를 중유에 방사하는 경우 유류표면에 형성되는 엷은 막(유화층)으로 산소를 차단하여 소화하는 방법
㉦ 피복효과 : 가연물 주변을 포, 이산화탄소 등으로 피복하여 산소를 차단, 소화하는 방법

02 위험물의 유별에 따른 대표적인 성질의 연결이 옳지 않은 것은?
① 제1류 : 산화성 고체
② 제3류 : 자연발화성 물질 및 금수성 물질
③ 제4류 : 인화성 액체
④ 제6류 : 가연성 액체

해설 위험물별 공통성질
㉠ 제1류 위험물 : 산화성 고체
㉡ 제2류 위험물 : 가연성 고체
㉢ 제3류 위험물 : 자연발화성 물질 및 금수성 물질
㉣ 제4류 위험물 : 인화성 액체
㉤ 제5류 위험물 : 자기연소성(반응성) 물질
㉥ 제6류 위험물 : 산화성 액체

03 고층건축물 내 연기거동 중 굴뚝효과에 영향을 미치는 요소가 아닌 것은?
① 건물 내외의 온도차
② 화재실의 온도
③ 건물의 높이
④ 층의 면적

해설 굴뚝효과의 요소
㉠ 건물 내외의 온도차
㉡ 화재실의 온도
㉢ 건축물의 높이
㉣ 공기유동(강제유동)

04 화재에 관련된 국제적인 규정을 제정하는 단체는?
① IMO(International Maritime Organization)
② SFPE(Society of Fire Protection Engineers)
③ NFPA(National Fire Protection Association)
④ ISO(International Organization for Standardization) TC 92

정답 01.① 02.① 03.④ 04.④

해설) IMO(International Maritime Organization)
: 국제해사기구
SPPE(Society of Fire Protection Associatin)
: 미국소방기술사회
NFPA(National Fire ProTection Association)
: 미국방화협회
ISO(International Organization for Standardization)
: 국제표준화기구
TC92는 237개 전문기술위원회 중 소방분야지침

05 제연설비의 화재안전기준상 예상제연구역에 공기가 유입되는 순간의 풍속은 몇 [m/s] 이하가 되도록 하여야 하는가?

① 2　　② 3
③ 4　　④ 5

해설) 공기유입구 풍도내 풍속 : 20[m/s] 이하
공기유입구 순간풍속 : 5[m/s] 이하
배출기 흡입측풍도내 풍속 : 15[m/s] 이하
배출기 배출측풍도내 풍속 : 20[m/s] 이하

06 물에 황산을 넣어 묽은 황산을 만들 때 발생되는 열은?

① 연소열　　② 분해열
③ 용해열　　④ 자연발열

해설) 물에 황산이 녹을 때 발생하는 열 : 용해열

07 화재의 정의로 옳은 것은?

① 가연성 물질과 산소와의 격렬한 산화반응이다.
② 사람의 과실로 인한 실화나 고의에 의한 방화로 발생하는 연소현상으로서 소화할 필요성이 있는 연소현상이다.
③ 가연물과 공기와의 혼합물이 어떤 점화원에 의하여 활성화되어 열과 빛을 발하면서 일으키는 격렬한 발열반응이다.
④ 인류의 문화와 문명의 발달을 가져오게 한 근본 존재로서 인간의 제어수단에 의하여 컨트롤할 수 있는 연소현상이다.

해설) 화재의 정의
• 인간의 의도에 반하는 연소현상
• 인적·물적 피해를 주는 연소현상
• 인간의 통제를 벗어난 광적인 연소현상

08 이산화탄소 소화약제의 임계온도는 약 몇 [℃]인가?

① 24.4　　② 31.4
③ 56.4　　④ 78.4

해설) 이산화탄소 임계점 : 31.25[℃]
이산화탄소 삼중점 : -56.7[℃]

09 상온·상압의 공기 중에서 탄화수소류의 가연물을 소화하기 위한 이산화탄소 소화약제의 농도는 약 몇 [%]인가? (단, 탄화수소류는 산소농도가 10[%]일 때 소화된다고 가정한다)

① 28.57　　② 35.48
③ 49.56　　④ 52.38

해설) $CO_2(\%) = \dfrac{21-O_2}{21} \times 100 = \dfrac{21-10}{21} \times 100$
$= 52.38[\%]$

10 과산화수소 위험물의 특성이 아닌 것은?

① 비수용성이다.
② 무기화합물이다.
③ 불연성 물질이다.
④ 비중은 물보다 무겁다.

해설) 과산화수소(H_2O_2)의 성질
㉠ 비중이 1보다 크고 물에 잘 녹는다.
㉡ 산화성물질
㉢ 불연성물질
㉣ 상온에서 액체이다.
㉤ 무기화합물이다.
㉥ 수용성이다.

정답) 05.④　06.③　07.②　08.②　09.④　10.①

11 건축물의 피난·방화구조 등의 기준에 관한 규칙상 방화구획의 설치기준 중 스프링클러를 설치한 10층 이하의 층은 바닥면적 몇 [m²] 이내마다 방화구획을 구획하여야 하는가?

① 1,000　　② 1,500
③ 2,000　　④ 3,000

해설 방화구획의 구분(층별, 면적별, 수직관통부, 용도별)
㉠ 층별 구획 : 층마다 구획할 것
㉡ 면적별 구획

대상물의 구분	소화설비	구획면적
(지하층 포함) 10층 이하의 건축물	일반건축물	1,000[m²] 이내
	자동식 소화설비가 설치된 건축물	3,000[m²] 이내
11층 이상의 건축물	일반건축물	200[m²] 이내
	자동식 소화설비가 설치된 건축물	600[m²] 이내
11층 이상의 건축물(불연재료 마감)	일반건축물	500[m²] 이내
	자동식 소화설비가 설치된 건축물	1,500[m²] 이내

㉢ 수직관통부 구획 : 계단실, 엘리베이터 승강로, 경사로, 전기 PIT실, 린넨슈트 등
㉣ 용도별 구획 : (면적 상관없이) 내화구조/비내화구조 → 상호 방화구획

12 다음 중 분진폭발의 위험성이 가장 낮은 것은 어느 것인가?

① 시멘트가루　　② 알루미늄분
③ 석탄분말　　　④ 밀가루

해설 분진폭발을 일으키는 물질
㉠ 발생하는 물질 : 밀가루(=소맥분), 커피가루, 솜가루, 쌀가루, 금속분말, 석탄분말 등
㉡ 발생하지 않는 물질 : 가성소다분말, 대리석분진, 시멘트가루, 석회석, 생석회분진 등

13 백열전구가 발열하는 원인이 되는 열은?

① 아크열　　② 유도열
③ 저항열　　④ 정전기열

해설 백열전구의 발열 : 저항가열

14 동식물유류에서 "요오드값이 크다."라는 의미를 옳게 설명한 것은?

① 불포화도가 높다.
② 불건성유이다.
③ 자연발화성이 낮다.
④ 산소와의 결합이 어렵다.

해설 요오드값은 유지(기름) 100[g]에 부가되는 요오드의 g수로 요오드값이 크다는 것은 부가(첨가)반응을 활발히 할 수 있는 불포화도가 크다는 것을 의미한다.

15 단백포 소화약제의 특징이 아닌 것은?

① 내열성이 우수하다.
② 유류에 대한 유동성이 나쁘다.
③ 유류를 오염시킬 수 있다.
④ 변질의 우려가 없어 저장 유효기간의 제한이 없다.

해설 단백포소화약제 : 동물성, 식물성 단백질 가수분해물이 주성분이며 사용농도는 3%, 6%이다.
㉮ 변질이 잘 되므로 약제를 자주 교환해줘야 한다.
㉯ 포 안정제인 제1철염 때문에 침전되기 쉽다.
㉰ 다른 포 약제에 비해 유동성이 좋지 않다.
㉱ 유류화재에 대한 내성이 약하다.
㉲ 악취(달걀썩는 냄새)

16 이산화탄소 소화약제의 주된 소화효과는?

① 제거소화　　② 억제소화
③ 질식소화　　④ 냉각소화

해설 이산화탄소의 소화효과는 질식효과, 냉각효과, 피복효과가 있으며 대표적인 소화효과는 질식효과이다.

17 전기불꽃, 아크 등이 발생하는 부분을 기름 속에 넣어 폭발을 방지하는 방폭구조는?

① 내압 방폭구조
② 유입 방폭구조
③ 안전증 방폭구조
④ 특수 방폭구조

정답 11.④　12.①　13.③　14.①　15.④　16.③　17.②

해설 **방폭구조의 종류**
  ㉠ 내압(耐壓) 방폭구조
     용기 내부에서 가연성 가스를 폭발시켰을 때 그 폭발 압력에 견딜 수 있는 특수한 구조로 설계하는 것으로 가장 많이 이용되고 있는 방식이다.
  ㉡ 압력(壓力) 방폭구조
     용기 내부에 불활성 가스 등을 압입시켜 외부의 폭발성 가스의 유입을 방지하는 구조로 내압의 유지방식에 따라 통풍식, 봉입식, 밀봉식으로 구분한다.
  ㉢ 유입 방폭구조
     전기불꽃이 발생될 우려가 있는 부분을 기름 속에 넣어 폭발성 가스와 격리시키는 구조
  ㉣ 충전 방폭구조
     전기불꽃이 발생될 우려가 있는 부분을 석영가루나 유리입자 등의 충전물로 완전히 덮어 폭발성 가스와 격리시키는 구조
  ㉤ 몰드 방폭구조
     전기불꽃이 발생될 우려가 있는 부분을 절연성이 있는 콤파운드로 포입하는 구조
  ㉥ 안전증 방폭구조
     전기불꽃 발생부나 고온부가 존재하지 않는 구조로서 특별히 안전도를 증가시켜 고장을 일으키지 않도록 한 구조
  ㉦ 본질안전 방폭구조
     안전지역과 위험지역 사이에 안전장치를 설치하여 위험지역으로 유입되는 전압과 전류를 제거하여 폭발을 일으킬 수 있는 최소 에너지보다 작게 하는 구조

18 다음 중 자연발화의 방지방법이 아닌 것은 어느 것인가?
① 통풍이 잘 되도록 한다.
② 퇴적 및 수납시 열이 쌓이지 않게 한다.
③ 높은 습도를 유지한다.
④ 저장실의 온도를 낮게 한다.

해설 **자연발화의 방지법**
• 통풍이 잘 되는 곳에 저장할 것
• 열의 축적을 방지할 것
• 저장실의 온도를 낮출 것
• 습도가 높은 곳을 피할 것

19 소화약제의 형식승인 및 제품검사의 기술기준상 강화액소화약제의 응고점은 몇 [℃] 이하이어야 하는가?
① 0   ② -20
③ -25   ④ -30

해설 **소화기의 사용온도범위**
  ㉠ 분말소화기 : -20~40[℃]
  ㉡ 강화액소화기 : -20~40[℃]
  ㉢ 그밖의 소화기 : 0~40[℃]

20 상온에서 무색의 기체로서 암모니아와 유사한 냄새를 가지는 물질은?
① 에틸벤젠
② 에틸아민
③ 산화프로필렌
④ 사이클로프로판

해설 ① 에틸벤젠 : 유기화합물로 휘발유와 비슷한 냄새
② 에틸아민 : 상온에서 무색의 기체, 암모니아와 유사한 냄새
③ 산화프로필렌 : 급성 독성 및 발암성 유기화합물
④ 사이클로프로판 : 불안정한 물질로 LPG 혼합물

정답 18.③ 19.② 20.②

제2회 소방설비기사[전기분야] 1차 필기
[제1과목 : 소방원론]

01 목조건축물의 화재특성으로 틀린 것은?
① 습도가 낮을수록 연소확대가 빠르다.
② 화재진행속도는 내화건축물보다 빠르다.
③ 화재 최성기의 온도는 내화건축물보다 낮다.
④ 화재성장속도는 횡방향보다 종방향이 빠르다.

해설 목조건축물과 내화건축물의 비교
- 목조건축물 : 고온 단기형(최성기 때의 온도 1,300[℃] 전후)
- 내화건축물 : 저온 장기형(최성기 때의 온도 800[℃] 전후)

02 물이 소화약제로서 사용되는 장점이 아닌 것은?
① 가격이 저렴하다.
② 많은 양을 구할 수 있다.
③ 증발잠열이 크다.
④ 가연물과 화학반응이 일어나지 않는다.

해설 물은 일반적인 가연물과는 화학반응이 일어나지 않는 것은 맞지만 그러한 성질이 소화약제로서 장점이라고 볼 수는 없다.

03 정전기로 인한 화재를 줄이고 방지하기 위한 대책 중 틀린 것은?
① 공기 중 습도를 일정값 이상으로 유지한다.
② 기기의 전기절연성을 높이기 위하여 부도체로 차단공사를 한다.
③ 공기 이온화 장치를 설치하여 가동시킨다.
④ 정전기 축적을 막기 위해 접지선을 이용하여 대지로 연결작업을 한다.

해설 정전기 방지법
㉠ 상대습도를 70[%] 이상으로 한다.
㉡ 공기를 이온화한다.
㉢ 접지를 한다.
㉣ 도체를 사용한다.
㉤ 유류 수송배관의 유속을 낮춘다.

04 프로판가스의 최소점화에너지는 일반적으로 약 몇 [mJ] 정도 되는가?
① 0.25   ② 2.5
③ 25   ④ 250

해설 가연성가스의 최소점화에너지

종류	최소점화에너지
수소	0.01[mJ]
벤젠	0.2[mJ]
에탄	0.24[mJ]
프로판	0.25[mJ]
부탄	0.25[mJ]

05 목재 화재 시 다량의 물을 뿌려 소화할 경우 기대되는 주된 소화효과는?
① 제거효과   ② 냉각효과
③ 부촉매효과 ④ 희석효과

해설 다량의 물 : 냉각소화

06 물질의 연소시 산소공급원이 될 수 없는 것은?
① 탄화칼슘   ② 과산화나트륨
③ 질산나트륨 ④ 압축공기

해설 탄화칼슘은 제3류위험물로서 산소를 함유하지 않음

정답 01.③ 02.④ 03.② 04.① 05.② 06.①

07 다음 물질 중 공기 중에서의 연소범위가 가장 넓은 것은?

① 부탄　　　② 프로판
③ 메탄　　　④ 수소

해설 각 가스별 연소범위
① 부탄 : 1.8~8.4[%]
② 프로판 : 2.1~9.5[%]
③ 메탄 : 5~15[%]
④ 수소 : 4~75[%]

08 이산화탄소 20[g]은 몇 [mol]인가?

① 0.23[mol]
② 0.45[mol]
③ 2.2[mol]
④ 4.4[mol]

해설 비례식으로 풀면 44[g] : 1[mol] = 20[g] : x
$x = \dfrac{20[g]}{44[g]} \times 1[mol] ≒ 0.45[mol]$
이산화탄소 $CO_2 = 12 + 16 \times 2 = 44[g/mol]$
그러므로 이산화탄소는 44[g] = 1[mol]이다.

09 플래시오버(flash over)에 대한 설명으로 옳은 것은?

① 도시가스의 폭발적 연소를 말한다.
② 휘발유 등 가연성 액체가 넓게 흘러서 발화한 상태를 말한다.
③ 옥내화재가 서서히 진행하여 열 및 가연성 기체가 축적되었다가 일시에 연소하여 화염이 크게 발생하는 상태를 말한다.
④ 화재층의 불이 상부층으로 올라가는 현상을 말한다.

해설 Flash Over는 실내 화재에서 발생될 수 있는 현상으로 화재로 인해 화재실 내부의 온도가 상승되어 있다가 화염이 급격히 확대되는 현상으로 화재 성장기에 발생된다. 소화활동 및 피난활동은 Flash Over 이전에 행하여야 한다.

10 제4류 위험물의 성질로 옳은 것은?

① 가연성 고체　　　② 산화성 고체
③ 인화성 액체　　　④ 자기반응성 물질

해설 위험물의 유별 공통성질
• 제1류 위험물 : 산화성 고체
• 제2류 위험물 : 가연성 고체
• 제3류 위험물 : 자연발화성물질 및 금수성물질
• 제4류 위험물 : 인화성 액체
• 제5류 위험물 : 자기연소성(반응성) 물질
• 제6류 위험물 : 산화성 액체

11 할론소화설비에서 Halon 1211 약제의 분자식은 어느 것인가?

① CBr_2ClF　　　② CF_2BrCl
③ CCl_2BrF　　　④ BrC_2ClF

해설
㉠ 할론 2402 : $C_2F_4Br_2$
㉡ 할론 1211 : CF_2ClBr
㉢ 할론 1301 : CF_3Br
㉣ 할론 1011 : CH_2ClBr
㉤ 할론 1040 : CCl_4

해설 할론약제의 명명법
할론 ⓐⓑⓒⓓ
ⓐ : 탄소(C)의 수
ⓑ : 불소(F)의 수
ⓒ : 염소(Cl)의 수
ⓓ : 브롬(Br)의 수

12 다음 중 가연물의 제거를 통한 소화방법과 무관한 것은?

① 산불의 확산방지를 위하여 산림의 일부를 벌채한다.
② 화학반응기의 화재 시 원료 공급관의 밸브를 잠근다.
③ 전기실 화재 시 IG-541 약제를 방출한다.
④ 유류탱크 화재 시 주변에 있는 유류탱크의 유류를 다른 곳으로 이동시킨다.

해설 ③ IG-541 : 냉각효과, 질식효과

13 건물화재의 표준시간-온도곡선에서 화재발생 후 1시간이 경과할 경우 내부 온도는 약 몇 [℃] 정도 되는가?

① 125[℃] ② 325[℃]
③ 640[℃] ④ 925[℃]

해설 시간경과시의 온도

경과시간	온도
30분 후	840[℃]
1시간 후	925~950[℃]
2시간 후	1010[℃]

14 위험물안전관리법령상 위험물로 분류되는 것은?

① 과산화수소 ② 압축산소
③ 프로판가스 ④ 포스겐

해설 과산화수소 : 제6류위험물

15 다음 중 연기에 의한 감광계수가 $0.1m^{-1}$, 가시거리가 20~30m일 때의 상황으로 옳은 것은?

① 건물 내부에 익숙한 사람이 피난에 지장을 느낄 정도
② 연기감지기가 작동할 정도
③ 어두운 것을 느낄 정도
④ 앞이 거의 보이지 않을 정도

해설 연기의 농도에 따른 현상

감광계수	가시거리	상황설명
0.1[Cs]	20~30[m]	• 희미하게 연기가 감도는 정도의 농도 • 연기감지기가 작동되는 농도 • 건물구조에 익숙치 않은 사람이 피난에 지장을 받을 수 있는 농도
0.3[Cs]	5[m]	• 건물구조를 잘 아는 사람이 피난에 지장을 받을 수 있는 농도
0.5[Cs]	3[m]	• 약간 어두운 정도의 농도
1.0[Cs]	1~2[m]	• 전방이 거의 보이지 않을 정도의 농도
10[Cs]	수십[cm]	• 최성기 때 화재층의 연기농도 • 유도등도 보이지 않는 암흑상태의 농도
30[Cs]	–	• 출화실에서 연기가 배출될 때의 농도

16 Fourier법칙(전도)에 대한 설명으로 틀린 것은?

① 이동열량은 전열체의 단면적에 비례한다.
② 이동열량은 전열체의 두께에 비례한다.
③ 이동열량은 전열체의 열전도도에 비례한다.
④ 이동열량은 전열체 내·외부의 온도차에 비례한다.

해설 $Q(kcal/hr) = \dfrac{\lambda \cdot A \cdot \Delta T}{l}$

$Q(kcal/hr)$: 전도열량
λ : 열전도도(kcal/m·hr℃)
A : 접촉면적(m²)
ΔT : 온도차(℃)
l : 두께(m)

17 물질의 취급 또는 위험성에 대한 설명 중 틀린 것은?

① 융해열은 점화원이다.
② 질산은 물과 반응시 발열 반응하므로 주의를 해야 한다.
③ 네온, 이산화탄소, 질소는 불연성 물질로 취급한다.
④ 암모니아를 충전하는 공업용 용기의 색상은 백색이다.

해설 ㉠ 융해열 : 점화원(×), 용해열 : 점화원(○)
㉡ 질산+물 → 발열반응, 질산+산소 → 흡열반응

18 분말소화약제 중 탄산수소칼륨($KHCO_3$)과 요소($CO(NH_2)_2$)와의 반응물을 주성분으로 하는 소화약제는?

① 제1종 분말 ② 제2종 분말
③ 제3종 분말 ④ 제4종 분말

해설 분말소화약제(질식효과)

종별	분자식	착색	적응화재	비고
제1종	탄산수소나트륨($NaHCO_3$)	백색	BC급	식용유 및 지방질유의 화재에 적합

정답 13.④ 14.① 15.② 16.② 17.① 18.④

제2종	탄산수소칼륨 (KHCO₃)	담자색 (담회색)	BC급	-
제3종	제1인산암모늄 (NH₄H₂PO₄)	담홍색	ABC급	차고·주차 장에 적합
제4종	탄산수소칼륨+요소 (KHCO₃+(NH₂)₂CO)	회(백)색	BC급	-

19 자연발화가 일어나기 쉬운 조건이 아닌 것은?
① 열전도율이 클 것
② 적당량의 수분이 존재할 것
③ 주위의 온도가 높을 것
④ 표면적이 넓을 것

[해설] 자연발화가 쉬운 조건
㉠ 습도가 높을수록
㉡ 주위온도가 높을수록
㉢ 열전도율이 낮을수록
㉣ 발열량이 클수록
㉤ 열의 축적이 잘될수록
㉥ 표면적이 넓을수록
㉦ 공기의 유통이 적을수록

20 폭굉(Detonation)에 관한 설명으로 틀린 것은?
① 연소속도가 음속보다 느릴 때 나타난다.
② 온도의 상승과 충격파의 압력에 기인한다.
③ 압력상승은 폭연의 경우보다 크다.
④ 폭굉의 유도거리는 배관의 지름과 관계가 있다.

[해설] 폭연과 폭굉의 비교
• 폭연(Deflagration)
  연소파의 전파속도가 음속보다 느린 것으로 폭속은 0.1~10[m/sec] 정도이다.
• 폭굉(Detonation)
  연소파의 전파속도가 음속보다 빠른 것으로 폭속은 1,000~3,500[m/sec] 정도이며 파면에 충격파(압력파)가 진행되어 심한 파괴작용을 동반한다.

정답 19.① 20.①

2022년 제4회 소방설비기사[전기분야] 1차 필기
[제1과목 : 소방원론]

01 제5류 위험물인 자기반응성 물질의 성질 및 소화에 관한 사항으로 가장 거리가 먼 것은?
① 연소속도가 빨라 폭발적인 경우가 많다.
② 질식소화가 효과적이며, 냉각소화는 불가능하다.
③ 대부분 산소를 함유하고 있어 자기연소 또는 내부연소를 한다.
④ 가열, 충격, 마찰에 의해 폭발의 위험이 있는 것이 있다.

[해설] 5류 위험물은 자기연소성 물질로 가연물인 동시에 화합물 내부에 연소 시 필요한 충분한 산소를 함유하고 있어 연소속도가 매우 빠른 물질로 질식소화는 불가능하다.

02 0[℃], 1기압에서 44.8[m^3]의 용적을 가진 이산화탄소를 액화하여 얻을 수 있는 액화탄산가스의 무게는 약 몇 [kg]인가?
① 44
② 22
③ 11
④ 88

[해설] 1기압 0[℃] 상태에서 1[kmol]은 22.4[m^3]의 부피를 갖는다.
44.8[m^3]이므로 2[kmol]의 이산화탄소
따라서 $2[kmol] \times \frac{44[kg]}{1[kmol]} = 88[kg]$

03 부촉매효과에 의한 소화방법으로 옳은 것은?
① 산소의 농도를 낮추어 소화하는 방법이다.
② 용융잠열에 의한 냉각효과를 이용하여 소화하는 방법이다.
③ 화학반응으로 발생한 이산화탄소에 의한 소화방법이다.
④ 활성기(free radical)에 의한 연쇄반응을 억제하는 소화방법이다.

[해설] 부촉매소화(억제소화)는 화학반응에 의한 소화방법으로 활성기의 생성을 억제하는 화학적 소화방법에 해당된다.

04 제1종 분말소화약제가 요리용 기름이나 지방질 기름의 화재시 소화효과가 탁월한 이유에 대한 설명으로 가장 옳은 것은?
① 요오드화반응을 일으키기 때문이다.
② 비누화반응을 일으키기 때문이다.
③ 브롬화반응을 일으키기 때문이다.
④ 질화반응을 일으키기 때문이다.

[해설] 에스테르가 알칼리와 작용하여 알코올과 산의 알칼리염을 생성하는 반응을 비누화반응이라고 하며, 제1종 분말을 식용유나 지방질유 등의 화재에 방사 시 비누화(검화) 현상에 의해 금속비누를 발생시켜 소화효과를 증대시킨다.

05 위험물안전관리법령상 제4류 위험물인 알코올류에 속하지 않는 것은?
① C_4H_9OH
② CH_3OH
③ C_2H_5OH
④ C_3H_7OH

[해설] 위험물안전관리법상 제4류 위험물에 해당되는 알코올류란 한 분자 내의 탄소원자 수가 1개 내지 3개인 포화 1가 알코올로서 변성알코올을 포함한다(CH_3OH, C_2H_5OH, C_3H_7OH, 변성알코올).

정답 01.② 02.④ 03.④ 04.② 05.①

06 플래시오버(flash over)현상에 대한 설명으로 옳은 것은?

① 실내에서 가연성 가스가 축적되어 발생하는 폭발적인 착화현상
② 실내에서 에너지가 느리게 집적되는 현상
③ 실내에서 가연성 가스가 분해되는 현상
④ 실내에서 가연성 가스가 방출되는 현상

해설 Flash Over는 실내 화재에서 발생될 수 있는 현상으로 화재로 인해 화재실 내부의 온도가 상승되어 있다가 화염이 급격히 확대되는 현상으로 화재 성장기에 발생된다. 소화활동 및 피난활동은 Flash Over 이전에 행하여야 한다.

07 다음 중 건물의 화재하중을 감소시키는 방법으로서 가장 적합한 것은?

① 건물 높이의 제한   ② 내장재의 불연화
③ 소방시설증강   ④ 방화구획의 세분화

해설 화재하중
단위면적당 가연성 수용물의 양으로서 건물화재 시 발열량 및 화재의 위험성을 나타내는 용어이고, 화재의 규모를 결정하는데 사용되며 건축물의 불연화율을 증가시키면 화재하중을 감소시킬 수 있다.

화재하중
$$Q = \frac{\sum(G_t \times H_t)}{H \times A} = \frac{Q_t}{4,500 \times A} [kg/m^2]$$

여기서, G_t : 가연물의 질량
H_t : 가연물의 단위발열량[kcal/kg]
H : 목재의 단위발열량(4,500[kcal/kg])
A : 화재실의 바닥면적[m^2]
Q_t : 가연물의 전체발열량[kcal]

08 자연발화가 일어나기 쉬운 조건이 아닌 것은?

① 적당량의 수분이 존재할 것
② 열전도율이 클 것
③ 주위의 온도가 높을 것
④ 표면적이 넓을 것

해설 자연발화가 쉬운 조건
㉠ 습도가 높을수록
㉡ 주위온도가 높을수록
㉢ 열전도율이 낮을수록
㉣ 발열량이 클수록
㉤ 열의 축적이 잘될수록
㉥ 표면적이 넓을수록
㉦ 공기의 유통이 적을수록

09 건축물 화재에서 플래시오버(Flash over) 현상이 일어나는 시기는?

① 초기에서 성장기로 넘어가는 시기
② 성장기에서 최성기로 넘어가는 시기
③ 최성기에서 감쇠(퇴)기로 넘어가는 시기
④ 감쇠(퇴)기에서 종기로 넘어가는 시기

해설 Flash Over는 실내화재에서 발생될 수 있는 현상으로 화재성장기말(최성기로 넘어가는 분기점)에 발생하며 화재로 인한 화재실 내부의 온도 상승으로 가연물의 열분해 속도가 빨라져 실 전체가 연소범위에 도달하여 어느 순간 화재가 실 전체로 확산되는 현상이다.

10 물속에 저장할 때 안전한 물질은?

① 나트륨
② 수소화칼슘
③ 탄화칼슘
④ 이황화탄소

해설 물질에 따른 저장장소

물 질	저장장소
황린, 이황화탄소(CS_2)	물속
나이트로셀룰로오스	알코올 속
칼륨(K), 나트륨(Na), 리튬(Li)	석유류(등유) 속
알킬알루미늄	벤젠액 속
아세틸렌(C_2H_2)	디메틸포름아미드(DMF), 아세톤에 용해

정답 06.① 07.② 08.② 09.② 10.④

11 화재에 관한 설명으로 옳은 것은?

① PVC 저장창고에서 발생한 화재는 D급 화재이다.
② 연소의 색상과 온도와의 관계를 고려할 때 일반적으로 휘백색보다는 휘적색의 온도가 높다.
③ PVC 저장창고에서 발생한 화재는 B급 화재이다.
④ 연소의 색상과 온도와의 관계를 고려할 때 일반적으로 암적색보다는 휘적색의 온도가 높다.

해설 ㉠ 불꽃의 온도별 색깔

색깔	암적색	적색	휘적색	황적색	백적색	휘백색
온도	700[℃]	85[0]℃	950[℃]	1,100[℃]	1,300[℃]	1,500[℃]

㉡ PVC 저장창고의 화재는 A급 화재(일반화재)이다.

12 표준상태에서 44[g]의 프로판 1몰이 완전연소할 경우 발생한 이산화탄소의 부피는 약 몇 [L]인가?

① 22.4　　② 44.8
③ 89.6　　④ 67.2

해설 프로판
　　$C_3H_8 + 5O_2 \rightarrow 3CO_2 + 4H_2O$
프로판 1몰 연소시 이산화탄소 3몰 생성
따라서 생성된 이산화탄소의 부피는
22.4[L] × 3 = 67.2[L]

13 표면온도가 350[℃]인 전기히터의 표면온도를 750[℃]로 상승시킬 경우, 복사에너지는 처음보다 약 몇 배로 상승되는가?

① 1.64　　② 2.14
③ 7.27　　④ 21.08

해설 스테판-볼츠만의 법칙
㉠ 복사에너지는 면적에 비례하고 절대온도의 4승에 비례한다.
$$Q = 4.88 A\varepsilon \left\{ \left(\frac{T_1}{100}\right)^4 - \left(\frac{T_2}{100}\right)^4 \right\}$$
Q : 복사열(kcal/hr)
A : 단면적(m^2)
ε : 계수
T_1 : 고온체의 절대온도(K) → 350[℃] = 623[K]
T_2 : 저온체의 절대온도(K) → 750[℃] = 1,023[K]

㉡ 스테판-볼츠만의 법칙을 이용하면
$$\left(\frac{273+350}{100}\right)^4 : \left(\frac{273+750}{100}\right)^4 = 1 : X$$
$\therefore X = 7.27$

14 화재를 발생시키는 에너지인 열원의 물리적 원인으로만 나열한 것은?

① 압축, 분해, 단열
② 마찰, 충격, 단열
③ 압축, 단열, 용해
④ 마찰, 충격, 분해

해설 에너지원의 종류
㉠ 화학적 에너지 : 연소열, 자연발열, 분해열, 용해열, 산화열
㉡ 기계적 에너지 : 마찰열, 마찰스파크, 압축열
㉢ 전기적 에너지 : 저항가열, 유도가열, 유전가열, 아크가열, 정전기가열, 낙뢰에 의한 발열

15 메탄 80[vol%], 에탄 15[vol%], 프로판 5[vol%]로 된 혼합가스의 공기 중 폭발하한계는 약 [vol%]인가? (단, 메탄, 에탄, 프로판의 공기 중 폭발하한계는 5.0[vol%], 3.0[vol%], 2.1[vol%]이다)

① 4.28　　② 3.61
③ 3.23　　④ 4.02

해설
$$\frac{100}{L} = \frac{V_1}{L_1} + \frac{V_2}{L_2} + \frac{V_3}{L_3}$$
$$\frac{100}{L} = \frac{80}{5.0} + \frac{15}{3.0} + \frac{5}{2.1}$$
$$\frac{100}{\frac{80}{5.0} + \frac{15}{3.0} + \frac{5}{2.1}} = L$$
$$L = \frac{100}{\frac{80}{5.0} + \frac{15}{3.0} + \frac{5}{2.1}} ≒ 4.28[vol\%]$$

16 Halon 1301의 증기 비중은 약 얼마인가? (단, 원자량은 C : 12, F : 19, Br : 80, Cl : 35.5이고, 공기의 평균분자량은 29이다)

① 6.14
② 7.14
③ 4.14
④ 5.14

해설 ㉠ Halon 1301(CF_3Br)의 분자량
  $12 + 19 \times 3 + 80 = 149$
㉡ 증기비중
  $\dfrac{\text{Halon 1301 분자량}}{\text{공기 분자량}} = \dfrac{149}{29} = 5.138$

17 조연성 가스로만 나열되어 있는 것은?

① 산소, 이산화탄소, 오존
② 산소, 불소, 염소
③ 질소, 불소, 수증기
④ 질소, 이산화탄소, 염소

해설 일반적인 조연성 가스는 산소공급원으로 해석되어 산소, 오존을 말하지만, 화학적으로 산화제의 기능을 하는 할로겐족원소인 플루오르(불소), 염소, 브롬(취소), 요오드(옥소)도 조연성 가스로 해석된다.

18 다음 중 연소범위를 근거로 계산한 위험도 값이 가장 큰 물질은?

① 이황화탄소
② 수소
③ 일산화탄소
④ 메탄

해설 위험도 $H = \dfrac{U - L}{L}$

① 이황화탄소 위험도 $H = \dfrac{44 - 1.2}{1.2} = 35.66$
② 수소 위험도 $H = \dfrac{75 - 4}{4} = 17.75$
③ 일산화탄소 위험도 $H = \dfrac{74 - 12.5}{12.5} = 4.92$
④ 메탄 위험도 $H = \dfrac{15 - 5}{5} = 2$

19 알킬알루미늄 화재시 사용할 수 있는 소화약제로 가장 적당한 것은?

① 팽창진주암
② 물
③ Halon 1301
④ 이산화탄소

해설 알킬알루미늄(R_3Al)은 3류 위험물(자연발화성 물질 및 금수성 물질) 중 위험등급 I등급에 해당되는 물질로 물 및 가스계 소화약제와 접촉 시 가연성 가스가 발생하므로 사용 불가능하고, 마른 모래, 팽창질석, 팽창진주암으로 피복소화하는 것이 효과적이다.

20 다음 중 가연성 가스가 아닌 것은?

① 아르곤
② 메탄
③ 프로판
④ 일산화탄소

해설 아르곤(Ar)은 주기율표상 0족(8족) 원소인 불활성 기체로 가연물이 될 수 없다.

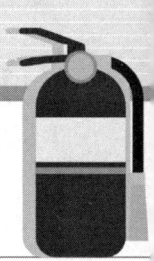

2023년 제1회 소방설비기사[전기분야] 1차 필기
[제1과목 : 소방원론]

01 다음 물질 중 연소범위를 통해 산출한 위험도 값이 가장 높은 것은?

① 수소
② 이황화탄소
③ 메탄
④ 에틸렌

해설 위험도$(H) = \dfrac{연소상한계 - 연소하한계}{연소하한계}$

1. 수소 $H = \dfrac{75-4}{4} = 17.75$
2. 에틸렌 $H = \dfrac{36-2.7}{2.7} = 12.33$
3. 메탄 $H = \dfrac{15-5}{5} = 2$
4. 이황화탄소 $H = \dfrac{44-1.2}{1.2} = 35.7$

02 알킬알루미늄 화재에 적합한 소화약제는?

① 물
② 이산화탄소
③ 할로겐화합물
④ 마른모래

해설 알킬알루미늄 화재에 적합한 소화약제에는 팽창질석, 팽창진주암, 마른모래 등이 있다.

03 인화성 액체의 연소점, 인화점, 발화점을 온도가 높은 것부터 옳게 나열한 것은?

① 발화점 > 연소점 > 인화점
② 연소점 > 인화점 > 발화점
③ 인화점 > 발화점 > 연소점
④ 인화점 > 연소점 > 발화점

해설
- 인화점 : 외부점화원으로부터 불을 붙이면 불이 붙는 최저온도, but 그 불이 계속되기에는(연소점) 낮은 온도
- 연소점 : 외부점화원으로부터 발화후 연소를 지속시키기 위한 최저온도
- 발화점 : 외부점화원 없이 스스로 점화되기 위한 최저온도

04 다음 물질의 저장창고에서 화재가 발생하였을 때 주수소화를 할 수 없는 물질은?

① 부틸리튬
② 질산에틸
③ 나이트로셀룰로오스
④ 적린

해설 부틸리튬, 마그네슘 분말은 수소를 발생시키기 때문에 주수소화시 위험하다.

05 피난계획의 일반원칙 중 페일 세이프(fail safe)에 대한 설명으로 옳은 것은?

① 본능적 상태에서도 쉽게 식별이 가능하도록 그림이나 색체를 이용하는 것
② 피난설비를 반드시 이동식으로 하는 것
③ 피난수단을 조작이 간편한 원시적 방법으로 설계하는 것
④ 한 가지 피난기구가 고장이 나도 다른 수단을 이용할 수 있도록 고려하는 것

해설 fail safe : 시스템에 고장이 생겨도(fail) 다른 수단을 이용할 수 있도록 해서 사고나 재해까지 발전되지 않도록 하는 것(safe)

정답 01.② 02.④ 03.① 04.① 05.④

06 다음 중 열전도율이 가장 작은 것은?
① 알루미늄 ② 철재
③ 은 ④ 암면(광물섬유)

해설 열전도율(W/m·K)
- 알루미늄 : 237
- 철 : 72.1
- 은 : 418.6
- 광물 : 0.036
* '은'은 금속 중에서 가장 열전도율이 높은 물질이다.

07 정전기에 의한 발화과정으로 옳은 것은?
① 방전 → 전하의축적 → 전하의 발생 → 발화
② 전하의 발생 → 전하의 축적 → 방전 → 발화
③ 전하의 발생 → 방전 → 전하의 축적 → 발화
④ 전하의 축적 → 방전 → 전하의 발생 → 발화

해설 정전기에 의한 발화과정
마찰 등으로 인한 전하의 발생 → 전하의 축적 → 모여 있던 정전기가 다른 물체로 순식간에 빠져 나가면서 방전 → 발화

08 0℃, 1atm 상태에서 부탄(C_4H_{10}) 1mol을 완전연소 시키기 위해 필요한 산소의 mol 수는?
① 2 ② 4
③ 5.5 ④ 6.5

해설 부탄의 완전연소 반응식
$2C_4H_{10} + 13O_2 \rightarrow 8CO_2 + 10H_2O$
부탄이 2몰 반응할 때, 산소는 13몰 필요하다.
∴ 부탄이 1몰 반응할 때, 산소는 $\frac{13}{2}$몰 필요하다.

09 다음 중 연소시 아황산가스를 발생시키는 것은?
① 적린 ② 황
③ 트리에틸알루미늄 ④ 황린

해설 황의 연소 반응식
$S + O_2 = SO_2$
S가 황이므로 연소(산소와 결합)하여 아황산가스가 된다.

10 PH9 정도의 물을 보호액으로 하여 보호액 속에 저장하는 물질은?
① 나트륨 ② 탄화칼슘
③ 칼륨 ④ 황린

해설 제3류 위험물질인 황린과 제4류 위험물질인 이황화탄소는 모두 물에 녹지 않으므로 물 속에 저장한다.

11 아세틸렌 가스를 저장할 때 사용되는 물질은?
① 벤젠 ② 톨루엔
③ 아세톤 ④ 에틸알콜

해설 아세틸렌 용기내부에는 아세톤이 들어있으며 아세틸렌 가스가 아세톤에 용해되어 있는 상태로 용기 속에 들어있다.

12 연소의 4대 요소로 옳은 것은?
① 가연물-열-산소-발열량
② 가연물-열-산소-순조로운 연쇄반응
③ 가연물-발화온도-산소-반응속도
④ 가연물-산화반응-발열량-반응속도

해설 연소의 4대 요소
1) 가연물
2) 열
3) 산소
4) 순조로운 연쇄반응

13 다음 중 폭굉(detonation)의 화염전파속도는?
① 0.1~10m/s ② 10~100m/s
③ 1000~3500m/s ④ 5000~10000m/s

해설 폭굉의 화염전파속도는 1,000~3500m/s

14 다음 중 휘발유의 인화점은?
① -18℃ ② -43℃
③ 11℃ ④ 70℃

해설 휘발유 인화점 : -43℃

정답 06.④ 07.② 08.④ 09.② 10.④ 11.③ 12.② 13.③ 14.②

15 연기에 의한 감광계수가 0.1m⁻¹, 가시거리가 20~30m일 때의 상황을 옳게 설명한 것은?

① 건물 내부에 익숙한 사람이 피난에 지장을 느낄 정도
② 연기감지기가 작동할 정도
③ 어두침침한 것을 느낄 정도
④ 앞이 거의 보이지 않을 정도

해설 감광계수, 가시거리에 따른 상황

감광계수	가시거리	상 황
0.1	20~30	• 건물 내부구조 미숙지자의 피난한계 농도 • 연기감지기가 작동하는 농도
0.3	5	건물 내 숙지자의 피난한계 농도
0.5	3	어두침침한 것을 느낄 정도의 농도
1.0	1~2	거의 앞이 보이지 않을 정도의 농도
10	0.2~0.5	화재 최성기 때의 연기농도
30	-	출화실에서 연기가 분출될 때의 연기농도

16 분진폭발의 위험성이 가장 낮은 것은?

① 알루미늄분   ② 황
③ 팽창질석   ④ 소맥분

해설 분진폭발을 일으키는 물질 : 알루미늄분, 황, 소맥분
팽창질석은 화재 시 팽창하면서 질식소화를 유도하며, 가볍고 경제적이라 고체 소화용구로 사용됨. 팽창질석과 더불어, 물과 반응하여 가연성 기체를 발생하지 않는 것(분진폭발의 위험성이 작은 것)에는 산화칼슘(생석회), 탄산칼슘, 시멘트, 석회석 등이 있다.

17 다음 중 가연물의 제거를 통한 소화 방법과 무관한 것은?

① 산불의 확산방지를 위하여 산림의 일부를 벌채한다.
② 화학반응기의 화재 시 원료 공급관의 밸브를 잠근다.
③ 전기실 화재 시 IG-541 약제를 방출한다.
④ 유류탱크 화재 시 주변에 있는 유류탱크의 유류를 다른 곳으로 이동시킨다.

해설 가연물의 제거를 통한 소화방법 : 제거소화
제거소화의 예
- 산불이 발생하면 화재의 진행방향을 앞질러 벌목한다.
- 화학반응기의 화재 시 연료 공급관의 밸브를 잠근다.
- 유류탱크 화재 시 주변에 있는 유류탱크의 유류를 다른 곳으로 이동시킨다.

* IG-541은 불활성기체로 질식소화의 예시이다.

18 분말소화약제로서 ABC급 화재에 적응성이 있는 소화약제의 종류는?

① $NH_4H_2PO_4$ ② $NaHCO_3$
③ Na_2CO_3 ④ $KHCO_3$

해설 분말 소화약제의 종류
① 탄산수소나트륨($NaHCO_3$)
② 탄산수소칼륨($KHCO_3$)
③ 제1인산암모늄($NH_4H_2PO_4$)
④ 요소 + 탄산수소칼륨($[NH_2]_2CO + KHCO_3$)

* 인산 암모늄은 ABC소화제라 하며 부착성이 좋은 메타인산을 만들어 다른 소화 분말 보다 30% 이상 소화능력이 향상

19 액화가스 저장탱크의 누설로 부유 또는 확산된 액화가스가 착화원과 접촉하여 액화가스가 공기 중으로 확산, 폭발하는 현상은?

① 블레비(BLEVE)
② 보일 오버(Boil over)
③ 슬롭 오버(Slop over)
④ 프로스 오버(Forth over)

해설
① 블레비 : 가연성 액화가스의 용기가 과열로 파손되어 가스가 분출된 후 불이 붙어 폭발하는 현상
② 보일 오버 : 탱크의 저부에 물이 존재할 시 뜨거운 열에 의해 급격한 부피팽창에 의하여 유류가 탱크 외부로 분출되는 현상
③ 슬롭 오버 : 유류탱크 화재 시 기름 표면에 물을 살수하면 기름이 탱크 밖으로 비산하여 화재가 확대되는 현상
④ 프로스 오버 : 물이 뜨거운 기름표면 아래서 끓을 때 화재를 수반하지 않고 Overflow되는 현상

20 방화벽의 구조 기준 중 다음 ( ) 안에 알맞은 것은?

> • 방화벽의 양쪽 끝과 위쪽 끝을 건축물의 외벽면 및 지붕면으로부터 (㉠)m 이상 튀어나오게 할 것
> • 방화벽에 설치하는 출입문의 너비 및 높이는 각각 (㉡)m 이하로 하고, 해당 출입문에는 60분+ 또는 60분 방화문을 설치할 것

① ㉠ 0.3, ㉡ 2.5   ② ㉠ 0.3, ㉡ 3.0
③ ㉠ 0.5, ㉡ 2.5   ④ ㉠ 0.5, ㉡ 3.0

해설 **방화벽의 구조**
1. 내화구조로서 홀로 설 수 있는 구조여야 한다.
2. 방화벽의 양쪽 끝과 위쪽 끝을 건축물의 외벽면 및 지붕면으로부터 0.5m 이상 튀어나오게 하여야 한다.
3. 방화벽에 설치하는 출입문의 너비 및 높이는 각각 2.5m 이하로 한다.
4. 해당 출입문에는 60분+ 또는 60분 방화문을 설치해야 한다. (피난방화규칙 제21조)

정답 20.③

2023년 제2회 소방설비기사[전기분야] 1차 필기

[제1과목 : 소방원론]

01 자연발화가 일어나기 쉬운 조건이 아닌 것은?
① 적당량의 수분이 존재할 것
② 주위의 온도가 낮을 것
③ 주위의 온도가 높을 것
④ 표면적이 넓을 것

해설 자연발화가 쉬운 조건
① 습도가 높을수록
② 주위온도가 높을수록
③ 열전도율이 적을수록
④ 발열량이 클수록
⑤ 열의 축적이 잘될수록
⑥ 표면적이 넓을수록
⑦ 공기의 유통이 적을수록

02 정전기로 인한 화재를 줄이고 방지하기 위한 대책 중 틀린 것은?
① 공기 중 습도를 일정값 이상으로 유지한다.
② 기기의 전기 절연성을 높이기 위하여 부도체로 차단공사를 한다.
③ 공기 이온화 장치를 설치하여 가동시킨다.
④ 정전기 축적을 막기 위해 접지선을 이용하여 대지로 연결 작업을 한다.

해설 정전기 방지법
① 접지를 한다.
② 공기를 이온화한다.
③ 공기 중의 상대습도를 70[%] 이상으로 한다.
④ 전기의 양도체를 사용한다.
⑤ 가급적 마찰을 줄인다.

03 건축물의 피난·방화구조 등의 기준에 관한 규칙상 방화구획의 설치기준 중 스프링클러를 설치한 10층 이하의 층은 바닥면적 몇 m^2 이내마다 방화구획을 구획하여야 하는가?
① 1000 ② 1500
③ 2000 ④ 3000

해설 방화구획의 구분
[면적별 구획]

대상물의 구분	소화설비	구획면적
10층 이하의 건축물	일반건축물	1,000m^2 이내
	자동식 소화설비가 설치된 건축물	3,000m^2 이내
11층 이상의 건축물	일반건축물	200m^2 이내
	자동식 소화설비가 설치된 건축물	600m^2 이내
11층 이상의 건축물 (불연재료 마감)	일반건축물	500m^2 이내
	자동식 소화설비가 설치된 건축물	1,500m^2 이내

04 다음은 위험물의 정의이다. 다음 ( ) 안에 알맞은 것은?

"위험물"이라 함은 (㉠) 또는 발화성 등의 성질을 가지는 것으로서 (㉡)이 정하는 물품을 말한다.

① ㉠ 인화성, ㉡ 국무총리령
② ㉠ 휘발성, ㉡ 국무총리령
③ ㉠ 휘발성, ㉡ 대통령령
④ ㉠ 인화성, ㉡ 대통령령

해설 "위험물"이라 함은 인화성 또는 발화성 등의 성질을 가지는 것으로서 대통령령이 정하는 물품을 말한다.

정답 01.② 02.② 03.④ 04.④

05 화재강도(Fire intensity)와 관계가 없는 것은?
① 가연물의 비표면적
② 발화원의 온도
③ 화재실의 구조
④ 가연물의 발열량

해설 화재강도(Fire Intensity)는 가연물의 발열량, 가연물의 비표면적, 화재실의 구조에 의해 크고 작음을 결정한다.

06 소화약제로 물을 사용하는 주된 이유는?
① 촉매역할을 하기 때문에
② 증발잠열이 크기 때문에
③ 연소작용을 하기 때문에
④ 제거작용을 하기 때문에

해설 물의 특성
• 물의 비열은 1kcal/kg℃로 다른 약제에 비해 매우 크다.
• 물의 증발잠열은 539kcal/kg이다.
• 얼음의 융해잠열은 80kcal/kg이다.
• 액체의 물이 기화 시 약 1,700배의 수증기가 된다.
• 겨울철에 동결의 우려가 있으므로 동결방지조치를 강구해야한다.
• 인체에 독성이 없고 쉽게 구할 수 있다.
• 일반적으로 전기화재에는 사용이 불가하다.

07 대두유가 침적된 기름걸레를 쓰레기통에 장시간 방치한 결과 자연발화에 의하여 화재가 발생한 경우 그 이유로 옳은 것은?
① 분해열 축적
② 산화열 축적
③ 흡착열 축적
④ 발효열 축적

해설 ※ 자연발화 : 열축적
– 기름걸레 : 산화열 축적
[자연발화의 원인]
㉠ 분해열에 의한 발열 : 셀룰로이드류, 나이트로셀룰로오스 등
㉡ 산화열에 의한 발열 : 석탄, 건성유 등
㉢ 흡착열에 의한 발열 : 활성탄, 목탄 등
㉣ 미생물에 의한 발열 : 퇴비, 먼지 등
㉤ 중합열에 의한 발열 : 시안화수소 등

08 0℃, 1atm상태에서 부탄(C_4H_{10}) 1mol을 완전연소시키기 위해 필요한 산소의 mol수는?
① 2
② 4
③ 5.5
④ 6.5

해설 $C_4H_{10} + \dfrac{13}{2}O_2 = 4CO_2 + 5H_2O$

09 상온, 상압에서 액체인 물질은?
① CO_2
② Halon 1301
③ Halon 1211
④ Halon 2402

해설

상온·상압에서 기체상태	상온·상압에서 액체상태
Halon 1301(CF_3Br)	Halon 1011($CClBrH_2$)
Halon 1211(CF_2ClBr)	Halon 1040(CCl_4)
CO_2	Halon 2402($C_2F_4Br_2$)

10 다음 중 분진폭발의 위험성이 가장 낮은 것은?
① 소석회
② 알루미늄분
③ 석탄분말
④ 밀가루

해설 분진폭발을 일으키지 않는 물질 (=물과 반응하여 가연성 기체를 발생하지 않는 것)
1) 시멘트
2) 석회석
3) 탄산칼슘($CaCO_3$)
4) 생석회(CaO) = 산화칼슘

11 유류 탱크의 화재 시 탱크 저부의 물이 뜨거운 열 유층에 의하여 수증기로 변하면서 급작스런 부피 팽창을 일으켜 유류가 탱크 외부로 분출하는 현상은?
① 슬롭오버(Slop Over)
② 블레비(BLEVE)
③ 보일오버(Boil Over)
④ 파이어볼(Fire Ball)

정답 05.② 06.② 07.② 08.④ 09.④ 10.① 11.③

해설 고비점 액체가연물에서 발생될 수 있는 현상

보일오버	슬롭오버	프로스 오버
• 화재 시 • 탱크 내에 잔존해 있던 물 • 비등하는 현상	• 화재 시 • 소화수(탱크 내 잔존 물 ×) • 비등하는 현상	• 비화재 시 • 외부원인에 의해 탱크 내에 잔존해 있던 물 • 비등하는 현상

12 이산화탄소의 증기비중은 약 얼마인가?

① 0.81　　② 1.52
③ 2.02　　④ 2.51

해설 증기비중 = $\dfrac{\text{측정물질의 분자량}}{\text{공기의 분자량}}$

$= \dfrac{44}{29} = 1.52$

13 위험물안전관리법령상 제4류 위험물인 알코올류에 속하지 않는 것은?

① C_2H_5OH
② C_4H_9OH
③ CH_3OH
④ C_3H_7OH

해설 위험물안전관리법상 제4류 위험물에 해당되는 알코올류란 한 분자 내의 탄소원자 수가 1개 내지 3개인 포화 1가 알코올로서 변성알코올을 포함한다.(CH_3OH, C_2H_5OH, C_3H_7OH, 변성알코올)

14 비수용성 유류의 화재 시 물로 소화할 수 없는 이유는?

① 인화점이 변하기 때문
② 발화점이 변하기 때문
③ 연소면이 확대되기 때문
④ 수용성으로 변하여 인화점이 상승하기 때문

해설 유류의 경우 대부분 물보다 가볍고 물에 녹지 않는 비수용성이므로 물을 방사 시 연소면을 확대시킬 우려가 있다.

15 제1인산암모늄이 주성분인 분말 소화약제는?

① 1종 분말소화약제
② 2종 분말소화약제
③ 3종 분말소화약제
④ 4종 분말소화약제

해설 분말소화약제의 주성분에 의한 구분

종류	주성분	착색	적응화재
제1종 분말	탄산수소나트륨 ($NaHCO_3$)	백색	B, C급
제2종 분말	탄산수소칼륨 ($KHCO_3$)	보라색 (자색)	B, C급
제3종 분말	인산암모늄 ($NH_4H_2PO_4$)	핑크색 (담홍색)	A, B, C급
제4종 분말	탄산수소칼륨 + 요소 ($KHCO_3 + NH_2CONH_2$)	회색	B, C급

16 공기 중에서 연소상한값이 가장 큰 물질은?

① 아세틸렌　　② 수소
③ 가솔린　　　④ 프로판

해설 각 물질의 연소범위
① 아세틸렌 : 2.5~81%
② 수소 : 4~75%
③ 가솔린 : 1.4~7.6%
④ 프로판 : 2.1~9.5%

17 무창층 여부를 판단하는 개구부로서 갖추어야 할 조건으로 옳은 것은?

① 개구부 크기가 지름 30cm의 원이 내접할 수 있는 것
② 해당 층의 바닥면으로부터 개구부 밑 부분까지의 높이가 1.5m인 것
③ 내부 또는 외부에서 쉽게 파괴 또는 개방할 수 있을 것
④ 창에 방범을 위하여 40cm 간격으로 창살을 설치한 것

정답 12.② 13.② 14.③ 15.③ 16.① 17.③

해설 무창층

지상층 중 다음에 해당하는 개구부의 면적의 합계가 그 층의 바닥면적의 30분 1 이하가 되는 층
- 개구부의 크기가 지름 50cm 이상의 원이 내접할 수 있을 것
- 그 층의 바닥면으로부터 개구부 밑부분까지의 높이가 1.2m 이내일 것
- 도로 또는 차량의 진입이 가능한 공지에 면할 것
- 화재 시 건축물로부터 쉽게 피난할 수 있도록 창살, 그 밖의 장애물이 설치되지 아니할 것
- 내부 또는 외부에서 쉽게 파괴 또는 개방이 가능할 것

18 위험물안전관리법령상 위험물 유별에 따른 성질이 잘못 연결된 것은?

① 제1류 위험물 - 산화성고체
② 제2류 위험물 - 가연성고체
③ 제4류 위험물 - 인화성액체
④ 제6류 위험물 - 자기반응성물질

해설 위험물의 유별 공통성질
- 제1류 위험물 : 산화성 고체
- 제2류 위험물 : 가연성 고체
- 제3류 위험물 : 자연발화성 물질 및 금수성 물질
- 제4류 위험물 : 인화성 액체
- 제5류 위험물 : 자기연소성(반응성) 물질
- 제6류 위험물 : 산화성 액체

19 목조건축물에서 발생하는 옥외 출화 시기를 나타낸 것으로 옳은 것은?

① 창, 출입구 등에 발염 착화한 때
② 천장 속, 벽 속 등에서 발염 착화한 때
③ 가옥 구조에서는 천장면에 발염 착화한 때
④ 불연 천장인 경우 실내의 그 뒷면에 발염 착화한 때

해설 출화의 구분
㉠ 옥내 출화
- 건축물 실내의 천장 속, 벽 내부에서 발염 착화
- 준불연성, 난연성으로 피복된 내부의 목재에 착화
㉡ 옥외 출화
- 건축물 외부의 가연물질에 발염 착화
- 창, 출입구 등의 개구부 등에 착화

20 제거소화의 예가 아닌 것은?

① 유류화재 시 다량의 포를 방사한다.
② 전기화재 시 신속하게 전원을 차단한다.
③ 가연성가스 화재 시 가스의 밸브를 닫는다.
④ 산림화재 시 확산을 막기 위하여 산림의 일부를 벌목한다.

해설 유류화재 시 포를 방사하는 것은 피복에 의한 질식소화에 해당된다.

2023년 제4회 소방설비기사[전기분야] 1차 필기

[제1과목 : 소방원론]

01 방호공간 안에서 화재의 세기를 나타내고 화재가 진행되는 과정에서 온도에 따라 변하는 것으로 온도-시간 곡선으로 표시할 수 있는 것은?

① 화재저항 ② 화재가혹도
③ 화재하중 ④ 화재플럼

해설 화재가혹도 그래프는 화재의 지속 시간에 따른 최고 온도를 나타낸다.

02 소화원리에 대한 일반적인 소화효과의 종류가 아닌 것은?

① 질식소화 ② 기압소화
③ 제거소화 ④ 냉각소화

해설 소화효과의 종류
- 냉각소화
- 질식소화
- 제거소화
- 억제소화

03 다음은 위험물의 정의이다. 다음 ( ) 안에 알맞은 것은?

"위험물"이라 함은 (㉠) 또는 발화성 등의 성질을 가지는 것으로서 (㉡)이 정하는 물품을 말한다.

① ㉠ 인화성, ㉡ 국무총리령
② ㉠ 휘발성, ㉡ 국무총리령
③ ㉠ 휘발성, ㉡ 대통령령
④ ㉠ 인화성, ㉡ 대통령령

해설 위험물안전관리법 - 위험물의 정의
제2조(정의)
1. "위험물"이라 함은 ㉠인화성 또는 발화성 등의 성질을 가지는 것으로서 ㉡대통령령이 정하는 물품을 말한다.

04 인화점이 낮은 것부터 높은 순서로 옳게 나열된 것은?

① 에틸알코올 < 이황화탄소 < 아세톤
② 이황화탄소 < 에틸알코올 < 아세톤
③ 에틸알코올 < 아세톤 < 이황화탄소
④ 이황화탄소 < 아세톤 < 에틸알코올

해설
- 이황화탄소 인화점 : $-30℃$
- 아세톤 인화점 : $-18℃$
- 에틸알코올 인화점 : $13℃$

05 상온 상압의 공기중에서 탄화수소류의 가연물을 소화하기 위한 이산화탄소 소화약제의 농도는 약 몇 %인가? (단, 탄화수소류는 산소농도가 10%일 때 소화된다고 가정한다.)

① 28.57 ② 35.48
③ 49.56 ④ 52.38

해설
$$\text{이산화탄소 농도} = \frac{21 - \text{산소의 농도}}{21} \times 100[\%]$$

여기서, 21은 공기 중 산소의 농도
산소의 부피농도가 10이므로, 위의 공식에 대입하면

$$\text{이산화탄소의 농도} = \frac{21-10}{21} \times 100$$
$$= \frac{11}{21} \times 100 ≒ 52.38[\%]$$

정답 01.② 02.② 03.④ 04.④ 05.④

06 건축물에 설치하는 방화벽의 구조에 대한 기준 중 틀린 것은?

① 내화구조로서 홀로 설 수 있는 구조이어야 한다.
② 방화벽의 양쪽 끝은 지붕면으로부터 0.2m 이상 튀어 나오게 하여야 한다.
③ 방화벽의 위쪽 끝은 지붕면으로부터 0.5m 이상 튀어 나오게 하여야 한다.
④ 방화벽에 설치하는 출입문은 너비 및 높이가 각각 2.5m 이하인 60분+ 방화문 또는 60분 방화문을 설치하여야 한다.

해설 피난방화규칙 제21조(방화벽의 구조)
1. 내화구조로서 홀로 설 수 있는 구조여야 한다.
2. 방화벽의 양쪽 끝과 위쪽 끝을 건축물의 외벽면 및 지붕면으로부터 0.5m 이상 튀어나오게 하여야 한다.
3. 방화벽에 설치하는 출입문의 너비 및 높이는 각각 2.5m 이하로 한다.
4. 해당 출입문에는 60분+ 방화문 또는 60분 방화문을 설치해야 한다.

07 분말소화약제 중 탄산수소칼륨($KHCO_3$)과 요소($CO(NH_2)_2$)와의 반응물을 주성분으로 하는 소화약제는?

① 제1종 분말
② 제2종 분말
③ 제3종 분말
④ 제4종 분말

해설 분말 소화약제의 종류 및 특성

종별	주성분	색상	적응 화재
제1종 분말	탄산수소나트륨 ($NaHCO_3$)	백색	BC
제2종 분말	탄산수소칼륨 ($KHCO_3$)	담회색	BC
제3종 분말	제1인산암모늄 ($NH_4H_2PO_4$)	담홍색	ABC
제4종 분말	탄산수소칼륨과 요소의 반응물 ($KHCO_3 + (NH_2)_2CO$)	회색	BC

08 가스 A가 40vol%, 가스 B가 60vol%로 혼합된 가스의 연소하한계는 몇 vol%인가? (단, 가스 A의 연소하한계는 4.9vol%이며, 가스 B의 연소하한계는 4.15vol%이다.)

① 1.82vol% ② 2.02vol%
③ 3.22vol% ④ 4.42vol%

해설 르샤틀리에의 혼합가스 폭발범위 계산

$$\frac{100}{L} = \frac{V_1}{L_1} + \frac{V_2}{L_2}$$

L : 혼합가스의 폭발한계(부피%)
L_1, L_2 : 가연성가스의 폭발한계(부피%)
V_1, V_2 : 가연성가스의 용량(부피%)

$$L = \frac{100}{\frac{V_1}{L_1} + \frac{V_2}{L_2}} = \frac{100}{\frac{40}{4.9} + \frac{60}{4.15}}$$
$$= 4.42[vol\%]$$

09 건축물의 주요구조부가 아닌 것을 고르시오.

① 차양 ② 보
③ 기둥 ④ 바닥

해설 건축물의 주요구조부
㉠ 내력벽 ㉡ 기둥 ㉢ 바닥 ㉣ 보 ㉤ 지붕틀 및 주계단

10 1kcal의 열은 몇 Joule에 해당하는가?

① 5262 ② 4186
③ 3943 ④ 3330

해설 에너지의 관계
1kcal = 3.968BTU = 2.2CHU = 4.184kJ = 4,184J

11 블레비(BLEVE) 현상과 관계가 없는 것은?

① 핵분열
② 가연성액체
③ 화구(Fire ball)의 형성
④ 복사열의 대량 방출

정답 06.② 07.④ 08.④ 09.① 10.② 11.①

해설 블레비(BLEVE) 현상
용기 내부의 액화가스가 급격히 비등하여 압력에너지를 형성하면서 용기에 균열이 생겨 파열되며 주위공간으로 날아가 거대한 화구를 형성하는 현상으로 물리적인 폭발에 해당된다.

12 위험물의 저장 방법으로 틀린 것은?

① 금속나트륨 – 석유류에 저장
② 이황화탄소 – 수조 물탱크에 저장
③ 알킬알루미늄 – 벤젠액에 희석하여 저장
④ 산화프로필렌 – 구리 용기에 넣고 불연성 가스를 봉입하여 저장

해설 물질에 따른 저장장소

물 질	저장장소
황린, 이황화탄소(CS_2)	물속
나이트로셀룰로오스	알코올 속
칼륨(K), 나트륨(Na), 리튬(Li)	석유류(등유) 속
알킬알루미늄	벤젠액 속
아세틸렌(C_2H_2)	디메킬포름아미드(DMF), 아세톤에 용해

13 건축물 내 방화벽에 설치하는 출입문의 너비 및 높이의 기준은 각각 몇 m 이하인가?

① 2.5
② 3.0
③ 3.5
④ 4.0

해설 방화벽의 구조
1. 내화구조로서 홀로 설 수 있는 구조여야 한다.
2. 방화벽의 양쪽 끝과 위쪽 끝을 건축물의 외벽면 및 지붕면으로부터 0.5m 이상 튀어나오게 하여야 한다.
3. 방화벽에 설치하는 출입문의 너비 및 높이는 각각 2.5m 이하로 한다.
4. 해당 출입문에는 60분+ 방화문 또는 60분 방화문을 설치해야 한다.

14 화재 시 CO_2를 방사하여 산소농도를 11vol.%로 낮추어 소화하려면 공기 중 CO_2의 농도는 약 몇 vol.%가 되어야 하는가?

① 47.6
② 42.9
③ 37.9
④ 34.5

해설 이산화탄소농도 $= \dfrac{21 - 산소의\ 농도}{21} \times 100[\%]$

여기서, 21은 공기 중 산소의 농도
산소의 농도가 11일 때, 위의 공식에 대입하면
$\dfrac{21-11}{21} \times 100 = \dfrac{10}{21} \times 100 ≒ 47.6[\%]$

15 할론 소화설비에서 Halon 1211 약제의 분자식은?

① CBr_2ClF
② CF_2ClBr
③ CCl_2BrF
④ BrC_2CLF

해설 할론 소화약제의 명명 : Halon 뒤의 구성 원소들의 개수를 C, F, Cl, Br, I의 순서대로 쓴다. 해당 원소가 없는 경우는 0으로 표시한다. 또한, 맨 끝의 숫자가 0으로 끝나면 0을 생략한다.
Halon 1211(0) : CF_2ClBr

16 일반적으로 공기 중 산소농도를 몇 vol% 이하로 감소시키면 연소속도의 감소 및 질식 소화가 가능한가?

① 15
② 21
③ 25
④ 31

해설 질식소화 : 공기 중의 산소 농도는 21%인데, 이 농도가 15% 이하가 되면 연소가 지속될 수 없다.

17 제4류 위험물의 물리화학적 특성에 대한 설명으로 틀린 것은?

① 증기비중은 공기보다 크다.
② 정전기에 의한 화재발생위험이 있다.
③ 인화성 액체이다.
④ 인화점이 높을수록 증기발생이 용이하다.

해설 제4류 위험물(인화성 액체)
① 가연성 물질로 인화성 증기를 발생하는 액체위험물, 인화되기 매우 쉽고 착화온도가 낮은 것은 위험(증기는 공기와 약간만 혼합해도 연소의 우려)
② 점화원이나 고온체의 접근을 피하고, 증기발생을 억제해야 한다.
③ 증기는 공기보다 무겁고, 물보다 가벼우며, 물에 녹기 어렵다.

18 비수용성 유류의 화재 시 물로 소화할 수 없는 이유는?

① 인화점이 변하기 때문
② 발화점이 변하기 때문
③ 연소면이 확대되기 때문
④ 수용성으로 변하여 인화점이 상승하기 때문

해설 유류의 경우 대부분 물보다 가볍고 물에 녹지 않는 비수용성이므로 물을 방사 시 연소면을 확대시킬 우려가 있다.

19 할로겐원소의 소화효과가 큰 순서대로 배열된 것은?

① I > Br > Cl > F
② Br > I > F > Cl
③ Cl > F > I > Br
④ F > Cl > Br > I

해설
- 할로겐원소의 전기음성도(수소와의 결합력) 크기
  F > Cl > Br > I
- 할로겐원소의 부촉매효과(소화효과) 크기
  I > Br > Cl > F
* 부촉매효과(소화효과)의 크기와 전기음성도 크기는 반대

20 Fourier법칙(전도)에 대한 설명으로 틀린 것은?

① 이동열량은 전열체의 단면적에 비례한다.
② 이동열량은 전열체의 두께에 비례한다.
③ 이동열량은 전열체의 열전도도에 비례한다.
④ 이동열량은 전열체 내·외부의 온도차에 비례한다.

해설 Fourier법칙(푸리에 법칙)

$$q = \frac{kA(T_1 - T_2)}{L}$$

여기서, q : 열전달량(이동열량)[W]
k : 열전도도(물질고유값)[W/m·K]
A : 단면적[m²]
$T_1 - T_2$: 온도차[K]
L : 전열체의 두께[m]

따라서, 이동열량은 전열체의 열전도도, 단면적, 온도차에 비례하고, 전열체의 두께에 반비례한다.

제1회 소방설비기사[전기분야] 1차 필기
[제1과목 : 소방원론]

01 다음은 위험물의 정의이다. 다음 ( ) 안에 알맞은 것은?

> "위험물"이라 함은 (㉠) 또는 발화성 등의 성질을 가지는 것으로서 (㉡)이 정하는 물품을 말한다.

① ㉠ 인화성, ㉡ 국무총리령
② ㉠ 휘발성, ㉡ 국무총리령
③ ㉠ 휘발성, ㉡ 대통령령
④ ㉠ 인화성, ㉡ 대통령령

해설 "위험물"이라 함은 인화성 또는 발화성 등의 성질을 가지는 것으로서 대통령령이 정하는 물품을 말한다.

02 인화점이 낮은 것부터 높은 순서로 옳게 나열된 것은?

① 에틸알코올 < 이황화탄소 < 아세톤
② 이황화탄소 < 에틸알코올 < 아세톤
③ 에틸알코올 < 아세톤 < 이황화탄소
④ 이황화탄소 < 아세톤 < 에틸알코올

해설
- 이황화탄소 인화점 : −30℃
- 아세톤 인화점 : −18℃
- 에틸알코올 인화점 : 13℃

03 제4류 위험물의 물리·화학적 특성에 대한 설명으로 틀린 것은?

① 증기비중은 공기보다 크다.
② 정전기에 의한 화재발생위험이 있다.
③ 인화성 액체이다.
④ 인화점이 높을수록 증기발생이 용이하다.

해설 인화점이 낮을수록 증기발생이 용이하다.

04 일반적으로 공기 중 산소농도를 몇 vol% 이하로 감소시키면 연소속도의 감소 및 질식 소화가 가능한가?

① 15
② 21
③ 25
④ 31

해설 질식소화 : 공기 중의 산소 농도는 21%인데, 이 농도가 15% 이하가 되면 연소가 지속될 수 없다.

05 할로겐원소의 소화효과가 큰 순서대로 배열된 것은?

① I > Br > Cl > F
② Br > I > F > Cl
③ Cl > F > I > Br
④ F > Cl > Br > I

해설 할로겐화합물소화약제

부촉매효과(소화효과) 크기	전기음성도(친화력) 크기
I > Br > Cl > F	F > Cl > Br > I

- 소화효과 = 소화능력
- 전기음성도 크기 = 수소와의 결합력 크기

06 프로판가스의 연소범위(vol%)에 가장 가까운 것은?

① 9.8~28.4
② 2.5~81
③ 4.0~75
④ 2.1~9.5

정답 01.④ 02.④ 03.④ 04.① 05.① 06.④

해설 공기 중에서 가연성 가스의 폭발범위

가스	하한계(%)	상한계(%)	가스	하한계(%)	상한계(%)
메탄	5.0	15.0	아세트알데히드	4.1	57.0
에탄	3.0	12.4	에테르	1.9	48.0
프로판	2.1	9.5	산화에틸렌	3.0	80.0
부탄	1.8	8.4	벤젠	1.4	7.1
에틸렌	2.7	36.0	톨루엔	1.4	6.7
아세틸렌	2.5	81.0	이황화탄소	1.2	44.0
황화수소	4.3	45.4	메틸알코올	7.3	36.0
수소	4.0	75.0	에틸알코올	4.3	19.0
암모니아	15.0	28.0	일산화탄소	12.5	74.0

07 위험물안전관리법령상 위험물 유별에 따른 성질이 잘못 연결된 것은?

① 제1류 위험물 – 산화성 고체
② 제2류 위험물 – 가연성 고체
③ 제4류 위험물 – 인화성 액체
④ 제6류 위험물 – 자기반응성 물질

해설 위험물의 유별 공통성질
- 제1류 위험물 : 산화성 고체
- 제2류 위험물 : 가연성 고체
- 제3류 위험물 : 자연발화성 물질 및 금수성 물질
- 제4류 위험물 : 인화성 액체
- 제5류 위험물 : 자기연소성(반응성) 물질
- 제6류 위험물 : 산화성 액체

08 피난계획의 일반원칙 중 Fool-Proof 원칙에 해당하는 것은?

① 저지능인 상태에서도 쉽게 식별이 가능하도록 그림이나 색채를 이용하는 원칙
② 피난설비를 반드시 이동식으로 하는 원칙
③ 한 가지 피난기구가 고장이 나도 다른 수단을 이용할 수 있도록 고려하는 원칙
④ 피난설비를 첨단화된 전자식으로 하는 원칙

해설 Fool Proof와 Fail Safe
- 소방에서 Fool Proof란 인간이 실수를 하거나, 잘못된 판단을 하더라도 충분히 피난활동에는 지장을 주지 않아야 하는 것을 의미한다.
- 소방에서 Fail Safe란 인간이 아닌 기계, 즉 피난기구에 문제가 발생하더라도 대체할 수 있는 다른 피난기구를 설치하는 것을 의미한다.

09 Halon 1301의 분자식에 해당하는 것은?

① CCl_3H
② CH_3Cl
③ CF_3Br
④ $C_2F_2Br_2$

해설 할론약제의 명명법
할론 ⓐ ⓑ ⓒ ⓓ
ⓐ : 탄소(C)의 수
ⓑ : 불소(F)의 수
ⓒ : 염소(Cl)의 수
ⓓ : 브롬(Br)의 수

각 할론 약제별 분자식
㉠ 할론 2402 : $C_2F_4Br_2$
㉡ 할론 1211 : CF_2ClBr
㉢ 할론 1301 : CF_3Br
㉣ 할론 1011 : CH_2ClBr
㉤ 할론 1040 : CCl_4

10 다음 중 Flash Over를 가장 옳게 표현한 것은?

① 소화현상의 일종이다.
② 건물 외부에서 연소가스의 소멸현상이다.
③ 실내에서 폭발적인 화재의 확대현상이다.
④ 폭발로 인한 건물의 붕괴현상이다.

해설 플래시 오버(Flash Over) 현상은 실내화재에서 발생될 수 있는 현상으로 화재로 인해 화재실의 내부 온도가 상승되어 있다가 화염이 급격히 확대되는 현상으로 에너지의 축적이 원인이다.

정답 07.④ 08.① 09.③ 10.③

11 스테판-볼츠만의 법칙에 의해 복사열과 절대온도와의 관계를 옳게 설명한 것은?

① 복사열은 절대온도의 제곱에 비례한다.
② 복사열은 절대온도의 4제곱에 비례한다.
③ 복사열은 절대온도의 제곱에 반비례한다.
④ 복사열은 절대온도의 4제곱에 반비례한다.

해설 스테판-볼츠만의 법칙
복사에너지는 면적에 비례하고 절대온도의 4제곱에 비례한다.

$$Q = 4.887 A\varepsilon \left\{ \left(\frac{T_1}{100}\right)^4 - \left(\frac{T_2}{100}\right)^4 \right\}$$

Q : 복사열량(kcal/hr)
A : 단면적(m^2), ε : 계수
T_1 : 고온체의 절대온도(K)
T_2 : 저온체의 절대온도(K)

12 화씨 95도를 켈빈(Kelvin)온도로 나타내면 약 몇 K인가?

① 178K ② 252K
③ 308K ④ 368K

해설 $\text{℃} = \frac{5}{9}(\text{℉} - 32) = \frac{5}{9}(95 - 32) = 35\text{℃}$
$K = 273 + 35 = 308K$

13 화재 표면온도(절대온도)가 2배로 되면 복사에너지는 몇 배로 증가되는가?

① 2 ② 4
③ 8 ④ 16

해설 복사에너지는 절대온도의 4승에 비례하므로 16배가 된다.

14 어떤 기체가 0[℃], 1기압에서 부피가 11.2[L], 기체질량이 22[g] 이었다면 이 기체의 분자량은? (단, 이상기체로 가정한다.)

① 22[g/mol] ② 35[g/mol]
③ 44[g/mol] ④ 56[g/mol]

해설 ▶ 방법 1(이상기체 상태방정식 이용)
이상기체 상태방정식 $PV = nRT$
- P[atm] : 기압
- V[m^3] : 부피
- n[무차원수] : 몰수 ($\frac{W(질량)[kg]}{M(분자량)[kg/kmol]}$)
- R[기체상수] : 1. 0.082atm·m^3/kmol·K
  2. 8.314kPa·m^3/kmol·K
- T[K] : 절대온도(273.15 + ℃)

$PV = nRT = \frac{W}{M}RT$

$M = \frac{WRT}{PV}$

$= \frac{(0.022\text{kg})(0.082\text{atm} \cdot m^3/\text{kmol} \cdot K)(273.15K)}{(1\text{atm})(11.2L) \times \left(\frac{1m^3}{1000L}\right)}$

$= 43.99 ≒ 44\text{kg/kmol} = 44\text{g/mol}$

▶ 방법 2(아보가드로 법칙 이용)
아보가드로 법칙 : 표준상태(0℃, 1atm)에서 모든 기체 1kmol(mol)이 차지하는 부피는 22.4m^3(L)이다.

$\frac{22.4[L]}{1[mol]} \times \frac{22[g]}{11.2[L]} = 44[g/mol] = 44[kg/kmol]$

15 건축물에 설치하는 방화벽의 구조에 대한 기준 중 틀린 것은?

① 내화구조로서 홀로 설 수 있는 구조이어야 한다.
② 방화벽의 양쪽 끝은 지붕면으로부터 0.2[m] 이상 튀어 나오게 하여야 한다.
③ 방화벽의 위쪽 끝은 지붕면으로부터 0.5[m] 이상 튀어 나오게 하여야 한다.
④ 방화벽에 설치하는 출입문은 너비 및 높이가 각각 2.5[m] 이하인 60분+ 방화문 또는 60분 방화문을 설치하여야 한다.

해설 피난방화규칙 제21조(방화벽의 구조)
1. 내화구조로서 홀로 설 수 있는 구조여야 한다.
2. 방화벽의 양쪽 끝과 위쪽 끝을 건축물의 외벽면 및 지붕면으로부터 0.5m 이상 튀어나오게 하여야 한다.
3. 방화벽에 설치하는 출입문의 너비 및 높이는 각각 2.5m 이하로 한다.
4. 해당 출입문에는 60분+ 방화문 또는 60분 방화문을 설치해야 한다.

정답 11.② 12.③ 13.④ 14.③ 15.②

16 TLV(Threshold Limit Value)가 가장 높은 가스는?

① 시안화수소 ② 포스겐
③ 일산화탄소 ④ 이산화탄소

해설 TLV(Threshold Limit Value) : 독성가스의 허용농도
① 시안화수소 : 10[ppm]
② 포스겐 : 0.1[ppm]
③ 일산화탄소 : 50[ppm]
④ 이산화탄소 : 5000[ppm]

17 연면적이 $1,000m^2$ 이상인 건축물에 설치하는 방화벽이 갖추어야 할 기준으로 틀린 것은?

① 내화구조로서 홀로 설 수 있는 구조일 것
② 방화벽이 양쪽 끝과 위쪽 끝을 건축물의 외벽면 및 지붕면으로부터 0.1m 이상 튀어나오게 할 것
③ 방화벽에 설치하는 출입문의 너비는 2.5m 이하로 할 것
④ 방화벽에 설치하는 출입문의 높이는 2.5m 이하로 할 것

해설 ② 0.1m(×) → 0.5(m)

방화벽 기준
연면적 $1,000m^2$ 이상인 건축물로서 그 주요구조부가 내화구조 또는 불연재료가 아닌 건축물에는 다음 기준에 의하여 $1,000m^2$ 미만마다 방화벽을 설치하여야 한다.
㉠ 내화구조로서 홀로 설 수 있는 구조일 것
㉡ 방화벽의 양쪽 끝과 위쪽 끝은 건축물의 외벽면 및 지붕면으로부터 0.5m 이상 돌출되도록 할 것

18 공기와 접촉되었을 때 위험도(H)가 가장 큰 것은?

① 에테르 ② 수소
③ 에틸렌 ④ 부탄

해설 위험도 = $\dfrac{U-L}{L}$ = $\dfrac{연소범위}{연소하한계}$

① 에테르 위험도 = $\dfrac{U-L}{L}$ = $\dfrac{48-1.9}{1.9}$ = 24.26
② 수소 위험도 = $\dfrac{U-L}{L}$ = $\dfrac{75-4}{4}$ = 17.75
③ 에틸렌 위험도 = $\dfrac{U-L}{L}$ = $\dfrac{36-2.7}{2.7}$ = 12.33
④ 부탄 위험도 = $\dfrac{U-L}{L}$ = $\dfrac{8.4-1.8}{1.8}$ = 3.66

19 물의 기화열이 539.6cal/g인 것은 어떤 의미인가?

① 0℃의 물 1g이 얼음으로 변화하는데 539.6cal의 열량이 필요하다.
② 0℃의 얼음 1g이 얼음으로 변화하는데 539.6cal의 열량이 필요하다.
③ 0℃의 물 1g이 100℃의 물로 변화하는데 539.6cal의 열량이 필요하다.
④ 100℃의 물 1g이 수증기로 변화하는데 539.6cal의 열량이 필요하다.

해설 기화열
액체가 기체가 될 때 필요로 하는 열

20 화재에 관한 설명으로 옳은 것은?

① PVC 저장창고에서 발생한 화재는 D급 화재이다.
② 연소의 색상과 온도와의 관계를 고려할 때 일반적으로 휘백색보다는 휘적색의 온도가 높다.
③ PVC 저장창고에서 발생한 화재는 B급 화재이다.
④ 연소의 색상과 온도와의 관계를 고려할 때 일반적으로 암적색보다는 휘적색의 온도가 높다.

해설 ㉠ 불꽃의 온도별 색깔

색깔	암적색	적색	휘적색	황적색	백적색	휘백색
온도	700[℃]	850[℃]	950[℃]	1,100[℃]	1,300[℃]	1,500[℃]

㉡ PVC 저장창고의 화재는 A급 화재(일반화재)이다.

제2회 소방설비기사[전기분야] 1차 필기
[제1과목 : 소방원론]

01 촛불의 주된 연소 형태에 해당하는 것은?
① 표면연소 ② 분해연소
③ 증발연소 ④ 자기연소

02 다음 중 상온·상압에서 액체인 것은?
① 이산화탄소 ② 할론 1301
③ 할론 2402 ④ 할론 1211

[해설]

상온·상압에서 기체상태	상온·상압에서 액체상태
• 할론 1301 • 할론 1211 • 이산화탄소(CO_2)	• 할론 1011 • 할론 104 • 할론 2402

03 다음 중 건축물의 방재기능 설정요소로 틀린 것은?
① 배치계획 ② 국토계획
③ 단면계획 ④ 평면계획

[해설] 건축물의 방재기능
- 배치계획 : 소화활동에 지장이 없도록 적합한 건물 배치를 하는 것
- 평면계획 : 방연구획과 제연구획을 설정하여 화재예방 소화, 피난 등을 유효하게 하기 위한 계획
- 단면계획 : 불이나 연기가 다른 층으로 이동하지 않도록 구획하는 계획

04 다음 원소 중 전기음성도가 가장 큰 것은?
① F ② Br
③ Cl ④ I

[해설] 할론소화약제

부촉매효과(소화능력) 크기	전기음성도(친화력, 결합력) 크기
I > Br > Cl > F	F > Cl > Br > I

• 전기음성도 크기=수소와의 결합력 크기

05 프로판가스의 연소범위[vol]에 가장 가까운 것은?
① 9.8~28.4 ② 2.5~81
③ 4.0~75 ④ 2.1~9.5

[해설] 공기 중에서 가연성 가스의 폭발범위

가스	하한계(%)	상한계(%)	가스	하한계(%)	상한계(%)
메탄	5.0	15.0	아세트알데히드	4.1	57.0
에탄	3.0	12.4	에테르	1.9	48.0
프로판	2.1	9.5	산화에틸렌	3.0	80.0
부탄	1.8	8.4	벤젠	1.4	7.1
에틸렌	2.7	36.0	톨루엔	1.4	6.7
아세틸렌	2.5	81.0	이황화탄소	1.2	44.0
황화수소	4.3	45.4	메틸알코올	7.3	36.0
수소	4.0	75.0	에틸알코올	4.3	19.0
암모니아	15.0	28.0	일산화탄소	12.5	74.0

06 가연물이 연소가 잘 되기 위한 구비조건으로 틀린 것은?
① 열전도율이 클 것
② 산소와 화학적으로 친화력이 클 것
③ 표면적이 클 것
④ 활성화에너지가 작을 것

정답 01.③ 02.③ 03.② 04.① 05.④ 06.①

해설 가연물이 되기 쉬운 조건
- ㉠ 열전도율이 작을수록
- ㉡ 활성화에너지가 작을수록
- ㉢ 발열량이 클수록
- ㉣ 산소와 친화력이 클수록
- ㉤ 표면적이 클수록
- ㉥ 주위온도가 높을수록

07 석유, 고무, 동물의 털, 가죽 등과 같이 황성분을 함유하고 있는 물질이 불완전연소될 때 발생하는 연소가스로 계란 썩는 듯한 냄새가 나는 기체는?
① H_2S　　② $COCl_2$
③ SO_2　　④ HCN

해설 황화수소(H_2S)
황을 함유하고 있는 유기화합물이 불완전연소 시 발생되며 연소 시 유독성 기체인 아황산가스를 발생하며 계란 썩는 듯한 냄새가 난다.

08 화재의 분류방법 중 유류화재를 나타낸 것은?
① A급 화재　　② B급 화재
③ C급 화재　　④ D급 화재

해설 화재의 분류 및 소화방법

화재의 분류		소화기 표시색	소화 방법	특성
A급	일반화재	백색	냉각 효과	• 백색 연기 발생 • 연소 후 재를 남김
B급	유류화재	황색	질식 효과	• 검은색 연기 발생 • 연소 후 재가 없음
C급	전기화재	청색	질식 효과	전기시설물이 점화원의 기능을 함
D급	금속화재	–	건조사 피복	금속이 열을 생성
E급	가스화재	–	질식 효과	재를 남기지 않음
K급	식용유 (주방)화재	–	냉각 질식	강화액소화기

09 일반적으로 공기 중 산소농도를 몇 vol% 이하로 감소시키면 연소속도의 감소 및 질식소화가 가능한가?
① 15　　② 21
③ 25　　④ 31

해설 대부분의 가연물은 공기 중 산소농도가 10~15vol% 정도로 낮아지면 산소부족에 의해 질식소화된다.

10 위험물 탱크에 압력이 0.3MPa이고, 온도가 0°C인 가스가 들어 있을 때 화재로 인하여 100°C까지 가열되었다면 압력은 약 몇 MPa인가? (단, 이상기체로 가정한다.)
① 0.41　　② 0.52
③ 0.63　　④ 0.74

해설
$\dfrac{P_1V_1}{T_1} = \dfrac{P_2V_2}{T_2}$ 에서 $V_1 = V_2$ 이므로 $\dfrac{P_1}{T_1} = \dfrac{P_2}{T_2}$ 이다.

$\therefore P_2 = \dfrac{T_2}{T_1} \times P_1 = \dfrac{373[K]}{273[K]} \times 0.3[MPa]$
$= 0.41[MPa]$

11 실내 화재시 발생한 연기로 인한 감광계수$[m^{-1}]$와 가시거리에 대한 설명 중 틀린 것은?
① 감광계수가 0.1일 때 가시거리는 20~30m이다.
② 감광계수가 0.3일 때 가시거리는 15~20m이다.
③ 감광계수가 1.0일 때 가시거리는 1~2m이다.
④ 감광계수가 10일 때 가시거리는 0.2~0.5m이다.

해설 연기의 농도에 따른 현상

감광계수	가시거리	상황설명
0.1[Cs]	20~30[m]	• 희미하게 연기가 감도는 정도의 농도 • 연기감지기가 작동되는 농도 • 건물구조에 익숙치 않은 사람이 피난에 지장을 받을 수 있는 농도
0.3[Cs]	5[m]	• 건물구조를 잘 아는 사람이 피난에 지장을 받을 수 있는 농도
0.5[Cs]	3[m]	• 약간 어두운 정도의 농도

1.0[Cs]	1~2[m]	• 전방이 거의 보이지 않을 정도의 농도
10[Cs]	수십 [cm]	• 최성기 때 화재층의 연기농도 • 유도등도 보이지 않는 암흑상태의 농도
30[Cs]	—	• 출화실에서 연기가 배출될 때의 농도

12 위험물의 저장방법으로 틀린 것은?

① 금속나트륨 – 석유류에 저장
② 이황화탄소 – 수조 물탱크에 저장
③ 알킬알루미늄 – 벤젠액에 희석하여 저장
④ 산화프로필렌 – 구리용기에 넣고 불연성 가스를 봉입하여 저장

해설 물질에 따른 저장장소

물 질	저장장소
황린, 이황화탄소(CS_2)	물속
나이트로셀룰로오스	알코올 속
칼륨(K), 나트륨(Na), 리튬(Li)	석유류(등유) 속
알킬알루미늄	벤젠액 속
아세틸렌(C_2H_2)	디메틸포름아미드(DMF), 아세톤에 용해

13 메탄 80vol%, 에탄 15vol%, 프로판 5vol%인 혼합가스의 공기 중 폭발하한계는 약 몇 vol%인가? (단, 메탄, 에탄, 프로판의 공기 중 폭발하한계는 5.0vol%, 3.0vol%, 2.1vol%이다.)

① 4.28 ② 3.61
③ 3.23 ④ 4.02

해설
$$\frac{100}{L} = \frac{V_1}{L_1} + \frac{V_2}{L_2} + \frac{V_3}{L_3}$$
$$\frac{100}{L} = \frac{80}{5.0} + \frac{15}{3.0} + \frac{5}{2.1}$$
$$\frac{100}{\frac{80}{5.0} + \frac{15}{3.0} + \frac{5}{2.1}} = L$$
$$L = \frac{100}{\frac{80}{5.0} + \frac{15}{3.0} + \frac{5}{2.1}} ≒ 4.28$$

14 위험물의 유별에 따른 분류가 잘못된 것은?

① 제1류 위험물 : 산화성 고체
② 제2류 위험물 : 가연성 고체
③ 제4류 위험물 : 인화성 액체
④ 제6류 위험물 : 자기연소성 물질

해설 위험물의 유별 공통성질
• 제1류 위험물 : 산화성 고체
• 제2류 위험물 : 가연성 고체
• 제3류 위험물 : 자연발화성 물질 및 금수성 물질
• 제4류 위험물 : 인화성 액체
• 제5류 위험물 : 자기연소성(반응성) 물질
• 제6류 위험물 : 산화성 액체

15 인화점이 낮은 것부터 높은 순서로 옳게 나열된 것은?

① 에틸알코올 < 이황화탄소 < 아세톤
② 이황화탄소 < 에틸알코올 < 아세톤
③ 에틸알코올 < 아세톤 < 이황화탄소
④ 이황화탄소 < 아세톤 < 에틸알코올

해설
• 이황화탄소 인화점 : $-30°C$
• 아세톤 인화점 : $-18°C$
• 에틸알코올 인화점 : $13°C$

16 건물의 주요구조부에 해당되지 않는 것은?

① 바닥 ② 천장
③ 기둥 ④ 주계단

해설 건축물의 주요구조부 : 내력벽, 기둥, 바닥, 보, 지붕틀 및 주계단

17 제2종 분말소화약제의 열분해반응식으로 옳은 것은?

① $2NaHCO_3 \rightarrow Na_2CO_3 + CO_2 + H_2O$
② $2KHCO_3 \rightarrow K_2CO_3 + CO_2 + H_2O$
③ $2NaHCO_3 \rightarrow Na_2CO_3 + 2CO_2 + H_2O$
④ $2KHCO_3 \rightarrow K_2CO_3 + 2CO_2 + H_2O$

정답 12.④ 13.① 14.④ 15.④ 16.② 17.②

해설 제2종 분말소화약제의 열분해반응식
$2KHCO_3 \rightarrow K_2CO_3 + CO_2 + H_2O - Q\,kcal$

18 표준상태에서 메탄가스의 밀도는 약 g/L인가?
① 0.21 ② 0.41
③ 0.71 ④ 0.91

해설 표준상태의 기체 밀도 $= \dfrac{분자량}{22.4\,L}$

$\therefore \dfrac{16g}{22.4L} = 0.71\,[g/L]$

19 화재하중의 단위로 옳은 것은?
① kg/m^2 ② $℃/m^2$
③ $kg \cdot L/m^3$ ④ $℃ \cdot L/m^3$

해설 화재하중
화재하중(Fire Load)이란 일정한 구역 안에 있는 가연물 전체 발열량을 동일한 발열량의 목재의 질량으로 환산하여 화재구역의 면적으로 나눈 것으로 주수시간 결정의 주요인이 되며 화재의 위험성을 나타낸다.

$Q[kg/m^2] = \dfrac{\sum(G_t H_t)}{H_w A} = \dfrac{\sum Q_t}{4{,}500 A}$

Q : 화재하중[kg/m²]
G_t : 실내 각 가연물의 중량[kg]
H_t : 실내 각 가연물의 단위 발열량[kcal/kg]
A : 화재실의 바닥면적[m²]
Q_t : 화재실 내 가연물의 전체 발열량[kcal]
H_w : 목재의 단위발열량(4,500[kcal/kg])

20 물체의 표면온도가 250℃에서 650℃로 상승하면 열복사량은 약 몇 배 정도 상승하는가?
① 2.5 ② 5.7
③ 7.5 ④ 9.7

해설 스테판-볼츠만의 법칙
복사열량 $Q[kcal/hr]$

$\dfrac{Q_2}{Q_1} = \dfrac{\left(\dfrac{T_2}{100}\right)^4}{\left(\dfrac{T_1}{100}\right)^4}$

$= \dfrac{\left(\dfrac{650+273.15}{100}\right)^4}{\left(\dfrac{250+273.15}{100}\right)^4}$

$= 9.69 ≒ 9.7$

정답 18.③ 19.① 20.④

2024년 제3회 소방설비기사[전기분야] 1차 필기
[제1과목 : 소방원론]

01 화재시 이산화탄소를 방출하여 산소농도를 13vol% 로 낮추어 소화하기 위한 공기 중 이산화탄소의 농도는 약 몇 vol%인가?

① 9.5　　② 25.8
③ 38.1　　④ 61.5

해설 $CO_2(\%) = \dfrac{21-13}{21} \times 100 = 38.1\%$

02 할론(Halon) 1301의 분자식은?

① CH_3Cl　　② CH_3Br
③ CF_3Cl　　④ CF_3Br

해설 할론약제의 명명법
할론ⓐⓑⓒⓓ
ⓐ : 탄소(C)의 수
ⓑ : 불소(F)의 수
ⓒ : 염소(Cl)의 수
ⓓ : 브롬(Br)의 수

할론약제의 분자식
㉠ 할론 2402 : $C_2F_4Br_2$
㉡ 할론 1211 : CF_2ClBr
㉢ 할론 1301 : CF_3Br
㉣ 할론 1011 : CH_2ClBr
㉤ 할론 1040 : CCl_4

03 같은 원액으로 만들어진 포의 특성에 관한 설명으로 옳지 않은 것은?

① 발포배율이 커지면 환원시간은 짧아진다.
② 환원시간이 길면 내열성이 떨어진다.
③ 유동성이 좋으면 내열성이 떨어진다.
④ 발포배율이 작으면 유동성이 떨어진다.

해설 포의 환원시간이란 포(거품)가 수용액으로 되는 시간으로 보통 25% 환원시간을 많이 이용한다. 환원시간이 길다는 것은 거품상태로 오랜시간 지속된다는 것이므로 환원시간이 길면 내열성이 우수하다는 의미이다.

04 건축물의 피난·방화구조 등의 기준에 관한 규칙상 방화구획의 설치기준 중 스프링클러를 설치한 10층 이하의 층은 바닥면적 몇 m^2 이내마다 방화구획을 구획하여야 하는가?

① 1000　　② 1500
③ 2000　　④ 3000

해설 방화구획의 구분(층별, 면적별, 수직관통부, 용도별)
㉠ 층별 구획 : 층마다 구획할 것
㉡ 면적별 구획

대상물의 구분	소화설비	구획면적
(지하층 포함) 10층 이하의 건축물	일반건축물	1,000[m^2] 이내
	자동식 소화설비가 설치된 건축물	3,000[m^2] 이내
11층 이상의 건축물	일반건축물	200[m^2] 이내
	자동식 소화설비가 설치된 건축물	600[m^2] 이내
11층 이상의 건축물 (불연재료 마감)	일반건축물	500[m^2] 이내
	자동식 소화설비가 설치된 건축물	1,500[m^2] 이내

㉢ 수직관통부 구획 : 계단실, 엘리베이터 승강로, 경사로, 전기 PIT실, 린넨슈트 등
㉣ 용도별 구획 : (면적 상관없이) 내화구조/비내화구조 → 상호 방화구획

05 건축물의 내화구조에서 바닥의 경우에는 철근콘크리트의 두께가 몇 cm 이상이어야 하는가?

① 7　　② 10
③ 12　　④ 15

정답 01.③　02.④　03.②　04.④　05.②

해설 내화구조의 바닥
  ㉠ 철근콘크리트조 또는 철골철근콘크리트조로서 두께 10[cm] 이상인 것
  ㉡ 철재로 보강된 콘크리트블록조·벽돌조 또는 석조로서 철재로 덮은 콘크리트 블록 등의 두께가 5[cm] 이상인 것
  ㉢ 철재의 양면을 두께 5[cm] 이상의 철망모르타르 또는 콘크리트로 덮은 것

06 할로겐원소의 소화효과가 큰 순서대로 배열된 것은?
  ① I > Br > Cl > F
  ② Br > I > F > Cl
  ③ Cl > F > I > Br
  ④ F > Cl > Br > I

해설
  • 할로겐원소의 전기음성도(수소와의 결합력) 크기
    F > Cl > Br > I
  • 할로겐원소의 부촉매효과(소화효과) 크기
    I > Br > Cl > F
  ※ 부촉매효과(소화효과)의 크기와 전기음성도 크기는 반대

07 경유화재가 발생했을 때 주수소화가 오히려 위험할 수 있는 이유는?
  ① 경유는 물과 반응하여 유독가스를 발생하므로
  ② 경유의 연소열로 인하여 산소가 방출되어 연소를 돕기 때문에
  ③ 경유는 물보다 비중이 가벼워 화재면의 확대 우려가 있으므로
  ④ 경유가 연소할 때 수소가스를 발생하여 연소를 돕기 때문에

해설 물보다 비중이 가벼워 물 위에 떠서 화재 확대의 우려가 있다.

08 Fourier법칙(전도)에 대한 설명으로 틀린 것은?
  ① 이동열량은 전열체의 단면적에 비례한다.
  ② 이동열량은 전열체의 두께에 비례한다.
  ③ 이동열량은 전열체의 열전도도에 비례한다.
  ④ 이동열량은 전열체 내·외부의 온도차에 비례한다.

해설
$$Q(\text{kcal/hr}) = \frac{\lambda \cdot A \cdot \Delta T}{l}$$
$Q(\text{kcal/hr})$: 전도열량
λ : 열전도도(kcal/m·hr℃)
A : 접촉면적(m²)
ΔT : 온도차(℃)
l : 두께(m)

09 폭굉(detonation)에 관한 설명으로 틀린 것은?
  ① 연소속도가 음속보다 느릴 때 나타난다.
  ② 온도의 상승은 충격파의 압력에 기인한다.
  ③ 압력상승은 폭연의 경우보다 크다.
  ④ 폭굉의 유도거리는 배관의 지름과 관계가 있다.

해설 폭연과 폭굉의 비교
  • 폭연(Deflagration)
    연소파의 전파속도가 음속보다 느린 것으로 폭속은 0.1~10[m/sec] 정도이다.
  • 폭굉(Detonation)
    연소파의 전파속도가 음속보다 빠른 것으로 폭속은 1,000~3,500[m/sec] 정도이며 파면에 충격파(압력파)가 진행되어 심한 파괴작용을 동반한다.

10 대체 소화약제의 물리적 특성을 나타내는 용어 중 지구온난화지수를 나타내는 약어는?
  ① ODP
  ② GWP
  ③ LOAEL
  ④ NOAEL

11 화재의 종류에 따른 분류가 틀린 것은?
  ① A급 화재 : 일반화재
  ② B급 화재 : 유류화재
  ③ C급 화재 : 가스화재
  ④ D급 화재 : 금속화재

해설 화재의 종류

화재의 분류		소화기표시색	소화방법
A급	일반화재	백색	냉각효과
B급	유류화재	황색	질식효과
C급	전기화재	청색	질식효과
D급	금속화재	-	건조사피복
E급	가스화재	-	질식효과
K급	주방화재	-	질식효과

12 방호공간 안에서 화재의 세기를 나타내고 화재가 진행되는 과정에서 온도에 따라 변하는 것으로 온도-시간 곡선으로 표시할 수 있는 것은?

① 화재저항
② 화재가혹도
③ 화재하중
④ 화재플럼

해설 화재가혹도(Fire Severity)
㉠ 화재 시 최고온도와 지속시간은 화재의 규모를 판단하는 중요한 요소가 된다.
㉡ 화재가혹도는 최고온도×지속시간으로 표현되며 화재로 인한 피해의 정도를 판단할 수 있는 척도가 된다.
㉢ 화재가혹도의 주요소는 가연물의 연소열, 비표면적, 공기의 공급조절, 화재실의 구조 등이다.

13 위험물안전관리법상 위험물의 정의 중 다음 ( ) 안에 알맞은 것은?

> "위험물"이라 함은 (㉠) 또는 발화성 등의 성질을 가지는 것으로서 (㉡)이 정하는 물품을 말한다.

① ㉠ 인화성, ㉡ 국무총리령
② ㉠ 휘발성, ㉡ 국무총리령
③ ㉠ 휘발성, ㉡ 대통령령
④ ㉠ 인화성, ㉡ 대통령령

해설 "위험물"이라 함은 인화성 또는 발화성 등의 성질을 가지는 것으로서 대통령령이 정하는 물품을 말한다.

14 가스 A가 40vol%, 가스 B가 60vol%로 혼합된 가스의 연소하한계는 몇 vol%인가? (단, 가스 A의 연소하한계는 4.9vol%이며, 가스 B의 연소하한계는 4.15vol%이다.)

① 1.82
② 2.02
③ 3.22
④ 4.42

해설 르샤틀리에의 혼합가스 폭발범위 계산

$$\frac{100}{L} = \frac{V_1}{L_1} = \frac{V_2}{L_2}$$

L : 혼합가스의 폭발한계(부피%)
L_1, L_2 : 가연성가스의 폭발한계(부피%)
V_1, V_2 : 가연성가스의 용량(부피%)

$$L = \frac{100}{\frac{V_1}{L_1}+\frac{V_2}{L_2}} = \frac{100}{\frac{40}{4.9}+\frac{60}{4.15}} = 4.42[\text{vol}\%]$$

15 인화알루미늄의 화재시 주수소화하면 발생하는 물질은?

① 수소
② 메탄
③ 포스핀
④ 아세틸렌

16 고비점 유류의 탱크화재시 열류층에 의해 탱크 아래의 물이 비등·팽창하여 유류를 탱크 외부로 분출시켜 화재를 확대시키는 현상은?

① 보일오버(Boil over)
② 롤오버(Roll over)
③ 백드래프트(Back draft)
④ 플래시오버(Flash over)

해설 보일오버(Boil over)
㉠ 중질유의 탱크에서 장시간 조용히 연소하다 탱크 내의 잔존기름이 갑자기 분출하는 현상
㉡ 유류탱크에서 탱크바닥에 물과 기름의 에멀션이 섞여 있을 때 이로 인하여 화재가 발생하는 현상
㉢ 연소유면으로부터 100[℃] 이상의 열파가 탱크 저부에 고여 있는 물을 비등하게 하면서 연소유를 탱크 밖으로 비산시키며 연소하는 현상

정답 12.② 13.④ 14.④ 15.③ 16.①

ⓔ 고비점 유류의 탱크화재 시 열류층에 의해 탱크 아래의 물이 비등·팽창하여 유류를 탱크 외부로 분출시켜 화재를 확대시키는 현상

17 화재의 지속시간 및 온도에 따라 목재건물과 내화건물을 비교했을 때, 목재건물의 화재성상으로 가장 적합한 것은?

① 저온장기형이다.
② 저온단기형이다.
③ 고온장기형이다.
④ 고온단기형이다.

해설 목조건축물 : 고온단기형
내화건축물 : 저온장기형

18 물체의 표면온도가 250℃에서 650℃로 상승하면 열복사량은 약 몇 배 정도 상승하는가?

① 2.5 ② 5.7
③ 7.5 ④ 9.7

해설 스테판-볼츠만의 법칙
복사열량 $Q[kcal/hr]$

$$\frac{Q_2}{Q_1} = \frac{\left(\frac{T_2}{100}\right)^4}{\left(\frac{T_1}{100}\right)^4}$$

$$= \frac{\left(\frac{650+273.15}{100}\right)^4}{\left(\frac{250+273.15}{100}\right)^4}$$

$$= 9.69 ≒ 9.7$$

19 유류탱크 화재시 기름 표면에 물을 살수하면 기름이 탱크 밖으로 비산하여 화재가 확대되는 현상은?

① 슬롭 오버(Slop Over)
② 플래시 오버(Flash Over)
③ 프로스 오버(Froth Over)
④ 블레비(BLEVE)

해설 고비점 액체가연물에서 발생될 수 있는 현상

보일 오버	슬롭 오버	프로스 오버
화재 시	화재 시	비화재 시
탱크 내에 잔존해 있던 물이 비등하는 현상	소화수(탱크 내 잔존 물 ×)가 비등하는 현상	외부원인에 의해 탱크 내에 잔존해 있던 물이 비등하는 현상

20 다음 중 할론소화약제의 가장 주된 소화효과에 해당하는 것은?

① 냉각효과   ② 제거효과
③ 부촉매효과 ④ 분해효과

해설 할론계 소화약제 → 억제소화(부촉매소화)
= 자유활성기(원소)의 생성 저하로 인한 소화

 MEMO

CHAPTER 02

[제 2 과목]
소방전기회로

소방설비기사 기출문제집 [필기]

2015년 제1회 소방설비기사[전기분야] 1차 필기
[제2과목 : 소방전기회로]

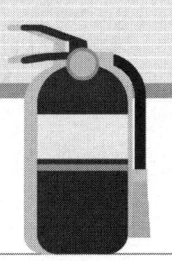

21 다음 중 등전위면의 성질로 적당치 않은 것은?
① 전위가 같은 점들을 연결해 형성된 면이다.
② 등전위면 간의 밀도가 크면 전기장의 세기는 커진다.
③ 항상 전기력선과 수평을 이룬다.
④ 유전체의 유전율이 일정하면 등전위면은 동심원을 이룬다.

해설) 등전위면은 전기력선과 항상 수직으로 교차한다.

[등전위면의 성질]
㉠ 전기장에서 전위가 같은 점을 연결한 선(면)
㉡ 등전위면 간의 밀도가 크면 전기장의 세기는 커진다.
㉢ 전기력선과 항상 수직을 이룬다.
㉣ 유전체의 유전율이 일정하면 등전위면은 동심원을 이룬다.

22 진동이 발생되는 장치의 진동을 억제시키는데 가장 효과적인 제어동작은?
① 온·오프동작
② 미분동작
③ 적분동작
④ 비례동작

해설) 진동장치의 진동을 억제하는 제어는 미분동작이다.
㉠ 비례제어(P동작) : 잔류편차가 있는 제어
㉡ 적분제어(I동작) : 잔류편차를 제거하기 위한 제어
㉢ 미분제어(D동작) : 진동을 억제시키는데 가장 효과적인 제어
㉣ 비례적분제어(PI동작) : 간헐현상이 있는 제어
㉤ 비례미분제어(PD동작) : 응답속응성을 개선하는 제어
㉥ 비례적분미분제어(PID동작) : 간헐현상을 제거하기 위한 제어, 사이클링과 오프셋이 제거되는 제어, 응답속응성과 정상특성을 동시에 개선시키기 위한 제어

23 3상 전원에서 6상 전압을 얻을 수 있는 변압기의 결선방법은?
① 우드브리지 결선
② 메이어 결선
③ 스코트 결선
④ 환상 결선

해설) 3상에서 6상 전압을 얻을 수 있는 변압기 결선방법
㉠ 대각 결선
㉡ 환상 결선
㉢ 2중 성형결선
㉣ 2중 3각결선
㉤ 포크 결선
[참고]
• 우드브리지 결선 : 2상4선식 전압 얻는 결선방법
• 메이어 결선 : 2상전압을 얻는 결선
• 스코트 결선 : 3상에서 2상으로 변환하기 위한 결선

24 논리식 $\overline{X}+XY$를 간략화 한 것은?
① $\overline{X}+Y$
② $X+\overline{Y}$
③ $\overline{X}Y$
④ $X\overline{Y}$

해설)
$\overline{X}+XY=(\overline{X}+X)(\overline{X}+Y)=1\cdot(\overline{X}+Y)=\overline{X}+Y$

25 그림과 같은 1[kΩ]의 저항과 실리콘다이오드의 직렬회로에서 양단간의 전압 V_D는 약 몇 [V]인가?

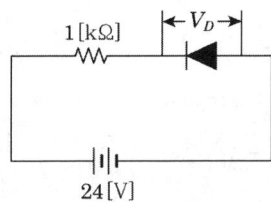

① 0[V]
② 0.2[V]
③ 12[V]
④ 24[V]

정답 21.③ 22.② 23.④ 24.① 25.④

해설) 배터리의 출발전류가 그림상에서 좌방향으로 이동하며, 다이오드가 전류를 막는 형태로 설치되어 전류가 다이오드에서 막히게 되며 이 경우 다이오드가 무한대의 저항으로 작용하여 모든 전압이 다이오드에 걸리게 된다.

[참고]
배터리 표시가 반대로 되어있다면 전류가 다이오드를 지나가게 되며 이 경우 다이오드는 저항이 0인 상태가 되어 모든 전압이 저항에 걸리며 다이오드에는 0V의 전압이 걸리게 된다.

▶ 다이오드와 전자의 접속방향
㉠ 같은 방향(정방향)

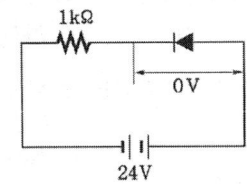

㉡ 반대방향(역방향)

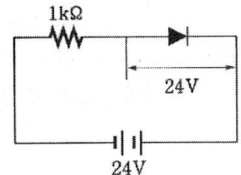

26 그림의 회로에서 공진상태의 임피던스는 몇 [Ω]인가?

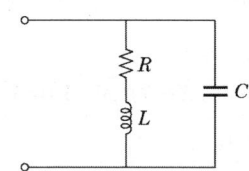

① $\dfrac{R}{CL}$ ② $\dfrac{L}{CR}$

③ $\dfrac{1}{LR}$ ④ $\dfrac{1}{RC}$

해설) ㉠ 합성 어드미턴스
$$Z_1 = R+j\omega L \rightarrow Y_1 = \frac{1}{R+j\omega L}[s]$$
$$Z_2 = \frac{1}{j\omega C} = -j\frac{1}{\omega C} \rightarrow Y_2 = j\omega C[s]$$

∴ 합성 어드미턴스
$$Y = Y_1 + Y_2 = \frac{1}{R+j\omega L} + j\omega C$$
$$= \frac{R-j\omega L}{R^2+(\omega L)^2} + j\omega C$$
$$= \frac{R}{R^2+(\omega L)^2} + j\left(\omega C - \frac{\omega L}{R^2+(\omega L)^2}\right)[s]$$

㉡ 공진일 조건(허수부=0)
$$\omega C = \frac{\omega L}{R^2+(\omega L)^2} \rightarrow C = \frac{L}{R^2+(\omega L)^2}[F]$$

㉢ 공진상태의 어드미턴스
$$Y = \frac{R}{R^2+(\omega L)^2} = \frac{CR}{L}[S]$$

㉣ 공진상태의 임피던스
$$Z = \frac{1}{Y} = \frac{L}{CR}[\Omega]$$

27 계측방법이 잘못된 것은?
① 훅크온미터에 의한 전류 측정
② 회로시험기에 의한 저항 측정
③ 메거에 의한 접지저항 측정
④ 전류계, 전압계, 전력계에 의한 역률 측정

해설) 메거(Megger)
절연저항 측정에 사용되는 계측기

[계측기]

계측기	용도
메거(megger)	절연저항 측정
어스테스트 (Earth tester)	접지저항 측정
코올라우시브리지 (Kohlrausch bridge)	전지의 내부저항 측정
C.R.O (Cathode Ray Oscilloscope)	음극선을 사용한 오실로스코프
휘트스톤브리지 (Wheatstone bridge)	$0.5 \sim 10^5[\Omega]$의 중저항 측정

28 그림과 같은 논리회로의 출력 L을 간략화한 것은?

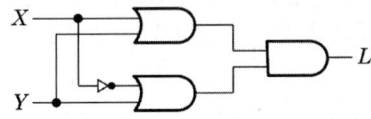

① $L = X$ ② $L = Y$
③ $L = \overline{X}$ ④ $L = \overline{Y}$

해설 $(X+Y)(\overline{X}+Y) = X\overline{X}+XY+\overline{X}Y+Y$
$= (X+\overline{X}+1)Y = Y$
∴ 출력 $L = Y$

29 소형이면서 대전력용 정류기로 사용하는데 적당한 것은?

① 게르마늄 정류기 ② CdS
③ 셀렌정류기 ④ SCR

해설 SCR : 소형으로서 대전력용 정류기로 사용된다.
대전력용 정류기 : SCR(실리콘정류기)
SCR(Silicon Controlled Rectifier)은 단방향 대전류 스위치 소자로서 제어를 할 수 있는 정류소자이다.
㉠ 소형
㉡ 대전력용 정류기

30 단상교류회로에 연결되어 있는 부하의 역률을 측정하는 경우 필요한 계측기의 구성은?

① 전압계, 전력계, 회전계
② 상순계, 전력계, 전류계
③ 전압계, 전류계, 전력계
④ 전류계, 전압계, 주파수계

해설 역률 = $\dfrac{\text{전력[W]}}{\text{전압[V]} \times \text{전류[A]}}$

$P = V \; I \; \cos\theta$
↑   ↑ ↑   ↑
전력 전압 전류 역률

위 식에서 역률측정계기는 다음과 같다.
㉠ 전압계 : Ⓥ
㉡ 전류계 : Ⓐ
㉢ 전력계 : Ⓦ

31 제어량이 온도, 압력, 유량 및 액면 등과 같은 일반 공업량일 때의 제어방식은?

① 추종제어
② 공정제어
③ 프로그램제어
④ 시퀀스제어

해설 공정제어
온도, 압력, 유량과 같은 공업량을 제어량으로 하는 제어

32 다음 중 피드백제어계에서 반드시 필요한 장치는?

① 증폭도를 향상시키는 장치
② 응답속도를 개선시키는 장치
③ 기어장치
④ 입력과 출력을 비교하는 장치

해설 피드백제어계
폐루프 방식으로 입력과 출력을 비교하는 장치가 필수요소이다.

33 그림과 같은 회로에서 R_1과 R_2가 각각 2[Ω] 및 3[Ω]이었다. 합성저항이 4[Ω]이면 R_3는 몇 [Ω]인가?

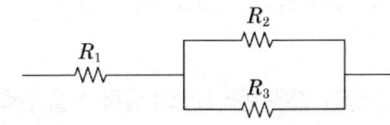

① 5[Ω] ② 6[Ω]
③ 7[Ω] ④ 8[Ω]

해설 합성저항 $R = R_1 + \dfrac{R_2 \cdot R_3}{R_2 + R_3}$ 에서

$4 = 2 + \dfrac{3R_3}{3+R_3}$

$3R_3 = 2(3+R_3)$
$3R_3 = 6 + 2R_3$
$3R_3 - 2R_3 = 6$
∴ $R_3 = 6[Ω]$

34 3상3선식 전원으로부터 80[m] 떨어진 장소에 50[A] 전류가 필요해서 14[mm²] 전선으로 배선하였을 경우 전압강하는 몇 [V]인가? (단, 리액턴스 및 역률은 무시한다.)

① 10.17[V]   ② 9.6[V]
③ 8.8[V]   ④ 5.08[V]

해설 전압강하
$$e = \frac{KLI}{1,000A}[V]$$
여기서, K : 상수(3상3선식의 경우 30.8)
        L : 선로의 길이[m]
        I : 전류[A]
        A : 전선의 단면적[mm²]

$$\therefore e = \frac{KLI}{1,000A} = \frac{30.8 \times 80 \times 50}{1,000 \times 14} ≒ 8.8[V]$$

35 다음 중 회로의 단락과 같이 이상 상태에서 자동적으로 회로를 차단하여 피해를 최소화하는 기능을 가진 것은?

① 나이프 스위치   ② 금속함 개폐기
③ 컷아웃 스위치   ④ 서킷 브레이커

해설 서킷 브레이커(회로차단기, Circuit Breaker)
과전류나 단락사고 등의 고장전류가 흐를 때 자동으로 차단되어 회로를 보호해 주는 차단기

36 그림과 같은 논리회로의 출력 Y를 간략화한 것은?

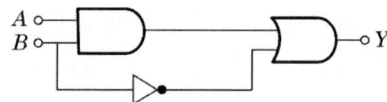

① $\overline{AB}$ ② $A \cdot B + \overline{B}$
③ $\overline{A \cdot B} + B$ ④ $\overline{A+B} \cdot B$

해설 $AB + \overline{B} = Y$

37 제3고조파 전류가 나타나는 결선방식은?

① $Y-Y$ ② $Y-\Delta$
③ $\Delta-\Delta$ ④ $\Delta-Y$

해설 3상 결선방법 중 Δ결선에서는 순환전류가 흘러 제3고조파가 흡수되어 발생하지 않으나, Y결선에서는 순환전류가 흐르지 않아 제3고조파가 발생한다.

38 용량 0.02[μF] 콘덴서 2개와 0.01[μF]의 콘덴서 1개를 병렬로 접속하여 24[V]의 전압을 가하였다. 합성용량은 몇 [μF]이며, 0.01[μF]의 콘덴서에 축적되는 전하량은 몇 [C]인가?

① 0.05[μF], 12×10^{-6}[C]
② 0.05[μF], 0.24×10^{-6}[C]
③ 0.03[μF], 0.12×10^{-6}[C]
④ 0.03[μF], 0.24×10^{-6}[C]

해설
• 합성 정전용량 C_0
   $C_0 = 0.02 + 0.02 + 0.01 = 0.05[\mu F]$
• 0.01[μF] 콘덴서에 축적되는 전하량 Q
   $Q = CV = 0.01 \times 10^{-6} \times 24 = 0.24 \times 10^{-6}[C]$

39 축전지의 부동충전 방식에 대한 일반적인 회로계통은?

① 교류 → 필터 → 변압기 → 정류회로 → 부하보상 → 부하
                                              ↳전지

② 교류 → 변압기 → 정류회로 → 필터 → 부하보상 → 부하
                                              ↳전지

③ 교류 → 변압기 → 필터 → 정류회로 → 전지 → 부하
                                              ↳부하보상

④ 교류 → 변압기 → 부하보상 → 정류회로 → 필터 → 부하
                                              ↳전지

해설 ② 교류 → 변압기 → 정류회로 → 필터 → 부하보상 → 부하
                                              ↳전지

40 옥내 배선의 굵기를 결정하는 요소가 아닌 것은?

① 기계적 강도   ② 허용 전류
③ 전압 강하   ④ 역률

해설 옥내배선의 굵기 선정 시 고려사항
• 허용 전류   • 전압 강하
• 기계적 강도   • 전력 손실
• 장래부하 변동

정답 34.③ 35.④ 36.② 37.① 38.② 39.② 40.④

2015년 제2회 소방설비기사[전기분야] 1차 필기

[제2과목 : 소방전기회로]

21 선간전압이 일정한 경우 △결선된 부하를 Y결선으로 바꾸면 소비전력은 어떻게 되는가?

① $\frac{1}{3}$로 감소한다. ② $\frac{1}{9}$로 감소한다.
③ 3배로 증가한다. ④ 9배로 증가한다.

해설 3상 회로의 소비전력에서 Y기동 시는 △운전 시의 1/3이다.

[Y기동과 △운전의 비교]

구분	전류	저항	전력	토크	전압
Y 결선 시	$\frac{1}{3}$	$\frac{1}{3}$	$\frac{1}{3}$	$\frac{1}{3}$	$\frac{1}{\sqrt{3}}$
△ 운전 시	1	1	1	1	1

22 피드백제어계의 일반적인 특성으로 옳은 것은?

① 계의 정확성이 떨어진다.
② 계의 특성변화에 대한 입력 대 출력비의 감도가 감소된다.
③ 비선형과 왜형에 대한 효과가 증대된다.
④ 대역폭이 감소된다.

해설 피드백 제어(Feedback Control)의 특징
㉠ 입력과 출력을 비교하는 장치가 필수적으로 요구된다.
㉡ 정확도가 높다.
㉢ 대역폭과 감도폭이 크고 대역량이 많다.
㉣ 계의 특성에 대한 입력 대 출력의 감도가 작다.
㉤ 생산속도, 생산량이 증대된다.
㉥ 설비 자동화로 원가가 절감된다.
㉦ 양질의 제품, 균일한 제품을 생산할 수 있다.
㉧ 계의 구조가 복잡하고 설치비가 많이 든다.

23 서보 기구에 있어서의 제어량은?

① 유량 ② 위치
③ 주파수 ④ 전압

해설 서보 기구
물체의 방위, 자세, 위치, 각도 등의 기계적 변위를 제어량으로 하는 제어

24 개루프 제어계를 동작시키는 기준으로 직접 제어계에 가해지는 신호는?

① 기준입력신호
② 피드백신호
③ 제어편차신호
④ 동작신호

해설 기준입력신호
개루프 제어계를 동작시키는 기준으로 직접 제어계에 가해지는 신호

25 한 코일의 전류가 매초 150[A]의 비율로 변화할 때 다른 코일에 10[V] 기전력이 발생하였다면 두 코일 상호 인덕턴스[H]는?

① $\frac{1}{3}$[H] ② $\frac{1}{5}$[H]
③ $\frac{1}{10}$[H] ④ $\frac{1}{15}$[H]

해설 유도기전력
$e = M\frac{di}{dt}$ 에서
$M = e\frac{dt}{di} = 10 \times \frac{1}{150} = \frac{1}{15}$[H]

정답 21.① 22.② 23.② 24.① 25.④

26 반도체의 특징을 설명한 것 중 틀린 것은?

① 진성 반도체의 경우 온도가 올라 갈수록 양(+)의 온도 계수를 나타낸다.
② 열전현상, 광전현상, 홀효과 등이 심하다.
③ 반도체와 금속의 접촉면 또는 P형, N형 반도체의 접합면에서 정류작용을 한다.
④ 전류와 전압의 관계는 비직선형이다.

해설 반도체의 온도는 저항값과 반비례 관계에 있다. 즉, 저항 온도계수가 (-)이다.

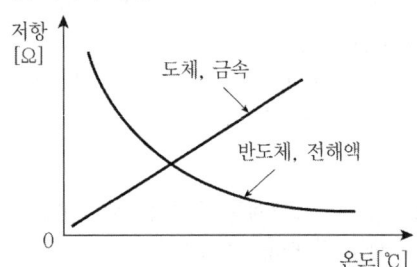

[도체 및 부도체의 저항-온도 곡선]

27 논리식 $(\overline{A \cdot A})$를 간략화한 것은?

① $\overline{A}$ ② A
③ 0 ④ ϕ

해설 $(\overline{A \cdot A}) = \overline{A} + \overline{A} = \overline{A}$

28 반파 정류 정현파의 최대값이 1일 때, 실효값과 평균값은?

① $\frac{1}{\sqrt{2}}, \frac{\pi}{2}$ ② $\frac{1}{2}, \frac{\pi}{2}$
③ $\frac{1}{\sqrt{2}}, \frac{\pi}{\sqrt{2\sqrt{2}}}$ ④ $\frac{1}{2}, \frac{1}{\pi}$

해설 반파 정류회로
• 실효값 $\frac{1}{2}V_m = \frac{1}{2} \times 1 = \frac{1}{2}$
• 평균값 $\frac{1}{\pi}V_m = \frac{1}{\pi} \times 1 = \frac{1}{\pi}$

29 주파수 60[Hz], 인덕턴스 50[mH]인 코일의 유도 리액턴스는 몇 [Ω]인가?

① 14.14[Ω] ② 18.85[Ω]
③ 22.12[Ω] ④ 26.86[Ω]

해설 $X_L = 2\pi f L$
$= 2\pi \times 60 \times 50 \times 10^{-3}$
$\fallingdotseq 18.85[\Omega]$

30 실리콘 정류기(SCR)의 애노드 전류가 5[A]일 때 게이트 전류를 2배로 증가시키면 애노드 전류 [A]는?

① 2.5[A] ② 5[A]
③ 10[A] ④ 20[A]

해설 SCR은 일단 도통상태가 되면 게이트전류를 증감시켜도 이에 영향을 받지 않고 애노드 전류는 변하지 않는다.

31 2[Ω]의 저항 5개를 직렬로 연결하면 병렬연결 때의 몇 배가 되는가?

① 2배 ② 5배
③ 10배 ④ 25배

해설 • 직렬연결 시의 합성저항 $R_직 = 5R$
• 병렬연결 시의 합성저항 $R_병 = \frac{R}{5}$

$\therefore \frac{R_직}{R_병} = \frac{5R}{\frac{R}{5}} = 25(배)$

32 3상 유도전동기의 회전자 철손이 작은 이유는?

① 효율, 역률이 나쁘다.
② 성층 철심을 사용한다.
③ 주파수가 낮다.
④ 2차가 권선형이다.

해설 회전자 철손은 주파수와 비례관계에 있다.

33 그림과 같은 게이트의 명칭은?

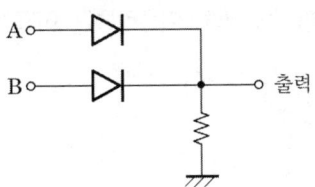

① AND
② OR
③ NOR
④ NAND

해설 OR 게이트
입력 A, B 중 하나라도 존재하면 출력도 존재하는 논리회로
- 논리식 : 출력=A+B
- 유접점 회로

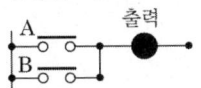

- 무접점 회로

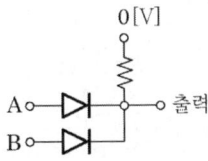

- 논리회로

- 진리표(참값표)

입력		출력
A	B	
0	0	0
0	1	1
1	0	1
1	1	1

34 단상전력을 간접적으로 측정하기 위해 3전압계법을 사용하는 경우 단상교류전력 P[W]는?

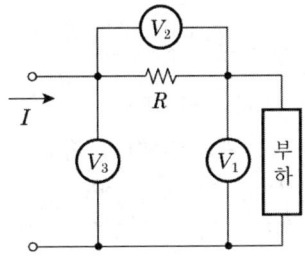

① $P = \dfrac{1}{2R}(V_3 - V_2 - V_1)^2$

② $P = \dfrac{1}{R}(V_3^2 - V_1^2 - V_2^2)$

③ $P = \dfrac{1}{2R}(V_3^2 - V_1^2 - V_2^2)$

④ $P = V_3 \cos\theta$

해설 전력 $P = \dfrac{1}{2R}(V_3^2 - V_1^2 - V_2^2)$

35 저항이 있는 도체에 전류를 흘리면 열이 발생되는 법칙은?
① 옴의 법칙
② 플레밍의 법칙
③ 줄의 법칙
④ 키르히호프의 법칙

해설 줄의 법칙
저항이 있는 도체에 전류를 흘리면 열이 발생한다는 법칙
$H = 0.24I^2Rt$[cal]

36 A, B 두 개의 코일에 동일 주파수, 동일 전압을 가하면 두 코일의 전류는 같고, 코일 A는 역률이 0.96, 코일 B는 역률이 0.80인 경우 코일 A에 대한 코일 B의 저항비는 얼마인가?
① 0.833   ② 1.544
③ 3.211   ④ 7.621

정답 33.② 34.③ 35.③ 36.①

해설 두 코일의 전압, 전류가 같으므로 임피던스도 같다.

$$\frac{V}{I} = Z_A = Z_B$$

$$\cos\theta_A = \frac{R_A}{Z_A}, \ \cos\theta_B = \frac{R_B}{Z_B}$$

여기서, $Z_A = Z_B$이므로
$\cos\theta_A \propto R_A, \ \cos\theta_B \propto R_B$

$$\therefore \frac{R_B}{R_A} = \frac{\cos\theta_B}{\cos\theta_A} = \frac{0.80}{0.96} \fallingdotseq 0.833$$

37 온도, 유량, 압력 등의 공업프로세스 상태량을 제어량으로 하는 제어계로서 외란의 억제를 주된 목적으로 하는 제어방식은?

① 서보기구　　② 자동제어
③ 정치제어　　④ 프로세스제어

해설 공정제어(프로세스제어)
온도, 유량, 압력, 액위, 농도, 밀도 등의 공업프로세스 상태량을 제어량으로 하는 제어

38 반도체를 사용한 화재감지기 중 서미스터(Thermistor)는 무엇을 측정, 제어하기 위한 반도체 소자인가?

① 온도
② 연기 농도
③ 가스 농도
④ 불꽃의 스펙트럼 강도

해설 서미스터(Thermister)
온도보상용 또는 온도감지용 소자로 사용되는 반도체

39 주로 정전압 회로용으로 사용되는 소자는?

① 터널다이오드　　② 포토다이오드
③ 제너다이오드　　④ 매트릭스다이오드

해설 제너(Zener) 다이오드
전압을 일정하게 유지시키는 다이오드

40 Y-Δ기동방식인 3상 농형 유도전동기는 직입기동방식에 비해 기동전류는 어떻게 되는가?

① $\frac{1}{\sqrt{3}}$로 줄어든다.
② $\frac{1}{3}$로 줄어든다.
③ $\sqrt{3}$배로 증가한다.
④ 3배로 증가한다.

해설 Y-Δ기동방식

구 분	전류	전압	저항	토크	전력
Y기동	$\frac{1}{3}$	$\frac{1}{\sqrt{3}}$	$\frac{1}{3}$	$\frac{1}{3}$	$\frac{1}{3}$
Δ운전 (전전압운전)	1	1	1	1	1

※ 직입기동 : 전전압으로 기동 및 운전하는 방식

정답 37.④　38.①　39.③　40.②

2015년 제4회 소방설비기사[전기분야] 1차 필기

[제2과목 : 소방전기회로]

21 전기화재의 원인이 되는 누전전류를 검출하기 위해 사용되는 것은?

① 접지계전기 ② 영상변류기
③ 계기용변압기 ④ 과전류계전기

해설 ZCT(영상변류기)는 이론적으로 전기인 벡터 합이 정상시 0이 되는데 1선 지락(누전) 시 벡터 합이 0이 되지 않는 것을 이용하여 이것을 검출하는 장치이다.

22 $i = I_m \sin wt$인 정현파에서 순시값과 실효값이 같아지는 위상은 몇 도인가?

① 30° ② 45°
③ 50° ④ 60°

해설 $i = I_m \sin wt$에서 순시값(i)와 실효값(I)이 같아야 하므로 순시값을 변형하면 $i = \sqrt{2}\,I \sin wt$가 된다.
이때 $i = I$가 되려면 $\sin wt = \dfrac{1}{\sqrt{2}}$이므로
$wt = \sin^{-1}\dfrac{1}{\sqrt{2}} = 45°$가 된다.

23 다음 그림을 논리식으로 표현한 것은?

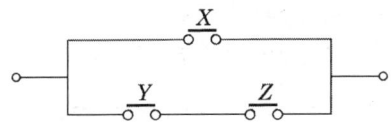

① $X(Y+Z)$ ② XYZ
③ $XY+ZY$ ④ $(X+Y)(X+Z)$

해설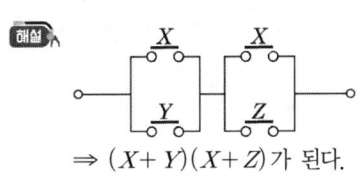

⇒ $(X+Y)(X+Z)$가 된다.

24 조작량(Manipulated variable)은 제어요소에서 무엇에 인가되는 양인가?

① 조작대상 ② 제어대상
③ 측정대상 ④ 입력대상

해설 **조작량**
제어요소에서 제어대상에 인가되는 양

[피드백제어의 용어]

용어	설명
제어량 (controlled variable)	제어대상에 속하는 양으로, 제어대상을 제어하는 것을 목적으로 물리적인 양
조작량 (manipulated variable)	• 제어장치의 출력인 동시에 제어대상의 입력으로 제어장치가 제어대상에 가해지는 제어 신호 • 제어요소에서 제어대상에 인가되는 양
제어요소 (control element)	동작신호를 조작량으로 변환하는 요소이고, 조절부와 조작부로 이루어진다.
제어장치 (control device)	제어를 하기 위해 제어대상에 부착되는 장치이고, 조절부, 설정부, 검출부 등이 이에 해당된다.
오차검출기	제어량을 설정값과 비교하여 오차를 계산하는 장치

25 온도보상장치에 사용되는 소자인 NCT형 서미스터의 저항값과 온도의 관계를 옳게 설명한 것은?

① 저항값은 온도에 비례한다.
② 저항값은 온도에 반비례한다.
③ 저항값은 온도의 제곱에 비례한다.
④ 저항값은 온도의 제곱에 반비례한다.

해설 서미스터는 반도체로서 (−)부의 특성을 가지고 있어 온도가 증가하면 저항이 감소하고 온도가 감소하면 저항이 증가된다.

정답 21.② 22.② 23.④ 24.② 25.②

26 반지름 1[m]인 원형 코일에서 중심점에서의 자계의 세기가 1[AT/m]라면 흐르는 전류는 몇 [A]인가?

① 1[A] ② 2[A]
③ 3[A] ④ 4[A]

해설 원형 코일의 중심점에서 자계의 세기

$H = \dfrac{I}{2r}$ [A/m]

여기서, I : 전류
r : 원형 코일의 반지름

→ $H = \dfrac{I}{2r}$ [A/m]에서

∴ $I = H \times 2r = 1 \times 2 \times 1 = 2$[A]

[전류에 의한 자계의 계산]
(1) 무한장 솔레노이드(Solenoid)

$H_i = nI$ [AT/m] ← 내부자계
$H_o = 0$ [AT/m] ← 외부자계

n : 단위길이당 권수[회/m], I : 전류[A]

(2) 환상 솔레노이드

$H = \dfrac{NI}{2\pi r}$ [AT/m]

r : 반지름[m]

(3) 무한장 직선도체

$H = \dfrac{I}{2\pi r}$ [AT/m]

(4) 원형코일 내부에서의 자계의 크기

$H = \dfrac{NI}{2r}$ [AT/m]

27 60[Hz]의 3상 전압을 전파정류하면 맥동주파수는?

① 120[Hz] ② 240[Hz]
③ 360[Hz] ④ 720[Hz]

해설 맥동주파수
㉠ 맥동률이란 맥동하는 직류 전압에서 교류 성분의 실효값과 직류 평균값과의 비를 말한다.

㉡ 맥동주파수

구분	단상 반파정류	단상 전파정류	3상 반파정류	3상 전파정류
맥동주파수	f	$2f$	$3f$	$6f$

∴ 3상 전파정류의 맥동주파수 = $6f = 6 \times 60 = 360$[Hz]

[정류회로의 특성값 비교]

구 분	단상 반파정류	단상 전파정류	3상 반파정류	3상 전파정류
맥동주파수[Hz]	f	$2f$	$3f$	$6f$
맥동률[%]	121	48.2	17.7	4.04
정류효율[%]	40.6	81.2	96.7	99.8
출력 전압의 평균값(E_d)[V]	$\dfrac{\sqrt{2}V}{\pi}$ = 0.45V	$\dfrac{2\sqrt{2}V}{\pi}$ = 0.90V	$\dfrac{3\sqrt{6}V}{2\pi}$ = 1.17E	1.35V
다이오드 전류의 평균값[A] → 직류값	I_d	$\dfrac{1}{2}I_d$	$\dfrac{1}{3}I_d$	$\dfrac{1}{3}I_d$
최대 역전압 (PIV)[V]	$\sqrt{2}$V	$2\sqrt{2}$V	$\sqrt{6}$E	$\sqrt{2}$V

※ I : 전원주파수[Hz]
I_m : 최대 전류[A]
V : 선간 전압[V]
E : 상전압[V]

28 제어요소의 구성으로 옳은 것은?

① 검출부와 비교부
② 조작부와 검출부
③ 검출부와 조절부
④ 조작부와 조절부

해설 제어동작 신호를 인가하면 조작량을 변화시키는 것으로 조절부와 조작부로 구성된다.

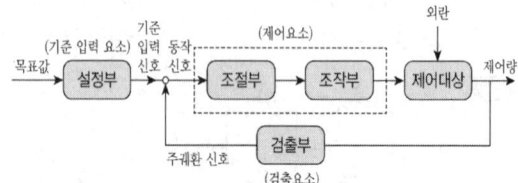

29 A급 싱글 전력증폭기에 관한 설명으로 옳지 않은 것은?
① 바이어스점은 부하선이 거의 가운데인 중앙점에 취한다.
② 회로의 구성이 매우 복잡하다.
③ 출력용의 트랜지스터가 1개이다.
④ 찌그러짐이 적다.

해설 A급 싱글 전력증폭회로의 특징
㉠ 전원 효율이 최대라도 50[%] 밖에 되지 않는다.
㉡ 이상적인 출력의 2배인 컬렉터 손실을 가지는 트랜지스터를 쓰지 않으면 안 된다.
㉢ 비교적 작은 전력의 증폭회로에만 사용된다(회로의 구성이 간단하다).

30 다음 중 3상 유도전동기에 속하는 것은?
① 권선형 유도전동기
② 세이딩코일형 전동기
③ 분상기동형 전동기
④ 콘덴서기동형 전동기

해설 3상 유도전동기
㉠ 농형 유도전동기
㉡ 권선형 유도전동기

▶ 단상 유도전동기의 기동방식
㉠ 반발기동형 : 기동토크가 최대
㉡ 반발유도형
㉢ 분상기동형
㉣ 콘덴서기동형
㉤ 셰이딩코일형
㉥ 모노 사이클릭형

31 다음 중 직류전동기의 제동법이 아닌 것은?
① 회생제동 ② 정상제동
③ 발전제동 ④ 역전제동

해설 전기적 제동법
발전제동, 회생제동, 역전제동(역상제동)

32 그림과 같이 전압계 V_1, V_2, V_3와 5[Ω]의 저항 R을 접속하였다. 전압계의 지시가 $V_1=20[V]$, $V_2=40[V]$, $V_3=50[V]$라면 부하전력은 몇 [W]인가?

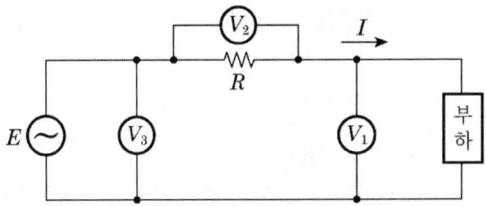

① 50[W] ② 100[W]
③ 150[W] ④ 200[W]

해설
$$P = \frac{1}{2R}(V_3^2 - V_1^2 - V_2^2)$$
$$= \frac{1}{2 \times 5}(50^2 - 20^2 - 40^2) = 50[W]$$

33 확산형 트랜지스터에 관한 설명으로 옳지 않은 것은?
① 불활성 가스 속에서 확산시킨다.
② 단일 확산형과 2중 확산형이다.
③ 이미터, 베이스의 순으로 확산시킨다.
④ 기체반도체가 용해하는 것보다 낮은 온도에서 불순물을 확산시킨다.

해설 이미터, 베이스 순으로 확산 현상을 이용하는 것이 아니라 베이스 내에서 확산 현상을 이용하는 것이다.

34 전원을 넣자마자 곧바로 점등되는 형광등용의 안정기는?
① 글로우 스타트식 ② 필라멘트 단락식
③ 래피드 스타트식 ④ 점등관식

해설 형광등 점등에는 글로우 스타트식 회로, 래피드 스타트식 회로가 있다.
래피드 스타트식 회로일 경우 스위치를 닫으면 즉시 점등되며 글로우 스타트식의 경우 전원을 넣으면 점등관에 의해 글로우방전이 발생하고 이로인해 비로소 점등되는 방식이다.

정답 29.② 30.① 31.② 32.① 33.③ 34.③

35 제어량(온도, 액위, 유량)에 따라 분류되는 자동제어로 옳은 것은?

① 정치(Fixed Value) 제어
② 비율(Ratio) 제어
③ 프로세스(Process) 제어
④ 시퀀스(Sequence) 제어

해설 프로세스 제어
플랜트나 생산 공정 중의 상태량을 제어량으로 하는 제어

36 전류계의 오차율 ±2[%], 전압계의 오차율 ±1[%]인 계기로 저항을 측정하면 저항의 오차율은 몇 [%]인가?

① ±0.5[%] ② ±1[%]
③ ±3[%]   ④ ±7[%]

해설 저항의 오차율 = 전압오차율 + 전류오차율
= (±2[%]) + (±1[%]) = ±3[%]

37 전압변동율이 20[%]인 정류회로에서 무부하 전압이 24[V]인 경우 부하 전압은 몇 [V]인가?

① 20[V]   ② 22.3[V]
③ 21.6[V] ④ 24.6[V]

해설 전압변동률 $e = \dfrac{V_0 - V_r}{V_r} \times 100[\%]$ 에서

$20 = \dfrac{24 - V_r}{V_r} \times 100$

$20 V_r = (24 - V_r) \times 100$

$20 V_r = 2400 - 100 V_r$

$120 V_r = 2400$

$V_r = 20[V]$

38 두 종류의 금속으로 폐회로를 만들어 전류를 흘리면 양 접속점에서 한 쪽은 온도가 올라가고 다른 쪽은 온도가 내려가는 현상은?

① 펠티에 효과   ② 제벡 효과
③ 톰슨 효과   ④ 홀 효과

해설 펠티에 효과
서로 다른 금속을 접속하고 접속점을 서로 다른 온도로 유지하면 기전력이 생겨 일정한 방향으로 전류가 흐르는 현상

39 그림과 같은 정현파에서 $v = V_m \sin(\omega t + \theta)$의 주기 T로 옳은 것은?

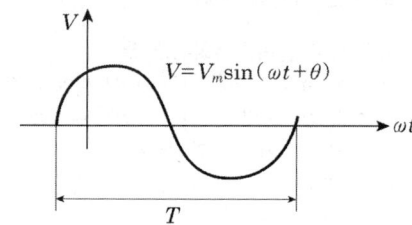

① $\dfrac{4\pi}{\omega}$ ② $\dfrac{2\pi}{\omega}$
③ $\dfrac{\omega^2}{2\pi}$ ④ $4\pi f^2$

해설 $T = \dfrac{1}{f}$ 이므로 $\omega = 2\pi f$

$\Rightarrow f = \dfrac{\omega}{2\pi} \Rightarrow T = \dfrac{1}{\dfrac{\omega}{2\pi}} = \dfrac{2\pi}{\omega}$

40 지멘스(Siemens)는 무엇의 단위인가?

① 비저항   ② 도전율
③ 컨덕턴스 ④ 자속

해설 지멘스[S]
㉠ 임피던스[Ω]의 역수로 단위
㉡ $Y = G + jB$ 에서
  Y : 어드미턴스[S]
  G : 콘덕턴스[S]
  B : 서셉턴스[S]

2016년 제1회 소방설비기사[전기분야] 1차 필기

[제2과목 : 소방전기회로]

21 알칼리 축전지의 음극 재료는?

① 수산화니켈 ② 카드뮴
③ 이산화연 ④ 연

해설 알칼리 축전지는 양극은 수산화-산화니켈[2NiO(OH)], 음극은 카드뮴(Cd)으로 되어 있다.

(1) 연축전지
① 양극재료로 과산화납(PbO_2), 음극재료로 납(Pb)을 사용하며 전해액은 묽은황산(H_2SO_4)이다.
② 방전 시 양극, 음극 모두에 황산납($PbSO_4$)이 생성된다.

$$PbO_2 + 2H_2SO_4 + Pb \underset{충전}{\overset{방전}{\rightleftharpoons}} PbSO_4 + 2H_2O + PbSO_4$$
(+) (전해액) (-)　 (+)　 (물)　 (-)

(2) 알칼리축전지 → 융그넬 방식
① 양극재료로 2NiO(OH), 음극재료로 카드뮴(Cd)를 사용한다.
② 방전 시 양극에는 수산화니켈[$2Ni(OH)_2$], 음극에는 수산화카드뮴[$Cd(OH)_2$]이 생성된다.

$$2NiO(OH) + 2H_2O + Cd \underset{충전}{\overset{방전}{\rightleftharpoons}} 2Ni(OH)_2 + Cd(OH)_2$$
(+)　 (전해액)　 (-)　　 (+)　　 (-)

22 무한장 솔레노이드 자계의 세기에 대한 설명으로 틀린 것은?

① 전류의 세기에 비례한다.
② 코일의 권수에 비례한다.
③ 솔레노이드 내부에서의 자계의 세기는 위치에 관계없이 일정한 평등자계이다.
④ 자계의 방향과 암페어 경로 간에 서로 수직인 경우 자계의 세기가 최고이다.

해설 자계의 방향과 자계의 세기는 무관하다.

23 그림과 같은 $R-C$ 필터회로에서 리플 함유율을 가장 효과적으로 줄일 수 있는 방법은?

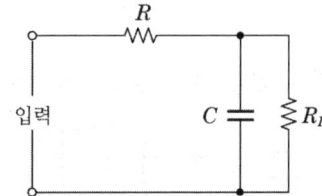

① C를 크게 한다.
② R을 크게 한다.
③ C와 R을 크게 한다.
④ C와 R을 작게 한다.

해설 $R-C$ 필터회로는 R과 C를 직렬로 배치한 회로인데 맥동률(리플 함유율)을 줄이기 위해 R, C 값을 크게 해 준다.

24 그림과 같은 브리지 회로의 평형조건은?

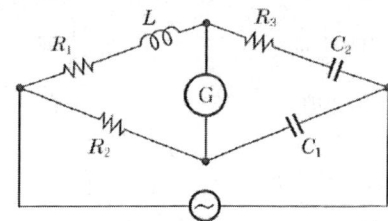

① $R_1 C_1 = R_2 C_2$, $R_2 R_3 = C_1 L$
② $R_1 C_1 = R_2 C_2$, $R_2 R_3 C_1 = L$
③ $R_1 C_2 = R_2 C_1$, $R_2 R_3 = C_1 L$
④ $R_1 C_2 = R_2 C_1$, $L = R_2 R_3 C_1$

정답 21.② 22.④ 23.③ 24.④

해설 브리지 평형조건은 마주보는 각 대각선의 저항의 곱이 같다는 것이므로 L과 C의 값을 리액턴스로 환산하여 계산한다. 환산된 값의 각 대각선의 곱은
$$(R_1 + jwL)\frac{1}{jwC_1} = \left(R_3 + \frac{1}{jwC_2}\right)R_2$$
가 된다. 전개해 보면,
$$\frac{R_1}{jwC_1} + \frac{jwL}{jwC_1} = R_2R_3 + \frac{R_2}{jwC_2},$$
$$\frac{R_1}{jwC_1} + \frac{L}{C_1} = R_2R_3 + \frac{R_2}{jwC_2}$$
가 되는데 이때 허수부는 허수부와 실수부는 실수부와 같으므로 조건식은 $R_1C_2 = R_2C_1$, $L = R_2R_3C_1$가 된다.

25 다음과 같은 블록선도의 전달 함수는?

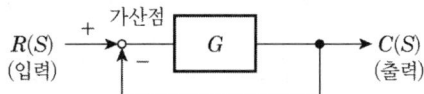

① $\dfrac{G}{(1+G)}$ ② $\dfrac{G}{(1-G)}$

③ $1+G$ ④ $1-G$

해설 $(R-C)G = C$,
$RG - CG = C$, $RG = C(1+G)$
그러므로 $\dfrac{C}{R} = \dfrac{G}{1+G}$ 이다.

26 분류기를 써서 배율을 9로 하기 위한 분류기의 저항은 전류계 내부저항의 몇 배인가?

① $\dfrac{1}{8}$배 ② $\dfrac{1}{9}$배

③ 8배 ④ 9배

해설 분류기 저항 $R_s = \dfrac{R_A}{n-1}[\Omega]$에서

배율이 9배이므로 $R_s = \dfrac{R_A}{9-1} = \dfrac{1}{8} \times R_A[\Omega]$

즉, $\dfrac{1}{8}$배가 된다.

27 저항 6[Ω]과 유도리액턴스 8[Ω]이 직렬로 접속된 회로에 100[V]의 교류전압을 가할 때 흐르는 전류의 크기는 몇 [A]인가?

① 10[A] ② 20[A]
③ 50[A] ④ 80[A]

해설 $I = \dfrac{V}{Z} = \dfrac{100}{\sqrt{6^2+8^2}} = 10\text{A}$

28 $R=9[\Omega]$, $X_L=10[\Omega]$, $X_C=5[\Omega]$인 직렬부하 회로에 220[V]의 정현파 전압을 인가시켰을 때의 유효 전력은 약 몇 [kW]인가?

① 1.98[kW]
② 2.41[kW]
③ 2.77[kW]
④ 4.1[kW]

해설 유효전력 $P = I^2R[\text{W}]$
$I = \dfrac{V}{Z} = \dfrac{220}{\sqrt{9^2+(10-5)^2}} = 21.36[\text{A}]$이므로
$P = I^2R = 21.36^2 \times 9 = 4,106\text{W} = 4.1[\text{kW}]$

29 전지의 자기 방전을 보충함과 동시에 상용 부하에 대한 전력 공급은 충전기가 부담하도록 하되, 충전기가 부담하기 어려운 일시적인 대전류 부하는 축전지로 하여금 부담하게 하는 충전방식은?

① 급속충전
② 부동충전
③ 균등충전
④ 세류충전

해설 ① 급속충전 : 필요시마다 소정의 양을 충전하는 방식
③ 균등충전 : 여러 개의 축전지를 한 조로 하여 장시간 사용 시 축전지 개개별 축전상태의 불균형을 없애고 충전상태를 균등하게 하기 위한 방식
④ 세류충전 : 자기 방전량만을 항시 충전하는 부동충전 방식의 일종

정답 25.① 26.① 27.① 28.④ 29.②

30 그림과 같은 릴레이 시퀀스 회로의 출력식을 간략화한 것은?

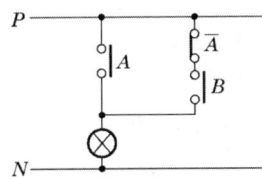

① $\overline{AB}$ ② $\overline{A+B}$
③ AB ④ $A+B$

해설 $X = A + \overline{A} \cdot B = (A+\overline{A}) \cdot (A+B) = A+B$

31 어떤 측정계기의 참값을 T, 지시값을 M이라 할 때 보정률과 오차율이 옳은 것은?

① 보정률 $= \dfrac{T-M}{T} \times 100$, 오차율 $= \dfrac{M-T}{M} \times 100$

② 보정률 $= \dfrac{M-T}{M} \times 100$, 오차율 $= \dfrac{T-M}{T} \times 100$

③ 보정률 $= \dfrac{T-M}{M} \times 100$, 오차율 $= \dfrac{M-T}{T} \times 100$

④ 보정률 $= \dfrac{M-T}{T} \times 100$, 오차율 $= \dfrac{T-M}{M} \times 100$

해설
- 보정률 : $\dfrac{T-M}{M} \times 100\%$
- 오차율 : $\dfrac{M-T}{T} \times 100\%$

32 미지의 임의 시간적 변화를 목표값에 제어량을 추종시키는 것을 목적으로 하는 제어는?

① 추종제어 ② 정치제어
③ 비율제어 ④ 프로그래밍제어

해설
② 정치제어 : 목푯값이 시간에 따라 변화하지 않는 제어(예 압연기)
③ 비율제어 : 목푯값이 다른 값과 비율관계를 가지고 변화하는 경우의 제어(예 보일러 자동연소)
④ 프로그래밍 : 미리 정해진 프로그램에 따라 제어량을 변화시키는 목적으로 사용되는 제어(예 금속열처리, 탱크온도)

33 저항 R_1, R_2와 인덕턴스 L이 직렬로 연결된 회로에서 시정수[sec]는?

① $\dfrac{R_1 - R_2}{2L}$ [sec] ② $\dfrac{R_1 + R_2}{2L}$ [sec]
③ $\dfrac{L}{R_1 - R_2}$ [sec] ④ $\dfrac{L}{R_1 + R_2}$ [sec]

해설 $R-L$ 직렬 시 시정수$(\tau) = \dfrac{L}{R}$ [sec]에서 R_1, R_2가 직렬 연결되어 있으므로 시정수(τ)는 $\dfrac{L}{R_1 + R_2}$ [sec]가 된다.

34 아날로그와 디지털 통신에서 데시벨의 단위로 나타내는 SN비를 올바르게 풀어 쓴 것은?

① Sign to Number Rating
② Signal to Noise Ratio
③ Source Null Resistance
④ Source Network Range

해설 SN비는 회로 어느 부분에서의 신호 전력과 잡음전력의 크기 비율로서 Signal to Noise Ratio를 줄인 말이다.

35 콘덴서와 정전유도에 관한 설명으로 틀린 것은?

① 정전용량이란 콘덴서가 전하를 축적하는 능력을 말한다.
② 콘덴서에서 전압을 가하는 순간 콘덴서는 단락상태가 된다.
③ 정전 유도에 의하여 작용하는 힘은 반발력이다.
④ 같은 부호의 전하끼리는 반발력이 생긴다.

정답 30.④ 31.③ 32.① 33.④ 34.② 35.③

[해설] 정전 유도 현상은 같은 극성끼리의 전하는 반발력, 반대 극성일 경우 흡인력의 두 힘이 작용하는데 콘덴서에서는 흡인력이 작용한다.

36 변압기의 내부고장 보호에 사용되는 계전기는 다음 중 어느 것인가?

① 비율차동 계전기 ② 저전압 계전기
③ 고전압 계전기 ④ 압력 계전기

[해설] 변압기 내부고장 보호 계전기
- 부흐홀츠 계전기(기계적 보호) : 변압기유의 유증기(수소가스)를 검출하여 위험 시 경보, 차단
- (비율)차동 계전기 : 전기적 보호장치로 전류의 차에 의해 작동되는 계전기로 변압기 층간 단락사고 보호를 위해 설치한다.

37 PNPN 4층 구조로 되어 있는 사이리스터 소자가 아닌 것은?

① SCR ② TRIAC
③ Diode ④ GTO

[해설] Diode(다이오드)는 P-N 접합으로 이루어진 반도체이다.

38 작동 신호를 조작량으로 변환하는 요소이며, 조절부와 조작부로 이루어진 것은?

① 제어요소 ② 제어대상
③ 피드백요소 ④ 기준입력요소

[해설] 동작신호는 제어요소의 입력신호이며, 제어요소는 동작신호를 조작량으로 변환시킨다.

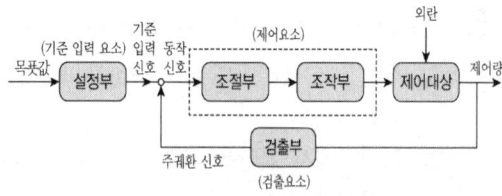

39 논리식을 간략화한 것 중 그 값이 다른 것은?

① $AB + A\overline{B}$
② $A(\overline{A} + B)$
③ $A(A + B)$
④ $(A+B)(A+\overline{B})$

[해설]
① $A \cdot B + A \cdot \overline{B} = A(B + \overline{B}) = A$
② $A \cdot (\overline{A} + B) = A \cdot \overline{A} + A \cdot B = A \cdot B$
③ $A \cdot (A+B) = A \cdot A + A \cdot B$
$= A + A \cdot B = A$
④ $(A+B) \cdot (A+\overline{B}) = AA + A\overline{B} + BA + B\overline{B}$
$= A + A\overline{B} + BA$
$(\because B\overline{B} = 0)$
$= A(1 + \overline{B} + B)$
$= A$

40 금속이나 반도체에 압력이 가해진 경우 전기저항이 변화하는 성질을 이용한 압력센서는?

① 벨로우스 ② 다이어프램
③ 가변저항기 ④ 스트레인 게이지

[해설]
① 벨로우스 센서 : 벨로스(주름관)를 밀봉하고 거기에 질소가스 등을 주입하며 압력센서 그리고 온도센서 등에 많이 사용
② 다이어프램 : 밸브 또는 연료펌프, 가스압력 조정기 등에서 직접 내용물인 기체, 액체에 작동 유체를 접촉시키지 않고 가동시키고자 하는 경우 사용하는 장치
③ 가변저항기 : 저항의 길이를 조절하여 저항을 가변시키는 장치

정답 36.① 37.③ 38.① 39.② 40.④

2016년 제2회 소방설비기사[전기분야] 1차 필기
[제2과목 : 소방전기회로]

21 그림과 같은 계전기 접점회로를 논리식으로 나타내면?

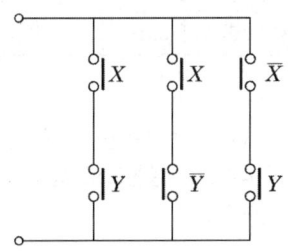

① $XY + X\overline{Y} + \overline{X}Y$
② $(XY) + (X\overline{Y})(\overline{X} + Y)$
③ $(X + Y)(X + \overline{Y})(\overline{X} + Y)$
④ $(X + Y) + (X + \overline{Y}) + (\overline{X} + Y)$

해설 직렬은 AND이므로 (XY), $(X\overline{Y})$, $(\overline{X}Y)$
단위당 관계가 OR이므로 $XY + X\overline{Y} + \overline{X}Y$

22 단상 변압기 3대를 △결선하여 부하에 전력을 공급하고 있는데, 변압기 1대의 고장으로 V결선을 한 경우 고장 전의 몇 [%] 출력을 낼 수 있는가?

① 51.6[%]   ② 53.6[%]
③ 55.7[%]   ④ 57.7[%]

해설 고장 전 출력 $P_\Delta = 3 V_p I_p \cos\theta$
고장 후 출력 $P_v = \sqrt{3}\, V_p I_p \cos\theta$ 이므로
출력비는 $\dfrac{P_v}{P_\Delta} = \dfrac{\sqrt{3}}{3} \times 100 = 57.7[\%]$

23 제어량을 조절하기 위하여 제어 대상에 주어지는 양으로 제어부의 출력이 되는 것은?

① 제어량   ② 주 피드백신호
③ 기준입력   ④ 조작량

해설 • 조작량 : 제어를 실행하기 위해 제어 대상에 가해서 제어량을 변화시키는 양

24 변류기에 결선된 전류계가 고장이 나서 교환하는 경우 옳은 방법은?

① 변류기의 2차를 개방시키고 한다.
② 변류기의 2차를 단락시키고 한다.
③ 변류기의 2차를 접지시키고 한다.
④ 변류기에 피뢰기를 달고 한다.

해설 CT 2차를 개방하면 1차와 권수비에 의한 고전압이 유기되고 철심이 자화하면서 많은 열을 발생시켜 절연파괴의 우려가 있으므로 2차를 단락시켜 교환한다.

25 $i = 50\sin\omega t$ 인 교류전류의 평균값은 약 몇 [A]인가?

① 25[A]   ② 31.8[A]
③ 35.9[A]   ④ 50[A]

해설 순시값 $i = 50\sin\omega t$ 에서
최대값 $i_m = 50$ 이므로
평균값은 $i_{av} = i_m \times \dfrac{2}{\pi} = 50 \times \dfrac{2}{\pi} \fallingdotseq 31.8[A]$

정답 21.① 22.④ 23.④ 24.② 25.②

26 선간전압 E[V]의 3상 평형전원에 대칭 3상 저항부하 R[Ω]이 그림과 같이 접속되었을 때 a, b 두 상간에 접속된 전력계의 지시값이 W[W]라면 C상의 전류는 몇 [A]인가?

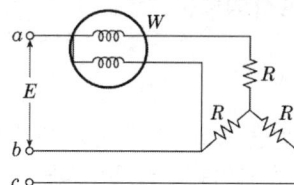

① $\dfrac{2W}{\sqrt{3}E}$ ② $\dfrac{3W}{\sqrt{3}E}$

③ $\dfrac{W}{\sqrt{3}E}$ ④ $\dfrac{\sqrt{3}E}{\sqrt{E}}$

해설 1전력계값으로 전력은 $2W$이며 Y결선에서 상전압 $=\dfrac{선간전압}{\sqrt{3}}$ 이므로

상전류=선전류= $\dfrac{2W}{선간전압} = \dfrac{2W}{\sqrt{3}\times 상전압}$

27 한 조각의 실리콘 속에 많은 트랜지스터, 다이오드, 저항 등을 넣고 상호배선을 하여 하나의 회로에서의 기능을 갖게 한 것은?

① 포토 트랜지스터 ② 서미스터
③ 바리스터 ④ IC

해설 IC(집적 회로)는 TR(트랜지스터)과 다이오드, 저항 등의 여러 회로 구성 소자를 1개의 단위로 만들어 특정한 전자회로 기능을 실현시킨 것으로 설계로부터 운용까지 하나의 단위로 만들어지는 전자부품을 의미한다.

28 공기 중에 1×10^{-7}[C]의 (+)전하가 있을 때, 이 전하로부터 15[cm]의 거리에 있는 점의 전장의 세기는 몇 [V/m]인가?

① 1×10^4[V/m]   ② 2×10^4[V/m]
③ 3×10^4[V/m]   ④ 4×10^4[V/m]

해설 $\dfrac{1}{4\pi\varepsilon_0}\times \dfrac{Q}{r^2} = 9\times 10^9 \times \dfrac{Q}{r^2}$
$= 9\times 10^9 \times \dfrac{1\times 10^{-7}}{0.15^2} = 40000$[V/m]

29 전류에 의한 자계의 세기를 구하는 법칙은?

① 쿨롱의 법칙   ② 페러데이의 법칙
③ 비오사바르의 법칙   ④ 렌츠의 법칙

해설

암페어 오른나사법칙	자계	방향을 결정
비오사바르 법칙	자계	세기를 결정
렌츠의 법칙	유도기전력	방향을 결정
패러데이의 전자유도법칙	유도기전력	세기를 결정
플레밍의 오른손법칙	발전기원리	유도기전력의 방향
플레밍의 왼손법칙	전동기원리	힘의 방향

30 100[Ω]인 저항 3개를 같은 전원에 △결선으로 접속할 때와 Y 결선으로 접속할 때, 선전류의 크기의 비는?

① 3   ② $\dfrac{1}{3}$
③ $\sqrt{3}$ ④ $\dfrac{1}{\sqrt{3}}$

해설 ① 델타결선에서
상전압 $V_{\Delta p}$ =선간전압 $V_{\Delta l}$
상전류 $I_{\Delta p} = \dfrac{선간전류 I_{\Delta l}}{\sqrt{3}}$

$V=IR$에서 $V_{\Delta p} = V_{\Delta l} = \dfrac{I_{\Delta l}}{\sqrt{3}}\times R$

(Δ결선 시 선전압과 상전압은 같으므로)
② Y결선에서
상전류 I_{Yp} =선전류 I_{Yl}
상전압 $V_{Yp} = \dfrac{선간전압 V_{Yl}}{\sqrt{3}} = \dfrac{V_{Yl}}{\sqrt{3}}$

$V=IR$에서 $V_{Yp} = I_{Yl}\times R$
(Y결선 상전류와 선전류가 같으므로)

$V_{Yp} = \dfrac{V_{Yl}}{\sqrt{3}} = \dfrac{I_{\Delta l}}{3}\times R$이고

$I_{Yl}\times R = \dfrac{I_{\Delta l}}{3}\times R$

$3I_{Yl} = I_{\Delta l}$

정답 26.① 27.④ 28.④ 29.③ 30.①

구분	전압	전류	저항	전력	토크
Y 결선 시	$\dfrac{1}{\sqrt{3}}$	$\dfrac{1}{3}$	$\dfrac{1}{3}$	$\dfrac{1}{3}$	$\dfrac{1}{3}$
Δ 운전 시	1	1	1	1	1

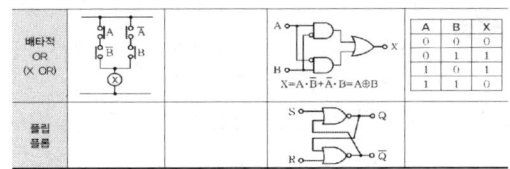

31 제어계가 부정확하고 신뢰성은 없으나 출력과 입력이 서로 독립인 제어계는?

① 자동 제어계 ② 개회로 제어계
③ 폐회로 제어계 ④ 피드백 제어계

[해설] 개회로는 제어 대상이 어떠한 동작을 했는가 하는, 수치 제어 장치로 되돌아오는 피드백(feed back) 회로가 없는 경우로 부정확하고 신뢰성이 없으나 서로 독립적인 제어방식으로 보통 시퀀스 제어라고 한다.

32 그림과 같은 다이오드 논리회로의 명칭은?

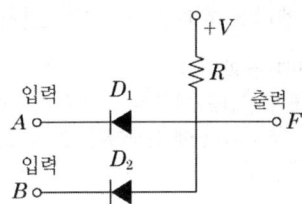

① NOT 회로 ② AND 회로
③ OR 회로 ④ NAND 회로

[해설] 기본적인 논리회로

33 제어량을 어떤 일정한 목표값으로 유지하는 것을 목적으로 하는 제어방식은?

① 정치 제어 ② 추종 제어
③ 프로그램 제어 ④ 비율 제어

[해설] 정치 제어는 제어량을 어떤 일정한 목표치로 유지하는 것을 목적으로 한다.
제어계는 주로 외란의 변화에 대한 정정 작용이 주임무로 추치 제어와 대조된다.

34 그림과 같은 회로에서 2[Ω]에 흐르는 전류는 몇 [A]인가? (단, 저항의 단위는 모두 [Ω]이다.)

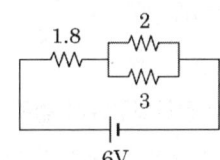

① 0.8[A] ② 1.0[A]
③ 1.2[A] ④ 2.0[A]

[해설] 전체저항 $R_1 = 1.8 + \left(\dfrac{2\times 3}{2+3}\right) = 3[\Omega]$ 이므로

전체 전류 $I_t = \dfrac{6}{3} = 2[A]$

∴ $2[A] \times \dfrac{3}{2+3} = 1.2[A]$

35 단상변압기 권수비 $a=8$이고, 1차 교류전압은 110[V]이다. 변압기 2차 전압을 단상 반파 정류회로를 이용하여 정류했을 때 발생하는 직류전압의 평균치는 약 몇 [V]인가?

① 6.19[V] ② 6.29[V]
③ 6.39[V] ④ 6.88[V]

해설 권수비 $a = \dfrac{N_1}{N_2} = \dfrac{V_1}{V_2}$ 이므로

$8 = \dfrac{110}{x}$ ∴ $x = 13.75$

단상 반파이므로 $13.75 \times 0.45 ≒ 6.187 ≒ 6.19[V]$

[참고]
정류시 정류율

단상반파	단상전파	3상반파	3상전파
0.45E	0.9E	1.17E	2.34E

36 일정전압의 직류전원에 저항을 접속하고 전류를 흘릴 때 전류의 값을 20% 감소시키기 위한 저항 값은 처음의 몇 배인가?

① 0.05배 ② 0.83배
③ 1.25배 ④ 1.5배

해설 $I_1 R_1 = 0.8 I_1 \times R_2$
$1.25 R_1 = R_2$

37 단상 반파정류회로에서 출력되는 전력은?

① 입력전압의 제곱에 비례한다.
② 입력전압에 비례한다.
③ 부하저항에 비례한다.
④ 부하임피던스에 비례한다.

해설 정현파에서 출력전력 $P = V \cdot I = I^2 R = \dfrac{V^2}{R}$

단상 반파정류회로에서 전압 0.45[V]이므로
단상반파전류회로에서 출력전력

$P = (0.45V)I = I^2 R = \dfrac{(0.45V)^2}{R}$

R값은 고정값이며, 전압과 전류는 변화하는 값이므로 출력전력은 입력전압의 제곱에 비례한다.

38 변압기의 내부회로 고장검출용으로 사용되는 계전기는?

① 비율차동계전기 ② 과전류계전기
③ 온도계전기   ④ 접지계전기

해설 정상 시 2개소의 회로의 전압 또는 전류가 같을 경우 계전기가 작동하지 않으나 고장 시에는 입출력 시 전압 또는 전류에서 차가 생겨서 이에 의해 동작하는 계전기로 변압기 내부회로 고장 검출용으로 사용된다.

39 논리식 $X \cdot (X+Y)$를 간략화 하면?

① X ② Y
③ $X+Y$ ④ $X \cdot Y$

해설 $X \cdot (X+Y) = XX + XY = X(1+Y)$
$= X$

40 서로 다른 두 개의 금속도선 양끝을 연결하여 폐회로를 구성한 후, 양단에 온도차를 주었을 때 두 접점 사이에서 기전력이 발생하는 효과는?

① 톰슨 효과   ② 제어백 효과
③ 펠티에 효과 ④ 핀치 효과

해설 **제어백 효과**
두 개의 접점을 가진 이종 금속으로 만들어진 폐회로 상에서 양 금속 간에 온도차를 주면 이종 금속관에 전위차가 생성되는 것

▶ **펠티어 효과**
두 개의 이종 금속이 2개의 접점으로 이어져 있을 때 이 양단에 전위차를 걸어주면 열의 이동(발열과 흡열)이 발생하는 현상

정답 36.③ 37.① 38.① 39.① 40.②

2016년 제4회 소방설비기사[전기분야] 1차 필기

[제2과목 : 소방전기회로]

21 전원과 부하가 다같이 Δ결선된 3상 평형회로가 있다. 전원전압이 200[V], 부하 1상의 임피던스가 $4+j3[\Omega]$인 경우 선전류는 몇 [A]인가?

① $\dfrac{40}{\sqrt{3}}$[A]　　② $\dfrac{40}{3}$[A]

③ 40[A]　　④ $40\sqrt{3}$[A]

해설 Δ결선에서

상전류 $I_p = \dfrac{V_p}{Z} = \dfrac{200}{\sqrt{4^2+3^2}} = 40$[A]

선전류 $I_l = \sqrt{3}\,I_p = 40\sqrt{3}$[A]

22 $V=141\sin 377t$[V]인 정현파 전압의 주파수는 몇 [Hz]인가?

① 50[Hz]　　② 55[Hz]
③ 60[Hz]　　④ 65[Hz]

해설 $\omega = 377$, $\omega = \dfrac{2\pi}{T} = 2\pi f$

∴ $f = \dfrac{377}{2\pi} ≒ 60$[Hz]

23 국제 표준 연동 고유저항은 몇 [Ω·m]인가?

① 1.7241×10^{-9}[Ω·m]
② 1.7241×10^{-8}[Ω·m]
③ 1.7241×10^{-7}[Ω·m]
④ 1.7241×10^{-6}[Ω·m]

해설 국제 표준 연동선의 고유저항
1.7241×10^{-2}[Ω·mm²/m]
$= 1.7241 \times 10^{-2}$[Ω·mm²/m] $\times \dfrac{1[\text{m}^2]}{10^6[\text{mm}^2]}$
$= 1.7241 \times 10^{-8}$[Ω·m]

24 4단자 정수 $A=\dfrac{5}{3}$, $B=800$, $C=\dfrac{1}{450}$, $D=\dfrac{5}{3}$일 때 영상 임피던스 Z_{01}과 Z_{02}는 각각 몇 [Ω]인가?

① $Z_{01}=300[\Omega]$, $Z_{02}=300[\Omega]$
② $Z_{01}=600[\Omega]$, $Z_{02}=600[\Omega]$
③ $Z_{01}=800[\Omega]$, $Z_{02}=800[\Omega]$
④ $Z_{01}=1,000[\Omega]$, $Z_{02}=1,000[\Omega]$

해설

$Z_{01} = \sqrt{\dfrac{AB}{CD}} = \sqrt{\dfrac{\dfrac{5}{3} \times 800}{\dfrac{1}{450} \times \dfrac{5}{3}}} = 600[\Omega]$

$Z_{02} = \sqrt{\dfrac{BD}{AC}} = \sqrt{\dfrac{800 \times \dfrac{5}{3}}{\dfrac{5}{3} \times \dfrac{1}{450}}} = 600[\Omega]$

25 자기인덕턴스 L_1, L_2가 각각 4[mH], 9[mH]인 두 코일이 이상적인 결합이 되었다면 상호인덕턴스는 몇 [mH]인가? (단, 결합계수는 1이다)

① 6[mH]
② 12[mH]
③ 24[mH]
④ 36[mH]

해설 결합계수
$K=1$, $M=K\sqrt{L_1 L_2}$,
$K=\dfrac{M}{\sqrt{L_1 L_2}}$, $1=\dfrac{M}{\sqrt{4 \times 9}}$
∴ $M=\sqrt{4 \times 9} = 6$[mH]

정답 21.④　22.③　23.②　24.②　25.①

26 200[Ω]의 저항을 가진 경종 10개와 50[Ω]의 저항을 가진 표시등 3개가 있다. 이들을 모두 직렬로 접속할 때의 합성저항은 몇 [Ω]인가?

① 250[Ω] ② 1,250[Ω]
③ 1,750[Ω] ④ 2,150[Ω]

해설) 모두 직렬이므로 모두 더하면
200[Ω]×10+50[Ω]×3=2,150[Ω]

27 SCR의 양극 전류가 10[A]일 때 게이트 전류를 반으로 줄이면 양극 전류는 몇 [A]인가?

① 20[A] ② 10[A]
③ 5[A] ④ 0.1[A]

해설) SCR은 일단 도통상태가 되면 게이트 전류를 증감시켜도 이에 영향을 받지 않고 애노드전류는 변하지 않는다.

28 그림과 같은 무접점회로는 어떤 논리회로인가?

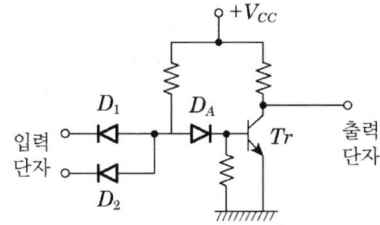

① NOR ② OR
③ NAND ④ AND

해설) V_{CC} 이중접합다이오드 컬렉터 전류, 즉 입력전압이 출력단자로 출력되기 위한 조건을 진리표로 만들면

D_1	D_2	D_A	출력
0	0	0	1
1	0	0	1
0	1	0	1
1	1	1	0

따라서 무접점회로에서 D_A는 AND 출력단자는 NAND를 나타내는 NAND 무접점 회로이다.
V_{CC}가 1인 상태에서는 D_A, 즉 트렌지스터 베이스에 전류가 흘러 컬렉터 전류는 모두 이미터를 통해 어스로 빠져나가므로 출력단자에 출력은 없다.

29 어떤 측정계기의 지시값을 M, 참값을 T라 할 때 보정율은?

① $\dfrac{T-M}{M}\times 100[\%]$ ② $\dfrac{M}{M-T}\times 100[\%]$
③ $\dfrac{T-M}{T}\times 100[\%]$ ④ $\dfrac{T}{M-T}\times 100[\%]$

해설) 참값에서 측정값을 뺀 값을 보정이라 하고, 보정에 대한 측정값의 비를 보정률이라고 한다.

30 온도 측정을 위하여 사용하는 소자로서 온도-저항 부특성을 가지는 일반적인 소자는?

① 노즐플래퍼 ② 서미스터
③ 앰플리다인 ④ 트랜지스터

해설) 서미스터
철, 니켈, 망간, 몰리브덴, 동 등의 산화물, 탄산염, 초산염, 염화물을 소결하여 만든 반도체 소자로 온도 상승에 따라 전기저항이 작아지는 부저항 특성을 이용한다. 주로 온도측정장치, 온도제어, 온도보상 등으로 이용된다.

31 그림과 같은 트랜지스터를 사용한 정전압회로에서 Q_1의 역할로서 옳은 것은?

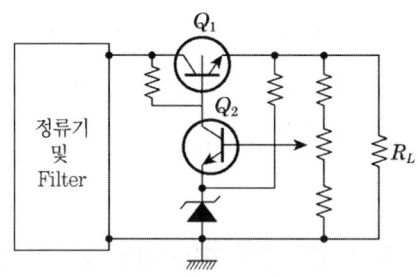

① 증폭용 ② 비교부용
③ 제어용 ④ 기준부용

해설) 그림의 직류 정전압회로에서 제어 다이오드를 기준 전압으로 하고, 이것을 출력 전압과 비교하여(Q_2) 일정 전압으로 제어(Q_1)하는 전압회로로서 부하 변동 시에도 일정한 전압을 공급할 수 있다.
• Q_1 : 제어용
• Q_2 : 증폭용

32 히스테리시스 곡선의 종축과 횡축은?

① 종축 : 자속밀도, 횡축 : 투자율
② 종축 : 자계의 세기, 횡축 : 투자율
③ 종축 : 자계의 세기, 횡축 : 자속밀도
④ 종축 : 자속밀도, 횡축 : 자계의 세기

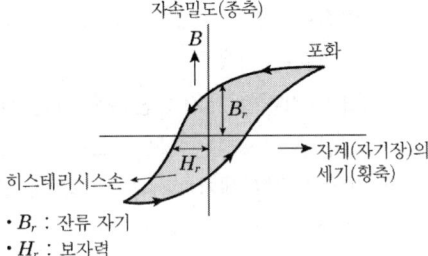

- B_r : 잔류 자기
- H_r : 보자력

33 자기장 내에 있는 도체에 전류를 흘리면 힘이 작용한다. 이 힘을 무엇이라고 하는가?

① 자속력   ② 기전력
③ 전기력   ④ 전자력

자계 중 존재하는 도체에 전류를 흘리면 전류 및 자계와 직각 방향으로 도체를 움직이는 힘이 발생하는데 이를 전자력이라 한다.

34 다음 중 쌍방향성 사이리스터인 것은?

① 브리지 정류기
② SCR
③ IGBT
④ TRIAC

SCR을 상호 역병렬 접속하고 2개의 제어전극을 1개의 단자로 묶어 교류전압의 반파를 이용하여 쌍방향(양방향) 제어를 하는 AC용 3극 소자를 말한다.

구분	심벌
DIAC	네온관과 같은 성질을 가진 것으로서 주로 SCR, TRIAC 등의 트리거소자로 이용된다.
TRIAC	양방향성 스위칭소자로서 SCR 2개를 역병렬로 접속한 것과 같다(AC전력의 제어용, 쌍방향성 사이리스터).
RCT (역도통 사이리스터)	비대칭 사이리스터와 고속회복 다이오드를 직접화한 단일실리콘 칩으로 만들어져서 직렬공진형 인버터에 대해 이상적이다.
IGBT	고전력 스위치용 반도체로서 전기흐름을 막거나 통하게 하는 스위칭 기능을 빠르게 수행한다.

35 자동제어계를 제어목적에 의해 분류한 경우를 설명한 것 중 틀린 것은?

① 정치제어 : 제어량을 주어진 일정목표로 유지시키기 위한 제어
② 추종제어 : 목표치가 시간에 따라 일정한 변화를 하는 제어
③ 프로그램제어 : 목표치가 프로그램대로 변하는 제어
④ 서보제어 : 선박의 방향제어계인 서보제어는 정치제어와 같은 성질

제어량이 목푯값을 따라가도록 하는 제어
피드백 제어의 일종으로 목푯값이 시간적으로 일정한 자동 제어를 말하는 정치제어와는 다르다.

36 변압기의 철심구조를 여러 겹으로 성층시켜 사용하는 이유는 무엇인가?

① 와전류로 인한 전력손실을 감소시키기 위해
② 전력공급 능력을 높이기 위해
③ 변압비를 크게 하기 위해
④ 변압기의 중량을 적게 하기 위해

철손을 감소시키기 위해 철심을 성층하여 사용한다.
철손＝히스테리시스손＋와전류손(맴돌이손)

37 그림과 같은 정류회로에서 부하 R에 흐르는 직류 전류의 크기는 약 몇 [A]인가? (단, $V=200[V]$, $R=20\sqrt{2}[\Omega]$이며, 이상적인 다이오드이다)

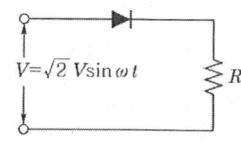

① 3.2 ② 3.8
③ 4.4 ④ 5.2

해설 $V=IR$
$200 = I \times 20\sqrt{2}$
$I \fallingdotseq 7.07$
교류상태의 전류값이므로 단상반파 직류평균값 0.45를 곱하여
$7.07 \times 0.45 \fallingdotseq 3.182$
[참고]

단상반파정류(다이오드1개)	단상전파정류(다이오드2개)

단상브리지정류(다이오드4개)	3상전파정류(다이오드6개)

38 도너(donor)와 억셉터(acceptor)의 설명 중 틀린 것은?

① 반도체 결정에서 Ge이나 Si에 넣는 5가의 불순물을 도너라고 한다.
② 반도체 결정에서 Ge이나 Si에 넣는 3가의 불순물에는 In, Ga, B 등이 있다.
③ 진성반도체는 불순물이 전혀 섞이지 않은 반도체이다.
④ N형 반도체의 불순물이 억셉터이고, P형 반도체의 불순물이 도너이다.

해설
• 도너 : 실리콘 등 원자가전자가 4가인 진성반도체를 n형 반도체를 만들 때 필요한 원자가전자 5가인 불순물
• 억셉터 : 실리콘 등 원자가전자가 4가인 진성반도체를 P형 반도체를 만들 때 필요한 원자가전자 3가인 불순물

39 지시계기에 대한 동작원리가 틀린 것은?

① 열전형 계기 : 대전된 도체 사이에 작용하는 정전력을 이용
② 가동 철편형 계기 : 전류에 의한 자기장이 연철편에 작용하는 힘을 이용
③ 전류력계형 계기 : 전류 상호간에 작용하는 힘을 이용
④ 유도형 계기 : 회전 자기장 또는 이동 자기장과 이것에 의한 유도전류와의 상호작용을 이용

해설 열전형 계기
열선에 전류를 통했을 때 발생하는 열로 열전상의 온접점을 가열할 때 발생하는 열기전력을 냉접점 측에 삽입한 가동 코일형 계기로 읽는 계기류를 말한다.

40 계단변화에 대하여 잔류편차가 없는 것이 장점이며, 간헐현상이 있는 제어계는?

① 비례제어계 ② 비례미분제어계
③ 비례적분제어계 ④ 비례적분미분제어계

해설 비례적분제어계(PI동작)
비례 동작과 적분 동작을 조합한다.
비례 동작에 의해 제어량과 목표값과의 편차값에 비례한 조작량을 주어 제어 동작을 하고 동시에 적분 동작을 통해 외란에 대한 잔류편차를 없애는 제어 방식이다. 결점으로는 사이클링의 경향이 생긴다.
㉠ 비례제어(P동작) : 잔류편차가 있는 제어
㉡ 적분제어(I동작) : 잔류편차를 제거하기 위한 제어
㉢ 미분제어(D동작) : 진동을 억제시키는데 가장 효과적인 제어
㉣ 비례적분제어(PI동작) : 간헐현상이 있는 제어
㉤ 비례미분제어(PD동작) : 응답속응성을 개선하는 제어
㉥ 비례적분미분제어(PID동작) : 간헐현상을 제거하기 위한 제어, 사이클링과 오프셋이 제거되는 제어, 응답속응성과 정상특성을 동시에 개선시키기 위한 제어

2017년 제1회 소방설비기사[전기분야] 1차 필기

[제2과목 : 소방전기회로]

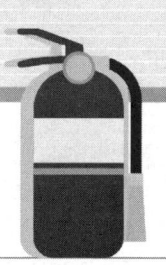

21 최대눈금이 70[V]인 직류전압계에 5[kΩ]의 배율기를 접속하여 전압의 최대측정치가 350[V]라면 내부 저항은 몇 [kΩ]인가?

① 0.8[kΩ]　　② 1[kΩ]
③ 1.25[kΩ]　　④ 20[kΩ]

배율 = $\dfrac{350\,V}{70\,V} = 5$

배율 = $\dfrac{\text{배율기저항}}{\text{전압계내부저항}} + 1$, $5 = \dfrac{5}{x} + 1$

∴ $x = 1.25[\mathrm{k\Omega}]$

22 발전기에서 유도기전력의 방향을 나타내는 법칙은?

① 페러데이의 전자유도법칙
② 플레밍의 오른손법칙
③ 암페어의 오른나사법칙
④ 플레밍의 왼손법칙

암페어 오른나사법칙	자계	방향을 결정
비오사바르 법칙	자계	세기를 결정
렌츠의 법칙	유도기전력	방향을 결정
패러데이의 전자유도법칙	유도기전력	세기를 결정
플레밍의 오른손법칙	발전기원리	유도기전력의 방향
플레밍의 왼손법칙	전동기원리	힘의 방향

23 다음의 논리식들 중 틀린 것은?

① $(\overline{A}+B) \cdot (A+B) = B$
② $(A+B) \cdot \overline{B} = A\overline{B}$
③ $\overline{AB+AC} + \overline{A} = \overline{A} + \overline{B}\,\overline{C}$
④ $\overline{(\overline{A}+B)+CD} = A\overline{B}(C+D)$

① $(\overline{A}+B) \cdot (A+B) = \overline{A}A + \overline{A}B + AB + BB$
$= 0 + \overline{A}B + AB + B$
$= B(\overline{A}+A+1)$
$= B \cdot 1$
$= B$

② $(A+B) \cdot \overline{B} = A\overline{B} + B\overline{B}$
$= A\overline{B} + 0$
$= A\overline{B}$

③ $\overline{AB+AC} + \overline{A} = \overline{AB} \cdot \overline{AC} + \overline{A}$
$= (\overline{A}+\overline{B}) \cdot (\overline{A}+\overline{C}) + \overline{A}$
$= \overline{A}\overline{A} + \overline{A}\overline{C} + \overline{A}\overline{B} + \overline{B}\overline{C} + \overline{A}$
$= \overline{A} + \overline{A}\overline{C} + \overline{A}\overline{B} + \overline{B}\overline{C} + \overline{A}$
$= \overline{A}(1+\overline{C}+\overline{B}+1) + \overline{B}\overline{C}$
$= \overline{A} \cdot 1 + \overline{B}\overline{C}$
$= \overline{A} + \overline{B}\overline{C}$

④ $\overline{(\overline{A}+B)+CD} = \overline{\overline{A}} \cdot \overline{B} \cdot \overline{CD}$
$= A \cdot \overline{B} \cdot (\overline{C}+\overline{D})$

24 길이 1[m]의 철심(비투자율 $\mu_s = 700$) 자기회로에 2[mm]의 공극이 생겼다면 자기저항은 몇 배 증가하는가? (단, 각 부의 단면적은 일정하다.)

① 1.4배　　② 1.7배
③ 2.4배　　④ 2.7배

자기저항 배수

$$m = 1 + \dfrac{l_0}{l} \times \dfrac{\mu_0 \mu_s}{\mu_0}$$

여기서, m : 자기저항 배수
　　　　l_0 : 공극[m]
　　　　l : 길이[m]

정답　21.③　22.②　23.④　24.③

μ_0 : 진공의 투자율($4\pi \times 10^{-7}$)[H/m]
μ_s : 비투자율

자기저항 배수 m은

$$m = 1 + \frac{l_0}{l} \times \frac{\mu_0 \mu_s}{\mu_o}$$

$$= 1 + \frac{2 \times 10^{-3}}{1} \times \frac{\mu_0 \times 700}{\mu_0}$$

$$= 2.4$$

- l_0(2mm) : 2mm = 2×10^{-3}m

25 빛이 닿으면 전류가 흐르는 다이오드로 광량의 변화를 전류 값으로 대치하므로 광센서에 주로 사용하는 다이오드는?

① 제너다이오드 ② 터널다이오드
③ 발광다이오드 ④ 포토다이오드

해설 다이오드의 종류

종류	설명
터널다이오드 (tunnel diode)	부성저항 특성을 나타내며, 증폭·발진·개폐작용에 응용한다.
포토다이오드 (photo diode)	빛이 닿으면 전류가 흐르는 다이오드로 광량의 변화를 전류 값으로 대치하므로 광센서에 주로 사용하는 다이오드이다.
제너다이오드 (zener diode)	정전압회로용으로 사용되는 소자로서 '정전압다이오드'라고도 한다.
발광다이오드 (LED : Light Emitting Diode)	전류가 통과하면 빛을 발산하는 다이오드이다.

26 3상 직권 정류자 전동기에서 중간 변압기를 사용하는 이유 중 틀린 것은?

① 경부하시 속도의 이상 상승 방지
② 실효 권수비 선정 조정
③ 전원전압의 크기에 관계없이, 정류에 알맞은 회전자전압 선택
④ 회전자 상수의 감소

해설 중간변압기의 사용이유(3상 직권 정류자 전동기)
㉠ 경부하시 속도의 이상 상승 방지
㉡ 실효 권수비 선정 조정
㉢ 전원전압의 크기에 관계없이 정류에 알맞은 회전자전압 선택
㉣ 회전자 상수 증가

27 피드백제어계에서 제어요소에 대한 설명 중 옳은 것은?

① 조작부와 검출부로 구성되어 있다.
② 조절부와 변환부로 구성되어 있다.
③ 동작신호를 조작량으로 변화시키는 요소이다.
④ 목푯값에 비례하는 신호를 발생하는 요소이다.

해설 제어요소(control element)
동작신호를 조작량으로 변환하는 요소이고, 조절부와 조작부로 이루어진다. 제어요소에서 제어대상에게 가해지는 신호를 조작량이라고 한다.

28 균등 눈금을 사용하며 소비전력이 적게 소요되고 정확도가 높은 지시계기는?

① 가동 코일형 계기
② 전류력계형 계기
③ 정전형 계기
④ 열전형 계기

해설 가동 코일형
㉠ 직류전용으로 눈금이 균등하고 감도가 높으며 정밀용으로 적합한 계기
㉡ 균등 눈금을 사용하며 소비전력이 적게 소요되고 정확도가 높은 지시계기

29 그림과 같은 유접점회로의 논리식은?

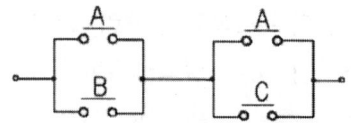

① A+BC ② AB+C
③ B+AC ④ AB+BC

$(A+B) \cdot (A+C) = \underline{AA} + AC + AB + BC$

$\qquad\qquad\qquad\qquad\quad \downarrow$
$\qquad\qquad\qquad\qquad X \cdot X = X$
$\qquad\qquad = A + AC + AB + BC$
$\qquad\qquad = \underline{A(1+C+B)} + BC$
$\qquad\qquad\qquad\quad\ \ X+1=1$
$\qquad\qquad = \underline{A \cdot 1} + BC$
$\qquad\qquad\quad\ \ X \cdot 1 = X$
$\qquad\qquad = A + BC$

30 50[kW]의 전력의 안테나에서 사방으로 균일하게 방사될 때, 안테나에서 1[km] 거리에 있는 점에서의 전계의 실효값은 약 몇 [V/m]인가?

① 0.87[V/m] ② 1.22[V/m]
③ 1.73[V/m] ④ 3.98[V/m]

$$W = \frac{E^2}{377} = \frac{P}{4\pi r^2}$$

여기서, W : 구의 단위면적당 전력[W/m²]
$\qquad\quad E$: 전계의 실효값[V/m]
$\qquad\quad P$: 전력[W]
$\qquad\quad r$: 거리[m]

$\dfrac{E^2}{377} = \dfrac{P}{4\pi r^2}$

$E^2 = \dfrac{P}{4\pi r^2} \times 377$

$E = \sqrt{\dfrac{P}{4\pi r^2} \times 377} = \sqrt{\dfrac{50 \times 10^3}{4\pi \times (1 \times 10^3)^2} \times 377}$

$\quad\ \fallingdotseq 1.22[\text{V/m}]$

31 그림과 같은 반파정류회로에 스위치 A를 사용하여 부하 저항 RL을 떼어 냈을 경우, 콘덴서 C의 충전전압은 몇 [V]인가?

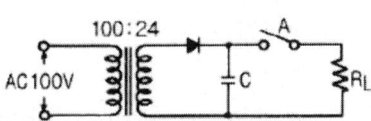

① 12π[V] ② 24π[V]
③ $12\sqrt{2}$[V] ④ $24\sqrt{2}$[V]

파 형	최대값	실효값	평균값
반파정류파	V_m	$\dfrac{V_m}{2}$	$\dfrac{V_m}{\pi}$

최대값 $V_m = \sqrt{2}\,V = \sqrt{2} \times 24 = 24\sqrt{2}$

실효값 $V = \dfrac{V_m}{2} = \dfrac{24\sqrt{2}}{2} = 12\sqrt{2}$

평균값 $V_{av} = \dfrac{V_m}{\pi} = \dfrac{24\sqrt{2}}{\pi}$

여기서, V_m : 최대값[V]
$\qquad\quad V$: 실효값[V]
$\qquad\quad V_{av}$: 평균값[V]

콘덴서에는 최대값이 인가되므로 $24\sqrt{2}$ 의 전압이 충전됨

32 그림과 같은 교류브리지의 평형조건으로 옳은 것은?

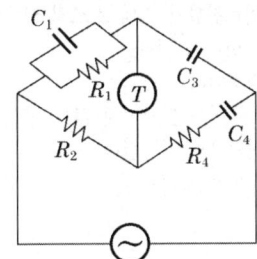

① $R_2C_4 = R_1C_3, \ R_2C_1 = R_4C_3$
② $R_1C_1 = R_4C_4, \ R_2C_3 = R_1C_1$
③ $R_2C_4 = R_4C_3, \ R_1C_3 = R_2C_1$
④ $R_1C_1 = R_4C_4, \ R_2C_3 = R_1C_4$

 브리지 평형조건은 마주보는 각 대각선의 저항의 곱이 같다는 것이므로 L과 C의 값을 리액턴스로 환산하여 계산한다. 환산된 값의 각 대각선의 곱은

$\left(\dfrac{1}{\dfrac{1}{R_1} + jwC_1}\right)\left(R_4 + \dfrac{1}{jwC_4}\right) = \left(\dfrac{1}{jwC_3}\right)R_2$

가 된다. 전개해 보면,

$\left(\dfrac{1}{\dfrac{1+jwC_1R_1}{R_1}}\right)\left(R_4 + \dfrac{1}{jwC_4}\right) = \left(\dfrac{1}{jwC_3}\right)R_2$

$\left(\dfrac{R_1}{1+jwC_1R_1}\right)\left(R_4 + \dfrac{1}{jwC_4}\right) = \left(\dfrac{1}{jwC_3}\right)R_2$

$$\left(\frac{R_1}{1+w^2C_1^2R_1^2} - j\frac{wR_1^2C_1}{1+w^2C_1^2R_1^2}\right)\left(R_4 + \frac{1}{jwC_4}\right)$$
$$= \left(\frac{1}{jwC_3}\right)R_2$$
$$R_2C_4 = R_1C_3, \quad R_2C_1 = R_4C_3$$

33 MOSFET(금속-산화물 반도체 전계효과 트랜지스터)의 특성으로 틀린 것은?

① 2차 항복이 없다.
② 직접도가 낮다.
③ 소전력으로 작동한다.
④ 큰 입력저항으로 게이트 전류가 거의 흐르지 않는다.

해설 MOSFET의 특성
㉠ 산화절연막을 가지고 있어서 큰 입력저항을 가지고 게이트전류가 거의 흐르지 않는다.
㉡ 2차 항복이 없다.
㉢ 안정적이다.
㉣ 열폭주현상을 보이지 않는다.
㉤ 소전력으로 작동한다.
㉥ 직접도가 높다.

34 인덕턴스가 0.5[H]인 코일의 리액턴스가 753.6[Ω]일 때 주파수는 약 몇 [Hz]인가?

① 120[Hz] ② 240[Hz]
③ 360[Hz] ④ 480[Hz]

해설 유도리액턴스
$$X_L = \omega L = 2\pi f L [\Omega]$$

여기서, X_L : 유도리액턴스[Ω]
ω : 각주파수[rad/s]
L : 인덕턴스[H]
f : 주파수[Hz]

주파수 f는
$$f = \frac{X_L}{2\pi L} = \frac{753.6}{2\pi \times 0.5} \fallingdotseq 240[Hz]$$

35 폐루프 제어의 특징에 대한 설명으로 옳은 것은?

① 외부의 변화에 대한 영향을 증가시킬 수 있다.
② 제어기 부품의 성능 차이에 따라 영향을 많이 받는다.
③ 대역폭이 증가한다.
④ 정확도와 전체 이득이 증가한다.

해설 ① 증가 → 감소
② 영향을 많이 받는다. → 영향을 적게 받는다.
④ 정확도와 전체 이득이 증가한다. → 정확도는 증가하지만 전체 이득은 감소한다.

36 20[℃]의 물 2[L]를 64[℃]가 되도록 가열하기 위해 400[W]의 온수기를 20분 사용하였을 때 이 온수기의 효율은 약 몇 [%]인가?

① 27[%] ② 59[%]
③ 77[%] ④ 89[%]

해설 전열기의 용량
$$P = \frac{Cm(T_2 - T_1)}{860\eta t}[kW]$$

P : 전열기의 용량[kW]
C : 피열물의 비열(물의 경우 1)[kcal/kg・℃]
m : 피열물의 질량(l 또는 kg)
T_1 : 가열 전의 온도[℃]
T_2 : 가열된 온도[℃]
η : 전열기의 효율
t : 가열시간[h]

효율 $\eta = \dfrac{C \cdot m \cdot (T_2 - T_1)}{860 \cdot P \cdot t}$

$= \dfrac{1[kcal/kg \cdot ℃] \cdot 2[kg] \cdot (64-20)[℃]}{860 \cdot 0.4[kW] \cdot \frac{20}{60}[hour]}$

$= 0.767$
$\fallingdotseq 0.77(77\%)$

37 PD(비례 미분) 제어 동작의 특징으로 옳은 것은?

① 잔류편차 제거 ② 간헐현상 제거
③ 불연속 제어   ④ 응답 속응성 개선

정답 33.② 34.② 35.③ 36.③ 37.④

해설
- ㉠ 비례제어(P동작) : 잔류편차가 있는 제어
- ㉡ 적분제어(I동작) : 잔류편차를 제거하기 위한 제어
- ㉢ 미분제어(D동작) : 진동을 억제시키는데 가장 효과적인 제어
- ㉣ 비례적분제어(PI동작) : 간헐현상이 있는 제어
- ㉤ 비례미분제어(PD동작) : 응답속응성을 개선하는 제어
- ㉥ 비례적분미분제어(PID동작) : 간헐현상을 제거하기 위한 제어, 사이클링과 오프셋이 제거되는 제어, 응답속응성과 정상특성을 동시에 개선시키기 위한 제어

38 정현파 전압의 평균값과 최대값의 관계식 중 옳은 것은?

① $V_{av} = 0.707 V_m$
② $V_{av} = 0.840 V_m$
③ $V_{av} = 0.637 V_m$
④ $V_{av} = 0.956 V_m$

해설

평균값	실효값
$V_{av} = 0.637 V_m$	$V = 0.707 V_m$
여기서, V_{av} : 전압의 평균값[V] V_m : 전압의 최대값[V]	여기서, V : 전압의 실효값[V] V_m : 전압의 최대값[V]

39 열팽창식 온도계가 아닌 것은?

① 열전대 온도계
② 유리 온도계
③ 바이메탈 온도계
④ 압력식 온도계

해설 온도계의 종류

열팽창식 온도계	열전 온도계
• 유리 온도계 • 압력식 온도계 • 바이메탈 온도계 • 알코올 온도계 • 수은 온도계	• 열전대 온도계

40 동기발전기의 병렬조건으로 틀린 것은?

① 기전력의 크기가 같을 것
② 기전력의 위상이 같을 것
③ 기전력의 주파수가 같을 것
④ 극수가 같을 것

해설 병렬운전조건

동기발전기의 병렬운전조건	변압기의 병렬운전조건
• 기전력의 크기가 같을 것 • 기전력의 위상이 같을 것 • 기전력의 주파수가 같을 것 • 기전력의 파형이 같을 것 • 상회전 방향이 같을 것	• 권수비가 같을 것 • 극성이 같을 것 • 1·2차 정격전압이 같을 것 • %임피던스 강하가 같을 것

정답 38.③ 39.① 40.④

2017년 제2회 소방설비기사[전기분야] 1차 필기
[제2과목 : 소방전기회로]

21 다음과 같은 회로에서 a-b간의 합성저항은 몇 [Ω]인가?

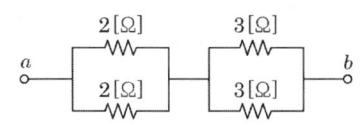

① 2.5[Ω] ② 5[Ω]
③ 7.5[Ω] ④ 10[Ω]

해설
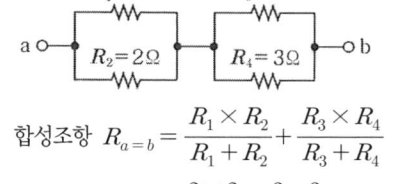

합성저항 $R_{a-b} = \dfrac{R_1 \times R_2}{R_1 + R_2} + \dfrac{R_3 \times R_4}{R_3 + R_4}$

$= \dfrac{2 \times 2}{2+2} + \dfrac{3 \times 3}{3+3} = 2.5[\Omega]$

22 그림은 개루프 제어계의 신호전달 계통도이다. 다음 ( ) 안에 알맞은 제어계의 동작요소는?

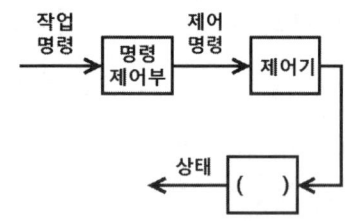

① 제어량 ② 제어대상
③ 제어장치 ④ 제어요소

해설 개루프제어계(시퀀스제어)의 신호전달계통

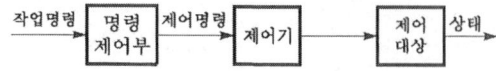

23 3상 농형유도전동기의 기동방식으로 옳은 것은?
① 분상기동형 ② 콘덴서기동형
③ 기동보상기법 ④ 셰이딩일체형

해설 3상 유도전동기의 기동법

농 형	권선형
• 전전압기동법(직입기동법) • Y-Δ기동법 • 리액터법 • 기동보상기법 • 콘도르퍼기동법	• 2차 저항법 • 게르게스법

24 제어기기 및 전자회로에서 반도체소자별 용도에 대한 설명 중 틀린 것은?
① 서미스터 : 온도 보상용으로 사용
② 사이리스터 : 전기신호를 빛으로 변환
③ 제너다이오드 : 정전압소자(전원전압을 일정하게 유지)
④ 바리스터 : 계전기 접점에서 발생하는 불꽃소거에 사용

해설
구 분	설 명
서미스터 (thermistor)	부온도 특성을 가진 저항기의 일종으로서 주로 온도보상용으로 쓰인다.
발광다이오드 (light emiltting diode)	전기신호를 빛으로 변환하여 쓰인다.
제너다이오드 (zener diode)	정전압소자(전원전압을 일정하게 유지)
바리스터 (varistor)	계전기접점의 불꽃제거나 서지전압에 대한 과입력보호용 반도체 소자
사이리스터 (thyristor)	PNPN 접합의 4층 구조로 제어용으로 주로 쓰인다.
트랜지스터 (transistor)	PNP 접합 또는 NPN 접합의 3층 구조로 증폭용으로 주로 쓰인다.

정답 21.① 22.② 23.③ 24.②

25 2차계에서 무제동으로 무한 진동이 일어나는 감쇠율(damping ratio) δ는 어떤 경우인가?

① $\delta = 0$ ② $\delta > 1$
③ $\delta = 1$ ④ $0 < \delta < 1$

해설 2차계에서의 감쇠율

감쇠율	특 성
$\delta = 0$	무제동
$\delta > 0$	과제동
$\delta = 1$	임계제동
$0 < \delta < 1$	감쇠제동

26 R-L-C 회로의 전압과 전류 파형의 위상차에 대한 설명으로 틀린 것은?

① R-L 병렬회로 : 전압과 전류는 동상이다.
② R-L 직렬회로 : 전압이 전류보다 θ 만큼 앞선다.
③ R-C 병렬회로 : 전류가 전압보다 θ 만큼 뒤진다.
④ R-C 직렬회로 : 전류가 전압보다 θ 만큼 앞선다.

해설 **코압콘류** : 코일에서는 전압이 앞서고 콘덴서에서는 전류가 앞선다.
① 전압이 전류보다 θ만큼 앞선다.

27 지름 8[mm]의 경동선 1[km]의 저항을 측정하였더니 0.63536[Ω]이었다. 같은 재료로 지름 2[mm], 길이 500[m]의 경동선의 저항은 약 몇 [Ω]인가?

① 2.8[Ω]   ② 5.1[Ω]
③ 10.2[Ω]   ④ 20.4[Ω]

해설 저항

$$R = \rho \frac{l}{A} = \rho \frac{l}{\pi r^2}$$

여기서, R : 저항[Ω]
ρ : 고유저항[Ω·m]
A : 전선의 단면적[m²]
l : 전선의 길이[m]
r : 반지름[m]

고유저항 ρ는

$$\rho = \frac{RA}{l} = \frac{R(\pi r^2)}{l}$$
$$= \frac{0.63536 \times (\pi \times 0.004^2)}{1000}$$
$$\fallingdotseq 3.19 \times 10^{-8} [\Omega \cdot m]$$

경동선의 저항 R은
$$R = \rho \frac{l}{A} = \rho \frac{l}{\pi r^2}$$
$$= 3.19 \times 10^{-8} \times \frac{500}{\pi \times 0.001^2} \fallingdotseq 5.1 [\Omega]$$

28 정현파교류의 최대값이 100[V]인 경우 평균값은 몇 [V]인가?

① 45.04[V]   ② 50.64[V]
③ 63.69[V]   ④ 69.34[V]

해설 평균값

$$V_{av} = \frac{2}{\pi} V_m [V]$$

여기서, V_{av} : 평균값[V]
V_m : 최대값[V]

평균값 V_{av}는
$$V_{av} = \frac{2}{\pi} V_m = \frac{2}{\pi} \times 100 \fallingdotseq 63.69 [V]$$

29 자동제어 중 플랜트나 생산 공정 중의 상태량을 제어량으로 하는 제어방법은?

① 정치제어
② 추종제어
③ 비율제어
④ 프로세스제어

해설 상태량(온도, 액위, 유량, 압력) 조정 : 프로세스제어

정답 25.① 26.① 27.② 28.③ 29.④

30 자동화재탐지설비의 감지기 회로의 길이가 500[m]이고, 종단에 8[kΩ]의 저항이 연결되어 있는 회로에 24[V]의 전압이 가해졌을 경우 도통 시험 시 전류는 약 몇 [mA]인가? (단, 동선의 저항률은 1.69×10^{-8}[Ω·m]이며, 동선의 단면적은 2.5[mm²]이고, 접촉저항 등은 없다고 본다.)

① 2.4[mA]
② 3.0[mA]
③ 4.8[mA]
④ 6.0[mA]

해설 ㉠ 저항

$$R = \rho \frac{l}{A}$$

여기서, R : 저항[Ω]
ρ : 고유저항[Ω·m]
A : 전선의 단면적[m²]
l : 전선의 길이[m]

배선의 저항 R_1은

$R_1 = \rho \frac{l}{A} = 1.69 \times 10^{-8} \times \dfrac{500}{2.5 \times 10^{-6}}$
$= 3.38[\Omega]$

- $A = 2.5[\text{mm}^2]$
  $1[\text{m}] = 1000[\text{mm}] = 10^3[\text{mm}]$이고
  $1[\text{mm}] = 10^{-3}[\text{m}]$
  $2.5[\text{mm}^2] = 2.5 \times (10^{-3}[\text{m}])^2$
  $= 2.5 \times 10^{-6}[\text{m}^2]$

㉡ 도통시험전류 I는
$I = \dfrac{V}{R_1 + R_2} = \dfrac{24}{3.38 + (8 \times 10^3)}$
$\fallingdotseq 3 \times 10^{-3}[\text{A}] = 3[\text{mA}]$

- $1 \times 10^{-3}\text{A} = 1\text{mA}$이므로 $3 \times 10^{-3}\text{A} = 3\text{mA}$

31 그림과 같은 회로 A, B 양단에 전압을 인가하여 서서히 상승시킬 때 제일 먼저 파괴되는 콘덴서는? (단, 누전체의 재질 및 두께는 동일한 것으로 한다)

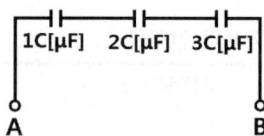

① 1C
② 2C
③ 3C
④ 모두

해설 용량이 제일 작은 콘덴서가 가장 높은 전압이 가해지며 가장 먼저 파괴된다.

32 정현파 교류회로에서 최대값은 V_m, 평균값은 V_{av}일 때 실효값(V)은?

① $\dfrac{\pi}{\sqrt{2}} V_{av}$
② $\dfrac{\pi}{2\sqrt{2}} V_{av}$
③ $\dfrac{\pi}{2\sqrt{2}} V_{av}$
④ $\dfrac{1}{\pi} V_{av}$

해설

최대값 ↔ 실효값	최대값 ↔ 평균값
$V_m = \sqrt{2}\, V$	$V_m = \dfrac{\pi}{2} V_{av}$
여기서, V_m : 최대값[V] V : 실효값[V]	여기서, V_m : 최대값[V] V_{av} : 평균값[V]

$V_m = \dfrac{\pi}{2} V_{av}$

$\sqrt{2}\, V = \dfrac{\pi}{2} V_{av}$

$V = \dfrac{\pi}{2\sqrt{2}} V_{av}$

33 직류 전압계의 내부저항이 500[Ω], 최대 눈금이 50[V]라면, 이 전압계에 3[kΩ]의 배율기를 접속하여 전압을 측정할 때 최대 측정치는 몇 [V]인가?

① 250[V]
② 303[V]
③ 350[V]
④ 500[V]

정답 30.② 31.① 32.② 33.③

해설 배율기

$$V_0 = V\left(1 + \frac{R_m}{R_v}\right)[V]$$

여기서, V_0 : 측정하고자 하는 전압(최대전압)[V]
V : 전압계의 최대눈금[V]
R_v : 전압계 내부저항[Ω]
R_m : 배율기저항[Ω]

최대전압 V_0는

$$V_0 = V\left(1 + \frac{R_m}{R_v}\right) = 50 \times \left[1 + \frac{(3 \times 10^3)}{500}\right]$$
$$= 350[V]$$

34 저항 R_1, R_2와 인덕턴스 L의 직렬회로가 있다. 이 회로의 시정수는?

① $-\dfrac{R_1 + R_2}{L}$ ② $\dfrac{R_1 + R_2}{L}$

③ $-\dfrac{L}{R_1 + R_2}$ ④ $\dfrac{L}{R_1 + R_2}$

해설 시정수

㉠ R─L : $\tau = \dfrac{L}{R}[Ω]$

㉡ R₁─R₂─L : $\tau = \dfrac{L}{R_1 + R_2}[Ω]$

35 화재 시 온도상승으로 인해 저항 값이 감소하는 반도체 소자는?

① 서미스터(NTC)
② 서미스터(PTC)
③ 서미스터(CTR)
④ 바리스터

해설 반도체소자

소 지	설 명
서미스터(NTC)	화재 시 온도 상승으로 인해 저항값이 감소하는 반도체소자
서미스터(PTC)	온도 상승으로 인해 저항값이 증가하는 반도체소자
서미스터(CTR)	특정 온도에서 저항값이 급격히 변하는 반도체소자
바리스터	주로 서지전압에 대한 회로보호용으로 사용

36 Y-Δ 기동방식으로 운전하는 3상 농형유도전동기의 Y결선의 기동전류(I_Y)와 Δ결선의 기동전류 ($I_Δ$)의 관계로 옳은 것은?

① $I_Y = \dfrac{1}{3} I_Δ$ ② $I_Y = \sqrt{3} I_Δ$

③ $I_Y = \dfrac{1}{\sqrt{3}} I_Δ$ ④ $I_Y = \dfrac{\sqrt{3}}{2} I_Δ$

해설 Y-Δ기동방식

구 분	전류	전압	저항	토크	전력
Y기동	$\dfrac{1}{3}$	$\dfrac{1}{\sqrt{3}}$	$\dfrac{1}{3}$	$\dfrac{1}{3}$	$\dfrac{1}{3}$
Δ운전 (전전압운전)	1	1	1	1	1

※ 직입기동 : 전전압으로 기동 및 운전하는 방식

37 그림과 같은 회로에 전압 $v = \sqrt{2}\, V \sin wt [V]$를 인가하였을 때 옳은 것은?

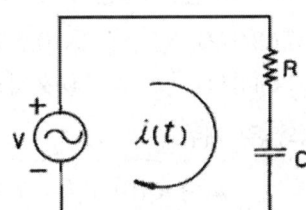

① 역률 : $\cos\theta = \dfrac{R}{\sqrt{R^2 + wC^2}}$

② i의 실효값 : $I = \dfrac{V}{\sqrt{R^2 + wC^2}}$

③ 전압과 전류의 위상차 : $\theta = \tan^{-1}\dfrac{R}{wC}$

④ 전압평형방정식 : $Ri + \dfrac{1}{C}\int i\, dt = \sqrt{2}\, V \sin wt$

① 역률 : $\cos\theta = \dfrac{R}{\sqrt{R^2+\left(\dfrac{1}{wC}\right)^2}}$

② i의 실효값 : $I = \dfrac{V}{\sqrt{R^2+\left(\dfrac{1}{wC}\right)^2}}$ [A]

③ 전압과 전류의 위상차 : $\theta = \tan^{-1}\dfrac{1}{wCR}$ [rad]

④ 전압평형방정식 : $Ri + \dfrac{1}{C}\int i dt = \sqrt{2}\,V\sin wt$

38 다음 무접점회로의 논리식(X)은?

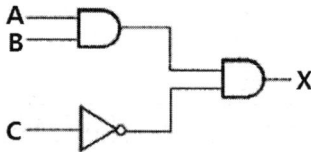

① $A \cdot B + \overline{C}$ ② $A + B + \overline{C}$
③ $(A+B) \cdot \overline{C}$ ④ $A \cdot B \cdot \overline{C}$

 $A \cdot B \cdot \overline{C}$

39 동선의 저항이 20[℃]일 때 0.8[Ω]이라 하면 60[℃]일 때의 저항은 약 몇 [Ω]인가? (단, 동선의 20[℃]의 온도계수는 0.0039이다.)

① 0.034[Ω] ② 0.925[Ω]
③ 0.644[Ω] ④ 2.4[Ω]

해설 저항의 온도계수

$$R_2 = R_1[1 + \alpha_{t_1}(t_2 - t_1)][\Omega]$$

여기서, R_2 : t_2의 저항[Ω]
  R_1 : t_1의 저항[Ω]
  α_{t_1} : t_1의 온도계수
  t_2 : 상승 후의 온도[℃]
  t_1 : 상승 후의 온도[℃]

t_2의 저항 R_2는
$R_2 = R_1[1 + \alpha_{t_1}(t_2 - t_1)]$
$\quad = 0.8[1 + 0.0039(60-20)] \fallingdotseq 0.925[\Omega]$

40 어떤 전지의 부하로 6[Ω]을 사용하니 3[A]의 전류가 흐르고, 이 부하에 직렬로 4[Ω]을 연결했더니 2[A]가 흘렀다. 이 전지의 기전력은 몇 [V]인가?

① 8[V] ② 16[V]
③ 24[V] ④ 32[V]

해설

$$E = V + I \cdot r = IR + I \cdot r = I(R+r)$$

여기서, E : 기전력[V]
  V : 단자전압[V]
  I : 전류[A]
  r : 내부저항[Ω]
  R : 외부저항[Ω]

$E = I(R+r)$
$E = 3(6+r) = 18 + 3r \cdots \text{㉠}$
$E = 2(6+4+r) = 2(10+r) = 20 + 2r \cdots \text{㉡}$

$-\begin{vmatrix} E = 18+3r \\ E = 20+2r \end{vmatrix}$
$\quad\quad = -2 + r$
$r = 2$
$\therefore r = 2[\Omega]$

㉠식에 $r=2$를 대입하면
$E = 3(6+2) = 24[V]$

2017년 제4회 소방설비기사[전기분야] 1차 필기

[제2과목 : 소방전기회로]

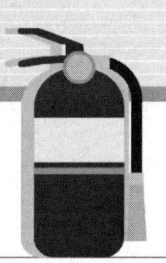

21 그림과 같은 회로에서 a, b단자에 흐르는 전류 I가 인가전압 E와 동위상이 되었다. 이때 L 값은?

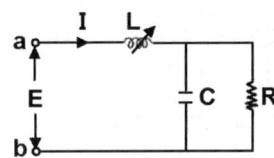

① $\dfrac{R}{1+\omega CR}$
② $\dfrac{R^2}{1+(\omega CR)^2}$
③ $\dfrac{CR^2}{1+\omega CR}$
④ $\dfrac{CR^2}{1+(\omega CR)^2}$

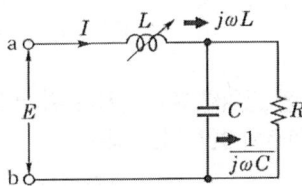

㉠ RC 병렬회로의 합성임피던스 Z는

$$Z = \dfrac{X_C \times R}{X_C + R} = \dfrac{\dfrac{1}{j\omega C} \times R}{\dfrac{1}{j\omega C} + R}$$

여기서, Z : 합성임피던스[Ω]
X_C : 용량리액턴스[Ω]
R : 저항[Ω]
j : 허수($\sqrt{-1}$)
ω : 각속도[rad/s]
C : 정전용량[F]

$$Z = \dfrac{\dfrac{1}{j\omega C} \times R}{\dfrac{1}{j\omega C} + R} = \dfrac{\dfrac{j\omega C}{j\omega C} \times R}{\dfrac{j\omega C}{j\omega C} + j\omega CR}$$

$$= \dfrac{R}{1+j\omega CR}$$
$$= \dfrac{R(1-j\omega CR)}{(1+j\omega CR)(1-j\omega CR)}$$
$$= \dfrac{R-j\omega CR^2}{1+\omega^2 C^2 R^2}$$
$$= \dfrac{R}{1+\omega^2 C^2 R^2} - j\dfrac{\omega CR^2}{1+\omega^2 C^2 R^2}$$

여기서, 허수부분이 $j\omega L$과 같으면 허수가 상쇄되고 R만 남는 회로가 되어 I와 E가 동위상이 된다.

㉡ I와 E의 동위상

$$j\omega L \quad \dfrac{R}{1+\omega^2 C^2 R^2} - j\dfrac{\omega CR^2}{1+\omega^2 C^2 R^2}$$

$$j\omega L = j\dfrac{\omega CR^2}{1+\omega^2 C^2 R^2}$$

$$L = \dfrac{CR^2}{1+\omega^2 C^2 R^2} = \dfrac{CR^2}{1+(\omega CR)^2}$$

22 그림과 같은 회로에서 단자 a, b 사이에 주파수 f(Hz)의 정현파 전압을 가했을 때 전류계 A_1, A_2의 값이 같았다. 이 경우 f, L, C 사이의 관계로 옳은 것은?

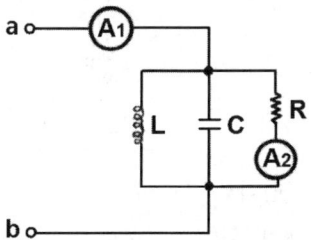

① $f = \dfrac{1}{2\pi^2 LC}$
② $f = \dfrac{1}{4\pi\sqrt{LC}}$
③ $f = \dfrac{1}{\sqrt{2\pi^2 LC}}$
④ $f = \dfrac{1}{2\pi\sqrt{LC}}$

정답 21.④ 22.④

해설 일반적인 정현파의 공진주파수
전류계 $A_1 = A_2$ 이면 공진되었다는 뜻이므로

$$f_0 = \frac{1}{2\pi\sqrt{LC}}$$

여기서, f_0 : 공진주파수[Hz]
L : 인덕턴스[H]
C : 정전용량[F]

23 추종제어에 대한 설명으로 가장 옳은 것은?
① 제어량의 종류에 의하여 분류한 자동제어의 일종
② 목푯값이 시간에 따라 임의로 변하는 제어
③ 제어량이 공업 프로세스의 상태량일 경우의 제어
④ 정치제어의 일종으로 주로 유량, 위치, 주파수, 전압 등을 제어

해설 ① 제어량의 종류에 의하여 분류한 자동제어의 일종 : 공정제어
② 목푯값이 시간에 따라 임의로 변하는 제어 : 추종제어
③ 제어량이 공업 프로세스의 상태량일 경우의 제어 : 공정제어
④ 정치제어의 일종으로 주로 유량, 위치, 주파수, 전압 등을 제어 : 공정, 서보기구, 자동조정

24 다음 그림과 같은 논리회로로 옳은 것은?

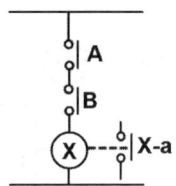

① OR회로
② AND회로
③ NOT 회로
④ NOR 회로

해설

명칭	시퀀스회로	논리회로
AND회로 (직렬회로)		$X = A \cdot B$ 입력신호 A, B가 동시에 1일 때만 출력신호 X가 1이 된다.

25 진공 중에 놓인 $5[\mu C]$의 점전하에서 $2[m]$가 되는 점의 전계는 몇 [V/m]인가?
① $11.25 \times 10^3 [V/m]$
② $16.25 \times 10^3 [V/m]$
③ $22.25 \times 10^3 [V/m]$
④ $28.25 \times 10^3 [V/m]$

해설
$$E = 9 \times 10^9 \times \frac{Q}{r^2}$$
$$= 9 \times 10^9 \times \frac{5 \times 10^{-6}}{2^2}$$
$$= 11250 [V/m](N/C)$$

26 전류계의 측정 범위를 확대시키기 위하여 전류계와 병렬로 연결해야만 되는 것은?
① 배율기
② 분류기
③ 중계기
④ CT

해설 분류기(Shunt)
전류계의 측정 범위를 확대하기 위해 전류계와 병렬로 접속하는 저항

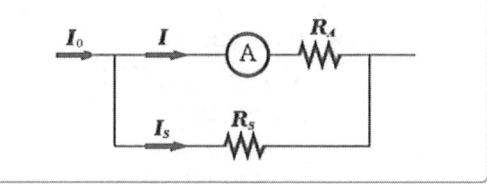

여기서, I_0 : 측정하고자 하는 전류[A]
I : 전류계의 최대눈금[A]
I_s : 분류기에 흐르는 전류[A]
R_A : 전류계 내부저항[Ω]
R_s : 분류기[Ω]

27 100[V], 500[W]의 전열선 2개를 같은 전압에서 직렬로 접속한 경우와 병렬로 접속한 경우의 전력은 각각 몇 [W]인가?

① 직렬 : 250[W], 병렬 : 500[W]
② 직렬 : 250[W], 병렬 : 1,000[W]
③ 직렬 : 500[W], 병렬 : 500[W]
④ 직렬 : 500[W], 병렬 : 1,000[W]

㉠ 전력

$$P = \frac{V^2}{R}$$

여기서, P : 전력[W]
V : 전압[V]
R : 저항[Ω]

저항 R은
$$R = \frac{V^2}{P} = \frac{100^2}{500} = 20[\Omega]$$

㉡ 전열선 2개 직렬접속

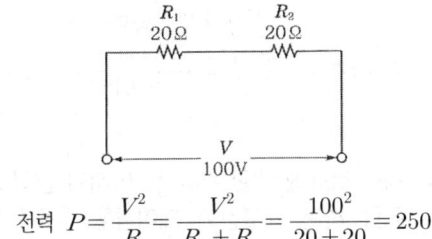

전력 $P = \frac{V^2}{R} = \frac{V^2}{R_1 + R_2} = \frac{100^2}{20+20} = 250\text{W}$

㉢ 전열선 2개 병렬접속

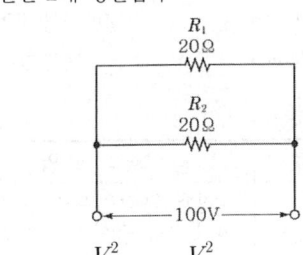

전력 $P = \frac{V^2}{R} = \frac{V^2}{\frac{R_1 R_2}{R_1 + R_2}}$

$= \frac{100^2}{\frac{20 \times 20}{20+20}}$

$= 1000[\text{W}]$

28 정속도 운전의 직류발전기로 작은 전력의 변화를 큰 전력의 변화로 증폭하는 발전기는?

① 앰플리다인 ② 로젠베르그발전기
③ 솔레노이드 ④ 서보전동기

전기동력계	앰플리다인(amplidyne)
대형 직류전동기의 토크 측정	정속도운전의 직류발전기로 작은 전력의 변화를 큰 전력의 변화로 증폭하는 발전기

[앰플리다인]

29 전압 및 전류측정방법에 대한 설명 중 틀린 것은?

① 전압계를 저항 양단에 병렬로 접속한다.
② 전류계는 저항에 직렬로 접속한다.
③ 전압계의 측정범위를 확대하기 위하여 배율기는 전압계와 직렬로 접속한다.
④ 전류계의 측정범위를 확대하기 위하여 분류기는 전류계와 직렬로 접속한다.

전압계와 전류계

전압계	전류계
저항에 병렬접속	저항에 직렬접속

30 공진작용과 관계가 없는 것은?

① C급 증폭회로 ② 발진회로
③ LC 병렬회로 ④ 변조회로

공진작용과 관계있는 것
㉠ C급 증폭회로
㉡ 발진회로
㉢ LC 병렬회로

정답 27.② 28.① 29.④ 30.④

31 다음 그림과 같은 회로에서 전달함수로 옳은 것은?

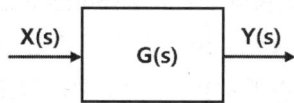

① X(s)+Y(s)　　② X(s)Y(s)
③ Y(s)/X(s)　　④ X(s)/Y(s)

해설 $Y(s) = X(s)\,G(s)$
$\dfrac{Y(s)}{X(s)} = G(s)$ ∴ $Y(s)/X(s) = G(s)$

전달함수 $G(S) = \dfrac{출력}{입력}$

32 0.5[kVA]의 수신기용 변압기가 있다. 변압기의 철손이 7.5[W], 전부하동손이 16[W]이다. 화재가 발생하여 처음 2시간은 전부하 운전되고, 다음 2시간은 1/2의 부하가 걸렸다고 한다. 4시간에 걸친 전손실 전력량은 약 몇 [Wh]인가?

① 65[Wh]　　② 70[Wh]
③ 75[Wh]　　④ 80[Wh]

해설 ㉠ 기호

- P_i : 7.5W
- P_c : 16W
- t : 2h
- $\dfrac{1}{2}$ 부하가 걸렸으므로 $\dfrac{1}{n} = \dfrac{1}{2}$

㉡ 전손실전력량

$$W = [P_i + P_c]t + \left[P_i + \left(\dfrac{1}{n}\right)^2 P_c\right]t$$

여기서, W : 전손실전력량[Wh]
　　　　P_i : 철손[W]
　　　　P_c : 동손[W]
　　　　t : 시간[h]
　　　　n : 부하가 걸리는 비율

$W = [7.5 + 16] \times 2 + \left[7.5 + \left(\dfrac{1}{2}\right)^2 \times 16\right] \times 2$
$= 70[\text{Wh}]$

33 지름 1.2[m], 저항 7.6[Ω]의 동선에서 이 동선의 저항률을 0.0172[Ω·m]라고 하면 동선의 길이는 약 몇 [m]인가?

① 200[m]　　② 300[m]
③ 400[m]　　④ 500[m]

해설 ㉠ 기호

- r : 지름이 1.2[m]이므로 반지름은 0.6[m]
- R : 7.6[Ω]
- ρ : 0.0172[Ω·m]

㉡ 저항

$$R = \rho \dfrac{l}{A} = \rho \dfrac{l}{\pi r^2}$$

여기서, R : 저항(회로저항)[Ω]
　　　　ρ : 고유저항(저항률)[Ω·m]
　　　　A : 도체의 단면적[m²]
　　　　l : 도체의 길이[m]
　　　　r : 도체의 반지름[m]

길이 l은 $l = \dfrac{\pi r^2 R}{\rho} = \dfrac{\pi \times 0.6^2 \times 7.6}{0.0172} ≒ 500[\text{m}]$

34 제어 목표에 의한 분류 중 미지의 임의 시간적 변화를 하는 목푯값에 제어량을 추종시키는 것을 목적으로 하는 제어법은?

① 정치제어　　② 비율제어
③ 추종제어　　④ 프로그램제어

해설 제어의 종류

종류	설명
정치제어 (fixed value control)	• 일정한 목푯값을 유지하는 것으로 프로세스 제어, 자동조정이 이에 해당된다. 예 연속식 압연기 • 목푯값이 시간에 관계없이 항상 일정한 값을 가지는 제어이다.
추종제어 (follow-up control)	• 미지의 시간적 변화를 하는 목푯값에 제어량을 추종시키기 위한 제어로 서보기구가 이에 해당된다. 예 대공포의 포신

비율제어 (ratio control)	• 둘 이상의 제어량을 소정의 비율로 제어하는 것이다. • 연료의 유량과 공기의 유량과의 사이의 비율을 연소에 적합한 것으로 유지하고자 하는 제어방식이다.
프로그램제어 (program control)	• 목푯값이 미리 정해진 시간적 변화를 하는 경우 제어량을 그것에 추종시키기 위한 제어이다. 예 열차·산업로봇의 무인운전, 엘리베이터

35 논리식 $X = \overline{A \cdot B}$ 와 같은 것은?

① $X = \overline{A} + \overline{B}$ ② $X = A + B$
③ $X = \overline{A} \cdot \overline{B}$ ④ $X = A \cdot B$

해설 **드모르간법칙**
$X = \overline{A \cdot B} = \overline{A} + \overline{B}$

36 다이오드를 여러 개 병렬로 접속하는 경우에 대한 설명으로 옳은 것은?

① 과전류로부터 보호할 수 있다.
② 과전압으로부터 보호할 수 있다.
③ 부하측의 맥동률을 감소시킬 수 있다.
④ 정류기의 역방향 전류를 감소시킬 수 있다.

해설 **다이오드의 접속**
㉠ 직렬접속 : 과전압으로부터 보호

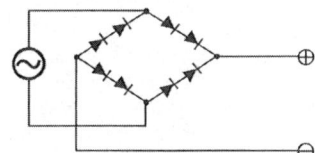

㉡ 병렬접속 : 과전류로부터 보호

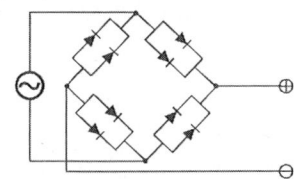

37 이상적인 트랜지스터의 α 값은? (단, α는 베이스접지 증폭기의 전류증폭율이다.)

① 0 ② 1
③ 100 ④ ∞

해설 **베이스접지 전류증폭률**

$$\alpha = \frac{\beta}{1+\beta}$$

여기서, α : 베이스접지 전류증폭률
β : 이미터접지 전류증폭률

• 이상적인 트랜지스터의 베이스접지 전류증폭률 α는 1이다.
• 전류증폭률 = 전류증폭정수
• 베이스접지 = 베이스접지 증폭기

38 저항이 R, 유도리액턴스가 X_L, 용량리액턴스가 X_C인 R-L-C 직렬회로에서의 $\dot{Z}$(벡터)와 Z값으로 옳은 것은?

① $\dot{Z} = R + j(X_L - X_C)$, $Z = \sqrt{R^2 + (X_L - X_C)^2}$
② $\dot{Z} = R + j(X_L + X_C)$, $Z = \sqrt{R^2 + (X_L + X_C)^2}$
③ $\dot{Z} = R + j(X_C - X_L)$, $Z = \sqrt{R^2 + (X_C - X_L)^2}$
④ $\dot{Z} = R + j(X_C + X_L)$, $Z = \sqrt{R^2 + (X_C + X_L)^2}$

해설 **임피던스**

RLC 직렬회로	RLC 병렬회로
$\dot{Z} = R + j(X_L - X_C)$ $Z = \sqrt{R^2 + (X_L - X_C)^2}$	$\dot{Z} = \dfrac{1}{\dfrac{1}{R} + j\left(\dfrac{1}{X_C} - \dfrac{1}{X_L}\right)}$ $Z = \dfrac{1}{\sqrt{\left(\dfrac{1}{R}\right)^2 + \left(\dfrac{1}{X_C} - \dfrac{1}{X_L}\right)^2}}$

여기서, $\dot{Z}$: 임피던스(벡터)[Ω]
Z : 임피던스[Ω]
R : 저항[Ω]
j : 허수($\sqrt{-1}$)
X_L : 유도리액턴스[Ω]
X_C : 용량리액턴스[Ω]

02. 소방전기회로

39 3상 유도전동기의 기동법이 아닌 것은?
① Y-Δ 기동법   ② 기동보상기법
③ 1차 저항기동법   ④ 전전압기동법

해설 3상 유도전동기의 기동법

농 형	권선형
• 전전압기동법(직입기동법) • Y-Δ기동법 • 리액터법 • 기동보상기법 • 콘도르퍼기동법	• 2차 저항법(2차 저항기동법) • 게르게스법

40 조작기기는 직접 제어대상에 작용하는 장치이고 빠른 응답이 요구된다. 다음 중 전기식 조작기기가 아닌 것은?
① 서보 전동기   ② 전동 밸브
③ 다이어프램 밸브   ④ 전자 밸브

해설 조작기기

전기식 조작기기	기계식 조작기기
• 전동밸브 • 전자밸브(솔레노이드밸브) • 서보전동기	• 다이어프램밸브

정답 39.③ 40.③

2018년 제1회 소방설비기사[전기분야] 1차 필기

[제2과목 : 소방전기회로]

21 대칭 3상 Y부하에서 각 상의 임피던스는 20[Ω]이고, 부하 전류가 8[A]일 때 부하의 선간전압은 약 몇 [V]인가?

① 160[V]   ② 226[V]
③ 277[V]   ④ 480[V]

해설 Y결선 : $V_l = \sqrt{3}\,V_P$, $I_l = I_P$
△결선 : $V_l = V_P$, $I_l = \sqrt{3}\,I_P$
$V_P = I_P Z_P = 8 \times 20 = 160$
$V_l = \sqrt{3}\,V_P = \sqrt{3} \times 160 = 277[V]$

22 터널다이오드를 사용하는 목적이 아닌 것은?

① 스위칭작용   ② 증폭작용
③ 발진작용   ④ 정전압 정류작용

해설 정전압 정류작용 : 제너다이오드

23 제어동작에 따른 제어계의 분류에 대한 설명 중 틀린 것은?

① 미분동작 : D동작 또는 rate동작이라고 부르며, 동작신호의 기울기에 비례한 조작신호를 만든다.
② 적분동작 : I동작 또는 리셋동작이라고 부르며, 적분값의 크기에 비례하여 조절신호를 만든다.
③ 2위치제어 : on/off 동작이라고도 하며, 제어량이 목표값보다 작은지 큰지에 따라 조작량으로 on 또는 off의 두 가지 값의 조절 신호가 발생한다.
④ 비례동작 : P동작이라고도 부르며, 제어동작 신호에 반비례하는 조절신호를 만드는 제어동작이다.

해설 반비례 → 비례

24 PB-on 스위치와 병렬로 접속된 보조접점 X-a의 역할은?

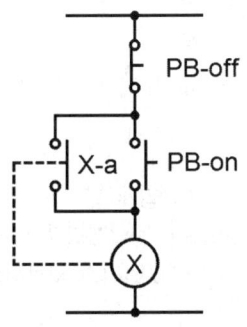

① 인터록회로   ② 자기유지회로
③ 전원차단회로   ④ 램프점등회로

해설 PB-on을 누르면 코일 X가 여자되며 X-a(자기유지접점)이 On상태가 된다.
PB-on을 떼라도 X-a 접점이 On상태가 유지되므로, X-a 접점을 자기유지접점이라 하며, 자기유지접점이 있는 회로를 자기유지회로라고 한다.

25 집적회로(IC)의 특징으로 옳은 것은?

① 시스템이 대형화된다.
② 신뢰성이 높으나, 부품의 교체가 어렵다.
③ 열에 강하다.
④ 마찰에 의한 정전기 영향에 주의해야 한다.

해설 ① 대형화 → 소형화
② 부품의 교체가 어렵다. → 쉽다
③ 열에 강하다. → 약하다

정답 21.③ 22.④ 23.④ 24.② 25.④

26 $R=10[\Omega]$, $\omega L=20[\Omega]$인 직렬회로에 $220[V]$의 전압을 가하는 경우 전류와 전압과 전류의 위상각은 각각 어떻게 되는가?

① 24.5[A], 26.5° ② 9.8[A], 63.4°
③ 12.2[A], 13.2° ④ 73.6[A], 79.6°

해설
- 전류
$$I=\frac{V}{Z}=\frac{V}{\sqrt{R^2+(X_L-X_C)^2}}$$
$$=\frac{220}{\sqrt{10^2+20^2}}=9.8[A]$$
- 전압과 전류의 위상각
$$\tan\theta=\frac{X}{R}$$
$$\rightarrow \theta=\tan^{-1}\left(\frac{X}{R}\right)=\tan^{-1}\left(\frac{20}{10}\right)=63.4°$$

27 그림과 같이 전압계 V_1, V_2, V_3와 $5[\Omega]$의 저항 R을 접속하였다. 전압계의 지시가 $V_1=20[V]$, $V_2=40[V]$, $V_3=50[V]$라면 부하전력은 몇 [W]인가?

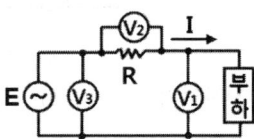

① 50[W]   ② 100[W]
③ 150[W] ④ 200[W]

해설
$$P=\frac{1}{2R}((V_3)^2-(V_1)^2-(V_2)^2)$$
$$=\frac{1}{(2)(5)}(50^2-20^2-40^2)$$
$$=50[W]$$

28 교류에서 파형의 개략적인 모습을 알기 위해 사용하는 파고율과 파형률에 대한 설명으로 옳은 것은?

① 파고율 = 실효값/평균값, 파형률 = 평균값/실효값
② 파고율 = 최댓값/실효값, 파형률 = 실효값/평균값
③ 파고율 = 실효값/최대값, 파형률 = 평균값/실효값
④ 파고율 = 최대값/평균값, 파형률 = 평균값/실효값

해설

최대값	파고율 $\left(=\frac{최대값}{실효값}\right)$
실효값	
평균값	파형율 $\left(=\frac{실효값}{평균값}\right)$

29 단상 유도전동기의 Slip은 5.5[%], 회전자의 속도가 1700[rpm]인 경우 동기속도(N_S)는?

① 3090[rpm] ② 9350[rpm]
③ 1799[rpm] ④ 1750[rpm]

해설
- 회전자속도(실제속도)
$$N=\frac{120f}{P}(1-s)=1700$$
- 동기속도(이론속도)
$$N_S=\frac{120f}{P}=\frac{1700}{(1-s)}=\frac{1700}{(1-0.055)}$$
$$=1799[rpm]$$

30 다음 그림과 같은 계통의 전달함수는?

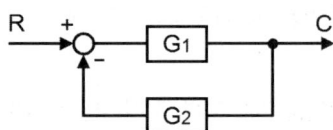

① $\dfrac{G_1}{1+G_2}$ ② $\dfrac{G_2}{1+G_1}$
③ $\dfrac{G_2}{1+G_1G_2}$ ④ $\dfrac{G_1}{1+G_1G_2}$

해설
$$\frac{전향경로}{1-피드백}=\frac{G_1}{1-(-G_1G_2)}=\frac{G_1}{1+G_1G_2}$$

31 불대수의 기본정리에 관한 설명으로 틀린 것은?

① $A+A=A$ ② $A+1=1$
③ $A\cdot 0=1$ ④ $A+0=A$

해설 $A\cdot 0=0$

32 3상유도전동기 Y-Δ 기동회로의 제어요소가 아닌 것은?

① MCCB　　② THR
③ MC　　　④ ZCT

해설 ZCT(영상변류기) : 누전경보기의 누설전류 검출요소

33 권선수가 100회인 코일을 200회로 늘리면 코일에 유기되는 유도기전력은 어떻게 변화하는가?

① $\frac{1}{2}$로 감소　　② $\frac{1}{4}$로 감소
③ 2배로 증가　　④ 4배로 증가

해설 $L = \frac{\mu A N^2}{l} \propto N^2$
$100^2 \to 200^2$: 4배 증가

34 용량 0.02[μF] 콘덴서 2개와 0.01[μF] 콘덴서 1개를 병렬로 접속하여 24[V]의 전압을 가하였다. 합성용량은 몇 [μF]이며, 0.01[μF] 콘덴서에 축적되는 전하량은 몇 [C]인가?

① 0.05[μF], 0.12×10^{-6}[C]
② 0.05[μF], 0.24×10^{-6}[C]
③ 0.03[μF], 0.12×10^{-6}[C]
④ 0.03[μF], 0.24×10^{-6}[C]

해설 ㉠ 합성용량
$C = C_1 + C_2 + C_3$
$C = 0.02 + 0.02 + 0.01 = 0.05[\mu F]$
㉡ $Q = CV$
$Q_1 = (0.01 \times 10^{-6})(24) = 0.24 \times 10^{-6}$[C]

35 1차 권선수 10회, 2차 권선수 300회인 변압기에서 2차 단자전압 1500[V]가 유도되기 위한 1차 단자전압은 몇 [V]인가?

① 30[V]　　② 50[V]
③ 120[V]　　④ 150[V]

해설 $a = \frac{N_1}{N_2} = \frac{V_1}{V_2} = \frac{E_1}{E_2} = \sqrt{\frac{Z_1}{Z_2}} = \frac{I_2}{I_1}$

$\frac{10}{300} = \frac{V_1}{1500} \to V_1 = 50[V]$

36 회로의 전압과 전류를 측정하기 위한 계측기의 연결방법으로 옳은 것은?

① 전압계 : 부하와 직렬, 전류계 : 부하와 병렬
② 전압계 : 부하와 직렬, 전류계 : 부하와 직렬
③ 전압계 : 부하와 병렬, 전류계 : 부하와 병렬
④ 전압계 : 부하와 병렬, 전류계 : 부하와 직렬

해설 부하의 전압을 측정하기 위하여 부하와 병렬로 연결, 부하의 전류를 측정하기 위하여 부하와 직렬로 연결해야 한다. 배율기, 분류기문제와 헷갈리지 말 것
- 배율기 : 전압계의 측정범위 확대를 위해 전압계와 직렬로 접속하는 대저항
- 분류기 : 전류계의 측정범위 확대를 위해 전류계와 병렬로 접속하는 소저항

37 배전선에 6000[V]의 전압을 가하였더니 2[mA]의 누설전류가 흘렀다. 이 배전선의 절연저항은 몇 [MΩ]인가?

① 3[MΩ]　　② 6[MΩ]
③ 8[MΩ]　　④ 12[MΩ]

해설 $R = \frac{V}{I} = \frac{6000}{2 \times 10^{-3}} = 3000000 = 3[M\Omega]$

38 RLC 직렬공진회로에서 제n고조파의 공진주파수 (f_n)는?

① $\frac{1}{2\pi n \sqrt{LC}}$　　② $\frac{1}{\pi n \sqrt{LC}}$
③ $\frac{1}{2\pi \sqrt{nLC}}$　　④ $\frac{n}{2\pi \sqrt{LC}}$

해설 RLC 직렬공진 조건 : $X_L = X_C$
$\omega L = \frac{1}{\omega C}$ ($\because \omega = 2\pi f$)

정답 32.④ 33.④ 34.② 35.② 36.④ 37.① 38.①

$$2\pi fL = \frac{1}{2\pi fC}$$

$$f = \frac{1}{2\pi\sqrt{LC}}$$

제 n고조파는 주파수가 n배인 파형으로서 nf가 된다.

따라서 $2\pi(nf)L = \frac{1}{2\pi(nf)C}$

$$f = \frac{1}{2\pi n\sqrt{LC}} \text{ 이다.}$$

39 다음과 같은 결합회로의 합성인덕턴스로 옳은 것은?

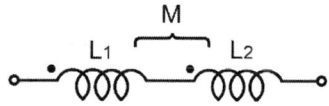

① $L_1 + L_2 + 2M$ ② $L_1 + L_2 - 2M$
③ $L_1 + L_2 - M$ ④ $L_1 + L_2 + M$

해설 인덕턴스의 접속
① 직렬접속
합성 인덕턴스 L은
$L = L_1 + L_2 \pm 2M[H]$
L_1, L_2 : 각 코일의 자체인덕턴스[H]
M : 상호인덕턴스$(= k\sqrt{L_1 L_2})[H]$
㉠ M의 부호는 화동(순방향) 결합이면 +2M
㉡ 차동(역방향) 결합이면 -2M

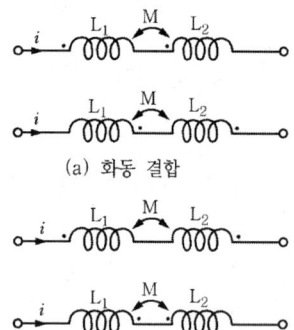

(a) 화동 결합

(b) 차동 결합

【 인덕턴스의 직렬접속 】

② 병렬접속
합성 인덕턴스 L은
$$L = \frac{L_1 L_2 - M^2}{L_1 + L_2 \pm 2M}[H]$$
㉠ 분모의 2M의 부호는 화동 결합이면 -2M
㉡ 차동 결합이면 +2M

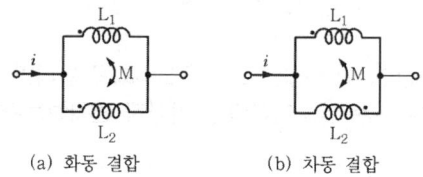

(a) 화동 결합   (b) 차동 결합

【 인덕턴스의 병렬접속 】

40 자동화재탐지설비의 수신기에서 교류 220[V]를 직류 24[V]로 정류 시 필요한 구성요소가 아닌 것은?

① 변압기   ② 트랜지스터
③ 정류다이오드 ④ 평활콘덴서

해설 평활콘덴서
직류를 더 직류답게 만들어주기 위한 콘덴서

2018년 제2회 소방설비기사[전기분야] 1차 필기

[제2과목 : 소방전기회로]

21 다음 그림과 같은 브리지 회로의 평형조건은?

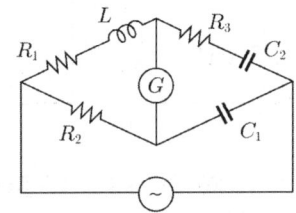

① $R_1C_1 = R_2C_2,\ R_2R_3 = C_1L$
② $R_1C_1 = R_2C_2,\ R_2R_3C_1 = L$
③ $R_1C_2 = R_2C_1,\ R_2R_3 = C_1L$
④ $R_1C_2 = R_2C_1,\ L = R_2R_3C_1$

해설
㉠ $Z_1 = R_1 + j\omega L$
㉡ $Z_2 = R_2$
㉢ $Z_3 = R_3 + \dfrac{1}{j\omega C_2}$
㉣ $Z_4 = \dfrac{1}{j\omega C_1}$

$Z_1 \cdot Z_4 = Z_2 \cdot Z_3$

$(R_1 + j\omega L)\left(\dfrac{1}{j\omega C_1}\right) = (R_2)\left(R_3 + \dfrac{1}{j\omega C_2}\right)$

$\dfrac{(R_1 + j\omega L)}{R_2} = \left(R_3 + \dfrac{1}{j\omega C_2}\right)(j\omega C_1)$

$\dfrac{R_1}{R_2} + \dfrac{j\omega L}{R_2} = j\omega C_1 R_3 + \dfrac{j\omega C_1}{j\omega C_2}$

실수부 → $\dfrac{R_1}{R_2} = \dfrac{C_1}{C_2} \to R_1C_2 = R_2C_1$

허수부 → $\dfrac{j\omega L}{R_2} = j\omega C_1 R_3 \to L = R_2C_1R_3$

22 R-C 직렬 회로에서 저항 R을 고정시키고 X_C를 0에서 ∞까지 변화시킬 때 어드미턴스 궤적은?

① 1사분면의 내의 반원이다.
② 1사분면의 내의 직선이다.
③ 4사분면의 내의 반원이다.
④ 4사분면의 내의 직선이다.

23 비투자율 $\mu_s = 500$, 평균 자로의 길이 1[m]의 환상 철심 자기회로에 2[mm]의 공극을 내면 전체의 자기저항은 공극이 없을 때의 약 몇 배가 되는가?

① 5배   ② 2.5배
③ 2배   ④ 0.5배

해설 자기저항배수 m

$m = 1 + \dfrac{l_0}{l} \times \dfrac{\mu_0 \mu_s}{\mu_0}$

$= 1 + \dfrac{2 \times 10^{-3}}{1} \times 500 = 2$

24 1개의 용량이 25[W]인 객석유도등 10개가 연결되어 있다. 이 회로에 흐르는 전류는 약 몇 [A]인가? (단, 전원 전압은 220[V]이고, 기타 선로손실 등은 무시한다)

① 0.88[A]   ② 1.14[A]
③ 1.25[A]   ④ 1.36[A]

해설 $25 \times 10 = 250[W]$
$P = VI$
$I = \dfrac{P}{V} = \dfrac{250}{220} = 1.14[A]$

정답 21.④ 22.① 23.③ 24.②

25 분류기를 써서 배율을 9로 하기 위한 분류기의 저항은 전류계 내부저항의 몇 배인가?

① $\frac{1}{8}$배 ② $\frac{1}{9}$배
③ 8배 ④ 9배

해설
배율 = $\frac{\text{전류계의 내부저항}}{\text{분류계의 저항}} + 1 = 9$

분류계의 저항 = 전류계의 내부저항 × $\frac{1}{8}$

26 R-L 직렬 회로의 설명으로 옳은 것은?
① v, i는 각 다른 주파수를 가지는 정현파이다.
② v는 i보다 위상이 $\theta = \tan^{-1}\left(\frac{\omega L}{R}\right)$ 만큼 앞선다.
③ v와 i의 최대값과 실효값의 비는 $\sqrt{R^2 + \left(\frac{1}{X_L}\right)^2}$ 이다.
④ 용량성 회로이다.

해설
① 각 다른 주파수 → 동일한 주파수
③ $\sqrt{R^2 + \left(\frac{1}{X_L}\right)^2} \rightarrow \sqrt{R^2 + (X_L)^2}$
④ 용량성 회로 → 유도성 회로

27 두 개의 코일 L_1과 L_2를 동일방향으로 직렬 접속 하였을 때 합성인덕턴스가 140[mH]이고, 반대방향으로 접속하였더니 합성인덕턴스가 20[mH] 이었다. 이때, $L_1 = 40$[mH]이면 결합계수 K는?

① 0.38 ② 0.5
③ 0.75 ④ 1.3

해설
$L_1 + L_2 + 2M = 140$
$L_1 + L_2 - 2M = 20$
두 개의 식을 빼면
$4M = 120$, $M = 30$
$40 + L_2 + 2(30) = 140$, $L_2 = 40$, $M = k\sqrt{L_1 L_2}$
$k = \frac{M}{\sqrt{L_1 L_2}} = \frac{30}{\sqrt{(40)(40)}} = \frac{30}{40} = 0.75$

28 삼각파의 파형률 및 파고율은?
① 1.0, 1.0 ② 1.04, 1.226
③ 1.11, 1.414 ④ 1.155, 1.732

해설
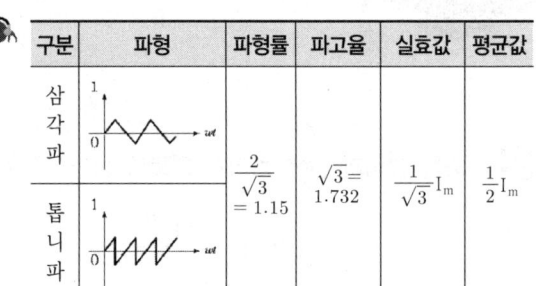

구분	파형	파형률	파고율	실효값	평균값
삼각파		$\frac{2}{\sqrt{3}}$ = 1.15	$\sqrt{3}$ = 1.732	$\frac{1}{\sqrt{3}}I_m$	$\frac{1}{2}I_m$
톱니파					

29 P형 반도체에 첨가되는 불순물에 관한 설명으로 옳은 것은?
① 5개의 가전자를 갖는다.
② 억셉터 불순물이라 한다.
③ 과잉전자를 만든다.
④ 게르마늄에는 첨가할 수 있으나 실리콘에는 첨가가 되지 않는다.

해설 N형 반도체 & P형 반도체

N형 반도체	P형 반도체
도너	억셉터
5가 원소	3가 원소
부(NEGATIVE)	정(POSITIVE)
과잉전자 (가전자가 1개 남는 불순물)	부족전자 (가전자가 1개 모자라는 불순물)
게르마늄, 실리콘에 모두 첨가	게르마늄, 실리콘에 모두 첨가

30 그림과 같은 게이트의 명칭은?

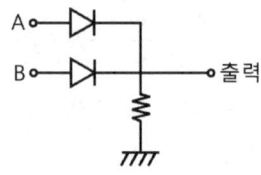

① AND ② OR
③ NOR ④ NAND

정답 25.① 26.② 27.③ 28.④ 29.② 30.②

해설 기본적인 논리회로

회로	유접점	무접점	논리회로(논리식)	진리표
AND 회로			$X = A \cdot B$	
OR 회로			$X = A + B$	
NOT 회로			$X = \overline{A}$	
NAND 회로			$X = \overline{A \cdot B}$	
NOR 회로			$X = \overline{A + B}$	
배타적 OR (X OR)			$X = A \cdot \overline{B} + \overline{A} \cdot B = A \oplus B$	
플립 플롭				

31 어떤 코일의 임피던스를 측정하고자 직류전압 30[V]를 가했더니 300[W]가 소비되고, 교류전압 100[V]를 가했더니 1,200[W]가 소비되었다. 이 코일의 리액턴스는 몇 [Ω]인가?

① 2[Ω]   ② 4[Ω]
③ 6[Ω]   ④ 8[Ω]

해설 ㉠ 직류전압 30[V] → 300[W]

$$P = VI = I^2R = \frac{V^2}{R}$$

$$R = \frac{V^2}{P} = \frac{30^2}{300} = 3[\Omega]$$

㉡ 교류전압 100V → 1200W
유효전력 $P = VI\cos\theta$
$= I^2 Z\cos\theta = I^2 R$
$= \left(\frac{V^2}{Z}\right)R$
$= \left(\frac{V}{\sqrt{R^2 + (X_L)^2}}\right)^2 \times R$

$= \left(\frac{100}{3^2 + (X_L)^2}\right)^2 \times 3 = 1200$

$X_L = 4[\Omega]$

32 저항 6[Ω]과 유도리액턴스 8[Ω]이 직렬로 접속된 회로에 100[V]의 교류전압을 가할 때 흐르는 전류의 크기는 몇 [A]인가?

① 10[A]   ② 20[A]
③ 50[A]   ④ 80[A]

해설
$$I = \frac{V}{Z} = \frac{V}{\sqrt{R^2 + (X_L)^2}}$$
$$= \frac{100}{\sqrt{6^2 + 8^2}} = 10[A]$$

33 백열전등의 점등스위치로는 다음 중 어떤 스위치를 사용하는 것이 적합한가?

① 복귀형 a접점스위치
② 복귀형 b접점스위치
③ 유지형 스위치
④ 전자접촉기

해설
• 유지형 스위치 : 조작하면 접점의 개폐상태가 그대로 유지되는 스위치
  예) 텀블러스위치(전등점등스위치), 셀렉터스위치
• 복귀형 스위치 : 조작 중에만 접점 상태가 변하며 조작을 중지하면 원래 상태로 복귀하는 스위치
  예) 푸시버튼스위치, 풋스위치

34 L-C 직렬회로에서 직류전압 E를 t=0에서 인가할 때 흐르는 전류는?

① $\frac{E}{\sqrt{L/C}}\cos\frac{1}{\sqrt{LC}}t$

② $\frac{E}{\sqrt{L/C}}\sin\frac{1}{\sqrt{LC}}t$

③ $\frac{E}{\sqrt{C/L}}\cos\frac{1}{\sqrt{LC}}t$

④ $\frac{E}{\sqrt{C/L}}\sin\frac{1}{\sqrt{LC}}t$

정답 31.② 32.① 33.③ 34.②

해설 $L-C$ 직렬회로 과도현상

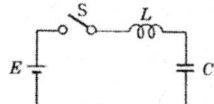

S를 ON하고 t초 후에 전류는

$i(t) = \dfrac{E}{\sqrt{\dfrac{L}{C}}} \sin \dfrac{1}{\sqrt{LC}} t$ [A] : 불변진동 전류

여기서, $i(t)$: 과도전류[A]
E : 직류전압[V]
L : 인덕턴스[H]
C : 커패시턴스[F]

35 피드백제어계에 대한 설명 중 틀린 것은?
① 감대역폭이 증가한다.
② 정확성이 있다.
③ 비선형에 대한 효과가 증대된다.
④ 발진을 일으키는 경향이 있다.

해설 비선형과 왜형에 대한 효과는 감소한다.

36 어떤 계를 표시하는 미분 방정식이 다음과 같다. $x(t)$는 입력신호, $y(t)$는 출력신호라고 하면 이 계의 전달함수는?

$$5\dfrac{d^2}{dt^2}y(t) + 3\dfrac{d}{dt}y(t) - 2y(t) = x(t)$$

① $\dfrac{1}{(s+1)(s-5)}$ ② $\dfrac{1}{(s-1)(s+5)}$
③ $\dfrac{1}{(5s-1)(s+2)}$ ④ $\dfrac{1}{(5s-2)(s+1)}$

해설 문제에 주어진 미분 방정식을 라플라스 변환하면,
$5\dfrac{d^2}{dt^2}y(t) + 3\dfrac{d}{dt}y(t) - 2y(t) = x(t)$
$\Rightarrow 5s^2 Y(s) + 3s Y(s) - 2s Y(s) = X(s)$
전달함수 $G(s) = \dfrac{Y(s)}{X(s)} = \dfrac{1}{(5s^2+3s-2)}$
$= \dfrac{1}{(5s-2)(s+1)}$

37 측정기의 측정범위 확대를 위한 방법의 설명으로 틀린 것은?
① 전류의 측정범위 확대를 위하여 분류기를 사용하고, 전압의 측정범위 확대를 위하여 배율기를 사용한다.
② 분류기는 계기에 직렬로 배율기는 병렬로 접속한다.
③ 측정기 내부 저항을 R_a, 분류기 저항을 R_s라 할 때, 분류기의 배율은 $1 + \dfrac{R_a}{R_s}$로 표시된다.
④ 측정기 내부의 저항을 R_v, 배율기 저항을 R_m라 할 때, 배율기의 배율은 $1 + \dfrac{R_m}{R_v}$로 표시된다.

해설 분류기 : 병렬 / 배율기 : 직렬

38 논리식 $X = AB\overline{C} + \overline{A}BC + \overline{A}B\overline{C}$를 가장 간소화 하면?
① $B(\overline{A} + \overline{C})$ ② $B(\overline{A} + A\overline{C})$
③ $B(\overline{A}C + \overline{C})$ ④ $B(A + C)$

해설 $X = AB\overline{C} + \overline{A}BC + \overline{A}B\overline{C}$
$= B(A\overline{C} + \overline{A}C + \overline{A}\overline{C})$
$= B(\overline{A}(C+\overline{C}) + A\overline{C})$
$= B(\overline{A} + A\overline{C})$
$= B((\overline{A}+A)(\overline{A}+\overline{C}))$
$= B(\overline{A}+\overline{C})$

39 원형 단면적이 S[m^2], 평균자로의 길이가 l[m], 1[m]당 권선수가 N회인 공심 환상솔레노이드에 I[A]의 전류를 흘릴 때 철심 내의 자속은?
① $\dfrac{NI}{l}$ ② $\dfrac{\mu_0 SNI}{l}$
③ $\mu_0 SNI$ ④ $\dfrac{\mu_0 SN^2 I}{l}$

정답 35.③ 36.④ 37.② 38.① 39.③

해설 $\Phi = \dfrac{\mu SNI}{l} = \dfrac{\mu_0 \mu_s SNI}{l}$ (공심이므로 $\mu_s = 1$ 대입)

$= \dfrac{\mu_0 SNI}{l}$

문제조건에 의하여 1m당 권선수가 N회이므로

$\Phi = \dfrac{\mu_0 SNI}{1[\text{m}]}$

$= \mu_0 SNI$

40 무한장 솔레노이드 자계의 세기에 대한 설명으로 틀린 것은?

① 전류의 세기에 비례한다.
② 코일의 권수에 비례한다.
③ 솔레노이드 내부에서의 자계의 세기는 위치에 관계없이 일정한 평등자계이다.
④ 자계의 방향과 암페어 경로 간에 서로 수직인 경우 자계의 세기가 최고이다.

해설 ④ 무관하다

2018년 제4회 소방설비기사[전기분야] 1차 필기
[제2과목 : 소방전기회로]

21 전지의 내부 저항이나 전해액의 도전율 측정에 사용되는 것은?

① 접지저항계
② 캘빈 더블 브리지
③ 콜라우시 브리지
④ 메거

해설 전해액 : 콜라우시 브리지

측정대상	측정계측기
굵은 나전선의 저항	켈빈 더블 브리지
가는 전선의 저항	휘트스톤 브리지
전해액의 저항	콜라우시 브리지
기기, 전선의 절연저항	메거(=절연저항계)
인덕턴스	맥스웰 브리지
정전용량 및 유전체 손실각	셰링 브리지
미소전류 및 미소전압	검류계
접지저항	어스테스터
전력	전력계
전력량	적산전력계(전력량계)

22 입력신호와 출력신호가 모두 직류(DC)로서 출력이 최대 5[kW]까지로 견고성이 좋고 토크가 에너지원이 되는 전기식 증폭기는?

① 계전기   ② SCR
③ 자기증폭기   ④ 앰플리다인

해설 앰플리다인
정속도운전의 직류발전기로 작은 전력의 변화를 큰 전력의 변화로 증폭하는 발전기

23 그림과 같은 회로에서 전압계 3개로 단상전력을 측정하고자 할 때의 유효전력은?

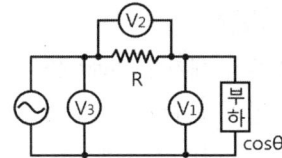

① $P = \dfrac{R}{2}(V_3^2 - V_1^2 - V_2^2)$

② $P = \dfrac{1}{2R}(V_3^2 - V_1^2 - V_2^2)$

③ $P = \dfrac{R}{2}(V_3^2 + V_1^2 + V_2^2)$

④ $P = \dfrac{1}{2R}(V_3^2 + V_1^2 + V_2^2)$

24 어느 도선의 길이를 2배로 하고 전기저항을 5배로 하려면 도선의 단면적은 몇 배로 되는가?

① 10배   ② 0.4배
③ 2배   ④ 2.5배

해설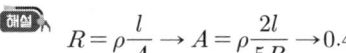

25 시퀀스제어에 관한 설명 중 틀린 것은?

① 기계적 계전기접점이 사용된다.
② 논리회로가 조합 사용된다.
③ 시간 지연요소가 사용된다.
④ 전체시스템에 연결된 접점들이 일시에 동작할 수 있다.

해설 일시에 → 순차적으로

정답 21.③ 22.④ 23.② 24.② 25.④

26 반도체에 빛을 쬐이면 전자가 방출되는 현상은?

① 홀 효과 ② 광전 효과
③ 펠티에효과 ④ 압전기 효과

해설 홀효과
도체에 자계를 가하면 전위차가 발생되는 현상
- 펠티에 효과 : 두 종류의 금속으로 폐회로를 만들어 전류를 흘리면 양 접속점에서 한 쪽은 온도가 올라가고, 다른 쪽은 온도가 내려가는 현상
- 압전기 효과 : 수정·전기석, 로셀염 등 결정에 압력을 가하면 전압을 발생하는 현상

27 그림과 같은 다이오드 게이트 회로에서 출력전압은? (단, 다이오드 내의 전압강하는 무시한다.)

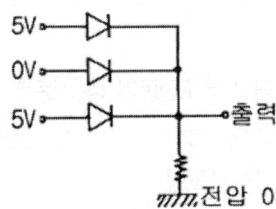

① 10[V] ② 5[V]
③ 1[V] ④ 0[V]

해설 OR회로 → 5[V] / AND회로 → 0[V]

28 용량 10[kVA]의 단권변압기를 그림과 같이 접속하면 역률 80[%]의 부하에 몇 [kW]의 전력을 공급할 수 있는가?

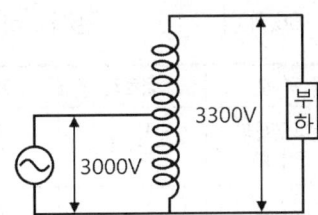

① 8[kW] ② 54[kW]
③ 80[kW] ④ 88[kW]

해설 ㉠ 부하전류 I_2를 구한다.
$$I_2 = \frac{P}{V_2 - V_1} = \frac{10 \times 10^3}{3300 - 3000} = 33.33[A]$$

㉡ 부하전력 $P_2 = V_2 I_2 \cos\theta$로 답을 구한다.
$$P_2 = V_2 I_2 \cos\theta = 3300 \times 33.33 \times 0.8$$
$$= 87991.2 \fallingdotseq 88 kW$$

29 전자유도현상에서 코일에 생기는 유도기전력의 방향을 정의한 법칙은?

① 플레밍의 오른손법칙
② 플레밍의 왼손법칙
③ 렌츠의 법칙
④ 패러데이의 법칙

해설 법칙정리

암페어	자계	방향
비오사바르	자계	세기
렌츠	유도기전력	방향
페러데이	유도기전력	세기
오른손법칙	발전기	방향
왼손법칙	전동기	

30 입력 $r(t)$, 출력 $c(t)$인 제어시스템에서 전달함수 $G(s)$는? (단, 초기값은 0이다.)

$$\frac{d^2c(t)}{dt^2} + 3\frac{dc(t)}{dt} + 2c(t) = \frac{dr(t)}{dt} + 3r(t)$$

① $\dfrac{3s+1}{2s^2+3s+1}$ ② $\dfrac{s^2+3s+2}{s+3}$

③ $\dfrac{s+1}{s^2+3s+2}$ ④ $\dfrac{s+3}{s^2+3s+2}$

해설 문제에 주어진 미분 방정식을 라플라스 변환하면
$$\frac{d^2}{dt^2}c(t) + 3\frac{d}{dt}c(t) + 2c(t) = \frac{d}{dt}r(t) + 3r(t)$$
$$\rightarrow s^2 C(s) + 3s C(s) + 2 C(s) = sR(s) + 3R(s)$$
전달함수 $G(s) = \dfrac{R(s)}{C(s)} = \dfrac{s+3}{(s^2+3s+2)}$
$$= \dfrac{s+3}{(s+1)(s+2)}$$

정답 26.② 27.② 28.④ 29.③ 30.④

31 다음 소자 중에서 온도 보상용으로 쓰이는 것은?

① 서미스터
② 바리스터
③ 제너다이오드
④ 터널다이오드

해설) 온도 보상용 소자 : 서미스터

32 한 상의 임피던스가 $Z=16+j12[\Omega]$인 Y결선 부하에 대칭 3상 선간전압 380[V]를 가할 때 유효전력은 약 몇 [kW]인가?

① 5.8[kW]   ② 7.2[kW]
③ 17.3[kW]   ④ 21.6[kW]

해설)
- Y결선 : $V_l = \sqrt{3}\,V_P$, $I_l = I_P$
- $V_l = 380 = \sqrt{3}\,V_P$
- $V_P = \dfrac{380}{\sqrt{3}} = 219.39[V]$
- $I_P = \dfrac{V_P}{Z_P} = \dfrac{219.39}{\sqrt{16^2+12^2}}$
  $= 10.97[A]$
- $P = 3V_P \cdot I_P \cdot \cos\theta = 3(I_P)^2 Z_P \cdot \cos\theta$
  $= 3(I_P)^2 R = 3(10.97)^2(16)$
  $= 5776.36$
  $= 5.8[kW]$

33 그림과 같은 계전기 접점회로의 논리식은?

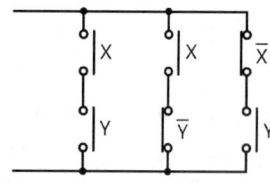

① $(X+Y)(X+\overline{Y})(\overline{X}+Y)$
② $(X+Y)+(X+\overline{Y})+(\overline{X}+Y)$
③ $(XY)+(X\overline{Y})+(\overline{X}Y)$
④ $(XY)(X\overline{Y})(\overline{X}Y)$

34 1[cm]의 간격을 둔 평행 왕복전선에 25[A]의 전류가 흐른다면 전선 사이에 작용하는 전자력은 몇 [N/m]이며, 이것은 어떤 힘인가?

① 2.5×10^{-2}[N/m], 반발력
② 1.25×10^{-2}[N/m], 반발력
③ 2.5×10^{-2}[N/m], 흡인력
④ 1.25×10^{-2}[N/m], 흡인력

해설) 전자력 F[N/m]

$F[N/m] = \dfrac{2 \times I_1 \times I_2}{r} \times 10^{-7}$
$= \dfrac{2(25)(25)}{0.01} \times 10^{-7}$
$= 0.0125 = 1.25 \times 10^{-2}$ [N/m]

※ 조건에 "왕복전선" → 반대방향 : 반발력

35 다음 단상 유도전동기 중 기동토크가 가장 큰 것은?

① 셰이딩 코일형   ② 콘덴서 기동형
③ 분상 기동형   ④ 반발 기동형

해설) 단상 유도전동기의 기동방식
- 반발기동형 : 기동토크가 최대
- 반발유도형
- 분상기동형
- 콘덴서기동형
- 셰이딩코일형
- 모노 사이클릭형

36 정현파 전압의 평균값이 150[V]이면 최대값은 약 몇 [V]인가?

① 235.6[V]   ② 212.1[V]
③ 106.1[V]   ④ 95.5[V]

해설)

구 분	실효값	평균값
전파정류파 정현파	$\dfrac{1}{\sqrt{2}}V_m$	$\dfrac{2}{\pi}V_m$
반파정류파	$\dfrac{1}{2}V_m$	$\dfrac{1}{\pi}V_m$

$V_{av} = \dfrac{2}{\pi}V_m = 150$

$V_m = 150 \times \dfrac{\pi}{2} = 235.62[V]$

37 각 전류의 대칭분 I_0, I_1, I_2가 모두 같게 되는 고장의 종류는?

① 1선 지락 ② 2선 지락
③ 2선 단락 ④ 3선 단락

해설
- 1선 지락 → $I_0 = I_1 = I_2$
- 2선 지락 → $V_0 = V_1 = V_2$

38 10[μF]인 콘덴서를 60[Hz] 전원에 사용할 때 용량 리액턴스는 약 몇 [Ω]인가?

① 250.5[Ω] ② 265.3[Ω]
③ 350.5[Ω] ④ 465.3[Ω]

해설
$$X_C = \frac{1}{\omega C} = \frac{1}{2\pi f C}$$
$$= \frac{1}{2\pi (60)(10 \times 10^{-6})} = 265.26[\Omega]$$

39 $X = A\overline{B}C + \overline{A}BC + \overline{A}\overline{B}C + \overline{A}B\overline{C} + A\overline{B}\overline{C}$를 가장 간소화한 것은?

① $\overline{A}BC + \overline{B}$ ② $B + \overline{A}C$
③ $\overline{B} + \overline{A}C$ ④ $\overline{A}BC + B$

해설
$X = A\overline{B}C + \overline{A}BC + \overline{A}\overline{B}C + \overline{A}B\overline{C} + A\overline{B}\overline{C}$
$= A\overline{B}(C + \overline{C}) + \overline{A}(BC + \overline{B}C + B\overline{C})$
$= A\overline{B} + \overline{A}(C(B + \overline{B}) + B\overline{C})$
$= A\overline{B} + \overline{A}(C + B\overline{C})$
$= A\overline{B} + \overline{A}(C + \overline{B})(C + \overline{C})$
$= A\overline{B} + \overline{A}(C + \overline{B})$
$= \overline{B}(A + \overline{A}) + \overline{A}C$
$= \overline{B} + \overline{A}C$

40 변위를 압력으로 변환하는 소자로 옳은 것은?

① 다이어프램 ② 가변 저항기
③ 벨로우즈 ④ 노즐 플래퍼

해설 변환량과 변환요소

변환량	변환요소
압력 → 변위	벨로우즈(Bellows), 다이어프램, 스프링
변위 → 압력	노즐 플래퍼, 유압 분사관, 스프링
변위 → 임피던스	가변 저항기, 용량형 변압기, 가변저항 스프링
변위 → 전압	포텐셔미터(Potentio-meter), 차동 변압기, 전위차계
전압 → 변위	전자석, 전자 코일(솔레노이드)
빛 → 임피던스	광전관, 광전도 셀(Photo Cell), 광전 트랜지스터
빛 → 전압	광전지(Solar Cell), 광전 다이오드
방사선 → 임피던스	가이거뮬러(GM)관, 전리함
온도 → 임피던스	측온 저항(열선, 서미스터, 백금, 니켈), 정온식 감지선형 감지기
온도 → 전압 (기전력)	열전대(백금-백금 로듐, 철-콘스탄탄, 구리-콘스탄탄, 크로멜-알루멜), 열전대식 감지기

정답 37.① 38.② 39.③ 40.④

2019년 제1회 소방설비기사[전기분야] 1차 필기

[제2과목 : 소방전기회로]

21 $R=10[\Omega]$, $C=33[\mu F]$, $L=20[mH]$인 RLC 직렬회로의 공진주파수는 약 몇 [Hz]인가?

① 169[Hz] ② 176[Hz]
③ 196[Hz] ④ 206[Hz]

해설
$$f = \frac{1}{2\pi\sqrt{LC}} = \frac{1}{2\pi\sqrt{(20\times 10^{-3})(33\times 10^{-6})}}$$
$$= 196[Hz]$$

22 PNPN 4층 구조로 되어 있는 소자가 아닌 것은?

① SCR ② TRIAC
③ Diode ④ GTO

해설 Diode : 2층 구조

23 역률 80[%], 유효전력 80[kW]일 때, 무효전력 [kVar]은?

① 10[0 ② 16[kVar]
③ 60[kVar] ④ 64[kVar]

해설 피상전력 $P_a[VA] = VI$
유효전력 $P[W] = VI\cos\theta = 80,000[W]$
$\cos\theta = 0.8$이므로 피상전력 $P_a = VI = 100,000$
따라서 $P_r = \sqrt{P_a^2 - P^2} = 60,000[Var]$
$= 60[kVar]$

24 전자회로에서 온도보상용으로 많이 사용되고 있는 소자는?

① 저항 ② 리액터
③ 콘덴서 ④ 서미스터

해설

구 분	설 명
서미스터 (thermistor)	부온도 특성을 가진 저항기의 일종으로서 주로 온도보상용으로 쓰인다.
발광다이오드 (light emiltting diode)	전기신호를 빛으로 변환하여 쓰인다.
제너다이오드 (zener diode)	정전압소자(전원전압을 일정하게 유지)
바리스터 (varistor)	계전기접점의 불꽃제거나 서지전압에 대한 과입력보호용 반도체 소자
사이리스터 (thyristor)	PNPN 접합의 4층 구조로 제어용으로 주로 쓰인다.
트랜지스터 (transistor)	PNP 접합 또는 NPN 접합의 3층 구조로 증폭용으로 주로 쓰인다.

25 서보전동기는 제어기기의 어디에 속하는가?

① 검출부 ② 조절부
③ 증폭부 ④ 조작부

해설 서보전동기는 제어기기의 조작부에 속한다.

26 자동제어계를 제어목적에 의해 분류할 경우 틀린 것은?

① 정치제어 : 제어량을 주어진 일정목표로 유지시키기 위한 제어
② 추종제어 : 목표치가 시간에 따라 변화하는 제어
③ 프로그램제어 : 목표치가 프로그램대로 변하는 제어
④ 서보제어 : 선박의 방향제어계인 서보제어는 정치제어와 같은 성질

해설 서보제어 : 정치제어(×), 추치제어(○)

정답 21.③ 22.③ 23.③ 24.④ 25.④ 26.④

27 그림의 논리기호를 표시한 것으로 옳은 식은?

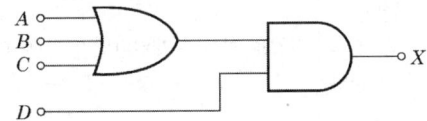

① $X = (A \cdot B \cdot C) \cdot D$
② $X = (A + B + C) \cdot D$
③ $X = (A \cdot B \cdot C) + D$
④ $X = A + B + C + D$

28 20[Ω]과 40[Ω]의 병렬회로에서 20[Ω]에 흐르는 전류가 10[A]라면, 이 회로에 흐르는 총 전류는 몇 [A]인가?

① 5[A] ② 10[A]
③ 15[A] ④ 20[A]

해설 전류분배법칙 적용
$I_{20[\Omega]}[A] = 10[A] = \dfrac{40[\Omega]}{20[\Omega]+40[\Omega]} \times I_t[A]$
$I_t[A] = 15[A]$

29 3상 유도전동기가 중부하로 운전되던 중 1선이 절단되면 어떻게 되는가?

① 전류가 감소한 상태에서 회전이 계속된다.
② 전류가 증가한 상태에서 회전이 계속된다.
③ 속도가 증가하고 부하전류가 급상승한다.
④ 속도가 감소하고 부하전류가 급상승한다.

30 SCR의 양극 전류가 10[A]일 때 게이트 전류를 반으로 줄이면 양극 전류는 몇 [A]인가?

① 20[A] ② 10[A]
③ 5[A] ④ 0.1[A]

해설 SCR은 일단 도통상태가 되면 게이트전류를 증감시켜도 이에 영향을 받지 않고 애노드전류는 변하지 않는다.

31 비례+적분+미분동작(PID동작)식을 바르게 나타낸 것은?

① $x_0 = K_p \left(x_i + \dfrac{1}{T_I} \int x_i dt + T_D \dfrac{dx_i}{dt} \right)$
② $x_0 = K_p \left(x_i - \dfrac{1}{T_I} \int x_i dt - T_D \dfrac{dx_i}{dt} \right)$
③ $x_0 = K_p \left(x_i + \dfrac{1}{T_I} \int x_i dt + T_D \dfrac{dt}{dx_i} \right)$
④ $x_0 = K_p \left(x_i - \dfrac{1}{T_I} \int x_i dt - T_D \dfrac{dt}{dx_i} \right)$

해설

비례 제어(P 제어)	$x_0 = K_p$
미분 제어(D 제어)	$x_0 = T_d \dfrac{dx_i}{dt}$
적분 제어(I 제어)	$x_0 = \dfrac{1}{T_i} x_i dt$
비례 미분 제어(PD 제어)	$x_0 = K_p \left(1 + T_d \dfrac{dx_i}{dt} \right)$
비례 적분 제어(PI 제어)	$x_0 = K_p \left(1 + \dfrac{1}{T_i} x_i dt \right)$
비례 적분 미분 제어 (PID 제어)	$x_0 = K_p \left(1 + \dfrac{1}{T_i} x_i dt + T_d \dfrac{dx_i}{dt} \right)$

x_0 : 출력신호 K_p : 감도(비례상수)
T_i : 적분시간 T_d : 미분시간
x_i : 제어편차 dx_i : 제어편차 변화율
dt : 시간변화율

32 그림과 같은 회로에서 분류기의 배율은? (단, 전류계 A의 내부저항은 R_A이며 R_S는 분류기 저항이다)

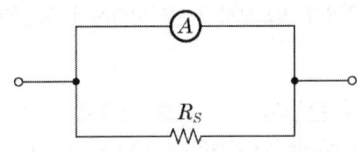

① $\dfrac{R_A}{R_A + R_S}$ ② $\dfrac{R_S}{R_A + R_S}$
③ $\dfrac{R_A + R_S}{R_S}$ ④ $\dfrac{R_A + R_S}{R_A}$

해설

$$배율 = \frac{대저항}{소저항} + 1$$
$$= \frac{전류계\ 내부저항(R_A)}{분류기\ 저항(R_S)} + 1$$
$$= \frac{R_A}{R_S} + \frac{R_S}{R_S} = \frac{R_A + R_S}{R_S}$$

33 어떤 옥내배선에 380[V]의 전압을 가하였더니 0.2[mA]의 누설전류가 흘렀다. 이 배선의 절연저항은 몇 [MΩ]인가?

① 0.2[MΩ] ② 1.9[MΩ]
③ 3.8[MΩ] ④ 7.6[MΩ]

해설
$$R = \frac{V}{I} = \frac{380}{0.2 \times 10^{-3}} = 1900000[\Omega] = 1.9[M\Omega]$$

34 변류기에 결선된 전류계가 고장이 나서 교체하는 경우 옳은 방법은?

① 변류기의 2차를 개방시키고 전류계를 교체한다.
② 변류기의 2차를 단락시키고 전류계를 교체한다.
③ 변류기의 2차를 접지시키고 전류계를 교체한다.
④ 변류기에 피뢰기를 연결하고 전류계를 교체한다.

해설 CT 2차를 개방하면 1차와 권수비에 의한 고전압이 유기되고 철심이 자화하면서 많은 열을 발생시켜 절연파괴의 우려가 있으므로 2차를 단락시켜 교환한다.

35 두 콘덴서 C_1, C_2를 병렬로 접속하고 전압을 인가하였더니 전체 전하량이 $Q[C]$이었다. C_2에 충전된 전하량은?

① $\frac{C_1}{C_1+C_2}Q$ ② $\frac{C_1+C_2}{C_1}Q$
③ $\frac{C_1+C_2}{C_2}Q$ ④ $\frac{C_2}{C_1+C_2}Q$

해설 C_2의 전하량을 묻는 문제이므로 분자에 C_2가 되어야 한다.

 C_2의 전압을 묻는 문제였다면 분자에 C_1이 되어야 한다.

36 논리식 $\overline{X}+XY$를 간략화한 것은?

① $\overline{X}+Y$ ② $X+\overline{Y}$
③ $\overline{X}Y$ ④ $X\overline{Y}$

해설
$\overline{X}+XY = (\overline{X}+X)\cdot(\overline{X}+Y) = \overline{X}+Y$
($\because \overline{X}+X=1$)

37 전기화재의 원인이 되는 누전전류를 검출하기 위해 사용되는 것은?

① 접지계전기 ② 영상변류기
③ 계기용변압기 ④ 과전류계전기

해설 영상변류기(ZCT)
경계전로의 누설전류를 자동적으로 검출하여 이를 누전경보기의 수신부에 송신하는 것

38 공기 중에 2[m]의 거리에 10[μC], 20[μC]의 두 점전하가 존재할 때 이 두 전하 사이에 작용하는 정전력은 약 몇 [N]인가?

① 0.45[N] ② 0.9[N]
③ 1.8[N] ④ 3.6[N]

해설
$$F[N] = 9 \times 10^9 \times \frac{Q_1 \cdot Q_2}{r^2}$$
$$= 9 \times 10^9 \times \frac{(10 \times 10^{-6}[C]) \cdot (20 \times 10^{-6}[C])}{(2[m])^2}$$
$$= 0.45[N]$$

39 100[V], 1[kW]의 니크롬선을 3/4의 길이로 잘라서 사용할 때 소비전력은 약 몇 [W]인가?

① 1,000[W] ② 1,333[W]
③ 1,430[W] ④ 2,000[W]

정답 33.② 34.② 35.④ 36.① 37.② 38.① 39.②

해설 ㉠ $R = \rho \times \dfrac{l}{A}$ 공식에 의해 길이(l)가 $\dfrac{3}{4}(l)$이 되면

$1R \to \dfrac{3}{4}R$이 된다.

㉡ $P[W] = VI = I^2R = \dfrac{V^2}{R}$ 공식에 의해

$P[W] = \dfrac{V^2}{\dfrac{3}{4}R} \to \dfrac{4}{3} \times 1,000[W] = 1333.33[W]$

40 줄의 법칙에 관한 수식으로 틀린 것은?

① $H = I^2Rt[J]$
② $H = 0.24I^2Rt[cal]$
③ $H = 0.12VIt[J]$
④ $H = \dfrac{1}{4.2}I^2Rt[cal]$

해설 1[J]=0.24[cal]을 적용

2019년 제2회 소방설비기사[전기분야] 1차 필기
[제2과목 : 소방전기회로]

21 그림과 같은 회로에서 A-B 단자에 나타나는 전압은 몇 [V]인가?

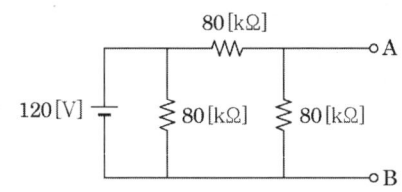

① 20[V]　　② 40[V]
③ 60[V]　　④ 80[V]

해설

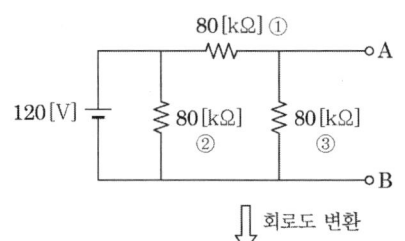

⇩ 회로도 변환

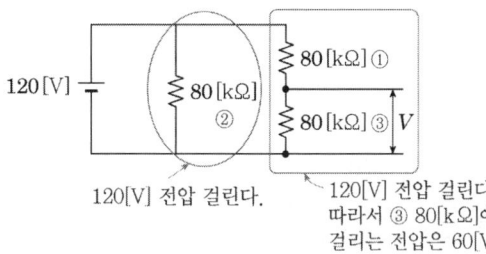

120[V] 전압 걸린다.　120[V] 전압 걸린다. 따라서 ③ 80[kΩ]에 걸리는 전압은 60[V]

22 부궤환 증폭기의 장점에 해당되는 것은?

① 전력이 절약된다.
② 안정도가 증진된다.
③ 증폭도가 증가된다.
④ 능률이 증대된다.

해설 부궤환=폐루프시스템(피드백제어)
▶ 피드백 제어계의 특징
㉠ 처리해야 할 대역량이 많고 복잡하다.
㉡ 계의 특성변화에 대한 입력 대 출력의 감도가 작다.
㉢ 계의 구조가 복잡하며, 설비비가 많이 든다.
㉣ 설비 자동화로 원가가 절감된다.
㉤ 생산설비의 연수기한을 연장할 수 있다.
㉥ 노동조건의 향상 및 위험환경의 억제가 가능하다.

23 전기기기에서 생기는 손실 중 권선의 저항에 의하여 생기는 손실은?

① 철손
② 동손
③ 포유부하손
④ 히스테리시스손

해설
• 권선의 저항에 의하여 생기는 손실 : 동손
• 철심의 저항에 의하여 생기는 손실 : 철손

24 그림과 같은 무접점회로는 어떤 논리회로인가?

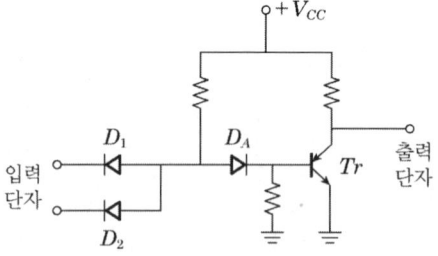

① NOR　　② OR
③ NAND　　④ AND

정답　21.③　22.②　23.②　24.③

해설 기본적인 논리회로

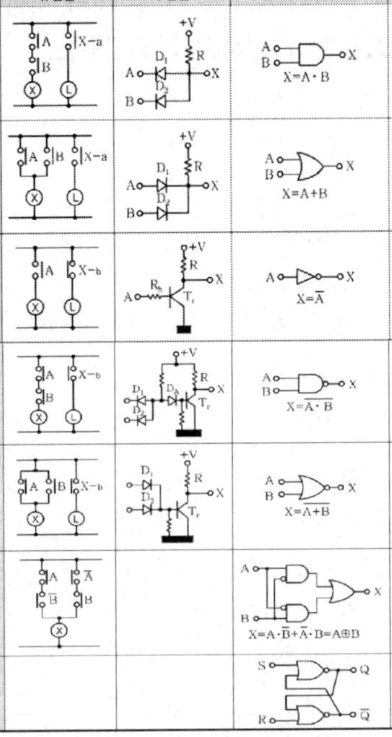

회로	유접점	무접점	논리회로(논리식)	진리표
AND 회로			$X = A \cdot B$	A B X 0 0 0 0 1 0 1 0 0 1 1 1
OR 회로			$X = A + B$	A B X 0 0 0 0 1 1 1 0 1 1 1 1
NOT 회로			$X = \overline{A}$	A X 0 1 1 0
NAND 회로			$X = \overline{A \cdot B}$	A B X 0 0 1 0 1 1 1 0 1 1 1 0
NOR 회로			$X = \overline{A + B}$	A B X 0 0 1 0 1 0 1 0 0 1 1 0
배타적 OR (X OR)			$X = A \cdot \overline{B} + \overline{A} \cdot B = A \oplus B$	A B X 0 0 0 0 1 1 1 0 1 1 1 0
플립 플롭				

25 열감지기의 온도감지용으로 사용하는 소자는?

① 서미스터
② 바리스터
③ 제너다이오드
④ 발광다이오드

해설

구 분	설 명
서미스터 (thermistor)	부온도 특성을 가진 저항기의 일종으로서 주로 온도보상용으로 쓰인다.
발광다이오드 (light emiltting diode)	전기신호를 빛으로 변환하여 쓰인다.
제너다이오드 (zener diode)	정전압소자(전원전압을 일정하게 유지)
바리스터 (varistor)	계전기접점의 불꽃제거나 서지전압에 대한 과입력보호용 반도체 소자
사이리스터 (thyristor)	PNPN 접합의 4층 구조로 제어용으로 주로 쓰인다.
트랜지스터 (transistor)	PNP 접합 또는 NPN 접합의 3층 구조로 증폭용으로 주로 쓰인다.

26 그림과 같은 회로에서 각 계기의 지시값이 Ⓥ는 180[V], Ⓐ는 5[A], W는 720[W]라면 이 회로의 무효전력[Var]은?

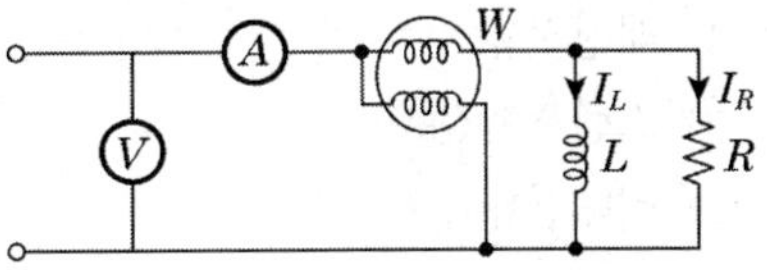

① 480[Var]　② 540[Var]
③ 960[Var]　④ 1,200[Var]

해설 피상전력 $P_a[\text{VA}] = VI = (180)(5) = 900[\text{VA}]$
유효전력 $P[\text{W}] = 720[\text{W}]$
무효전력 $P_r[\text{Var}] = \sqrt{P_a^{\,2} - P^2}$
$= \sqrt{900^2 - 720^2} = 540[\text{Var}]$

27 정현파 신호 $\sin\omega t$의 전달함수는?

① $\dfrac{1}{s^2+1}$　② $\dfrac{1}{s^2-1}$
③ $\dfrac{s}{s^2+1}$　④ $\dfrac{s}{s^2-1}$

해설 라플라스 변환관련 문제

$$\text{전달함수 } G(s) = \frac{\text{출력}}{\text{입력}} = \frac{\frac{1}{s^2+1}}{1} = \frac{1}{s^2+1}$$

출력 $\sin\omega t$를 라플라스 변환하면 $\dfrac{1}{s^2+1}$이 된다.

28 제어량이 압력, 온도 및 유량 등과 같은 공업량일 경우의 제어는?

① 시퀀스제어　② 프로세스제어
③ 추종제어　④ 프로그램제어

해설 프로세스 제어(Process Control)
제어량이 온도, 유량, 압력, 액위, 농도, 밀도 등의 플랜트나 생산공정 중의 상태량을 제어량으로 하는 제어로서 프로세스에 가해지는 외란(기준 입력신호 이외의 신호요소)의 억제를 주목적으로 한다. 그 예로 온도 조절장치, 압력, 제어장치 등이 있다.

정답 25.① 26.② 27.① 28.②

29 SCR를 턴온시킨 후 게이트 전류는 0으로 하여도 온(On) 상태를 유지하기 위한 최소의 애노드 전류를 무엇이라 하는가?

① 래칭전류
② 스텐드온전류
③ 최대전류
④ 순시전류

해설》 SCR의 래칭전류(Latching Current)
트리거 신호가 제거된 직후에 다이리스터를 On 상태로 유지하는 데 필요로 하는 최소한의 주전류

30 인덕턴스가 1[H]인 코일과 정전용량이 0.2[μF]인 콘덴서를 직렬로 접속할 때 이 회로의 공진주파수는 약 몇 [Hz]인가?

① 89[Hz] ② 178[Hz]
③ 267[Hz] ④ 356[Hz]

해설》 $f = \dfrac{1}{2\pi\sqrt{LC}} = \dfrac{1}{2\pi\sqrt{(1)(0.2\times 10^{-6})}}$
$= 356[\text{Hz}]$

31 단상 반파정류회로에서 교류 실효값 220[V]를 정류하면 직류 평균전압은 약 몇 [V]인가? (단, 정류기의 전압강하는 무시한다)

① 58[V] ② 73[V]
③ 88[V] ④ 99[V]

해설》 실효값 = $\dfrac{1}{\sqrt{2}} V_m = 220$ 따라서 $V_m = 220\sqrt{2}$

단상반파평균값 : $\dfrac{1}{\pi} V_m = \dfrac{1}{\pi} 220\sqrt{2} = 99[\text{V}]$

32 논리식 $X + \overline{X}Y$ 를 간단히 하면?

① X ② $X\overline{Y}$
③ $\overline{X}Y$ ④ $X + Y$

해설》 $X + \overline{X}Y = (X + \overline{X})(X + Y) = X + Y$
(∵ $X + \overline{X} = 1$)

33 온도 $t[℃]$에서 저항이 R_1, R_2이고 저항의 온도계수가 각각 α_1, α_2인 두 개의 저항을 직렬로 접속했을 때 합성저항 온도계수는?

① $\dfrac{R_1\alpha_2 + R_2\alpha_1}{R_1 + R_2}$

② $\dfrac{R_1\alpha_1 + R_2\alpha_2}{R_1 R_2}$

③ $\dfrac{R_1\alpha_1 + R_2\alpha_2}{R_1 + R_2}$

④ $\dfrac{R_1\alpha_2 + R_2\alpha_1}{R_1 R_2}$

해설》 $R_2 = R_1[1 + \alpha t_1(t_2 - t_1)]$
$R_1 = R_1 \cdot \alpha t_1 \cdot t$, $R_2 = R_2 \cdot \alpha t_2 \cdot t$
$R = R_1 + R_2$, $R\alpha t = (R_1\alpha_1 + R_2\alpha_2) \cdot t$
$\alpha = \dfrac{(R_1\alpha_1 + R_2\alpha_2)t}{Rt}$
$= \dfrac{(R_1\alpha_1 + R_2\alpha_2)t}{(R_1 + R_2)t} = \dfrac{R_1\alpha_1 + R_2\alpha_2}{R_1 + R_2}$

34 단상전력을 간접적으로 측정하기 위해 3전압계법을 사용하는 경우 단상 교류전력 $P[\text{W}]$는?

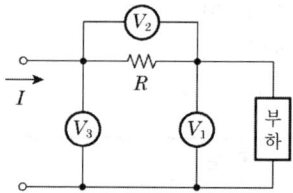

① $P = \dfrac{1}{2R}(V_3 - V_2 - V_1)^2$

② $P = \dfrac{1}{R}(V_3^2 - V_1^2 - V_2^2)$

③ $P = \dfrac{1}{2R}(V_3^2 - V_1^2 - V_2^2)$

④ $P = V_3 I \cos\theta$

해설》 3전압계법 $P = \dfrac{1}{2R}(V_3^2 - V_1^2 - V_2^2)$

3전류계법 $P = \dfrac{R}{2}(I_3^2 - I_1^2 - I_2^2)$

정답 29.① 30.④ 31.④ 32.④ 33.③ 34.③

35 그림과 같은 RL직렬회로에서 소비되는 전력은 몇 [W]인가?

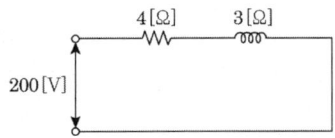

① 6,400[W]   ② 8,800[W]
③ 10,000[W] ④ 12,000[W]

해설
$P = VI\cos\theta = I^2 Z\cos\theta = \left(\dfrac{V}{Z}\right)^2 R$

$= \left(\dfrac{V}{\sqrt{R^2+(X_L-X_C)^2}}\right)^2 R = \left(\dfrac{200}{\sqrt{4^2+3^2}}\right)^2 4$

$= 6,400[W]$

36 선간전압 $E[V]$의 3상 평형전원에 대칭 3상 저항부하 $R[\Omega]$이 그림과 같이 접속되었을 때, a, b 두 상간에 접속된 전력계의 지시값이 $W[W]$라면 c상의 전류는?

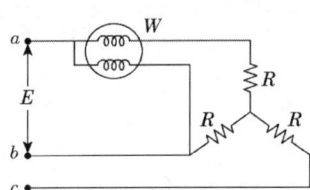

① $\dfrac{2W}{\sqrt{3}\,E}$ ② $\dfrac{3W}{\sqrt{3}\,E}$

③ $\dfrac{W}{\sqrt{3}\,E}$ ④ $\dfrac{\sqrt{3}\,E}{\sqrt{E}}$

해설 1전력계법, 2전력계법 및 3전력계법

전력계법	접속도	전류 및 전력
1전력계법		$\cdot I = \dfrac{2W}{\sqrt{3}\,E}[A]$ $\cdot P = 2W[W]$
2전력계법		$\cdot I = \dfrac{W_1+W_2}{\sqrt{3}\,E}[A]$ $\cdot P = W_1+W_2[W]$
3전력계법	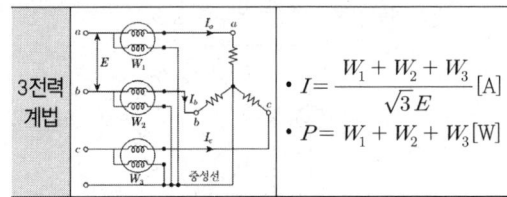	$\cdot I = \dfrac{W_1+W_2+W_3}{\sqrt{3}\,E}[A]$ $\cdot P = W_1+W_2+W_3[W]$

37 교류전력변환장치로 사용되는 인버터회로에 대한 설명으로 옳지 않은 것은?

① 직류 전력을 교류 전력으로 변환하는 장치를 인버터라고 한다.
② 전류형 인버터와 전압형 인버터로 구분할 수 있다.
③ 전류방식에 따라서 타려식과 자려식으로 구분할 수 있다.
④ 인버터의 부하장치에는 직류직권전동기를 사용할 수 있다.

해설 ④ 직류직권전동기 → 교류직권전동기

38 다이오드를 사용한 정류회로에서 과전압방지를 위한 대책으로 가장 알맞은 것은?

① 다이오드를 직렬로 추가한다.
② 다이오드를 병렬로 추가한다.
③ 다이오드의 양단에 적당한 값의 저항을 추가한다.
④ 다이오드의 양단에 적당한 값의 콘덴서를 추가한다.

해설 다이오드의 접속
㉠ 직렬접속 : 과전압으로부터 보호

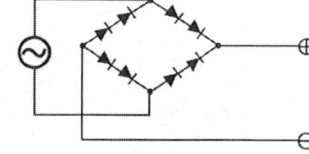

ⓛ 병렬접속 : 과전류로부터 보호

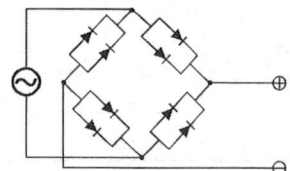

39 이미터 전류를 1[mA] 증가시켰더니 컬렉터 전류는 0.98[mA] 증가되었다. 이 트랜지스터의 증폭률 β는?

① 4.9　　② 9.8
③ 49.0　　④ 98.0

해설 트랜지스터
이미터(E), 컬렉터(C), 베이스(B)로 구성
㉠ $I_E = I_C + I_B$ → $1[mA] = 0.98[mA] + I_B$
　　　　　　→ $I_B = 0.02[mA]$
㉡ 증폭률 $\beta = \dfrac{I_C}{I_B} = \dfrac{0.98}{0.02} = 49$

40 저항이 4[Ω], 인덕턴스가 8[mH]인 코일을 직렬로 연결하고 100[V], 60[Hz]인 전압을 공급할 때 유효전력은 약 몇 [kW]인가?

① 0.8[kW]　　② 1.2[kW]
③ 1.6[kW]　　④ 2.0[kW]

해설
$$P = VI\cos\theta = I^2 Z\cos\theta = \left(\dfrac{V}{Z}\right)^2 R$$
$$= \left(\dfrac{V}{\sqrt{R^2 + (X_L - X_C)^2}}\right)^2 R$$
$$= \left(\dfrac{100}{\sqrt{4^2 + (2\pi \times 60 \times 8 \times 10^{-3})^2}}\right)^2 4$$
$$= 1,600[W]$$
$$= 1.6[kW]$$

2019년 제4회 소방설비기사[전기분야] 1차 필기
[제2과목 : 소방전기회로]

21 변압기의 임피던스 전압을 구하기 위하여 행하는 시험은?

① 단락시험 ② 유도저항시험
③ 무부하 통전시험 ④ 무극성시험

22 50[F]의 콘덴서 2개를 직렬로 연결하면 합성 정전용량은 몇 [F]인가?

① 25[F] ② 50[F]
③ 100[F] ④ 1,000[F]

해설 $C = \dfrac{1}{\dfrac{1}{C_1}+\dfrac{1}{C_2}} = \dfrac{1}{\dfrac{1}{50}+\dfrac{1}{50}} = 25[F]$

23 다음과 같은 블록선도의 전체 전달함수는?

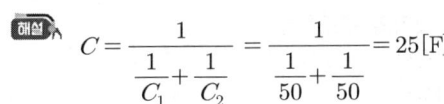

① $\dfrac{C(s)}{R(s)} = \dfrac{G(s)}{1+G(s)}$

② $\dfrac{C(s)}{R(s)} = \dfrac{G(s)}{1-G(s)}$

③ $\dfrac{C(s)}{R(s)} = 1+G(s)$

④ $\dfrac{C(s)}{R(s)} = 1-G(s)$

해설 $\dfrac{C(s)}{R(s)} = \dfrac{전향경로}{1-피드백} = \dfrac{G(s)}{1-(-G(s))}$
$= \dfrac{G(s)}{1+G(s)}$

24 변압기의 내부 보호에 사용되는 계전기는?

① 비율차동 계전기 ② 부족 전압 계전기
③ 역전류 계전기 ④ 온도 계전기

해설 비율차동 계전기
발전기나 변압기의 내부 고장 시를 대비하여 설치하는 보호용 계전기

25 제어요소의 구성으로 옳은 것은?

① 조절부와 조작부 ② 비교부와 검출부
③ 설정부와 검출부 ④ 설정부와 비교부

해설 제어요소
조절부와 조작부로 구성되어 동작신호를 받아 조작량으로 변환하여 제어대상에 공급한다.

26 SCR(silicon-controlled rectifier)에 대한 설명으로 틀린 것은?

① PNPN 소자이다.
② 스위칭 반도체 소자이다.
③ 양방향 사이리스터이다.
④ 교류의 전력제어용으로 사용된다.

해설 양방향 사이리스터 : SSS, TRIAC, 역도통 사이리스터
SCR : 단방향 사이리스터

27 배선의 절연저항은 어떤 측정기를 사용하여 측정하는가?

① 전압계 ② 전류계
③ 메거 ④ 서미스터

정답 21.① 22.① 23.① 24.① 25.① 26.③ 27.③

해설 측정대상과 측정계측기

측정대상	측정계측기
굵은 나전선의 저항	켈빈 더블 브리지
가는 전선의 저항(수천[Ω])	휘트스톤 브리지
전해액의 저항	콜라우시 브리지
기기, 전선의 절연저항	메거
인덕턴스	맥스웰 브리지
정전용량 및 유전체 손실각	세링 브리지
미소전류 및 미소전압	검류계
접지저항	어스테스터, 콜라우시 브리지
전력	전력계
전력량	적산전력계(전력량계)

28 다음 논리식 중 틀린 것은?

① $X+X=X$
② $X \cdot X = X$
③ $X+\overline{X}=1$
④ $X \cdot \overline{X} = 1$

해설 ④ $X \cdot \overline{X} = 0$

29 논리식 $X \cdot (X+Y)$를 간략화하면?

① X
② Y
③ $X+Y$
④ $X \cdot Y$

해설 $X(X+Y) = XX + XY = X + XY = X(1+Y) = X$

30 상순이 a, b, c인 경우 V_a, V_b, V_c를 3상 불평형 전압이라 하면 정상분 전압은? (단, $\alpha = e^{\frac{j2\pi}{3}} = 1 \angle 120°$)

① $\frac{1}{3}(V_a + V_b + V_c)$
② $\frac{1}{3}(V_a + \alpha V_b + \alpha^2 V_c)$
③ $\frac{1}{3}(V_a + \alpha^2 V_b + \alpha V_c)$
④ $\frac{1}{3}(V_a + \alpha V_b + \alpha V_c)$

해설 정상분전압

정상분전압 $= \frac{1}{3}(V_a + \alpha V_b + \alpha^2 V_c)$

여기서, V_a : a상의 전압[V]
V_b : b상의 전압[V]
V_c : c상의 전압[V]
$\alpha = e^{j2\pi/3} = 1 \angle 120°$

31 가동철편형 계기의 구조 형태가 아닌 것은?

① 흡인형
② 회전자장형
③ 반발형
④ 반발흡인형

해설 가동철편형 계기의 구조형태
• 흡인형
• 반발형
• 반발흡인형

유도형 계기의 구조형태
• 회전자장형
• 이동자장형

32 어떤 회로에 $v(t) = 150 \sin \omega t$[V]의 전압을 가하니 $i(t) = 6\sin(\omega t - 30°)$[A]의 전류가 흘렀다. 이 회로의 소비전력(유효전력)은 약 몇 [W]인가?

① 390[W]
② 450[W]
③ 780[W]
④ 900[W]

해설 $P = VI\cos\theta = \left(\frac{150}{\sqrt{2}}\right)\left(\frac{6}{\sqrt{2}}\right)\cos 30°$
$= 389.71 ≒ 390$[W]

33 1[W·s]와 같은 것은?

① 1[J]
② 1[kg·m]
③ 1[kWh]
④ 860[kcal]

해설 전력량[J] = 전력[W] × 시간(s)

정답 28.④ 29.① 30.② 31.② 32.① 33.①

34 반파 정류회로를 통해 정현파를 정류하여 얻은 반파정류파의 최대값이 1일 때, 실효값과 평균값은?

① $\frac{1}{\sqrt{2}}, \frac{2}{\pi}$ ② $\frac{1}{2}, \frac{\pi}{2}$

③ $\frac{1}{\sqrt{2}}, \frac{\pi}{2\sqrt{2}}$ ④ $\frac{1}{2}, \frac{1}{\pi}$

해설 반파 정류파

구 분	파 형	파형률	파고율	실효값	평균값
반파 정류파		$\frac{\pi}{2}=1.57$	2	$\frac{1}{2}I_m$	$\frac{1}{\pi}I_m$

실효값 = $\frac{1}{2} \times I_m = \frac{1}{2} \times 1 = \frac{1}{2}$

평균값 = $\frac{1}{\pi} \times I_m = \frac{1}{\pi} \times 1 = \frac{1}{\pi}$

35 수신기에 내장된 축전지의 용량이 6[Ah]인 경우 0.4[A]의 부하전류로는 몇 시간 동안 사용할 수 있는가?

① 2.4시간 ② 15시간
③ 24시간 ④ 30시간

해설 6[Ah] = 0.4[A] × t[h]

$t[h] = \frac{6[Ah]}{0.4[A]} = 15[h]$

36 내부저항이 200[Ω]이며 직류 120[mA]인 전류계를 6[A]까지 측정할 수 있는 전류계로 사용하고자 한다. 어떻게 하면 되겠는가?

① 24[Ω]의 저항을 전류계와 직렬로 연결한다.
② 12[Ω]의 저항을 전류계와 병렬로 연결한다.
③ 약 6.24[Ω]의 저항을 전류계와 직렬로 연결한다.
④ 약 4.08[Ω]의 저항을 전류계와 병렬로 연결한다.

해설 배율 = $\frac{6}{0.12} = 50$

$50 = \frac{200}{x} + 1$

$x = \frac{200}{49} = 4.08[\Omega]$

▶ 배율기와 분류기
• 배율기 : 전압계의 측정범위 확대를 위해 전압계와 직렬로 접속하는 대저항
• 분류기 : 전류계의 측정범위 확대를 위해 전류계와 병렬로 접속하는 소저항

37 제연용으로 사용되는 3상 유도전동기를 $Y-\Delta$ 기동 방식으로 하는 경우, 기동을 위해 제어회로에서 사용되는 것과 거리가 먼 것은?

① 타이머 ② 영상변류기
③ 전자접촉기 ④ 열동계전기

해설 영상변류기(ZCT)
경계전로의 누설전류를 자동적으로 검출하여 이를 누전경보기의 수신부에 송신하는 것(관통형과 분할형이 있다)

38 직류회로에서 도체를 균일한 체적으로 길이를 10배 늘이면 도체의 저항은 몇 배가 되는가?

① 10배 ② 20배
③ 100배 ④ 120배

해설 도선의 체적은 일정하므로 길이를 n배 늘이면 면적은 $\frac{A}{n}$로 감소한다.

처음의 저항을 R, 변형된 도선의 저항을 R'라 하면

$R = \rho\frac{L}{A}$에서 $\frac{R'}{R} = \frac{\rho \cdot \frac{nL}{A/n}}{\rho\frac{L}{A}} = n^2$

따라서 $10^2 = 100$배

39 바리스터(varistor)의 용도는?

① 정전류 제어용
② 정전압 제어용
③ 과도한 전류로부터 회로보호
④ 과도한 전압으로부터 회로보호

해설 바리스터(Varistor : Variable Resister)
다이오드 2개를 역방향으로 접속해 놓은 것으로 과대입력으로부터 회로를 보호하는 기능이 있다.
㉠ Surge(충격)전압 등 과입력으로부터 회로를 보호하는 기능
㉡ 접점이나 피뢰기 등에서 발생하는 불꽃 제거 기능

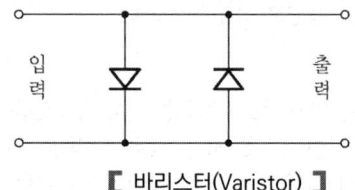

【 바리스터(Varistor) 】

40 교류전압계의 지침이 지시하는 전압은 다음 중 어느 것인가?

① 실효값   ② 평균값
③ 최대값   ④ 순시값

해설 직류전압계의 지침이 지시하는 값 : 평균값
교류전압계의 지침이 지시하는 값 : 실효값

2020년 제1,2회 소방설비기사[전기분야] 1차 필기
[제2과목 : 소방전기일반]

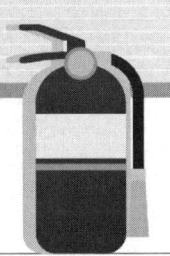

21 인덕턴스가 0.5H인 코일의 리액턴스가 753.6[Ω]일 때 주파수는 약 몇 [Hz]인가?

① 120[Hz]   ② 240[Hz]
③ 360[Hz]   ④ 480[Hz]

해설 유도리액턴스 $X_L = 2\pi fL$

$$f = \frac{X_L}{2\pi L} = \frac{753.6}{2\pi \times 0.5} = 240[Hz]$$

22 최고눈금 50[mV], 내부저항 100[Ω]의 직류전압계에 1.2[MΩ]의 배율기를 접속하면 측정할 수 있는 최대전압은 약 [V]인가?

① 3[V]   ② 60[V]
③ 600[V] ④ 1,200[V]

해설 배율기(Multiplier) : 전압계에 직렬로 배율저항을 연결하여 전압계의 측정범위를 확대하는 장치

㉠ 확대전압 $V_0 = V\left(1 + \dfrac{R_m}{R_V}\right)$ 에서

  V : 전압계 최대눈금, R_m : 배율기 저항
  R_V : 전압계 내부저항

㉡ $V_0 = 0.05 \times \left(1 + \dfrac{1.2 \times 10^6}{100}\right) ≒ 600[V]$

23 그림과 같은 블록선도에서 출력 C(s)는?

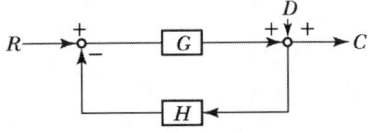

① $\dfrac{G}{1+HG}R + \dfrac{1}{1+HG}D$

② $\dfrac{1}{1+HG}R + \dfrac{G}{1+HG}D$

③ $\dfrac{G}{1+HG}R + \dfrac{G}{1+HG}D$

④ $\dfrac{1}{1+HG}R + \dfrac{1}{1+HG}D$

해설 전달함수
$(R-CH)G+D=C$
$\to RG-CHG+D=C$
$\to RG+D=C(1+HG)$
C로 정리하면

$\therefore C = \dfrac{RG+D}{1+HG} = \dfrac{RG}{1+HG} + \dfrac{D}{1+HG}$

$= \dfrac{G}{1+HG}R + \dfrac{1}{1+HG}D$

24 변위를 전압으로 변환시키는 장치가 아닌 것은?

① 포텐셔미터   ② 차동변압기
③ 전위차계   ④ 측온저항체

해설 변환량과 변환요소

변환량	변환요소
압력 → 변위	벨로즈, 다이어프램, 스프링
변위 → 압력	노즐 플래퍼, 유압 분사관, 스프링
변위 → 임피던스	가변저항기, 용량형 변환기, 가변저항 스프링
변위 → 전압	포텐셔미터, 차동변압기, 전위차계

측온저항
온도를 임피던스(저항)로 변환시키는 변환요소

정답 21.② 22.③ 23.① 24.④

25 단상변압기의 권수비가 a=8이고 1차 교류전압의 실효치는 110[V]이다. 변압기 2차 전압을 단상 반파 정류회로를 이용하여 정류했을 때 발생하는 직류전압의 평균치는 약 몇 [V]인가?

① 6.19[V] ② 6.29[V]
③ 6.39[V] ④ 6.88[V]

해설
$a = \dfrac{V_1}{V_2} = \dfrac{N_1}{N_2} = \dfrac{I_2}{I_1}$

2차전압 $V_2 = \dfrac{V_1}{a} = \dfrac{110}{8} = 13.75$

직류평균전압(단상반파)
$E_{av} = 0.45E = 0.45 \times 13.75[V] = 6.1875[V]$

참고 직류평균전압(단상전파) $E_{av} = 0.9E$

- 변압기(1차측과 2차측의 전압비)
$a = \dfrac{V_1}{V_2} = \dfrac{N_1}{N_2} = \dfrac{I_2}{I_1}$

- 변류비(1차측과 2차측의 전류비)
$\dfrac{1}{a} = \dfrac{I_1}{I_2} = \dfrac{V_2}{V_1} = \dfrac{N_2}{N_1}$

26 그림과 같은 유접점회로의 논리식은?

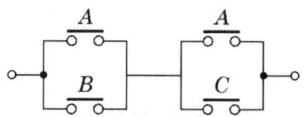

① A + BC ② AB + C
③ B + AC ④ AB + BC

해설 $(A+B)(A+C) = AA + AC + AB + B$
$= A + AC + AB + BC$
$= A(1+C+B) + BC$
$= A + BC$

27 평형 3상 부하의 선간전압이 200[V], 전류가 10[A], 역률이 70.7[%]일 때 무효전력은 약 몇 [Var]인가?

① 2,880[Var] ② 2,450[Var]
③ 2,000[Var] ④ 1,410[Var]

해설
$P_r = \sqrt{3}\,VI\sin\theta = \sqrt{3}\,VI(\sqrt{1-\cos^2\theta})$
$= \sqrt{3} \times 200 \times 10 \times \sqrt{1-0.707^2}$
$= 2,449.86[\text{Var}]$

28 제어대상에서 제어량을 측정하고 검출하여 주궤환신호를 만드는 것은?

① 조작부
② 출력부
③ 검출부
④ 제어부

해설 피드백제어의 용어

용 어	설 명
검출부	• 제어대상에서 제어량을 측정하고 검출하여 주궤환신호를 만드는 것
제어량 (controlled value)	• 제어대상에 속하는 양으로 제어대상을 제어하는 것을 목적으로 하는 물리적인 양이다.
조작량 (manipulated variable)	• 제어장치의 출력인 동시에 제어대상의 입력으로 제어장치가 제어대상에 가해지는 제어 신호 • 제어요소에서 제어대상에 인가되는 양
제어요소 (control element)	• 동작신호를 조작량으로 변환하는 요소이고, 조절부와 조작부로 이루어진다.
제어장치 (control device)	• 제어를 하기 위해 제어대상에 부착되는 장치이고, 조절부, 설정부, 검출부 등이 이에 해당된다.
오차검출기	• 제어량을 설정값과 비교하여 오차를 계산하는 장치

29 복소수로 표시된 전압 10-j[V]를 어떤 회로에 가하는 경우 5+j[A]의 전류가 흘렀다면 이 회로의 저항은 약 몇 [Ω]인가?

① 1.88[Ω]
② 3.6[Ω]
③ 4.5[Ω]
④ 5.46[Ω]

해설) $R = \dfrac{V}{I} = \dfrac{10-j}{5+j}$

[공학용계산기 CMPLX모드계산시 $\dfrac{49}{26} - \dfrac{15}{26}j$ 로 출력]

$= \dfrac{(10-j)(5-j)}{(5+j)(5-j)} = \dfrac{50-10j-5j+j^2}{25-j^2}$

$= \dfrac{50-15j-1}{25+1} = \dfrac{49-15j}{26}$

$\therefore R = \dfrac{\sqrt{49^2 + (-15)^2}}{26} = 1.97[\Omega]$

[근사값 1.88[Ω]으로 정답]

30 다음 중 직류전동기의 제동법이 아닌 것은?

① 회생제동 ② 정상제동
③ 발전제동 ④ 역전제동

해설) 직류전동기의 제동법
㉠ 발전제동
㉡ 역상제동 또는 역전제동(플러깅제동)
㉢ 회생제동
㉣ 단상제동
㉤ 기계적 제동

31 자동화재탐지설비에서 감지기 회로의 길이가 500[m]이고 종단에 10[kΩ]의 저항이 연결되어 있는 회로에 24[V]의 전압이 가해졌을 경우 도통시험 전류는 약 몇 [mA] 정도 되는가? (단, 동선의 저항률은 $1.69 \times 10^{-8}[\Omega \cdot m]$이며 동선의 굵기는 1.2[mm]이고 접촉저항 등은 없다고 본다)

① 2.4[mA] ② 3.6[mA]
③ 4.8[mA] ④ 6.0[mA]

해설) 도통시험 전류

$I = \dfrac{V}{합성저항}$

$= \dfrac{V}{릴레이저항 + 배선저항 + 종단저항}$

V : 회로전압(24[V])
릴레이저항 : 주어지지 않았으므로 무시
배선저항 : $R = \rho\dfrac{\ell}{A}$

$= 1.69 \times 10^{-8} \times \dfrac{500}{(\pi \times 0.6^2) \times 10^{-6}}$

$= 7.48[\Omega]$

종단저항 : 10[kΩ] = 10,000[Ω]

$\therefore I = \dfrac{24}{7.48 + 10,000} ≒ 2.4 \times 10^{-3}[A]$

$= 2.4[mA]$

32 다음 회로에서 출력전압은 몇 [V]인가? (단, A=5[V], B=0[V]인 경우이다)

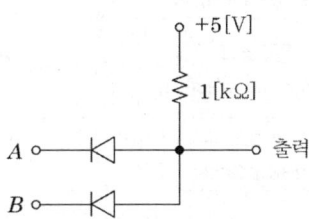

① 0[V] ② 5[V]
③ 10[V] ④ 15[V]

해설) AND게이트이므로 A,B 모두 5[V]일 때 5[V]가 출력된다. 따라서 0[V]가 출력된다.
[OR게이트의 경우 하나라도 5[V]이면 5[V]가 출력]

33 평행한 왕복전선에 10[A]의 전류가 흐를 때 전선 사이에 작용하는 전자력[N/m]은? (단, 전선의 간격은 40[cm]이다)

① 5×10^{-5}[N/m] 서로 반발하는 힘
② 5×10^{-5}[N/m] 서로 흡인하는 힘
③ 7×10^{-5}[N/m] 서로 반발하는 힘
④ 7×10^{-5}[N/m] 서로 흡인하는 힘

해설) 평행도체 사이에 작용하는 힘

$F = \dfrac{\mu_0 I_1 I_2}{2\pi r} = \dfrac{(4\pi \times 10^{-7}) \times 10 \times 10}{2\pi \times 0.4}$

$= 5 \times 10^{-5}[N/m]$

힘의 방향은 전류가 같은 방향이면 흡인력, 다른 방향이면 반발력이 작용한다.
왕복전선이므로 다른 방향, 따라서 반발력이 작용한다.

34 수정, 전기석 등의 결정에 압력을 가하여 변형을 주면 변형에 비례하여 전압이 발생하는 현상을 무엇이라 하는가?

① 국부작용　② 전기분해
③ 압전현상　④ 성극작용

해설 여러 가지 전기효과

효과	설명
핀치효과 (Pinch effect)	전류가 도선 중심으로 흐르려고 하는 현상
톰슨효과 (Thomson effect)	균질의 철사에 온도구배가 있을 때 여기에 전류가 흐르면 열의 흡수 또는 발생이 일어나는 현상
홀효과 (Hall effect)	도체에 자계를 가하면 전위차가 발생하는 현상
제벡효과 (Seebeck effect)	다른 종류의 금속선으로 된 폐회로의 두 접합점의 온도를 달리하였을 때 열기전력이 발생하는 효과로 열전대식·열반도체식 감지기는 이 원리를 이용하여 만들어졌다.
펠티어효과 (Peltier effect)	두 종류의 금속으로 폐회로를 만들어 전류를 흘리면 양 접속점에서 한쪽은 온도가 올라가고, 다른 쪽 온도가 내려가는 현상
압전효과 (piezoelectric effect)	㉠ 수정, 전기석, 로셸염 등의 결정에 전압을 가하면 일그러짐이 생기고, 반대로 압력을 가하여 일그러지게 하면 전압을 발생하는 현상 ㉡ 수정, 전기석 등의 결정에 압력을 가하여 변형을 주면 변형에 비례하여 전압이 발생하는 현상
광전효과	반도체에 빛을 쬐이면 전자가 방출되는 현상

35 그림과 같이 전류계 A_1, A_2를 접속할 경우 A_1은 25[A], A_2는 5[A]를 지시하였다. 전류계 A_2의 내부저항은 몇 [Ω]인가?

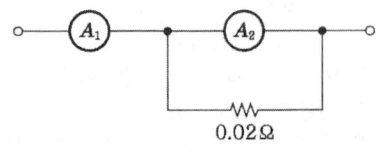

① 0.05[Ω]　② 0.08[Ω]
③ 0.12[Ω]　④ 0.15[Ω]

해설 전전류는 25[A],
0.02[Ω]으로 흐르는 전류는 20[A]
5[A]와 20[A]의 전류비는 4배(따라서 저항이 0.02의 4배)
따라서 분류기의 배율은 5

$$5 = \frac{\text{전류계의 내부저항}}{\text{분류기저항}} + 1 = \frac{\text{전류계내부저항}}{0.02[Ω]} + 1$$

따라서 전류계 내부저항 = 0.08[Ω]

36 반지름 20[cm], 권수 50회인 원형코일에 2[A]의 전류를 흘러주었을 때 코일 중심에서 자계의 세기[AT/m]는?

① 70[AT/m]　② 100[AT/m]
③ 125[AT/m]　④ 250[AT/m]

해설 원형코일 중심에서의 자계의 세기
$$H = \frac{NI}{2r} = \frac{50 \times 2}{2 \times 0.2} = 250[AT/m]$$

37 그림과 같은 무접점회로의 논리식(Y)은?

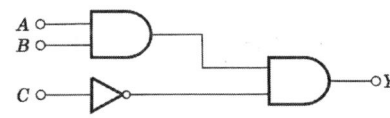

① $A \cdot B + \overline{C}$
② $A + B + \overline{C}$
③ $(A + B) \cdot \overline{C}$
④ $A \cdot B \cdot \overline{C}$

해설 $A \cdot B$와 $\overline{C}$가 직렬(곱)
따라서 $A \cdot B \cdot \overline{C}$

38 전원전압을 일정하게 유지하기 위하여 사용하는 다이오드는?

① 쇼트키다이오드　② 터널다이오드
③ 제너다이오드　④ 버랙터다이오드

해설 제너다이오드
정전압 정류작용(전원전압을 일정하게 유지)

정답 34.③　35.②　36.④　37.④　38.③

39 동기발전기의 병렬운전조건으로 틀린 것은?

① 기전력의 크기가 같을 것
② 기전력의 위상이 같을 것
③ 기전력의 주파수가 같을 것
④ 극수가 같을 것

해설 동기발전기의 병렬운전 조건
㉠ 기전력(발생전압)의 크기가 같을 것
㉡ 기전력의 위상이 같을 것
㉢ 기전력의 파형이 같을 것
㉣ 기전력의 주파수가 같을 것
㉤ 기전력의 상회전 방향이 같을 것

40 메거(Megger)는 어떤 저항을 측정하기 위한 장비인가?

① 절연저항
② 접지저항
③ 전지의 내부저항
④ 궤조저항

해설 메거(Megger)
전기기기 또는 배선의 절연저항을 측정

2020년 제3회 소방설비기사[전기분야] 1차 필기
[제2과목 : 소방전기일반]

21 다음 중 피드백제어계에서 반드시 필요한 장치는?
① 안정도를 좋게 하는 장치
② 제어대상을 조작하는 장치
③ 동작신호를 조절하는 장치
④ 기준입력신호와 주궤환신호를 비교하는 장치

해설 피드백제어
㉠ 오차를 자동적으로 정정하는 기능을 가진 제어로 폐회로 제어이다.
㉡ 반드시 입력과 출력을 비교하는 장치가 있어야 한다.

22 3상 농형 유도 전동기의 기동법이 아닌 것은?
① Y-△ 기동법
② 기동보상기법
③ 2차 저항기동법
④ 리액터 기동법

해설 3상 유도전동기의 기동법

구분	3상 기동법	적용
전전압 기동방식	직입 기동법	농형 유도전동기
저전압(감압) 기동방식	Y-△ 기동법	농형 유도전동기
	리액터 기동법	농형 유도전동기
	기동보상기에 의한 기동법	농형 유도전동기
	콘드르퍼 기동법	농형 유도전동기
	2차저항 기동법	권선형 유도전동기

23 다음 중 강자성체에 속하지 않는 것은?
① 니켈 ② 알루미늄
③ 코발트 ④ 철

해설 자성체의 종류

자성체	종류
상자성체 (paramagnetic material)	① **알**루미늄(Al) ② **백**금(Pt)
반자성체 (diamagnetic material)	① 금(Au) ② 은(Ag) ③ 구리(동)(Cu) ④ 아연(Zn) ⑤ 탄소(C)
강자성체 (ferromagnetic material)	① **니**켈(Ni) ② **코**발트(Co) ③ **망**간(Mn) ④ **철**(Fe) • **자기차폐**와 관계 깊음

24 프로세스제어의 제어량이 아닌 것은?
① 액위
② 유량
③ 온도
④ 자세

해설 제어의 종류
㉠ 프로세스 제어 : 제어량이 온도, 유량, 압력, 액면, 농도, 밀도 등의 플랜트나 생산 공정 중의 상태량을 제어량으로 하는 제어
㉡ 정치제어 : 제어량을 어떤 일정한 목표값으로 유지하는 것을 목적으로 하는 제어
㉢ 시퀀스 제어 : 미리 정해놓은 순서에 따라 제어의 각 단계를 차례로 진행하는 제어
㉣ 연속제어 : P동작, I동작, PID동작 제어와 같이 제어 동작에 연속성을 갖는 제어

정답 21.④ 22.③ 23.② 24.④

25 100[V], 500[W]의 전열선 2개를 같은 전압에서 직렬로 접속한 경우와 병렬로 접속한 경우에 각 전열선에서 소비되는 전력은 각각 몇 W인가?

① 직렬 : 250[W], 병렬 : 500[W]
② 직렬 : 250[W], 병렬 : 1,000[W]
③ 직렬 : 500[W], 병렬 : 500[W]
④ 직렬 : 500[W], 병렬 : 1,000[W]

[해설] $P = \dfrac{V^2}{R}$, $R = \dfrac{V^2}{P} = \dfrac{100^2}{500} = 20[\Omega]$

2개 직렬접속 : $R = 20[\Omega] + 20[\Omega] = 40[\Omega]$
$P = \dfrac{V^2}{R} = \dfrac{100^2}{40} = 250[W]$

2개 병렬접속 : $R = \dfrac{1}{\dfrac{1}{20} + \dfrac{1}{20}} = 10[\Omega]$
$P = \dfrac{V^2}{R} = \dfrac{100^2}{10} = 1,000[W]$

26 열팽창식 온도계가 아닌 것은?

① 열전대 온도계   ② 유리 온도계
③ 바이메탈 온도계 ④ 압력식 온도계

[해설] 온도계의 종류

열팽창식 온도계	열전 온도계
· 유리 온도계 · 압력식 온도계 · 바이메탈 온도계 · 알코올 온도계 · 수은 온도계	· 열전대 온도계

27 그림과 같은 회로에서 전압계 Ⓥ가 10[V]일 때 단자 A-B간의 전압은 몇 [V]인가?

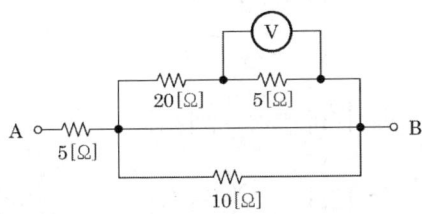

① 50[V]   ② 85[V]
③ 100[V] ④ 135[V]

[해설] 5[Ω]에 걸리는 전압이 10[V]이므로 직렬연결된 20[Ω]에 걸리는 전압은 1:4의 비율로 40[V]임
따라서 5[Ω]+20[Ω]에 걸리는 전압은 50[V]
따라서 병렬연결된 10[Ω]에 걸리는 전압도 50[V].
2[Ω], 5[Ω], 10[Ω]의 합성저항은
$R = \dfrac{1}{\dfrac{1}{10} + \dfrac{1}{20+5}} = 7.14[\Omega]$
5[Ω]에 걸리는 전압 : 7.14[Ω]에 걸리는 전압
= X[V] : 50[V]
따라서 X=35.01[V]
따라서 A-B 전체전압은 50+35.01=85.01[V]

28 최대눈금이 200[mA], 내부저항이 0.8[Ω]인 전류계가 있다. 8[mΩ]의 분류기를 사용하여 전류계의 측정범위를 넓히면 몇 [A]까지 측정할 수 있는가?

① 19.6[A]   ② 20.2[A]
③ 21.4[A]   ④ 22.8[A]

[해설] 분류기의 배율 = $\dfrac{전류계의 내부저항}{분류기의 저항} + 1$
$= \dfrac{0.8}{8 \times 10^{-3}} + 1 = 101$
따라서 200[mA]×101=20,200[mA]=20.2[A]

29 공기중에서 50[kW]의 방사전력이 안테나에서 사방으로 균일하게 방사될 때, 안테나에서 1[km] 거리에 있는 점에서의 전계의 실효값은 약 몇 [V/m]인가?

① 0.87[V/m]   ② 1.22[V/m]
③ 1.73[V/m]   ④ 3.98[V/m]

[해설] 구의 단위면적당 전력
$W = \dfrac{E^2}{377} = \dfrac{P}{4\pi r^2}$
W : 구의 단위면적당 전력 $[W/m^2]$
E : 전계의 실효값 $[V/m]$
P : 전력 $[W]$
r : 거리 $[m]$

정답 25.② 26.① 27.② 28.② 29.②

30 대칭 n상 환상결선에서 선전류와 상전류(환상전류) 사이의 위상차는?

① $\dfrac{n}{2}\left(1-\dfrac{2}{\pi}\right)$

② $\dfrac{n}{2}\left(1-\dfrac{\pi}{2}\right)$

③ $\dfrac{\pi}{2}\left(1-\dfrac{2}{n}\right)$

④ $\dfrac{\pi}{2}\left(1-\dfrac{n}{2}\right)$

해설 환상결선(△결선)의 위상차
$\theta = \dfrac{\pi}{2} - \dfrac{\pi}{n} = \dfrac{\pi}{2}\left(1-\dfrac{2}{n}\right)$

따라서 $E^2 = \dfrac{P}{4\pi r^2} \times 377$

$E = \sqrt{\dfrac{P}{4\pi r^2} \times 377} = \sqrt{\dfrac{40,000}{4\pi \times 1,000^2} \times 377}$

$\fallingdotseq 1.22\,[\text{V/m}]$

31 지하1층, 지상2층, 연면적이 $1,500[\text{m}^2]$인 기숙사에서 지상2층에 설치된 차동식스포트형 감지기가 작동하였을 때 전층의 지구경종이 동작되었다. 각 층 지구경종의 정격전류가 60[mA]이고 24[V]가 인가되고 있을 때 모든 지구경종에서 소비되는 총 전력[W]은?

① 4.23[W]   ② 4.32[W]
③ 5.67[W]   ④ 5.76[W]

해설 $P = VI = 24[\text{V}] \times (0.06[\text{A}] \times 3\text{개}) = 4.32[\text{W}]$

32 역률 0.8인 전동기에 200[V]의 교류전압을 가하였더니 10[A]의 전류가 흘렀다. 피상전력은 몇 [VA]인가?

① 1,000[VA]   ② 1,200[VA]
③ 1,600[VA]   ④ 2,000[VA]

해설 $P_a = VI = 200 \times 10 = 2,000[\text{VA}]$

33 50[Hz]의 3상전압을 전파정류하였을 때 리플(맥동)주파수[Hz]는?

① 50[Hz]   ② 100[Hz]
③ 150[Hz]   ④ 300[Hz]

해설 맥동주파수

구분	단상반파	단상전파	3상반파	3상전파
맥동 주파수	f	2f	3f	6f

∴ 3상전파 정류시 주파수
$6f = 6 \times 50 = 300[\text{Hz}]$

34 5[Ω]의 저항과 2[Ω]의 유도성 리액턴스를 직렬로 접속한 회로에 5[A]의 전류를 흘렸을 때 이 회로의 복소전력[VA]은?

① $25 + j10[\text{VA}]$
② $10 + j25[\text{VA}]$
③ $125 + j50[\text{VA}]$
④ $50 + j125[\text{VA}]$

해설 $P = VI$
$V = IZ = 5 \times (5+j2) = 25+j10\,[\text{V}]$
따라서 $P = (25+j10) \times 5 = 125+j50\,[\text{VA}]$

35 3상 유도전동기를 Y결선으로 기동할 때 전류의 크기($|I_Y|$)와 △결선으로 기동할 때 전류의 크기($|I_\Delta|$)의 관계로 옳은 것은?

① $|I_Y| = \dfrac{1}{3}|I_\Delta|$

② $|I_Y| = \sqrt{3}\,|I_\Delta|$

③ $|I_Y| = \dfrac{1}{\sqrt{3}}|I_\Delta|$

④ $|I_Y| = \dfrac{\sqrt{3}}{2}|I_\Delta|$

정답 30.③ 31.② 32.④ 33.④ 34.③ 35.①

해설 Y-Δ기동방식의 기동전류

$|I_Y| = \dfrac{1}{3}|I_\Delta|$

Y기동 △운전의 비교

구분	전류	토크	전압
Y기동 시	$\dfrac{1}{3}$	$\dfrac{1}{3}$	$\dfrac{1}{\sqrt{3}}$
Δ기동 시	1	1	1

36 그림의 시퀀스회로와 등가인 논리게이트는?

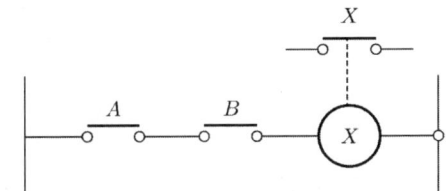

① OR게이트　　② AND게이트
③ NOT게이트　　④ NOR게이트

해설 A와 B가 동작해야 X가 동작하므로 and게이트이다. [X가 b접점인 경우 NAND게이트]

37 진공중에 놓인 $5\mu C$의 점전하에서 2[m]되는 점에서의 전계는 몇 [V/m]인가?

① 11.25×10^3[V/m]
② 16.25×10^3[V/m]
③ 22.25×10^3[V/m]
④ 28.25×10^3[V/m]

해설 전계의 세기

$E = \dfrac{1}{4\pi\varepsilon_0}\dfrac{Q}{r^2}$

$= \dfrac{1}{4\times\pi\times 8.855\times 10^{-12}} \times \dfrac{Q}{r^2}$

$= 9\times 10^9 \times \dfrac{Q}{r^2}$

따라서 $E = 9\times 10^9 \times \dfrac{Q}{r^2}$

$= 9\times 10^9 \times \dfrac{5\times 10^{-6}\,C}{(2[m])^2}$

$= 11250$[V/m]

$= 11.25\times 10^3$[V/m]

38 전압이득이 60[dB]인 증폭기와 궤환율(β)l=dl 0.01인 궤환회로를 부궤환 증폭기로 구성하였을 때 전체이득은 약 몇 [dB]인가?

① 20[dB]　　② 40[dB]
③ 60[dB]　　④ 80[dB]

해설 $A_{vf} = 20\log A$
A_{vf} : 전압이득[dB]
A : 전압이득(증폭기이득)[dB]
$60dB = 20\log A$,
$A = 1,000$[공학용계산기 solve이용]

참고 $\dfrac{60}{20} = \log_{10} A$, $10^{\frac{60}{20}} = A$, $A = 1,000$

부궤환증폭이득 $A_f = \dfrac{A}{1+\beta A}$

A_f : 부궤환증폭이득[dB]
A : 전압이득[dB]
β : 궤환율

$A_f = \dfrac{1,000}{1+(0.01\times 1,000)} \fallingdotseq 91$

$A_{vf} = 20\log A_f = 20\times\log 91 \fallingdotseq 40$[dB]

39 그림과 같은 논리회로의 출력 Y는?

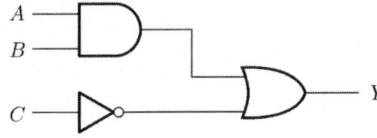

① $AB + \overline{C}$
② $A + B + \overline{C}$
③ $(A+B)\overline{C}$
④ $AB\,\overline{C}$

해설 A와 B는 AND게이트 따라서 AB
AB와 $\overline{C}$가 OR게이트 따라서 $AB + \overline{C}$

정답 36.② 37.① 38.② 39.①

40 단상 변압기 3대를 △결선하여 부하에 전력을 공급하고 있는 중 변압기 1대가 고장이 나서 V결선으로 바꾼 경우 고장 전과 비교하여 몇 [%] 출력을 낼 수 있는가?

① 50[%] ② 57.7[%]
③ 70.7[%] ④ 86.6[%]

해설 V결선 시 출력비

$$\frac{P_V}{P_3} = \frac{\sqrt{3}}{3} = \frac{1}{\sqrt{3}} = 0.577$$

∴ 57.7[%]

이용률 : $\frac{P_V}{P_2} = \frac{\sqrt{3}}{2} = 0.866$
$= 86.6[\%]$

정답 40.②

2020년 제4회 소방설비기사[전기분야] 1차 필기
[제2과목 : 소방전기일반]

21 다음 중 쌍방향성 전력용 반도체 소자인 것은?
① SCR ② IGBT
③ TRIAC ④ DIODE

해설 쌍방향성 사이리스터
TRIAC, DIAC, SSS, 역도통 사이리스터

22 그림의 시퀀스회로를 논리식으로 표현한 것은?

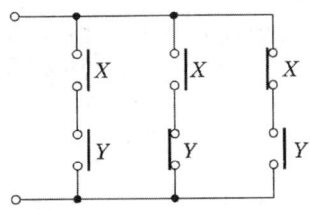

① $X + Y$
② $(XY) + (X\overline{Y})(\overline{X}Y)$
③ $(X+Y)(X+\overline{Y})(\overline{X}+Y)$
④ $(X+Y) + (X+\overline{Y}) + (\overline{X}+Y)$

해설
$XY + X\overline{Y} + \overline{X}Y = X(Y+\overline{Y}) + \overline{X}Y$
$= X + \overline{X}Y = XX + \overline{X}Y$
$= (X+\overline{X})(X+Y)$
$= X+Y$

23 그림의 블록선도와 같이 표현되는 제어시스템의 전달함수 $G(s)$는?

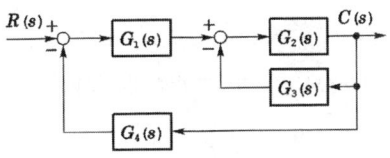

① $\dfrac{G_1(s)G_2(s)}{1+G_2(s)G_3(s)+G_1(s)G_2(s)G_4(s)}$

② $\dfrac{G_3(s)G_4(s)}{1+G_2(s)G_3(s)+G_1(s)G_2(s)G_4(s)}$

③ $\dfrac{G_1(s)G_2(s)}{1+G_1(s)G_2(s)+G_1(s)G_2(s)G_3(s)}$

④ $\dfrac{G_3(s)G_4(s)}{1+G_2(s)G_3(s)+G_1(s)G_2(s)G_3(s)}$

해설
$G(s) = \dfrac{\text{순환경로}}{1-\text{피드백}}$
$= \dfrac{G_1G_2}{1-(-G_1G_2G_4)-(-G_2G_3)}$
$= \dfrac{G_1G_2}{1+G_1G_2G_4+G_2G_3}$

24 조작기기는 직접 제어대상에 작용하는 장치이고 빠른 응답이 요구된다. 다음 중 전기식 조작기기가 아닌 것은?
① 서보전동기
② 전동밸브
③ 다이어프램
④ 전자밸브

해설 조작기기의 종류

전기식 조작기기	기계식 조작기기
• 전동밸브 • 전자밸브(솔레노이드밸브) • 서보전동기	다이어프램밸브

정답 21.③ 22.① 23.① 24.③

25 전기자 제어 직류 서보전동기에 대한 설명으로 옳은 것은?

① 교류서보전동기에 비하여 구조가 간단하여 소형이고 출력이 비교적 낮다.
② 제어권선과 콘덴서가 부착된 여자권선으로 구성된다.
③ 전기적 신호를 계자권선의 입력전압으로 한다.
④ 계자권선의 전류가 일정하다.

해설 전기자 제어 직류 서보전동기의 특징
㉠ 교류 서보전동기에 비하여 구조가 간단하며, 소형이고 출력이 비교적 높다.
㉡ 계자권선의 전류가 일정하다.

26 절연저항을 측정할 때 사용하는 계기는?

① 전류계 ② 전위차계
③ 메거 ④ 휘트스톤브리지

해설
㉠ 전류계 : 전류측정
㉡ 전위차계 : 전압측정
㉢ 메거 : 절연저항측정
㉣ 휘트스톤브리지 : 저항측정($0.5 \sim 10^5[\Omega]$)

27 $R = 10[\Omega]$, $\omega L = 20[\Omega]$인 직렬회로에 $220 \angle 0°[V]$의 교류전압을 가하는 경우 이 회로에 흐르는 전류는 약 몇 [A]인가?

① $24.5 \angle -26.5°[A]$
② $9.8 \angle -63.4°[A]$
③ $12.2 \angle -13.2°[A]$
④ $73.6 \angle -79.6°[A]$

해설
$I = \dfrac{V}{Z}$
$V = 220 \angle 0° = 220(\cos 0° + J\sin 0°)$
$\quad = 229 + j0 = 220[V]$
$I = \dfrac{V}{R+jX} = \dfrac{220}{10+j20} = \dfrac{220(10-j20)}{(10+j20)(10-j20)}$
$\quad = \dfrac{220 - j4,400}{100 + 400} = 4.4 - j8.8$
$\sqrt{(4.4)^2 + (8.8)^2} = 9.8[A]$

$\theta = \tan^{-1}\left(\dfrac{-8.8}{4.4}\right) = 63.4°$
$I = 9.8 \angle -63.4°$

28 다음의 논리식 중 틀린 것은?

① $(\overline{A} + B) \cdot (A + B) = B$
② $(\overline{A} + B) \cdot \overline{B} = \overline{A}\,\overline{B}$
③ $\overline{AB + AC} + \overline{A} = \overline{A} + \overline{B}\,\overline{C}$
④ $\overline{(\overline{A}+B) + CD} = A\overline{B}(C+D)$

해설 ④ 설명
$\overline{(\overline{A}+B) + CD} = \overline{(\overline{A}+B)} \cdot \overline{CD}$
$\qquad = (A \cdot \overline{B}) \cdot \overline{CD}$
$\qquad = A \cdot \overline{B} \cdot (\overline{C} + \overline{D})$

29 $R = 4[\Omega]$, $\dfrac{1}{\omega C} = 9[\Omega]$인 RC 직렬회로에 전압 e(t)를 인가할 때, 제3고조파 전류의 실효값 크기는 몇 [A]인가? (단, $e(t) = 50 + 10\sqrt{2}\sin\omega t + 120\sqrt{2}\sin\omega t(V)$이다)

① 4.4[A] ② 12.2[A]
③ 24[A] ④ 34[A]

해설 $e(t) = 50 + 10\sqrt{2}\sin\omega t + 120\sqrt{2}\sin\omega t(V)$ 중에서 50은 직류분(1고조파 실효값), $10\sqrt{2}$는 제2고조파의 최댓값, $120\sqrt{2}$는 제3고조파의 최댓값

제3고조파이용 실효값 $V = \dfrac{V_m}{\sqrt{2}}$
$\qquad = \dfrac{120\sqrt{2}}{\sqrt{2}} = 120[V]$

$X = \dfrac{9}{3} = 3[\Omega]$

3고조파는 주파수자리에 3ω 적용
$\dfrac{1}{\omega C} : 9 = \dfrac{1}{3\omega C} : X$
$X = 3[\Omega]$

정답 25.④ 26.③ 27.② 28.④ 29.③

$$I = \frac{V}{Z} = \frac{V}{\sqrt{R^2+X^2}}$$
$$= \frac{120}{\sqrt{4^2+3^2}}$$
$$= 24[A]$$

30 분류기를 사용하여 전류를 측정하는 경우에 전류계의 내부저항이 $0.28[\Omega]$이고 분류기의 저항이 $0.07[\Omega]$이라면 이 분류기의 배율은?

① 4 ② 5
③ 6 ④ 7

해설 분류기의 배율 $= \frac{전류계\ 내부저항}{분류기저항}+1$
$= \frac{0.28}{0.07}+1$
$= 5$

31 옴의 법칙에 대한 설명으로 옳은 것은?

① 전압은 저항에 반비례한다.
② 전압은 전류에 비례한다.
③ 전압은 전류에 반비례한다.
④ 전압은 전류의 제곱에 비례한다.

해설 옴의 법칙 $V=IR$, $I=\frac{V}{R}$, $R=\frac{V}{I}$
전압과 전류는 비례, 전류와 저항은 반비례, 전압과 저항은 비례

32 3상 직권 정류자 전동기에서 고정자권선과 회전자권선 사이에 중간변압기를 사용하는 주된 이유가 아닌 것은?

① 경부하 시 속도의 이상 상승 방지
② 철심을 포화시켜 회전자 상수를 감소
③ 중간변압기의 권수비를 바꾸어서 전동기 특성을 조정
④ 전원전압의 크기에 관계없이 정류에 알맞은 회전자전압 선택

해설 중간변압기 사용이유
㉠ 경부하 시 속도의 이상 상승 방지
㉡ 철심을 포화시켜 회전자 상수를 증가
㉢ 중간변압기의 권수비를 바꾸어서 전동기 특성을 조정
㉣ 전원전압의 크기에 관계없이 정류에 알맞은 회전자전압 선택

33 공기 중에 $10\mu C$과 $20\mu C$인 두 개의 점전하를 $1[m]$간격으로 놓았을 때 발생되는 정전기력은 몇 [N]인가?

① 1.2[N] ② 1.8[N]
③ 2.4[N] ④ 3.0[N]

해설 두 전하 사이에 작용하는 힘(정전력)
$$F = 9\times10^9 \times \frac{Q_1\ Q_2}{r^2}$$
$$= 9\times10^9 \times \frac{(10\times10^{-6})\times(20\times10^{-6})}{1^2}$$
$$= 1.8[N]$$

34 단상교류회로에 연결되어 있는 부하의 역률을 측정하고자 한다. 이때 필요한 계측기의 구성으로 옳은 것은?

① 전압계, 전력계, 회전계
② 상순계, 전력계, 전류계
③ 전압계, 전류계, 전력계
④ 전류계, 전압계, 주파수계

해설 역률 $=\frac{소비전력}{피상전력}=\frac{소비전력(W)}{전압(V)\times전류(A)}$
이므로 전압계, 전류계, 전력계가 필요하다.

35 평형 3상 회로에서 측정된 선간전압과 전류의 실효값이 각각 $28.78[V]$, $10[A]$이고 역률이 0.8일 때 3상 무효전력의 크기는 약 몇 [Var]인가?

① 400[Var] ② 300[Var]
③ 231[Var] ④ 173[Var]

해설 무표전력 $P_r = \sqrt{3} \, VI \sin\theta$
$= \sqrt{3} \, VI \sqrt{1-\cos^2\theta}$
$= \sqrt{3} \times 28.78 \times 10 \times \sqrt{1-0.8^2}$
$= 299.09 \, Var$

36 다음 회로에서 a,b사이의 합성저항은 몇 [Ω]인가?

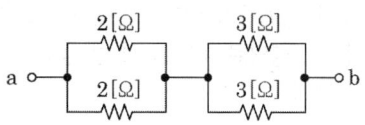

① 2.5[Ω] ② 5[Ω]
③ 7.5[Ω] ④ 10[Ω]

해설 $R = \dfrac{1}{\dfrac{1}{2}+\dfrac{1}{2}} + \dfrac{1}{\dfrac{1}{3}+\dfrac{1}{3}} = 2.5[\Omega]$

37 60[Hz]의 3상 전압을 전파정류하였을 때 맥동주파수[Hz]는?

① 120[Hz] ② 180[Hz]
③ 360[Hz] ④ 720[Hz]

해설 맥동주파수

구분	단상반파	단상전파	3상반파	3상전파
맥동주파수	f	2f	3f	6f

∴ 3상전파 정류시 주파수
$6f = 6 \times 60 = 360[Hz]$

38 두 개의 입력신호 중 한 개의 입력만이 1일 때 출력신호가 1이 되는 논리게이트는?

① EXCLUSIVE NOR
② NAND
③ EXCLUSIVE OR
④ AND

해설 기본적인 논리회로

회로	유접점	무접점	논리회로(논리식)	진리표
AND 회로			$X=A \cdot B$	A B X / 0 0 0 / 0 1 0 / 1 0 0 / 1 1 1
OR 회로			$X=A+B$	A B X / 0 0 0 / 0 1 1 / 1 0 1 / 1 1 1
NOT 회로			$X=\overline{A}$	A X / 0 1 / 1 0
NAND 회로			$X=\overline{A \cdot B}$	A B X / 0 0 1 / 0 1 1 / 1 0 1 / 1 1 0
NOR 회로			$X=\overline{A+B}$	A B X / 0 0 1 / 0 1 0 / 1 0 0 / 1 1 0
배타적 OR (X OR)			$X=A\cdot\overline{B}+\overline{A}\cdot B=A\oplus B$	A B X / 0 0 0 / 0 1 1 / 1 0 1 / 1 1 0
플립플롭				

39 진공 중 대전된 도체의 표면에 면전하밀도 σ [C/m²]가 균일하게 분포되어 있을 때, 이 도체표면에서의 전계의 세기 E[V/m]는? (단, ε_0는 진공의 유전율이다)

① $E = \dfrac{\sigma}{\varepsilon_0}$

② $E = \dfrac{\sigma}{2\varepsilon_0}$

③ $E = \dfrac{\sigma}{2\pi\varepsilon_0}$

④ $E = \dfrac{\sigma}{4\pi\varepsilon_0}$

해설 $E = \dfrac{\sigma}{\varepsilon} = \dfrac{\sigma}{\varepsilon_0 \varepsilon_s} = \dfrac{\sigma}{\varepsilon_0}$ [진공중 $\varepsilon_s = 1$]

40 3상 유도 전동기의 출력이 25[HP], 전압이 220[V], 역률 및 효율이 각각 85[%]일 때 이 전동기로 흐르는 전류는 약 몇 [A]인가? (단, 1[HP] = 0.746[kW])

① 40[A]   ② 45[A]
③ 68[A]   ④ 70[A]

해설 $P(W) = \sqrt{3}\,VI\cos\theta\,\eta$
$P(W) = 25 \times 0.746 \times 1,000 = 18,650[W]$
$18,650 = \sqrt{3} \times 220 \times I \times 0.85 \times 0.85$
$\therefore I = 67.74[A]$

정답 40.③

2021년 제1회 소방설비기사[전기분야] 1차 필기
[제2과목 : 소방전기회로]

21 논리식 $(X+Y)(X+\overline{Y})$을 간단히 하면?

① 1   ② XY
③ X   ④ Y

해설
$$(X+Y)(X+\overline{Y}) = XX + X\overline{Y} + YX + Y\overline{Y}$$
$$= X + X\overline{Y} + YX$$
$$= X(1+\overline{Y}+Y)$$
$$= X$$

22 어떤 측정계기의 지시값을 M, 참값을 T라 할 때 보정률(%)은?

① $\dfrac{T-M}{M} \times 100\%$ ② $\dfrac{M}{M-T} \times 100\%$
③ $\dfrac{T-M}{T} \times 100\%$ ④ $\dfrac{T}{M-T} \times 100\%$

해설 보정률(%) $= \dfrac{T-M}{M} \times 100$

23 그림과 같이 반지름 r(m)인 원의 원주상 임의의 2점 a, b 사이에 전류 I(A)가 흐른다. 원의 중심에서의 자계의 세기는 몇 A/m인가?

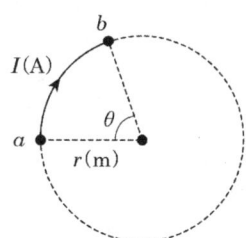

① $\dfrac{I\theta}{4\pi r}$ ② $\dfrac{I\theta}{4\pi r^2}$
③ $\dfrac{I\theta}{2\pi r}$ ④ $\dfrac{I\theta}{2\pi r^2}$

해설
$$H = \dfrac{NI}{l} = \dfrac{NI}{2r}$$
a, b 사이에 흐르는 전류에 의한 자계의 세기이므로
$$\dfrac{NI}{2r} \times \dfrac{\theta}{360°} = \dfrac{NI\theta}{4\pi r} \quad (N=1)\,(360°=2\pi)$$
$$\therefore \ \dfrac{I\theta}{4\pi r}$$

24 회로에서 a, b 간의 합성저항(Ω)은? (단, $R_1 = 3[\Omega]$, $R_2 = 9[\Omega]$이다.)

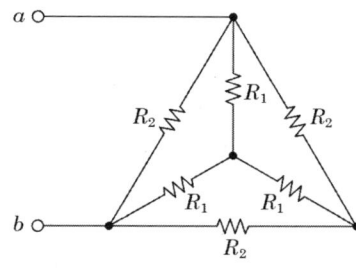

① 3   ② 4
③ 5   ④ 6

해설
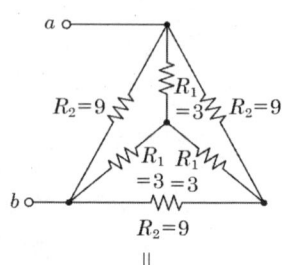
⇩

정답 21.③ 22.① 23.① 24.①

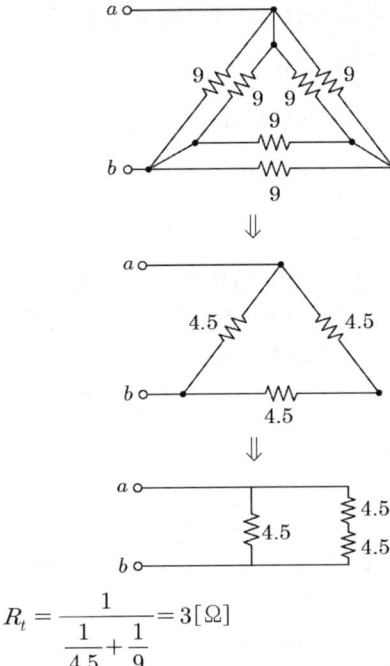

$$R_t = \cfrac{1}{\cfrac{1}{4.5}+\cfrac{1}{9}} = 3[\Omega]$$

〈Y-△ 변환공식〉

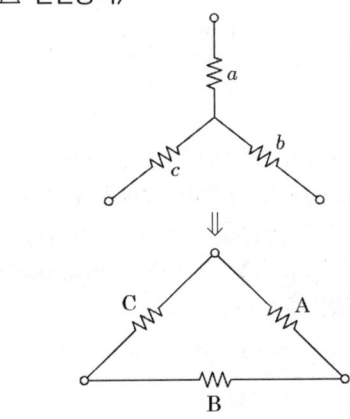

① a, b, c 저항이 모두 다를 경우
- $A = \dfrac{ab+bc+ca}{c}$
- $B = \dfrac{ab+bc+ca}{a}$
- $C = \dfrac{ab+bc+ca}{b}$

② a, b, c 저항이 모두 같을 경우
- $A = B = C = 3a = 3b = 3c$

25 2차 제어시스템에서 무제동으로 무한진동이 일어나는 감쇠율(damping ratio) δ는?

① $\delta = 0$ 　　② $\delta > 1$
③ $\delta = 1$ 　　④ $0 < \delta < 1$

해설 제동비(δ)에 따른 제어계의 과도응답 특성
무제동(무한진동) → $\delta = 0$
임계제동(비진동) → $\delta = 1$
부족제동(감쇠진동) → $\delta < 1$
과제동(비진동) → $\delta > 1$

26 블록선도의 전달함수 $C(s)/R(s)$는?

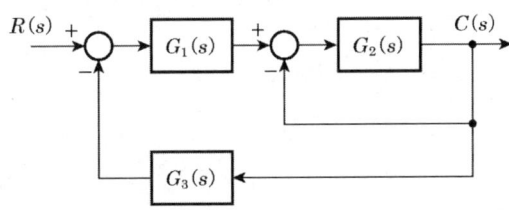

① $\dfrac{G_1(s)G_2(s)}{1+G_1(s)G_2(s)G_3(s)}$

② $\dfrac{G_1(s)G_2(s)}{1+G_1(s)+G_1(s)G_2(s)G_3(s)}$

③ $\dfrac{G_1(s)G_2(s)}{1+G_2(s)+G_1(s)G_2(s)G_3(s)}$

④ $\dfrac{G_1(s)G_2(s)}{1+G_3(s)+G_1(s)G_2(s)G_3(s)}$

해설 전달함수

$G(s) = \dfrac{C(s)}{R(s)} = \dfrac{\text{전향경로}}{1-\text{피드백}}$

$= \dfrac{G_1(s) \cdot G_2(s)}{1-((-G_1(s) \cdot G_2(s) \cdot G_3(s))+(-G_2(s)))}$

$= \dfrac{G_1(s) \cdot G_2(s)}{1+G_2(s)+G_1(s) \cdot G_2(s) \cdot G_3(s)}$

정답 25.① 26.③

27 3상 유도전동기의 특성에서 토크, 2차 입력, 동기속도의 관계로 옳은 것은?

① 토크는 2차 입력과 동기속도에 비례한다.
② 토크는 2차 입력에 비례하고 동기속도에 반비례한다.
③ 토크는 2차 입력에 반비례하고 동기속도에 비례한다.
④ 토크는 2차 입력의 제곱에 비례하고 동기속도의 제곱에 반비례한다.

해설 토크 $\tau = 0.975 \dfrac{P_2}{Ns}$ [kg·m]

P_2 = 2차 입력
Ns = 동기속도

$\tau \propto P_2$, $\tau \propto \dfrac{1}{Ns}$

28 어떤 회로에 $v(t) = 150\sin\omega t$(V)의 전압을 가하니 $i(t) = 12\sin(\omega t - 30°)$(A)의 전류가 흘렀다. 이 회로의 소비전력(유효전력)은 약 몇 W인가?

① 390W ② 450W
③ 780W ④ 900W

해설 소비전력

$P = VI\cos\theta$
$= \dfrac{150}{\sqrt{2}} \times \dfrac{12}{\sqrt{2}} \times \cos 30°$
$= 779.42 W$
$≒ 780 W$

29 평행한 두 도선 사이의 거리가 r이고, 각 도선에 흐르는 전류에 의해 두 도선 간의 작용력이 F_1일 때, 두 도선 사이의 거리를 $2r$로 하면 두 도선 간의 작용력 F_2는?

① $F_2 = \dfrac{1}{4}F_1$ ② $F_2 = \dfrac{1}{2}F_1$
③ $F_2 = 2F_1$ ④ $F_2 = 4F_1$

해설 평행한 두 도선 사이에 작용하는 힘

$F = \dfrac{2I_1 I_2}{r} \times 10^{-7}$ [N/m]
(r : 두 도선 사이의 거리[m])

$r \to 2r$, $F_2 = \dfrac{1}{2}F_1$

30 200V의 교류전압에서 30[A]의 전류가 흐르는 부하가 4.8[kW]의 유효전력을 소비하고 있을 때 이 부하의 리액턴스(Ω)는?

① 6.6[Ω] ② 5.3[Ω]
③ 4.0[Ω] ④ 3.3[Ω]

해설 $V = 200$[V], $I = 30$[A], $P = 4.8$[kW], X[Ω] = ?

$P = VI\cos\theta = 4,800 W$(유효전력)
$Pa = VI = 200 \times 30 = 6,000 VA$(피상전력)
$Pa^2 = P^2 + Pr^2$
$6,000^2 = 4,800^2 + Pr^2$
∴ $Pr = 3600$[VAr]
∴ $Pr = VI\sin\theta = I^2 Z\sin\theta = I^2 X$
∴ $X = \dfrac{P_r}{I^2} = \dfrac{3,600}{30^2} = 4$[Ω]

31 정전용량이 $0.02\mu F$인 커패시터 2개와 정전용량이 $0.01\mu F$인 커패시터 1개를 모두 병렬로 접속하여 24V의 전압을 가하였다. 이 병렬회로의 합성 정전용량(μF)과 $0.01\mu F$의 커패시터에 축적되는 전하량(C)은?

① 0.05, 0.12×10^{-6}
② 0.05, 0.24×10^{-6}
③ 0.03, 0.12×10^{-6}
④ 0.03, 0.24×10^{-6}

해설 ㉠ 합성정전용량
$C_t = 0.01\mu F + 0.02\mu F + 0.02\mu F = 0.05\mu F$
㉡ $Q_C = C \cdot V$
$= (0.01 \times 10^{-6}) \times 24 = 0.24 \times 10^{-6}$ [C]

정답 27.② 28.③ 29.② 30.③ 31.②

32 그림과 같은 다이오드 회로에서 출력전압 V_o는?
(단, 다이오드의 전압강하는 무시한다)

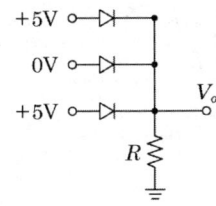

① 10V ② 5V
③ 1V   ④ 0V

해설) 출력전압 V_0 =OR회로이므로 5V

33 테브난의 정리를 이용하여 그림(a)의 회로를 그림(b)와 같은 등가회로로 만들고자 할 때 V_{th}(V)와 R_{th}(Ω)은?

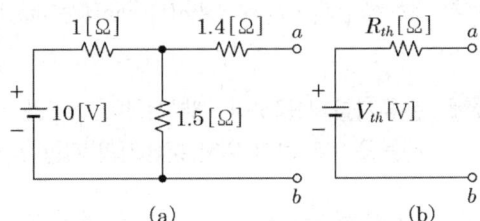

① 5V, 2[Ω] ② 5V, 3[Ω]
③ 6V, 2[Ω] ④ 6V, 3[Ω]

해설) V_{th}[V], R_{th}[Ω]=?

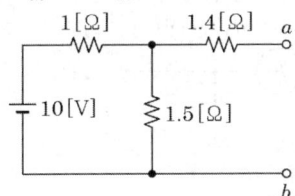

〈테브난 전압〉
회로의 a, b 단자가 개방되어 있으므로, 1.4[Ω]에는 전압강하가 생기지 않음. 따라서, a, b 사이의 전압은 1.5[Ω]에 걸리는 전압과 같다.

$$V_{1.5\Omega} = 10\left(\frac{1.5}{1+1.5}\right) = 6[V]$$

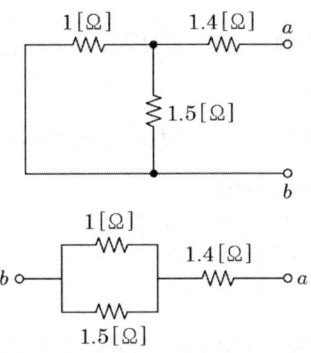

〈테브난 저항〉
전압원 10[V]를 단락시켜, a, b 양단 간의 합성저항 R_{th}

$$1.4 + \frac{1}{\frac{1}{1}+\frac{1}{1.5}} = 2[\Omega]$$

34 LC 직렬회로에 직류전압 E를 $t=0$(s)에 인가했을 때 흐르는 전류 $I(t)$는?

① $\dfrac{E}{\sqrt{L/C}} \cos \dfrac{1}{\sqrt{LC}} t$

② $\dfrac{E}{\sqrt{L/C}} \sin \dfrac{1}{\sqrt{LC}} t$

③ $\dfrac{E}{\sqrt{C/L}} \cos \dfrac{1}{\sqrt{LC}} t$

④ $\dfrac{E}{\sqrt{C/L}} \sin \dfrac{1}{\sqrt{LC}} t$

해설) L-C 직렬회로 과도현상
S를 ON하고 t초 후에 전류는

$$i(t) = \dfrac{E}{\sqrt{\dfrac{L}{C}}} \sin \dfrac{1}{\sqrt{LC}} t [A] : 불변진동 전류$$

여기서, $i(t)$: 과도전류[A]
E : 직류전압[V]
L : 인덕턴스[H]
C : 커패시턴스[F]

정답 32.② 33.③ 34.②

35 다음 소자 중에서 온도 보상용으로 쓰이는 것은?
① 서미스터 ② 바리스터
③ 제너다이오드 ④ 터널다이오드

해설 서미스터(Thermister)
온도가 상승하면 저항은 감소하는 온도-저항 부특성을 가지며, 온도 보상용으로 사용되는 소자

36 변위를 압력으로 변환하는 장치로 옳은 것은?
① 다이어프램 ② 가변 저항기
③ 벨로우즈 ④ 노즐 플래퍼

해설 변환량과 변환요소

변환량	변환요소
압력 → 변위	벨로우즈(Bellows), 다이어프램, 스프링
변위 → 압력	노즐 플래퍼, 유압 분사관, 스프링
변위 → 임피던스	가변 저항기, 용량형 변압기, 가변저항 스프링
변위 → 전압	포텐셔미터(Potentio-meter), 차동 변압기, 전위차계
전압 → 변위	전자석, 전자 코일(솔레노이드)
빛 → 임피던스	광전관, 광전도 셀(Photo Cell), 광전 트랜지스터
빛 → 전압	광전지(Solar Cell), 광전 다이오드
방사선 → 임피던스	가이거뮬러(GM)관, 전리함
온도 → 임피던스	측온 저항(열선, 서미스터, 백금, 니켈), 정온식 감지선형 감지기
온도 → 전압 (기전력)	열전대(백금-백금 로듐, 철-콘스탄탄, 구리-콘스탄탄, 크로멜-알루멜), 열전대식 감지기

▶ 변위 → 압력

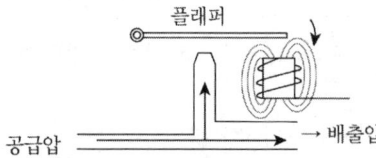

제어편차(전기적 신호)에 의한 플래퍼의 위치변화에 의해 배출압을 측정

37 저항 $R_1(\Omega)$, 저항 $R_2(\Omega)$, 인덕턴스 $L(H)$의 직렬회로가 있다. 이 회로의 시정수(s)는?

① $-\dfrac{R_1+R_2}{L}$ ② $\dfrac{R_1+R_2}{L}$
③ $-\dfrac{L}{R_1+R_2}$ ④ $\dfrac{L}{R_1+R_2}$

해설 시정수
$\tau = \dfrac{L}{R} = \dfrac{L}{R_1+R_2}$ [sec]

38 자기 인덕턴스 L_1, L_2가 각각 4mH, 9mH인 두 코일이 이상적인 결합이 되었다면 상호 인덕턴스는 몇 mH인가? (단, 결합계수는 1이다)
① 6mH ② 12mH
③ 24mH ④ 36mH

해설 $M = k\sqrt{L_1 \cdot L_2} = \sqrt{4\text{mH} \times 9\text{mH}} = 6\text{mH}$

39 분류기를 사용하여 내부저항이 R_A인 전류계의 배율을 9로 하기 위한 분류기의 저항 $R_S(\Omega)$은?
① $R_S = \dfrac{1}{8}R_A$ ② $R_S = \dfrac{1}{9}R_A$
③ $R_S = 8R_A$ ④ $R_S = 9R_A$

해설 내부저항 R_A 전류계
배율 9 → 분류기 저항 $R_S(\Omega) = ?$

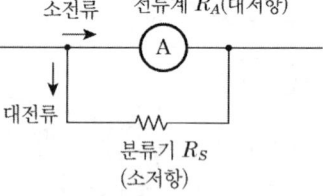

배율 = $\dfrac{\text{대저항}}{\text{소저항}} + 1$

$9 = \dfrac{\text{전류계}(R_A)}{\text{분류기}(R_S)} + 1$

분류기$(R_S) = \dfrac{1}{8} \times$ 전류계(R_A)

∴ $R_S = \dfrac{1}{8} \times R_A$

40 그림의 논리회로와 등가인 논리 게이트는?

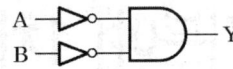

① NOR
② NAND
③ NOT
④ OR

해설 $\overline{A} \cdot \overline{B} = Y \Rightarrow \overline{A+B} = Y$

OR회로의 부정
∴ NOR회로

2021년 제2회 소방설비기사[전기분야] 1차 필기

[제2과목 : 소방전기회로]

21 제어요소는 동작신호를 무엇으로 변환하는 요소인가?

① 제어량 ② 비교량
③ 검출량 ④ 조작량

해설) 피드백 제어
제어요소는 조절부와 조작부로 이루어져 있으며, 작동신호를 조작량으로 변환시킨다.

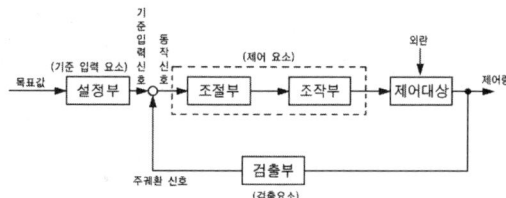

22 빛이 닿으면 전류가 흐르는 다이오드로서 들어온 빛에 대해 직선적으로 전류가 증가하는 다이오드는?

① 제너다이오드 ② 터널다이오드
③ 발광다이오드 ④ 포토다이오드

해설)
• 포토다이오드(Photo Diode)
  빛을 가하면 기전력이 발생하는 다이오드
• 발광다이오드(Light Emitting Diode)
  전류를 흘려주면 발광하는 다이오드

23 그림과 같이 접속된 회로에서 a, b 사이의 합성저항은 몇 [Ω]인가?

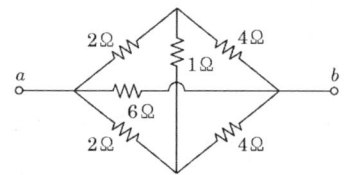

① 1[Ω] ② 2[Ω]
③ 3[Ω] ④ 4[Ω]

해설) 브리지 평형상태이므로

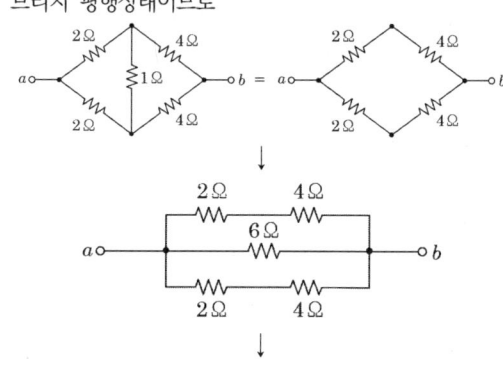

$$\rightarrow \frac{1}{\frac{1}{6}+\frac{1}{6}+\frac{1}{6}} = 2[\Omega]$$

24 회로에서 저항 5[Ω]의 양단 전압 V_R(V)은?

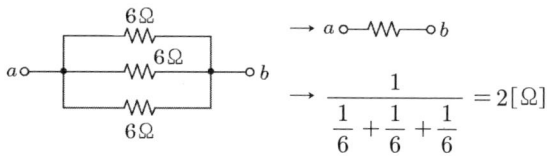

① −5[V] ② −2[V]
③ 3[V] ④ 8[V]

해설) 1) 전압원 단락(폐로)

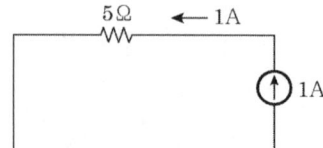

정답 21.④ 22.④ 23.② 24.①

$V = IR = 1 \times 5 = 5[V]$

2) 전류원 단선(개방)

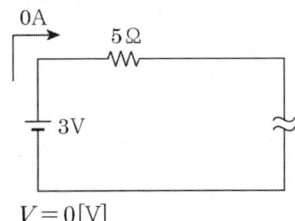

$V = 0[V]$

25 그림과 같은 회로에 평형 3상 전압 200[V]를 인가한 경우 소비된 유효전력(kW)은? (단, $R = 20[\Omega]$, $X = 10[\Omega]$)

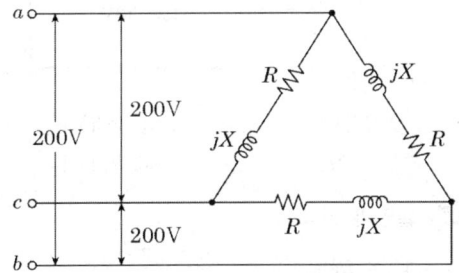

① 1.6[kW]　　② 2.4[kW]
③ 2.8[kW]　　④ 4.8[kW]

해설
- $P = 3V_P I_P \cos\theta [W]$
- $V_P = 200[V]$
- $Z_P = R + jX = 20 + j10$

$P = 3V_P I_P \cos\theta \ (V_P = I_P \cdot Z_P)$
$= 3I_P^2 \cdot Z_P \cos\theta \ (Z_P \cos\theta = R)$
$= 3I_P^2 \cdot R$
$= 3 \times \left(\dfrac{V_P}{Z_P}\right)^2 \times R$
$= 3 \times \left(\dfrac{200}{\sqrt{20^2 + 10^2}}\right)^2 \times 20$
$= 4,800W = 4.8kW$

26 자기용량이 10[kVA]인 단권변압기를 그림과 같이 접속하였을 때 역률 80[%]의 부하에 몇 [kW]의 전력을 공급할 수 있는가?

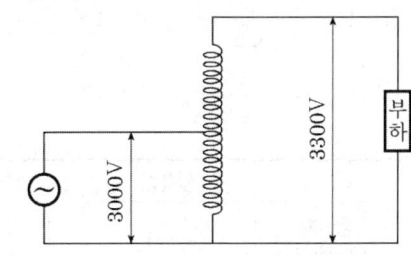

① 8[kW]　　② 54[kW]
③ 80[kW]　　④ 88[kW]

해설
- $I_2 = \dfrac{P}{V_2 - V_1} = \dfrac{10 \times 10^3}{3300 - 3000} = 33.33[A]$
- $P_2 = V_2 I_2 \cos\theta$
  $= 3,300 \times 33.33 \times 0.8 = 87,991.2[W]$
  $\fallingdotseq 88[kW]$

27 그림의 논리회로와 등가인 논리게이트는?

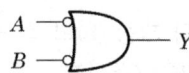

① NOR　　② NAND
③ NOT　　④ OR

해설

$A \rightarrow$ ─○┐
$B \rightarrow$ ─○┘ $\rightarrow Y$　$\overline{A} + \overline{B} = Y$

$\overline{A} + \overline{B} = Y \rightarrow \overline{\overline{A} + \overline{B}} = \overline{Y}$
$\overline{\overline{A}} \cdot \overline{\overline{B}} = \overline{Y}$
$A \cdot B = \overline{Y}$

$A, B \rightarrow$ NAND $\rightarrow Y$　[NAND 회로]

28 정현파 교류전압의 최댓값이 V_m[V]이고, 평균값이 V_{av}[V]일 때 이 전압의 실횻값 V_{rms}[V]는?

① $V_{rms} = \dfrac{\pi}{\sqrt{2}} V_m$ ② $V_{rms} = \dfrac{\pi}{2\sqrt{2}} V_{av}$

③ $V_{rms} = \dfrac{\pi}{2\sqrt{2}} V_m$ ④ $V_{rms} = \dfrac{1}{\pi} V_m$

해설

	실횻값	평균값
정현파 전파정류파	$\dfrac{1}{\sqrt{2}} V_m$	$\dfrac{2}{\pi} V_m$
반파정류파	$\dfrac{1}{2} V_m$	$\dfrac{1}{\pi} V_m$

∴ 실횻값 $= \dfrac{1}{\sqrt{2}} V_m$

V_{av}(평균값) $= \dfrac{2}{\pi} V_m$

$V_m = \dfrac{\pi}{2} \times V_{av}$

∴ 실횻값 $V_{rms} = \dfrac{1}{\sqrt{2}} \times \dfrac{\pi}{2} V_{av} = \dfrac{\pi}{2\sqrt{2}} V_{av}$

29 그림 (a)와 그림 (b)의 각 블록선도가 등가인 경우 전달함수 $G(s)$는?

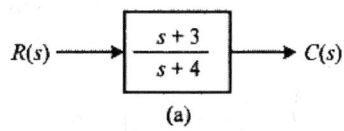
(a)

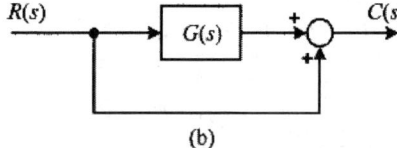
(b)

① $\dfrac{1}{s+4}$ ② $\dfrac{2}{s+4}$

③ $\dfrac{-1}{s+4}$ ④ $\dfrac{-2}{s+4}$

해설 (a) 그림에 대한 전달함수

$G(s) = \dfrac{C(s)}{R(s)} = \dfrac{\frac{s+3}{s+4}}{1-0} = \dfrac{s+3}{s+4}$

(b) 그림에 대한 전달함수

$G(s) = \dfrac{C(s)}{R(s)} = \dfrac{G(s)+1}{1-0} = G(s)+1$

∴ 등가이므로

$\dfrac{s+3}{s+4} = G(s)+1$

∴ $G(s) = \dfrac{s+3}{s+4} - 1 = \dfrac{s+3-(s+4)}{s+4} = \dfrac{-1}{s+4}$

30 회로에서 a와 b 사이에 나타나는 전압 V_{ab}[V]는?

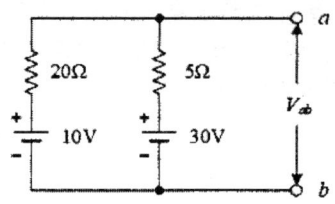

① 20[V]   ② 23[V]
③ 26[V]   ④ 28[V]

해설 밀만의 정리

$V_{ab} = IR = \dfrac{I}{\frac{1}{R}} = \dfrac{I_1 + I_2 + I_3}{\frac{1}{R_1} + \frac{1}{R_2} + \frac{1}{R_3}}$

$= \dfrac{\frac{V_1}{R_1} + \frac{V_2}{R_2} + \frac{V_3}{R_3}}{\frac{1}{R_1} + \frac{1}{R_2} + \frac{1}{R_3}}$

∴ $V_{ab} = \dfrac{\frac{V_1}{R_1} + \frac{V_2}{R_2}}{\frac{1}{R_1} + \frac{1}{R_2}} = \dfrac{\frac{10}{20} + \frac{30}{5}}{\frac{1}{20} + \frac{1}{5}} = 26$[V]

31 단방향 대전류의 전력용 스위칭 소자로서 교류의 위상 제어용으로 사용되는 정류소자는?

① 서미스터   ② SCR
③ 제너다이오드   ④ UJT

해설 SCR(Silicon Controlled Rectifier)은 단방향 대전류 스위치 소자로서 제어를 할 수 있는 정류소자이다.
㉠ 소형
㉡ 대전력용 정류기

정답 28.② 29.③ 30.③ 31.②

32 입력이 $r(t)$이고, 출력이 $c(t)$인 제어시스템이 다음의 식과 같이 표현될 때 이 제어시스템의 전달함수 $(G(s) = \dfrac{C(s)}{R(s)})$는? (단, 초기값은 0이다)

$$2\dfrac{d^2c(t)}{dt^2}+3\dfrac{dc(t)}{dt}+c(t)=3\dfrac{dr(t)}{dt}+r(t)$$

① $\dfrac{3s+1}{2s^2+3s+1}$ ② $\dfrac{2s^2+3s+1}{s+3}$

③ $\dfrac{3s+1}{s^2+3s+2}$ ④ $\dfrac{s+3}{s^2+3s+2}$

해설 라플라스 변환
$2\dfrac{d^2c(t)}{dt^2}+3\dfrac{dc(t)}{dt}+c(t)=3\dfrac{dr(t)}{dt}+r(t)$
$2s^2C(s)+3sC(s)+s(C)=3sR(s)+R(s)$
$\therefore G(s)=\dfrac{R(s)}{C(s)}=\dfrac{3s+1}{2s^2+3s+1}$

33 직류전원이 연결된 코일에 10[A]의 전류가 흐르고 있다. 이 코일에 연결된 전원을 제거하는 즉시 저항을 연결하여 폐회로를 구성하였을 때 저항에서 소비된 열량이 24[cal]이었다. 이 코일의 인덕턴스는 약 몇 [H]인가?

① 0.1[H] ② 0.5[H]
③ 2.0[H] ④ 24[H]

해설 $W_L=\dfrac{1}{2}LI^2[J]$
$\therefore \dfrac{1}{2}\times L\times 10^2\times 0.24=24[cal]$
$\therefore L=2[H]$

34 60[Hz], 4극 3상 유도전동기가 정격 출력일 때 슬립이 2[%]이다. 이 전동기의 동기속도(rpm)는?

① 1,200rpm ② 1,764rpm
③ 1,800rpm ④ 1,836rpm

해설 동기속도(rpm) $=\dfrac{120f}{P}=\dfrac{120\times 60}{4}=1,800$rpm

35 논리식 A · (A+B)를 간단히 표현하면?

① A ② B
③ A · B ④ A+B

해설 $A(A+B)=AA+AB$
$=A+AB$
$=A(1+B)$
$=A$

36 0[℃]에서 저항이 10[Ω]이고, 저항의 온도계수가 0.0043인 전선이 있다. 30[℃]에서 이 전선의 저항은 약 몇 [Ω]인가?

① 0.013[Ω] ② 0.68[Ω]
③ 1.4[Ω] ④ 11.3[Ω]

해설 $R_2=R_1(1+\alpha_{t1}(t_2-t_1))$
$=10(1+0.0043(30-0))$
$=11.29[\Omega]$

37 길이 1[cm]마다 감은 권선수가 50회인 무한장 솔레노이드에 500[mA]의 전류를 흘릴 때 솔레노이드 내부에서의 자계의 세기는 몇 [AT/m]인가?

① 1,250[AT/m] ② 2,500[AT/m]
③ 12,500[AT/m] ④ 25,000[AT/m]

해설 $H=\dfrac{NI}{l}$
$=nI\ (n=50\text{회}/1\text{cm})$
$=\left(50\text{회}/1\text{cm}\times\dfrac{100\text{cm}}{1\text{m}}\right)\times 0.5\text{A}$
$=2,500[AT/m]$

정답 32.① 33.③ 34.③ 35.① 36.④ 37.②

38 회로의 전압과 전류를 측정하기 위한 계측기의 연결방법으로 옳은 것은?

① 전압계 : 부하와 직렬, 전류계 : 부하와 직렬
② 전압계 : 부하와 직렬, 전류계 : 부하와 병렬
③ 전압계 : 부하와 병렬, 전류계 : 부하와 직렬
④ 전압계 : 부하와 병렬, 전류계 : 부하와 병렬

39 최대 눈금이 150[V]이고, 내부저항이 30[kΩ]인 전압계가 있다. 이 전압계로 750[V]까지 측정하기 위해 필요한 배율기의 저항(kΩ)은?

① 120[kΩ]   ② 150[kΩ]
③ 300[kΩ]   ④ 800[kΩ]

해설

배율 = $\dfrac{\text{대저항}}{\text{소저항}} + 1 = \dfrac{\text{배율기 저항}}{\text{전압계 저항}} + 1$

$\dfrac{750}{150} = 5 = \dfrac{\text{배율기 저항}}{30 \times 10^3} + 1$

→ 배율기 저항 = 120,000[Ω] = 120[kΩ]

40 내압이 1.0[kV]이고 정전용량이 각각 0.01[μF], 0.02[μF], 0.04[μF]인 3개의 커패시터를 직렬로 연결했을 때 전체 내압은 몇 [V]인가?

① 1,500[V]   ② 1,750[V]
③ 2,000[V]   ④ 2,200[V]

해설 0.01μF 콘덴서에 1,000[V] 전압이 걸리면 콘덴서 파괴

$\therefore V_1 = \dfrac{\dfrac{1}{C_1}}{\dfrac{1}{C_1} + \dfrac{1}{C_2} + \dfrac{1}{C_3}} \times V_t$

$1,000 = \dfrac{\dfrac{1}{0.01}}{\dfrac{1}{0.01} + \dfrac{1}{0.02} + \dfrac{1}{0.04}} \times V_t$

→ $V_t = 1,750$[V]

2021년 제4회 소방설비기사[전기분야] 1차 필기

[제2과목 : 소방전기회로]

21 단상 반파 정류회로를 통해 평균 26V의 직류 전압을 출력하는 경우, 정류 다이오드에 인가되는 역방향 최대 전압은 약 몇 V인가? (단, 직류 측에 평활회로(필터)가 없는 정류회로이고, 다이오드의 순방향 전압은 무시한다)

① 26V ② 37V
③ 58V ④ 82V

해설 역방향 최대전압=역첨두전압(PIV)
PIV=역방향 반주기 동안 다이오드에 인가되는 전압의 최대값

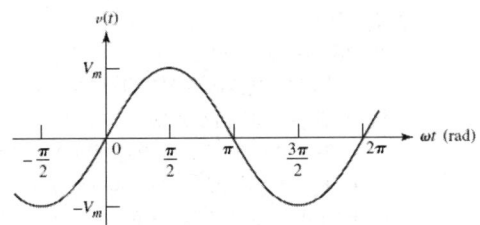

즉, 그림에서 $-V_m$ =PIV
정류되기 전 교류의 실횻값 E로 하고 단상판파정류회로의 정류 후 직류전압직류전압을 E_d로 하면

$(E_d = \dfrac{1}{T}\int_0^T v\,d\omega t = \dfrac{\sqrt{2}}{\pi} E = 0.45\,E)$

E_d 값이 주어진 경우의

PIV= $\sqrt{2}\,E = \sqrt{2} \times \left(\dfrac{\pi}{\sqrt{2}} E_d\right) = \pi E_d$

간단하게 하면 직류값×3.14로 구할 수 있음
따라서 26×3.14=81.64V

22 시퀀스회로를 논리식으로 표현하면?

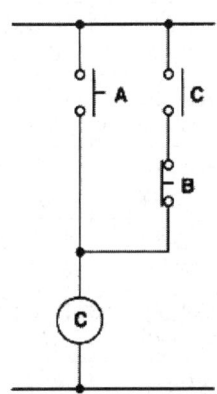

① $C = A + \overline{B} \cdot C$
② $C = A \cdot \overline{B} + C$
③ $C = A \cdot C + \overline{B}$
④ $C = A \cdot C + \overline{B} \cdot C$

해설 $A + \overline{B} \cdot C = C$

23 제어량에 따른 제어방식의 분류 중 온도, 유량, 압력 등의 공업 프로세스의 상태량을 제어량으로 하는 제어계로서 외란의 억제를 주목적으로 하는 제어방식은?

① 서보기구   ② 자동조정
③ 추종제어   ④ 프로세스제어

해설 프로세스제어(Process Control)
제어량이 온도, 유량, 압력, 액위, 농도, 밀도 등의 플랜트나 생산공정 중의 상태량을 제어량으로 하는 제어로서 프로세스에 가해지는 외란(기준 입력신호 이외의 신호요소)의 억제를 주목적으로 한다. 그 예로 온도 조절장치, 압력, 제어장치 등이 있다.

정답 21.④ 22.① 23.④

24 반도체를 이용한 화재감지기 중 서미스터(thermistor)는 무엇을 측정하기 위한 반도체 소자인가?

① 온도
② 연기 농도
③ 가스 농도
④ 불꽃의 스펙트럼 강도

해설

구 분	설 명
서미스터 (thermistor)	부온도 특성을 가진 저항기의 일종으로서 주로 온도보상용으로 쓰인다.
발광다이오드 (light emiltting diode)	전기신호를 빛으로 변환하는데 쓰인다.
제너다이오드 (zener diode)	정전압소자(전원전압을 일정하게 유지)
바리스터 (varistor)	계전기접점의 불꽃제거나 서지전압에 대한 과입력보호용 반도체 소자
사이리스터 (thyristor)	PNPN 접합의 4층 구조로 제어용으로 주로 쓰인다.
트랜지스터 (transistor)	PNP 접합 또는 NPN 접합의 3층 구조로 증폭용으로 주로 쓰인다.

25 회로에서 a와 b 사이의 합성저항(Ω)은?

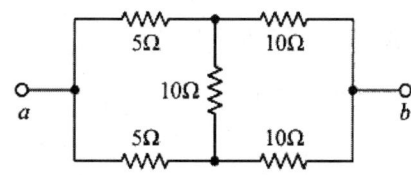

① 5Ω
② 7.5Ω
③ 15Ω
④ 30Ω

해설 휘스톤브릿지회로 성립
따라서
$$\frac{1}{\frac{1}{15}+\frac{1}{15}} = 7.5\,\Omega$$

26 1개의 용량의 25W인 객석유도등 10개가 설치되어 있다. 이 회로에 흐르는 전류는 약 몇 A인가? (단, 전원 전압은 220V이고, 기타 선로손실 등은 무시한다)

① 0.88
② 1.14
③ 1.25
④ 1.36

해설 $P = VI$
$I = \dfrac{P}{V} = \dfrac{25 \times 10}{220} = 1.136 \fallingdotseq 1.14\,A$

27 PD(비례 미분) 제어 동작의 특징으로 옳은 것은?

① 잔류편차 제거
② 간헐현상 제거
③ 불연속 제어
④ 속응성 개선

해설 조절부의 동작에 따른 제어의 종류
(1) 연속제어
  ㉠ 비례 제어(P동작)
    • 구조가 간단하나 잔류 편차(Off Set)가 생긴다.
  ㉡ 비례적분 제어(PI동작)
    • 계단 변화에 대하여 잔류 편차를 없애준다.
    • 정상 특성을 개선하며, 지상보상요소이다.
  ㉢ 비례미분 제어(PD동작)
    • 과도응답을 개선해준다.
    • 진상보상요소이다.
  ㉣ 비례적분미분 제어(PID동작)
    • 미분 제어가 응답속도를 빠르게 하며, 적분 제어가 잔류 편차를 없애준다.
    • 지상 및 진상보상요소이다.
    • 연속 선형제어로서는 최적의 제어동작이다.
(2) 불연속제어
  ㉠ 2위치 제어 : 제어량이 목표값에서 어떤 양만큼 벗어나면 미리 정해진 일정한 조작량이 대상에 단속적으로 가해지는 제어동작
  ㉡ 다위치 제어

28 회로에서 저항 20Ω에 흐르는 전류(A)는?

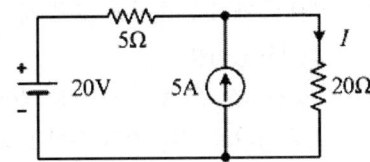

① 0.8A　　② 1.0A
③ 1.8A　　④ 2.8A

해설
- 전압원만의 회로일 때 20[Ω]의 저항에 흐르는 전류 (이때 전류원은 개방)
$I_1 = \dfrac{전압}{합성저항} = \dfrac{20}{5+20} = 0.8[A]$
- 전류원만의 회로일 때 20[Ω]의 저항에 흐르는 전류 (이때 전압원은 단락)
$I_2 = \dfrac{5}{5+20} \times 5 = 1[A]$
∴ 20[Ω]의 저항에 흐르는 전류
$I = I_1 + I_2 = 0.8 + 1 = 1.8[A]$

29 1cm의 간격을 둔 평행 왕복전선에 25A의 전류가 흐른다면 전선 사이에 작용하는 단위 길이당 힘 (N/m)은?

① 2.5×10^{-2} N/m (반발력)
② 1.25×10^{-2} N/m (반발력)
③ 2.5×10^{-2} N/m (흡인력)
④ 1.25×10^{-2} N/m (흡인력)

해설 전자력 F[N/m]
$F[N/m] = \dfrac{2 \times I_1 \times I_2}{r} \times 10^{-7}$
$= \dfrac{2(25)(25)}{0.01} \times 10^{-7}$
$= 0.0125$
$= 1.25 \times 10^{-2}$ [N/m]
※ 조건에 "왕복전선" → 반대방향 : 반발력

30 0.5kVA의 수신기용 변압기가 있다. 이 변압기의 철손은 7.5W이고, 전부하동손은 16W이다. 화재가 발생하여 처음 2시간은 전부하로 운전되고, 다음 2시간은 1/2의 부하로 운전되었다고 한다. 4시간에 걸친 이 변압기의 전손실 전력량은 몇 Wh인가?

① 62Wh　　② 70Wh
③ 78Wh　　④ 94Wh

해설 4시간 동안의 전손실 전력량
$W = (7.5 + 16) \times 2시간$
$+ \left[7.5 + \left(\dfrac{1}{2}\right)^2 \times 16 \right] \times 2시간$
$= 70$ [Wh]

31 테브난의 정리를 이용하여 그림 (a)의 회로를 그림 (b)와 같은 등가회로로 만들고자 할 때 V_{th}(V)와 R_{th}(Ω)은?

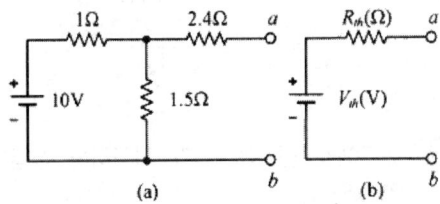

① 5V, 2Ω　　② 5V, 3Ω
③ 6V, 2Ω　　④ 6V, 3Ω

해설 테브난의 등가회로는 단자 a-b를 개방하였을 때 이 단자에 걸리는 전압을 테브난 전압 V_{th}로 하고 전압원을 단락(전류원 개방)한 후 단자 a-b에서 봤을 때 회로 전체의 저항을 테브난 저항 R_{th}로 하여 구하므로 단자 a-b를 개방한 경우 2.4[Ω]에는 전류가 흐르지 않으므로 단자 a-b간의 전압은 1.5[Ω]에 걸리는 전압과 같다 그러면 10[V]의 전압원은 1.5[Ω]과 1[Ω]의 직렬이 되어 전압분배식을 적용해 1.5[Ω]에 걸리는 전압을 구하면
$V_{ab} = \dfrac{1.5}{1+1.5} \times 10 = 6$ [V]이며 이것이 V_{th}
테브난 저항을 구하기 위해 전압원을 단락하고 단자에서 보면(단자에 전원을 놓았다고 가정하면) R_{th}는 1[Ω]과 1.5[Ω]의 병렬+2.4[Ω]의 직렬 구조이므로
$\dfrac{1 \times 1.5}{1+1.5} + 2.4 = 3$[Ω]이 되며 이것이 R_{th}

정답 28.③ 29.② 30.② 31.④

32 블록선도에서 외란 D(s)의 입력에 대한 출력 C(s) 전달함수 $\left(\dfrac{C(s)}{D(s)}\right)$는?

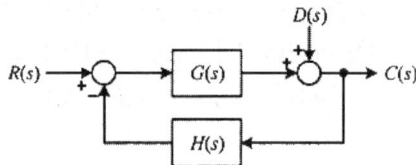

① $\dfrac{G(s)}{H(s)}$ ② $\dfrac{1}{1+G(s)H(s)}$

③ $\dfrac{H(s)}{G(s)}$ ④ $\dfrac{G(s)}{1+G(s)H(s)}$

해설 블록선도
$(R-CH)G+D=C$
$RG-CHG+D=C$
$RG+D=C(1+HG)$
$\therefore C=\dfrac{GR+D}{1+HG}=\dfrac{G}{1+HG}R+\dfrac{1}{1+HG}D$
$\therefore \dfrac{C(s)}{D(s)}=\dfrac{1}{1+G(s)H(s)}$

33 회로에서 전압계 Ⓥ가 지시하는 전압의 크기는 몇 V인가?

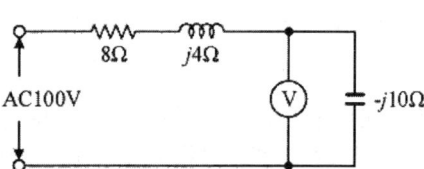

① 10V ② 50V
③ 80V ④ 100V

해설 전압계는 $-j10[\Omega]$에 걸리는 전압 $V_c[V]$을 측정하고 있으므로 $8[\Omega]$과 $+j4[\Omega]$을 $Z_1[\Omega]$으로 놓고, $-j10[\Omega]$을 $Z_2[\Omega]$으로 놓고 전압분배 식을 적용하면
$V_c=\dfrac{Z_2}{Z_1+Z_2}\times 100$ 이 되며
$Z_1=8+j4$, $Z_2=-j10$을 대입하면
$V_c=\dfrac{-j10}{(8+j4)+(-j10)}\times 100=60-j80$
이를 크기만 구하면 $V_c=\sqrt{60^2+80^2}=100[V]$

34 지시계기에 대한 동작원리가 아닌 것은?

① 열전형 계기 : 대전된 도체 사이에 작용하는 정전력을 이용
② 가동철편형 계기 : 전류에 의한 자기장에서 고정 철편과 가동 철편 사이에 작용하는 힘을 이용
③ 전류력계형 계기 : 고정 코일에 흐르는 전류에 의한 자기장과 가동 코일에 흐르는 전류 사이에 작용하는 힘을 이용
④ 유도형 계기 : 회전 자기장 또는 이동 자기장과 이것에 의한 유도 전류와의 상호작용을 이용

해설 전기계기의 동작원리

종 류	동작원리
가동코일형	영구자석이 형성한 자계 속에 놓인 가동코일에 전류가 흐를 때 작용하는 전자력으로 가동
가동철편형	자계 속에서 자화된 고정 철편과 가동 철편 간에 작용하는 전자력으로 가동
전류력계형	고정 코일과 가동 코일에 흐르는 전류 간에 작용하는 전자력으로 가동
정류형	정류기와 가동코일형 계기를 조합한 가동방식
열전형	열전대와 가동코일형 계기를 조합한 가동방식
유도형	회전자계(또는 이동자계)와 이것에서 발생하는 와전류 간에 작용하는 전자력으로 가동

35 선간전압의 크기가 $100\sqrt{3}$ V인 대칭 3상 전원에 각 상의 임피던스가 $Z=30+j40(\Omega)$인 Y결선의 부하가 연결되었을 때 이 부하로 흐르는 선전류(A)의 크기는?

① 2 ② $2\sqrt{3}$
③ 5 ④ $5\sqrt{3}$

해설 Y결선시 선전류 I_L의 크기는 상전류 I_P와 같고, 선간전압 V_L은 상전압 V_P보다 $\sqrt{3}$배 크므로
$V_P=\dfrac{V_L}{\sqrt{3}}=\dfrac{100\sqrt{3}}{\sqrt{3}}=100[V]$

상전류 $I_P = \dfrac{V_P}{Z} = \dfrac{100}{30+j40}$ 인데 문제에서 '크기'만 물었으므로 임피던스를 크기만으로 계산하면

$|I_P| = \dfrac{100}{\sqrt{30+j40}} = \dfrac{100}{50} = 2[A]$

$I_P = I_L = 2[A]$

36 자유공간에서 무한히 넓은 평면에 면전하밀도 σ (C/m^2)가 균일하게 분포되어 있는 경우 전계의 세기(E)는 몇 V/m인가? (단, ε_0는 진공의 유전율이다)

① $E = \dfrac{\sigma}{\varepsilon_0}$ ② $E = \dfrac{\sigma}{2\varepsilon_0}$

③ $E = \dfrac{\sigma}{2\pi\varepsilon_0}$ ④ $E = \dfrac{\sigma}{4\pi\varepsilon_0}$

해설 구도체의 전계 $E = \dfrac{Q}{4\pi\varepsilon_0 r^2}$

선전하밀도 λ에 의한 전계 $E = \dfrac{\lambda}{2\pi\varepsilon_0 r}$

면전하밀도 σ에 의한 전계 $E = \dfrac{\sigma}{2\varepsilon_0}$

평행 평판의 면전하밀도 σ에 의한 전계 $E = \dfrac{\sigma}{\varepsilon_0}$

37 50Hz의 주파수에서 유도성 리액턴스가 4Ω인 인덕터와 용량성 리액턴스가 1Ω인 커패시터와 4Ω의 저항이 모두 직렬로 연결되어 있다. 이 회로에 100V, 50Hz의 교류전압을 인가했을 때 무효전력(var)은?

① 1,000var ② 1,200var
③ 1,400var ④ 1,600var

해설 R-L-C 직렬에서
유효전력 $P[W] = I^2 R$
무효전력 $P_r[Var] = I^2 X$
피상전력 $P_a[VA] = I^2 Z$
이므로 전류를 알면 구할 수 있음

$X = X_L - X_C$ 이고

전류는 $I = \dfrac{V}{Z} = \dfrac{V}{R+jX} = \dfrac{V}{R+j(X_L-X_C)}$ 이므로

크기만을 구한다면 $|I| = \dfrac{V}{\sqrt{R^2+(X_L-X_C)^2}}$

무효전력의 식은
$P_r[Var] = I^2 X$
$= \left(\dfrac{V}{\sqrt{R^2+(X_L-X_C)^2}}\right)^2 \times (X_L - X_C)$

여기에 주어진 값을 대입하면
$P_r[Var] = I^2 X$
$= \left(\dfrac{100}{\sqrt{4^2+(4-1)^2}}\right)^2 \times (4-1) = 1,200$

38 다음의 단상 유도전동기 중 기동 토크가 가장 큰 것은?

① 세이딩 코일형 ② 콘덴서 기동형
③ 분상 기동형 ④ 반발 기동형

해설 기동법에 따른 단상 유도전동기의 종류
- 세이딩 코일형
- 분상 기동형
- 반발 기동형(기동토크가 최대)
- 반발 유도형
- 콘덴서 기동형

39 무한장 솔레노이드에서 자계의 세기에 대한 설명으로 틀린 것은?

① 솔레노이드 내부에서의 자계의 세기는 전류의 세기에 비례한다.
② 솔레노이드 내부에서의 자계의 세기는 코일의 권수에 비례한다.
③ 솔레노이드 내부에서의 자계의 세기는 위치에 관계없이 일정한 평등 자계이다.
④ 자계의 방향과 암페어 적분 경로가 서로 수직인 경우 자계의 세기가 최대이다.

해설 자계의 방향과 자계의 세기는 무관하다.

정답 36.② 37.② 38.④ 39.④

40 다음의 논리식을 간소화하면?

$$Y = \overline{(\overline{A}+B) \cdot \overline{B}}$$

① $Y = A + B$ ② $Y = \overline{A} + B$
③ $Y = A + \overline{B}$ ④ $Y = \overline{A} + \overline{B}$

$Y = \overline{(\overline{A}+B)} + \overline{\overline{B}}$
$= \overline{\overline{A}} \cdot \overline{B} + B$
$= A \cdot \overline{B} + B$
$= (A+B) \cdot (\overline{B}+B)$
$= A + B$

2022년 제1회 소방설비기사[전기분야] 1차 필기

[제2과목 : 소방전기회로]

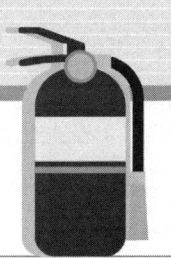

21 그림과 같은 회로에서 단자 a, b 사이에 주파수 f[Hz]의 정현파 전압을 가했을 때 전류계 A_1, A_2의 값이 같았다. 이 경우 f, L, C 사이의 관계로 옳은 것은?

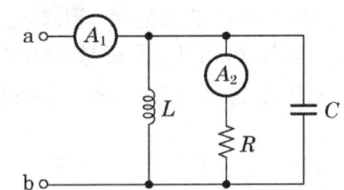

① $f = \dfrac{1}{LC}$ ② $f = \dfrac{1}{2\pi\sqrt{LC}}$

③ $f = \dfrac{1}{4\pi\sqrt{LC}}$ ④ $f = \dfrac{1}{\sqrt{2\pi^2 LC}}$

해설 일반적인 정현파의 공진주파수

전류계 $\boxed{A_1 = A_2}$ 이면 공진되었다는 뜻이므로

$$f_0 = \dfrac{1}{2\pi\sqrt{LC}}$$

여기서, f_0 : 공진주파수[Hz]
L : 인덕턴스[H]
C : 정전용량[F]

22 논리식 $Y = \overline{A}\overline{B}C + A\overline{B}\overline{C} + A\overline{B}C$ 를 간단히 표현한 것은?

① $\overline{A} \cdot (B + C)$
② $\overline{B} \cdot (A + C)$
③ $\overline{C} \cdot (A + B)$
④ $C \cdot (A + \overline{B})$

해설 $Y = \overline{A}\overline{B}C + A\overline{B}\overline{C} + A\overline{B}C$
$= \overline{B}C(\overline{A} + A) + A\overline{B}\overline{C}$
$= \overline{B}(C + A\overline{C})$
$= \overline{B}(C + A)(C + \overline{C})$
$= \overline{B}(C + A)$
$= \overline{B}(A + C)$

23 회로에서 전류 I는 약 몇 [A]인가?

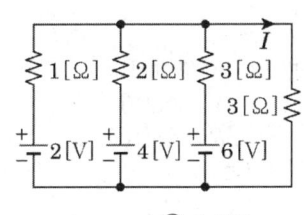

① 0.92 ② 1.125
③ 1.29 ④ 1.38

해설

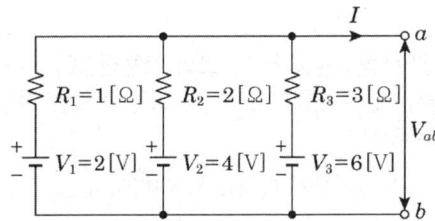

(1) 기호
- R_1 : 1[Ω]
- V_1 : 2[V]
- R_2 : 2[Ω]
- V_2 : 4[V]
- R_3 : 3[Ω]
- V_3 : 6[V]
- V_{ab} : ?

정답 21.② 22.② 23.①

(2) 밀만의 정리

$$V_{ab} = \frac{\dfrac{V_1}{R_1} + \dfrac{V_2}{R_2} + \dfrac{V_3}{R_3}}{\dfrac{1}{R_1} + \dfrac{1}{R_2} + \dfrac{1}{R_3}} [V]$$

여기서, V_{ab} : 단자전압[V]
V_1, V_2, V_3 : 각각의 저항[V]
R_1, R_2, R_3 : 각각의 저항[Ω]

$$V_{ab} = \frac{\dfrac{V_1}{R_1} + \dfrac{V_2}{R_2} + \dfrac{V_3}{R_3}}{\dfrac{1}{R_1} + \dfrac{1}{R_2} + \dfrac{1}{R_3}} = \frac{\dfrac{2}{1} + \dfrac{4}{2} + \dfrac{6}{3}}{\dfrac{1}{1} + \dfrac{1}{2} + \dfrac{1}{3}}$$
$\fallingdotseq 2.73[V]$

(3) 옴의 법칙

$I = \dfrac{V}{R}$

여기서, I : 전류[A]
V : 전압[V]
R : 저항[Ω]

전류 I는
$I = \dfrac{V_{ab}}{R} = \dfrac{2.73}{3} = 0.91[A]$
(∴ 여기서는 0.92[A] 정답)

24 절연저항시험에서 "전로의 사용전압이 500[V] 이하인 경우 1.0[MΩ] 이상"이란 뜻으로 가장 알맞은 것은?

① 누설전류가 0.5[mA] 이하이다.
② 누설전류가 5[mA] 이하이다.
③ 누설전류가 15[mA] 이하이다.
④ 누설전류가 30[mA] 이하이다.

해설 $I = \dfrac{V}{R} = \dfrac{500}{1 \times 10^6} = 0.0005[A] \fallingdotseq 0.5[mA]$

25 권선수가 100회인 코일에 유도되는 기전력의 크기가 e_1이다. 이 코일의 권선수를 200회로 늘렸을 때 유도되는 기전력의 크기(e_2)는?

① $e_2 = \dfrac{1}{4}e_1$ ② $e_2 = \dfrac{1}{2}e_1$
③ $e_2 = 2e_1$ ④ $e_2 = 4e_1$

해설 $L = \dfrac{\mu A N^2}{l} \propto N^2$

$100^2 \to 200^2$: 4배 증가

26 동일한 전류가 흐르는 두 평행도선 사이에 작용하는 힘이 F_1이다. 두 도선 사이의 거리를 2.5배로 늘였을 때 두 도선 사이 작용하는 힘 F_2는?

① $F_2 = \dfrac{1}{2.5}F_1$ ② $F_2 = \dfrac{1}{2.5^2}F_1$
③ $F_2 = 2.5F_1$ ④ $F_2 = 6.25F_1$

해설 평행도체 간 작용력
$F = \dfrac{2I_1I_2}{r} \times 10^{-6}[N/m] \propto \dfrac{1}{r}$ 이므로
거리를 2.5배 늘이면 힘은 $\dfrac{1}{2.5}$배가 된다.

27 그림의 회로에서 a와 c 사이의 합성저항은?

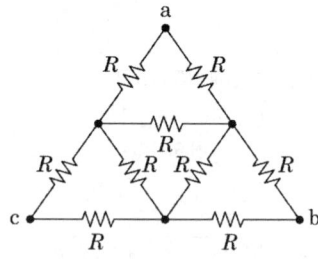

① $\dfrac{9}{10}R$ ② $\dfrac{10}{9}R$
③ $\dfrac{7}{10}R$ ④ $\dfrac{10}{7}R$

정답 24.① 25.④ 26.① 27.②

해설 ㉠ Δ결선을 Y결선으로 변환시키면

㉡ 주어진 회로를 등가회로로 그리면

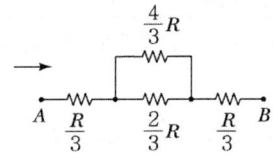

∴ 합성저항

$$R_0 = \frac{R}{3} + \frac{\frac{4}{3}R \times \frac{2}{3}R}{\frac{4}{3}R + \frac{2}{3}R} + \frac{R}{3}$$

$$= \frac{2}{3}R + \frac{4}{9}R = \frac{10}{9}R$$

28 잔류편차가 있는 제어동작은?
① 비례제어
② 적분제어
③ 비례적분제어
④ 비례적분미분제어

해설 잔류편차가 있는 제어는 미분동작이다.
㉠ 비례제어(P동작) : 잔류편차가 있는 제어
㉡ 적분제어(I동작) : 잔류편차를 제거하기 위한 제어
㉢ 미분제어(D동작) : 진동을 억제시키는데 가장 효과적인 제어
㉣ 비례적분제어(PI동작) : 간헐현상이 있는 제어
㉤ 비례미분제어(PD동작) : 응답속응성을 개선하는 제어
㉥ 비례적분미분제어(PID동작) : 간헐현상을 제거하기 위한 제어, 사이클링과 오프셋이 제거되는 제어, 응답속응성과 정상특성을 동시에 개선시키기 위한 제어

29 그림과 같은 정류회로에서 R에 걸리는 전압의 최댓값은 몇 V인가? (단, $v_2(t) = 20\sqrt{2}\sin\omega t$ 이다.)

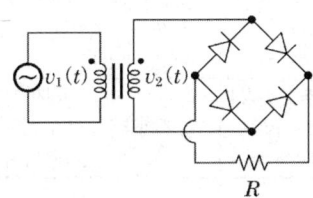

① 20
② $20\sqrt{2}$
③ 40
④ $40\sqrt{2}$

해설 순시값

$$v = V_m \sin\omega t$$

여기서, v : 전압의 순시값[V]
V_m : 전압의 최댓값[V]
ω : 각 주파수[rad/s]
t : 주기[s]

$v_2(t) = V_m \sin\omega t = 20\sqrt{2}\sin\omega t$[V]
($\therefore V_m = 20\sqrt{2}$[V])

• 다이오드(▶⊢)에 손실이 없다면 R에 걸리는 전압의 최댓값도 $20\sqrt{2}$가 된다.

30 다음의 내용이 설명하는 것으로 가장 알맞은 것은 어느 것인가?

> 회로망 내 임의의 폐회로(closed circuit)에서, 그 폐회로를 따라 한 방향으로 일주하면서 생기는 전압강하의 합은 그 폐회로 내에 포함되어 있는 기전력의 합과 같다.

① 노튼의 정리
② 중첩의 정리
③ 키르히호프의 전압법칙
④ 패러데이의 법칙

해설 키르히호프의 전압법칙
① 회로망에서 임의의 접속점에 유입하는 여러 전류의 총합은 0이 된다는 법칙
② 회로망 내 임의의 폐회로(closed circuit)에서, 그 폐회로를 따라 한 방향으로 일주하면서 생기는 전압강하의 합은 그 폐회로 내에 포함되어 있는 기전력의 합과 같다.

31 회로에서 저항 20[Ω]에 흐르는 전류[A]는?

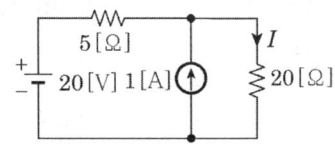

① 0.8   ② 1.0
③ 1.8   ④ 2.8

해설
- 전압원 단락 : $1A \times \dfrac{5}{20+5} = 0.2A$
- 전류원 개방 : $I = \dfrac{V}{R} = \dfrac{20}{20+5} = 0.8A$
∴ $0.2 + 0.8 = 1A$

32 그림과 같은 논리회로의 출력 Y는?

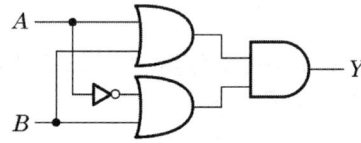

① AB ② $A+B$
③ A ④ B

해설
$(A+B)(\overline{A}+B) = A\overline{A} + AB + \overline{A}B + B$
$= (A + \overline{A} + 1)B$
$= B$
∴ 출력 $Y = B$

33 3상 농형 유도전동기를 $Y-\Delta$ 기동방식으로 기동할 때 전류 I_1[A]와 Δ결선으로 직입(전전압) 기동할 때 전류 I_2[A]의 관계는?

① $I_1 = \dfrac{1}{\sqrt{3}} I_2$
② $I_1 = \dfrac{1}{3} I_2$
③ $I_1 = \sqrt{3} I_2$
④ $I_1 = 3 I_2$

해설 Y-Δ기동방식

구 분	전류	전압	저항	토크	전력
Y기동	$\dfrac{1}{3}$	$\dfrac{1}{\sqrt{3}}$	$\dfrac{1}{3}$	$\dfrac{1}{3}$	$\dfrac{1}{3}$
Δ운전 (전전압운전)	1	1	1	1	1

※ 직입기동 : 전전압으로 기동 및 운전하는 방식

34 유도전동기의 슬립이 5.6[%]이고 회전자속도가 1,700[rpm]일 때, 이 유도전동기의 동기속도는 약 몇 [rpm]인가?

① 1,000   ② 1,200
③ 1,500   ④ 1,800

해설 회전속도 = 동기속도 × (1 − 슬립)
$1,700 = N_s \times (1 - 0.056)$
$N_s = 1,800.84[\text{rpm}]$

35 목표값이 다른 양과 일정한 비율 관계를 가지고 변화하는 제어방식은?

① 정치제어   ② 추종제어
③ 프로그램제어   ④ 비율제어

해설 제어의 종류

종 류	설 명
정치제어 (fixed value control)	• 일정한 목푯값을 유지하는 것으로 프로세스 제어, 자동조정이 이에 해당된다. 예 연속식 압연기 • 목푯값이 시간에 관계없이 항상 일정한 값을 가지는 제어이다.
추종제어 (follow-up control)	• 미지의 시간적 변화를 하는 목푯값에 제어량을 추종시키기 위한 제어로 서보기구가 이에 해당된다. 예 대공포의 포신
비율제어 (ratio control)	• 둘 이상의 제어량을 소정의 비율로 제어하는 것이다. • 연료의 유량과 공기의 유량과의 사이의 비율을 연소에 적합한 것으로 유지하고자 하는 제어방식이다.
프로그램제어 (program control)	• 목푯값이 미리 정해진 시간적 변화를 하는 경우 제어량을 그것에 추종시키기 위한 제어이다. 예 열차 · 산업로봇의 무인운전, 엘리베이터

정답 31.② 32.④ 33.② 34.④ 35.④

36 축전지의 자기방전을 보충함과 동시에 일반 부하로 공급하는 전력은 충전기가 부담하고, 충전기가 부담하기 어려운 일시적인 대전류는 축전지가 부담하는 충전방식은?

① 급속충전   ② 부동충전
③ 균등충전   ④ 세류충전

[해설] ① 급속충전 : 필요시마다 소정의 양을 충전하는 방식
③ 균등충전 : 여러 개의 축전지를 한 조로 하여 장시간 사용 시 축전지 개개별 축전상태의 불균형을 없애고 충전상태를 균등하게 하기 위한 방식
④ 세류충전 : 자기 방전량만을 항시 충전하는 부동충전 방식의 일종

37 각 상의 임피던스가 $Z=6+j8[\Omega]$인 Δ결선의 평형 3상 부하에 선간전압이 $220[V]$인 대칭 3상 전압을 가했을 때 이 부하로 흐르는 선전류의 크기는 몇 $[A]$인가?

① 13   ② 22
③ 38   ④ 66

[해설] Δ결선시 선간전압 V_L의 크기는 상전압 V_P와 같고, 선전류 I_L은 상전류 I_P보다 $\sqrt{3}$배 크므로
$V_P = V_L = 220[V]$
상전류 $I_P = \dfrac{V_P}{Z} = \dfrac{220}{6+j8}$ 인데 문제에서 '크기'만 물었으므로 임피던스를 크기만으로 계산하면
$|I_P| = \dfrac{220}{\sqrt{6^2+8^2}} = \dfrac{220}{10} = 22[A]$
$I_L = \sqrt{3}\,I_P = 22\sqrt{3} ≒ 38[A]$

38 전기화재의 원인 중 하나인 누설전류를 검출하기 위해 사용되는 것은?

① 부족전압계전기   ② 영상변류기
③ 계기용 변압기   ④ 과전류계전기

[해설] ZCT(영상변류기)는 이론적으로 전기인 벡터 합이 정상시 0이 되는데 1선 지락(누전) 시 벡터 합이 0이 되지 않는 것을 이용하여 이것을 검출하는 장치이다.

39 그림의 블록선도에서 $\dfrac{C(s)}{R(s)}$을 구하면?

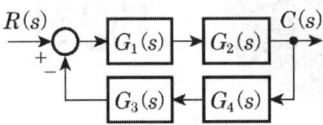

① $\dfrac{G_1(s)+G_2(s)}{1+G_1(s)G_2(s)+G_3(s)G_4(s)}$

② $\dfrac{G_1(s)G_2(s)}{1+G_1(s)G_2(s)G_3(s)G_4(s)}$

③ $\dfrac{G_3(s)G_4(s)}{1+G_1(s)G_2(s)G_3(s)G_4(s)}$

④ $\dfrac{G_1(s)G_2(s)}{1+G_1(s)G_2(s)+G_3(s)G_4(s)}$

[해설] $\dfrac{C(s)}{R(s)} = \dfrac{전향경로}{1-피드백}$
$= \dfrac{G_1(s)G_2(s)}{1-\{-G_1(s)G_2(s)G_3(s)G_4(s)\}}$
$= \dfrac{G_1(s)G_2(s)}{1+G_1(s)G_2(s)G_3(s)G_4(s)}$

40 한 변의 길이가 $150[mm]$인 정방형 회로에 $1[A]$의 전류가 흐를 때 회로 중심에서의 자계의 세기는 몇 $[AT/m]$인가?

① 5   ② 6
③ 0   ④ 21

[해설] 정방형 중심의 자계

$$H = \dfrac{2\sqrt{2}\,I}{\pi L}[AT/m]$$

여기서, H : 자계의 세기$[AT/m]$
I : 전류$[A]$
L : 한 변의 길이$[m]$

자계의 세기 H는
$H = \dfrac{2\sqrt{2}\,I}{\pi L} = \dfrac{2\sqrt{2}\times 1}{\pi \times 0.15} ≒ 6[AT/m]$

정답 36.② 37.③ 38.② 39.② 40.②

제2회 소방설비기사[전기분야] 1차 필기
[제2과목 : 소방전기회로]

21 정전용량이 각각 1[μF], 2[μF], 3[μF]이고, 내압이 모두 동일한 3개의 커패시터가 있다. 이 커패시터들을 직렬로 연결하여 양단에 전압을 인가한 후 전압을 상승시키면 가장 먼저 절연이 파괴되는 커패시터는? (단, 커패시터의 재질이나 형태는 동일하다)

① 1[μF]
② 2[μF]
③ 3[μF]
④ 3개 모두

해설 용량이 제일 작은 콘덴서가 가장 높은 전압이 가해지며 가장 먼저 파괴된다.

22 그림과 같은 블록선도의 전달함수 $\left(\dfrac{C(s)}{R(s)}\right)$는?

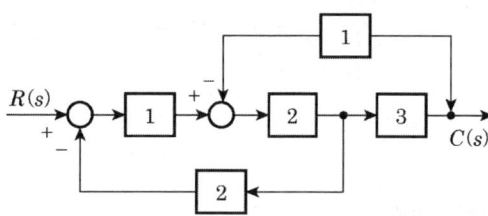

① $\dfrac{6}{23}$
② $\dfrac{6}{17}$
③ $\dfrac{6}{15}$
④ $\dfrac{6}{11}$

해설 $\dfrac{\text{전향경로}}{1-\text{피드백}}$
$= \dfrac{1 \times 2 \times 3}{1-\{-(1 \times 2 \times 2) + -(2 \times 3 \times 1)\}}$
$= \dfrac{6}{11}$

23 다음 그림의 단상 반파정류회로에서 R에 흐르는 전류의 평균값은 약 몇 [A]인가? (단, $v(t) = 220\sqrt{2}\sin\omega t$[V], $R = 16\sqrt{2}$[Ω], 다이오드의 전압강하는 무시한다)

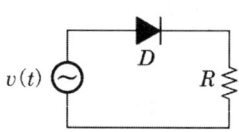

① 3.2
② 3.8
③ 4.4
④ 5.2

해설 (1) 순시값

$$v = V_m \sin\omega t$$

여기서, v : 전압의 순시값[V]
V_m : 전압의 최댓값[V]
ω : 각주파수[rad/s]
t : 주기[s]

(2) 전압의 최댓값

$$V_m = \sqrt{2}\,V$$

여기서, V_m : 전압의 최댓값[V]
V : 전압의 실효값[V]
전압의 실효값 V는
$V = \dfrac{V_m}{\sqrt{2}} = \dfrac{220\sqrt{2}}{\sqrt{2}} = 220$[V]

(3) 직류 평균전압

단상 반파정류회로	단상 전파정류회로
$V_{av} = 0.45\,V$	$V_{av} = 0.9\,V$
여기서, V_{av} : 직류 평균전압[V] V : 교류 실효값 (교류전압)[V]	여기서, V_{av} : 직류 평균전압[V] V : 교류 실효값 (교류전압)[V]

정답 21.① 22.④ 23.③

(4) 전류의 평균값 I_{av}는

$$I_{av} = \frac{V_{av}}{R} = \frac{99}{16\sqrt{2}} ≒ 4.4[A]$$

24 3상 유도전동기를 Y결선으로 운전했을 때 토크가 T_Y이었다. 이 전동기를 동일한 전원에서 Δ 결선으로 운전했을 때 토크(T_Δ)는?

① $T_\Delta = 3T_Y$
② $T_\Delta = \sqrt{3}\,T_Y$
③ $T_\Delta = \dfrac{1}{3}T_Y$
④ $T_\Delta = \dfrac{1}{\sqrt{3}}T_Y$

[해설] Y-Δ기동방식

구 분	전류	전압	저항	토크	전력
Y기동	$\frac{1}{3}$	$\frac{1}{\sqrt{3}}$	$\frac{1}{3}$	$\frac{1}{3}$	$\frac{1}{3}$
Δ운전 (전전압운전)	1	1	1	1	1

※ 직입기동 : 전전압으로 기동 및 운전하는 방식

25 제어요소가 제어대상에 가하는 제어신호로 제어장치의 출력인 동시에 제어대상의 입력이 되는 것은?

① 조작량 ② 제어량
③ 기준입력 ④ 동작신호

[해설] 피드백제어의 용어

용 어	설 명
검출부	• 제어대상에서 제어량을 측정하고 검출하여 주궤환신호를 만드는 것
제어량 (controlled value)	• 제어대상에 속하는 양으로 제어대상을 제어하는 것을 목적으로 하는 물리적인 양이다.
조작량 (manipulated variable)	• 제어장치의 출력인 동시에 제어대상의 입력으로 제어장치가 제어대상에 가해지는 제어 신호 • 제어요소에서 제어대상에 인가되는 양
제어요소 (control element)	• 동작신호를 조작량으로 변환하는 요소이고, 조절부와 조작부로 이루어진다.
제어장치 (control device)	• 제어를 하기 위해 제어대상에 부착되는 장치이고, 조절부, 설정부, 검출부 등이 이에 해당된다.
오차검출기	• 제어량을 설정값과 비교하여 오차를 계산하는 장치

26 어떤 코일의 임피던스를 측정하고자 한다. 이 코일에 30[V]의 직류전압을 가했을 때 300[W]가 소비되었고, 100[V]의 실효치 교류전압을 가했을 때 1,200[W]가 소비되었다. 이 코일의 리액턴스[Ω]는?

① 2 ② 4
③ 6 ④ 8

[해설] ㉠ 직류전압 30[V] → 300[W]

$$P = VI = I^2 R = \frac{V^2}{R}$$

$$R = \frac{V^2}{P} = \frac{30^2}{300} = 3[\Omega]$$

㉡ 교류전압 100[V] → 1,200[W]
유효전력 $P = VI\cos\theta$

$$= I^2 Z\cos\theta = I^2 R$$

$$= \left(\frac{V^2}{Z}\right)R = \left(\frac{V}{\sqrt{R^2+(X_L)^2}}\right)^2 \times R$$

$$= \left(\frac{100}{\sqrt{3^2+(X_L)^2}}\right)^2 \times 3 = 1,200$$

$$X_L = 4[\Omega]$$

27 적분시간이 3s이고, 비례감도가 5인 PI(비례적분)제어요소가 있다. 이 제어요소의 전달함수는?

① $\dfrac{5s+5}{3s}$ ② $\dfrac{15s+5}{3s}$
③ $\dfrac{3s+3}{5s}$ ④ $\dfrac{15s+5}{5s}$

[해설] (1) 기호
- $T : 3s$
- $k : 5$
- $G(s) : ?$

(2) 비례적분(PI)제어 전달함수

$$G(s) = k\left(1 + \frac{1}{Ts}\right)$$

여기서, $G(s)$: 비례적분(PI)제어 전달함수
k : 비례감도
T : 적분시간[s]

(PI)제어 전달함수 $G(s)$는
$$G(s) = k\left(1 + \frac{1}{Ts}\right) = 5\left(1 + \frac{1}{3s}\right)$$
$$= 5\left(\frac{3s}{3s} + \frac{1}{3s}\right)$$
$$= 5\left(\frac{3s+1}{3s}\right)$$
$$= \frac{15s+5}{3s}$$

28 100[V]에서 500[W]를 소비하는 전열기가 있다. 이 전열기에 90[V]의 전압을 인가했을 때 소비되는 전력[W]은?

① 81 ② 90
③ 405 ④ 450

해설 $P = \frac{V^2}{R}$, $500 = \frac{100^2}{R}$, $R = 20[\Omega]$
$P = \frac{90^2}{20} = 405[W]$

29 4극 직류발전기의 전기자 도체수가 500개, 각 자극의 자속이 0.01[Wb], 회전수가 1,800[rpm]일 때, 이 발전기의 유도기전력[V]은? (단, 전기자 권선법은 파권이다)

① 100 ② 200
③ 300 ④ 400

해설 유기(유도) 기전력
$E = P\phi\frac{N}{60}\frac{Z}{a}$[N]
P : 극수(=자극수)
ϕ : 매극 자속수
N : 분당 회전속도(회전수)
Z : 총 도체수
a : 브러시 간 병렬 회로수(파권은 2, 중권은 P)
$\therefore E = P\phi\frac{N}{60}\frac{Z}{a}$
$= 4 \times 0.01 \times \frac{1,800}{60} \times \frac{500}{2} = 300[V]$

30 진공 중에서 원점에 10^{-8}[C]의 전하가 있을 때 점 (1, 2, 2)[m]에서의 전계의 세기는 약 몇 [V/m]인가?

① 0.1 ② 1
③ 10 ④ 100

해설 (1) 기호
- Q : 10^{-8}C
- r : $\sqrt{1^2 + 2^2 + 2^2} = 3$[m][점 (1, 2, 2)[m]]
- E : ?

(2) 전계의 세기(intensity of electric field)

$$E = \frac{Q}{4\pi\varepsilon r^2}$$

여기서, E : 전계의 세기[V/m]
Q : 전하[C]
ε : 유전율[F/m]($\varepsilon = \varepsilon_0 \cdot \varepsilon_s$)
$\begin{pmatrix} \varepsilon_0 : \text{진공의 유전율[F/s]} \\ \varepsilon_s : \text{비유전율} \end{pmatrix}$
r : 거리[m]

전계의 세기(전장의 세기) E는
$E = \frac{Q}{4\pi\varepsilon r^2} = \frac{Q}{4\pi\varepsilon_0\varepsilon_s r^2} = \frac{Q}{4\pi\varepsilon_0 r^2}$
$= \frac{10^{-8}}{4\pi \times (8.855 \times 10^{-12}) \times 3^2}$
$\fallingdotseq 10[V/m]$

- 진공의 유전율 : $\varepsilon_0 = 8.855 \times 10^{-12}$[F/m]
- ε_s(비유전율) : 진공 중 또는 공기 중 $\varepsilon_s \fallingdotseq 1$ 이므로 생략

정답 28.③ 29.③ 30.③

31 정현파 교류전압 $e_1(t)$과 $e_2(t)$의 합 $[e_1(t)+e_2(t)]$은 몇 [V]인가?

① $30\sqrt{2}\sin\left(\omega t+\dfrac{\pi}{3}\right)$

② $30\sqrt{2}\sin\left(\omega t-\dfrac{\pi}{3}\right)$

③ $10\sqrt{2}\sin\left(\omega t+\dfrac{2\pi}{3}\right)$

④ $10\sqrt{2}\sin\left(\omega t-\dfrac{2\pi}{3}\right)$

해설

$e_1(t)=10\sqrt{2}\sin\left(\omega t+\dfrac{\pi}{3}\right)$

$e_2(t)=20\sqrt{2}\cos\left(\omega t-\dfrac{\pi}{6}\right)$

$\qquad =20\sqrt{2}\sin\left(\omega t-\dfrac{\pi}{6}+\dfrac{\pi}{2}\right)$

$\boxed{\pi=180°}$

$\pi:180°=\dfrac{\pi}{6}:x \qquad \pi:180°=\dfrac{\pi}{2}:x$

$\pi x=\dfrac{\pi}{6}\times 180° \qquad \pi x=\dfrac{\pi}{2}\times 180°$

$x=\dfrac{1}{\pi}\times\dfrac{\pi}{x}\times 180° \qquad x=\dfrac{1}{\pi}\times\dfrac{\pi}{2}\times 180°$

$\quad =30° \qquad\qquad\qquad =90°$

$\qquad =20\sqrt{2}\sin(\omega t-30°+90°)$
$\qquad =20\sqrt{2}\sin(\omega t+60°)$

$\pi:180°=x:60°$
$180°x=60°\pi$
$x=\dfrac{60°\pi}{180°}=\dfrac{\pi}{3}$

$\qquad =20\sqrt{2}\sin\left(\omega t+\dfrac{\pi}{3}\right)$

$e_1(t)+e_2(t)$
$=10\sqrt{2}\sin\left(\omega t+\dfrac{\pi}{3}\right)+20\sqrt{2}\sin\left(\omega t+\dfrac{\pi}{3}\right)$
$=30\sqrt{2}\sin\left(\omega t+\dfrac{\pi}{3}\right)$

32 60[Hz]의 3상 전압을 반파정류하였을 때 리플(맥동)주파수[Hz]는?

① 60
② 120
③ 180
④ 360

해설 맥동주파수

㉠ 맥동률이란 맥동하는 직류 전압에서 교류 성분의 실효값과 직류 평균값과의 비를 말한다.

㉡ 맥동주파수

구분	단상 반파정류	단상 전파정류	3상 반파정류	3상 전파정류
맥동주파수	f	$2f$	$3f$	$6f$

∴ 3상 반파정류의 맥동주파수=$3f=3\times 60$
$\qquad\qquad\qquad\qquad\qquad =180$[Hz]

[정류회로의 특성값 비교]

구 분	단상 반파정류	단상 전파정류	3상 반파정류	3상 전파정류
맥동주파수[Hz]	f	$2f$	$3f$	$6f$
맥동률[%]	121	48.2	17.7	4.04
정류효율[%]	40.6	81.2	96.7	99.8
출력 전압의 평균값(E_d)[V]	$\dfrac{\sqrt{2}V}{\pi}$ =0.45[V]	$\dfrac{2\sqrt{2}V}{\pi}$ =0.90V	$\dfrac{3\sqrt{6}V}{2\pi}$ =1.17E	1.35V
다이오드 전류의 평균값[A] → 직류값	I_d	$\dfrac{1}{2}I_d$	$\dfrac{1}{3}I_d$	$\dfrac{1}{3}I_d$
최대 역전압 (PIV)[V]	$\sqrt{2}\,V$	$2\sqrt{2}\,V$	$\sqrt{6}\,E$	$\sqrt{2}\,V$

※ I : 전원주파수[Hz]
$\;\;I_m$: 최대 전류[A]
$\;\;V$: 선간 전압[V]
$\;\;E$: 상전압[V]

정답 31.① 32.③

33 테브난의 정리를 이용하여 그림 (a)의 회로를 그림 (b)와 같은 등가회로로 만들고자 할 때 V_{th}[V]와 R_{th}[Ω]은?

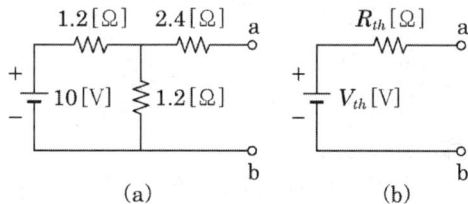

① 5[V], 2[Ω]　② 5[V], 3[Ω]
③ 6[V], 2[Ω]　④ 6[V], 3[Ω]

해설 V_{th}[V], R_{th}[Ω]=?

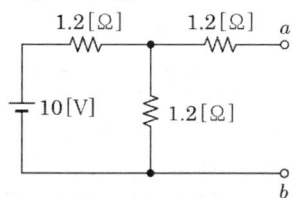

⟨테브난 전압⟩
회로의 a, b 단자가 개방되어 있으므로, 2.4[Ω]에는 전압강하가 생기지 않음. 따라서, a, b 사이의 전압은 1.2[Ω]에 걸리는 전압과 같다.

$V_{1.2Ω} = 10\left(\dfrac{1.2}{1.2+1.2}\right) = 5[V]$

⟨테브난 저항⟩
전압원 10[V]를 단락시켜, a, b 양단 간의 합성저항 R_{th}

$2.4 + \dfrac{1}{\dfrac{1}{1.2}+\dfrac{1}{1.2}} = 3[Ω]$

34 어떤 전압계의 측정범위를 12배로 하려고 할 때 배율기의 저항은 전압계 내부저항의 몇 배로 해야 하는가?

① 9　② 10
③ 11　④ 12

해설 배율 = $\dfrac{\text{배율기 저항}}{\text{전압계 저항}} + 1$

$12 = \dfrac{\text{배율기 저항}}{\text{전압계 저항}} + 1$

따라서 배율기 저항은 전압계저항의 11배

35 각 상의 임피던스를 $Z=4+j3$[Ω]인 Δ 결선의 평형 3상 부하에 선간전압이 200[V]인 대칭 3상 전압을 가했을 때 이 부하로 흐르는 선전류의 크기는 몇 [A]인가?

① $\dfrac{40}{3}$　② $\dfrac{40}{\sqrt{3}}$
③ 40　④ $40\sqrt{3}$

해설 Δ 결선

$$I_\Delta = \dfrac{\sqrt{3}\,V_L}{Z}\,[A]$$

여기서, I_Δ : 선전류[A]
　　　　V_L : 선간전압[V]
　　　　Z : 임피던스[Ω]

Δ 결선 선전류 I_Δ는

$I_\Delta = \dfrac{\sqrt{3}\,V_L}{Z} = \dfrac{\sqrt{3}\times 200}{4+j3}$
　　$= \dfrac{\sqrt{3}\times 200}{\sqrt{4^2+3^2}}$
　　$= \dfrac{\sqrt{3}\times 300}{5}$
　　$= 40\sqrt{3}\,[A]$

36 시퀀스회로를 논리식으로 표현하면?

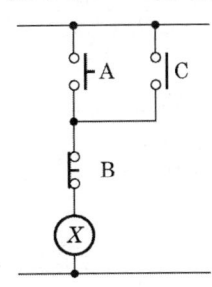

① $X = A + \overline{B} \cdot C$
② $X = A \cdot \overline{B} + C$
③ $X = A \cdot C + \overline{B}$
④ $X = (A + C) \cdot \overline{B}$

해설 $X = (A + C) \cdot \overline{B}$

37 그림의 회로에서 a-b간에 V_{ab}[V]를 인가했을 때 c-d 간의 전압이 100[V]이었다. 이때 a-b 간에 인가한 전압(V_{ab})은 몇 [V]인가?

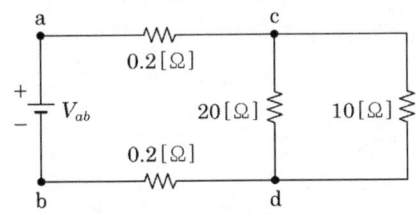

① 104   ② 106
③ 108   ④ 110

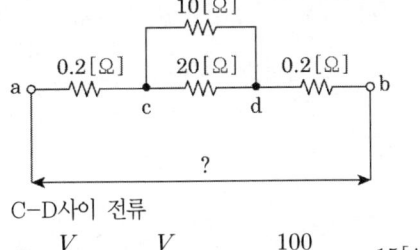

C-D사이 전류

$$I = \frac{V}{R} = \frac{V}{\frac{R_1 \times R_2}{R_1 + R_2}} = \frac{100}{\frac{10 \times 20}{10 + 20}} = 15[A]$$

$$V_{ab} = I\left(R_3 + \frac{R_1 \times R_2}{R_1 + R_2} + R_4\right)$$
$$= 15\left(0.2 + \frac{10 \times 20}{10 + 20} + 0.2\right) = 106[V]$$

38 균일한 자기장 내에서 운동하는 도체에 유도된 기전력의 방향을 나타내는 법칙은?

① 플레밍의 왼손 법칙
② 플레밍의 오른손 법칙
③ 암페어의 오른나사 법칙
④ 패러데이의 전자유도 법칙

해설

암페어 오른나사법칙	자계	방향을 결정
비오사바르 법칙	자계	세기를 결정
렌츠의 법칙	유도기전력	방향을 결정
패러데이의 전자유도법칙	유도기전력	세기를 결정
플레밍의 오른손법칙	발전기원리	유도기전력의 방향
플레밍의 왼손법칙	전동기원리	힘의 방향

39 회로에서 저항 5[Ω]의 양단전압 V_R[V]은?

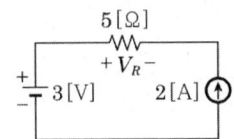

① -10   ② -7
③ 7   ④ 10

해설 중첩의 원리
(1) 전압원 단락 시

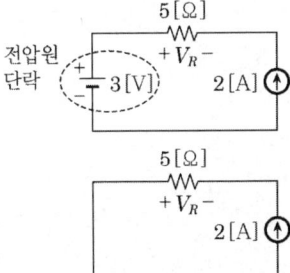

$V = IR = 2 \times 5 = 10[V]$
(전류와 전압 V_R의 방향의 반대이므로 -10[V])

정답 36.④ 37.② 38.② 39.①

40 다음의 논리식을 간단히 표현한 것은?

$$Y = \overline{A}\overline{B}C + \overline{A}B\overline{C} + \overline{A}BC$$

① $\overline{A} \cdot (B + C)$
② $\overline{B} \cdot (A + C)$
③ $\overline{C} \cdot (A + B)$
④ $\overline{C} \cdot (A + \overline{B})$

해설
$Y = \overline{A}\overline{B}C + \overline{A}B\overline{C} + \overline{A}BC$
$= \overline{A}C(\overline{B} + B) + \overline{A}B\overline{C}$
$= \overline{A}C + \overline{A}B\overline{C}$
$= \overline{A}(C + B\overline{C})$
$= \overline{A}(C + B)(C + \overline{C})$
$= \overline{A}(C + B)$
$= \overline{A}(B + C)$

정답 40.①

2022년 제4회 소방설비기사[전기분야] 1차 필기
[제2과목 : 소방전기회로]

21 잔류편차가 있는 제어동작은?
① 비례제어　　② 적분제어
③ 비례적분제어　④ 비례적분미분제어

해설 잔류편차가 있는 제어는 미분동작이다.
㉠ 비례제어(P동작) : 잔류편차가 있는 제어
㉡ 적분제어(I동작) : 잔류편차를 제거하기 위한 제어
㉢ 미분제어(D동작) : 진동을 억제시키는데 가장 효과적인 제어
㉣ 비례적분제어(PI동작) : 간헐현상이 있는 제어
㉤ 비례미분제어(PD동작) : 응답속응성을 개선하는 제어
㉥ 비례적분미분제어(PID동작) : 간헐현상을 제거하기 위한 제어, 사이클링과 오프셋이 제거되는 제어, 응답속응성과 정상특성을 동시에 개선시키기 위한 제어

22 다음 중 계측방법이 잘못된 것은?
① 클램프미터(clamp meter)에 의한 전류 측정
② 메거(megger)에 의한 접지저항 측정
③ 전류계, 전압계, 전력계에 의한 역률 측정
④ 회로시험기에 의한 저항 측정

해설 메거(Megger)
절연저항 측정에 사용되는 계측기

계측기	용도
메거(megger)	절연저항 측정
어스테스트(Earth tester)	접지저항 측정
코올라우시브리지(Kohlrausch bridge)	전지의 내부저항 측정
C.R.O (Cathode Ray Oscilloscope)	음극선을 사용한 오실로스코프
휘트스톤브리지(Wheatstone bridge)	$0.5 \sim 10^5 [\Omega]$의 중저항 측정

23 그림과 같은 블록선도에서 출력 $C(s)$는?

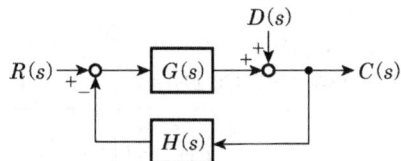

① $\dfrac{1}{1+G(s)H(s)}R(s) + \dfrac{1}{1+G(s)H(s)}D(s)$

② $\dfrac{G(s)}{1+G(s)H(s)}R(s) + \dfrac{G(s)}{1+G(s)H(s)}D(s)$

③ $\dfrac{G(s)}{1+G(s)H(s)}R(s) + \dfrac{1}{1+G(s)H(s)}D(s)$

④ $\dfrac{1}{1+G(s)H(s)}R(s) + \dfrac{G(s)}{1+G(s)H(s)}D(s)$

해설 $\dfrac{전향경로}{1-피드백} + \dfrac{전향경로}{1-피드백}$
$= \dfrac{G(s)}{1+G(s)H(s)}R(s) + \dfrac{1}{1+G(s)H(s)}D(s)$

24 그림의 논리회로와 등가인 논리게이트는?

① NOR
② NOT
③ NAND
④ OR

해설 $\overline{A} + \overline{B} = Y$
$\overline{A \cdot B} = Y$
따라서 AND의 부정회로

정답 21.① 22.② 23.③ 24.③

25
적분시간이 3s이고, 비례감도가 5인 PI(비례적분) 제어요소가 있다. 이 제어요소의 전달함수는?

① $\dfrac{5s+5}{3s}$ ② $\dfrac{15s+5}{3s}$

③ $\dfrac{15s+5}{3s}$ ④ $\dfrac{3s+3}{5s}$

해설 (1) 기호
- T : 3
- K : 5
- $G(s)$: ?

(2) 비례적분(PI)제어 전달함수

$$G(s) = k\left(1 + \dfrac{1}{Ts}\right)$$

여기서, $G(s)$: 비례적분(PI)제어 전달함수
k : 비례감도
T : 적분시간[s]

PI제어 전달함수 $G(s)$는
$$G(s) = k\left(1 + \dfrac{1}{Ts}\right) = 5\left(1 + \dfrac{1}{3s}\right)$$
$$= 5\left(\dfrac{3s}{3s} + \dfrac{1}{3s}\right)$$
$$= 5\left(\dfrac{3s+1}{3s}\right)$$
$$= \dfrac{15s+5}{3s}$$

26
회로에서 a, b 간의 합성저항[Ω]은? (단, $R_1 = 3[\Omega]$, $R_2 = 9[\Omega]$이다)

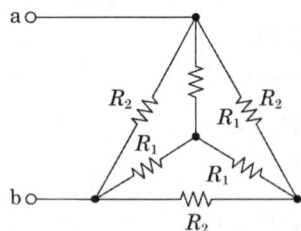

① 6 ② 3
③ 4 ④ 5

해설

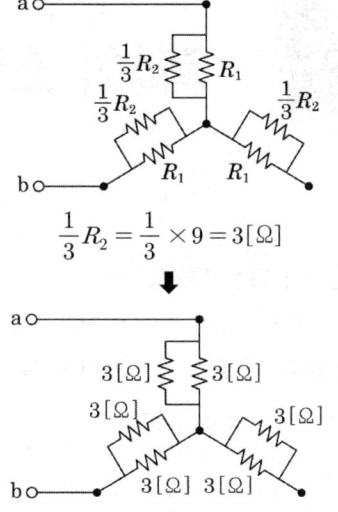

$\dfrac{1}{3}R_2 = \dfrac{1}{3} \times 9 = 3[\Omega]$

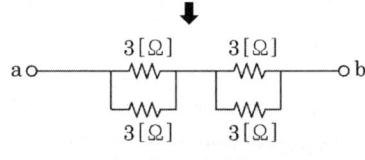

$R_{ab} = \dfrac{3 \times 3}{3+3} + \dfrac{3 \times 3}{3+3} = 3[\Omega]$

27
어떤 회로의 전압 $v(t)$와 전류 $i(t)$가 다음과 같을 때 이 회로의 무효전력은 몇 [Var]인가?

$$v(t) = 50\cos(\omega t + \theta)[\text{V}]$$
$$i(t) = 4\sin(\omega t + \theta + 30°)[\text{A}]$$

① 50 ② $100\sqrt{3}$
③ $50\sqrt{3}$ ④ 100

해설 (1) 순시값

$$v = V_m \sin\omega t$$
$$i = I_m \sin\omega t$$

여기서, v : 전압의 순시값[V]
V_m : 전압의 최댓값[V]
ω : 각주파수[rad/s]
t : 주기[s]
i : 전류의 순시값[A]
I_m : 전류의 최댓값[A]

$v(t) = \underline{V_m \sin\omega t} = 50\cos(\omega t + \theta)$
$ = 50\sin(\omega t + \theta - 90°)$
$i(t) = \underline{I_m \sin\omega t} = 4\sin(\omega t + \theta + 30°)$

(2) 무효전력

$$P_r = \frac{V_m}{\sqrt{2}} \cdot \frac{I_m}{\sqrt{2}} \sin\theta$$

여기서, P_r : 무효전력[Var]
V_m : 전압의 최댓값[V]
I_m : 전류의 최댓값[A]
θ : 각도[°]

$P_r = \frac{V_m}{\sqrt{2}} \cdot \frac{I_m}{\sqrt{2}} \sin\theta$
$= \frac{50}{\sqrt{2}} \cdot \frac{4}{\sqrt{2}} \times \sin(-90-(+30))°$
$= -50\sqrt{3}$
↳ 위상차만 고려하면 되므로 −는 의미없음

cos → sin 변경	sin → cos 변경
+90° 붙임	−90° 붙임

28 그림의 시퀀스회로와 등가인 논리게이트는?

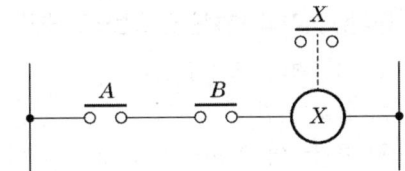

① OR 게이트
② AND 게이트
③ NOT 게이트
④ NOR 게이트

해설 $\overline{A} \cdot \overline{B} = X$
$\overline{A+B} = X$
따라서 OR회로의 부정회로

29 3상 농형 유도전동기의 기동법이 아닌 것은?
① 리액터기동법
② $Y-\Delta$ 기동법
③ 2차저항기동법
④ 기동보상기법

해설 3상 유도전동기의 기동법

농 형	권선형
• 전전압기동법(직입기동법) • $Y-\Delta$기동법 • 리액터법 • 기동보상기법 • 콘도르퍼기동법	• 2차 저항법 • 게르게스법

30 그림과 같은 정류회로에서 R에 걸리는 전압의 최대값은 몇 [V]인가? (단, $v_2(t) = 20\sqrt{2}\sin\omega t$ 이고, 다이오드의 순방향 전압은 무시한다)

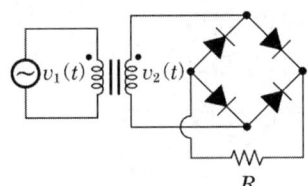

① 20
② $\frac{40\sqrt{2}}{\pi}$
③ $20\sqrt{2}$
④ $\frac{40}{\pi}$

해설 순시값(instantaneous value)

$$v = V_m \sin\omega t$$

여기서, v : 전압의 순시값[V]
V_m : 전압의 최댓값[V]
ω : 각주파수[Hz]($\omega = 2\pi f$)
t : 주기[s]
f : 주파수[Hz]

순시값 v는
$v = \underline{V_m \sin\omega t} = 20\sqrt{2}\sin\omega t$

31 단상교류전력을 간접적으로 측정하기 위해 3전압계법을 사용하는 경우 단상교류전력 P[W]를 나타낸 것으로 옳은 것은?

① $P = \dfrac{1}{2R}(V_3 - V_2 - V_1)^2$

② $P = V_3 I \cos\theta$

③ $P = \dfrac{1}{2R}(V_3^2 - V_1^2 - V_2^2)$

④ $P = \dfrac{1}{R}(V_3^2 - V_1^2 - V_2^2)$

해설 전력 $P = \dfrac{1}{2R}(V_3^2 - V_1^2 - V_2^2)$

32 테브난의 정리를 이용하여 그림 (a)의 회로를 그림 (b)와 같은 등가회로로 만들고자 할 때, V_{th} [V]와 R_{th}[Ω]은?

① 6[V], 3[Ω]   ② 5[V], 2[Ω]
③ 6[V], 2[Ω]   ④ 5[V], 3[Ω]

해설 V_{th}[V], R_{th}[Ω]=?

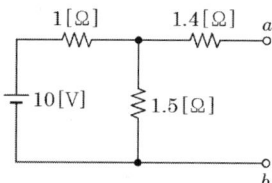

〈테브난 전압〉
회로의 a, b 단자가 개방되어 있으므로, 1.4[Ω]에는 전압강하가 생기지 않음. 따라서, a, b 사이의 전압은 1.5[Ω]에 걸리는 전압과 같다.

$V_{1.5\Omega} = 10\left(\dfrac{1.5}{1+1.5}\right) = 6[V]$

〈테브난 저항〉
전압원 10[V]를 단락시켜, a, b 양단 간의 합성저항 R_{th}

$1.4 + \dfrac{1}{\dfrac{1}{1} + \dfrac{1}{1.5}} = 2[\Omega]$

33 선간전압의 크기가 $100\sqrt{3}$ [V]인 대칭 3상 전원에 각 상의 임피던스가 $Z = 30 + j40$[Ω]인 Y결선의 부하가 연결되었을 때 이 부하로 흐르는 선전류[A]의 크기는?

① $2\sqrt{3}$ ② 2
③ 5   ④ $5\sqrt{3}$

해설 Y결선시 선전류 I_L의 크기는 상전류 I_P와 같고, 선간전압 V_L은 상전압 V_P보다 $\sqrt{3}$배 크므로

$V_P = \dfrac{V_L}{\sqrt{3}} = \dfrac{100\sqrt{3}}{\sqrt{3}} = 100[V]$

상전류 $I_P = \dfrac{V_P}{Z} = \dfrac{100}{30+j40}$ 인데 문제에서 '크기'만 물었으므로 임피던스를 크기만으로 계산하면

$|I_P| = \dfrac{100}{\sqrt{30+j40}} = \dfrac{100}{50} = 2[A]$

$I_P = I_L = 2[A]$

34 동기발전기의 병렬운전조건으로 틀린 것은?

① 기전력의 크기가 같을 것
② 극수가 같을 것
③ 기전력의 위상이 같을 것
④ 기전력의 주파수가 같을 것

해설 병렬운전조건

동기발전기의 병렬운전조건	변압기의 병렬운전조건
• 기전력의 크기가 같을 것 • 기전력의 위상이 같을 것 • 기전력의 주파수가 같을 것 • 기전력의 파형이 같을 것 • 상회전 방향이 같을 것	• 권수비가 같을 것 • 극성이 같을 것 • 1·2차 정격전압이 같을 것 • %임피던스 강하가 같을 것

정답 31.③ 32.③ 33.② 34.②

35 제어요소가 제어대상에 가하는 제어신호로 제어장치의 출력인 동시에 제어대상의 입력이 되는 것은?

① 조작량　　　② 동작신호
③ 기준입력　　④ 제어량

해설 피드백제어의 용어

용어	설명
검출부	• 제어대상에서 제어량을 측정하고 검출하여 주궤환신호를 만드는 것
제어량 (controlled value)	• 제어대상에 속하는 양으로 제어대상을 제어하는 것을 목적으로 하는 물리적인 양이다.
조작량 (manipulated variable)	• 제어장치의 출력인 동시에 제어대상의 입력으로 제어장치가 제어대상에 가해지는 제어 신호 • 제어요소에서 제어대상에 인가되는 양
제어요소 (control element)	• 동작신호를 조작량으로 변환하는 요소이고, 조절부와 조작부로 이루어진다.
제어장치 (control device)	• 제어를 하기 위해 제어대상에 부착되는 장치이고, 조절부, 설정부, 검출부 등이 이에 해당된다.
오차검출기	• 제어량을 설정값과 비교하여 오차를 계산하는 장치

36 동일한 전류가 흐르는 두 평행도선 사이에 작용하는 힘이 F_1이다. 두 도선 사이의 거리가 2.5배로 늘었을 때 두 도선 사이에 작용하는 힘 F_2는?

① $F_2 = \dfrac{1}{2.5^2} F_1$

② $F_2 = 2.5 F_1$

③ $F_2 = \dfrac{1}{2.5} F_1$

④ $F_2 = 6.25 F_1$

해설 평행도체 간 작용력

$F = \dfrac{2I_1 I_2}{r} \times 10^{-7} [\text{N/m}] \propto \dfrac{1}{r}$ 이므로

거리를 2.5배 늘이면 힘은 $\dfrac{1}{2.5}$ 배가 된다.

37 자동화재탐지설비의 감지기회로의 길이가 500[m]이고, 종단에 8[kΩ]의 저항이 연결되어 있는 회로에 24[V]의 전압이 가해졌을 경우 도통시험시 전류는 약 몇 [mA]인가? (단, 동선의 저항률은 1.69×10^{-8}[Ω·m]이며, 동선의 단면적은 2.5[mm²]이고, 접촉저항 등은 없다고 본다)

① 2.4　　　② 4.8
③ 6.0　　　④ 3.0

해설 ㉠ 저항

$$R = \rho \dfrac{l}{A}$$

여기서, R : 저항[Ω]
　　　　ρ : 고유저항[Ω·m]
　　　　A : 전선의 단면적[m²]
　　　　l : 전선의 길이[m]

배선의 저항 R_1은

$R_1 = \rho \dfrac{l}{A} = 1.69 \times 10^{-8} \times \dfrac{500}{2.5 \times 10^{-6}}$

　　$= 3.38 [\Omega]$

• $A = 2.5 [\text{mm}^2]$
$1[\text{m}] = 1{,}000[\text{mm}] = 10^3[\text{mm}]$이고
$1[\text{mm}] = 10^{-3}[\text{m}]$
$2.5[\text{mm}^2] = 2.5 \times (10^{-3}[\text{m}])^2$
　　　　$= 2.5 \times 10^{-6}[\text{m}^2]$

㉡ 도통시험전류 I는

$I = \dfrac{V}{R_1 + R_2} = \dfrac{24}{3.38 + (8 \times 10^3)}$

　$\fallingdotseq 3 \times 10^{-3} [\text{A}] = 3 [\text{mA}]$

• $1 \times 10^{-3}[\text{A}] = 1[\text{mA}]$이므로
$3 \times 10^{-3}[\text{A}] = 3[\text{mA}]$

38 길이 1[cm]마다 감은 권선수가 50회인 무한장 솔레노이드에 500[mA]의 전류를 흘릴 때 솔레노이드 내부에서의 자계의 세기는 몇 [AT/m]인가?

① 2,500　　② 1,250
③ 12,500　　④ 25,000

$H = \dfrac{NI}{l} = \dfrac{50 \times 0.5\text{A}}{0.01\text{m}}$
$= 2,500 \text{AT/m}$

39 어떤 막대꼴 철심의 단면적이 $0.5[\text{m}^2]$, 길이가 $0.4[\text{m}]$, 비투자율이 1이다. 이 철심의 자기저항은 약 몇 [AT/Wb]인가?

① 6.37×10^5
② 3.18×10^5
③ 1.92×10^5
④ 12.73×10^5

40 주로 정전압 회로용으로 사용되는 소자는?

① 터널다이오드
② 제너다이오드
③ 포토다이오드
④ 매트릭스다이오드

제너다이오드
정전압 정류작용(전원전압을 일정하게 유지)

2023년 제1회 소방설비기사[전기분야] 1차 필기

[제2과목 : 소방전기회로]

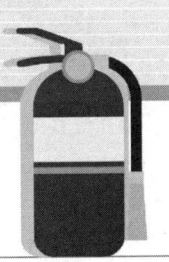

21 농형 유도전동기의 속도제어 방법이 아닌 것은?
① 주파수를 변경하는 방법
② 극수를 변경하는 방법
③ 2차저항을 제어하는 방법
④ 전원전압을 바꾸는 방법

해설 유도전동기의 속도제어 방법
㉠ 농형 유도전동기의 속도제어
 • 극수제어 • 주파수제어
 • 전압제어 • VVF제어
㉡ 권선형 유도전동기의 속도제어
 • 2차저항제어
 • 2차여자제어

22 논리식 $X + \overline{X}Y$를 간단히 하면?
① X ② $X\overline{Y}$
③ $\overline{X}Y$ ④ $X + Y$

해설
$X + \overline{X}Y = (X + \overline{X}) \cdot (X + Y)$
$= 1 \cdot (X + Y) = X + Y$

23 피측정량과 일정한 관계가 있는 몇 개의 서로 독립된 값을 측정하고 그 결과로부터 계산에 의하여 피측정량을 구하는 방법은?
① 편위법   ② 직접측정법
③ 영위법   ④ 간접측정법

 간접측정법
피측정량과 일정한 관계가 있는 몇 개의 서로 독립된 값을 측정하고 그 결과로부터 계산에 의하여 피측정량을 구하는 방법이다.

24 그림과 같은 오디오회로에서 스피커 저항이 $8[\Omega]$이고, 증폭기 회로의 저항이 $288[\Omega]$이다. 이 변압기의 권수비는?

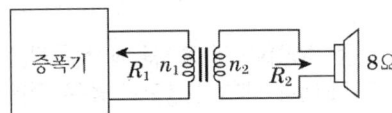

① 6   ② 7
③ 36   ④ 42

해설 권수비
$$a = \frac{n_1}{n_2} = \sqrt{\frac{R_1}{R_2}}$$
$$= \sqrt{\frac{288}{8}} = 6$$

25 그림과 같은 회로에서 전압계 Ⓥ의 지시값은?

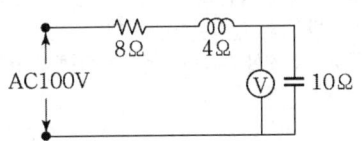

① 10[V]
② 50[V]
③ 80[V]
④ 100[V]

해설 전 전류
$$I = \frac{V}{Z} = \frac{V}{\sqrt{R^2 + (X_L - X_C)^2}}$$
$$= \frac{100}{\sqrt{8^2 + (4-10)^2}} = 10[A]$$
∴ $V_C = IX_C = 10 \times 10 = 100[V]$

정답 21.③ 22.④ 23.④ 24.① 25.④

26 그림과 같은 회로에서 $R=16[\Omega]$, $L=180[\text{mH}]$, $\omega=100[\text{rad/s}]$일 때 합성임피던스는?

① 약 3[Ω] ② 약 5[Ω]
③ 약 24[Ω] ④ 약 34[Ω]

해설 합성임피던스
$Z = \sqrt{R^2 + X_L^2} = \sqrt{R^2 + (\omega L)^2}$
$= \sqrt{16^2 + (100 \times 0.18)^2} \fallingdotseq 24[\Omega]$

27 각종 소방설비의 표시등에 사용되는 발광다이오드(LED)에 대한 설명으로 옳은 것은?
① 응답속도가 매우 빠르다.
② PNP 접합에 역방향 전류를 흘려서 발광시킨다.
③ 전구에 비해 수명이 길고 진동에 약하다.
④ 발광다이오드의 재료로는 Cu, Ag 등이 사용된다.

해설 발광다이오드의 특징
㉠ 응답속도가 빠르다.
㉡ 수명이 길다.
㉢ 진동에 강하다.
㉣ 발열량, 전력손실이 작다.
㉤ PN 접합 Diode로 순방향 전류가 흐르면서 발광한다.

28 코일을 지나가는 자속이 변화하면 코일에 기전력이 발생한다. 이때 유기되는 기전력의 방향을 결정하는 법칙은?
① 렌츠의 법칙
② 플레밍의 왼손법칙
③ 키르히호프의 제2법칙
④ 플레밍의 오른손법칙

해설 유기 기전력
• 크기 : 패러데이 법칙을 적용
• 방향 : 렌츠의 법칙을 적용

29 다음 소자 중에서 온도 보상용으로 쓰이는 것은?
① 서미스터 ② 바리스터
③ 제너다이오드 ④ 터널다이오드

해설 서미스터
온도 보상용 반도체소자이다.

30 한쪽 극판의 면적이 $0.1[\text{m}^2]$, 극판간격이 $1.5[\text{mm}]$인 공기 콘덴서의 정전용량은?
① 약 59[pF] ② 약 118[pF]
③ 약 344[pF] ④ 약 1,334[pF]

해설 정전용량
$C = \varepsilon \dfrac{A}{d} = \varepsilon_0 \varepsilon_s \dfrac{A}{d}$
$= 8.855 \times 10^{-12} \times \dfrac{0.1}{1.5 \times 10^{-3}}[\text{F}]$
$\fallingdotseq 59 \times 10^{-9}$
$\therefore 59[\text{pF}]$

31 그림은 비상시에 대비한 예비전원의 공급회로이다. 직류전압을 일정하게 유지하기 위하여 콘덴서를 설치한다면 그 위치로 적당한 곳은?

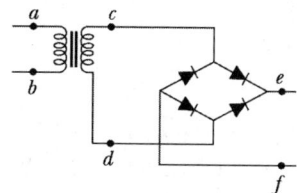

① a와 b 사이
② c와 d 사이
③ e와 f 사이
④ c와 e 사이

해설 콘덴서(C)는 점 e와 f 사이에 연결한다.

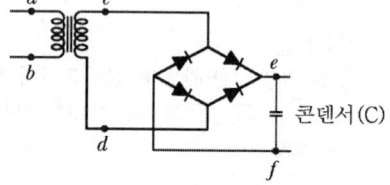

32 200[V] 전원에 접속하면 1[kW]의 전력을 소비하는 저항을 100[V] 전원에 접속하였을 때 소비전력은?

① 250[W]   ② 500[W]
③ 750[W]   ④ 900[W]

해설 소비전력

$P = \dfrac{V^2}{R} \propto V^2$ 이므로

$P_1 : P_2 = V_1^2 : V_2^2$

$\rightarrow 1{,}000 : P_2 = 200^2 : 100^2$

$\therefore P_2 = 1000 \times \dfrac{100^2}{200^2} = 250[W]$

33 그림과 같은 논리회로의 출력 X는?

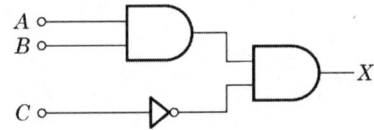

① $AB + \overline{C}$ ② $A + B + \overline{C}$
③ $(A+B)\overline{C}$ ④ $AB\overline{C}$

해설 $X = AB\overline{C}$

34 자체 인덕턴스가 각각 160[mH], 250[mH]인 두 코일이 있다. 두 코일 사이의 상호 인덕턴스가 150[mH]이라면 결합계수는?

① 0.5   ② 0.75
③ 0.66   ④ 1.0

해설 상호 인덕턴스 M

$M = k\sqrt{L_1 \cdot L_2}$

결합계수 $k = \dfrac{M}{\sqrt{L_1 L_2}} = \dfrac{150}{\sqrt{160 \times 250}} = 0.75$

35 60[Hz]의 3상 전압을 전파정류하면, 맥동주파수는?

① 120[Hz]   ② 240[Hz]
③ 360[Hz]   ④ 720[Hz]

해설 맥동주파수

구분	단상반파	단상전파	3상반파	3상전파
맥동주파수	f	$2f$	$3f$	$6f$

∴ 3상전파 정류시 주파수
$6f = 6 \times 60 = 360[Hz]$

36 어떤 회로에 $v(t) = 150\sin\omega t$[V]의 전압을 가하니 $i(t) = 6\sin(\omega t - 30)$[A]의 전류가 흘렀다. 이 회로의 소비전력은?

① 약 390[W]   ② 약 450[W]
③ 약 780[W]   ④ 약 900[W]

해설 위상차 $\theta = 30°$ 이므로

소비전력 $P = VI\cos\theta$

$= \dfrac{150}{\sqrt{2}} \times \dfrac{6}{\sqrt{2}} \times \cos 30°$

$\approx 390[W]$

37 피드백 제어에서 반드시 필요한 장치는?

① 구동장치
② 출력장치
③ 입력과 출력을 비교하는 장치
④ 안정도를 좋게 하는 장치

해설 개루프 제어계와 폐루프 제어계
㉠ 개루프 제어 : 입력과 출력을 비교하는 장치가 없다.
㉡ 폐루프 제어 : 입력과 출력을 비교하는 장치가 있다.
 (피드백 제어도 여기에 해당)

38 기전력이 1.5[V]이고 내부저항이 10[Ω]인 건전지 4개를 직렬연결하고 20[Ω]의 저항 R을 접속하는 경우, 저항 R에 흐르는 ㉠ 전류 [A]와 ㉡ 단자전압 V[V]는?

① ㉠ 0.1[A], ㉡ 2[V]
② ㉠ 0.3[A], ㉡ 6[V]
③ ㉠ 0.1[A], ㉡ 6[V]
④ ㉠ 0.3[A], ㉡ 2[V]

정답 32.① 33.④ 34.② 35.③ 36.① 37.③ 38.①

해설
- 전 전류 $I = \dfrac{nE}{nr+R}$

  여기서, I : 전 전류, E : 기전력
  R : 회로저항
  n : 직렬 접속한 전지수
  r : 전지 내부저항

  $\therefore I = \dfrac{4 \times 1.5}{4 \times 10 + 20} = 0.1[\text{A}]$

- 단자전압 $V = IR = 0.1 \times 20 = 2[\text{V}]$

39 작동신호를 조작량으로 변환하는 요소이며, 조절부와 조작부로 이루어진 것은?

① 제어요소 ② 제어대상
③ 피드백요소 ④ 기준압력요소

해설 제어요소
제어요소는 조절부와 조작부로 구성되어 있으며, 동작신호를 조작량으로 변환시키는 요소이다.

40 변압기의 1차 권수가 10회, 2차 권수가 300회인 경우 2차 단자에서 1,500[V]의 전압을 얻고자 하는 경우 1차 단자에서 인가하여야 할 전압은?

① 50[V] ② 100[V]
③ 220[V] ④ 380[V]

해설 권수비

$a = \dfrac{N_1}{N_2} = \dfrac{V_1}{V_2}$

$\rightarrow V_1 = \dfrac{N_1}{N_2} \times V_2$

$= \dfrac{10}{300} \times 1,500 = 50[\text{V}]$

2023년 제2회 소방설비기사[전기분야] 1차 필기
[제2과목 : 소방전기회로]

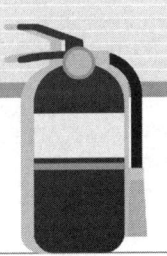

21 저항 $R[\Omega]$ 3개를 Δ결선한 부하에 3상 전압 $E[V]$를 인가한 경우 선전류는 몇 [A]인가?

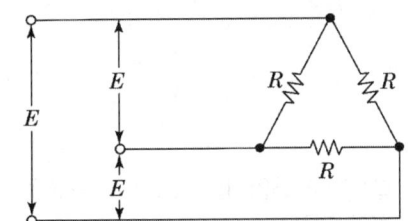

① $\dfrac{E}{3R}$[A] ② $\dfrac{E}{\sqrt{3}R}$[A]

③ $\dfrac{\sqrt{3}E}{R}$[A] ④ $\dfrac{3E}{R}$[A]

해설 Δ결선 시 $I_l = \sqrt{3}I_p$, $V_l = V_p$이므로

선전류 $I_l = \sqrt{3}I_p = \sqrt{3}\dfrac{V_p}{Z} = \sqrt{3} \times \dfrac{E}{R}$

$= \dfrac{\sqrt{3}E}{R}$[A]

22 그림과 같은 회로에서 전원의 주파수를 2배로 할 때, 소비전력은 몇 [W]인가?

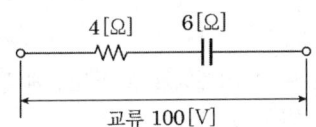

① 250[W] ② 769[W]
③ 816[W] ④ 1,600[W]

해설 ㉠ 콘덴서 전압 $X_C = \dfrac{1}{2\pi fC} \propto \dfrac{1}{f}$이므로 주파수 f를 2배로 하면 X_C는 반으로 감소한다.
즉, $X_C = 3[\Omega]$

㉡ 전류
$I = \dfrac{V}{Z} = \dfrac{V}{\sqrt{R^2 + X_C^2}} = \dfrac{100}{\sqrt{4^2 + 3^2}} = 20[A]$

㉢ 소비전력
$P = I^2 R = 20^2 \times 4 = 1,600[W]$

23 같은 평면 내에 3개의 도선 A, B, C가 각각 10[cm]의 거리를 두고 있다. 각 도선에 같은 방향으로 같은 전류가 흐를 때 B가 받는 힘에 대한 설명으로 옳은 것은?

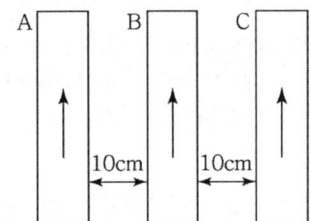

① A, C가 받는 힘의 2배이다.
② 힘은 없다.
③ A, B, C가 똑같은 힘을 받는다.
④ A, C가 받는 힘의 1/2이다.

24 키르히호프의 법칙을 이용하여 방정식을 세우는 방법으로 옳지 않은 것은?

① 도선의 접속점에서 키르히호프 제1법칙을 적용한다.
② 각 폐회로에서 키르히호프 제2법칙을 적용한다.
③ 계산 결과 전류가 +로 표시된 것은 처음에 정한 방향과 반대방향임을 나타낸다.
④ 각 회로의 전류를 문자로 나타내고 방향을 가정한다.

정답 21.③ 22.④ 23.② 24.③

해설 키르히호프의 제2법칙 계산
㉠ 도선의 접속점에서 키르히호프 제1법칙을 적용한다.
㉡ 각 폐회로에서 키르히호프 제2법칙을 적용한다.
㉢ 폐회로에서 임의의 일주방향을 정하고 일주방향과 같은 방향의 전류는 +, 반대방향의 전류는 -로 한다.
㉣ 방정식을 세운다.
㉤ 방정식을 푼다.

25 그림과 같은 1[kΩ]의 저항과 실리콘다이오드의 직렬회로에서 양단 간의 전압 V_D는 약 몇 [V]인가?

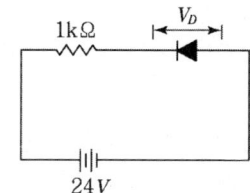

① 0[V] ② 0.2[V]
③ 12[V] ④ 24[V]

해설 다이오드(Diode)에 역방향 바이어스 전압이 가해진 상태(비도통 상태)이므로 다이오드의 양단에는 입력전압과 거의 같은 전압이 나타난다.

26 그림과 같이 저항 3개가 병렬로 연결된 회로에 흐르는 가지전류 I_1, I_2, I_3는 몇 [A]인가?

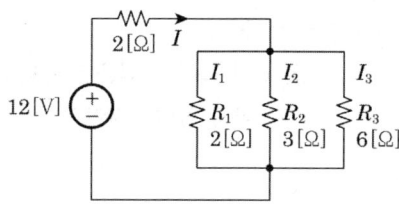

① $I_1=2$, $I_2=\frac{4}{3}$, $I_3=\frac{2}{3}$
② $I_1=\frac{2}{3}$, $I_2=\frac{1}{3}$, $I_3=2$
③ $I_1=3$, $I_2=2$, $I_3=1$
④ $I_1=1$, $I_2=2$, $I_3=3$

해설 ㉠ 병렬부분의 합성저항
$$R_0 = \frac{1}{\frac{1}{2}+\frac{1}{3}+\frac{1}{6}} = 1[\Omega]$$

㉡ 병렬부분의 전압
$$V = \frac{1}{2+1} \times 12 = 4[V]$$

㉢ 가지전류
• $I_1 = \frac{V}{R_1} = \frac{4}{2} = 2[A]$
• $I_2 = \frac{V}{R_2} = \frac{4}{3}[A]$
• $I_3 = \frac{V}{R_3} = \frac{4}{6} = \frac{2}{3}[A]$

27 발전기나 변압기의 내부회로 보호용으로 가장 적합한 것은?
① 과전류계전기 ② 접지계전기
③ 비율차동계전기 ④ 온도계전기

해설 비율차동계전기
발전기나 변압기의 내부회로 보호용 계전기

28 다음의 제어량에서 추종제어에 속하지 않는 것은?
① 유량 ② 위치
③ 방위 ④ 자세

해설 추종제어
물체의 방위, 자세, 위치, 각도 등을 제어량으로 하는 제어

29 피드백 제어계에서 제어요소에 관한 설명 중 옳은 것은?
① 목표값에 비례하는 신호를 발생하는 요소
② 조작부와 검출부로 구성
③ 조절부와 검출부로 구성
④ 동작신호를 조작량으로 변화시키는 요소

해설 제어요소
제어요소는 조절부와 조작부로 구성되어 있으며, 동작신호를 조작량으로 변환시키는 요소이다.

30 코일에 전류가 흐를 때 생기는 자력의 세기를 설명한 것 중 옳은 것은?

① 자력의 세기와 전류와는 무관한다.
② 자력의 세기와 전류는 반비례한다.
③ 자력의 세기는 전류에 비례한다.
④ 자력의 세기는 전류의 2승에 비례한다.

해설 자력의 세기(자기장 크기)
코일권수 및 전류에 비례하고, 자로길이에 반비례한다.
$H = \dfrac{NI}{l}$

31 무효전력 $P_r = Q$일 때 역률이 0.6이면 피상전력은?

① 0.6Q ② 0.8Q
③ 1.25Q ④ 1.67Q

해설 ㉠ 무효율
$\sin\theta = \sqrt{1-\cos^2\theta} = \sqrt{1-0.6^2} = 0.8$
㉡ 피상전력
$P_a = \dfrac{P_r}{\sin\theta} = \dfrac{Q}{0.8} = 1.25Q$

32 동일 금속에 온도 구배가 있을 경우 여기에 전류를 흘리면 열을 흡수 또는 발생하는 현상을 무엇이라 하는가?

① 제벡 효과 ② 톰슨 효과
③ 펠티에 효과 ④ 홀 효과

해설 ㉠ 펠티에 효과 : 이종 금속 간에 온도 구배가 있을 경우 여기에 전류를 흘리면 열을 흡수 또는 발생하는 현상
㉡ 톰슨 효과 : 동일 금속에 온도 구배가 있을 경우 여기에 전류를 흘리면 열을 흡수 또는 발생하는 현상

33 서미스터는 온도가 증가할 때 그 저항은 어떻게 되는가?

① 감소한다. ② 증가한다.
③ 임의로 변화한다. ④ 변화 없다.

해설 서미스터(Thermister)
온도가 증가할 때 그 저항이 감소하는 성능이 있어 온도를 보상해주는 역할을 한다.

34 절연저항을 측정할 때 사용하는 계기는?

① 전류계 ② 전위차계
③ 메거 ④ 휘트스톤 브리지

해설 ① 전류계 : 부하의 전류를 측정
② 전위차계 : 부하의 전압을 측정
③ 메거 : 부하 또는 배선의 절연저항을 측정
④ 휘트스톤 브리지 : 수백~수천 Ω의 부하저항을 측정

35 회로에서 공진상태의 임피던스는 몇 [Ω]인가?

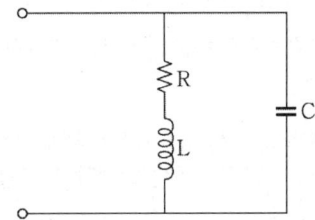

① $\dfrac{L}{CR}$ [Ω] ② $\dfrac{CR}{L}$ [Ω]
③ $\dfrac{CL}{R}$ [Ω] ④ $\dfrac{R}{CL}$ [Ω]

해설 ㉠ 합성 어드미턴스
$Z_1 = R + j\omega L \rightarrow Y_1 = \dfrac{1}{R+j\omega L}$ [s]
$Z_2 = \dfrac{1}{j\omega C} = -j\dfrac{1}{\omega C} \rightarrow Y_2 = j\omega C$ [s]
∴ 합성 어드미턴스
$Y = Y_1 + Y_2 = \dfrac{1}{R+j\omega L} + j\omega C$
$= \dfrac{R - j\omega L}{R^2+(\omega L)^2} + j\omega C$
$= \dfrac{R}{R^2+(\omega L)^2} + j\left(\omega C - \dfrac{\omega L}{R^2+(\omega L)^2}\right)$ [s]

㉡ 공진일 조건(허수부=0)
$\omega C = \dfrac{\omega L}{R^2+(\omega L)^2} \rightarrow C = \dfrac{L}{R^2+(\omega L)^2}$ [F]

㉢ 공진상태의 어드미턴스
$Y = \dfrac{R}{R^2+(\omega L)^2} = \dfrac{CR}{L}$ [S]

㉣ 공진상태의 임피던스
$Z = \dfrac{1}{Y} = \dfrac{L}{CR}$ [Ω]

36 10+j20[V]의 전압이 16+j9[Ω]의 임피던스에 인가되면 유효전력은 약 몇 [W]인가?

① 6.25[W]　　② 17.17[W]
③ 23.74[W]　　④ 31.25[W]

해설
- 전압 $V=\sqrt{10^2+20^2}≒22.36[V]$
- 유효전력 $P=I^2R$에서
$$I=\frac{V}{Z}=\frac{V}{\sqrt{R^2+X^2}}$$
$$=\frac{22.36}{\sqrt{16^2+9^2}}≒1.22[A]$$
∴ $P=I^2R=1.22^2\times16≒23.74[W]$

37 교류회로에서 8[Ω]의 저항과 6[Ω]의 유도 리액턴스가 병렬로 연결되었다면 역률은?

① 0.4　　② 0.5
③ 0.6　　④ 0.8

해설
㉠ 병렬회로에서의 역률
$$\cos\theta=\frac{\frac{1}{R}}{\frac{1}{Z}}$$

㉡ $\frac{1}{Z}=\sqrt{\left(\frac{1}{R}\right)^2+\left(\frac{1}{X_L}\right)^2}=\sqrt{\left(\frac{1}{8}\right)^2+\left(\frac{1}{6}\right)^2}$

$≒0.208$

∴ $\cos\theta=\frac{\frac{1}{R}}{\frac{1}{Z}}=\frac{\frac{1}{8}}{0.208}≒0.6$

38 다음은 타이머 코일을 사용한 접점과 그의 타임 차트를 나타낸다. 이 접점은? (단, t는 타이머의 설정값이다.)

기호	타임차트
타이머 코일 접점	무여자 / 여자 / 무여자 — Off / On / Off (t 지연)

① 한시동작 순시복귀 a접점
② 순시동작 한시복귀 a접점
③ 한시동작 순시복귀 b접점
④ 순시동작 한시복귀 b접점

해설 순시동작 한시복귀 a접점
신호가 입력될 때 접점이 즉시 On 상태로 되나, 복구 시 Off가 설정시간 t만큼 지연되는 접점

39 단상교류회로에 연결되어 있는 부하의 역률을 측정하고자 한다. 이때 필요한 계측기의 구성으로 옳은 것은?

① 전압계, 전력계, 회전계
② 상순계, 전력계, 전류계
③ 전압계, 전류계, 전력계
④ 전류계, 전압계, 주파수계

해설
역률 $=\dfrac{\text{소비전력}}{\text{피상전력}}=\dfrac{\text{소비전력(W)}}{\text{전압(V)}\times\text{전류(A)}}$
이므로 전압계, 전류계, 전력계가 필요하다.

40 입력신호 A, B가 동시에 "0"이거나 "1"일 때만 출력신호 X가 "1"이 되는 게이트의 명칭은?

① EXCLUSIVE NOR　② EXCLUSIVE OR
③ NAND　　　　　④ AND

해설
㉠ EXCLUSIVE OR(배타적 OR) 게이트
입력신호가 동일한 경우는 출력이 존재하지 않는 회로

A	B	X
0	0	0
0	1	1
1	0	1
1	1	0

㉡ EXCLUSIVE NOR(배타적 NOR) 게이트
입력신호가 동일한 경우에만 출력이 존재하는 회로

A	B	X
0	0	1
0	1	0
1	0	0
1	1	1

정답 36.③ 37.③ 38.② 39.③ 40.①

2023년 제4회 소방설비기사[전기분야] 1차 필기

[제2과목 : 소방전기회로]

21 그림과 같은 회로의 역률은 얼마인가?

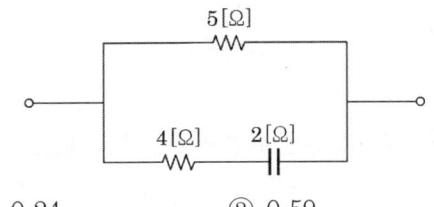

① 0.24 ② 0.59
③ 0.8   ④ 0.97

해설 주어진 회로는 5[Ω]과 4−j2[Ω]이라는 두 임피던스의 병렬회로이다.

따라서, 합성임피던스 $Z = \dfrac{5 \times (4-j2)}{5+(4-j2)}$

$\therefore Z = \dfrac{5 \times (4-j2)}{5+(4-j2)} = \dfrac{20-j10}{9-j2}$

$= \dfrac{(20-j10)(9+j2)}{(9-j2)(9+j2)}$

$= \dfrac{(180+20)+j(40-90)}{81+4}$

$= \dfrac{200-j50}{85}$

$= 2.35 - j0.59 [\Omega]$

$\therefore \cos\theta = \dfrac{2.35}{\sqrt{2.35^2 + 0.59^2}} ≒ 0.97$

22 다음 중 완전 통전상태에 있는 SCR을 차단상태로 하기 위한 방법으로 알맞은 것은?

① 게이트 전류를 차단시킨다.
② 게이트에 역방향 바이어스를 인가한다.
③ 양극 전압을 (−)로 한다.
④ 양극 전압을 더 높게 한다.

해설 SCR의 스위칭 기능
㉠ 전류의 극성

구분	애노드	게이트	케소드
On 시	+	+	+
Off 시	−	+	−

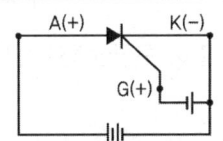

[통전상태의 극성]

㉡ 애노드 전류는 게이트 전류에 의해 일단 도통(On)이 되면 역방향 바이어스가 되기까지 게이트 전류의 크기와 관계없이 애노드 전류를 일정하게 유지하며, Off 시 애노드와 케소드의 극성을 바꾸면 된다.

23 다음 변환요소의 종류 중 변위를 임피던스로 변환하여 주는 것은?

① 벨로즈
② 노즐 플래퍼
③ 가변저항기
④ 전지 코일

해설 변환량과 변환요소

변환량	변환요소
압력 → 변위	벨로즈, 다이어프램, 스프링
변위 → 압력	노즐 플래퍼, 유압 분사관, 스프링
변위 → 임피던스	가변저항기, 용량형 변환기, 가변저항 스프링
변위 → 전압	포텐쇼미터, 차동변압기, 전위차계

24 유도성 부하를 사용하는 경우 역률을 개선하기 위한 방법으로 콘덴서를 부하에 병렬로 접속시킨다. 다음 중 역률개선의 의미와 다른 것은?

① 위상차(θ)를 작게 한다.
② $X_L - X_C = 0$에 가깝도록 조정한다.
③ $\cos\theta$의 값을 크게 해준다.
④ 전압과 전류의 위상차를 크게 한다.

해설 역률개선의 의미
㉠ 역률, 즉 $\cos\theta$의 값을 크게 해준다.
㉡ 위상차(θ)를 작게 한다.
㉢ 리액턴스($X_L - X_C$)의 값이 최소가 되도록 조정한다.

25 다음과 같이 구성한 연산증폭기 회로에서 출력전압 v_0는?

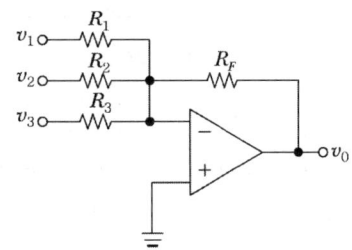

① $v_0 = \dfrac{R_F}{R_1}v_1 + \dfrac{R_F}{R_2}v_2 + \dfrac{R_F}{R_3}v_3$

② $v_0 = \dfrac{R_1}{R_F}v_1 + \dfrac{R_2}{R_F}v_2 + \dfrac{R_3}{R_F}v_3$

③ $v_0 = -\left(\dfrac{R_F}{R_1}v_1 + \dfrac{R_F}{R_2}v_2 + \dfrac{R_F}{R_3}v_3\right)$

④ $v_0 = -\left(\dfrac{R_1}{R_F}v_1 + \dfrac{R_2}{R_F}v_2 + \dfrac{R_3}{R_F}v_3\right)$

26 3상 평형부하가 있다. 선간전압 3,000[V], 선전류 30[A], 역률 0.9(뒤짐)이다. 부하가 Y 결선일 때 한 상의 저항은 몇 [Ω]인가?

① 90[Ω]   ② 51.96[Ω]
③ 173.20[Ω]   ④ 4,676.53[Ω]

해설 Y 결선 시
㉠ 선간전압 $V_l = \sqrt{3}\,V_p$, 선전류 $I_l = I_p$
㉡ 소비전력
$P = \sqrt{3}\,V_l I_l \cos\theta = 3V_p I_p \cos\theta = 3I_p^2 R$[W]
$\rightarrow \sqrt{3}\,V_l I_l \cos\theta = 3I_p^2 R$[W]

$\therefore R = \dfrac{\sqrt{3}\,V_l I_l \cos\theta}{3I_p^2} = \dfrac{\sqrt{3}\,V_l I_l \cos\theta}{3I_l^2}$

$= \dfrac{\sqrt{3}\,V_l \cos\theta}{3I_l} = \dfrac{\sqrt{3} \times 3000 \times 0.9}{3 \times 30}$

$≒ 51.96$[Ω]

27 다음과 같은 특성을 갖는 제어계는?

- 발진을 일으키고 불안정한 상태로 되어가는 경향성을 보인다.
- 정확성과 감대폭이 증가한다.
- 계의 특성변화에 대한 입력 대 출력비의 감도가 감소한다.

① 프로세스제어   ② 피드백제어
③ 프로그램제어   ④ 추종제어

해설 피드백제어의 특징
㉠ 정확성과 감대(대역)폭이 증가한다.
㉡ 계(System)의 특성변화에 대한 입력 대 출력비의 감도가 감소한다.
㉢ 구조가 복잡하다.
㉣ 발진을 일으키고 불안정한 상태로 전이된다.

28 주파수 응답특성을 설명한 것이다. 옳지 않은 것은?

① 저역통과 회로 : 차단주파수보다 높은 주파수는 잘 통과시키지 않고 낮은 주파수를 잘 통과시키는 회로
② 고역통과 회로 : 차단주파수보다 높은 주파수는 잘 통과시키지만 낮은 주파수는 잘 통과시키지 않는 회로
③ 대역통과 회로 : 중간 범위의 주파수는 잘 통과시키지만 이보다 낮거나 높은 주파수는 잘 통과시키지 않는 회로

④ 대역저지 회로 : 어떤 범위의 주파수는 통과시키고 이보다 낮거나 높은 주파수는 잘 통과시키지 않는 회로

[해설] 대역저지 회로
어떤 범위의 주파수는 통과시키지 않고 이보다 낮거나 높은 주파수는 잘 통과시키는 회로

29 교류전압계의 지침이 지시하는 전압은 다음 중 어느 것인가?
① 실효값　　② 평균값
③ 최대값　　④ 순시값

[해설] 전압계의 지시
㉠ 교류전압계 지시값 : 실효값
㉡ 직류전압계 지시값 : 평균값

30 그림과 같은 회로의 AB 사이의 합성저항은?

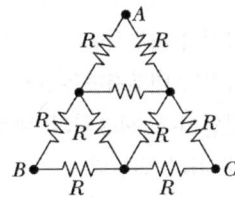

① $\dfrac{9}{10}R$　　② $\dfrac{7}{10}R$
③ $\dfrac{10}{7}R$　　④ $\dfrac{10}{9}R$

[해설] ㉠ Δ결선을 Y결선으로 변환시키면

㉡ 주어진 회로를 등가회로로 그리면

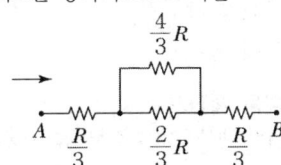

∴ 합성저항
$$R_0 = \dfrac{R}{3} + \dfrac{\dfrac{4}{3}R \times \dfrac{2}{3}R}{\dfrac{4}{3}R + \dfrac{2}{3}R} + \dfrac{R}{3}$$
$$= \dfrac{2}{3}R + \dfrac{4}{9}R = \dfrac{10}{9}R$$

31 저항 R_1, R_2와 인덕턴스 L이 직렬로 연결된 회로에서 시정수[sec]는?
① $\dfrac{R_1+R_2}{L}$ [sec]　　② $-\dfrac{R_1+R_2}{L}$ [sec]
③ $\dfrac{L}{R_1+R_2}$ [sec]　　④ $-\dfrac{L}{R_1+R_2}$ [sec]

[해설] 시정수
$\tau = \dfrac{L}{R} = \dfrac{L}{R_1+R_2}$ [sec]

32 동일한 전류가 흐르는 두 개의 평행도체가 있다. 도체간의 거리를 $\dfrac{1}{2}$로 하면 그 작용하는 힘은 몇 배로 되는가?
① 2배　　② 4배
③ 8배　　④ 16배

[해설] 평행도체 간 작용력
$F = \dfrac{2I_1I_2}{r} \times 10^{-7}$ [N/m] $\propto \dfrac{1}{r}$ 이므로
거리를 반으로 줄이면 힘은 2배가 된다.

33 피드백제어계 중 물체의 위치, 방위, 자세 등의 기계적 변위를 제어량으로 하는 것은?
① 서보기구　　② 프로세스제어
③ 자동조정　　④ 프로그램제어

[해설] 서보기구
물체의 방위, 자세, 위치, 각도 등의 기계적 변위를 제어량으로 하는 제어

34 대전된 전기의 양을 전하량(전하)이라고 하며, 정(+)전하와 부(-)전하로 나뉜다. 정전하와 부전하 사이에 작용하는 힘을 무엇이라고 하는가?

① 정전기 ② 정전용량
③ 전기장 ④ 정전력

해설 정전력

$$F = 9 \times 10^9 \times \frac{Q_1 Q_2}{r^2} [N]$$

정전력은 두 전하 Q_1, Q_2의 곱에 비례하고, 상호거리의 제곱에 반비례한다.

35 어떤 회로에 $V = 100 + j20[V]$인 전압을 가했을 때 $I = 8 + j6[A]$인 전류가 흘렀다. 이 회로의 소비전력은 몇 [W]인가?

① 800[W] ② 920[W]
③ 1,200[W] ④ 1,400[W]

해설 피상전력

$$P_a = V\overline{I} = (100 + j20)(8 - j6)$$
$$= (800 + 120) + j(160 - 600)$$
$$= 920 - j440 [VA]$$

∴ 소비전력 = 920[W], 무효전력 = 440[Var]

36 길이 l의 도체로 원형 코일을 만들어 일정한 전류를 흘릴 때 M회 감았을 때의 중심 자계는 N회 감았을 때의 중심 자계의 몇 배인가?

① $\frac{M}{N}$ ② $\frac{M^2}{N^2}$
③ $\frac{N}{M}$ ④ $\frac{N^2}{M^2}$

해설 원형 코일에서의 자계 세기

$$H = \frac{NI}{2r} \propto N 이므로$$

M회 감았을 때의 중심 자계 H_M은 N회 감았을 때의 중심 자계 H_N의 $\frac{M}{N}$배가 된다.

37 단상 200[V]의 교류전압을 회로에 인가할 때 $\frac{\pi}{6}$[rad]만큼 위상이 뒤진 10[A]의 전류가 흐른다고 한다. 이 회로의 역률은 몇 [%]인가?

① 86.6[%] ② 89.6[%]
③ 92.6[%] ④ 95.6[%]

해설 ㉠ 회로전류

$$i = I(\cos\theta + j\sin\theta)$$
$$= 10\left\{\cos\left(-\frac{\pi}{6}\right) + j\sin\left(-\frac{\pi}{6}\right)\right\}$$
$$= 10\left(\frac{\sqrt{3}}{2} - j\frac{1}{2}\right) = 5\sqrt{3} - j5$$

㉡ 역률

$$\cos\theta = \frac{5\sqrt{3}}{\sqrt{(5\sqrt{3})^2 + 5^2}} \fallingdotseq 86.6$$

38 이상적인 전압원 및 전류원에 대한 설명이 옳은 것은?

① 전압원의 내부저항은 ∞이고, 전류원은 0이다.
② 전압원의 내부저항은 0이고, 전류원은 ∞이다.
③ 전압원이나 전류원의 내부저항은 흐르는 전류에 따라 변한다.
④ 전압원의 내부저항은 일정하고, 전류원의 내부저항은 일정하지 않다.

해설 전압원의 내부저항은 0이고, 전류원은 ∞이다.

39 변압기의 내부고장 보호에 사용되는 계전기는 다음 중 어느 것인가?

① 차동 계전기
② 저전압 계전기
③ 고전압 계전기
④ 압력 계전기

해설 비율차동 계전기
변압기의 내부고장 보호용으로 사용되는 계전기

정답 34.④ 35.② 36.① 37.① 38.② 39.①

40 저항을 설명한 다음 문항 중 틀린 것은?

① 기호는 R, 단위는 [Ω]이다.

② 옴의 법칙은 $R=\dfrac{V}{I}$ 이다.

③ R의 역수는 서셉턴스이며, 단위는 [℧]이다.

④ 전류의 흐름을 방해하는 작용을 저항이라 한다.

해설 컨덕턴스 G
㉠ R의 역수로 단위는 [℧] 또는 [S]이다.
㉡ $G=\dfrac{1}{R}$

정답 40.③

2024년 제1회 소방설비기사[전기분야] 1차 필기
[제2과목 : 소방전기회로]

21 이미터전류를 1[mA] 증가시켰더니 컬렉터전류는 0.98[mA] 증가되었다. 이 트랜지스터의 증폭률 β는?

① 4.9 ② 9.8
③ 49.0 ④ 98.0

해설 트랜지스터
이미터(E), 컬렉터(C), 베이스(B)로 구성
㉠ $I_E = I_C + I_B$ → 1[mA] = 0.98[mA] + I_B
→ $I_B = 0.02$[mA]
㉡ 증폭률 $\beta = \dfrac{I_C}{I_B} = \dfrac{0.98}{0.02} = 49$

22 부궤한증폭의 장점에 해당되는 것은?

① 전력이 절약된다.
② 안정도가 증진된다.
③ 증폭도가 증가된다.
④ 능률이 증대된다.

해설 부궤환=페루프시스템(피드백제어)
▶ 피드백 제어계의 특징
㉠ 처리해야 할 대역량이 많고 복잡하다.
㉡ 계의 특성변화에 대한 입력 대 출력의 감도가 작다.
㉢ 계의 구조가 복잡하며, 설비비가 많이 든다.
㉣ 설비 자동화로 원가가 절감된다.
㉤ 생산설비의 연수기한을 연장할 수 있다.
㉥ 노동조건의 향상 및 위험환경의 억제가 가능하다.

23 100[V], 1[kW]의 니크롬선을 3/4의 길이로 잘라서 사용할 때 소비전력은 약 몇 [W]인가?

① 1,000 ② 1,333
③ 1,430 ④ 2,000

해설 ㉠ $R = \rho \times \dfrac{l}{A}$ 공식에 의해 길이(l)가 $\dfrac{3}{4}(l)$이 되면
$1R \to \dfrac{3}{4}R$이 된다.

㉡ $P[\text{W}] = VI = I^2R = \dfrac{V^2}{R}$ 공식에 의해
$P[\text{W}] = \dfrac{V^2}{\dfrac{3}{4}R} \to \dfrac{4}{3} \times 1{,}000[\text{W}] = 1333.33[\text{W}]$

24 반지름 20[cm], 권수 50회인 원형 코일에 2[A]의 전류를 흘려주었을 때 코일 중심에서 자계(자기장)의 세기[AT/m]는?

① 70 ② 100
③ 125 ④ 250

해설 원형코일 중심에서의 자계의 세기
$H = \dfrac{NI}{2r} = \dfrac{50 \times 2}{2 \times 0.2} = 250[\text{AT/m}]$

25 시퀀스회로를 논리식으로 표현하면?

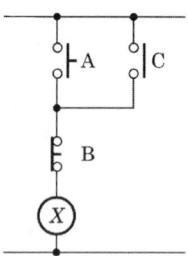

① $X = A + \overline{B} \cdot C$
② $X = A \cdot \overline{B} + C$
③ $X = A \cdot C + \overline{B}$
④ $X = (A + C) \cdot \overline{B}$

정답 21.③ 22.② 23.② 24.④ 25.④

해설 $X = (A + C) \cdot \overline{B}$

26 3상 농형 유도전동기의 기동법이 아닌 것은?
① Y-△기동법 ② 기동보상기법
③ 2차 저항기동법 ④ 리액터 기동법

해설 3상 유도전동기의 기동법

농 형	권선형
• 전전압기동법(직입기동법) • Y-△기동법 • 리액터법 • 기동보상기법 • 콘도르퍼기동법	• 2차 저항법 • 게르게스법

27 3상 유도전동기를 기동하기 위하여 권선을 Y결선 하면 △ 결선하였을 때 보다 토크는 어떻게 되는가?

① $\dfrac{1}{\sqrt{3}}$ 로 감소

② $\dfrac{1}{3}$ 로 감소

③ 3배로 증가

④ $\sqrt{3}$ 배로 증가

해설 Y-△ 결선

구분	전류	저항	전력	토크	전압
Y 결선 시	$\dfrac{1}{3}$	$\dfrac{1}{3}$	$\dfrac{1}{3}$	$\dfrac{1}{3}$	$\dfrac{1}{\sqrt{3}}$
△ 운전 시	1	1	1	1	1

28 그림의 블록선도와 같이 표현되는 제어시스템의 전달함수 $G(s)$는?

① $\dfrac{G_1(s)G_2(s)}{1+G_2(s)G_3(s)+G_1(s)G_2(s)G_4(s)}$

② $\dfrac{G_3(s)G_4(s)}{1+G_2(s)G_3(s)+G_1(s)G_2(s)G_4(s)}$

③ $\dfrac{G_1(s)G_2(s)}{1+G_1(s)G_2(s)+G_1(s)G_2(s)G_3(s)}$

④ $\dfrac{G_3(s)G_4(s)}{1+G_1(s)G_2(s)+G_1(s)G_2(s)G_3(s)}$

해설 $G(s) = \dfrac{\text{순환경로}}{1-\text{피드백}}$

$= \dfrac{G_1 G_2}{1-(-G_1 G_2 G_4)-(-G_2 G_3)}$

$= \dfrac{G_1 G_2}{1+G_1 G_2 G_4 + G_2 G_3}$

29 SCR(Silicon-Controlled Rectifier)에 대한 설명으로 틀린 것은?
① PNPN 소자이다.
② 스위칭 반도체소자이다.
③ 양방향 사이리스터이다.
④ 교류의 전력제어용으로 사용된다.

해설 양방향 사이리스터 : SSS, TRIAC, 역도통 사이리스터
SCR : 단방향 사이리스터

30 입력 $r(t)$, 출력 $c(t)$인 제어시스템에서 전달함수 $G(s)$는? (단, 초기값은 0이다.)

$$\dfrac{d^2 c(t)}{dt^2} + 3\dfrac{dc(t)}{dt} + 2c(t) = \dfrac{dr(t)}{dt} + 3r(t)$$

① $\dfrac{3s+1}{2s^2+3s+1}$ ② $\dfrac{s^2+3s+2}{s+3}$

③ $\dfrac{s+1}{s^2+3s+2}$ ④ $\dfrac{s+3}{s^2+3s+2}$

정답 26.③ 27.② 28.① 29.③ 30.④

해설 문제에 주어진 미분 방정식을 라플라스 변환하면
$$\frac{d^2}{dt^2}c(t) + 3\frac{d}{dt}c(t) + 2c(t) = \frac{d}{dt}r(t) + 3r(t)$$
$$\rightarrow s^2C(s) + 3sC(s) + 2C(s) = sR(s) + 3R(s)$$
전달함수 $G(s) = \dfrac{R(s)}{C(s)} = \dfrac{s+3}{(s^2+3s+2)}$
$= \dfrac{s+3}{(s+1)(s+2)}$

31 각 상의 임피던스가 $Z = 6 + j8[\Omega]$인 △ 결선의 평형 3상 부하에 선간전압이 220[V]인 대칭 3상 전압을 가했을 때 이 부하로 흐르는 선전류의 크기는 약 몇 [A]인가?

① 13 ② 22
③ 38 ④ 66

해설 △결선시 선간전압 V_L의 크기는 상전압 V_P와 같고, 선전류 I_L은 상전류 I_P보다 $\sqrt{3}$ 배 크므로
$V_P = V_L = 220[V]$
상전류 $I_P = \dfrac{V_P}{Z} = \dfrac{220}{6+j8}$ 인데 문제에서 '크기'만 물었으므로 임피던스를 크기만으로 계산하면
$|I_P| = \dfrac{220}{\sqrt{6+j8}} = \dfrac{220}{10} = 22[A]$
$I_L = \sqrt{3} I_P = 22\sqrt{3} \fallingdotseq 38[A]$

32 유도전동기의 슬립이 5.6[%]이고 회전가속도가 1700[rpm]일 때, 이 유도전동기의 동기속도는 약 몇 [rpm]인가?

① 1,000 ② 1,200
③ 1,500 ④ 1,800

해설 회전속도=동기속도×(1−슬립)
$1,700 = N_s \times (1 - 0.056)$
$N_s = 1,800.84[\text{rpm}]$

33 그림과 같이 반지름 $r[m]$인 원의 원주상 임의의 2점 a, b 사이에 전류 $I[A]$가 흐른다. 원의 중심에서의 자계의 세기는 몇 [A/m]인가?

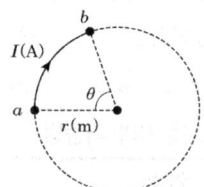

① $\dfrac{I\theta}{4\pi r}$ ② $\dfrac{I\theta}{4\pi r^2}$
③ $\dfrac{I\theta}{2\pi r}$ ④ $\dfrac{I\theta}{2\pi r^2}$

해설 $H = \dfrac{NI}{l} = \dfrac{NI}{2r}$
a, b 사이에 흐르는 전류에 의한 자계의 세기이므로
$\dfrac{NI}{2r} \times \dfrac{\theta}{360°} = \dfrac{NI\theta}{4\pi r}$ ($N=1$) ($360° = 2\pi$)
$\therefore \dfrac{I\theta}{4\pi r}$

34 회로에서 a와 b 사이에 나타나는 전압 $V_{ab}[V]$는?

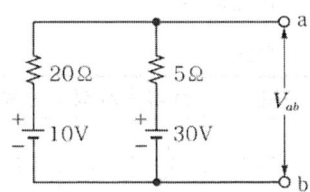

① 20 ② 23
③ 26 ④ 28

해설 밀만의 정리
$V_{ab} = IR = \dfrac{I}{\dfrac{1}{R}} = \dfrac{I_1 + I_2 + I_3}{\dfrac{1}{R_1} + \dfrac{1}{R_2} + \dfrac{1}{R_3}} = \dfrac{\dfrac{V_1}{R_1} + \dfrac{V_2}{R_2} + \dfrac{V_3}{R_3}}{\dfrac{1}{R_1} + \dfrac{1}{R_2} + \dfrac{1}{R_3}}$

$\therefore V_{ab} = \dfrac{\dfrac{V_1}{R_1} + \dfrac{V_2}{R_2}}{\dfrac{1}{R_1} + \dfrac{1}{R_2}} = \dfrac{\dfrac{10}{20} + \dfrac{30}{5}}{\dfrac{1}{20} + \dfrac{1}{5}} = 26[V]$

35 0[℃]에서 저항이 10[Ω]이고, 저항의 온도계수가 0.0043인 전선이 있다. 30[℃]에서 이 전선의 저항은 약 몇 [Ω]인가?

① 0.013　② 0.68
③ 1.4　④ 11.3

해설) $R_2 = R_1(1+\alpha_{t1}(t_2-t_1))$
$= 10(1+0.0043(30-0)) = 11.29[\Omega]$

36 그림과 같은 블록선도의 전달함수 $\left(\dfrac{C(s)}{R(s)}\right)$는?

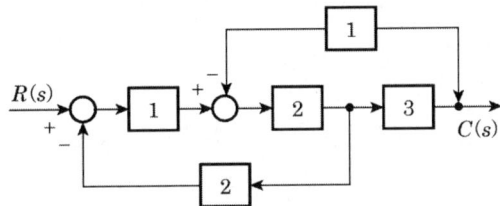

① $\dfrac{6}{23}$　② $\dfrac{6}{17}$
③ $\dfrac{6}{15}$　④ $\dfrac{6}{11}$

해설) $\dfrac{\text{전향경로}}{1-\text{피드백}}$
$= \dfrac{1\times2\times3}{1-\{-(1\times2\times2)+-(2\times3\times1)\}} = \dfrac{6}{11}$

37 그림의 회로에서 a와 c 사이의 합성저항은?

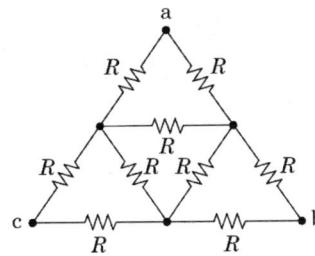

① $\dfrac{9}{10}R$　② $\dfrac{10}{9}R$
③ $\dfrac{7}{10}R$　④ $\dfrac{10}{7}R$

해설) ㉠ △결선을 Y결선으로 변환시키면

㉡ 주어진 회로를 등가회로로 그리면

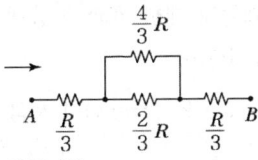

∴ 합성저항

$R_0 = \dfrac{R}{3} + \dfrac{\dfrac{4}{3}R \times \dfrac{2}{3}R}{\dfrac{4}{3}R + \dfrac{2}{3}R} + \dfrac{R}{3}$

$= \dfrac{2}{3}R + \dfrac{4}{9}R = \dfrac{10}{9}R$

38 5[Ω]의 저항과 2[Ω]의 유도성 리액턴스를 직렬로 접속한 회로에 5[A]의 전류를 흘렸을 때 이 회로의 복소전력[VA]은?

① $25+j10$　② $10+j25$
③ $125+j50$　④ $50+j125$

해설) $P = VI$
$V = IZ = 5 \times (5+j2) = 25+j10$ [V]
따라서 $P = (25+j10) \times 5 = 125+j50$ [VA]

39 전지의 자기방전을 보충함과 동시에 상용부하에 대한 전력공급은 충전기가 부담하도록 하되, 충전기가 부담하기 어려운 일시적인 대전류 부하는 축전지로 하여금 부담하게 하는 충전방식은?

① 급속충전　② 부동충전
③ 균등충전　④ 세류충전

해설) ① 급속충전 : 필요시마다 소정의 양을 충전하는 방식
③ 균등충전 : 여러 개의 축전지를 한 조로 하여 장시간 사용 시 축전지 개개별 충전상태의 불균형을 없애고 충전상태를 균등하게 하기 위한 방식
④ 세류충전 : 자기 방전량만을 항시 충전하는 부동충전 방식의 일종

정답　35.④　36.④　37.②　38.③　39.②

40 피드백제어계의 일반적인 특성으로 옳은 것은?

① 계의 정확성이 떨어진다.
② 계의 특성변화에 대한 입력 대 출력비의 감도가 감소된다.
③ 비선형과 왜형에 대한 효과가 증대된다.
④ 대역폭이 감소된다.

해설 피드백 제어(Feedback Control)의 특징
㉠ 입력과 출력을 비교하는 장치가 필수적으로 요구된다.
㉡ 정확도가 높다.
㉢ 대역폭과 감도폭이 크고 대역량이 많다.
㉣ 계의 특성에 대한 입력 대 출력의 감도가 작다.
㉤ 생산속도, 생산량이 증대된다.
㉥ 설비 자동화로 원가가 절감된다.
㉦ 양질의 제품, 균일한 제품을 생산할 수 있다.
㉧ 계의 구조가 복잡하고 설치비가 많이 든다.

정답 40.②

2024년 제2회 소방설비기사[전기분야] 1차 필기

[제2과목 : 소방전기회로]

21 논리식 $\overline{X}+XY$를 간략화한 것은?

① $\overline{X}+Y$ ② $X+\overline{Y}$
③ $\overline{X}Y$ ④ $X\overline{Y}$

해설 $\overline{X}+XY=(\overline{X}+X)\cdot(\overline{X}+Y)=\overline{X}+Y$
(∵ $\overline{X}+X=1$)

22 제어량이 압력, 온도 및 유량 등과 같은 공업량일 경우의 제어는?

① 시퀀스제어   ② 프로세스제어
③ 추종제어   ④ 프로그램제어

해설 프로세스 제어(Process Control)
제어량이 온도, 유량, 압력, 액위, 농도, 밀도 등의 플랜트나 생산공정 중의 상태량을 제어량으로 하는 제어로서 프로세스에 가해지는 외란(기준 입력신호 이외의 신호요소)의 억제를 주목적으로 한다. 그 예로 온도 조절장치, 압력, 제어장치 등이 있다.

23 반파정류회로를 통해 정현파를 정류하여 얻은 반파정류파의 최댓값이 1일 때, 실효값과 평균값은?

① $\dfrac{1}{\sqrt{2}}$, $\dfrac{2}{\pi}$ ② $\dfrac{1}{2}$, $\dfrac{\pi}{2}$
③ $\dfrac{1}{\sqrt{2}}$, $\dfrac{\pi}{2\sqrt{2}}$ ④ $\dfrac{1}{2}$, $\dfrac{1}{\pi}$

해설 반파 정류파

구 분	파 형	파형률	파고율	실효값	평균값
반파 정류파	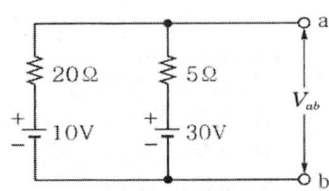	$\dfrac{\pi}{2}=1.57$	2	$\dfrac{1}{2}I_m$	$\dfrac{1}{\pi}I_m$

실효값 $=\dfrac{1}{2}\times I_m=\dfrac{1}{2}\times 1=\dfrac{1}{2}$

평균값 $=\dfrac{1}{\pi}\times I_m=\dfrac{1}{\pi}\times 1=\dfrac{1}{\pi}$

24 어떤 계를 표시하는 미분방정식이 $5\dfrac{d^2}{dt^2}y(t)+3\dfrac{d}{dt}y(t)-2y(t)=x(t)$라고 한다. $x(t)$는 입력신호, $y(t)$는 출력신호라고 하면 이 계의 전달함수는?

① $\dfrac{1}{(s+1)(s-5)}$ ② $\dfrac{1}{(s-1)(s+5)}$
③ $\dfrac{1}{(5s-1)(s+2)}$ ④ $\dfrac{1}{(5s-2)(s+1)}$

해설 문제에 주어진 미분 방정식을 라플라스 변환하면,
$5\dfrac{d^2}{dt^2}y(t)+3\dfrac{d}{dt}y(t)-2y(t)=x(t)$
$\Rightarrow 5s^2Y(s)+3sY(s)-2sY(s)=X(s)$

전달함수 $G(s)=\dfrac{Y(s)}{X(s)}=\dfrac{1}{(5s^2+3s-2)}$
$=\dfrac{1}{(5s-2)(s+1)}$

25 회로에서 a와 b 사이에 나타나는 전압 $V_{ab}[V]$는?

① 20   ② 23
③ 26   ④ 28

정답 21.① 22.② 23.④ 24.④ 25.③

해설 밀만의 정리

$$V_{ab} = IR = \frac{I}{\frac{1}{R}} = \frac{I_1 + I_2 + I_3}{\frac{1}{R_1} + \frac{1}{R_2} + \frac{1}{R_3}}$$

$$= \frac{\frac{V_1}{R_1} + \frac{V_2}{R_2} + \frac{V_3}{R_3}}{\frac{1}{R_1} + \frac{1}{R_2} + \frac{1}{R_3}}$$

$$\therefore V_{ab} = \frac{\frac{V_1}{R_1} + \frac{V_2}{R_2}}{\frac{1}{R_1} + \frac{1}{R_2}} = \frac{\frac{10}{20} + \frac{30}{5}}{\frac{1}{20} + \frac{1}{5}} = 26[V]$$

26 저항이 R, 유도리액턴스가 X_L, 용량리액턴스가 X_C인 RLC 직렬회로에서의 $\dot{Z}$와 Z값으로 옳은 것은?

① $\dot{Z} = R + j(X_L - X_C)$
   $Z = \sqrt{R^2 + (X_L - X_C)^2}$

② $\dot{Z} = R + j(X_L + X_C)$
   $Z = \sqrt{R^2 + (X_L + X_C)^2}$

③ $\dot{Z} = R + j(X_C - X_L)$
   $Z = \sqrt{R^2 + (X_C - X_L)^2}$

④ $\dot{Z} = R + j(X_C + X_L)$
   $Z = \sqrt{R^2 + (X_C + X_L)^2}$

해설 임피던스

RLC 직렬회로	RLC 병렬회로
$\dot{Z} = R + j(X_L - X_C)$ $Z = \sqrt{R^2 + (X_L - X_C)^2}$	$\dot{Z} = \dfrac{1}{\dfrac{1}{R} + j\left(\dfrac{1}{X_C} - \dfrac{1}{X_L}\right)}$ $Z = \dfrac{1}{\sqrt{\left(\dfrac{1}{R}\right)^2 + \left(\dfrac{1}{X_C} - \dfrac{1}{X_L}\right)^2}}$

여기서, $\dot{Z}$: 임피던스(벡터)[Ω]
Z : 임피던스[Ω]
R : 저항[Ω]
j : 허수($\sqrt{-1}$)
X_L : 유도리액턴스[Ω]
X_C : 용량리액턴스[Ω]

27 $R = 4[\Omega]$, $\dfrac{1}{\omega C} = 9[\Omega]$인 RC 직렬회로에 전압 $e(t)$를 인가할 때, 제3고조파 전류의 실효값 크기는 몇 A인가? (단, $e(t) = 50 + 10\sqrt{2}\sin\omega t + 120\sqrt{2}\sin 3\omega t[V]$)

① 4.4   ② 12.2
③ 24   ④ 34

해설 $e(t) = 50 + 10\sqrt{2}\sin\omega t + 120\sqrt{2}\sin\omega t[V]$
중에서 50은 직류분(1고조파 실효값), $10\sqrt{2}$는 제2고조파의 최댓값, $120\sqrt{2}$는 제3고조파의 최댓값

제3고조파 이용 실효값 $V = \dfrac{V_m}{\sqrt{2}}$

$$= \dfrac{120\sqrt{2}}{\sqrt{2}} = 120[V]$$

$X = \dfrac{9}{3} = 3[\Omega]$

3고조파는 주파수자리에 3ω 적용

$\dfrac{1}{\omega C} : 9 = \dfrac{1}{3\omega C} : X$

$X = 3[\Omega]$

$I = \dfrac{V}{Z} = \dfrac{V}{\sqrt{R^2 + X^2}} = \dfrac{120}{\sqrt{4^2 + 3^2}} = 24[A]$

28 그림과 같은 회로에서 각 계기의 지시값이 Ⓥ는 180[V], Ⓐ는 5[A], W는 720[W]라면 이 회로의 무효전력[Var]은?

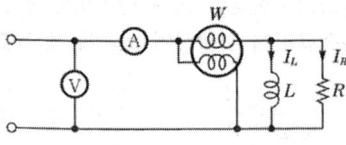

① 480   ② 540
③ 960   ④ 1200

해설 피상전력 $P_a[VA] = VI = (180)(5) = 900[VA]$
유효전력 $P[W] = 720[W]$
무효전력 $P_r[Var] = \sqrt{P_a^2 - P^2}$
$= \sqrt{900^2 - 720^2} = 540[Var]$

정답 26.① 27.③ 28.②

29 다음의 단상 유도전동기 중 기동토크가 가장 큰 것은?

① 셰이딩 코일형　② 콘덴서 기동형
③ 분상 기동형　　④ 반발 기동형

해설 기동법에 따른 단상 유도전동기의 종류
- 셰이딩 코일형
- 분상 기동형
- 반발 기동형(기동토크가 최대)
- 반발 유도형
- 콘덴서 기동형

30 반도체를 이용한 화재감지기 중 서미스터(Thermistor)는 무엇을 측정하기 위한 반도체 소자인가?

① 온도
② 연기농도
③ 가스농도
④ 불꽃의 스펙트럼 강도

해설 서미스터(Thermister)
온도보상용 또는 온도감지용 소자로 사용되는 반도체

31 교류전압계의 지침이 지시하는 전압은 다음 중 어느 것인가?

① 실효값　② 평균값
③ 최댓값　④ 순시값

해설 직류전압계의 지침이 지시하는 값 : 평균값
교류전압계의 지침이 지시하는 값 : 실효값

32 블록선도에서 외란 $D(s)$의 압력에 대한 출력 $C(s)$의 전달함수 $\left(\dfrac{C(s)}{D(s)}\right)$는?

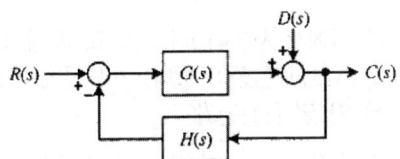

① $\dfrac{G(s)}{H(s)}$　② $\dfrac{1}{1+G(s)H(s)}$

③ $\dfrac{H(s)}{G(s)}$　④ $\dfrac{G(s)}{1+G(s)H(s)}$

해설 블록선도
$(R-CH)G+D=C$
$RG-CHG+D=C$
$RG+D=C(1+HG)$
$\therefore C=\dfrac{GR+D}{1+HG}=\dfrac{G}{1+HG}R+\dfrac{1}{1+HG}D$
$\therefore \dfrac{C(s)}{D(s)}=\dfrac{1}{1+G(s)H(s)}$

33 다음의 내용이 설명하는 법칙은 무엇인가?

> 두 자극 사이에 작용하는 자기력의 크기는 두 자극의 세기의 곱에 비례하고 두 자극 사이 거리의 제곱에 반비례한다.

① 비오사바르의 법칙
② 쿨롱의 법칙
③ 렌츠의 법칙
④ 줄의 법칙

해설 쿨롱의 법칙 : 공기 중에 두 자극 사이에 작용하는 힘(자기력)은 두 자극의 세기의 곱에 비례하고 두 자극 사이의 거리의 제곱에 반비례한다.

34 직류전원이 연결된 코일에 10[A]의 전류가 흐르고 있다. 이 코일에 연결된 전원을 제거하는 즉시 저항을 연결하여 폐회로를 구성하였을 때 저항에서 소비된 열량이 24[cal]이었다. 이 코일의 인덕턴스는 약 몇 [H]인가?

① 0.1　② 0.5
③ 2.0　④ 24

해설
$W_L=\dfrac{1}{2}LI^2[J]$
$\therefore \dfrac{1}{2}\times L\times 10^2\times 0.24=24[\text{cal}]$
$\therefore L=2[\text{H}]$

정답 29.④　30.①　31.①　32.②　33.②　34.③

35 적분시간이 3s이고, 비례감도가 5인 PI(비례적분) 제어요소가 있다. 이 제어요소의 전달함수는?

① $\dfrac{5s+5}{3s}$ ② $\dfrac{15s+3}{5s}$

③ $\dfrac{15s+5}{3s}$ ④ $\dfrac{3s+3}{5s}$

해설 (1) 기호
- $T : 3s$
- $k : 5$
- $G(s) : ?$

(2) 비례적분(PI)제어 전달함수

$$G(s) = k\left(1 + \dfrac{1}{Ts}\right)$$

여기서, $G(s)$: 비례적분(PI)제어 전달함수
k : 비례감도
T : 적분시간[s]

(PI)제어 전달함수 $G(s)$는

$$\begin{aligned}G(s) &= k\left(1+\dfrac{1}{Ts}\right) = 5\left(1+\dfrac{1}{3s}\right)\\ &= 5\left(\dfrac{3s}{3s}+\dfrac{1}{3s}\right)\\ &= 5\left(\dfrac{3s+1}{3s}\right)\\ &= \dfrac{15s+5}{3s}\end{aligned}$$

36 다음 그림의 단상 반파정류회로에서 R에 흐르는 전류의 평균값은 약 몇 A인가? (단, $v(t) = 220\sqrt{2}\sin\omega t$[V], $R = 16\sqrt{2}$[Ω], 다이오드의 전압강하는 무시한다.)

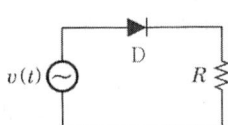

① 3.2 ② 3.8
③ 4.4 ④ 5.2

해설 (1) 순시값

$$v = V_m \sin\omega t$$

여기서, v : 전압의 순시값[V]
V_m : 전압의 최댓값[V]
ω : 각주파수[rad/s]
t : 주기[s]

(2) 전압의 최댓값

$$V_m = \sqrt{2}\,V$$

여기서, V_m : 전압의 최댓값[V]
V : 전압의 실효값[V]

전압의 실효값 V는

$$V = \dfrac{V_m}{\sqrt{2}} = \dfrac{220\sqrt{2}}{\sqrt{2}} = 220[\text{V}]$$

(3) 직류 평균전압

단상 반파정류회로	단상 전파정류회로
$V_{av} = 0.45V$	$V_{av} = 0.9V$
여기서, V_{av} : 직류 평균전압[V] V : 교류 실효값 (교류전압)[V]	여기서, V_{av} : 직류 평균전압[V] V : 교류 실효값 (교류전압)[V]

(4) 전류의 평균값 I_{av}는

$$I_{av} = \dfrac{V_{av}}{R} = \dfrac{99}{16\sqrt{2}} \fallingdotseq 4.4[\text{A}]$$

37 변압기의 내부고장 보호에 사용되는 계전기는 다음 중 어느 것인가?

① 비율차동계전기 ② 저전압계전기
③ 고전압계전기 ④ 압력계전기

해설 비율차동 계전기
변압기의 내부고장 보호용으로 사용되는 계전기

38 0[℃]에서 저항이 10[Ω]이고, 저항의 온도계수가 0.0043인 전선이 있다. 30[℃]에서 전선의 저항은 약 몇 [Ω]인가?

① 0.013 ② 0.68
③ 1.4 ④ 11.3

정답 35.③ 36.③ 37.① 38.④

해설 $R_2 = R_1(1+\alpha_{t1}(t_2-t_1))$
$= 10(1+0.0043(30-0))$
$= 11.29[\Omega]$

39 대칭 n상의 환상결선에서 선전류와 상전류(환상전류) 사이의 위상차는?

① $\dfrac{n}{2}\left(1-\dfrac{2}{\pi}\right)$ ② $\dfrac{n}{2}\left(1-\dfrac{\pi}{2}\right)$
③ $\dfrac{\pi}{2}\left(1-\dfrac{2}{n}\right)$ ④ $\dfrac{\pi}{2}\left(1-\dfrac{n}{2}\right)$

해설 환상결선(Δ결선)의 위상차
$\theta = \dfrac{\pi}{2} - \dfrac{\pi}{n} = \dfrac{\pi}{2}\left(1-\dfrac{2}{n}\right)$

40 두 개의 코일 L_1과 L_2를 동일방향으로 직렬 접속하였을 때 합성인덕턴스가 140[mH]이고, 반대방향으로 접속하였더니 합성인덕턴스가 20[mH] 이었다. 이때, $L_1 = 40$[mH]이면 결합계수 K는?

① 0.38 ② 0.5
③ 0.75 ④ 1.3

해설 $L_1 + L_2 + 2M = 140$
$L_1 + L_2 - 2M = 20$
두 개의 식을 빼면
$4M = 120$, $M = 30$
$40 + L_2 + 2(30) = 140$, $L_2 = 40$, $M = k\sqrt{L_1 L_2}$
$k = \dfrac{M}{\sqrt{L_1 L_2}} = \dfrac{30}{\sqrt{(40)(40)}} = \dfrac{30}{40} = 0.75$

제3회 소방설비기사[전기분야] 1차 필기

[제2과목 : 소방전기회로]

21 그림과 같은 회로의 A, B 양단에 전압을 인가하여 서서히 상승시킬 때 제일 먼저 파괴되는 콘덴서는? (단, 유전체의 재질 및 두께는 동일한 것으로 한다.)

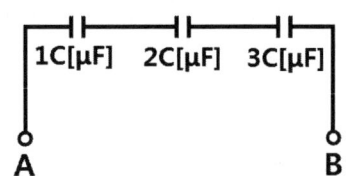

① $1C$ ② $2C$
③ $3C$ ④ 모두

해설 용량이 제일 작은 콘덴서가 가장 높은 전압이 가해지며 가장 먼저 파괴된다.

22 $i = I_m \sin wt$의 정현파에서 순시값과 실효값이 같아지는 위상은 몇 도인가?

① 30°   ② 45°
③ 50°   ④ 60°

해설 $i = I_m \sin wt$에서 순시값(i)와 실효값(I)이 같아야 하므로 순시값을 변형하면 $i = \sqrt{2}\,I\sin wt$가 된다.
이때 $i = I$가 되려면 $\sin wt = \dfrac{1}{\sqrt{2}}$이므로
$wt = \sin^{-1}\dfrac{1}{\sqrt{2}} = 45°$가 된다.

23 다음 그림과 같은 브리지 회로의 평형조건은?

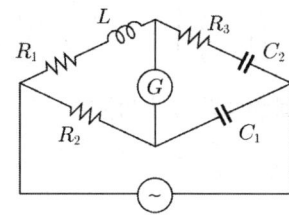

① $R_1 C_1 = R_2 C_2,\ R_2 R_3 = C_1 L$
② $R_1 C_1 = R_2 C_2,\ R_2 R_3 C_1 = L$
③ $R_1 C_2 = R_2 C_1,\ R_2 R_3 = C_1 L$
④ $R_1 C_2 = R_2 C_1,\ L = R_2 R_3 C_1$

해설 브리지 평형조건은 마주보는 각 대각선의 저항의 곱이 같다는 것이므로 L과 C의 값을 리액턴스로 환산하여 계산한다. 환산된 값의 각 대각선의 곱은
$(R_1 + jwL)\dfrac{1}{jwC_1} = \left(R_3 + \dfrac{1}{jwC_2}\right)R_2$
가 된다. 전개해 보면,
$\dfrac{R_1}{jwC_1} + \dfrac{jwL}{jwC_1} = R_2 R_3 + \dfrac{R_2}{jwC_2}$,
$\dfrac{R_1}{jwC_1} + \dfrac{L}{C_1} = R_2 R_3 + \dfrac{R_2}{jwC_2}$
가 되는데 이때 허수부는 허수부와 실수부는 실수부와 같으므로 조건식은 $R_1 C_2 = R_2 C_1,\ L = R_2 R_3 C_1$가 된다.

정답 21.① 22.② 23.④

24 그림과 같이 전압계 V_1, V_2, V_3와 5[Ω]의 저항 R을 접속하였다. 전압계의 지시가 $V_1 = 20[V]$, $V_2 = 40[V]$, $V_3 = 50[V]$라면 부하전력은 몇 [W]인가?

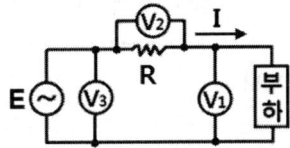

① 50 ② 100
③ 150 ④ 200

해설 $P = \dfrac{1}{2R}((V_3)^2 - (V_1)^2 - (V_2)^2)$
$= \dfrac{1}{(2)(5)}(50^2 - 20^2 - 40^2)$
$= 50[W]$

25 제어량을 어떤 일정한 목표값으로 유지하는 것을 목적으로 하는 제어법은?

① 추종제어
② 비례제어
③ 정치제어
④ 프로그래밍제어

해설 제어목적에 따른 제어 분류
㉠ 정치제어 : 제어량을 어떤 일정한 목표값으로 유지하는 것을 목적으로 하는 제어(프로세스제어, 자동 조정)
㉡ 추치제어 : 목표값이 시간에 대하여 변화하는 제어
  ⓐ 프로그램제어 : 미리 짜놓은 프로그램에 따라 제어량을 변화시키는 것을 목적으로 하는 제어(무인열차 운전, 자동 엘리베이터)
  ⓑ 추종제어 : 미지의 임의 시간적 변화를 하는 목표값에 제어량을 추종시키는 것을 목적으로 하는 제어(서보기구, 인공위성 추적)
  ⓒ 비율제어 : 목표값이 다른 것과 일정 비율 관계를 가지고 변화하는 경우의 추종제어

26 논리식 $(X+Y)(X+\overline{Y})$을 간단히 하면?

① 1 ② XY
③ X ④ Y

해설 $(X+Y)(X+\overline{Y}) = XX + X\overline{Y} + YX + Y\overline{Y}$
$= X + X\overline{Y} + YX$
$= X(1 + \overline{Y} + Y)$
$= X$

27 그림의 논리회로와 등가인 논리게이트는?

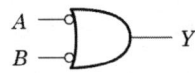

① NOR ② NOT
③ NAND ④ OR

해설 $\overline{A} \cdot \overline{B} = Y \Rightarrow \overline{A+B} = Y$

OR회로의 부정
∴ NOR회로

28 다이오드를 사용한 정류회로에서 과전압 방지를 위한 대책으로 가장 알맞은 것은?

① 다이오드를 직렬로 추가한다.
② 다이오드를 병렬로 추가한다.
③ 다이오드의 양단에 적당한 값의 저항을 추가한다.
④ 다이오드의 양단에 적당한 값의 콘덴서를 추가한다.

해설
• 다이오드를 직렬로 추가 접속한 경우 과전압으로부터 보호
• 다이오드를 병렬로 추가 접속한 경우 과전류로부터 보호

정답 24.① 25.③ 26.③ 27.① 28.②

29 그림과 같은 트랜지스터를 사용한 정전압회로에서 Q_1의 역할로서 옳은 것은?

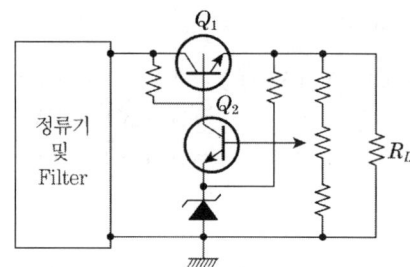

① 증폭용　② 비교부용
③ 제어용　④ 기준부용

해설 그림의 직류 정전압회로에서 제어 다이오드를 기준 전압으로 하고, 이것을 출력 전압과 비교하여(Q_2) 일정 전압으로 제어(Q_1)하는 전압회로로서 부하 변동 시에도 일정한 전압을 공급할 수 있다.
- Q_1 : 제어용
- Q_2 : 증폭용

30 열팽창식 온도계가 아닌 것은?

① 열전대 온도계　② 유리 온도계
③ 바이메탈 온도계　④ 압력식 온도계

해설 온도계의 종류

열팽창식 온도계	열전 온도계
• 유리 온도계 • 압력식 온도계 • 바이메탈 온도계 • 알코올 온도계 • 수은 온도계	• 열전대 온도계

31 어떤 측정계기의 지시값을 M, 참값을 T라 할 때 보정률[%]은?

① $\dfrac{T-M}{M}\times 100\%$　② $\dfrac{M}{M-T}\times 100\%$
③ $\dfrac{T-M}{T}\times 100\%$　④ $\dfrac{T}{M-T}\times 100\%$

해설 보정률(%) $= \dfrac{T-M}{M}\times 100$

32 회로에서 전류 I는 약 몇 [A]인가?

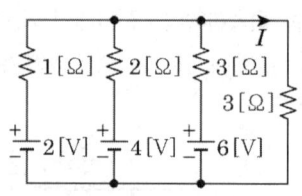

① 0.92　② 1.125
③ 1.29　④ 1.38

해설

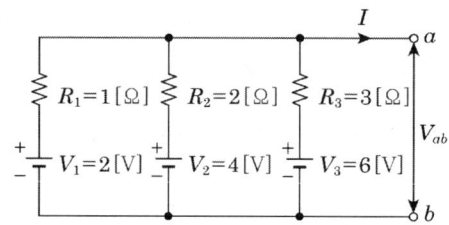

(1) 기호
- R_1 : 1[Ω]
- V_1 : 2[V]
- R_2 : 2[Ω]
- V_2 : 4[V]
- R_3 : 3[Ω]
- V_3 : 6[V]
- V_{ab} : ?

(2) 밀만의 정리

$$V_{ab} = \dfrac{\dfrac{V_1}{R_1}+\dfrac{V_2}{R_2}+\dfrac{V_3}{R_3}}{\dfrac{1}{R_1}+\dfrac{1}{R_2}+\dfrac{1}{R_3}}\;[\text{V}]$$

여기서, V_{ab} : 단자전압[V]
V_1, V_2, V_3 : 각각의 저항[V]
R_1, R_2, R_3 : 각각의 저항[Ω]

$$V_{ab}=\dfrac{\dfrac{V_1}{R_1}+\dfrac{V_2}{R_2}+\dfrac{V_3}{R_3}}{\dfrac{1}{R_1}+\dfrac{1}{R_2}+\dfrac{1}{R_3}}=\dfrac{\dfrac{2}{1}+\dfrac{4}{2}+\dfrac{6}{3}}{\dfrac{1}{1}+\dfrac{1}{2}+\dfrac{1}{3}}$$

$\fallingdotseq 2.73[\text{V}]$

정답 29.③ 30.① 31.① 32.①

(3) 옴의 법칙

$$I = \frac{V}{R}$$

여기서, I : 전류[A]
V : 전압[V]
R : 저항[Ω]

전류 I는

$$I = \frac{V_{ab}}{R} = \frac{2.73}{3} = 0.91[A]$$

(∴ 여기서는 0.92[A] 정답)

33 60[Hz], 4극의 3상 유도전동기가 정격출력일 때 슬립이 2[%]이다. 이 전동기의 동기속도[rpm]는?

① 1,200 ② 1,764
③ 1,800 ④ 1,836

해설 동기속도(rpm) $= \frac{120f}{P} = \frac{120 \times 60}{4} = 1,800$[rpm]

34 대칭 n상의 환상결선에서 선전류와 상전류(환상전류) 사이의 위상차는?

① $\frac{n}{2}\left(1 - \frac{2}{\pi}\right)$ ② $\frac{n}{2}\left(1 - \frac{\pi}{2}\right)$
③ $\frac{\pi}{2}\left(1 - \frac{2}{n}\right)$ ④ $\frac{\pi}{2}\left(1 - \frac{n}{2}\right)$

해설 환상결선(△결선)의 위상차

$$\theta = \frac{\pi}{2} - \frac{\pi}{n} = \frac{\pi}{2}\left(1 - \frac{2}{n}\right)$$

35 50[kW]의 전력이 안테나에서 사방으로 균일하게 방사될 때, 안테나에서 1[km] 거리에 있는 점에서의 전계의 실효값은 약 몇 [V/m]인가?

① 0.87 ② 1.22
③ 1.73 ④ 3.98

해설

$$W = \frac{E^2}{377} = \frac{P}{4\pi r^2}$$

여기서, W : 구의 단위면적당 전력[W/m²]
E : 전계의 실효값[V/m]

P : 전력[W]
r : 거리[m]

$$\frac{E^2}{377} = \frac{P}{4\pi r^2}$$

$$E^2 = \frac{P}{4\pi r^2} \times 377$$

$$E = \sqrt{\frac{P}{4\pi r^2} \times 377} = \sqrt{\frac{50 \times 10^3}{4\pi \times (1 \times 10^3)^2} \times 377}$$

$$\fallingdotseq 1.22[V/m]$$

36 입력은 $r(t)$이고, 출력이 $c(t)$인 제어시스템이 다음의 식과 같이 표현될 때 이 제어시스템의 전달함수 $\left(G(s) = \frac{C(s)}{R(s)}\right)$는? (단, 초기값은 0이다.)

$$2\frac{d^2c(t)}{dt^2} + 3\frac{dc(t)}{dt} + c(t) = 3\frac{dr(t)}{dt} + r(t)$$

① $\frac{3s+1}{2s^2+3s+1}$ ② $\frac{2s^2+3s+1}{s+3}$
③ $\frac{3s+1}{s^2+3s+2}$ ④ $\frac{s+3}{s^2+3s+2}$

해설 라플라스 변환

$$2\frac{d^2c(t)}{dt^2} + 3\frac{dc(t)}{dt} + c(t) = 3\frac{dr(t)}{dt} + r(t)$$

$$2s^2C(s) + 3sC(s) + s(C) = 3sR(s) + R(s)$$

∴ $G(s) = \frac{R(s)}{C(s)} = \frac{3s+1}{2s^2+3s+1}$

37 다음 그림을 논리식으로 표현한 것은?

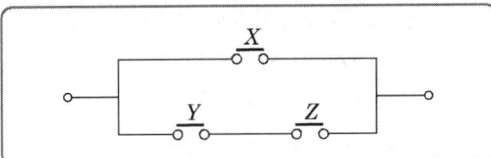

① $X(Y+Z)$ ② XYZ
③ $XY+ZY$ ④ $(X+Y)(X+Z)$

정답 33.③ 34.③ 35.② 36.① 37.④

02. 소방전기회로

해설

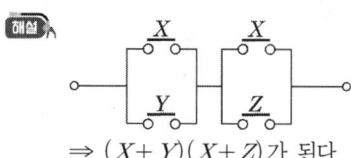

⇒ $(X+Y)(X+Z)$가 된다.

38 다음 회로에서 10[Ω]의 저항에 흐르는 전류 I[A]는?

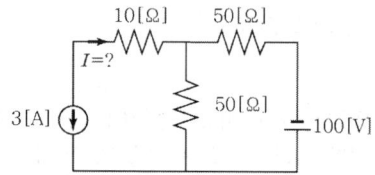

① 3[A]   ② 1.5[A]
③ −1.5[A]   ④ −3[A]

해설 중첩의 원리
  ㉠ 전압원단락(전류원 전원)
    $I = 3$[A](전류방향 반대이므로 −3[A])
  ㉡ 전류원개방(전압원 전원)
    $I = 0$[A](그림에서의 I방향으로 전류가 흐르지 않음)
    따라서 −3[A]

39 동선의 저항이 20[℃]일 때 0.8[Ω]이라 하면 60[℃]일 때의 저항은 약 몇 [Ω]인가? (단, 동선의 20[℃]의 온도계수는 0.0039이다.)

① 0.034   ② 0.925
③ 0.644   ④ 2.4

해설 저항의 온도계수

$$R_2 = R_1[1+\alpha_{t_1}(t_2-t_1)][\Omega]$$

여기서, R_2 : t_2의 저항[Ω]
  R_1 : t_1의 저항[Ω]
  α_{t_1} : t_1의 온도계수
  t_2 : 상승 후의 온도[℃]
  t_1 : 상승 후의 온도[℃]

t_2의 저항 R_2는
$R_2 = R_1[1+\alpha_{t_1}(t_2-t_1)]$
  $= 0.8[1+0.0039(60-20)] ≒ 0.925$[Ω]

40 그림의 블록선도에서 $\dfrac{C(s)}{R(s)}$을 구하면?

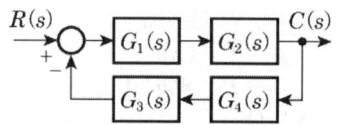

① $\dfrac{G_1(s)+G_2(s)}{1+G_1(s)G_2(s)+G_3(s)G_4(s)}$

② $\dfrac{G_1(s)G_2(s)}{1+G_1(s)G_2(s)G_3(s)G_4(s)}$

③ $\dfrac{G_3(s)G_4(s)}{1+G_1(s)G_2(s)G_3(s)G_4(s)}$

④ $\dfrac{G_1(s)G_2(s)}{1+G_1(s)G_2(s)+G_3(s)G_4(s)}$

해설
$\dfrac{C(s)}{R(s)} = \dfrac{전향경로}{1-피드백}$

$= \dfrac{G_1(s)G_2(s)}{1-\{-G_1(s)G_2(s)G_3(s)G_4(s)\}}$

$= \dfrac{G_1(s)G_2(s)}{1+G_1(s)G_2(s)G_3(s)G_4(s)}$

정답 38.④ 39.② 40.②

CHAPTER 03

[제 3 과목] 소방관계법규

소방설비기사 기출문제집 [필기]

2015년 제1회 소방설비기사[전기분야] 1차 필기
[제3과목 : 소방관계법규]

41 위험물법령에서 규정하는 제3류 위험물의 품명에 속하는 것은?

① 나트륨
② 염소산염류
③ 무기과산화물
④ 유기과산화물

해설 위험물법 시행령 [별표 1]
▶ 위험물 및 지정수량

유별	성질	품명	지정수량
제3류	자연발화성 물질 및 금수성 물질	1. 칼륨	10[kg]
		2. 나트륨	10[kg]
		3. 알킬알루미늄	10[kg]
		4. 알킬리튬	10[kg]
		5. 황린	20[kg]
		6. 알칼리금속(칼륨 및 나트륨을 제외한다.) 및 알칼리토금속	50[kg]
		7. 유기금속화합물(알킬알루미늄 및 알킬리튬을 제외한다.)	50[kg]
		8. 금속의 수소화물	300[kg]
		9. 금속의 인화물	300[kg]
		10. 칼슘 또는 알루미늄의 탄화물	300[kg]
		11. 그 밖에 행정안전부령으로 정하는 것 12. 제1호 내지 제11호의 1에 해당하는 어느 하나 이상을 함유한 것	10[kg], 20[kg], 50[kg] 또는 300[kg]

42 화재안전조사 결과 화재예방을 위하여 필요한 때 관계인에게 소방대상물의 개수·이전·제거, 사용의 금지 또는 제한 등의 필요한 조치를 명할 수 있는 사람이 아닌 것은?

① 소방서장
② 소방본부장
③ 소방청장
④ 시·도지사

해설 화재예방법 제14조(화재안전조사 결과에 따른 조치명령)
① 소방관서장은 화재안전조사 결과에 따른 소방대상물의 위치·구조·설비 또는 관리의 상황이 화재예방을 위하여 보완될 필요가 있거나 화재가 발생하면 인명 또는 재산의 피해가 클 것으로 예상되는 때에는 행정안전부령으로 정하는 바에 따라 관계인에게 그 소방대상물의 개수(改修)·이전·제거, 사용의 금지 또는 제한, 사용폐쇄, 공사의 정지 또는 중지, 그 밖에 필요한 조치를 명할 수 있다.
② 소방관서장은 화재안전조사 결과 소방대상물이 법령을 위반하여 건축 또는 설비되었거나 소방시설등, 피난시설·방화구획, 방화시설 등이 법령에 적합하게 설치 또는 관리되고 있지 아니한 경우에는 관계인에게 제1항에 따른 조치를 명하거나 관계 행정기관의 장에게 필요한 조치를 하여 줄 것을 요청할 수 있다.

43 소방시설관리사 시험을 시행하고자 하는 때에는 응시자격등 필요한 사항을 시험 시행일 며칠 전까지 소방청 홈페이지 등에 공고하여야 하는가?

① 15일
② 30일
③ 60일
④ 90일

해설 소방시설법 시행령 제42조(시험의 시행 및 공고)
① 관리사시험은 1년마다 1회 시행하는 것을 원칙으로 하되, 소방청장이 필요하다고 인정하는 경우에는 그 횟수를 늘리거나 줄일 수 있다.

정답 41.① 42.④ 43.④

② 소방청장은 관리사시험을 시행하려면 응시자격, 시험과목, 일시·장소 및 응시절차 등에 관하여 필요한 사항을 모든 응시 희망자가 알 수 있도록 관리사시험 시행일 90일 전까지 1개 이상의 소방청 홈페이지에 공고하여야 한다.

44 소방대장은 화재, 재난·재해, 그 밖의 위급한 상황이 발생한 현장에 소방활동구역을 정하여 지정한 사람 외에는 그 구역에 출입하는 것을 제한할 수 있다. 소방활동구역을 출입할 수 없는 사람은?

① 의사·간호사 그 밖의 구조·구급업무에 종사하는 사람
② 수사업무에 종사하는 사람
③ 소방활동구역 밖의 소방대상물을 소유한 사람
④ 전기·가스 등의 업무에 종사하는 사람으로서 원활한 소방활동을 위하여 필요한 사람

해설 기본법 시행령 제8조(소방활동구역의 출입자)
1. 소방활동구역 안에 있는 소방대상물의 소유자·관리자 또는 점유자
2. 전기·가스·수도·통신·교통의 업무에 종사하는 사람으로서 원활한 소방활동을 위하여 필요한 사람
3. 의사·간호사 그 밖의 구조·구급업무에 종사하는 사람
4. 취재인력 등 보도업무에 종사하는 사람
5. 수사업무에 종사하는 사람
6. 그 밖에 소방대장이 소방활동을 위하여 출입을 허가한 사람

45 소방공사업자가 소방시설공사를 마친 때에는 완공검사를 받아야 하는데 완공검사를 위한 현장확인을 할 수 있는 특정 소방대상물의 범위에 속하지 않는 것은? (단, 가스계소화설비를 설치하지 않는 경우이다.)

① 문화 및 집회시설
② 노유자시설
③ 지하상가
④ 의료시설

해설 완공검사 현장확인 소방대상물
1. 문화 및 집회시설, 종교시설, 판매시설, 노유자(老幼者)시설, 수련시설, 운동시설, 숙박시설, 창고시설, 지하상가 및 「다중이용업소의 안전관리에 관한 특별법」에 따른 다중이용업소
2. 다음 각 목의 어느 하나에 해당하는 설비가 설치되는 특정소방대상물
   가. 스프링클러설비 등
   나. 물분무등소화설비(호스릴방식의 소화설비는 제외한다)
3. 연면적 1만제곱미터 이상이거나 11층 이상인 특정소방대상물(아파트는 제외한다)
4. 가연성 가스를 제조·저장 또는 취급하는 시설 중 지상에 노출된 가연성 가스탱크의 저장용량 합계가 1천톤 이상인 시설

46 제조소등의 위치·구조 또는 설비의 변경 없이 당해 제조소 등에서 저장하거나 취급하는 위험물의 품명·수량 또는 지정수량의 배수를 변경하고자 할 때는 누구에게 신고해야 하는가?

① 국무총리
② 시·도지사
③ 소방청장
④ 관할소방서장

해설 위험물법 제6조(위험물시설의 설치 및 변경 등)
① 제조소등을 설치하고자 하는 자는 대통령령이 정하는 바에 따라 그 설치장소를 관할하는 특별시장·광역시장·특별자치시장·도지사 또는 특별자치도지사("시·도지사")의 허가를 받아야 한다. 제조소등의 위치·구조 또는 설비 가운데 행정안전부령이 정하는 사항을 변경하고자 하는 때에도 또한 같다.
② 제조소등의 위치·구조 또는 설비의 변경없이 당해 제조소 등에서 저장하거나 취급하는 위험물의 품명·수량 또는 지정수량의 배수를 변경하고자 하는 자는 변경하고자 하는 날의 1일 전까지 행정안전부령이 정하는 바에 따라 시·도지사에게 신고하여야 한다.

47 하자를 보수하여야 하는 소방시설에 따른 하자보수 보증기간의 연결이 옳은 것은?

① 무선통신보조설비 : 3년
② 상수도소화용수설비 : 3년
③ 피난기구 : 3년
④ 자동화재탐지설비 : 2년

정답 44.③ 45.④ 46.② 47.②

해설 공사업법 시행령 제6조(하자보수 대상 소방시설과 하자보수 보증기간)
1. 피난기구, 유도등, 유도표지, 비상경보설비, 비상조명등, 비상방송설비 및 무선통신보조설비 : 2년
2. 자동소화장치, 옥내소화전설비, 스프링클러설비, 간이스프링클러설비, 물분무등소화설비, 옥외소화전설비, 자동화재탐지설비, 상수도소화용수설비 및 소화활동설비(무선통신보조설비는 제외한다) : 3년

48 1급 소방안전관리 대상물에 해당하는 건축물은?
① 연면적 15,000[m²] 이상인 동물원
② 층수가 15층인 업무시설
③ 층수가 20층인 아파트
④ 지하구

해설 소방시설법 시행령
▶ 1급 소방안전관리대상물
특정소방대상물 중 특급 소방안전관리대상물을 제외한 다음의 어느 하나에 해당하는 것으로서 동·식물원, 철강 등 불연성 물품을 저장·취급하는 창고, 위험물 저장 및 처리시설 중 위험물 제조소등, 지하구를 제외한 것
  가. 30층 이상(지하층은 제외한다)이거나 지상으로부터 높이가 120미터 이상인 아파트
  나. 연면적 1만5천제곱미터 이상인 특정소방대상물(아파트는 제외한다)
  다. 나목에 해당하지 아니하는 특정소방대상물로서 층수가 11층 이상인 특정소방대상물(아파트는 제외한다)
  라. 가연성 가스를 1천톤 이상 저장·취급하는 시설

49 피난시설, 방화구획 및 방화시설을 폐쇄·훼손·변경 등의 행위를 3차 이상 위반한 자에 대한 과태료는?
① 2백만 원
② 3백만 원
③ 5백만 원
④ 1천만 원

해설 소방시설법 시행령 [별표 10] 과태료의 부과기준

위반행위	근거 법조문	과태료 금액 (단위 : 만 원)		
		1차 위반	2차 위반	3차 이상 위반
다. 법 제16조제1항을 위반하여 피난시설, 방화구획 또는 방화시설을 폐쇄·훼손·변경하는 등의 행위를 한 경우	법 제61조 제1항 제3호	100	200	300

50 관계인이 예방규정을 정하여야 하는 옥외저장소는 지정 수량의 몇 배 이상의 위험물을 저장하는 것을 말하는가?
① 10배
② 100배
③ 150배
④ 200배

해설 위험물법 시행령 제15조(관계인이 예방규정을 정하여야 하는 제조소 등)
1. 지정수량의 10배 이상의 위험물을 취급하는 제조소
2. 지정수량의 100배 이상의 위험물을 저장하는 옥외저장소
3. 지정수량의 150배 이상의 위험물을 저장하는 옥내저장소
4. 지정수량의 200배 이상의 위험물을 저장하는 옥외탱크저장소
5. 암반탱크저장소
6. 이송취급소
7. 지정수량의 10배 이상의 위험물을 취급하는 일반취급소. 다만, 제4류 위험물(특수인화물은 제외)만을 지정수량의 50배 이하로 취급하는 일반취급소(제1석유류·알코올류의 취급량이 지정수량의 10배 이하인 경우에 한한다)로서 다음 각목의 어느 하나에 해당하는 것을 제외한다.
  가. 보일러·버너 또는 이와 비슷한 것으로서 위험물을 소비하는 장치로 이루어진 일반취급소
  나. 위험물을 용기에 옮겨담거나 차량에 고정된 탱크로 주입하는 일반취급소

정답 48.② 49.② 50.②

51 다음의 위험물 중에서 위험물법령에서 정하고 있는 지정수량이 가장 적은 것은?

① 브로민산염류
② 황
③ 알칼리토금속
④ 과염소산

해설 지정수량
① 브로민산염류 : 300[kg]
② 황 : 100[kg]
③ 알칼리토금속 : 50[kg]
④ 과염소산 : 300[kg]

52 기본법에서 규정하는 소방용수시설에 대한 설명으로 틀린 것은?

① 시·도지사는 소방활동에 필요한 소화전·급수탑·저수조를 설치하고 유지·관리하여야 한다.
② 소방본부장 또는 소방서장은 원활한 소방활동을 위하여 소방용수시설에 대한 조사를 월 1회 이상 실시하여야 한다.
③ 소방용수시설 조사의 결과는 2년간 보관하여야 한다.
④ 수도법의 규정에 따라 설치된 소화전도 시·도지사가 유지·관리해야 한다.

해설 기본법 제10조(소방용수시설의 설치 및 관리 등) 제1항
시·도지사는 소방활동에 필요한 소화전(消火栓)·급수탑(給水塔)·저수조(貯水槽)("소방용수시설")를 설치하고 유지·관리하여야 한다. 다만, 「수도법」 제45조에 따라 소화전을 설치하는 일반수도사업자는 관할 소방서장과 사전협의를 거친 후 소화전을 설치하여야 하며, 설치 사실을 관할 소방서장에게 통지하고, 그 소화전을 유지·관리하여야 한다.

53 무창층 여부 판단 시 개구부 요건기준으로 옳은 것은?

① 해당 층의 바닥면으로부터 개구부 밑부분까지의 높이가 1.5[m] 이내일 것
② 개구부의 크기가 지름 50[cm] 이상의 원이 내접할 수 있을 것
③ 개구부는 도로 또는 차량이 진입할 수 없는 빈터를 향할 것
④ 내부 또는 외부에서 쉽게 파괴 또는 개방할 수 없을 것

해설 소방시설법 시행령 제2조(정의)
"무창층(無窓層)"이란 지상층 중 다음 각 목의 요건을 모두 갖춘 개구부(건축물에서 채광·환기·통풍 또는 출입 등을 위하여 만든 창·출입구, 그 밖에 이와 비슷한 것을 말한다)의 면적의 합계가 해당 층의 바닥면적의 30분의 1 이하가 되는 층을 말한다.
가. 크기는 지름 50센티미터 이상의 원이 내접(內接)할 수 있는 크기일 것
나. 해당 층의 바닥면으로부터 개구부 밑부분까지의 높이가 1.2미터 이내일 것
다. 도로 또는 차량이 진입할 수 있는 빈터를 향할 것
라. 화재 시 건축물로부터 쉽게 피난할 수 있도록 창살이나 그 밖의 장애물이 설치되지 아니할 것
마. 내부 또는 외부에서 쉽게 부수거나 열 수 있을 것

54 아파트로서 층수가 20층인 특정소방대상물에는 몇 층 이상의 층에 스프링클러설비를 설치해야 하는가?

① 6층   ② 11층
③ 16층   ④ 전층

해설 소방시설법 시행령 [별표 4]
층수가 6층 이상인 특정 소방대상물에는 모든 층에 스프링클러설비를 설치하여야 한다.

55 소방시설업을 등록할 수 있는 사람은?

① 피성년후견인
② 기본법에 따른 금고 이상의 실형을 선고 받고 그 집행이 종료된 후 1년이 경과한 사람
③ 위험물법에 따른 금고 이상의 형의 집행유예를 선고받고 그 유예기간 중에 있는 사람
④ 등록하려는 소방시설업 등록이 취소된 날부터 2년이 경과한 사람

정답 51.③ 52.④ 53.② 54.④ 55.④

해설 공사업법 제5조(등록의 결격사유)
다음 각 호의 어느 하나에 해당하는 자는 소방시설업을 등록할 수 없다.
1. 피성년후견인
2. 삭제 〈2015.7.20.〉
3. 이 법, 「기본법」, 「소방시설법」, 「화재예방법」 또는 「위험물법」에 따른 금고 이상의 실형을 선고받고 그 집행이 끝나거나(집행이 끝난 것으로 보는 경우를 포함한다) 면제된 날부터 2년이 지나지 아니한 사람
4. 이 법, 「기본법」, 「소방시설법」, 「화재예방법」 또는 「위험물법」에 따른 금고 이상의 형의 집행유예를 선고받고 그 유예기간 중에 있는 사람
5. 등록하려는 소방시설업 등록이 취소된 날부터 2년이 지나지 아니한 자
6. 법인의 대표자가 제1호부터 제5호까지의 규정에 해당하는 경우 그 법인
7. 법인의 임원이 제3호부터 제5호까지의 규정에 해당하는 경우 그 법인

56 소방시설법령에서 규정하는 소방용품 중 경보설비를 구성하는 제품 또는 기기에 해당하지 않는 것은?

① 비상조명등　　② 누전경보기
③ 발신기　　　　④ 감지기

해설 소방시설법 시행령 [별표 3] 소방용품
▶ 경보설비
1. 소화설비를 구성하는 제품 또는 기기
    가. 소화기구(소화약제 외의 것을 이용한 간이소화용구는 제외한다)
    나. 자동소화장치
    다. 소화설비를 구성하는 소화전, 송수구, 관창(管槍), 소방호스, 스프링클러헤드, 기동용 수압개폐장치, 유수제어밸브 및 가스관 선택밸브
2. 경보설비를 구성하는 제품 또는 기기
    가. 누전경보기 및 가스누설경보기
    나. 경보설비를 구성하는 발신기, 수신기, 중계기, 감지기 및 음향장치(경종만 해당한다)
3. 피난구조설비를 구성하는 제품 또는 기기
    가. 피난사다리, 구조대, 완강기(간이완강기 및 지지대를 포함한다)
    나. 공기호흡기(충전기를 포함한다)
    다. 피난구유도등, 통로유도등, 객석유도등 및 예비전원이 내장된 비상조명등
4. 소화용으로 사용하는 제품 또는 기기
    가. 소화약제(상업용 주방자동소화장치, 캐비닛형 자동소화장치와 소화설비용만 해당한다)
    나. 방염제(방염액・방염도료 및 방염성 물질을 말한다)
5. 그 밖에 행정안전부령으로 정하는 소방 관련 제품 또는 기기

57 제4류 위험물을 저장하는 위험물제조소의 주의사항을 표시한 게시판의 내용으로 적합한 것은?

① 화기엄금
② 물기엄금
③ 화기주의
④ 물기주의

해설 위험물법 시행규칙 [별표 4] 제조소의 위치・구조 및 설비의 기준 Ⅲ. 표지 및 게시판의 2호 참조
제조소에는 보기 쉬운 곳에 다음 각 기준에 따라 방화에 관하여 필요한 사항을 게시한 게시판을 설치하여야 한다.
가. 게시판은 한 변의 길이가 0.3[m] 이상, 다른 한 변의 길이가 0.6[m] 이상인 직사각형으로 할 것
나. 게시판에는 저장 또는 취급하는 위험물의 유별・품명 및 저장최대수량 또는 취급최대수량, 지정수량의 배수 및 안전관리자의 성명 또는 직명을 기재할 것
다. 나목의 게시판의 바탕은 백색으로, 문자는 흑색으로 할 것
라. 나목의 게시판 외에 저장 또는 취급하는 위험물에 따라 다음의 규정에 의한 주의사항을 표시한 게시판을 설치할 것
    1) 제1류 위험물 중 알칼리금속의 과산화물과 이를 함유한 것 또는 제3류 위험물 중 금수성 물질에 있어서는 "물기엄금"
    2) 제2류 위험물(인화성 고체를 제외한다)에 있어서는 "화기주의"
    3) 제2류 위험물 중 인화성 고체, 제3류 위험물 중 자연발화성 물질, 제4류 위험물 또는 제5류 위험물에 있어서는 "화기엄금"
마. 라목의 게시판의 색은 "물기엄금"을 표시하는 것에 있어서는 청색바탕에 백색문자로, "화기주의" 또는 "화기엄금"을 표시하는 것에 있어서는 적색바탕에 백색문자로 할 것

정답 56.① 57.①

58 위험물법령에 의하여 자체소방대에 배치해야 하는 화학소방자동차의 구분에 속하지 않는 것은?

① 포수용액 방사차
② 고가 사다리차
③ 제독차
④ 할로겐화합물 방사차

해설 기본법 시행규칙 [별표 1의2] 국고보조의 대상이 되는 소방활동장비 및 설비의 종류와 규격

종류	
소방자동차	펌프차
	물탱크소방차
	화학소방차
	사다리소방차 (고가사다리차 포함)
	조명차
	배연차
	구조차
	구급차

※ 고가사다리차는 화학소방차에 속하지 않는다.

59 소방력의 기준에 따라 관할구역 안의 소방력을 확충하기 위한 필요 계획을 수립하여 시행하는 사람은?

① 소방서장   ② 소방본부장
③ 시·도지사   ④ 자치소방대장

해설 기본법 제8조(소방력의 기준 등)
① 소방기관이 소방업무를 수행하는 데 필요한 인력과 장비 등 "소방력(消防力)"에 관한 기준은 행정안전부령으로 정한다.
② 시·도지사는 ①에 따른 소방력의 기준에 따라 관할구역의 소방력을 확충하기 위하여 필요한 계획을 수립하여 시행하여야 한다.

60 다음 소방시설 중 소화활동설비가 아닌 것은?

① 제연설비
② 연결송수관설비
③ 무선통신보조설비
④ 자동화재탐지설비

해설 소방시설법 시행령 [별표 1] 소방시설
▶ 소화활동설비의 종류
가. 제연설비
나. 연결송수관설비
다. 연결살수설비
라. 비상콘센트설비
마. 무선통신보조설비
바. 연소방지설비

정답 58.② 59.③ 60.④

2015년 제2회 소방설비기사[전기분야] 1차 필기
[제3과목 : 소방관계법규]

41 제4류 위험물로서 제1석유류인 수용성 액체의 지정수량은 몇 리터인가?

① 100[L] ② 200[L]
③ 300[L] ④ 400[L]

해설 4류 위험물의 지정수량

위험등급	품 명		지정수량
Ⅰ등급	특수인화물		50[L]
Ⅱ등급	제1석유류	비수용성 액체	200[L]
		수용성 액체	400[L]
	알코올류		400[L]
Ⅲ등급	제2석유류	비수용성 액체	1,000[L]
		수용성 액체	2,000[L]
	제3석유류	비수용성 액체	2,000[L]
		수용성 액체	4,000[L]
	제4석유류		6,000[L]
	동·식물유류		10,000[L]

42 제1류 위험물 산화성 고체에 해당하는 것은?

① 질산염류
② 특수인화물
③ 과염소산
④ 유기과산화물

해설 ① 질산염류 : 1류 위험물(산화성 고체)
② 특수인화물 : 4류 위험물(인화성 액체)
③ 과염소산 : 6류 위험물(산화성 액체)
④ 유기과산화물 : 5류 위험물(자기연소성 물질)

43 특정소방대상물 중 노유자시설에 해당되지 않는 것은?

① 요양병원
② 아동복지시설
③ 장애인직업재활시설
④ 노인의료복지시설

해설 요양병원은 의료시설 중 병원에 해당된다.

44 위험물 제조소등에 자동화재탐지설비를 설치하여야 할 대상은?

① 옥내에서 지정수량 50배의 위험물을 저장·취급하고 있는 일반취급소
② 하루에 지정수량 50배의 위험물을 제조하고 있는 제조소
③ 지정수량의 100배의 위험물을 저장·취급하고 있는 옥내저장소
④ 연면적 100[m²] 이상의 제조소

해설 위험물법 시행규칙 [별표 17](소화설비, 경보설비 및 피난설비의 기준)
1. 제조소 및 일반취급소 중
   ㉠ 연면적 500[m²] 이상
   ㉡ 옥내에서 지정수량의 100배 이상을 취급하는 것
2. 옥내저장소 중
   ㉠ 지정수량의 100배 이상을 저장, 취급하는 것
   ㉡ 저장창고의 연면적 150[m²]를 초과하는 것
   ㉢ 처마높이가 6[m] 이상인 단층건물의 것
3. 옥내탱크저장소로서 단층건물 외의 건축물이 설치된 것
4. 옥내 주유취급소

정답 41.④ 42.① 43.① 44.③

45 "무창층"이라 함은 지상층 중 개구부 면적의 합계가 해당 층의 바닥면적의 얼마 이하가 되는 층을 말하는가?

① $\frac{1}{3}$ ② $\frac{1}{10}$
③ $\frac{1}{30}$ ④ $\frac{1}{300}$

해설 소방시설법 시행령 제2조(정의) 제1호 참조
"무창층(無窓層)"이라 함은 지상층 중 다음 각목의 요건을 갖춘 개구부의 면적의 합계가 당해 층의 바닥면적의 30분의 1 이하가 되는 층을 말한다.
가. 개구부의 크기가 지름 50센티미터 이상의 원이 내접할 수 있을 것
나. 해당 층의 바닥면으로부터 개구부 밑부분까지의 높이가 1.2미터 이내일 것
다. 개구부는 도로 또는 차량이 진입할 수 있는 빈터를 향할 것
라. 화재 시 건축물로부터 쉽게 피난할 수 있도록 개구부에 창살 그 밖의 장애물이 설치되지 아니할 것
마. 내부 또는 외부에서 쉽게 파괴 또는 개방할 수 있을 것

46 시·도지사가 소방시설업의 등록취소처분이나 영업정지처분을 하고자 할 경우 실시하여야 하는 것은?

① 청문을 실시하여야 한다.
② 징계위원회의 개최를 요구하여야 한다.
③ 직권으로 취소 처분을 결정하여야 한다.
④ 소방기술심의위원회의 개최를 요구하여야 한다.

해설 공사업법 제32조(청문)
소방시설업 등록취소처분이나 영업정지처분 또는 소방기술 인정 자격취소처분을 하려면 청문을 하여야 한다.

47 고형알코올 그 밖에 1기압 상태에서 인화점이 40℃ 미만인 고체에 해당하는 것은?

① 가연성고체
② 산화성고체
③ 인화성고체
④ 자연발화성물질

해설 2류 위험물 중 1기압에서 인화점이 40[℃] 미만인 고체 위험물을 인화성 고체라 하며, 위험등급 3등급에 해당된다.

48 소방시설업자가 특정소방대상물의 관계인에 대한 통보 의무사항이 아닌 것은?

① 지위를 승계한 때
② 등록취소 또는 영업정지 처분을 받은 때
③ 휴업 또는 폐업한 때
④ 주소지가 변경된 때

해설 공사업법 제8조(소방시설업의 운영) 제3항
소방시설업자는 다음 각 호의 어느 하나에 해당하는 경우에는 소방시설공사 등을 맡긴 특정소방대상물의 관계인에게 지체없이 그 사실을 알려야 한다.
1. 제7조에 따라 소방시설업자의 지위를 승계한 경우
2. 제9조제1항에 따라 소방시설업의 등록취소처분 또는 영업정지처분을 받은 경우
3. 휴업하거나 폐업한 경우

49 다음 중 특수가연물에 해당되지 않는 것은?

① 나무껍질 500[kg]
② 가연성 고체류 2,000[kg]
③ 목재가공품 15[m³]
④ 가연성 액체류 3[m³]

해설 특수가연물의 종류

품명		지정수량
면화류		200[kg]
나무껍질 및 대팻밥		400[kg]
넝마 및 종이부스러기		1,000[kg]
볏짚류		1,000[kg]
사류		1,000[kg]
가연성 고체류		3,000[kg]
석탄 및 목탄		10,000[kg]
목재가공품 및 나무부스러기		10[m³]
가연성 액체류		2[m³]
합성수지류	발포시킨 것	20[m³]
	기타의 것	3,000[kg]

50 다음은 기본법의 목적을 기술한 것이다. (㉠), (㉡), (㉢)에 들어갈 내용으로 알맞은 것은?

> "화재를 (㉠)·(㉡)하거나 (㉢)하고 화재, 재난·재해 그 밖의 위급한 상황에서의 구조·구급활동 등을 통하여 국민의 생명·신체 및 재산을 보호함으로써 공공의 안녕질서 유지와 복리증진에 이바지함을 목적으로 한다."

① ㉠ 예방, ㉡ 경계, ㉢ 복구
② ㉠ 경보, ㉡ 소화, ㉢ 복구
③ ㉠ 예방, ㉡ 경계, ㉢ 진압
④ ㉠ 경계, ㉡ 통제, ㉢ 진압

해설 기본법 제1조
이 법은 화재를 예방·경계하거나 진압하고 화재, 재난·재해 그 밖의 위급한 상황에서의 구조·구급활동 등을 통하여 국민의 생명·신체 및 재산을 보호함으로써 공공의 안녕질서 유지와 복리증진에 이바지함을 목적으로 한다.

51 소방시설 중 화재를 진압하거나 인명구조활동을 위하여 사용하는 설비로 나열된 것은?

① 상수도소화용설비, 연결송수관설비
② 연결살수설비, 제연설비
③ 연소방지설비, 피난설비
④ 무선통신보조설비, 통합감시시설

해설 소방시설법 시행령 [별표 1] 소방시설 참조
▶ 소화활동설비
화재를 진압하거나 인명구조 활동을 위하여 사용하는 설비
가. 제연설비
나. 연결송수관설비
다. 연결살수설비
라. 비상콘센트설비
마. 무선통신보조설비
바. 연소방지설비

52 비상경보설비를 설치하여야 할 특정소방대상물이 아닌 것은?

① 지하가 중 터널로서 길이가 1,000[m] 이상인 것
② 사람이 거주하고 있는 연면적 400[m²] 이상인 건축물
③ 지하층의 바닥면적이 100[m²] 이상으로 공연장인 건축물
④ 35명의 근로자가 작업하는 옥내작업장

해설 소방시설법 시행령 [별표 4](특정소방대상물의 관계인이 특정소방대상물의 규모·용도 및 수용인원 등을 고려하여 갖추어야 하는 소방시설의 종류)
▶ 비상경보설비를 설치하여야 하는 특정소방대상물
1. 연면적 400[m²] 이상이거나 지하층 또는 무창층의 바닥면적이 150[m²](공연장인 경우 100[m²]) 이상인 것
2. 지하가 중 터널로서 길이가 500[m] 이상인 것
3. 50명 이상의 근로자가 작업하는 옥내 작업장

53 다음 중 스프링클러설비를 의무적으로 설치하여야 하는 기준으로 틀린 것은?

① 숙박시설로 11층 이상인 것
② 지하가로 연면적이 1,000[m²] 이상인 것
③ 판매시설로 수용인원이 300명 이상인 것
④ 복합건축물로 연면적 5,000[m²] 이상인 것

해설 판매시설은 수용인원 500명 이상인 경우 스프링클러설비를 설치하여야 한다.

54 소방대상물이 아닌 것은?

① 산림
② 항해중인 선박
③ 건축물
④ 차량

해설 기본법 제2조(정의) 제1항 참조
"소방대상물"이라 함은 건축물, 차량, 선박(항구 안에 매어둔 선박에 한한다), 선박건조구조물, 산림 그 밖의 인공구조물 또는 물건을 말한다.

55 인접하고 있는 시·도 간 소방업무의 상호응원협정 사항이 아닌 것은?

① 화재조사활동
② 응원출동의 요청방법
③ 소방교육 및 응원출동훈련
④ 응원출동대상지역 및 규모

해설 기본법 시행규칙 제8조(소방업무의 상호응원협정) 참고
▶ 시·도지사가 이웃하는 다른 시·도지사와 소방업무에 관한 상호응원협정을 체결할 때 포함시켜야 할 사항
1. 다음 각목의 소방활동에 관한 사항
   가. 화재의 경계·진압활동
   나. 구조·구급업무의 지원
   다. 화재조사활동
2. 응원출동대상지역 및 규모
3. 다음 각목의 소요경비의 부담에 관한 사항
   가. 출동대원의 수당·식사 및 피복의 수선
   나. 소방장비 및 기구의 정비와 연료의 보급
   다. 그 밖의 경비
4. 응원출동의 요청방법
5. 응원출동훈련 및 평가

56 소방대상물에 대한 개수 명령권자는?

① 소방본부장 또는 소방서장
② 한국소방안전원장
③ 시·도지사
④ 국무총리

해설 화재예방법 제14조(화재안전조사 결과에 따른 조치명령)
① 소방관서장은 화재안전조사 결과에 따른 소방대상물의 위치·구조·설비 또는 관리의 상황이 화재예방을 위하여 보완될 필요가 있거나 화재가 발생하면 인명 또는 재산의 피해가 클 것으로 예상되는 때에는 행정안전부령으로 정하는 바에 따라 관계인에게 그 소방대상물의 개수(改修)·이전·제거, 사용의 금지 또는 제한, 사용폐쇄, 공사의 정지 또는 중지, 그 밖에 필요한 조치를 명할 수 있다.
② 소방관서장은 화재안전조사 결과 소방대상물이 법령을 위반하여 건축 또는 설비되었거나 소방시설등, 피난시설·방화구획, 방화시설 등이 법령에 적합하게 설치 또는 관리되고 있지 아니한 경우에는 관계인에게 제1항에 따른 조치를 명하거나 관계 행정기관의 장에게 필요한 조치를 하여 줄 것을 요청할 수 있다.

57 다음 중 소방용품에 해당되지 않는 것은?

① 방염도료
② 소방호스
③ 공기호흡기
④ 휴대용비상조명등

해설 소방시설법 시행령 [별표 3] 참조
▶ 소방용품
1. 소화설비를 구성하는 제품 또는 기기
   가. 별표 1 제1호가목의 소화기구(소화약제 외의 것을 이용한 간이소화용구는 제외한다)
   나. 별표 1 제1호나목의 자동소화장치
   다. 소화설비를 구성하는 소화전, 관창(菅槍), 소방호스, 스프링클러헤드, 기동용 수압개폐장치, 유수제어밸브 및 가스관선택밸브
2. 경보설비를 구성하는 제품 또는 기기
   가. 누전경보기 및 가스누설경보기
   나. 경보설비를 구성하는 발신기, 수신기, 중계기, 감지기 및 음향장치(경종만 해당한다)
3. 피난구조설비를 구성하는 제품 또는 기기
   가. 피난사다리, 구조대, 완강기(간이완강기 및 지지대를 포함한다)
   나. 공기호흡기(충전기를 포함한다)
   다. 피난구유도등, 통로유도등, 객석유도등 및 예비전원이 내장된 비상조명등
4. 소화용으로 사용하는 제품 또는 기기
   가. 소화약제(별표 1 제1호나목2)와 3)의 자동소화장치와 같은 호 마목3)부터 8)까지의 소화설비용만 해당한다)
   나. 방염제(방염액·방염도료 및 방염성물질을 말한다)
5. 그 밖에 행정안전부령으로 정하는 소방 관련 제품 또는 기기

58 소방자동차의 출동을 방해한 자는 5년 이하의 징역 또는 얼마 이하의 벌금에 처하는가?

① 3천만 원
② 2천만 원
③ 5천만 원
④ 7천만 원

해설 기본법 제10장 제50조(벌칙) 참조
▶ 소방자동차의 출동을 방해한 자
5년 이하의 징역 또는 5천만 원 이하의 벌금

정답 55.③ 56.① 57.④ 58.③

59 다음 소방시설 중 하자보수보증기간이 다른 것은?

① 옥내소화전설비
② 비상방송설비
③ 자동화재탐지설비
④ 상수도소화용수설비

해설 공사업법 시행령 제6조(하자보수대상 소방시설과 하자보수보증기간) 참조
▶ 소방시설별 하자보증기간
1. 피난기구·유도등·유도표지·비상경보설비·비상조명등·비상방송설비 및 무선통신보조설비 : 2년
2. 자동식 소화기·옥내소화전설비·스프링클러설비·간이스프링클러설비·물분무등소화설비·옥외소화전설비·자동화재탐지설비·상수도소화용수설비 및 소화활동설비(무선통신보조설비를 제외한다) : 3년

60 소화활동을 위한 소방용수시설 및 지리조사의 실시 횟수는?

① 주 1회 이상
② 주 2회 이상
③ 월 1회 이상
④ 분기별 1회 이상

해설 기본법 시행규칙 제7조(소방용수시설 및 지리조사) 참조
① 소방본부장 또는 소방서장은 원활한 소방활동을 위하여 다음 각호의 조사를 월 1회 이상 실시하여야 한다.
   1. 법 제10조의 규정에 의하여 설치된 소방용수시설에 대한 조사
   2. 소방대상물에 인접한 도로의 폭·교통상황, 도로주변의 토지의 고저·건축물의 개황 그 밖의 소방활동에 필요한 지리에 대한 조사
② 제1항의 조사결과는 전자적 처리가 불가능한 특별한 사유가 없으면 전자적 처리가 가능한 방법으로 작성·관리하여야 한다.
③ 제1항제1호의 조사는 별지 제2호서식에 의하고, 제1항제2호의 조사는 별지 제3호서식에 의하되, 그 조사결과를 2년간 보관하여야 한다.

정답 59.② 60.③

2015년 제4회 소방설비기사[전기분야] 1차 필기
[제3과목 : 소방관계법규]

41 방염성능기준 이상의 실내장식물 등을 설치하여야 하는 특정소방대상물에 해당하지 않은 것은?

① 숙박시설
② 노유자시설
③ 층수가 11층 이상의 아파트
④ 건축물의 옥내에 있는 종교시설

해설 소방시설법 시행령 제30조(방염성능기준 이상의 실내장식물 등을 설치해야 하는 특정소방대상물)
법 제20조제1항에서 "대통령령으로 정하는 특정소방대상물"이란 다음 각 호의 것을 말한다. 〈개정 2024. 12. 31.〉
1. 근린생활시설 중 의원, 치과의원, 한의원, 조산원, 산후조리원, 체력단련장, 공연장 및 종교집회장
2. 건축물의 옥내에 있는 다음 각 목의 시설
  가. 문화 및 집회시설
  나. 종교시설
  다. 운동시설(수영장은 제외한다)
3. 의료시설
4. 교육연구시설 중 합숙소
5. 노유자 시설
6. 숙박이 가능한 수련시설
7. 숙박시설
8. 방송통신시설 중 방송국 및 촬영소
9. 「다중이용업소의 안전관리에 관한 특별법」 제2조제1항제1호에 따른 다중이용업의 영업소(이하 "다중이용업소"라 한다)
10. 제1호부터 제9호까지의 시설에 해당하지 않는 것으로서 층수가 11층 이상인 것(아파트등은 제외한다)

42 다음 중 위험물의 성질이 자기반응성 물질에 속하지 않은 것은?

① 유기과산화물
② 무기과산화물
③ 하이드라진 유도체
④ 나이트로화합물

해설 무기과산화물은 1류 위험물인 산화성 고체 위험물이다.

43 화재예방법상 화재예방강화지구에 대한 화재안전조사권자는 누구인가?

① 시·도지사
② 소방청장, 소방본부장, 소방서장
③ 한국소방안전원장
④ 국무총리

해설 화재예방법 제18조(화재예방강화지구의 지정 등)
① 시·도지사는 다음 각 호의 어느 하나에 해당하는 지역을 화재예방강화지구로 지정하여 관리할 수 있다.
  1. 시장지역
  2. 공장·창고가 밀집한 지역
  3. 목조건물이 밀집한 지역
  4. 노후·불량건축물이 밀집한 지역
  5. 위험물의 저장 및 처리 시설이 밀집한 지역
  6. 석유화학제품을 생산하는 공장이 있는 지역
  7. 「산업입지 및 개발에 관한 법률」 제2조제8호에 따른 산업단지
  8. 소방시설·소방용수시설 또는 소방출동로가 없는 지역
  9. 「물류시설의 개발 및 운영에 관한 법률」 제2조제6호에 따른 물류단지
  10. 그 밖에 제1호부터 제9호까지에 준하는 지역으로서 소방관서장이 화재예방강화지구로 지정할 필요가 있다고 인정하는 지역
② 제1항에도 불구하고 시·도지사가 화재예방강화지구로 지정할 필요가 있는 지역을 화재예방강화지구로 지정하지 아니하는 경우 소방청장은 해당 시·도지사에게 해당 지역의 화재예방강화지구 지정을 요청할 수 있다.
③ 소방관서장은 대통령령으로 정하는 바에 따라 제1항에 따른 화재예방강화지구 안의 소방대상물의 위치·구조 및 설비 등에 대하여 화재안전조사를 하여야 한다.

정답 41.③ 42.② 43.②

④ 소방관서장은 제3항에 따른 화재안전조사를 한 결과 화재의 예방강화를 위하여 필요하다고 인정할 때에는 관계인에게 소화기구, 소방용수시설 또는 그 밖에 소방에 필요한 설비(이하 "소방설비등"이라 한다)의 설치(보수, 보강을 포함한다. 이하 같다)를 명할 수 있다.
⑤ 소방관서장은 화재예방강화지구 안의 관계인에 대하여 대통령령으로 정하는 바에 따라 소방에 필요한 훈련 및 교육을 실시할 수 있다.
⑥ 시·도지사는 대통령령으로 정하는 바에 따라 제1항에 따른 화재예방강화지구의 지정 현황, 제3항에 따른 화재안전조사의 결과, 제4항에 따른 소방설비등의 설치 명령 현황, 제5항에 따른 소방훈련 및 교육 현황 등이 포함된 화재예방강화지구에서의 화재예방에 필요한 자료를 매년 작성·관리하여야 한다.

44 점포에서 위험물을 용기에 담아 판매하기 위하여 위험물을 취급하는 판매취급소는 위험물법상 지정수량의 몇 배 이하의 위험물까지 취급할 수 있는가?

① 지정수량의 5배 이하
② 지정수량의 10배 이하
③ 지정수량의 20배 이하
④ 지정수량의 40배 이하

해설 판매취급소는 점포에서 위험물을 용기에 담아 판매하기 위하여 지정수량의 40배 이하의 위험물을 취급하는 장소이다.

45 특정소방대상물의 관계인이 피난시설 또는 방화시설의 폐쇄·훼손·변경 등의 행위를 했을 때 과태료 처분으로 옳은 것은?

① 100만 원 이하
② 200만 원 이하
③ 300만 원 이하
④ 500만 원 이하

해설 소방시설법 제53조(과태료) 제1항 제2호
특정소방대상물의 관계인이 피난시설 또는 방화시설의 폐쇄·훼손·변경 등의 행위를 했을 때에는 300만 원 이하의 과태료 처분을 한다.

46 공사업법상 소방시설공사에 관한 발주자의 권한을 대행하여 소방시설공사가 설계도서 및 관계 법령에 따라 적법하게 시공되는지 여부의 확인과 품질·시공 관리에 대한 기술지도를 수행하는 영업은 무엇인가?

① 소방시설유지업
② 소방시설설계업
③ 소방시설공사업
④ 소방공사감리업

해설 소방시설업의 종류
㉠ 소방시설설계업 : 소방시설공사에 기본이 되는 공사계획, 설계도면, 설계 설명서, 기술계산서 및 이와 관련된 서류(이하 "설계도서"라 한다)를 작성(이하 "설계"라 한다)하는 영업
㉡ 소방시설공사업 : 설계도서에 따라 소방시설을 신설, 증설, 개설, 이전 및 정비(이하 "시공"이라 한다)하는 영업
㉢ 소방공사감리업 : 소방시설공사에 관한 발주자의 권한을 대행하여 소방시설공사가 설계도서와 관계 법령에 따라 적법하게 시공되는지를 확인하고, 품질·시공 관리에 대한 기술지도를 하는(이하 "감리"라 한다) 영업

47 소방시설관리업 등록의 결격사유에 해당되지 않은 것은?

① 피성년후견인
② 금고 이상의 실형을 선고받고 그 집행이 끝나거나 집행이 면제된 날부터 2년이 지나지 아니한 사람
③ 소방시설관리업의 등록이 취소된 날부터 2년이 지난 자
④ 금고 이상의 형의 집행유예를 선고받고 그 유예기간 중에 있는 자

해설 소방시설법 제30조 참조
▶ 소방시설관리업 등록의 결격사유
㉠ 피성년후견인
㉡ 금고 이상의 실형을 선고받고 그 집행이 끝나거나 집행이 면제된 날부터 2년이 지나지 아니한 사람
㉢ 금고 이상의 형의 집행유예를 선고받고 그 유예기간 중에 있는 사람
㉣ 관리업의 등록이 취소된 날부터 2년이 지나지 아니한 자
㉤ 임원 중에 ㉠부터 ㉣까지의 어느 하나에 해당하는 사람이 있는 법인

정답 44.④ 45.③ 46.④ 47.③

48 제4류 위험물 제조소의 경우 사용전압이 22[kV] 인 특고압 가공전선이 지나갈 때 제조소의 외벽과 가공전선 사이의 수평거리(안전거리)는 몇 [m] 이상이어야 하는가?

① 2[m]   ② 3[m]
③ 5[m]   ④ 10[m]

해설 위험물법 시행규칙 [별표 4] 참조
▶ 제조소등으로부터 안전거리
㉠ 지정문화재 및 유형문화재 : 50[m]
㉡ 학교, 병원, 공연장(3백 명 이상 수용) : 30[m]
㉢ 아동복지시설, 노인복지시설, 장애인복지시설, 한부모가족복지시설, 어린이집, 정신보건시설로서 20명 이상 수용시설 : 30[m]
㉣ 고압가스, 액화석유가스, 도시가스를 저장·취급하는 시설 : 20[m]
㉤ 건축물 그 밖의 공작물로서 주거용으로 사용되는 것 : 10[m]
㉥ 사용전압이 35,000[V]를 초과하는 특고압가공전선 : 5[m]
㉦ 사용전압이 7,000[V] 초과 35,000[V] 이하의 특고압가공전선 : 3[m]

49 소방시설공사업의 상호·영업소 소재지가 변경된 경우 제출하여야 하는 서류는?

① 소방기술인력의 자격증 및 자격수첩
② 소방시설업 등록증 및 등록수첩
③ 법인등기부등본 및 소방기술인력 연명부
④ 사업자등록증 및 소방기술인력의 자격증

해설 소방시설공사업 시행규칙 제6조(등록사항의 변경신고 등)
① 법 제6조에 따라 소방시설업자는 제5조 각 호의 어느 하나에 해당하는 등록사항이 변경된 경우에는 변경일부터 30일 이내에 별지 제7호서식의 소방시설업 등록사항 변경신고서(전자문서로 된 소방시설업 등록사항 변경신고서를 포함한다)에 변경사항별로 다음 각 호의 구분에 따른 서류(전자문서를 포함한다)를 첨부하여 협회에 제출하여야 한다. 다만, 「전자정부법」 제36조제1항에 따른 행정정보의 공동이용을 통하여 첨부서류에 대한 정보를 확인할 수 있는 경우에는 그 확인으로 첨부서류를 갈음할 수 있다.

1. 상호(명칭) 또는 영업소 소재지가 변경된 경우 : 소방시설업 등록증 및 등록수첩
2. 대표자가 변경된 경우 : 다음 각 목의 서류
  가. 소방시설업 등록증 및 등록수첩
  나. 변경된 대표자의 성명, 주민등록번호 및 주소지 등의 인적사항이 적힌 서류
  다. 외국인인 경우에는 제2조제1항제5호 각 목의 어느 하나에 해당하는 서류
3. 기술인력이 변경된 경우 : 다음 각 목의 서류
  가. 소방시설업 등록수첩
  나. 기술인력 증빙서류
  다. 삭제

50 소방안전관리자가 작성하는 소방계획서의 내용에 포함되지 않는 것은?

① 소방시설공사 하자의 판단기준에 관한 사항
② 소방시설·피난시설 및 방화시설의 점검·정비계획
③ 공동 및 분임 소방안전관리에 관한 사항
④ 소화 및 연소 방지에 관한 사항

해설 화재예방법 시행령 제27조(소방안전관리대상물의 소방계획서 작성 등)
① 법 제24조제5항제1호에서 "대통령령으로 정하는 사항"이란 다음 각 호의 사항을 말한다.
1. 소방안전관리대상물의 위치·구조·연면적(「건축법 시행령」 제119조제1항제4호에 따라 산정된 면적을 말한다. 이하 같다)·용도 및 수용인원 등 일반 현황
2. 소방안전관리대상물에 설치한 소방시설, 방화시설, 전기시설, 가스시설 및 위험물시설의 현황
3. 화재 예방을 위한 자체점검계획 및 대응대책
4. 소방시설·피난시설 및 방화시설의 점검·정비계획
5. 피난층 및 피난시설의 위치와 피난경로의 설정, 화재안전취약자의 피난계획 등을 포함한 피난계획
6. 방화구획, 제연구획(除煙區劃), 건축물의 내부 마감재료 및 방염대상물품의 사용 현황과 그 밖의 방화구조 및 설비의 유지·관리계획
7. 법 제35조제1항에 따른 관리의 권원이 분리된 특정소방대상물의 소방안전관리에 관한 사항
8. 소방훈련·교육에 관한 계획
9. 법 제37조를 적용받는 소방안전관리대상물의 근무자 및 거주자의 자위소방대 조직과 대원의 임무(화

정답 48.② 49.② 50.①

재안전취약자의 피난 보조 임무를 포함한다)에 관한 사항
10. 화기 취급 작업에 대한 사전 안전조치 및 감독 등 공사 중 소방안전관리에 관한 사항
11. 소화에 관한 사항과 연소 방지에 관한 사항
12. 위험물의 저장·취급에 관한 사항(「위험물안전관리법」 제17조에 따라 예방규정을 정하는 제조소등은 제외한다)
13. 소방안전관리에 대한 업무수행에 관한 기록 및 유지에 관한 사항
14. 화재발생 시 화재경보, 초기소화 및 피난유도 등 초기대응에 관한 사항
15. 그 밖에 소방본부장 또는 소방서장이 소방안전관리대상물의 위치·구조·설비 또는 관리 상황 등을 고려하여 소방안전관리에 필요하여 요청하는 사항

51 소방시설 중 화재를 진압하거나 인명구조활동을 위하여 사용하는 설비로 정의되는 것은?

① 소화활동설비 ② 피난설비
③ 소화용수설비 ④ 소화설비

해설 소화활동설비
화재를 진압하거나 인명구조활동을 위하여 사용하는 설비(제연설비, 연결송수관설비, 연결살수설비, 비상콘센트설비, 무선통신보조설비, 연소방지설비)

52 화재예방법상 화재의 예방조치 명령이 아닌 것은?

① 불장난·모닥불·흡연 및 화기 취급의 금지 또는 제한
② 타고 남은 불 또는 화기의 우려가 있는 재의 처리
③ 함부로 버려두거나 그냥 둔 위험물, 그 밖에 탈 수 있는 물건을 옮기거나 치우게 하는 등의 조치
④ 불이 번지는 것을 막기 위하여 불이 번질 우려가 있는 소방대상물의 사용 제한

해설 소방본부장이나 소방서장의 화재예방의 조치명령
㉠ 불장난, 모닥불, 흡연, 화기(火氣) 취급, 풍등 등 소형열기구 날리기, 그 밖에 화재예방상 위험하다고 인정되는 행위의 금지 또는 제한

㉡ 타고 남은 불 또는 화기가 있을 우려가 있는 재의 처리
㉢ 함부로 버려두거나 그냥 둔 위험물, 그 밖에 불에 탈 수 있는 물건을 옮기거나 치우게 하는 등의 조치

[22.12.1이후 개정]
예방조치명령
소방관서장은 화재 발생 위험이 크거나 소화 활동에 지장을 줄 수 있다고 인정되는 행위나 물건에 대하여 행위 당사자나 그 물건의 소유자, 관리자 또는 점유자에게 다음 각 호의 명령을 할 수 있다. 다만, 제2호 및 제3호에 해당하는 물건의 소유자, 관리자 또는 점유자를 알 수 없는 경우 소속 공무원으로 하여금 그 물건을 옮기거나 보관하는 등 필요한 조치를 하게 할 수 있다.
1. 제1항 각 호의 어느 하나에 해당하는 행위의 금지 또는 제한
 가. 모닥불, 흡연 등 화기의 취급
 나. 풍등 등 소형열기구 날리기
 다. 용접·용단 등 불꽃을 발생시키는 행위
 라. 그 밖에 대통령령으로 정하는 화재 발생 위험이 있는 행위
2. 목재, 플라스틱 등 가연성이 큰 물건의 제거, 이격, 적재 금지 등
3. 소방차량의 통행이나 소화 활동에 지장을 줄 수 있는 물건의 이동

53 소방시설 중 연결살수설비는 어떤 설비에 속하는가?

① 소화설비 ② 구조설비
③ 피난설비 ④ 소화활동설비

해설 소화활동설비의 종류
㉠ 제연설비 ㉡ 연결송수관설비
㉢ 연결살수설비 ㉣ 비상콘센트설비
㉤ 무선통신보조설비 ㉥ 연소방지설비

54 소방본부장 또는 소장서장이 원활한 소방 활동을 위하여 행하는 지리조사의 내용에 속하지 않은 것은?

① 소방대상물에 인접한 도로의 폭
② 소방대상물에 인접한 도로의 교통상황
③ 소방대상물에 인접한 도로주변의 토지의 고저
④ 소방대상물에 인접한 지역에 대한 유동인원의 현황

정답 51.① 52.④ 53.④ 54.④

해설 소방본부장 또는 소방서장은 원활한 소방활동을 위하여 소방용수시설에 대한 조사 및 소방대상물에 인접한 도로의 폭·교통상황, 도로주변의 토지의 고저·건축물의 개황 그 밖의 소방활동에 필요한 지리에 대한 조사를 월 1회 이상 실시하고 그 조사결과를 2년간 보관하여야 한다.

55 지정수량의 몇 배 이상의 위험물을 취급하는 제조소에는 화재예방을 위한 예방규정을 정하여야 하는가?

① 10배 ② 20배
③ 30배 ④ 50배

해설 예방규정을 정하여야 하는 제조소 등의 종류
㉠ 지정수량의 10배 이상의 위험물을 취급하는 제조소
㉡ 지정수량의 100배 이상의 위험물을 저장하는 옥외저장소
㉢ 지정수량의 150배 이상의 위험물을 저장하는 옥내저장소
㉣ 지정수량의 200배 이상의 위험물을 저장하는 옥외탱크저장소
㉤ 암반탱크저장소
㉥ 이송취급소
㉦ 지정수량의 10배 이상의 위험물을 취급하는 일반취급소

56 소방기술자의 자격의 정지 및 취소에 관한 기준 중 1차 행정처분기준이 자격정지 1년에 해당되는 경우는?

① 자격수첩을 다른 자에게 빌려준 경우
② 동시에 둘 이상의 업체에 취업한 경우
③ 거짓이나 그 밖의 부정한 방법으로 자격수첩을 발급받은 경우
④ 업무수행 중 해당 자격과 관련하여 중대한 과실로 다른 자에게 손해를 입히고 형의 선고를 받은 경우

해설 공사업법 시행규칙 [별표 5](소방기술자의 자격의 정지 및 취소에 관한 기준)
㉠ 자격수첩을 다른 자에게 빌려준 경우 : 자격취소
㉡ 거짓이나 그 밖의 부정한 방법으로 자격수첩을 발급받은 경우 : 자격취소
㉢ 업무수행 중 해당 자격과 관련하여 고의 또는 중대한 과실로 다른 자에게 손해를 입히고 형의 선고를 받은 경우 : 자격취소

57 기본법상 5년 이하의 징역 또는 5천만 원 이하의 벌금에 해당하는 위반사항이 아닌 것은?

① 정당한 사유 없이 소방용수시설을 사용하거나 소방용수시설의 효용을 해하거나 그 정당한 사용을 방해한 자
② 화재현장에서 사람을 구출하는 일 또는 불을 끄거나 불이 번지지 아니하도록 하는 일을 방해한 자
③ 불이 번질 우려가 있는 소방대상물 및 토지를 일시적으로 사용하거나 그 사용의 제한 또는 소방활동에 필요한 처분을 방해한 자
④ 화재 진압을 위하여 출동하는 소방자동차의 출동을 방해한 자

해설 소방본부장, 소방서장 또는 소방대장은 사람을 구출하거나 불이 번지는 것을 막기 위하여 필요할 때에는 화재가 발생하거나 불이 번질 우려가 있는 소방대상물 및 토지를 일시적으로 사용하거나 그 사용의 제한 또는 소방활동에 필요한 처분을 할 수 있다.
만일 이 처분을 방해한 자 또는 정당한 사유없이 그 처분에 따르지 아니한 자에게는 3년 이하의 징역 또는 3천만 원 이하의 벌금에 처한다.

58 일반음식점에서 조리를 위해 불을 사용하는 설비를 설치할 때 지켜야 할 사항의 기준으로 옳지 않은 것은?

① 주방시설에는 동물 또는 식물의 기름을 제거할 수 있는 필터 등을 설치할 것
② 열을 발생하는 조리기구는 반자 또는 선반에서 50[cm] 이상 떨어지게 할 것
③ 주방시설에 부속된 배기덕트는 0.5[mm] 이상의 아연도금강판 또는 이와 동등 이상의 내식성 불연재료로 설치할 것
④ 열을 발생하는 조리기구로부터 15[cm] 이내의 거리에 있는 가연성 주요구조부터는 석면판 또는 단열성이 있는 불연재료로 덮어 씌울 것

정답 55.① 56.② 57.③ 58.②

해설 [화재예방법 시행령 별표1]
음식조리를 위하여 설치하는 설비
「식품위생법 시행령」제21조제8호에 따른 식품접객업 중 일반음식점 주방에서 조리를 위하여 불을 사용하는 설비를 설치하는 경우에는 다음 각 목의 사항을 지켜야 한다.
가. 주방설비에 부속된 배출덕트(공기 배출통로)는 0.5밀리미터 이상의 아연도금강판 또는 이와 같거나 그 이상의 내식성 불연재료로 설치할 것
나. 주방시설에는 동물 또는 식물의 기름을 제거할 수 있는 필터 등을 설치할 것
다. 열을 발생하는 조리기구는 반자 또는 선반으로부터 0.6미터 이상 떨어지게 할 것
라. 열을 발생하는 조리기구로부터 0.15미터 이내의 거리에 있는 가연성 주요구조부는 단열성이 있는 불연재료로 덮어 씌울 것

59 다음 중 특수가연물에 해당하지 않는 것은?
① 사류 1,000[kg]
② 면화류 200[kg]
③ 나무껍질 및 대팻밥 400[kg]
④ 넝마 및 종이부스러기 500[kg]

해설 특수가연물 중 넝마 및 종이부스러기의 지정수량은 1,000[kg]이다.

60 형식승인대상 소방용품에 해당하지 않은 것은?
① 관창　　② 안전매트
③ 피난사다리　　④ 가스누설경보기

해설 형식승인대상 소방용품에 안전매트는 포함되어 있지 않다.

정답 59.④ 60.②

2016년 제1회 소방설비기사[전기분야] 1차 필기
[제3과목 : 소방관계법규]

41 소방시설공사의 착공신고 시 첨부서류가 아닌 것은?
① 공사업자의 소방시설공사업 등록증 사본
② 공사업자의 소방시설공사업 등록수첩 사본
③ 해당 소방시설공사의 책임시공 및 기술관리를 하는 기술인력의 기술등급을 증명하는 서류 사본
④ 해당 소방시설을 설계한 기술인력자의 기술자격증 사본

해설 공사업법 시행규칙 제12조 제1항 참조
소방시설공사업자는 소방시설공사를 하고자 하는 경우에는 소방시설공사의 착공 전까지 소방시설공사착공(변경)신고서에 다음의 서류를 첨부하여 소방본부장 또는 소방서장에게 신고하여야 한다.
1. 공사업자의 소방시설공사업 등록증 사본 1부 및 등록수첩 사본 1부
2. 해당 소방시설공사의 책임시공 및 기술관리를 하는 기술인력의 기술등급을 증명하는 서류 사본 1부
3. 소방시설공사 계약서 사본 1부
4. 설계도서(설계설명서를 포함) 1부
5. 소방시설공사 하도급통지서 사본(소방시설공사를 하도급하는 경우에만 첨부) 1부

42 소방용수시설 저수조의 설치기준으로 틀린 것은?
① 지면으로부터의 낙차가 4.5[m] 이하일 것
② 흡수부분의 수심이 0.3[m] 이상일 것
③ 흡수관의 투입구가 사각형의 경우에는 한 변의 길이가 60[cm] 이상일 것
④ 흡수관의 투입구가 원형의 경우에는 지름이 60[cm] 이상일 것

해설 기본법 시행규칙 [별표 3] 참조
▶ 소화용수시설 저수조의 설치기준
1. 낙차가 4.5[m] 이하일 것
2. 흡수부분 수심이 0.5[m] 이상일 것
3. 소방펌프자동차가 쉽게 접근할 수 있을 것
4. 흡수에 지장이 없도록 토사 및 쓰레기 등을 제거할 수 있는 설비를 갖출 것
5. 흡수관 투입구가 사각형의 경우에는 한 변의 길이가 60[cm] 이상, 원형의 경우에는 지름 60[cm] 이상일 것
6. 저수조에 물을 공급하는 방법은 상수도에 연결하여 자동으로 급수되는 구조일 것

43 시·도의 조례가 정하는 바에 따라 지정수량 이상의 위험물을 임시로 저장·취급할 수 있는 기간 (㉠)과 임시저장 승인권자 (㉡)는?
① ㉠ 30일 이내, ㉡ 시·도지사
② ㉠ 60일 이내, ㉡ 소방본부장
③ ㉠ 90일 이내, ㉡ 관할 소방서장
④ ㉠ 120일 이내, ㉡ 소방청장

해설 지정수량의 이상의 위험물을 임시로 저장할 수 있는 경우
1. 관할 소방서장의 승인을 받아 지정수량 이상의 위험물을 90일 이내의 기간 동안 임시로 저장 또는 취급하는 경우
2. 군부대가 지정수량 이상의 위험물을 군사목적으로 임시로 저장 또는 취급하는 경우

44 기본법상 소방용수시설·소화기구 및 설비 등의 설치명령을 위반한 자의 과태료는?
① 100만 원 이하
② 200만 원 이하
③ 300만 원 이하
④ 500만 원 이하

정답 41.④ 42.② 43.③ 44.②

해설 기본법 제56조(과태료) 제1항 제1호
▶ 소방용수시설·소화기구 등의 설치명령을 위반한 자 200만 원 이하의 과태료

45 소방서의 종합상황실 실장이 서면 모사전송 또는 컴퓨터통신 등으로 소방본부의 종합상황실에 보고하여야 하는 화재가 아닌 것은?

① 사상자가 10인 발생한 화재
② 이재민이 100인 발생한 화재
③ 관공서·학교·정부미도정공장의 화재
④ 재산피해액이 10억 원 발생한 일반 화재

해설 ④ 재산피해액이 50억 원 이상 발생한 화재

46 공동 소방안전관리자를 선임하여야 할 특정 소방대상물의 기준으로 틀린 것은?

① 지하가
② 지하층을 포함한 층수가 11층 이상인 건축물
③ 복합건축물로서 층수가 5층 이상인 것
④ 판매시설 중 도매시장 또는 소매시장

해설 다음에 해당하는 특정소방대상물로서 그 관리의 권원(權原)이 분리되어 있는 것 가운데 소방본부장이나 소방서장이 지정하는 특정소방대상물의 관계인은 대통령령으로 정하는 자를 공동 소방안전관리자로 선임하여야 한다.
1. 고층 건축물(지하층을 제외한 층수가 11층 이상인 건축물에 한한다)
2. 지하가
3. 복합건축물로서 연면적이 5천 제곱미터 이상인 것 또는 층수가 5층 이상인 것
4. 판매시설 중 도매시장 및 소매시장
5. 특정소방대상물 중 소방본부장 또는 소방서장이 지정하는 것 [현행 삭제]

[22.12.1이후 개정]
화재예방법 제35조(관리의 권원이 분리된 특정소방대상물의 소방안전관리)
① 다음 각 호의 어느 하나에 해당하는 특정소방대상물로서 그 관리의 권원(權原)이 분리되어 있는 특정소방대상물의 경우 그 관리의 권원별 관계인은 대통령령으로 정하는 바에 따라 제24조제1항에 따른 소방안전관리자를 선임하여야 한다. 다만, 소방본부장 또는 소방서장은 관리의 권원이 많아 효율적인 소방안전관리가 이루어지지 아니한다고 판단되는 경우 대통령령으로 정하는 바에 따라 관리의 권원을 조정하여 소방안전관리자를 선임하도록 할 수 있다.
1. 복합건축물(지하층을 제외한 층수가 11층 이상 또는 연면적 3만제곱미터 이상인 건축물)
2. 지하가(지하의 인공구조물 안에 설치된 상점 및 사무실, 그 밖에 이와 비슷한 시설이 연속하여 지하도에 접하여 설치된 것과 그 지하도를 합한 것을 말한다)
3. 그 밖에 대통령령으로 정하는 특정소방대상물
② 제1항에 따른 관리의 권원별 관계인은 상호 협의하여 특정소방대상물의 전체에 걸쳐 소방안전관리상 필요한 업무를 총괄하는 소방안전관리자(이하 "총괄소방안전관리자"라 한다)를 제1항에 따라 선임된 소방안전관리자 중에서 선임하거나 별도로 선임하여야 한다. 이 경우 총괄소방안전관리자의 자격은 대통령령으로 정하고 업무수행 등에 필요한 사항은 행정안전부령으로 정한다.
③ 제2항에 따른 총괄소방안전관리자에 대하여는 제24조, 제26조부터 제28조까지 및 제30조부터 제34조까지에서 규정한 사항 중 소방안전관리자에 관한 사항을 준용한다.
④ 제1항 및 제2항에 따라 선임된 소방안전관리자 및 총괄소방안전관리자는 해당 특정소방대상물의 소방안전관리를 효율적으로 수행하기 위하여 공동소방안전관리협의회를 구성하고, 해당 특정소방대상물에 대한 소방안전관리를 공동으로 수행하여야 한다. 이 경우 공동소방안전관리협의회의 구성·운영 및 공동소방안전관리의 수행 등에 필요한 사항은 대통령령으로 정한다.

47 제3류 위험물 중 금수성 물품에 적응성이 있는 소화약제는?

① 물
② 강화액
③ 팽창질석
④ 인산염류분말

해설 제3류 위험물 중 금수성 물품에는 물 및 가스계, 분말계 소화약제를 사용할 수 없으며, 팽창질석, 팽창진주암, 마른모래로 피복소화하여야 한다.

48 화재현장에서 피난 등을 체험할 수 있는 소방체험관의 설립·운영권자는?

① 시·도지사
② 소방청장
③ 소방본부장 또는 소방서장
④ 한국소방안전원장

해설) 소방청장은 소방박물관을, 시·도지사는 소방체험관(화재 현장에서의 피난 등을 체험할 수 있는 체험관을 말한다)을 설립하여 운영할 수 있다.

49 특정소방대상물의 관계인이 소방안전관리자를 해임한 경우 재선임 신고를 해야 하는 기준은? (단, 해임한 날부터를 기준일로 한다.)

① 10일 이내 ② 20일 이내
③ 30일 이내 ④ 40일 이내

해설) 특정소방대상물의 관계인은 소방안전관리자를 해임한 경우 해임한 날로부터 30일 이내에 재선임하여야 한다.

50 ( ) 안의 내용으로 알맞은 것은?

> 다량의 위험물을 저장·취급하는 제조소 등으로서 ( ) 위험물을 취급하는 제조소 또는 일반취급소가 있는 동일한 사업소에서 지정수량의 3천 배 이상의 위험물을 저장 또는 취급하는 경우 당해 사업소의 관계인은 대통령령이 정하는 바에 따라 당해 사업소에 자체소방대를 설치하여야 한다.

① 제1류 ② 제2류
③ 제3류 ④ 제4류

해설) 위험물안전관리법 시행령 제18조(자체소방대를 설치하여야 하는 사업소)
① 법 제19조에서 "대통령령이 정하는 제조소등"이란 다음 각 호의 어느 하나에 해당하는 제조소등을 말한다.
1. 제4류 위험물을 취급하는 제조소 또는 일반취급소. 다만, 보일러로 위험물을 소비하는 일반취급소 등 행정안전부령으로 정하는 일반취급소는 제외한다.
2. 제4류 위험물을 저장하는 옥외탱크저장소
② 법 제19조에서 "대통령령이 정하는 수량 이상"이란 다음 각 호의 구분에 따른 수량을 말한다.
1. 제1항제1호에 해당하는 경우: 제조소 또는 일반취급소에서 취급하는 제4류 위험물의 최대수량의 합이 지정수량의 3천배 이상
2. 제1항제2호에 해당하는 경우: 옥외탱크저장소에 저장하는 제4류 위험물의 최대수량이 지정수량의 50만 배 이상

51 소방시설공사업자의 시공능력평가 방법에 대한 설명 중 틀린 것은?

① 시공능력평가액은 실적평가액 + 자본금평가액 + 기술력평가액 ± 신인도평가액으로 산출한다.
② 신인도평가액 산정 시 최근 1년간 국가기관으로부터 우수시공업자로 선정된 경우에는 3[%] 가산한다.
③ 신인도평가액 산정 시 최근 1년간 부도가 발생된 사실이 있는 경우에는 2[%]를 감산한다.
④ 실적평가액은 최근 5년간의 연평균 공사실적액을 의미한다.

해설) ④ 최근 3년간의 공사실적을 합산하여 3으로 나눈 금액을 연평균 공사실적액으로 한다.

52 연면적이 500[m²] 이상인 위험물 제조소 및 일반취급소에 설치하여야 하는 경보설비는?

① 자동화재탐지설비 ② 확성장치
③ 비상경보설비 ④ 비상방송설비

해설) 위험물 제조소 및 일반취급소로서 연면적 400[m²] 이상이거나 옥내에서 지정수량의 100배 이상을 취급하는 경우 경보설비로 자동화재탐지설비를 설치하여야 한다.

53 가연성가스를 저장·취급하는 시설로서 1급 소방안전관리대상물의 가연성가스 저장·취급 기준으로 옳은 것은?

① 100톤 미만
② 100톤 이상 ~ 1,000톤 미만
③ 500톤 이상 ~ 1,000톤 미만
④ 1,000톤 이상

정답 48.① 49.③ 50.④ 51.④ 52.① 53.④

[해설] **1급 소방안전관리대상물의 종류**
가. 30층 이상(지하층은 제외한다)이거나 지상으로부터 높이가 120[m] 이상인 아파트
나. 연면적 1만5천[m²] 이상인 것
다. 위 나에 해당하지 아니하는 특정소방대상물로서 층수가 11층 이상인 것
라. 가연성 가스를 1천 톤 이상 저장·취급하는 시설

54 소방시설관리업의 등록을 반드시 취소해야 하는 사유에 해당하지 않는 것은?

① 거짓으로 등록을 한 경우
② 등록기준 미달하게 된 경우
③ 다른 사람에게 등록증을 빌려준 경우
④ 등록의 결격사유에 해당하게 된 경우

[해설] **소방시설법 제35조(등록의 취소와 영업정지 등)**
① 시·도지사는 관리업자가 다음 각 호의 어느 하나에 해당하는 경우에는 행정안전부령으로 정하는 바에 따라 그 등록을 취소하거나 6개월 이내의 기간을 정하여 이의 시정이나 그 영업의 정지를 명할 수 있다. 다만, 제1호·제4호 또는 제5호에 해당할 때에는 등록을 취소하여야 한다.
1. 거짓이나 그 밖의 부정한 방법으로 등록을 한 경우
2. 제22조에 따른 점검을 하지 아니하거나 거짓으로 한 경우
3. 제29조제2항에 따른 등록기준에 미달하게 된 경우
4. 제30조 각 호의 어느 하나에 해당하게 된 경우. 다만, 제30조제5호에 해당하는 법인으로서 결격사유에 해당하게 된 날부터 2개월 이내에 그 임원을 결격사유가 없는 임원으로 바꾸어 선임한 경우는 제외한다.
5. 제33조제2항을 위반하여 등록증 또는 등록수첩을 빌려준 경우
6. 제34조제1항에 따른 점검능력 평가를 받지 아니하고 자체점검을 한 경우
② 제32조에 따라 관리업자의 지위를 승계한 상속인이 제30조 각 호의 어느 하나에 해당하는 경우에는 상속을 개시한 날부터 6개월 동안은 제1항제4호를 적용하지 아니한다.

55 소방시설업의 등록권자로 옳은 것은?

① 국무총리   ② 시·도지사
③ 소방서장   ④ 한국소방안전원장

[해설] 특정소방대상물의 소방시설공사 등을 하려는 자는 업종별로 자본금(개인인 경우에는 자산평가액을 말한다), 기술인력 등 대통령령으로 정하는 요건을 갖추어 특별시장·광역시장·특별자치시장·도지사 또는 특별자치도지사(이하 "시·도지사"라 한다)에게 소방시설업을 등록하여야 한다.

56 방염처리업의 종류가 아닌 것은?

① 섬유류 방염업
② 합성수지류 방영업
③ 합판·목재류 방염업
④ 실내장식물류 방염업

[해설] **방염업의 종류**
1. 섬유류 방염업
2. 합성수지류 방염업
3. 합판·목재류 방염업

57 소방시설의 자체 점검에 관한 설명으로 옳지 않은 것은?

① 작동기능점검은 소방시설 등을 인위적으로 조작하여 정상적으로 작동하는 것을 점검하는 것이다.
② 종합정밀점검은 설비별 주요 구성부품의 구조기준이 화재안전기준 및 관련 법령에 적합한지 여부를 점검하는 것이다.
③ 종합정밀점검에는 작동기능점검의 사항이 해당되지 않는다.
④ 종합정밀점검은 소방시설관리사가 참여한 경우 소방시설관리업자 또는 소방안전관리자로 선임된 소방시설관리사·소방기술사 1명 이상을 점검자로 한다.

정답 54.② 55.② 56.④ 57.③

해설 종합정밀점검은 소방시설 등의 작동기능점검을 포함하여 소방시설 설비별 주요 구성 부품의 구조기준이 관련법령에서 정하는 기준에 적합한지를 점검하는 것이다.

[22.12.1이후 개정]
소방시설등에 대한 자체점검은 다음 각 목과 같이 구분한다.
가. 작동점검 : 소방시설등을 인위적으로 조작하여 소방시설이 정상적으로 작동하는지를 소방청장이 정하여 고시하는 소방시설등 작동점검표에 따라 점검하는 것을 말한다.
나. 종합점검 : 소방시설등의 작동점검을 포함하여 소방시설등의 설비별 주요 구성 부품의 구조기준이 화재안전기준과 「건축법」등 관련 법령에서 정하는 기준에 적합한 지 여부를 소방청장이 정하여 고시하는 소방시설등 종합점검표에 따라 점검하는 것을 말하며, 다음과 같이 구분한다.
  1) 최초점검 : 법 제22조제1항제1호에 따라 소방시설이 새로 설치되는 경우 「건축법」 제22조에 따라 건축물을 사용할 수 있게 된 날부터 60일 이내 점검하는 것을 말한다.
  2) 그 밖의 종합점검 : 최초점검을 제외한 종합점검을 말한다.

58 종합정밀점검의 경우 점검인력 1단위가 하루 동안 점검할 수 있는 특정소방대상물의 연면적 기준으로 옳은 것은?

① 12,000[m^2] ② 10,000[m^2]
③ 8,000[m^2] ④ 6,000[m^2]

해설 점검인력 1단위가 하루 동안 점검할 수 있는 특정소방대상물의 연면적
1. 종합정밀점검 : 10,000[m^2]
2. 작동기능점검 : 12,000[m^2](소규모 점검의 경우에는 3,500[m^2])

[22.12.1이후 개정]
점검인력 1단위가 하루 동안 점검할 수 있는 특정소방대상물의 연면적(이하 "점검한도 면적"이라 한다)은 다음 각 목과 같다.
가. 종합점검 : 8,000[m^2]
나. 작동점검 : 10,000[m^2]

59 자동화재탐지설비를 설치하여야 하는 특정소방대상물의 기준으로 틀린 것은?

① 지하구
② 지하가 중 터널로서 길이 700[m] 이상인 것
③ 교정시설로서 연면적 2,000[m^2] 이상인 것
④ 복합건축물로서 연면적 600[m^2] 이상인 것

해설 지하가 중 터널로서 길이가 1,000[m] 이상인 곳에 자동화재탐지설비를 설치하여야 한다.

60 시·도지사가 설치하고 유지·관리하여야 하는 소방용수시설이 아닌 것은?

① 저수조 ② 상수도
③ 소화전 ④ 급수탑

해설 시·도지사는 소방활동에 필요한 소화전(消火栓)·급수탑(給水塔)·저수조(貯水槽)(이하 "소방용수시설"이라 한다)를 설치하고 유지·관리하여야 한다.

정답 58.② 59.② 60.②

2016년 제2회 소방설비기사[전기분야] 1차 필기
[제3과목 : 소방관계법규]

41 1급 소방안전관리대상물의 소방안전관리에 관한 시험응시 자격자의 기준으로 옳은 것은?

① 1급 소방안전관리대상물의 소방안전관리에 관한 강습교육을 수료한 후 1년이 경과되지 아니한 자
② 1급 소방안전관리대상물의 소방안전관리에 관한 강습교육을 수료한 후 1년 6개월이 경과되지 아니한 자
③ 1급 소방안전관리대상물의 소방안전관리에 관한 강습교육을 수료한 후 2년이 경과되지 아니한 자
④ 1급 소방안전관리대상물의 소방안전관리에 관한 강습교육을 수료한 후 3년이 경과되지 아니한 자

해설 화재예방법 시행령 별표 6
1급 소방안전관리자 응시자격
가. 대학 또는 고등학교에서 소방안전관리학과를 전공하고 졸업한 사람(법령에 따라 이와 같은 수준의 학력이 있다고 인정되는 사람을 포함한다)으로서 해당 학과를 졸업한 후 2년 이상 2급 소방안전관리대상물 또는 3급 소방안전관리대상물의 소방안전관리자로 근무한 실무경력이 있는 사람
나. 다음의 어느 하나에 해당하는 요건을 갖춘 후 3년 이상 2급 소방안전관리대상물 또는 3급 소방안전관리대상물의 소방안전관리자로 근무한 실무경력이 있는 사람
  1) 대학 또는 고등학교에서 소방안전 관련 교과목을 12학점 이상 이수하고 졸업한 사람
  2) 법령에 따라 1)에 해당하는 사람과 같은 수준의 학력이 있다고 인정되는 사람으로서 해당 학력 취득 과정에서 소방안전 관련 교과목을 12학점 이상 이수한 사람
  3) 대학 또는 고등학교에서 소방안전 관련 학과를 전공하고 졸업한 사람(법령에 따라 이와 같은 수준의 학력이 있다고 인정되는 사람을 포함한다)
다. 소방행정학(소방학 및 소방방재학을 포함한다) 또는 소방안전공학(소방방재공학 및 안전공학을 포함한다) 분야에서 석사 이상 학위를 취득한 사람
라. 5년 이상 2급 소방안전관리대상물의 소방안전관리자로 근무한 실무경력이 있는 사람
마. 법 제34조제1항제1호에 따른 강습교육 중 이 영 제33조제1호 및 제2호에 해당하는 사람을 대상으로 하는 강습교육을 수료한 사람
바. 2급 소방안전관리대상물의 소방안전관리자로 선임될 수 있는 자격을 갖춘 후 특급 또는 1급 소방안전관리대상물의 소방안전관리보조자로 5년 이상 근무한 실무경력이 있는 사람
사. 2급 소방안전관리대상물의 소방안전관리자로 선임될 수 있는 자격을 갖춘 후 2급 소방안전관리대상물의 소방안전관리보조자로 7년 이상 근무한 실무경력(특급 또는 1급 소방안전관리대상물의 소방안전관리보조자로 근무한 실무경력이 있는 경우에는 이를 포함하여 합산한다)이 있는 사람
아. 산업안전기사 또는 산업안전산업기사의 자격을 취득한 후 2년 이상 2급 소방안전관리대상물 또는 3급 소방안전관리대상물의 소방안전관리자로 근무한 실무경력이 있는 사람
자. 제1호에 따라 특급 소방안전관리대상물의 소방안전관리자 시험응시 자격이 인정되는 사람

42 특정소방대상물의 근린생활시설에 해당되는 것은?

① 전시장   ② 기숙사
③ 유치원   ④ 의원

해설 소방시설법 시행령 [별표 2] 특정소방대상물(제5조 관련)
▶ 근린생활시설
의원, 치과의원, 한의원, 침술원, 접골원(接骨院), 조산

정답 41.③ 42.④

원(「모자보건법」 제2조제11호에 따른 산후조리원을 포함한다) 및 안마원(「의료법」 제82조제4항에 따른 안마시술소를 포함한다)

43 다음 중 그 성질이 자연발화성 물질 및 금수성 물질인 제3류 위험물에 속하지 않는 것은?

① 황린
② 황화인
③ 칼륨
④ 나트륨

해설 위험물법 시행령
[별표 1] 위험물 및 지정수량(제2조 및 제3조 관련)

제3류	
자연발화성 물질 및 금수성 물질	
1. 칼륨	10킬로그램
2. 나트륨	10킬로그램
3. 알킬알루미늄	10킬로그램
4. 알킬리튬	10킬로그램
5. 황린	20킬로그램
6. 알칼리금속(칼륨 및 나트륨을 제외한다.) 및 알칼리토금속	50킬로그램
7. 유기금속화합물(알킬알루미늄 및 알킬리튬을 제외한다.)	50킬로그램
8. 금속의 수소화물	300킬로그램
9. 금속의 인화물	300킬로그램
10. 칼슘 또는 알루미늄의 탄화물	300킬로그램
11. 그 밖에 행정안전부령으로 정하는 것	10킬로그램, 20킬로그램, 50킬로그램 또는 300킬로그램
12. 제호 내지 제11호의 1에 해당하는 어느 하나 이상을 함유한 것	

44 다음 중 자동화재탐지설비를 설치해야 하는 특정소방대상물은?

① 길이가 1.3[km]인 지하가 중 터널
② 연면적 600[m²]인 볼링장
③ 연면적 500[m²]인 산후조리원
④ 지정수량 100배의 특수가연물을 저장하는 창고

해설 소방시설법 시행령 [별표 5] 참조
▶ 특정소방대상물의 관계인이 특정소방대상물의 규모·용도 및 수용인원 등을 고려하여 갖추어야 하는 소방시설의 종류(제15조 관련)

자동화재탐지설비를 설치하여야 하는 특정소방대상물은 다음의 어느 하나와 같다.
1. 근린생활시설(목욕장은 제외한다), 의료시설(정신의료기관 또는 요양병원은 제외한다), 숙박시설, 위락시설, 장례식장 및 복합건축물로서 연면적 600[m²] 이상인 것
2. 공동주택, 근린생활시설 중 목욕장, 문화 및 집회시설, 종교시설, 판매시설, 운수시설, 운동시설, 업무시설, 공장, 창고시설, 위험물 저장 및 처리 시설, 항공기 및 자동차 관련 시설, 교정 및 군사시설 중 국방·군사시설, 방송통신시설, 발전시설, 관광 휴게시설, 지하가(터널은 제외한다)로서 연면적 1천[m²] 이상인 것
5. 지하가 중 터널로서 길이가 1천[m] 이상인 것

45 소방시설업 등록사항의 변경신고 사항이 아닌 것은?

① 상호
② 대표자
③ 보유설비
④ 기술인력

해설 공사업법 시행규칙 제5조(등록사항의 변경신고사항)
1. 상호(명칭) 또는 영업소 소재지
2. 대표자
3. 기술인력

46 옥내주유취급소에 있어서 당해 사무소 등의 출입구 및 피난구와 당해 피난구로 통하는 통로·계단 및 출입구에 설치해야 하는 피난설비는?

① 유도등
② 구조대
③ 피난사다리
④ 완강기

해설 위험물법 시행규칙 [별표 17] 소화설비, 경보설비 및 피난설비의 기준
▶ 피난설비
1. 주유취급소 중 건축물의 2층 이상의 부분을 점포·휴게음식점 또는 전시장의 용도로 사용하는 것에 있어서는 당해 건축물의 2층 이상으로부터 주유취급소의 부지 밖으로 통하는 출입구와 당해 출입구로 통하는 통로·계단 및 출입구에 유도등을 설치하여야 한다.

2. 옥내주유취급소에 있어서는 당해 사무소 등의 출입구 및 피난구와 당해 피난구로 통하는 통로·계단 및 출입구에 유도등을 설치하여야 한다.
3. 유도등에는 비상전원을 설치하여야 한다.

47 완공된 소방시설 등의 성능시험을 수행하는 자는?
① 소방시설공사업자
② 소방공사감리업자
③ 소방시설설계업자
④ 소방기구제조업자

해설 공사업법 제16조(감리)
"감리업자"는 소방공사를 감리할 때 다음 각 호의 업무를 수행하여야 한다.
1. 소방시설 등의 설치계획표의 적법성 검토
2. 소방시설 등 설계도서의 적합성 검토
3. 소방시설 등 설계 변경 사항의 적합성 검토
4. 「소방시설 설치·유지 및 안전관리에 관한 법률」의 소방용품의 위치·규격 및 사용자재의 적합성 검토
5. 공사업자가 한 소방시설 등의 시공이 설계도서와 화재안전기준에 맞는지에 대한 지도·감독
6. 완공된 소방시설 등의 성능시험
7. 공사업자가 작성한 시공 상세 도면의 적합성 검토
8. 피난시설 및 방화시설의 적법성 검토
9. 실내장식물의 불연화(不燃化)와 방염 물품의 적법성 검토

48 소방의 역사와 안전문화를 발전시키고 국민의 안전의식을 높이기 위하여 ㉠ 소방박물관과 ㉡ 소방체험관을 설립 및 운영할 수 있는 사람은?
① ㉠ : 소방청장, ㉡ : 소방청장
② ㉠ : 소방청장, ㉡ : 시·도지사
③ ㉠ : 시·도지사, ㉡ : 시·도지사
④ ㉠ : 소방본부장, ㉡ : 시·도지사

해설 기본법 제5조(소방박물관 등의 설립과 운영)
소방의 역사와 안전문화를 발전시키고 국민의 안전의식을 높이기 위하여 소방청장은 소방박물관을, 시·도지사는 소방체험관을 설립하여 운영할 수 있다.

49 보일러 등의 위치·구조 및 관리와 화재예방을 위하여 불의 사용에 있어서 지켜야 하는 사항 중 보일러에 경유·등유 등 액체연료를 사용하는 경우에 연료탱크는 보일러 본체로부터 수평거리 최소 몇 [m] 이상의 간격을 두어 설치해야 하는가?
① 0.5[m]   ② 0.6[m]
③ 1[m]   ④ 2[m]

해설 화재예방법 시행령 별표 1
▶ 보일러
가. 가연성 벽·바닥 또는 천장과 접촉하는 증기기관 또는 연통의 부분은 규조토 등 난연성 또는 불연성 단열재로 덮어씌워야 한다.
나. 경유·등유 등 액체연료를 사용할 때에는 다음 사항을 지켜야 한다.
  1) 연료탱크는 보일러 본체로부터 수평거리 1미터 이상의 간격을 두어 설치할 것
  2) 연료탱크에는 화재 등 긴급상황이 발생하는 경우 연료를 차단할 수 있는 개폐밸브를 연료탱크로부터 0.5미터 이내에 설치할 것
  3) 연료탱크 또는 보일러 등에 연료를 공급하는 배관에는 여과장치를 설치할 것
  4) 사용이 허용된 연료 외의 것을 사용하지 않을 것
  5) 연료탱크가 넘어지지 않도록 받침대를 설치하고, 연료탱크 및 연료탱크 받침대는 「건축법 시행령」제2조제10호에 따른 불연재료(이하 "불연재료"라 한다)로 할 것
다. 기체연료를 사용할 때에는 다음 사항을 지켜야 한다.
  1) 보일러를 설치하는 장소에는 환기구를 설치하는 등 가연성 가스가 머무르지 않도록 할 것
  2) 연료를 공급하는 배관은 금속관으로 할 것
  3) 화재 등 긴급 시 연료를 차단할 수 있는 개폐밸브를 연료용기 등으로부터 0.5미터 이내에 설치할 것
  4) 보일러가 설치된 장소에는 가스누설경보기를 설치할 것
라. 화목(火木) 등 고체연료를 사용할 때에는 다음 사항을 지켜야 한다.
  1) 고체연료는 보일러 본체와 수평거리 2미터 이상 간격을 두어 보관하거나 불연재료로 된 별도의 구획된 공간에 보관할 것
  2) 연통은 천장으로부터 0.6미터 떨어지고, 연통의 배출구는 건물 밖으로 0.6미터 이상 나오도록 설치할 것

3) 연통의 배출구는 보일러 본체보다 2미터 이상 높게 설치할 것
4) 연통이 관통하는 벽면, 지붕 등은 불연재료로 처리할 것
5) 연통재질은 불연재료로 사용하고 연결부에 청소구를 설치할 것

마. 보일러 본체와 벽·천장 사이의 거리는 0.6미터 이상이어야 한다.
바. 보일러를 실내에 설치하는 경우에는 콘크리트바닥 또는 금속 외의 불연재료로 된 바닥 위

50 위험물 제조소에서 저장 또는 취급하는 위험물에 따른 주의사항을 표시한 게시판 중 화기엄금을 표시하는 게시판의 바탕색은?

① 청색　　② 적색
③ 흑색　　④ 백색

해설 위험물법 시행규칙 [별표 4](제조소의 위치·구조 및 설비의 기준)
▶ 표지 및 게시판
1. 저장 또는 취급하는 위험물에 따라 다음의 규정에 의한 주의사항을 표시한 게시판을 설치할 것
   1) 제1류 위험물 중 알칼리금속의 과산화물과 이를 함유한 것 또는 제3류 위험물 중 금수성 물질에 있어서는 "물기엄금"
   2) 제2류 위험물(인화성 고체를 제외한다)에 있어서는 "화기주의"
   3) 제2류 위험물 중 인화성 고체, 제3류 위험물 중 자연발화성 물질, 제4류 위험물 또는 제5류 위험물에 있어서는 "화기엄금"
2. 위 1.의 게시판의 색은 "물기엄금"을 표시하는 것에 있어서는 청색바탕에 백색문자로, "화기주의" 또는 "화기엄금"을 표시하는 것에 있어서는 적색바탕에 백색문자로 할 것

51 도시의 건물 밀집지역 등 화재가 발생할 우려가 높거나 화재가 발생하는 경우 그로 인하여 피해가 클 것으로 예상되는 일정한 구역을 화재경계지구로 지정할 수 있는 권한을 가진 사람은?

① 시·도지사　　② 소방청장
③ 소방서장　　④ 소방본부장

해설 기본법 제13조(화재경계지구의 지정 등)
시·도지사는 다음 각 호의 어느 하나에 해당하는 지역 중 화재가 발생할 우려가 높거나 화재가 발생하는 경우 그로 인하여 피해가 클 것으로 예상되는 지역을 화재경계지구(火災警戒地區)로 지정할 수 있다.
1. 시장지역
2. 공장·창고가 밀집한 지역
3. 목조건물이 밀집한 지역
4. 위험물의 저장 및 처리 시설이 밀집한 지역
5. 석유화학제품을 생산하는 공장이 있는 지역
6. 「산업입지 및 개발에 관한 법률」 제2조제8호에 따른 산업단지
7. 소방시설·소방용수시설 또는 소방출동로가 없는 지역
8. 그 밖에 제1호부터 제7호까지에 준하는 지역으로서 소방청장·소방본부장 또는 소방서장이 화재경계지구로 지정할 필요가 있다고 인정하는 지역

[22.12.1이후 개정]
시·도지사는 다음 각 호의 어느 하나에 해당하는 지역을 화재예방강화지구로 지정하여 관리할 수 있다.
1. 시장지역
2. 공장·창고가 밀집한 지역
3. 목조건물이 밀집한 지역
4. 노후·불량건축물이 밀집한 지역
5. 위험물의 저장 및 처리 시설이 밀집한 지역
6. 석유화학제품을 생산하는 공장이 있는 지역
7. 「산업입지 및 개발에 관한 법률」 제2조제8호에 따른 산업단지
8. 소방시설·소방용수시설 또는 소방출동로가 없는 지역
9. 그 밖에 제1호부터 제8호까지에 준하는 지역으로서 소방관서장이 화재예방강화지구로 지정할 필요가 있다고 인정하는 지역

52 소방시설공사업자가 소방시설공사를 하고자 하는 경우 소방시설공사 착공신고서를 누구에게 제출해야 하는가?

① 시·도지사
② 소방청장
③ 한국소방시설협회장
④ 소방본부장 또는 소방서장

정답 50.② 51.① 52.④

[해설] 공사업법 시행규칙 제12조(착공신고 등) 제1항 참조

소방시설공사업자는 소방시설공사를 하려면 해당 소방시설공사의 착공 전까지 소방시설공사 착공(변경)신고서에 다음 각 호의 서류를 첨부하여 소방본부장 또는 소방서장에게 신고하여야 한다.
1. 공사업자의 소방시설공사업 등록증 사본 1부 및 등록수첩 사본 1부
2. 해당 기술인력의 기술등급을 증명하는 서류 사본 1부
3. 소방시설공사 계약서 사본 1부
4. 설계도서(설계도서가 변경된 경우에만 첨부) 1부
5. 소방시설공사 하도급통지서 사본(하도급하는 경우에만 첨부) 1부

53 연소 우려가 있는 건축물의 구조에 대한 기준 중 다음〈보기〉(㉠), (㉡)에 들어갈 수치로 알맞은 것은?

> "건축물 대장의 건축물 현황도에 표시된 대지경계선 안에 2 이상의 건축물이 있는 경우로서 각각의 건축물이 다른 건축물의 외벽으로부터 수평거리가 1층에 있어서는 (㉠)m 이하, 2층 이상의 층에 있어서는 (㉡)m 이하이고 개구부가 다른 건축물을 향하여 설치된 구조를 말한다."

① ㉠ 5, ㉡ 10　② ㉠ 6, ㉡ 10
③ ㉠ 10, ㉡ 5　④ ㉠ 10, ㉡ 6

[해설] 소방시설법 시행규칙 제7조(연소 우려가 있는 건축물의 구조)
1. 건축물대장의 건축물 현황도에 표시된 대지경계선 안에 둘 이상의 건축물이 있는 경우
2. 각각의 건축물이 다른 건축물의 외벽으로부터 수평거리가 1층의 경우에는 6미터 이하, 2층 이상의 층의 경우에는 10미터 이하인 경우
3. 개구부(영 제2조제1호에 따른 개구부를 말한다)가 다른 건축물을 향하여 설치되어 있는 경우

54 소방본부장 또는 소방서장이 화재안전조사를 하고자 하는 때에는 며칠 전에 관계인에게 서면으로 알려야 하는가?

① 1일　② 3일
③ 5일　④ 7일

[해설] 소방시설법 제4조의3(화재안전조사의 방법·절차 등) 제1항 참조

소방청장, 소방본부장 또는 소방서장은 화재안전조사를 하려면 7일 전에 관계인에게 조사대상, 조사기간 및 조사사유 등을 서면으로 알려야 한다. 다만, 다음 각 호의 어느 하나에 해당하는 경우에는 그러하지 아니하다.
1. 화재, 재난·재해가 발생할 우려가 뚜렷하여 긴급하게 조사할 필요가 있는 경우
2. 화재안전조사의 실시를 사전에 통지하면 조사목적을 달성할 수 없다고 인정되는 경우

55 다음 중 위험물별 성질로서 틀린 것은?

① 제1류 : 산화성 고체
② 제2류 : 가연성 고체
③ 제4류 : 인화성 액체
④ 제6류 : 인화성 고체

[해설] 위험물법 시행령 [별표 1](위험물 및 지정수량)

유별	성질
제1류	산화성 고체
제2류	가연성 고체
제3류	자연발화성 물질 및 금수성 물질
제4류	인화성 액체
제5류	자기반응성 물질
제6류	산화성 액체

1. "산화성 고체"라 함은 고체 또는 기체 외의 것으로서 산화력의 잠재적인 위험성 또는 충격에 대한 민감성을 판단하기 위하여 고시하는 시험에서 고시로 정하는 성질과 상태를 나타내는 것을 말한다.
2. "가연성 고체"라 함은 고체로서 화염에 의한 발화의 위험성 또는 인화의 위험성을 판단하기 위하여 고시로 정하는 시험에서 고시로 정하는 성질과 상태를 나타내는 것을 말한다.
8. "인화성 고체"라 함은 고형알코올 그 밖에 1기압에서 인화점이 섭씨 40도 미만인 고체를 말한다.
9. "자연발화성 물질 및 금수성 물질"이라 함은 고체 또는 액체로서 공기 중에서 발화의 위험성이 있거나 물과 접촉하여 발화하거나 가연성 가스를 발생하는 위험성이 있는 것을 말한다.
11. "인화성 액체"라 함은 액체로서 인화의 위험성이 있는 것을 말한다.

56 소방시설법상 소방시설 등에 대한 자체점검 중 종합점검 대상기준으로 옳지 않은 것은?

① 제연설비가 설치된 터널
② 노래연습장으로서 연면적이 2,000[m^2] 이상인 것
③ 아파트는 연면적 5,000[m^2] 이상이고 16층 이상인 것
④ 소방대가 근무하지 않는 국공립학교 중 연면적이 1,000[m^2] 이상인 것으로서 자동화재탐지설비가 설치된 것

해설 소방시설법 시행규칙 [별표 3] 소방시설 등의 자체점검의 구분과 그 대상, 점검자의 자격, 점검 방법·횟수 및 시기

▶ 점검대상 및 시기, 점검자자격

대상		횟수·시기	점검자
작동점검	모든 특정소방대상물 [3급이상에 해당] 〈제외 대상〉 1. 특급소방안전관리대상물 (종합점검만 연 2회) 2. 소방안전관리대상물에 속하지 않는 대상물 3. 위험물 제조소등	• 원칙 : 연 1회 종합점검대상 × 안전관리대상물의 사용승인일이 속하는 달의 말일까지 종합점검대상 ○ 종합실시월로부터 6개월이 되는 달에 실시	관계인 (자탐, 간이만 해당) 소방안전관리자 (기술사,관리사) 관리업자(관리사) (자탐, 간이는 특급점검자 가능)
최초점검	3급이상대상중 최초사용승인 건축물	사용승인일로부터 60일 이내	
종합점검	스프링클러설비가 설치된 특정소방대상물	• 원칙 : 연 1회 (최초사용승인 다음 해부터 사용승인일이 속하는 달의 말일까지) 예 학교 : 1~6월이 사용승인일인 경우 6월 말까지 • 특급 소방안전관리대상물 : 연2회(반기별 1회)	소방안전관리자 (기술사, 관리사) 관리업자(관리사)
	물분무등소화설비가 설치된 연면적 5,000[m^2] 이상인 특정소방대상물		
그밖점검	연면적 2,000[m^2] 이상 다중이용업소(9종)		
	옥내소화전설비 또는 자동화재탐지설비가 설치된 연면적 1,000[m^2] 이상 공공기관(소방대 제외)		
	제연설비가 설치된 터널		

57 위력을 사용하여 출동한 소방대의 화재진압·인명구조 또는 구급활동을 방해하는 행위를 한 자에 대한 벌칙 기준은?

① 200만 원 이하의 벌금
② 300만 원 이하의 벌금
③ 3년 이하의 징역 또는 3,000만 원 이하의 벌금
④ 5년 이하의 징역 또는 5,000만 원 이하의 벌금

해설 기본법 제50조(벌칙)
다음 각 호의 어느 하나에 해당하는 사람은 5년 이하의 징역 또는 5천만 원 이하의 벌금에 처한다.
1. 제16조제2항을 위반하여 다음 각 목의 어느 하나에 해당하는 행위를 한 사람
   가. 위력(威力)을 사용하여 출동한 소방대의 화재진압·인명구조 또는 구급활동을 방해하는 행위
   나. 소방대가 화재진압·인명구조 또는 구급활동을 위하여 현장에 출동하거나 현장에 출입하는 것을 고의로 방해하는 행위
   다. 출동한 소방대원에게 폭행 또는 협박을 행사하여 화재진압·인명구조 또는 구급활동을 방해하는 행위
   라. 출동한 소방대의 소방장비를 파손하거나 그 효용을 해하여 화재진압·인명구조 또는 구급활동을 방해하는 행위

58 소방용수시설 중 저수조 설치 시 지면으로부터 낙차 기준은?

① 2.5m 이하
② 3.5m 이하
③ 4.5m 이하
④ 5.5m 이하

해설 기본법 시행규칙 [별표 3] 소방용수시설의 설치기준
▶ 저수조의 설치기준
1. 지면으로부터의 낙차가 4.5[m] 이하일 것
2. 흡수부분의 수심이 0.5[m] 이상일 것
3. 소방펌프자동차가 쉽게 접근할 수 있도록 할 것
4. 흡수에 지장이 없도록 토사 및 쓰레기 등을 제거할 수 있는 설비를 갖출 것
5. 흡수관의 투입구가 사각형의 경우에는 한 변의 길이가 60[cm] 이상, 원형의 경우에는 지름이 60[cm] 이상일 것
6. 저수조에 물을 공급하는 방법은 상수도에 연결하여 자동으로 급수되는 구조일 것

정답 56.③ 57.④ 58.③

59 신축·증축·개축·재축·대수선 또는 용도변경으로 해당 특정소방대상물의 소방안전관리자를 신규로 선임하는 경우 해당 특정소방대상물의 관계인은 특정소방대상물의 완공일로부터 며칠 이내에 소방안전관리자를 선임하여야 하는가?

① 7일 ② 14일
③ 30일 ④ 60일

해설 화재예방법 시행규칙 제14조(소방안전관리자의 선임 신고 등) 제1항 참조
특정소방대상물의 관계인은 법 제20조제2항 및 법 제21조에 따라 소방안전관리자를 다음 각 호의 어느 하나에 해당하는 날부터 30일 이내에 선임하여야 한다.
1. 신축·증축·개축·재축·대수선 또는 용도변경으로 해당 특정소방대상물의 소방안전관리자를 신규로 선임하여야 하는 경우 : 해당 특정소방대상물의 완공일(건축물의 경우에는 「건축법」 제22조에 따라 건축물을 사용할 수 있게 된 날을 말한다)

60 형식승인을 얻어야 할 소방용품이 아닌 것은?

① 감지기 ② 휴대용 비상조명등
③ 소화기 ④ 방염액

해설 소방시설법 시행령 제37조(형식승인대상 소방용품)
[별표 3] 제1호[같은 표 제1호 나목 2)에 따른 상업용 주방소화장치는 제외한다] 및 같은 표 제2호부터 제4호까지에 해당하는 소방용품을 말한다.
▶ [별표 3] 소방용품
1. 소화설비를 구성하는 제품 및 기기
   가. 소화기구(소화약제 외의 것을 이용한 간이소화용구는 제외한다.)
   나. 자동소화장치
   다. 소화설비를 구성하는 소화전, 송수구, 관창(菅槍), 소방호스, 스프링클러헤드, 기동용 수압개폐장치, 유수제어밸브 및 가스관선택밸브
2. 경보설비를 구성하는 제품 또는 기기
   가. 누전경보기 및 가스누설경보기
   나. 경보설비를 구성하는 발신기, 수신기, 중계기, 감지기 및 음향장치(경종만 해당한다.)
3. 피난구조설비를 구성하는 제품 또는 기기
   가. 피난사다리, 구조대, 완강기(간이완강기 및 지지대를 포함한다)
   나. 공기호흡기(충전기를 포함한다)
   다. 피난구유도등, 통로유도등, 객석유도등 및 예비전원이 내장된 비상조명등
4. 소화용으로 사용하는 제품 또는 기기
   가. 소화약제
   나. 방염제(방염액·방염도료 및 방염성 물질을 말한다)
5. 그 밖에 행정안전부령으로 정하는 소방 관련 제품 또는 기기

정답 59.③ 60.②

2016년 제4회 소방설비기사[전기분야] 1차 필기
[제3과목 : 소방관계법규]

41 위험물 제조소 게시판의 바탕 및 문자의 색으로 올바르게 연결된 것은?

① 바탕-백색, 문자-청색
② 바탕-청색, 문자-흑색
③ 바탕-흑색, 문자-백색
④ 바탕-백색, 문자-흑색

[해설] 위험물법 시행규칙 [별표 4] 제조소의 위치·구조 및 설비의 기준
▶ 표지 및 게시판
1. 제조소에는 보기 쉬운 곳에 다음 각 목의 기준에 따라 "위험물 제조소"라는 표시를 한 표지를 설치하여야 한다.
   가. 표지는 한 변의 길이가 0.3[m] 이상, 다른 한 변의 길이가 0.6[m] 이상인 직사각형으로 할 것
   나. 표지의 바탕은 백색으로, 문자는 흑색으로 할 것
2. 제조소에는 보기 쉬운 곳에 다음 각 목의 기준에 따라 방화에 관하여 필요한 사항을 게시한 게시판을 설치하여야 한다.
   가. 게시판은 한 변의 길이가 0.3[m] 이상, 다른 한 변의 길이가 0.6[m] 이상인 직사각형으로 할 것
   나. 게시판에는 저장 또는 취급하는 위험물의 유별·품명 및 저장최대수량 또는 취급최대수량, 지정수량의 배수 및 안전관리자의 성명 또는 직명을 기재할 것
   다. 나목의 게시판의 바탕은 백색으로, 문자는 흑색으로 할 것
   라. 나목의 게시판 외에 저장 또는 취급하는 위험물에 따라 다음의 규정에 의한 주의사항을 표시한 게시판을 설치할 것
      1) 제1류 위험물 중 알칼리금속의 과산화물과 이를 함유한 것 또는 제3류 위험물 중 금수성 물질에 있어서는 "물기엄금"
      2) 제2류 의험물(인화성 고체를 제외한다)에 있어서는 "화기주의"
      3) 제2류 위험물 중 인화성 고체, 제3류 위험물 중 자연발화성 물질, 제4류 위험물 또는 제5류 위험물에 있어서는 "화기엄금"
   마. 라목의 게시판의 색은 "물기엄금"을 표시하는 것에 있어서는 청색바탕에 백색문자로, "화기주의" 또는 "화기엄금"을 표시하는 것에 있어서는 적색바탕에 백색문자로 할 것

42 고형알코올 그 밖에 1기압 상태에서 인화점이 40[℃] 미만인 고체에 해당하는 것은?

① 가연성 고체
② 산화성 고체
③ 인화성 고체
④ 자연발화성 물질

[해설] 위험물법 시행령 [별표 1] 위험물 및 지정수량
"인화성 고체"라 함은 고형알코올 그 밖에 1기압에서 인화점이 섭씨 40도 미만인 고체를 말한다.

43 정기점검의 대상인 제조소등에 해당하지 않는 것은?

① 이송취급소
② 이동탱크저장소
③ 암반탱크저장소
④ 판매취급소

[해설] 위험물법 시행령 제16조(정기점검의 대상인 제조소등)
다음 각 호의 1에 해당하는 제조소등을 말한다.
1. 제15조 각 호의 1에 해당하는 제조소등
2. 지하탱크저장소
3. 이동탱크저장소
4. 위험물을 취급하는 탱크로서 지하에 매설된 탱크가 있는 제조소·주유취급소 또는 일반취급소

정답 41.④ 42.③ 43.④

44 소방용수시설 중 소화전과 급수탑의 설치기준으로 틀린 것은?

① 소화전은 상수도와 연결하여 지하식 또는 지상식의 구조로 할 것
② 소방용호스와 연결하는 소화전의 연결금속구의 구경은 65[mm]로 할 것
③ 급수탑 급수배관의 구경은 100[mm] 이상으로 할 것
④ 급수탑의 개폐밸브는 지상에서 1.5[m] 이상 1.8[m] 이하의 위치에 설치할 것

[해설] 기본법 시행규칙 [별표 3] 소방용수시설의 설치기준
▶ 급수탑의 설치기준
급수배관의 구경은 100[mm] 이상으로 하고, 개폐밸브는 지상에서 1.5[m] 이상 1.7[m] 이하의 위치에 설치하도록 할 것

45 소방본부장이 화재안전조사위원회 위원으로 임명하거나 위촉할 수 있는 사람이 아닌 것은?

① 소방시설관리사
② 과장급 직위 이상의 소방공무원
③ 소방 관련 분야의 석사학위 이상을 취득한 사람
④ 소방 관련 법인 또는 단체에서 소방 관련 업무에 3년 이상 종사한 사람

[해설] 화재예방법 시행령 제7조의2(화재안전조사위원회의 구성 등) 제2항 참조
1. 과장급 직위 이상의 소방공무원
2. 소방기술사
3. 소방시설관리사
4. 소방 관련 분야의 석사학위 이상을 취득한 사람
5. 소방 관련 법인 또는 단체에서 소방 관련 업무에 5년 이상 종사한 사람
6. 소방공무원 교육기관, 「고등교육법」 제2조의 학교 또는 연구소에 소방과 관련한 교육 또는 연구에 5년 이상 종사한 사람

46 기본법상의 벌칙으로 5년 이하의 징역 또는 5,000만 원 이하의 벌금에 해당하지 않는 것은?

① 소방자동차가 화재진압 및 구조·구급활동을 위하여 출동할 때 그 출동을 방해한 자
② 사람을 구출하거나 불이 번지는 것을 막기 위하여 불이 번질 우려가 있는 소방대상물의 사용제한의 강제처분을 방해한 자
③ 출동한 소방대의 소방장비를 파손하거나 그 효용을 해하며 화재진압·인명구조 또는 구급활동을 방해한 자
④ 정당한 사유 없이 소방용수시설의 효용을 해치거나 그 정당한 사용을 방해한 자

[해설] 기본법 제50조(벌칙)
다음 각 호의 어느 하나에 해당하는 사람은 5년 이하의 징역 또는 5천만 원 이하의 벌금에 처한다.
1. 제16조 제2항을 위반하여 다음 각 목의 어느 하나에 해당하는 행위를 한 사람
  가. 위력(威力)을 사용하여 출동한 소방대의 화재진압·인명구조 또는 구급활동을 방해하는 행위
  나. 소방대가 화재진압·인명구조 또는 구급활동을 위하여 현장에 출동하거나 현장에 출입하는 것을 고의로 방해하는 행위
  다. 출동한 소방대원에게 폭행 또는 협박을 행사하여 화재진압·인명구조 또는 구급활동을 방해하는 행위
  라. 출동한 소방대의 소방장비를 파손하거나 그 효용을 해하여 화재진압·인명구조 또는 구급활동을 방해하는 행위
2. 제21조 제1항을 위반하여 소방자동차의 출동을 방해한 사람
3. 제24조 제1항에 따른 사람을 구출하는 일 또는 불을 끄거나 불이 번지지 아니하도록 하는 일을 방해한 사람
4. 제28조를 위반하여 정당한 사유 없이 소방용수시설 또는 비상소화장치를 사용하거나 소방용수시설 또는 비상소화장치의 효용을 해치거나 그 정당한 사용을 방해한 사람

정답 44.④ 45.④ 46.②

47 교육연구시설 중 학교 지하층은 바닥면적의 합계가 몇 [m²] 이상인 경우 연결살수설비를 설치해야 하는가?

① 500[m²] ② 600[m²]
③ 700[m²] ④ 1,000[m²]

해설 소방시설법 시행령 [별표 5] 특정소방대상물의 관계인이 특정소방대상물의 규모·용도 및 수용인원 등을 고려하여 갖추어야 하는 소방시설의 종류
연결살수설비를 설치하여야 하는 특정소방대상물(지하구는 제외한다)은 다음의 어느 하나와 같다.
1. 판매시설, 운수시설, 창고시설 중 물류터미널로서 해당 용도로 사용되는 부분의 바닥면적의 합계가 1천[m²] 이상인 것
2. 지하층(피난층으로 주된 출입구가 도로와 접한 경우는 제외한다)으로서 바닥면적의 합계가 150[m²] 이상인 것. 다만, 「주택법 시행령」 제21조 제4항에 따른 국민주택규모 이하인 아파트 등의 지하층(대피시설로 사용하는 것만 해당한다)과 교육연구시설 중 학교의 지하층의 경우에는 700[m²] 이상인 것으로 한다.
3. 가스시설 중 지상에 노출된 탱크의 용량이 30톤 이상인 탱크시설
4. 1. 및 2.의 특정소방대상물에 부속된 연결통로

48 일반 소방시설 설계업(기계분야)의 영업범위는 공장의 경우 연면적 몇 [m²] 미만의 특정소방대상물에 설치되는 기계분야 소방시설의 설계에 한하는가? (단, 제연설비가 설치되는 특정소방대상물은 제외한다.)

① 10,000[m²] ② 20,000[m²]
③ 30,000[m²] ④ 40,000[m²]

해설 공사업법 시행령 [별표 1] 소방시설업의 업종별 등록기준 및 영업범위(제2조 제1항 관련), 방염처리업의 방염처리시설 및 시험기기 기준

일반소방시설 설계업	
기계 분야	
기술 인력	가. 주된 기술인력: 소방기술사 또는 기계분야 소방설비기사 1명 이상 나. 보조기술인력: 1명 이상
영업 범위	가. 아파트에 설치되는 기계분야 소방시설(제연설비는 제외한다)의 설계 나. 연면적 3만 제곱미터(공장의 경우에는 1만 제곱미터) 미만의 특정소방대상물(제연설비가 설치되는 특정소방대상물은 제외한다)에 설치되는 기계분야 소방시설의 설계 다. 위험물제조소 등에 설치되는 기계분야 소방시설의 설계

49 소방체험관의 설립·운영권자는?

① 국무총리
② 소방청장
③ 시·도지사
④ 소방본부장 및 소방서장

해설 기본법 제5조(소방박물관 등의 설립과 운영)
소방의 역사와 안전문화를 발전시키고 국민의 안전의식을 높이기 위하여 소방청장은 소방박물관을, 시·도지사는 소방체험관(화재 현장에서의 피난 등을 체험할 수 있는 체험관을 말한다. 이하 이 조에서 같다)을 설립하여 운영할 수 있다.

50 위험물법상 행정처분을 하고자 하는 경우 청문을 실시해야 하는 것은?

① 제조소등 설치허가의 취소
② 제조소등 영업정지 처분
③ 탱크시험자의 영업정지
④ 과징금 부과처분

해설 위험물법 제29조(청문)
시·도지사, 소방본부장 또는 소방서장은 다음 각 호의 어느 하나에 해당하는 처분을 하고자 하는 경우에는 청문을 실시하여야 한다.
1. 제12조의 규정에 따른 제조소등 설치허가의 취소
2. 제16조 제5항의 규정에 따른 탱크시험자의 등록취소

51 공사업법상 소방시설업 등록신청 신청서 및 첨부서류에 기재되어야 할 내용이 명확하지 아니한 경우 서류의 보완 기간은 며칠 이내인가?

① 14일 ② 10일
③ 7일   ④ 5일

정답 47.③ 48.① 49.③ 50.① 51.②

해설 **공사업법 시행규칙 제2의2(등록신청 서류의 보완)**
소방시설업의 등록신청 서류가 다음 각 호의 어느 하나에 해당되는 경우에는 10일 이내의 기간을 정하여 이를 보완하게 할 수 있다.
1. 첨부서류가 첨부되지 아니한 경우
2. 신청서 및 첨부서류에 기재되어야 할 내용이 기재되어 있지 아니하거나 명확하지 아니한 경우

52 소화난이도등급 Ⅰ의 제조소 등에 설치해야 하는 소화설비기준 중 황만을 저장·취급하는 옥내탱크저장소에 설치해야 하는 소화설비는?

① 옥내소화전설비
② 옥외소화전설비
③ 물분무소화설비
④ 고정식 포소화설비

해설 **위험물법 시행규칙 [별표 17] 소화설비, 경보설비 및 피난설비의 기준**
나. 소화난이도등급Ⅰ의 제조소 등에 설치하여야 하는 소화설비

옥외탱크저장소	지중탱크 또는 해상탱크 외의 것	황만을 저장 취급하는 것	물분무소화설비

53 특정소방대상물 중 의료시설에 해당되지 않는 것은?

① 노숙인 재활시설
② 장애인 의료재활시선
③ 정신의료기관
④ 마약진료소

해설 **소방시설법 시행령 [별표 2] 특정소방대상물**
▶ 의료시설
1. 병원 : 종합병원, 병원, 치과병원, 한방병원, 요양병원
2. 격리병원 : 전염병원, 마약진료소, 그 밖에 이와 비슷한 것
3. 정신의료기관
4. 「장애인복지법」 제58조제1항제4호에 따른 장애인 의료재활시설

54 제2류 위험물의 품명에 따른 지정수량의 연결이 틀린 것은?

① 황화인 – 100[kg]
② 황 – 300[kg]
③ 철분 – 500[kg]
④ 인화성고체 – 1,000[kg]

해설 **위험물법 시행령 [별표 1] 위험물 및 지정수량**

제2류	
가연성 고체	
1. 황화인	100킬로그램
2. 적린	100킬로그램
3. 황	100킬로그램
4. 철분	500킬로그램
5. 금속분	500킬로그램
6. 마그네슘	500킬로그램
7. 그 밖에 행정안전부령으로 정하는 것	100킬로그램 또는 500킬로그램
8. 제1호 내지 제7호의 1에 해당하는 어느 하나 이상을 함유한 것	
9. 인화성 고체	1,000킬로그램

55 작동점검을 실시한 자는 작동점검 실시결과 보고서를 며칠 이내에 소방본부장 또는 소방서장에게 제출해야 하는가?

① 7일
② 10일
③ 12일
④ 15일

해설 **점검결과보고서의 제출**
㉠ 관리업자 또는 소방안전관리자로 선임된 소방시설관리사 및 소방기술사(이하 "관리업자등"이라 한다)는 자체점검을 실시한 경우에는 법 제22조제1항 각 호 외의 부분 후단에 따라 그 점검이 끝난 날부터 10일 이내에 별지 제9호서식의 소방시설등 자체점검 실시결과 보고서(전자문서로 된 보고서를 포함한다)에 소방청장이 정하여 고시하는 소방시설등점검표를 첨부하여 관계인에게 제출해야 한다.
㉡ 제1항에 따른 자체점검 실시결과 보고서를 제출받거나 스스로 자체점검을 실시한 관계인은 법 제23조제3항에 따라 자체점검이 끝난 날부터 15일 이내에 별

지 제9호서식의 소방시설등 자체점검 실시결과 보고서(전자문서로 된 보고서를 포함한다)에 다음 각 호의 서류를 첨부하여 소방본부장 또는 소방서장에게 서면이나 소방청장이 지정하는 전산망을 통하여 보고해야 한다.
1. 점검인력 배치확인서(관리업자가 점검한 경우만 해당한다)
2. 별지 제10호서식의 소방시설등의 자체점검 결과 이행계획서

ⓒ 제1항 및 제2항에 따른 자체점검 실시결과의 보고기간에는 공휴일 및 토요일은 산입하지 않는다.

ⓔ 제2항에 따라 소방본부장 또는 소방서장에게 자체점검 실시결과 보고를 마친 관계인은 소방시설등 자체점검 실시결과 보고서(소방시설등점검표를 포함한다)를 점검이 끝난 날부터 2년간 자체 보관해야 한다.

ⓜ 제2항에 따라 소방시설등의 자체점검 결과 이행계획서를 보고받은 소방본부장 또는 소방서장은 다음 각 호의 구분에 따라 이행계획의 완료 기간을 정하여 관계인에게 통보해야 한다. 다만, 소방시설등에 대한 수리·교체·정비의 규모 또는 절차가 복잡하여 다음 각 호의 기간 내에 이행을 완료하기가 어려운 경우에는 그 기간을 달리 정할 수 있다.
1. 소방시설등을 구성하고 있는 기계·기구를 수리하거나 정비하는 경우 : 보고일부터 10일 이내
2. 소방시설등의 전부 또는 일부를 철거하고 새로 교체하는 경우 : 보고일부터 20일 이내

ⓑ 제5항에 따른 완료기간 내에 이행계획을 완료한 관계인은 이행을 완료한 날부터 10일 이내에 별지 제11호서식의 소방시설등의 자체점검 결과 이행완료 보고서(전자문서로 된 보고서를 포함한다)에 다음 각 호의 서류(전자문서를 포함한다)를 첨부하여 소방본부장 또는 소방서장에게 보고해야 한다.
1. 이행계획 건별 전·후 사진 증명자료
2. 소방시설공사 계약서

56 화재예방법에 따른 소방안전관리업무를 하지 아니한 특정소방대상물의 관계인에게는 얼마 이하의 과태료를 부과하는가?

① 100만 원 ② 200만 원
③ 300만 원 ④ 400만 원

해설 화재예방법 제52조(과태료)
① 다음 각 호의 어느 하나에 해당하는 자에게는 300만 원 이하의 과태료를 부과한다.

1. 정당한 사유 없이 제17조제1항 각 호의 어느 하나에 해당하는 행위를 한 자
2. 제24조제2항을 위반하여 소방안전관리자를 겸한 자
3. 제24조제5항에 따른 소방안전관리업무를 하지 아니한 특정소방대상물의 관계인 또는 소방안전관리대상물의 소방안전관리자
4. 제27조제2항을 위반하여 소방안전관리업무의 지도·감독을 하지 아니한 자
5. 제29조제2항에 따른 건설현장 소방안전관리대상물의 소방안전관리자의 업무를 하지 아니한 소방안전관리자
6. 제36조제3항을 위반하여 피난유도 안내정보를 제공하지 아니한 자
7. 제37조제1항을 위반하여 소방훈련 및 교육을 하지 아니한 자
8. 제41조제4항을 위반하여 화재예방안전진단 결과를 제출하지 아니한 자

② 다음 각 호의 어느 하나에 해당하는 자에게는 200만 원 이하의 과태료를 부과한다.
1. 제17조제4항에 따른 불을 사용할 때 지켜야 하는 사항 및 같은 조 제5항에 따른 특수가연물의 저장 및 취급 기준을 위반한 자
2. 제18조제4항에 따른 소방설비등의 설치 명령을 정당한 사유 없이 따르지 아니한 자
3. 제26조제1항을 위반하여 기간 내에 선임신고를 하지 아니하거나 소방안전관리자의 성명 등을 게시하지 아니한 자
4. 제29조제1항을 위반하여 기간 내에 선임신고를 하지 아니한 자
5. 제37조제2항을 위반하여 기간 내에 소방훈련 및 교육 결과를 제출하지 아니한 자

③ 제34조제1항제2호를 위반하여 실무교육을 받지 아니한 소방안전관리자 및 소방안전관리보조자에게는 100만 원 이하의 과태료를 부과한다.

④ 제1항부터 제3항까지에 따른 과태료는 대통령령으로 정하는 바에 따라 소방청장, 시·도지사, 소방본부장 또는 소방서장이 부과·징수한다.

57 기본법상 소방용수시설의 저수조는 지면으로부터 낙차가 몇 [m] 이하가 되어야 하는가?

① 3.5[m] ② 4[m]
③ 4.5[m] ④ 6[m]

정답 56.③ 57.③

해설 기본법 시행규칙 [별표 3] 소방용수시설의 설치기준
▶ 저수조의 설치기준
1. 지면으로부터의 낙차가 4.5[m] 이하일 것
2. 흡수부분의 수심이 0.5[m] 이상일 것
3. 소방펌프자동차가 쉽게 접근할 수 있도록 할 것
4. 흡수에 지장이 없도록 토사 및 쓰레기 등을 제거할 수 있는 설비를 갖출 것
5. 흡수관의 투입구가 사각형의 경우에는 한 변의 길이가 60[cm] 이상, 원형의 경우에는 지름이 60[cm] 이상일 것
6. 저수조에 물을 공급하는 방법은 상수도에 연결하여 자동으로 급수되는 구조일 것

58 소방용품의 형식승인을 반드시 취소하여야 하는 경우가 아닌 것은?
① 거짓 또는 부정한 방법으로 형식승인을 받은 경우
② 시험시설의 시설기준에 미달되는 경우
③ 거짓 또는 부정한 방법으로 제품검사를 받은 경우
④ 변경승인을 받지 아니한 경우

해설 소방시설법 제39조(형식승인의 취소 등)
소방청장은 소방용품의 형식승인을 받았거나 제품검사를 받은 자가 다음 각 호의 어느 하나에 해당될 때에는 행정안전부령으로 정하는 바에 따른 그 형식승인을 취소하거나 6개월 이내의 기간을 정하여 제품검사의 중지를 명할 수 있다. 다만, 제1호·제3호 또는 제5호의 경우에는 형식승인을 취소하여야 한다.
1. 거짓이나 그 밖의 부정한 방법으로 형식승인을 받은 경우
3. 거짓이나 그 밖의 부정한 방법으로 제품검사를 받은 경우
5. 변경승인을 받지 아니하거나 거짓이나 그 밖의 부정한 방법으로 변경승인을 받은 경우

59 소방장비 등에 대한 국고보조 대상사업의 범위와 기준보조율은 무엇으로 정하는가?
① 행정안전부령 ② 대통령령
③ 시·도의 조례 ④ 국토교통부령

해설 기본법 제9조(소방장비 등에 대한 국조보조)
① 국가는 소방장비의 구입 등 시·도의 소방업무에 필요한 경비의 일부를 보조한다.
② 제1항에 따른 보조 대상사업의 범위와 기준보조율은 대통령령으로 정한다.

60 하자보수 대상 소방시설 중 하자보수 보증기간이 2년이 아닌 것은?
① 유도표시 ② 비상경보설비
③ 무선통신보조설비 ④ 자동화재탐지설비

해설 공사업법 시행령 제6조(하자보수 대상 소방시설과 하자보수 보증기간)
하자를 보수하여야 하는 소방시설과 소방시설별 하자보수 보증기간은 다음 각 호의 구분과 같다.
1. 피난기구, 유도등, 유도표지, 비상경보설비, 비상조명등, 비상방송설비 및 무선통신보조설비 : 2년
2. 자동소화장치, 옥내소화전설비, 스프링클러설비, 간이스프링클러설비, 물분무등소화설비, 옥외소화전설비, 자동화재탐지설비, 상수도소화용수설비 및 소화활동설비(무선통신보조설비는 제외한다) : 3년

정답 58.② 59.② 60.④

2017년 제1회 소방설비기사[전기분야] 1차 필기
[제3과목 : 소방관계법규]

41 관계인이 예방규정을 정하여야 하는 제조소등의 기준이 아닌 것은?

① 지정수량의 10배 이상의 위험물을 취급하는 제조소
② 지정수량의 50배 이상의 위험물을 취급하는 옥외저장소
③ 지정수량의 150배 이상의 위험물을 취급하는 옥내저장소
④ 지정수량의 200배 이상의 위험물을 취급하는 옥외탱크저장소

해설 위험물법 시행령 제15조(관계인이 예방규정을 정하여야 하는 제조소등)
법 제17조제1항에서 "대통령령이 정하는 제조소등"이라 함은 다음 각호의 1에 해당하는 제조소등을 말한다.
1. 지정수량의 10배 이상의 위험물을 취급하는 제조소
2. 지정수량의 100배 이상의 위험물을 저장하는 옥외저장소
3. 지정수량의 150배 이상의 위험물을 저장하는 옥내저장소
4. 지정수량의 200배 이상의 위험물을 저장하는 옥외탱크저장소
5. 암반탱크저장소
6. 이송취급소
7. 지정수량의 10배 이상의 위험물을 취급하는 일반취급소. 다만, 제4류 위험물(특수인화물을 제외한다)만을 지정수량의 50배 이하로 취급하는 일반취급소(제1석유류·알코올류의 취급량이 지정수량의 10배 이하인 경우에 한한다)로서 다음 각목의 어느 하나에 해당하는 것을 제외한다.
   가. 보일러·버너 또는 이와 비슷한 것으로서 위험물을 소비하는 장치로 이루어진 일반취급소
   나. 위험물을 용기에 옮겨 담거나 차량에 고정된 탱크에 주입하는 일반취급소

42 특정소방대상물이 증축되는 경우 기존 부분에 대해서 증축 당시의 소방시설의 설치에 관한 대통령령 또는 화재안전기준을 적용하지 않는 경우가 아닌 것은?

① 증축으로 인하여 천장·바닥·벽 등에 고정되어 있는 가연성 물질의 양이 줄어드는 경우
② 자동차 생산공장 등 화재 위험이 낮은 특정소방대상물 내부에 연면적 33[m²] 이하의 직원 휴게실을 증축하는 경우
③ 기존 부분과 증축 부분이 갑종 방화문(국토교통부장관이 정하는 기준에 적합한 자동방화셔터를 포함)으로 구획되어 있는 경우
④ 자동차 생산공장 등 화재 위험이 낮은 특정소방대상물에 캐노피(3면 이상에 벽이 없는 구조의 캐노피)를 설치하는 경우

해설 소방시설법 시행령 제15조(특정소방대상물의 증축 또는 용도변경 시의 소방시설기준 적용의 특례) 제1항 참조
법 제11조제3항에 따라 소방본부장 또는 소방서장은 특정소방대상물이 증축되는 경우에는 기존 부분을 포함한 특정소방대상물의 전체에 대하여 증축 당시의 소방시설의 설치에 관한 대통령령 또는 화재안전기준을 적용하여야 한다. 다만, 다음 각 호의 어느 하나에 해당하는 경우에는 기존 부분에 대해서는 증축 당시의 소방시설의 설치에 관한 대통령령 또는 화재안전기준을 적용하지 아니한다.
1. 기존 부분과 증축 부분이 내화구조(耐火構造)로 된 바닥과 벽으로 구획된 경우
2. 기존 부분과 증축 부분이 「건축법 시행령」 제64조에 따른 갑종 방화문(국토교통부장관이 정하는 기준에 적합한 자동방화셔터를 포함한다)으로 구획되어 있는 경우

정답 41.② 42.①

3. 자동차 생산공장 등 화재 위험이 낮은 특정소방대상물 내부에 연면적 33제곱미터 이하의 직원 휴게실을 증축하는 경우
4. 자동차 생산공장 등 화재 위험이 낮은 특정소방대상물에 캐노피(3면 이상에 벽이 없는 구조의 캐노피를 말한다)를 설치하는 경우

[22.12.1이후 개정]
▶ 증축되는 경우
㉠ 원칙 : 소방본부장이나 소방서장은 기존의 특정소방대상물이 증축되는 경우에는 대통령령으로 정하는 바에 따라 증축 당시의 소방시설의 설치에 관한 대통령령 또는 화재안전기준을 적용한다.
㉡ 예외 : 다음의 경우 기존부분에 대하여는 증축당시의 기준을 적용하지 아니한다.
1. 기존 부분과 증축 부분이 내화구조(耐火構造)로 된 바닥과 벽으로 구획된 경우
2. 기존 부분과 증축 부분이 「건축법 시행령」 제46조제1항제2호에 따른 자동방화셔터(이하 "자동방화셔터"라 한다) 또는 같은 영 제64조제1항제1호에 따른 60분+ 방화문(이하 "60분+ 방화문"이라 한다)으로 구획되어 있는 경우
3. 자동차 생산공장 등 화재 위험이 낮은 특정소방대상물 내부에 연면적 33제곱미터 이하의 직원 휴게실을 증축하는 경우
4. 자동차 생산공장 등 화재 위험이 낮은 특정소방대상물에 캐노피(기둥으로 받치거나 매달아 놓은 덮개를 말하며, 3면 이상에 벽이 없는 구조의 것을 말한다)를 설치하는 경우

43 대통령령으로 정하는 특정소방대상물 소방시설공사의 완공검사를 위하여 소방본부장이나 소방서장의 현장 확인 대상 범위가 아닌 것은?

① 문화 및 집회시설
② 수계 소화설비가 설치되는 것
③ 연면적 10,000[m²] 이상이거나 11층 이상인 특정소방대상물(아파트는 제외)
④ 가연성가스를 제조·저장 또는 취급하는 시설 중 지상에 노출된 가연성가스탱크의 저장용량의 합계가 1,000톤 이상인 시설

해설 공사업법 시행령 제5조(완공검사를 위한 현장확인 대상 특정소방대상물의 범위)
1. 문화 및 집회시설, 종교시설, 판매시설, 노유자(老幼者)시설, 수련시설, 운동시설, 숙박시설, 창고시설, 지하상가 및 「다중이용업소의 안전관리에 관한 특별법」에 따른 다중이용업소
2. 다음 각 목의 어느 하나에 해당하는 설비가 설치되는 특정소방대상물
   가. 스프링클러설비 등
   나. 물분무등소화설비(호스릴방식의 소화설비는 제외한다)
3. 연면적 1만제곱미터 이상이거나 11층 이상인 특정소방대상물(아파트는 제외한다)
4. 가연성 가스를 제조·저장 또는 취급하는 시설 중 지상에 노출된 가연성 가스탱크의 저장용량 합계가 1천톤 이상인 시설

44 소화난이도등급 Ⅲ인 지하탱크저장소에 설치하여야 하는 소화설비의 설치기준으로 옳은 것은?

① 능력단위 수치가 3 이상의 소형 수동식 소화기 등 1개 이상
② 능력단위 수치가 3 이상의 소형 수동식 소화기 등 2개 이상
③ 능력단위 수치가 2 이상의 소형 수동식 소화기 등 1개 이상
④ 능력단위 수치가 2 이상의 소형 수동식 소화기 등 2개 이상

해설 위험물법 시행규칙 [별표 17]
▶ 소화난이도 등급 Ⅲ의 제조소등에 설치하여야 하는 소화설비

제조소 등의 구분	소화 설비	설치기준	
지하탱크 저장소	소형 수동식 소화기 등	능력단위의 수치가 3 이상	2개 이상
이동탱크 저장소	마른모래, 팽창질석, 팽창진주암	• 마른모래 150[L] 이상 • 팽창질석·팽창진주암 640[L] 이상	

45 화재안전조사의 연기를 신청하려는 자는 화재안전조사 시작 며칠 전까지 소방청장, 소방본부장 또는 소방서장에게 화재안전조사 연기신청서에 증명서류를 첨부하여 제출해야 하는가? (단, 천재지변 및 그 밖에 대통령령으로 정하는 사유로 화재안전조사를 받기 곤란한 경우이다.)

① 3일　　② 5일
③ 7일　　④ 10일

해설 화재예방법 시행규칙 제4조(화재안전조사의 연기신청 등)
① 「화재예방법 시행령」(이하 "영"이라 한다) 제9조 제2항에 따라 화재안전조사의 연기를 신청하려는 자는 화재안전조사 시작 3일 전까지 별지 제1호서식의 화재안전조사 연기신청서(전자문서로 된 신청서를 포함한다)에 화재안전조사를 받기가 곤란함을 증명할 수 있는 서류(전자문서로 된 서류를 포함한다)를 첨부하여 소방청장, 소방본부장 또는 소방서장에게 제출하여야 한다.
② 제1항에 따른 신청서를 제출받은 소방청장, 소방본부장 또는 소방서장은 3일 이내에 연기신청의 승인 여부를 결정한때에는 별지 제2호서식의 화재안전조사 연기신청 결과 통지서를 조사 시작 전까지 연기신청을 한 자에게 통지하여야 하고, 연기기간이 종료하면 지체 없이 조사를 시작하여야 한다.

46 시장지역에서 화재로 오인할 만한 우려가 있는 불을 피우거나 연막소독을 하려는 자가 소방본부장 또는 소방서장에게 신고를 하지 아니하여 소방자동차를 출동하게 한 자에 대한 과태료 부과 금액 기준으로 옳은 것은?

① 20만 원 이하　　② 50만 원 이하
③ 100만 원 이하　　④ 200만 원 이하

해설 기본법 제57조(과태료)
① 제19조 제2항에 따른 신고를 하지 아니하여 소방자동차를 출동하게 한 자에게는 20만 원 이하의 과태료를 부과한다.
② 제1항에 따른 과태료는 조례로 정하는 바에 따라 관할 소방본부장 또는 소방서장이 부과·징수한다.

47 소방청장, 소방본부장 또는 소방서장이 화재안전조사 조치명령서를 해당 소방대상물의 관계인에게 발급하는 경우가 아닌 것은?

① 소방대상물의 신축
② 소방대상물의 개수
③ 소방대상물의 이전
④ 소방대상물의 제거

해설 화재예방법 제14조(화재안전조사 결과에 따른 조치명령) 제1항 참조
소방청장, 소방본부장 또는 소방서장은 화재안전조사 결과 소방대상물의 위치·구조·설비 또는 관리의 상황이 화재나 재난·재해 예방을 위하여 보완될 필요가 있거나 화재가 발생하면 인명 또는 재산의 피해가 클 것으로 예상되는 때에는 행정안전부령으로 정하는 바에 따라 관계인에게 그 소방대상물의 개수(改修)·이전·제거, 사용의 금지 또는 제한, 사용폐쇄, 공사의 정지 또는 중지, 그 밖의 필요한 조치를 명할 수 있다.

48 대통령령 또는 화재안전기준이 변경되어 그 기준이 강화되는 경우에 기존 특정소방대상물의 소방시설에 대하여 변경으로 강화된 기준을 적용하여야 하는 소방시설은?

① 비상경보설비　　② 비상콘센트설비
③ 비상방송설비　　④ 옥내소화전설비

해설 소방시설법 제13조(소방시설기준 적용의 특례)
① 소방본부장이나 소방서장은 제12조제1항 전단에 따른 대통령령 또는 화재안전기준이 변경되어 그 기준이 강화되는 경우 기존의 특정소방대상물(건축물의 신축·개축·재축·이전 및 대수선 중인 특정소방대상물을 포함한다)의 소방시설에 대하여는 변경 전의 대통령령 또는 화재안전기준을 적용한다. 다만, 다음 각 호의 어느 하나에 해당하는 소방시설의 경우에는 대통령령 또는 화재안전기준의 변경으로 강화된 기준을 적용할 수 있다.
1. 다음 각 목의 소방시설 중 대통령령 또는 화재안전기준으로 정하는 것
가. 소화기구
나. 비상경보설비
다. 자동화재탐지설비
라. 자동화재속보설비

정답 45.① 46.① 47.① 48.①

마. 피난구조설비
2. 다음 각 목의 특정소방대상물에 설치하는 소방시설 중 대통령령 또는 화재안전기준으로 정하는 것
　가. 「국토의 계획 및 이용에 관한 법률」 제2조제9호에 따른 공동구
　나. 전력 및 통신사업용 지하구
　다. 노유자(老幼者) 시설
　라. 의료시설

소방시설법 시행령 제13조(강화된 소방시설기준의 적용대상)
법 제13조제1항제2호 각 목 외의 부분에서 "대통령령으로 정하는 것"이란 다음 각 호의 소방시설을 말한다.
1. 「국토의 계획 및 이용에 관한 법률」 제2조제9호에 따른 공동구에 설치하는 소화기, 자동소화장치, 자동화재탐지설비, 통합감시시설, 유도등 및 연소방지설비
2. 전력 및 통신사업용 지하구에 설치하는 소화기, 자동소화장치, 자동화재탐지설비, 통합감시시설, 유도등 및 연소방지설비
3. 노유자 시설에 설치하는 간이스프링클러설비, 자동화재탐지설비 및 단독경보형 감지기
4. 의료시설에 설치하는 스프링클러설비, 간이스프링클러설비, 자동화재탐지설비 및 자동화재속보설비

49 출동한 소방대의 화재진압 및 인명구조·구급 등 소방활동 방해에 따른 벌칙이 5년 이하의 징역 또는 5,000만 원 이하의 벌금에 처하는 행위가 아닌 것은?

① 위력을 사용하여 출동한 소방대의 구급활동을 방해하는 행위
② 화재진압을 마치고 소방서로 복귀 중인 소방자동차의 통행을 고의로 방해하는 행위
③ 출동한 소방대원에게 협박을 행사하여 구급활동을 방해하는 행위
④ 출동한 소방대의 소방장비를 파손하거나 그 효용을 해하여 구급활동을 방해하는 행위

해설 기본법 제50조(벌칙)
다음 각 호의 어느 하나에 해당하는 사람은 5년 이하의 징역 또는 5천만원 이하의 벌금에 처한다.
1. 제16조 제2항을 위반하여 다음 각 목의 어느 하나에 해당하는 행위를 한 사람
　가. 위력(威力)을 사용하여 출동한 소방대의 화재진압·인명구조 또는 구급활동을 방해하는 행위
　나. 소방대가 화재진압·인명구조 또는 구급활동을 위하여 현장에 출동하거나 현장에 출입하는 것을 고의로 방해하는 행위
　다. 출동한 소방대원에게 폭행 또는 협박을 행사하여 화재진압·인명구조 또는 구급활동을 방해하는 행위
　라. 출동한 소방대의 소방장비를 파손하거나 그 효용을 해하여 화재진압·인명구조 또는 구급활동을 방해하는 행위
2. 제21조 제1항을 위반하여 소방자동차의 출동을 방해한 사람
3. 제24조 제1항에 따른 사람을 구출하는 일 또는 불을 끄거나 불이 번지지 아니하도록 하는 일을 방해한 사람
4. 제28조를 위반하여 정당한 사유 없이 소방용수시설 또는 비상소화장치를 사용하거나 소방용수시설 또는 비상소화장치의 효용을 해치거나 그 정당한 사용을 방해한 사람

50 소방시설법상 특정소방대상물 중 오피스텔이 해당하는 것은?

① 숙박시설　　② 업무시설
③ 공동주택　　④ 근린생활시설

해설 업무시설
가. 공공업무시설 : 국가 또는 지방자치단체의 청사와 외국공관의 건축물로서 근린생활시설에 해당하지 않는 것
나. 일반업무시설 : 금융업소, 사무소, 신문사, 오피스텔(업무를 주로 하며, 분양하거나 임대하는 구획 중 일부의 구획에서 숙식을 할 수 있도록 한 건축물로서 국토해양부장관이 고시하는 기준에 적합한 것을 말한다), 그 밖에 이와 비슷한 것으로서 근린생활시설에 해당하지 않는 것
다. 주민자치센터(동사무소), 경찰서, 지구대, 파출소, 소방서, 119안전센터, 우체국, 보건소, 공공도서관, 국민건강보험공단, 그 밖에 이와 비슷한 용도로 사용하는 것
라. 마을회관, 마을공동작업소, 마을공동구판장, 그 밖에 이와 유사한 용도로 사용되는 것
마. 변전소, 양수장, 정수장, 대피소, 공중화장실, 그 밖에 이와 유사한 용도로 사용되는 것

51 소방시설업에 대한 행정처분 기준 중 1차처분이 영업정지 3개월이 아닌 경우는?

① 국가, 지방자치단체 또는 공공기관이 발주하는 소방시설의 설계·감리업자 선정에 따른 사업수행능력 평가에 관한 서류를 위조하거나 변조하는 등 거짓이나 그 밖의 부정한 방법으로 입찰에 참여한 경우
② 소방시설업의 감독을 위하여 필요한 보고나 자료제출 명령을 위반하여 보고 또는 자료 제출을 하지 아니하거나 거짓으로 보고 또는 자료 제출을 한 경우
③ 정당한 사유 없이 출입·검사업무에 따른 관계 공무원의 출입 또는 검사·조사를 거부·방해 또는 기피한 경우
④ 감리업자의 감리 시 소방시설공사가 설계도서에 맞지 아니하여 공사업자에게 공사의 시정 또는 보완 등의 요구를 하였으나 따르지 아니한 경우

[해설] 공사업법 시행규칙 [별표 1] 참조
▶ 1차 영업정지 3개월 사항
㉠ 법 제24조를 위반하여 시공과 감리를 함께 한 경우
㉡ 법 제26조의2에 따른 사업수행능력 평가에 관한 서류를 위조하거나 변조하는 등 거짓이나 그 밖의 부정한 방법으로 입찰에 참여한 경우
㉢ 법 제31조에 따른 명령을 위반하여 보고 또는 자료 제출을 하지 아니하거나 거짓으로 보고 또는 자료 제출을 한 경우
㉣ 정당한 사유 없이 법 제31조에 따른 관계 공무원의 출입 또는 검사·조사를 거부·방해 또는 기피한 경우
㉤ 법 제20조의2를 위반하여 방염을 한 경우
㉥ 법 제22조 제1항을 위반하여 하도급한 경우
• ④ : 1차 영업정지 1개월

52 지정수량 미만인 위험물의 저장 또는 취급에 관한 기술상의 기준은 무엇으로 정하는가?

① 대통령령 ② 행정안전부령
③ 소방청장령 ④ 시·도의 조례

[해설] 기본법 제4조(지정수량 미만인 위험물의 저장·취급)
지정수량 미만인 위험물의 저장 또는 취급에 관한 기술상의 기준은 특별시·광역시·특별자치시·도 및 특별자치도(이하 "시·도"라 한다)의 조례로 정한다.

53 소방시설기준 적용의 특례 중 특정소방대상물의 관계인이 소방시설을 갖추어야 함에도 불구하고 관련 소방시설을 설치하지 아니할 수 있는 소방시설의 범위로 옳은 것은? (단, 화재 위험도가 낮은 특정소방대상물로서 석재, 불연성금속, 불연성 건축재료 등의 가공공장·기계조립공장·주물공장 또는 불연성 물품을 저장하는 창고이다.)

① 옥외소화전 및 연결살수설비
② 연결송수관설비 및 연결살수설비
③ 자동화재탐지설비, 상수도소화용수설비 및 연결살수설비
④ 스프링클러설비, 상수도소화용수설비 및 연결살수설비

[해설] 소방시설법 [별표 6] 소방시설을 설치하지 아니할 수 있는 특정소방대상물 및 소방시설의 범위

구 분	특정소방대상물	소방시설
1. 화재 위험도가 낮은 특정소방대상물	석재, 불연성금속, 불연성 건축재료 등의 가공공장·기계조립공장·주물공장 또는 불연성 물품을 저장하는 창고	옥외소화전 및 연결살수설비
2. 화재안전기준을 적용하기 어려운 특정소방대상물	펄프공장의 작업장, 음료수 공장의 세정 또는 충전을 하는 작업장, 그 밖에 이와 비슷한 용도로 사용하는 것	스프링클러설비, 상수도소화용수설비 및 연결살수설비
	정수장, 수영장, 목욕장, 농예·축산·어류양식용 시설, 그 밖에 이와 비슷한 용도로 사용되는 것	자동화재탐지설비, 상수도소화용수설비 및 연결살수설비
3. 화재안전기준을 달리 적용하여야 하는 특수한 용도 또는 구조를 가진 특정소방대상물	원자력발전소, 핵폐기물처리시설	연결송수관설비 및 연결살수설비

정답 51.④ 52.④ 53.①

| 4.「위험물법」제19조에 따른 자체소방대가 설치된 특정소방대상물 | 자체소방대가 설치된 위험물 제조소등에 부속된 사무실 | 옥내소화전설비, 소화용수설비, 연결살수설비 및 연결송수관설비 |

54 소방용수시설 급수탑 개폐밸브의 설치기준으로 옳은 것은?

① 지상에서 1.0[m] 이상 1.5[m] 이하
② 지상에서 1.5[m] 이상 1.7[m] 이하
③ 지상에서 1.2[m] 이상 1.8[m] 이하
④ 지상에서 1.5[m] 이상 2.0[m] 이하

해설 기본법 시행규칙 [별표 3] 참조
▶ 소방용수시설별 설치기준
가. 소화전의 설치기준 : 상수도와 연결하여 지하식 또는 지상식의 구조로 하고, 소방호스와 연결하는 소화전의 연결금속구의 구경은 65밀리미터로 할 것
나. 급수탑의 설치기준 : 급수배관의 구경은 100밀리미터 이상으로 하고, 개폐밸브는 지상에서 1.5미터 이상 1.7미터 이하의 위치에 설치하도록 할 것
다. 저수조의 설치기준
 (1) 지면으로부터의 낙차가 4.5미터 이하일 것
 (2) 흡수부분의 수심이 0.5미터 이상일 것
 (3) 소방펌프자동차가 쉽게 접근할 수 있도록 할 것
 (4) 흡수에 지장이 없도록 토사 및 쓰레기 등을 제거할 수 있는 설비를 갖출 것
 (5) 흡수관의 투입구가 사각형의 경우에는 한 변의 길이가 60센티미터 이상, 원형의 경우에는 지름이 60센티미터 이상일 것
 (6) 저수조에 물을 공급하는 방법은 상수도에 연결하여 자동으로 급수되는 구조일 것

55 옥내저장소의 위치·구조 및 설비의 기준 중 지정수량의 몇 배 이상의 저장창고(제6류 위험물의 저장창고 제외)에 피뢰침을 설치해야 하는가? (단, 저장창고 주위의 상황이 안전상 지장이 없는 경우는 제외한다.)

① 10배　② 20배
③ 30배　④ 40배

해설 지정수량의 10배 이상인 저장창고(제6류 위험물은 제외)에는 피뢰침을 설치할 것

56 우수품질인증을 받지 아니한 제품에 우수품질 인증표시를 하거나 우수품질인증 표시를 위조 또는 변조하여 사용한 자에 대한 벌칙기준은?

① 200만 원 이하 벌금
② 300만 원 이하 벌금
③ 1년 이하의 징역 또는 1천만 원 이하의 벌금
④ 3년 이하의 징역 또는 3천만 원 이하의 벌금

해설 소방시설법 제58조(벌칙)
제43조 제1항에 따른 우수품질인증을 받지 아니한 제품에 우수품질인증 표시를 하거나 우수품질인증 표시를 위조하거나 변조하여 사용한 자 : 1년 이하의 징역 또는 1천만 원 이하의 벌금

57 다음 조건을 참고하여 숙박시설이 있는 특정소방대상물의 수용인원 산정 수로 옳은 것은?

> 침대가 있는 숙박시설로서 1인용 침대의 수는 20개이고, 2인용 침대의 수는 10개이며, 종업원의 수는 3명이다.

① 33　② 40
③ 43　④ 46

해설 소방시설법 시행령 [별표 7] 수용인원의 산정 방법
1. 숙박시설이 있는 특정소방대상물
 가. 침대가 있는 숙박시설 : 해당 특정소방물의 종사자 수에 침대 수(2인용 침대는 2개로 산정한다)를 합한 수
 나. 침대가 없는 숙박시설 : 해당 특정소방대상물의 종사자 수에 숙박시설 바닥면적의 합계를 3[m²]로 나누어 얻은 수를 합한 수
2. 제1호 외의 특정소방대상물
 가. 강의실·교무실·상담실·실습실·휴게실 용도로 쓰이는 특정소방대상물 : 해당 용도로 사용하는 바닥면적의 합계를 1.9[m²]로 나누어 얻은 수
 나. 강당, 문화 및 집회시설, 운동시설, 종교시설 : 해당 용도로 사용하는 바닥면적의 합계를 4.6[m²]로 나누어 얻은 수(관람석이 있는 경우 고정식

정답　54.②　55.①　56.③　57.③

의자를 설치한 부분은 그 부분의 의자 수로 하고, 긴의자의 경우에는 의자의 정면너비를 0.45[m]로 나누어 얻은 수로 한다)

다. 그 밖의 특정소방대상물 : 해당 용도로 사용하는 바닥면적의 합계를 3[m²]로 나누어 얻은 수

58 성능위주설계를 실시하여야 하는 특정소방대상물의 범위 기준으로 틀린 것은?

① 연면적 200,000[m²] 이상인 특정소방대상물(아파트 등은 제외)
② 지하층을 포함한 층수가 30층 이상인 특정소방대상물(아파트 등은 제외)
③ 건축물의 높이가 100[m] 이상인 특정소방대상물(아파트 등은 제외)
④ 하나의 건축물에 영화상영관이 5개 이상인 특정소방대상물

해설 소방시설법 시행령 제9조(성능위주설계를 하여야 하는 특정소방대상물의 범위)

1. 연면적 20만제곱미터 이상인 특정소방대상물. 다만, 별표 2 제1호가목에 따른 아파트등(이하 "아파트등"이라 한다)은 제외한다.
2. 50층 이상(지하층은 제외한다)이거나 지상으로부터 높이가 200미터 이상인 아파트등
3. 30층 이상(지하층을 포함한다)이거나 지상으로부터 높이가 120미터 이상인 특정소방대상물(아파트등은 제외한다)
4. 연면적 3만제곱미터 이상인 특정소방대상물로서 다음 각 목의 어느 하나에 해당하는 특정소방대상물
   가. 별표 2 제6호나목의 철도 및 도시철도 시설
   나. 별표 2 제6호다목의 공항시설
5. 별표 2 제16호의 창고시설 중 연면적 10만제곱미터 이상인 것 또는 지하층의 층수가 2개 층 이상이고 지하층의 바닥면적의 합계가 3만제곱미터 이상인 것
6. 하나의 건축물에 「영화 및 비디오물의 진흥에 관한 법률」 제2조제10호에 따른 영화상영관이 10개 이상인 특정소방대상물
7. 「초고층 및 지하연계 복합건축물 재난관리에 관한 특별법」 제2조제2호에 따른 지하연계 복합건축물에 해당하는 특정소방대상물
8. 별표 2 제27호의 터널 중 수저(水底)터널 또는 길이가 5천미터 이상인 것

59 소방본부장 또는 소방서장은 건축허가등의 동의요구서류를 접수한 날부터 최대 며칠 이내에 건축허가 등의 동의여부를 회신하여야 하는가? (단, 허가 신청한 건축물은 지상으로부터 높이가 200[m]인 아파트이다.)

① 5일　　② 7일
③ 10일　　④ 15일

해설 건축허가 동의요구를 받은 소방본부장 또는 소방서장은 법 제7조 제3항에 따라 건축허가등의 동의요구서류를 접수한 날부터 5일(허가를 신청한 건축물 등이 영 제22조 제1항 제1호 각 목의 어느 하나[특급소방안전관리대상물]에 해당하는 경우에는 10일) 이내에 건축허가등의 동의여부를 회신하여야 한다.

60 행정안전부령으로 정하는 고급감리원 이상의 소방공사 감리원의 소방시설공사 배치 현장기준으로 옳은 것은?

① 연면적 5,000[m²] 이상 30,000[m²] 미만인 특정소방대상물의 공사 현장
② 연면적 30,000[m²] 이상 200,000[m²] 미만인 아파트의 공사 현장
③ 연면적 30,000[m²] 이상 200,000[m²] 미만인 특정소방대상물(아파트는 제외)의 공사 현장
④ 연면적 200,000[m²] 이상인 특정소방대상물의 공사 현장

해설 소방공사 감리원의 배치기준(제11조 관련)

감리원의 배치기준		소방시설공사 현장의 기준
책임감리원	보조감리원	
1. 행정안전부령으로 정하는 특급감리원 중 소방기술사	행정안전부령으로 정하는 초급감리원 이상의 소방공사 감리원(기계분야 및 전기분야)	가. 연면적 20제곱미터 이상인 특정소방대상물의 공사 현장 나. 지하층을 포함한 층수가 40층 이상인 특정소방대상물의 공사 현장
2. 행정안전부령으로 정하는 특급감리원 이상의 소방공사 감리원(기계분야 및 전기분야)	행정안전부령으로 정하는 초급감리원 이상의 소방공사 감리원(기계분야 및 전기분야)	가. 연면적 3만제곱미터 이상 20만제곱미터 미만인 특정소방대상물(아파트는 제외한다)의 공사 현장 나. 지하층을 포함한 층수가 16층 이상 40층 미만인 특정소방대상물의 공사 현장

3. 행정안전부령으로 정하는 고급감리원 이상의 소방공사 감리원(기계분야 및 전기분야)	행정안전부령으로 정하는 초급감리원 이상의 소방공사 감리원(기계분야 및 전기분야)	가. 물분무등소화설비(호스릴 방식의 소화설비는 제외한다) 또는 제연설비가 설치되는 특정소방대상물의 공사 현장 나. 연면적 3만제곱미터 이상 20만제곱미터 미만인 아파트의 공사 현장
4. 행정안전부령으로 정하는 중급감리원 이상의 소방공사 감리원(기계분야 및 전기분야)		연면적 5천제곱미터 이상 3만제곱미터 미만인 특정소방대상물의 공사 현장
4. 행정안전부령으로 정하는 초급감리원 이상의 소방공사 감리원(기계분야 및 전기분야)		가. 연면적 5천제곱미터 미만인 특정소방대상물의 공사 현장 나. 지하구의 공사 현장

2017년 제2회 소방설비기사[전기분야] 1차 필기
[제3과목 : 소방관계법규]

41 소방시설 설치 및 관리에 관한 법률상 특정소방대상물의 관계인이 소방시설에 폐쇄(잠금을 포함)·차단 등의 행위를 하여서 사람을 상해에 이르게 한 때에 대한 벌칙기준으로 옳은 것은?

① 10년 이하의 징역 또는 1억 원 이하의 벌금
② 7년 이하의 징역 또는 7,000만 원 이하의 벌금
③ 5년 이하의 징역 또는 5,000만 원 이하의 벌금
④ 3년 이하의 징역 또는 3,000만 원 이하의 벌금

해설 소방시설법 제56조(벌칙)
① 제12조 제3항 본문을 위반하여 소방시설에 폐쇄·차단 등의 행위를 한 자는 5년 이하의 징역 또는 5천만원 이하의 벌금에 처한다.
② 제1항의 죄를 범하여 사람을 상해에 이르게 한 때에는 7년 이하의 징역 또는 7천만원 이하의 벌금에 처하며, 사망에 이르게 한 때에는 10년 이하의 징역 또는 1억원 이하의 벌금에 처한다.

42 기본법령상 불꽃을 사용하는 용접·용단 기구의 용접 또는 용단 작업장에서 지켜야 하는 사항 중 다음 ( ) 안에 알맞은 것은?

- 용접 또는 용단 작업자로부터 반경 (㉠)m 이내에 소화기를 갖추어 둘 것
- 용접 또는 용단 작업장 주변 반경 (㉡)m 이내에는 가연물을 쌓아두거나 놓아두지 말 것. 다만, 가연물의 제거가 곤란하면 방지포 등으로 방호 조치를 한 경우는 제외한다.

① ㉠ 3, ㉡ 5
② ㉠ 5, ㉡ 3
③ ㉠ 5, ㉡ 10
④ ㉠ 10, ㉡ 5

해설 불꽃을 사용하는 용접/용단기구
용접 또는 용단 작업장에서는 다음 각 호의 사항을 지켜야 한다. 다만, 「산업안전보건법」 제23조의 적용을 받는 사업장의 경우에는 적용하지 아니한다.
1. 용접 또는 용단 작업자로부터 반경 5[m] 이내에 소화기를 갖추어 둘 것
2. 용접 또는 용단 작업장 주변 반경 10[m] 이내에는 가연물을 쌓아두거나 놓아두지 말 것. 다만, 가연물의 제거가 곤란하여 방지포 등으로 방호조치를 한 경우는 제외한다.

43 화재위험도가 낮은 특정소방대상물 중 소방대가 조직되어 24시간 근무하고 있는 청사 및 차고에 설치하지 아니할 수 있는 소방시설이 아닌 것은?

① 자동화재탐지설비
② 연결송수관설비
③ 피난기구
④ 비상방송설비

해설 소방시설법 시행령 [별표 6] 소방시설을 설치하지 아니할 수 있는 특정소방대상물 및 소방시설의 범위

구 분	특정소방대상물	소방시설
1. 화재 위험도가 낮은 특정소방대상물	석재, 불연성금속, 불연성 건축재료 등의 가공공장·기계조립공장·주물공장 또는 불연성 물품을 저장하는 창고	옥외소화전 및 연결살수설비
2. 화재안전기준을 적용하기 어려운 특정소방대상물	펄프공장의 작업장, 음료수 공장의 세정 또는 충전을 하는 작업장, 그 밖에 이와 비슷한 용도로 사용하는 것	스프링클러설비, 상수도소화용수설비 및 연결살수설비
	정수장, 수영장, 목욕장, 농예·축산·어류양식용 시설, 그 밖에 이와 비슷한 용도로 사용되는 것	자동화재탐지설비, 상수도소화용수설비 및 연결살수설비

정답 41.② 42.③ 43.①

3. 화재안전기준을 달리 적용하여야 하는 특수한 용도 또는 구조를 가진 특정소방대상물	원자력발전소, 핵폐기물 처리시설	연결송수관설비 및 연결살수설비
4. 「위험물법」제19조에 따른 자체소방대가 설치된 특정소방대상물	자체소방대가 설치된 위험물 제조소등에 부속된 사무실	옥내소화전설비, 소화용수설비, 연결살수설비 및 연결송수관설비

※ 소방시설법 개정으로 소방대(청사 및 차고)는 설치제외대상에서 삭제됨

44 소방시설법령상 시·도지사가 실시하는 방염성능검사대상으로 옳은 것은?

① 설치현장에서 방염처리를 하는 합판·목재
② 제조 또는 가공 공정에서 방염처리를 한 카펫
③ 제조 또는 가공 공정에서 방염처리를 한 창문에 설치하는 블라인드
④ 설치현장에서 방염처리를 하는 암막·무대막

해설 소방시설법 시행령 제32조(시·도지사가 실시하는 방염성능검사)
법 제21조제1항 단서에서 "대통령령으로 정하는 방염대상물품"이란 다음 각 호의 것을 말한다.
1. 제31조제1항제1호라목의 전시용 합판·목재 또는 무대용 합판·목재 중 설치 현장에서 방염처리를 하는 합판·목재류
2. 제31조제1항제2호에 따른 방염대상물품 중 설치 현장에서 방염처리를 하는 합판·목재류

45 제조소등의 위치·구조 및 설비의 기준 중 위험물을 취급하는 건축물의 환기설비 설치기준으로 다음 ( ) 안에 알맞은 것은?

> 급기구는 당해 급기구가 설치된 실의 바닥면적 (㉠) 마다 1개 이상으로 하되, 급기구의 크기는 (㉡) 이상으로 할 것

① ㉠ 100[m²], ㉡ 800[cm²]
② ㉠ 150[m²], ㉡ 800[cm²]
③ ㉠ 100[m²], ㉡ 1,000[cm²]
④ ㉠ 150[cm²], ㉡ 1,000[cm²]

해설 위험물법 시행규칙 [별표 4] Ⅴ. 1호 참조, 환기설비
1) 환기 : 자연배기방식
2) 급기구의 설치 및 크기

구 분	기 준
급기구의 설치	바닥면적 150[m²] 마다 1개 이상
급기구의 크기	800[cm²] 이상

3) 급기구는 낮은 곳에 설치하고 가는 눈의 구리망 등으로 인화방지망을 설치할 것
4) 환기구는 지붕 위 또는 지상 2[m] 이상의 높이에 회전식 고정 벤틸레이터 또는 루프팬 방식으로 설치할 것

46 위험물법상 위험물시설의 변경 기준 중 다음 ( ) 안에 알맞은 것은?

> 제조소등의 위치·구조 또는 설비의 변경 없이 당해 제조소등에서 저장하거나 취급하는 위험물의 품명·수량 또는 지정수량의 배수를 변경하고자 하는 자는 변경하고자 하는 날의 (㉠)일 전까지 행정안전부령이 정하는 바에 따라 (㉡)에게 신고하여야 한다.

① ㉠ 1, ㉡ 소방본부장 또는 소방서장
② ㉠ 1, ㉡ 시·도지사
③ ㉠ 7, ㉡ 소방본부장 또는 소방서장
④ ㉠ 7, ㉡ 시·도지사

해설 제조소등의 위치·구조 또는 설비의 변경없이 당해 제조소등에서 저장하거나 취급하는 위험물의 품명·수량 또는 지정수량의 배수를 변경하고자 하는 자는 변경하고자 하는 날의 1일 전까지 행정안전부령이 정하는 바에 따라 시·도지사에게 신고하여야 한다.

47 기본법상 관계인의 소방활동을 위반하여 정당한 사유 없이 소방대가 현장에 도착할 때까지 사람을 구출하는 조치 또는 불을 끄거나 불이 번지지 아니하도록 하는 조치를 하지 아니한 자에 대한 벌칙 기준으로 옳은 것은?

① 100만 원 이하의 벌금
② 200만 원 이하의 벌금
③ 300만 원 이하의 벌금
④ 400만 원 이하의 벌금

정답 44.① 45.② 46.② 47.①

해설 기본법 제20조(관계인의 소방활동)
관계인은 소방대상물에 화재, 재난·재해, 그 밖의 위급한 상황이 발생한 경우에는 소방대가 현장에 도착할 때까지 경보를 울리거나 대피를 유도하는 등의 방법으로 사람을 구출하는 조치 또는 불을 끄거나 불이 번지지 아니하도록 필요한 조치를 하여야 한다.

기본법 제54조(벌칙)
다음 각 호의 어느 하나에 해당하는 자는 100만원 이하의 벌금에 처한다.
1. 제13조 제3항에 따른 화재경계지구 안의 소방대상물에 대한 화재안전조사를 거부·방해 또는 기피한 자
1의2. 제16조의3 제2항을 위반하여 정당한 사유 없이 소방대의 생활안전활동을 방해한 자
2. 제20조를 위반하여 정당한 사유 없이 소방대가 현장에 도착할 때까지 사람을 구출하는 조치 또는 불을 끄거나 불이 번지지 아니하도록 하는 조치를 하지 아니한 사람
3. 제26조 제1항에 따른 피난 명령을 위반한 사람
4. 제27조 제1항을 위반하여 정당한 사유 없이 물의 사용이나 수도의 개폐장치의 사용 또는 조작을 하지 못하게 하거나 방해한 자
5. 제27조 제2항에 따른 조치를 정당한 사유 없이 방해한 자

48 기본법상 소방대장의 권한이 아닌 것은?
① 화재가 발생하였을 때에는 화재의 원인 및 피해 등에 대한 조사
② 화재, 재난·재해 그 밖의 위급한 상황이 발생한 현장에 소방활동구역을 정하여 소방활동에 필요한 사람으로서 대통령령으로 정하는 사람 외에는 그 구역에 출입하는 것을 제한
③ 사람을 구출하거나 불이 번지는 것을 막기 위하여 필요할 때에는 화재가 발생하거나 불이 번질 우려가 있는 소방대상물 및 토지를 일시적으로 사용하거나 그 사용의 제한 또는 소방활동에 필요한 처분
④ 화재 진압 등 소방활동을 위하여 필요할 때에는 소방용수 외에 댐·저수지 또는 수영장 등의 물을 사용하거나 수도의 개폐장치 등을 조작

해설 소방청장, 소방본부장 또는 소방서장은 화재가 발생하였을 때에는 화재의 원인 및 피해 등에 대한 조사(이하 "화재조사"라 한다)를 하여야 한다.

49 시장지역에서 화재로 오인할 만한 우려가 이는 불을 피우거나 연막소독을 하려는 자가 신고를 하지 아니하여 소방자동차를 출동하게 한 자에 대한 과태료 부과·징수권자는?
① 국무총리 ② 소방청장
③ 시·도지사 ④ 소방서장

해설 기본법 제57조(과태료)
① 제19조 제2항에 따른 신고를 하지 아니하여 소방자동차를 출동하게 한 자에게는 20만 원 이하의 과태료를 부과한다.
② 제1항에 따른 과태료는 조례로 정하는 바에 따라 관할 소방본부장 또는 소방서장이 부과·징수한다.

50 위험물법령상 제조소등의 완공검사 신청 시기 기준으로 틀린 것은?
① 지하탱크가 있는 제조소등의 경우에는 당해 지하탱크를 매설하기 전
② 이동탱크저장소의 경우에는 이동저장탱크를 완공하고 상치장소를 확보한 후
③ 이송취급소의 경우에는 이송배관 공사의 전체 또는 일부 완료한 후
④ 배관을 지하에 설치하는 경우에는 소방서장이 지정하는 부분을 매몰하고 난 직후

해설 위험물법 시행규칙 제20조(완공검사의 신청시기)
법 제9조 제1항의 규정에 의한 제조소등의 완공검사 신청시기는 다음 각호의 구분에 의한다.
1. 지하탱크가 있는 제조소등의 경우 : 당해 지하탱크를 매설하기 전
2. 이동탱크저장소의 경우 : 이동저장탱크를 완공하고 상치장소를 확보한 후
3. 이송취급소의 경우 : 이송배관 공사의 전체 또는 일부를 완료한 후. 다만, 지하·하천 등에 매설하는 이송배관의 공사의 경우에는 이송배관을 매설하기 전

정답 48.① 49.④ 50.④

4. 전체 공사가 완료된 후에는 완공검사를 실시하기 곤란한 경우 : 다음 각목에서 정하는 시기
   가. 위험물설비 또는 배관의 설치가 완료되어 기밀시험 또는 내압시험을 실시하는 시기
   나. 배관을 지하에 설치하는 경우에는 시·도지사, 소방서장 또는 기술원이 지정하는 부분을 매몰하기 직전
   다. 기술원이 지정하는 부분의 비파괴시험을 실시하는 시기
5. 제1호 내지 제4호에 해당하지 아니하는 제조소등의 경우 : 제조소등의 공사를 완료한 후

51 공사업법령상 하자를 보수하여야 하는 소방시설과 소방시설별 하자보수 보증기간으로 옳은 것은?

① 유도등 : 1년
② 자동소화장치 : 3년
③ 자동화재탐지설비 : 2년
④ 상수도소화용수설비 : 2년

[해설] 공사업법 시행령 제6조(하자보수 대상 소방시설과 하자보수 보증기간)
하자를 보수하여야 하는 소방시설과 소방시설별 하자보수 보증기간은 다음 각 호의 구분과 같다.
1. 피난기구, 유도등, 유도표지, 비상경보설비, 비상조명등, 비상방송설비 및 무선통신보조설비 : 2년
2. 자동소화장치, 옥내소화전설비, 스프링클러설비, 간이스프링클러설비, 물분무등소화설비, 옥외소화전설비, 자동화재탐지설비, 상수도소화용수설비 및 소화활동설비(무선통신보조설비는 제외한다) : 3년

52 위험물법령상 제조소 또는 일반 취급소에서 취급하는 제4류 위험물의 최대 수량의 합이 지정수량의 24만 배 이상 48만 배 미만인 사업소의 관계인이 두어야 하는 화학소방자동차와 자체소방대원의 수의 기준으로 옳은 것은? (단, 화재 그 밖의 재난발생시 다른 사업소 등과 상호응원에 관한 협정을 체결하고 있는 사업소는 제외한다)

① 화학소방자동차 : 2대, 자체소방대원의 수 : 10인
② 화학소방자동차 : 3대, 자체소방대원의 수 : 10인
③ 화학소방자동차 : 3대, 자체소방대원의 수 : 15인
④ 화학소방자동차 : 4대, 자체소방대원의 수 : 20인

[해설] 위험물안전관리법 시행령 [별표 8] 자체소방대에 두는 화학소방자동차 및 인원(제18조제3항 관련)

사업소의 구분	화학소방 자동차	자체소방 대원의 수
1. 제조소 또는 일반취급소에서 취급하는 제4류 위험물의 최대수량의 합이 지정수량의 3천 배 이상 12만 배 미만인 사업소	1대	5인
2. 제조소 또는 일반취급소에서 취급하는 제4류 위험물의 최대수량의 합이 지정수량의 12만 배 이상 24만 배 미만인 사업소	2대	10인
3. 제조소 또는 일반취급소에서 취급하는 제4류 위험물의 최대수량의 합이 지정수량의 24만 배 이상 48만 배 미만인 사업소	3대	15인
4. 제조소 또는 일반취급소에서 취급하는 제4류 위험물의 최대수량의 합이 지정수량의 48만 배 이상인 사업소	4대	20인
5. 옥외탱크저장소에 저장하는 제4류 위험물의 최대수량이 지정수량의 50만 배 이상인 사업소	2대	10인

[비고]
화학소방자동차에는 행정안전부령으로 정하는 소화능력 및 설비를 갖추어야 하고, 소화활동에 필요한 소화약제 및 기구(방열복 등 개인장구를 포함한다)를 비치하여야 한다.

53 기본법령상 소방서 종합상황실의 실장이 서면·모사전송 또는 컴퓨터통신 등으로 소방본부의 종합상황실에 지체 없이 보고하여야 하는 기준으로 틀린 것은?

① 사망자가 5인 이상 발생하거나 사상자가 10인 이상 발생한 화재
② 층수가 11층 이상인 건축물에서 발생한 화재
③ 이재민이 50인 이상 발생한 화재
④ 재산피해액이 50억 원 발생한 화재

정답 51.② 52.③ 53.③

해설 기본법 시행규칙 제3조 제2항
다음 각목의 1에 해당하는 화재
가. 사망자가 5인 이상 발생하거나 사상자가 10인 이상 발생한 화재
나. 이재민이 100인 이상 발생한 화재
다. 재산피해액이 50억원 이상 발생한 화재
라. 관공서·학교·정부미도정공장·문화재·지하철 또는 지하구의 화재

54 지하층을 포함한 층수가 16층 이상 40층 미만인 특정소방대상물의 소방시설 공사현장에 배치하여야 할 소방공사 책임감리원의 배치기준으로 옳은 것은?

① 행정안전부령으로 정하는 특급감리원 중 소방기술사
② 행정안전부령으로 정하는 특급감리원 이상의 소방공사 감리원(기계분야 및 전기분야)
③ 행정안전부령으로 정하는 고급감리원 이상의 소방공사 감리원(기계분야 및 전기분야)
④ 행정안전부령으로 정하는 중급감리원 이상의 소방공사 감리원(기계분야 및 전기분야)

해설 공사업법 시행령 [별표 4] 소방공사 감리원의 배치기준

감리원의 배치기준		소방시설공사 현장의 기준
책임감리원	보조감리원	
1. 행정안전부령으로 정하는 특급감리원 중 소방기술사	행정안전부령으로 정하는 초급감리원 이상의 소방공사 감리원(기계분야 및 전기분야)	가. 연면적 20제곱미터 이상인 특정소방대상물의 공사 현장 나. 지하층을 포함한 층수가 40층 이상인 특정소방대상물의 공사 현장
2. 행정안전부령으로 정하는 특급감리원 이상의 소방공사 감리원(기계분야 및 전기분야)	행정안전부령으로 정하는 초급감리원 이상의 소방공사 감리원(기계분야 및 전기분야)	가. 연면적 3만제곱미터 이상 20만제곱미터 미만인 특정소방대상물(아파트는 제외한다)의 공사 현장 나. 지하층을 포함한 층수가 16층 이상 40층 미만인 특정소방대상물의 공사 현장
3. 행정안전부령으로 정하는 고급감리원 이상의 소방공사 감리원(기계분야 및 전기분야)	행정안전부령으로 정하는 초급감리원 이상의 소방공사 감리원(기계분야 및 전기분야)	가. 물분무등소화설비(호스릴 방식의 소화설비는 제외한다) 또는 제연설비가 설치되는 특정소방대상물의 공사 현장 나. 연면적 3만제곱미터 이상 20만제곱미터 미만인 아파트의 공사 현장
4. 행정안전부령으로 정하는 중급감리원 이상의 소방공사 감리원(기계분야 및 전기분야)		연면적 5천제곱미터 이상 3만제곱미터 미만인 특정소방대상물의 공사 현장
4. 행정안전부령으로 정하는 초급감리원 이상의 소방공사 감리원(기계분야 및 전기분야)		가. 연면적 5천제곱미터 미만인 특정소방대상물의 공사 현장 나. 지하구의 공사 현장

55 특정소방대상물에서 사용하는 방염대상물품의 방염성능검사 방법과 검사 결과에 따른 합격 표시 등에 필요한 사항은 무엇으로 정하는가?

① 대통령령
② 행정안전부령
③ 소방청장령
④ 시·도의 조례

해설 소방시설법 제21조(방염성능의 검사)
① 제20조제1항에 따른 특정소방대상물에서 사용하는 방염대상물품은 소방청장(대통령령으로 정하는 방염대상물품의 경우에는 시·도지사를 말한다)이 실시하는 방염성능검사를 받은 것이어야 한다.
② 「공사업법」 제4조에 따라 방염처리업의 등록을 한 자는 제1항에 따른 방염성능검사를 할 때에 거짓 시료(試料)를 제출하여서는 아니 된다.
③ 제1항에 따른 방염성능검사의 방법과 검사 결과에 따른 합격 표시 등에 필요한 사항은 행정안전부령으로 정한다.

56 소방시설법령상 자동화재탐지설비를 설치하여야 하는 특정소방대상물의 기준으로 틀린 것은?

① 문화 및 집회시설로서 연면적이 1,000[m^2] 이상인 것
② 지하가(터널은 제외)로서 연면적이 1,000[m^2] 이상인 것
③ 의료시설(정신의료기관 또는 요양병원은 제외)로서 연면적 1,000[m^2] 이상인 것
④ 지하가 중 터널로서 길이가 1,000[m] 이상인 것

정답 54.② 55.② 56.③

해설 소방시설법 시행령 [별표 4]
자동화재탐지설비를 설치해야 하는 특정소방대상물은 다음의 어느 하나에 해당하는 것으로 한다.
1) 공동주택 중 아파트등·기숙사 및 숙박시설의 경우에는 모든 층
2) 층수가 6층 이상인 건축물의 경우에는 모든 층
3) 근린생활시설(목욕장은 제외한다), 의료시설(정신의료기관 및 요양병원은 제외한다), 위락시설, 장례시설 및 복합건축물로서 연면적 600㎡ 이상인 경우에는 모든 층
4) 근린생활시설 중 목욕장, 문화 및 집회시설, 종교시설, 판매시설, 운수시설, 운동시설, 업무시설, 공장, 창고시설, 위험물 저장 및 처리 시설, 항공기 및 자동차 관련 시설, 교정 및 군사시설 중 국방·군사시설, 방송통신시설, 발전시설, 관광 휴게시설, 지하가(터널은 제외한다)로서 연면적 1천㎡ 이상인 경우에는 모든 층
5) 교육연구시설(교육시설 내에 있는 기숙사 및 합숙소를 포함한다), 수련시설(수련시설 내에 있는 기숙사 및 합숙소를 포함하며, 숙박시설이 있는 수련시설은 제외한다), 동물 및 식물 관련 시설(기둥과 지붕만으로 구성되어 외부와 기류가 통하는 장소는 제외한다), 자원순환 관련 시설, 교정 및 군사시설(국방·군사시설은 제외한다) 또는 묘지 관련 시설로서 연면적 2천㎡ 이상인 경우에는 모든 층
6) 노유자 생활시설의 경우에는 모든 층
7) 6)에 해당하지 않는 노유자 시설로서 연면적 400㎡ 이상인 노유자 시설 및 숙박시설이 있는 수련시설로서 수용인원 100명 이상인 경우에는 모든 층
8) 의료시설 중 정신의료기관 또는 요양병원으로서 다음의 어느 하나에 해당하는 시설
   가) 요양병원(의료재활시설은 제외한다)
   나) 정신의료기관 또는 의료재활시설로 사용되는 바닥면적의 합계가 300㎡ 이상인 시설
   다) 정신의료기관 또는 의료재활시설로 사용되는 바닥면적의 합계가 300㎡ 미만이고, 창살(철재·플라스틱 또는 목재 등으로 사람의 탈출 등을 막기 위하여 설치한 것을 말하며, 화재 시 자동으로 열리는 구조로 되어 있는 창살은 제외한다)이 설치된 시설
9) 판매시설 중 전통시장
10) 지하가 중 터널로서 길이가 1천m 이상인 것
11) 지하구
12) 3)에 해당하지 않는 근린생활시설 중 조산원 및 산후조리원
13) 4)에 해당하지 않는 공장 및 창고시설로서「화재의 예방 및 안전관리에 관한 법률 시행령」별표 2에서 정하는 수량의 500배 이상의 특수가연물을 저장·취급하는 것
14) 4)에 해당하지 않는 발전시설 중 전기저장시설

57 소방시설법상 시·도지사는 관리업자에게 영업정지를 명하는 경우로서 그 영업정지가 국민에게 심한 불편을 주거나 그 밖에 공익을 해칠 우려가 있을 때에는 영업정지처분을 갈음하여 얼마 이하의 과징금을 부과할 수 있는가?

① 1,000만 원
② 2,000만 원
③ 3,000만 원
④ 5,000만 원

해설 소방시설법 제36조(과징금처분)
① 시·도지사는 제35조제1항에 따라 영업정지를 명하는 경우로서 그 영업정지가 이용자에게 불편을 주거나 그 밖에 공익을 해칠 우려가 있을 때에는 영업정지처분을 갈음하여 3천만원 이하의 과징금을 부과할 수 있다.
② 제1항에 따른 과징금을 부과하는 위반행위의 종류와 위반 정도 등에 따른 과징금의 금액, 그 밖에 필요한 사항은 행정안전부령으로 정한다.
③ 시·도지사는 제1항에 따른 과징금을 내야 하는 자가 납부기한까지 내지 아니하면「지방행정제재·부과금의 징수 등에 관한 법률」에 따라 징수한다.
④ 시·도지사는 제1항에 따른 과징금의 부과를 위하여 필요한 경우에는 다음 각 호의 사항을 적은 문서로 관할 세무관서의 장에게「국세기본법」제81조의13에 따른 과세정보의 제공을 요청할 수 있다.
 1. 납세자의 인적사항
 2. 과세정보의 사용 목적
 3. 과징금의 부과 기준이 되는 매출액

정답 57.③

58 기본법령상 소방용수시설에 대한 설명으로 틀린 것은?

① 시·도지사는 소방활동에 필요한 소방용수시설을 설치하고 유지·관리하여야 한다.
② 수도법의 규정에 따라 설치된 소화전도 시·도지사가 유지·관리하여야 한다.
③ 소방본부장 또는 소방서장은 원활한 소방활동을 위하여 소방용수시설에 대한 조사를 월 1회 이상 실시하여야 한다.
④ 소방용수시설 조사의 결과는 2년간 보관하여야 한다.

해설 기본법 제10조(소방용수시설의 설치 및 관리 등)
① 시·도지사는 소방활동에 필요한 소화전(消火栓)·급수탑(給水塔)·저수조(貯水槽)(이하 "소방용수시설"이라 한다)를 설치하고 유지·관리하여야 한다. 다만, 「수도법」 제45조에 따라 소화전을 설치하는 일반수도사업자는 관할 소방서장과 사전협의를 거친 후 소화전을 설치하여야 하며, 설치 사실을 관할소방서장에게 통지하고, 그 소화전을 유지·관리하여야 한다.
② 제1항에 따른 소방용수시설 설치의 기준은 행정안전부령으로 정한다.

59 공사업법령상 특정소방대상물에 설치된 소방시설 등을 구성하는 것의 전부 또는 일부를 개설, 이전 또는 정비하는 공사의 경우 소방시설공사의 착공신고 대상이 아닌 것은? (단, 고장 또는 파손 등으로 인하여 작동시킬 수 없는 소방시설을 긴급히 교체하거나 보수하여야 하는 경우는 제외한다)

① 수신반
② 소화펌프
③ 동력(감시)제어반
④ 압력챔버

해설 공사업법 시행령 제4조 제3호 참조
▶ 착공신고대상
특정소방대상물에 설치된 소방시설등을 구성하는 다음 각 목의 어느 하나에 해당하는 것의 전부 또는 일부를 개설(改設), 이전(移轉) 또는 정비(整備)하는 공사. 다만, 고장 또는 파손 등으로 인하여 작동시킬 수 없는 소방시설을 긴급히 교체하거나 보수하여야 하는 경우에는 신고하지 않을 수 있다.
가. 수신반(受信盤)
나. 소화펌프
다. 동력(감시)제어반

60 소방시설법상 건축허가 등의 동의를 요구하는 때 동의요구서에 첨부하여야 하는 설계도서가 아닌 것은? (단, 소방시설공사 착공신고대상에 해당하는 경우이다.)

① 창호도
② 실내 전개도
③ 건축물의 단면도
④ 건축물의 주단면 상세도(내장 재료를 명시한 것)

해설 소방시설법 시행규칙 제3조(건축허가등의 동의 요구) 제2항
② 제1항 각 호의 어느 하나에 해당하는 기관은 영 제7조제3항에 따라 건축허가등의 동의를 요구하는 경우에는 동의요구서(전자문서로 된 요구서를 포함한다)에 다음 각 호의 서류(전자문서를 포함한다)를 첨부해야 한다.
1. 「건축법 시행규칙」 제6조에 따른 건축허가신청서, 같은 법 시행규칙 제8조에 따른 건축허가서 또는 같은 법 시행규칙 제12조에 따른 건축·대수선·용도변경신고서 등 건축허가등을 확인할 수 있는 서류의 사본. 이 경우 동의 요구를 받은 담당 공무원은 특별한 사정이 있는 경우를 제외하고는 「전자정부법」 제36조제1항에 따른 행정정보의 공동이용을 통하여 건축허가서를 확인함으로써 첨부 서류의 제출을 갈음할 수 있다.
2. 다음 각 목의 설계도서. 다만, 가목 및 나목2)·4)의 설계도서는 「소방시설공사업법 시행령」 제4조에 따른 소방시설공사 착공신고 대상에 해당되는 경우에만 제출한다.

정답 58.② 59.④ 60.②

가. 건축물 설계도서
  1) 건축물 개요 및 배치도
  2) 주단면도 및 입면도(立面圖: 물체를 정면에서 본 대로 그린 그림을 말한다. 이하 같다)
  3) 층별 평면도(용도별 기준층 평면도를 포함한다. 이하 같다)
  4) 방화구획도(창호도를 포함한다)
  5) 실내·실외 마감재료표
  6) 소방자동차 진입 동선도 및 부서 공간 위치도(조경계획을 포함한다)
나. 소방시설 설계도서
  1) 소방시설(기계·전기 분야의 시설을 말한다)의 계통도(시설별 계산서를 포함한다)
  2) 소방시설별 층별 평면도
  3) 실내장식물 방염대상물품 설치 계획(「건축법」 제52조에 따른 건축물의 마감재료는 제외한다)
  4) 소방시설의 내진설계 계통도 및 기준층 평면도(내진 시방서 및 계산서 등 세부 내용이 포함된 상세 설계도면은 제외한다)
3. 소방시설 설치계획표
4. 임시소방시설 설치계획서(설치시기·위치·종류·방법 등 임시소방시설의 설치와 관련된 세부 사항을 포함한다)
5. 「소방시설공사업법」 제4조제1항에 따라 등록한 소방시설설계업등록증과 소방시설을 설계한 기술인력의 기술자격증 사본
6. 「소방시설공사업법」 제21조 및 제21조의3제2항에 따라 체결한 소방시설설계 계약서 사본

2017년 제4회 소방설비기사[전기분야] 1차 필기
[제3과목 : 소방관계법규]

41 방염성능기준 이상의 실내장식물 등을 설치해야 하는 특정소방대상물이 아닌 것은?

① 건축물 옥내에 있는 종교시설
② 방송통신시설 중 방송국 및 촬영소
③ 층수가 11층 이상인 아파트
④ 숙박이 가능한 수련시설

해설 소방시설법 시행령 제30조(방염성능기준 이상의 실내장식물 등을 설치하여야 하는 특정소방대상물)
법 제20조 제1항에서 "대통령령으로 정하는 특정소방대상물"이란 다음 각 호의 어느 하나에 해당하는 것을 말한다.
1. 근린생활시설 중 의원, 치과의원, 한의원, 조산원, 산후조리원, 체력단련장, 공연장 및 종교집회장
2. 건축물의 옥내에 있는 시설로서 다음 각 목의 시설
  가. 문화 및 집회시설
  나. 종교시설
  다. 운동시설(수영장은 제외한다)
3. 의료시설
4. 교육연구시설 중 합숙소
5. 노유자시설
6. 숙박이 가능한 수련시설
7. 숙박시설
8. 방송통신시설 중 방송국 및 촬영소
9. 다중이용업소
10. 제1호부터 제9호까지의 시설에 해당하지 않는 것으로서 층수가 11층 이상인 것(아파트는 제외한다)

42 위험물로서 제1석유류에 속하는 것은?

① 중유   ② 휘발유
③ 실린더유 ④ 등유

해설
• 1석유류 : 휘발유, 벤젠, 아세톤
• 2석유류 : 등유, 경유
• 3석유류 : 중유, 크레오소트유
• 4석유류 : 기어유, 실린더유

43 다음 중 과태료 대상이 아닌 것은?

① 소방안전관리대상물의 소방안전관리자를 선임하지 아니한 자
② 소방안전관리 업무를 수행하지 아니한 자
③ 특정소방대상물의 근무자 및 거주자에 대한 소방훈련 및 교육을 하지 아니한 자
④ 특정소방대상물 소방시설 등의 점검결과를 보고하지 아니한 자

해설
• 소방안전관리자 미선임 : 300만 원 이하 벌금

44 건축물의 공사 현장에 설치하여야 하는 임시소방시설과 기능 및 성능이 유사하여 임시소방시설을 설치한 것으로 보는 소방시설로 연결이 틀린 것은? (단, 임시소방시설 - 임시소방시설을 설치한 것으로 보는 소방시설 순이다.)

① 간이소화장치 - 옥내소화전
② 간이피난유도선 - 유도표지
③ 비상경보장치 - 비상방송설비
④ 비상경보장치 - 자동화재탐지설비

해설 소방시설법 시행령 [별표 8] 임시소방시설의 종류와 설치기준 등
임시소방시설과 기능 및 성능이 유사한 소방시설로서 임시소방시설을 설치한 것으로 보는 소방시설
가. 간이소화장치를 설치한 것으로 보는 소방시설 : 소방청장이 정하여 고시하는 기준에 맞는 소화기(연결송수관설비의 방수구 인근에 설치한 경우로 한정한다) 또는 옥내소화전설비

정답 41.③ 42.② 43.① 44.②

나. 비상경보장치를 설치한 것으로 보는 소방시설 : 비상방송설비 또는 자동화재탐지설비
다. 간이피난유도선을 설치한 것으로 보는 소방시설 : 피난유도선, 피난구유도등, 통로유도등 또는 비상조명등

45 화재의 예방조치 등과 관련하여 불장난, 모닥불, 흡연, 화기 취급, 그 밖에 화재예방상 위험하다고 인정되는 행위의 금지 또는 제한의 명령을 할 수 있는 자는?

① 시·도지사 ② 국무총리
③ 소방청장 ④ 119센터장

해설 화재의 예방조치등
① 화재예방강화지구 및 이에 준하는 대통령령으로 정하는 장소[제조소등, 가스저장소, 석유가스저장소, 판매소, 수소연료공급시설, 화약류등]에서는 다음 각호의 행위를 해서는 안된다.
  1. 모닥불, 흡연 등 화기의 취급
  2. 풍등 등 소형열기구 날리기
  3. 용접·용단 등 불꽃을 발생시키는 행위
  4. 그 밖에 대통령령으로 정하는 화재 발생 위험이 있는 행위
  ※ 다만, 다음의 안전조치등을 한 경우 그러하지 아니하다
   1. 「국민건강증진법」 제9조제4항 각 호 외의 부분 후단에 따라 설치한 흡연실 등 법령에 따라 지정된 장소에서 화기 등을 취급하는 경우
   2. 소화기 등 소방시설을 비치 또는 설치한 장소에서 화기 등을 취급하는 경우
   3. 「산업안전보건기준에 관한 규칙」 제241조의2 제1항에 따른 화재감시자 등 안전요원이 배치된 장소에서 화기 등을 취급하는 경우
   4. 그 밖에 소방관서장과 사전 협의하여 안전조치를 한 경우
② 예방조치명령
소방관서장은 화재 발생 위험이 크거나 소화 활동에 지장을 줄 수 있다고 인정되는 행위나 물건에 대하여 행위 당사자나 그 물건의 소유자, 관리자 또는 점유자에게 다음 각 호의 명령을 할 수 있다. 다만, 제2호 및 제3호에 해당하는 물건의 소유자, 관리자 또는 점유자를 알 수 없는 경우 소속 공무원으로 하여금 그 물건을 옮기거나 보관하는 등 필요한 조치를 하게 할 수 있다.
  1. 제1항 각 호의 어느 하나에 해당하는 행위의 금지 또는 제한
  2. 목재, 플라스틱 등 가연성이 큰 물건의 제거, 이격, 적재 금지 등
  3. 소방차량의 통행이나 소화 활동에 지장을 줄 수 있는 물건의 이동

46 행정안전부령으로 정하는 연소 우려가 있는 구조에 대한 기준 중 다음 ( ) 안에 알맞은 것은?

> 건축물대장의 건축물 현황도에 표시된 대지 경계선 안에 2 이상의 건축물이 있는 경우로서 각각의 건축물이 다른 건축물의 외벽으로부터 수평거리가 1층의 경우에는 (㉠)m 이하, 2층 이상의 층의 경우에는 (㉡)m 이하이고 개구부가 다른 건축물을 향하여 설치된 구조를 말한다.

① ㉠ 3, ㉡ 5
② ㉠ 5, ㉡ 8
③ ㉠ 6, ㉡ 8
④ ㉠ 6, ㉡ 10

해설 소방시설법 시행규칙 제17조(연소 우려가 있는 건축물의 구조)
영 별표 4 제1호사목1) 후단에서 "행정안전부령으로 정하는 연소(延燒) 우려가 있는 구조"란 다음 각 호의 기준에 모두 해당하는 구조를 말한다.
1. 건축물대장의 건축물 현황도에 표시된 대지경계선 안에 둘 이상의 건축물이 있는 경우
2. 각각의 건축물이 다른 건축물의 외벽으로부터 수평거리가 1층의 경우에는 6미터 이하, 2층 이상의 층의 경우에는 10미터 이하인 경우
3. 개구부(영 제2조제1호 각 목 외의 부분에 따른 개구부를 말한다)가 다른 건축물을 향하여 설치되어 있는 경우

47 다음 중 2급 소방안전관리대상물의 소방안전관리자 선임기준으로 틀린 것은?

① 위험물기능장 자격이 있는 사람
② 소방설비기사 자격이 있는 사람
③ 소방공무원으로 3년 이상 경력이 있는 사람
④ 전기기사 자격이 있는 사람

해설 2급 소방안전관리대상물
가. 2급 소방안전관리대상물의 범위
「소방시설 설치 및 관리에 관한 법률 시행령」 별표 2의 특정소방대상물 중 다음의 어느 하나에 해당하는 것(제1호에 따른 특급 소방안전관리대상물 및 제2호에 따른 1급 소방안전관리대상물은 제외한다)
  1) 「소방시설 설치 및 관리에 관한 법률 시행령」 별표 4 제1호다목에 따라 옥내소화전설비를 설치해야 하는 특정소방대상물, 같은 호 라목에 따라 스프링클러설비를 설치해야 하는 특정소방대상물 또는 같은 호 바목에 따라 물분무등소화설비[화재안전기준에 따라 호스릴(hose reel) 방식의 물분무등소화설비만을 설치할 수 있는 특정소방대상물은 제외한다]를 설치해야 하는 특정소방대상물
  2) 가스 제조설비를 갖추고 도시가스사업의 허가를 받아야 하는 시설 또는 가연성 가스를 100톤 이상 1천톤 미만 저장·취급하는 시설
  3) 지하구
  4) 「공동주택관리법」 제2조제1항제2호의 어느 하나에 해당하는 공동주택(「소방시설 설치 및 관리에 관한 법률 시행령」 별표 4 제1호다목 또는 라목에 따른 옥내소화전설비 또는 스프링클러설비가 설치된 공동주택으로 한정한다)
  5) 「문화유산의 보존 및 활용에 관한 법률」 제23조에 따라 보물 또는 국보로 지정된 목조건축물
나. 2급 소방안전관리대상물에 선임해야 하는 소방안전관리자의 자격
다음의 어느 하나에 해당하는 사람으로서 2급 소방안전관리자 자격증을 발급받은 사람, 제1호에 따른 특급 소방안전관리대상물 또는 제2호에 따른 1급 소방안전관리대상물의 소방안전관리자 자격증을 발급받은 사람
  1) 위험물기능장·위험물산업기사 또는 위험물기능사 자격이 있는 사람
  2) 소방공무원으로 3년 이상 근무한 경력이 있는 사람
  3) 소방청장이 실시하는 2급 소방안전관리대상물의 소방안전관리에 관한 시험에 합격한 사람
  4) 「기업활동 규제완화에 관한 특별조치법」 제29조, 제30조 및 제32조에 따라 소방안전관리자로 선임된 사람(소방안전관리자로 선임된 기간으로 한정한다)
다. 선임인원 : 1명 이상

48 특정소방대상물의 소방시설 설치의 면제기준 중 다음 ( ) 안에 알맞은 것은?

> 비상경보설비 또는 단독경보형 감지기를 설치하여야 하는 특정소방대상물에 ( )를 화재안전기준에 적합하게 설치한 경우에는 그 설비의 유효범위에서 설치가 면제된다.

① 자동화재탐지설비 ② 스프링클러설비
③ 비상조명등   ④ 무선통신보조설비

해설 비상경보설비 또는 단독경보형 감지기를 설치하여야 하는 특정소방대상물에 화재알림설비, 자동화재탐지설비를 화재안전기준에 적합하게 설치한 경우에는 그 설비의 유효범위에서 설치가 면제된다.

49 화재예방강화지구의 지정대상이 아닌 것은?

① 공장·창고가 밀집한 지역
② 목조건물이 밀집한 지역
③ 농촌지역
④ 시장지역

해설 화재예방법 제18조(화재예방강화지구의 지정 등)
① 시·도지사는 다음 각 호의 어느 하나에 해당하는 지역을 화재예방강화지구로 지정하여 관리할 수 있다.
  1. 시장지역
  2. 공장·창고가 밀집한 지역
  3. 목조건물이 밀집한 지역
  4. 노후·불량건축물이 밀집한 지역
  5. 위험물의 저장 및 처리 시설이 밀집한 지역
  6. 석유화학제품을 생산하는 공장이 있는 지역
  7. 「산업입지 및 개발에 관한 법률」 제2조제8호에 따른 산업단지
  8. 소방시설·소방용수시설 또는 소방출동로가 없는 지역

정답 47.④ 48.① 49.③

9. 「물류시설의 개발 및 운영에 관한 법률」 제2조제6호에 따른 물류단지
10. 그 밖에 제1호부터 제9호까지에 준하는 지역으로서 소방관서장이 화재예방강화지구로 지정할 필요가 있다고 인정하는 지역

50 위험물안전관리자로 선임할 수 있는 위험물 취급자격자가 취급할 수 있는 위험물 기준으로 틀린 것은?

① 위험물기능장 자격 취득자 : 모든 위험물
② 안전관리자 교육이수자 : 위험물 중 제4류 위험물
③ 소방공무원으로 근무한 경력이 3년 이상인 자 : 위험물 중 제4류 위험물
④ 위험물산업기사 자격 취득자 : 위험물 중 제4류 위험물

해설 위험물기능장, 위험물산업기사, 위험물기능사
모든 위험물 취급관리

51 정기점검의 대상이 되는 제조소등이 아닌 것은?

① 옥내탱크저장소   ② 지하탱크저장소
③ 이동탱크저장소   ④ 이송취급소

해설 위험물법 시행령 제16조(정기점검의 대상인 제조소등)
법 제18조 제1항에서 "대통령령이 정하는 제조소등"이라 함은 다음 각호의 1에 해당하는 제조소등을 말한다.
1. 제15조 각호의 1에 해당하는 제조소등
2. 지하탱크저장소
3. 이동탱크저장소
4. 위험물을 취급하는 탱크로서 지하에 매설된 탱크가 있는 제조소·주유취급소 또는 일반취급소

52 시·도지사가 소방시설업의 영업정지처분에 갈음하여 부과할 수 있는 최대 과징금의 범위로 옳은 것은?

① 3천만원 이하   ② 5천만원 이하
③ 2억원 이하   ④ 3억원 이하

해설 공사업법 제10조(과징금처분)
① 시·도지사는 제9조제1항 각 호의 어느 하나에 해당하는 경우로서 영업정지가 그 이용자에게 불편을 주거나 그 밖에 공익을 해칠 우려가 있을 때에는 영업정지처분을 갈음하여 2억원 이하의 과징금을 부과할 수 있다.
② 제1항에 따른 과징금을 부과하는 위반행위의 종류와 위반 정도 등에 따른 과징금과 그 밖에 필요한 사항은 행정안전부령으로 정한다.
③ 시·도지사는 제1항에 따른 과징금을 내야 할 자가 납부기한까지 과징금을 내지 아니하면 「지방행정제재·부과금의 징수 등에 관한 법률」에 따라 징수한다.

53 건축허가 등을 함에 있어서 미리 소방본부장 또는 소방서장의 동의를 받아야 하는 건축물 등의 범위기준이 아닌 것은?

① 노유자시설 및 수련시설로서 연면적 $100[m^2]$ 이상인 건축물
② 지하층 또는 무창층이 있는 건축물로서 바닥면적이 $150[m^2]$ 이상인 층이 있는 것
③ 차고·주차장으로 사용되는 바닥면적이 $200[m^2]$ 이상인 층이 있는 건축물이나 주차시설
④ 장애인 의료재활시설로서 연면적 $300[m^2]$ 이상인 건축물

해설 건축허가등의 동의 대상물의 범위
1. 연면적(「건축법 시행령」 제119조제1항제4호에 따라 산정된 면적을 말한다. 이하 같다)이 400제곱미터 이상인 건축물이나 시설. 다만, 다음 각 목의 어느 하나에 해당하는 건축물이나 시설은 해당 목에서 정한 기준 이상인 건축물이나 시설로 한다.
  가. 「학교시설사업 촉진법」 제5조의2제1항에 따라 건축등을 하려는 학교시설 : 100제곱미터
  나. 별표 2의 특정소방대상물 중 노유자(老幼者) 시설 및 수련시설 : 200제곱미터
  다. 「정신건강증진 및 정신질환자 복지서비스 지원에 관한 법률」 제3조제5호에 따른 정신의료기관(입원실이 없는 정신건강의학과 의원은 제외하며, 이하 "정신의료기관"이라 한다) : 300제곱미터
  라. 「장애인복지법」 제58조제1항제4호에 따른 장애인 의료재활시설(이하 "의료재활시설"이라 한다) : 300제곱미터

2. 지하층 또는 무창층이 있는 건축물로서 바닥면적이 150제곱미터(공연장의 경우에는 100제곱미터) 이상인 층이 있는 것
3. 차고·주차장 또는 주차 용도로 사용되는 시설로서 다음 각 목의 어느 하나에 해당하는 것
   가. 차고·주차장으로 사용되는 바닥면적이 200제곱미터 이상인 층이 있는 건축물이나 주차시설
   나. 승강기 등 기계장치에 의한 주차시설로서 자동차 20대 이상을 주차할 수 있는 시설
4. 층수(「건축법 시행령」 제119조제1항제9호에 따라 산정된 층수를 말한다. 이하 같다)가 6층 이상인 건축물
5. 항공기 격납고, 관망탑, 항공관제탑, 방송용 송수신탑
6. 별표 2의 특정소방대상물 중 의원(입원실이 있는 것으로 한정한다)·조산원·산후조리원, 위험물 저장 및 처리 시설, 발전시설 중 풍력발전소·전기저장시설, 지하구(地下溝)
7. 제1호나목에 해당하지 않는 노유자 시설 중 다음 각 목의 어느 하나에 해당하는 시설. 다만, 가목2) 및 나목부터 바목까지의 시설 중 「건축법 시행령」 별표 1의 단독주택 또는 공동주택에 설치되는 시설은 제외한다.
   가. 별표 2 제9호가목에 따른 노인 관련 시설 중 다음의 어느 하나에 해당하는 시설
      1) 「노인복지법」 제31조제1호에 따른 노인주거복지시설, 같은 조 제2호에 따른 노인의료복지시설 및 같은 조 제4호에 따른 재가노인복지시설
      2) 「노인복지법」 제31조제7호에 따른 학대피해노인 전용쉼터
   나. 「아동복지법」 제52조에 따른 아동복지시설(아동상담소, 아동전용시설 및 지역아동센터는 제외한다)
   다. 「장애인복지법」 제58조제1항제1호에 따른 장애인 거주시설
   라. 정신질환자 관련 시설(「정신건강증진 및 정신질환자 복지서비스 지원에 관한 법률」 제27조제1항제2호에 따른 공동생활가정을 제외한 재활훈련시설과 같은 법 시행령 제16조제3호에 따른 종합시설 중 24시간 주거를 제공하지 않는 시설은 제외한다)
   마. 별표 2 제9호마목에 따른 노숙인 관련 시설 중 노숙인자활시설, 노숙인재활시설 및 노숙인요양시설
   바. 결핵환자나 한센인이 24시간 생활하는 노유자 시설
8. 「의료법」 제3조제2항제3호라목에 따른 요양병원(이하 "요양병원"이라 한다). 다만, 의료재활시설은 제외한다.
9. 별표 2의 특정소방대상물 중 공장 또는 창고시설로서 「화재의 예방 및 안전관리에 관한 법률 시행령」 별표 2에서 정하는 수량의 750배 이상의 특수가연물을 저장·취급하는 것
10. 별표 2 제17호나목에 따른 가스시설로서 지상에 노출된 탱크의 저장용량의 합계가 100톤 이상인 것

54 자동화재탐지설비의 일반 공사감리기간으로 포함시켜 산정할 수 있는 항목은?

① 고정금속구를 설치하는 기간
② 전선관의 매립을 하는 공사기간
③ 공기유입구의 설치기간
④ 소화약제 저장용기 설치기간

해설 공사업법 시행규칙 [별표 3] 일반 공사감리기간

1. 옥내소화전설비·스프링클러설비·포소화설비·물분무소화설비·연결살수설비 및 연소방지설비의 경우 : 가압송수장치의 설치, 가지배관의 설치, 개폐밸브·유수검지장치·체크밸브·템퍼스위치의 설치, 앵글밸브·소화전함의 매립, 스프링클러헤드·포헤드·포방출구·포노즐·포호스릴·물분무헤드·연결살수헤드·방수구의 설치, 포소화약제 탱크 및 포혼합기의 설치, 포소화약제의 충전, 입상배관과 옥상탱크의 접속, 옥외 연결송수구의 설치, 제어반의 설치, 동력전원 및 각종 제어회로의접속, 음향장치의 설치 및 수동조작함의 설치를 하는 기간
2. 이산화탄소소화설비·할론소화설비·할로겐화합물 및 불활성기체 소화약제소화설비 및 분말소화설비의 경우 : 소화약제 저장용기와 집합관의 접속, 기동용기 등 작동장치의 설치, 제어반·화재표시반의 설치, 동력전원 및 각종 제어회로 접속, 가지배관의 설치, 선택밸브의 설치, 분사헤드의 설치, 수동기동장치의설치 및 음향경보장치의 설치를 하는 기간
3. 자동화재탐지설비·시각경보기·비상경보설비·비상방송설비·통합감시시설·유도등·비상콘센트설비 및 무선통신보조설비의 경우 : 전선관의 매립, 감지기·유도등·조명등 및 비상콘센트의설치, 증폭기의 접속, 누설동축케이블 등의 부설, 무선기기의 접속단자·분배기·증폭기의 설치 및 동력전원의 접속공사를 하는 기간
4. 피난기구의 경우 : 고정금속구를 설치하는 기간

정답 54.②

5. 제연설비의 경우 : 가동식 제연경계벽·배출구·공기 유입구의 설치, 각종 댐퍼 및 유입구 폐쇄장치의 설치, 배출기 및 공기유입기의 설치 및 풍도와의 접속, 배출풍도 및 유입풍도의 설치·단열조치, 동력전원 및 제어회로의 접속, 제어반의 설치를 하는 기간
6. 비상전원이 설치되는 소방시설의 경우 : 비상전원의 설치 및 소방시설과의 접속을 하는 기간

55 1급 소방안전관리대상물에 대한 기준이 아닌 것은? (단, 동·식물원, 철강 등 불연성 물품을 저장·취급하는 창고, 위험물 저장 및 처리 시설 중 위험물 제조소등, 지하구를 제외한 것이다.)

① 연면적 15,000[m²] 이상인 특정소방대상물 (아파트는 제외)
② 150세대 이상으로서 승강기가 설치된 공동주택
③ 가연성 가스를 1,000톤 이상 저장·취급하는 시설
④ 30층 이상(지하층은 제외)이거나 지상으로부터 높이가 120[m] 이상인 아파트

[해설] 화재예방법 시행령 제25조(소방안전관리자를 두어야 하는 특정소방대상물)
▶ 1급 소방안전관리대상물
특정소방대상물 중 특급 소방안전관리대상물을 제외한 다음의 어느 하나에 해당하는 것으로서 아파트, 동·식물원, 철강 등 불연성 물품을 저장·취급하는 창고, 위험물 저장 및 처리시설 중 위험물 제조소 등, 지하구를 제외한 것
가. 30층 이상(지하층은 제외한다)이거나 지상으로부터 높이가 120미터 이상인 아파트
나. 연면적 1만5천제곱미터 이상인 특정소방대상물(아파트는 제외한다)
다. 나목에 해당하지 아니하는 특정소방대상물로서 층수가 11층 이상인 특정소방대상물(아파트는 제외한다)
라. 가연성 가스를 1천톤 이상 저장·취급하는 시설

56 소방용수시설의 설치기준 중 주거지역·상업지역 및 공업지역에 설치하는 경우 소방대상물과의 수평거리는 최대 몇 [m] 이하인가?

① 50[m] ② 100[m]
③ 150[m] ④ 200[m]

[해설] 기본법 시행규칙 [별표 3]
▶ 공통기준
가. 국토의계획및이용에관한법률 제36조제1항제1호의 규정에 의한 주거지역·상업지역 및 공업지역에 설치하는 경우 : 소방대상물과의 수평거리를 100[m] 이하가 되도록 할 것
나. 가목 외의 지역에 설치하는 경우 : 소방대상물과의 수평거리를 140[m] 이하가 되도록 할 것

57 다음 중 종합점검을 받아야 하는 건축물은 물분무등이 설치된 연면적 얼마 이상 건축물인가?

① 3천제곱미터 ② 5천제곱미터
③ 1만제곱미터 ④ 3만제곱미터

[해설] ▶ 점검대상 및 시기, 점검자자격

	대상		횟수·시기	점검자
작동점검	모든 특정소방대상물 [3급이상에 해당] 〈제외 대상〉 1. 특급소방안전관리대상물 (종합점검만 연 2회) 2. 소방안전관리대상물에 속하지 않는 대상물 3. 위험물 제조소등	종합점검대상 ×	원칙 : 연 1회 안전관리대상물의 사용승인일이 속하는 달의 말일까지	관계인 (자탐, 간이만 해당) 소방안전관리자 (기술사, 관리사)
		종합점검대상 ○	종합실시월로부터 6개월이 되는 달에 실시	관리업자(관리사) (자탐, 간이는 특급 점검자가능)
종합점검	최초점검	3급이상대상중 최초사용승인 건축물	사용승인일로부터 60일 이내	
	그밖점검	스프링클러설비가 설치된 특정소방대상물	원칙 : 연 1회 (최초사용승인해 다음 해부터 사용승인일이 속하는 달의 말일까지) 예 학교 : 1~6월이 사용승인일인 경우 6월 말일까지 · 특급 소방안전관리대상물 : 연2회(반기별 1회)	소방안전관리자 (기술사, 관리사) 관리업자(관리사)
		물분무등소화설비가 설치된 연면적 5,000[m²] 이상인 특정소방대상물		
		연면적 2,000[m²] 이상 다중이용업소(9층)		
		옥내소화전설비 또는 자동화재탐지설비가 설치된 연면적 1,000[m²] 이상 공공기관(소방대 제외)		
		제연설비가 설치된 터널		

정답 55.② 56.② 57.②

58 대통령령으로 정하는 특정소방대상물의 소방시설 중 내진설계 대상이 아닌 것은?

① 옥내소화전설비
② 스프링클러설비
③ 미분무소화설비
④ 연결살수설비

해설 소방시설법 시행령 제8조(소방시설의 내진설계)
① 법 제7조에서 "대통령령으로 정하는 특정소방대상물"이란 「건축법」 제2조제1항제2호에 따른 건축물로서 「지진·화산재해대책법 시행령」 제10조제1항 각 호에 해당하는 시설을 말한다.
② 법 제7조에서 "대통령령으로 정하는 소방시설"이란 소방시설 중 옥내소화전설비, 스프링클러설비, 물분무등소화설비를 말한다.

59 소방시설업이 반드시 등록 취소에 해당하는 경우는?

① 거짓이나 그 밖의 부정한 방법으로 등록한 경우
② 다른 자에게 등록증 또는 등록수첩을 빌려준 경우
③ 소속 소방기술자를 공사현장에 배치하지 아니하거나 거짓으로 한 경우
④ 등록을 한 후 정당한 사유 없이 1년이 지날 때까지 영업을 시작하지 아니하거나 계속하여 1년 이상 휴업한 경우

해설 공사업법 제9조(등록취소와 영업정지 등) 제1항
시·도지사는 소방시설업자가 다음 각 호의 어느 하나에 해당하면 행정안전부령으로 정하는 바에 따라 그 등록을 취소하거나 6개월 이내의 기간을 정하여 시정이나 그 영업의 정지를 명할 수 있다. 다만, 제1호·제3호 또는 제7호에 해당하는 경우에는 그 등록을 취소하여야 한다.
1. 거짓이나 그 밖의 부정한 방법으로 등록한 경우
3. 제5조 각 호의 등록 결격사유에 해당하게 된 경우
7. 제8조 제2항을 위반하여 영업정지 기간 중에 소방시설공사 등을 한 경우

60 경보설비 중 단독경보형 감지기를 설치해야 하는 특정소방대상물의 기준으로 틀린 것은?

① 연면적 2천제곱미터 미만 교육연구시설 내의 기숙사
② 연면적 400제곱미터 미만의 유치원
③ 수용인원 100인 미만 수련시설(숙박시설있음)
④ 연면적 600제곱미터 미만 숙박시설

해설 단독경보형 감지기를 설치해야 하는 특정소방대상물은 다음의 어느 하나에 해당하는 것으로 한다. 이 경우 5)의 연립주택 및 다세대주택에 설치하는 단독경보형 감지기는 연동형으로 설치해야 한다.
1) 교육연구시설 내에 있는 기숙사 또는 합숙소로서 연면적 2천㎡ 미만인 것
2) 수련시설 내에 있는 기숙사 또는 합숙소로서 연면적 2천㎡ 미만인 것
3) 다목7)에 해당하지 않는 수련시설(숙박시설이 있는 것만 해당한다)(수용 100인 미만)
4) 연면적 400㎡ 미만의 유치원
5) 공동주택 중 연립주택 및 다세대주택

2018년 제1회 소방설비기사[전기분야] 1차 필기
[제3과목 : 소방관계법규]

41 공사업법령상 소방시설공사 완공검사를 위한 현장확인 대상 특정소방대상물의 범위가 아닌 것은?

① 위락시설 ② 판매시설
③ 운동시설 ④ 창고시설

해설 완공검사
1) 공사업자는 소방시설공사를 완공하면 소방본부장 또는 소방서장의 완공검사를 받아야 한다.
2) 공사감리자가 지정되어 있는 경우에는 공사감리 결과보고서로 완공검사를 갈음하되, 대통령령으로 정하는 특정소방대상물의 경우에는 소방본부장이나 소방서장이 소방시설공사가 공사감리 결과보고서대로 완공되었는지를 현장에서 확인할 수 있다.
3) 현장확인 소방대상물
   ㉠ 문화 및 집회시설, 종교시설, 판매시설, 노유자(老幼者)시설, 수련시설, 운동시설, 숙박시설, 창고시설, 지하상가 및 「다중이용업법」에 따른 다중이용업소
   ㉡ 가스계(이산화탄소·할론·할로겐화합물 및 불활성기체 소화약제)소화설비(호스릴소화설비는 제외한다)가 설치되는 것
   ㉢ 연면적 1만제곱미터 이상이거나 11층 이상인 특정소방대상물(아파트는 제외한다)
   ㉣ 가연성가스를 제조·저장 또는 취급하는 시설 중 지상에 노출된 가연성가스탱크의 저장용량 합계가 1천톤 이상인 시설

42 화재예방법령상 특수가연물의 저장 및 취급의 기준 중 다음 ( ) 안에 알맞은 것은? (단, 석탄·목탄류를 발전용으로 저장하는 경우는 제외한다.)

> 살수설비를 설치하거나, 방사능력 범위에 해당 특수가연물이 포함되도록 대형수동식소화기를 설치하는 경우에는 쌓는 높이를 (㉠)m 이하. 석탄·목탄류의 경우에는 쌓는 부분의 바닥면적을 (㉡)m² 이하로 할 수 있다.

① ㉠ 10, ㉡ 50
② ㉠ 10, ㉡ 200
③ ㉠ 15, ㉡ 200
④ ㉠ 15, ㉡ 300

해설 화재예방법 시행령 [별표 2] 특수가연물의 저장·취급 기준

특수가연물은 다음 각 목의 기준에 따라 쌓아 저장해야 한다. 다만, 석탄·목탄류를 발전용(發電用)으로 저장하는 경우는 제외한다.
가. 품명별로 구분하여 쌓을 것
나. 다음의 기준에 맞게 쌓을 것

구분	살수설비를 설치하거나 방사능력 범위에 해당 특수가연물이 포함되도록 대형수동식소화기를 설치하는 경우	그 밖의 경우
높이	15미터 이하	10미터 이하
쌓는 부분의 바닥면적	200제곱미터(석탄·목탄류의 경우에는 300제곱미터) 이하	50제곱미터(석탄·목탄류의 경우에는 200제곱미터) 이하

다. 실외에 쌓아 저장하는 경우 쌓는 부분이 대지경계선, 도로 및 인접 건축물과 최소 6미터 이상 간격을 둘 것. 다만, 쌓는 높이보다 0.9미터 이상 높은 「건축법 시행령」제2조제7호에 따른 내화구조(이하 "내화구조"라 한다) 벽체를 설치한 경우는 그렇지 않다.
라. 실내에 쌓아 저장하는 경우 주요구조부는 내화구조이면서 불연재료여야 하고, 다른 종류의 특수가연물과 같은 공간에 보관하지 않을 것. 다만, 내화구조의 벽으로 분리하는 경우는 그렇지 않다.
마. 쌓는 부분 바닥면적의 사이는 실내의 경우 1.2미터 또는 쌓는 높이의 1/2 중 큰 값 이상으로 간격을 두어야 하며, 실외의 경우 3미터 또는 쌓는 높이 중 큰 값 이상으로 간격을 둘 것

정답 41.① 42.④

43 위험물법상 시·도지사의 허가를 받지 아니하고 당해 제조소등을 설치할 수 있는 기준 중 다음 (　) 안에 알맞은 것은?

> 농예용·축산용 또는 수산용으로 필요한 난방시설 또는 건조시설을 위한 지정수량 (　)배 이하의 저장소

① 20　　② 30
③ 40　　④ 50

해설 ㉠ 제조소등 설치허가자 : 시·도지사
㉡ 제조소등 설치허가 제외장소
　ⓐ 주택의 난방시설(공동주택의 중앙난방시설은 제외)을 위한 저장소 또는 취급소
　ⓑ 지정수량 20배 이하의 농예용·축산용·수산용 난방시설 또는 건조시설의 저장소
㉢ 제조소등의 변경신고 : 변경하고자 하는 날의 1일 전까지 시·도지사에게 신고

44 경보설비 중 단독경보형 감지기를 설치해야 하는 특정소방대상물의 기준으로 틀린 것은?

① 연면적 2천제곱미터 미만 교육연구시설 내의 기숙사
② 연면적 400제곱미터 미만의 유치원
③ 수용인원 100인 미만 수련시설(숙박시설있음)
④ 연면적 600제곱미터 미만 숙박시설

해설 단독경보형 감지기를 설치해야 하는 특정소방대상물은 다음의 어느 하나에 해당하는 것으로 한다. 이 경우 5)의 연립주택 및 다세대주택에 설치하는 단독경보형 감지기는 연동형으로 설치해야 한다.
1) 교육연구시설 내에 있는 기숙사 또는 합숙소로서 연면적 2천㎡ 미만인 것
2) 수련시설 내에 있는 기숙사 또는 합숙소로서 연면적 2천㎡ 미만인 것
3) 다목7)에 해당하지 않는 수련시설(숙박시설이 있는 것만 해당한다)(수용 100인 미만)
4) 연면적 400㎡ 미만의 유치원
5) 공동주택 중 연립주택 및 다세대주택

45 일반음식점에서 조리를 위해 불을 사용하는 설비를 설치할 때 지켜야 할 사항의 기준으로 옳지 않은 것은?

① 주방시설에는 동물 또는 식물의 기름을 제거할 수 있는 필터 등을 설치할 것
② 열을 발생하는 조리기구는 반자 또는 선반에서 50[cm] 이상 떨어지게 할 것
③ 주방시설에 부속된 배기덕트는 0.5[mm] 이상의 아연도금강판 또는 이와 동등 이상의 내식성 불연재료로 설치할 것
④ 열을 발생하는 조리기구로부터 15[cm] 이내의 거리에 있는 가연성 주요구조부터는 석면판 또는 단열성이 있는 불연재료로 덮어 씌울 것

해설 [화재예방법 시행령 별표1]
음식조리를 위하여 설치하는 설비
「식품위생법 시행령」 제21조제8호에 따른 식품접객업 중 일반음식점 주방에서 조리를 위하여 불을 사용하는 설비를 설치하는 경우에는 다음 각 목의 사항을 지켜야 한다.
가. 주방설비에 부속된 배출덕트(공기 배출통로)는 0.5 밀리미터 이상의 아연도금강판 또는 이와 같거나 그 이상의 내식성 불연재료로 설치할 것
나. 주방시설에는 동물 또는 식물의 기름을 제거할 수 있는 필터 등을 설치할 것
다. 열을 발생하는 조리기구는 반자 또는 선반으로부터 0.6미터 이상 떨어지게 할 것
라. 열을 발생하는 조리기구로부터 0.15미터 이내의 거리에 있는 가연성 주요구조부는 단열성이 있는 불연재료로 덮어 씌울 것

46 화재예방법상 특수가연물의 품명별 수량 기준으로 틀린 것은?

① 합성수지류(발포시킨 것) : 20[m³] 이상
② 가연성액체류 : 2[m³] 이상
③ 넝마 및 종이부스러기 : 400[kg] 이상
④ 볏짚류 : 1,000[kg] 이상

[해설] 400[kg] 이상 → 1,000[kg] 이상

화재예방법 시행령 [별표 2]
▶ 특수가연물의 종류

품명		수량
면화류		200킬로그램 이상
나무껍질 및 대팻밥		400킬로그램 이상
넝마 및 종이부스러기		1,000킬로그램 이상
사류(絲類)		1,000킬로그램 이상
볏짚류		1,000킬로그램 이상
가연성고체류		3,000킬로그램 이상
석탄·목탄류		10,000킬로그램 이상
가연성액체류		2세제곱미터 이상
목재가공품 및 나무부스러기		10세제곱미터 이상
합성수지류	발포시킨 것	20세제곱미터 이상
	그 밖의 것	3,000킬로그램 이상

47 소방시설법령상 용어의 정의 중 다음 ( ) 안에 알맞은 것은?

> 특정소방대상물이란 소방시설을 설치하여야 하는 소방대상물로서 ( )으로 정하는 것을 말한다.

① 행정안전부령   ② 국토교통부령
③ 고용노동부령   ④ 대통령령

[해설] 소방시설(소화설비, 경보설비, 피난구조설비, 소화용수설비, 소화활동설비), 소방시설등(소방시설, 비상구, 방화문, 방화셔터), 특정소방대상물, 소방용품 → 대통령령

48 공사업법상 특정소방대상물의 관계인 또는 발주자가 해당 도급계약의 수급인을 도급계약 해지할 수 있는 경우의 기준 중 틀린 것은?

① 하도급계약의 적정성 심사 결과 하수급인 또는 하도급계약 내용의 변경 요구에 정당한 사유 없이 따르지 아니하는 경우
② 정당한 사유 없이 15일 이상 소방시설공사를 계속하지 아니하는 경우
③ 소방시설업이 등록취소되거나 영업정지된 경우
④ 소방시설업을 휴업하거나 폐업한 경우

[해설] 15일 이상 → 30일 이상

49 위험물법령상 인화성 액체위험물(이황화탄소를 제외)의 옥외탱크저장소의 탱크 주위에 설치하여야 하는 방유제의 설치기준 중 틀린 것은?

① 방유제 내의 면적은 60,000[m²] 이하로 하여야 한다.
② 방유제는 높이 0.5[m] 이상 3[m] 이하, 두께 0.2[m] 이상, 지하매설깊이 1[m] 이상으로 할 것. 다만, 방유제와 옥외저장탱크 사이의 지반면 아래에 불침윤성 구조물을 설치하는 경우에는 지하매설깊이를 해당 불침윤성 구조물까지로 할 수 있다.
③ 방유제의 용량은 방유제 안에 설치된 탱크가 하나인 때에는 그 탱크 용량의 110[%] 이상, 2기 이상인 때에는 그 탱크 중 용량이 최대인 것의 용량의 110[%] 이상으로 하여야 한다.
④ 방유제는 철근콘크리트로 하고, 방유제와 옥외저장탱크 사이의 지표면은 불연성과 불침윤성이 있는 구조(철근콘크리트 등)로 할 것. 다만, 누출된 위험물을 수용할 수 있는 전용 유조 및 펌프 등의 설비를 갖춘 경우에는 방유제와 옥외저장탱크 사이의 지표면을 흙으로 할 수 있다.

[해설] 60,000[m²] 이하 → 80,000[m²] 이하

50 화재예방법상 시·도지사가 화재예방강화지구로 지정할 필요가 있는 지역을 화재예방강화지구로 지정하지 아니하는 경우 해당 시·도지사에게 해당 지역의 화재예방강화지구 지정을 요청할 수 있는 자는?

① 행정안전부장관   ② 소방청장
③ 소방본부장   ④ 소방서장

정답 47.④ 48.② 49.① 50.②

> **해설** 화재예방법 제18조(화재예방강화지구의 지정 등)
> ① 시·도지사는 다음 각 호의 어느 하나에 해당하는 지역을 화재예방강화지구로 지정하여 관리할 수 있다.
>   1. 시장지역
>   2. 공장·창고가 밀집한 지역
>   3. 목조건물이 밀집한 지역
>   4. 노후·불량건축물이 밀집한 지역
>   5. 위험물의 저장 및 처리 시설이 밀집한 지역
>   6. 석유화학제품을 생산하는 공장이 있는 지역
>   7. 「산업입지 및 개발에 관한 법률」제2조제8호에 따른 산업단지
>   8. 소방시설·소방용수시설 또는 소방출동로가 없는 지역
>   9. 「물류시설의 개발 및 운영에 관한 법률」제2조제6호에 따른 물류단지
>   10. 그 밖에 제1호부터 제9호까지에 준하는 지역으로서 소방관서장이 화재예방강화지구로 지정할 필요가 있다고 인정하는 지역

51 화재예방법상 소방안전 특별관리시설물의 대상 기준 중 틀린 것은?

① 수련시설
② 항만시설
③ 전력용 및 통신용 지하구
④ 지정문화재인 시설(시설이 아닌 지정문화재를 보호하거나 소장하고 있는 시설을 포함)

> **해설** 화재예방법 제40조(소방안전 특별관리시설물의 안전관리)
>   1. 「공항시설법」제2조제7호의 공항시설
>   2. 「철도산업발전기본법」제3조제2호의 철도시설
>   3. 「도시철도법」제2조제3호의 도시철도시설
>   4. 「항만법」제2조제5호의 항만시설
>   5. 「문화유산의 보존 및 활용에 관한 법률」의 지정문화유산 및 「자연유산의 보존 및 활용에 관한 법률」에 따른 천연기념물등인 시설
>   6. 「산업기술단지 지원에 관한 특례법」제2조제1호의 산업기술단지
>   7. 「산업입지 및 개발에 관한 법률」제2조제8호의 산업단지
>   8. 「초고층 및 지하연계 복합건축물 재난관리에 관한 특별법」제2조제1호 및 제2호의 초고층 건축물 및 지하연계 복합건축물
>   9. 「영화 및 비디오물의 진흥에 관한 법률」제2조제10호의 영화상영관 중 수용인원 1,000명 이상인 영화상영관
>   10. 전력용 및 통신용 지하구
>   11. 「한국석유공사법」제10조제1항제3호의 석유비축시설
>   12. 「한국가스공사법」제11조제1항제2호의 천연가스 인수기지 및 공급망
>   13. 「전통시장 및 상점가 육성을 위한 특별법」제2조제1호의 전통시장으로서 대통령령으로 정하는 전통시장
>   14. 그 밖에 대통령령으로 정하는 시설물

52 기본법령상 소방용수시설별 설치기준 중 옳은 것은?

① 저수조는 지면으로부터의 낙차가 4.5[m] 이상일 것
② 소화전은 상수도와 연결하여 지하식 또는 지상식의 구조로 하고, 소방용 호스와 연결하는 소화전의 연결금속구의 구경은 50[mm]로 할 것
③ 저수조 흡수관의 투입구가 사각형의 경우에는 한 변의 길이가 60[cm] 이상일 것
④ 급수탑 급수배관의 구경은 65[mm] 이상으로 하고, 개폐밸브는 지상에서 0.8[m] 이상, 1.5[m] 이하의 위치에 설치하도록 할 것

> **해설** ① 4.5[m] 이상 → 4.5[m] 이하
> ② 50[mm] → 65[mm]
> ④ 65[mm] 이상 → 100[mm] 이상
> 0.8[m] 이상 1.5[m] 이하 → 1.5[m] 이상 1.7[m] 이하

53 위험물법상 업무상 과실로 제조소등에서 위험물을 유출·방출 또는 확산시켜 사람의 생명·신체 또는 재산에 대하여 위험을 발생시킨 자에 대한 벌칙 기준으로 옳은 것은?

① 10년 이하의 징역 또는 금고나 1억 원 이하의 벌금
② 7년 이하의 금고 또는 7천만 원 이하의 벌금
③ 5년 이하의 징역 또는 1억 원 이하의 벌금
④ 3년 이하의 징역 또는 3천만 원 이하의 벌금

정답 51.① 52.③ 53.②

해설 ※ 위험물법
- 업무상 과실로 제조소등에서 위험물을 유출·방출 또는 확산시켜 사람의 생명·신체 또는 재산에 대하여 위험을 발생시킨 자 → 7년 이하의 금고 또는 7천만 원 이하의 벌금
- 사람을 사상에 이르게 한 자 → 10년 이하의 징역 또는 금고나 1억원 이하의 벌금

※ 소방시설법
- 소방시설에 폐쇄·차단 등의 행위를 한 자 → 5년 이하의 징역 또는 5,000만 원 이하의 벌금
- 사람을 상해에 이르게 한 때 → 7년 이하의 징역 또는 7,000만 원 이하의 벌금
- 사망에 이르게 한 때 → 10년 이하의 징역 또는 1억 원 이하의 벌금

54 소방시설법령상 중앙소방기술심의위원회의 심의 사항이 아닌 것은?

① 화재안전기준에 관한 사항
② 소방시설의 설계 및 공사감리의 방법에 관한 사항
③ 소방시설에 하자가 있는지의 판단에 관한 사항
④ 소방시설공사의 하자를 판단하는 기준에 관한 사항

해설 ③ 지방소방기술심의위원회의 심의사항

55 위험물법령상 제조소의 위치·구조 및 설비의 기준 중 위험물을 취급하는 건축물 그 밖의 시설의 주위에는 그 취급하는 위험물을 최대수량이 지정수량의 10배 이하인 경우 보유하여야 할 공지의 너비는 몇 [m] 이상이어야 하는가?

① 3[m]
② 5[m]
③ 8[m]
④ 10[m]

해설 보유공지

취급하는 위험물의 최대수량	공지의 너비
지정수량의 10배 이하	3[m] 이상
지정수량의 10배 초과	5[m] 이상

56 소방시설법령상 종합점검실시대상이 되는 특정소방대상물의 기준 중 다음 ( )안에 알맞은 것은?

물분무등소화설비 [호스릴방식의 물분무등소화설비만을 설치한 경우는 제외]가 설치된 연면적 (㉠)[m²] 이상인 특정소방대상물(위험물 제조소등은 제외)

① 2,000
② 3,000
③ 4,000
④ 5,000

해설 ▶ 점검대상 및 시기, 점검자자격

대상		횟수·시기	점검자
작동점검	모든 특정소방대상물 [3급이상에 해당] 〈제외 대상〉 1. 특급소방안전관리대상물 (종합점검만 연 2회) 2. 소방안전관리대상물에 속하지 않는 대상물 3. 위험물 제조소등	• 원칙 : 연 1회 종합점검대상× 안전관리대상물의 사용승인일이 속하는 달의 말일까지 종합점검대상○ 종합실시월로부터 6개월이 되는 달에 실시	관계인 (자탐, 간이만 해당) 소방안전관리자 (기술사, 관리사) 관리업재[관리사] (자탐, 간이는 특급 점검자가능)
종합점검	최초점검	3급이상대상중 최초사용승인 건축물	사용승인일로부터 60일 이내	
	그밖 점검	스프링클러설비가 설치된 특정소방대상물 물분무등소화설비가 설치된 연면적 5,000[m²] 이상인 특정소방대상물 연면적 2,000[m²] 이상 다중이용업소(9종) 옥내소화전설비 또는 자동화재탐지설비가 설치된 연면적 1,000[m²] 이상 공공기관(소방대 제외) 제연설비가 설치된 터널	• 원칙 : 연 1회 (최초사용승인해 다음 해부터 사용승인일이 속하는 달의 말일까지) 예 학교 : 1~6월이 사용승인일인 경우 6월 말일까지 • 특급 소방안전관리대상물 : 연2회(반기별 1회)	소방안전관리자 (기술사, 관리사) 관리업재[관리사]

57 소방시설법상 화재안전기준을 달리 적용하여야 하는 특수한 용도 또는 구조를 가진 특정소방대상물인 원자력 발전소에 설치하지 아니할 수 있는 소방시설은?

① 물분무등소화설비
② 스프링클러설비
③ 상수도소화용수설비
④ 연결살수설비

[해설] 소방시설을 설치하지 아니할 수 있는 특정소방대상물 및 소방시설의 범위

화재위험도가 낮은 특정소방대상물	석재, 불연성금속	[외설] 옥외소화전설비 연결살수설비
화재안전기준을 적용하기 어려운 특정소방대상물	펄프공장의 작업장	[스상살] 스프링클러설비 상수도소화용수설비 연결살수설비
	정수장, 수영장	[탐상살] 자동화재탐지설비 상수도소화용수설비 연결살수설비
화재안전기준을 달리 적용하여야 하는 특수한 용도 또는 구조를 가진 특정소방대상물	원자력발전소, 핵폐기물처리시설	[송살] 연결송수관설비 연결살수설비
자체소방대가 설치된 특정소방대상물	자체소방대가 설치된 위험물 제조소등에 부속된 사무실	[내용송살] 옥내소화전설비 소화용수설비 연결송수관설비 연결살수설비

58 기본법상 소방업무의 응원에 대한 설명 중 틀린 것은?

① 소방본부장이나 소방서장은 소방활동을 할 때에 긴급한 경우에는 이웃한 소방본부장 또는 소방서장에게 소방업무의 응원을 요청할 수 있다.
② 소방업무의 응원 요청을 받은 소방본부장 또는 소방서장은 정당한 사유 없이 그 요청을 거절하여서는 아니 된다.
③ 소방업무의 응원을 위하여 파견된 소방대원은 응원을 요청한 소방본부장 또는 소방서장의 지휘에 따라야 한다.
④ 시·도지사는 소방업무의 응원을 요청하는 경우를 대비하여 출동 대상지역 및 규모와 필요한 경비의 부담 등에 관하여 필요한 사항을 대통령령으로 정하는 바에 따라 이웃하는 시·도지사와 협의하여 미리 규약으로 정하여야 한다.

[해설] 대통령령 → 행정안전부령

59 화재예방법상 소방안전관리대상물의 소방안전관리자가 소방훈련 및 교육을 하지 않은 경우 1차 위반 시 과태료 금액 기준으로 옳은 것은?

① 200만 원 ② 100만 원
③ 50만 원   ④ 30만 원

[해설]

위반행위	근거 법조문	과태료 금액 (단위: 만원)		
		1차 위반	2차 위반	3차 이상 위반
타. 법 제37조제1항을 위반하여 소방훈련 및 교육을 하지 않은 경우	법 제52조 제1항제7호	100	200	300

60 화재예방법상 공동 소방안전관리자 선임대상 특정소방대상물의 기준 중 틀린 것은?

① 판매시설 중 상점
② 고층 건축물(지하층을 제외한 층수가 11층 이상인 건축물만 해당)
③ 지하가(지하의 인공구조물 안에 설치된 상점 및 사무실, 그 밖에 이와 비슷한 시설이 연속하여 지하도에 접하여 설치된 것과 그 지하도를 합한 것)
④ 복합건축물로서 연면적이 5,000[m²] 이상인 것 또는 층수가 5층 이상인 것

정답 57.④ 58.④ 59.② 60.①

해설 상점 → 도매·소매시장

▶ 공동소방안전관리 대상물

관리의 권원(權原)이 분리된 것 중 소방본부장이나 소방서장이 지정하는 특정소방대상물

대상	고층 건축물(지하층을 제외한 층수가 11층 이상)	
	지하가	
	대통령령으로 정하는 대상물	• 복합건축물로서 연면적이 5천[m^2] 이상인 것 또는 층수가 5층 이상인 것 • 판매시설 중 도매시장 및 소매시장 • 특정소방대상물 중 소방본부장 또는 소방서장이 지정하는 것

[22.12.1이후 개정]
화재예방법 제35조(관리의 권원이 분리된 특정소방대상물의 소방안전관리)

① 다음 각 호의 어느 하나에 해당하는 특정소방대상물로서 그 관리의 권원(權原)이 분리되어 있는 특정소방대상물의 경우 그 관리의 권원별 관계인은 대통령령으로 정하는 바에 따라 제24조제1항에 따른 소방안전관리자를 선임하여야 한다. 다만, 소방본부장 또는 소방서장은 관리의 권원이 많아 효율적인 소방안전관리가 이루어지지 아니한다고 판단되는 경우 대통령령으로 정하는 바에 따라 관리의 권원을 조정하여 소방안전관리자를 선임하도록 할 수 있다.
  1. 복합건축물(지하층을 제외한 층수가 11층 이상 또는 연면적 3만제곱미터 이상인 건축물)
  2. 지하가(지하의 인공구조물 안에 설치된 상점 및 사무실, 그 밖에 이와 비슷한 시설이 연속하여 지하도에 접하여 설치된 것과 그 지하도를 합한 것을 말한다)
  3. 그 밖에 대통령령으로 정하는 특정소방대상물

② 제1항에 따른 관리의 권원별 관계인은 상호 협의하여 특정소방대상물의 전체에 걸쳐 소방안전관리상 필요한 업무를 총괄하는 소방안전관리자(이하 "총괄소방안전관리자"라 한다)를 제1항에 따라 선임된 소방안전관리자 중에서 선임하거나 별도로 선임하여야 한다. 이 경우 총괄소방안전관리자의 자격은 대통령령으로 정하고 업무수행 등에 필요한 사항은 행정안전부령으로 정한다.

③ 제2항에 따른 총괄소방안전관리자에 대하여는 제24조, 제26조부터 제28조까지 및 제30조부터 제34조까지에서 규정한 사항 중 소방안전관리자에 관한 사항을 준용한다.

④ 제1항 및 제2항에 따라 선임된 소방안전관리자 및 총괄소방안전관리자는 해당 특정소방대상물의 소방안전관리를 효율적으로 수행하기 위하여 공동소방안전관리협의회를 구성하고, 해당 특정소방대상물에 대한 소방안전관리를 공동으로 수행하여야 한다. 이 경우 공동소방안전관리협의회의 구성·운영 및 공동소방안전관리의 수행 등에 필요한 사항은 대통령령으로 정한다.

2018년 제2회 소방설비기사[전기분야] 1차 필기
[제3과목 : 소방관계법규]

41 기본법령상 소방본부 종합상황실 실장이 소방청의 종합상황실에 서면·모사전송 또는 컴퓨터통신 등으로 보고하여야 하는 화재의 기준 중 틀린 것은?

① 항구에 매어둔 총 톤수가 1,000톤 이상인 선박에서 발생한 화재
② 층수가 5층 이상이거나 병상이 30개 이상인 종합병원·정신병원·한방병원·요양소에서 발생한 화재
③ 지정수량의 1,000배 이상의 위험물의 제조소·저장소·취급소에서 발생한 화재
④ 연면적 15,000[m²] 이상인 공장 또는 화재경계지구에서 발생한 화재

해설 1,000배 → 3,000배

42 기본법령상 소방용수시설별 설치기준 중 틀린 것은?

① 급수탑 개폐밸브는 지상에서 1.5[m] 이상 1.7[m] 이하의 위치에 설치하도록 할 것
② 소화전은 상수도와 연결하여 지하식 또는 지상식의 구조로 하고, 소방용 호스와 연결하는 소화전의 연결금속구의 구경은 100[mm]로 할 것
③ 저수조 흡수관의 투입구가 사각형의 경우에는 한 변의 길이가 60[cm] 이상, 원형의 경우에는 지름이 60[cm] 이상일 것
④ 저수조는 지면으로부터의 낙차가 4.5[m] 이하일 것

해설 기본법 시행규칙 [별표 3]
▶ 소방용수시설 설치기준
1. 공통기준
   가. 주거지역·상업지역 및 공업지역 : 수평거리 100m 이하
   나. 그 외의 지역에 설치하는 경우 : 수평거리 140m 이하
2. 소방용수시설별 설치기준
   가. 소화전의 설치기준 : 상수도와 연결하여 지하식 또는 지상식의 구조로 하고, 소방호스와 연결하는 소화전의 연결금속구의 구경은 65밀리미터로 할 것
   나. 급수탑의 설치기준 : 급수배관의 구경은 100밀리미터 이상으로 하고, 개폐밸브는 지상에서 1.5미터 이상 1.7미터 이하의 위치에 설치하도록 할 것
   다. 저수조의 설치기준
      (1) 지면으로부터의 낙차가 4.5미터 이하일 것
      (2) 흡수부분의 수심이 0.5미터 이상일 것
      (3) 소방펌프자동차가 쉽게 접근할 수 있도록 할 것
      (4) 흡수에 지장이 없도록 토사 및 쓰레기 등을 제거할 수 있는 설비를 갖출 것
      (5) 흡수관의 투입구가 사각형의 경우에는 한 변의 길이가 60센티미터 이상, 원형의 경우에는 지름이 60센티미터 이상일 것
      (6) 저수조에 물을 공급하는 방법은 상수도에 연결하여 자동으로 급수되는 구조일 것

43 기본법상 소방본부장, 소방서장 또는 소방대장의 권한이 아닌 것은?

① 화재, 재난·재해, 그 밖의 위급한 상황이 발생한 현장에서 소방활동을 위하여 필요할 때에는 그 관할구역에 사는 사람 또는 그 현장

정답 41.③ 42.② 43.②

에 있는 사람으로 하여금 사람을 구출하는 일 또는 불을 끄거나 불이 번지지 아니하도록 하는 일을 하게 할 수 있다.
② 소방활동을 할 때에 긴급한 경우에는 이웃한 소방본부장 또는 소방서장에게 소방업무와 응원을 요청할 수 있다.
③ 사람을 구출하거나 불이 번지는 것을 막기 위하여 필요할 때에는 화재가 발생하거나 불이 번질 우려가 있는 소방대상물 및 토지를 일시적으로 사용하거나 그 사용의 제한 또는 소방활동에 필요한 처분을 할 수 있다.
④ 소방활동을 위하여 긴급하게 출동할 때에는 소방자동차의 통행과 소방활동에 방해가 되는 주차 또는 정차된 차량 및 물건 등을 제거하거나 이동시킬 수 있다.

해설 ② 소방본부장, 소방서장의 권한

44 위험물법령상 위험물의 안전관리와 관련된 업무를 수행하는 자로서 소방청장이 실시하는 안전교육대상자가 아닌 것은?
① 안전관리자로 선임된 자
② 탱크시험자의 기술인력으로 종사하는 자
③ 위험물운송자로 종사하는 자
④ 제조소등의 관계인

해설 ※ 안전교육
1) 안전관리자·탱크시험자·위험물운송자 등 위험물의 안전관리와 관련된 업무를 수행하는 자로서 대통령이 정하는 자는 해당 업무에 관한 능력의 습득 또는 향상을 위하여 소방청장이 실시하는 교육을 받아야 한다.
2) 안전교육대상자
  ① 안전관리자로 선임된 자
  ② 탱크시험자의 기술인력으로 종사하는 자
  ③ 위험물운송자로 종사하는 자
3) 안전교육실시자: 소방청장
4) 제조소등의 관계인은 교육대상자에 대하여 필요한 안전교육을 받게 하여야 한다.
5) 안전교육의 과정 및 기간과 그 밖에 교육의 실시에 관하여 필요한 사항(행정안전부령)

6) 시·도지사, 소방본부장 또는 소방서장은 안전교육대상자가 교육을 받지 아니한 때에는 그 교육대상자가 교육을 받을 때까지 이 법의 규정에 따라 그 자격으로 행하는 행위를 제한할 수 있다.
7) 안전교육의 구분: 소방청장은 안전교육을 강습교육과 실무교육으로 구분하여 실시한다.
8) 기술원 또는 한국소방안전원은 매년 교육실시계획을 수립하여 교육을 실시하는 해의 전년도 말까지 소방청장의 승인을 받아야 하고, 해당 연도 교육실시결과를 교육을 실시한 해의 다음 연도 1월 31일까지 소방청장에게 보고하여야 한다.
9) 소방본부장은 매년 10월말까지 관할구역 안의 실무교육대상자 현황을 협회에 통보하고 관할구역 안에서 협회가 실시하는 안전교육에 관하여 지도·감독하여야 한다.

45 화재예방법상 소방안전관리대상물의 소방안전관리자 업무가 아닌 것은?
① 소방훈련 및 교육
② 자위소방대 및 초기대응체계의 구성·운영·교육
③ 피난시설, 방화구획 및 방화시설의 유지·설치
④ 피난계획에 관한 사항과 대통령령으로 정하는 사항이 포함된 소방계획서의 작성 및 시행

해설 [소방안전관리자의 업무사항]
특정소방대상물(소방안전관리대상물은 제외한다)의 관계인과 소방안전관리대상물의 소방안전관리자는 다음 각 호의 업무를 수행한다. 다만, 제1호·제2호·제5호 및 제7호의 업무는 소방안전관리대상물의 경우에만 해당한다.
1. 제36조에 따른 피난계획에 관한 사항과 대통령령으로 정하는 사항이 포함된 소방계획서의 작성 및 시행
2. 자위소방대(自衛消防隊) 및 초기대응체계의 구성, 운영 및 교육
3. 「소방시설 설치 및 관리에 관한 법률」 제16조에 따른 피난시설, 방화구획 및 방화시설의 관리
4. 소방시설이나 그 밖의 소방 관련 시설의 관리
5. 제37조에 따른 소방훈련 및 교육
6. 화기(火氣) 취급의 감독
7. 행정안전부령으로 정하는 바에 따른 소방안전관리에 관한 업무수행에 관한 기록·유지(제3호·제4호 및 제6호의 업무를 말한다)
8. 화재발생 시 초기대응
9. 그 밖에 소방안전관리에 필요한 업무

46 소방시설법령상 소방용품이 아닌 것은?

① 소화약제 외의 것을 이용한 간이소화용구
② 자동소화장치
③ 가스누설경보기
④ 소화용으로 사용하는 방염제

해설 소방용품(제6조 관련)
1. 소화설비를 구성하는 제품 또는 기기
   가. 별표 1 제1호가목의 소화기구(소화약제 외의 것을 이용한 간이소화용구는 제외한다)
   나. 별표 1 제1호나목의 자동소화장치
   다. 소화설비를 구성하는 소화전, 관창(菅槍), 소방호스, 스프링클러헤드, 기동용 수압개폐장치, 유수제어밸브 및 가스관선택밸브
2. 경보설비를 구성하는 제품 또는 기기
   가. 누전경보기 및 가스누설경보기
   나. 경보설비를 구성하는 발신기, 수신기, 중계기, 감지기 및 음향장치(경종만 해당한다)
3. 피난구조설비를 구성하는 제품 또는 기기
   가. 피난사다리, 구조대, 완강기(간이완강기 및 지지대를 포함한다)
   나. 공기호흡기(충전기를 포함한다)
   다. 피난구유도등, 통로유도등, 객석유도등 및 예비전원이 내장된 비상조명등
4. 소화용으로 사용하는 제품 또는 기기
   가. 소화약제(별표 1 제1호나목2)와 3)의 자동소화장치와 같은 호 마목3)부터 8)까지의 소화설비용만 해당한다)
   나. 방염제(방염액·방염도료 및 방염성물질을 말한다)
5. 그 밖에 행정안전부령으로 정하는 소방 관련 제품 또는 기기

47 소방시설법령상 스프링클러설비를 설치하여야 하는 특정소방대상물의 기준 중 틀린 것은? (단, 위험물 저장 및 처리 시설 중 가스시설 또는 지하구는 제외한다.)

① 숙박이 가능한 수련시설 용도로 사용되는 시설의 바닥면적의 합계가 600[m²] 이상인 것은 모든 층
② 창고시설(물류터미널은 제외)로서 바닥면적 합계가 5,000[m²] 이상인 경우에는 모든 층
③ 판매시설, 운수시설 및 창고시설(물류터미널에 한정)로서 바닥면적의 합계가 5,000[m²] 이상이거나 수용인원이 500명 이상인 경우에는 모든 층
④ 복합건축물로서 연면적이 3,000[m²] 이상인 경우에는 모든 층

해설 3,000[m²] → 5,000[m²]

48 화재예방법상 특수가연물의 저장 및 취급기준, 중 다음 (   ) 안에 알맞은 것은? (단, 석탄, 목탄류를 발전용으로 저장하는 경우는 제외한다.)

살수설비를 설치하거나, 방사능력 범위에 해당 특수가연물이 포함되도록 대형수동식 소화기를 설치하는 경우에는 쌓는 높이를 (㉠)[m] 이하, 쌓는 부분의 바닥면적을 (㉡)[m²] 이하로 할 수 있다.

① ㉠ 10, ㉡ 30
② ㉠ 10, ㉡ 5
③ ㉠ 15, ㉡ 100
④ ㉠ 15, ㉡ 200

해설 화재예방법 시행령 별표3
2. 특수가연물의 저장·취급 기준
특수가연물은 다음 각 목의 기준에 따라 쌓아 저장해야 한다. 다만, 석탄·목탄류를 발전용(發電用)으로 저장하는 경우는 제외한다.
가. 품명별로 구분하여 쌓을 것
나. 다음의 기준에 맞게 쌓을 것

구분	살수설비를 설치하거나 방사능력 범위에 해당 특수가연물이 포함되도록 대형수동식소화기를 설치하는 경우	그 밖의 경우
높이	15미터 이하	10미터 이하
쌓는 부분의 바닥면적	200제곱미터(석탄·목탄류의 경우에는 300제곱미터) 이하	50제곱미터(석탄·목탄류의 경우에는 200제곱미터) 이하

다. 실외에 쌓아 저장하는 경우 쌓는 부분이 대지경계선, 도로 및 인접 건축물과 최소 6미터 이상 간격을 둘 것. 다만, 쌓는 높이보다 0.9미터 이상 높은 「건축법 시행령」 제2조제7호에 따른 내화구조(이하 "내화구조"라 한다) 벽체를 설치한 경우는 그렇지 않다.

라. 실내에 쌓아 저장하는 경우 주요구조부는 내화구조이면서 불연재료여야 하고, 다른 종류의 특수가연물과 같은 공간에 보관하지 않을 것. 다만, 내화구조의 벽으로 분리하는 경우는 그렇지 않다.

마. 쌓는 부분 바닥면적의 사이는 실내의 경우 1.2미터 또는 쌓는 높이의 1/2 중 큰 값 이상으로 간격을 두어야 하며, 실외의 경우 3미터 또는 쌓는 높이 중 큰 값 이상으로 간격을 둘 것

49 위험물법상 위험시설의 설치 및 변경 등에 관한 기준 중 다음 ( ) 안에 알맞은 것은?

> 제조소등의 위치·구조 또는 설비의 변경 없이 당해 제조소등에서 저장하거나 취급하는 위험물의 품명·수량 또는 지정수량의 배수를 변경하고자 하는 자는 변경하고자 하는 날의 (㉠)일 전까지 (㉡)이 정하는 바에 따라 (㉢)에게 신고하여야 한다.

① ㉠ 1, ㉡ 행정안전부령, ㉢ 시·도지사
② ㉠ 1, ㉡ 대통령령, ㉢ 소방본부장·소방서장
③ ㉠ 14, ㉡ 행정안전부령, ㉢ 시·도지사
④ ㉠ 14, ㉡ 대통령령, ㉢ 소방본부장·소방서장

해설 위험물법 제6조(위험물시설의 설치 및 변경 등)
1) 제조소등을 설치하고자 하는 자는 시도지사의 허가를 받아야 한다.
2) 제조소등의 위치, 구조 또는 설비를 변경하고자 하는 자는 시도지사의 허가를 받아야 한다.
3) 취급하는 위험물의 품명, 수량 또는 지정수량의 배수를 변경하고자 하는 자는 시도지사에게 변경하고자 하는 날의 1일 전까지 행정안전부령이 정하는 바에 따라 시도지사에게 신고하여야 한다.
4) 제조소등이 아닌 경우에 허가를 받지 아니하고 당해 제조소등을 설치하거나 그 위치 구조 또는 설비를 변경할 수 있는 경우, 신고를 하지 아니하고 위험물의 품명, 수량 또는 지정수량의 배수를 변경할 수 있는 경우
① 주택의 난방시설(공동주택의 중앙난방시설을 제외한다)을 위한 저장소 또는 취급소
② 농예용·축산용 또는 수산용으로 필요한 난방시설 또는 건조시설을 위한 지정수량 20배 이하의 저장소

50 화재예방법상 소방안전관리대상물의 소방계획서에 포함되어야 하는 사항이 아닌 것은?

① 예방규정을 정하는 제조소등의 위험물 저장·취급에 관한 사항
② 소방시설·피난시설 및 방화시설의 점검·정비계획
③ 특정소방대상물의 근무자 및 거주자의 자위소방대 조직과 대원의 임무에 관한 사항
④ 방화구획, 제연구획, 건축물의 내부 마감재료(불연재료·준불연재료 또는 난연재료로 사용된 것) 및 방염물품의 사용현황과 그 밖의 방화구조 및 설비의 유지·관리계획

해설 ① 해당없음

제27조(소방안전관리대상물의 소방계획서 작성 등)
① 법 제24조제5항제1호에서 "대통령령으로 정하는 사항"이란 다음 각 호의 사항을 말한다.
1. 소방안전관리대상물의 위치·구조·연면적(「건축법 시행령」제119조제1항제4호에 따라 산정된 면적을 말한다. 이하 같다)·용도 및 수용인원 등 일반 현황
2. 소방안전관리대상물에 설치한 소방시설, 방화시설, 전기시설, 가스시설 및 위험물시설의 현황
3. 화재 예방을 위한 자체점검계획 및 대응대책
4. 소방시설·피난시설 및 방화시설의 점검·정비계획
5. 피난층 및 피난시설의 위치와 피난경로의 설정, 화재안전취약자의 피난계획 등을 포함한 피난계획
6. 방화구획, 제연구획(除煙區劃), 건축물의 내부 마감재료 및 방염대상물품의 사용 현황과 그 밖의 방화구조 및 설비의 유지·관리계획
7. 법 제35조제1항에 따른 관리의 권원이 분리된 특정소방대상물의 소방안전관리에 관한 사항
8. 소방훈련·교육에 관한 계획
9. 법 제37조를 적용받는 소방안전관리대상물의 근무자 및 거주자의 자위소방대 조직과 대원의 임무(화재안전취약자의 피난 보조 임무를 포함한다)에 관한 사항
10. 화기 취급 작업에 대한 사전 안전조치 및 감독 등 공사 중 소방안전관리에 관한 사항
11. 소화에 관한 사항과 연소 방지에 관한 사항

12. 위험물의 저장·취급에 관한 사항(「위험물안전관리법」 제17조에 따라 예방규정을 정하는 제조소등은 제외한다)
13. 소방안전관리에 대한 업무수행에 관한 기록 및 유지에 관한 사항
14. 화재발생 시 화재경보, 초기소화 및 피난유도 등 초기대응에 관한 사항
15. 그 밖에 소방본부장 또는 소방서장이 소방안전관리대상물의 위치·구조·설비 또는 관리 상황 등을 고려하여 소방안전관리에 필요하여 요청하는 사항

51 소방시설공사업법령상 공사감리자 지정대상 특정소방대상물의 범위가 아닌 것은?

① 캐비닛형 간이스프링클러설비를 신설·개설하거나 방호·방수구역을 증설할 때
② 물분무등소화설비(호스릴 방식의 소화설비는 제외)를 신설·개설하거나 방호·방수구역을 증설할 때
③ 제연설비를 신설·개설하거나 제연구역을 증설할 때
④ 연소방지설비를 신설·개설하거나 살수구역을 증설할 때

해설 ① 캐비닛형 간이스프링클러설비는 제외

▶ 감리지정대상 특정소방대상물
① 옥내소화전설비를 신설·개설 또는 증설할 때
② 스프링클러설비등(캐비닛형 간이스프링클러설비는 제외한다)을 신설·개설하거나 방호·방수 구역을 증설할 때
③ 물분무등소화설비(호스릴 방식의 소화설비는 제외한다)를 신설·개설하거나 방호·방수 구역을 증설할 때
④ 옥외소화전설비를 신설·개설 또는 증설할 때
⑤ 자동화재탐지설비를 신설 또는 개설할 때
⑤의2. 비상방송설비를 신설 또는 개설할 때
⑥ 통합감시시설을 신설 또는 개설할 때
⑥의2. 비상조명등을 신설 또는 개설할 때
⑦ 소화용수설비를 신설 또는 개설할 때
⑧ 다음 각 목에 따른 소화활동설비에 대하여 각 목에 따른 시공을 할 때
  ㉠ 제연설비를 신설·개설하거나 제연구역을 증설할 때
  ㉡ 연결송수관설비를 신설 또는 개설할 때
  ㉢ 연결살수설비를 신설·개설하거나 송수구역을 증설할 때
  ㉣ 비상콘센트설비를 신설·개설하거나 전용회로를 증설할 때
  ㉤ 무선통신보조설비를 신설 또는 개설할 때
  ㉥ 연소방지설비를 신설·개설하거나 살수구역을 증설할 때

52 소방시설법상 특정소방대상물에 소방시설이 화재안전기준에 따라 설치·유지·관리되어 있지 아니할 때 해당 특정소방대상물의 관계인에게 필요한 조치를 명할 수 있는 자는?

① 소방본부장   ② 소방청장
③ 시·도지사   ④ 행정안전부장관

해설 소방시설법 제12조(특정소방대상물에 설치하는 소방시설의 관리 등)
① 특정소방대상물의 관계인은 대통령령으로 정하는 소방시설을 화재안전기준에 따라 설치·관리하여야 한다. 이 경우 「장애인·노인·임산부 등의 편의증진 보장에 관한 법률」 제2조제1호에 따른 장애인등이 사용하는 소방시설(경보설비 및 피난구조설비를 말한다)은 대통령령으로 정하는 바에 따라 장애인등에 적합하게 설치·관리하여야 한다.
② 소방본부장이나 소방서장은 제1항에 따른 소방시설이 화재안전기준에 따라 설치·관리되고 있지 아니할 때에는 해당 특정소방대상물의 관계인에게 필요한 조치를 명할 수 있다.
③ 특정소방대상물의 관계인은 제1항에 따라 소방시설을 설치·관리하는 경우 화재 시 소방시설의 기능과 성능에 지장을 줄 수 있는 폐쇄(잠금을 포함한다. 이하 같다)·차단 등의 행위를 하여서는 아니 된다. 다만, 소방시설의 점검·정비를 위하여 필요한 경우 폐쇄·차단은 할 수 있다.
④ 소방청장은 제3항 단서에 따라 특정소방대상물의 관계인이 소방시설의 점검·정비를 위하여 폐쇄·차단을 하는 경우 안전을 확보하기 위하여 필요한 행동요령에 관한 지침을 마련하여 고시하여야 한다.
⑤ 소방청장, 소방본부장 또는 소방서장은 제1항에 따른 소방시설의 작동정보 등을 실시간으로 수집·분석할 수 있는 시스템(이하 "소방시설정보관리시스템"이라 한다)을 구축·운영할 수 있다.

정답 51.① 52.①

⑥ 소방청장, 소방본부장 또는 소방서장은 제5항에 따른 작동정보를 해당 특정소방대상물의 관계인에게 통보하여야 한다.
⑦ 소방시설정보관리시스템 구축·운영의 대상은 「화재의 예방 및 안전관리에 관한 법률」 제24조제1항 전단에 따른 소방안전관리대상물 중 소방안전관리의 취약성 등을 고려하여 대통령령으로 정하고, 그 밖에 운영방법 및 통보 절차 등에 필요한 사항은 행정안전부령으로 정한다.

53 위험물법상 업무상 과실로 제조소등에서 위험물을 유출·방출 또는 확산시켜 사람의 생명·신체 또는 재산에 대하여 위험을 발생시킨 자에 대한 벌칙 기준으로 옳은 것은?

① 5년 이하의 금고 또는 2,000만 원 이하의 벌금
② 5년 이하의 금고 또는 7,000만 원 이하의 벌금
③ 7년 이하의 금고 또는 2,000만 원 이하의 벌금
④ 7년 이하의 금고 또는 7,000만 원 이하의 벌금

해설 위험물법 벌칙
▶ 제33조(벌칙)
① 제조소등에서 위험물을 유출·방출 또는 확산시켜 사람의 생명·신체 또는 재산에 대하여 위험을 발생시킨 자 → 1년 이상 10년 이하의 징역에 처한다.
② 제1항의 규정에 따른 죄를 범하여 사람을 상해(傷害)에 이르게 한 때에는 무기 또는 3년 이상의 징역 사망에 이르게 한 때에는 무기 또는 5년 이상의 징역에 처한다.

▶ 제34조(벌칙)
① 업무상 과실로 제조소등에서 위험물을 유출·방출 또는 확산시켜 사람의 생명·신체 또는 재산에 대하여 위험을 발생시킨 자는 7년 이하의 금고 또는 7천만 원 이하의 벌금에 처한다.
② 제1항의 죄를 범하여 사람을 사상(死傷)에 이르게 한 자는 10년 이하의 징역 또는 금고나 1억 원 이하의 벌금에 처한다.

54 소방시설법상 소방시설 등에 대한 자체점검을 하지 아니하거나 관리업자 등으로 하여금 정기적으로 점검하게 아니한 자에 대한 벌칙 기준으로 옳은 것은?

① 6개월 이하의 징역 또는 1,000만 원 이하의 벌금
② 1년 이하의 징역 또는 1,000만 원 이하의 벌금
③ 3년 이하의 징역 또는 1,500만 원 이하의 벌금
④ 3년 이하의 징역 또는 3,000만 원 이하의 벌금

해설 소방시설의 자체점검 미실시자 → 1년 이하의 징역 또는 1,000만 원 이하의 벌금

55 기본법상 소방활동구역의 설정권자로 옳은 것은?
① 소방본부장
② 소방서장
③ 소방대장
④ 시·도지사

해설 소방대장은 화재, 재난·재해, 그 밖의 위급한 상황이 발생한 현장에 소방활동구역을 정하여 소방활동에 필요한 사람으로서 대통령령으로 정하는 사람 외에는 그 구역에 출입하는 것을 제한할 수 있다.

56 기본법령상 위험물 또는 물건의 보관기간은 소방본부 또는 소방서의 게시판에 공고하는 기간의 종료일 다음 날부터 며칠로 하는가?
① 3일   ② 4일
③ 5일   ④ 7일

해설

공고기간	보관하는 그날부터 14일 동안
보관기간	공고의 종료일 다음날부터 7일간

57 소방시설법상 비상경보설비를 설치하여야 할 특정소방대상물의 기준 중 옳은 것은? (단, 지하구 모래·석재 등 불연재료 창고 및 위험물 저장·처리 시설 중 가스시설은 제외한다.)

① 지하층 또는 무창층의 바닥면적이 50[m²] 이상인 것
② 연면적이 400[m²] 이상인 것
③ 지하가 중 터널로서 길이가 300[m] 이상인 것
④ 30명 이상의 근로자가 작업하는 옥내 작업장

해설 비상경보설비 설치대상
1. 연면적 400[m²]이거나 지하층 또는 무창층의 바닥면적이 150[m²] 이상인 것
2. 지하가 중 터널로서 길이가 500[m] 이상인 것.
3. 50명 이상의 근로자가 작업하는 옥내 작업장

58 소방시설법상 특정소방대상물의 피난시설, 방화구획 또는 방화시설에 폐쇄·훼손·변경 등의 행위를 한 자에 대한 과태료 기준으로 옳은 것은?

① 200만 원 이하의 과태료
② 300만 원 이하의 과태료
③ 500만 원 이하의 과태료
④ 600만 원 이하의 과태료

해설 피난시설, 방화구획 및 방화시설을 폐쇄·훼손·변경 등의 행위

1차 위반	2차 위반	3차 위반
100만원	200만원	300만원

- 5년 이하의 징역 또는 5천만원 이하의 벌금
  소방시설의 기능과 성능에 지장을 초래하는 폐쇄·차단 등의 행위를 한 자
- 사람을 상해에 이르게 한 때에는 7년 이하의 징역 또는 7천만 원 이하의 벌금
- 사망에 이르게 한 때에는 10년 이하의 징역 또는 1억원 이하의 벌금

59 공사업법령상 상주 공사감리 대상 기준 중 다음 ( ) 안에 알맞은 것은?

㉮ 연면적 (㉠)[m²] 이상의 특정소방대상물(아파트는 제외)에 대한 소방시설의 공사
㉯ 지하층을 포함한 층수가 (㉡)층 이상으로서 (㉢)세대 이상인 아파트에 대한 소방시설의 공사

① ㉠ 10,000, ㉡ 11, ㉢ 600
② ㉠ 10,000, ㉡ 16, ㉢ 500
③ ㉠ 30,000, ㉡ 11, ㉢ 600
④ ㉠ 30,000, ㉡ 16, ㉢ 500

해설 감리의 종류, 방법, 대상[대통령령]
1) 상주공사감리
   - 연면적 3만제곱미터 이상(아파트 제외)
   - 지하층 포함 16층 이상으로서 500세대 이상 아파트]
2) 일반공사감리 [상주공사감리대상 아닌 것]
3) 일반공사감리시 주1회 방문, 14일 이내 부득이한 사유로 없는 경우 업무대행자 지정, 주2회 방문

60 위험물법상 지정수량 미만인 위험물의 저장 또는 취급에 관한 기술상의 기준은 무엇으로 정하는가?

① 대통령령
② 총리령
③ 시·도의 조례
④ 행정안전부령

해설 기본법 제4조
▶ 지정수량 미만인 위험물의 저장·취급
지정수량 미만인 위험물의 저장 또는 취급에 관한 기술상의 기준은 시·도의 조례로 정한다.

2018년 제4회 소방설비기사[전기분야] 1차 필기
[제3과목 : 소방관계법규]

41 소방시설법에 따른 성능위주설계를 할 수 있는 자의 설계범위 기준 중 틀린 것은?

① 연면적 30,000[m²] 이상인 특정소방대상물로서 공항시설
② 연면적 100,000[m²] 이상인 특정소방대상물(단, 아파트 등은 제외)
③ 지하층을 포함한 층수가 30층 이상인 특정소방대상물(단, 아파트 등은 제외)
④ 하나의 건축물에 영화상영관이 10개 이상인 특정소방대상물

해설 100,000[m²] → 200,000[m²]

▶ 성능위주설계 대상 특정소방대상물
1. 연면적 20만제곱미터 이상인 특정소방대상물. 다만, 별표 2 제1호가목에 따른 아파트등(이하 "아파트등"이라 한다)은 제외한다.
2. 50층 이상(지하층은 제외한다)이거나 지상으로부터 높이가 200미터 이상인 아파트등
3. 30층 이상(지하층을 포함한다)이거나 지상으로부터 높이가 120미터 이상인 특정소방대상물(아파트등은 제외한다)
4. 연면적 3만제곱미터 이상인 특정소방대상물로서 다음 각 목의 어느 하나에 해당하는 특정소방대상물
  가. 별표 2 제6호나목의 철도 및 도시철도 시설
  나. 별표 2 제6호다목의 공항시설
5. 별표 2 제16호의 창고시설 중 연면적 10만제곱미터 이상인 것 또는 지하층의 층수가 2개 층 이상이고 지하층의 바닥면적의 합계가 3만제곱미터 이상인 것
6. 하나의 건축물에 「영화 및 비디오물의 진흥에 관한 법률」 제2조제10호에 따른 영화상영관이 10개 이상인 특정소방대상물
7. 「초고층 및 지하연계 복합건축물 재난관리에 관한 특별법」 제2조제2호에 따른 지하연계 복합건축물에 해당하는 특정소방대상물
8. 별표 2 제27호의 터널 중 수저(水底)터널 또는 길이가 5천미터 이상인 것

42 위험물법령에 따른 인화성액체위험물(이황화탄소를 제외)의 옥외탱크저장소의 탱크 주위에 설치하는 방유제의 설치기준 중 옳은 것은?

① 방유제의 높이는 0.5[m] 이상 2.0[m] 이하로 할 것
② 방유제 내의 면적은 100,000[m²] 이하로 할 것
③ 방유제의 용량은 방유제 안에 설치된 탱크가 2기 이상인 때에는 그 탱크 중 용량이 최대인 것의 용량의 120[%] 이상으로 할 것
④ 높이가 1[m]를 넘는 방유제 및 간막이 둑의 안팎에는 방유제 내에 출입하기 위한 계단 또는 경사로를 약 50[m]마다 설치할 것

해설 옥외탱크저장소의 방유제
1) 높이 : 0.5[m] ~ 3[m] 이하
2) 탱크 : 10기(모든 탱크용량이 20만[L] 이하, 인화점이 70~200[℃] 미만은 20기) 이하
3) 면적 : 80,000[m²] 이하
4) 용량 ─ 1기 이상 : 탱크용량의 110[%]
         └ 2기 이상 : 최대탱크용량의 110[%]

▶ 제조소 방유제 설치기준(용량부분 상이함) 용량
  = 최대탱크용량의 50[%] + 기타탱크용량 합계의 10[%]

43 기본법에 따른 소방력의 기준에 따라 관할구역의 소방력을 확충하기 위하여 필요한 계획을 수립하여 시행하여야 하는 자는?

① 소방서장   ② 소방본부장
③ 시·도지사   ④ 행정안전부장관

정답 41.② 42.④ 43.③

해설 소방력의 기준
1) 소방력 : 인력, 장비, 용수
2) 소방력의 기준 : 행정안전부령으로 정함
3) 시·도지사는 관할구역의 소방력을 확충하기 위하여 필요한 계획을 수립하여 시행하여야 한다.

44 화재예방법에 따른 용접 또는 용단 작업장에서 불꽃을 사용하는 용접·용단기구 사용에 있어서 작업자로부터 반경 몇 [m] 이내에 소화기를 갖추어야 하는가? (단, 산업안전보건법에 따른 안전조치의 적용을 받는 사업장의 경우는 제외한다.)

① 1[m]   ② 3[m]
③ 5[m]   ④ 7[m]

해설 화재예방법 기본령 [별표 1]

불꽃을 사용하는 용접·용단기구	용접 또는 용단 작업장에서는 다음 각 호의 사항을 지켜야 한다. 다만, 「산업안전보건법」 제23조의 적용을 받는 사업장의 경우에는 적용하지 아니한다. 1. 용접 또는 용단 작업자로부터 반경 5[m] 이내에 소화기를 갖추어 둘 것 2. 용접 또는 용단 작업장 주변 반경 10[m] 이내에는 가연물을 쌓아두거나 놓아두지 말 것. 다만, 가연물의 제거가 곤란하여 방지포 등으로 방호조치를 한 경우는 제외한다.

45 기본법 및 화재예방법에 따른 벌칙의 기준이 다른 것은?

① 정당한 사유 없이 불장난, 모닥불, 흡연, 화기취급, 풍등 등 소형 열기구 날리기, 그 밖에 화재예방상 위험하다고 인정되는 행위의 금지 또는 제한에 따른 명령에 따르지 아니하거나 이를 방해한 사람
② 소방활동 종사 명령에 따른 사람을 구출하는 일 또는 불을 끄거나 불이 번지지 아니 하도록 하는 일을 방해한 사람
③ 정당한 사유 없이 소방용수시설 또는 비상소화장치를 사용하거나 소방용수시설 또는 비상소화장치의 효용을 해치거나 그 정당한 사용을 방해한 사람
④ 출동한 소방대의 소방장비를 파손하거나 그 효용을 해하여 화재진압·인명구조 또는 구급활동을 방해하는 행위를 한 사람

해설 ① 예방조치명령 : 300만 원 이하의 벌금
②③④ 소방활동방해 : 5년 이하의 징역 또는 5,000만 원 이하의 벌금

46 화재예방법에 따른 소방대원에게 실시할 교육·훈련 횟수 및 기간의 기준 중 다음 ( ) 안에 알맞은 것은?

횟수	기간
(㉠)년마다 1회	(㉡)주 이상

① ㉠ 2, ㉡ 2   ② ㉠ 2, ㉡ 4
③ ㉠ 1, ㉡ 2   ④ ㉠ 1, ㉡ 4

해설 화재예방법 시행규칙 [별표 3의2]
▶ 교육·훈련 횟수 및 기간

횟수	기간
2년마다 1회	2주 이상

47 소방시설법에 따른 화재안전기준을 달리 적용하여야 하는 특수한 용도 또는 구조를 가진 특정소방대상물 중 핵폐기물처리시설에 설치하지 아니할 수 있는 소방시설은?

① 소화용수설비
② 옥외소화전설비
③ 물분무등소화설비
④ 연결송수관설비 및 연결살수설비

해설 소방시설을 설치하지 아니할 수 있는 특정소방대상물 및 소방시설의 범위

구분	특정소방대상물	소방시설
1. 화재 위험도가 낮은 특정소방대상물	석재, 불연성금속, 불연성 건축재료 등의 가공공장·기계조립공장·주물공장 또는 불연성 물품을 저장하는 창고	옥외소화전 및 연결살수설비 [외살]

2. 화재안전기준을 적용하기 어려운 특정소방대상물	펄프공장의 작업장, 음료수 공장의 세정 또는 충전을 하는 작업장, 그 밖에 이와 비슷한 용도로 사용하는 것	스프링클러설비, 상수도소화용수설비 및 연결살수설비 [스상살]
	정수장, 수영장, 목욕장, 농예·축산·어류양식용 시설, 그 밖에 이와 비슷한 용도로 사용되는 것	자동화재탐지설비, 상수도소화용수설비 및 연결살수설비 [탐상살]
3. 화재안전기준을 달리 적용하여야 하는 특수한 용도 또는 구조를 가진 특정소방대상물	원자력발전소, 핵폐기물처리시설	연결송수관설비 및 연결살수설비 [송살]
4. 「위험물법」 제19조에 따른 자체소방대가 설치된 특정소방대상물	자체소방대가 설치된 위험물 제조소등에 부속된 사무실	옥내소화전설비, 소화용수설비, 연결살수설비 및 연결송수관설비 [내용송살]

48 소방시설 설치 및 관리에 관한 법령에 따른 특정소방대상물 중 의료시설에 해당하지 않는 것은?

① 요양병원 ② 마약진료소
③ 한방병원 ④ 노인의료복지시설

해설 ④ 노인의료복지시설 : 노유자시설

49 소방시설 설치 및 관리에 관한 법령에 따른 특정소방대상물의 수용인원의 산정방법 기준 중 틀린 것은?

① 침대가 있는 숙박시설의 경우는 해당 특정소방대상물의 종사자수에 침대수(2인용 침대는 2인으로 산정)를 합한 수
② 침대가 없는 숙박시설의 경우는 해당 특정소방대상물의 종사자수에 숙박시설 바닥면적의 합계를 $3[m^2]$로 나누어 얻은 수를 합한 수
③ 강의실 용도로 쓰이는 특정소방대상물의 경우는 해당 용도로 사용하는 바닥면적의 합계를 $1.9[m^2]$로 나누어 얻은 수
④ 문화 및 집회시설의 경우는 해당 용도로 사용하는 바닥면적의 합계를 $2.6[m^2]$로 나누어 얻은 수

해설 $2.6[m^2] \rightarrow 4.6[m^2]$

소방시설법 시행령 [별표 7]
▶ 수용인원 산정방법

숙박시설 ○	침대 ○	침대 수 + 종업원 수
	침대 ×	$\frac{바닥면적[m^2]}{3[m^2]}$(반올림수) + 종업원 수
숙박시설 ×	강의실 교무실 실습실 상담실 휴게실	$\frac{바닥면적[m^2]}{1.9[m^2]}$(반올림수)
	강당 문화 및 집회시설 운동시설 종교시설	$\frac{바닥면적[m^2]}{4.6[m^2]}$(반올림수) + 의자수$\left(\frac{긴 의자길이[m]}{0.45m}\right)$(반올림 수)
	그 밖	$\frac{바닥면적[m^2]}{3[m^2]}$(반올림수)

50 작동점검을 실시한 자는 작동점검 실시결과 보고서를 며칠 이내에 소방본부장 또는 소방서장에게 제출해야 하는가?

① 7일 ② 10일
③ 12일 ④ 15일

해설 점검결과보고서의 제출
㉠ 관리업자 또는 소방안전관리자로 선임된 소방시설관리사 및 소방기술사(이하 "관리업자등"이라 한다)는 자체점검을 실시한 경우에는 법 제22조제1항 각 호 외의 부분 후단에 따라 그 점검이 끝난 날부터 10일 이내에 별지 제9호서식의 소방시설등 자체점검 실시결과 보고서(전자문서로 된 보고서를 포함한다)에 소방청장이 정하여 고시하는 소방시설등점검표를 첨부하여 관계인에게 제출해야 한다.

ⓒ 제1항에 따른 자체점검 실시결과 보고서를 제출받거나 스스로 자체점검을 실시한 관계인은 법 제23조제3항에 따라 자체점검이 끝난 날부터 15일 이내에 별지 제9호서식의 소방시설등 자체점검 실시결과 보고서(전자문서로 된 보고서를 포함한다)에 다음 각 호의 서류를 첨부하여 소방본부장 또는 소방서장에게 서면이나 소방청장이 지정하는 전산망을 통하여 보고해야 한다.
  1. 점검인력 배치확인서(관리업자가 점검한 경우만 해당한다)
  2. 별지 제10호서식의 소방시설등의 자체점검 결과 이행계획서
ⓒ 제1항 및 제2항에 따른 자체점검 실시결과의 보고기간에는 공휴일 및 토요일은 산입하지 않는다.
ⓔ 제2항에 따라 소방본부장 또는 소방서장에게 자체점검 실시결과 보고를 마친 관계인은 소방시설등 자체점검 실시결과 보고서(소방시설등점검표를 포함한다)를 점검이 끝난 날부터 2년간 자체 보관해야 한다.
ⓜ 제2항에 따라 소방시설등의 자체점검 결과 이행계획서를 보고받은 소방본부장 또는 소방서장은 다음 각 호의 구분에 따라 이행계획의 완료 기간을 정하여 관계인에게 통보해야 한다. 다만, 소방시설등에 대한 수리·교체·정비의 규모 또는 절차가 복잡하여 다음 각 호의 기간 내에 이행을 완료하기가 어려운 경우에는 그 기간을 달리 정할 수 있다.
  1. 소방시설등을 구성하고 있는 기계·기구를 수리하거나 정비하는 경우 : 보고일부터 10일 이내
  2. 소방시설등의 전부 또는 일부를 철거하고 새로 교체하는 경우 : 보고일부터 20일 이내
ⓗ 제5항에 따른 완료기간 내에 이행계획을 완료한 관계인은 이행을 완료한 날부터 10일 이내에 별지 제11호서식의 소방시설등의 자체점검 결과 이행완료 보고서(전자문서로 된 보고서를 포함한다)에 다음 각 호의 서류(전자문서를 포함한다)를 첨부하여 소방본부장 또는 소방서장에게 보고해야 한다.
  1. 이행계획 건별 전·후 사진 증명자료
  2. 소방시설공사 계약서

51 소방시설법령에 따른 임시소방시설 중 간이소화장치를 설치하여야 하는 공사의 작업 현장의 규모의 기준 중 다음 ( ) 안에 알맞은 것은?

- 연면적 (㉠)m² 이상
- 지하층, 무창층 또는 (㉡)층 이상의 층인 경우 해당 층의 바닥면적이 (㉢)m² 이상인 경우만 해당

① ㉠ 1000, ㉡ 6, ㉢ 150
② ㉠ 1000, ㉡ 6, ㉢ 600
③ ㉠ 3000, ㉡ 4, ㉢ 150
④ ㉠ 3000, ㉡ 4, ㉢ 600

▶ 임시소방시설을 설치해야 하는 공사의 종류와 규모
가. 소화기 : 법 제6조제1항에 따라 소방본부장 또는 소방서장의 동의를 받아야 하는 특정소방대상물의 신축·증축·개축·재축·이전·용도변경 또는 대수선 등을 위한 공사 중 법 제15조제1항에 따른 화재위험작업의 현장(이하 이 표에서 "화재위험작업현장"이라 한다)에 설치한다.
나. 간이소화장치 : 다음의 어느 하나에 해당하는 공사의 화재위험작업현장에 설치한다.
  1) 연면적 3천m² 이상
  2) 지하층, 무창층 또는 4층 이상의 층. 이 경우 해당 층의 바닥면적이 600m² 이상인 경우만 해당한다.
다. 비상경보장치 : 다음의 어느 하나에 해당하는 공사의 화재위험작업현장에 설치한다.
  1) 연면적 400m² 이상
  2) 지하층 또는 무창층. 이 경우 해당 층의 바닥면적이 150m² 이상인 경우만 해당한다.
라. 가스누설경보기 : 바닥면적이 150m² 이상인 지하층 또는 무창층의 화재위험작업현장에 설치한다.
마. 간이피난유도선 : 바닥면적이 150m² 이상인 지하층 또는 무창층의 화재위험작업현장에 설치한다.
바. 비상조명등 : 바닥면적이 150m² 이상인 지하층 또는 무창층의 화재위험작업현장에 설치한다.
사. 방화포 : 용접·용단 작업이 진행되는 화재위험작업현장에 설치한다.

정답 51.④

52 방염성능기준 이상의 실내장식물 등을 설치하여야 하는 특정소방대상물에 해당하지 않은 것은?

① 숙박시설
② 노유자시설
③ 층수가 11층 이상의 아파트
④ 건축물의 옥내에 있는 종교시설

해설 소방시설법 시행령 제30조(방염성능기준 이상의 실내장식물 등을 설치해야 하는 특정소방대상물)
법 제20조제1항에서 "대통령령으로 정하는 특정소방대상물"이란 다음 각 호의 것을 말한다.
1. 근린생활시설 중 의원, 치과의원, 한의원, 조산원, 산후조리원, 체력단련장, 공연장 및 종교집회장
2. 건축물의 옥내에 있는 다음 각 목의 시설
   가. 문화 및 집회시설
   나. 종교시설
   다. 운동시설(수영장은 제외한다)
3. 의료시설
4. 교육연구시설 중 합숙소
5. 노유자 시설
6. 숙박이 가능한 수련시설
7. 숙박시설
8. 방송통신시설 중 방송국 및 촬영소
9. 「다중이용업소의 안전관리에 관한 특별법」제2조제1항제1호에 따른 다중이용업의 영업소(이하 "다중이용업소"라 한다)
10. 제1호부터 제9호까지의 시설에 해당하지 않는 것으로서 층수가 11층 이상인 것(아파트등은 제외한다)

53 공사업법령에 따른 소방시설공사 중 특정소방대상물에 설치된 소방시설 등을 구성하는 것의 전부 또는 일부를 개설, 이전 또는 정비하는 공사의 착공신고 대상이 아닌 것은?

① 수신반
② 소화펌프
③ 동력(감시)제어반
④ 제연설비의 제연구역

해설 전부 또는 일부를 개설(改設), 이전(移轉) 또는 정비(整備)하는 공사. 다만, 고장 또는 파손 등으로 인하여 작동시킬 수 없는 소방시설을 긴급히 교체하거나 보수하여야 하는 경우에는 신고하지 않을 수 있다.
가. 수신반(受信盤)
나. 소화펌프
다. 동력(감시)제어반

54 위험물법령에 따른 소화난이도등급Ⅰ의 옥내탱크저장소에서 황만을 저장·취급할 경우 설치하여야 하는 소화설비로 옳은 것은?

① 물분무소화설비
② 스프링클러설비
③ 포소화설비
④ 옥내소화전설비

해설 위험물법 시행규칙 [별표 17]

황만을 저장 취급하는 것	물분무소화설비

55 피난시설, 방화구획 및 방화시설을 폐쇄·훼손·변경 등의 행위를 3차 이상 위반한 자에 대한 과태료는?

① 2백만 원
② 3백만 원
③ 5백만 원
④ 1천만 원

해설 소방시설법 시행령 [별표 10] 과태료의 부과기준

위반행위	근거 법조문	과태료 금액 (단위: 만 원)		
		1차 위반	2차 위반	3차 이상 위반
다. 법 제16조제1항을 위반하여 피난시설, 방화구획 또는 방화시설을 폐쇄·훼손·변경하는 등의 행위를 한 경우	법 제61조 제1항 제3호	100	200	300

정답 52.③ 53.④ 54.① 55.②

56 화재예방법에 따른 공동소방안전관리자를 선임하여야 하는 특정소방대상물 중 고층건축물은 지하층을 제외한 층수가 몇 층 이상인 건축물만 해당되는가?

① 6층 ② 11층
③ 20층 ④ 30층

해설 화재예방법 제35조(관리의 권원이 분리된 특정소방대상물의 소방안전관리)

① 다음 각 호의 어느 하나에 해당하는 특정소방대상물로서 그 관리의 권원(權原)이 분리되어 있는 특정소방대상물의 경우 그 관리의 권원별 관계인은 대통령령으로 정하는 바에 따라 제24조제1항에 따른 소방안전관리자를 선임하여야 한다. 다만, 소방본부장 또는 소방서장은 관리의 권원이 많아 효율적인 소방안전관리가 이루어지지 아니한다고 판단되는 경우 대통령령으로 정하는 바에 따라 관리의 권원을 조정하여 소방안전관리자를 선임하도록 할 수 있다.
  1. 복합건축물(지하층을 제외한 층수가 11층 이상 또는 연면적 3만제곱미터 이상인 건축물)
  2. 지하가(지하의 인공구조물 안에 설치된 상점 및 사무실, 그 밖에 이와 비슷한 시설이 연속하여 지하도에 접하여 설치된 것과 그 지하도를 합한 것을 말한다)
  3. 그 밖에 대통령령으로 정하는 특정소방대상물
② 제1항에 따른 관리의 권원별 관계인은 상호 협의하여 특정소방대상물의 전체에 걸쳐 소방안전관리상 필요한 업무를 총괄하는 소방안전관리자(이하 "총괄소방안전관리자"라 한다)를 제1항에 따라 선임된 소방안전관리자 중에서 선임하거나 별도로 선임하여야 한다. 이 경우 총괄소방안전관리자의 자격은 대통령령으로 정하고 업무수행 등에 필요한 사항은 행정안전부령으로 정한다.
③ 제2항에 따른 총괄소방안전관리자에 대하여는 제24조, 제26조부터 제28조까지 및 제30조부터 제34조까지에서 규정한 사항 중 소방안전관리자에 관한 사항을 준용한다.
④ 제1항 및 제2항에 따라 선임된 소방안전관리자 및 총괄소방안전관리자는 해당 특정소방대상물의 소방안전관리를 효율적으로 수행하기 위하여 공동소방안전관리협의회를 구성하고, 해당 특정소방대상물에 대한 소방안전관리를 공동으로 수행하여야 한다. 이 경우 공동소방안전관리협의회의 구성·운영 및 공동소방안전관리의 수행 등에 필요한 사항은 대통령령으로 정한다.

57 위험물법령에 따른 위험물제조소의 옥외에 있는 위험물취급탱크 용량이 100[m³] 및 180[m³]인 2개의 취급탱크 주위에 하나의 방유제를 설치하는 경우 방유제의 최소 용량은 몇 [m³]이어야 하는가?

① 100[m³]
② 140[m³]
③ 180[m³]
④ 280[m³]

해설
• 2개 이상 탱크이므로
  최대탱크용량의 50[%] + 기타 탱크용량의 합의 10[%]
  = 180[m³] × 0.5 + 100[m³] × 0.1
  = 100[m³]
• 옥외탱크저장소의 방유제
  1) 높이 : 0.5[m] ~ 3[m] 이하
  2) 탱크 : 10기(모든 탱크용량이 20만[L] 이하, 인화점이 70~200[℃] 미만은 20기) 이하
  3) 면적 : 80,000[m²] 이하
  4) 용량 ┌ 1기 이상 : 탱크용량의 110[%]
         └ 2기 이상 : 최대탱크용량의 110[%]
• 제조소 방유제 설치기준(용량부분 상이함)
  용량 = 최대탱크용량의 50[%] + 기타탱크용량 합계의 10[%]

58 소방시설법령에 따른 소방안전 특별관리시설물의 안전관리에 대상 전통시장의 기준 중 다음 ( ) 안에 알맞은 것은?

> 전통시장으로서 대통령령으로 정하는 전통시장 : 점포가 ( )개 이상인 전통시장

① 100 ② 300
③ 500 ④ 600

해설 공사업법 시행령 제24조의2
• 대통령령으로 정하는 전통시장 : 점포가 500개 이상인 전통시장

정답 56.② 57.① 58.③

59 위험물법령에 따른 정기점검의 대상인 제조소등의 기준 중 틀린 것은?

① 암반탱크저장소
② 지하탱크저장소
③ 이동탱크저장소
④ 지정수량의 150배 이상의 위험물을 저장하는 옥외탱크저장소

해설
- 제조소·일반취급소 : 10배
- 옥외저장소 : 100배
- 옥내저장소 : 150배
- 옥외탱크저장소 : 200배
- 암반탱크저장소
- 이동탱크저장소
- 지하탱크저장소
- 이동탱크저장소

60 화재예방법에 따른 화재예방강화지구의 관리 기준 중 다음 ( ) 안에 알맞은 것은?

> ㉮ 소방본부장 또는 소방서장은 화재예방강화지구 안의 소방대상물의 위치·구조 및 설비 등에 대한 화재안전조사를 (㉠)회 이상 실시하여야 한다.
> ㉯ 소방본부장 또는 소방서장은 소방상 필요한 훈련 및 교육을 실시하고자 하는 때에는 화재예방강화지구 안의 관계인에게 훈련 또는 교육 (㉡)일 전까지 그 사실을 통보하여야 한다.

① ㉠ 월 1, ㉡ 7   ② ㉠ 월 1, ㉡ 10
③ ㉠ 연 1, ㉡ 7   ④ ㉠ 연 1, ㉡ 10

해설 화재예방법 시행령 제20조(화재예방강화지구의 관리)
① 시·도지사가 화재예방강화지구로 지정할 필요가 있는 지역을 화재예방강화지구로 지정하지 아니하는 경우 소방청장은 해당 시·도지사에게 해당 지역의 화재예방강화지구 지정을 요청할 수 있다.
② 소방관서장은 대통령령으로 정하는 바에 따라 제1항에 따른 화재예방강화지구 안의 소방대상물의 위치·구조 및 설비 등에 대하여 화재안전조사를 연 1회 이상 실시해야 한다.
③ 소방관서장은 법 제18조제5항에 따라 화재예방강화지구 안의 관계인에 대하여 소방에 필요한 훈련 및 교육을 연 1회 이상 실시할 수 있다.
④ 소방관서장은 훈련 및 교육을 실시하려는 경우에는 화재예방강화지구 안의 관계인에게 훈련 또는 교육 10일 전까지 그 사실을 통보해야 한다.

2019년 제1회 소방설비기사[전기분야] 1차 필기
[제3과목 : 소방관계법규]

41 아파트로 층수가 20층인 특정소방대상물에서 스프링클러설비를 하여야 하는 층수는? (단, 아파트는 신축을 실시하는 경우이다)

① 전층 ② 15층 이상
③ 11층 이상 ④ 6층 이상

해설 소방시설법 시행령 [별표 4]
특정소방대상물의 관계인이 특정소방대상물의 규모·용도 및 수용인원 등을 고려하여 갖추어야 하는 소방시설의 종류(제15조 관련) 1. 소화설비 라. 스프링클러설비 설치하여야 하는 특정소방대상물
3) 층수가 6층 이상인 특정소방대상물의 경우에는 모든 층. 다만, 주택 관련 법령에 따라 기존의 아파트등을 리모델링하는 경우로서 건축물의 연면적 및 층높이가 변경되지 않는 경우에는 해당 아파트등의 사용검사 당시의 소방시설 적용기준을 적용한다.

42 1급 소방안전관리대상물이 아닌 것은?

① 15층인 특정소방대상물(아파트는 제외)
② 가연성가스를 2,000톤 저장·취급하는 시설
③ 21층인 아파트로서 300세대인 것
④ 연면적 20,000[m²]인 문화집회 및 운동시설

해설 1급 소방안전관리대상물의 종류
가. 30층 이상(지하층은 제외한다)이거나 지상으로부터 높이가 120[m] 이상인 아파트
나. 연면적 1만5천[m²] 이상인 것
다. 위 나에 해당하지 아니하는 특정소방대상물로서 층수가 11층 이상인 것
라. 가연성 가스를 1천 톤 이상 저장·취급하는 시설

43 다음 중 중급기술자의 학력·경력자에 대한 기준으로 옳은 것은? (단, 학력·경력자란 고등학교·대학 또는 이와 같은 수준 이상의 교육기관의 소방관련 학과의 정해진 교육 과정을 이수하고 졸업하거나 그 밖의 관계 법령에 따라 국내 또는 외국에서 이와 같은 수준 이상의 학력이 있다고 인정되는 사람을 말한다)

① 고등학교를 졸업 후 10년 이상 소방 관련 업무를 수행한 자
② 학사업무를 취득한 후 6년 이상 소방 관련 업무를 수행한 자
③ 석사학위를 취득한 후 2년 이상 소방 관련 업무를 수행한 자
④ 박사학위를 취득한 후 1년 이상 소방 관련 업무를 수행한 자

해설 공사업법 시행규칙 [별표 4의2]
▶ 소방기술과 관련된 자격·학력 및 경력의 인정 범위

중급기술자	• 박사학위를 취득한 사람 • 석사학위를 취득한 후 3년 이상 소방 관련 업무를 수행한 사람 • 학사학위를 취득한 후 6년 이상 소방 관련 업무를 수행한 사람 • 고등학교 졸업한 후 12년 이상 소방 관련 업무를 수행한 사람	• 학사 이상의 학위를 취득한 후 9년 이상 소방 관련 업무를 수행한 사람 • 전문학사학위를 취득한 후 12년 이상 소방 관련 업무를 수행한 사람 • 고등학교를 졸업한 후 15년 이상 소방 관련 업무를 수행한 사람 • 18년 이상 소방 관련 업무를 수행한 사람

44 화재안전조사 결과에 따른 조치명령으로 손실을 입어 손실을 보상하는 경우 그 손실을 입은 자는 누구와 손실보상을 협의하여야 하는가?

① 소방서장 ② 시·도지사
③ 소방본부장 ④ 행정안전부장관

정답 41.① 42.③ 43.② 44.②

해설 화재예방법 제15조(손실보상)
소방청장 또는 시·도지사는 제14조제1항에 따른 명령으로 인하여 손실을 입은 자가 있는 경우에는 대통령령으로 정하는 바에 따라 보상하여야 한다.

45 화재예방법상 특수가연물의 저장 및 취급기준. 중 다음 ( ) 안에 알맞은 것은? (단, 석탄, 목탄류를 발전용으로 저장하는 경우는 제외한다.)

> 살수설비를 설치하거나, 방사능력 범위에 해당 특수가연물이 포함되도록 대형수동식 소화기를 설치하는 경우에는 쌓는 높이를 (㉠)[m] 이하, 쌓는 부분의 바닥면적을 (㉡)[m²] 이하로 할 수 있다.

① ㉠ 10, ㉡ 30   ② ㉠ 10, ㉡ 5
③ ㉠ 15, ㉡ 100   ④ ㉠ 15, ㉡ 200

해설 화재예방법 시행령 별표3
2. 특수가연물의 저장·취급 기준
특수가연물은 다음 각 목의 기준에 따라 쌓아 저장해야 한다. 다만, 석탄·목탄류를 발전용(發電用)으로 저장하는 경우는 제외한다.
가. 품명별로 구분하여 쌓을 것
나. 다음의 기준에 맞게 쌓을 것

구분	살수설비를 설치하거나 방사능력 범위에 해당 특수가연물이 포함되도록 대형수동식소화기를 설치하는 경우	그 밖의 경우
높이	15미터 이하	10미터 이하
쌓는 부분의 바닥면적	200제곱미터(석탄·목탄류의 경우에는 300제곱미터) 이하	50제곱미터(석탄·목탄류의 경우에는 200제곱미터) 이하

다. 실외에 쌓아 저장하는 경우 쌓는 부분이 대지경계선, 도로 및 인접 건축물과 최소 6미터 이상 간격을 둘 것. 다만, 쌓는 높이보다 0.9미터 이상 높은 「건축법 시행령」 제2조제7호에 따른 내화구조(이하 "내화구조"라 한다) 벽체를 설치한 경우는 그렇지 않다.
라. 실내에 쌓아 저장하는 경우 주요구조부는 내화구조이면서 불연재료여야 하고, 다른 종류의 특수가연물과 같은 공간에 보관하지 않을 것. 다만, 내화구조의 벽으로 분리하는 경우는 그렇지 않다.
마. 쌓는 부분 바닥면적의 사이는 실내의 경우 1.2미터 또는 쌓는 높이의 1/2 중 큰 값 이상으로 간격을 두어야 하며, 실외의 경우 3미터 또는 쌓는 높이 중 큰 값 이상으로 간격을 둘 것

46 기본법상 명령권자가 소방본부장, 소방서장 또는 소방대장에게 있는 사항은?

① 소방활동을 할 때에는 긴급한 경우에는 이웃한 소방본부장 또는 소방서장에게 소방 업무의 응원을 요청할 수 있다.
② 화재, 재난·재해, 그 밖의 위급한 상황이 발생한 현장에서 소방활동을 위하여 필요한 때에는 그 관할구역에 사는 사람 또는 그 현장에 있는 사람으로 하여금 사람을 구출하는 일 또는 불을 끄거나 불이 번지지 아니하도록 하는 일을 하게 할 수 있다.
③ 수사기관이 방화 또는 실화의 혐의가 있어서 이미 피의자를 체포하였거나 증거물을 압수하였을 때에 화재조사를 위하여 필요한 경우에는 수사에 지장을 주지 아니하는 범위에서 그 피의자 또는 압수된 증거물에 대한 조사를 할 수 있다.
④ 화재, 재난·재해, 그 밖의 위급한 상황이 발생하였을 때에는 소방대를 현장에 신속하게 출동시켜 화재진압과 인명구조, 구급 등 소방에 필요한 활동을 하게 하여야 한다.

해설 기본법 제24조(소방활동 종사 명령) 제1항
소방본부장, 소방서장 또는 소방대장은 화재, 재난·재해, 그 밖의 위급한 상황이 발생한 현장에서 소방활동을 위하여 필요한 때에는 그 관할구역에 사는 사람 또는 그 현장에 있는 사람으로 하여금 사람을 구출하는 일 또는 불을 끄거나 불이 번지지 아니하도록 하는 일을 하게 할 수 있다. 이 경우 소방본부장, 소방서장 또는 소방서장은 소방활동에 필요한 보호장구를 지급하는 등 안전을 위한 조치를 하여야 한다.

정답 45.④ 46.②

47 경유의 저장량이 2,000리터, 중유의 저장량이 4,000리터, 등유의 저장량이 2,000리터인 저장소에 있어서 지정수량의 배수는?

① 동일 ② 6배
③ 3배   ④ 2배

해설 4류 위험물 지정수량

위험등급	품 명		지정수량
Ⅰ등급	특수인화물		50[L]
Ⅱ등급	제1석유류	비수용성 액체	200[L]
		수용성 액체	400[L]
	알코올류		400[L]
Ⅲ등급	제2석유류	비수용성 액체	1,000[L]
		수용성 액체	2,000[L]
	제3석유류	비수용성 액체	2,000[L]
		수용성 액체	4,000[L]
	제4석유류		6,000[L]
	동·식물유류		10,000[L]

1) 경유 : 지정수량이 1,000[L]이므로 2배
2) 중유 : 지정수량이 2,000[L]이므로 2배
3) 등유 : 지정수량이 1,000[L]이므로 2배
   따라서 총 6배

48 소방용수시설 중 소화전과 급수탑의 설치기준으로 틀린 것은?

① 급수탑 급수배관의 구경은 100[mm] 이상으로 할 것
② 소화전은 상수도와 연결하여 지하식 또는 지상식의 구조로 할 것
③ 소방용호스와 연결하는 소화전의 연결금속구의 구경은 65[mm]로 할 것
④ 급수탑의 개폐밸브는 지상에서 1.5[m] 이상 1.8[m] 이하의 위치에 설치할 것

해설 기본법 시행규칙 [별표 3]
▶ 소방용수시설의 설치기준
가. 소화전의 설치기준 : 상수도와 연결하여 지하식 또는 지상식의 구조로 하고, 소방용호스와 연결하는 소화전의 연결금속구의 구경은 65[mm]로 할 것

나. 급수탑의 설치기준 : 급수배관의 구경은 100[mm] 이상으로 하고, 개폐밸브는 지상에서 1.5[m] 이상 1.7[m] 이하의 위치에 설치하도록 할 것
   (1) 지면으로부터의 낙차가 4.5[m] 이하일 것
   (2) 흡수부분의 수심이 0.5[m] 이상일 것
   (3) 소방펌프자동차가 쉽게 접근할 수 있도록 할 것
   (4) 흡수에 지장이 없도록 토사 및 쓰레기 등을 제거할 수 있는 설비를 갖출 것
   (5) 흡수관의 투입구가 사각형의 경우에는 한 변의 길이가 60[cm] 이상, 원형의 경우에는 지름이 60[cm] 이상일 것
   (6) 저수조에 물을 공급하는 방법은 상수도에 연결하여 자동으로 급수되는 구조일 것

49 특정소방대상물의 관계인이 소방안전관리자를 해임한 경우 재선임 신고를 해야 하는 기준은? (단, 해임한 날부터 기준일로 한다)

① 10일 이내 ② 20일 이내
③ 30일 이내 ④ 40일 이내

해설 화재예방법 시행규칙 제14조(소방안전관리자의 선임신고 등)
▶ 제1항
특정소방대상물의 관계인은 법 제20조제2항 및 법 제21조에 따라 소방안전관리자를 다음 각 호의 어느 하나에 해당하는 날부터 30일 이내에 선임하여야 한다.
▶ 제5호
소방안전관리자를 해임한 경우 : 소방안전관리자를 해임한 날부터 30일 이내에 선임하여야 한다.

50 화재예방법상 소방안전관리대상물의 소방안전관리자 업무가 아닌 것은?

① 소방훈련 및 교육
② 피난시설, 방화구획 및 방화시설의 유지·공사
③ 자위소방대 및 초기대응체계의 구성·운영·교육
④ 피난계획에 관한 사항과 대통령령으로 정하는 사항이 포함된 소방계획서의 작성 및 시행

정답 47.② 48.④ 49.③ 50.②

해설 소방안전관리자의 업무사항

특정소방대상물(소방안전관리대상물은 제외한다)의 관계인과 소방안전관리대상물의 소방안전관리자는 다음 각 호의 업무를 수행한다. 다만, 제1호·제2호·제5호 및 제7호의 업무는 소방안전관리대상물의 경우에만 해당한다.
1. 제36조에 따른 피난계획에 관한 사항과 대통령령으로 정하는 사항이 포함된 소방계획서의 작성 및 시행
2. 자위소방대(自衛消防隊) 및 초기대응체계의 구성, 운영 및 교육
3. 「소방시설 설치 및 관리에 관한 법률」제16조에 따른 피난시설, 방화구획 및 방화시설의 관리
4. 소방시설이나 그 밖의 소방 관련 시설의 관리
5. 제37조에 따른 소방훈련 및 교육
6. 화기(火氣) 취급의 감독
7. 행정안전부령으로 정하는 바에 따른 소방안전관리에 관한 업무수행에 관한 기록·유지(제3호·제4호 및 제6호의 업무를 말한다)
8. 화재발생 시 초기대응
9. 그 밖에 소방안전관리에 필요한 업무

51 「문화유산의 보존 및 활용에 관한 법률」의 규정에 의한 유형문화재와 지정문화재에 있어서는 제조소등과의 수평거리를 몇 [m] 이상 유지하여야 하는가?

① 20[m] ② 30[m]
③ 50[m] ④ 70[m]

해설 위험물법 시행규칙 [별표 4]

▶ 제조소의 위치·구조 및 설비의 기준(제28조 관련)
「문화유산의 보존 및 활용에 관한 법률」제2조제3항에 따른 지정문화유산 및 「자연유산의 보존 및 활용에 관한 법률」제2조제5호에 따른 천연기념물등에 있어서는 50m 이상

52 소방시설법령상 소방시설 등에 대한 자체 점검을 하지 아니하거나 관리업자 등으로 하여금 정기적으로 점검하게 하지 아니한 자에 대한 벌칙 기준으로 옳은 것은?

① 1년 이하의 징역 또는 1,000만 원 이하의 벌금
② 3년 이하의 징역 또는 1,500만 원 이하의 벌금
③ 3년 이하의 징역 또는 3,000만 원 이하의 벌금
④ 6개월 이하의 징역 또는 1,000만 원 이하의 벌금

해설 소방시설법 제58조(벌칙)

다음 각 호의 어느 하나에 해당하는 자는 1년 이하의 징역 또는 1천만원 이하의 벌금에 처한다.
1. 제22조제1항을 위반하여 소방시설등에 대하여 스스로 점검을 하지 아니하거나 관리업자등으로 하여금 정기적으로 점검하게 하지 아니한 자
2. 제25조제7항을 위반하여 소방시설관리사증을 다른 사람에게 빌려주거나 빌리거나 이를 알선한 자
3. 제25조제8항을 위반하여 동시에 둘 이상의 업체에 취업한 자
4. 제28조에 따라 자격정지처분을 받고 그 자격정지기간 중에 관리사의 업무를 한 자
5. 제33조제2항을 위반하여 관리업의 등록증이나 등록수첩을 다른 자에게 빌려주거나 빌리거나 이를 알선한 자
6. 제35조제1항에 따라 영업정지처분을 받고 그 영업정지기간 중에 관리업의 업무를 한 자
7. 제37조제3항에 따른 제품검사에 합격하지 아니한 제품에 합격표시를 하거나 합격표시를 위조 또는 변조하여 사용한 자
8. 제38조제1항을 위반하여 형식승인의 변경승인을 받지 아니한 자
9. 제40조제5항을 위반하여 제품검사에 합격하지 아니한 소방용품에 성능인증을 받았다는 표시 또는 제품검사에 합격하였다는 표시를 하거나 성능인증을 받았다는 표시 또는 제품검사에 합격하였다는 표시를 위조 또는 변조하여 사용한 자
10. 제41조제1항을 위반하여 성능인증의 변경인증을 받지 아니한 자
11. 제43조제1항에 따른 우수품질인증을 받지 아니한 제품에 우수품질인증 표시를 하거나 우수품질인증 표시를 위조하거나 변조하여 사용한 자
12. 제52조제3항을 위반하여 관계인의 정당한 업무를 방해하거나 출입·검사 업무를 수행하면서 알게 된 비밀을 다른 사람에게 누설한 자

03. 소방관계법규

53 기본법령상 종합상황실 실장이 소방청의 종합상황실에 서면·모사전송 또는 컴퓨터통신 등으로 보고하여야 하는 화재의 기준에 해당하지 않는 것은?

① 항구에 매어둔 총 톤수가 1,000톤 이상인 선박에서 발생한 화재
② 연면적 15,000[m²] 이상인 공장 또는 화재경계지구에서 발생한 화재
③ 지정수량의 1,000배 이상의 위험물의 제조소·저장소·취급소에서 발생한 화재
④ 층수가 5층 이상이거나 병상이 30개 이상인 종합병원·정신병원·한방병원·요양소에서 발생한 화재

해설 기본법 시행규칙 제3조(종합상황실의 실장의 업무 등)
▶ 상부 종합상황실 보고사항
1. 다음 각목의 1에 해당하는 화재
   가. 사망자가 5인 이상 발생하거나 사상자가 10인 이상 발생한 화재
   나. 이재민이 100인 이상 발생한 화재
   다. 재산피해액이 50억 원 이상 발생한 화재
   라. 관공서·학교·정부미도정공장·문화재·지하철 또는 지하구의 화재
   마. 관광호텔, 층수(「건축법 시행령」제119조제1항제9호의 규정에 의하여 산정한 층수를 말한다. 이하 이 목에서 같다)가 11층 이상인 건축물, 지하상가, 시장, 백화점, 「위험물법」제2조제2항의 규정에 의한 지정수량의 3천배 이상의 위험물의 제조소·저장소·취급소, 층수가 5층 이상이거나 객실이 30실 이상인 숙박시설, 층수가 5층 이상이거나 병상이 30개 이상인 종합병원·정신병원·한방병원·요양소, 연면적 1만5천제곱미터 이상인 공장 또는 기본법 시행령(이하 "영"이라 한다) 제4조제1항 각 목에 따른 화재경계지구에서 발생한 화재
   바. 철도차량, 항구에 매어둔 총 톤수가 1천톤 이상인 선박, 항공기, 발전소 또는 변전소에서 발생한 화재
   사. 가스 및 화약류의 폭발에 의한 화재
   아. 「다중이용업소의 안전관리에 관한 특별법」제2조에 따른 다중이용업소의 화재
2. 「긴급구조대응활동 및 현장지휘에 관한 규칙」에 의한 통제단장의 현장지휘가 필요한 재난상황
3. 언론에 보도된 재난상황
4. 그 밖에 소방청장이 정하는 재난상황

54 공사업법령상 상주공사감리 대상기준 중 다음 ㉠, ㉡, ㉢에 알맞은 것은?

- 연면적 (㉠)[m²] 이상의 특정소방대상물(아파트는 제외)에 대한 소방시설의 공사
- 지하층을 포함한 층수가 (㉡)층 이상으로서 (㉢)세대 이상인 아파트에 대한 소방시설의 공사

① ㉠ 10,000, ㉡ 11, ㉢ 600
② ㉠ 10,000, ㉡ 116, ㉢ 500
③ ㉠ 30,000, ㉡ 11, ㉢ 600
④ ㉠ 30,000, ㉡ 16, ㉢ 500

해설 공사업법 시행령 [별표 3]
▶ 소방공사 감리의 종류, 방법 및 대상(제9조 관련)

종류	대상
상주공사감리	1. 연면적 3만제곱미터 이상의 특정소방대상물(아파트는 제외한다)에 대한 소방시설의 공사 2. 지하층을 포함한 층수가 16층 이상으로서 500세대 이상인 아파트에 대한 소방시설의 공사
일반공사감리	상주 공사감리에 해당하지 않는 소방시설의 공사

55 화재예방법상 화재안전조사위원회의 위원에 해당하지 아니하는 사람은?

① 소방기술사
② 소방시설관리사
③ 소방 관련 분야의 석사학위 이상을 취득한 사람
④ 소방 관련 법인 또는 단체에서 소방 관련업무에 3년 이상 종사한 사람

해설 화재예방법 시행령 제11조(화재안전조사위원회의 구성·운영 등)
① 법 제10조제1항에 따른 화재안전조사위원회(이하 "위원회"라 한다)는 위원장 1명을 포함하여 7명 이내의 위원으로 성별을 고려하여 구성한다.
② 위원회의 위원장은 소방관서장이 된다.

정답 53.③ 54.④ 55.④

③ 위원회의 위원은 다음 각 호의 어느 하나에 해당하는 사람 중에서 소방관서장이 임명하거나 위촉한다.
1. 과장급 직위 이상의 소방공무원
2. 소방기술사
3. 소방시설관리사
4. 소방 관련 분야의 석사 이상 학위를 취득한 사람
5. 소방 관련 법인 또는 단체에서 소방 관련 업무에 5년 이상 종사한 사람
6. 「소방공무원 교육훈련규정」 제3조제2항에 따른 소방공무원 교육훈련기관, 「고등교육법」 제2조의 학교 또는 연구소에서 소방과 관련된 교육 또는 연구에 5년 이상 종사한 사람

④ 위촉위원의 임기는 2년으로 하며, 한 차례만 연임할 수 있다.

⑤ 소방관서장은 위원회의 위원이 다음 각 호의 어느 하나에 해당하는 경우에는 해당 위원을 해임하거나 해촉(解囑)할 수 있다.
1. 심신장애로 직무를 수행할 수 없게 된 경우
2. 직무와 관련된 비위사실이 있는 경우
3. 직무태만, 품위손상이나 그 밖의 사유로 위원으로 적합하지 않다고 인정되는 경우
4. 제12조제1항 각 호의 어느 하나에 해당함에도 불구하고 회피하지 않은 경우
5. 위원 스스로 직무를 수행하기 어렵다는 의사를 밝히는 경우

⑥ 위원회에 출석한 위원에게는 예산의 범위에서 수당, 여비, 그 밖에 필요한 경비를 지급할 수 있다. 다만, 공무원인 위원이 소관 업무와 직접 관련하여 위원회에 출석하는 경우에는 그렇지 않다.

56 제3류 위험물 중 금수성 물품에 적응성이 있는 소화약제는?

① 물
② 강화액
③ 팽창질석
④ 인산염류분말

[해설] 금수성 물품에 적응성이 있는 소화약제
팽창질석, 팽창진주암, 마른모래

57 화재가 발생하는 경우 인명 또는 재산의 피해가 클 것으로 예상되는 소방대상물의 개수·이전·제거, 사용금지 등의 필요한 조치를 명할 수 있는 자는?

① 시·도지사
② 의용소방대장
③ 기초자치단체장
④ 소방본부장 또는 소방서장

[해설] ※ 화재안전조사결과 조치명령권자
소방청장, 소방본부장, 소방서장

※ 조치명령 내용
관계인에게 그 소방대상물의 개수(改修)·이전·제거, 사용의 금지 또는 제한, 사용폐쇄, 공사의 정지 또는 중지, 그 밖의 필요한 조치를 명할 수 있다.

※ 조치명령으로 손실을 입은 자가 있는 경우 보상
소방청장, 시·도지사

58 기본법령상 소방본부장 또는 소방서장은 소방상 필요한 훈련 및 교육을 실시하고자 하는 때에는 화재예방강화지구 안의 관계인에게 훈련 또는 교육 며칠 전까지 그 사실을 통보하여야 하는가?

① 5일   ② 7일
③ 10일   ④ 14일

[해설] 기본법 시행령 제4조(화재예방강화지구의 관리) 제4항
소방본부장 또는 소방서장은 제3항의 규정에 의한 소방상 필요한 훈련 및 교육을 실시하고자 하는 때에는 화재경계지구 안의 관계인에게 훈련 또는 교육 10일 전까지 그 사실을 통보하여야 한다.

59 화재예방법상 보일러, 난로, 건조설비, 가스·전기시설, 그 밖의 화재 발생 우려가 있는 설비 또는 기구 등의 위치·구조 및 관리와 화재 예방을 위하여 불을 사용할 때 지켜야 하는 사항은 무엇으로 정하는가?

① 총리령   ② 대통령령
③ 시·도 조례   ④ 행정안전부령

정답 56.③ 57.④ 58.③ 59.②

해설 화재예방법 제17조(화재의 예방조치 등)
① 누구든지 화재예방강화지구 및 이에 준하는 대통령령으로 정하는 장소에서는 다음 각 호의 어느 하나에 해당하는 행위를 하여서는 아니 된다. 다만, 행정안전부령으로 정하는 바에 따라 안전조치를 한 경우에는 그러하지 아니한다.
1. 모닥불, 흡연 등 화기의 취급
2. 풍등 등 소형열기구 날리기
3. 용접·용단 등 불꽃을 발생시키는 행위
4. 그 밖에 대통령령으로 정하는 화재 발생 위험이 있는 행위

② 소방관서장은 화재 발생 위험이 크거나 소화 활동에 지장을 줄 수 있다고 인정되는 행위나 물건에 대하여 행위 당사자나 그 물건의 소유자, 관리자 또는 점유자에게 다음 각 호의 명령을 할 수 있다. 다만, 제2호 및 제3호에 해당하는 물건의 소유자, 관리자 또는 점유자를 알 수 없는 경우 소속 공무원으로 하여금 그 물건을 옮기거나 보관하는 등 필요한 조치를 하게 할 수 있다.
1. 제1항 각 호의 어느 하나에 해당하는 행위의 금지 또는 제한
2. 목재, 플라스틱 등 가연성이 큰 물건의 제거, 이격, 적재 금지 등
3. 소방차량의 통행이나 소화 활동에 지장을 줄 수 있는 물건의 이동

③ 제2항 단서에 따라 옮긴 물건 등에 대한 보관기간 및 보관기간 경과 후 처리 등에 필요한 사항은 대통령령으로 정한다.
④ 보일러, 난로, 건조설비, 가스·전기시설, 그 밖에 화재 발생 우려가 있는 대통령령으로 정하는 설비 또는 기구 등의 위치·구조 및 관리와 화재 예방을 위하여 불을 사용할 때 지켜야 하는 사항은 대통령령으로 정한다.
⑤ 화재가 발생하는 경우 불길이 빠르게 번지는 고무류·플라스틱류·석탄 및 목탄 등 대통령령으로 정하는 특수가연물(特殊可燃物)의 저장 및 취급 기준은 대통령령으로 정한다.

60 위험물운송자 자격을 취득하지 아니한 자가 위험물 이동탱크저장소 운전 시의 벌칙으로 옳은 것은?

① 100만 원 이하의 벌금
② 300만 원 이하의 벌금
③ 500만 원 이하의 벌금
④ 1,000만 원 이하의 벌금

해설 위험물법 제37조(벌칙)

1,000만 원 이하의 벌금	· 위험물의 취급에 관한 안전관리와 감독을 하지 아니한 자 · 안전관리자 또는 그 대리자가 참여하지 아니한 상태에서 위험물을 취급한 자 · 변경한 예방규정을 제출하지 아니한 관계인으로서 허가를 받은 자 · 위험물의 운반에 관한 중요기준에 따르지 아니한 자 · 국가기술자격자 또는 안전교육을 받지 않고 위험물을 운송하는 자 · 관계인의 정당한 업무를 방해하거나 출입·검사 등을 수행하면서 알게 된 비밀을 누설한 자

정답 60.④

2019년 제2회 소방설비기사[전기분야] 1차 필기
[제3과목 : 소방관계법규]

41 소방본부장 또는 소방서장은 건축허가등의 동의요구 서류를 접수한 날부터 최대 며칠 이내에 동의여부를 회신하여야 하는가? (단, 허가 신청한 건축물은 지상으로부터 높이가 200[m]인 아파트이다)

① 5일　　② 7일
③ 10일　　④ 15일

해설
- 관할건축허가 행정기관이 관할 소방본부장 또는 소방서장에게 건축허가 동의 : 5일 이내 회신
  특급 : 10일 이내, 서류보완 : 4일
- 지상으로부터 높이가 200[m]인 아파트 : 특급

42 기본법령상 소방활동구역의 출입자에 해당하지 않는 자는?

① 소방활동구역 안에 있는 소방대상물의 소유자·관리자 또는 점유자
② 전기·가스·수도·통신·교통의 업무에 종사하는 사람으로서 원활한 소방활동을 위하여 필요한 자
③ 화재건물과 관련 있는 부동산업자
④ 취재인력 등 보도업무에 종사하는 자

해설 소방활동구역 출입자
1. 소방활동구역 안에 있는 소방대상물의 소유자·관리자 또는 점유자
2. 전기·가스·수도·통신·교통의 업무에 종사하는 사람으로서 원활한 소방활동을 위하여 필요한 사람
3. 의사·간호사, 그 밖의 구조·구급업무에 종사하는 사람
4. 취재인력 등 보도업무에 종사하는 사람
5. 수사업무에 종사하는 사람
6. 그 밖에 소방대장이 소방활동을 위하여 출입을 허가한 사람

43 기본법상 화재 현상에서의 피난 등을 체험할 수 있는 소방체험관의 설립·운영권자는?

① 시·도지사
② 행정안전부장관
③ 소방본부장 또는 소방서장
④ 소방청장

해설
1) 소방박물관 설립운영권자 : 소방청장
2) 소방체험관 설립운영권자 : 시·도지사

44 산화성고체인 제1류 위험물에 해당되는 것은?

① 질산염류
② 특수인화물
③ 과염소산
④ 유기과산화물

해설
- 특수인화물 : 제4류 위험물
- 과염소산 : 제6류 위험물
- 유기과산화물 : 제5류 위험물

45 소방시설관리업자가 기술인력을 변경하는 경우, 시·도지사에게 제출하여야 하는 서류로 틀린 것은?

① 소방시설관리업 기술자격증(자격수첩)
② 변경된 기술인력의 기술자격증(자격수첩)
③ 기술인력 연명부
④ 사업자등록증 사본

해설 기술인력이 변경된 경우 : 다음 각 목의 서류
가. 소방시설업 등록수첩
나. 기술인력 증빙서류

정답　41.③　42.③　43.①　44.①　45.④

46 소방대라 함은 화재를 진압하고 화재, 재난·재해, 그 밖의 위급한 상황에서 구조·구급 활동 등을 하기 위하여 구성된 조직체를 말한다. 소방대의 구성원으로 틀린 것은?

① 소방공무원
② 소방안전관리원
③ 의무소방원
④ 의용소방대원

해설 "소방대(消防隊)"란 화재를 진압하고 화재, 재난·재해, 그 밖의 위급한 상황에서 구조·구급 활동 등을 하기 위하여 다음 각 목의 사람으로 구성된 조직체를 말한다.
가. 「소방공무원법」에 따른 소방공무원
나. 「의무소방대설치법」 제3조에 따라 임용된 의무소방원(義務消防員)
다. 「의용소방대 설치 및 운영에 관한 법률」에 따른 의용소방대원(義勇消防隊員)

47 기본법령상 인접하고 있는 시·도간 소방업무의 상호응원협정을 체결하고자 할 때, 포함되어야 하는 사항으로 틀린 것은?

① 소방교육·훈련의 종류에 관한 사항
② 화재의 경계·진압활동에 관한 사항
③ 출동대원의 수당·식사 및 피복의 수선의 소요경비의 부담에 관한 사항
④ 화재조사활동에 관한 사항

해설 시·도지사들간의 상호응원협정사항
1. 다음 각목의 소방활동에 관한 사항
   가. 화재의 경계·진압활동
   나. 구조·구급업무의 지원
   다. 화재조사활동
2. 응원출동대상지역 및 규모
3. 다음 각목의 소요경비의 부담에 관한 사항
   가. 출동대원의 수당·식사 및 피복의 수선
   나. 소방장비 및 기구의 정비와 연료의 보급
   다. 그 밖의 경비
4. 응원출동의 요청방법
5. 응원출동훈련 및 평가

48 소방시설법상 건축허가등의 동의를 요구한 기관이 그 건축허가등을 취소하였을 때, 취소한 날부터 최대 며칠 이내에 건축물 등의 시공지 또는 소재지를 관할하는 소방본부장 또는 소방서장에게 그 사실을 통보하여야 하는가?

① 3일   ② 4일
③ 7일   ④ 10일

해설 소방시설법 시행규칙 제3조 [건축허가등의 동의요구] 3항~5항
③ 제1항에 따른 동의 요구를 받은 소방본부장 또는 소방서장은 법 제6조제4항에 따라 건축허가등의 동의 요구서류를 접수한 날부터 5일(허가를 신청한 건축물 등이 「화재의 예방 및 안전관리에 관한 법률 시행령」 별표 4 제1호가목의 어느 하나에 해당하는 경우에는 10일) 이내에 건축허가등의 동의 여부를 회신해야 한다.
④ 소방본부장 또는 소방서장은 제3항에도 불구하고 제2항에 따른 동의요구서 및 첨부서류의 보완이 필요한 경우에는 4일 이내의 기간을 정하여 보완을 요구할 수 있다. 이 경우 보완 기간은 제3항에 따른 회신 기간에 산입하지 않으며 보완 기간 내에 보완하지 않는 경우에는 동의요구서를 반려해야 한다.
⑤ 제1항에 따라 건축허가등의 동의를 요구한 기관이 그 건축허가등을 취소했을 때에는 취소한 날부터 7일 이내에 건축물 등의 시공지 또는 소재지를 관할하는 소방본부장 또는 소방서장에게 그 사실을 통보해야 한다.

49 공사업법상 다음 중 300만 원 이하의 벌금에 해당되지 않는 것은?

① 등록수첩을 다른 자에게 빌려준 자
② 소방시설공사의 완공검사를 받지 아니한 자
③ 소방기술자가 동시에 둘 이상의 업체에 취업한 사람
④ 소방시설공사 현장에 감리원을 배치하지 아니한 자

해설 ※ 300만 원 이하의 벌금
① 등록증이나 등록수첩을 다른 자에게 빌려준 자
② 소방시설공사 현장에 감리원을 배치하지 아니한 자
③ 감리업자의 보완 요구에 따르지 아니한 자

정답 46.② 47.① 48.③ 49.②

④ 공사감리 계약을 해지하거나 대가 지급을 거부하거나 지연시키거나 불이익을 준 자
⑤ 자격수첩 또는 경력수첩을 빌려준 사람
⑥ 동시에 둘 이상의 업체에 취업한 사람
⑦ 관계인의 정당한 업무를 방해하거나 업무상 알게 된 비밀을 누설한 사람

※ 200만 원 이하의 과태료 : 완공검사를 받지 아니한 자

50 소방시설법령상 특정소방대상물 중 오피스텔은 어느 시설에 해당하는가?

① 숙박시설 ② 일반업무시설
③ 공동주택 ④ 근린생활시설

해설) 오피스텔 : 업무시설

51 소방시설법령상 종사자 수가 5명이고, 숙박시설이 모두 2인용 침대이며 침대수량은 50개인 청소년 시설에서 수용인원은 몇 명인가?

① 55명
② 75명
③ 85명
④ 105명

해설) 2인용 침대×50개+종사자수 5=105명

52 다음 중 고급기술자에 해당하는 학력·경력 기준으로 옳은 것은?

① 박사학위를 취득한 후 2년 이상 소방 관련 업무를 수행한 사람
② 석사학위를 취득한 후 6년 이상 소방 관련 업무를 수행한 사람
③ 학사학위를 취득한 후 8년 이상 소방 관련 업무를 수행한 사람
④ 고등학교를 취득한 후 10년 이상 소방 관련 업무를 수행한 사람

해설)

등급	학력·경력자	경력자
고급 기술자	• 박사학위를 취득한 후 1년 이상 소방 관련 업무를 수행한 사람 • 석사학위를 취득한 후 6년 이상 소방 관련 업무를 수행한 사람 • 학사학위를 취득한 후 9년 이상 소방 관련 업무를 수행한 사람 • 전문박사학위를 취득한 후 12년 이상 소방 관련 업무를 수행한 사람 • 고등학교를 졸업한 후 15년 이상 소방 관련 업무를 수행한 사람	• 학사 이상의 학력을 취득한 후 12년 이상 소방 관련 업무를 수행한 사람 • 전문학사학위를 취득한 후 15년 이상 소방 관련 업무를 수행한 사람 • 고등학교를 졸업한 후 18년 이상 소방 관련 업무를 수행한 사람 • 22년 이상 소방 관련 업무를 수행한 사람

53 지정수량의 최소 몇 배 이상의 위험물을 취급하는 제조소에는 피뢰침을 설치해야 하는가? (단, 제6류 위험물을 취급하는 위험물제조소는 제외하고, 제조소 주위의 상황에 따라 안전상 지장이 없는 경우도 제외한다)

① 5배 ② 10배
③ 50배 ④ 100배

해설) 피뢰침 : 10배

54 소방대상물에 대한 개수 명령권자는?

① 소방본부장 또는 소방서장
② 한국소방안전원장
③ 시·도지사
④ 국무총리

해설) 화재예방법 제14조(화재안전조사 결과에 따른 조치명령)
① 소방관서장은 화재안전조사 결과에 따른 소방대상물의 위치·구조·설비 또는 관리의 상황이 화재예방을 위하여 보완될 필요가 있거나 화재가 발생하면 인명 또는 재산의 피해가 클 것으로 예상되는 때에는 행정안전부령으로 정하는 바에 따라 관계인에게 그 소방대상물의 개수(改修)·이전·제거, 사용의 금지 또는 제한, 사용폐쇄, 공사의 정지 또는 중지, 그 밖에 필요한 조치를 명할 수 있다.

정답 50.② 51.④ 52.② 53.② 54.①

② 소방관서장은 화재안전조사 결과 소방대상물이 법령을 위반하여 건축 또는 설비되었거나 소방시설등, 피난시설·방화구획, 방화시설 등이 법령에 적합하게 설치 또는 관리되고 있지 아니한 경우에는 관계인에게 제1항에 따른 조치를 명하거나 관계 행정기관의 장에게 필요한 조치를 하여 줄 것을 요청할 수 있다.

55 다음 중 품질이 우수하다고 인정되는 소방용품에 대하여 우수품질인증을 할 수 있는 자는?

① 산업통상자원부장관
② 시·도지사
③ 소방청장
④ 소방본부장 또는 소방서장

[해설]
- 우수품질제품에 대한 인증권자 : 소방청장
▶ 우수품질 인증 유효기간 : 5년

56 기본법령상 위험물 또는 물건의 보관기간은 소방본부 또는 소방서의 게시판에 공고하는 기간의 종료일 다음 날부터 며칠로 하는가?

① 3일   ② 5일
③ 7일   ④ 14일

[해설]
- 공고기간 : 보관일로부터 14일간
- 보관기간 : 공고의 종료일 다음날부터 7일간

57 소방시설법령상 둘 이상의 특정소방대상물이 내화구조로 된 연결통로가 벽이 없는 구조로서 그 길이가 몇 [m] 이하인 경우 하나의 소방대상물로 보는가?

① 6[m]   ② 9[m]
③ 10[m] ④ 12[m]

[해설] 내화구조로 된 연결통로가 다음의 어느 하나에 해당되는 경우에는 이를 하나의 소방대상물로 본다.
1) 벽이 없는 구조로서 그 길이가 6[m] 이하인 경우
2) 벽이 있는 구조로서 그 길이가 10[m] 이하인 경우. 다만, 벽 높이가 바닥에서 천장까지의 높이의 2분의 1 이상인 경우에는 벽이 있는 구조로 보고, 벽 높이가 바닥에서 천장까지의 높이의 2분의 1 미만의 경우에는 벽이 없는 구조로 본다.

58 제4류 위험물을 저장·취급하는 제조소에 "화기엄금"이란 주의사항을 표시하는 게시판을 설치할 경우 게시판의 색상은?

① 청색바탕에 백색문자
② 적색바탕에 백색문자
③ 백색바탕에 적색문자
④ 백색바탕에 흑색문자

[해설]
- 화기엄금, 화기주의 : 적색바탕에 백색문자
- 물기엄금 : 청색바탕에 백색문자

59 소방시설을 구분하는 경우 소화설비에 해당되지 않는 것은?

① 스프링클러설비
② 제연설비
③ 자동확산소화기
④ 옥외소화전설비

[해설]
- 제연설비 : 소화활동설비

60 위험물법상 청문을 실시하여 처분해야 하는 것은?

① 제조소등 설치허가의 취소
② 제조소등 영업정지 처분
③ 탱크시험자의 영업정지 처분
④ 과징금 부과 처분

[해설] 청문
1) 실시권자 : 시·도지사, 소방본부장 또는 소방서장
2) 청문사유
   ① 제조소등 설치허가의 취소
   ② 탱크시험자의 등록취소

정답 55.③ 56.③ 57.① 58.② 59.② 60.①

2019년 제4회 소방설비기사[전기분야] 1차 필기
[제3과목 : 소방관계법규]

41 기본법상 소방대의 구성원에 속하지 않는 자는?
① 소방공무원법에 따른 소방공무원
② 의용소방대 설치 및 운영에 관한 법률에 따른 의용소방대원
③ 위험물법에 따른 자체소방대원
④ 의무소방대설치법에 따라 임용된 의무소방원

해설 기본법 제2조(정의)
"소방대(消防隊)"란 화재를 진압하고 화재, 재난·재해, 그 밖의 위급한 상황에서 구조·구급 활동 등을 하기 위하여 다음 각 목의 사람으로 구성된 조직체를 말한다.
가. 「소방공무원법」에 따른 소방공무원
나. 「의무소방대설치법」 제3조에 따라 임용된 의무소방원
다. 「의용소방대 설치 및 운영에 관한 법률」에 따른 의용소방대원

42 화재예방법령상 소방청장, 소방본부장 또는 소방서장은 관할구역에 있는 소방대상물에 대하여 화재안전조사를 실시할 수 있다. 화재안전조사 대상과 거리가 먼 것은? (단, 개인 주거에 대하여는 관계인의 승낙을 득한 경우이다)
① 화재예방강화지구에 대한 화재안전조사 등 다른 법률에서 화재안전조사를 실시하도록 한 경우
② 관계인이 법령에 따라 실시하는 소방시설등, 방화시설, 피난시설 등에 대한 자체점검 등이 불성실하거나 불완전하다고 인정되는 경우
③ 화재가 발생할 우려가 없으나 소방대상물의 정기점검이 필요한 경우
④ 국가적 행사 등 주요 행사가 개최되는 장소에 대하여 소방안전관리 실태를 점검할 필요가 있는 경우

해설 화재안전조사 실시사유
1. 「소방시설 설치 및 관리에 관한 법률」 제22조에 따른 자체점검이 불성실하거나 불완전하다고 인정되는 경우
2. 화재예방강화지구 등 법령에서 화재안전조사를 하도록 규정되어 있는 경우
3. 화재예방안전진단이 불성실하거나 불완전하다고 인정되는 경우
4. 국가적 행사 등 주요 행사가 개최되는 장소 및 그 주변의 관계 지역에 대하여 소방안전관리 실태를 조사할 필요가 있는 경우
5. 화재가 자주 발생하였거나 발생할 우려가 뚜렷한 곳에 대한 조사가 필요한 경우
6. 재난예측정보, 기상예보 등을 분석한 결과 소방대상물에 화재의 발생 위험이 크다고 판단되는 경우
7. 제1호부터 제6호까지에서 규정한 경우 외에 화재, 그 밖의 긴급한 상황이 발생할 경우 인명 또는 재산 피해의 우려가 현저하다고 판단되는 경우

43 항공기격납고는 특정소방대상물 중 어느 시설에 해당되는가?
① 위험물 저장 및 처리 시설
② 항공기 및 자동차 관련 시설
③ 창고시설
④ 업무시설

해설 소방시설법 시행령 [별표 2] 특정소방대상물(제5조 관련)
※ 항공기격납고 : 항공기 및 자동차 관련 시설

정답 41.③ 42.③ 43.②

44 소방시설법령상 소방시설 등의 자체점검 시 점검인력 배치기준 중 종합점검에 대한 점검인력 1단위가 하루 동안 점검할 수 있는 특정소방대상물의 연면적 기준으로 옳은 것은? (단, 보조 인력을 추가하는 경우는 제외한다)

① 3,500[m^2]
② 7,000[m^2]
③ 8,000[m^2]
④ 12,000[m^2]

해설 소방시설법 시행규칙 [별표 4] 소방시설등의 자체점검 시 점검인력 배치기준(제20조 제1항 관련)
점검인력 1단위가 하루 동안 점검할 수 있는 특정소방대상물의 연면적(이하 "점검한도 면적"이라 한다)은 다음 각 목과 같다.
가. 종합점검: 8,000[m^2]
나. 작동점검: 10,000[m^2]

45 소방시설법령상 간이스프링클러설비를 설치하여야 하는 특정소방대상물의 기준으로 옳은 것은?

① 근린생활시설로 사용하는 부분의 바닥면적 합계가 1,000[m^2] 이상인 것은 모든 층
② 교육연구시설 내에 있는 합숙소로서 연면적 500[m^2] 이상인 것
③ 정신병원과 의료재활시설을 제외한 요양병원으로 사용되는 바닥면적의 합계가 300[m^2] 이상 600[m^2] 미만인 시설
④ 정신의료기관 또는 의료재활시설로 사용되는 바닥면적의 합계가 600[m^2] 미만인 시설

해설 소방시설법 시행령 [별표 4] 특정소방대상물의 관계인이 특정소방대상물의 규모·용도 및 수용인원 등을 고려하여 갖추어야 하는 소방시설의 종류(제15조 관련)
② 500[m^2] → 100[m^2]
③ 300[m^2] 이상 600[m^2] 미만 → 600[m^2] 미만
④ 600[m^2] 미만 → 300[m^2] 이상 600[m^2] 미만

46 소방대상물의 방염 등과 관련하여 방염성능기준은 무엇으로 정하는가?

① 대통령령
② 행정안전부령
③ 소방청훈령
④ 소방청예규

해설 소방시설법 제20조(소방대상물의 방염 등) 제1항
대통령령으로 정하는 특정소방대상물에 실내장식 등의 목적으로 설치 또는 부착하는 물품으로서 대통령령으로 정하는 물품(이하 "방염대상물품"이라 한다)은 방염성능기준 이상의 것으로 설치하여야 한다.

47 제6류 위험물에 속하지 않는 것은?

① 질산
② 과산화수소
③ 과염소산
④ 과염소산염류

해설 위험물법 시행령 [별표 1] 위험물 및 지정수량(제2조 및 제3조 관련)
※ 과염소산염류 : 제1류 위험물(지정수량 50킬로그램)

48 화재예방법상 정당한 사유없이 화재안전조사결과에 따른 조치명령을 위반한 자에 대한 벌칙으로 옳은 것은?

① 100만 원 이하의 벌금
② 300만 원 이하의 벌금
③ 1년 이하의 징역 또는 1천만 원 이하의 벌금
④ 3년 이하의 징역 또는 3천만 원 이하의 벌금

해설 화재예방법 제50조(벌칙)
① 다음 각 호의 어느 하나에 해당하는 자는 3년 이하의 징역 또는 3천만원 이하의 벌금에 처한다.
  1. 제14조제1항 및 제2항에 따른 조치명령을 정당한 사유 없이 위반한 자
  2. 제28조제1항 및 제2항에 따른 명령을 정당한 사유 없이 위반한 자
  3. 제41조제5항에 따른 보수·보강 등의 조치명령을 정당한 사유 없이 위반한 자
  4. 거짓이나 그 밖의 부정한 방법으로 제42조제1항에 따른 진단기관으로 지정을 받은 자

정답 44.③ 45.① 46.① 47.④ 48.④

49 위험물법상 제조소등이 아닌 장소에서 지정수량 이상의 위험물을 취급할 수 있는 기준 중 다음 ( ) 안에 알맞은 것은?

> 시·도의 조례가 정하는 바에 따라 관할 소방서장의 승인을 받아 지정수량 이상의 위험물을 ( )일 이내의 기간 동안 임시로 저장 또는 취급하는 경우

① 15 ② 30
③ 60 ④ 90

해설 위험물법 제5조(위험물의 저장 및 취급의 제한) 제2항
제1항의 규정에 불구하고 다음 각 호의 어느 하나에 해당하는 경우에는 제조소등이 아닌 장소에서 지정수량 이상의 위험물을 취급할 수 있다. 이 경우 임시로 저장 또는 취급하는 장소에서의 저장 또는 취급의 기준과 임시로 저장 또는 취급하는 장소의 위치·구조 및 설비의 기준은 시·도의 조례로 정한다.
1. 시·도의 조례가 정하는 바에 따라 관할소방서장의 승인을 받아 지정수량 이상의 위험물을 90일 이내의 기간동안 임시로 저장 또는 취급하는 경우
2. 군부대가 지정수량 이상의 위험물을 군사목적으로 임시로 저장 또는 취급하는 경우

50 다음 중 화재원인조사의 종류에 해당하지 않는 것은?

① 발화원인 조사 ② 피난상황 조사
③ 인명피해 조사 ④ 연소상황 조사

해설 [화재조사법 시행으로 삭제된 문제]
기본법 시행규칙 [별표 5] 화재조사의 종류 및 조사의 범위(제11조 제2항 관련)
1. 화재원인 조사

종류	조사범위
가. 발화원인 조사	화재가 발생한 과정, 화재가 발생한 지점 및 불이 붙기 시작한 물질
나. 발견·통보 및 초기 소화상황 조사	화재의 발견·통보 및 초기소화 등 일련의 과정
다. 연소상황 조사	화재의 연소경로 및 확대원인 등의 상황
라. 피난상황 조사	피난경로, 피난상의 장애요인 등의 상황
마. 소방시설 등 조사	소방시설의 사용 또는 작동 등의 상황

2. 화재피해 조사

종류	조사범위
가. 인명피해 조사	• 소방활동중 발생한 사망자 및 부상자 • 그 밖에 화재로 인한 사망자 및 부상자
나. 재산피해 조사	• 열에 의한 탄화, 용융, 파손 등의 피해 • 소화활동 중 사용된 물로 인한 피해 • 그 밖에 연기, 물품반출, 화재로 인한 폭발 등에 의한 피해

51 제조소등의 위치·구조 또는 설비의 변경 없이 당해 제조소등에서 저장하거나 취급하는 위험물의 품명·수량 또는 지정수량의 배수를 변경하고자 할 때는 누구에게 신고해야 하는가?

① 국무총리
② 시·도지사
③ 관할소방서장
④ 행정안전부장관

해설 위험물법 제6조(위험물시설의 설치 및 변경 등)
① 제조소등을 설치하고자 하는 자는 대통령령이 정하는 바에 따라 그 설치장소를 관할하는 특별시장·광역시장·특별자치시장·도지사 또는 특별자치도지사(이하 "시·도지사"라 한다)의 허가를 받아야 한다. 제조소등의 위치·구조 또는 설비 가운데 행정안전부령이 정하는 사항을 변경하고자 하는 때에도 또한 같다.
② 제조소등의 위치·구조 또는 설비의 변경없이 당해 제조소등에서 저장하거나 취급하는 위험물의 품명·수량 또는 지정수량의 배수를 변경하고자 하는 자는 변경하고자 하는 날의 1일 전까지 행정안전부령이 정하는 바에 따라 시·도지사에게 신고하여야 한다.

정답 49.④ 50.③ 51.②

52 소방본부장 또는 소방서장은 화재예방강화지구 안의 관계인에 대하여 소방상 필요한 훈련 및 교육은 연 몇 회 이상 실시할 수 있는가?

① 1회 ② 2회
③ 3회 ④ 4회

해설 화재예방법 시행령 제20조(화재예방강화지구의 관리)
① 소방관서장은 법 제18조제3항에 따라 화재예방강화지구 안의 소방대상물의 위치·구조 및 설비 등에 대한 화재안전조사를 연 1회 이상 실시해야 한다.
② 소방관서장은 법 제18조제5항에 따라 화재예방강화지구 안의 관계인에 대하여 소방에 필요한 훈련 및 교육을 연 1회 이상 실시할 수 있다.
③ 소방관서장은 제2항에 따라 훈련 및 교육을 실시하려는 경우에는 화재예방강화지구 안의 관계인에게 훈련 또는 교육 10일 전까지 그 사실을 통보해야 한다.
④ 시·도지사는 법 제18조제6항에 따라 다음 각 호의 사항을 행정안전부령으로 정하는 화재예방강화지구 관리대장에 작성하고 관리해야 한다.
  1. 화재예방강화지구의 지정 현황
  2. 화재안전조사의 결과
  3. 법 제18조제4항에 따른 소화기구, 소방용수시설 또는 그 밖에 소방에 필요한 설비(이하 "소방설비 등"이라 한다)의 설치(보수, 보강을 포함한다) 명령 현황
  4. 법 제18조제5항에 따른 소방훈련 및 교육의 실시 현황
  5. 그 밖에 화재예방 강화를 위하여 필요한 사항

53 기본법령상 국고보조 대상사업의 범위 중 소방활동장비와 설비에 해당하지 않는 것은?

① 소방자동차
② 소방헬리콥터 및 소방정
③ 소화용수설비 및 피난구조설비
④ 방화복 등 소방활동에 필요한 소방장비

해설 기본법 시행령 제2조(국고보조 대상사업의 범위와 기준보조율)
① 법 제9조제2항에 따른 국고보조 대상사업의 범위는 다음 각 호와 같다.
  1. 다음 각 목의 소방활동장비와 설비의 구입 및 절차
     가. 소방자동차
     나. 소방헬리콥터 및 소방정
     다. 소방전용통신설비 및 전산설비
     라. 그 밖에 방화복 등 소방활동에 필요한 소방장비
  2. 소방관서용 청사의 건축(「건축법」 제2조제1항제8호에 따른 건축을 말한다)
② 제1항제1호에 따른 소방활동장비 및 설비의 종류와 규격은 행정안전부령으로 정한다.
③ 제1항에 따른 국고보조 대상사업의 기준보조율은 「보조금 관리에 관한 법률 시행령」에서 정하는 바에 따른다.

54 화재예방강화지구로 지정할 수 있는 대상이 아닌 것은?

① 시장지역
② 소방출동로가 있는 지역
③ 공장·창고가 밀집한 지역
④ 목조건물이 밀집한 지역

해설 화재예방법 제18조(화재예방강화지구의 지정 등)
① 시·도지사는 다음 각 호의 어느 하나에 해당하는 지역을 화재예방강화지구로 지정하여 관리할 수 있다.
  1. 시장지역
  2. 공장·창고가 밀집한 지역
  3. 목조건물이 밀집한 지역
  4. 노후·불량건축물이 밀집한 지역
  5. 위험물의 저장 및 처리 시설이 밀집한 지역
  6. 석유화학제품을 생산하는 공장이 있는 지역
  7. 「산업입지 및 개발에 관한 법률」 제2조제8호에 따른 산업단지
  8. 소방시설·소방용수시설 또는 소방출동로가 없는 지역
  9. 「물류시설의 개발 및 운영에 관한 법률」 제2조제6호에 따른 물류단지
  10. 그 밖에 제1호부터 제9호까지에 준하는 지역으로서 소방관서장이 화재예방강화지구로 지정할 필요가 있다고 인정하는 지역

정답 52.① 53.③ 54.②

55 위험물법상 제조소등의 관계인은 위험물의 안전관리에 관한 직무를 수행하게 하기 위하여 제조소등마다 위험물의 취급에 관한 자격이 있는 자를 위험물안전관리자로 선임하여야 한다. 이 경우 제조소등의 관계인이 지켜야 할 기준으로 틀린 것은?

① 제조소등의 관계인은 안전관리자를 해임하거나 안전관리자가 퇴직한 때에는 해임하거나 퇴직한 날로부터 15일 이내에 다시 안전관리자를 선임하여야 한다.
② 제조소등의 관계인이 안전관리자를 선임한 경우에는 선임한 날로부터 14일 이내에 소방본부장 또는 소방서장에게 신고하여야 한다.
③ 제조소등의 관계인은 안전관리자가 여행·질병, 그 밖의 사유로 인하여 일시적으로 직무를 수행할 수 없는 경우에는 국가기술자격법에 따른 위험물의 취급에 관한 자격취득자 또는 위험물안전에 관한 기본지식과 경험이 있는 자를 대리자로 지정하여 그 직무를 대행하게 하여야 한다. 이 경우 대행하는 기간은 30일을 초과할 수 없다.
④ 안전관리자는 위험물을 취급하는 작업을 하는 때에는 작업자에게 안전관리에 관한 필요한 지시를 하는 등 위험물의 취급에 관한 안전관리와 감독을 하여야 하고, 제조소등의 관계인은 안전관리자의 위험물 안전관리에 관한 의견을 존중하고 그 권고에 따라야 한다.

해설 위험물법 제15조(위험물안전관리자) 제2항
제1항의 규정에 따라 안전관리자를 선임한 제조소등의 관계인은 그 안전관리자를 해임하거나 안전관리자가 퇴직한 때에는 해임하거나 퇴직한 날부터 30일 이내에 다시 안전관리자를 선임하여야 한다.

56 다음 중 상주 공사감리를 하여야 할 대상의 기준으로 옳은 것은?

① 지하층을 포함한 층수가 16층 이상으로서 300세대 이상인 아파트에 대한 소방시설의 공사
② 지하층을 포함한 층수가 16층 이상으로서 500세대 이상인 아파트에 대한 소방시설의 공사
③ 지하층을 포함하지 않은 층수가 16층 이상으로서 300세대 이상인 아파트에 대한 소방시설의 공사
④ 지하층을 포함하지 않은 층수가 16층 이상으로서 500세대 이상인 아파트에 대한 소방시설의 공사

해설 공사업법 시행령 [별표 3]
▶ 소방공사 감리의 종류, 방법 및 대상(제9조 관련)

종 류	대 상
상주 공사감리	1. 연면적 3만제곱미터 이상의 특정소방대상물(아파트는 제외한다)에 대한 소방시설의 공사 2. 지하층을 포함한 층수가 16층 이상으로서 500세대 이상인 아파트에 대한 소방시설의 공사
일반 공사감리	상주 공사감리에 해당하지 않는 소방시설의 공사

57 다음 중 한국소방안전원의 업무에 해당하지 않는 것은?

① 소방용 기계·기구의 형식승인
② 소방업무에 관하여 행정기관이 위탁하는 업무
③ 화재 예방과 안전관리의식 고취를 위한 대국민 홍보
④ 소방기술과 안전관리에 관한 교육, 조사·연구 및 각종 간행물 발간

해설 기본법 제41조(안전원의 업무)
안전원은 다음 각 호의 업무를 수행한다.
1. 소방기술과 안전관리에 관한 교육 및 조사·연구
2. 소방기술과 안전관리에 관한 각종 간행물 발간
3. 화재 예방과 안전관리의식 고취를 위한 대국민 홍보
4. 소방업무에 관하여 행정기관이 위탁하는 업무
5. 소방안전에 관한 국제협력
6. 그 밖에 회원에 대한 기술지원 등 정관으로 정하는 사항

정답 55.① 56.② 57.①

58 다음 조건을 참고하여 숙박시설이 있는 특정소방대상물의 수용인원 산정 수로 옳은 것은?

> 침대가 있는 숙박시설로서 1인용 침대의 수는 20개이고, 2인용 침대의 수는 10개이며, 종업원 수는 3명이다.

① 33명　　② 40명
③ 43명　　④ 46명

해설 1인용 침대×20개+2인용 침대×10+종업원 수 3 =43명

59 소방안전관리자 및 소방안전관리보조자에 대하여 안전원장이 교육대상, 교육일정 등 실무교육에 필요한 계획을 수립하여 매년 누구의 승인을 얻어 교육을 실시하는가?

① 한국소방안전원장　② 소방본부장
③ 소방청장　　　　　④ 시·도지사

해설 화재예방법 시행규칙 제29조(실무교육의 실시)
① 소방청장은 법 제34조제1항제2호에 따른 실무교육(이하 "실무교육"이라 한다)의 대상·일정·횟수 등을 포함한 실무교육의 실시 계획을 매년 수립·시행해야 한다.
② 소방청장은 실무교육을 실시하려는 경우에는 실무교육 실시 30일 전까지 일시·장소, 그 밖에 실무교육 실시에 필요한 사항을 인터넷 홈페이지에 공고하고 교육대상자에게 통보해야 한다.
③ 소방안전관리자는 소방안전관리자로 선임된 날부터 6개월 이내에 실무교육을 받아야 하며, 그 이후에는 2년마다(최초 실무교육을 받은 날을 기준일로 하여 매 2년이 되는 해의 기준일과 같은 날까지를 말한다) 1회 이상 실무교육을 받아야 한다. 다만, 소방안전관리 강습교육 또는 실무교육을 받은 후 1년 이내에 소방안전관리자로 선임된 사람은 해당 강습교육을 수료하거나 실무교육을 이수한 날에 실무교육을 이수한 것으로 본다.
④ 소방안전관리보조자는 그 선임된 날부터 6개월(영 별표 5 제2호마목에 따라 소방안전관리보조자로 지정된 사람의 경우 3개월을 말한다) 이내에 실무교육을 받아야 하며, 그 이후에는 2년마다(최초 실무교육을 받은 날을 기준일로 하여 매 2년이 되는 해의 기준일과 같은 날 전까지를 말한다) 1회 이상 실무교육을 받아야 한다. 다만, 소방안전관리자 강습교육 또는 실무교육이나 소방안전관리보조자 실무교육을 받은 후 1년 이내에 소방안전관리보조자로 선임된 사람은 해당 강습교육을 수료하거나 실무교육을 이수한 날에 실무교육을 이수한 것으로 본다.

60 화재예방법령상 소방대상물의 개수·이전·제거, 사용의 금지 또는 제한, 사용폐쇄, 공사의 정지 또는 중지, 그 밖의 필요한 조치로 인하여 손실을 받은 자가 손실보상청구서에 첨부하여야 하는 서류로 틀린 것은?

① 손실보상합의서
② 손실을 증명할 수 있는 사진
③ 손실을 증명할 수 있는 증빙자료
④ 소방대상물의 관계인임을 증명할 수 있는 서류(건축물대장은 제외)

해설 화재예방법 시행규칙 제6조(손실보상 청구자가 제출해야 하는 서류 등)
① 법 제14조에 따른 명령으로 인하여 손실을 입은 자가 손실보상을 청구하려는 경우에는 별지 제6호서식의 손실보상 청구서(전자문서를 포함한다)에 다음 각 호의 서류(전자문서를 포함한다)를 첨부하여 소방청장, 특별시장·광역시장·특별자치시장·도지사 또는 특별자치도지사(이하 "시·도지사"라 한다)에게 제출해야 한다. 이 경우 담당 공무원은 「전자정부법」 제36조제1항에 따른 행정정보의 공동이용을 통하여 건축물대장(소방대상물의 관계인임을 증명할 수 있는 서류가 건축물대장인 경우만 해당한다)을 확인해야 한다.
　1. 소방대상물의 관계인임을 증명할 수 있는 서류(건축물대장은 제외한다)
　2. 손실을 증명할 수 있는 사진 및 그 밖의 증빙자료
② 소방청장 또는 시·도지사는 영 제14조제2항에 따라 손실보상에 관하여 협의가 이루어진 경우에는 손실보상을 청구한 자와 연명으로 별지 제7호서식의 손실보상 합의서를 작성하고 이를 보관해야 한다.

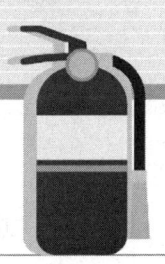

2020년 제1,2회 소방설비기사[전기분야] 1차 필기

[제3과목 : 소방관계법규]

41 소방시설공사업법령상 소방공사감리를 실시함에 있어 용도와 구조에서 특별히 안전성과 보안성이 요구되는 소방대상물로서 소방시설물에 대한 감리를 감리업자가 아닌 자가 감리할 수 있는 장소는?

① 정보기관의 청사
② 교도소 등 교정관련시설
③ 국방 관계시설 설치장소
④ 「원자력안전법상」 관계시설이 설치되는 장소

해설 공사업법 시행령 제8조(감리업자가 아닌 자가 감리할 수 있는 보안성 등이 요구되는 소방대상물의 시공 장소)
법 제16조제2항에서 "대통령령으로 정하는 장소"란 「원자력안전법」 제2조제10호에 따른 관계시설이 설치되는 장소를 말한다.

42 소방시설공사업법령에 따른 소방시설업 등록이 가능한 사람은?

① 피성년후견인
② 위험물안전관리법에 따른 금고 이상의 형의 집행유예를 선고받고 그 유예기간 중에 있는 사람
③ 등록하려는 소방시설업 등록이 취소된 날부터 3년이 지난 사람
④ 「소방기본법」에 따른 금고 이상의 실형을 선고받고 그 집행이 면제된 날부터 1년이 지난 사람

해설 공사업법 제5조(등록의 결격사유)
다음 각 호의 어느 하나에 해당하는 자는 소방시설업을 등록할 수 없다.
1. 피성년후견인
2. 삭제 〈2015. 7. 20.〉
3. 이 법, 「소방기본법」, 「화재예방, 소방시설 설치・유지 및 안전관리에 관한 법률」 또는 「위험물안전관리법」에 따른 금고 이상의 실형을 선고받고 그 집행이 끝나거나(집행이 끝난 것으로 보는 경우를 포함한다) 면제된 날부터 2년이 지나지 아니한 사람
4. 이 법, 「소방기본법」, 「화재의 예방 및 안전관리에 관한 법률」, 「소방시설 설치 및 관리에 관한 법률」 또는 「위험물안전관리법」에 따른 금고 이상의 형의 집행유예를 선고받고 그 유예기간 중에 있는 사람
5. 등록하려는 소방시설업 등록이 취소(제1호에 해당하여 등록이 취소된 경우는 제외한다)된 날부터 2년이 지나지 아니한 자
6. 법인의 대표자가 제1호부터 제5호까지의 규정에 해당하는 경우 그 법인
7. 법인의 임원이 제3호부터 제5호까지의 규정에 해당하는 경우 그 법인

43 소방기본법령상 소방업무 상호응원협정 체결 시 포함되어야 하는 사항이 아닌 것은?

① 응원출동의 요청방법
② 응원출동훈련 및 평가
③ 응원출동대상지역 및 규모
④ 응원출동 시 현장지휘에 관한 사항

해설 소방기본법 시행규칙 제8조(소방업무의 상호응원협정)
법 제11조제4항의 규정에 의하여 시・도지사는 이웃하는 다른 시・도지사와 소방업무에 관하여 상호응원협정을 체결하고자 하는 때에는 다음 각호의 사항이 포함되도록 하여야 한다.
1. 다음 각목의 소방활동에 관한 사항
   가. 화재의 경계・진압활동
   나. 구조・구급업무의 지원
   다. 화재조사활동
2. 응원출동대상지역 및 규모
3. 다음 각목의 소요경비의 부담에 관한 사항
   가. 출동대원의 수당・식사 및 피복의 수선
   나. 소방장비 및 기구의 정비와 연료의 보급

정답 41.④ 42.③ 43.④

다. 그 밖의 경비
4. 응원출동의 요청방법
5. 응원출동훈련 및 평가

44 소방기본법령에 따른 소방용수시설 급수탑 개폐밸브의 설치기준으로 맞는 것은?

① 지상에서 1.0[m] 이상 1.5[m] 이하
② 지상에서 1.2[m] 이상 1.8[m] 이하
③ 지상에서 1.5[m] 이상 1.7[m] 이하
④ 지상에서 1.5[m] 이상 2.0[m] 이하

해설 소방용수시설별 설치기준
㉠ 소화전의 설치기준 : 상수도와 연결하여 지하식 또는 지상식의 구조로 하고, 소방용호스와 연결하는 소화전의 연결금속구의 구경은 65밀리미터로 할 것
㉡ 급수탑의 설치기준 : 급수배관의 구경은 100밀리미터 이상으로 하고, 개폐밸브는 지상에서 1.5미터 이상 1.7미터 이하의 위치에 설치하도록 할 것
㉢ 저수조의 설치기준
(1) 지면으로부터의 낙차가 4.5미터 이하일 것
(2) 흡수부분의 수심이 0.5미터 이상일 것
(3) 소방펌프자동차가 쉽게 접근할 수 있도록 할 것
(4) 흡수에 지장이 없도록 토사 및 쓰레기 등을 제거할 수 있는 설비를 갖출 것
(5) 흡수관의 투입구가 사각형의 경우에는 한 변의 길이가 60센티미터 이상, 원형의 경우에는 지름이 60센티미터 이상일 것
(6) 저수조에 물을 공급하는 방법은 상수도에 연결하여 자동으로 급수되는 구조일 것

45 소방기본법에 따라 화재 등 그 밖의 위급한 상황이 발생한 현장에서 소방활동을 위하여 필요한 때에는 그 관할구역에 사는 사람 또는 그 현장에 있는 사람으로 하여금 사람을 구출하는 일 또는 불을 끄는 등의 일을 하도록 명령할 수 있는 권한이 없는 사람은?

① 소방서장   ② 소방대장
③ 시·도지사   ④ 소방본부장

해설 소방활동 종사명령
㉠ 소방본부장, 소방서장 또는 소방대장은 화재, 재난·재해, 그 밖의 위급한 상황이 발생한 현장에서 소방활동을 위하여 필요할 때에는 그 관할구역에 사는 사람 또는 그 현장에 있는 사람으로 하여금 사람을 구출하는 일 또는 불을 끄거나 불이 번지지 아니하도록 하는 일을 하게 할 수 있다.
㉡ ㉠에 따른 명령에 따라 소방활동에 종사한 사람은 시·도지사로부터 소방활동의 비용을 지급받을 수 있다. 다만, 다음 각 호의 어느 하나에 해당하는 사람의 경우에는 그러하지 아니하다.
ⓐ 소방대상물에 화재, 재난·재해, 그 밖의 위급한 상황이 발생한 경우 그 관계인
ⓑ 고의 또는 과실로 화재 또는 구조·구급 활동이 필요한 상황을 발생시킨 사람
ⓒ 화재 또는 구조·구급 현장에서 물건을 가져간 사람

46 소방시설법상 소방용품의 형식승인을 받지 아니하고 소방용품을 제조하거나 수입한 자에 대한 벌칙 기준은?

① 100만원 이하의 벌금
② 300만원 이하의 벌금
③ 1년 이하의 징역 또는 1천만원 이하의 벌금
④ 3년 이하의 징역 또는 3천만원 이하의 벌금

해설 소방시설법상 3년 이하의 징역 또는 3천만원 이하의 벌금
㉠ 화재안전조사 결과에 따른 조치명령 등 위반한 사람
㉡ 소방시설이 화재안전기준에 따른 조치명령을 위반한 사람
㉢ 피난시설방화시설, 방화구획의 유지관리 조치명령을 위반한 사람
㉣ 방염성능물품, 임시소방시설 또는 소방시설 등의 조치명령을 위반한 사람
㉤ 소방안전관리자 선임명령 및 소방안전관리자 업무 이행명령을 위반한 사람
㉥ 소방시설관리업 등록을 하지 아니하고 영업을 한 사람
㉦ 소방용품의 형식승인을 받지 아니하고 소방용품을 제조하거나 수입한 자
㉧ 제품검사를 받지 아니한 자
㉨ 규정을 위반하여 소방용품을 판매·진열하거나 소방시설공사에 사용한 자
㉩ 제품검사를 받지 아니하거나 합격표시를 하지 아니한 소방용품을 판매·진열하거나 소방시설공사에 사용한 자
㉪ 거짓이나 그 밖의 부정한 방법으로 전문기관으로 지정을 받은 자

47 위험물안전관리법령에 따라 위험물안전관리자를 해임하거나 퇴직한 때에는 해임하거나 퇴직한 날부터 며칠 이내에 다시 안전관리자를 선임하여야 하는가?

① 30일　　② 35일
③ 40일　　④ 55일

해설 제조소등의 관계인은 안전관리자가 해임, 퇴직한 날부터 30일 이내에 선임하여야 하며, 선임한 날부터 14일 이내에 소방본부장 또는 소방서장에게 신고하여야 한다.

48 소방시설법상 화재안전기준을 달리 적용하여야 하는 특수한 용도 또는 구조를 가진 특정소방대상물인 원자력 발전소에 설치하지 아니할 수 있는 소방시설은?

① 물분무등소화설비
② 스프링클러설비
③ 상수도소화용수설비
④ 연결살수설비

해설 소방시설을 설치하지 아니할 수 있는 특정소방대상물 및 소방시설의 범위

화재위험도가 낮은 특정소방대상물	석재, 불연성금속	[외살] 옥외소화전설비 연결살수설비
화재안전기준을 적용하기 어려운 특정소방대상물	펄프공장의 작업장	[스상살] 스프링클러설비 상수도소화용수설비 연결살수설비
	정수장, 수영장	[탐상살] 자동화재탐지설비 상수도소화용수설비 연결살수설비
화재안전기준을 달리 적용하여야 하는 특수한 용도 또는 구조를 가진 특정소방대상물	원자력발전소, 핵폐기물처리시설	[송살] 연결송수관설비 연결살수설비
자체소방대가 설치된 특정소방대상물	자체소방대가 설치된 위험물 제조소등에 부속된 사무실	[내용송살] 옥내소화전설비 소화용수설비 연결송수관설비 연결살수설비

49 화재예방법령상 불꽃을 사용하는 용접·용단 기구의 용접 또는 용단 작업장에서 지켜야 하는 사항 중 다음 ( ) 안에 알맞은 것은?

용접 또는 용단 작업자로부터 반경 (㉠)[m] 이내에 소화기를 갖추어 둘 것. 용접 또는 용단 작업장 주변 반경 (㉡)[m] 이내에는 가연물을 쌓아두거나 놓아두지 말 것. 다만, 가연물의 제거가 곤란하여 방지포 등으로 방호조치를 한 경우는 제외한다.

① ㉠ 3, ㉡ 5　　② ㉠ 5, ㉡ 3
③ ㉠ 5, ㉡ 10　　④ ㉠ 10, ㉡ 5

해설 용접 또는 용단 작업장에서는 다음 각 호의 사항을 지켜야 한다. 다만, 「산업안전보건법」 제38조의 적용을 받는 사업장의 경우에는 적용하지 아니한다.
1. 용접 또는 용단 작업자로부터 반경 5[m] 이내에 소화기를 갖추어 둘 것
2. 용접 또는 용단 작업장 주변 반경 10[m] 이내에는 가연물을 쌓아두거나 놓아두지 말 것. 다만, 가연물의 제거가 곤란하여 방지포 등으로 방호조치를 한 경우는 제외한다.

50 다음 소방시설 중 경보설비가 아닌 것은?

① 통합감시시설　　② 가스누설경보기
③ 비상콘센트설비　　④ 자동화재속보설비

해설 비상콘센트설비는 소화활동설비이다.

51 화재예방법상 소방안전관리대상물의 소방안전관리자 업무가 아닌 것은?

① 소방훈련 및 교육
② 자위소방대 및 초기대응체계의 구성·운영·교육
③ 피난시설, 방화구획 및 방화시설의 유지·설치
④ 피난계획에 관한 사항과 대통령령으로 정하는 사항이 포함된 소방계획서의 작성 및 시행

해설 [소방안전관리자의 업무사항]
특정소방대상물(소방안전관리대상물은 제외한다)의 관계인과 소방안전관리대상물의 소방안전관리자는 다음 각 호의 업무를 수행한다. 다만, 제1호·제2호·제5호 및 제7

호의 업무는 소방안전관리대상물의 경우에만 해당한다.
1. 제36조에 따른 피난계획에 관한 사항과 대통령령으로 정하는 사항이 포함된 소방계획서의 작성 및 시행
2. 자위소방대(自衛消防隊) 및 초기대응체계의 구성, 운영 및 교육
3. 「소방시설 설치 및 관리에 관한 법률」 제16조에 따른 피난시설, 방화구획 및 방화시설의 관리
4. 소방시설이나 그 밖의 소방 관련 시설의 관리
5. 제37조에 따른 소방훈련 및 교육
6. 화기(火氣) 취급의 감독
7. 행정안전부령으로 정하는 바에 따른 소방안전관리에 관한 업무수행에 관한 기록·유지(제3호·제4호 및 제6호의 업무를 말한다)
8. 화재발생 시 초기대응
9. 그 밖에 소방안전관리에 필요한 업무

52 소방기본법령에 따라 주거지역·상업지역 및 공업지역에 소방용수시설을 설치하는 경우 소방대상물과의 수평거리를 몇 [m] 이하가 되도록 해야 하는가?

① 50[m] ② 100[m]
③ 150[m] ④ 200[m]

해설 소방용수시설 설치기준 중 공통기준(암기법 : 주상공 100, 그 밖 140)
㉠ 주거지역·상업지역 및 공업지역 : 수평거리 100[m] 이하
㉡ 그 외의 지역에 설치하는 경우 : 수평거리 140[m] 이하

53 위험물안전관리법령상 다음의 규정을 위반하여 위험물의 운송에 관한 기준을 따르지 아니한 자에 대한 과태료 기준은?

> 위험물운송자는 이동탱크저장소에 의하여 위험물을 운송하는 때에는 행정안전부령으로 정하는 기준을 준수하는 등 당해 위험물의 안전확보를 위하여 세심한 주의를 기울여야 한다.

① 50만원 이하 ② 100만원 이하
③ 200만원 이하 ④ 300만원 이하

해설 위험물법 제39조(과태료)
① 다음 각 호의 어느 하나에 해당하는 자는 500만원 이하의 과태료에 처한다.
  1. 제5조제2항제1호의 규정에 따른 승인을 받지 아니한 자
  2. 제5조제3항제2호의 규정에 따른 위험물의 저장 또는 취급에 관한 세부기준을 위반한 자
  3. 제6조제2항의 규정에 따른 품명 등의 변경신고를 기간 이내에 하지 아니하거나 허위로 한 자
  4. 제10조제3항의 규정에 따른 지위승계신고를 기간 이내에 하지 아니하거나 허위로 한 자
  5. 제11조의 규정에 따른 제조소등의 폐지신고 또는 제15조제3항의 규정에 따른 안전관리자의 선임신고를 기간 이내에 하지 아니하거나 허위로 한 자
  6. 제16조제3항의 규정을 위반하여 등록사항의 변경신고를 기간 이내에 하지 아니하거나 허위로 한 자
  7. 제18조제1항의 규정을 위반하여 점검결과를 기록·보존하지 아니한 자
  8. 제20조제1항제2호의 규정에 따른 위험물의 운반에 관한 세부기준을 위반한 자
  9. 제21조제3항의 규정을 위반하여 위험물의 운송에 관한 기준을 따르지 아니한 자
② 제1항의 규정에 따른 과태료는 대통령령이 정하는 바에 따라 시·도지사, 소방본부장 또는 소방서장(이하 "부과권자"라 한다)이 부과·징수한다.

54 소방시설법령상 종합점검실시대상이 되는 특정소방대상물의 기준 중 다음 ( )안에 알맞은 것은?

> 물분무등소화설비 [호스릴방식의 물분무등소화설비만을 설치한 경우는 제외]가 설치된 연면적 (㉠)[m²] 이상인 특정소방대상물(위험물 제조소등은 제외)

① 2,000 ② 3,000
③ 4,000 ④ 5,000

해설 ▶ 점검대상 및 시기, 점검자자격

대상		횟수·시기	점검자
작동점검	모든 특정소방대상물 [3급이상에 해당]〈제외 대상〉 1. 특급소방안전관리대상물 (종합점검만 연 2회) 2. 소방안전관리대상물에 속하지 않는 대상물 3. 위험물 제조소등	• 원칙 : 연 1회	관계인 (자탐, 간이만 해당)
		종합점검대상 × : 안전관리대상물의 사용승인일이 속하는 달의 말일까지	소방안전관리자 (기술사, 관리사)
		종합점검대상 ○ : 종합실시월로부터 6개월이 되는 달에 실시	관리업재관리새 (자탐, 간이는 특급 점검자가능)

정답 52.② 53.③ 54.④

종합점검	최초점검	3급이상대상중 최초사용승인 건축물	사용승인일로부터 60일 이내	
	그밖점검	스프링클러설비가 설치된 특정소방대상물	• 원칙: 연 1회 (최초사용승인해 다음 해부터 사용승인일이 속하는 달의 말일까지) 예) 학교: 1~6월이 사용승인일인 경우 6월 말일까지 • 특급 소방안전관리대상물: 연2회(반기별 1회)	소방안전관리자 (기술사, 관리사) 관리업자(관리사)
		물분무등소화설비가 설치된 연면적 5,000[㎡] 이상 특정소방대상물		
		연면적 2,000[㎡] 이상 다중이용업소(9종)		
		옥내소화전설비 또는 자동화재탐지설비가 설치된 연면적 1,000[㎡] 이상 공공기관(소방대 제외)		
		제연설비가 설치된 터널		

55 소방시설법상 건축허가 등의 동의대상물이 아닌 것은?

① 항공기 격납고
② 연면적이 300[㎡]인 공연장
③ 바닥면적이 300[㎡]인 차고
④ 연면적이 300[㎡]인 노유자 시설

해설 소방시설법 제7조 참조

▶ 건축허가등의 동의 대상물의 범위

1. 연면적(「건축법 시행령」제119조제1항제4호에 따라 산정된 면적을 말한다. 이하 같다)이 400제곱미터 이상인 건축물이나 시설. 다만, 다음 각 목의 어느 하나에 해당하는 건축물이나 시설은 해당 목에서 정한 기준 이상인 건축물이나 시설로 한다.
   가. 「학교시설사업 촉진법」제5조의2제1항에 따라 건축등을 하려는 학교시설: 100제곱미터
   나. 별표 2의 특정소방대상물 중 노유자(老幼者) 시설 및 수련시설: 200제곱미터
   다. 「정신건강증진 및 정신질환자 복지서비스 지원에 관한 법률」제3조제5호에 따른 정신의료기관(입원실이 없는 정신건강의학과 의원은 제외하며, 이하 "정신의료기관"이라 한다): 300제곱미터
   라. 「장애인복지법」제58조제1항제4호에 따른 장애인 의료재활시설(이하 "의료재활시설"이라 한다): 300제곱미터
2. 지하층 또는 무창층이 있는 건축물로서 바닥면적이 150제곱미터(공연장의 경우에는 100제곱미터) 이상인 층이 있는 것
3. 차고·주차장 또는 주차 용도로 사용되는 시설로서 다음 각 목의 어느 하나에 해당하는 것
   가. 차고·주차장으로 사용되는 바닥면적이 200제곱미터 이상인 층이 있는 건축물이나 주차시설
   나. 승강기 등 기계장치에 의한 주차시설로서 자동차 20대 이상을 주차할 수 있는 시설
4. 층수(「건축법 시행령」제119조제1항제9호에 따라 산정된 층수를 말한다. 이하 같다)가 6층 이상인 건축물
5. 항공기 격납고, 관망탑, 항공관제탑, 방송용 송수신탑
6. 별표 2의 특정소방대상물 중 의원(입원실이 있는 것으로 한정한다)·조산원·산후조리원, 위험물 저장 및 처리 시설, 발전시설 중 풍력발전소·전기저장시설, 지하구(地下溝)
7. 제1호나목에 해당하지 않는 노유자 시설 중 다음 각 목의 어느 하나에 해당하는 시설. 다만, 가목2) 및 나목부터 바목까지의 시설 중 「건축법 시행령」별표 1의 단독주택 또는 공동주택에 설치되는 시설은 제외한다.
   가. 별표 2 제9호가목에 따른 노인 관련 시설 중 다음의 어느 하나에 해당하는 시설
      1) 「노인복지법」제31조제1호에 따른 노인주거복지시설, 같은 조 제2호에 따른 노인의료복지시설 및 같은 조 제4호에 따른 재가노인복지시설
      2) 「노인복지법」제31조제7호에 따른 학대피해노인 전용쉼터
   나. 「아동복지법」제52조에 따른 아동복지시설(아동상담소, 아동전용시설 및 지역아동센터는 제외한다)
   다. 「장애인복지법」제58조제1항제1호에 따른 장애인 거주시설
   라. 정신질환자 관련 시설(「정신건강증진 및 정신질환자 복지서비스 지원에 관한 법률」제27조제1항제2호에 따른 공동생활가정을 제외한 재활훈련시설과 같은 법 시행령 제16조제3호에 따른 종합시설 중 24시간 주거를 제공하지 않는 시설은 제외한다)
   마. 별표 2 제9호마목에 따른 노숙인 관련 시설 중 노숙인자활시설, 노숙인재활시설 및 노숙인요양시설
   바. 결핵환자나 한센인이 24시간 생활하는 노유자 시설
8. 「의료법」제3조제2항제3호라목에 따른 요양병원(이하 "요양병원"이라 한다). 다만, 의료재활시설은 제외한다.
9. 별표 2의 특정소방대상물 중 공장 또는 창고시설로서 「화재의 예방 및 안전관리에 관한 법률 시행령」별표 2에서 정하는 수량의 750배 이상의 특수가연물을 저장·취급하는 것

정답 55.②

10. 별표 2 제17호나목에 따른 가스시설로서 지상에 노출된 탱크의 저장용량의 합계가 100톤 이상인 것

56 위험물안전관리법령상 제조소등의 경보설비 설치기준에 대한 설명으로 틀린 것은?

① 제조소 및 일반취급소의 연면적이 500[m²] 이상인 것에는 자동화재탐지설비를 설치한다.
② 자동신호장치를 갖춘 스프링클러설비 또는 물분무등소화설비를 설치한 제조소등에 있어서는 자동화재탐지설비를 설치한 것으로 본다.
③ 경보설비는 자동화재탐지설비·비상경보설비(비상벨장치 또는 경종 포함)·확성장치(휴대용확성기 포함) 및 비상방송설비로 구분한다.
④ 지정수량의 10배 이상의 위험물을 저장 또는 취급하는 제조소등(이동탱크저장소를 포함한다)에는 화재발생 시 이를 알릴 수 있는 경보설비를 설치하여야 한다.

해설 지정수량의 10배 이상의 위험물을 저장 또는 취급하는 제조소등(이동탱크저장소를 제외한다)에는 화재발생 시 이를 알릴 수 있는 경보설비를 설치하여야 한다.

57 소방기본법령상 정당한 사유 없이 화재의 예방조치에 관한 명령에 따르지 아니한 경우에 대한 벌칙은?

① 100만원 이하의 벌금
② 200만원 이하의 벌금
③ 300만원 이하의 벌금
④ 500만원 이하의 벌금

해설 소방기본법 300만원 이하의 벌금
㉠ 예방조치명령 거부방해
㉡ 화재조사 거부방해

58 소방시설법상 방염성능기준 이상의 실내장식물 등을 설치해야 하는 특정소방대상물이 아닌 것은?

① 숙박이 가능한 수련시설
② 층수가 11층 이상인 아파트
③ 건축물 옥내에 있는 종교시설
④ 방송통신시설 중 방송국 및 촬영소

해설 방염성능기준 이상의 실내장식물등을 설치하여야 하는 특정소방대상물의 종류
㉠ 근린생활시설 중 의원, 치과의원, 한의원, 조산원, 산후조리원, 체력단련장, 공연장 및 종교집회장
㉡ 건축물의 옥내에 있는 시설로서 다음 각 목의 시설
  ⓐ 문화 및 집회시설
  ⓑ 종교시설
  ⓒ 운동시설(수영장은 제외한다)
㉢ 의료시설
㉣ 교육연구시설 중 합숙소
㉤ 노유자시설
㉥ 숙박이 가능한 수련시설
㉦ 숙박시설
㉧ 방송통신시설 중 방송국 및 촬영소
㉨ 다중이용업소
㉩ ㉠부터 ㉨까지의 시설에 해당하지 않는 것으로서 층수가 11층 이상인 것(아파트는 제외한다)

59 소방시설공사업법령에 따른 소방시설업의 등록권자는?

① 국무총리
② 소방서장
③ 시·도지사
④ 한국소방안전원장

해설 공사업법 제4조(소방시설업의 등록)
① 특정소방대상물의 소방시설공사등을 하려는 자는 업종별로 자본금(개인인 경우에는 자산 평가액을 말한다), 기술인력 등 대통령령으로 정하는 요건을 갖추어 특별시장·광역시장·특별자치시장·도지사 또는 특별자치도지사(이하 "시·도지사"라 한다)에게 소방시설업을 등록하여야 한다.
② 제1항에 따른 소방시설업의 업종별 영업범위는 대통령령으로 정한다.
③ 제1항에 따른 소방시설업의 등록신청과 등록증·등록수첩의 발급·재발급 신청, 그 밖에 소방시설업 등록에 필요한 사항은 행정안전부령으로 정한다.
④ 제1항에도 불구하고 「공공기관의 운영에 관한 법률」 제5조에 따른 공기업·준정부기관 및 「지방공기업법」 제49조에 따라 설립된 지방공사나 같은 법 제76조에 따라 설립된 지방공단이 다음 각 호의 요건을 모두 갖춘 경우에는 시·도지사에게 등록을 하지 아니하고 자체 기술인력을 활용하여 설계·감리를 할 수 있

정답 56.④ 57.③ 58.② 59.③

다. 이 경우 대통령령으로 정하는 기술인력을 보유하여야 한다.
1. 주택의 건설·공급을 목적으로 설립되었을 것
2. 설계·감리 업무를 주요 업무로 규정하고 있을 것

60 위험물안전관리법령상 정기검사를 받아야 하는 특정·준특정옥외탱크저장소의 관계인은 특정·준특정옥외탱크저장소의 설치허가에 따른 완공검사필증을 발급받은 날부터 몇 년 이내에 정기검사를 받아야 하는가?

① 9년 ② 10년
③ 11년 ④ 12년

해설 위험물제조소등 정기검사
㉠ 정기검사자 : 소방본부장 또는 소방서장
㉡ 정기검사의 대상 : 액체위험물을 저장 또는 취급하는 50만리터 이상의 옥외탱크저장소
[준특정옥외탱크저장소 - 50만리터 이상, 특정옥외탱크저장소 - 100만리터 이상]
㉢ 정기검사의 시기
ⓐ 특정·준특정옥외탱크저장소의 설치허가에 따른 완공검사필증을 발급받은 날부터 12년
ⓑ 최근의 정기검사를 받은 날부터 11년
ⓒ 정기검사를 받아야 하는 특정옥외탱크저장소의 관계인은 정기검사를 구조안전점검을 실시하는 때에 함께 받을 수 있다.
ⓓ 재난 그 밖의 비상사태의 발생, 안전유지상의 필요 또는 사용상황 등의 변경으로 해당 시기에 정기검사를 실시하는 것이 적당하지 아니하다고 인정되는 때에는 소방서장의 직권 또는 관계인의 신청에 따라 소방서장이 따로 지정하는 시기에 정기검사를 받을 수 있다.

[22.12.1이후 개정]
▶ 정기검사
㉠ 정기검사자 : 소방본부장 또는 소방서장
㉡ 정기검사의 대상 : 액체위험물을 저장 또는 취급하는 50만리터 이상의 옥외탱크저장소[준특정옥외탱크저장소 - 50만리터 이상, 특정옥외탱크저장소 - 100만리터 이상]
㉢ 정기검사의 시기
ⓐ 정밀정기검사 : 다음 각 목의 어느 하나에 해당하는 기간 내에 1회
㉮ 특정·준특정옥외탱크저장소의 설치허가에 따른 완공검사합격확인증을 발급받은 날부터 12년
㉯ 최근의 정밀정기검사를 받은 날부터 11년
ⓑ 중간정기검사 : 다음 각 목의 어느 하나에 해당하는 기간 내에 1회
㉮ 특정·준특정옥외탱크저장소의 설치허가에 따른 완공검사합격확인증을 발급받은 날부터 4년
㉯ 최근의 정밀정기검사 또는 중간정기검사를 받은 날부터 4년
ⓒ 정밀정기검사를 받아야 하는 특정·준특정옥외탱크저장소의 관계인은 정밀정기검사를 제65조제1항에 따른 구조안전점검을 실시하는 때에 함께 받을 수 있다.
ⓓ 정기검사의 기록보관
정기검사를 받은 제조소등의 관계인과 정기검사를 실시한 기술원은 정기검사합격확인증 등 정기검사에 관한 서류를 해당 제조소등에 대한 차기 정기검사시까지 보관하여야 한다.

정답 60.④

2020년 제3회 소방설비기사[전기분야] 1차 필기
[제3과목 : 소방관계법규]

41 다음 중 화재예방법령상 특수가연물에 해당하는 품명별 기준수량으로 틀린 것은?

① 사류 1,000[kg] 이상
② 면화류 200[kg] 이상
③ 나무껍질 및 대팻밥 400[kg] 이상
④ 넝마 및 종이부스러기 500[kg] 이상

해설 특수가연물의 종류

품명		수량
면화류		200킬로그램 이상
나무껍질 및 대팻밥		400킬로그램 이상
넝마 및 종이부스러기		1,000킬로그램 이상
사류(絲類)		1,000킬로그램 이상
볏짚류		1,000킬로그램 이상
가연성고체류		3,000킬로그램 이상
석탄·목탄류		10,000킬로그램 이상
가연성액체류		2세제곱미터 이상
목재가공품 및 나무부스러기		10세제곱미터 이상
합성수지류	발포시킨 것	20세제곱미터 이상
	그 밖의 것	3,000킬로그램 이상

42 소방시설법령상 소방시설관리업을 등록할 수 있는 자는?

① 피성년후견인
② 소방시설관리업의 등록이 취소된 날부터 2년이 경과된 자
③ 금고 이상의 형의 집행유예를 선고받고 그 유예기간 중에 있는 자
④ 금고 이상의 실형을 선고받고 그 집행이 면제된 날부터 2년이 지나지 아니한 자

해설 소방시설법 제30조(등록의 결격사유)
다음 각 호의 어느 하나에 해당하는 자는 관리업의 등록을 할 수 없다.
1. 피성년후견인
2. 이 법, 「소방기본법」, 「소방시설공사업법」 또는 「위험물 안전관리법」에 따른 금고 이상의 실형을 선고받고 그 집행이 끝나거나(집행이 끝난 것으로 보는 경우를 포함한다) 집행이 면제된 날부터 2년이 지나지 아니한 사람
3. 이 법, 「소방기본법」, 「소방시설공사업법」 또는 「위험물 안전관리법」에 따른 금고 이상의 형의 집행유예를 선고받고 그 유예기간 중에 있는 사람
4. 제34조제1항에 따라 관리업의 등록이 취소(제30조제1호에 해당하여 등록이 취소된 경우는 제외한다)된 날부터 2년이 지나지 아니한 자
5. 임원 중에 제1호부터 제4호까지의 어느 하나에 해당하는 사람이 있는 법인

43 위험물안전관리법령상 위험물취급소의 구분에 해당하지 않는 것은?

① 이송취급소　② 관리취급소
③ 판매취급소　④ 일반취급소

해설 위험물취급소의 종류
㉠ 주유취급소
㉡ 판매취급소
㉢ 일반취급소
㉣ 이송취급소

44 국민의 안전의식과 화재에 대한 경각심을 높이고 안전문화를 정착시키기 위한 소방의 날은 몇월 며칠인가?

① 1월 19일　② 10월 9일
③ 11월 9일　④ 12월 19일

정답 41.④　42.②　43.②　44.③

해설 소방기본법 제7조(소방의 날 제정과 운영 등)
① 국민의 안전의식과 화재에 대한 경각심을 높이고 안전문화를 정착시키기 위하여 매년 11월 9일을 소방의 날로 정하여 기념행사를 한다.
② 소방의 날 행사에 관하여 필요한 사항은 소방청장 또는 시·도지사가 따로 정하여 시행할 수 있다.
③ 소방청장은 다음 각 호에 해당하는 사람을 명예직 소방대원으로 위촉할 수 있다.
  1. 「의사상자 등 예우 및 지원에 관한 법률」 제2조에 따른 의사상자(義死傷者)로서 같은 법 제3조제3호 또는 제4호에 해당하는 사람
  2. 소방행정 발전에 공로가 있다고 인정되는 사람

45 화재예방법상 화재안전조사 결과 소방대상물의 위치 상황이 화재 예방을 위하여 보완될 필요가 있을 것으로 예상되는 때에 소방대상물의 개수·이전·제거, 그 밖의 필요한 조치를 관계인에게 명령할 수 있는 사람은?

① 소방서장   ② 경찰청장
③ 시·도지사 ④ 해당 구청장

해설 화재안전조사 결과 조치명령권자
소방청장, 소방본부장, 소방서장

46 소방시설법상 지하가 중 터널로서 길이가 1천미터일 때 설치하지 않아도 되는 소방시설은?

① 인명구조기구
② 옥내소화전설비
③ 연결송수관설비
④ 무선통신보조설비

해설 터널에 설치하는 소방시설
㉠ 모든 터널 : 소화기
㉡ 500[m] 이상 터널 : 비상콘센트설비, 비상조명등설비, 비상경보설비, 무선통신보조설비
㉢ 1,000[m] 이상 터널 : 옥내소화전설비, 연결송수관설비, 자동화재탐지설비
㉣ 위험등급 이상 터널 : 물분무소화설비, 제연설비

47 위험물안전관리법령상 허가를 받지 아니하고 당해 제조소등을 설치하거나 그 위치·구조 또는 설비를 변경할 수 있으며, 신고를 하지 아니하고 위험물의 품명·수량 또는 지정수량의 배수를 변경할 수 있는 기준으로 옳은 것은?

① 축산용으로 필요한 건조시설을 위한 지정수량 40배 이하의 저장소
② 수산용으로 필요한 건조시설을 위한 지정수량 30배 이하의 저장소
③ 농예용으로 필요한 난방시설을 위한 지정수량 40배 이하의 저장소
④ 주택의 난방시설(공동주택의 중앙난방시설 제외)을 위한 저장소

해설 위험물시설의 설치 및 변경
㉠ 제조소등을 설치하고자 하는 자는 시·도지사의 허가를 받아야 한다.
㉡ 제조소등의 위치, 구조 또는 설비를 변경하고자 하는 자는 시·도지사의 허가를 받아야 한다.
㉢ 취급하는 위험물의 품명, 수량 또는 지정수량의 배수를 변경하고자 하는 자는 변경하고자 하는 날의 1일 전까지 시·도지사에게 신고하여야 한다.
㉣ 제조소등이 아닌 경우에 허가를 받지 아니하고 당해 제조소등을 설치하거나 그 위치 구조 또는 설비를 변경하거나 신고를 하지 아니하고 위험물의 품명, 수량 또는 지정수량의 배수를 변경할 수 있는 경우
  ⓐ 주택의 난방시설(공동주택의 중앙난방시설을 제외한다)을 위한 저장소 또는 취급소
  ⓑ 농예용·축산용 또는 수산용으로 필요한 난방시설 또는 건조시설을 위한 지정수량 20배 이하의 저장소

48 소방기본법령상 시장지역에서 화재로 오인할 만한 우려가 있는 불을 피우거나 연막소독을 하려는 자가 신고를 하지 아니하여 소방자동차를 출동하게 한 자에 대한 과태료 부과·징수권자는?

① 국무총리
② 시·도지사
③ 행정안전부장관
④ 소방본부장 또는 소방서장

정답 45.① 46.① 47.④ 48.④

해설 20만원 이하의 과태료
제19조제2항에 따른 신고를 하지 아니하여 소방자동차를 출동하게 한 자에게는 20만원 이하의 과태료를 부과한다. [관할소방본부장 또는 소방서장이 부과·징수]

49 소방시설공사업법령상 공사감리자 지정대상 특정소방대상물의 범위가 아닌 것은?

① 제연설비를 신설·개설하거나 제연구역을 증설할 때
② 연소방지설비를 신설·개설하거나 살수구역을 증설할 때
③ 캐비닛형 간이스프링클러설비를 신설·개설하거나 방호·방수 구역을 증설할 때
④ 물분무등소화설비(호스릴 방식의 소화설비 제외)를 신설·개설하거나 방호·방수 구역을 증설할 때

해설 감리지정대상 특정소방대상물
1. 옥내소화전설비를 신설·개설 또는 증설할 때
2. 스프링클러설비등(캐비닛형 간이스프링클러설비는 제외한다)을 신설·개설하거나 방호·방수구역을 증설할 때
3. 물분무등소화설비(호스릴 방식의 소화설비는 제외한다)를 신설·개설하거나 방호·방수 구역을 증설할 때
4. 옥외소화전설비를 신설·개설 또는 증설할 때
5. 자동화재탐지설비를 신설 또는 개설할 때
5의2. 비상방송설비를 신설 또는 개설할 때
6. 통합감시시설을 신설 또는 개설할 때
6의2. 비상조명등을 신설 또는 개설할 때
7. 소화용수설비를 신설 또는 개설할 때
8. 다음 각 목에 따른 소화활동설비에 대하여 각 목에 따른 시공을 할 때
 가. 제연설비를 신설·개설하거나 제연구역을 증설할 때
 나. 연결송수관설비를 신설 또는 개설할 때
 다. 연결살수설비를 신설·개설하거나 송수구역을 증설할 때
 라. 비상콘센트설비를 신설·개설하거나 전용회로를 증설할 때
 마. 무선통신보조설비를 신설 또는 개설할 때
 바. 연소방지설비를 신설·개설하거나 살수구역을 증설할 때

50 소방기본법령상 소방대장의 권한이 아닌 것은?

① 화재 현장에 대통령령으로 정하는 사람외에는 그 구역에 출입하는 것을 제한할 수 있다.
② 화재 진압 등 소방활동을 위하여 필요할 때에는 소방용수 외에 댐·저수지 등의 물을 사용할 수 있다.
③ 국민의 안전의식을 높이기 위하여 소방박물관 및 소방체험관을 설립하여 운영할 수 있다.
④ 불이 번지는 것을 막기 위하여 필요할 때에는 불이 번질 우려가 있는 소방대상물 및 토지를 일시적으로 사용할 수 있다.

해설 소방박물관의 설립과 운영권자 : 소방청장
소방체험관의 설립과 운영권자 : 시·도지사

51 소방시설법상 스프링클러설비를 설치하여야 하는 특정소방대상물의 기준으로 틀린 것은? (단, 위험물 저장 및 처리 시설 중 가스시설 또는 지하구는 제외한다)

① 복합건축물로서 연면적 3,500[m^2] 이상인 경우에는 모든 층
② 창고시설(물류터미널은 제외)로서 바닥면적 합계가 5,000[m^2] 이상인 경우에는 모든 층
③ 숙박이 가능한 수련시설 용도로 사용되는 시설의 바닥면적의 합계가 600[m^2] 이상인 것은 모든 층
④ 판매시설, 운수시설 및 창고시설(물류터미널에 한정)로서 바닥면적의 합계가 5,000[m^2] 이상이거나 수용인원이 500명 이상인 경우에는 모든 층

해설 스프링클러설비를 설치해야 하는 특정소방대상물(위험물 저장 및 처리 시설 중 가스시설 및 지하구는 제외한다)은 다음의 어느 하나에 해당하는 것으로 한다.
1) 층수가 6층 이상인 특정소방대상물의 경우에는 모든 층. 다만, 다음의 어느 하나에 해당하는 경우는 제외한다.
 가) 주택 관련 법령에 따라 기존의 아파트등을 리모델

링하는 경우로서 건축물의 연면적 및 층의 높이가 변경되지 않는 경우. 이 경우 해당 아파트등의 사용검사 당시의 소방시설의 설치에 관한 대통령령 또는 화재안전기준을 적용한다.
　나) 스프링클러설비가 없는 기존의 특정소방대상물을 용도변경하는 경우. 다만, 2)부터 6)까지 및 9)부터 12)까지의 규정에 해당하는 특정소방대상물로 용도변경하는 경우에는 해당 규정에 따라 스프링클러설비를 설치한다.
2) 기숙사(교육연구시설·수련시설 내에 있는 학생 수용을 위한 것을 말한다) 또는 복합건축물로서 연면적 5천㎡ 이상인 경우에는 모든 층
3) 문화 및 집회시설(동·식물원은 제외한다), 종교시설(주요구조부가 목조인 것은 제외한다), 운동시설(물놀이형 시설 및 바닥이 불연재료이고 관람석이 없는 운동시설은 제외한다)로서 다음의 어느 하나에 해당하는 경우에는 모든 층
　가) 수용인원이 100명 이상인 것
　나) 영화상영관의 용도로 쓰는 층의 바닥면적이 지하층 또는 무창층인 경우에는 500㎡ 이상, 그 밖의 층의 경우에는 1천㎡ 이상인 것
　다) 무대부가 지하층·무창층 또는 4층 이상의 층에 있는 경우에는 무대부의 면적이 300㎡ 이상인 것
　라) 무대부가 다) 외의 층에 있는 경우에는 무대부의 면적이 500㎡ 이상인 것
4) 판매시설, 운수시설 및 창고시설(물류터미널로 한정한다)로서 바닥면적의 합계가 5천㎡ 이상이거나 수용인원이 500명 이상인 경우에는 모든 층
5) 다음의 어느 하나에 해당하는 용도로 사용되는 시설의 바닥면적의 합계가 600㎡ 이상인 것은 모든 층
　가) 근린생활시설 중 조산원 및 산후조리원
　나) 의료시설 중 정신의료기관
　다) 의료시설 중 종합병원, 병원, 치과병원, 한방병원 및 요양병원
　라) 노유자 시설
　마) 숙박이 가능한 수련시설
　바) 숙박시설
6) 창고시설(물류터미널은 제외한다)로서 바닥면적의 합계가 5천㎡ 이상인 경우에는 모든 층
7) 특정소방대상물의 지하층·무창층(축사는 제외한다) 또는 층수가 4층 이상인 층으로서 바닥면적이 1천㎡ 이상인 층이 있는 경우에는 해당 층
8) 랙식 창고(rack warehouse): 랙(물건을 수납할 수 있는 선반이나 이와 비슷한 것을 말한다. 이하 같다)을 갖춘 것으로서 천장 또는 반자(반자가 없는 경우에는 지붕의 옥내에 면하는 부분을 말한다)의 높이가 10m를 초과하고, 랙이 설치된 층의 바닥면적의 합계가 1천5백㎡ 이상인 경우에는 모든 층
9) 공장 또는 창고시설로서 다음의 어느 하나에 해당하는 시설
　가) 「화재의 예방 및 안전관리에 관한 법률 시행령」 별표 2에서 정하는 수량의 1천 배 이상의 특수가연물을 저장·취급하는 시설
　나) 「원자력안전법 시행령」 제2조제1호에 따른 중·저준위방사성폐기물(이하 "중·저준위방사성폐기물"이라 한다)의 저장시설 중 소화수를 집수·처리하는 설비가 있는 저장시설
10) 지붕 또는 외벽이 불연재료가 아니거나 내화구조가 아닌 공장 또는 창고시설로서 다음의 어느 하나에 해당하는 것
　가) 창고시설(물류터미널로 한정한다) 중 4)에 해당하지 않는 것으로서 바닥면적의 합계가 2천5백㎡ 이상이거나 수용인원이 250명 이상인 경우에는 모든 층
　나) 창고시설(물류터미널은 제외한다) 중 6)에 해당하지 않는 것으로서 바닥면적의 합계가 2천5백㎡ 이상인 경우에는 모든 층
　다) 공장 또는 창고시설 중 7)에 해당하지 않는 것으로서 지하층·무창층 또는 층수가 4층 이상인 것 중 바닥면적이 500㎡ 이상인 경우에는 모든 층
　라) 랙식 창고 중 8)에 해당하지 않는 것으로서 바닥면적의 합계가 750㎡ 이상인 경우에는 모든 층
　마) 공장 또는 창고시설 중 9)가)에 해당하지 않는 것으로서 「화재의 예방 및 안전관리에 관한 법률 시행령」 별표 2에서 정하는 수량의 500배 이상의 특수가연물을 저장·취급하는 시설
11) 교정 및 군사시설 중 다음의 어느 하나에 해당하는 경우에는 해당 장소
　가) 보호감호소, 교도소, 구치소 및 그 지소, 보호관찰소, 갱생보호시설, 치료감호시설, 소년원 및 소년분류심사원의 수용거실
　나) 「출입국관리법」 제52조제2항에 따른 보호시설(외국인보호소의 경우에는 보호대상자의 생활공간으로 한정한다. 이하 같다)로 사용하는 부분. 다만, 보호시설이 임차건물에 있는 경우는 제외한다.
　다) 「경찰관 직무집행법」 제9조에 따른 유치장
12) 지하상가로서 연면적 1천㎡ 이상인 것
13) 발전시설 중 전기저장시설
14) 1)부터 13)까지의 특정소방대상물에 부속된 보일러실 또는 연결통로 등

52 소방시설법상 단독경보형 감지기를 설치하여야 하는 특정소방대상물의 기준으로 옳지 않은 것은?

① 연면적 2천제곱미터 미만 교육연구시설 내의 기숙사
② 연면적 400제곱미터 미만의 유치원
③ 수용인원 100인 미만 수련시설(숙박시설있음)
④ 연면적 600제곱미터 미만 숙박시설

해설 단독경보형 감지기를 설치해야 하는 특정소방대상물은 다음의 어느 하나에 해당하는 것으로 한다. 이 경우 5)의 연립주택 및 다세대주택에 설치하는 단독경보형 감지기는 연동형으로 설치해야 한다.
1) 교육연구시설 내에 있는 기숙사 또는 합숙소로서 연면적 2천㎡ 미만인 것
2) 수련시설 내에 있는 기숙사 또는 합숙소로서 연면적 2천㎡ 미만인 것
3) 다목7)에 해당하지 않는 수련시설(숙박시설이 있는 것만 해당한다)
4) 연면적 400㎡ 미만의 유치원
5) 공동주택 중 연립주택 및 다세대주택

53 소방시설공사업법령상 소방시설공사의 하자보수 보증기간이 3년이 아닌 것은?

① 자동소화장치
② 무선통신보조설비
③ 자동화재탐지설비
④ 간이스프링클러설비

해설 하자보수 보증기간
㉠ 피난기구, 유도등, 유도표지, 비상경보설비, 비상조명등, 비상방송설비 및 무선통신보조설비 : 2년
㉡ 자동소화장치, 옥내소화전설비, 스프링클러설비, 간이스프링클러설비, 물분무등소화설비, 옥외소화전설비, 자동화재탐지설비, 상수도소화용수설비 및 소화활동설비(무선통신보조설비는 제외한다), 비상콘센트설비 : 3년

54 위험물안전관리법령상 제조소의 기준에 따라 건축물의 외벽 또는 이에 상당하는 공작물의 외측으로부터 제조소의 외벽 또는 이에 상당하는 공작물의 외측까지의 안전거리 기준으로 틀린 것은? (단, 제6류 위험물을 취급하는 제조소를 제외하고, 건축물에 불연재료로 된 방화상 유효한 담 또는 벽을 설치하지 않은 경우이다)

① 「의료법」에 의한 종합병원에 있어서는 30[m] 이상
② 「도시가스사업법」에 의한 가스공급시설에 있어서는 20[m] 이상
③ 사용전압 35,000[V]를 초과하는 특고압가공전선에 있어서는 5[m] 이상
④ 「문화유산의 보존 및 활용에 관한 법률」에 의한 지정문화유산에 있어서는 30[m] 이상

해설 제조소등으로부터 안전거리
㉠ 지정문화재 및 유형문화재 : 50[m]
㉡ 학교, 병원, 공연장(3백 명 이상 수용) : 30[m]
㉢ 아동복지시설, 노인복지시설, 장애인복지시설, 한부모가족복지시설, 어린이집, 정신보건시설로서 20명 이상 수용시설 : 30[m]
㉣ 고압가스, 액화석유가스, 도시가스를 저장·취급하는 시설 : 20[m]
㉤ 건축물 그 밖의 공작물로서 주거용으로 사용되는 것 : 10[m]
㉥ 사용전압이 35,000[V]를 초과하는 특고압가공전선 : 5[m]
㉦ 사용전압이 7,000[V] 초과 35,000[V] 이하의 특고압가공전선 : 3[m]

55 소방기본법령상 화재가 발생하였을 때 화재의 원인 및 피해 등에 대한 조사를 하여야 하는 자는?

① 시·도지사 또는 소방본부장
② 소방청장, 소방본부장 또는 소방서장
③ 시·도지사, 소방서장 또는 소방파출소장
④ 행정안전부장관, 소방본부장 또는 소방파출소장

해설 [화재조사법 시행으로 현행 삭제된 문제]
소방청장, 소방본부장 또는 소방서장은 화재가 발생하였을 때에는 화재의 원인 및 피해 등에 대한 조사(이하 "화재조사"라 한다)를 하여야 한다.

56 소방기본법령상 화재피해조사 중 재산피해조사의 조사범위에 해당하지 않는 것은?

① 소화활동 중 사용된 물로 인한 피해
② 열에 의한 탄화, 용융, 파손 등의 피해
③ 소방활동 중 발생한 사망자 및 부상자
④ 연기, 물품반출, 화재로 인한 폭발 등에 의한 피해

해설 [화재조사법 시행으로 현행 삭제된 문제]
화재조사의 종류 및 조사의 범위(제11조제2항관련)

1. 화재원인조사

종류	조사범위
가. 발화원인 조사	화재가 발생한 과정, 화재가 발생한 지점 및 불이 붙기 시작한 물질
나. 발견·통보 및 초기 소화상황 조사	화재의 발견·통보 및 초기소화 등 일련의 과정
다. 연소상황 조사	화재의 연소경로 및 확대원인 등의 상황
라. 피난상황 조사	피난경로, 피난상의 장애요인 등의 상황
마. 소방시설 등 조사	소방시설의 사용 또는 작동 등의 상황

2. 화재피해조사

종류	조사범위
가. 인명피해조사	(1) 소방활동 중 발생한 사망자 및 부상자 (2) 그 밖에 화재로 인한 사망자 및 부상자
나. 재산피해조사	(1) 열에 의한 탄화, 용융, 파손 등의 피해 (2) 소화활동중 사용된 물로 인한 피해 (3) 그 밖에 연기, 물품반출, 화재로 인한 폭발 등에 의한 피해

57 위험물안전관리법령상 위험물시설의 설치 및 변경 등에 관한 기준 중 다음 ( ) 안에 들어갈 내용으로 옳은 것은?

제조소등의 위치·구조 또는 설비의 변경없이 당해 제조소등에서 저장하거나 취급하는 위험물의 품명·수량 또는 지정수량의 배수를 변경하고자 하는 자는 변경하고자 하는 날의 (㉠)일 전까지 (㉡)이 정하는 바에 따라 (㉢)에게 신고하여야 한다.

① ㉠ : 1, ㉡ : 대통령령, ㉢ : 소방본부장
② ㉠ : 1, ㉡ : 행정안전부령, ㉢ : 시·도지사
③ ㉠ : 14, ㉡ : 대통령령, ㉢ : 소방서장
④ ㉠ : 14, ㉡ : 행정안전부령, ㉢ : 시·도지사

해설 위험물시설의 설치 및 변경
㉠ 제조소등을 설치하고자 하는 자는 시·도지사의 허가를 받아야 한다.
㉡ 제조소등의 위치, 구조 또는 설비를 변경하고자 하는 자는 시·도지사의 허가를 받아야 한다.
㉢ 취급하는 위험물의 품명, 수량 또는 지정수량의 배수를 변경하고자 하는 자는 변경하고자 하는 날의 1일 전까지 행정안전부령이 정하는 바에 따라 시·도지사에게 신고하여야 한다.
㉣ 제조소등이 아닌 경우에 허가를 받지 아니하고 당해 제조소등을 설치하거나 그 위치 구조 또는 설비를 변경하거나 신고를 하지 아니하고 위험물의 품명, 수량 또는 지정수량의 배수를 변경할 수 있는 경우
ⓐ 주택의 난방시설(공동주택의 중앙난방시설을 제외한다)을 위한 저장소 또는 취급소
ⓑ 농예용·축산용 또는 수산용으로 필요한 난방시설 또는 건조시설을 위한 지정수량 20배 이하의 저장소

58 소방시설법상 수용인원 산정 방법 중 침대가 없는 숙박시설로서 해당 특정소방대상물의 종사자의 수는 5명, 복도, 계단 및 화장실의 바닥면적을 제외한 바닥 면적이 158[m²]인 경우의 수용인원은 약 몇 명인가?

① 37명 ② 45명
③ 58명 ④ 84명

해설 수용인원수 계산

종사자 수 5명 + $\dfrac{158[m^2]}{3[m^2/1명]}$ = 57.66명

따라서 58명

59 소방시설법령상 1급 소방안전관리대상물에 해당하는 건축물은?

① 지하구
② 층수가 15층인 공공업무시설
③ 연면적 15,000[m²] 이상인 동물원
④ 층수가 20층이고, 지상으로부터 높이가 100[m]인 아파트

해설 소방시설법 시행령 제22조(소방안전관리자를 두어야 하는 특정소방대상물) 1급 소방안전관리대상물
특정소방대상물 중 특급 소방안전관리대상물을 제외한 다음의 어느 하나에 해당하는 것으로서 아파트, 동·식물원, 철강 등 불연성 물품을 저장·취급하는 창고, 위험물 저장 및 처리시설 중 위험물 제조소 등, 지하구를 제외한 것
㉠ 30층 이상(지하층은 제외한다)이거나 지상으로부터 높이가 120미터 이상인 아파트
㉡ 연면적 1만5천제곱미터 이상인 특정소방대상물(아파트는 제외한다)
㉢ ㉡에 해당하지 아니하는 특정소방대상물로서 층수가 11층 이상인 특정소방대상물(아파트는 제외한다)
㉣ 가연성 가스를 1천톤 이상 저장·취급하는 시설

60 소방시설법상 1년 이하의 징역 또는 1천만원 이하의 벌금 기준에 해당하는 경우는?

① 소방용품의 형식승인을 받지 아니하고 소방용품을 제조하거나 수입한 자
② 형식승인을 받은 소방용품에 대하여 제품검사를 받지 아니한 자
③ 거짓이나 그 밖의 부정한 방법으로 제품검사 전문기관으로 지정을 받은 자
④ 소방용품에 대하여 형상 등의 일부를 변경한 후 형식승인의 변경승인을 받지 아니한 자

해설 소방시설법상 1년 이하의 징역 또는 1천만원 이하의 벌금
㉠ 규정을 위반하여 관리업의 등록증이나 등록수첩을 다른 자에게 빌려준 자
㉡ 영업정지처분을 받고 그 영업정지기간 중에 관리업의 업무를 한 자
㉢ 규정을 위반하여 소방시설등에 대한 자체점검을 하지 아니하거나 관리업자 등으로 하여금 정기적으로 점검하게 하지 아니한 자
㉣ 규정을 위반하여 소방시설관리사증을 다른 자에게 빌려주거나 동시에 둘 이상의 업체에 취업한 사람
㉤ 소방용품 형식승인의 변경승인을 받지 아니한 자
㉥ 소방용품 성능인증의 변경인증을 받지 아니한 자
㉦ 화재안전조사 또는 감독업무 수행 시 관계인의 정당한 업무를 방해한 자, 조사·검사 업무를 수행하면서 알게 된 비밀을 제공 또는 누설하거나 목적 외의 용도로 사용한 자

정답 59.② 60.④

제4회 소방설비기사[전기분야] 1차 필기
[제3과목 : 소방관계법규]

41 소방시설법상 소방시설 등의 자체점검 중 종합점검을 받아야 하는 특정소방대상물 대상 기준으로 틀린 것은?
① 제연설비가 설치된 터널
② 스프링클러설비가 설치된 특정소방대상물
③ 공공기관 중 연면적이 1,000[m²] 이상인 것으로서 옥내소화전설비 또는 자동화재탐지설비가 설치된 것 (단, 소방대가 근무하는 공공기관은 제외한다)
④ 호스릴 방식의 물분무등소화설비만이 설치된 연면적 5000[m²] 이상인 특정소방대상물 (단, 위험물 제조소등은 제외한다)

해설 ▶ 점검대상 및 시기, 점검자자격

대상		횟수·시기	점검자
작동점검	모든 특정소방대상물 [3급이상에 해당] 〈제외 대상〉 1. 특급소방안전관리대상물 (종합점검만 연 2회) 2. 소방안전관리대상물에 속하지 않는 대상물 3. 위험물 제조소등	• 원칙 : 연 1회 종합점검대상 × : 안전관리대상물의 사용승인일이 속하는 달의 말일까지 종합점검대상 ○ : 종합실시월로부터 6개월이 되는 달에 실시	관계인 (자탐, 간이만 해당) 소방안전관리자 (기술사, 관리사) 관리업자(관리사) (자탐, 간이는 특급 점검자가능)
종합점검	최초점검	3급이상대상중 최초사용승인 건축물	사용승인일로부터 60일 이내	소방안전관리자 (기술사, 관리사) 관리업자(관리사)
	그밖 점검	스프링클러설비가 설치된 특정소방대상물	• 원칙 : 연 1회 (최초사용승인해 다음 해부터 사용승인일이 속하는 달의 말일까지) 예 학교 : 1~6월이 사용승인일일 경우 6월 말일까지 • 특급 소방안전관리대상물 : 연2회(반기별 1회)	
		물분무등소화설비가 설치된 연면적 5,000[m²] 이상인 특정소방대상물		
		연면적 2,000[m²] 이상 다중이용업소(9종)		
		옥내소화전설비 또는 자동화재탐지설비가 설치된 연면적 1,000[m²] 이상 공공기관(소방대 제외)		
		제연설비가 설치된 터널		

42 위험물안전관리법령상 제조소등이 아닌 장소에서 지정수량 이상의 위험물을 취급할 수 있는 경우에 대한 기준으로 맞는 것은? (단, 시·도의 조례가 정하는 바에 따른다)
① 관할 소방서장의 승인을 받아 지정수량 이상의 위험물을 60일 이내의 기간 동안 임시로 저장 또는 취급하는 경우
② 관할 소방대장의 승인을 받아 지정수량 이상의 위험물을 60일 이내의 기간 동안 임시로 저장 또는 취급하는 경우
③ 관할 소방서장의 승인을 받아 지정수량 이상의 위험물을 90일 이내의 기간 동안 임시로 저장 또는 취급하는 경우
④ 관할 소방대장의 승인을 받아 지정수량 이상의 위험물을 90일 이내의 기간 동안 임시로 저장 또는 취급하는 경우

해설 제조소등이 아닌 장소에서 지정수량 이상의 위험물을 취급할 수 있는 경우
임시로 저장 또는 취급하는 장소에서의 저장 또는 취급의 기준과 임시로 저장 또는 취급하는 장소의 위치·구조 및 설비의 기준은 시·도의 조례로 정한다.
㉠ 시·도의 조례가 정하는 바에 따라 관할소방서장의 승인을 받아 지정수량 이상의 위험물을 90일 이내의 기간 동안 임시로 저장 또는 취급하는 경우
㉡ 군부대가 지정수량 이상의 위험물을 군사목적으로 임시로 저장 또는 취급하는 경우

43 화재예방법상 화재예방강화지구의 지정권자는?
① 소방서장
② 시·도지사
③ 소방본부장
④ 행정안전부장관

정답 41.④ 42.③ 43.②

해설 화재예방법 제18조(화재예방강화지구의 지정 등)
① 시·도지사는 다음 각 호의 어느 하나에 해당하는 지역을 화재예방강화지구로 지정하여 관리할 수 있다.
1. 시장지역
2. 공장·창고가 밀집한 지역
3. 목조건물이 밀집한 지역
4. 노후·불량건축물이 밀집한 지역
5. 위험물의 저장 및 처리 시설이 밀집한 지역
6. 석유화학제품을 생산하는 공장이 있는 지역
7. 「산업입지 및 개발에 관한 법률」 제2조제8호에 따른 산업단지
8. 소방시설·소방용수시설 또는 소방출동로가 없는 지역
9. 물류단지
10. 그 밖에 제1호부터 제8호까지에 준하는 지역으로서 소방관서장이 화재예방강화지구로 지정할 필요가 있다고 인정하는 지역

44 위험물안전관리법령상 위험물 중 제1석유류에 속하는 것은?

① 경유 ② 등유
③ 중유 ④ 아세톤

해설 "제1석유류"라 함은 아세톤, 휘발유 그 밖에 1기압에서 인화점이 섭씨 21도 미만인 것을 말한다.

45 소방시설법상 수용인원 산정 방법 중 다음과 같은 시설의 수용인원은 몇 명인가?

> 숙박시설이 있는 특정소방대상물로서 종사자수는 5명, 숙박시설은 모두 2인용 침대이며, 침대수량은 50개이다.

① 55명 ② 75명
③ 85명 ④ 105명

해설 수용인원산정방법

숙박시설인 경우	침대 ○	침대 수 + 종업원 수
	침대 ×	$\frac{바닥면적[m^2]}{3[m^2/명]}$(반올림수) + 종업원 수

숙박시설이 아닌 경우	강의실, 교무실, 상담실, 실습실, 휴게실	$\frac{바닥면적[m^2]}{1.9[m^2/명]}$(반올림수)
	강당, 문화 및 집회시설, 운동시설, 종교시설	$\frac{바닥면적[m^2]}{4.6[m^2/명]}$(반올림수) + 의자수($\frac{긴 의자길이[m]}{0.45[m]}$)(반올림수)
	그 밖	$\frac{바닥면적[m^2]}{3[m^2/명]}$(반올림수)

따라서 5명 + 2명 × 50 = 105명

46 위험물안전관리법령상 관계인이 예방규정을 정하여야 하는 위험물을 취급하는 제조소의 지정수량 기준으로 옳은 것은?

① 지정수량의 10배 이상
② 지정수량의 100배 이상
③ 지정수량의 150배 이상
④ 지정수량의 200배 이상

해설 예방규정을 작성, 제출하여야 하는 대상
㉠ 지정수량의 10배 이상의 위험물을 취급하는 제조소
㉡ 지정수량의 100배 이상의 위험물을 저장하는 옥외저장소
㉢ 지정수량의 150배 이상의 위험물을 저장하는 옥내저장소
㉣ 지정수량의 200배 이상의 위험물을 저장하는 옥외탱크저장소
㉤ 암반탱크저장소
㉥ 이송취급소
㉦ 지정수량의 10배 이상의 위험물을 취급하는 일반취급소
※ 다만, 제4류 위험물(특수인화물을 제외한다)만을 지정수량의 50배 이하로 취급하는 일반취급소(제1석유류·알코올류의 취급량이 지정수량의 10배 이하인 경우에 한한다)로서 다음 어느 하나에 해당하는 것을 제외한다.
ⓐ 보일러·버너 또는 이와 비슷한 것으로서 위험물을 소비하는 장치로 이루어진 일반취급소
ⓑ 위험물을 용기에 옮겨 담거나 차량에 고정된 탱크에 주입하는 일반취급소

정답 44.④ 45.④ 46.①

47 화재예방법상 공동 소방안전관리자를 선임해야 하는 특정소방대상물인 것은?

① 판매시설 중 도매시장 및 소매시장
② 복합건축물로서 층수가 5층 이상인 것
③ 지하층을 제외한 층수가 7층 이상인 고층 건축물
④ 복합건축물로서 연면적이 5,000[m²] 이상인 것

해설 화재예방법 제35조(관리의 권원이 분리된 특정소방대상물의 소방안전관리)
① 다음 각 호의 어느 하나에 해당하는 특정소방대상물로서 그 관리의 권원(權原)이 분리되어 있는 특정소방대상물의 경우 그 관리의 권원별 관계인은 대통령령으로 정하는 바에 따라 제24조제1항에 따른 소방안전관리자를 선임하여야 한다. 다만, 소방본부장 또는 소방서장은 관리의 권원이 많아 효율적인 소방안전관리가 이루어지지 아니한다고 판단되는 경우 대통령령으로 정하는 바에 따라 관리의 권원을 조정하여 소방안전관리자를 선임하도록 할 수 있다.
  1. 복합건축물(지하층을 제외한 층수가 11층 이상 또는 연면적 3만제곱미터 이상인 건축물)
  2. 지하가(지하의 인공구조물 안에 설치된 상점 및 사무실, 그 밖에 이와 비슷한 시설이 연속하여 지하도에 접하여 설치된 것과 그 지하도를 합한 것을 말한다)
  3. 그 밖에 대통령령으로 정하는 특정소방대상물
② 제1항에 따른 관리의 권원별 관계인은 상호 협의하여 특정소방대상물의 전체에 걸쳐 소방안전관리상 필요한 업무를 총괄하는 소방안전관리자(이하 "총괄소방안전관리자"라 한다)를 제1항에 따라 선임된 소방안전관리자 중에서 선임하거나 별도로 선임하여야 한다. 이 경우 총괄소방안전관리자의 자격은 대통령령으로 정하고 업무수행 등에 필요한 사항은 행정안전부령으로 정한다.
③ 제2항에 따른 총괄소방안전관리자에 대하여는 제24조, 제26조부터 제28조까지 및 제30조부터 제34조까지에서 규정한 사항 중 소방안전관리자에 관한 사항을 준용한다.
④ 제1항 및 제2항에 따라 선임된 소방안전관리자 및 총괄소방안전관리자는 해당 특정소방대상물의 소방안전관리를 효율적으로 수행하기 위하여 공동소방안전관리협의회를 구성하고, 해당 특정소방대상물에 대한 소방안전관리를 공동으로 수행하여야 한다. 이 경우 공동소방안전관리협의회의 구성·운영 및 공동소방안전관리의 수행 등에 필요한 사항은 대통령령으로 정한다.

48 소방기본법령상 소방안전교육사의 배치대상별 배치기준으로 틀린 것은?

① 소방청 : 2명 이상 배치
② 소방서 : 1명 이상 배치
③ 소방본부 : 2명 이상 배치
④ 한국소방안전원(본원) : 1명 이상 배치

해설 소방안전교육사 배치기준

배치대상	배치기준(단위 : 명)
1. 소방청	2 이상
2. 소방본부	2 이상
3. 소방서	1 이상
4. 한국소방안전원	본원 : 2 이상 시·도지부 : 1 이상
5. 한국소방산업기술원	2 이상

49 소방시설공사업법령상 정의된 업종 중 소방시설업의 종류에 해당되지 않는 것은?

① 소방시설설계업
② 소방시설공사업
③ 소방시설정비업
④ 소방공사감리업

해설 소방시설업의 종류
㉠ 소방시설설계업
㉡ 소방시설공사업
㉢ 소방공사감리업
㉣ 방염처리업(섬유류방염업, 합성수지류방염업, 합판목재류방염업)

50 소방기본법상 소방대장의 권한이 아닌 것은?

① 소방활동을 할 때에 긴급한 경우에는 이웃한 소방본부장 또는 소방서장에게 소방업무의 응원을 요청할 수 있다.
② 화재, 재난·재해, 그 밖의 위급한 상황이 발생한 현장에서 소방활동을 위하여 필요할 때에는 그 관할구역에 사는 사람 또는 그 현장에 있는 사람으로 하여금 사람을 구출하는 일 또는 불을 끄거나 불이 번지지 아니하도록 하는 일을 하게 할 수 있다.

정답 47.① 48.④ 49.③ 50.①

③ 사람을 구출하거나 불이 번지는 것을 막기 위하여 필요할 때에는 화재가 발생하거나 불이 번질 우려가 있는 소방대상물 및 토지를 일시적으로 사용하거나 그 사용의 제한 또는 소방활동에 필요한 처분을 할 수 있다.

④ 소방활동을 위하여 긴급하게 출동할 때에는 소방자동차의 통행과 소방활동에 방해가 되는 주차 또는 정차된 차량 및 물건 등을 제거하거나 이동시킬 수 있다.

해설 소방활동을 할 때 긴급한 경우 이웃한 소방본부장 또는 소방서장에게 소방업무의 응원을 요청할 수 있는 자는 소방본부장 또는 소방서장이다.

51 소방시설공사업법상 도급을 받은 자가 제3자에게 소방시설공사의 시공을 하도급한 경우에 대한 벌칙 기준으로 옳은 것은? (단, 대통령령으로 정하는 경우는 제외한다)

① 100만원 이하의 벌금
② 300만원 이하의 벌금
③ 1년 이하의 징역 또는 1,000만원 이하의 벌금
④ 3년 이하의 징역 또는 1,500만원 이하의 벌금

해설 공사업법상 1년 이하의 징역 또는 1,000만원 이하의 벌금
① 영업정지처분을 받고 그 영업정지 기간에 영업을 한 자
② 불법으로(화재안전기준 위반) 설계나 시공을 한 자
③ 불법으로(규정을 위반) 감리를 하거나 거짓으로 감리한 자
④ 공사감리자를 지정하지 아니한 자
④의2. 공사업자에 대한 시정요구 이행하지 않거나 그 사실 보고를 거짓으로 한 자
④의3. 공사감리 결과의 통보 또는 공사감리 결과보고서의 제출을 거짓으로 한 자
⑤ 해당 소방시설업자가 아닌 자에게 소방시설공사등을 도급한 자
⑥ 제3자에게 소방시설공사 시공을 하도급한 자
⑦ 법 또는 명령을 따르지 아니하고 업무를 수행한 자 (기술자)

52 소방시설법상 주택의 소유자가 소방시설을 설치하여야 하는 대상이 아닌 것은?

① 아파트   ② 연립주택
③ 다세대주택   ④ 다가구주택

해설 소방시설법 제8조(주택에 설치하는 소방시설)
① 다음 각 호의 주택의 소유자는 대통령령으로 정하는 소방시설을 설치하여야 한다.
  1. 「건축법」 제2조제2항제1호의 단독주택
  2. 「건축법」 제2조제2항제2호의 공동주택(아파트 및 기숙사는 제외한다)
② 국가 및 지방자치단체는 제1항에 따라 주택에 설치하여야 하는 소방시설(이하 "주택용 소방시설"이라 한다)의 설치 및 국민의 자율적인 안전관리를 촉진하기 위하여 필요한 시책을 마련하여야 한다.
③ 주택용 소방시설의 설치기준 및 자율적인 안전관리 등에 관한 사항은 특별시·광역시·특별자치시·도 또는 특별자치도의 조례로 정한다.

53 화재예방법상 화재예방강화지구의 지정대상이 아닌 것은? (단, 소방청장·소방본부장 또는 소방서장이 화재예방강화지구로 지정할 필요가 있다고 인정하는 지역은 제외한다)

① 시장지역
② 농촌지역
③ 목조건물이 밀집한 지역
④ 공장·창고가 밀집한 지역

해설 화재예방법 제18조(화재예방강화지구의 지정 등)
① 시·도지사는 다음 각 호의 어느 하나에 해당하는 지역을 화재예방강화지구로 지정하여 관리할 수 있다.
  1. 시장지역
  2. 공장·창고가 밀집한 지역
  3. 목조건물이 밀집한 지역
  4. 노후·불량건축물이 밀집한 지역
  5. 위험물의 저장 및 처리 시설이 밀집한 지역
  6. 석유화학제품을 생산하는 공장이 있는 지역
  7. 「산업입지 및 개발에 관한 법률」 제2조제8호에 따른 산업단지
  8. 소방시설·소방용수시설 또는 소방출동로가 없는 지역
  9. 물류단지

정답 51.③ 52.① 53.②

10. 그 밖에 제1호부터 제8호까지에 준하는 지역으로서 소방관서장이 화재예방강화지구로 지정할 필요가 있다고 인정하는 지역

54 위험물안전관리법령상 제4류 위험물별 지정수량 기준의 연결이 틀린 것은?

① 특수인화물 – 50리터
② 알코올류 – 400리터
③ 동·식물유류 – 1,000리터
④ 제4석유류 – 6,000리터

해설 4류 위험물의 지정수량

위험등급	품 명		지정수량
Ⅰ등급	특수인화물		50[L]
Ⅱ등급	제1석유류	비수용성 액체	200[L]
		수용성 액체	400[L]
	알코올류		400[L]
Ⅲ등급	제2석유류	비수용성 액체	1,000[L]
		수용성 액체	2,000[L]
	제3석유류	비수용성 액체	2,000[L]
		수용성 액체	4,000[L]
	제4석유류		6,000[L]
	동·식물유류		10,000[L]

55 소방시설법상 소방시설등에 대한 자체점검을 하지 아니하거나 관리업자 등으로 하여금 정기적으로 점검하게 하지 아니한 자에 대한 벌칙 기준으로 옳은 것은?

① 6개월 이하의 징역 또는 1,000만원 이하의 벌금
② 1년 이하의 징역 또는 1,000만원 이하의 벌금
③ 3년 이하의 징역 또는 1,500만원 이하의 벌금
④ 3년 이하의 징역 또는 3,000만원 이하의 벌금

해설 소방시설법상 1년 이하의 징역 또는 1천만원 이하의 벌금
㉠ 규정을 위반하여 관리업의 등록증이나 등록수첩을 다른 자에게 빌려준 자
㉡ 영업정지처분을 받고 그 영업정지기간 중에 관리업의 업무를 한 자
㉢ 규정을 위반하여 소방시설등에 대한 자체점검을 하지 아니하거나 관리업자 등으로 하여금 정기적으로 점검하게 하지 아니한 자
㉣ 규정을 위반하여 소방시설관리사증을 다른 자에게 빌려주거나 동시에 둘 이상의 업체에 취업한 사람
㉤ 소방용품 형식승인의 변경승인을 받지 아니한 자
㉥ 소방용품 성능인증의 변경인증을 받지 아니한 자
㉦ 화재안전조사 또는 감독업무 수행 시 관계인의 정당한 업무를 방해한 자, 조사·검사 업무를 수행하면서 알게된 비밀을 제공 또는 누설하거나 목적 외의 용도로 사용한 자

56 화재예방법령상 특수가연물의 저장 및 취급 기준을 위반한 경우 과태료 부과기준은?

① 50만원   ② 100만원
③ 150만원   ④ 200만원

해설

나. 법 제17조제4항에 따른 불을 사용할 때 지켜야 하는 사항 및 같은 조 제5항에 따른 특수가연물의 저장 및 취급 기준을 위반한 경우	법 제52조 제2항제1호	200

57 화재예방법령상 특수가연물의 품명과 지정수량 기준의 연결이 틀린 것은?

① 사류 – 1,000[kg] 이상
② 볏짚류 – 3,000[kg] 이상
③ 석탄·목탄류 – 10,000[kg] 이상
④ 합성수지류 중 발포시킨 것 – 20[m^3] 이상

해설 특수가연물의 종류

품명	수량
면화류	200킬로그램 이상
나무껍질 및 대팻밥	400킬로그램 이상
넝마 및 종이부스러기	1,000킬로그램 이상
사류(絲類)	1,000킬로그램 이상
볏짚류	1,000킬로그램 이상
가연성고체류	3,000킬로그램 이상
석탄·목탄류	10,000킬로그램 이상

정답 54.③ 55.② 56.④ 57.②

가연성액체류		2세제곱미터 이상
목재가공품 및 나무부스러기		10세제곱미터 이상
합성수지류	발포시킨 것	20세제곱미터 이상
	그 밖의 것	3,000킬로그램 이상

58 소방시설법상 특정소방대상물로서 숙박시설에 해당되지 않는 것은?

① 오피스텔
② 일반형 숙박시설
③ 생활형 숙박시설
④ 근린생활시설에 해당하지 않는 고시원

해설 ① 오피스텔은 업무시설이다.

숙박시설의 종류
㉠ 일반형 숙박시설 : 「공중위생관리법 시행령」 제4조제1호가목에 따른 숙박업의 시설
㉡ 생활형 숙박시설 : 「공중위생관리법 시행령」 제4조제1호나목에 따른 숙박업의 시설
㉢ 고시원(근린생활시설에 해당하지 않는 것을 말한다)
㉣ 그 밖에 ㉠부터 ㉢까지의 시설과 비슷한 것

59 소방시설법상 정당한 사유 없이 피난시설, 방화구획 및 방화시설의 유지·관리에 필요한 조치 명령을 위반한 경우 이에 대한 벌칙 기준으로 옳은 것은?

① 200만원 이하의 벌금
② 300만원 이하의 벌금
③ 1년 이하의 징역 또는 1,000만원 이하의 벌금
④ 3년 이하의 징역 또는 3,000만원 이하의 벌금

해설 **소방시설법 제57조(벌칙)**
다음 각 호의 어느 하나에 해당하는 자는 3년 이하의 징역 또는 3천만원 이하의 벌금에 처한다.
1. 제12조제2항, 제15조제3항, 제16조제2항, 제20조제2항, 제23조제6항, 제37조제7항 또는 제45조제2항에 따른 명령을 정당한 사유 없이 위반한 자[조치명령 위반]
2. 제29조제1항을 위반하여 관리업의 등록을 하지 아니하고 영업을 한 자
3. 제37조제1항, 제2항 및 제10항을 위반하여 소방용품의 형식승인을 받지 아니하고 소방용품을 제조하거나 수입한 자 또는 거짓이나 그 밖의 부정한 방법으로 형식승인을 받은 자
4. 제37조제3항을 위반하여 제품검사를 받지 아니한 자 또는 거짓이나 그 밖의 부정한 방법으로 제품검사를 받은 자
5. 제37조제6항을 위반하여 소방용품을 판매·진열하거나 소방시설공사에 사용한 자
6. 제40조제1항 및 제2항을 위반하여 거짓이나 그 밖의 부정한 방법으로 성능인증 또는 제품검사를 받은 자
7. 제40조제5항을 위반하여 제품검사를 받지 아니하거나 합격표시를 하지 아니한 소방용품을 판매·진열하거나 소방시설공사에 사용한 자
8. 제45조제3항을 위반하여 구매자에게 명령을 받은 사실을 알리지 아니하거나 필요한 조치를 하지 아니한 자
9. 거짓이나 그 밖의 부정한 방법으로 제46조제1항에 따른 전문기관으로 지정을 받은 자

60 소방시설법상 소방시설이 아닌 것은?

① 소화설비
② 경보설비
③ 방화설비
④ 소화활동설비

해설 **소방시설의 종류**
㉠ 소화설비
㉡ 경보설비
㉢ 피난구조설비
㉣ 소화용수설비
㉤ 소화활동설비

2021년 제1회 소방설비기사[전기분야] 1차 필기
[제3과목 : 소방법규]

41 소방기본법령상 저수조의 설치기준으로 틀린 것은?
① 지면으로부터의 낙차가 4.5m 이상일 것
② 흡수부분의 수심이 0.5m 이상일 것
③ 흡수에 지장이 없도록 토사 및 쓰레기 등을 제거할 수 있는 설비를 갖출 것
④ 흡수관의 투입구가 사각형의 경우에는 한변의 길이가 60cm 이상, 원형의 경우에는 지름이 60cm 이상일 것

해설 저수조의 설치기준
(1) 지면으로부터의 낙차가 4.5미터 이하일 것
(2) 흡수부분의 수심이 0.5미터 이상일 것
(3) 소방펌프자동차가 쉽게 접근할 수 있도록 할 것
(4) 흡수에 지장이 없도록 토사 및 쓰레기 등을 제거할 수 있는 설비를 갖출 것
(5) 흡수관의 투입구가 사각형의 경우에는 한 변의 길이가 60센티미터 이상, 원형의 경우에는 지름이 60센티미터 이상일 것
(6) 저수조에 물을 공급하는 방법은 상수도에 연결하여 자동으로 급수되는 구조일 것

42 소방시설공사업법령상 소방시설업 등록을 하지 아니하고 영업을 한 자에 대한 벌칙은?
① 500만원 이하의 벌금
② 1년 이하의 징역 또는 1000만원 이하의 벌금
③ 3년 이하의 징역 또는 3000만원 이하의 벌금
④ 5년 이하의 징역

해설 공사업법 제35조(벌칙)
제4조제1항을 위반하여 소방시설업 등록을 하지 아니하고 영업을 한 자는 3년 이하의 징역 또는 3천만원 이하의 벌금에 처한다.

43 소방시설법상 대통령령 또는 화재안전기준이 변경되어 그 기준이 강화되는 경우 기존 특정소방대상물의 소방시설 중 강화된 기준을 적용하여야 하는 소방시설은?
① 비상경보설비 ② 비상방송설비
③ 비상콘센트설비 ④ 옥내소화전설비

해설 소방시설법 제13조(소방시설기준 적용의 특례)
① 소방본부장이나 소방서장은 제12조제1항 전단에 따른 대통령령 또는 화재안전기준이 변경되어 그 기준이 강화되는 경우 기존의 특정소방대상물(건축물의 신축·개축·재축·이전 및 대수선 중인 특정소방대상물을 포함한다)의 소방시설에 대하여는 변경 전의 대통령령 또는 화재안전기준을 적용한다. 다만, 다음 각 호의 어느 하나에 해당하는 소방시설의 경우에는 대통령령 또는 화재안전기준의 변경으로 강화된 기준을 적용할 수 있다.
1. 다음 각 목의 소방시설 중 대통령령 또는 화재안전기준으로 정하는 것
   가. 소화기구
   나. 비상경보설비
   다. 자동화재탐지설비
   라. 자동화재속보설비
   마. 피난구조설비
2. 다음 각 목의 특정소방대상물에 설치하는 소방시설 중 대통령령 또는 화재안전기준으로 정하는 것
   가. 「국토의 계획 및 이용에 관한 법률」 제2조제9호에 따른 공동구
   나. 전력 및 통신사업용 지하구
   다. 노유자(老幼者) 시설
   라. 의료시설

소방시설법 시행령 제13조(강화된 소방시설기준의 적용대상)
법 제13조제1항제2호 각 목 외의 부분에서 "대통령령으로 정하는 것"이란 다음 각 호의 소방시설을 말한다.

정답 41.① 42.③ 43.①

1. 「국토의 계획 및 이용에 관한 법률」 제2조제9호에 따른 공동구에 설치하는 소화기, 자동소화장치, 자동화재탐지설비, 통합감시시설, 유도등 및 연소방지설비
2. 전력 및 통신사업용 지하구에 설치하는 소화기, 자동소화장치, 자동화재탐지설비, 통합감시시설, 유도등 및 연소방지설비
3. 노유자 시설에 설치하는 간이스프링클러설비, 자동화재탐지설비 및 단독경보형 감지기
4. 의료시설에 설치하는 스프링클러설비, 간이스프링클러설비, 자동화재탐지설비 및 자동화재속보설비

44 소방기본법령상 화재조사의 종류 중 화재원인조사에 해당하지 않는 것은?

① 발화원인 조사
② 인명피해 조사
③ 연소상황 조사
④ 소방시설 등 조사

해설 [화재조사법 시행으로 현행 삭제된 문제임]
기본법 시행규칙[별표 5] 화재조사의 종류 및 조사의 범위(제11조제2항 관련)
1. 화재원인조사

종류	조사범위
가. 발화원인 조사	화재가 발생한 과정, 화재가 발생한 지점 및 불이 붙기 시작한 물질
나. 발견·통보 및 초기 소화상황 조사	화재의 발견·통보 및 초기소화 등 일련의 과정
다. 연소상황 조사	화재의 연소경로 및 확대원인 등의 상황
라. 피난상황 조사	피난경로, 피난상의 장애요인 등의 상황
마. 소방시설 등 조사	소방시설의 사용 또는 작동 등의 상황

2. 화재피해조사

종류	조사범위
가. 인명피해조사	(1) 소방활동중 발생한 사망자 및 부상자 (2) 그 밖에 화재로 인한 사망자 및 부상자
나. 재산피해조사	(1) 열에 의한 탄화, 용융, 파손 등의 피해 (2) 소화활동중 사용된 물로 인한 피해 (3) 그 밖에 연기, 물품반출, 화재로 인한 폭발 등에 의한 피해

45 소방기본법령상 소방신호의 방법으로 틀린 것은?

① 타종에 의한 훈련신호는 연 3타 반복
② 싸이렌에 의한 발화신호는 5초 간격을 두고, 10초씩 3회
③ 타종에 의한 해제신호는 상당한 간격을 두고 1타씩 반복
④ 싸이렌에 의한 경계신호는 5초 간격을 두고, 30초씩 3회

해설 기본법 시행규칙 [별표 4] 소방신호의 방법(제10조제2항관련)

신호방법 종별	타종신호	싸이렌신호	그밖의 신호
경계신호	1타와 연2타를 반복	5초 간격을 두고 30초씩 3회	"통풍대" "게시판" 적색 / 백색 화재경보발령중
발화신호	난타	5초 간격을 두고 5초씩 3회	
해제신호	상당한 간격을 두고 1타씩 반복	1분간 1회	"기" 적색 / 백색
훈련신호	연3타반복	10초 간격을 두고 1분씩 3회	

[비고]
1. 소방신호의 방법은 그 전부 또는 일부를 함께 사용할 수 있다.
2. 게시판을 철거하거나 통풍대 또는 기를 내리는 것으로 소방활동이 해제되었음을 알린다.
3. 소방대의 비상소집을 하는 경우에는 훈련신호를 사용할 수 있다.

정답 44.② 45.②

46 화재예방법상 특정소방대상물의 관계인이 수행하여야 하는 소방안전관리 업무가 아닌 것은?

① 소방훈련의 지도·감독
② 화기(火氣) 취급의 감독
③ 피난시설, 방화구획 및 방화시설의 유지·관리
④ 소방시설이나 그 밖의 소방 관련시설의 유지·관리

해설 [소방안전관리자의 업무사항]
특정소방대상물(소방안전관리대상물은 제외한다)의 관계인과 소방안전관리대상물의 소방안전관리자는 다음 각호의 업무를 수행한다. 다만, 제1호·제2호·제5호 및 제7호의 업무는 소방안전관리대상물의 경우에만 해당한다.
1. 제36조에 따른 피난계획에 관한 사항과 대통령령으로 정하는 사항이 포함된 소방계획서의 작성 및 시행
2. 자위소방대(自衛消防隊) 및 초기대응체계의 구성, 운영 및 교육
3. 「소방시설 설치 및 관리에 관한 법률」 제16조에 따른 피난시설, 방화구획 및 방화시설의 관리
4. 소방시설이나 그 밖의 소방 관련 시설의 관리
5. 제37조에 따른 소방훈련 및 교육
6. 화기(火氣) 취급의 감독
7. 행정안전부령으로 정하는 바에 따른 소방안전관리에 관한 업무수행에 관한 기록·유지(제3호·제4호 및 제6호의 업무를 말한다)
8. 화재발생 시 초기대응
9. 그 밖에 소방안전관리에 필요한 업무

47 소방기본법에서 정의하는 소방대의 조직구성원이 아닌 것은?

① 의무소방원 ② 소방공무원
③ 의용소방대원 ④ 공항소방대원

해설 기본법 제2조(정의)
"소방대"(消防隊)란 화재를 진압하고 화재, 재난·재해, 그 밖의 위급한 상황에서 구조·구급 활동 등을 하기 위하여 다음 각 목의 사람으로 구성된 조직체를 말한다.
가. 「소방공무원법」에 따른 소방공무원
나. 「의무소방대설치법」 제3조에 따라 임용된 의무소방원
다. 「의용소방대 설치 및 운영에 관한 법률」에 따른 의용소방대원

48 위험물안전관리법령상 인화성액체위험물(이황화탄소를 제외)의 옥외탱크저장소의 탱크주위에 설치하여야 하는 방유제의 기준 중 틀린 것은?

① 방유제의 용량은 방유제안에 설치된 탱크가 하나인 때에는 그 탱크 용량의 110% 이상으로 할 것
② 방유제의 용량은 방유제안에 설치된 탱크가 2기 이상인 때에는 그 탱크중 용량이 최대인 것의 용량의 110% 이상으로 할 것
③ 방유제는 높이 1m 이상 2m 이하, 두께 0.2m 이상, 지하매설 깊이 0.5m 이상으로 할 것
④ 방유제내의 면적은 80,000m² 이하로 할 것

해설 방유제
1) 높이 : 0.5m ~ 3m 이하
2) 탱크 : 10기(모든 탱크용량이 20만리터 이하, 인화점이 70~200℃ 미만은 20기) 이하
3) 면적 : 80,000m² 이하
• 옥외탱크저장소의 방유제 용량
  - 1기 이상 : 탱크용량의 110%
  - 2기 이상 : 최대탱크용량의 110%
• 제조소의 방유제 용량
  → 최대탱크용량의 50% + 기타탱크용량 합계의 10%

49 위험물안전관리법상 시·도지사의 허가를 받지 아니하고 당해 제조소등을 설치할 수 있는 기준 중 다음 (   )안에 알맞은 것은?

> 농예용·축산용 또는 수산용으로 필요한 난방시설 또는 건조시설을 위한 지정수량 (   )배 이하의 저장소

① 20 ② 30
③ 40 ④ 50

해설 위험물법 제6조(위험물시설의 설치 및 변경)
① 제조소등을 설치하고자 하는 자는 시·도지사의 허가를 받아야 한다.
② 제조소등의 위치, 구조 또는 설비를 변경하고자 하는 자는 시·도지사의 허가를 받아야 한다.

정답 46.① 47.④ 48.③ 49.①

③ 취급하는 위험물의 품명, 수량 또는 지정수량의 배수를 변경하고자 하는자는 시·도지사에게 변경하고자 하는 날의 1일 전까지 행정안전부령이 정하는 바에 따라 시·도지사에게 신고하여야 한다.
④ 제조소등이 아닌 경우에 허가를 받지 아니하고 당해 제조소등을 설치하거나 그 위치 구조 또는 설비를 변경할 수 있는 경우, 신고를 하지 아니하고 위험물의 품명, 수량 또는 지정수량의 배수를 변경할 수 있는 경우
  ㉠ 주택의 난방시설(공동주택의 중앙난방시설을 제외한다)을 위한 저장소 또는 취급소
  ㉡ 농예용·축산용 또는 수산용으로 필요한 난방시설 또는 건조시설을 위한 지정수량 20배 이하의 저장소

50 소방시설법상 건축허가등의 동의대상물의 범위기준 중 틀린 것은?

① 건축등을 하려는 학교시설 : 연면적 200m² 이상
② 노유자시설 : 연면적 200m² 이상
③ 정신의료기관(입원실이 없는 정신건강의학과 의원은 제외) : 연면적 300m² 이상
④ 장애인 의료재활시설 : 연면적 300m² 이상

해설 소방시설법 제7조 참조
▶ 건축허가등의 동의 대상물의 범위
1. 연면적(「건축법 시행령」제119조제1항제4호에 따라 산정된 면적을 말한다. 이하 같다)이 400제곱미터 이상인 건축물이나 시설. 다만, 다음 각 목의 어느 하나에 해당하는 건축물이나 시설은 해당 목에서 정한 기준 이상인 건축물이나 시설로 한다.
  가. 「학교시설사업 촉진법」제5조의2제1항에 따라 건축등을 하려는 학교시설 : 100제곱미터
  나. 별표 2의 특정소방대상물 중 노유자(老幼者) 시설 및 수련시설 : 200제곱미터
  다. 「정신건강증진 및 정신질환자 복지서비스 지원에 관한 법률」제3조제5호에 따른 정신의료기관(입원실이 없는 정신건강의학과 의원은 제외하며, 이하 "정신의료기관"이라 한다) : 300제곱미터
  라. 「장애인복지법」제58조제1항제4호에 따른 장애인 의료재활시설(이하 "의료재활시설"이라 한다) : 300제곱미터

2. 지하층 또는 무창층이 있는 건축물로서 바닥면적이 150제곱미터(공연장의 경우에는 100제곱미터) 이상인 층이 있는 것
3. 차고·주차장 또는 주차 용도로 사용되는 시설로서 다음 각 목의 어느 하나에 해당하는 것
  가. 차고·주차장으로 사용되는 바닥면적이 200제곱미터 이상인 층이 있는 건축물이나 주차시설
  나. 승강기 등 기계장치에 의한 주차시설로서 자동차 20대 이상을 주차할 수 있는 시설
4. 층수(「건축법 시행령」제119조제1항제9호에 따라 산정된 층수를 말한다. 이하 같다)가 6층 이상인 건축물
5. 항공기 격납고, 관망탑, 항공관제탑, 방송용 송수신탑
6. 별표 2의 특정소방대상물 중 의원(입원실이 있는 것으로 한정한다)·조산원·산후조리원, 위험물 저장 및 처리 시설, 발전시설 중 풍력발전소·전기저장시설, 지하구(地下溝)
7. 제1호나목에 해당하지 않는 노유자 시설 중 다음 각 목의 어느 하나에 해당하는 시설. 다만, 가목2) 및 나목부터 바목까지의 시설 중 「건축법 시행령」별표 1의 단독주택 또는 공동주택에 설치되는 시설은 제외한다.
  가. 별표 2 제9호가목에 따른 노인 관련 시설 중 다음의 어느 하나에 해당하는 시설
    1) 「노인복지법」제31조제1호에 따른 노인주거복지시설, 같은 조 제2호에 따른 노인의료복지시설 및 같은 조 제4호에 따른 재가노인복지시설
    2) 「노인복지법」제31조제7호에 따른 학대피해노인 전용쉼터
  나. 「아동복지법」제52조에 따른 아동복지시설(아동상담소, 아동전용시설 및 지역아동센터는 제외한다)
  다. 「장애인복지법」제58조제1항제1호에 따른 장애인 거주시설
  라. 정신질환자 관련 시설(「정신건강증진 및 정신질환자 복지서비스 지원에 관한 법률」제27조제1항제2호에 따른 공동생활가정을 제외한 재활훈련시설과 같은 법 시행령 제16조제3호에 따른 종합시설 중 24시간 주거를 제공하지 않는 시설은 제외한다)
  마. 별표 2 제9호마목에 따른 노숙인 관련 시설 중 노숙인자활시설, 노숙인재활시설 및 노숙인요양시설
  바. 결핵환자나 한센인이 24시간 생활하는 노유자 시설

정답 50.①

8. 「의료법」 제3조제2항제3호라목에 따른 요양병원(이하 "요양병원"이라 한다). 다만, 의료재활시설은 제외한다.
9. 별표 2의 특정소방대상물 중 공장 또는 창고시설로서 「화재의 예방 및 안전관리에 관한 법률 시행령」 별표 2에서 정하는 수량의 750배 이상의 특수가연물을 저장·취급하는 것
10. 별표 2 제17호나목에 따른 가스시설로서 지상에 노출된 탱크의 저장용량의 합계가 100톤 이상인 것

51 소방시설법상 지하가는 연면적이 최소 몇 m^2 이상이어야 스프링클러설비를 설치하여야 하는 특정소방대상물에 해당하는가? (단, 터널은 제외한다.)

① $100m^2$ ② $200m^2$
③ $1,000m^2$ ④ $2,000m^2$

해설 소방시설법 시행령 [별표 5]
특정소방대상물의 관계인이 특정소방대상물의 규모·용도 및 수용인원 등을 고려하여 갖추어야 하는 소방시설의 종류
라. 스프링클러설비를 설치하여야 하는 특정소방대상물(위험물 저장 및 처리 시설 중 가스시설 또는 지하구는 제외한다)은 다음의 어느 하나와 같다.
10) 지하가(터널은 제외한다)로서 연면적 1천m^2 이상인 것

52 화재예방법상 소방안전관리대상물의 소방계획서에 포함되어야 하는 사항이 아닌 것은?

① 소방시설·피난시설 및 방화시설의 점검·정비계획
② 위험물안전관리법에 따라 예방규정을 정하는 제조소등의 위험물 저장·취급에 관한 사항
③ 특정소방대상물의 근무자 및 거주자의 자위소방대 조직과 대원의 임무에 관한 사항
④ 방화구획, 제연구획, 건축물의 내부 마감 재료(불연재료·준불연재료 또는 난연재료로 사용된 것) 및 방염물품의 사용현황과 그 밖의 방화구조 및 설비의 유지·관리계획

해설 화재예방법 제27조(소방안전관리대상물의 소방계획서 작성 등)
① 법 제24조제5항제1호에서 "대통령령으로 정하는 사항"이란 다음 각 호의 사항을 말한다.
 1. 소방안전관리대상물의 위치·구조·연면적(「건축법 시행령」 제119조제1항제4호에 따라 산정된 면적을 말한다. 이하 같다)·용도 및 수용인원 등 일반 현황
 2. 소방안전관리대상물에 설치한 소방시설, 방화시설, 전기시설, 가스시설 및 위험물시설의 현황
 3. 화재 예방을 위한 자체점검계획 및 대응대책
 4. 소방시설·피난시설 및 방화시설의 점검·정비계획
 5. 피난층 및 피난시설의 위치와 피난경로의 설정, 화재안전취약자의 피난계획 등을 포함한 피난계획
 6. 방화구획, 제연구획(除煙區劃), 건축물의 내부 마감재료 및 방염대상물품의 사용 현황과 그 밖의 방화구조 및 설비의 유지·관리계획
 7. 법 제35조제1항에 따른 관리의 권원이 분리된 특정소방대상물의 소방안전관리에 관한 사항
 8. 소방훈련·교육에 관한 계획
 9. 법 제37조를 적용받는 소방안전관리대상물의 근무자 및 거주자의 자위소방대 조직과 대원의 임무(화재안전취약자의 피난 보조 임무를 포함한다)에 관한 사항
 10. 화기 취급 작업에 대한 사전 안전조치 및 감독 등 공사 중 소방안전관리에 관한 사항
 11. 소화에 관한 사항과 연소 방지에 관한 사항
 12. 위험물의 저장·취급에 관한 사항(「위험물안전관리법」 제17조에 따라 예방규정을 정하는 제조소 등은 제외한다)
 13. 소방안전관리에 대한 업무수행에 관한 기록 및 유지에 관한 사항
 14. 화재발생 시 화재경보, 초기소화 및 피난유도 등 초기대응에 관한 사항
 15. 그 밖에 소방본부장 또는 소방서장이 소방안전관리대상물의 위치·구조·설비 또는 관리 상황 등을 고려하여 소방안전관리에 필요하여 요청하는 사항
② 소방본부장 또는 소방서장은 소방안전관리대상물의 소방계획서의 작성 및 그 실시에 관하여 지도·감독한다.

정답 51.③ 52.②

53 위험물안전관리법상 업무상 과실로 제조소등에서 위험물을 유출·방출 또는 확산시켜 사람의 생명·신체 또는 재산에 대하여 위험을 발생시킨 자에 대한 벌칙기준은?

① 5년 이하의 금고 또는 2000만원 이하의 벌금
② 5년 이하의 금고 또는 7000만원 이하의 벌금
③ 7년 이하의 금고 또는 2000만원 이하의 벌금
④ 7년 이하의 금고 또는 7000만원 이하의 벌금

해설 위험물법 벌칙

제33조(벌칙)
① 제조소등에서 위험물을 유출·방출 또는 확산시켜 사람의 생명·신체 또는 재산에 대하여 위험을 발생시킨 자는 1년 이상 10년 이하의 징역에 처한다.
② 제1항의 규정에 따른 죄를 범하여 사람을 상해(傷害)에 이르게 한 때에는 무기 또는 3년 이상의 징역 사망에 이르게 한 때에는 무기 또는 5년 이상의 징역에 처한다.

제34조(벌칙)
① 업무상 과실로 제조소등에서 위험물을 유출·방출 또는 확산시켜 사람의 생명·신체 또는 재산에 대하여 위험을 발생시킨 자는 7년 이하의 금고 또는 7천만 원 이하의 벌금에 처한다.
② 제1항의 죄를 범하여 사람을 사상(死傷)에 이르게 한 자는 10년 이하의 징역 또는 금고나 1억 원 이하의 벌금에 처한다.

54 소방기본법령상 소방용수시설의 설치기준 중 급수탑의 급수배관의 구경은 최소 몇 mm 이상이어야 하는가?

① 100mm
② 150mm
③ 200mm
④ 250mm

해설 기본법 시행규칙 [별표 3] 소방용수시설의 설치기준
1. 공통기준
   가. 주거지역·상업지역 및 공업지역 : 수평거리 100m이하
   나. 그 외의 지역에 설치하는 경우 : 수평거리 140m 이하

2. 소방용수시설별 설치기준
   가. 소화전의 설치기준 : 상수도와 연결하여 지하식 또는 지상식의 구조로 하고, 소방용호스와 연결하는 소화전의 연결금속구의 구경은 65밀리미터로 할 것
   나. 급수탑의 설치기준 : 급수배관의 구경은 100밀리미터 이상으로 하고, 개폐밸브는 지상에서 1.5미터 이상 1.7미터 이하의 위치에 설치하도록 할 것
   다. 저수조의 설치기준
      (1) 지면으로부터의 낙차가 4.5미터 이하일 것
      (2) 흡수부분의 수심이 0.5미터 이상일 것
      (3) 소방펌프자동차가 쉽게 접근할 수 있도록 할 것
      (4) 흡수에 지장이 없도록 토사 및 쓰레기 등을 제거할 수 있는 설비를 갖출 것
      (5) 흡수관의 투입구가 사각형의 경우에는 한 변의 길이가 60센티미터 이상, 원형의 경우에는 지름이 60센티미터 이상일 것
      (6) 저수조에 물을 공급하는 방법은 상수도에 연결하여 자동으로 급수되는 구조일 것

55 소방시설공사업법령상 공사감리자 지정대상 특정소방대상물의 범위가 아닌 것은?

① 물분무등소화설비(호스릴 방식의 소화설비는 제외)를 신설·개설하거나 방호·방수 구역을 증설할 때
② 제연설비를 신설·개설하거나 제연구역을 증설할 때
③ 연소방지설비를 신설·개설하거나 살수구역을 증설할 때
④ 캐비닛형 간이스프링클러설비를 신설·개설하거나 방호·방수구역을 증설할 때

해설 캐비닛형 간이스프링클러설비는 제외된다.
※ 공사업법 시행령 제10조(감리지정대상 특정소방대상물)
1. 옥내소화전설비를 신설·개설 또는 증설할 때
2. 스프링클러설비등(캐비닛형 간이스프링클러설비는 제외한다)을 신설·개설하거나 방호·방수 구역을 증설할 때
3. 물분무등소화설비(호스릴 방식의 소화설비는 제외한다)를 신설·개설하거나 방호·방수 구역을 증설할 때

4. 옥외소화전설비를 신설·개설 또는 증설할 때
5. 자동화재탐지설비를 신설·개설할 때
5의2. 비상방송설비를 신설 또는 개설할 때
6. 통합감시시설을 신설 또는 개설할 때
6의2. 비상조명등을 신설 또는 개설할 때
7. 소화용수설비를 신설 또는 개설할 때
8. 다음 각 목에 따른 소화활동설비에 대하여 각 목에 따른 시공을 할 때
   가. 제연설비를 신설·개설하거나 제연구역을 증설할 때
   나. 연결송수관설비를 신설 또는 개설할 때
   다. 연결살수설비를 신설·개설하거나 송수구역을 증설할 때
   라. 비상콘센트설비를 신설·개설하거나 전용회로를 증설할 때
   마. 무선통신보조설비를 신설 또는 개설할 때
   바. 연소방지설비를 신설·개설하거나 살수구역을 증설할 때

56 소방시설법상 자동화재탐지설비를 설치하여야 하는 특정소방대상물에 대한 기준 중 ( )에 알맞은 것은?

> 근린생활시설(목욕탕 제외), 의료시설(정신의료기관 또는 요양병원 제외), 숙박시설, 위락시설, 장례시설 및 복합건축물로서 연면적 (   )m² 이상인 것

① 400   ② 600
③ 1,000   ④ 3,500

해설 소방시설법 시행령 [별표 4] 특정소방대상물의 관계인이 특정소방대상물에 설치·관리해야 하는 소방시설의 종류
자동화재탐지설비를 설치해야 하는 특정소방대상물은 다음의 어느 하나에 해당하는 것으로 한다.
1) 공동주택 중 아파트등·기숙사 및 숙박시설의 경우에는 모든 층
2) 층수가 6층 이상인 건축물의 경우에는 모든 층
3) 근린생활시설(목욕장은 제외한다), 의료시설(정신의료기관 및 요양병원은 제외한다), 위락시설, 장례시설 및 복합건축물로서 연면적 600m² 이상인 경우에는 모든 층
4) 근린생활시설 중 목욕장, 문화 및 집회시설, 종교시설, 판매시설, 운수시설, 운동시설, 업무시설, 공장, 창고시설, 위험물 저장 및 처리 시설, 항공기 및 자동차 관련 시설, 교정 및 군사시설 중 국방·군사시설, 방송통신시설, 발전시설, 관광 휴게시설, 지하가(터널은 제외한다)로서 연면적 1천m² 이상인 경우에는 모든 층
5) 교육연구시설(교육시설 내에 있는 기숙사 및 합숙소를 포함한다), 수련시설(수련시설 내에 있는 기숙사 및 합숙소를 포함하며, 숙박시설이 있는 수련시설은 제외한다), 동물 및 식물 관련 시설(기둥과 지붕만으로 구성되어 외부와 기류가 통하는 장소는 제외한다), 자원순환 관련 시설, 교정 및 군사시설(국방·군사시설은 제외한다) 또는 묘지 관련 시설로서 연면적 2천m² 이상인 경우에는 모든 층
6) 노유자 생활시설의 경우에는 모든 층
7) 6)에 해당하지 않는 노유자 시설로서 연면적 400m² 이상인 노유자 시설 및 숙박시설이 있는 수련시설로서 수용인원 100명 이상인 경우에는 모든 층
8) 의료시설 중 정신의료기관 또는 요양병원으로서 다음의 어느 하나에 해당하는 시설
   가) 요양병원(의료재활시설은 제외한다)
   나) 정신의료기관 또는 의료재활시설로 사용되는 바닥면적의 합계가 300m² 이상인 시설
   다) 정신의료기관 또는 의료재활시설로 사용되는 바닥면적의 합계가 300m² 미만이고, 창살(철재·플라스틱 또는 목재 등으로 사람의 탈출 등을 막기 위하여 설치한 것을 말하며, 화재 시 자동으로 열리는 구조로 되어 있는 창살은 제외한다)이 설치된 시설
9) 판매시설 중 전통시장
10) 지하가 중 터널로서 길이가 1천m 이상인 것
11) 지하구
12) 3)에 해당하지 않는 근린생활시설 중 조산원 및 산후조리원
13) 4)에 해당하지 않는 공장 및 창고시설로서 「화재의 예방 및 안전관리에 관한 법률 시행령」 별표 2에서 정하는 수량의 500배 이상의 특수가연물을 저장·취급하는 것
14) 4)에 해당하지 않는 발전시설 중 전기저장시설

정답 56.②

57 소방시설법상 형식승인을 받지 아니한 소방용품을 판매하거나 판매목적으로 진열하거나 소방시설공사에 사용한 자에 대한 벌칙 기준은?

① 3년 이하의 징역 또는 3,000만원 이하의 벌금
② 2년 이하의 징역 또는 1,500만원 이하의 벌금
③ 1년 이하의 징역 또는 1,000만원 이하의 벌금
④ 1년 이하의 징역 또는 500만원 이하의 벌금

해설 소방시설법 벌칙
3년 이하의 징역 또는 3천만원 이하의 벌금
㉠ 소방시설이 화재안전기준에 따라 설치되어있지 않을 때의 조치명령을 위반한 사람
㉡ 피난·방화시설, 방화구획의 유지관리 조치명령을 위반한 사람
㉢ 방염성능물품 조치명령 위반
㉣ 이행계획 조치명령 위반한 사람
㉤ 임시소방시설 또는 소방시설 등의 조치명령을 위반한 사람
㉥ 소방시설관리업 등록을 하지 아니하고 영업을 한 사람
㉦ 소방용품의 형식승인을 받지 아니하고 소방용품을 제조하거나 수입한 자
㉧ 제품검사를 받지 아니한 자
㉨ 규정을 위반하여 소방용품을 판매·진열하거나 소방시설공사에 사용한 자
㉩ 소방용품 제조자·수입자에 대한 회수·교환·폐기 및 판매중지 명령을 위반한 사람
㉪ 거짓이나 그 밖의 부정한 방법으로 전문기관으로 지정을 받은 자

58 소방기본법에서 정의하는 소방대상물에 해당하지 않는 것은?

① 산림   ② 차량
③ 건축물   ④ 항해 중인 선박

해설 기본법 제2조(정의)
"소방대상물"이란 건축물, 차량, 선박(「선박법」 제1조의2제1항에 따른 선박으로서 항구에 매어둔 선박만 해당한다), 선박 건조 구조물, 산림, 그 밖의 인공 구조물 또는 물건을 말한다.

59 소방시설법상 특정소방대상물의 소방시설 설치의 면제기준 중 다음 ( )안에 알맞은 것은?

> 물분무등소화설비를 설치하여야 하는 차고·주차장에 (   )를 설치한 경우에는 그 설비의 유효범위에서 설치가 면제된다.

① 옥내소화전설비
② 스프링클러설비
③ 간이스프링클러설비
④ 불활성기체소화약제소화설비

해설 소방시설법 시행령 [별표 6]

[특정소방대상물의 소방시설 설치의 면제기준]
(제16조 관련)

설치가 면제되는 소방시설	설치면제 기준
1. 스프링클러설비	스프링클러설비를 설치하여야 하는 특정소방대상물에 물분무등소화설비를 화재안전기준에 적합하게 설치한 경우에는 그 설비의 유효범위(해당 소방시설이 화재를 감지·소화 또는 경보할 수 있는 부분을 말한다. 이하 같다)에서 설치가 면제된다.
2. 물분무등소화설비	물분무등소화설비를 설치하여야 하는 차고·주차장에 스프링클러설비를 화재안전기준에 적합하게 설치한 경우에는 그 설비의 유효범위에서 설치가 면제된다.
3. 간이스프링클러설비	간이스프링클러설비를 설치하여야 하는 특정소방대상물에 스프링클러설비, 물분무소화설비 또는 미분무소화설비를 화재안전기준에 적합하게 설치한 경우에는 그 설비의 유효범위에서 설치가 면제된다.
4. 비상경보설비 또는 단독경보형 감지기	비상경보설비 또는 단독경보형 감지기를 설치하여야 하는 특정소방대상물에 자동화재탐지설비를 화재안전기준에 적합하게 설치한 경우에는 그 설비의 유효범위에서 설치가 면제된다.
5. 비상경보설비	비상경보설비를 설치하여야 할 특정소방대상물에 단독경보형 감지기를 2개 이상의 단독경보형 감지기와 연동하여 설치하는 경우에는 그 설비의 유효범위에서 설치가 면제된다.

정답 57.① 58.④ 59.②

6. 비상방송설비	비상방송설비를 설치하여야 하는 특정소방대상물에 자동화재탐지설비 또는 비상경보설비와 같은 수준 이상의 음향을 발하는 장치를 부설한 방송설비를 화재안전기준에 적합하게 설치한 경우에는 그 설비의 유효범위에서 설치가 면제된다.		10. 비상조명등	비상조명등을 설치하여야 하는 특정소방대상물에 피난구유도등 또는 통로유도등을 화재안전기준에 적합하게 설치한 경우에는 그 유도등의 유효범위에서 설치가 면제된다.
7. 피난구조설비	피난구조설비를 설치하여야 하는 특정소방대상물에 그 위치·구조 또는 설비의 상황에 따라 피난상 지장이 없다고 인정되는 경우에는 화재안전기준에서 정하는 바에 따라 설치가 면제된다.		11. 누전경보기	누전경보기를 설치하여야 하는 특정소방대상물 또는 그 부분에 아크경보기(옥내 배전선로의 단선이나 선로 손상 등으로 인하여 발생하는 아크를 감지하고 경보하는 장치를 말한다) 또는 전기 관련 법령에 따른 지락차단장치를 설치한 경우에는 그 설비의 유효범위에서 설치가 면제된다.
8. 연결살수설비	가. 연결살수설비를 설치하여야 하는 특정소방대상물에 송수구를 부설한 스프링클러설비, 간이스프링클러설비, 물분무소화설비 또는 미분무소화설비를 화재안전기준에 적합하게 설치한 경우에는 그 설비의 유효범위에서 설치가 면제된다. 나. 가스 관계 법령에 따라 설치되는 물분무장치 등에 소방대가 사용할 수 있는 연결송수구가 설치되거나 물분무장치 등에 6시간 이상 공급할 수 있는 수원(水源)이 확보된 경우에는 설치가 면제된다.		12. 무선통신보조설비	무선통신보조설비를 설치하여야 하는 특정소방대상물에 이동통신 구내 중계기 선로설비 또는 무선이동중계기(「전파법」 제58조의2에 따른 적합성평가를 받은 제품만 해당한다) 등을 화재안전기준의 무선통신보조설비기준에 적합하게 설치한 경우에는 설치가 면제된다.
			13. 상수도소화용수 설비	가. 상수도소화용수설비를 설치하여야 하는 특정소방대상물의 각 부분으로부터 수평거리 140m 이내에 공공의 소방을 위한 소화전이 화재안전기준에 적합하게 설치되어 있는 경우에는 설치가 면제된다. 나. 소방본부장 또는 소방서장이 상수도소화용수설비의 설치가 곤란하다고 인정하는 경우로서 화재안전기준에 적합한 소화수조 또는 저수조가 설치되어 있거나 이를 설치하는 경우에는 그 설비의 유효범위에서 설치가 면제된다.
9. 제연설비	가. 제연설비를 설치하여야 하는 특정소방대상물(별표 5 제5호가목6)은 제외한다)에 다음의 어느 하나에 해당하는 설비를 설치한 경우에는 설치가 면제된다. 1) 공기조화설비를 화재안전기준의 제연설비기준에 적합하게 설치하고 공기조화설비가 화재 시 제연설비기능으로 자동전환되는 구조로 설치되어 있는 경우 2) 직접 외부 공기와 통하는 배출구의 면적의 합계가 해당 제연구역[제연경계(제연설비의 일부인 천장을 포함한다)에 의하여 구획된 건축물 내의 공간을 말한다] 바닥면적의 100분의 1 이상이고, 배출구부터 각 부분까지의 수평거리가 30m 이내이며, 공기유입구가 화재안전기준에 적합하게(외부 공기를 직접 자연 유입할 경우에 유입구의 크기는 배출구의 크기 이상이어야 한다) 설치되어 있는 경우 나. 별표 5 제5호가목6)에 따라 제연설비를 설치하여야 하는 특정소방대상물 중 노대(露臺)와 연결된 특별피난계단 또는 노대가 설치된 비상용 승강기의 승강장에는 설치가 면제된다.		14. 연소방지설비	연소방지설비를 설치하여야 하는 특정소방대상물에 스프링클러설비, 물분무소화설비 또는 미분무소화설비를 화재안전기준에 적합하게 설치한 경우에는 그 설비의 유효범위에서 설치가 면제된다.
			15. 연결송수관 설비	연결송수관설비를 설치하여야 하는 소방대상물에 옥외에 연결송수구 및 옥내에 방수구가 부설된 옥내소화전설비, 스프링클러설비, 간이스프링클러설비 또는 연결살수설비를 화재안전기준에 적합하게 설치한 경우에는 그 설비의 유효범위에서 설치가 면제된다. 다만, 지표면에서 최상층 방수구의 높이가 70m 이상인 경우에는 설치하여야 한다.

16. 자동화재탐지설비	자동화재탐지설비의 기능(감지·수신·경보기능을 말한다)과 성능을 가진 스프링클러설비 또는 물분무등소화설비를 화재안전기준에 적합하게 설치한 경우에는 그 설비의 유효범위에서 설치가 면제된다.
17. 옥외소화전설비	옥외소화전설비를 설치하여야 하는 보물 또는 국보로 지정된 목조문화재에 상수도소화용수설비를 옥외소화전설비의 화재안전기준에서 정하는 방수압력·방수량·옥외소화전함 및 호스의 기준에 적합하게 설치한 경우에는 설치가 면제된다.
18. 옥내소화전설비	소방본부장 또는 소방서장이 옥내소화전설비의 설치가 곤란하다고 인정하는 경우로서 호스릴 방식의 미분무소화설비 또는 옥외소화전설비를 화재안전기준에 적합하게 설치한 경우에는 그 설비의 유효범위에서 설치가 면제된다.
19. 자동소화장치	자동소화장치(주거용 주방자동소화장치는 제외한다)를 설치하여야 하는 특정소방대상물에 물분무등소화설비를 화재안전기준에 적합하게 설치한 경우에는 그 설비의 유효범위에서 설치가 면제된다.

60 위험물안전관리법령상 위험물의 유별 저장/취급의 공통기준 중 다음 ( )안에 알맞은 것은?

> ( ) 위험물은 산화제와의 접촉·혼합이나 불티·불꽃·고온체와의 접근 또는 과열을 피하는 한편, 철분·금속분·마그네슘 및 이를 함유한 것에 있어서는 물이나 산과의 접촉을 피하고 인화성 고체에 있어서는 함부로 증기를 발생시키지 아니하여야 한다.

① 제1류 ② 제2류
③ 제3류 ④ 제4류

해설 위험물법 시행규칙 [별표 18]
제조소등에서의 위험물의 저장 및 취급에 관한 기준(제49조 관련)
Ⅱ. 위험물의 유별 저장·취급의 공통기준(중요기준)
1. 제1류 위험물은 가연물과의 접촉·혼합이나 분해를 촉진하는 물품과의 접근 또는 과열·충격·마찰 등을 피하는 한편, 알카리금속의 과산화물 및 이를 함유한 것에 있어서는 물과의 접촉을 피하여야 한다.
2. 제2류 위험물은 산화제와의 접촉·혼합이나 불티·불꽃·고온체와의 접근 또는 과열을 피하는 한편, 철분·금속분·마그네슘 및 이를 함유한 것에 있어서는 물이나 산과의 접촉을 피하고 인화성 고체에 있어서는 함부로 증기를 발생시키지 아니하여야 한다.
3. 제3류 위험물 중 자연발화성물질에 있어서는 불티·불꽃 또는 고온체와의 접근·과열 또는 공기와의 접촉을 피하고, 금수성물질에 있어서는 물과의 접촉을 피하여야 한다.
4. 제4류 위험물은 불티·불꽃·고온체와의 접근 또는 과열을 피하고, 함부로 증기를 발생시키지 아니하여야 한다.
5. 제5류 위험물은 불티·불꽃·고온체와의 접근이나 과열·충격 또는 마찰을 피하여야 한다.
6. 제6류 위험물은 가연물과의 접촉·혼합이나 분해를 촉진하는 물품과의 접근 또는 과열을 피하여야 한다.
7. 제1호 내지 제6호의 기준은 위험물을 저장 또는 취급함에 있어서 당해 각호의 기준에 의하지 아니하는 것이 통상인 경우는 당해 각호를 적용하지 아니한다. 이 경우 당해 저장 또는 취급에 대하여는 재해의 발생을 방지하기 위한 충분한 조치를 강구하여야 한다.

정답 60.②

2021년 제2회 소방설비기사[전기분야] 1차 필기
[제3과목 : 소방관계법규]

41 소방시설공사업법령에 따른 완공검사를 위한 현장확인 대상특정소방대상물의 범위 기준으로 틀린 것은?

① 연면적 1만제곱미터 이상이거나 11층 이상인 특정소방대상물(아파트는 제외)
② 가연성 가스를 제조·저장 또는 취급하는 시설 중 지상에 노출된 가연성 가스탱크의 저장용량 합계가 1,000t 이상인 시설
③ 호스릴방식의 소화설비가 설치되는 특정소방대상물
④ 문화 및 집회시설, 종교시설, 판매시설, 노유자시설, 수련시설, 운동시설, 숙박시설, 창고시설, 지하상가

해설 공사업법 제5조(완공검사를 위한 현장확인 대상 특정소방대상물의 범위)

법 제14조제1항 단서에서 "대통령령으로 정하는 특정소방대상물"이란 특정소방대상물 중 다음 각 호의 대상물을 말한다.
1. 문화 및 집회시설, 종교시설, 판매시설, 노유자(老幼者)시설, 수련시설, 운동시설, 숙박시설, 창고시설, 지하상가 및 「다중이용업소의 안전관리에 관한 특별법」에 따른 다중이용업소
2. 다음 각 목의 어느 하나에 해당하는 설비가 설치되는 특정소방대상물
   가. 스프링클러설비등
   나. 물분무등소화설비(호스릴 방식의 소화설비는 제외한다)
3. 연면적 1만제곱미터 이상이거나 11층 이상인 특정소방대상물(아파트는 제외한다)
4. 가연성가스를 제조·저장 또는 취급하는 시설 중 지상에 노출된 가연성가스탱크의 저장용량 합계가 1천톤 이상인 시설

42 화재예방법에 따른 특수가연물의 기준 중 다음 ( ) 안에 알맞은 것은?

품 명	수 량
나무껍질 및 대팻밥	(㉠)kg 이상
면화류	(㉡)kg 이상

① ㉠ 200, ㉡ 400
② ㉠ 200, ㉡ 1,000
③ ㉠ 400, ㉡ 200
④ ㉠ 400, ㉡ 1,000

해설 특수가연물의 종류

품명	수량
면화류	200킬로그램 이상
나무껍질 및 대팻밥	400킬로그램 이상
넝마 및 종이부스러기	1,000킬로그램 이상
사류(絲類)	1,000킬로그램 이상
볏짚류	1,000킬로그램 이상
가연성고체류	3,000킬로그램 이상
석탄·목탄류	10,000킬로그램 이상
가연성액체류	2세제곱미터 이상
목재가공품 및 나무부스러기	10세제곱미터 이상
합성수지류 발포시킨 것	20세제곱미터 이상
합성수지류 그 밖의 것	3,000킬로그램 이상

43 소방시설법상 스프링클러설비를 설치하여야 할 특정소방대상물에 다음 중 어떤 소방시설을 화재안전기준에 적합하게 설치하면 면제 받을 수 있는가?

① 옥내소화전설비
② 옥외소화전설비
③ 간이스프링클러설비
④ 미분무소화설비

정답 41.③ 42.③ 43.④

03. 소방관계법규

[해설] 소방시설법 시행령 [별표 6] 특정소방대상물의 소방시설 설치의 면제기준 (제16조 관련)

설치가 면제되는 소방시설	설치면제 기준
스프링클러설비	스프링클러설비를 설치하여야 하는 특정소방대상물에 물분무등소화설비를 화재안전기준에 적합하게 설치한 경우에는 그 설비의 유효범위(해당 소방시설이 화재를 감지·소화 또는 경보할 수 있는 부분을 말한다. 이하 같다)에서 설치가 면제된다.

44 소방기본법령상 출동한 소방대원에게 폭행 또는 협박을 행사하여 화재진압·인명구조 또는 구급활동을 방해한 사람에 대한 벌칙 기준은?

① 500만원 이하의 과태료
② 1년 이하의 징역 또는 1,000만원 이하의 벌금
③ 3년 이하의 징역 또는 3,000만원 이하의 벌금
④ 5년 이하의 징역 또는 5,000만원 이하의 벌금

[해설] 소방기본법 제50조(벌칙)
다음 각 호의 어느 하나에 해당하는 사람은 5년 이하의 징역 또는 5천만 원 이하의 벌금에 처한다.
1. 제16조제2항을 위반하여 다음 각 목의 어느 하나에 해당하는 행위를 한 사람
  가. 위력(威力)을 사용하여 출동한 소방대의 화재진압·인명 구조 또는 구급활동을 방해하는 행위
  나. 소방대가 화재진압·인명구조 또는 구급활동을 위하여 현장에 출동하거나 현장에 출입하는 것을 고의로 방해하는 행위
  다. 출동한 소방대원에게 폭행 또는 협박을 행사하여 화재 진압·인명구조 또는 구급활동을 방해하는 행위
  라. 출동한 소방대의 소방장비를 파손하거나 그 효용을 해하여 화재진압·인명구조 또는 구급활동을 방해하는 행위

45 위험물안전관리법령상 제조소 또는 일반 취급소에서 취급하는 제4류 위험물의 최대 수량의 합이 지정수량의 48만배 이상인 사업소의 자체소방대에 두는 화학소방자동차 및 인원기준으로 다음 ( ) 안에 알맞은 것은?

화학소방자동차	자체 소방대원의 수
(㉠)	(㉡)

① ㉠ 1대, ㉡ 5인　② ㉠ 2대, ㉡ 10인
③ ㉠ 3대, ㉡ 15인　④ ㉠ 4대, ㉡ 20인

[해설] 위험물 안전관리법 시행령 [별표 8] 자체소방대에 두는 화학소방자동차 및 인원(제18조 제3항 관련)

사업소의 구분	화학소방자동차	자체소방대원의 수
1. 제조소 또는 일반취급소에서 취급하는 제4류 위험물의 최대수량의 합이 지정수량의 12만배 미만인 사업소	1대	5인
2. 제조소 또는 일반취급소에서 취급하는 제4류 위험물의 최대수량의 합이 지정수량의 12만배 이상 24만배 미만인 사업소	2대	10인
3. 제조소 또는 일반취급소에서 취급하는 제4류 위험물의 최대수량의 합이 지정수량의 24만배 이상 48만배 미만인 사업소	3대	15인
4. 제조소 또는 일반취급소에서 취급하는 제4류 위험물의 최대수량의 합이 지정수량의 48만배 이상인 사업소	4대	20인
5. 옥외탱크저장소에 저장하는 제4류 위험물의 최대수량이 지정수량의 50만배 이상인 사업소	2대	10인

46 소방시설법상 펄프공장의 작업장, 음료수 공장의 충전을 하는 작업장 등과 같이 화재안전기준을 적용하기 어려운 특정소방대상물에 설치하지 아니할 수 있는 소방시설의 종류가 아닌 것은?

① 상수도소화용수설비　② 스프링클러설비
③ 연결송수관설비　　　④ 연결살수설비

정답 44.④ 45.④ 46.③

해설 소방시설법 시행령 [별표 7] 소방시설을 설치하지 아니할 수 있는 특정소방대상물 및 소방시설의 범위

구분	특정소방대상물	소방시설
1. 화재 위험도가 낮은 특정소방대상물	석재, 불연성금속, 불연성 건축재료 등의 가공공장·기계조립공장·주물공장 또는 불연성 물품을 저장하는 창고	옥외소화전 및 연결살수설비
2. 화재안전기준을 적용하기 어려운 특정소방대상물	펄프공장의 작업장, 음료수 공장의 세정 또는 충전을 하는 작업장, 그 밖에 이와 비슷한 용도로 사용하는 것	스프링클러설비, 상수도소화용수설비 및 연결살수설비
	정수장, 수영장, 목욕장, 농예·축산·어류양식용 시설, 그 밖에 이와 비슷한 용도로 사용되는 것	자동화재탐지설비, 상수도소화용수설비 및 연결살수설비
3. 화재안전기준을 달리 적용하여야 하는 특수한 용도 또는 구조를 가진 특정소방대상물	원자력발전소, 핵폐기물처리시설	연결송수관설비 및 연결살수설비
4. 「위험물법」 제19조에 따른 자체소방대가 설치된 특정소방대상물	자체소방대가 설치된 위험물 제조소등에 부속된 사무실	옥내소화전설비, 소화용수설비, 연결살수설비 및 연결송수관설비

47 소방기본법의 정의상 소방대상물의 관계인이 아닌 자는?

① 감리자
② 관리자
③ 점유자
④ 소유자

해설 "관계인"이란 소방대상물의 소유자·관리자 또는 점유자를 말한다.

48 위험물안전관리법령상 위험물별 성질로서 틀린 것은?

① 제1류 : 산화성 고체
② 제2류 : 가연성 고체
③ 제4류 : 인화성 액체
④ 제6류 : 인화성 고체

해설 위험물법 시행령 [별표 1](위험물 및 지정수량)

유별	성질
제1류	산화성 고체
제2류	가연성 고체
제3류	자연발화성 물질 및 금수성 물질
제4류	인화성 액체
제5류	자기반응성 물질
제6류	산화성 액체

1. "산화성 고체"라 함은 고체 또는 기체 외의 것으로서 산화력의 잠재적인 위험성 또는 충격에 대한 민감성을 판단하기 위하여 고시하는 시험에서 고시로 정하는 성질과 상태를 나타내는 것을 말한다.
2. "가연성 고체"라 함은 고체로서 화염에 의한 발화의 위험성 또는 인화의 위험성을 판단하기 위하여 고시로 정하는 시험에서 고시로 정하는 성질과 상태를 나타내는 것을 말한다.
8. "인화성 고체"라 함은 고형알코올 그 밖에 1기압에서 인화점이 섭씨 40도 미만인 고체를 말한다.
9. "자연발화성 물질 및 금수성 물질"이라 함은 고체 또는 액체로서 공기 중에서 발화의 위험성이 있거나 물과 접촉하여 발화하거나 가연성 가스를 발생하는 위험성이 있는 것을 말한다.
11. "인화성 액체"라 함은 액체로서 인화의 위험성이 있는 것을 말한다.

49 소방시설법상 시·도지사가 소방시설 등의 자체점검을 하지 아니한 관리업자에게 영업정지를 명할 수 있으나, 이로 인해 국민에게 심한 불편을 줄 때에는 영업정지 처분을 갈음하여 과징금 처분을 한다. 과징금의 기준은?

① 1,000만원 이하
② 2,000만원 이하
③ 3,000만원 이하
④ 5,000만원 이하

정답 47.① 48.④ 49.③

해설 소방시설법 제36조(과징금처분) 제1항
시·도지사는 제34조제1항에 따라 영업정지를 명하는 경우로서 그 영업정지가 국민에게 심한 불편을 주거나 그 밖에 공익을 해칠 우려가 있을 때에는 영업정지처분을 갈음하여 3천만원 이하의 과징금을 부과할 수 있다.

50 소방기본법령상 소방대장은 화재, 재난·재해 그 밖의 위급한 상황이 발생한 현장에 소방활동구역을 정하여 소방활동에 필요한 자로서 대통령령으로 정하는 사람 외에는 그 구역에의 출입을 제한할 수 있다. 다음 중 소방활동구역에 출입할 수 없는 사람은?

① 소방활동구역 안에 있는 소방대상물의 소유자·관리자 또는 점유자
② 전기·가스·수도·통신·교통의 업무에 종사하는 사람으로서 원활한 소방활동을 위하여 필요한 사람
③ 시·도지사가 소방활동을 위하여 출입을 허가한 사람
④ 의사·간호사 그 밖에 구조·구급업무에 종사하는 사람

해설 소방활동구역 출입자
1. 소방활동구역 안에 있는 소방대상물의 소유자·관리자 또는 점유자
2. 전기·가스·수도·통신·교통의 업무에 종사하는 사람으로서 원활한 소방활동을 위하여 필요한 사람
3. 의사·간호사, 그 밖의 구조·구급업무에 종사하는 사람
4. 취재인력 등 보도업무에 종사하는 사람
5. 수사업무에 종사하는 사람
6. 그 밖에 소방대장이 소방활동을 위하여 출입을 허가한 사람

51 위험물안전관리법령상 제조소에서 취급하는 위험물의 최대수량이 지정수량의 10배 이하인 경우 보유공지의 너비 기준은?

① 2m 이하   ② 2m 이상
③ 3m 이하   ④ 3m 이상

해설 제조소의 위치·구조 및 설비의 기준(제28조 관련)
Ⅱ. 보유공지
1. 위험물을 취급하는 건축물 그 밖의 시설(위험물을 이송하기 위한 배관 그 밖에 이와 유사한 시설을 제외한다)의 주위에는 그 취급하는 위험물의 최대수량에 따라 다음 표에 의한 너비의 공지를 보유하여야 한다.

취급하는 위험물의 최대수량	공지의 너비
지정수량의 10배 이하	3m 이상
지정수량의 10배 초과	5m 이상

2. 제조소의 작업공정이 다른 작업장의 작업공정과 연속되어 있어, 제조소의 건축물 그 밖의 공작물의 주위에 공지를 두게 되면 그 제조소의 작업에 현저한 지장이 생길 우려가 있는 경우 당해 제조소와 다른 작업장 사이에 다음 각목의 기준에 따라 방화상 유효한 격벽을 설치한 때에는 당해 제조소와 다른 작업장 사이에 제1호의 규정에 의한 공지를 보유하지 아니할 수 있다.
  가. 방화벽은 내화구조로 할 것, 다만 취급하는 위험물이 제6류 위험물인 경우에는 불연재료로 할 수 있다.
  나. 방화벽에 설치하는 출입구 및 창 등의 개구부는 가능한 한 최소로 하고, 출입구 및 창에는 자동폐쇄식의 갑종방화문을 설치할 것
  다. 방화벽의 양단 및 상단이 외벽 또는 지붕으로부터 50cm 이상 돌출하도록 할 것

52 화재예방법상 화재안전조사위원회의 위원에 해당하지 아니하는 사람은?

① 소방기술사
② 소방시설관리사
③ 소방 관련 분야의 석사학위 이상을 취득한 사람
④ 소방 관련 법인 또는 단체에서 소방 관련 업무에 3년 이상 종사한 사람

해설 화재예방법 시행령 제11조(화재안전조사위원회의 구성·운영 등)
① 법 제10조제1항에 따른 화재안전조사위원회(이하 "위원회"라 한다)는 위원장 1명을 포함하여 7명 이내의 위원으로 성별을 고려하여 구성한다.
② 위원회의 위원장은 소방관서장이 된다.
③ 위원회의 위원은 다음 각 호의 어느 하나에 해당하는

사람 중에서 소방관서장이 임명하거나 위촉한다.
1. 과장급 직위 이상의 소방공무원
2. 소방기술사
3. 소방시설관리사
4. 소방 관련 분야의 석사 이상 학위를 취득한 사람
5. 소방 관련 법인 또는 단체에서 소방 관련 업무에 5년 이상 종사한 사람
6. 「소방공무원 교육훈련규정」 제3조제2항에 따른 소방공무원 교육훈련기관, 「고등교육법」 제2조의 학교 또는 연구소에서 소방과 관련한 교육 또는 연구에 5년 이상 종사한 사람

④ 위촉위원의 임기는 2년으로 하며, 한 차례만 연임할 수 있다.
⑤ 소방관서장은 위원회의 위원이 다음 각 호의 어느 하나에 해당하는 경우에는 해당 위원을 해임하거나 해촉(解囑)할 수 있다.
1. 심신장애로 직무를 수행할 수 없게 된 경우
2. 직무와 관련된 비위사실이 있는 경우
3. 직무태만, 품위손상이나 그 밖의 사유로 위원으로 적합하지 않다고 인정되는 경우
4. 제12조제1항 각 호의 어느 하나에 해당함에도 불구하고 회피하지 않은 경우
5. 위원 스스로 직무를 수행하기 어렵다는 의사를 밝히는 경우
⑥ 위원회에 출석한 위원에게는 예산의 범위에서 수당, 여비, 그 밖에 필요한 경비를 지급할 수 있다. 다만, 공무원인 위원이 소관 업무와 직접 관련하여 위원회에 출석하는 경우에는 그렇지 않다.

53 화재예방법상 특수가연물의 저장 및 취급기준 중 다음 ( ) 안에 알맞은 것은? (단, 석탄, 목탄류를 발전용으로 저장하는 경우는 제외한다.)

> 살수설비를 설치하거나, 방사능력 범위에 해당 특수가연물이 포함되도록 대형수동식 소화기를 설치하는 경우에는 쌓는 높이를 (㉠)[m] 이하, 쌓는 부분의 바닥면적을 (㉡)[㎡] 이하로 할 수 있다.

① ㉠ 10, ㉡ 30   ② ㉠ 10, ㉡ 5
③ ㉠ 15, ㉡ 100   ④ ㉠ 15, ㉡ 200

해설 화재예방법 시행령 [별표3] 특수가연물의 저장·취급 기준
특수가연물은 다음 각 목의 기준에 따라 쌓아 저장해야 한다. 다만, 석탄·목탄류를 발전용(發電用)으로 저장하는 경우는 제외한다.
가. 품명별로 구분하여 쌓을 것
나. 다음의 기준에 맞게 쌓을 것

구분	살수설비를 설치하거나 방사능력 범위에 해당 특수가연물이 포함되도록 대형수동식소화기를 설치하는 경우	그 밖의 경우
높이	15미터 이하	10미터 이하
쌓는 부분의 바닥면적	200제곱미터(석탄·목탄류의 경우에는 300제곱미터) 이하	50제곱미터(석탄·목탄류의 경우에는 200제곱미터) 이하

다. 실외에 쌓아 저장하는 경우 쌓는 부분이 대지경계선, 도로 및 인접 건축물과 최소 6미터 이상 간격을 둘 것. 다만, 쌓는 높이보다 0.9미터 이상 높은 「건축법 시행령」 제2조제7호에 따른 내화구조(이하 "내화구조"라 한다) 벽체를 설치한 경우는 그렇지 않다.
라. 실내에 쌓아 저장하는 경우 주요구조부는 내화구조이면서 불연재료여야 하고, 다른 종류의 특수가연물과 같은 공간에 보관하지 않을 것. 다만, 내화구조의 벽으로 분리하는 경우는 그렇지 않다.
마. 쌓는 부분 바닥면적의 사이는 실내의 경우 1.2미터 또는 쌓는 높이의 1/2 중 큰 값 이상으로 간격을 두어야 하며, 실외의 경우 3미터 또는 쌓는 높이 중 큰 값 이상으로 간격을 둘 것

54 소방시설법상 소화설비를 구성하는 제품 또는 기기에 해당하지 않는 것은?

① 가스누설경보기   ② 소방호스
③ 스프링클러헤드   ④ 분말자동소화장치

해설 소방시설법 시행령 [별표 3] 소방용품 참조
1. 소화설비를 구성하는 제품 또는 기기
 가. 별표 1 제1호가목의 소화기구(소화약제 외의 것을 이용한 간이소화용구는 제외한다)
 나. 별표 1 제1호나목의 자동소화장치다. 소화설비를 구성하는 소화전, 관창(菅槍), 소방호스, 스프링클러헤드, 기동용 수압개폐장치, 유수 제어밸브 및 가스관선택밸브
2. 경보설비를 구성하는 제품 또는 기기
 가. 누전경보기 및 가스누설경보기
 나. 경보설비를 구성하는 발신기, 수신기, 중계기, 감지기 및 음향장치(경종만 해당한다)

정답 53.④ 54.①

3. 피난구조설비를 구성하는 제품 또는 기기
   가. 피난사다리, 구조대, 완강기(간이완강기 및 지지대를 포함한다)
   나. 공기호흡기(충전기를 포함한다)
   다. 피난구유도등, 통로유도등, 객석유도등 및 예비전원이 내장된 비상조명등
4. 소화용으로 사용하는 제품 또는 기기
   가. 소화약제(별표 1 제1호나목2)와 3)의 자동소화장치와 같은 호 마목3)부터 8)까지의 소화설비용만 해당한다)
   나. 방염제(방염액·방염도료 및 방염성물질을 말한다)
5. 그 밖에 행정안전부령으로 정하는 소방 관련 제품 또는 기기

55
소방시설공사업법령상 하자보수를 하여야 하는 소방시설 중 하자보수 보증기간이 3년이 아닌 것은?

① 자동소화장치 ② 비상방송설비
③ 스프링클러설비 ④ 상수도소화용수설비

해설 공사업법 시행령 제6조(하자보수 대상 소방시설과 하자보수 보증기간)
1. 피난기구, 유도등, 유도표지, 비상경보설비, 비상조명등, 비상방송설비 및 무선통신보조설비 : 2년
2. 자동소화장치, 옥내소화전설비, 스프링클러설비, 간이스프링클러설비, 물분무등소화설비, 옥외소화전설비, 자동화재탐지설비, 상수도소화용수설비 및 소화활동설비(무선통신보조설비는 제외한다) : 3년

56
위험물안전관리법령상 소화난이도등급 Ⅰ의 옥내탱크저장소에서 황만을 저장·취급할 경우 설치하여야 하는 소화설비로 옳은 것은?

① 물분무소화설비 ② 스프링클러설비
③ 포소화설비 ④ 옥내소화전설비

해설 위험물법 시행규칙 [별표 17]
소화설비, 경보설비 및 피난설비의 기준
나. 소화난이도등급 Ⅰ의 제조소 등에 설치하여야 하는 소화설비

| 옥외탱크 저장소 | 지중탱크 또는 해상탱크 외의 것 | 황만을 저장 취급하는 것 | 물분무 소화설비 |

57
소방시설법상 대통령령 또는 화재안전기준이 변경되어 그 기준이 강화되는 경우 기존 특정소방대상물의 소방시설 중 강화된 기준을 설치장소와 관계없이 항상 적용하여야 하는 것은? (단, 건축물의 신축·개축·재축·이전 및 대수선 중인 특정소방대상물을 포함한다)

① 제연설비
② 비상경보설비
③ 옥내소화전설비
④ 화재조기진압용 스프링클러설비

해설 소방시설법 제13조(소방시설기준 적용의 특례)
① 소방본부장이나 소방서장은 제12조제1항 전단에 따른 대통령령 또는 화재안전기준이 변경되어 그 기준이 강화되는 경우 기존의 특정소방대상물(건축물의 신축·개축·재축·이전 및 대수선 중인 특정소방대상물을 포함한다)의 소방시설에 대하여는 변경 전의 대통령령 또는 화재안전기준을 적용한다. 다만, 다음 각 호의 어느 하나에 해당하는 소방시설의 경우에는 대통령령 또는 화재안전기준의 변경으로 강화된 기준을 적용할 수 있다.
1. 다음 각 목의 소방시설 중 대통령령 또는 화재안전기준으로 정하는 것
   가. 소화기구
   나. 비상경보설비
   다. 자동화재탐지설비
   라. 자동화재속보설비
   마. 피난구조설비
2. 다음 각 목의 특정소방대상물에 설치하는 소방시설 중 대통령령 또는 화재안전기준으로 정하는 것
   가. 「국토의 계획 및 이용에 관한 법률」 제2조제9호에 따른 공동구
   나. 전력 및 통신사업용 지하구
   다. 노유자(老幼者) 시설
   라. 의료시설

소방시설법 시행령 제13조(강화된 소방시설기준의 적용대상)
법 제13조제1항제2호 각 목 외의 부분에서 "대통령령으로 정하는 것"이란 다음 각 호의 소방시설을 말한다.
1. 「국토의 계획 및 이용에 관한 법률」 제2조제9호에 따른 공동구에 설치하는 소화기, 자동소화장치, 자동화재탐지설비, 통합감시시설, 유도등 및 연소방지설비

정답 55.② 56.① 57.②

2. 전력 및 통신사업용 지하구에 설치하는 소화기, 자동소화장치, 자동화재탐지설비, 통합감시시설, 유도등 및 연소방지설비
3. 노유자 시설에 설치하는 간이스프링클러설비, 자동화재탐지설비 및 단독경보형 감지기
4. 의료시설에 설치하는 스프링클러설비, 간이스프링클러설비, 자동화재탐지설비 및 자동화재속보설비

58 소방시설법상 소방시설 등의 종합점검 대상 기준에 맞게 ( )에 들어갈 내용으로 옳은 것은?

> 물분무등 소화설비[호스릴방식의 물분무등소화설비만을 설치한 경우는 제외]가 설치된 연면적 ( )m² 이상인 특정소방대상물(위험물 제조소 등은 제외)

① 2,000 ② 3,000
③ 4,000 ④ 5,000

해설 ▶ 점검대상 및 시기, 점검자자격

대상		횟수·시기	점검자
작동점검	모든 특정소방대상물 [3급이상에 해당] 〈제외 대상〉 1. 특급소방안전관리대상물 (종합점검만 연 2회) 2. 소방안전관리대상물에 속하지 않는 대상물 3. 위험물 제조소등	• 원칙 : 연 1회 종합점검 대상 × 안전관리대상물의 사용승인일이 속하는 달의 말일까지 종합점검 대상 ○ 종합실시월로부터 6개월이 되는 달에 실시	관계인 (자탐, 간이만 해당) 소방안전관리자 (기술사, 관리사) 관리업자 관리사 (자탐, 간이는 특급 점검자가능)
종합점검	최초점검	3급이상대상중 최초사용승인 건축물	사용승인일로부터 60일 이내	
	그밖점검	스프링클러설비가 설치된 특정소방대상물 물분무등소화설비가 설치된 연면적 5,000[m²] 이상인 특정소방대상물 연면적 2,000[m²] 이상 다중이용업소(9종) 옥내소화전설비 또는 자동화재탐지설비가 설치된 연면적 1,000[m²] 이상 공공기관(소방대 제외) 제연설비가 설치된 터널	• 원칙 : 연 1회 (최초사용승인해 다음 해부터 사용승인일이 속하는 달의 말일까지) 예 학교 : 1~6월이 사용승인일인 경우 6월 말일까지 • 특급 소방안전관리대상물 : 연2회(반기별 1회)	소방안전관리자 (기술사, 관리사) 관리업자 관리사

59 소방시설법상 건축허가 등의 동의대상물의 범위로 틀린 것은?

① 항공기 격납고
② 방송용 송·수신탑
③ 연면적이 400제곱미터 이상인 건축물
④ 지하층 또는 무창층이 있는 건축물로서 바닥면적이 50제곱미터 이상인 층이 있는 것

해설 건축허가 동의 대상물의 범위(대통령령)
1. 연면적 400제곱미터 이상인 건축물
   가. 학교시설 : 100제곱미터
   나. 노유자시설(老幼者施設) 및 수련시설 : 200제곱미터
   다. 정신의료기관 : 300제곱미터
   라. 장애인 의료재활시설(이하 "의료재활시설"이라 한다) : 300제곱미터
1의2. 층수가 6층 이상인 건축물
2. 차고·주차장 또는 주차용도로 사용되는 시설로서 다음 각 목의 어느 하나에 해당하는 것
   가. 차고·주차장으로 사용되는 바닥면적이 200제곱미터 이상인 층이 있는 건축물이나 차시설
   나. 승강기 등 기계장치에 의한 주차시설로서 자동차 20대 이상을 주차할 수 있는 시설
3. 항공기격납고, 관망탑, 항공관제탑, 방송용 송수신탑
4. 지하층 또는 무창층이 있는 건축물로서 바닥면적이 150제곱미터(공연장의 경우에는 100제곱미터) 이상인 층이 있는 것
5. 별표 2의 특정소방대상물 중 위험물 저장 및 처리 시설, 지하구
6. 제1호에 해당하지 않는 노유자시설 중 다음 각 목의 어느 하나에 해당하는 시설. 다만, 가목2) 및 나목부터 바목까 지의 시설 중 「건축법 시행령」 별표 1의 단독주택 또는 공동주택에 설치되는 시설은 제외한다.
   가. 별표 2 제9호가목에 따른 노인 관련 시설 중 다음의 어느 하나에 해당하는 시설
      1) 「노인복지법」 제31조제1호·제2호 및 제4호에 따른 노인주거복지시설·노인의료복지시설 및 재가노인복지시설
      2) 「노인복지법」 제31조제7호에 따른 학대피해 노인 전용쉼터
   나. 「아동복지법」 제52조에 따른 아동복지시설(아동 상담소, 아동전용시설 및 지역아동센터는 제외한다)

다. 「장애인복지법」 제58조제1항제1호에 따른 장애인 거주시설
라. 정신질환자 관련 시설
마. 노숙인 관련 시설 중 노숙인자활시설, 노숙인재활시설 및 노숙인요양시설
바. 결핵환자나 한센인이 24시간 생활하는 노유자시설

7. 「의료법」 제3조제2항제3호라목에 따른 요양병원(이하 "요양병원"이라 한다). 다만, 정신의료기관 중 정신병원(이하 "정신병원"이라 한다)과 의료재활시설은 제외한다.

60 화재예방법령상 화재의 예방상 위험하다고 인정되는 행위를 하는 사람에게 행위의 금지 또는 제한 명령을 할 수 있는 사람은?

① 소방관서장 ② 시·도지사
③ 의용소방대원 ④ 소방대상물의 관리자

해설 화재예방법 제14조(화재안전조사 결과에 따른 조치명령)

① 소방관서장은 화재안전조사 결과에 따른 소방대상물의 위치·구조·설비 또는 관리의 상황이 화재예방을 위하여 보완될 필요가 있거나 화재가 발생하면 인명 또는 재산의 피해가 클 것으로 예상되는 때에는 행정안전부령으로 정하는 바에 따라 관계인에게 그 소방대상물의 개수(改修)·이전·제거, 사용의 금지 또는 제한, 사용폐쇄, 공사의 정지 또는 중지, 그 밖에 필요한 조치를 명할 수 있다.

② 소방관서장은 화재안전조사 결과 소방대상물이 법령을 위반하여 건축 또는 설비되었거나 소방시설등, 피난시설·방화구획, 방화시설 등이 법령에 적합하게 설치 또는 관리되고 있지 아니한 경우에는 관계인에게 제1항에 따른 조치를 명하거나 관계 행정기관의 장에게 필요한 조치를 하여 줄 것을 요청할 수 있다.

정답 60.①

2021년 제4회 소방설비기사[전기분야] 1차 필기
[제3과목 : 소방관계법규]

41 소방기본법 제1장 총칙에서 정하는 목적의 내용으로 거리가 먼 것은?

① 구조, 구급 활동 등을 통하여 공공의 안녕 및 질서 유지
② 풍수해의 예방, 경계, 진압에 관한 계획, 예산 지원 활동
③ 구조, 구급 활동 등을 통하여 국민의 생명, 신체, 재산보호
④ 화재, 재난, 재해 그 밖의 위급한 상황에서의 구조, 구급활동

해설 기본법 제1조(목적)
이 법은 화재를 예방·경계하거나 진압하고 화재, 재난·재해, 그 밖의 위급한 상황에서의 구조·구급 활동 등을 통하여 국민의 생명·신체 및 재산을 보호함으로써 공공의 안녕 및 질서 유지와 복리증진에 이바지함을 목적으로 한다.

42 화재예방법령상 위험물 또는 물건의 보관기간은 소방본부 또는 소방서의 게시판에 공고하는 기간의 종료일 다음날부터 며칠로 하는가?

① 3일 ② 4일
③ 5일 ④ 7일

해설

공고기간	보관하는 그날부터 14일 동안
보관기간	공고의 종료일 다음날부터 7일간

43 소방시설법상 관리업자가 소방시설등의 점검을 마친 후 점검기록표에 기록하고 이를 해당 특정소방대상물에 부착하여야 하나 이를 위반하고 점검기록표를 거짓으로 작성하거나 해당 특정소방대상물에 부착하지 아니하였을 경우 벌칙 기준은?

① 100만원 이하의 과태료
② 200만원 이하의 과태료
③ 300만원 이하의 과태료
④ 500만원 이하의 과태료

해설 제61조(과태료)
① 다음 각 호의 어느 하나에 해당하는 자에게는 300만원 이하의 과태료를 부과한다.
 1. 제12조제1항을 위반하여 소방시설을 화재안전기준에 따라 설치·관리하지 아니한 자
 2. 제15조제1항을 위반하여 공사 현장에 임시소방시설을 설치·관리하지 아니한 자
 3. 제16조제1항을 위반하여 피난시설, 방화구획 또는 방화시설의 폐쇄·훼손·변경 등의 행위를 한 자
 4. 제20조제1항을 위반하여 방염대상물품을 방염성능기준 이상으로 설치하지 아니한 자
 5. 제22조제1항 전단을 위반하여 점검능력 평가를 받지 아니하고 점검을 한 관리업자
 6. 제22조제1항 후단을 위반하여 관계인에게 점검 결과를 제출하지 아니한 관리업자등
 7. 제22조제2항에 따른 점검인력의 배치기준 등 자체점검 시 준수사항을 위반한 자
 8. 제23조제3항을 위반하여 점검 결과를 보고하지 아니하거나 거짓으로 보고한 자
 9. 제23조제4항을 위반하여 이행계획을 기간 내에 완료하지 아니한 자 또는 이행계획 완료 결과를 보고하지 아니하거나 거짓으로 보고한 자
 10. 제24조제1항을 위반하여 점검기록표를 기록하지 아니하거나 특정소방대상물의 출입자가 쉽게 볼 수 있는 장소에 게시하지 아니한 관계인

정답 41.② 42.④ 43.③

11. 제31조 또는 제32조제3항을 위반하여 신고를 하지 아니하거나 거짓으로 신고한 자
12. 제33조제3항을 위반하여 지위승계, 행정처분 또는 휴업·폐업의 사실을 특정소방대상물의 관계인에게 알리지 아니하거나 거짓으로 알린 관리업자
13. 제33조제4항을 위반하여 소속 기술인력의 참여 없이 자체점검을 한 관리업자
14. 제34조제2항에 따른 점검실적을 증명하는 서류 등을 거짓으로 제출한 자
15. 제52조제1항에 따른 명령을 위반하여 보고 또는 자료제출을 하지 아니하거나 거짓으로 보고 또는 자료제출을 한 자 또는 정당한 사유 없이 관계 공무원의 출입 또는 검사를 거부·방해 또는 기피한 자

44 위험물안전관리법령상 제4류 위험물 중 경유의 지정수량은 몇 리터인가?

① 500L ② 1,000L
③ 1,500L ④ 2,000L

해설 제4류 위험물 지정수량

위험등급	품 명		지정수량
Ⅰ등급	특수인화물		50[L]
Ⅱ등급	제1석유류	비수용성 액체	200[L]
		수용성 액체	400[L]
	알코올류		400[L]
Ⅲ등급	제2석유류	비수용성 액체	1,000[L]
		수용성 액체	2,000[L]
	제3석유류	비수용성 액체	2,000[L]
		수용성 액체	4,000[L]
	제4석유류		6,000[L]
	동·식물유류		10,000[L]

45 화재예방법상 소방관서장은 화재안전조사를 실시하려는 경우 사전에 조사대상, 조사기간 및 조사사유 등 조사계획을 소방청, 소방본부 또는 소방서(이하 "소방관서"라 한다)의 인터넷 홈페이지나 전산시스템을 통해 몇 일 이상 공개해야 하는가?

① 7일 ② 10일
③ 12일 ④ 14일

해설 화재예방법 제8조(화재안전조사의 방법·절차 등)
① 소방관서장은 화재안전조사를 조사의 목적에 따라 제7조제2항에 따른 화재안전조사의 항목 전체에 대하여 종합적으로 실시하거나 특정 항목에 한정하여 실시할 수 있다.
② 소방관서장은 화재안전조사를 실시하려는 경우 사전에 관계인에게 조사대상, 조사기간 및 조사사유 등을 우편, 전화, 전자메일 또는 문자전송 등을 통하여 통지하고 이를 대통령령으로 정하는 바에 따라 인터넷 홈페이지나 제16조제3항의 전산시스템 등을 통하여 공개하여야 한다. 다만, 다음 각 호의 어느 하나에 해당하는 경우에는 그러하지 아니하다.
 1. 화재가 발생할 우려가 뚜렷하여 긴급하게 조사할 필요가 있는 경우
 2. 제1호 외에 화재안전조사의 실시를 사전에 통지하거나 공개하면 조사목적을 달성할 수 없다고 인정되는 경우
③ 화재안전조사는 관계인의 승낙 없이 소방대상물의 공개시간 또는 근무시간 이외에는 할 수 없다. 다만, 제2항제1호에 해당하는 경우에는 그러하지 아니하다.
④ 제2항에 따른 통지를 받은 관계인은 천재지변이나 그 밖에 대통령령으로 정하는 사유로 화재안전조사를 받기 곤란한 경우에는 화재안전조사를 통지한 소방관서장에게 대통령령으로 정하는 바에 따라 화재안전조사를 연기하여 줄 것을 신청할 수 있다. 이 경우 소방관서장은 연기신청 승인 여부를 결정하고 그 결과를 조사 시작 전까지 관계인에게 알려 주어야 한다.
⑤ 제1항부터 제4항까지에서 규정한 사항 외에 화재안전조사의 방법 및 절차 등에 필요한 사항은 대통령령으로 정한다.

화재예방법 시행령 제8조(화재안전조사의 방법·절차 등)
① 소방관서장은 화재안전조사의 목적에 따라 다음 각 호의 어느 하나에 해당하는 방법으로 화재안전조사를 실시할 수 있다.
 1. 종합조사 : 제7조의 화재안전조사 항목 전부를 확인하는 조사
 2. 부분조사 : 제7조의 화재안전조사 항목 중 일부를 확인하는 조사
② 소방관서장은 화재안전조사를 실시하려는 경우 사전에 법 제8조제2항 각 호 외의 부분 본문에 따라 조사대상, 조사기간 및 조사사유 등 조사계획을 소방청, 소방본부 또는 소방서(이하 "소방관서"라 한다)의 인터넷 홈페이지나 법 제16조제3항에 따른 전산시스템

정답 44.② 45.①

을 통해 7일 이상 공개해야 한다.
③ 소방관서장은 법 제8조제2항 각 호 외의 부분 단서에 따라 사전 통지 없이 화재안전조사를 실시하는 경우에는 화재안전조사를 실시하기 전에 관계인에게 조사 사유 및 조사범위 등을 현장에서 설명해야 한다.
④ 소방관서장은 화재안전조사를 위하여 소속 공무원으로 하여금 관계인에게 보고 또는 자료의 제출을 요구하거나 소방대상물의 위치·구조·설비 또는 관리 상황에 대한 조사·질문을 하게 할 수 있다.
⑤ 소방관서장은 화재안전조사를 효율적으로 실시하기 위하여 필요한 경우 다음 각 호의 기관의 장과 합동으로 조사반을 편성하여 화재안전조사를 할 수 있다.
 1. 관계 중앙행정기관 또는 지방자치단체
 2. 「소방기본법」 제40조에 따른 한국소방안전원(이하 "안전원"이라 한다)
 3. 「소방산업의 진흥에 관한 법률」 제14조에 따른 한국소방산업기술원(이하 "기술원"이라 한다)
 4. 「화재로 인한 재해보상과 보험가입에 관한 법률」 제11조에 따른 한국화재보험협회(이하 "화재보험협회"라 한다)
 5. 「고압가스 안전관리법」 제28조에 따른 한국가스안전공사(이하 "가스안전공사"라 한다)
 6. 「전기안전관리법」 제30조에 따른 한국전기안전공사(이하 "전기안전공사"라 한다)
 7. 그 밖에 소방청장이 정하여 고시하는 소방 관련 법인 또는 단체
⑥ 제1항부터 제5항까지에서 규정한 사항 외에 화재안전조사 계획의 수립 등 화재안전조사에 필요한 사항은 소방청장이 정한다.

46 소방시설공사업법령상 소방시설공사업자가 소속 소방기술자를 소방시설공사 현장에 배치하지 않았을 경우의 과태료 기준은?

① 100만원 이하
② 200만원 이하
③ 300만원 이하
④ 400만원 이하

해설 공사업법 제40조(과태료) 제1항
다음 각 호의 어느 하나에 해당하는 자에게는 200만원 이하의 과태료를 부과한다.
 4. 소방기술자를 공사 현장에 배치하지 아니한 자

47 화재예방법상 천재지변 및 그 밖에 대통령령으로 정하는 사유로 화재안전조사를 받기 곤란하여 연기를 신청하려는 자는 화재안전조사 시작 최대 몇일 전까지 연기신청서 및 증명서류를 제출해야 하는가?

① 3일
② 5일
③ 7일
④ 10일

해설 화재예방법 시행령 제9조(화재안전조사의 연기)
① 법 제8조제4항 전단에서 "대통령령으로 정하는 사유"란 다음 각 호의 어느 하나에 해당하는 사유를 말한다.
 1. 「재난 및 안전관리 기본법」 제3조제1호에 해당하는 재난이 발생한 경우
 2. 관계인의 질병, 사고, 장기출장의 경우
 3. 권한 있는 기관에 자체점검기록부, 교육·훈련일지 등 화재안전조사에 필요한 장부·서류 등이 압수되거나 영치(領置)되어 있는 경우
 4. 소방대상물의 증축·용도변경 또는 대수선 등의 공사로 화재안전조사를 실시하기 어려운 경우
② 법 제8조제4항 전단에 따라 화재안전조사의 연기를 신청하려는 관계인은 행정안전부령으로 정하는 바에 따라 연기신청서에 연기의 사유 및 기간 등을 적어 소방관서장에게 제출해야 한다.
③ 소방관서장은 법 제8조제4항 후단에 따라 화재안전조사의 연기를 승인한 경우라도 연기기간이 끝나기 전에 연기사유가 없어졌거나 긴급히 조사를 해야 할 사유가 발생하였을 때는 관계인에게 미리 알리고 화재안전조사를 할 수 있다.

화재예방법 시행규칙 제4조(화재안전조사의 연기신청 등)
① 「화재의 예방 및 안전관리에 관한 법률 시행령」(이하 "영"이라 한다) 제9조제2항에 따라 화재안전조사의 연기를 신청하려는 관계인은 화재안전조사 시작 3일 전까지 별지 제1호서식의 화재안전조사 연기신청서(전자문서를 포함한다)에 화재안전조사를 받기 곤란함을 증명할 수 있는 서류(전자문서를 포함한다)를 첨부하여 소방청장, 소방본부장 또는 소방서장(이하 "소방관서장"이라 한다)에게 제출해야 한다.
② 제1항에 따른 신청서를 제출받은 소방관서장은 3일 이내에 연기신청의 승인 여부를 결정하여 별지 제2호서식의 화재안전조사 연기신청 결과 통지서를 연기신청을 한 자에게 통지해야 하며 연기기간이 종료되면 지체 없이 화재안전조사를 시작해야 한다.

48 화재예방법상 1급 소방안전관리대상물의 소방안전관리자 자격시험에 응시할 수 있는 조건에 해당하지 않는 것은?

① 5년 이상 2급 소방안전관리대상물의 소방안전관리자로 근무한 실무경력이 있는 사람
② 산업안전기사 또는 산업안전산업기사의 자격을 취득한 후 2년 이상 2급 소방안전관리대상물 또는 3급 소방안전관리대상물의 소방안전관리자로 근무한 실무경력이 있는 사람
③ 2급 소방안전관리대상물의 소방안전관리자로 선임될 수 있는 자격을 갖춘 후 특급 또는 1급 소방안전관리대상물의 소방안전관리보조자로 5년 이상 근무한 실무경력이 있는 사람
④ 소방행정학(소방학 및 소방방재학을 포함한다) 또는 소방안전공학(소방방재공학 및 안전공학을 포함한다) 분야에서 학사 이상 학위를 취득한 사람

해설 [화재예방법 시행령 별표6 소방안전관리자 응시자격]
1급 소방안전관리자
가. 대학 또는 고등학교에서 소방안전관리학과를 전공하고 졸업한 사람(법령에 따라 이와 같은 수준의 학력이 있다고 인정되는 사람을 포함한다)으로서 해당 학과를 졸업한 후 2년 이상 2급 소방안전관리대상물 또는 3급 소방안전관리대상물의 소방안전관리자로 근무한 실무경력이 있는 사람
나. 다음의 어느 하나에 해당하는 요건을 갖춘 후 3년 이상 2급 소방안전관리대상물 또는 3급 소방안전관리대상물의 소방안전관리자로 근무한 실무경력이 있는 사람
  1) 대학 또는 고등학교에서 소방안전 관련 교과목을 12학점 이상 이수하고 졸업한 사람
  2) 법령에 따라 1)에 해당하는 사람과 같은 수준의 학력이 있다고 인정되는 사람으로서 해당 학력 취득 과정에서 소방안전 관련 교과목을 12학점 이상 이수한 사람
  3) 대학 또는 고등학교에서 소방안전 관련 학과를 전공하고 졸업한 사람(법령에 따라 이와 같은 수준의 학력이 있다고 인정되는 사람을 포함한다)
다. 소방행정학(소방학 및 소방방재학을 포함한다) 또는 소방안전공학(소방방재공학 및 안전공학을 포함한다) 분야에서 석사 이상 학위를 취득한 사람
라. 5년 이상 2급 소방안전관리대상물의 소방안전관리자로 근무한 실무경력이 있는 사람
마. 법 제34조제1항제1호에 따른 강습교육 중 이 영 제33조제1호 및 제2호에 해당하는 사람을 대상으로 하는 강습교육을 수료한 사람
바. 2급 소방안전관리대상물의 소방안전관리자로 선임될 수 있는 자격을 갖춘 후 특급 또는 1급 소방안전관리대상물의 소방안전관리보조자로 5년 이상 근무한 실무경력이 있는 사람
사. 2급 소방안전관리대상물의 소방안전관리자로 선임될 수 있는 자격을 갖춘 후 2급 소방안전관리대상물의 소방안전관리보조자로 7년 이상 근무한 실무경력(특급 또는 1급 소방안전관리대상물의 소방안전관리보조자로 근무한 실무경력이 있는 경우에는 이를 포함하여 합산한다)이 있는 사람
아. 산업안전기사 또는 산업안전산업기사의 자격을 취득한 후 2년 이상 2급 소방안전관리대상물 또는 3급 소방안전관리대상물의 소방안전관리자로 근무한 실무경력이 있는 사람
자. 제1호에 따라 특급 소방안전관리대상물의 소방안전관리자 시험응시 자격이 인정되는 사람

49 위험물안전관리법령상 제소소등에 설치하여야 할 자동화재탐지설비의 설치기준 중 ( ) 안에 알맞은 내용은? (단, 광전식분리형 감지기 설치는 제외한다)

> 하나의 경계구역의 면적은 (㉠)m² 이하로 하고 그 한 변의 길이는 (㉡)m 이하로 할 것 다만, 당해 건축물 그 밖의 공작물의 주요한 출입구에서 그 내부의 전체를 볼 수 있는 경우에 있어서는 그 면적을 1,000m² 이하로 할 수 있다.

① ㉠ 300, ㉡ 20   ② ㉠ 400, ㉡ 30
③ ㉠ 500, ㉡ 40   ④ ㉠ 600, ㉡ 50

해설 위험물법 시행규칙 [별표 17] 소화설비, 경보설비 및 피난설비의 기준
Ⅱ. 경보설비
1. 제조소등별로 설치해야 하는 경보설비의 종류
2. 자동화재탐지설비의 설치기준
  가. 자동화재탐지설비의 경계구역(화재가 발생한 구역을 다른 구역과 구분하여 식별할 수 있는 최소

정답 48.④ 49.④

단위의 구역을 말한다. 이하 이 호에서 같다)은 건축물 그 밖의 공작물의 2 이상의 층에 걸치지 아니하도록 할 것. 다만, 하나의 경계구역의 면적이 500㎡ 이하이면서 당해 경계구역이 두개의 층에 걸치는 경우이거나 계단·경사로·승강기의 승강로 그 밖에 이와 유사한 장소에 연기감지기를 설치하는 경우에는 그러하지 아니하다.
나. 하나의 경계구역의 면적은 600㎡ 이하로 하고 그 한변의 길이는 50m(광전식분리형 감지기를 설치할 경우에는 100m)이하로 할 것. 다만, 당해 건축물 그 밖의 공작물의 주요한 출입구에서 그 내부의 전체를 볼 수 있는 경우에 있어서는 그 면적을 1,000㎡ 이하로 할 수 있다.
다. 자동화재탐지설비의 감지기(옥외탱크저장소에 설치하는 자동화재탐지설비의 감지기는 제외한다)는 지붕(상층이 있는 경우에는 상층의 바닥) 또는 벽의 옥내에 면한 부분(천장이 있는 경우에는 천장 또는 벽의 옥내에 면한 부분 및 천장의 뒷부분)에 유효하게 화재의 발생을 감지할 수 있도록 설치할 것
라. 옥외탱크저장소에 설치하는 자동화재탐지설비의 감지기 설치기준
  1) 불꽃감지기를 설치할 것. 다만, 불꽃을 감지하는 기능이 있는 지능형 폐쇄회로텔레비전(CCTV)을 설치한 경우 불꽃감지기를 설치한 것으로 본다.
  2) 옥외저장탱크 외측과 별표 6 Ⅱ에 따른 보유공지 내에서 발생하는 화재를 유효하게 감지할 수 있는 위치에 설치할 것
  3) 지지대를 설치하고 그 곳에 감지기를 설치하는 경우 지지대는 벼락에 영향을 받지 않도록 설치할 것
마. 자동화재탐지설비에는 비상전원을 설치할 것
바. 옥외탱크저장소가 다음의 어느 하나에 해당하는 경우에는 자동화재탐지설비를 설치하지 않을 수 있다.
  1) 옥외탱크저장소의 방유제(防油堤)와 옥외저장탱크 사이의 지표면을 불연성 및 불침윤성(수분에 젖지 않는 성질)이 있는 철근콘크리트 구조 등으로 한 경우
  2) 「화학물질관리법 시행규칙」 별표 5 제6호의 화학물질안전원장이 정하는 고시에 따라 가스감지기를 설치한 경우

50 화재예방법상 특정소방대상물의 관계인은 소방안전관리자를 기준일로부터 30일 이내에 선임하여야 한다. 다음 중 기준일로 틀린 것은?

① 소방안전관리자를 해임한 경우 : 소방안전관리자를 해임한 날
② 특정소방대상물을 양수하여 관계인의 권리를 취득한 경우 : 해당 권리를 취득한 날
③ 신축으로 해당 특정소방대상물의 소방안전관리자를 신규로 선임하여야 하는 경우 : 해당 특정소방대상물의 완공일
④ 증축으로 인하여 특정소방대상물이 소방안전관리대상물로 된 경우 : 증축공사의 개시일

해설 화재예방법 시행규칙 제14조(소방안전관리자의 선임신고 등)
① 소방안전관리대상물의 관계인은 법 제24조 및 제35조에 따라 소방안전관리자를 다음 각 호의 구분에 따라 해당 호에서 정하는 날부터 30일 이내에 선임해야 한다.
  1. 신축·증축·개축·재축·대수선 또는 용도변경으로 해당 특정소방대상물의 소방안전관리자를 신규로 선임해야 하는 경우 : 해당 특정소방대상물의 사용승인일(건축물의 경우에는 「건축법」 제22조에 따라 건축물을 사용할 수 있게 된 날을 말한다. 이하 이 조 및 제16조에서 같다)
  2. 증축 또는 용도변경으로 인하여 특정소방대상물이 영 제25조제1항에 따른 소방안전관리대상물로 된 경우 또는 특정소방대상물의 소방안전관리 등급이 변경된 경우 : 증축공사의 사용승인일 또는 용도변경 사실을 건축물관리대장에 기재한 날
  3. 특정소방대상물을 양수하거나 「민사집행법」에 따른 경매, 「채무자 회생 및 파산에 관한 법률」에 따른 환가(換價), 「국세징수법」·「관세법」 또는 「지방세기본법」에 따른 압류재산의 매각이나 그 밖에 이에 준하는 절차에 따라 관계인의 권리를 취득한 경우 : 해당 권리를 취득한 날 또는 관할 소방서장으로부터 소방안전관리자 선임 안내를 받은 날. 다만, 새로 권리를 취득한 관계인이 종전의 특정소방대상물의 관계인이 선임신고한 소방안전관리자를 해임하지 않는 경우는 제외한다.
  4. 법 제35조에 따른 특정소방대상물의 경우 : 관리의 권원이 분리되거나 소방본부장 또는 소방서장

정답 50.④

이 관리의 권원을 조정한 날
5. 소방안전관리자의 해임, 퇴직 등으로 해당 소방안전관리자의 업무가 종료된 경우 : 소방안전관리자가 해임된 날, 퇴직한 날 등 근무를 종료한 날
6. 법 제24조제3항에 따라 소방안전관리업무를 대행하는 자를 감독할 수 있는 사람을 소방안전관리자로 선임한 경우로서 그 업무대행 계약이 해지 또는 종료된 경우 : 소방안전관리업무 대행이 끝난 날
7. 법 제31조제1항에 따라 소방안전관리자 자격이 정지 또는 취소된 경우 : 소방안전관리자 자격이 정지 또는 취소된 날

51 위험물안전관리법령상 정기점검의 대상인 제조소 등의 기준으로 틀린 것은?

① 지하탱크저장소
② 이동탱크저장소
③ 지정수량의 10배 이상의 위험물을 취급하는 제조소
④ 지정수량의 20배 이상의 위험물을 저장하는 옥외탱크저장소

해설 위험물법 시행령
제16조(정기점검의 대상인 제조소등)
법 제18조 제1항에서 "대통령령이 정하는 제조소등"이라 함은 각 호의 1에 해당하는 제조소등을 말한다.
1. 제15조 각호의 1에 해당하는 제조소등
2. 지하탱크저장소
3. 이동탱크저장소
4. 위험물을 취급하는 탱크로서 지하에 매설된 탱크가 있는 제조소·주유취급소 또는 일반취급소

제15조 각 호의 1(예방규정을 정해야 하는 제조소등의 종류)
㉠ 지정수량의 10배 이상의 위험물을 취급하는 제조소
㉡ 지정수량의 100배 이상의 위험물을 제정하는 옥외저장소
㉢ 지정수량의 150배 이상의 위험물을 저장하는 옥내저장소
㉣ 지정수량의 200배 이상의 위험물을 저장하는 옥외탱크저장소
㉤ 암반탱크저장소
㉥ 이송취급소
㉦ 지정수량의 10배 이상의 위험물을 취급하는 일반취급소

52 소방시설법상 특정소방대상물의 관계인이 특정소방대상물의 규모·용도 및 수용인원 등을 고려하여 갖추어야 하는 소방시설의 종류에 대한 기준 중 다음 ( ) 안에 알맞은 것은?

화재안전기준에 따라 소화기구를 설치하여야 하는 특정소방대상물은 연면적 (㉠)㎡ 이상인 것. 다만, 노유자시설의 경우에는 투척용 소화용구 등을 화재안전기준에 따라 산정된 소화기 수량의 (㉡) 이상으로 설치할 수 있다.

① ㉠ 33, ㉡ 1/2
② ㉠ 33, ㉡ 1/5
③ ㉠ 50, ㉡ 1/2
④ ㉠ 50, ㉡ 1/5

해설 소방시설법 시행령 [별표4]
1. 소화설비
가. 화재안전기준에 따라 소화기구를 설치해야 하는 특정소방대상물은 다음의 어느 하나에 해당하는 것으로 한다.
1) 연면적 33㎡ 이상인 것. 다만, 노유자 시설의 경우에는 투척용 소화용구 등을 화재안전기준에 따라 산정된 소화기 수량의 2분의 1 이상으로 설치할 수 있다.
2) 1)에 해당하지 않는 시설로서 가스시설, 발전시설 중 전기저장시설 및 국가유산
3) 터널
4) 지하구

53 소방시설법상 용어의 정의 중 ( ) 안에 알맞은 것은?

특정소방대상물이란 소방시설을 설치하여야 하는 소방대상물로서 ( )으로 정하는 것을 말한다.

① 대통령령
② 국토교통부령
③ 행정안전부령
④ 고용노동부령

해설 소방시설법 제2조(정의)
① 이 법에서 사용하는 용어의 뜻은 다음과 같다.
3. "특정소방대상물"이란 소방시설을 설치하여야 하는 소방대상물로서 대통령령으로 정하는 것을 말한다.

54 소방시설법상 분말형태의 소화약제를 사용하는 소화기의 내용연수로 옳은 것은? (단, 소방용품의 성능을 확인받아 그 사용기한을 연장하는 경우는 제외한다)

① 3년   ② 5년
③ 7년   ④ 10년

해설 소방시설법 시행령 제19조(내용연수 설정대상 소방용품)
① 법 제17조제1항 후단에 따라 내용연수를 설정해야 하는 소방용품은 분말형태의 소화약제를 사용하는 소화기로 한다.
② 제1항에 따른 소방용품의 내용연수는 10년으로 한다.

55 소방시설공사업법령상 전문 소방시설공사업의 등록기준 및 영업범위의 기준에 대한 설명으로 틀린 것은?

① 법인인 경우 자본금은 최소 1억원 이상이다.
② 개인인 경우 자산평가액은 최소 1억원 이상이다.
③ 주된 기술인력 최소 1명 이상, 보조기술인력 최소 3명 이상을 둔다.
④ 영업범위는 특정소방대상물에 설치되는 기계분야 및 전기분야 소방시설의 공사·개설·이전 및 정비이다.

해설 주된 기술인력 최소 1명 이상, 보조기술인력 최소 2명 이상을 둔다.

공사업법 시행령 [별표 1]
소방시설업의 업종별 등록기준 및 영업범위
2. 소방시설공사업

업종별\항목	기술인력	자본금 (자산평가액)	영업범위
전문 소방시설 공사업	가. 주된 기술인력: 소방기술사 또는 기계분야와 전기분야의 소방설비기사 각 1명(기계분야 및 전기분야의 자격을 함께 취득한 사람 1명) 이상	가. 법인: 1억원 이상 나. 개인: 자산평가액 1억원 이상	특정소방대상물에 설치되는 기계분야 및 전기분야 소방시설의 공사·개설·이전 및 정비
일반 소방시설 공사업 / 기계분야	가. 주된 기술인력: 소방기술사 또는 기계분야 소방설비기사 1명 이상 나. 보조기술인력: 1명 이상	가. 법인: 1억원 이상 나. 개인: 자산평가액 1억원 이상	가. 연면적 1만제곱미터 미만의 특정소방대상물에 설치되는 기계분야 소방시설의 공사·개설·이전 및 정비 나. 위험물제조소등에 설치되는 기계분야 소방시설의 공사·개설·이전 및 정비
일반 소방시설 공사업 / 전기분야	가. 주된 기술인력: 소방기술사 또는 전기분야 소방설비기사 1명 이상 나. 보조기술인력: 1명 이상	가. 법인: 1억원 이상 나. 개인: 자산평가액 1억원 이상	가. 연면적 1만제곱미터 미만의 특정소방대상물에 설치되는 전기분야 소방시설의 공사·개설·이전·정비 나. 위험물제조소등에 설치되는 전기분야 소방시설의 공사·개설·이전·정비

(나. 보조기술인력 2명 이상)

56 다음 위험물안전관리법령의 자체소방대 기준에 대한 설명으로 틀린 것은?

> 다량의 위험물을 저장·취급하는 제조소등으로서 대통령령이 정하는 제조소등이 있는 동일한 사업소에서 대통령령이 정하는 수량 이상의 위험물을 저장 또는 취급하는 경우 당해 사업소의 관계인은 대통령령이 정하는 바에 따라 당해 사업소에 자체소방대를 설치하여야 한다.

① "대통령령이 정하는 제조소등"은 제4류 위험물을 취급하는 제조소를 포함한다.
② "대통령령이 정하는 제조소등"은 제4류 위험물을 취급하는 일반취급소를 포함한다.
③ "대통령령이 정하는 수량 이상의 위험물"은 제4류 위험물의 최대수량의 합이 지정수량의 3천배 이상인 것을 포함한다.

정답 54.④ 55.③ 56.④

④ "대통령령이 정하는 제조소등"은 보일러로 위험물을 소비하는 일반취급소를 포함한다.

[해설] 위험물법 시행령 제18조(자체소방대를 설치하여야 하는 사업소)

① 법 제19조에서 "대통령령이 정하는 제조소등"이란 다음 각 호의 어느 하나에 해당하는 제조소등을 말한다.
   1. 제4류 위험물을 취급하는 제조소 또는 일반취급소. 다만, 보일러로 위험물을 소비하는 일반취급소 등 행정안전부령으로 정하는 일반취급소는 제외한다.
   2. 제4류 위험물을 저장하는 옥외탱크저장소
② 법 제19조에서 "대통령령이 정하는 수량 이상"이란 다음 각 호의 구분에 따른 수량을 말한다.
   1. 제1항 제1호에 해당하는 경우: 제조소 또는 일반취급소에서 취급하는 제4류 위험물의 최대수량의 합이 지정수량의 3천배 이상
   2. 제1항 제2호에 해당하는 경우: 옥외탱크저장소에 저장하는 제4류 위험물의 최대수량이 지정수량의 50만배 이상

57 소방기본법령상 소방본부 종합상황실의 실장이 서면·팩스 또는 컴퓨터통신 등으로 소방청 종합상황실에 보고하여야 하는 화재의 기준이 아닌 것은?

① 이재민이 100인 이상 발생한 화재
② 재산피해액이 50억원 이상 발생한 화재
③ 사망자가 3인 이상 발생하거나 사상자가 5인 이상 발생한 화재
④ 층수가 5층 이상이거나 병상이 30개 이상인 종합병원에서 발생한 화재

[해설] 기본법 시행규칙 제3조(종합상황실의 실장의 업무 등) 제2항

▶ 상부 종합상황실 보고사항
1. 다음 각목의 1에 해당하는 화재
   가. 사망자가 5인 이상 발생하거나 사상자가 10인 이상 발생한 화재
   나. 이재민이 100인 이상 발생한 화재
   다. 재산피해액이 50억 원 이상 발생한 화재
   라. 관공서·학교·정부미도정공장·문화재·지하철 또는 지하구의 화재
   마. 관광호텔, 층수(「건축법 시행령」 제119조제1항제9호의 규정에 의하여 산정한 층수를 말한다. 이하 이 목에서 같다)가 11층 이상인 건축물, 지하상가, 시장, 백화점, 「위험물법」 제2조제2항의 규정에 의한 지정수량의 3천배 이상의 위험물의 제조소·저장소·취급소, 층수가 5층 이상이거나 객실이 30실 이상인 숙박시설, 층수가 5층 이상이거나 병상이 30개 이상인 종합병원·정신병원·한방병원·요양소, 연면적 1만5천제곱미터 이상인 공장 또는 기본법 시행령(이하 "영"이라 한다) 제4조제1항 각 목에 따른 화재경계지구에서 발생한 화재
   바. 철도차량, 항구에 매어둔 총 톤수가 1천톤 이상인 선박, 항공기, 발전소 또는 변전소에서 발생한 화재
   사. 가스 및 화약류의 폭발에 의한 화재
   아. 「다중이용업소의 안전관리에 관한 특별법」 제2조에 따른 다중이용업소의 화재
2. 「긴급구조대응활동 및 현장지휘에 관한 규칙」에 의한 통제단장의 현장지휘가 필요한 재난상황
3. 언론에 보도된 재난상황
4. 그 밖에 소방청장이 정하는 재난상황

58 화재예방법상 특수가연물의 수량 기준으로 옳은 것은?

① 면화류 : 200kg 이상
② 가연성고체류 : 500kg 이상
③ 나무껍질 및 대팻밥 : 300kg 이상
④ 넝마 및 종이부스러기 : 400kg 이상

[해설] 화재예방법 시행령 [별표2]

▶ 특수가연물의 종류

품명		수량
면화류		200킬로그램 이상
나무껍질 및 대팻밥		400킬로그램 이상
넝마 및 종이부스러기		1,000킬로그램 이상
사류(絲類)		1,000킬로그램 이상
볏짚류		1,000킬로그램 이상
가연성고체류		3,000킬로그램 이상
석탄·목탄류		10,000킬로그램 이상
가연성액체류		2세제곱미터 이상
목재가공품 및 나무부스러기		10세제곱미터 이상
합성수지류	발포시킨 것	20세제곱미터 이상
	그 밖의 것	3,000킬로그램 이상

정답 57.④ 58.①

59 위험물안전관리법령상 위험물을 취급함에 있어서 정전기가 발생할 우려가 있는 설비에 설치할 수 있는 정전기 제거설비 방법이 아닌 것은?

① 접지에 의한 방법
② 공기를 이온화하는 방법
③ 자동적으로 압력의 상승을 정지시키는 방법
④ 공기 중의 상대습도를 70% 이상으로 하는 방법

해설 정전기 방지법
㉠ 상대습도를 70% 이상으로 한다.
㉡ 공기를 이온화한다.
㉢ 접지를 한다.
㉣ 도체를 사용한다.
㉤ 유류 수송배관의 유속을 낮춘다.

60 소방기본법령상 소방활동장비와 설비의 구입 및 설치 시 국조보조의 대상이 아닌 것은?

① 소방자동차
② 사무용 집기
③ 소방헬리콥터 및 소방정
④ 소방전용통신설비 및 전산설비

해설 기본법 시행령 제2조(국고보조 대상사업의 범위와 기준보조율)
▶ 국고보조 대상사업의 범위
㉠ 다음의 소방활동장비와 설비의 구입 및 설치
  • 소방자동차
  • 소방헬리콥터 및 소방정
  • 소방전용통신설비 및 전산설비
  • 그 밖에 방화복 및 소방활동에 필요한 소방장비
㉡ 소방관서용 청사의 건축

정답 59.③ 60.②

2022년 제1회 소방설비기사[전기분야] 1차 필기
[제3과목 : 소방관계법규]

41 소방시설 설치 및 관리에 관한 법령상 건축허가 등을 할 때 미리 소방본부장 또는 소방서장의 동의를 받아야 하는 건축물 등의 범위가 아닌 것은?

① 연면적 200[m²] 이상인 노유자시설 및 수련시설
② 항공기격납고, 관망탑
③ 차고·주차장으로 사용되는 바닥면적이 100[m²] 이상인 층이 있는 건축물
④ 지하층 또는 무창층이 있는 건축물로서 바닥면적이 150[m²] 이상인 층이 있는 것

해설 소방시설법 제7조 참조
▶ 건축허가등의 동의 대상물의 범위
1. 연면적(「건축법 시행령」제119조제1항제4호에 따라 산정된 면적을 말한다. 이하 같다)이 400제곱미터 이상인 건축물이나 시설. 다만, 다음 각 목의 어느 하나에 해당하는 건축물이나 시설은 해당 목에서 정한 기준 이상인 건축물이나 시설로 한다.
   가. 「학교시설사업 촉진법」제5조의2제1항에 따라 건축등을 하려는 학교시설: 100제곱미터
   나. 별표 2의 특정소방대상물 중 노유자(老幼者) 시설 및 수련시설: 200제곱미터
   다. 「정신건강증진 및 정신질환자 복지서비스 지원에 관한 법률」제3조제5호에 따른 정신의료기관(입원실이 없는 정신건강의학과 의원은 제외하며, 이하 "정신의료기관"이라 한다): 300제곱미터
   라. 「장애인복지법」제58조제1항제4호에 따른 장애인 의료재활시설(이하 "의료재활시설"이라 한다): 300제곱미터
2. 지하층 또는 무창층이 있는 건축물로서 바닥면적이 150제곱미터(공연장의 경우에는 100제곱미터) 이상인 층이 있는 것
3. 차고·주차장 또는 주차 용도로 사용되는 시설로서 다음 각 목의 어느 하나에 해당하는 것
   가. 차고·주차장으로 사용되는 바닥면적이 200제곱미터 이상인 층이 있는 건축물이나 주차시설
   나. 승강기 등 기계장치에 의한 주차시설로서 자동차 20대 이상을 주차할 수 있는 시설
4. 층수(「건축법 시행령」제119조제1항제9호에 따라 산정된 층수를 말한다. 이하 같다)가 6층 이상인 건축물
5. 항공기 격납고, 관망탑, 항공관제탑, 방송용 송수신탑
6. 별표 2의 특정소방대상물 중 의원(입원실이 있는 것으로 한정한다)·조산원·산후조리원, 위험물 저장 및 처리 시설, 발전시설 중 풍력발전소·전기저장시설, 지하구(地下溝)
7. 제1호나목에 해당하지 않는 노유자 시설 중 다음 각 목의 어느 하나에 해당하는 시설. 다만, 가목2) 및 나목부터 바목까지의 시설 중 「건축법 시행령」별표 1의 단독주택 또는 공동주택에 설치되는 시설은 제외한다.
   가. 별표 2 제9호가목에 따른 노인 관련 시설 중 다음의 어느 하나에 해당하는 시설
      1)「노인복지법」제31조제1호에 따른 노인주거복지시설, 같은 조 제2호에 따른 노인의료복지시설 및 같은 조 제4호에 따른 재가노인복지시설
      2)「노인복지법」제31조제7호에 따른 학대피해노인 전용쉼터
   나. 「아동복지법」제52조에 따른 아동복지시설(아동상담소, 아동전용시설 및 지역아동센터는 제외한다)
   다. 「장애인복지법」제58조제1항제1호에 따른 장애인 거주시설
   라. 정신질환자 관련 시설(「정신건강증진 및 정신질환자 복지서비스 지원에 관한 법률」제27조제1항제2호에 따른 공동생활가정을 제외한 재활훈련시설과 같은 법 시행령 제16조제3호에 따른 종합시설 중 24시간 주거를 제공하지 않는 시설은 제외한다)
   마. 별표 2 제9호마목에 따른 노숙인 관련 시설 중 노숙인자활시설, 노숙인재활시설 및 노숙인요양시설

정답 41.③

바. 결핵환자나 한센인이 24시간 생활하는 노유자시설
8. 「의료법」 제3조제2항제3호라목에 따른 요양병원(이하 "요양병원"이라 한다). 다만, 의료재활시설은 제외한다.
9. 별표 2의 특정소방대상물 중 공장 또는 창고시설로서 「화재의 예방 및 안전관리에 관한 법률 시행령」 별표 2에서 정하는 수량의 750배 이상의 특수가연물을 저장·취급하는 것
10. 별표 2 제17호나목에 따른 가스시설로서 지상에 노출된 탱크의 저장용량의 합계가 100톤 이상인 것

42 화재의 예방 및 안전관리에 관한 법령상 일반음식점에서 음식조리를 위해 불을 사용하는 설비를 설치하는 경우 지켜야 하는 사항으로 틀린 것은?

① 주방시설에는 동물 또는 식물의 기름을 제거할 수 있는 필터 등을 설치할 것
② 열을 발생하는 조리기구는 반자 또는 선반으로부터 0.6미터 이상 떨어지게 할 것
③ 주방설비에 부속된 배출덕트는 0.2밀리미터 이상의 아연도금강판으로 설치할 것
④ 열을 발생하는 조리기구로부터 0.15미터 이내의 거리에 있는 가연성 주요구조부는 석면판 또는 단열성이 있는 불연재료로 덮어씌울 것

해설 음식조리를 위하여 설치하는 설비
「식품위생법 시행령」 제21조제8호에 따른 식품접객업 중 일반음식점 주방에서 조리를 위하여 불을 사용하는 설비를 설치하는 경우에는 다음 각 목의 사항을 지켜야 한다.
가. 주방설비에 부속된 배출덕트(공기 배출통로)는 0.5밀리미터 이상의 아연도금강판 또는 이와 같거나 그 이상의 내식성 불연재료로 설치할 것
나. 주방시설에는 동물 또는 식물의 기름을 제거할 수 있는 필터 등을 설치할 것
다. 열을 발생하는 조리기구는 반자 또는 선반으로부터 0.6미터 이상 떨어지게 할 것
라. 열을 발생하는 조리기구로부터 0.15미터 이내의 거리에 있는 가연성 주요구조부는 단열성이 있는 불연재료로 덮어 씌울 것

43 소방시설공사업법령상 소방시설업의 감독을 위하여 필요할 때에 소방시설업자나 관계인에게 필요한 보고나 자료제출을 명할 수 있는 사람이 아닌 것은?

① 시·도지사   ② 119안전센터장
③ 소방서장   ④ 소방본부장

해설 자료제출의 명령권자
시도지사, 소방본부장, 소방서장

44 화재의 예방 및 안전관리에 관한 법령상 화재가 발생할 우려가 높거나 화재가 발생하는 경우 그로 인하여 피해가 클 것으로 예상되는 지역을 화재예방강화지구로 지정할 수 있는 자는?

① 한국소방안전협회장
② 소방시설관리사
③ 소방본부장
④ 시·도지사

해설 시·도지사는 다음 각 호의 어느 하나에 해당하는 지역을 화재예방강화지구로 지정하여 관리할 수 있다.
1. 시장지역
2. 공장·창고가 밀집한 지역
3. 목조건물이 밀집한 지역
4. 노후·불량건축물이 밀집한 지역
5. 위험물의 저장 및 처리 시설이 밀집한 지역
6. 석유화학제품을 생산하는 공장이 있는 지역
7. 「산업입지 및 개발에 관한 법률」 제2조제8호에 따른 산업단지
8. 소방시설·소방용수시설 또는 소방출동로가 없는 지역
9. 물류단지
10. 그 밖에 제1호부터 제8호까지에 준하는 지역으로서 소방관서장이 화재예방강화지구로 지정할 필요가 있다고 인정하는 지역

45 소방시설공사업법령상 소방시설업에 대한 행정처분기준에서 1차 행정처분 사항으로 등록취소에 해당하는 것은?

① 거짓이나 그 밖의 부정한 방법으로 등록한 경우

정답 42.③ 43.② 44.④ 45.①

② 소방시설업자의 지위를 승계한 사실을 소방시설공사 등을 맡긴 특정소방대상물의 관계인에게 통지를 하지 아니한 경우
③ 화재안전기준 등에 적합하게 설계·시공을 하지 아니하거나, 법에 따라 적합하게 감리를 하지 아니한 경우
④ 등록을 한 후 정당한 사유 없이 1년이 지날 때까지 영업을 시작하지 아니하거나 계속하여 1년 이상 휴업한 때

해설 등록취소사유
㉠ 거짓이나 그 밖의 부정한 방법으로 등록한 경우
㉡ 제5조 각 호의 등록 결격사유에 해당하게 된 경우
㉢ 제8조제2항을 위반하여 영업정지 기간 중에 소방시설공사등을 한 경우

46 화재의 예방 및 안전관리에 관한 법령에 따라 2급 소방안전관리대상물의 소방안전관리자 선임기준으로 틀린 것은?

① 위험물기능사 자격을 가진 사람으로 2급 소방안전관리자 자격증을 받은 사람
② 소방공무원으로 3년 이상 근무한 경력이 있는 사람으로 2급 소방안전관리자 자격증을 받은 사람
③ 의용소방대원으로 5년 이상 근무한 경력이 있는 사람으로 2급 소방안전관리자 자격증을 받은 사람
④ 위험물산업기사 자격을 가진 사람으로 2급 소방안전관리자 자격증을 받은 사람

해설 2급 소방안전관리대상물
가. 2급 소방안전관리대상물의 범위
「소방시설 설치 및 관리에 관한 법률 시행령」 별표 2의 특정소방대상물 중 다음의 어느 하나에 해당하는 것(제1호에 따른 특급 소방안전관리대상물 및 제2호에 따른 1급 소방안전관리대상물은 제외한다)
 1) 「소방시설 설치 및 관리에 관한 법률 시행령」 별표 4 제1호다목에 따라 옥내소화전설비를 설치해야 하는 특정소방대상물, 같은 호 라목에 따라 스프링클러설비를 설치해야 하는 특정소방대상물 또는 같은 호 바목에 따라 물분무등소화설비[화재안전기준에 따라 호스릴(hose reel) 방식의 물분무등소화설비만을 설치할 수 있는 특정소방대상물은 제외한다]를 설치해야 하는 특정소방대상물
 2) 가스 제조설비를 갖추고 도시가스사업의 허가를 받아야 하는 시설 또는 가연성 가스를 100톤 이상 1천톤 미만 저장·취급하는 시설
 3) 지하구
 4) 「공동주택관리법」 제2조제1항제2호의 어느 하나에 해당하는 공동주택(「소방시설 설치 및 관리에 관한 법률 시행령」 별표 4 제1호다목 또는 라목에 따른 옥내소화전설비 또는 스프링클러설비가 설치된 공동주택으로 한정한다)
 5) 「문화유산의 보존 및 활용에 관한 법률」 제23조에 따라 보물 또는 국보로 지정된 목조건축물
나. 2급 소방안전관리대상물에 선임해야 하는 소방안전관리자의 자격
 다음의 어느 하나에 해당하는 사람으로서 2급 소방안전관리자 자격증을 발급받은 사람, 제1호에 따른 특급 소방안전관리대상물 또는 제2호에 따른 1급 소방안전관리대상물의 소방안전관리자 자격증을 발급받은 사람
 1) 위험물기능장·위험물산업기사 또는 위험물기능사 자격이 있는 사람
 2) 소방공무원으로 3년 이상 근무한 경력이 있는 사람
 3) 소방청장이 실시하는 2급 소방안전관리대상물의 소방안전관리에 관한 시험에 합격한 사람
 4) 「기업활동 규제완화에 관한 특별조치법」 제29조, 제30조 및 제32조에 따라 소방안전관리자로 선임된 사람(소방안전관리자로 선임된 기간으로 한정한다)
다. 선임인원 : 1명 이상

47 소방시설공사업법령상 소방시설업자가 소방시설공사 등을 맡긴 특정소방대상물의 관계인에게 지체 없이 그 사실을 알려야 하는 경우가 아닌 것은?

① 소방시설업자의 지위를 승계한 경우
② 소방시설업의 등록취소처분 또는 영업정지처분을 받은 경우
③ 휴업하거나 폐업한 경우
④ 소방시설업의 주소지가 변경된 경우

정답 46.③ 47.④

해설 소방시설업자는 다음 각 호의 어느 하나에 해당하는 경우에는 소방시설공사 등을 맡긴 특정소방대상물의 관계인에게 지체 없이 그 사실을 알려야 한다.
1. 제7조에 따라 소방시설업자의 지위를 승계한 경우
2. 제9조제1항에 따라 소방시설업의 등록취소처분 또는 영업정지처분을 받은 경우
3. 휴업하거나 폐업한 경우

48 소방시설공사업법령상 감리업자는 소방시설공사가 설계도서 또는 화재안전기준에 적합하지 아니한 때에는 가장 먼저 누구에게 알려야 하는가?

① 감리업체대표자　② 시공자
③ 관계인　　　　　④ 소방서장

해설 공사업법 제19조(위반사항에 대한 조치)
① 감리업자는 감리를 할 때 소방시설공사가 설계도서나 화재안전기준에 맞지 아니할 때에는 관계인에게 알리고, 공사업자에게 그 공사의 시정 또는 보완 등을 요구하여야 한다.
② 공사업자가 제1항에 따른 요구를 받았을 때에는 그 요구에 따라야 한다.
③ 감리업자는 공사업자가 제1항에 따른 요구를 이행하지 아니하고 그 공사를 계속할 때에는 행정안전부령으로 정하는 바에 따라 소방본부장이나 소방서장에게 그 사실을 보고하여야 한다. 〈개정 2013. 3. 23., 2014. 11. 19., 2017. 7. 26.〉
④ 관계인은 감리업자가 제3항에 따라 소방본부장이나 소방서장에게 보고한 것을 이유로 감리계약을 해지하거나 감리의 대가 지급을 거부하거나 지연시키거나 그 밖의 불이익을 주어서는 아니 된다.

49 소방시설 설치 및 관리에 관한 법령상 특정소방대상물의 수용인원 산정방법으로 옳은 것은?

① 침대가 없는 숙박시설은 해당 특정소방대상물의 종사자의 수에 숙박시설의 바닥면적의 합계를 $4.6[m^2]$로 나누어 얻은 수를 합한 수로 한다.
② 강의실로 쓰이는 특정소방대상물은 해당 용도로 사용하는 바닥면적의 합계를 $4.6[m^2]$로 나누어 얻은 수로 한다.
③ 관람석이 없을 경우 강당, 문화 및 집회시설, 운동시설, 종교시설은 해당 용도로 사용하는 바닥면적의 합계를 $4.6[m^2]$로 나누어 얻은 수로 한다.
④ 백화점은 해당 용도로 사용하는 바닥면적의 합계를 $4.6[m^2]$로 나누어 얻은 수로 한다.

해설 수용인원의 산정 방법(제17조 관련)
1. 숙박시설이 있는 특정소방대상물
　가. 침대가 있는 숙박시설: 해당 특정소방대상물의 종사자 수에 침대 수(2인용 침대는 2개로 산정한다)를 합한 수
　나. 침대가 없는 숙박시설: 해당 특정소방대상물의 종사자 수에 숙박시설 바닥면적의 합계를 $3[m^2]$로 나누어 얻은 수를 합한 수
2. 제1호 외의 특정소방대상물
　가. 강의실·교무실·상담실·실습실·휴게실 용도로 쓰는 특정소방대상물: 해당 용도로 사용하는 바닥면적의 합계를 $1.9[m^2]$로 나누어 얻은 수
　나. 강당, 문화 및 집회시설, 운동시설, 종교시설: 해당 용도로 사용하는 바닥면적의 합계를 $4.6[m^2]$로 나누어 얻은 수(관람석이 있는 경우 고정식 의자를 설치한 부분은 그 부분의 의자 수로 하고, 긴 의자의 경우에는 의자의 정면너비를 $0.45[m]$로 나누어 얻은 수로 한다)
　다. 그 밖의 특정소방대상물: 해당 용도로 사용하는 바닥면적의 합계를 $3[m^2]$로 나누어 얻은 수

비고
1. 위 표에서 바닥면적을 산정할 때에는 복도(「건축법 시행령」 제2조제11호에 따른 준불연재료 이상의 것을 사용하여 바닥에서 천장까지 벽으로 구획한 것을 말한다), 계단 및 화장실의 바닥면적을 포함하지 않는다.
2. 계산 결과 소수점 이하의 수는 반올림한다.

50 위험물안전관리법령상 제조소 등이 아닌 장소에서 지정수량 이상의 위험물 취급에 대한 설명으로 틀린 것은?

① 임시로 저장 또는 취급하는 장소에서의 저장 또는 취급의 기준은 시·도의 조례로 정한다.
② 필요한 승인을 받아 지정수량 이상의 위험물을 120일 이내의 기간 동안 임시로 저장 또

는 취급하는 경우 제조소 등이 아닌 장소에서 지정수량 이상의 위험물을 취급할 수 있다.
③ 제조소 등이 아닌 장소에서 지정수량 이상의 위험물을 취급할 경우 관할소방서장의 승인을 받아야 한다.
④ 군부대가 지정수량 이상의 위험물을 군사목적으로 임시로 저장 또는 취급하는 경우 제조소 등이 아닌 장소에서 지정수량 이상의 위험물을 취급할 수 있다.

해설 ② 90일 이내의 기간동안 임시로 저장 또는 취급 가능

51 소방시설공사업법령상 소방시설업 등록의 결격사유에 해당되지 않는 법인은?

① 법인의 대표자가 피성년후견인인 경우
② 법인의 임원이 피성년후견인인 경우
③ 법인의 대표자가 소방시설공사업법에 따라 소방시설업 등록이 취소된 지 2년이 지나지 아니한 자인 경우
④ 법인의 임원이 소방시설공사업법에 따라 소방시설업 등록이 취소된 지 2년이 지나지 아니한 자인 경우

해설 등록의 결격사유
① 피성년후견인
② 삭제 〈2015. 7. 20.〉
③ 이 법, 「소방기본법」, 「화재예방, 소방시설 설치·유지 및 안전관리에 관한 법률」 또는 「위험물안전관리법」에 따른 금고 이상의 실형을 선고받고 그 집행이 끝나거나(집행이 끝난 것으로 보는 경우를 포함한다) 면제된 날부터 2년이 지나지 아니한 사람
④ 이 법, 「소방기본법」, 「화재예방, 소방시설 설치·유지 및 안전관리에 관한 법률」 또는 「위험물안전관리법」에 따른 금고 이상의 형의 집행유예를 선고받고 그 유예기간 중에 있는 사람
⑤ 등록하려는 소방시설업 등록이 취소(제1호에 해당하여 등록이 취소된 경우는 제외한다)된 날부터 2년이 지나지 아니한 자
⑥ 법인의 대표자가 ①부터 ⑤까지의 규정에 해당하는 경우 그 법인
⑦ 법인의 임원이 ③부터 ⑤까지의 규정에 해당하는 경우 그 법인

52 소방시설 설치 및 관리에 관한 법령상 특정소방대상물의 소방시설 설치의 면제기준에 따라 연결살수설비를 설치 면제 받을 수 있는 경우는?

① 송수구를 부설한 간이스프링클러설비를 설치하였을 때
② 송수구를 부설한 옥내소화전설비를 설치하였을 때
③ 송수구를 부설한 옥외소화전설비를 설치하였을 때
④ 송수구를 부설한 연결송수관설비를 설치하였을 때

해설 연결살수설비 면제기준
가. 연결살수설비를 설치해야 하는 특정소방대상물에 송수구를 부설한 스프링클러설비, 간이스프링클러설비, 물분무소화설비 또는 미분무소화설비를 화재안전기준에 적합하게 설치한 경우에는 그 설비의 유효범위에서 설치가 면제된다.
나. 가스 관계 법령에 따라 설치되는 물분무장치 등에 소방대가 사용할 수 있는 연결송수구가 설치되거나 물분무장치 등에 6시간 이상 공급할 수 있는 수원(水源)이 확보된 경우에는 설치가 면제된다.

53 소방시설공사업법령상 소방공사감리업을 등록한 자가 수행하여야 할 업무가 아닌 것은?

① 완공된 소방시설 등의 성능시험
② 소방시설 등 설계변경사항의 적합성 검토
③ 소방시설 등의 설치계획표의 적법성 검토
④ 소방용품 형식승인 및 제품검사의 기술기준에 대한 적합성 검토

해설 감리의 업무
① 소방시설등의 설치계획표의 적법성 검토
② 소방시설등 설계도서의 적합성(적법성과 기술상의 합리성을 말한다. 이하 같다) 검토
③ 소방시설등 설계 변경 사항의 적합성 검토

④ 「화재예방, 소방시설 설치·유지 및 안전관리에 관한 법률」 제2조제1항제4호의 소방용품의 위치·규격 및 사용 자재의 적합성 검토
⑤ 공사업자가 한 소방시설등의 시공이 설계도서와 화재안전기준에 맞는지에 대한 지도·감독
⑥ 완공된 소방시설등의 성능시험
⑦ 공사업자가 작성한 시공 상세 도면의 적합성 검토
⑧ 피난시설 및 방화시설의 적법성 검토
⑨ 실내장식물의 불연화(不燃化)와 방염 물품의 적법성 검토

54 기본법상 소방업무의 응원에 대한 설명 중 틀린 것은?

① 소방본부장이나 소방서장은 소방활동을 할 때에 긴급한 경우에는 이웃한 소방본부장 또는 소방서장에게 소방업무의 응원을 요청할 수 있다.
② 소방업무의 응원 요청을 받은 소방본부장 또는 소방서장은 정당한 사유 없이 그 요청을 거절하여서는 아니 된다.
③ 소방업무의 응원을 위하여 파견된 소방대원은 응원을 요청한 소방본부장 또는 소방서장의 지휘에 따라야 한다.
④ 시·도지사는 소방업무의 응원을 요청하는 경우를 대비하여 출동 대상지역 및 규모와 필요한 경비의 부담 등에 관하여 필요한 사항을 대통령령으로 정하는 바에 따라 이웃하는 시·도지사와 협의하여 미리 규약으로 정하여야 한다.

해설 대통령령 → 행정안전부령

55 소방기본법령상 이웃하는 다른 시·도지사와 소방업무에 관하여 시·도지사가 체결할 상호응원협정 사항이 아닌 것은?

① 화재조사활동
② 응원출동의 요청방법
③ 소방교육 및 응원출동훈련
④ 응원출동대상지역 및 규모

해설 기본법 시행규칙 제8조(소방업무의 상호응원협정) 참고
▶ 시·도지사가 이웃하는 다른 시·도지사와 소방업무에 관한 상호응원협정을 체결할 때 포함시켜야 할 사항
1. 다음 각목의 소방활동에 관한 사항
  가. 화재의 경계·진압활동
  나. 구조·구급업무의 지원
  다. 화재조사활동
2. 응원출동대상지역 및 규모
3. 다음 각목의 소요경비의 부담에 관한 사항
  가. 출동대원의 수당·식사 및 피복의 수선
  나. 소방장비 및 기구의 정비와 연료의 보급
  다. 그 밖의 경비
4. 응원출동의 요청방법
5. 응원출동훈련 및 평가

56 위험물안전관리법령상 옥내주유취급소에 있어서 당해 사무소 등의 출입구 및 피난구와 당해 피난구로 통하는 통로·계단 및 출입구에 설치해야 하는 피난설비는?

① 유도등
② 구조대
③ 피난사다리
④ 완강기

해설 위험물법 시행규칙 [별표 17] 소화설비, 경보설비 및 피난설비의 기준
▶ 피난설비
1. 주유취급소 중 건축물의 2층 이상의 부분을 점포·휴게음식점 또는 전시장의 용도로 사용하는 것에 있어서는 당해 건축물의 2층 이상으로부터 주유취급소의 부지 밖으로 통하는 출입구와 당해 출입구로 통하는 통로·계단 및 출입구에 유도등을 설치하여야 한다.
2. 옥내주유취급소에 있어서는 당해 사무소 등의 출입구 및 피난구와 당해 피난구로 통하는 통로·계단 및 출입구에 유도등을 설치하여야 한다.
3. 유도등에는 비상전원을 설치하여야 한다.

57 위험물안전관리법령상 위험물 및 지정수량에 대한 기준 중 다음 ( ) 안에 알맞은 것은?

> 금속분이라 함은 알칼리금속·알칼리토류금속·철 및 마그네슘 외의 금속의 분말을 말하고, 구리분·니켈분 및 (㉠)마이크로미터의 채를 통과하는 것이 (㉡)중량퍼센트 미만인 것은 제외한다.

① ㉠ 150, ㉡ 50
② ㉠ 53, ㉡ 50
③ ㉠ 50, ㉡ 150
④ ㉠ 50, ㉡ 53

해설 "금속분"이라 함은 알칼리금속·알칼리토류금속·철 및 마그네슘 외의 금속의 분말을 말하고, 구리분·니켈분 및 150마이크로미터의 체를 통과하는 것이 50중량퍼센트 미만인 것은 제외한다.

58 위험물법상 제조소등의 관계인은 위험물의 안전관리에 관한 직무를 수행하게 하기 위하여 제조소등마다 위험물의 취급에 관한 자격이 있는 자를 위험물안전관리자로 선임하여야 한다. 이 경우 제조소등의 관계인이 지켜야 할 기준으로 틀린 것은?

① 제조소등의 관계인은 안전관리자를 해임하거나 안전관리자가 퇴직한 때에는 해임하거나 퇴직한 날로부터 15일 이내에 다시 안전관리자를 선임하여야 한다.
② 제조소등의 관계인이 안전관리자를 선임한 경우에는 선임한 날로부터 14일 이내에 소방본부장 또는 소방서장에게 신고하여야 한다.
③ 제조소등의 관계인은 안전관리자가 여행·질병, 그 밖의 사유로 인하여 일시적으로 직무를 수행할 수 없는 경우에는 국가기술자격법에 따른 위험물의 취급에 관한 자격취득자 또는 위험물안전에 관한 기본지식과 경험이 있는 자를 대리자로 지정하여 그 직무를 대행하게 하여야 한다. 이 경우 대행하는 기간은 30일을 초과할 수 없다.
④ 안전관리자는 위험물을 취급하는 작업을 하는 때에는 작업자에게 안전관리에 관한 필요한 지시를 하는 등 위험물의 취급에 관한 안전관리와 감독을 하여야 하고, 제조소등의 관계인은 안전관리자의 위험물 안전관리에 관한 의견을 존중하고 그 권고에 따라야 한다.

해설 위험물법 제15조(위험물안전관리자) 제2항
제1항의 규정에 따라 안전관리자를 선임한 제조소등의 관계인은 그 안전관리자를 해임하거나 안전관리자가 퇴직한 때에는 해임하거나 퇴직한 날부터 30일 이내에 다시 안전관리자를 선임하여야 한다.

59 다음 중 소방기본법령상 한국소방안전원의 업무가 아닌 것은?

① 소방기술과 안전관리에 관한 교육 및 조사·연구
② 위험물탱크 성능시험
③ 소방기술과 안전관리에 관한 각종 간행물 발간
④ 화재예방과 안전관리의식 고취를 위한 대국민 홍보

해설 기본법 제41조(안전원의 업무)
안전원은 다음 각 호의 업무를 수행한다.
1. 소방기술과 안전관리에 관한 교육 및 조사·연구
2. 소방기술과 안전관리에 관한 각종 간행물 발간
3. 화재 예방과 안전관리의식 고취를 위한 대국민 홍보
4. 소방업무에 관하여 행정기관이 위탁하는 업무
5. 소방안전에 관한 국제협력
6. 그 밖에 회원에 대한 기술지원 등 정관으로 정하는 사항

60 소방시설 설치 및 관리에 관한 법령상 소방시설의 종류에 대한 설명으로 옳은 것은?

① 소화기구, 옥외소화전설비는 소화설비에 해당된다.
② 유도등, 비상조명등은 경보설비에 해당된다.
③ 소화수조, 저수조는 소화활동설비에 해당된다.
④ 연결송수관설비는 소화용수설비에 해당된다.

해설 ② 유도등, 비상조명등은 피난구조설비에 해당한다.
③ 소화수조, 저수조는 소화용수설비에 해당한다.
④ 연결송수관설비는 소화활동설비에 해당한다.

정답 57.① 58.① 59.② 60.①

2022년 제2회 소방설비기사[전기분야] 1차 필기

[제3과목 : 소방관계법규]

41 다음은 소방기본법령상 소방본부에 대한 설명이다. ( )에 알맞은 내용은?

> 소방업무를 수행하기 위하여 ( ) 직속으로 소방본부를 둔다.

① 경찰서장 ② 시·도지사
③ 행정안전부장관 ④ 소방청장

해설 소방기관의 설치
① 소방기관의 설치 - 대통령령[별도법률 - 지방소방기관 설치에 관한 규정]
② 소방업무(예방·경계·진압 및 조사, 소방안전교육·홍보와 화재, 재난·재해, 그 밖의 위급한 상황에서의 구조·구급)를 수행하는 소방본부장 또는 소방서장은 그 소재지를 관할하는 특별시장·광역시장·특별자치시장·도지사 또는 특별자치도지사(이하 "시·도지사"라 한다)의 지휘와 감독을 받는다.
③ ②에도 불구하고 소방청장은 화재 예방 및 대형 재난 등 필요한 경우 시·도 소방본부장 및 소방서장을 지휘·감독할 수 있다.
④ 시·도에서 소방업무를 수행하기 위하여 시·도지사 직속으로 소방본부를 둔다.

42 위험물안전관리법령상 제4류 위험물을 저장·취급하는 제조소에 "화기엄금"이란 주의사항을 표시하는 게시판을 설치할 경우 게시판의 색상은?

① 청색바탕에 백색문자
② 적색바탕에 백색문자
③ 백색바탕에 적색문자
④ 백색바탕에 흑색문자

해설
• 화기엄금, 화기주의 : 적색바탕에 백색문자
• 물기엄금 : 청색바탕에 백색문자

43 소방시설공사업법령상 소방시설업의 등록을 하지 아니하고 영업을 한 자에 대한 벌칙기준으로 옳은 것은?

① 1년 이하의 징역 또는 1천만원 이하의 벌금
② 2년 이하의 징역 또는 2천만원 이하의 벌금
③ 3년 이하의 징역 또는 3천만원 이하의 벌금
④ 5년 이하의 징역 또는 5천만원 이하의 벌금

해설 공사업법
제35조(벌칙) 제4조제1항을 위반하여 소방시설업 등록을 하지 아니하고 영업을 한 자는 3년 이하의 징역 또는 3천만원 이하의 벌금에 처한다.
제36조(벌칙) 다음 각 호의 어느 하나에 해당하는 자는 1년 이하의 징역 또는 1천만원 이하의 벌금에 처한다. 〈개정 2014. 12. 30., 2015. 7. 20., 2020. 6. 9.〉
1. 제9조제1항을 위반하여 영업정지처분을 받고 그 영업정지 기간에 영업을 한 자
2. 제11조나 제12조제1항을 위반하여 설계나 시공을 한 자
3. 제16조제1항을 위반하여 감리를 하거나 거짓으로 감리한 자
4. 제17조제1항을 위반하여 공사감리자를 지정하지 아니한 자
4의2. 제19조제3항에 따른 보고를 거짓으로 한 자
4의3. 제20조에 따른 공사감리 결과의 통보 또는 공사감리 결과보고서의 제출을 거짓으로 한 자
5. 제21조제1항을 위반하여 해당 소방시설업자가 아닌 자에게 소방시설공사등을 도급한 자
6. 제22조제1항 본문을 위반하여 도급받은 소방시설의 설계, 시공, 감리를 하도급한 자
6의2. 제22조제2항을 위반하여 하도급받은 소방시설공사를 다시 하도급한 자
7. 제27조제1항을 위반하여 같은 항에 따른 법 또는 명령을 따르지 아니하고 업무를 수행한 자

정답 41.② 42.② 43.③

44 위험물안전관리법령상 유별을 달리하는 위험물을 혼재하여 저장할 수 있는 것으로 짝지어진 것은?

① 제1류 – 제2류　② 제2류 – 제3류
③ 제3류 – 제4류　④ 제5류 – 제6류

해설 유별을 달리하는 위험물의 혼재기준

위험물의 구분	제1류	제2류	제3류	제4류	제5류	제6류
제1류		×	×	×	×	○
제2류	×		×	○	○	×
제3류	×	×		○	×	×
제4류	×	○	○		○	×
제5류	×	○	×	○		×
제6류	○	×	×	×	×	

비고 : 이 표는 지정수량의 10분의 1 이하의 위험물에 대하여는 적용하지 아니한다.

45 소방기본법령상 상업지역에 소방용수시설 설치 시 소방대상물과의 수평거리 기준은 몇 m 이하인가?

① 100　② 120
③ 140　④ 160

해설 소방용수시설 설치기준
㉠ 공통기준
　ⓐ 주거지역·상업지역 및 공업지역
　　수평거리 100[m] 이하
　ⓑ 그 외의 지역에 설치하는 경우
　　수평거리 140[m] 이하

46 소방시설 설치 및 관리에 관한 법령상 종합점검 실시대상이 되는 특정소방대상물의 기준 중 다음 ( ) 안에 알맞은 것은?

> 물분무등소화설비[호스릴(Hose Reel)방식의 물분무등소화설비만을 설치한 경우는 제외한다]가 설치된 연면적 ( )[m²] 이상인 특정소방대상물 (위험물제조소 등은 제외한다)

① 2000　② 3000
③ 4000　④ 5000

해설

종합점검대상	최초점검	3급이상대상 중 최초사용승인 건축물
	그밖점검	스프링클러설비가 설치된 특정소방대상물
		물분무등소화설비가 설치된 연면적 5,000[m²] 이상인 특정소방대상물
		연면적 2,000[m²] 이상 다중이용업소(9종)
		옥내소화전설비 또는 자동화재탐지설비가 설치된 연면적 1,000[m²] 이상 공공기관 (소방대 제외)
		제연설비가 설치된 터널

47 다음 소방기본법령상 용어 정의에 대한 설명으로 옳은 것은?

① 소방대상물이란 건축물, 차량, 선박(항구에 매어둔 선박은 제외) 등을 말한다.
② 관계인이란 소방대상물의 점유예정자를 포함한다.
③ 소방대란 소방공무원, 의무소방원, 의용소방대원으로 구성된 조직체이다.
④ 소방대장이란 화재, 재난·재해, 그 밖의 위급한 상황이 발생한 현장에서 소방대를 지휘하는 사람(소방서장은 제외)이다.

해설 ① "소방대상물"이란 건축물, 차량, 선박(「선박법」 제1조의2제1항에 따른 선박으로서 항구에 매어둔 선박만 해당한다), 선박 건조 구조물, 산림, 그 밖의 인공구조물 또는 물건을 말한다.
② "관계인"이란 소방대상물의 소유자·관리자 또는 점유자를 말한다.
④ "소방대장"(消防隊長)이란 소방본부장 또는 소방서장 등 화재, 재난·재해, 그 밖의 위급한 상황이 발생한 현장에서 소방대를 지휘하는 사람을 말한다.

48 화재의 예방 및 안전관리에 관한 법령상 관리의 권원이 분리된 특정소방대상물에 소방안전관리자를 선임하여야 하는 특정소방대상물 중 복합건축물은 지하층을 제외한 층수가 최소 몇 층 이상인 건축물로만 해당되는가?

① 6층　② 11층
③ 20층　④ 30층

정답 44.③ 45.① 46.④ 47.③ 48.②

해설 관리의 권원이 분리된 특정소방대상물 소방안전관리
다음 각 호의 어느 하나에 해당하는 특정소방대상물로서 그 관리의 권원(權原)이 분리되어 있는 특정소방대상물의 경우 그 관리의 권원별 관계인은 대통령령으로 정하는 바에 따라 제24조제1항에 따른 소방안전관리자를 선임하여야 한다.
1. 복합건축물(지하층을 제외한 층수가 11층 이상 또는 연면적 3만제곱미터 이상인 건축물)
2. 지하가(지하의 인공구조물 안에 설치된 상점 및 사무실, 그 밖에 이와 비슷한 시설이 연속하여 지하도에 접하여 설치된 것과 그 지하도를 합한 것을 말한다)
3. 그 밖에 대통령령으로 정하는 특정소방대상물[판매시설 중 도매시장, 소매시장 및 전통시장]

49 화재의 예방 및 안전관리에 관한 법령상 특수가연물의 저장 및 취급의 기준 중 ( )에 들어갈 내용으로 옳은 것은? (단, 석탄·목탄류의 경우는 제외한다)

> 쌓는 높이는 (㉠)m 이하가 되도록 하고, 쌓는 부분의 바닥면적은 (㉡)[m²]가 이하가 되도록 할 것

① ㉠ 15, ㉡ 200　　② ㉠ 15, ㉡ 300
③ ㉠ 10, ㉡ 30　　　④ ㉠ 10, ㉡ 50

해설 특수가연물의 저장·취급 기준
특수가연물은 다음 각 목의 기준에 따라 쌓아 저장해야 한다. 다만, 석탄·목탄류를 발전용(發電用)으로 저장하는 경우는 제외한다.
가. 품명별로 구분하여 쌓을 것
나. 다음의 기준에 맞게 쌓을 것

구분	살수설비를 설치하거나 방사능력 범위에 해당 특수가연물이 포함되도록 대형수동식소화기를 설치하는 경우	그 밖의 경우
높이	15미터 이하	10미터 이하
쌓는 부분의 바닥면적	200제곱미터(석탄·목탄류의 경우에는 300제곱미터) 이하	50제곱미터(석탄·목탄류의 경우에는 200제곱미터) 이하

다. 실외에 쌓아 저장하는 경우 쌓는 부분이 대지경계선, 도로 및 인접 건축물과 최소 6미터 이상 간격을 둘 것. 다만, 쌓는 높이보다 0.9미터 이상 높은 「건축법 시행령」 제2조제7호에 따른 내화구조(이하 "내화구조"라 한다) 벽체를 설치한 경우는 그렇지 않다.
라. 실내에 쌓아 저장하는 경우 주요구조부는 내화구조이면서 불연재료여야 하고, 다른 종류의 특수가연물과 같은 공간에 보관하지 않을 것. 다만, 내화구조의 벽으로 분리하는 경우는 그렇지 않다.
마. 쌓는 부분 바닥면적의 사이는 실내의 경우 1.2미터 또는 쌓는 높이의 1/2 중 큰 값 이상으로 간격을 두어야 하며, 실외의 경우 3미터 또는 쌓는 높이 중 큰 값 이상으로 간격을 둘 것

50 소방시설 설치 및 관리에 관한 법령상 자동화재탐지설비를 설치하여야 하는 특정소방대상물의 기준으로 틀린 것은?

① 공장 및 창고시설로서 「화재의 예방 및 안전관리에 관한 법률」에서 정하는 수량의 500배 이상의 특수가연물을 저장·취급하는 것
② 지하가(터널은 제외한다)로서 연면적 600[m²] 이상인 것
③ 숙박시설이 있는 수련시설로서 수용인원 100명 이상인 것
④ 장례시설 및 복합건축물로서 연면적 600[m²] 이상인 것

해설 자동화재탐지설비를 설치해야 하는 특정소방대상물은 다음의 어느 하나에 해당하는 것으로 한다.
1) 공동주택 중 아파트등·기숙사 및 숙박시설의 경우에는 모든 층
2) 층수가 6층 이상인 건축물의 경우에는 모든 층
3) 근린생활시설(목욕장은 제외한다), 의료시설(정신의료기관 및 요양병원은 제외한다), 위락시설, 장례시설 및 복합건축물로서 연면적 600[m²] 이상인 경우에는 모든 층
4) 근린생활시설 중 목욕장, 문화 및 집회시설, 종교시설, 판매시설, 운수시설, 운동시설, 업무시설, 공장, 창고시설, 위험물 저장 및 처리 시설, 항공기 및 자동차 관련 시설, 교정 및 군사시설 중 국방·군사시설, 방송통신시설, 발전시설, 관광 휴게시설, 지하가(터널은 제외한다)로서 연면적 1천[m²] 이상인 경우에는 모든 층

정답　49.④　50.②

5) 교육연구시설(교육시설 내에 있는 기숙사 및 합숙소를 포함한다), 수련시설(수련시설 내에 있는 기숙사 및 합숙소를 포함하며, 숙박시설이 있는 수련시설은 제외한다), 동물 및 식물 관련 시설(기둥과 지붕만으로 구성되어 외부와 기류가 통하는 장소는 제외한다), 자원순환 관련 시설, 교정 및 군사시설(국방·군사시설은 제외한다) 또는 묘지 관련 시설로서 연면적 2천[m^2] 이상인 경우에는 모든 층
6) 노유자 생활시설의 경우에는 모든 층
7) 6)에 해당하지 않는 노유자 시설로서 연면적 400[m^2] 이상인 노유자 시설 및 숙박시설이 있는 수련시설로서 수용인원 100명 이상인 경우에는 모든 층
8) 의료시설 중 정신의료기관 또는 요양병원으로서 다음의 어느 하나에 해당하는 시설
   가) 요양병원(의료재활시설은 제외한다)
   나) 정신의료기관 또는 의료재활시설로 사용되는 바닥면적의 합계가 300[m^2] 이상인 시설
   다) 정신의료기관 또는 의료재활시설로 사용되는 바닥면적의 합계가 300[m^2] 미만이고, 창살(철재·플라스틱 또는 목재 등으로 사람의 탈출 등을 막기 위하여 설치한 것을 말하며, 화재 시 자동으로 열리는 구조로 되어 있는 창살은 제외한다)이 설치된 시설
9) 판매시설 중 전통시장
10) 지하가 중 터널로서 길이가 1천[m] 이상인 것
11) 지하구
12) 3)에 해당하지 않는 근린생활시설 중 조산원 및 산후조리원
13) 4)에 해당하지 않는 공장 및 창고시설로서 「화재의 예방 및 안전관리에 관한 법률 시행령」별표 2에서 정하는 수량의 500배 이상의 특수가연물을 저장·취급하는 것
14) 4)에 해당하지 않는 발전시설 중 전기저장시설

51 위험물안전관리법령에서 정하는 제3류 위험물에 해당하는 것은?

① 나트륨
② 염소산염류
③ 무기과산화물
④ 유기과산화물

해설 나트륨 : 금수성물질(제3류 위험물)

52 소방시설 설치 및 관리에 관한 법령상 방염성능기준 이상의 실내장식물 등을 설치하여야 하는 특정소방대상물이 아닌 것은?

① 방송국
② 종합병원
③ 11층 이상의 아파트
④ 숙박이 가능한 수련시설

해설 방염성능기준 이상의 실내장식물등을 설치하여야 하는 특정소방대상물의 종류
㉠ 근린생활시설 중 의원, 치과의원, 한의원, 조산원, 산후조리원, 체력단련장, 공연장 및 종교집회장
㉡ 건축물의 옥내에 있는 시설로서 다음 각 목의 시설
   ⓐ 문화 및 집회시설
   ⓑ 종교시설
   ⓒ 운동시설(수영장은 제외한다)
㉢ 의료시설
㉣ 교육연구시설 중 합숙소
㉤ 노유자시설
㉥ 숙박이 가능한 수련시설
㉦ 숙박시설
㉧ 방송통신시설 중 방송국 및 촬영소
㉨ 다중이용업소
㉩ ㉠부터 ㉨까지의 시설에 해당하지 않는 것으로서 층수가 11층 이상인 것(아파트는 제외한다)

53 소방시설 설치 및 관리에 관한 법령상 무창층으로 판정하기 위한 개구부가 갖추어야 할 요건으로 틀린 것은?

① 크기는 반지름 30[cm] 이상의 원이 내접할 수 있을 것
② 해당 층의 바닥면으로부터 개구부 밑부분까지 높이가 1.2[m] 이내일 것
③ 도로 또는 차량이 진입할 수 있는 빈터를 향할 것
④ 화재시 건축물로부터 쉽게 피난할 수 있도록 창살이나 그 밖의 장애물이 설치되지 아니할 것

정답 51.① 52.③ 53.①

해설 "무창층"(無窓層)이란 지상층 중 다음 각 목의 요건을 모두 갖춘 개구부(건축물에서 채광·환기·통풍 또는 출입 등을 위하여 만든 창·출입구, 그 밖에 이와 비슷한 것을 말한다. 이하 같다)의 면적의 합계가 해당 층의 바닥면적(「건축법 시행령」 제119조제1항제3호에 따라 산정된 면적을 말한다. 이하 같다)의 30분의 1 이하가 되는 층을 말한다.
가. 크기는 지름 50센티미터 이상의 원이 통과할 수 있을 것
나. 해당 층의 바닥면으로부터 개구부 밑부분까지의 높이가 1.2미터 이내일 것
다. 도로 또는 차량이 진입할 수 있는 빈터를 향할 것
라. 화재 시 건축물로부터 쉽게 피난할 수 있도록 창살이나 그 밖의 장애물이 설치되지 않을 것
마. 내부 또는 외부에서 쉽게 부수거나 열 수 있을 것

54 소방시설공사업법령상 일반 소방시설설계업(기계분야)의 영업범위에 대한 기준 중 ( )에 알맞은 내용은? (단, 공장의 경우는 제외한다)

> 연면적 (⊙)[m²] 미만의 특정소방대상물(제연설비가 설치되는 특정소방대상물은 제외한다)에 설치되는 기계분야 소방시설의 설계

① 10,000　　② 20,000
③ 30,000　　④ 50,000

해설 소방시설설계업

업종별	항목	기술인력	영업범위
전문 소방시설 설계업		가. 주된 기술인력: 소방기술사 1명 이상 나. 보조기술인력: 1명 이상	모든 특정소방대상물에 설치되는 소방시설의 설계
일반 소방 시설 설계업	기계 분야	가. 주된 기술인력: 소방기술사 또는 기계분야 소방설비기사 1명 이상 나. 보조기술인력: 1명 이상	가. 아파트에 설치되는 기계분야 소방시설(제연설비는 제외한다)의 설계 나. 연면적 3만제곱미터(공장의 경우에는 1만제곱미터) 미만 기계설계 다. 위험물제조소등에 설치되는 기계분야 소방시설의 설계
	전기 분야	가. 주된 기술인력: 소방기술사 또는 전기분야 소방설비기사 1명 이상 나. 보조기술인력: 1명 이상	가. 아파트에 설치되는 전기분야 소방시설의 설계 나. 연면적 3만제곱미터(공장의 경우에는 1만제곱미터) 미만 전기분야 소방시설의 설계 다. 위험물제조소등에 설치되는 전기분야 소방시설의 설계

55 소방시설 설치 및 관리에 관한 법령상 건축허가 등을 할 때 미리 소방본부장 또는 소방서장의 동의를 받아야 하는 건축물 등의 범위기준이 아닌 것은?

① 노유자시설 및 수련시설로서 연면적 100[m²] 이상인 건축물
② 지하층 또는 무창층이 있는 건축물로서 바닥면적이 150[m²] 이상인 층이 있는 것
③ 차고·주차장으로 사용되는 바닥면적이 200[m²] 이상인 층이 있는 건축물이나 주차시설
④ 장애인 의료재활시설로서 연면적 300[m²] 이상인 건축물

해설 노유자시설 및 수련시설로서 연면적 200[m²] 이상인 층이 있는 것

56 다음 중 소방기본법령에 따라 화재예방상 필요하다고 인정되거나 화재위험경보시 발령하는 소방신호의 종류로 옳은 것은?

① 경계신호　　② 발화신호
③ 경보신호　　④ 훈련신호

해설 소방신호의 종류
㉠ 경계신호 : 화재예방상 필요하다고 인정되거나 법 제14조의 규정에 의한 화재위험경보시 발령
㉡ 발화신호 : 화재가 발생한 때 발령
㉢ 해제신호 : 소화활동이 필요없다고 인정되는 때 발령
㉣ 훈련신호 : 훈련상 필요하다고 인정되는 때 발령

57 화재의 예방 및 안전관리에 관한 법령상 보일러 등의 위치·구조 및 관리와 화재예방을 위하여 불의 사용에 있어서 지켜야 하는 사항 중 보일러에 경유·등유 등 액체연료를 사용하는 경우에 연료탱크는 보일러 본체로부터 수평거리 최소 몇 [m] 이상의 간격을 두어 설치해야 하는가?

① 0.5 ② 0.6
③ 1   ④ 2

해설 경유·등유 등 액체연료를 사용할 때에는 다음 사항을 지켜야 한다.
1) 연료탱크는 보일러 본체로부터 수평거리 1미터 이상의 간격을 두어 설치할 것
2) 연료탱크에는 화재 등 긴급상황이 발생하는 경우 연료를 차단할 수 있는 개폐밸브를 연료탱크로부터 0.5미터 이내에 설치할 것
3) 연료탱크 또는 보일러 등에 연료를 공급하는 배관에는 여과장치를 설치할 것
4) 사용이 허용된 연료 외의 것을 사용하지 않을 것
5) 연료탱크가 넘어지지 않도록 받침대를 설치하고, 연료탱크 및 연료탱크 받침대는 「건축법 시행령」 제2조 제10호에 따른 불연재료(이하 "불연재료"라 한다)로 할 것

58 소방시설 설치 및 관리에 관한 법령상 소방청장 또는 시·도지사가 청문을 하여야 하는 처분이 아닌 것은?

① 소방시설관리사 자격의 정지
② 소방안전관리자 자격의 취소
③ 소방시설관리업의 등록취소
④ 소방용품의 형식승인취소

해설 청문사유 및 실시권자
㉠ 관리업의 등록취소 및 영업정지 : 시·도지사
㉡ 관리사 자격의 취소 및 정지 : 소방청장
㉢ 소방용품의 형식승인 취소 및 제품검사 중지 : 소방청장
㉣ 성능인증의 취소 : 소방청장
㉤ 우수품질인증의 취소 : 소방청장
㉥ 전문기관의 지정취소 및 업무정지 : 소방청장

59 소방시설 설치 및 관리에 관한 법령상 제조 또는 가공공정에서 방염처리를 한 물품 중 방염대상물품이 아닌 것은?

① 카펫
② 전시용 합판
③ 창문에 설치하는 커튼류
④ 두께가 2[mm] 미만인 종이벽지

해설 방염대상물품의 종류
㉠ 제조 또는 가공 공정에서 방염처리를 한 물품(합판·목재류의 경우에는 설치 현장에서 방염처리를 한 것을 포함한다)으로서 다음 각 목의 어느 하나에 해당하는 것
ⓐ 창문에 설치하는 커튼류(블라인드를 포함한다)
ⓑ 카펫, 두께가 2밀리미터 미만인 벽지류(종이벽지는 제외한다)
ⓒ 전시용 합판 또는 섬유판, 무대용 합판 또는 섬유판
ⓓ 암막·무대막(영화상영관에 설치하는 스크린과 가상체험 체육시설업에 설치하는 스크린을 포함한다)
ⓔ 섬유류 또는 합성수지류 등을 원료로 하여 제작된 소파·의자(단란주점영업, 유흥주점영업 및 노래연습장업의 영업장에 설치하는 것만 해당한다)
㉡ 건축물 내부의 천장이나 벽에 부착하거나 설치하는 것으로서 다음 각 목의 어느 하나에 해당하는 것. 다만, 가구류(옷장, 찬장, 식탁, 식탁용 의자, 사무용 책상, 사무용 의자, 계산대 및 그 밖에 이와 비슷한 것을 말한다. 이하 이 조에서 같다)와 너비 10센티미터 이하인 반자돌림대 등과 「건축법」 제52조에 따른 내부마감재료는 제외한다.
ⓐ 종이류(두께 2밀리미터 이상인 것을 말한다)·합성수지류 또는 섬유류를 주원료로 한 물품
ⓑ 합판이나 목재
ⓒ 공간을 구획하기 위하여 설치하는 간이 칸막이(접이식 등 이동 가능한 벽체나 천장 또는 반자가 실내에 접하는 부분까지 구획하지 아니하는 벽체를 말한다)
ⓓ 흡음(吸音)이나 방음(防音)을 위하여 설치하는 흡음재(흡음용 커튼을 포함한다) 또는 방음재(방음용 커튼을 포함한다)

60 위험물안전관리법령상 관계인이 예방규정을 정하여야 하는 위험물제조소 등에 해당하지 않는 것은?

① 지정수량 10배의 특수인화물을 취급하는 일반취급소
② 지정수량 20배의 휘발유를 고정된 탱크에 주입하는 일반취급소
③ 지정수량 40배의 제3석유류를 용기에 옮겨담는 일반취급소
④ 지정수량 15배의 알코올을 버너에 소비하는 장치로 이루어진 일반취급소

해설 예방규정을 작성, 제출하여야 하는 대상
㉠ 지정수량의 10배 이상의 위험물을 취급하는 제조소
㉡ 지정수량의 100배 이상의 위험물을 저장하는 옥외저장소
㉢ 지정수량의 150배 이상의 위험물을 저장하는 옥내저장소
㉣ 지정수량의 200배 이상의 위험물을 저장하는 옥외탱크저장소
㉤ 암반탱크저장소
㉥ 이송취급소
㉦ 지정수량의 10배 이상의 위험물을 취급하는 일반취급소
※ 다만, 제4류 위험물(특수인화물을 제외한다)만을 지정수량의 50배 이하로 취급하는 일반취급소(제1석유류·알코올류의 취급량이 지정수량의 10배 이하인 경우에 한한다)로서 다음 어느 하나에 해당하는 것을 제외한다.
ⓐ 보일러·버너 또는 이와 비슷한 것으로서 위험물을 소비하는 장치로 이루어진 일반취급소
ⓑ 위험물을 용기에 옮겨 담거나 차량에 고정된 탱크에 주입하는 일반취급소

정답 60.③

2022년 제4회 소방설비기사[전기분야] 1차 필기
[제3과목 : 소방관계법규]

41 화재의 예방 및 안전관리에 관한 법령상 화재안전조사위원회의 구성에 대한 설명 중 틀린 것은?

① 위촉위원의 임기는 2년으로 하고 연임할 수 없다.
② 소방시설관리사는 위원이 될 수 있다.
③ 소방 관련 분야의 석사학위 이상을 취득한 사람은 위원이 될 수 있다.
④ 위원장 1명을 포함한 7명 이내의 위원으로 성별을 고려하여 구성하고, 위원장은 소방관서장이 된다.

해설 화재안전조사위원회 구성
㉠ 화재안전조사위원회(이하 "위원회"라 한다)는 위원장 1명을 포함하여 7명 이내의 위원으로 성별을 고려하여 구성한다.
㉡ 위원장 : 소방관서장
㉢ 위원회의 위원은 다음 각 호의 어느 하나에 해당하는 사람 중에서 소방관서장이 임명하거나 위촉한다.
 1. 과장급 직위 이상의 소방공무원
 2. 소방기술사
 3. 소방시설관리사
 4. 소방 관련 분야의 석사 이상 학위를 취득한 사람
 5. 소방 관련 법인 또는 단체에서 소방 관련 업무에 5년 이상 종사한 사람
 6. 「소방공무원 교육훈련규정」 제3조제2항에 따른 소방공무원 교육훈련기관, 「고등교육법」 제2조의 학교 또는 연구소에서 소방과 관련한 교육 또는 연구에 5년 이상 종사한 사람
① 위촉위원의 임기는 2년으로 하며, 한 차례만 연임할 수 있다.

42 소방기본법령상 용어의 정의로 옳은 것은??

① 소방서장이란 시도에서 화재의 예방·진압·조사 및 구조·구급 등의 업무를 담당하는 부서의 장을 말한다.
② 관계인이란 소방대상물의 소유자·관리자 또는 점유자를 말한다.
③ 소방대란 화재를 진압하고 화재, 재난·재해, 그 밖의 위급한 상황에서 구조·구급 활동 등을 하기 위하여 소방공무원으로만 구성된 조직체를 말한다.
④ 소방대상물이란 건축물과 공작물만을 말한다.

해설 제2조(정의)
이 법에서 사용하는 용어의 뜻은 다음과 같다. 〈개정 2007. 8. 3., 2010. 2. 4., 2011. 5. 30., 2014. 1. 28., 2014. 12. 30.〉
1. "소방대상물"이란 건축물, 차량, 선박(「선박법」 제1조의2제1항에 따른 선박으로서 항구에 매어둔 선박만 해당한다), 선박 건조 구조물, 산림, 그 밖의 인공 구조물 또는 물건을 말한다.
2. "관계지역"이란 소방대상물이 있는 장소 및 그 이웃 지역으로서 화재의 예방·경계·진압, 구조·구급 등의 활동에 필요한 지역을 말한다.
3. "관계인"이란 소방대상물의 소유자·관리자 또는 점유자를 말한다.
4. "소방본부장"이란 특별시·광역시·특별자치시·도 또는 특별자치도(이하 "시·도"라 한다)에서 화재의 예방·경계·진압·조사 및 구조·구급 등의 업무를 담당하는 부서의 장을 말한다.
5. "소방대"(消防隊)란 화재를 진압하고 화재, 재난·재해, 그 밖의 위급한 상황에서 구조·구급 활동 등을 하기 위하여 다음 각 목의 사람으로 구성된 조직체를 말한다.
 가. 「소방공무원법」에 따른 소방공무원

정답 41.① 42.②

나. 「의무소방대설치법」 제3조에 따라 임용된 의무소방원(義務消防員)
다. 「의용소방대 설치 및 운영에 관한 법률」에 따른 의용소방대원(義勇消防隊員)
6. "소방대장"(消防隊長)이란 소방본부장 또는 소방서장 등 화재, 재난·재해, 그 밖의 위급한 상황이 발생한 현장에서 소방대를 지휘하는 사람을 말한다.

43 위험물안전관리법령상 업무상 과실로 제조소 등에서 위험물을 유출·방출 또는 확산시켜 사람의 생명·신체 또는 재산에 대하여 위험을 발생시킨 자에 대한 벌칙기준은?

① 7년 이하의 금고 또는 7,000만원 이하의 벌금
② 5년 이하의 금고 또는 2,000만원 이하의 벌금
③ 5년 이하의 금고 또는 7,000만원 이하의 벌금
④ 7년 이하의 금고 또는 2,000만원 이하의 벌금

해설 제34조(벌칙)
① 업무상 과실로 제조소등에서 위험물을 유출·방출 또는 확산시켜 사람의 생명·신체 또는 재산에 대하여 위험을 발생시킨 자는 7년 이하의 금고 또는 7천만원 이하의 벌금에 처한다. 〈개정 2016. 1. 27.〉
② 제1항의 죄를 범하여 사람을 사상(死傷)에 이르게 한 자는 10년 이하의 징역 또는 금고나 1억원 이하의 벌금에 처한다.

44 소방기본법령상 일반음식점에서 음식조리를 위해 불을 사용하는 설비를 설치하는 경우 지켜야하는 상황으로 틀린 것은?

① 열을 발생하는 조리기구는 반자 또는 선반으로부터 0.6[m] 이상 떨어지게 할 것
② 주방설비에 부속된 배출덕트는 0.5[mm] 이상의 아연도금강판으로 설치할 것
③ 주방시설에는 동물 또는 식물의 기름을 제거할 수 있는 필터 등을 설치할 것
④ 열을 발생하는 조리기구로부터 0.5[m] 이내의 거리에 있는 가연성 주요구조부는 석면판 또는 단일성이 있는 불연재료로 덮어 씌울 것

해설 음식조리를 위하여 설치하는 설비
「식품위생법 시행령」 제21조제8호에 따른 식품접객업 중 일반음식점 주방에서 조리를 위하여 불을 사용하는 설비를 설치하는 경우에는 다음 각 목의 사항을 지켜야 한다.
가. 주방설비에 부속된 배출덕트(공기 배출통로)는 0.5밀리미터 이상의 아연도금강판 또는 이와 같거나 그 이상의 내식성 불연재료로 설치할 것
나. 주방시설에는 동물 또는 식물의 기름을 제거할 수 있는 필터 등을 설치할 것
다. 열을 발생하는 조리기구는 반자 또는 선반으로부터 0.6미터 이상 떨어지게 할 것
라. 열을 발생하는 조리기구로부터 0.15미터 이내의 거리에 있는 가연성 주요구조부는 단열성이 있는 불연재료로 덮어 씌울 것

45 소방기본법령에 따른 소방용수시설의 설치기준상 소방용수시설을 주거지역·상업지역 및 공업지역에 설치하는 경우 소방대상물과의 수평거리를 몇 이하가 되도록 해야 하는가?

① 280   ② 100
③ 140   ④ 200

해설 소방용수시설 설치기준
㉠ 공통기준
  ⓐ 주거지역·상업지역 및 공업지역
     수평거리 100[m] 이하
  ⓑ 그 외의 지역에 설치하는 경우
     수평거리 140[m] 이하

46 화재의 예방 및 안전관리에 관한 법령상 2급 소방안전관리대상물이 아닌 것은?

① 층수가 10층, 연면적이 6,000[m²]인 복합건축물
② 지하구
③ 25층의 아파트(높이 75[m])
④ 11층의 업무시설

해설 2급 소방안전관리대상물의 범위
「소방시설 설치 및 관리에 관한 법률 시행령」 별표 2의 특정소방대상물 중 다음의 어느 하나에 해당하는 것(제1

정답 43.① 44.④ 45.② 46.④

호에 따른 특급 소방안전관리대상물 및 제2호에 따른 1급 소방안전관리대상물은 제외한다)
1) 「소방시설 설치 및 관리에 관한 법률 시행령」 별표 4 제1호다목에 따라 옥내소화전설비를 설치해야 하는 특정소방대상물, 같은 호 라목에 따라 스프링클러설비를 설치해야 하는 특정소방대상물 또는 같은 호 바목에 따라 물분무등소화설비[화재안전기준에 따라 호스릴(hose reel) 방식의 물분무등소화설비만을 설치할 수 있는 특정소방대상물은 제외한다]를 설치해야 하는 특정소방대상물
2) 가스 제조설비를 갖추고 도시가스사업의 허가를 받아야 하는 시설 또는 가연성 가스를 100톤 이상 1천톤 미만 저장·취급하는 시설
3) 지하구
4) 「공동주택관리법」 제2조제1항제2호의 어느 하나에 해당하는 공동주택(「소방시설 설치 및 관리에 관한 법률 시행령」 별표 4 제1호다목 또는 라목에 따른 옥내소화전설비 또는 스프링클러설비가 설치된 공동주택으로 한정한다)
5) 「문화유산의 보존 및 활용에 관한 법률」 제23조에 따라 보물 또는 국보로 지정된 목조건축물

47 소방시설공사업법령상 소방시설업에 속하지 않는 것은?
① 소방시설공사업
② 소방시설관리업
③ 소방시설설계업
④ 소방공사감리업

[해설] "소방시설업"의 종류
① 소방시설설계업
② 소방시설공사업
③ 소방공사감리업
④ 방염처리업(섬유류방염업, 합성수지류방염업, 합판목재류방염업)

48 다음 중 위험물안전관리법령에 따른 제3류 자연발화성 및 금수성 위험물이 아닌 것은?
① 적린 ② 황린
③ 칼륨 ④ 금속의 수소화물

[해설] 제2류 위험물
황화인, 적린, 황

49 소방시설공사업법령상 소방시설업에서 보조기술인력에 해당되는 기준이 아닌 것은?
① 소방설비기사 자격을 취득한 사람
② 소방공무원으로 재직한 경력이 2년 이상인 사람
③ 소방설비산업기사 자격을 취득한 사람
④ 소방기술과 관련된 자격·경력 및 학력을 갖춘 사람으로서 자격수첩을 발급받은 사람

[해설] ② 소방공무원으로서 재직한 경력이 3년 이상인 사람

50 위험물안전관리법령상 자체소방대에 대한 기준으로 틀린 것은?
① 시·도지사에게 제조소 등 설치허가를 받았으나 자체소방대를 설치하여야 하는 제조소 등에 자체소방대를 두지 아니한 관계인에 대한 벌칙은 1년 이하의 징역 또는 1천만원 이하의 벌금이다.
② 자체소방대를 설치하여야 하는 사업소로 제4류 위험물을 취급하는 제조소 또는 일반취급소가 있다.
③ 제조소 또는 일반취급소의 경우 자체소방대를 설치하여야 하는 위험물 최대수량의 합 기준은 지정수량의 3만배 이상이다.
④ 자체소방대를 설치하는 사업소의 관계인은 규정에 의하여 자체소방대에 화학소방자동차 및 자체소방대원을 두어야 한다.

[해설] 자체소방대를 설치해야 하는 제조소등
㉠ 제4류 위험물을 취급하는 지정수량 3천배 이상의 제조소 또는 일반취급소
㉡ 제4류 위험물을 저장하는 옥외탱크저장소

정답 47.② 48.① 49.② 50.③

51 소방시설 설치 및 관리에 관한 법령상 특정소방대상물의 관계인이 소방시설에 폐쇄(잠금을 포함)·차단 등의 행위를 하여서 사람을 상해에 이르게 한 때에 대한 벌칙기준은?

① 3년 이하의 징역 또는 3천만원 이하의 벌금
② 7년 이하의 금고 또는 7천만원 이하의 벌금
③ 5년 이하의 징역 또는 5천만원 이하의 벌금
④ 10년 이하의 징역 또는 1억원 이하의 벌금

해설 5년 이하의 징역 또는 5천만원 이하의 벌금
㉠ 소방시설의 기능과 성능에 지장을 초래하는 폐쇄·차단 등의 행위를 한 자
㉡ 사람을 상해에 이르게 한 때에는 7년 이하의 징역 또는 7천만원 이하의 벌금
㉢ 사망에 이르게 한 때에는 10년 이하의 징역 또는 1억원 이하의 벌금

52 소방시설 설치 및 관리에 관한 법령상 건축허가 등의 동의대상물 범위기준으로 옳은 것은?

① 항공기격납고, 관망탑, 항공관제탑, 방송용 송수신탑
② 차고·주차장 또는 주차용도로 사용되는 시설로서 차고·주차장으로 사용되는 층 중 바닥면적이 100제곱미터 이상인 층이 있는 시설
③ 연면적이 300제곱미터 이상인 건축물
④ 지하층 또는 무창층에 공연장이 있는 건축물로서 바닥면적이 150제곱미터의 이상인 층이 있는 것

해설 ② 차고·주차장 또는 주차용도로 사용되는 시설로서 차고·주차장으로 사용되는 층 중 바닥면적이 200제곱미터 이상인 층이 있는 시설
③ 연면적이 400제곱미터 이상인 건축물
④ 지하층 또는 무창층에 공연장이 있는 건축물로서 바닥면적이 100제곱미터 이상인 층이 있는 것

53 위험물안전관리법령상 관계인이 예방규정을 정하여야 하는 제조소 등의 기준이 아닌 것은?

① 지정수량의 10배 이상의 위험물을 취급하는 제조소
② 지정수량의 200배 이상의 위험물을 저장하는 옥외탱크저장소
③ 지정수량의 50배 이상의 위험물을 저장하는 옥외저장소
④ 지정수량의 150배 이상의 위험물을 저장하는 옥내저장소

해설 예방규정을 작성, 제출하여야 하는 대상
㉠ 지정수량의 10배 이상의 위험물을 취급하는 제조소
㉡ 지정수량의 100배 이상의 위험물을 저장하는 옥외저장소
㉢ 지정수량의 150배 이상의 위험물을 저장하는 옥내저장소
㉣ 지정수량의 200배 이상의 위험물을 저장하는 옥외탱크저장소
㉤ 암반탱크저장소
㉥ 이송취급소
㉦ 지정수량의 10배 이상의 위험물을 취급하는 일반취급소
※ 다만, 제4류 위험물(특수인화물을 제외한다)만을 지정수량의 50배 이하로 취급하는 일반취급소(제1석유류·알코올류의 취급량이 지정수량의 10배 이하인 경우에 한한다)로서 다음 어느 하나에 해당하는 것을 제외한다.
ⓐ 보일러·버너 또는 이와 비슷한 것으로서 위험물을 소비하는 장치로 이루어진 일반취급소
ⓑ 위험물을 용기에 옮겨 담거나 차량에 고정된 탱크에 주입하는 일반취급소

54 소방시설공사업법령상 소방시설공사업자가 소속 소방기술자를 소방시설공사 현장에 배치하지 않았을 경우의 과태료 기준은?

① 100만원 이하 ② 200만원 이하
③ 300만원 이하 ④ 400만원 이하

해설 소방기술자 미배치 : 200만원 이하 과태료

55 위험물안전관리법령상 점포에서 위험물을 용기에 담아 판매하기 위하여 지정수량의 40배 이하의 위험물을 취급하는 장소의 취급소 구분으로 옳은 것은? (단, 위험물을 제조 외의 목적으로 취급하기 위한 장소이다)

① 판매취급소
② 주유취급소
③ 일반취급소
④ 이송취급소

해설 **판매취급소** : 점포에서 위험물을 용기에 담아 판매하기 위하여 지정수량의 40배 이하의 위험물을 취급하는 장소

56 소방기본법령상 소방안전교육사의 배치대상별 배치기준에서 소방본부의 배치기준은 몇 명 이상인가?

① 3
② 4
③ 2
④ 1

해설 소방안전교육사 배치기준

배치대상	배치기준(단위 : 명)	비고
1. 소방청	2 이상	
2. 소방본부	2 이상	
3. 소방서	1 이상	
4. 한국소방안전원	본원 : 2 이상 시·도지부 : 1 이상	
5. 한국소방산업기술원	2 이상	

57 소방기본법령상 소방본부 종합상황실의 실장이 소방청의 종합상황실에 지체없이 서면팩스 또는 컴퓨터 통신 등으로 보고해야 할 상황이 아닌 것은?

① 위험물안전관리법에 의한 지정수량의 3천배 이상의 위험물의 제조소에서 발생한 화재
② 사망자가 3인 이상 발생한 화재
③ 재산피해액이 50억원 이상 발생한 화재
④ 연면적 1만 5천제곱미터 이상인 공장 또는 화재예방강화지구에서 발생한 화재

해설 상부 종합상황실 보고사항
㉠ 다음 각목의 1에 해당하는 화재
 ⓐ 사망자가 5인 이상 발생하거나 사상자가 10인 이상 발생한 화재
 ⓑ 이재민이 100인 이상 발생한 화재
 ⓒ 재산피해액이 50억원 이상 발생한 화재
 ⓓ 관공서·학교·정부미도정공장·문화재·지하철 또는 지하구의 화재
 ⓔ 관광호텔, 층수(「건축법 시행령」 제119조제1항제9호의 규정에 의하여 산정한 층수를 말한다. 이하 이 목에서 같다)가 11층 이상인 건축물, 지하상가, 시장, 백화점, 「위험물안전관리법」 제2조제2항의 규정에 의한 지정수량의 3천배 이상의 위험물의 제조소·저장소·취급소, 층수가 5층 이상이거나 객실이 30실 이상인 숙박시설, 층수가 5층 이상이거나 병상이 30개 이상인 종합병원·정신병원·한방병원·요양소, 연면적 1만5천제곱미터 이상인 공장 또는 소방기본법 시행령(이하 "영"이라 한다) 제4조제1항 각 목에 따른 화재경계지구에서 발생한 화재
 ⓕ 철도차량, 항구에 매어둔 총 톤수가 1천톤 이상인 선박, 항공기, 발전소 또는 변전소에서 발생한 화재
 ⓖ 가스 및 화약류의 폭발에 의한 화재
 ⓗ 「다중이용업소의 안전관리에 관한 특별법」 제2조에 따른 다중이용업소의 화재
㉡ 「긴급구조대응활동 및 현장지휘에 관한 규칙」에 의한 통제단장의 현장지휘가 필요한 재난상황
㉢ 언론에 보도된 재난상황
㉣ 그 밖에 소방청장이 정하는 재난상황

58 소방시설 설치 및 관리에 관한 법령상 방염성능 기준으로 틀린 것은?

① 탄화한 면적은 $50[cm^2]$ 이내, 탄화한 길이는 $20[cm]$ 이내
② 버너의 불꽃을 제거한 때부터 불꽃을 올리지 아니하고 연소하는 상태가 그칠 때까지 시간은 30초 이내
③ 버너의 불꽃을 제거한 때부터 불꽃을 올리며 연소하는 상태가 그칠 때까지 시간은 20초 이내
④ 불꽃에 의하여 완전히 녹을 때까지 불꽃의 접촉횟수는 2회 이상

해설 방염성능기준(대통령령)
㉠ 버너의 불꽃을 제거한 때부터 불꽃을 올리며 연소하는 상태가 그칠 때까지 시간은 20초 이내일 것 [잔염시간 : 20초 이내]
㉡ 버너의 불꽃을 제거한 때부터 불꽃을 올리지 아니하고 연소하는 상태가 그칠 때까지 시간은 30초 이내일 것 [잔진시간 : 30초 이내]
㉢ 탄화(炭化)한 면적은 50제곱센티미터 이내, 탄화한 길이는 20센티미터 이내일 것
㉣ 불꽃에 의하여 완전히 녹을 때까지 불꽃의 접촉 횟수는 3회 이상일 것
㉤ 소방청장이 정하여 고시한 방법으로 발연량(發煙量)을 측정하는 경우 최대연기밀도는 400 이하일 것

59 소방시설 설치 및 관리에 관한 법령에 따른 비상방송설비를 설치하여야 하는 특정소방대상물의 기준 중 틀린 것은? (단, 위험물 저장 및 처리 시설 중 가스시설, 사람이 거주하지 않는 동물 및 식물 관련시설, 지하가 중 터널, 축사 및 지하구는 제외한다.)

① 지하층을 제외한 층수가 11층 이상인 것
② 연면적 3,500[m²] 이상인 것
③ 연면적 1,000[m²] 미만의 기숙사
④ 지하층의 층수가 3층 이상인 것

해설 비상방송설비를 설치해야 하는 특정소방대상물(위험물 저장 및 처리 시설 중 가스시설, 사람이 거주하지 않거나 벽이 없는 축사 등 동물 및 식물 관련 시설, 지하가 중 터널 및 지하구는 제외한다)은 다음의 어느 하나에 해당하는 것으로 한다.
1) 연면적 3천5백[m²] 이상인 것은 모든 층
2) 층수가 11층 이상인 것은 모든 층
3) 지하층의 층수가 3층 이상인 것은 모든 층

60 소방시설공사업법령상 소방시설공사의 하자보수 보증기간이 3년이 아닌 것은?
① 자동화재탐지설비
② 자동소화장치
③ 간이스프링클러설비
④ 무선통신보조설비

해설 하자보수 보증기간
㉠ 피난기구, 유도등, 유도표지, 비상경보설비, 비상조명등, 비상방송설비 및 무선통신보조설비 : 2년
㉡ 자동소화장치, 옥내소화전설비, 스프링클러설비, 간이스프링클러설비, 물분무등소화설비, 옥외소화전설비, 자동화재탐지설비, 상수도소화용수설비 및 소화활동설비(무선통신보조설비는 제외한다), 비상콘센트설비 : 3년

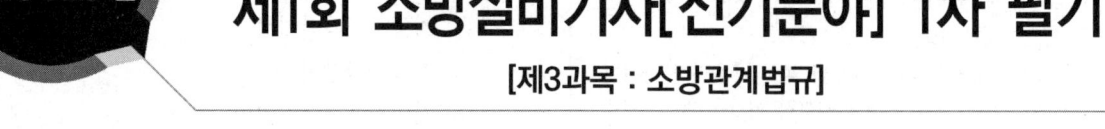

[제3과목 : 소방관계법규]

41 소방기본법령상 화재, 재난·재해 그 밖의 위급한 상황이 발생한 경우 소방대가 현장에 도착할 때까지 해야 할 관계인의 소방활동에 포함되지 않는 것은?

① 소방활동에 필요한 보호장구 지급 등 안전을 위한 조치
② 불을 끄거나 불이 번지지 아니하도록 필요한 조치
③ 대피를 유도하는 방법으로 사람을 구출하는 조치
④ 경보를 울리는 방법으로 사람을 구출하는 조치

해설 소방기본법 제20조] 관계인의 소방활동
관계인은 소방대상물에 화재, 재난·재해 그 밖의 위급한 상황이 발생한 경우에는 소방대가 현장에 도착할 때까지 경보를 울리거나 대피를 유도하는 등의 방법으로 사람을 구출하는 조치 또는 불을 끄거나 불이 번지지 아니하도록 필요한 조치를 하여야 한다.

42 소방기본법령상 소방기관의 설치에 관하여 필요한 사항은 누구의 령으로 정하는가?

① 대통령령   ② 행정안전부령
③ 소방청 고시   ④ 시·도의 조례

해설 제3조(소방기관의 설치 등)
① 시·도의 화재 예방·경계·진압 및 조사, 소방안전 교육·홍보와 화재, 재난·재해, 그 밖의 위급한 상황에서의 구조·구급 등의 업무(이하 "소방업무"라 한다)를 수행하는 소방기관의 설치에 필요한 사항은 대통령령으로 정한다.〈개정 2015. 7. 24.〉
② 소방업무를 수행하는 소방본부장 또는 소방서장은 그 소재지를 관할하는 특별시장·광역시장·특별자치시장·도지사 또는 특별자치도지사(이하 "시·도지사"라 한다)의 지휘와 감독을 받는다.

③ 제2항에도 불구하고 소방청장은 화재 예방 및 대형 재난 등 필요한 경우 시·도 소방본부장 및 소방서장을 지휘·감독할 수 있다.〈신설 2019. 12. 10.〉
④ 시·도에서 소방업무를 수행하기 위하여 시·도지사 직속으로 소방본부를 둔다

43 소방기본법 제8조 소방력의 기준 등에 대한 다음 괄호 안에 들어갈 말로 옳은 것은?

> 제8조(소방력의 기준 등) ① 소방기관이 소방업무를 수행하는 데에 필요한 (㉮)과 (㉯) 등[이하 "소방력"(消防力)이라 한다]에 관한 기준은 (㉰)으로 정한다.
> ② (㉱)는 제1항에 따른 소방력의 기준에 따라 관할구역의 소방력을 확충하기 위하여 필요한 계획을 수립하여 시행하여야 한다.
> ③ 소방자동차 등 소방장비의 분류·표준화와 그 관리 등에 필요한 사항은 (㉲) 정한다.

	㉮	㉯	㉰	㉱	㉲
①	인력	장비	행정안전부령	시·도지사	따로 법률에서
②	인력	장비	대통령령	시·도지사	대통령령으로
③	장비	인력	행정안전부령	시·도지사	행정안전부령으로
④	장비	인력	대통령령	시·도지사	따로 법률에서

해설 제8조(소방력의 기준 등)
① 소방기관이 소방업무를 수행하는 데에 필요한 인력과 장비 등[이하 "소방력"(消防力)이라 한다]에 관한 기준은 행정안전부령으로 정한다.
② 시·도지사는 제1항에 따른 소방력의 기준에 따라 관할구역의 소방력을 확충하기 위하여 필요한 계획을 수립하여 시행하여야 한다.
③ 소방자동차 등 소방장비의 분류·표준화와 그 관리 등에 필요한 사항은 따로 법률에서 정한다.

정답   41.①   42.①   43.①

44 소방기본법에서 규정하는 소방업무응원에 대한 설명으로 틀린 것은?

① 소방본부장이나 소방서장은 소방활동을 할 때에 긴급한 경우에는 이웃한 소방본부장 또는 소방서장에게 소방업무의 응원(應援)을 요청할 수 있다.
② 시·도지사는 제1항에 따라 소방업무의 응원을 요청하는 경우를 대비하여 출동 대상지역 및 규모와 필요한 경비의 부담 등에 관하여 필요한 사항을 대통령령으로 정하는 바에 따라 이웃하는 시·도지사와 협의하여 미리 규약(規約)으로 정하여야 한다.
③ 소방업무의 응원 요청을 받은 소방본부장 또는 소방서장은 정당한 사유 없이 그 요청을 거절하여서는 아니 된다.
④ 소방업무의 응원을 위하여 파견된 소방대원은 응원을 요청한 소방본부장 또는 소방서장의 지휘에 따라야 한다.

해설 행정안전부령으로 정하는 바에 따라 미리 규약으로 정한다.

45 공사업법상 다음 중 상주공사감리의 대상인 것은?

① 연면적 1만제곱미터 이상의 특정소방대상물
② 연면적 2만제곱미터 이상의 특정소방대상물
③ 연면적 3만제곱미터 이상의 특정소방대상물
④ 연면적 1천제곱미터 이상의 특정소방대상물

해설 감리의 종류, 방법, 대상(대통령령)
1) 상주공사감리[연면적 3만제곱미터 이상(아파트 제외), 지하층 포함 16층 이상으로서 500세대 이상 아파트]
2) 일반공사감리[상주공사감리대상 아닌 것]
3) 일반공사감리 시 주 1회 방문, 14일 이내 부득이한 사유로 없는 경우 업무대행자 지정, 주 2회 방문

46 위험물안전관리법령상 점포에서 위험물을 용기에 담아 판매하기 위하여 지정수량의 40배 이하의 위험물을 취급하는 장소의 취급소 구분으로 옳은 것은? (단, 위험물을 제조외의 목적으로 취급하기 위한 장소이다.)

① 판매취급소　　② 주유취급소
③ 일반취급소　　④ 이송취급소

해설
• 판매취급소 : 점포에서 위험물을 용기에 담아 판매하기 위하여 지정수량의 40배 이하의 위험물을 취급하는 장소
• 주유취급소 : 고정된 주유설비에 자동차, 항공기 등의 연료탱크에 직접 주유하기 위해 위험물을 취급하는 장소
• 이송취급소 : 배관 및 이에 부속된 설비에 의해 위험물을 이송하는 장소
• 일반취급소 : 주유취급소, 판매취급소, 이송취급소 외의 장소

47 소방시설공사업법령상 지하층을 포함한 층수가 16층 이상 40층 미만인 특정소방대상물의 소방시설 공사현장에 배치하여야 할 소방공사 책임감리원의 배치기준에서 ( ) 안에 들어갈 등급으로 옳은 것은?

> "행정안전부령으로 정하는 ( )감리원 이상의 소방공사 감리원(기계분야 및 전기분야)"

① 특급　　② 중급
③ 고급　　④ 초급

해설 소방시설공사업법 시행령 별표 4] 소방공사 감리원의 배치기준 및 배치시간

감리원의 배치기준		소방시설공사 현장의 기준
책임감리원	보조감리원	
행정안전부령으로 정하는 특급감리원 이상의 소방감사 감리원(기계분야 및 전기분야)	행정안전부령으로 정하는 초급감리원 이상의 소방공사 감리원(기계분야 및 전기분야)	1) 연면적 3만제곱미터 이상 20만제곱미터 미만인 특정소방대상물(아파트는 제외한다)의 공사현장 2) 지하층을 포함한 층수가 16층 이상 40층 미만의 특정소방대상물의 공사현장

정답 44.② 45.③ 46.① 47.①

48 위험물안전관리법령에 따라 위험물안전관리자를 해임하거나 퇴직한 때에는 해임하거나 퇴직한 날부터 며칠 이내에 다시 안전관리자를 선임하여야 하는가?

① 30일　　② 35일
③ 40일　　④ 55일

해설 위험물관리법 제15조(위험물안전관리자)
안전관리자가 퇴직한 때에는 해임하거나 퇴직한 날부터 30일 이내에 다시 안전관리자를 선임하여야 한다.

49 위험물안전관리법령상 제조소 또는 일반 취급소의 위험물취급탱크 노즐 또는 맨홀을 신설하는 경우, 노즐 또는 맨홀의 직경이 몇 mm를 초과하는 경우에 변경허가를 받아야 하는가?

① 300　　② 450
③ 250　　④ 600

해설 제조소등의 변경허가를 받아야 하는 경우
㉠ 제조소 또는 일반취급소의 위치를 이전
㉡ 건축물의 벽·기둥·바닥·보 또는 지붕을 증설 또는 철거
㉢ 배출설비를 신설
㉣ 위험물취급탱크를 신설·교체·철거 또는 보수
㉤ 위험물취급탱크의 노즐 또는 맨홀의 직경이 250[mm]를 초과하는 경우에 신설
㉥ 위험물취급탱크의 방유제의 높이 또는 방유제 내의 면적을 변경
㉦ 위험물취급탱크의 탱크전용실을 증설 또는 교체
㉧ 300m(지상에 설치하지 아니하는 배관의 경우에는 30[m])를 초과하는 위험물배관을 신설·교체·철거 또는 보수(배관을 절개하는 경우에 한한다)하는 경우

50 소방시설공사업법령상 소방공사감리를 실시함에 있어 용도와 구조에서 특별히 안전성과 보안성이 요구되는 소방대상물로서 소방 시설물에 대한 감리를 감리업자가 아닌 자가 감리할 수 있는 장소는?

① 정보기관의 청사
② 교도소 등 교정관련시설
③ 국방 관계시설 설치장소
④ 원자력안전법상 관계시설이 설치되는 장소

해설 소방시설공사업법 시행령 제8조(감리업자가 아닌 자가 감리할 수 있는 보안성 등이 요구되는 소방대상물의 시공 장소)
법 제16조제2항에서 "대통령령으로 정하는 장소"란 「원자력안전법」 제2조제10호에 따른 관계시설이 설치되는 장소를 말한다.

원자력안전법 제2조(정의) 제10항
10. "관계시설"이란 원자로의 안전에 관계되는 시설로서 대통령령으로 정하는 것을 말한다.

51 위험물안전관리법령상 제조소 또는 일반 취급소에서 취급하는 제4류 위험물이 최대 수량의 합이 지정수량의 24만배 이상 48만배 미만인 사업소의 관계인이 두어야 하는 화학소방자동차와 자체소방대원의 수의 기준으로 옳은 것은? (단, 화재 그 밖의 재난발생시 다른 사업소 등과 상호응원에 관한 협정을 체결하고 있는 사업소는 제외한다.)

① 화학소방자동차 : 2대, 자체소방대원의 수 : 10인
② 화학소방자동차 : 3대, 자체소방대원의 수 : 10인
③ 화학소방자동차 : 3대, 자체소방대원의 수 : 15인
④ 화학소방자동차 : 4대, 자체소방대원의 수 : 20인

해설 위험물안전관리법 시행령 [별표8]
24만배 이상 48만배 미만 사업소
화학소방자동차 : 3대, 자체소방대원의 수 : 15인

사업소의 구분	화학소방자동차	자체소방대원의 수
1. 제조소 또는 일반취급소에서 취급하는 제4류 위험물의 최대수량의 합이 지정수량의 3천배 이상 12만배 미만인 사업소	1대	5인
2. 제조소 또는 일반취급소에서 취급하는 제4류 위험물의 최대수량의 합이 지정수량의 12만배 이상 24만배 미만인 사업소	2대	10인
3. 제조소 또는 일반취급소에서 취급하는 제4류 위험물의 최대수량의 합이 지정수량의 24만배 이상 48만배 미만인 사업소	3대	15인
4. 제조소 또는 일반취급소에서 취급하는 제4류 위험물의 최대수량의 합이 지정수량의 48만배 이상인 사업소	4대	20인

정답 48.① 49.③ 50.④ 51.③

| 5. 옥외탱크저장소에 저장하는 제4류 위험물의 최대수량이 지정수량의 50만배 이상인 사업소 | 2대 | 10인 |

52. 화재예방법상 소방관서장은 화재안전조사를 실시하려는 경우 조사대상, 조사기간 및 조사사유 등 조사계획은 소방청, 소방본부 또는 소방서 인터넷 홈페이지나 전산시스템을 통해 며칠 이상 공개해야 하는가?

① 3일 이상
② 5일 이상
③ 7일 이상
④ 10일 이상

해설 시행령 제8조(화재안전조사의 방법·절차 등)
① 소방관서장은 화재안전조사의 목적에 따라 다음 각 호의 어느 하나에 해당하는 방법으로 화재안전조사를 실시할 수 있다.
  1. 종합조사 : 제7조의 화재안전조사 항목 전부를 확인하는 조사
  2. 부분조사 : 제7조의 화재안전조사 항목 중 일부를 확인하는 조사
② 소방관서장은 화재안전조사를 실시하려는 경우 사전에 법 제8조제2항 각 호 외의 부분 본문에 따라 조사대상, 조사기간 및 조사사유 등 조사계획을 소방청, 소방본부 또는 소방서(이하 "소방관서"라 한다)의 인터넷 홈페이지나 법 제16조제3항에 따른 전산시스템을 통해 7일 이상 공개해야 한다.

53. 화재예방법상 화재의 예방조치상 어떠한 행위를 하여서는 안 되는데 이 행위에 해당하는 사항이 아닌 것은?

① 화재예방강화지구에서 모닥불, 흡연 등 화기의 취급하는 행위
② 액화석유가스 판매소에서 풍등 등 소형열기구 날리기
③ 수소연료사용시설에서 용접·용단 등 불꽃을 발생시키는 행위
④ 위험물안전관리법에 따른 위험물을 저장하는 행위

해설 화재예방법 제17조(화재의 예방조치 등)
① 누구든지 화재예방강화지구 및 이에 준하는 대통령령으로 정하는 장소에서는 다음 각 호의 어느 하나에 해당하는 행위를 하여서는 아니 된다. 다만, 행정안전부령으로 정하는 바에 따라 안전조치를 한 경우에는 그러하지 아니한다.
  1. 모닥불, 흡연 등 화기의 취급
  2. 풍등 등 소형열기구 날리기
  3. 용접·용단 등 불꽃을 발생시키는 행위
  4. 그 밖에 대통령령으로 정하는 화재 발생 위험이 있는 행위

시행령 제16조(화재의 예방조치 등)
① 법 제17조제1항 각 호 외의 부분 본문에서 "대통령령으로 정하는 장소"란 다음 각 호의 장소를 말한다.
  1. 제조소등
  2. 「고압가스 안전관리법」 제3조제1호에 따른 저장소
  3. 「액화석유가스의 안전관리 및 사업법」 제2조제1호에 따른 액화석유가스의 저장소·판매소
  4. 「수소경제 육성 및 수소 안전관리에 관한 법률」 제2조제7호에 따른 수소연료공급시설 및 같은 조 제9호에 따른 수소연료사용시설
  5. 「총포·도검·화약류 등의 안전관리에 관한 법률」 제2조제3항에 따른 화약류를 저장하는 장소
② 법 제17조제1항제4호에서 "대통령령으로 정하는 화재 발생 위험이 있는 행위"란 「위험물안전관리법」 제2조제1항제1호에 따른 위험물을 방치하는 행위를 말한다.

54. 화재예방법상 불을 사용하는 설비의 관리기준등에서 규정하는 설비 또는 기구등이 아닌 것은?

① 수소가스를 사용하는 기구
② 화목보일러
③ 건조설비
④ 음식조리를 위하여 설치하는 설비

해설 제18조(불을 사용하는 설비의 관리기준 등)
① 법 제17조제4항에서 "대통령령으로 정하는 설비 또는 기구 등"이란 다음 각 호의 설비 또는 기구를 말한다.
  1. 보일러
  2. 난로
  3. 건조설비
  4. 가스·전기시설

정답 52.③ 53.④ 54.①

5. 불꽃을 사용하는 용접·용단 기구
6. 노(爐)·화덕설비
7. 음식조리를 위하여 설치하는 설비

55 소방시설법상 지방소방기술심의위원회의 심의사항으로 옳은 것은?

① 화재안전기준에 관한 사항
② 소방시설의 설계 및 공사감리의 방법에 관한 사항
③ 소방시설에 하자가 있는지의 판단에 관한 사항
④ 소방시설공사의 하자를 판단하는 기준에 관한 사항

해설 제18조(소방기술심의위원회)
② 다음 각 호의 사항을 심의하기 위하여 시·도에 지방소방기술심의위원회(이하 "지방위원회"라 한다)를 둔다.
1. 소방시설에 하자가 있는지의 판단에 관한 사항
2. 그 밖에 소방기술 등에 관하여 대통령령으로 정하는 사항
③ 중앙위원회 및 지방위원회의 구성·운영 등에 필요한 사항은 대통령령으로 정한다.

시행령 제20조(소방기술심의위원회의 심의사항)
② 법 제18조제2항제2호에서 "대통령령으로 정하는 사항"이란 다음 각 호의 사항을 말한다.
1. 연면적 10만제곱미터 미만의 특정소방대상물에 설치된 소방시설의 설계·시공·감리의 하자 유무에 관한 사항
2. 소방본부장 또는 소방서장이 「위험물안전관리법」 제2조제1항제6호에 따른 제조소등(이하 "제조소등"이라 한다)의 시설기준 또는 화재안전기준의 적용에 관하여 기술검토를 요청하는 사항
3. 그 밖에 소방기술과 관련하여 특별시장·광역시장·특별자치시장·도지사 또는 특별자치도지사(이하 "시·도지사"라 한다)가 소방기술심의위원회의 심의에 부치는 사항

56 소방시설법상 다음 중 방염에 대한 설명으로 틀린 것은?

① 대통령령으로 정하는 특정소방대상물에 실내장식 등의 목적으로 설치 또는 부착하는 물품으로서 대통령령으로 정하는 물품(이하 "방염대상물품"이라 한다)은 방염성능기준 이상의 것으로 설치하여야 한다.
② 소방본부장이나 소방서장은 방염대상물품이 제1항에 따른 방염성능기준에 미치지 못하거나 제13조제1항에 따른 방염성능검사를 받지 아니한 것이면 소방대상물의 관계인에게 방염대상물품을 제거하도록 하거나 방염성능검사를 받도록 하는 등 필요한 조치를 명할 수 있다.
③ 방염성능기준은 행정안전부령으로 정한다.
④ 특정소방대상물에서 사용하는 방염대상물품은 소방청장(대통령령으로 정하는 방염대상물품의 경우에는 시·도지사를 말한다)이 실시하는 방염성능검사를 받은 것이어야 한다.

해설 대통령령으로 정한다.
시행령 제31조
② 법 제20조제3항에 따른 방염성능기준은 다음 각 호의 기준에 따르되, 제1항에 따른 방염대상물품의 종류에 따른 구체적인 방염성능기준은 다음 각 호의 기준의 범위에서 소방청장이 정하여 고시하는 바에 따른다.
1. 버너의 불꽃을 제거한 때부터 불꽃을 올리며 연소하는 상태가 그칠 때까지 시간은 20초 이내일 것
2. 버너의 불꽃을 제거한 때부터 불꽃을 올리지 않고 연소하는 상태가 그칠 때까지 시간은 30초 이내일 것
3. 탄화(炭化)한 면적은 50제곱센티미터 이내, 탄화한 길이는 20센티미터 이내일 것
4. 불꽃에 의하여 완전히 녹을 때까지 불꽃의 접촉 횟수는 3회 이상일 것
5. 소방청장이 정하여 고시한 방법으로 발연량(發煙量)을 측정하는 경우 최대연기밀도는 400 이하일 것

57 소방시설법상 종합점검대상에 해당하지 않는 건축물은?

① 스프링클러설비가 설치된 특정소방대상물
② 물분무등 소화설비가 설치된 연면적 5,000m² 이상인 특정소방대상물(제조소등은 제외한다)
③ 노래연습장업이 설치된 연면적이 2,000m² 이상인 특정소방대상물
④ 물분무소화설비가 설치된 터널

해설 종합점검은 다음의 어느 하나에 해당하는 특정소방대상물을 대상으로 한다.
1) 법 제22조제1항제1호에 해당하는 특정소방대상물(신축, 최초점검대상)
2) 스프링클러설비가 설치된 특정소방대상물
3) 물분무등소화설비[호스릴(hose reel) 방식의 물분무등소화설비만을 설치한 경우는 제외한다]가 설치된 연면적 5,000m² 이상인 특정소방대상물(제조소등은 제외한다)
4) 「다중이용업소의 안전관리에 관한 특별법 시행령」 제2조제1호나목, 같은 조 제2호(비디오물소극장업은 제외한다)·제6호·제7호·제7호의2 및 제7호의5의 다중이용업의 영업장이 설치된 특정소방대상물로서 연면적이 2,000m² 이상인 것
5) 제연설비가 설치된 터널
6) 「공공기관의 소방안전관리에 관한 규정」 제2조에 따른 공공기관 중 연면적(터널·지하구의 경우 그 길이와 평균 폭을 곱하여 계산된 값을 말한다)이 1,000m² 이상인 것으로서 옥내소화전설비 또는 자동화재탐지설비가 설치된 것. 다만, 「소방기본법」 제2조제5호에 따른 소방대가 근무하는 공공기관은 제외한다.

58 소방시설법상 관계인이 질병등의 경우 자체점검을 연기신청할 수 있는데 연기신청은 자체점검 실시만료일 며칠 전까지 연기신청서를 누구에게 제출하여야 하는가?

① 2일전까지, 소방청장
② 3일전까지, 소방본부장 또는 소방서장
③ 5일전까지, 소방본부장 또는 소방서장
④ 7일전까지, 소방본부장 또는 소방서장

해설 시행규칙 제22조(소방시설등의 자체점검 면제 또는 연기 등)
① 법 제22조제6항 및 영 제33조제2항에 따라 자체점검의 면제 또는 연기를 신청하려는 특정소방대상물의 관계인은 자체점검의 실시 만료일 3일 전까지 별지 제7호서식의 소방시설등의 자체점검 면제 또는 연기 신청서(전자문서로 된 신청서를 포함한다)에 자체점검을 실시하기 곤란함을 증명할 수 있는 서류(전자문서를 포함한다)를 첨부하여 소방본부장 또는 소방서장에게 제출해야 한다.
② 제1항에 따른 자체점검의 면제 또는 연기 신청서를 제출받은 소방본부장 또는 소방서장은 면제 또는 연기의 신청을 받은 날부터 3일 이내에 자체점검의 면제 또는 연기 여부를 결정하여 별지 제8호서식의 자체점검 면제 또는 연기 신청 결과 통지서를 면제 또는 연기 신청을 한 자에게 통보해야 한다.

59 위험물안전관리법상 다음 중 벌금이 가장 무거운 것은?

① 제조소 등이 아닌 장소에서 지정수량 이상의 위험물을 저장·취급한 자
② 무허가 장소에서 위험물에 대한 조치명령을 위반한 자
③ 제조소 등의 사용정지 명령을 위반한 자
④ 제조소 등의 위치·구조·설비의 수리, 개조, 이전 명령을 위반한 자

해설 벌칙
① : 3년 이하의 징역 또는 3천만 원 이하의 벌금

벌 칙	사유 및 대상자
1년 이상 10년 이하의 징역	제조소 등에서 위험물을 유출·방출 또는 확산시켜 사람의 생명·신체 또는 재산에 대하여 위험을 발생시킨 자
무기 또는 5년 이상의 징역	제조소 등에서 위험물을 유출·방출 또는 확산시켜 사람을 사망에 이르게 한 때
무기 또는 3년 이상의 징역	제조소 등에서 위험물을 유출·방출 또는 확산시켜 사람을 상해(傷害)에 이르게 한 때

정답 57.④ 58.② 59.①

10년 이하의 징역 또는 금고나 1억 원 이하의 벌금	업무상 과실로 제조소 등에서 위험물을 유출·방출 또는 확산시켜 사람을 사상(死傷)에 이르게 한 자
7년 이하의 금고 또는 7,000만 원 이하의 벌금	업무상 과실로 제조소 등에서 위험물을 유출·방출 또는 확산시켜 사람의 생명·신체 또는 재산에 대하여 위험을 발생시킨 자
3년 이하의 징역 또는 3,000만 원 이하의 벌금	저장소 또는 제조소 등이 아닌 장소에서 지정수량 이상의 위험물을 저장 또는 취급한 자

②, ③, ④ : 1천500만 원 이하의 벌금

60 위험물에 해당되는 질산은 비중이 얼마 이상인 것을 말하는가?

① 1.39　② 1.49
③ 2.39　④ 2.49

해설 질산은 비중이 1.49 이상인 것만 해당

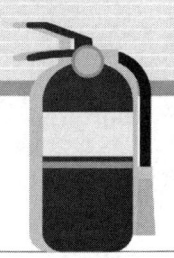

2023년 제2회 소방설비기사[전기분야] 1차 필기

[제3과목 : 소방관계법규]

41 다음은 위험물안전관리법의 목적에 대한 설명이다. 빈칸에 들어갈 단어로 옳은 것은?

> 이 법은 위험물의 (가)·(나) 및 (다)과 이에 따른 안전관리에 관한 사항을 규정함으로써 위험물로 인한 위해를 방지하여 공공의 안전을 확보함을 목적으로 한다.

　　(가)　(나)　(다)
① 저장 – 취급 – 운반
② 제조 – 취급 – 운반
③ 제조 – 저장 – 이송
④ 저장 – 취급 – 이송

해설 위험물안전관리법의 목적
이 법은 위험물의 저장·취급 및 운반과 이에 따른 안전관리에 관한 사항을 규정함으로써 위험물로 인한 위해를 방지하여 공공의 안전을 확보함을 목적으로 한다.

42 위험물안전관리자에 대한 설명 중 옳지 않은 것은?
① 안전관리자를 선임한 경우에는 소방본부장 또는 소방서장에게 신고하여야 한다.
② 위험물의 취급에 관한 자격취득자는 경력이 없어도 대리자로 지정할 수 있다.
③ 대리자가 위험물의 취급에 관한 자격증을 취득하지 못했을 경우 전기·기계자격증으로 대체하면 된다.
④ 위험물안전관리자가 일시적으로 직무를 수행할 수 없어 대리자(代理者)를 지정하였을 경우에는 소방본부장·소방서장에게 신고하지 않아도 된다.

해설 위험물안전관리자
① 위험물안전관리자 선임권자 : 제조소 등의 관계인

【 위험물취급자격자의 자격(제11조제1항 관련) 】

위험물취급자격자의 구분	취급할 수 있는 위험물
1. 「국가기술자격법」에 따라 위험물기능장, 위험물산업기사, 위험물기능사의 자격을 취득한 사람	별표 1의 모든 위험물
2. 안전관리자교육이수자(법 28조제1항에 따라 소방청장이 실시하는 안전관리자교육을 이수한 자를 말한다. 이하 별표 6에서 같다)	별표 1의 위험물 중 제4류 위험물
3. 소방공무원 경력자(소방공무원으로 근무한 경력이 3년 이상인 자를 말한다. 이하 별표 6에서 같다)	별표 1의 위험물 중 제4류 위험물

② 위험물의 취급에 관한 자격이 있는 자
③ 제조소 등에서 저장·취급하는 위험물이 「화학물질관리법」에 따른 유독물질에 해당하는 경우 당해 제조소 등을 설치한 자는 다른 법률에 의하여 안전관리업무를 하는 자로 선임된 자 가운데 대통령령이 정하는 자를 안전관리자로 선임할 수 있다.
④ 제조소 등의 관계인은 안전관리자가 해임, 퇴직한 날부터 30일 이내에 선임하여 선임한 날부터 14일 이내에 소방본부장 또는 소방서장에게 신고하여야 한다.
⑤ 안전관리자 선임신고 시 제출해야 할 서류
　1. 위험물안전관리업무대행계약서(안전관리대행기관에 한한다)
　2. 위험물안전관리교육 수료증(안전관리자 강습교육을 받은 자에 한한다)
　3. 위험물안전관리자를 겸직할 수 있는 관련 안전관리자로 선임된 사실을 증명할 수 있는 서류
　4. 소방공무원 경력증명서(소방공무원 경력자에 한한다)

정답　41.①　42.③

⑥ 제조소 등의 관계인은 안전관리자의 해임, 퇴직한 사실을 소방본부장 또는 소방서장에게 확인받을 수 있다.
⑦ 위험물안전관리 직무 대리자 지정
　㉠ 위험물안전관리 직무 대리자 지정권자 : 제조소 등의 관계인
　㉡ 직무 대리자 지정사유
　　가. 선임된 안전관리자가 여행·질병 그 밖의 사유로 인하여 일시적으로 직무를 수행할 수 없는 경우
　　나. 안전관리자의 해임 또는 퇴직과 동시에 다른 안전관리자를 선임하지 못하는 경우
　㉢ 직무 대리자 자격조건
　　가. 국가기술자격법에 따른 위험물의 취급에 관한 자격취득자
　　나. 안전교육을 받은 자
　　다. 제조소 등의 위험물 안전관리업무에 있어서 안전관리자를 지휘·감독하는 직위에 있는 자
　㉣ 직무 대리자의 직무 대행기간 : 30일을 초과할 수 없다.
⑧ 안전관리자의 업무와 의무
　㉠ 위험물을 취급하는 작업을 하는 때에는 작업자에게 안전관리에 관한 필요한 지시
　㉡ 위험물의 취급에 관한 안전관리와 감독
　㉢ 제조소 등의 관계인과 그 종사자는 안전관리자의 위험물 안전관리에 관한 의견을 존중하고 그 권고에 따라야 한다.

43 위험물안전관리법상 업무상 과실로 제조소 등에서 위험물을 유출·방출 또는 확산시켜 사람의 생명·신체 또는 재산에 대하여 위험을 발생시킨 자에 대한 벌칙 기준으로 옳은 것은?

① 5년 이하의 금고 또는 2,000만 원 이하의 벌금
② 5년 이하의 금고 또는 7,000만 원 이하의 벌금
③ 7년 이하의 금고 또는 2,000만 원 이하의 벌금
④ 7년 이하의 금고 또는 7,000만 원 이하의 벌금

해설 위험물안전관리법 벌칙
제33조(벌칙) ① 제조소 등에서 위험물을 유출·방출 또는 확산시켜 사람의 생명·신체 또는 재산에 대하여 위험을 발생시킨 자 → 1년 이상 10년 이하의 징역에 처한다.
② 제1항의 규정에 따른 죄를 범하여 사람을 상해(傷害)에 이르게 한 때에는 무기 또는 3년 이상의 징역

사망에 이르게 한 때에는 무기 또는 5년 이상의 징역에 처한다.
제34조(벌칙) ① 업무상 과실로 제조소 등에서 위험물을 유출·방출 또는 확산시켜 사람의 생명·신체 또는 재산에 대하여 위험을 발생시킨 자는 7년 이하의 금고 또는 7천만 원 이하의 벌금에 처한다.
② 제1항의 죄를 범하여 사람을 사상(死傷)에 이르게 한 자는 10년 이하의 징역 또는 금고나 1억 원 이하의 벌금에 처한다.

44 위험물안전관리법령상 제조소 등의 완공검사 신청 시기 기준으로 틀린 것은?

① 지하탱크가 있는 제조소 등의 경우에는 당해 지하탱크를 매설하기 전
② 이동탱크저장소의 경우에는 이동저장탱크를 완공하고 상치장소를 확보한 후
③ 이송취급소의 경우에는 이송배관 공사의 전체 또는 일부 완료한 후
④ 배관을 지하에 설치하는 경우에는 소방서장이 지정하는 부분을 매몰하고 난 직후

해설 제20조(완공검사의 신청시기) 법 제9조제1항의 규정에 의한 제조소 등의 완공검사 신청시기는 다음 각 호의 구분에 의한다.
1. 지하탱크가 있는 제조소 등의 경우 : 당해 지하탱크를 매설하기 전
2. 이동탱크저장소의 경우 : 이동저장탱크를 완공하고 상치장소를 확보한 후
3. 이송취급소의 경우 : 이송배관 공사의 전체 또는 일부를 완료한 후. 다만, 지하·하천 등에 매설하는 이송배관의 공사의 경우에는 이송배관을 매설하기 전
4. 전체 공사가 완료된 후에는 완공검사를 실시하기 곤란한 경우 : 다음 각 목에서 정하는 시기
　가. 위험물설비 또는 배관의 설치가 완료되어 기밀시험 또는 내압시험을 실시하는 시기
　나. 배관을 지하에 설치하는 경우에는 시·도지사, 소방서장 또는 기술원이 지정하는 부분을 매몰하기 직전
　다. 기술원이 지정하는 부분의 비파괴시험을 실시하는 시기
5. 제1호 내지 제4호에 해당하지 아니하는 제조소 등의 경우 : 제조소 등의 공사를 완료한 후

정답 43.④ 44.④

45 소방기본법령상 소방업무에 관한 종합계획은 누가 몇 년마다 수립·시행하여야 하는가?

① 대통령, 4년   ② 행정안전부장관, 5년
③ 시·도지사, 5년   ④ 소방청장, 5년

해설 제6조(소방업무에 관한 종합계획의 수립·시행 등)
① 소방청장은 화재, 재난·재해, 그 밖의 위급한 상황으로부터 국민의 생명·신체 및 재산을 보호하기 위하여 소방업무에 관한 종합계획(이하 이 조에서 "종합계획"이라 한다)을 5년마다 수립·시행하여야 하고, 이에 필요한 재원을 확보하도록 노력하여야 한다.〈개정 2015. 7. 24., 2017. 7. 26.〉

46 소방기본법령상 소방업무에 관한 종합계획에 포함되어야 하는 사항이 아닌 것은?

① 소방서비스의 질 향상을 위한 정책의 기본방향
② 소방업무에 필요한 체계의 구축, 소방기술의 연구·개발 및 보급
③ 소방업무에 필요한 장비의 구비
④ 소방전문기관 설립

해설 종합계획에는 다음 각 호의 사항이 포함되어야 한다.〈신설 2015. 7. 24.〉
1. 소방서비스의 질 향상을 위한 정책의 기본방향
2. 소방업무에 필요한 체계의 구축, 소방기술의 연구·개발 및 보급
3. 소방업무에 필요한 장비의 구비
4. 소방전문인력 양성
5. 소방업무에 필요한 기반조성
6. 소방업무의 교육 및 홍보(제21조에 따른 소방자동차의 우선 통행 등에 관한 홍보를 포함한다)
7. 그 밖에 소방업무의 효율적 수행을 위하여 필요한 사항으로서 대통령령으로 정하는 사항

참고 시행령
제1조의2(소방업무에 관한 종합계획 및 세부계획의 수립·시행) ① 소방청장은 「소방기본법」(이하 "법"이라 한다) 제6조제1항에 따른 소방업무에 관한 종합계획을 관계 중앙행정기관의 장과의 협의를 거쳐 계획 시행 전년도 10월 31일까지 수립하여야 한다.〈개정 2017. 7. 26.〉

② 법 제6조제2항제7호에서 "대통령령으로 정하는 사항"이란 다음 각 호의 사항을 말한다.
1. 재난·재해 환경 변화에 따른 소방업무에 필요한 대응 체계 마련
2. 장애인, 노인, 임산부, 영유아 및 어린이 등 이동이 어려운 사람을 대상으로 한 소방활동에 필요한 조치
③ 특별시장·광역시장·특별자치시장·도지사 또는 특별자치도지사(이하 "시·도지사"라 한다)는 법 제6조제4항에 따른 종합계획의 시행에 필요한 세부계획을 계획 시행 전년도 12월 31일까지 수립하여 소방청장에게 제출하여야 한다.

47 소방시설의 하자가 발생한 경우 통보를 받은 공사업자는 며칠 이내에 이를 보수하거나 보수 일정을 기록한 하자보수 계획을 관계인에게 서면으로 알려야 하는가?

① 3일   ② 7일
③ 14일   ④ 30일

48 소방자동차 전용구역을 설치하여야 하는 공동주택에 해당하는 것은?

① 아파트 중 세대수가 100세대 이상인 아파트 및 5층 이상 기숙사
② 아파트 중 세대수가 300세대 이상인 아파트 및 3층 이상 기숙사
③ 아파트 중 세대수가 100세대 이상인 아파트 및 3층 이상 기숙사
④ 아파트 중 세대수가 300세대 이상인 아파트 및 5층 이상 기숙사

해설 제21조의2(소방자동차 전용구역 등) ① 「건축법」 제2조제2항제2호에 따른 공동주택 중 대통령령으로 정하는 공동주택의 건축주는 제16조제1항에 따른 소방활동의 원활한 수행을 위하여 공동주택에 소방자동차 전용구역(이하 "전용구역"이라 한다)을 설치하여야 한다.
② 누구든지 전용구역에 차를 주차하거나 전용구역에의 진입을 가로막는 등의 방해행위를 하여서는 아니 된다.
③ 전용구역의 설치 기준·방법, 제2항에 따른 방해행위의 기준, 그 밖의 필요한 사항은 대통령령으로 정한다.

정답 45.④ 46.④ 47.① 48.③

시행령 제7조의12(소방자동차 전용구역 설치 대상)
법 제21조의2제1항에서 "대통령령으로 정하는 공동주택"이란 다음 각 호의 주택을 말한다. 다만, 하나의 대지에 하나의 동(棟)으로 구성되고 「도로교통법」 제32조 또는 제33조에 따라 정차 또는 주차가 금지된 편도 2차선 이상의 도로에 직접 접하여 소방자동차가 도로에서 직접 소방활동이 가능한 공동주택은 제외한다. 〈개정 2021. 5. 4.〉
1. 「건축법 시행령」 별표 1 제2호가목의 아파트 중 세대수가 100세대 이상인 아파트
2. 「건축법 시행령」 별표 1 제2호라목의 기숙사 중 3층 이상의 기숙사

49 다음 중 소방활동구역에 출입가능한 대통령령으로 정하는 자에 해당하지 않는 사람은?

① 소방활동구역 안에 있는 소방대상물의 관계인
② 소방본부장 또는 소방서장이 소방활동을 위하여 출입을 허가한 사람
③ 의사·간호사 그 밖의 구조·구급업무에 종사하는 사람
④ 취재인력 등 보도업무에 종사하는 사람

해설 소방활동구역 출입자
1. 소방활동구역 안에 있는 소방대상물의 소유자·관리자 또는 점유자
2. 전기·가스·수도·통신·교통의 업무에 종사하는 사람으로서 원활한 소방활동을 위하여 필요한 사람
3. 의사·간호사 그 밖의 구조·구급업무에 종사하는 사람
4. 취재인력 등 보도업무에 종사하는 사람
5. 수사업무에 종사하는 사람
6. 그 밖에 소방대장이 소방활동을 위하여 출입을 허가한 사람

50 소방시설업의 등록 시 시·도지사에게 제출하는 서류가 아닌 것은?

① 소방기술자경력수첩 및 기술자격증(자격수첩)
② 소방청장이 지정하는 금융회사 또는 소방산업공제조합에 출자·예치·담보한 금액확인서(소방시설공사업인 경우에 한한다.)
③ 신청일 전 최근 90일 이내에 작성한 자산평가액 또는 기업진단보고서(소방시설공사업인 경우에 한한다)
④ 법인등기부등본(법인의 경우에 한한다)

해설 필요 서류
1. 신청인(외국인을 포함하되, 법인의 경우에는 대표자를 포함한 임원을 말한다)의 성명, 주민등록번호 및 주소지 등의 인적사항이 적힌 서류
2. 등록기준 중 기술인력에 관한 사항을 확인할 수 있는 다음 각 목의 어느 하나에 해당하는 서류(이하 "기술인력 증빙서류"라 한다)
   가. 국가기술자격증
   나. 법 제28조제2항에 따라 발급된 소방기술 인정 자격수첩(이하 "자격수첩"이라 한다) 또는 소방기술자 경력수첩(이하 "경력수첩"이라 한다)
3. 영 제2조제2항에 따라 소방청장이 지정하는 금융회사 또는 소방산업공제조합에 출자·예치·담보한 금액 확인서(이하 "출자·예치·담보 금액 확인서"라 한다) 1부(소방시설공사업만 해당한다). 다만, 소방청장이 지정하는 금융회사 또는 소방산업공제조합에 해당 금액을 확인할 수 있는 경우에는 그 확인으로 갈음할 수 있다.
4. 다음 각 목의 어느 하나에 해당하는 자가 신청일 전 최근 90일 이내에 작성한 자산평가액 또는 소방청장이 정하여 고시하는 바에 따라 작성된 기업진단 보고서(소방시설공사업만 해당한다)
   가. 「공인회계사법」 제7조에 따라 금융위원회에 등록한 공인회계사
   나. 「세무사법」 제6조에 따라 기획재정부에 등록한 세무사
   다. 「건설산업기본법」 제49조제2항에 따른 전문경영진단기관
5. 신청인(법인인 경우에는 대표자를 말한다)이 외국인인 경우에는 법 제5조 각 호의 어느 하나에 해당하는 사유와 같거나 비슷한 사유에 해당하지 아니함을 확인할 수 있는 서류로서 다음 각 목의 어느 하나에 해당하는 서류
   가. 해당 국가의 정부나 공증인(법률에 따른 공증인의 자격을 가진 자만 해당한다), 그 밖의 권한이 있는 기관이 발행한 서류로서 해당 국가에 주재하는 우리나라 영사가 확인한 서류
   나. 「외국공문서에 대한 인증의 요구를 폐지하는 협약」을 체결한 국가의 경우에는 해당 국가의 정부

나 공증인(법률에 따른 공증인의 자격을 가진 자만 해당한다), 그 밖의 권한이 있는 기관이 발행한 서류로서 해당 국가의 아포스티유(Apostille) 확인서 발급 권한이 있는 기관이 그 확인서를 발급한 서류

51 소방시설공사업법령상 소방시설업자의 지위승계가 가능한 자에게 해당하는 것을 모두 고른 것은?

ㄱ. 소방시설업자가 사망한 경우 그 상속인
ㄴ. 소방시설업자가 그 영업을 양도한 경우 그 양수인
ㄷ. 법인인 소방시설업자가 다른 법인과 합병한 경우 합병 후 존속하는 법인이나 합병으로 설립되는 법인
ㄹ. 폐업신고로 소방시설업 등록이 말소된 후 6개월 이내에 다시 소방시설업을 등록한 자

① ㄱ, ㄴ, ㄷ
② ㄱ, ㄷ, ㄹ
③ ㄴ, ㄷ, ㄹ
④ ㄱ, ㄴ, ㄷ, ㄹ

해설 제7조(소방시설업자의 지위승계) ① 다음 각 호의 어느 하나에 해당하는 자가 종전의 소방시설업자의 지위를 승계하려는 경우에는 그 상속일, 양수일 또는 합병일부터 30일 이내에 행정안전부령으로 정하는 바에 따라 그 사실을 시·도지사에게 신고하여야 한다. 〈개정 2016. 1. 27., 2020. 6. 9.〉
1. 소방시설업자가 사망한 경우 그 상속인
2. 소방시설업자가 그 영업을 양도한 경우 그 양수인
3. 법인인 소방시설업자가 다른 법인과 합병한 경우 합병 후 존속하는 법인이나 합병으로 설립되는 법인
4. 삭제 〈2020. 6. 9.〉

52 소방시설업자가 특정소방대상물의 관계인에 대한 통보 의무사항이 아닌 것은?

① 지위를 승계한 때
② 등록취소 또는 영업정지 처분을 받은 때
③ 휴업 또는 폐업한 때
④ 주소지가 변경된 때

해설 소방시설공사업법 제8조(소방시설업의 운영) ③항
소방시설업자는 다음 각 호의 어느 하나에 해당하는 경우에는 소방시설공사 등을 맡긴 특정소방대상물의 관계인에게 지체없이 그 사실을 알려야 한다.
1. 제7조에 따라 소방시설업자의 지위를 승계한 경우
2. 제9조제1항에 따라 소방시설업의 등록취소처분 또는 영업정지처분을 받은 경우
3. 휴업하거나 폐업한 경우

53 화재예방법상 다음 용어정의중 틀린설명은?

① "예방"이란 화재의 위험으로부터 사람의 생명·신체 및 재산을 보호하기 위하여 화재발생을 사전에 제거하거나 방지하기 위한 모든 활동을 말한다.
② "안전관리"란 화재로 인한 피해를 최소화하기 위한 예방, 대비, 대응 등의 활동을 말한다.
③ "화재안전조사"란 소방청장, 소방본부장 또는 소방서장(이하 "소방관서장"이라 한다)이 소방대상물, 관계지역 또는 관계인에 대하여 소방시설등(「화재의 예방 및 안전 관리에 관한 법률」에 따른 소방시설등을 말한다. 이하 같다)이 소방 관계 법령에 적합하게 설치·관리되고 있는지, 소방대상물에 화재의 발생 위험이 있는지 등을 확인하기 위하여 실시하는 현장조사·문서열람·보고요구 등을 하는 활동을 말한다.
④ "화재예방강화지구"란 특별시장·광역시장·특별자치시장·도지사 또는 특별자치도지사(이하 "시·도지사"라 한다)가 화재발생 우려가 크거나 화재가 발생할 경우 피해가 클 것으로 예상되는 지역에 대하여 화재의 예방 및 안전관리를 강화하기 위해 지정·관리하는 지역을 말한다.

해설 제2조(정의) ① 이 법에서 사용하는 용어의 뜻은 다음과 같다.
1. "예방"이란 화재의 위험으로부터 사람의 생명·신체 및 재산을 보호하기 위하여 화재발생을 사전에 제거하거나 방지하기 위한 모든 활동을 말한다.

2. "안전관리"란 화재로 인한 피해를 최소화하기 위한 예방, 대비, 대응 등의 활동을 말한다.
3. "화재안전조사"란 소방청장, 소방본부장 또는 소방서장(이하 "소방관서장"이라 한다)이 소방대상물, 관계지역 또는 관계인에 대하여 소방시설등(「소방시설 설치 및 관리에 관한 법률」 제2조제1항제2호에 따른 소방시설등을 말한다. 이하 같다)이 소방 관계 법령에 적합하게 설치·관리되고 있는지, 소방대상물에 화재의 발생 위험이 있는지 등을 확인하기 위하여 실시하는 현장조사·문서열람·보고요구 등을 하는 활동을 말한다.
4. "화재예방강화지구"란 특별시장·광역시장·특별자치시장·도지사 또는 특별자치도지사(이하 "시·도지사"라 한다)가 화재발생 우려가 크거나 화재가 발생할 경우 피해가 클 것으로 예상되는 지역에 대하여 화재의 예방 및 안전관리를 강화하기 위해 지정·관리하는 지역을 말한다.
5. "화재예방안전진단"이란 화재가 발생할 경우 사회·경제적으로 피해 규모가 클 것으로 예상되는 소방대상물에 대하여 화재위험요인을 조사하고 그 위험성을 평가하여 개선대책을 수립하는 것을 말한다.
② 이 법에서 사용하는 용어의 뜻은 제1항에서 규정하는 것을 제외하고는 「소방기본법」, 「소방시설 설치 및 관리에 관한 법률」, 「소방시설공사업법」, 「위험물안전관리법」 및 「건축법」에서 정하는 바에 따른다.

54 화재예방법상 화재안전조사에 관한 설명으로 옳은 것은?

① 시도지사는 화재안전조사를 실시하는 경우 다른 목적을 위하여 조사권을 남용하여서는 아니 된다.
② 화재안전조사의 항목은 행정안전부령으로 정한다. 이 경우 화재안전조사의 항목에는 화재의 예방조치 상황, 소방시설등의 관리 상황 및 소방대상물의 화재 등의 발생 위험과 관련된 사항이 포함되어야 한다.
③ 개인의 주거(실제 주거용도로 사용되는 경우에 한정한다)에 대한 화재안전조사는 관계인의 승낙이 있거나 화재발생의 우려가 뚜렷하여 긴급한 필요가 있는 때에 한정하여 실시할 수 있다.
④ 소방관서장은 「화재예방법」 제21조의2에 따른 소방자동차 전용구역의 설치에 관한 사항에 대해 화재안전조사를 실시할 수 있다.

해설 화재예방법 제7조
② 화재안전조사의 항목은 대통령령으로 정한다. 이 경우 화재안전조사의 항목에는 화재의 예방조치 상황, 소방시설등의 관리 상황 및 소방대상물의 화재 등의 발생 위험과 관련된 사항이 포함되어야 한다.
③ 소방관서장은 화재안전조사를 실시하는 경우 다른 목적을 위하여 조사권을 남용하여서는 아니 된다.

시행령 제7조
제7조(화재안전조사의 항목) 소방청장, 소방본부장 또는 소방서장(이하 "소방관서장"이라 한다)은 법 제7조제1항에 따라 다음 각 호의 항목에 대하여 화재안전조사를 실시한다.
1. 법 제17조에 따른 화재의 예방조치 등에 관한 사항
2. 법 제24조, 제25조, 제27조 및 제29조에 따른 소방안전관리 업무 수행에 관한 사항
3. 법 제36조에 따른 피난계획의 수립 및 시행에 관한 사항
4. 법 제37조에 따른 소화·통보·피난 등의 훈련 및 소방안전관리에 필요한 교육(이하 "소방훈련·교육"이라 한다)에 관한 사항
5. 「소방기본법」 제21조의2에 따른 소방자동차 전용구역의 설치에 관한 사항
6. 「소방시설공사업법」 제12조에 따른 시공, 같은 법 제16조에 따른 감리 및 같은 법 제18조에 따른 감리원의 배치에 관한 사항
7. 「소방시설 설치 및 관리에 관한 법률」 제12조에 따른 소방시설의 설치 및 관리에 관한 사항
8. 「소방시설 설치 및 관리에 관한 법률」 제15조에 따른 건설현장 임시소방시설의 설치 및 관리에 관한 사항
9. 「소방시설 설치 및 관리에 관한 법률」 제16조에 따른 피난시설, 방화구획(防火區劃) 및 방화시설의 관리에 관한 사항
10. 「소방시설 설치 및 관리에 관한 법률」 제20조에 따른 방염(防炎)에 관한 사항
11. 「소방시설 설치 및 관리에 관한 법률」 제22조에 따른 소방시설등의 자체점검에 관한 사항

정답 54.③

12. 「다중이용업소의 안전관리에 관한 특별법」 제8조, 제9조, 제9조의2, 제10조, 제10조의2 및 제11조부터 제13조까지의 규정에 따른 안전관리에 관한 사항
13. 「위험물안전관리법」 제5조, 제6조, 제14조, 제15조 및 제18조에 따른 위험물 안전관리에 관한 사항
14. 「초고층 및 지하연계 복합건축물 재난관리에 관한 특별법」 제9조, 제11조, 제12조, 제14조, 제16조 및 제22조에 따른 초고층 및 지하연계 복합건축물의 안전관리에 관한 사항
15. 그 밖에 소방대상물에 화재의 발생 위험이 있는지 등을 확인하기 위해 소방관서장이 화재안전조사가 필요하다고 인정하는 사항

55 화재안전조사시 합동으로 조사반을 편성하여 조사를 진행할 수 있는 기관의 종류가 아닌 것은?

① 한국가스안전공사
② 한국전기안전공사
③ 한국석유안전공사
④ 한국화재보험협회

해설 소방관서장은 화재안전조사를 효율적으로 실시하기 위하여 필요한 경우 다음 각 호의 기관의 장과 합동으로 조사반을 편성하여 화재안전조사를 할 수 있다.
1. 관계 중앙행정기관 또는 지방자치단체
2. 「소방기본법」 제40조에 따른 한국소방안전원(이하 "안전원"이라 한다)
3. 「소방산업의 진흥에 관한 법률」 제14조에 따른 한국소방산업기술원(이하 "기술원"이라 한다)
4. 「화재로 인한 재해보상과 보험가입에 관한 법률」 제11조에 따른 한국화재보험협회(이하 "화재보험협회"라 한다)
5. 「고압가스 안전관리법」 제28조에 따른 한국가스안전공사(이하 "가스안전공사"라 한다)
6. 「전기안전관리법」 제30조에 따른 한국전기안전공사(이하 "전기안전공사"라 한다)
7. 그 밖에 소방청장이 정하여 고시하는 소방 관련 법인 또는 단체

56 화재안전조사결과를 공개하는 경우 인터넷홈페이지등에 몇일이상 공개하여야 하는가?

① 7일 이상
② 10일 이상
③ 30일 이상
④ 6개월 이상

해설 제15조(화재안전조사 결과 공개)
② 소방관서장은 법 제16조제1항에 따라 화재안전조사 결과를 공개하는 경우 30일 이상 해당 소방관서 인터넷 홈페이지나 같은 조 제3항에 따른 전산시스템을 통해 공개해야 한다.
③ 소방관서장은 제2항에 따라 화재안전조사 결과를 공개하려는 경우 공개 기간, 공개 내용 및 공개 방법을 해당 소방대상물의 관계인에게 미리 알려야 한다.
④ 소방대상물의 관계인은 제3항에 따른 공개 내용 등을 통보받은 날부터 10일 이내에 소방관서장에게 이의신청을 할 수 있다.
⑤ 소방관서장은 제4항에 따라 이의신청을 받은 날부터 10일 이내에 심사·결정하여 그 결과를 지체 없이 신청인에게 알려야 한다.
⑥ 화재안전조사 결과의 공개가 제3자의 법익을 침해하는 경우에는 제3자와 관련된 사실을 제외하고 공개해야 한다.

57 다음 중 소화활동설비에 해당하는 것은?

① 제연설비
② 공기호흡기
③ 상수도소화용수설비
④ 자동화재속보설비

해설 소화활동설비
화재를 진압하거나 인명구조활동을 위하여 사용하는 설비로서 다음 각 목의 것
가. 제연설비
나. 연결송수관설비
다. 연결살수설비
라. 비상콘센트설비
마. 무선통신보조설비
바. 연소방지설비

58 소방시설법상 하나의 건축물이 근린생활시설부터 지하가까지의 용도 중 2 이상의 용도로 사용되는 경우 복합건축물로 본다. 하지만 어떠한 경우 복합건축물로 보지 않는데, 그에 해당하지 않는 것은?

① 관계 법령에서 주된 용도의 부수시설로서 그 설치를 의무화하고 있는 용도 또는 시설
② 주택 안에 부대시설 또는 복리시설이 설치되는 특정소방대상물
③ 건축물의 주된 용도의 기능에 필수적인 용도로서 건축물의 설비, 대피 또는 위생을 위한 용도, 그 밖에 이와 비슷한 용도
④ 건축물의 주된 용도의 기능에 필수적인 용도로서 구내식당, 구내세탁소, 구내운동시설 등 종업원후생복리시설(기숙사를 포함한다) 또는 구내소각시설의 용도, 그 밖에 이와 비슷한 용도

[해설] 하나의 건축물이 제1호부터 제27호까지의 것 중 둘 이상의 용도로 사용되는 것. 다만, 다음의 어느 하나에 해당하는 경우에는 복합건축물로 보지 않는다.
1) 관계 법령에서 주된 용도의 부수시설로서 그 설치를 의무화하고 있는 용도 또는 시설
2) 「주택법」 제35조제1항제3호 및 제4호에 따라 주택 안에 부대시설 또는 복리시설이 설치되는 특정소방대상물
3) 건축물의 주된 용도의 기능에 필수적인 용도로서 다음의 어느 하나에 해당하는 용도
  가) 건축물의 설비(제23호마목의 전기저장시설을 포함한다), 대피 또는 위생을 위한 용도, 그 밖에 이와 비슷한 용도
  나) 사무, 작업, 집회, 물품저장 또는 주차를 위한 용도, 그 밖에 이와 비슷한 용도
  다) 구내식당, 구내세탁소, 구내운동시설 등 종업원후생복리시설(기숙사는 제외한다) 또는 구내소각시설의 용도, 그 밖에 이와 비슷한 용도

59 소방시설의 설치 및 관리에 관한 법률상 둘 이상의 특정소방대상물을 하나의 소방대상물로 볼 수 있는 연결통로의 구조로 옳지 않은 것은?

① 내화구조로 된 연결통로가 벽이 없는 구조로서 그 길이가 6m 이하인 경우
② 내화구조로 된 연결통로가 벽이 있는 구조로서 그 길이가 10m 이하인 경우
③ 자동방화셔터 또는 60분+ 또는 60분 방화문이 설치되어 있는 피트로 연결된 경우
④ 지하보도, 지하상가, 지하가 또는 지하구로 연결된 경우

[해설] 둘 이상의 특정소방대상물이 다음 각 목의 어느 하나에 해당되는 구조의 복도 또는 통로(이하 이 표에서 "연결통로"라 한다)로 연결된 경우에는 이를 하나의 특정소방대상물로 본다.
가. 내화구조로 된 연결통로가 다음의 어느 하나에 해당되는 경우
  1) 벽이 없는 구조로서 그 길이가 6m 이하인 경우
  2) 벽이 있는 구조로서 그 길이가 10m 이하인 경우. 다만, 벽 높이가 바닥에서 천장까지의 높이의 2분의 1 이상인 경우에는 벽이 있는 구조로 보고, 벽 높이가 바닥에서 천장까지의 높이의 2분의 1 미만인 경우에는 벽이 없는 구조로 본다.
나. 내화구조가 아닌 연결통로로 연결된 경우
다. 컨베이어로 연결되거나 플랜트설비의 배관 등으로 연결되어 있는 경우
라. 지하보도, 지하상가, 지하가로 연결된 경우
마. 자동방화셔터 또는 60분+ 방화문이 설치되지 않은 피트(전기설비 또는 배관설비 등이 설치되는 공간을 말한다)로 연결된 경우
바. 지하구로 연결된 경우

60 다음 중 소방시설법상 규정하는 관계인의 의무에 해당하지 않는 것은?

① 관계인(「소방기본법」 제2조제3호에 따른 관계인을 말한다. 이하 같다)은 소방시설등의 기능과 성능을 보전·향상시키고 이용자의 편의와 안전성을 높이기 위하여 노력하여야 한다.
② 관계인은 매년 소방시설등의 관리에 필요한 재원을 확보하도록 노력하여야 한다.
③ 관계인은 국가 및 지방자치단체의 소방시설등의 설치 및 관리 활동에 적극 협조하여야 한다.
④ 관계인 중 소유자는 점유자 및 관리자의 소방시설등 관리 업무에 적극 협조하여야 한다.

해설 제4조(관계인의 의무) ① 관계인(「소방기본법」 제2조제3호에 따른 관계인을 말한다. 이하 같다)은 소방시설등의 기능과 성능을 보전·향상시키고 이용자의 편의와 안전성을 높이기 위하여 노력하여야 한다.
② 관계인은 매년 소방시설등의 관리에 필요한 재원을 확보하도록 노력하여야 한다.
③ 관계인은 국가 및 지방자치단체의 소방시설등의 설치 및 관리 활동에 적극 협조하여야 한다.
④ 관계인 중 점유자는 소유자 및 관리자의 소방시설등 관리 업무에 적극 협조하여야 한다.

정답 60.④

41 위험물안전관리법령상 제조소등의 관계인은 위험물의 안전관리에 관한 직무를 수행하게 하기 위하여 제조소등마다 위험물의 취급에 관한 자격이 있는 자를 위험물안전관리자로 선임하여야 한다. 이 경우 제조소등의 관계인이 지켜야 할 기준으로 틀린 것은?

① 제조소등의 관계인은 안전관리자를 해임하거나 안전관리자가 퇴직한 때에는 해임하거나 퇴직한 날부터 15일 이내에 다시 안전관리자를 선임하여야 한다.
② 제조소등의 관계인이 안전관리자를 선임한 경우에는 선임한 날부터 14일 이내에 소방본부장 또는 소방서장에게 신고하여야 한다.
③ 제조소등의 관계인은 안전관리자가 여행·질병 그 밖의 사유로 인하여 일시적으로 직무를 수행할 수 없는 경우에는 국가기술자격법에 따른 위험물의 취급에 관한 자격취득자 또는 위험물 안전에 관한 기본지식과 경험이 있는 자를 대리자로 지정하여 그 직무를 대행하게 하여야한다. 이 경우 대행하는 기간은 30일을 초과할 수 없다.
④ 안전관리자는 위험물을 취급하는 작업을 하는 때에는 작업자에게 안전관리에 관한 필요한 지시를 하는 등 위험물의 취급에 관한 안전관리와 감독을 하여야 하고, 제조소등의 관계인은 안전관리자의 위험물안전관리에 관한 의견을 존중하고 그 권고에 따라야 한다.

[위험물관리법 제15조] 위험물안전관리자
① 제조소등의 관계인은 위험물의 안전관리에 관한 직무를 수행하게 하기 위하여 제조소등마다 대통령령이 정하는 위험물의 취급에 관한 자격이 있는 자를 위험물안전관리자로 선임하여야 한다. 다만, 제조소등에서 저장·취급하는 위험물이 「화학물질관리법」에 따른 유독물질에 해당하는 경우 등 대통령령이 정하는 경우에는 당해 제조소등을 설치한 자는 다른 법률에 의하여 안전관리업무를 하는 자로 선임된 자 가운데 대통령령이 정하는 자를 안전관리자로 선임할 수 있다.
② 제1항의 규정에 따라 안전관리자를 선임한 제조소등의 관계인은 그 안전관리자를 해임하거나 안전관리자가 퇴직한 때에는 해임하거나 퇴직한 날부터 30일 이내에 다시 안전관리자를 선임하여야 한다.
③ 제조소등의 관계인은 제1항 및 제2항에 따라 안전관리자를 선임한 경우에는 선임한 날부터 14일 이내에 행정안전부령으로 정하는 바에 따라 소방본부장 또는 소방서장에게 신고하여야 한다.
④ 제1항의 규정에 따라 안전관리자를 선임한 제조소등의 관계인은 안전관리자가 여행·질병 그 밖의 사유로 인하여 일시적으로 직무를 수행할 수 없거나 안전관리자의 해임 또는 퇴직과 동시에 다른 안전관리자를 선임하지 못하는 경우에는 국가기술자격법에 따른 위험물의 취급에 관한 자격취득자 또는 위험물 안전에 관한 기본지식과 경험이 있는 자로서 행정안전부령이 정하는 자를 대리자(代理者)로 지정하여 그 직무를 대행하게 하여야 한다. 이 경우 대리자가 안전관리자의 직무를 대행하는 기간은 30일을 초과할 수 없다.
⑤ 안전관리자는 위험물을 취급하는 작업을 하는 때에는 작업자에게 안전관리에 관한 필요한 지시를 하는 등 행정안전부령이 정하는 바에 따라 위험물의 취급에 관한 안전관리와 감독을 하여야 하고, 제조소등의 관계인과 그 종사자는 안전관리자의 위험물 안전관리에 관한 의견을 존중하고 그 권고에 따라야 한다.

42 위험물안전관리법령상 위험물 및 지정수량에 대한 기준 중 다음 ( ) 안에 알맞은 것은?

> "금속분이라 함은 알칼리금속·알칼리토류금속·철 및 마그네슘 외의 금속의 분말을 말하고, 구리분·니켈분 및 (㉠) 마이크로미터의 체를 통과하는 것이 (㉡) 중량퍼센트 미만인 것은 제외한다."

① ㉠ 150, ㉡ 50 ② ㉠ 53, ㉡ 50
③ ㉠ 50, ㉡ 150 ④ ㉠ 50, ㉡ 53

해설 [위험물안전관리법 시행령 별표 1] 위험물 및 지정수량
"금속분"이라 함은 알칼리금속·알칼리토류금속·철 및 마그네슘 외의 금속의 분말을 말하고, 구리분·니켈분 및 150 마이크로미터의 체를 통과하는 것이 50 중량퍼센트 미만인 것은 제외한다.

43 소방기본법령에 따른 소방용수시설 급수탑 개폐밸브의 설치기준으로 맞는 것은?

① 지상에서 1.0m 이상 1.5m 이하
② 지상에서 1.2m 이상 1.8m 이하
③ 지상에서 1.5m 이상 1.7m 이하
④ 지상에서 1.5m 이상 2.0m 이하

해설 소방기본법 시행규칙 별표3
급수탑의 설치기준 : 급수배관의 구경은 100mm 이상으로 하고, 개폐밸브는 지상에서 1.5m 이상 1.7m 이하의 위치에 설치하도록 할 것

44 화재예방법상 특수가연물의 표지에 대한 다음 설명중 틀린 것은?

① 특수가연물 표지는 한 변의 길이가 0.2미터 이상, 다른 한 변의 길이가 0.4미터 이상인 직사각형으로 할 것
② 특수가연물 표지의 바탕은 흰색으로, 문자는 검은색으로 할 것. 다만, "화기엄금" 표시 부분은 제외한다.
③ 특수가연물 표지 중 화기엄금 표시 부분의 바탕은 붉은색으로, 문자는 백색으로 할 것
④ 특수가연물 표지는 특수가연물을 저장하거나 취급하는 장소 중 보기 쉬운 곳에 설치해야 한다.

해설 특수가연물 표지의 규격은 다음과 같다.

특수가연물	
화기엄금	
품 명	합성수지류
최대저장수량 (배수)	000톤(00배)
단위부피당 질량 (단위체적당 질량)	000kg/m³
관리책임자 (직 책)	홍길동 팀장
연락처	02-000-0000

① 특수가연물 표지는 한 변의 길이가 0.3미터 이상, 다른 한 변의 길이가 0.6미터 이상인 직사각형으로 할 것
② 특수가연물 표지의 바탕은 흰색으로, 문자는 검은색으로 할 것. 다만, "화기엄금" 표시 부분은 제외한다.
③ 특수가연물 표지 중 화기엄금 표시 부분의 바탕은 붉은색으로, 문자는 백색으로 할 것
④ 특수가연물 표지는 특수가연물을 저장하거나 취급하는 장소 중 보기 쉬운 곳에 설치해야 한다.

45 화재예방법상 다음 중 화재예방강화지구로 지정될 수 없는 지역은?

① 시장이 밀집한 지역
② 노후건축물이 밀집한 지역
③ 석유화학제품을 유통하는 공장이 있는 지역
④ 소방관서장이 지정할 필요가 있다고 인정하는 지역

해설 시·도지사는 다음 각 호의 어느 하나에 해당하는 지역을 화재예방강화지구로 지정하여 관리할 수 있다.
1. 시장지역
2. 공장·창고가 밀집한 지역
3. 목조건물이 밀집한 지역
4. 노후·불량건축물이 밀집한 지역
5. 위험물의 저장 및 처리 시설이 밀집한 지역
6. 석유화학제품을 생산하는 공장이 있는 지역
7. 「산업입지 및 개발에 관한 법률」 제2조제8호에 따른 산업단지

정답 42.① 43.③ 44.① 45.③

8. 소방시설·소방용수시설 또는 소방출동로가 없는 지역
9. 물류단지
10. 그 밖에 제1호부터 제8호까지에 준하는 지역으로서 소방관서장이 화재예방강화지구로 지정할 필요가 있다고 인정하는 지역

46 소방시설공사업법령상 소방공사감리를 실시함에 있어 용도와 구조에서 특별히 안전성과 보안성이 요구되는 소방대상물로서 소방 시설물에 대한 감리를 감리업자가 아닌 자가 감리할 수 있는 장소는?

① 정보기관의 청사
② 교도소 등 교정관련시설
③ 국방 관계시설 설치장소
④ 원자력안전법상 관계시설이 설치되는 장소

해설 소방시설공사업법 시행령 제8조(감리업자가 아닌 자가 감리할 수 있는 보안성 등이 요구되는 소방대상물의 시공 장소) 법 제16조제2항에서 "대통령령으로 정하는 장소"란 「원자력안전법」 제2조제10호에 따른 관계시설이 설치되는 장소를 말한다.

원자력안전법 제2조(정의) 10항
10. "관계시설"이란 원자로의 안전에 관계되는 시설로서 대통령령으로 정하는 것을 말한다.

47 소방기본법령에 따라 주거지역·상업지역 및 공업지역에 소방용수시설을 설치하는 경우 소방대상물과의 수평거리를 몇 m 이하가 되도록 해야 하는가?

① 50 ② 100
③ 150 ④ 200

해설 소방기본법 시행규칙 별표3
주거지역·상업지역 및 공업지역에 설치하는 경우 : 100[m]

48 다음 중 모든소방시설에 적용되는 점검장비가 아닌 것은?

① 저울 ② 방수압력측정계
③ 절연저항계 ④ 전류전압측정계

해설

소방시설	점검 장비	규격
모든 소방시설	방수압력측정계, 절연저항계(절연저항측정기), 전류전압측정계	
소화기구	저울	
옥내소화전설비 옥외소화전설비	소화전밸브압력계	
스프링클러설비 포소화설비	헤드결합렌치(볼트, 너트, 나사 등을 죄거나 푸는 공구)	
이산화탄소소화설비 분말소화설비 할론소화설비 할로겐화합물 및 불활성기체 소화설비	검량계, 기동관누설시험기, 그 밖에 소화약제의 저장량을 측정할 수 있는 점검기구	
자동화재탐지설비 시각경보기	열감지기시험기, 연(煙)감지기시험기, 공기주입시험기, 감지기시험기연결막대, 음량계	
누전경보기	누전계	누전전류 측정용
무선통신보조설비	무선기	통화시험용
제연설비	풍속풍압계, 폐쇄력측정기, 차압계(압력차 측정기)	
통로유도등 비상조명등	조도계(밝기 측정기)	최소눈금이 0.1럭스 이하인 것

49 자동화재탐지설비 및 시각경보장치의 화재안전기술기준(NFTC 203)에 따라 부착높이가 6m이고 주요구조부를 내화구조로 한 특정소방대상물 또는 그 부분에 정온식 스포트형감지기 특종을 설치하고자 하는 경우 바닥면적 몇 m^2 마다 1개 이상 설치해야 하는가?

① 25 ② 45
③ 35 ④ 15

해설 차동식스포트형·보상식스포트형 및 정온식스포트형 감지기는 그 부착 높이 및 특정소방대상물에 따라 다음 표에 따른 바닥면적마다 1개 이상을 설치할 것

부착높이 및 특정소방대상물의 구분		감지기의 종류		
		정온식 스포트형		
		특종	1종	2종
4m 미만	주요구조부를 내화구조로 한 특정소방대상물 또는 그 부분	70	60	20
	기타 구조의 특정소방대상물 또는 그 부분	40	30	15
4m이상 8m 미만	주요구조부를 내화구조로 한 특정소방대상물 또는 그 부분	35	30	
	기타 구조의 특정소방대상물 또는 그 부분	25	15	

정답 46.④ 47.② 48.① 49.③

50 소방시설법상 방염성능기준 이상의 실내장식물 등을 설치하여야 하는 특정소방대상물이 아닌 것은?

① 공항시설
② 숙박시설
③ 의료시설 중 종합병원
④ 노유자시설

해설 시행령 제30조(방염성능기준 이상의 실내장식물 등을 설치해야 하는 특정소방대상물) 법 제20조제1항에서 "대통령령으로 정하는 특정소방대상물"이란 다음 각 호의 것을 말한다.
1. 근린생활시설 중 의원, 치과의원, 한의원, 조산원, 산후조리원, 체력단련장, 공연장 및 종교집회장
2. 건축물의 옥내에 있는 다음 각 목의 시설
   가. 문화 및 집회시설
   나. 종교시설
   다. 운동시설(수영장은 제외한다)
3. 의료시설
4. 교육연구시설 중 합숙소
5. 노유자 시설
6. 숙박이 가능한 수련시설
7. 숙박시설
8. 방송통신시설 중 방송국 및 촬영소
9. 「다중이용업소의 안전관리에 관한 특별법」 제2조 제1항제1호에 따른 다중이용업의 영업소(이하 "다중이용업소"라 한다)
10. 제1호부터 제9호까지의 시설에 해당하지 않는 것으로서 층수가 11층 이상인 것(아파트등은 제외한다)

51 소방기본법상 소방대라 함은 화재를 진압하고 화재, 재난·재해 그 밖의 위급한 상황에서 구조·구급 활동 등을 하기 위하여 구성된 조직체를 말한다. 소방대의 구성원으로 틀린 것은?

① 소방공무원   ② 소방안전관리원
③ 의무소방원   ④ 의용소방대원

해설 [소방기본법 제2조] 정의
5. "소방대"(消防隊)란 화재를 진압하고 화재, 재난·재해, 그 밖의 위급한 상황에서 구조·구급 활동 등을 하기 위하여 다음 각 목의 사람으로 구성된 조직체를 말한다.
   가. 「소방공무원법」에 따른 소방공무원
   나. 「의무소방대설치법」 제3조에 따라 임용된 의무소방원(義務消防員)
   다. 제37조에 따른 의용소방대원(義勇消防隊員)

52 소방시설법상 특정소방대상물의 관계인은 해당특정소방대상물의 소방시설등이 신설된 경우 건축물을 사용할수 있게 된 날부터 며칠 이내에 종합점검을 실시하여야 하는가?

① 10일
② 30일
③ 60일
④ 내년 사용승인일이 속하는 달의 말일

해설 제22조(소방시설등의 자체점검) ① 특정소방대상물의 관계인은 그 대상물에 설치되어 있는 소방시설등이 이 법이나 이 법에 따른 명령 등에 적합하게 설치·관리되고 있는지에 대하여 다음 각 호의 구분에 따른 기간 내에 스스로 점검하거나 제34조에 따른 점검능력 평가를 받은 관리업자 또는 행정안전부령으로 정하는 기술자격자(이하 "관리업자등"이라 한다)로 하여금 정기적으로 점검(이하 "자체점검"이라 한다)하게 하여야 한다. 이 경우 관리업자등이 점검한 경우에는 그 점검 결과를 행정안전부령으로 정하는 바에 따라 관계인에게 제출하여야 한다.
1. 해당 특정소방대상물의 소방시설등이 신설된 경우: 「건축법」 제22조에 따라 건축물을 사용할 수 있게 된 날부터 60일
2. 제1호 외의 경우: 행정안전부령으로 정하는 기간
   9) 의료시설 중 정신의료기관 또는 요양병원으로서 다음의 어느 하나에 해당하는 시설
      가) 요양병원(정신병원과 의료재활시설은 제외한다)
      나) 정신의료기관 또는 의료재활시설로 사용되는 바닥면적의 합계가 300[m²] 이상인 시설
      다) 정신의료기관 또는 의료재활시설로 사용되는 바닥면적의 합계가 300[m²] 미만이고, 창살(철재·플라스틱 또는 목재 등으로 사람의 탈출 등을 막기 위하여 설치한 것을 말하며, 화재시 자동으로 열리는 구조로 되어 있는 창살은 제외한다)이 설치된 시설
   10) 판매시설 중 전통시장

정답 50.① 51.② 52.③

53 소방시설법상 소방본부장 또는 소방서장은 대통령령 또는 화재안전기준이 변경되어 그 기준이 강화되는 경우 기존의 특정소방대상물의 소방시설에 대하여는 변경 전의 대통령령 또는 화재안전기준을 적용한다. 다음 중 강화된 기준을 적용하여야 하는 것으로 옳은 것만 고른 것은?

> ㄱ. 소화기구
> ㄴ. 자동화재탐지설비
> ㄷ. 노유자(老幼者)시설에 설치하는 스프링클러설비 및 자동화재탐지설비
> ㄹ. 의료시설에 설치하는 스프링클러설비, 간이스프링클러설비, 자동화재탐지설비 및 자동화재속보설비

① ㄱ
② ㄴ, ㄷ
③ ㄱ, ㄹ
④ ㄱ, ㄴ, ㄹ

해설 제13조(소방시설기준 적용의 특례) ① 소방본부장이나 소방서장은 제12조제1항 전단에 따른 대통령령 또는 화재안전기준이 변경되어 그 기준이 강화되는 경우 기존의 특정소방대상물(건축물의 신축·개축·재축·이전 및 대수선 중인 특정소방대상물을 포함한다)의 소방시설에 대하여는 변경 전의 대통령령 또는 화재안전기준을 적용한다. 다만, 다음 각 호의 어느 하나에 해당하는 소방시설의 경우에는 대통령령 또는 화재안전기준의 변경으로 강화된 기준을 적용할 수 있다.
1. 다음 각 목의 소방시설 중 대통령령 또는 화재안전기준으로 정하는 것
   가. 소화기구
   나. 비상경보설비
   다. 자동화재탐지설비
   라. 자동화재속보설비
   마. 피난구조설비
2. 다음 각 목의 특정소방대상물에 설치하는 소방시설 중 대통령령 또는 화재안전기준으로 정하는 것
   가. 「국토의 계획 및 이용에 관한 법률」 제2조제9호에 따른 공동구
   나. 전력 및 통신사업용 지하구
   다. 노유자(老幼者) 시설
   라. 의료시설

시행령 제13조(강화된 소방시설기준의 적용대상) 법 제13조제1항제2호 각 목 외의 부분에서 "대통령령으로 정하는 것"이란 다음 각 호의 소방시설을 말한다.
1. 「국토의 계획 및 이용에 관한 법률」 제2조제9호에 따른 공동구에 설치하는 소화기, 자동소화장치, 자동화재탐지설비, 통합감시시설, 유도등 및 연소방지설비
2. 전력 및 통신사업용 지하구에 설치하는 소화기, 자동소화장치, 자동화재탐지설비, 통합감시시설, 유도등 및 연소방지설비
3. 노유자 시설에 설치하는 간이스프링클러설비, 자동화재탐지설비 및 단독경보형 감지기
4. 의료시설에 설치하는 스프링클러설비, 간이스프링클러설비, 자동화재탐지설비 및 자동화재속보설비

54 소방시설법상 다음 중 특정소방대상물의 소방시설 설치의 면제기준에 대한 설명으로 옳지 않은 것은?

① 스프링클러설비를 설치하여야 하는 특정소방대상물에 물분무등소화설비를 화재안전기준에 적합하게 설치한 경우에는 그 설비의 유효범위(해당 소방시설이 화재를 감지·소화 또는 경보할 수 있는 부분을 말한다. 이하 같다)에서 설치가 면제된다.
② 물분무등소화설비를 설치하여야 하는 차고·주차장에 스프링클러설비를 화재안전기준에 적합하게 설치한 경우에는 그 설비의 유효범위에서 설치가 면제된다.
③ 간이스프링클러설비를 설치하여야 하는 특정소방대상물에 스프링클러설비 및 물분무등소화설비를 화재안전기준에 적합하게 설치한 경우에는 그 설비의 유효범위에서 설치가 면제된다.
④ 비상경보설비 또는 단독경보형 감지기를 설치하여야 하는 특정소방대상물에 자동화재탐지설비 또는 화재알림설비를 화재안전기준에 적합하게 설치한 경우에는 그 설비의 유효범위에서 설치가 면제된다.

정답 53.④ 54.③

해설
4. 간이스프링클러 설비
간이스프링클러설비를 설치해야 하는 특정소방대상물에 스프링클러설비, 물분무소화설비 또는 미분무소화설비를 화재안전기준에 적합하게 설치한 경우에는 그 설비의 유효범위에서 설치가 면제된다.

3. 스프링클러설비
가. 스프링클러설비를 설치해야 하는 특정소방대상물(발전시설 중 전기저장시설은 제외한다)에 적응성 있는 자동소화장치 또는 물분무등소화설비를 화재안전기준에 적합하게 설치한 경우에는 그 설비의 유효범위에서 설치가 면제된다.
나. 스프링클러설비를 설치해야 하는 전기저장시설에 소화설비를 소방청장이 정하여 고시하는 방법에 따라 설치한 경우에는 그 설비의 유효범위에서 설치가 면제된다.

55 소방시설공사업법령상 소방시설업자 지위 승계를 신고하려는 자는 그 상속일, 양수일, 합병일 또는 인수일부터 30일 이내에 관련 서류를 협회에 제출해야 한다. 양도·양수의 경우 제출서류에 포함되지 않아도 되는 것은?

① 양도·양수 계약서 사본, 분할계획서 사본 또는 분할합병계약서 사본
② 영업소 위치, 면적 등이 기록된 등기부 등본
③ 양도인 또는 합병 전 법인의 소방시설업 등록증 및 등록수첩
④ 양도·양수 공고문 사본

해설 제7조(지위승계 신고 등) 소방시설업자 지위 승계를 신고하려는 자는 그 상속일, 양수일, 합병일 또는 인수일부터 30일 이내에 다음 각 호의 구분에 따른 서류(전자문서를 포함한다)를 협회에 제출해야 한다.

㉠ 양도·양수의 경우
  • 소방시설업 지위승계신고서
  • 양도인 또는 합병 전 법인의 소방시설업 등록증 및 등록수첩
  • 양도·양수 계약서 사본, 분할계획서 사본 또는 분할합병계약서 사본
  • 신고인(외국인을 포함하되, 법인의 경우에는 대표자를 포함한 임원을 말한다)의 성명, 주민등록번호 및 주소지 등의 인적사항이 적힌 서류
  • 양도·양수 공고문 사본

56 다음 중 소방기본법령상 한국소방안전원의 업무가 아닌 것은?

① 소방기술과 안전관리에 관한 교육 및 조사·연구
② 위험물탱크 성능시험
③ 소방기술과 안전관리에 관한 각종 간행물 발간
④ 화재 예방과 안전관리의식 고취를 위한 대국민 홍보

해설 [소방기본법 제41조] 안전원의 업무
1. 소방기술과 안전관리에 관한 교육 및 조사·연구
2. 소방기술과 안전관리에 관한 각종 간행물 발간
3. 화재 예방과 안전관리의식 고취를 위한 대국민 홍보
4. 소방업무에 관하여 행정기관이 위탁하는 업무
5. 소방안전에 관한 국제협력
6. 그 밖에 회원에 대한 기술지원 등 정관으로 정하는 사항

57 화재예방법상 공사시공자가 건설현장 소방안전관리자를 선임하여야 하는 대상물의 규모에 해당하지 않는 것은?

① 연면적의 합계가 1만5천제곱미터 이상인 것
② 연면적이 5천제곱미터 이상인 것으로서 지층의 층수가 2개층 이상인 것
③ 연면적이 5천제곱미터 이상인 것으로서 지상층의 층수가 6층 이상인 것
④ 연면적이 5천제곱미터 이상인 것으로서 냉동창고, 냉장창고

해설 시행령 제29조(건설현장 소방안전관리대상물) 법 제29조제1항에서 "대통령령으로 정하는 특정소방대상물"이란 다음 각 호의 어느 하나에 해당하는 특정소방대상물을 말한다.
1. 신축·증축·개축·재축·이전·용도변경 또는 대수선을 하려는 부분의 연면적의 합계가 1만5천제곱미터 이상인 것
2. 신축·증축·개축·재축·이전·용도변경 또는 대수선을 하려는 부분의 연면적이 5천제곱미터 이상인 것으로서 다음 각 목의 어느 하나에 해당하는 것
  가. 지하층의 층수가 2개 층 이상인 것
  나. 지상층의 층수가 11층 이상인 것
  다. 냉동창고, 냉장창고 또는 냉동·냉장창고

정답 55.② 56.② 57.③

58 소방력의 기준에 따라 관할구역 안의 소방력을 확충하기 위한 필요 계획을 수립하여 시행하는 사람은?

① 소방서장
② 소방본부장
③ 시·도지사
④ 자치소방대장

해설 기본법 제8조(소방력의 기준 등)
① 소방기관이 소방업무를 수행하는 데 필요한 인력과 장비 등["소방력(消防力)"]에 관한 기준은 행정안전부령으로 정한다.
② 시·도지사는 ①에 따른 소방력의 기준에 따라 관할구역의 소방력을 확충하기 위하여 필요한 계획을 수립하여 시행하여야 한다.

59 위험물안전관리법령상 위험물의 안전관리와 관련된 업무를 수행하는 자로서 소방청장이 실시하는 안전교육대상자가 아닌 것은?

① 안전관리자로 선임된 자
② 탱크시험자의 기술인력으로 종사하는 자
③ 위험물운송자로 종사하는 자
④ 제조소 등의 관계인

해설 안전교육
1) 안전관리자·탱크시험자·위험물운송자 등 위험물의 안전관리와 관련된 업무를 수행하는 자로서 대통령령이 정하는 자는 해당 업무에 관한 능력의 습득 또는 향상을 위하여 소방청장이 실시하는 교육을 받아야 한다.
2) 안전교육대상자
  ① 안전관리자로 선임된 자
  ② 탱크시험자의 기술인력으로 종사하는 자
  ③ 위험물운송자로 종사하는 자
3) 안전교육실시자 : 소방청장
4) 제조소 등의 관계인은 교육대상자에 대하여 필요한 안전교육을 받게 하여야 한다.
5) 안전교육의 과정 및 기간과 그 밖에 교육의 실시에 관하여 필요한 사항(행정안전부령)
6) 시·도지사, 소방본부장 또는 소방서장은 안전교육대상자가 교육을 받지 아니한 때에는 그 교육대상자가 교육을 받을 때까지 이 법의 규정에 따라 그 자격으로 행하는 행위를 제한할 수 있다.

7) 안전교육의 구분 : 소방청장은 안전교육을 강습교육과 실무교육으로 구분하여 실시한다.
8) 기술원 또는 한국소방안전원은 매년 교육실시계획을 수립하여 교육을 실시하는 해의 전년도 말까지 소방청장의 승인을 받아야 하고, 해당 연도 교육실시결과를 교육을 실시한 해의 다음 연도 1월 31일까지 소방청장에게 보고하여야 한다.
9) 소방본부장은 매년 10월말까지 관할구역 안의 실무교육대상자 현황을 협회에 통보하고 관할구역 안에서 협회가 실시하는 안전교육에 관하여 지도·감독하여야 한다.

60 위험물안전관리법상 제조소 등의 완공검사 신청시기로 옳지 않은 것은?

① 지하탱크가 있는 제조소 등의 경우 : 당해 지하탱크를 매설하기 전
② 이동탱크저장소의 경우 : 이동저장탱크를 완공하고 상치장소를 확보한 후
③ 이송취급소의 경우 : 이송배관 공사의 전체 또는 일부를 완료한 후. 다만, 지하·하천 등에 매설하는 이송배관의 공사의 경우에는 이송배관을 매설하기 전
④ 전체 공사가 완료된 후에는 완공검사를 실시하기 곤란한 경우 : 배관을 지하에 설치하는 경우에는 소방청장이 지정하는 부분을 매몰하기 직전

해설 위험물안전관리법 제20조(완공검사의 신청시기) 법 제9조제1항의 규정에 의한 제조소 등의 완공검사 신청시기는 다음 각 호의 구분에 의한다.
1. 지하탱크가 있는 제조소 등의 경우 : 당해 지하탱크를 매설하기 전
2. 이동탱크저장소의 경우 : 이동저장탱크를 완공하고 상치장소를 확보한 후
3. 이송취급소의 경우 : 이송배관 공사의 전체 또는 일부를 완료한 후. 다만, 지하·하천 등에 매설하는 이송배관의 공사의 경우에는 이송배관을 매설하기 전

정답 58.③ 59.④ 60.④

4. 전체 공사가 완료된 후에는 완공검사를 실시하기 곤란한 경우 : 다음 각 목에서 정하는 시기
 가. 위험물설비 또는 배관의 설치가 완료되어 기밀시험 또는 내압시험을 실시하는 시기
 나. 배관을 지하에 설치하는 경우에는 시·도지사, 소방서장 또는 기술원이 지정하는 부분을 매몰하기 직전
 다. 기술원이 지정하는 부분의 비파괴시험을 실시하는 시기
5. 제1호 내지 제4호에 해당하지 아니하는 제조소 등의 경우 : 제조소 등의 공사를 완료한 후

2024년 제1회 소방설비기사[전기분야] 1차 필기
[제3과목 : 소방관계법규]

41 소방시설의 하자가 발생한 경우 통보를 받은 공사업자는 며칠 이내에 이를 보수하거나 보수 일정을 기록한 하자보수계획을 관계인에게 서면으로 알려야 하는가?

① 3일
② 7일
③ 14일
④ 30일

해설 공사업법 제15조(공사의 하자보수 보증 등) 제3항 참조
관계인은 하자보수 보증기간에 소방시설의 하자가 발생하였을 때에는 공사업자에게 그 사실을 알려야 하며, 통보를 받은 공사업자는 3일 이내에 하자를 보수하거나 보수 일정을 기록한 하자보수계획을 관계인에게 서면으로 알려야 한다.

42 소방시설 설치 및 관리에 관한 법령상 자동화재탐지설비를 설치하여야 하는 특정소방대상물의 기준으로 틀린 것은?

① 공장 및 창고시설로서 「소방기본법 시행령」에서 정하는 수량의 500배 이상의 특수가연물을 저장·취급하는 것
② 지하가(터널은 제외한다)로서 연면적 600m² 이상인 것
③ 숙박시설이 있는 수련시설로서 수용인원 100명 이상인 것
④ 장례시설 및 복합건축물로서 연면적 600m² 이상인 것

해설 자동화재탐지설비를 설치해야 하는 특정소방대상물은 다음의 어느 하나에 해당하는 것으로 한다.
1) 공동주택 중 아파트등·기숙사 및 숙박시설의 경우에는 모든 층
2) 층수가 6층 이상인 건축물의 경우에는 모든 층
3) 근린생활시설(목욕장은 제외한다), 의료시설(정신의료기관 및 요양병원은 제외한다), 위락시설, 장례시설 및 복합건축물로서 연면적 600m² 이상인 경우에는 모든 층
4) 근린생활시설 중 목욕장, 문화 및 집회시설, 종교시설, 판매시설, 운수시설, 운동시설, 업무시설, 공장, 창고시설, 위험물 저장 및 처리 시설, 항공기 및 자동차 관련 시설, 교정 및 군사시설 중 국방·군사시설, 방송통신시설, 발전시설, 관광 휴게시설, 지하상가로서 연면적 1천m² 이상인 경우에는 모든 층
5) 교육연구시설(교육시설 내에 있는 기숙사 및 합숙소를 포함한다), 수련시설(수련시설 내에 있는 기숙사 및 합숙소를 포함하며, 숙박시설이 있는 수련시설은 제외한다), 동물 및 식물 관련 시설(기둥과 지붕만으로 구성되어 외부와 기류가 통하는 장소는 제외한다), 자원순환 관련 시설, 교정 및 군사시설(국방·군사시설은 제외한다) 또는 묘지 관련 시설로서 연면적 2천m² 이상인 경우에는 모든 층
6) 노유자 생활시설의 경우에는 모든 층
7) 6)에 해당하지 않는 노유자 시설로서 연면적 400m² 이상인 노유자 시설 및 숙박시설이 있는 수련시설로서 수용인원 100명 이상인 경우에는 모든 층
8) 의료시설 중 정신의료기관 또는 요양병원으로서 다음의 어느 하나에 해당하는 시설
  가) 요양병원(의료재활시설은 제외한다)
  나) 정신의료기관 또는 의료재활시설로 사용되는 바닥면적의 합계가 300m² 이상인 시설
  다) 정신의료기관 또는 의료재활시설로 사용되는 바닥면적의 합계가 300m² 미만이고, 창살(철재·플라스틱 또는 목재 등으로 사람의 탈출 등을 막기 위하여 설치한 것을 말하며, 화재 시 자동으

로 열리는 구조로 되어 있는 창살은 제외한다)이 설치된 시설
9) 판매시설 중 전통시장
10) 터널로서 길이가 1천m 이상인 것
11) 지하구
12) 3)에 해당하지 않는 근린생활시설 중 조산원 및 산후조리원
13) 4)에 해당하지 않는 공장 및 창고시설로서 「화재의 예방 및 안전관리에 관한 법률 시행령」 별표 2에서 정하는 수량의 500배 이상의 특수가연물을 저장·취급하는 것
14) 4)에 해당하지 않는 발전시설 중 전기저장시설

43 소방기본법령상 소방대장은 화재, 재난·재해 그 밖의 위급한 상황이 발생한 현장에 소방활동구역을 정하여 소방활동에 필요한 자로서 대통령령으로 정하는 사람 외에는 그 구역에의 출입을 제한할 수 있다. 다음 중 소방활동구역에 출입할 수 없는 사람은?

① 소방활동구역 안에 있는 소방대상물의 소유자·관리자 또는 점유자
② 전기·가스·수도·통신·교통의 업무에 종사하는 사람으로서 원활한 소방활동을 위하여 필요한 사람
③ 시·도지사가 소방활동을 위하여 출입을 허가한 사람
④ 의사·간호사 그 밖에 구조·구급업무에 종사하는 사람

해설 소방활동구역 출입자
1. 소방활동구역 안에 있는 소방대상물의 소유자·관리자 또는 점유자
2. 전기·가스·수도·통신·교통의 업무에 종사하는 사람으로서 원활한 소방활동을 위하여 필요한 사람
3. 의사·간호사, 그 밖의 구조·구급업무에 종사하는 사람
4. 취재인력 등 보도업무에 종사하는 사람
5. 수사업무에 종사하는 사람
6. 그 밖에 소방대장이 소방활동을 위하여 출입을 허가한 사람

44 특정소방대상물의 소방시설 등에 대한 자체점검 기술자격자의 범위에서 '행정안전부령으로 정하는 기술자격자'는?

① 소방안전관리자로 선임된 소방설비산업기사
② 소방안전관리자로 선임된 소방설비기사
③ 소방안전관리자로 선임된 전기기사
④ 소방안전관리자로 선임된 소방시설관리사 및 소방기술사

해설 소방시설법 시행규칙 제19조(기술자격자의 범위)
법 제22조제1항 각 호 외의 부분 전단에서 "행정안전부령으로 정하는 기술자격자"란 「화재의 예방 및 안전관리에 관한 법률」 제24조제1항 전단에 따라 소방안전관리자(이하 "소방안전관리자"라 한다)로 선임된 소방시설관리사 및 소방기술사를 말한다.

45 화재의 예방 및 안전관리에 관한 법령상 특정소방대상물 중 1급 소방안전관리대상물의 해당기준이 아닌 것은?

① 연면적이 1만 5천m² 이상인 것(아파트 및 연립주택 제외)
② 층수가 11층 이상인 것(아파트는 제외)
③ 가연성 가스를 1천톤 이상 저장·취급하는 시설
④ 20층 이상이거나 지상으로부터 높이가 100m 이상인 아파트

해설 화재예방법 시행령 별표4
[1급 소방안전관리대상물]
가. 1급 소방안전관리대상물의 범위
「소방시설 설치 및 관리에 관한 법률 시행령」 별표 2의 특정소방대상물 중 다음의 어느 하나에 해당하는 것(제1호에 따른 특급 소방안전관리대상물은 제외한다)
1) 30층 이상(지하층은 제외한다)이거나 지상으로부터 높이가 120미터 이상인 아파트
2) 연면적 1만5천제곱미터 이상인 특정소방대상물(아파트 및 연립주택은 제외한다)
3) 2)에 해당하지 않는 특정소방대상물로서 지상층의 층수가 11층 이상인 특정소방대상물(아파트는 제외한다)
4) 가연성 가스를 1천톤 이상 저장·취급하는 시설

나. 1급 소방안전관리대상물에 선임해야 하는 소방안전관리자의 자격
다음의 어느 하나에 해당하는 사람으로서 1급 소방안전관리자 자격증을 발급받은 사람 또는 제1호에 따른 특급 소방안전관리대상물의 소방안전관리자 자격증을 발급받은 사람
1) 소방설비기사 또는 소방설비산업기사의 자격이 있는 사람
2) 소방공무원으로 7년 이상 근무한 경력이 있는 사람
3) 소방청장이 실시하는 1급 소방안전관리대상물의 소방안전관리에 관한 시험에 합격한 사람

다. 선임인원 : 1명 이상

46 화재의 예방 및 안전관리에 관한 법령상 소방안전관리대상물의 소방안전관리자의 업무가 아닌 것은?

① 자위소방대의 구성·운영·교육
② 소방시설공사
③ 소방계획서의 작성 및 시행
④ 소방훈련 및 교육

해설 소방안전관리자의 업무사항
특정소방대상물(소방안전관리대상물은 제외한다)의 관계인과 소방안전관리대상물의 소방안전관리자는 다음의 업무를 수행한다. 다만, ㉠·㉡·㉢ 및 ㉣의 업무는 소방안전관리대상물의 경우에만 해당한다.
㉠ 제36조에 따른 피난계획에 관한 사항과 대통령령으로 정하는 사항이 포함된 소방 계획서의 작성 및 시행
㉡ 자위소방대(自衛消防隊) 및 초기대응체계의 구성, 운영 및 교육
㉢ 「소방시설 설치 및 관리에 관한 법률」 제16조에 따른 피난시설, 방화구획 및 방화시설의 관리
㉣ 소방시설이나 그 밖의 소방 관련 시설의 관리
㉤ 제37조에 따른 소방훈련 및 교육
㉥ 화기(火氣) 취급의 감독
㉦ 행정안전부령으로 정하는 바에 따른 소방안전관리에 관한 업무수행에 관한 기록·유지(㉢·㉣ 및 ㉥의 업무를 말한다)
㉧ 화재발생 시 초기대응
㉨ 그 밖에 소방안전관리에 필요한 업무

47 화재의 예방 및 안전관리에 관한 법률상 소방안전특별관리시설물의 대상기준 중 틀린 것은?

① 수련시설
② 항만시설
③ 전력용 및 통신용 지하구
④ 지정문화유산인 시설(시설이 아닌 지정문화유산을 보호하거나 소장하고 있는 시설을 포함)

해설 화재예방법 제40조(소방안전 특별관리시설물의 안전관리)
① 소방청장은 화재 등 재난이 발생할 경우 사회·경제적으로 피해가 큰 다음 각 호의 시설(이하 "소방안전 특별관리시설물"이라 한다)에 대하여 소방안전 특별관리를 하여야 한다.
1. 「공항시설법」 제2조제7호의 공항시설
2. 「철도산업발전기본법」 제3조제2호의 철도시설
3. 「도시철도법」 제2조제3호의 도시철도시설
4. 「항만법」 제2조제5호의 항만시설
5. 「문화유산의 보존 및 활용에 관한 법률」 제2조제3항의 지정문화유산 및 「자연유산의 보존 및 활용에 관한 법률」 제2조제5호에 따른 천연기념물등인 시설(시설이 아닌 지정문화유산 및 천연기념물 등을 보호하거나 소장하고 있는 시설을 포함한다)
6. 「산업기술단지 지원에 관한 특례법」 제2조제1호의 산업기술단지
7. 「산업입지 및 개발에 관한 법률」 제2조제8호의 산업단지
8. 「초고층 및 지하연계 복합건축물 재난관리에 관한 특별법」 제2조제1호·제2호의 초고층 건축물 및 지하연계 복합건축물
9. 「영화 및 비디오물의 진흥에 관한 법률」 제2조제10호의 영화상영관 중 수용인원 1천명 이상인 영화상영관
10. 전력용 및 통신용 지하구
11. 「한국석유공사법」 제10조제1항제3호의 석유비축시설
12. 「한국가스공사법」 제11조제1항제2호의 천연가스 인수기지 및 공급망
13. 「전통시장 및 상점가 육성을 위한 특별법」 제2조제1호의 전통시장으로서 대통령령으로 정하는 전통시장
14. 그 밖에 대통령령으로 정하는 시설물

정답 46.② 47.①

48 위험물안전관리법령상 제조소 또는 일반취급소의 위험물취급탱크 노즐 또는 맨홀을 신설하는 경우, 노즐 또는 맨홀의 직경이 몇 mm를 초과하는 경우에 변경허가를 받아야 하는가?

① 250
② 300
③ 450
④ 600

해설

제조소등의 구분	변경허가를 받아야 하는 경우
1. 제조소 또는 일반 취급소	가. 제조소 또는 일반취급소의 위치를 이전하는 경우 나. 건축물의 벽·기둥·바닥·보 또는 지붕을 증설 또는 철거하는 경우 다. 배출설비를 신설하는 경우 라. 위험물취급탱크를 신설·교체·철거 또는 보수(탱크의 본체를 절개하는 경우에 한한다)하는 경우 마. 위험물취급탱크의 노즐 또는 맨홀을 신설하는 경우(노즐 또는 맨홀의 지름이 250mm를 초과하는 경우에 한한다) 바. 위험물취급탱크의 방유제의 높이 또는 방유제 내의 면적을 변경하는 경우 사. 위험물취급탱크의 탱크전용실을 증설 또는 교체하는 경우 아. 300m(지상에 설치하지 아니하는 배관의 경우에는 30m)를 초과하는 위험물배관을 신설·교체·철거 또는 보수(배관을 절개하는 경우에 한한다)하는 경우 자. 불활성기체(다른 원소와 화학 반응을 일으키기 어려운 기체)의 봉입장치를 신설하는 경우 차. 별표 4 XII제2호목에 따른 누설범위를 국한하기 위한 설비를 신설하는 경우 카. 별표 4 XII제3호다목에 따른 냉각장치 또는 보냉장치를 신설하는 경우 타. 별표 4 XII제3호마목에 따른 탱크전용실을 증설 또는 교체하는 경우 파. 별표 4 XII제4호나목에 따른 담 또는 토제를 신설·철거 또는 이설하는 경우 하. 별표 4 XII제4호다목에 따른 온도 및 농도의 상승에 의한 위험한 반응을 방지하기 위한 설비를 신설하는 경우 거. 별표 4 XII제4호라목에 따른 철 이온 등의 혼입에 의한 위험한 반응을 방지하기 위한 설비를 신설하는 경우 너. 방화상 유효한 담을 신설·철거 또는 이설하는 경우 더. 위험물의 제조설비 또는 취급설비를 증설하는 경우. 다만, 펌프설비 또는 1일 취급량이 지정수량의 5분의 1 미만인 설비를 증설하는 경우는 제외한다. 러. 옥내소화전설비·옥외소화전설비·스프링클러설비·물분무등소화설비를 신설·교체(배관·밸브·압력계·소화전본체·소화약제탱크·포헤드·포방출구 등의 교체는 제외한다) 또는 철거하는 경우 머. 자동화재탐지설비를 신설 또는 철거하는 경우

49 다음 중 소방기본법령에 따라 화재예방상 필요하다고 인정되거나 화재위험경보시 발령하는 소방신호의 종류로 옳은 것은?

① 경계신호
② 발화신호
③ 경보신호
④ 훈련신호

해설 소방신호의 방법(제10조제2항 관련)

신호방법 종별	타종신호	싸이렌신호	그밖의 신호
경계신호	1타와 연2타를 반복	5초 간격을 두고 30초씩 3회	"통풍대" "게시판" 화재경보발령중
발화신호	난타	5초 간격을 두고 5초씩 3회	
해제신호	상당한 간격을 두고 1타씩 반복	1분간 1회	"기"
훈련신호	연3타 반복	10초 간격을 두고 1분씩 3회	

[비고]
1. 소방신호의 방법은 그 전부 또는 일부를 함께 사용할 수 있다.
2. 게시판을 철거하거나 통풍대 또는 기를 내리는 것으로 소방활동이 해제되었음을 알린다.
3. 소방대의 비상소집을 하는 경우에는 훈련신호를 사용할 수 있다.

50 소방기본법령상 소방안전교육사의 배치대상별 배치기준에서 소방본부의 배치기준은 몇 명 이상인가?

① 1
② 2
③ 3
④ 4

해설
• 소방청, 소방본부, 한국소방산업기술원, 한국소방안전원(본원) : 2명 이상
• 소방서, 한국소방안전원(시·도 지원) : 1명 이상

정답 48.① 49.① 50.②

51 소방시설공사업법령상 일반 소방시설설계업(기계분야)의 영업범위에 대한 기준 중 ( )에 알맞은 내용은? (단, 공장의 경우는 제외한다.)

> 연면적 ( )m² 미만의 특정소방대상물(제연설비가 설치되는 특정소방대상물은 제외한다)에 설치되는 기계분야 소방시설의 설계

① 10,000 ② 20,000
③ 30,000 ④ 50,000

해설 1. 소방시설설계업

업종별	항목	기술인력	영업범위
전문 소방시설 설계업		가. 주된 기술인력 : 소방기술사 1명 이상 나. 보조기술인력 : 1명 이상	모든 특정소방대상물에 설치되는 소방시설의 설계
일반 소방시설 설계업	기계 분야	가. 주된 기술인력 : 소방기술사 또는 기계분야 소방설비기사 1명 이상 나. 보조기술인력 : 1명 이상	가. 아파트에 설치되는 기계분야 소방시설(제연설비는 제외한다)의 설계 나. 연면적 3만제곱미터(공장의 경우에는 1만제곱미터) 미만의 특정소방대상물(제연설비가 설치되는 특정소방대상물은 제외한다)에 설치되는 기계분야 소방시설의 설계 다. 위험물제조소등에 설치되는 기계분야 소방시설의 설계
	전기 분야	가. 주된 기술인력 : 소방기술사 또는 전기분야 소방설비기사 1명 이상 나. 보조기술인력 : 1명 이상	가. 아파트에 설치되는 전기분야 소방시설의 설계 나. 연면적 3만제곱미터(공장의 경우에는 1만제곱미터) 미만의 특정소방대상물에 설치되는 전기분야 소방시설의 설계 다. 위험물제조소등에 설치되는 전기분야 소방시설의 설계

52 화재의 예방 및 안전관리에 관한 법령상 옮긴 물건 등의 보관기간은 해당 소방서의 인터넷 홈페이지에 공고하는 기간의 종료일 다음 날부터 며칠로 하는가?

① 3 ② 4
③ 5 ④ 7

해설 ㉠ 소방관서장은 법 제17조제2항 각 호 외의 부분 단서에 따라 옮긴 물건 등(이하 "옮긴물건등"이라 한다)을 보관하는 경우에는 그날부터 14일 동안 해당 소방관서의 인터넷 홈페이지에 그 사실을 공고해야 한다.
㉡ 옮긴물건등의 보관기간은 ㉠에 따른 공고기간의 종료일 다음 날부터 7일까지로 한다.

53 화재의 예방 및 안전관리에 관한 법령상 소방대상물의 개수·이전·제거, 사용의 금지 또는 제한, 사용폐쇄, 공사의 정지 또는 중지, 그 밖의 필요한 조치로 인하여 손실을 받은 자가 손실보상청구서에 첨부하여야 하는 서류로 틀린 것은?

① 손실보상합의서
② 손실을 증명할 수 있는 사진
③ 손실을 증명할 수 있는 증빙자료
④ 소방대상물의 관계인임을 증명할 수 있는 서류(건축물대장은 제외)

해설 화재예방법 시행규칙 제6조(손실보상 청구자가 제출해야 하는 서류 등)
① 법 제14조에 따른 명령으로 인하여 손실을 입은 자가 손실보상을 청구하려는 경우에는 별지 제6호서식의 손실보상 청구서(전자문서를 포함한다)에 다음 각 호의 서류(전자문서를 포함한다)를 첨부하여 소방청장, 특별시장·광역시장·특별자치시장·도지사 또는 특별자치도지사(이하 "시·도지사"라 한다)에게 제출해야 한다. 이 경우 담당 공무원은 「전자정부법」 제36조제1항에 따른 행정정보의 공동이용을 통하여 건축물대장(소방대상물의 관계인임을 증명할 수 있는 서류가 건축물대장인 경우만 해당한다)을 확인해야 한다.
1. 소방대상물의 관계인임을 증명할 수 있는 서류(건축물대장은 제외한다)
2. 손실을 증명할 수 있는 사진 및 그 밖의 증빙자료

정답 51.③ 52.④ 53.①

② 소방청장 또는 시·도지사는 영 제14조제2항에 따라 손실보상에 관하여 협의가 이루어진 경우에는 손실보상을 청구한 자와 연명으로 별지 제7호서식의 손실보상 합의서를 작성하고 이를 보관해야 한다.

54 소방시설 설치 및 관리에 관한 법령상 시·도지사가 실시하는 방염성능검사 대상으로 옳은 것은?

① 설치현장에서 방염처리를 하는 합판·목재
② 제조 또는 가공공정에서 방염처리를 한 카펫
③ 제조 또는 가공공정에서 방염처리를 한 창문에 설치하는 블라인드
④ 설치현장에서 방염처리를 하는 암막·무대막

해설 소방시설법 시행령 제32조(시·도지사가 실시하는 방염성능검사)
법 제21조제1항 단서에서 "대통령령으로 정하는 방염대상물품"이란 다음 각 호의 것을 말한다.
1. 제31조제1항제1호라목의 전시용 합판·목재 또는 무대용 합판·목재 중 설치 현장에서 방염처리를 하는 합판·목재류
2. 제31조제1항제2호에 따른 방염대상물품 중 설치 현장에서 방염처리를 하는 합판·목재류

55 「소방시설법」상 대통령령으로 정하는 소방시설을 설치하지 아니할 수 있는 특정소방대상물이 아닌 것은?

① 화재 위험도가 낮은 특정소방대상물
② 화재안전기준을 적용하기 어려운 특정소방대상물
③ 화재안전기준을 다르게 적용하여야 하는 특수한 용도 또는 구조를 가진 특정소방대상물
④ 「화재의 예방 및 안전관리에 관한 법률」 제19조에 따른 자체소방대가 설치된 특정소방대상물

해설 시행령 별표6
소방시설을 설치하지 않을 수 있는 특정소방대상물 및 소방시설의 범위(제16조 관련)

구분	특정소방대상물	설치하지 않을 수 있는 소방시설
1. 화재 위험도가 낮은 특정소방대상물	석재, 불연성금속, 불연성 건축재료 등의 가공공장·기계조립 공장 또는 불연성 물품을 저장하는 창고	옥외소화전 및 연결살수설비
2. 화재안전기준을 적용하기 어려운 특정소방대상물	펄프공장의 작업장, 음료수 공장의 세정 또는 충전을 하는 작업장, 그 밖에 이와 비슷한 용도로 사용하는 것	스프링클러설비, 상수도소화용수설비 및 연결살수설비
	정수장, 수영장, 목욕장, 농예·축산·어류양식용 시설, 그 밖에 이와 비슷한 용도로 사용되는 것	자동화재탐지설비, 상수도소화용수설비 및 연결살수설비
3. 화재안전기준을 달리 적용해야 하는 특수한 용도 또는 구조를 가진 특정소방대상물	원자력발전소, 중·저준위방사성폐기물의 저장시설	연결송수관설비 및 연결살수설비
4. 「위험물 안전관리법」 제19조에 따른 자체소방대가 설치된 특정소방대상물	자체소방대가 설치된 제조소등에 부속된 사무실	옥내소화전설비, 소화용수설비, 연결살수설비 및 연결송수관설비

56 위험물안전관리법령상 과징금처분에 관한 조문이다. ( )에 들어갈 내용은?

(ㄱ)은(는) 위험물안전관리법 제12조 각 호의 어느 하나에 해당하는 경우로서 제조소등에 대한 사용의 정지가 그 이용자에게 심한 불편을 주거나 그 밖에 공익을 해칠 우려가 있는 때에는 사용정지처분에 갈음하여 (ㄴ) 이하의 과징금을 부과할 수 있다.

① ㄱ : 소방청장, ㄴ : 1억원
② ㄱ : 소방청장, ㄴ : 2억원
③ ㄱ : 시·도지사, ㄴ : 1억원
④ ㄱ : 시·도지사, ㄴ : 2억원

정답 54.① 55.④ 56.④

해설 위험물안전관리법 제13조(과징금처분)
① 시·도지사는 제12조 각 호의 어느 하나에 해당하는 경우로서 제조소등에 대한 사용의 정지가 그 이용자에게 심한 불편을 주거나 그 밖에 공익을 해칠 우려가 있는 때에는 사용정지처분에 갈음하여 2억원 이하의 과징금을 부과할 수 있다.
② 제1항의 규정에 따른 과징금을 부과하는 위반행위의 종별·정도 등에 따른 과징금의 금액 그 밖의 필요한 사항은 행정안전부령으로 정한다.
③ 시·도지사는 제1항의 규정에 따른 과징금을 납부하여야 하는 자가 납부기한까지 이를 납부하지 아니한 때에는 「지방행정제재·부과금의 징수 등에 관한 법률」에 따라 징수한다.

57 제4류 위험물 제조소의 경우 사용전압이 22[kV]인 특고압 가공전선이 지나갈 때 제조소의 외벽과 가공전선 사이의 수평거리(안전거리)는 몇 [m] 이상이어야 하는가?

① 2[m]
② 3[m]
③ 5[m]
④ 10[m]

해설 위험물법 시행규칙 [별표 4] 참조
▶ 제조소등으로부터 안전거리
㉠ 지정문화재 및 유형문화재 : 50[m]
㉡ 학교, 병원, 공연장(3백 명 이상 수용) : 30[m]
㉢ 아동복지시설, 노인복지시설, 장애인복지시설, 한부모가족복지시설, 어린이집, 정신보건시설로서 20명 이상 수용시설 : 30[m]
㉣ 고압가스, 액화석유가스, 도시가스를 저장·취급하는 시설 : 20[m]
㉤ 건축물 그 밖의 공작물로서 주거용으로 사용되는 것 : 10[m]
㉥ 사용전압이 35,000[V]를 초과하는 특고압가공전선 : 5[m]
㉦ 사용전압이 7,000[V] 초과 35,000[V] 이하의 특고압가공전선 : 3[m]

58 다음 중 소방시설 설치 및 관리에 관한 법령상 소방시설관리업을 등록할 수 있는 자는?

① 피성년후견인
② 소방시설관리업의 등록이 취소된 날부터 2년이 경과된 자
③ 금고 이상의 형의 집행유예를 선고받고 그 유예기간 중에 있는 자
④ 금고 이상의 실형을 선고받고 그 집행이 면제된 날부터 2년이 지나지 아니한 자

해설 소방시설법 제30조(등록의 결격사유)
다음 각 호의 어느 하나에 해당하는 자는 관리업의 등록을 할 수 없다.
1. 피성년후견인
2. 이 법, 「소방기본법」, 「소방시설공사업법」 또는 「위험물 안전관리법」에 따른 금고 이상의 실형을 선고받고 그 집행이 끝나거나(집행이 끝난 것으로 보는 경우를 포함한다) 집행이 면제된 날부터 2년이 지나지 아니한 사람
3. 이 법, 「소방기본법」, 「소방시설공사업법」 또는 「위험물 안전관리법」에 따른 금고 이상의 형의 집행유예를 선고받고 그 유예기간 중에 있는 사람
4. 제34조제1항에 따라 관리업의 등록이 취소(제30조제1호에 해당하여 등록이 취소된 경우는 제외한다)된 날부터 2년이 지나지 아니한 자
5. 임원 중에 제1호부터 제4호까지의 어느 하나에 해당하는 사람이 있는 법인

59 일반공사감리대상의 경우 감리현장 연면적의 총합계가 10만m² 이하일 때 1인의 책임감리원이 담당하는 소방공사감리현장은 몇 개 이하인가?

① 2개
② 3개
③ 4개
④ 5개

해설 1명의 감리원이 담당하는 소방공사감리현장은 5개 이하(자동화재탐지설비 또는 옥내소화전설비 중 어느 하나만 설치하는 2개의 소방공사감리현장이 최단 차량주행거리로 30킬로미터 이내에 있는 경우에는 1개의 소방공사감리현장으로 본다)로서 감리현장 연면적의 총합계가 10만제곱미터 이하일 것. 다만, 일반 공사감리대상인 아파트의 경우에는 연면적의 합계에 관계없이 1명의 감리원이 5개 이내의 공사현장을 감리할 수 있다.

정답 57.② 58.② 59.④

60 위험물안전관리법령에 따른 정기점검의 대상인 제조소 등의 기준 중 틀린 것은?

① 암반탱크저장소
② 지하탱크저장소
③ 이동탱크저장소
④ 지정수량의 150배 이상의 위험물을 저장하는 옥외탱크저장소

해설 정기점검의 대상인 제조소등
ⓐ 예방규정을 작성해야 하는 제조소등(7가지)

> ⓐ 지정수량의 10배 이상의 위험물을 취급하는 제조소
> ⓑ 지정수량의 100배 이상의 위험물을 저장하는 옥외저장소
> ⓒ 지정수량의 150배 이상의 위험물을 저장하는 옥내저장소
> ⓓ 지정수량의 200배 이상의 위험물을 저장하는 옥외탱크저장소
> ⓔ 암반탱크저장소
> ⓕ 이송취급소
> ⓖ 지정수량의 10배 이상의 위험물을 취급하는 일반취급소

ⓑ 지하탱크저장소
ⓒ 이동탱크저장소
ⓓ 위험물을 취급하는 탱크로서 지하에 매설된 탱크가 있는 제조소·주유취급소 또는 일반취급소

정답 60.④

2024년 제2회 소방설비기사[전기분야] 1차 필기

[제3과목 : 소방관계법규]

41 위험물안전관리법령상 기계에 의하여 하역하는 구조로 된 운반용기에 대한 수납기준으로 옳은 것은?

① 금속제의 운반용기는 3년 6개월 이내에 실시한 운반용기의 외부의 점검 및 7년 이내의 사이에 실시한 운반용기의 내부의 점검에서 누설 등 이상이 없을 것
② 경질플라스틱제의 운반용기에 액체위험물을 수납하는 경우에는 당해 운반용기는 제조된 때로부터 7년 이내의 것으로 할 것
③ 플라스틱내용기 부착의 운반용기에 있어서는 3년 6개월 이내에 실시한 기밀시험에서 누설 등 이상이 없을 것
④ 금속제의 운반용기에 액체위험물을 수납하는 경우에는 55[℃]의 온도에서 증기압이 130[kPa] 이하가 되도록 수납할 것

해설 위험물안전관리법 시행규칙 별표 19 [위험물의 운반에 관한 기준 중]
기계에 의하여 하역하는 구조로 된 운반용기에 대한 수납은 제1호(다목을 제외한다)의 규정을 준용하는 외에 다음 각목의 기준에 따라야 한다(중요기준).
가. 다음의 규정에 의한 요건에 적합한 운반용기에 수납할 것
  1) 부식, 손상 등 이상이 없을 것
  2) 금속제의 운반용기, 경질플라스틱제의 운반용기 또는 플라스틱내용기 부착의 운반용기에 있어서는 다음에 정하는 시험 및 점검에서 누설 등 이상이 없을 것
    가) 2년 6개월 이내에 실시한 기밀시험(액체의 위험물 또는 10[kPa] 이상의 압력을 가하여 수납 또는 배출하는 고체의 위험물을 수납하는 운반용기에 한한다)
    나) 2년 6개월 이내에 실시한 운반용기의 외부의 점검·부속설비의 기능점검 및 5년 이내의 사이에 실시한 운반용기의 내부의 점검
나. 복수의 폐쇄장치가 연속하여 설치되어 있는 운반용기에 위험물을 수납하는 경우에는 용기본체에 가까운 폐쇄장치를 먼저 폐쇄할 것
다. 휘발유, 벤젠 그 밖의 정전기에 의한 재해가 발생할 우려가 있는 액체의 위험물을 운반용기에 수납 또는 배출할 때에는 당해 재해의 발생을 방지하기 위한 조치를 강구할 것
라. 온도변화 등에 의하여 액상이 되는 고체의 위험물은 액상으로 되었을 때 당해 위험물이 새지 아니하는 운반용기에 수납할 것
마. 액체위험물을 수납하는 경우에는 55[℃]의 온도에서의 증기압이 130[kPa] 이하가 되도록 수납할 것
바. 경질플라스틱제의 운반용기 또는 플라스틱내용기 부착의 운반용기에 액체위험물을 수납하는 경우에는 당해 운반용기는 제조된 때로부터 5년 이내의 것으로 할 것
사. 가목 내지 바목에 규정하는 것 외에 운반용기에의 수납에 관하여 필요한 사항은 소방청장이 정하여 고시한다.

42 「화재의 예방 및 안전관리에 관한 법률」상 건설현장 소방안전관리대상물의 소방안전 관리자의 업무에 관한 내용으로 옳지 않은 것은?

① 건설현장의 소방계획서의 작성
② 화기취급의 감독, 화재위험작업의 허가 및 관리
③ 공사진행 단계별 피난안전구역, 피난로 등의 확보와 관리
④ 건설현장 작업자를 제외한 책임자에 대한 소방안전 교육 및 훈련

정답 41.④ 42.④

해설 화재예방법 제29조(건설현장 소방안전관리)

① 「소방시설 설치 및 관리에 관한 법률」제15조제1항에 따른 공사시공자가 화재발생 및 화재피해의 우려가 큰 대통령령으로 정하는 특정소방대상물(이하 "건설현장 소방안전관리대상물"이라 한다)을 신축·증축·개축·재축·이전·용도변경 또는 대수선 하는 경우에는 제24조제1항에 따른 소방안전관리자로서 제34조에 따른 교육을 받은 사람을 소방시설공사 착공신고일부터 건축물 사용승인일(「건축법」제22조에 따라 건축물을 사용할 수 있게 된 날을 말한다)까지 소방안전관리자로 선임하고 행정안전부령으로 정하는 바에 따라 소방본부장 또는 소방서장에게 신고하여야 한다.

② 제1항에 따른 건설현장 소방안전관리대상물의 소방안전관리자의 업무는 다음 각 호와 같다.
  1. 건설현장의 소방계획서의 작성
  2. 「소방시설 설치 및 관리에 관한 법률」제15조제1항에 따른 임시소방시설의 설치 및 관리에 대한 감독
  3. 공사진행 단계별 피난안전구역, 피난로 등의 확보와 관리
  4. 건설현장의 작업자에 대한 소방안전 교육 및 훈련
  5. 초기대응체계의 구성·운영 및 교육
  6. 화기취급의 감독, 화재위험작업의 허가 및 관리
  7. 그 밖에 건설현장의 소방안전관리와 관련하여 소방청장이 고시하는 업무

③ 그 밖에 건설현장 소방안전관리대상물의 소방안전관리에 관하여는 제26조부터 제28조까지의 규정을 준용한다. 이 경우 "소방안전관리대상물의 관계인" 또는 "특정소방대상물의 관계인"은 "공사시공자"로 본다.

43 「화재의 예방 및 안전관리에 관한 법률 시행령」상 특수가연물의 저장 및 취급 기준에서 특수가연물 표지에 관한 내용으로 옳지 않은 것은?

① 특수가연물 표지 중 화기엄금 표시 부분의 바탕은 붉은색으로, 문자는 백색으로 할 것
② 특수가연물 표지는 한 변의 길이가 0.3미터 이상, 다른 한 변의 길이가 0.6미터 이상인 직사각형으로 할 것
③ 특수가연물 표지의 바탕은 검은색으로, 문자는 흰색으로 할 것. 다만, "화기엄금" 표시 부분은 제외한다.
④ 특수가연물을 저장 또는 취급하는 장소에는 품명, 최대 저장수량, 단위부피당 질량 또는 단위체적당 질량, 관리책임자 성명·직책, 연락처 및 화기취급의 금지표시가 포함된 특수가연물 표지를 설치해야 한다.

해설 특수가연물 표지

가. 특수가연물을 저장 또는 취급하는 장소에는 품명, 최대저장수량, 단위부피당 질량 또는 단위체적당 질량, 관리책임자 성명·직책, 연락처 및 화기취급의 금지표시가 포함된 특수가연물 표지를 설치해야 한다.

나. 특수가연물 표지의 규격은 다음과 같다.

특수가연물	
화기엄금	
품 명	합성수지류
최대저장수량 (배수)	000톤(00배)
단위부피당 질량 (단위체적당 질량)	000kg/m3
관리책임자 (직책)	홍길동 팀장
연락처	02-000-0000

1) 특수가연물 표지는 한 변의 길이가 0.3미터 이상, 다른 한 변의 길이가 0.6미터 이상인 직사각형으로 할 것
2) 특수가연물 표지의 바탕은 흰색으로, 문자는 검은색으로 할 것. 다만, "화기엄금" 표시 부분은 제외한다.
3) 특수가연물 표지 중 화기엄금 표시 부분의 바탕은 붉은색으로, 문자는 백색으로 할 것

다. 특수가연물 표지는 특수가연물을 저장하거나 취급하는 장소 중 보기 쉬운 곳에 설치해야 한다.

44 특정소방대상물의 바닥면적이 다음과 같을 때 「소방시설 설치 및 관리에 관한 법률 시행령」에 따른 수용인원은 총 몇 명인가? (단, 바닥면적을 산정할 때에는 복도, 계단 및 화장실을 포함하지 않으며, 계산 결과 소수점 이하의 수는 반올림한다.)

- 관람석이 없는 강당 1개, 바닥면적 460m²
- 강의실 10개, 각 바닥면적 57m²
- 휴게실 1개, 바닥면적 38m²

① 380   ② 400
③ 420   ④ 440

해설 $\dfrac{460m^2}{4.6m^2/인} + \dfrac{57m^2 \times 10 + 38m^2}{1.9m^2/인} = 420$인

45 「소방시설 설치 및 관리에 관한 법률 시행령」상 스프링클러설비를 설치해야 하는 특정소방대상물에 해당하는 것만을 〈보기〉에서 고른 것은?

ㄱ. 수련시설 내에 있는 학생 수용을 위한 기숙사로서 연면적 5천m²인 경우
ㄴ. 교육연구시설 내에 있는 합숙소로서 연면적 100m²인 경우
ㄷ. 숙박시설로 사용되는 바닥면적의 합계가 500m²인 경우
ㄹ. 영화상영관의 용도로 쓰는 4층의 바닥면적이 1천m²인 경우

① ㄱ, ㄴ   ② ㄱ, ㄹ
③ ㄴ, ㄷ   ④ ㄷ, ㄹ

해설 스프링클러설비를 설치해야 하는 특정소방대상물(위험물 저장 및 처리 시설 중 가스시설 및 지하구는 제외한다)은 다음의 어느 하나에 해당하는 것으로 한다.
1) 기숙사(교육연구시설·수련시설 내에 있는 학생 수용을 위한 것을 말한다) 또는 복합건축물로서 연면적 5천m² 이상인 경우에는 모든 층
2) 다음의 어느 하나에 해당하는 용도로 사용되는 시설의 바닥면적의 합계가 600m² 이상인 것은 모든 층
   가) 근린생활시설 중 조산원 및 산후조리원
   나) 의료시설 중 정신의료기관
   다) 의료시설 중 종합병원, 병원, 치과병원, 한방병원 및 요양병원
   라) 노유자 시설
   마) 숙박이 가능한 수련시설
   바) 숙박시설
3) 문화 및 집회시설(동·식물원은 제외한다), 종교시설(주요구조부가 목조인 것은 제외한다), 운동시설(물놀이형 시설 및 바닥이 불연재료이고 관람석이 없는 운동시설은 제외한다)로서 다음의 어느 하나에 해당하는 경우에는 모든 층
   가) 수용인원이 100명 이상인 것
   나) 영화상영관의 용도로 쓰는 층의 바닥면적이 지하층 또는 무창층인 경우에는 500m² 이상, 그 밖의 층의 경우에는 1천m² 이상인 것
   다) 무대부가 지하층·무창층 또는 4층 이상의 층에 있는 경우에는 무대부의 면적이 300m² 이상인 것
   라) 무대부가 다) 외의 층에 있는 경우에는 무대부의 면적이 500m² 이상인 것

46 「소방시설 설치 및 관리에 관한 법률」상 중앙소방기술심의위원회의 심의사항으로 옳지 않은 것은?

① 화재안전기준에 관한 사항
② 소방시설에 하자가 있는지의 판단에 관한 사항
③ 소방시설의 설계 및 공사감리의 방법에 관한 사항
④ 소방시설의 구조 및 원리 등에서 공법이 특수한 설계 및 시공에 관한 사항

해설 제18조(소방기술심의위원회)
① 다음 각 호의 사항을 심의하기 위하여 소방청에 중앙소방기술심의위원회(이하 "중앙위원회"라 한다)를 둔다.
   1. 화재안전기준에 관한 사항
   2. 소방시설의 구조 및 원리 등에서 공법이 특수한 설계 및 시공에 관한 사항
   3. 소방시설의 설계 및 공사감리의 방법에 관한 사항
   4. 소방시설공사의 하자를 판단하는 기준에 관한 사항
   5. 제8조제5항 단서에 따라 신기술·신공법 등 검토·평가에 고도의 기술이 필요한 경우로서 중앙위원회에 심의를 요청한 사항
   6. 그 밖에 소방기술 등에 관하여 대통령령으로 정하는 사항
② 다음 각 호의 사항을 심의하기 위하여 시·도에 지방소방기술심의위원회(이하 "지방위원회"라 한다)를 둔다.
   1. 소방시설에 하자가 있는지의 판단에 관한 사항

2. 그 밖에 소방기술 등에 관하여 대통령령으로 정하는 사항
③ 중앙위원회 및 지방위원회의 구성·운영 등에 필요한 사항은 대통령령으로 정한다.

47 소방기본법에서 규정하는 소방력의 동원에 관한 설명으로 틀린 것은?

① 소방청장은 해당 시·도의 소방력만으로는 소방활동을 효율적으로 수행하기 어려운 화재, 재난·재해, 그 밖의 구조·구급이 필요한 상황이 발생하거나 특별히 국가적 차원에서 소방활동을 수행할 필요가 인정될 때에는 각 시·도지사에게 행정안전부령으로 정하는 바에 따라 소방력을 동원할 것을 요청할 수 있다.
② 동원 요청을 받은 시·도지사는 정당한 사유 없이 요청을 거절하여서는 아니 된다.
③ 소방청장은 시·도지사에게 제1항에 따라 동원된 소방력을 화재, 재난·재해 등이 발생한 지역에 지원·파견하여 줄 것을 요청하거나 필요한 경우 각 소방본부에 소방대를 편성하여 화재진압 및 인명구조 등 소방에 필요한 활동을 하도록 명령할 수 있다.
④ 동원된 소방대원이 다른 시·도에 파견·지원되어 소방활동을 수행할 때에는 특별한 사정이 없으면 화재, 재난·재해 등이 발생한 지역을 관할하는 소방본부장 또는 소방서장의 지휘에 따라야 한다. 다만, 소방청장이 직접 소방대를 편성하여 소방활동을 하게 하는 경우에는 소방청장의 지휘에 따라야 한다.

해설 소방청장은 필요한 경우 직접 소방대를 편성하여 소방에 필요한 활동을 하게 할 수 있다.
참고 제11조의2 ⑤ 제3항 및 제4항에 따른 소방활동을 수행하는 과정에서 발생하는 경비 부담에 관한 사항, 제3항 및 제4항에 따라 소방활동을 수행한 민간 소방 인력이 사망하거나 부상을 입었을 경우의 보상주체·보상기준 등에 관한 사항, 그 밖에 동원된 소방력의 운용과 관련하여 필요한 사항은 대통령령으로 정한다.

48 화재예방조치명령에 의해 소속공무원으로 하여금 옮긴 물건 등을 보관하는 경우에 대한 다음 설명 중 틀린 설명은?

① 소방관서장은 법 제17조제2항 각 호 외의 부분 단서에 따라 옮긴 물건 등(이하 "옮긴물건등"이라 한다)을 보관하는 경우에는 그날부터 14일 동안 해당 소방관서의 인터넷 홈페이지에 그 사실을 공고해야 한다.
② 옮긴물건등의 보관기간은 제1항에 따른 공고기간의 종료일 다음 날부터 7일까지로 한다.
③ 소방관서장은 제2항에 따른 보관기간이 종료된 때에는 보관하고 있는 옮긴물건등을 즉시 폐기해야 한다.
④ 소방관서장은 보관하던 옮긴물건등을 제3항 본문에 따라 매각한 경우에는 지체 없이 「국가재정법」에 따라 세입조치를 해야 한다.

해설 ③ 소방관서장은 제2항에 따른 보관기간이 종료된 때에는 보관하고 있는 옮긴물건등을 매각해야 한다. 다만, 보관하고 있는 옮긴물건등이 부패·파손 또는 이와 유사한 사유로 정해진 용도로 계속 사용할 수 없는 경우에는 폐기할 수 있다.

49 화재예방법 제36조 피난계획수립에 관한 다음 설명중 틀린 것은?

① 소방안전관리대상물의 관계인은 그 장소에 근무하거나 거주 또는 출입하는 사람들이 화재가 발생한 경우에 안전하게 피난할 수 있도록 피난계획을 수립·시행하여야 한다.
② 피난계획에는 그 소방안전관리대상물의 구조, 피난시설 등을 고려하여 설정한 피난경로가 포함되어야 한다.
③ 소방안전관리대상물의 관계인은 피난시설의 위치, 피난경로 또는 대피요령이 포함된 피난유도 안내정보를 근무자 또는 거주자에게 정기적으로 제공하여야 한다.

④ 피난계획의 수립·시행, 제3항에 따른 피난 유도 안내정보 제공에 필요한 사항은 대통령 령으로 정한다.

해설 ④ 제1항에 따른 피난계획의 수립·시행, 제3항에 따른 피난유도 안내정보 제공에 필요한 사항은 행정안전부령으로 정한다.

시행규칙 제34조(피난계획의 수립·시행)
① 법 제36조제1항에 따른 피난계획(이하 "피난계획"이라 한다)에는 다음 각 호의 사항이 포함되어야 한다.
1. 화재경보의 수단 및 방식
2. 층별, 구역별 피난대상 인원의 연령별·성별 현황
3. 피난약자의 현황
4. 각 거실에서 옥외(옥상 또는 피난안전구역을 포함한다)로 이르는 피난경로
5. 피난약자 및 피난약자를 동반한 사람의 피난동선과 피난방법
6. 피난시설, 방화구획, 그 밖에 피난에 영향을 줄 수 있는 제반 사항

② 소방안전관리대상물의 관계인은 해당 소방안전관리대상물의 구조·위치, 소방시설 등을 고려하여 피난계획을 수립해야 한다.
③ 소방안전관리대상물의 관계인은 해당 소방안전관리대상물의 피난시설이 변경된 경우에는 그 변경사항을 반영하여 피난계획을 정비해야 한다.
④ 제1항부터 제3항까지에서 규정한 사항 외에 피난계획의 수립·시행에 필요한 세부 사항은 소방청장이 정하여 고시한다.

제35조(피난유도 안내정보의 제공)
① 법 제36조제3항에 따른 피난유도 안내정보는 다음 각 호의 어느 하나의 방법으로 제공한다.
1. 연 2회 피난안내 교육을 실시하는 방법
2. 분기별 1회 이상 피난안내방송을 실시하는 방법
3. 피난안내도를 층마다 보기 쉬운 위치에 게시하는 방법
4. 엘리베이터, 출입구 등 시청이 용이한 장소에 피난안내영상을 제공하는 방법

② 제1항에서 규정한 사항 외에 피난유도 안내정보의 제공에 필요한 세부 사항은 소방청장이 정하여 고시한다.

50 소방시설법 제20조, 21조에 따른 방염에 대한 다음 설명 중 틀린 설명은?

① 대통령령으로 정하는 특정소방대상물에 실내장식 등의 목적으로 설치 또는 부착하는 물품으로서 대통령령으로 정하는 물품(이하 "방염대상물품"이라 한다)은 방염성능기준 이상의 것으로 설치하여야 한다.
② 위 ①에 따른 방염성능기준은 대통령령으로 정한다.
③ 특정소방대상물에 사용하는 방염대상물품은 소방청장이 실시하는 방염성능검사를 받은 것이어야 한다. 다만, 대통령령으로 정하는 방염대상물품의 경우에는 시·도지사가 실시하는 방염성능검사를 받은 것이어야 한다.
④ 위 ③에 따른 방염성능검사의 방법과 검사 결과에 따른 합격 표시 등에 필요한 사항은 소방청장이 정하여 고시한다.

해설 제20조(특정소방대상물의 방염 등)
① 대통령령으로 정하는 특정소방대상물에 실내장식 등의 목적으로 설치 또는 부착하는 물품으로서 대통령령으로 정하는 물품(이하 "방염대상물품"이라 한다)은 방염성능기준 이상의 것으로 설치하여야 한다.
② 소방본부장 또는 소방서장은 방염대상물품이 제1항에 따른 방염성능기준에 미치지 못하거나 제21조제1항에 따른 방염성능검사를 받지 아니한 것이면 특정소방대상물의 관계인에게 방염대상물품을 제거하도록 하거나 방염성능검사를 받도록 하는 등 필요한 조치를 명할 수 있다.
③ 제1항에 따른 방염성능기준은 대통령령으로 정한다.

제21조(방염성능의 검사)
① 제20조제1항에 따른 특정소방대상물에 사용하는 방염대상물품은 소방청장이 실시하는 방염성능검사를 받은 것이어야 한다. 다만, 대통령령으로 정하는 방염대상물품의 경우에는 특별시장·광역시장·특별자치시장·도지사 또는 특별자치도지사(이하 "시·도지사"라 한다)가 실시하는 방염성능검사를 받은 것이어야 한다.

② 「소방시설공사업법」 제4조에 따라 방염처리업의 등록을 한 자는 제1항에 따른 방염성능검사를 할 때에 거짓 시료(試料)를 제출하여서는 아니 된다.
③ 제1항에 따른 방염성능검사의 방법과 검사 결과에 따른 합격 표시 등에 필요한 사항은 행정안전부령으로 정한다.

51 위험물안전관리법령상 제조소 등의 완공검사 신청 시기 기준으로 틀린 것은?

① 지하탱크가 있는 제조소 등의 경우에는 당해 지하탱크를 매설하기 전
② 이동탱크저장소의 경우에는 이동저장탱크를 완공하고 상치장소를 확보한 후
③ 이송취급소의 경우에는 이송배관 공사의 전체 또는 일부 완료한 후
④ 배관을 지하에 설치하는 경우에는 소방서장이 지정하는 부분을 매몰하고 난 직후

해설 제20조(완공검사의 신청시기)
법 제9조제1항의 규정에 의한 제조소 등의 완공검사 신청시기는 다음 각 호의 구분에 의한다.
1. 지하탱크가 있는 제조소 등의 경우 : 당해 지하탱크를 매설하기 전
2. 이동탱크저장소의 경우 : 이동저장탱크를 완공하고 상치장소를 확보한 후
3. 이송취급소의 경우 : 이송배관 공사의 전체 또는 일부를 완료한 후. 다만, 지하·하천 등에 매설하는 이송배관의 공사의 경우에는 이송배관을 매설하기 전
4. 전체 공사가 완료된 후에는 완공검사를 실시하기 곤란한 경우 : 다음 각 목에서 정하는 시기
   가. 위험물설비 또는 배관의 설치가 완료되어 기밀시험 또는 내압시험을 실시하는 시기
   나. 배관을 지하에 설치하는 경우에는 시·도지사, 소방서장 또는 기술원이 지정하는 부분을 매몰하기 직전
   다. 기술원이 지정하는 부분의 비파괴시험을 실시하는 시기
5. 제1호 내지 제4호에 해당하지 아니하는 제조소 등의 경우 : 제조소 등의 공사를 완료한 후

52 화재예방법상 다음 용어정의중 틀린설명은?

① "예방"이란 화재의 위험으로부터 사람의 생명·신체 및 재산을 보호하기 위하여 화재발생을 사전에 제거하거나 방지하기 위한 모든 활동을 말한다.
② "안전관리"란 화재로 인한 피해를 최소화하기 위한 예방, 대비, 대응 등의 활동을 말한다.
③ "화재안전조사"란 소방청장, 소방본부장 또는 소방서장(이하 "소방관서장"이라 한다)이 소방대상물, 관계지역 또는 관계인에 대하여 소방시설등(「화재의 예방 및 안전 관리에 관한 법률」에 따른 소방시설등을 말한다. 이하 같다)이 소방 관계 법령에 적합하게 설치·관리되고 있는지, 소방대상물에 화재의 발생 위험이 있는지 등을 확인하기 위하여 실시하는 현장조사·문서열람·보고요구 등을 하는 활동을 말한다.
④ "화재예방강화지구"란 특별시장·광역시장·특별자치시장·도지사 또는 특별자치도지사(이하 "시·도지사"라 한다)가 화재발생 우려가 크거나 화재가 발생할 경우 피해가 클 것으로 예상되는 지역에 대하여 화재의 예방 및 안전관리를 강화하기 위해 지정·관리하는 지역을 말한다.

해설 제2조(정의)
① 이 법에서 사용하는 용어의 뜻은 다음과 같다.
1. "예방"이란 화재의 위험으로부터 사람의 생명·신체 및 재산을 보호하기 위하여 화재발생을 사전에 제거하거나 방지하기 위한 모든 활동을 말한다.
2. "안전관리"란 화재로 인한 피해를 최소화하기 위한 예방, 대비, 대응 등의 활동을 말한다.
3. "화재안전조사"란 소방청장, 소방본부장 또는 소방서장(이하 "소방관서장"이라 한다)이 소방대상물, 관계지역 또는 관계인에 대하여 소방시설등(「소방시설 설치 및 관리에 관한 법률」 제2조제1항제2호에 따른 소방시설등을 말한다. 이하 같다)이 소방 관계 법령에 적합하게 설치·관리되고 있는

지, 소방대상물에 화재의 발생 위험이 있는지 등을 확인하기 위하여 실시하는 현장조사·문서열람·보고요구 등을 하는 활동을 말한다.
4. "화재예방강화지구"란 특별시장·광역시장·특별자치시장·도지사 또는 특별자치도지사(이하 "시·도지사"라 한다)가 화재발생 우려가 크거나 화재가 발생할 경우 피해가 클 것으로 예상되는 지역에 대하여 화재의 예방 및 안전관리를 강화하기 위해 지정·관리하는 지역을 말한다.
5. "화재예방안전진단"이란 화재가 발생할 경우 사회·경제적으로 피해 규모가 클 것으로 예상되는 소방대상물에 대하여 화재위험요인을 조사하고 그 위험성을 평가하여 개선대책을 수립하는 것을 말한다.
② 이 법에서 사용하는 용어의 뜻은 제1항에서 규정하는 것을 제외하고는 「소방기본법」, 「소방시설 설치 및 관리에 관한 법률」, 「소방시설공사업법」, 「위험물안전관리법」 및 「건축법」에서 정하는 바에 따른다.

53 소방시설의 설치 및 관리에 관한 법률상 둘 이상의 특정소방대상물을 하나의 소방대상물로 볼 수 있는 연결통로의 구조로 옳지 않은 것은?

① 내화구조로 된 연결통로가 벽이 없는 구조로서 그 길이가 6m 이하인 경우
② 내화구조로 된 연결통로가 벽이 있는 구조로서 그 길이가 10m 이하인 경우
③ 자동방화셔터 또는 60분+ 또는 60분 방화문이 설치되어 있는 피트로 연결된 경우
④ 지하보도, 지하상가, 지하가 또는 지하구로 연결된 경우

[해설] 둘 이상의 특정소방대상물이 다음 각 목의 어느 하나에 해당되는 구조의 복도 또는 통로(이하 이 표에서 "연결통로"라 한다)로 연결된 경우에는 이를 하나의 특정소방대상물로 본다.
가. 내화구조로 된 연결통로가 다음의 어느 하나에 해당되는 경우
 1) 벽이 없는 구조로서 그 길이가 6m 이하인 경우
 2) 벽이 있는 구조로서 그 길이가 10m 이하인 경우. 다만, 벽 높이가 바닥에서 천장까지의 높이의 2분의 1 이상인 경우에는 벽이 있는 구조로 보고, 벽 높이가 바닥에서 천장까지의 높이의 2분의 1 미만인 경우에는 벽이 없는 구조로 본다.
나. 내화구조가 아닌 연결통로로 연결된 경우
다. 컨베이어로 연결되거나 플랜트설비의 배관 등으로 연결되어 있는 경우
라. 지하보도, 지하상가, 지하가로 연결된 경우
마. 자동방화셔터 또는 60분+ 방화문이 설치되지 않은 피트(전기설비 또는 배관설비 등이 설치되는 공간을 말한다)로 연결된 경우
바. 지하구로 연결된 경우

54 다음 중 소방시설법 시행령에서 규정하는 강화된 소방시설기준을 적용하는 대상에 대한 설명으로 틀린 것은?

① 「국토의 계획 및 이용에 관한 법률」 제2조제9호에 따른 공동구에 설치하는 소화기, 자동소화장치, 자동화재탐지설비, 통합감시시설, 무선통신보조설비, 방화벽
② 전력 및 통신사업용 지하구에 설치하는 소화기, 자동소화장치, 자동화재탐지설비, 통합감시시설, 유도등 및 연소방지설비
③ 노유자 시설에 설치하는 간이스프링클러설비, 자동화재탐지설비 및 단독경보형 감지기
④ 의료시설에 설치하는 스프링클러설비, 간이스프링클러설비, 자동화재탐지설비 및 자동화재속보설비

[해설] 「국토의 계획 및 이용에 관한 법률」 제2조제9호에 따른 공동구에 설치하는 소화기, 자동소화장치, 자동화재탐지설비, 통합감시시설, 유도등 및 연소방지설비

55 소방시설공사업법령상 용어의 정의에 관한 내용으로 옳지 않은 것은?

① "소방시설설계업"이란 소방시설공사에 기본이 되는 공사계획, 설계도면, 설계 설명서, 기술계산서 및 이와 관련된 서류를 작성하는 영업을 말한다.
② "소방시설업자"란 소방시설업을 경영하기 위하여 소방시설업을 등록한 자를 말한다.

③ "발주자"란 소방시설의 설계, 시공, 감리 및 방염을 소방시설업자에게 도급하는 자를 말한다. 다만, 수급인으로서 도급받은 공사를 하도급하는 자는 제외한다.
④ "감리원"이란 소방시설공사업자에 소속된 소방기술자로서 해당 소방시설공사를 감리하는 사람을 말한다.

해설 공사업법
제2조(정의)
① 이 법에서 사용하는 용어의 뜻은 다음과 같다.
  1. "소방시설업"이란 다음 각 목의 영업을 말한다.
    가. 소방시설설계업 : 소방시설공사에 기본이 되는 공사계획, 설계도면, 설계 설명서, 기술계산서 및 이와 관련된 서류(이하 "설계도서"라 한다)를 작성(이하 "설계"라 한다)하는 영업
    나. 소방시설공사업 : 설계도서에 따라 소방시설을 신설, 증설, 개설, 이전 및 정비(이하 "시공"이라 한다)하는 영업
    다. 소방공사감리업 : 소방시설공사에 관한 발주자의 권한을 대행하여 소방시설공사가 설계도서와 관계 법령에 따라 적법하게 시공되는지를 확인하고, 품질·시공 관리에 대한 기술지도를 하는(이하 "감리"라 한다) 영업
    라. 방염처리업 : 「소방시설 설치 및 관리에 관한 법률」 제20조제1항에 따른 방염대상물품에 대하여 방염처리(이하 "방염"이라 한다)하는 영업
  2. "소방시설업자"란 소방시설업을 경영하기 위하여 제4조에 따라 소방시설업을 등록한 자를 말한다.
  3. "감리원"이란 소방공사감리업자에 소속된 소방기술자로서 해당 소방시설공사를 감리하는 사람을 말한다.
  4. "소방기술자"란 제28조에 따라 소방기술 경력 등을 인정받은 사람과 다음 각 목의 어느 하나에 해당하는 사람으로서 소방시설업과 「소방시설 설치 및 관리에 관한 법률」에 따른 소방시설관리업의 기술인력으로 등록된 사람을 말한다.
    가. 「소방시설 설치 및 관리에 관한 법률」에 따른 소방시설관리사
    나. 국가기술자격 법령에 따른 소방기술사, 소방설비기사, 소방설비산업기사, 위험물기능장, 위험물산업기사, 위험물기능사
  5. "발주자"란 소방시설의 설계, 시공, 감리 및 방염(이하 "소방시설공사등"이라 한다)을 소방시설업자에게 도급하는 자를 말한다. 다만, 수급인으로서 도급받은 공사를 하도급하는 자는 제외한다.

56 특수가연물의 표지에 포함되어야 하는 사항이 아닌 것은?

① 지정수량
② 단위부피당 질량
③ 관리책임자 직책
④ 화기취급 금지표시

해설 특수가연물을 저장 또는 취급하는 장소에는 품명, 최대저장수량, 단위부피당 질량 또는 단위체적당 질량, 관리책임자 성명·직책, 연락처 및 화기취급의 금지표시가 포함된 특수가연물 표지를 설치해야 한다.

57 위험물안전관리법령상 인화성액체위험물(이황화탄소 제외) 옥외탱크저장소의 방유제에 관한 사항이다. ( )에 들어갈 내용은?

> 방유제는 높이 (ㄱ)m 이상 (ㄴ)m 이하, 두께 (ㄷ)m 이상, 지하매설깊이가 1m 이상으로 할 것. 다만, 방유제와 옥외저장탱크 사이의 지반면 아래에 불침윤성(不侵潤性 : 수분 흡수를 막는 성질) 구조물을 설치하는 경우에는 지하매설깊이를 해당 불침윤성 구조물까지로 할 수 있다.

① ㄱ : 0.3, ㄴ : 2, ㄷ : 0.1
② ㄱ : 0.3, ㄴ : 2, ㄷ : 0.2
③ ㄱ : 0.5, ㄴ : 3, ㄷ : 0.1
④ ㄱ : 0.5, ㄴ : 3, ㄷ : 0.2

해설 방유제
방유제는 높이 0.5m 이상 3m 이하, 두께 0.2m 이상, 지하매설깊이 1m 이상으로 할 것. 다만, 방유제와 옥외저장탱크 사이의 지반면 아래에 불침윤성(不侵潤性 : 수분 흡수를 막는 성질) 구조물을 설치하는 경우에는 지하매설깊이를 해당 불침윤성 구조물까지로 할 수 있다.

정답 56.① 57.④

58 소방기본법령상 소방대장이 정한 소방활동구역에 출입이 제한될 수 있는 자는? (단, 소방대장이 소방활동을 위하여 출입을 허가한 사람은 고려하지 않음)

① 소방활동구역 안에 있는 소방대상물의 소유자·관리자 또는 점유자
② 의사·간호사 그 밖의 구조·구급업무에 종사하는 사람
③ 화재보험업무에 종사하는 사람
④ 취재인력 등 보도업무에 종사하는 사람

해설 소방기본법 시행령 제8조(소방활동구역의 출입자)
법 제23조제1항에서 "대통령령으로 정하는 사람"이란 다음 각 호의 사람을 말한다.
1. 소방활동구역 안에 있는 소방대상물의 소유자·관리자 또는 점유자
2. 전기·가스·수도·통신·교통의 업무에 종사하는 사람으로서 원활한 소방활동을 위하여 필요한 사람
3. 의사·간호사 그 밖의 구조·구급업무에 종사하는 사람
4. 취재인력 등 보도업무에 종사하는 사람
5. 수사업무에 종사하는 사람
6. 그 밖에 소방대장이 소방활동을 위하여 출입을 허가한 사람

59 소방기본법령상 소방용수시설의 설치 및 관리 등에 관한 내용으로 옳은 것은?

① 소방본부장 또는 소방서장은 소방활동에 필요한 소방용수시설을 설치하고 유지·관리하여야 한다.
② 소방본부장 또는 소방서장은 소방자동차의 진입이 곤란한 지역 등 화재발생 시에 초기대응이 필요한 지역으로서 대통령령으로 정하는 지역에 비상소화장치를 설치하고 유지·관리할 수 있다.
③ 소방본부장 또는 소방서장은 원활한 소방활동을 위하여 소방용수시설에 대한 조사를 연 1회 실시하여야 한다.
④ 비상소화장치는 비상소화장치함, 소화전, 소방호스, 관창을 포함하여 구성하여야 한다.

해설 ① 시·도지사는 소방활동에 필요한 소방용수시설을 설치하고 유지·관리하여야 한다.
② 시·도지사는 소방자동차의 진입이 곤란한 지역 등 화재발생 시에 초기대응이 필요한 지역으로서 대통령령으로 정하는 지역에 비상소화장치를 설치하고 유지·관리할 수 있다.
③ 소방본부장 또는 소방서장은 원활한 소방활동을 위하여 소방용수시설에 대한 조사를 월1회 실시하여야 한다.

60 소방시설 설치 및 관리에 관한 법령상 특정소방대상물의 노유자 시설에 해당하지 않는 것은?

① 장애인 의료재활시설
② 정신요양시설
③ 학교의 병설유치원
④ 정신재활시설(생산품판매시설은 제외)

해설 노유자 시설
가. 노인 관련 시설 : 「노인복지법」에 따른 노인주거복지시설, 노인의료복지시설, 노인여가복지시설, 주·야간보호서비스나 단기보호서비스를 제공하는 재가노인복지시설(「노인장기요양보험법」에 따른 장기요양기관을 포함한다), 노인보호전문기관, 노인일자리지원기관, 학대피해노인 전용쉼터, 그 밖에 이와 비슷한 것
나. 아동 관련 시설 : 「아동복지법」에 따른 아동복지시설, 「영유아보육법」에 따른 어린이집, 「유아교육법」에 따른 유치원[제8호가목1)에 따른 학교의 교사 중 병설유치원으로 사용되는 부분을 포함한다], 그 밖에 이와 비슷한 것
다. 장애인 관련 시설 : 「장애인복지법」에 따른 장애인 거주시설, 장애인 지역사회재활시설(장애인 심부름센터, 한국수어통역센터, 점자도서 및 녹음서 출판시설 등 장애인이 직접 그 시설 자체를 이용하는 것을 주된 목적으로 하지 않는 시설은 제외한다), 장애인 직업재활시설, 그 밖에 이와 비슷한 것
라. 정신질환자 관련 시설 : 「정신건강증진 및 정신질환자 복지서비스 지원에 관한 법률」에 따른 정신재활시설(생산품판매시설은 제외한다), 정신요양시설, 그 밖에 이와 비슷한 것

정답 58.③ 59.④ 60.①

마. 노숙인 관련 시설 : 「노숙인 등의 복지 및 자립지원에 관한 법률」 제2조제2호에 따른 노숙인복지시설(노숙인일시보호시설, 노숙인자활시설, 노숙인재활시설, 노숙인요양시설 및 쪽방상담소만 해당한다), 노숙인종합지원센터 및 그 밖에 이와 비슷한 것
바. 가목부터 마목까지에서 규정한 것 외에 「사회복지사업법」에 따른 사회복지시설 중 결핵환자 또는 한센인 요양시설 등 다른 용도로 분류되지 않는 것

2024년 제3회 소방설비기사[전기분야] 1차 필기
[제3과목 : 소방관계법규]

41 소방기본법 시행규칙 별표1에 따른 소방체험관의 설립 및 운영에 관한 기준상 기준으로 틀린 것은?

① 소방체험관 중 소방안전체험실로 사용되는 부분의 바닥면적합은 900제곱미터 이상이 되어야 한다.
② 화재안전 체험실은 100제곱미터 이상이 되어야 한다.
③ 전기안전 체험실은 100제곱미터 이상이 되어야 한다.
④ 체험실별 체험교육을 총괄하는 교수요원은 소방관련학과 박사학위이상을 취득한 사람이 할 수 있다.

해설
1. 설립 입지 및 규모 기준
   가. 소방체험관은 도로 등 교통시설을 갖추고, 재해 및 재난 위험요소가 없는 등 국민의 접근성과 안전성이 확보된 지역에 설립되어야 한다.
   나. 소방체험관 중 제2호의 소방안전 체험실로 사용되는 부분의 바닥면적의 합이 900제곱미터 이상이 되어야 한다.
2. 소방체험관의 시설 기준
   가. 소방체험관에는 다음 표에 따른 체험실을 모두 갖추어야 한다. 이 경우 체험실별 바닥면적은 100제곱미터 이상이어야 한다.

분야	체험실
생활안전	화재안전 체험실
	시설안전 체험실
교통안전	보행안전 체험실
	자동차안전 체험실
자연재난안전	기후성 재난 체험실
	지질성 재난 체험실
보건안전	응급처치 체험실

나. 소방체험관의 규모 및 지역 여건 등을 고려하여 다음 표에 따른 체험실을 갖출 수 있다. 이 경우 체험실별 바닥면적은 100제곱미터 이상이어야 한다.

분야	체험실
생활안전	전기안전 체험실, 가스안전 체험실, 작업안전 체험실, 여가활동 체험실, 노인안전 체험실
교통안전	버스안전 체험실, 이륜차안전 체험실, 지하철안전 체험실
자연재난안전	생물권 재난안전 체험실(조류독감, 구제역 등)
사회기반안전	화생방·민방위안전 체험실, 환경안전 체험실, 에너지·정보통신안전 체험실, 사이버안전 체험실
범죄안전	미아안전 체험실, 유괴안전 체험실, 폭력안전 체험실, 성폭력안전 체험실, 사기범죄 안전 체험실
보건안전	중독안전 체험실(게임·인터넷, 흡연 등), 감염병안전 체험실, 식품안전 체험실, 자살방지 체험실
기타	시·도지사가 필요하다고 인정하는 체험실

다. 소방체험관에는 사무실, 회의실, 그 밖에 시설물의 관리·운영에 필요한 관리시설이 건물규모에 적합하게 설치되어야 한다.
3. 체험교육 인력의 자격 기준
   가. 체험실별 체험교육을 총괄하는 교수요원은 소방공무원 중 다음의 어느 하나에 해당하는 사람이어야 한다.
      1) 소방 관련학과의 석사학위 이상을 취득한 사람
      2) 「소방기본법」 제17조의2에 따른 소방안전교육사, 「화재예방, 소방시설 설치·유지 및 안전관리에 관한 법률」 제26조에 따른 소방시설관리사, 「국가기술자격법」에 따른 소방기술사 또는 소방설비기사 자격을 취득한 사람
      3) 간호사 또는 「응급의료에 관한 법률」 제36조에 따른 응급구조사 자격을 취득한 사람

정답 41.④

4) 소방청장이 실시하는 인명구조사시험 또는 화재대응능력시험에 합격한 사람
5) 「소방기본법」 제16조 또는 제16조의3에 따른 소방활동이나 생활안전활동을 3년 이상 수행한 경력이 있는 사람
6) 5년 이상 근무한 소방공무원 중 시·도지사가 체험실의 교수요원으로 적합하다고 인정하는 사람

나. 체험실별 체험교육을 지원하고 실습을 보조하는 조교는 다음의 어느 하나에 해당하는 사람이어야 한다.
1) 가목에 따른 교수요원의 자격을 갖춘 사람
2) 「소방기본법」 제16조 및 제16조의3에 따른 소방활동이나 생활안전활동을 1년 이상 수행한 경력이 있는 사람
3) 중앙소방학교 또는 지방소방학교에서 2주 이상의 소방안전교육사 관련 전문교육과정을 이수한 사람
4) 소방체험관에서 2주 이상의 체험교육에 관한 직무교육을 이수한 의무소방원
5) 그 밖에 1)부터 4)까지의 규정에 준하는 자격 또는 능력을 갖추었다고 시·도지사가 인정하는 사람

42 화재예방법상 음식조리를 위하여 설치하는 설비 기준 중 다음 괄호 안에 들어갈 말은?

> 가. 주방설비에 부속된 배출덕트(공기배출통로)는 (㉠)밀리미터 이상의 아연도금강판 또는 이와 동등 이상의 내식성 불연재료로 설치할 것
> 나. 주방시설에는 동물 또는 식물의 기름을 제거할 수 있는 필터 등을 설치할 것
> 다. 열을 발생하는 조리기구는 반자 또는 선반으로부터 (㉡)미터 이상 떨어지게 할 것
> 라. 열을 발생하는 조리기구로부터 (㉢)미터 이내의 거리에 있는 가연성 주요구조부는 단열성이 있는 불연재료로 덮어씌울 것

	㉠	㉡	㉢
①	0.6	0.6	0.2
②	0.5	0.6	0.15
③	0.5	0.6	0.1
④	0.5	0.5	0.2

해설 음식조리를 위하여 설치하는 설비
「식품위생법 시행령」 제21조제8호에 따른 식품접객업 중 일반음식점 주방에서 조리를 위하여 불을 사용하는 설비를 설치하는 경우에는 다음 각 목의 사항을 지켜야 한다.
가. 주방설비에 부속된 배출덕트(공기 배출통로)는 0.5밀리미터 이상의 아연도금강판 또는 이와 같거나 그 이상의 내식성 불연재료로 설치할 것
나. 주방시설에는 동물 또는 식물의 기름을 제거할 수 있는 필터 등을 설치할 것
다. 열을 발생하는 조리기구는 반자 또는 선반으로부터 0.6미터 이상 떨어지게 할 것
라. 열을 발생하는 조리기구로부터 0.15미터 이내의 거리에 있는 가연성 주요구조부는 단열성이 있는 불연재료로 덮어 씌울 것

43 「소방기본법 시행령」상 규정하는 소방자동차 전용구역 방해행위 기준으로 옳지 않은 것은?

① 전용구역에 물건 등을 쌓거나 주차하는 행위
② 「주차장법」 제19조에 따른 부설주차장의 주차구획 내에 주차하는 행위
③ 전용구역 진입로에 물건 등을 쌓거나 주차하여 전용구역으로의 진입을 가로막는 행위
④ 전용구역 노면표지를 지우거나 훼손하는 행위

해설 소방기본법 시행령 제7조의14(전용구역 방해행위의 기준)
법 제21조의2제2항에 따른 방해행위의 기준은 다음 각 호와 같다.
1. 전용구역에 물건 등을 쌓거나 주차하는 행위
2. 전용구역의 앞면, 뒷면 또는 양 측면에 물건 등을 쌓거나 주차하는 행위. 다만, 「주차장법」 제19조에 따른 부설주차장의 주차구획 내에 주차하는 경우는 제외한다.
3. 전용구역 진입로에 물건 등을 쌓거나 주차하여 전용구역으로의 진입을 가로막는 행위
4. 전용구역 노면표지를 지우거나 훼손하는 행위
5. 그 밖의 방법으로 소방자동차가 전용구역에 주차하는 것을 방해하거나 전용구역으로 진입하는 것을 방해하는 행위

정답 42.② 43.②

44 소화활동설비에서 제연설비를 설치하여야 하는 특정소방대상물의 기준으로 틀린 것은?

① 문화 및 집회시설, 운동시설로서 무대부의 바닥면적이 200m² 이상인 경우 해당 무대부
② 근린생활시설, 위락시설, 판매시설, 숙박시설 등으로서 해당용도로 사용되는 바닥면적의 합계가 1000m² 이상인 경우 해당 부분
③ 지하가(터널은 제외)로서 연면적이 1000m² 이상인 것
④ 지하가 중 터널로서 길이가 1000m 이상인 것

해설 가. 제연설비를 설치해야 하는 특정소방대상물은 다음의 어느 하나에 해당하는 것으로 한다.
  1) 문화 및 집회시설, 종교시설, 운동시설 중 무대부의 바닥면적이 200m² 이상인 경우에는 해당 무대부
  2) 문화 및 집회시설 중 영화상영관으로서 수용인원 100명 이상인 경우에는 해당 영화상영관
  3) 지하층이나 무창층에 설치된 근린생활시설, 판매시설, 운수시설, 숙박시설, 위락시설, 의료시설, 노유자 시설 또는 창고시설(물류터미널로 한정한다)로서 해당 용도로 사용되는 바닥면적의 합계가 1천m² 이상인 경우 해당 부분
  4) 운수시설 중 시외버스정류장, 철도 및 도시철도 시설, 공항시설 및 항만시설의 대기실 또는 휴게시설로서 지하층 또는 무창층의 바닥면적이 1천m² 이상인 경우에는 모든 층
  5) 지하가(터널은 제외한다)로서 연면적 1천m² 이상인 것
  6) 지하가 중 예상 교통량, 경사도 등 터널의 특성을 고려하여 행정안전부령으로 정하는 터널
  7) 특정소방대상물(갓복도형 아파트등은 제외한다)에 부설된 특별피난계단, 비상용 승강기의 승강장 또는 피난용 승강기의 승강장

45 특정소방대상물의 소방시설 설치면제 기준에 대한 설명으로 틀린 것은?

① 물분무등소화설비를 설치하여야 하는 차고·주차장에 스프링클러설비를 화재안전기준에 적합하게 설치한 경우에는 그 설비의 유효범위에서 설치가 면제된다.
② 비상경보설비를 설치하여야 할 특정소방대상물에 단독경보형 감지기를 2개 이상의 단독경보형 감지기와 연동하여 설치하는 경우에는 그 설비의 유효범위에서 설치가 면제된다.
③ 연결살수설비를 가스 관계 법령에 따라 설치되는 물분무장치 등에 소방대가 사용할 수 있는 연결송수구가 설치되거나 물분무장치 등에 5시간 이상 공급할 수 있는 수원(水源)이 확보된 경우에는 설치가 면제된다.
④ 공기조화설비를 화재안전기준의 제연설비기준에 적합하게 설치하고 공기조화설비가 화재 시 제연설비기능으로 자동전환되는 구조로 설치되어 있는 경우 제연설비의 설치가 면제된다.

해설 가. 연결살수설비를 설치하여야 하는 특정소방대상물에 송수구를 부설한 스프링클러설비, 간이스프링클러설비, 물분무소화설비 또는 미분무소화설비를 화재안전기준에 적합하게 설치한 경우에는 그 설비의 유효범위에서 설치가 면제된다.
나. 가스 관계 법령에 따라 설치되는 물분무장치 등에 소방대가 사용할 수 있는 연결송수구가 설치되거나 물분무장치 등에 6시간 이상 공급할 수 있는 수원(水源)이 확보된 경우에는 설치가 면제된다.

46 다음 중 소방안전관리보조자를 두어야 하는 특정소방대상물로서 틀린 것은?

① 300세대 이상 아파트
② 아파트를 제외한 연면적 15,000제곱미터 이상 특정소방대상물
③ 의료시설 및 노유자시설
④ 숙박시설(숙박시설로 사용되는 바닥면적 합계가 1천제곱미터 미만이고 관계인이 24시간 상시근무하는 숙박시설은 제외)

해설 소방안전관리보조자 선임대상물
1. 「건축법 시행령」 별표 1 제2호가목에 따른 아파트(300세대 이상인 아파트만 해당한다)

정답 44.④ 45.③ 46.④

2. 제1호에 따른 아파트를 제외한 연면적이 1만5천제곱미터 이상인 특정소방대상물
3. 제1호 및 제2호에 따른 특정소방대상물을 제외한 특정소방대상물 중 다음 각 목의 어느 하나에 해당하는 특정소방대상물
   가. 공동주택 중 기숙사
   나. 의료시설
   다. 노유자시설
   라. 수련시설
   마. 숙박시설(숙박시설로 사용되는 바닥면적의 합계가 1천500제곱미터 미만이고 관계인이 24시간 상시 근무 하고 있는 숙박시설은 제외한다)

47 다음 중 소방시설설치유지 및 안전관리에 관한 법률 시행령에서 규정하는 특정소방대상물의 분류가 잘못된 것은?

① 자동차검사장 : 운수시설
② 동·식물원 : 문화 및 집회시설
③ 무도장 및 무도학원 : 위락시설
④ 전신전화국 : 방송통신시설

[해설]
■ 운수시설
  가. 여객자동차터미널
  나. 철도 및 도시철도 시설(정비창 등 관련 시설을 포함한다)
  다. 공항시설(항공관제탑을 포함한다)
  라. 항만시설 및 종합여객시설
■ 문화 및 집회시설
  가. 공연장으로서 근린생활시설에 해당하지 않는 것
  나. 집회장 : 예식장, 공회당, 회의장, 마권(馬券) 장외 발매소, 마권 전화투표소, 그 밖에 이와 비슷한 것으로서 근린생활시설에 해당하지 않는 것
  다. 관람장 : 경마장, 경륜장, 경정장, 자동차 경기장, 그 밖에 이와 비슷한 것과 체육관 및 운동장으로서 관람석의 바닥면적의 합계가 1천m^2 이상인 것
  라. 전시장 : 박물관, 미술관, 과학관, 문화관, 체험관, 기념관, 산업전시장, 박람회장, 그 밖에 이와 비슷한 것
  마. 동·식물원 : 동물원, 식물원, 수족관, 그 밖에 이와 비슷한 것
■ 위락시설
  가. 단란주점으로서 근린생활시설에 해당하지 않는 것
  나. 유흥주점, 그 밖에 이와 비슷한 것
  다. 「관광진흥법」에 따른 유원시설업(遊園施設業)의 시설, 그 밖에 이와 비슷한 시설(근린생활시설에 해당하는 것은 제외한다)
  라. 무도장 및 무도학원
  마. 카지노영업소
■ 방송통신시설
  가. 방송국(방송프로그램 제작시설 및 송신·수신·중계시설을 포함한다)
  나. 전신전화국
  다. 촬영소
  라. 통신용 시설
  마. 그 밖에 가목부터 라목까지의 시설과 비슷한 것
■ 항공기 및 자동차 관련 시설(건설기계 관련 시설을 포함한다)
  가. 항공기격납고
  나. 차고, 주차용 건축물, 철골 조립식 주차시설(바닥면이 조립식이 아닌 것을 포함한다) 및 기계장치에 의한 주차시설
  다. 세차장
  라. 폐차장
  마. 자동차 검사장
  바. 자동차 매매장
  사. 자동차 정비공장
  아. 운전학원·정비학원

48 소방시설법상 과징금의 부과기준에 대한 설명으로 틀린 것은?

① 영업정지 1개월은 30일로 계산한다.
② 과징금 산정은 영업정지기간(일)에 영업정지 1일에 해당하는 금액을 곱한 금액으로 한다.
③ 위반행위가 둘 이상 발생한 경우 과징금 부과에 의한 영업정지기간(일) 산정은 제2호가목의 개별기준에 따른 각각의 영업정지 처분기간 중 최대의 기간으로 한다.
④ 영업정지에 해당하는 위반사항으로서 위반행위의 동기·내용·횟수 또는 그 결과를 고려하여 그 처분기준의 2분의 1까지 감경한 경우 과징금 부과에 의한 영업정지기간(일) 산정은 감경한 영업정지기간으로 한다.

해설 위반행위가 둘 이상 발생한 경우 과징금 부과에 의한 영업정지기간(일) 산정은 제2호가목의 개별기준에 따른 각각의 영업정지 기간을 합산한 기간으로 한다.

49 특정소방대상물의 소방시설 자체점검에 관한 설명 중 종합점검 대상이 아닌 항목은?

① 스프링클러설비가 설치된 특정소방대상물
② 비디오물소극장업이 설치된 연면적 2000m² 이상인 특정소방대상물
③ 물분무소화설비가 설치된 연면적 5000m² 이상인 특정소방대상물
④ 자동화재탐지설비가 설치된 연면적 1000m² 이상인 공공기관

해설 최초점검을 제외한 종합점검은 다음의 어느 하나에 해당하는 특정소방대상물을 대상으로 한다.
1) 스프링클러설비가 설치된 특정소방대상물
2) 물분무등소화설비[호스릴(Hose Reel) 방식의 물분무등소화설비만을 설치한 경우는 제외한다]가 설치된 연면적 5,000m² 이상인 특정소방대상물(위험물 제조소등은 제외한다).
3) 「다중이용업소의 안전관리에 관한 특별법 시행령」 제2조제1호나목, 같은 조 제2호(비디오물소극장업은 제외한다)·제6호·제7호·제7호의2 및 제7호의5의 다중이용업의 영업장이 설치된 특정소방대상물로서 연면적이 2,000m² 이상인 것
4) 제연설비가 설치된 터널
5) 「공공기관의 소방안전관리에 관한 규정」 제2조에 따른 공공기관 중 연면적(터널·지하구의 경우 그 길이와 평균폭을 곱하여 계산된 값을 말한다)이 1,000m² 이상인 것으로서 옥내소화전설비 또는 자동화재탐지설비가 설치된 것. 다만, 「소방기본법」 제2조제5호에 따른 소방대가 근무하는 공공기관은 제외한다.

50 다음 중 점검인력 1단위에 대한 설명으로 옳지 않은 설명은?

① 관리업자가 점검하는 경우에는 소방시설관리사 또는 특급점검자 1명과 영 별표 9에 따른 보조 기술인력 2명을 점검인력 1단위로 하되, 점검인력 1단위에 2명(같은 건축물을 점검할 때는 4명) 이내의 보조 기술인력을 추가할 수 있다.
② 소방안전관리자로 선임된 소방시설관리사 및 소방기술사가 점검하는 경우에는 소방시설관리사 또는 소방기술사 중 1명과 보조 기술인력 2명을 점검인력 1단위로 하되, 점검인력 1단위에 2명 이내의 보조 기술인력을 추가할 수 있다. 다만, 보조 기술인력은 해당 특정소방대상물의 관계인 또는 소방안전관리보조자로 할 수 있다.
③ 관계인이 점검하는 경우에는 관계인 1명과 보조 기술인력 2명을 점검인력 1단위로 하되, 보조 기술인력은 해당 특정소방대상물의 관리자, 점유자 또는 소방안전관리보조자로 할 수 있다.
④ 소방안전관리자가 점검하는 경우에는 소방안전관리자 1명과 보조 기술인력 2명을 점검인력 1단위로 하되, 보조 기술인력은 해당 특정소방대상물의 소유자 또는 점유자로 할 수 있다.

해설 점검인력 1단위는 다음과 같다.
가. 관리업자가 점검하는 경우에는 소방시설관리사 또는 특급점검자 1명과 영 별표 9에 따른 보조 기술인력 2명을 점검인력 1단위로 하되, 점검인력 1단위에 2명(같은 건축물을 점검할 때는 4명) 이내의 보조 기술인력을 추가할 수 있다.
나. 소방안전관리자로 선임된 소방시설관리사 및 소방기술사가 점검하는 경우에는 소방시설관리사 또는 소방기술사 중 1명과 보조 기술인력 2명을 점검인력 1단위로 하되, 점검인력 1단위에 2명 이내의 보조 기술인력을 추가할 수 있다. 다만, 보조 기술인력은 해당 특정소방대상물의 관계인 또는 소방안전관리보조자로 할 수 있다.
다. 관계인 또는 소방안전관리자가 점검하는 경우에는 관계인 또는 소방안전관리자 1명과 보조 기술인력 2명을 점검인력 1단위로 하되, 보조 기술인력은 해당 특정소방대상물의 관리자, 점유자 또는 소방안전관리보조자로 할 수 있다.

51 다음 중 특급소방안전관리대상물에 포함되지 않는 것은?

① 지하층 제외 50층 이상인 아파트
② 지하층 포함 30층 이상인 아파트를 제외한 일반대상물
③ 연면적이 10만제곱미터 이상인 아파트(50층 미만)
④ 지상으로부터 높이가 200미터 이상인 아파트

해설 특급 소방안전관리대상물
가. 특급 소방안전관리대상물의 범위
「소방시설 설치 및 관리에 관한 법률 시행령」별표 2의 특정소방대상물 중 다음의 어느 하나에 해당하는 것
1) 50층 이상(지하층은 제외한다)이거나 지상으로부터 높이가 200미터 이상인 아파트
2) 30층 이상(지하층을 포함한다)이거나 지상으로부터 높이가 120미터 이상인 특정소방대상물(아파트는 제외한다)
3) 2)에 해당하지 않는 특정소방대상물로서 연면적이 10만제곱미터 이상인 특정소방대상물(아파트는 제외한다)
나. 특급 소방안전관리대상물에 선임해야 하는 소방안전관리자의 자격
다음의 어느 하나에 해당하는 사람으로서 특급 소방안전관리자 자격증을 발급받은 사람
1) 소방기술사 또는 소방시설관리사의 자격이 있는 사람
2) 소방설비기사의 자격을 취득한 후 5년 이상 1급 소방안전관리대상물의 소방안전관리자로 근무한 실무경력(법 제24조제3항에 따라 소방안전관리자로 선임되어 근무한 경력은 제외한다. 이하 이 표에서 같다)이 있는 사람
3) 소방설비산업기사의 자격을 취득한 후 7년 이상 1급 소방안전관리대상물의 소방안전관리자로 근무한 실무경력이 있는 사람
4) 소방공무원으로 20년 이상 근무한 경력이 있는 사람
5) 소방청장이 실시하는 특급 소방안전관리대상물의 소방안전관리에 관한 시험에 합격한 사람
다. 선임인원 : 1명 이상

52 다음 용어 설명 중 옳은 것은?

① 소방시설이란 소화설비·경보설비·피난설비·소화용수설비 그 밖에 소화활동설비로서 대통령령으로 정하는 것을 말한다.
② 소방시설등이란 소방시설과 비상구 그 밖에 소방관련 시설로서 행정안전부령으로 정하는 것을 말한다.
③ 특정소방대상물이란 소방시설을 설치하여야 하는 소방대상물로서 소방청장이 정하는 것을 말한다.
④ 소방용품이란 소방시설 등을 구성하거나 소방용으로 사용되는 제품 또는 기기로서 행정안전부령으로 정하는 것을 말한다.

해설 제2조(정의)
① 이 법에서 사용하는 용어의 뜻은 다음과 같다.
1. "소방시설"이란 소화설비, 경보설비, 피난구조설비, 소화용수설비, 그 밖에 소화활동설비로서 대통령령으로 정하는 것을 말한다.
2. "소방시설등"이란 소방시설과 비상구(非常口), 그 밖에 소방 관련 시설로서 대통령령으로 정하는 것을 말한다.
3. "특정소방대상물"이란 소방시설을 설치하여야 하는 소방대상물로서 대통령령으로 정하는 것을 말한다.
4. "소방용품"이란 소방시설등을 구성하거나 소방용으로 사용되는 제품 또는 기기로서 대통령령으로 정하는 것을 말한다.

53 위험물안전관리법령상 위험물의 성질과 품명이 바르게 연결된 것은?

① 산화성고체 – 과염소산염류
② 자연발화성물질 및 금수성물질 – 특수인화물
③ 인화성액체 – 아조화합물
④ 자기반응성물질 – 과산화수소

해설 ② 인화성액체 – 특수인화물
③ 자기반응성물질 – 아조화합물
④ 산화성액체 – 과산화수소

정답 51.③ 52.① 53.①

03. 소방관계법규

54 위험물안전관리법령상 제조소등에서 위험물을 유출·방출 또는 확산시켜 사람의 생명·신체 또는 재산에 대하여 위험을 발생시킨 자에게 적용되는 벌칙은?

① 1년 이상 10년 이하의 징역
② 7년 이하의 금고 또는 7천만원 이하의 벌금
③ 5년 이하의 금고 또는 1억원 이하의 벌금
④ 10년 이하의 금고 또는 1억원 이하의 벌금

해설
- 1년 이상 / 10년 이하의 징역 : 사람의 생명·신체 또는 재산에 대하여 위험을 발생시킨 자
- 무기 / 5년 이상의 징역 : 사람을 사망에 이르게 한 때
- 무기 / 3년 이상의 징역 : 사람을 상해(傷害)에 이르게 한 때
- 7년 이하 / 7,000만 원 이하의 벌금 : 업무상 과실로 사람의 생명·신체·재산에 대하여 위험을 발생시킨 자
- 10년 이하 / 1억 원 이하의 벌금 : 사람을 사상에 이르게 한 자
- 5년 이하 / 1억 원 이하의 벌금 : 제조소등의 설치허가를 받지 아니하고 제조소등을 설치한 자

55 위험물안전관리법령상 동일구역 내에 있거나 상호 100미터 이내의 거리에 있는 다수의 저장소로서 동일인이 설치한 경우 1인의 안전관리자를 중복하여 선임할 수 없는 것은?

① 10개의 옥내저장소
② 30개의 옥외저장소
③ 10개의 암반탱크저장소
④ 30개의 옥외탱크저장소

해설

대상물과 대상물		조건
7개 이하의 일반취급소 (보일러·버너 등 위험물을 소비하는 장치)	저장소	동일구역 내에 있는 경우
5개 이하의 일반취급소 (옮겨 담기 위한 취급소)	저장소	동일구역 내 보행거리 300[m] 이내

저장소	• 저장소 • 옥내, 옥외, 암반탱크 : 10개 이하 • 옥외탱크 : 30개 이하 • 옥내탱크, 지하탱크, 간이탱크 : 제한 없음	동일구역 내에 있거나 상호 100[m] 이내
5개 이하의 제조소 등 (위험물의 최대수량이 지정수량의 3천 배 미만)		동일구역 내에 있거나 상호 100[m] 이내

* 옥외저장소는 10개 이하

56 소방시설공사업법령상 소방시설별 하자보수 보증기간이 3년으로 규정되어 있는 소방시설을 모두 고른 것은?

ㄱ. 비상방송설비   ㄴ. 옥내소화전설비
ㄷ. 무선통신보조설비   ㄹ. 자동화재탐지설비

① ㄱ, ㄴ   ② ㄱ, ㄷ
③ ㄴ, ㄹ   ④ ㄷ, ㄹ

해설 소방시설공사업법 시행령 제6조(하자보수 대상 소방시설과 하자보수 보증기간)
1. 피난기구, 유도등, 유도표지, 비상경보설비, 비상조명등, 비상방송설비 및 무선통신보조설비 : 2년

57 소방시설공사업법령상 착공신고를 한 공사업자가 변경신고를 하여야 하는 경우에 해당하지 않는 것은?

① 시공자가 변경된 경우
② 소방시설공사 기간이 변경된 경우
③ 설치되는 소방시설의 종류가 변경된 경우
④ 책임시공 및 기술관리 소방기술자가 변경된 경우

해설 소방시설공사업법 시행규칙 제12조(착공신고 등)
② 법 제13조제2항에서 "행정안전부령으로 정하는 중요한 사항"이란 다음 각 호의 어느 하나에 해당하는 사항을 말한다.
1. 시공자
2. 설치되는 소방시설의 종류
3. 책임시공 및 기술관리 소방기술자
* "소방시설공사 기간이 변경된 경우"는 해당없음

정답 54.① 55.② 56.③ 57.②

58 소방시설공사업법령상 소방기술자의 배치기준이다. ( )에 들어갈 내용으로 옳게 나열한 것은?

소방기술자의 배치기준	가. 행정안전부령으로 정하는 특급기술자인 소방기술자(기계분야 및 전기분야)
소방시설공사 현장의 기준	1) 연면적 (㉠)제곱미터 이상인 특정소방대상물의 공사 현장 2) 지하층을 (㉡)한 층수가 (㉢)층 이상인 특정소방대상물의 공사 현장

① ㉠ : 10만, ㉡ : 포함, ㉢ : 20
② ㉠ : 10만, ㉡ : 제외, ㉢ : 30
③ ㉠ : 20만, ㉡ : 포함, ㉢ : 40
④ ㉠ : 20만, ㉡ : 제외, ㉢ : 50

해설 소방기술자의 배치기준(제3조 관련)

소방기술자의 배치기준	소방시설공사 현장의 기준
1. 행정안전부령으로 정하는 특급기술자인 소방기술자(기계분야 및 전기분야)	가. 연면적 20만제곱미터 이상인 특정소방대상물의 공사 현장 나. 지하층을 포함한 층수가 40층 이상인 특정소방대상물의 공사 현장
2. 행정안전부령으로 정하는 고급기술자 이상의 소방기술자(기계분야 및 전기분야)	가. 연면적 3만제곱미터 이상 20만제곱미터 미만인 특정소방대상물(아파트는 제외한다)의 공사 현장 나. 지하층을 포함한 층수가 16층 이상 40층 미만인 특정소방대상물의 공사 현장
3. 행정안전부령으로 정하는 중급기술자 이상의 소방기술자(기계분야 및 전기분야)	가. 물분무등소화설비(호스릴 방식의 소화설비는 제외한다) 또는 제연설비가 설치되는 특정소방대상물의 공사 현장 나. 연면적 5천제곱미터 이상 3만제곱미터 미만인 특정소방대상물(아파트는 제외한다)의 공사 현장 다. 연면적 1만제곱미터 이상 20만제곱미터 미만인 아파트의 공사 현장
4. 행정안전부령으로 정하는 초급기술자 이상의 소방기술자(기계분야 및 전기분야)	가. 연면적 1천제곱미터 이상 5천제곱미터 미만인 특정소방대상물(아파트는 제외한다)의 공사 현장 나. 연면적 1천제곱미터 이상 1만제곱미터 미만인 아파트의 공사 현장 다. 지하구(地下溝)의 공사 현장
5. 법 제28조에 따라 자격수첩을 발급받은 소방기술자	연면적 1천제곱미터 미만인 특정소방대상물의 공사 현장

59 소방시설업자가 특정소방대상물의 관계인에 대한 통보 의무사항이 아닌 것은?

① 지위를 승계한 때
② 등록취소 또는 영업정지 처분을 받은 때
③ 휴업 또는 폐업한 때
④ 주소지가 변경된 때

해설 소방시설공사업법 제8조(소방시설업의 운영)
③ 소방시설업자는 다음 각 호의 어느 하나에 해당하는 경우에는 소방시설공사 등을 맡긴 특정소방대상물의 관계인에게 지체없이 그 사실을 알려야 한다.
  1. 제7조에 따라 소방시설업자의 지위를 승계한 경우
  2. 제9조제1항에 따라 소방시설업의 등록취소처분 또는 영업정지처분을 받은 경우
  3. 휴업하거나 폐업한 경우

60 소방시설업의 등록 시 시·도지사에게 제출하는 서류가 아닌 것은?

① 소방기술자경력수첩 및 기술자격증(자격수첩)
② 소방청장이 지정하는 금융회사 또는 소방산업공제조합에 출자·예치·담보한 금액확인서 (소방시설공사업인 경우에 한한다.)
③ 신청일 전 최근 90일 이내에 작성한 자산평가액 또는 기업진단보고서(소방시설공사업인 경우에 한한다)
④ 법인등기부등본(법인의 경우에 한한다)

정답 58.③ 59.④ 60.④

해설 필요 서류

1. 신청인(외국인을 포함하되, 법인의 경우에는 대표자를 포함한 임원을 말한다)의 성명, 주민등록번호 및 주소지 등의 인적사항이 적힌 서류
2. 등록기준 중 기술인력에 관한 사항을 확인할 수 있는 다음 각 목의 어느 하나에 해당하는 서류(이하 "기술인력 증빙서류"라 한다)
   가. 국가기술자격증
   나. 법 제28조제2항에 따라 발급된 소방기술 인정 자격수첩(이하 "자격수첩"이라 한다) 또는 소방기술자 경력수첩(이하 "경력수첩"이라 한다)
3. 영 제2조제2항에 따라 소방청장이 지정하는 금융회사 또는 소방산업공제조합에 출자·예치·담보한 금액 확인서(이하 "출자·예치·담보 금액 확인서"라 한다) 1부(소방시설공사업만 해당한다). 다만, 소방청장이 지정하는 금융회사 또는 소방산업공제조합에 해당 금액을 확인할 수 있는 경우에는 그 확인으로 갈음할 수 있다.
4. 다음 각 목의 어느 하나에 해당하는 자가 신청일 전 최근 90일 이내에 작성한 자산평가액 또는 소방청장이 정하여 고시하는 바에 따라 작성된 기업진단 보고서(소방시설공사업만 해당한다)
   가. 「공인회계사법」 제7조에 따라 금융위원회에 등록한 공인회계사
   나. 「세무사법」 제6조에 따라 기획재정부에 등록한 세무사
   다. 「건설산업기본법」 제49조제2항에 따른 전문경영진단기관
5. 신청인(법인인 경우에는 대표자를 말한다)이 외국인인 경우에는 법 제5조 각 호의 어느 하나에 해당하는 사유와 같거나 비슷한 사유에 해당하지 아니함을 확인할 수 있는 서류로서 다음 각 목의 어느 하나에 해당하는 서류
   가. 해당 국가의 정부나 공증인(법률에 따른 공증인의 자격을 가진 자만 해당한다), 그 밖의 권한이 있는 기관이 발행한 서류로서 해당 국가에 주재하는 우리나라 영사가 확인한 서류
   나. 「외국공문서에 대한 인증의 요구를 폐지하는 협약」을 체결한 국가의 경우에는 해당 국가의 정부나 공증인(법률에 따른 공증인의 자격을 가진 자만 해당한다), 그 밖의 권한이 있는 기관이 발행한 서류로서 해당 국가의 아포스티유(Apostille) 확인서 발급 권한이 있는 기관이 그 확인서를 발급한 서류

CHAPTER 04

[제 4 과목]

소방전기 구조원리

소방설비기사 기출문제집 [필기]

2015년 제1회 소방설비기사[전기분야] 1차 필기

[제4과목 : 소방전기구조원리]

61 차동식 감지기에 리크 구멍을 이용하는 목적으로 가장 적합한 것은?

① 비화재보를 방지하기 위하여
② 완만한 온도 상승을 감지하기 위해서
③ 감지기의 감도를 예민하게 하기 위해서
④ 급격한 전류변화를 방지하기 위해서

해설 리크 구멍(Leak Hole)
차동식 감지기(스포트형, 공기관식)에서 오동작을 방지하는 기능을 하는 구성요소이다.

(a) 감지기 외형

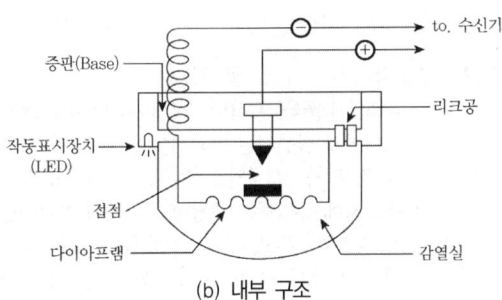

(b) 내부 구조

- **동작원리** : 화재열로 실내온도가 급격히 상승하는 경우 감열실의 공기가 팽창하여 다이어프램을 밀어올린다. 이때 접점이 폐로되어 수신기로 화재신호를 보낸다. 그러나 난방 등으로 실내온도가 완만히 상승하면 감열실 내 팽창된 공기가 리크공으로 누설되어 압력이 조절되고 접점은 폐로되지 않는다(리크공이 오작동 방지 역할).

62 다음 중 객석유도등을 설치하여야 할 장소는?

① 위락시설 ② 근린생활시설
③ 의료시설 ④ 운동시설

해설 유도등 및 유도표지의 적응성

설치장소	유도등 및 유도표지의 종류
1. 공연장·집회장(종교집회장 포함)·관람장·운동시설	• 대형피난구유도등 • 통로유도등 • 객석유도등
2. 유흥주점영업시설(「식품위생법 시행령」 제21조제8호라목의 유흥주점영업중 손님이 춤을 출 수 있는 무대가 설치된 카바레, 나이트클럽 또는 그 밖에 이와 비슷한 영업시설만 해당한다)	
3. 위락시설·판매시설·운수시설·「관광진흥법」 제3조제1항제2호에 따른 관광숙박업·의료시설·장례식장·방송통신시설·전시장·지하상가·지하철역사	• 대형피난구유도등 • 통로유도등
4. 숙박시설(제3호의 관광숙박업 외의 것을 말한다)·오피스텔	• 중형피난구유도등 • 통로유도등
5. 제1호부터 제3호까지 외의 건축물로서 지하층·무창층 또는 층수가 11층 이상인 특정소방대상물	
6. 제1호부터 제5호까지 외의 건축물로서 근린생활시설·노유자시설·업무시설·발전시설·종교시설(집회장 용도를 사용하는 부분 제외)·교육연구시설·수련시설·공장·창고시설·교정 및 군사시설(국방·군사시설 제외)·기숙사·자동차정비공장·운전학원 및 정비학원·다중이용업소·복합건축물·아파트	• 소형피난구유도등 • 통로유도등
7. 그 밖의 것	• 피난구유도표지 • 통로유도표지

정답 61.① 62.④

63 경계 전로의 정격전류는 최대 몇 [A]를 초과할 때 1급 누전경보기를 설치해야 하는가?

① 30[A] ② 60[A]
③ 90[A] ④ 120[A]

해설 경계전로별 누전경보기 설치
㉠ 60[A]를 초과하는 경계전로 : 1급 설치
㉡ 60[A] 이하의 경계전로 : 1급 또는 2급 설치

64 포지 등을 사용하여 자루형태로 만든 것으로서 화재 시 사용자가 그 내부에 들어가서 내려옴으로써 대피할 수 있는 피난기구는?

① 피난사다리 ② 완강기
③ 간이완강기 ④ 구조대

해설 "구조대"란 포지 등을 사용하여 자루형태로 만든 것으로서 화재 시 사용자가 그 내부에 들어가서 내려옴으로써 대피할 수 있는 것을 말한다.

65 연면적 2,000[m²] 미만의 교육연구시설 내에 있는 합숙소 또는 기숙사에 설치하는 단독경보형감지기 설치기준으로 틀린 것은?

① 각 실 마다 설치하되, 바닥면적이 150[m²]를 초과하는 경우에는 150[m²]마다 1개 이상 설치 할 것
② 외기가 상통하는 최상층의 계단실의 천장에 설치할 것
③ 건전지를 주전원으로 사용하는 단독경보형 감지기는 정상적인 작동상태를 유지할 수 있도록 건전지를 교환할 것
④ 상용전원을 주전원으로 사용하는 단독경보형 감지기의 2차 전지는 제품검사에 합격한 것을 사용할 것

해설 단독경보형감지기 설치기준
㉠ 각 실(이웃하는 실내의 바닥면적이 각각 30[m²] 미만이고, 벽체의 상부 전부 또는 일부가 개방되어 이웃하는 실내와 공기가 상호유통되는 경우에는 이를 1개의 실로 본다)마다 설치하되, 바닥면적이 150[m²]를 초과하는 경우에는 150[m²]마다 1개 이상 설치할 것
㉡ 최상층 계단실의 천장(외기가 상통하는 계단실은 제외)에 설치할 것
㉢ 건전지를 주전원으로 사용하는 단독경보형감지기는 정상적인 작동상태를 유지할 수 있도록 건전지를 교환할 것
㉣ 상용전원을 주전원으로 사용하는 2차전지는 성능시험에 합격한 것일 것

66 열반도체 감지기의 구성 부분이 아닌 것은?

① 수열판 ② 미터릴레이
③ 열반도체 소자 ④ 열전대

해설 열전대는 열전대식 감지기의 구성요소이다.

[열반도체식 감지기]
㉠ 구조 : 감열부(열반도체소자, 수열판 및 접속전선)와 검출부(미터릴레이, 접점)로 구성
㉡ 동작원리 : 화재열이 수열판에 전달되면 열반도체소자(Bi-Sb-Te계 화합물)에서 열기전력이 발생하여 폐회로를 구성, 수신기에 화재신호를 발한다. 그러나 난방 등에 의한 완만한 온도 상승 시 동니켈(Cu-Ni)선에서 발생한 역기전력에 의해 오동작을 방지한다.

67 불꽃감지기 중 도로형의 최대시야각은?

① 30° 이상 ② 45° 이상
③ 90° 이상 ④ 180° 이상

해설 불꽃감지기의 구조 및 기능
㉠ 적외선식 불꽃감지기(IR ; Infrared Flame Detector) : 화염에서 발산되는 적외선이 일정량 이상으로 변화할 때 검출하는 감지기로, 일국소의 적외선에 의하여 수광소자에 유입되는 수광량이 규정치 이상이면 작동하는 감지기. 온도, 습도, 진동 등이 없는 장소에 설치하며, 난로나 전기스토브 등의 열원이 감지기의 오동작 원인이 될 수 있으므로 감시각 범위 내에 오지 않도록 설치하여야 한다.
㉡ 자외선식 불꽃감지기(UV ; Ultraviolet Flame Detector) : 화염에서 발산되는 자외선의 변화가 일정치 이상이 되면 작동하는 감지기로, 일국소의 자외선에 의해 수광소자로 유입되는 수광량 변화를 검출하여 작동하는 감지기이다.
㉢ 혼합형 불꽃감지기 : 일국소의 자외선 또는 적외선에 의해 수광소자로 유입되는 수광량 변화로 1개의 화재신호를 발하는 감지기이다.

정답 63.② 64.④ 65.② 66.④ 67.④

② **복합형 불꽃감지기** : 자외선과 적외선의 성능을 모두 갖춘 감지기로, 두 가지의 성능이 동시에 작동하거나 2개의 화재신호를 각각 발하는 감지기이다.

⑩ **도로형 불꽃감지기** : 도로에 국한하여 설치하는 감지기로, 불꽃의 검출 시야각이 180° 이상이다.

68 자동화재탐지설비의 음향장치 설치기준 중 옳은 것은?

① 지구음향장치는 당해 소방대상물의 각 부분으로부터 하나의 음향장치까지의 수평거리가 30[m] 이하가 되도록 한다.
② 정격전압의 80[%] 전압에서 음향을 발할 수 있어야 한다.
③ 용량은 부착된 음향장치의 중심으로부터 1[m] 떨어진 위치에서 80[dB] 이상이 되도록 하여야 한다.
④ 8층으로서 연면적이 3,000[m^2]를 초과하는 소방대상물에 있어서는 2층 이상의 층에서 발화 시 발화층 및 직하층에 경보를 발하여야 한다.

해설 자동화재탐지설비의 음향장치 설치기준(화재안전기준)
1. 주음향장치는 수신기의 내부 또는 그 직근에 설치할 것
2. 층수가 5층 이상으로서 연면적이 3,000[m^2]를 초과하는 특정소방대상물은 다음 각목에 따라 경보를 발할 수 있도록 하여야 한다.
   ㉠ 2층 이상의 층에서 발화한 때에는 발화층 및 그 직상층에 경보를 발할 것
   ㉡ 1층에서 발화한 때에는 발화층·그 직상층 및 지하층에 경보를 발할 것
   ㉢ 지하층에서 발화한 때에는 발화층·그 직상층 및 기타의 지하층에 경보를 발할 것
2의2. 제2호에도 불구하고 층수가 30층 이상의 특정소방대상물은 다음 각목에 따라 경보를 발할 수 있도록 하여야 한다.
   ㉠ 2층 이상의 층에서 발화한 때에는 발화층 및 그 직상 4개층에 경보를 발할 것
   ㉡ 1층에서 발화한 때에는 발화층·그 직상 4개층 및 지하층에 경보를 발할 것
   ㉢ 지하층에서 발화한 때에는 발화층·그 직상층 및 기타의 지하층에 경보를 발할 것
3. 지구음향장치는 특정소방대상물의 층마다 설치하되, 해당 특정소방대상물의 각 부분으로부터 하나의 음향장치까지의 수평거리가 25[m] 이하가 되도록 하고, 해당층의 각부분에 유효하게 경보를 발할 수 있도록 설치할 것. 다만, 비상방송설비의 화재안전기준(NFSC202)에 적합한 방송설비를 자동화재탐지설비의 감지기와 연동하여 작동하도록 설치한 경우에는 지구음향장치를 설치하지 아니할 수 있다.
4. 음향장치는 다음 각 목의 기준에 따른 구조 및 성능의 것으로 하여야 한다.
   ㉠ 정격전압의 80[%] 전압에서 음향을 발할 수 있는 것으로 할 것
   ㉡ 음량은 부착된 음향장치의 중심으로부터 1[m] 떨어진 위치에서 90[dB] 이상이 되는 것으로 할 것
   ㉢ 감지기 및 발신기의 작동과 연동하여 작동할 수 있는 것으로 할 것
5. 제3호에도 불구하고 제3호의 기준을 초과하는 경우로서 기둥 또는 벽이 설치되지 아니한 대형공간의 경우 지구음향장치는 설치 대상 장소의 가장 가까운 장소의 벽 또는 기둥 등에 설치할 것

[2022.12.1.이후 개정]
NFTC로 변경 자동화재탐지설비 및 비상방송설비 우선경보설치대상 변경

층수가 11층(공동주택의 경우에는 16층) 이상의 특정소방대상물은 다음의 기준에 따라 경보를 발할 수 있도록 할 것[10층 이하, 공동주택의 경우 15층 이하의 경우 일제경보방식]
① 2층 이상의 층에서 발화한 때에는 발화층 및 그 직상 4개 층에 경보를 발할 것
② 1층에서 발화한 때에는 발화층·그 직상 4개 층 및 지하층에 경보를 발할 것
③ 지하층에서 발화한 때에는 발화층·그 직상층 및 기타의 지하층에 경보를 발할 것

69 무선통신보조설비의 무선기기 접속단자 중 지상에 설치하는 접속단자는 보행거리 최대 몇 [m] 이내마다 설치하여야 하는가? [현행 삭제]

① 5[m]　　② 50[m]
③ 150[m]　　④ 300[m]

해설 무선기기 접속단자의 설치기준 [현행 삭제]
(전파법 제46조의 규정에 따른 무선이동중계기를 설치한 경우에는 제외)

㉠ 화재층으로부터 지면으로 떨어지는 유리창 등에 의한 지장을 받지 않고 지상에서 유효하게 소방활동을 할 수 있는 장소 또는 수위실 등 상시 사람이 근무하고 있는 장소에 설치할 것
㉡ 단자는 한국산업규격에 적합한 것으로 하고, 바닥으로부터 높이 0.8[m] 이상 1.5[m] 이하의 위치에 설치할 것
㉢ 지상에 설치하는 접속단자는 보행거리 300[m] 이내마다 설치하고, 다른 용도로 사용되는 접속단자에서 5[m] 이상의 거리를 둘 것
㉣ 지상에 설치하는 단자를 보호하기 위하여 견고하고 함부로 개폐할 수 없는 구조의 보호함을 설치하고, 먼지·습기 및 부식 등에 따라 영향을 받지 않도록 조치할 것
㉤ 단자의 보호함의 표면에 "무선기 접속단자"라고 표시한 표지를 할 것

[22.12.1 이후 옥외안테나 변경]
2.3 옥외안테나
2.3.1 옥외안테나는 다음의 기준에 따라 설치해야 한다.
2.3.1.1 건축물, 지하가, 터널 또는 공동구의 출입구(「건축법 시행령」 제39조에 따른 출구 또는 이와 유사한 출입구를 말한다) 및 출입구 인근에서 통신이 가능한 장소에 설치할 것
2.3.1.2 다른 용도로 사용되는 안테나로 인한 통신장애가 발생하지 않도록 설치할 것
2.3.1.3 옥외안테나는 견고하게 파손의 우려가 없는 곳에 설치하고 그 가까운 곳의 보기 쉬운 곳에 "무선통신보조설비 안테나"라는 표시와 함께 통신 가능거리를 표시한 표지를 설치할 것
2.3.1.4 수신기가 설치된 장소 등 사람이 상시 근무하는 장소에는 옥외안테나의 위치가 모두 표시된 옥외안테나 위치표시도를 비치할 것

70 무선통신보조시설의 주요 구성요소가 아닌 것은?
① 누설동축케이블 ② 증폭기
③ 음향장치 ④ 분배기

해설 **누설동축케이블의 구성요소**
㉠ 누설동축케이블(LCX) 또는 안테나(Antenna)
㉡ 동축케이블(Coaxial Cable)
㉢ 증폭기(Amplifier)
㉣ 분배기(Distributer)
㉤ 혼합기
㉥ 분파기
㉦ 무반사 종단저항(Dummy Resister)

71 비상방송설비의 설치기준에서 기동장치에 따른 화재신고를 수신한 후 필요한 음량으로 화재발생 상황 및 피난에 유효한 방송이 자동으로 개시될 때까지의 소요시간은 몇 초 이하인가?
① 10초 ② 20초
③ 30초 ④ 40초

해설 • 비상방송설비에서 화재신고를 수신한 후 필요한 음량으로 방송되기까지의 소요시간 : 10초 이내

72 누전경보기에 사용하는 변압기의 정격 1차 전압은 몇 [V] 이하인가?
① 100[V] ② 200[V]
③ 300[V] ④ 400[V]

해설 • 누전경보기용 변압기의 정격 1차 전압 : 300[V] 이하

▶ 누전경보기의 형식승인 및 제품검사 기술기준
제4조 부품의 구조 및 기능

▶ 변압기
㉠ 변압기는 KS C 6308(전자기기용 소형전원변압기) 또는 이와 동등이상의 성능이 있는 것이어야 한다.
㉡ 정격1차 전압은 300[V] 이하로 한다.
㉢ 변압기의 외함에는 접지단자를 설치하여야 한다.
㉣ 용량은 최대사용전류에 연속하여 견딜 수 있는 크기 이상이어야 한다.

73 경계전로의 누설전류를 자동적으로 검출하여 이를 누전경보기의 수신부에 송신하는 것은?
① 변류기 ② 중계기
③ 검지기 ④ 발신기

해설 **누전경보기의 구성**
• **변류기** : 누전신호를 검출하여 수신기로 송신
• **수신부** : 변류기로부터 받은 신호를 증폭하고 릴레이 작동으로 출력발생(누전경보, 누전상태표시, 회로의 차단)

74 공기관식 차동식 분포형 감지기의 설치기준으로 틀린 것은?

① 공기관의 노출부분은 감지구역마다 20[m] 이상이 되도록 할 것
② 하나의 검출부분에 접속하는 공기관의 길이는 100[m] 이하로 할 것
③ 검출부는 15° 이상 경사되지 아니하도록 부착할 것
④ 검출부는 바닥으로부터 0.8[m] 이상 1.5[m] 이하의 위치에 설치할 것

해설 공기관식 차동식분포형감지기는 다음의 기준에 따를 것
㉠ 공기관의 노출부분은 감지구역마다 20[m] 이상이 되도록 할 것
㉡ 공기관과 감지구역의 각 변과의 수평거리는 1.5[m] 이하가 되도록 하고, 공기관 상호간의 거리는 6[m] (주요구조부를 내화구조로 한 특정소방대상물 또는 그 부분에 있어서는 9[m]) 이하가 되도록 할 것
㉢ 공기관은 도중에서 분기하지 아니하도록 할 것
㉣ 하나의 검출부분에 접속하는 공기관의 길이는 100[m] 이하로 할 것
㉤ 검출부는 5° 이상 경사되지 아니하도록 부착할 것
㉥ 검출부는 바닥으로부터 0.8[m] 이상 1.5[m] 이하의 위치에 설치할 것

75 연면적 15,000[m²], 지하 3층 지상 20층인 소방대상물의 1층에서 화재가 발생한 경우 비상방송설비에서 경보를 발하여야 하는 층은? [현행 개정]

① 지상 1층
② 지하 전층, 지상 1층, 지상 2층
③ 지상 1층, 지상 2층
④ 지하 전층, 지상 1층

해설 우선경보방식
㉠ 층수가 5층 이상으로서 연면적이 3,000[m²]를 초과하는 특정소방대상물은 다음 각목에 따라 경보를 발할 수 있도록 하여야 한다
ⓐ 2층 이상의 층에서 발화한 때에는 발화층 및 그 직상층에 경보를 발할 것
ⓑ 1층에서 발화한 때에는 발화층・그 직상층 및 지하층에 경보를 발할 것
ⓒ 지하층에서 발화한 때에는 발화층・그 직상층 및 기타의 지하층에 경보를 발할 것
㉡ 위 ㉠에도 불구하고 층수가 30층 이상의 특정소방대상물은 다음 각목에 따라 경보를 발할 수 있도록 하여야 한다.
ⓐ 2층 이상의 층에서 발화한 때에는 발화층 및 그 직상 4개층에 경보를 발할 것
ⓑ 1층에서 발화한 때에는 발화층・그 직상 4개층 및 지하층에 경보를 발할 것
ⓒ 지하층에서 발화한 때에는 발화층・그 직상층 및 기타의 지하층에 경보를 발할 것

[2022.12.1.이후 개정]
NFTC로 변경 자동화재탐지설비 및 비상방송설비 우선경보설치대상 변경

층수가 11층(공동주택의 경우에는 16층) 이상의 특정소방대상물은 다음의 기준에 따라 경보를 발할 수 있도록 할 것[10층 이하, 공동주택의 경우 15층 이하의 경우 일제경보방식]
① 2층 이상의 층에서 발화한 때에는 발화층 및 그 직상 4개 층에 경보를 발할 것
② 1층에서 발화한 때에는 발화층・그 직상 4개 층 및 지하층에 경보를 발할 것
③ 지하층에서 발화한 때에는 발화층・그 직상층 및 기타의 지하층에 경보를 발할 것

76 휴대용 비상조명등을 설치하여야 하는 특정소방대상물에 해당하는 것은?

① 종합병원
② 숙박시설
③ 노유자시설
④ 집회장

해설 휴대용 비상조명등을 설치하여야 하는 특정소방대상물
1) 숙박시설
2) 수용인원 100명 이상의 영화상영관, 판매시설 중 대규모 점포, 철도 및 도시철도 시설 중 지하역사, 지하가 중 지하상가

▶ 휴대용비상조명등 설치기준
㉠ 다음 각 목의 장소에 설치할 것
ⓐ 숙박시설 또는 다중이용업소에는 객실 또는 영업장안의 구획된 실마다 잘 보이는 곳(외부에 설치 시 출입문 손잡이로부터 1[m] 이내 부분)에 1개 이상 설치

정답 74.③ 75.② 76.②

ⓑ 「유통산업발전법」제2조제3호에 따른 대규모점포(지하상가 및 지하역사를 제외한다)와 영화상영관에는 보행거리 50[m] 이내마다 3개 이상 설치
ⓒ 지하상가 및 지하역사에는 보행거리 25[m] 이내마다 3개 이상 설치
ⓛ 설치높이는 바닥으로부터 0.8[m] 이상 1.5[m] 이하의 높이에 설치할 것
ⓒ 어둠속에서 위치를 확인할 수 있도록 할 것
ⓔ 사용 시 자동으로 점등되는 구조일 것
ⓜ 외함은 난연성능이 있을 것
ⓗ 건전지를 사용하는 경우에는 방전방지조치를 하여야 하고, 충전식 밧데리의 경우에는 상시 충전되도록 할 것
ⓢ 건전지 및 충전식 밧데리의 용량은 20분 이상 유효하게 사용할 수 있는 것으로 할 것

77 자동화재탐지설비의 경계구역에 대한 설명 중 옳은 것은?

① 하나의 경계구역이 2개 이상의 건축물에 미치지 아니하도록 하여야 한다.
② 600[m²] 이하의 범위 안에서는 2개의 층을 하나의 경계구역으로 할 수 있다.
③ 하나의 경계구역의 면적은 600[m²], 한 변의 길이는 최대 30[m] 이하로 한다.
④ 지하구에 있어서는 경계구역의 길이는 최대 500[m] 이하로 한다.

해설 자동화재탐지설비의 경계구역 설정기준
㉠ 하나의 경계구역이 2개 이상의 건축물에 미치지 아니하도록 할 것
㉡ 하나의 경계구역이 2개 이상의 층에 미치지 아니하도록 할 것. 다만, 500[m²] 이하의 범위 안에서는 2개의 층을 하나의 경계구역으로 할 수 있다.
㉢ 하나의 경계구역의 면적은 600[m²] 이하로 하고 한 변의 길이는 50[m] 이하로 할 것. 다만, 해당 특정소방대상물의 주된 출입구에서 그 내부 전체가 보이는 것에 있어서는 한 변의 길이가 50[m]의 범위 내에서 1,000[m²] 이하로 할 수 있다.
㉣ 지하구의 경우 하나의 경계구역의 길이는 700[m] 이하로 할 것. 터널의 경우 100[m] 이하 [현행 삭제]

78 비상콘센트의 플러그접속기는 접지형 몇 극 플러그 접속기를 사용해야 하는가?

① 1극　② 2극
③ 3극　④ 4극

해설 비상콘센트의 플러그 접속기는 접지형 2극 플러그 접속기(KS C 8305)를 사용하여야 한다.

79 비상콘센트설비의 전원부와 외함 사이의 절연저항은 전원부와 외함 사이를 500[V] 절연저항계로 측정할 때 몇 [MΩ] 이상이어야 하는가?

① 50[MΩ]　② 40[MΩ]
③ 30[MΩ]　④ 20[MΩ]

해설 비상콘센트설비의 전원부와 외함 사이의 절연저항 기준
절연저항은 전원부와 외함 사이를 500[V] 절연저항계로 측정할 때 20[[MΩ] 이상일 것

80 소방시설용 비상전원수전설비에서 전력수급용 계기용 변성기·주차단장치 및 그 부속기기로 정의되는 것은?

① 큐비클설비
② 배전반설비
③ 수전설비
④ 변전설비

해설 비상전원수전설비의 용어 정의
㉠ "수전설비"란 전력수급용 계기용 변성기·주차단장치 및 그 부속기기를 말한다.
㉡ "변전설비"란 전력용 변압기 및 그 부속장치를 말한다.
㉢ "전용큐비클식"이란 소방회로용의 것으로 수전설비, 변전설비 그 밖의 기기 및 배선을 금속제 외함에 수납한 것을 말한다.
㉣ "공용큐비클식"이란 소방회로 및 일반회로 겸용의 것으로서 수전설비, 변전설비 그 밖의 기기 및 배선을 금속제 외함에 수납한 것을 말한다.
㉤ "전용배전반"이란 소방회로 전용의 것으로서 개폐기, 과전류차단기, 계기 그 밖의 배선용 기기 및 배선을 금속제 외함에 수납한 것을 말한다.

정답 77.① 78.② 79.④ 80.③

ⓑ "공용배전반"이란 소방회로 및 일반회로 겸용의 것으로서 개폐기, 과전류차단기, 계기 그 밖의 배선용 기기 및 배선을 금속제 외함에 수납한 것을 말한다.
ⓢ "전용분전반"이란 소방회로 전용의 것으로서 분기 개폐기, 분기과전류차단기 그 밖의 배선용 기기 및 배선용 금속제 외함에 수납한 것을 말한다.

2015년 제2회 소방설비기사[전기분야] 1차 필기
[제4과목 : 소방전기구조원리]

61 휴대용 비상조명등의 적합한 기준이 아닌 것은?
① 설치높이는 바닥으로부터 0.8[m] 이상 1.5[m] 이하의 높이에 설치할 것
② 사용 시 자동으로 점등되는 구조일 것
③ 외함은 난연성능이 있을 것
④ 충전식 배터리의 용량은 10분 이상 유효하게 사용할 수 있는 것으로 할 것

해설 휴대용 비상조명등의 설치기준
㉠ 다음 각 목의 장소에 설치할 것
　ⓐ 숙박시설 또는 다중이용업소에는 객실 또는 영업장안의 구획된 실마다 잘 보이는 곳(외부에 설치 시 출입문 손잡이로부터 1[m] 이내 부분)에 1개 이상 설치
　ⓑ 「유통산업발전법」 제2조제3호에 따른 대규모점포(지하상가 및 지하역사를 제외한다)와 영화상영관에는 보행거리 50[m] 이내마다 3개 이상 설치
　ⓒ 지하상가 및 지하역사에는 보행거리 25[m] 이내마다 3개 이상 설치
㉡ 설치높이는 바닥으로부터 0.8[m] 이상 1.5[m] 이하의 높이에 설치할 것
㉢ 어둠속에서 위치를 확인할 수 있도록 할 것
㉣ 사용 시 자동으로 점등되는 구조일 것
㉤ 외함은 난연성능이 있을 것
㉥ 건전지를 사용하는 경우에는 방전방지조치를 하여야 하고, 충전식 밧데리의 경우에는 상시 충전되도록 할 것
㉦ 건전지 및 충전식 밧데리의 용량은 20분 이상 유효하게 사용할 수 있는 것으로 할 것

62 다음 ( )에 들어갈 내용으로 옳은 것은? [현행 개정]

"고압이라 함은 직류는 (㉠)[V]를, 교류는 (㉡)[V]를 초과하고 (㉢)[kV] 이하인 것을 말한다."

① ㉠ 750 ㉡ 600 ㉢ 7
② ㉠ 600 ㉡ 750 ㉢ 7
③ ㉠ 600 ㉡ 700 ㉢ 10
④ ㉠ 700 ㉡ 600 ㉢ 10

해설
전원	저압	고압	특고압
직류	750[V] 이하	750[V] 초과 7[kV] 이하	7[kV] 초과
교류	600[V] 이하	600[V] 초과 7[kV] 이하	7[kV] 초과

① "저압"이란 직류는 750[V] 이하, 교류는 600[V] 이하인 것을 말한다.
② "고압"이란 직류는 750[V]를, 교류는 600[V]를 초과하고 7[kV] 이하인 것을 말한다.
③ "특고압"이란 7[kV]를 초과하는 것을 말한다.

[2022.12.1.이후 개정]
용어정의 변경
① "저압"이란 직류는 1.5[kV] 이하, 교류는 1[kV] 이하인 것을 말한다.
② "고압"이란 직류는 1.5[kV]를, 교류는 1[kV]를 초과하고, 7[kV] 이하인 것을 말한다.
③ "특고압"이란 7[kV]를 초과하는 것을 말한다.

63 비상콘센트설비에 자가발전설비를 비상전원으로 설치할 때의 기준으로 틀린 것은?
① 상용전원으로부터 전력의 공급이 중단된 때에는 자동으로 비상전원으로부터 전력을 공급받도록 할 것
② 비상콘센트설비를 유효하게 10분 이상 작동시킬 수 있는 용량으로 할 것
③ 점검이 편리하고 화재 및 침수 등의 재해로 인한 피해를 받을 우려가 없는 곳에 설치할 것

정답 61.④ 62.① 63.②

④ 비상전원을 실내에 설치하는 때에는 그 실내에 비상조명등을 설치할 것

해설 비상전원 중 자가발전설비는 다음 기준에 따라 설치할 것
㉠ 점검에 편리하고 화재 및 침수 등의 재해로 인한 피해를 받을 우려가 없는 곳에 설치할 것
㉡ 비상콘센트설비를 유효하게 20분 이상 작동시킬 수 있는 용량으로 할 것
㉢ 상용전원으로부터 전력의 공급이 중단된 때에는 자동으로 비상전원으로부터 전력을 공급받을 수 있도록 할 것
㉣ 비상전원의 설치장소는 다른 장소와 방화구획할 것. 이 경우 그 장소에는 비상전원의 공급에 필요한 기구나 설비 외의 것(열병합발전설비에 필요한 기구나 설비는 제외한다)을 두어서는 아니된다.
㉤ 비상전원을 실내에 설치하는 때에는 그 실내에 비상조명등을 설치할 것

64 누전경보기의 화재안전기준에서 변류기의 설치위치 기준으로 옳은 것은?

① 제1종 접지선측의 점검이 쉬운 위치에 설치
② 옥외 인입선의 제1지점의 부하측에 설치
③ 인입구에 근접한 옥외에 설치
④ 제3종 접지선측의 점검이 쉬운 위치에 설치

해설 누전경보기의 변류기는 특정소방대상물의 형태, 인입선의 시설방법 등에 따라 옥외 인입선의 제1지점의 부하측 또는 제2종 접지선 측의 점검이 쉬운 위치에 설치할 것

65 축광유도표지의 표지면의 휘도는 주위조도 0[lx]에서 몇 분간 발광 후 몇 [mcd/m²] 이상이어야 하는가?

① 30분, 20[mcd/m²] ② 30분, 7[mcd/m²]
③ 60분, 20[mcd/m²] ④ 60분, 7[mcd/m²]

해설 축광유도표지 및 축광위치표지의 표시면을 0[lx] 상태에서 1시간 이상 방치한 후 200[lx] 밝기의 광원으로 20분간 조사시킨 상태에서 다시 주위조도를 0[lx]로 하여 휘도시험을 실시하는 경우 다음에 적합하여야 한다.
㉠ 5분간 발광시킨 후의 휘도는 1[m²]당 110[mcd] 이상이어야 한다.
㉡ 10분간 발광시킨 후의 휘도는 1[m²]당 50[mcd] 이상이어야 한다.
㉢ 20분간 발광시킨 후의 휘도는 1[m²]당 24[mcd] 이상이어야 한다.
㉣ 60분간 발광시킨 후의 휘도는 1[m²]당 7[mcd] 이상이어야 한다.

66 정온식 스포트형 감지기의 구조 및 작동원리에 대한 형식이 아닌 것은?

① 가용절연물을 이용한 방식
② 줄열을 이용한 방식
③ 바이메탈의 반전을 이용한 방식
④ 금속의 팽창계수차를 이용한 방식

해설 정온식 스포트형 감지기 원리
바이메탈식, 원반바이메탈식, 금속의 팽창계수차를 이용한 방식, 가용절연물을 이용한 방식, 액체팽창을 이용한 방식

67 유도표지의 설치기준 중 틀린 것은?

① 계단에 설치하는 것을 제외하고는 각 층마다 복도 및 통로의 각 부분으로부터 하나의 유도표지까지의 보행거리가 15[m] 이하가 되는 곳에 설치한다.
② 피난구유도표지는 출입구 상단에 설치한다.
③ 통로유도표지는 바닥으로부터 높이 1.5[m] 이하의 위치에 설치한다.
④ 주위에는 이와 유사한 등화·광고물·게시물 등을 설치하지 않는다.

해설 피난구유도표지는 출입구 상단에 설치하고, 통로유도표지는 바닥으로부터 높이 1[m] 이하의 위치에 설치할 것

▶ 유도표지의 설치기준
㉠ 계단에 설치하는 것을 제외하고는 각 층마다 복도 및 통로의 각 부분으로부터 하나의 유도표지까지의 보행거리가 15[m] 이하가 되는 곳과 구부러진 모퉁이의 벽에 설치할 것
㉡ 피난구유도표지는 출입구 상단에 설치하고, 통로유도표지는 바닥으로부터 높이 1[m] 이하의 위치에 설치할 것

ⓒ 주위에는 이와 유사한 등화·광고물·게시물 등을 설치하지 아니할 것
ⓔ 유도표지는 부착판 등을 사용하여 쉽게 떨어지지 아니하도록 설치할 것

68 다음 ( )에 들어갈 내용으로 옳은 것은?

> 누전경보기란 ( ) 이하인 경계전로의 누설전류 또는 지락전류를 검출하여 당해 소방대상물의 관계인에게 경보를 발하는 설비로서 변류기와 수신부로 구성된 것을 말한다.

① 사용전압 220[V]
② 사용전압 380[V]
③ 사용전압 600[V]
④ 사용전압 750[V]

해설 누전경보기는 600V 이하의 경계전로의 누전을 검출하는 기기이다.

▶ 누전경보기의 형식승인 및 제품검사 기술기준
제2조 용어정의
"누전경보기"란 사용전압 600[V] 이하인 경계전로의 누설전류를 검출하여 당해 소방 대상물의 관계자에게 경보를 발하는 설비로서 변류기와 수신부로 구성된 것을 말한다.

69 감지기 설치기준 중 틀린 것은?

① 감지기는 천장 또는 반자의 옥내에 면하는 부분에 설치할 것
② 차동식 분포형의 것을 제외하고 감지기는 실내로의 공기유입구로부터 1.5[m] 이상 떨어진 위치에 설치할 것
③ 정온식 감지기는 주방·보일러실 등으로서 다량의 화기를 취급하는 장소에 설치하되, 공칭작동온도가 주위온도보다 10[℃] 이상 높은 것으로 설치할 것
④ 스포트형 감지기는 45° 이상 경사되지 아니하도록 부착할 것

해설 정온식 감지기는 주방·보일러실 등 다량의 화기를 취급하는 장소에 설치하되, 공칭작동온도가 최고주위온도보다 20[℃] 이상 높은 것으로 설치할 것

70 자동화재속보설비 설치기준으로 틀린 것은?

① 화재 시 자동으로 소방관서에 연락되는 설비여야 한다.
② 자동화재탐지설비와 연동되어야 한다.
③ 스위치는 바닥으로부터 0.8[m] 이상 1.5[m] 이하의 높이에 설치한다.
④ 관계인이 24시간 상주하고 있는 경우에는 설치하지 않을 수 있다.

해설 관계인이 24시간 상주하는 경우에도 자동화재속보설비를 설치하여야 한다.

▶ 자동화재속보설비의 설치대상
㉠ 업무시설, 공장, 창고시설, 교정 및 군사시설 중 국방·군사시설, 발전시설(사람이 근무하지 않는 시간에는 무인경비시스템으로 관리하는 시설만 해당한다)로서 바닥면적이 1천5백[m²] 이상인 층이 있는 것. 다만, 사람이 24시간 상시근무하고 있는 경우에는 자동화재속보설비를 설치하지 않을 수 있다.
㉡ 노유자 생활시설
㉢ ㉡에 해당하지 않는 노유자시설로서 바닥면적이 500[m²] 이상인 층이 있는 것. 다만, 사람이 24시간 상시근무하고 있는 경우에는 자동화재속보설비를 설치하지 않을 수 있다.
㉣ 수련시설(숙박시설이 있는 건축물만 해당한다)로서 바닥면적이 500[m²] 이상인 층이 있는 것. 다만, 사람이 24시간 상시근무하고 있는 경우에는 자동화재속보설비를 설치하지 않을 수 있다.
㉤ 「문화재보호법」 제23조에 따라 보물 또는 국보로 지정된 목조건축물. 다만, 사람이 24시간 상시근무하고 있는 경우에는 자동화재속보설비를 설치하지 않을 수 있다.
㉥ 근린생활시설 중 의원, 치과의원 및 한의원으로서 입원실이 있는 시설
㉦ 의료시설 중 다음의 어느 하나에 해당하는 것
  ⓐ 종합병원, 병원, 치과병원, 한방병원 및 요양병원(정신병원과 의료재활시설은 제외한다)
  ⓑ 정신병원 및 의료재활시설로 사용되는 바닥면적의 합계가 500[m²] 이상인 층이 있는 것

ⓘ 판매시설 중 전통시장
ⓙ ⓐ부터 ⓘ까지에 해당하지 않는 특정소방대상물 중 층수가 30층 이상인 것

[2022.12.1.이후 개정]
자동화재속보설비를 설치해야 하는 특정소방대상물은 다음의 어느 하나에 해당하는 것으로 한다. 다만, 방재실 등 화재 수신기가 설치된 장소에 24시간 화재를 감시할 수 있는 사람이 근무하고 있는 경우에는 자동화재속보설비를 설치하지 않을 수 있다.
1) 노유자 생활시설
2) 노유자 시설로서 바닥면적이 500㎡ 이상인 층이 있는 것
3) 수련시설(숙박시설이 있는 것만 해당한다)로서 바닥면적이 500㎡ 이상인 층이 있는 것
4) 문화유산 중 「문화유산의 보존 및 활용에 관한 법률」 제23조에 따라 보물 또는 국보로 지정된 목조건축물
5) 근린생활시설 중 다음의 어느 하나에 해당하는 시설
   가) 의원, 치과의원 및 한의원으로서 입원실이 있는 시설
   나) 조산원 및 산후조리원
6) 의료시설 중 다음의 어느 하나에 해당하는 것
   가) 종합병원, 병원, 치과병원, 한방병원 및 요양병원 (의료재활시설은 제외한다)
   나) 정신병원 및 의료재활시설로 사용되는 바닥면적의 합계가 500㎡ 이상인 층이 있는 것
7) 판매시설 중 전통시장

71 비상콘센트보호함의 설치기준으로 틀린 것은?

① 보호함 상부에 적색의 표시등을 설치하여야 한다.
② 보호함에는 쉽게 개폐할 수 있는 문을 설치하여야 한다.
③ 보호함 표면에 "비상콘센트"라고 표시한 표지를 하여야 한다.
④ 비상콘센트의 보호함을 옥내소화전함 등과 접속하여 설치하는 경우에는 옥내소화전함의 표시등과 분리하여야 한다.

해설 비상콘센트를 보호하기 위한 비상콘센트보호함의 설치기준
㉠ 보호함에는 쉽게 개폐할 수 있는 문을 설치할 것
㉡ 보호함 표면에 "비상콘센트"라고 표시한 표지를 할 것
㉢ 보호함 상부에 표시등을 설치할 것. 다만, 비상콘센트의 보호함을 옥내소화전함 등과 접속하여 설치하는 경우에는 옥내소화전함 등의 표시등과 겸용할 수 있다.

72 연기감지기를 설치하지 않아도 되는 장소는?

① 계단 및 경사로
② 엘리베이터 승강로
③ 파이프 피트 및 덕트
④ 20[m]인 복도

해설 연기감지기 설치장소
㉠ 계단·경사로 및 에스컬레이터 경사로
㉡ 복도(30[m] 미만의 것을 제외한다)
㉢ 엘리베이터 승강로(권상기실이 있는 경우에는 권상기실)·린넨슈트·파이프 피트 및 덕트 기타 이와 유사한 장소
㉣ 천장 또는 반자의 높이가 15[m] 이상 20[m] 미만의 장소
㉤ 다음 각 목의 어느 하나에 해당하는 특정소방대상물의 취침·숙박·입원 등 이와 유사한 용도로 사용되는 거실
   ⓐ 공동주택·오피스텔·숙박시설·노유자시설·수련시설
   ⓑ 교육연구시설 중 합숙소
   ⓒ 의료시설, 근린생활시설 중 입원실이 있는 의원·조산원
   ⓓ 교정 및 군사시설
   ⓔ 근린생활시설 중 고시원

73 비상방송설비의 음향장치 설치기준으로 옳은 것은?

① 음량조정기의 배선은 2선식으로 할 것
② 5층 건물 중 2층에서 화재발생시 1층, 2층, 3층에서 경보를 발할 수 있을 것
③ 기동장치에 의한 화재신고 수신 후 피난에 유효한 방송이 자동으로 개시될 때까지의 소요시간은 10초 이하로 할 것
④ 음향장치는 자동화재탐지설비의 작동과 별도로 작동하는 방식의 성능으로 할 것

해설 비상방송설비 설치기준
㉠ 음량조정기를 설치하는 경우 음량조정기의 배선은 3선식으로 할 것
㉡ 층수가 5층 이상으로서 연면적이 3,000[m²]를 초과하는 특정소방대상물은 다음 각 목에 따라 경보를 발할 수 있도록 하여야 한다.
  ⓐ 2층 이상의 층에서 발화한 때에는 발화층 및 그 직상층에 경보를 발할 것
  ⓑ 1층에서 발화한 때에는 발화층·그 직상층 및 지하층에 경보를 발할 것
  ⓒ 지하층에서 발화한 때에는 발화층·그 직상층 및 기타의 지하층에 경보를 발할 것
㉢ 음향장치는 다음 각 목의 기준에 따른 구조 및 성능의 것으로 하여야 한다.
  ⓐ 정격전압의 80[%] 전압에서 음향을 발할 수 있는 것을 할 것
  ⓑ 자동화재탐지설비의 작동과 연동하여 작동할 수 있는 것으로 할 것

[2022.12.1.이후 개정]
NFTC로 변경 자동화재탐지설비 및 비상방송설비 우선경보설치대상 변경

층수가 11층(공동주택의 경우에는 16층) 이상의 특정소방대상물은 다음의 기준에 따라 경보를 발할 수 있도록 할 것[10층 이하, 공동주택의 경우 15층 이하의 경우 일제경보방식]
① 2층 이상의 층에서 발화한 때에는 발화층 및 그 직상 4개 층에 경보를 발할 것
② 1층에서 발화한 때에는 발화층·그 직상 4개 층 및 지하층에 경보를 발할 것
③ 지하층에서 발화한 때에는 발화층·그 직상층 및 기타의 지하층에 경보를 발할 것

74 부착높이 20[m] 이상에 설치되는 광전식 중 아날로그방식의 감지기 공칭감지농도 하한값의 기준은?

① 감광율 5[%/m] 미만
② 감광율 10[%/m] 미만
③ 감광율 15[%/m] 미만
④ 감광율 20[%/m] 미만

해설
• 광전식 아날로그방식의 감지기 공칭감지농도 하한값 : 5[%/m] 미만

【 부착높이별 적응성 감지기의 종류 】

부착높이	감지기의 종류
4[m] 미만	• 차동식(스포트형, 분포형) • 보상식 스포트형 • 정온식(스포트형, 감지선형) • 이온화식 또는 광전식(스포트형, 분리형, 공기흡입형) • 열복합형, 연기복합형, 열연기복합형, 불꽃감지기
4[m] 이상 8[m] 미만	• 차동식(스포트형, 분포형) • 보상식 스포트형 • 정온식(스포트형, 감지선형 특종 또는 1종) • 이온화식 1종 또는 2종 • 광전식(스포트형, 분리형, 공기흡입형) 1종 또는 2종 • 열복합형, 연기복합형, 열연기복합형, 불꽃감지기
8[m] 이상 15[m] 미만	• 차동식 분포형 • 이온화식 1종 또는 2종 • 광전식(스포트형, 분리형, 공기흡입형) 1종 또는 2종 • 연기복합형 • 불꽃감지기
15[m] 이상 20[m] 미만	• 이온화식 1종 • 광전식(스포트형, 분리형, 공기흡입형) 1종 • 연기복합형 • 불꽃감지기
20[m] 이상	• 불꽃감지기 • 광전식(분리형, 공기흡입형) 중 아나로그방식

비고)
1. 감지기별 부착높이 등에 대하여 별도로 형식승인 받은 경우에는 그 성능 인정범위 내에서 사용할 수 있다.
2. 부착높이 20[m] 이상에 설치되는 광전식 중 아나로그방식의 감지기는 공칭감지농도 하한값이 감광율 5[%/m] 미만인 것으로 한다.

75 수신기를 나타내는 소방시설 도시기호로 옳은 것은?

① 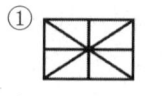 ②
③ 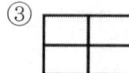 ④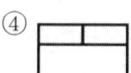

해설 Symbol(도시기호) 명칭
① 수신기
② 접속함
③ 부수신기
④ 중계기

76 비상방송설비에 사용되는 확성기는 각층마다 설치하되 그 층의 각 부분으로부터 하나의 확성기까지의 수평거리는 최대 몇 [m] 이하인가?

① 15[m] ② 20[m]
③ 25[m] ④ 30[m]

해설 비상방송설비의 확성기는 각층마다 설치하되, 그 층의 각 부분으로부터 하나의 확성기까지의 수평거리가 25[m] 이하가 되도록 하고, 해당 층의 각 부분에 유효하게 경보를 발할 수 있도록 설치할 것

77 다음 ( )에 들어갈 내용으로 옳은 것은? [현행 삭제]

> 무선통신보조설비의 무선기기 접속단자를 지상에 설치하는 경우 접속단자는 보행거리 (㉠) 이내마다 설치하고, 다른 용도로 사용되는 접속단자에서 (㉡) 이상의 거리를 둘 것

① ㉠ 400[m] ㉡ 5[m]
② ㉠ 300[m] ㉡ 5[m]
③ ㉠ 400[m] ㉡ 3[m]
④ ㉠ 300[m] ㉡ 3[m]

해설 무선기기 접속단자의 설치기준 [현행 삭제]
(전파법 제46조의 규정에 따른 무선이동중계기를 설치한 경우에는 제외)
① 화재층으로부터 지면으로 떨어지는 유리창 등에 의한 지장을 받지 않고 지상에서 유효하게 소방활동을 할 수 있는 장소 또는 수위실 등 상시 사람이 근무하고 있는 장소에 설치할 것
② 단자는 한국산업규격에 적합한 것으로 하고, 바닥으로부터 높이 0.8[m] 이상 1.5[m] 이하의 위치에 설치할 것
③ 지상에 설치하는 접속단자는 보행거리 300[m] 이내마다 설치하고, 다른 용도로 사용되는 접속단자에서 5[m] 이상의 거리를 둘 것
④ 지상에 설치하는 단자를 보호하기 위하여 견고하고 함부로 개폐할 수 없는 구조의 보호함을 설치하고, 먼지·습기 및 부식 등에 따라 영향을 받지 않도록 조치할 것
⑤ 단자의 보호함의 표면에 "무선기 접속단자"라고 표시한 표지를 할 것

[22.12.1 이후 옥외안테나 변경]
2.3 옥외안테나
2.3.1 옥외안테나는 다음의 기준에 따라 설치해야 한다.
2.3.1.1 건축물, 지하가, 터널 또는 공동구의 출입구(「건축법 시행령」제39조에 따른 출구 또는 이와 유사한 출입구를 말한다) 및 출입구 인근에서 통신이 가능한 장소에 설치할 것
2.3.1.2 다른 용도로 사용되는 안테나로 인한 통신장애가 발생하지 않도록 설치할 것
2.3.1.3 옥외안테나는 견고하게 파손의 우려가 없는 곳에 설치하고 그 가까운 곳의 보기 쉬운 곳에 "무선통신보조설비 안테나"라는 표시와 함께 통신 가능거리를 표시한 표지를 설치할 것
2.3.1.4 수신기가 설치된 장소 등 사람이 상시 근무하는 장소에는 옥외안테나의 위치가 모두 표시된 옥외안테나 위치표시도를 비치할 것

78 일반전기사업자로부터 특별고압 또는 고압으로 수전하는 비상전원수전설비의 형식 중 틀린 것은?

① 큐비클(Cubicle)형 ② 옥내개방형
③ 옥외개방형 ④ 방화구획형

해설 고압 또는 특고압 수전설비의 종류
㉠ 큐비클형
㉡ 옥외개방형
㉢ 방화구획형

79 감도조정장치를 갖는 누전경보기에 있어서 감도조정장치의 조정범위는 최대치가 몇 [A] 이어야 하는가?

① 0.2[A] ② 1.0[A]
③ 1.5[A] ④ 2.0[A]

정답 76.③ 77.② 78.② 79.②

[해설] 누전경보기의 공칭작동전류 및 감도조정 범위
  ㉠ 공칭작동 전류치 : 200[mA] 이하(누전경보기를 동작시키는 데 필요한 누설전류치로 제조자가 표시)
  ㉡ 감도조정 범위 : 200[mA], 500[mA], 1,000[mA] (최대치 1,000[mA] 즉, 1[A])

80 피난통로가 되는 계단이나 경사로에 설치하는 통로유도등으로 바닥면 및 디딤 바닥면을 비추어 주는 유도등은?

① 계단통로유도등   ② 피난통로유도등
③ 복도통로유도등   ④ 바닥통로유도등

[해설] "계단통로유도등"이란 피난통로가 되는 계단이나 경사로에 설치하는 통로유도등으로 바닥면 및 디딤 바닥면을 비추는 것을 말한다.

2015년 제4회 소방설비기사[전기분야] 1차 필기
[제4과목 : 소방전기구조원리]

61 소방회로용으로 수전설비, 변전설비, 그 밖의 기기 및 배선을 금속제 외함에 수납한 것은?

① 전용분전반
② 공용분전반
③ 전용큐비클식
④ 공용큐비클식

[해설] 소방시설용 비상전원수전설비의 "전용큐비클식"이란 소방회로용의 것으로 수전설비, 변전설비 그 밖의 기기 및 배선을 금속제 외함에 수납한 것을 말한다.

▶ 비상전원수전설비의 종류
㉠ 고압 또는 특고압 수전의 경우
  큐비클형, 옥외개방형, 방화구획형
㉡ 저압수전의 경우
  전용배전반(1·2종)·전용분전반(1·2종) 또는 공용분전반(1·2종)

62 무선통신보조설비에 사용되는 용어의 설명이 틀린 것은?

① 분파기 : 임피던스 매칭과 신호 균등분배를 위해 사용하는 장치
② 혼합기 : 두 개 이상의 입력신호를 원하는 비율로 조합한 출력이 발생하도록 하는 장치
③ 증폭기 : 신호 전송 시 신호가 약해져 수신이 불가능해지는 것을 방지하기 위해서 증폭하는 장치
④ 누설동축케이블 : 동축케이블의 외부도체에 가느다란 홈을 만들어서 전파가 외부로 새어나갈 수 있도록 한 케이블

[해설] ① 무선통신설비의 "분파기"란 서로 다른 주파수의 합성된 신호를 분리하기 위해서 사용하는 장치를 말한다.
"분배기"란 신호의 전송로가 분기되는 장소에 설치하는 것으로 임피던스 매칭(Matching)과 신호 균등분배를 위해 사용하는 장치를 말한다.

63 다음 비상전원 및 배터리 중 최소용량이 가장 큰 것은?

① 지하층을 제외한 11층 미만의 유도등 비상전원
② 비상조명등의 비상전원
③ 휴대용 비상조명등의 충전식 배터리용량
④ 무선통신보조설비 증폭기의 비상전원

[해설] ① 지하층을 제외한 11층 미만의 유도등 비상전원 : 20분
② 비상조명등의 비상전원 : 20분
③ 휴대용 비상조명등의 충전식 배터리 용량 : 20분
④ 무선통신보조설비 증폭기의 비상전원 : 30분

64 휴대용 비상조명등의 설치기준으로 옳지 않은 것은?

① 숙박시설 또는 다중이용업소에는 객실 또는 영업장 안의 구획된 실마다 잘 보이는 곳에 1개 이상 설치
② 대규모 점포에는 보행거리 30[m] 이내마다 2개 이상 설치
③ 영화상영관에는 보행거리 50[m] 이내마다 3개 이상 설치
④ 지하역사에는 보행거리 25[m] 이내마다 3개 이상 설치

정답 61.③ 62.① 63.④ 64.②

해설 휴대용 비상조명등의 설치기준
㉠ 다음 각 목의 장소에 설치할 것
  ⓐ 숙박시설 또는 다중이용업소에는 객실 또는 영업장안의 구획된 실마다 잘 보이는 곳(외부에 설치 시 출입문 손잡이로부터 1[m] 이내 부분)에 1개 이상 설치
  ⓑ 「유통산업발전법」제2조제3호에 따른 대규모점포(지하상가 및 지하역사를 제외한다)와 영화상영관에는 보행거리 50[m] 이내마다 3개 이상 설치
  ⓒ 지하상가 및 지하역사에는 보행거리 25[m] 이내마다 3개 이상 설치
㉡ 설치높이는 바닥으로부터 0.8[m] 이상 1.5[m] 이하의 높이에 설치할 것
㉢ 어둠속에서 위치를 확인할 수 있도록 할 것
㉣ 사용 시 자동으로 점등되는 구조일 것
㉤ 외함은 난연성능이 있을 것
㉥ 건전지를 사용하는 경우에는 방전방지조치를 하여야 하고, 충전식 밧데리의 경우에는 상시 충전되도록 할 것
㉦ 건전지 및 충전식 밧데리의 용량은 20분 이상 유효하게 사용할 수 있는 것으로 할 것

65 비상콘센트 풀박스 등의 두께의 최소 몇 [mm] 이상의 철판을 사용하여야 하는가?

① 1.2[mm]   ② 1.5[mm]
③ 1.6[mm]   ④ 2.0[mm]

해설 전원회로(비상콘센트에 전력을 공급하는 회로)의 기준
㉠ 비상콘센트설비의 전원회로는 단상교류 220[V]인 것으로서, 그 공급용량은 1.5[kVA] 이상인 것으로 할 것
㉡ 전원회로는 각 층에 있어서 2 이상이 되도록 설치할 것. 다만, 설치하여야 할 층의 비상콘센트가 1개인 때에는 하나의 회로로 할 수 있다.
㉢ 전원회로는 주배전반에서 전용회로로 할 것. 다만, 다른 설비 회로의 사고에 따른 영향을 받지 아니하도록 되어 있는 것에 있어서는 그러하지 아니하다.
㉣ 전원으로부터 각 층의 비상콘센트에 분기되는 경우에는 분기배선용 차단기를 보호함 안에 설치할 것
㉤ 콘센트마다 배선용 차단기를 설치하여야 하며, 충전부가 노출되지 아니하도록 할 것
㉥ 개폐기에는 "비상콘센트"라고 표시한 표지를 할 것
㉦ 비상콘센트용 풀박스 등은 방청도장을 한 것으로서, 두께 1.6[mm] 이상의 철판으로 할 것
㉧ 하나의 전용회로에 설치하는 비상콘센트는 10개 이하로 할 것. 이 경우 전선의 용량은 각 비상콘센트(비상콘센트가 3개 이상인 경우에는 3개)의 공급용량을 합한 용량 이상의 것으로 하여야 한다.

66 비상방송설비의 설치기준으로 옳지 않은 것은?

① 음량조정기의 배선은 3선식으로 할 것
② 확성기 음성입력은 5[W] 이상일 것
③ 다른 전기회로에 따라 유도장애가 생기지 아니하도록 할 것
④ 조작스위치는 바닥으로부터 0.8[m] 이상 1.5[m] 이하의 높이에 설치할 것

해설 비상방송설비 확성기의 음성 입력은 3[W](실내에 설치하는 것에 있어서는 1[W]) 이상이어야 한다.

67 다음 (㉠), (㉡)에 들어갈 내용으로 옳은 것은?

> 비상경보설비의 비상벨설비는 그 설비에 대한 감시상태를 (㉠)간 지속한 후 유효하게 (㉡) 이상 경보할 수 있는 축전지 설비를 설치해야 한다.

① ㉠ 30분, ㉡ 30분   ② ㉠ 30분, ㉡ 10분
③ ㉠ 60분, ㉡ 60분   ④ ㉠ 60분, ㉡ 10분

해설 비상경보설비의 비상벨설비는 감시상태를 60분간 지속한 후 유효하게 10분 이상 경보할 수 있도록 비상전원설비를 갖추어야 한다.

68 피난기구의 설치기준으로 옳지 않은 것은?

① 숙박시설·노유자시설 및 의료시설은 그 층의 바닥면적 500[m^2]마다 1개 이상 설치
② 계단실형 아파트의 경우는 각 층마다 1개 이상 설치
③ 복합용도의 층은 그 층의 바닥면적 800[m^2]마다 1개 이상 설치
④ 주택법 시행령 제48조에 따른 아파트의 경우 하나의 관리주체가 관리하는 아파트 구역마다 공기안전매트 1개 이상 설치

정답 65.③ 66.② 67.④ 68.②

해설 피난기구의 설치개수 기준(화재안전기준)
피난기구는 다음 각 호의 기준에 따른 개수 이상을 설치하여야 한다.
㉠ 층마다 설치하되, 숙박시설·노유자시설 및 의료시설로 사용되는 층에 있어서는 그 층의 바닥면적 500[m²]마다, 위락시설·문화집회 및 운동시설·판매시설로 사용되는 층 또는 복합용도의 층에 있어서는 그 층의 바닥면적 800[m²]마다, 계단실형 아파트에 있어서는 각 세대마다, 그 밖의 용도의 층에 있어서는 그 층의 바닥면적 1,000[m²]마다 1개 이상 설치할 것
㉡ ㉠에 따라 설치한 피난기구 외에 숙박시설(휴양콘도미니엄을 제외한다)의 경우에는 추가로 객실마다 완강기 또는 둘 이상의 간이완강기를 설치할 것
㉢ ㉠에 따라 설치한 피난기구 외에 아파트(주택법시행령 제48조의 규정에 따른 아파트에 한한다)의 경우에는 하나의 관리주체가 관리하는 아파트 구역마다 공기안전매트 1개 이상을 추가로 설치할 것. 다만, 옥상으로 피난이 가능하거나 인접세대로 피난할 수 있는 구조인 경우에는 추가로 설치하지 아니할 수 있다.

69 부착높이가 15[m] 이상 20[m] 미만에 적응성이 있는 감지기가 아닌 것은?
① 이온화식 1종 감지기
② 연기복합형 감지기
③ 불꽃감지기
④ 차동식 분포형 감지기

해설 [부착높이별 적응성 감지기의 종류]

부착높이	감지기의 종류
4[m] 미만	• 차동식(스포트형, 분포형) • 보상식 스포트형 • 정온식(스포트형, 감지선형) • 이온화식 또는 광전식(스포트형, 분리형, 공기흡입형) • 열복합형, 연기복합형, 열연기복합형, 불꽃감지기
4[m] 이상 8[m] 미만	• 차동식(스포트형, 분포형) • 보상식 스포트형 • 정온식(스포트형, 감지선형 특종 또는 1종) • 이온화식 1종 또는 2종 • 광전식(스포트형, 분리형, 공기흡입형) 1종 또는 2종 • 열복합형, 연기복합형, 열연기복합형, 불꽃감지기
8[m] 이상 15[m] 미만	• 차동식 분포형 • 이온화식 1종 또는 2종 • 광전식(스포트형, 분리형, 공기흡입형) 1종 또는 2종 • 연기복합형 • 불꽃감지기
15[m] 이상 20[m] 미만	• 이온화식 1종 • 광전식(스포트형, 분리형, 공기흡입형) 1종 • 연기복합형 • 불꽃감지기
20[m] 이상	• 불꽃감지기 • 광전식(분리형, 공기흡입형) 중 아나로그방식

비고)
1. 감지기별 부착높이 등에 대하여 별도로 형식승인 받은 경우에는 그 성능 인정범위 내에서 사용할 수 있다.
2. 부착높이가 20[m] 이상에 설치되는 광전식 중 아나로그방식의 감지기는 공칭감지농도 하한값이 감광율 5[%/m] 미만인 것으로 한다.

70 자동화재속보설비 속보기의 예비전원에 대한 안전장치시험을 할 경우 1/5[C] 이상 1[C] 이하의 전류로 역충전하는 경우 안전장치가 작동해야 하는 시간의 기준은?
① 1시간 이내   ② 2시간 이내
③ 3시간 이내   ④ 5시간 이내

해설 자동화재속보설비의 속보기의 성능인증 및 제품검사 기술기준
제6조 부품의 구조 및 기능
▶ 안전장치시험
예비전원은 1/5[C] 이상 1[C] 이하의 전류로 역충전하는 경우 5시간 이내에 안전장치가 작동하여야 하며, 외관이 부풀어 오르거나 누액 등이 생기지 아니하여야 한다.

71 열전대식 감지기의 구성요소가 아닌 것은?
① 열전대   ② 미터릴레이
③ 접속전선   ④ 공기관

해설 열전대식 감지기의 구성요소는 열전대, 접속전선, 접점, 검출부(미터릴레이)이며, 공기관은 공기관식 감지기의 구성요소이다.

정답 69.④ 70.④ 71.④

72 누전경보기의 기능검사 항목이 아닌 것은?
① 단락전압시험 ② 절연저항시험
③ 온도특성시험 ④ 단락전류강도시험

해설 누전경보기의 기능검사 항목에는 온도특성시험, 전로개폐시험, 단락전류강도시험, 과누전시험, 노화시험, 방수시험, 진동시험, 충격시험, 절연저항시험, 절연내력시험, 충격파내전압시험, 전압강하방지시험이 있다.

73 누전경보기의 수신부는 그 정격전압에서 최소 몇 회의 누전작동 반복시험을 실시하는 경우 구조 및 기능에 이상이 생기지 않아야 하는가?
① 1만 회 ② 2만 회
③ 3만 회 ④ 5만 회

해설 누전경보기의 형식승인 및 제품검사의 기술기준
제31조(반복시험) 수신부는 그 정격전압에서 1만회의 누전작동시험을 실시하는 경우 그 구조 또는 기능에 이상이 생기지 아니하여야 한다.

[참고] 스위치
㉠ 반복시험 횟수 : 1만회(전원스위치는 5천회) 반복
㉡ 접점은 최대사용전류 용량에 적합하여야 하고 부식될 우려가 없는 것일 것

시험회수	기기
1,000회	감지기, 속보기
2,000회	중계기
5,000회	발신기, 전원스위치, 비상조명등
10,000회	일반스위치, 기타기기

74 자동화재탐지설비의 발신기는 건축물의 각 부분으로부터 하나의 발신기까지 수평거리는 최대 몇 [m] 이하인가?
① 25[m] ② 50[m]
③ 100[m] ④ 150[m]

해설 자동화재탐지설비의 발신기는 층마다 설치하되, 해당 특정소방대상물의 각 부분으로부터 수평거리가 25[m] 이하가 되도록 할 것. 다만, 복도 또는 별도로 구획된 실로서 보행거리가 40[m] 이상일 경우에는 추가로 설치하여야 한다.

75 자동화재탐지설비에 있어서 지하구의 경우 하나의 경계구역의 길이는?
① 700[m] 이하 ② 800[m] 이하
③ 900[m] 이하 ④ 1,000[m] 이하

해설 자동화재탐지설비 경계구역의 기준
㉠ 하나의 경계구역이 2개 이상의 건축물에 미치지 아니하도록 할 것
㉡ 하나의 경계구역이 2개 이상의 층에 미치지 아니하도록 할 것. 다만, 500[m^2] 이하의 범위 안에서는 2개의 층을 하나의 경계구역으로 할 수 있다.
㉢ 하나의 경계구역의 면적인 600[m^2] 이하로 하고 한 변의 길이는 50[m] 이하로 할 것. 다만, 해당 특정소방대상물의 주된 출입구에서 그 내부 전체가 보이는 것에 있어서는 한 변의 길이가 50m의 범위 내에서 1,000[m^2] 이하로 할 수 있다.
㉣ 지하구의 경우 하나의 경계구역의 길이는 700[m] 이하로 할 것, 터널의 경우 100[m] 이하 [현행 삭제]

76 누전경보기의 전원은 분전반으로부터 전용회로로 하고 각 극에는 최대 몇 [A] 이하의 과전류 차단기를 설치해야 하는가?
① 5[A] ② 15[A]
③ 25[A] ④ 35[A]

해설 누전경보기의 전원은 분전반으로부터 전용회로로 하고, 각 극에 개폐기 및 15[A] 이하의 과전류차단기(배선용 차단기에 있어서는 20[A] 이하의 것으로 각 극을 개폐할 수 있는 것)를 설치할 것

77 P형 1급 발신기에 연결해야 하는 회선은?
① 지구선, 공통선, 소화선, 전화선
② 지구선, 공통선, 응답선, 전화선
③ 지구선, 공통선, 발신기선, 응답선
④ 신호선, 공통선, 발신기선, 응답선

해설 P형 1급과 P형 2급발신기의 차이점
• P형 1급 : 전화연락장치, 응답램프가 있으며, 접속 가능한 수신기는 P형 1급 및 R형 수신기(기본 선수는 4선 → 지구선, 공통선, 전화선, 응답선)

정답 72.① 73.① 74.① 75.① 76.② 77.②

• P형 2급 : 전화연락장치, 응답램프가 없으며, 접속 가능한 수신기는 P형 2급 및 R형 수신기(기본 선수는 2선 → 지구선, 공통선)

78 무선통신보조설비의 누설동축케이블 및 안테나는 고압의 전로로부터 몇 [m] 이상 떨어진 위치에 설치해야 하는가?

① 1.5[m]　　② 4.0[m]
③ 100[m]　　④ 300[m]

해설 누설동축케이블 등의 설치기준
㉠ 누설동축케이블 등
　ⓐ 소방전용주파수대에서 전파의 전송 또는 복사에 적합한 것으로서 소방전용의 것으로 할 것. 다만, 소방대 상호 간의 무선연락에 지장이 없는 경우에는 다른 용도와 겸용할 수 있다.
　ⓑ 누설동축케이블과 이에 접속하는 안테나 또는 동축케이블과 이에 접속하는 안테나에 따른 것으로 할 것
　ⓒ 누설동축케이블은 불연 또는 난연성의 것으로서 습기에 따라 전기의 특성이 변질되지 아니하는 것으로 하고, 노출하여 설치한 경우에는 피난 및 통행에 장애가 없도록 할 것
　ⓓ 누설동축케이블은 화재에 따라 당해 케이블의 피복이 소실된 경우에 케이블 본체가 떨어지지 아니하도록 4[m] 이내마다 금속제 또는 자기제 등의 지지금구로 벽·천장·기둥 등에 견고하게 고정시킬 것. 다만, 불연재료로 구획된 반자 안에 설치하는 경우에는 그러하지 아니하다.
　ⓔ 누설동축케이블 및 안테나는 금속판 등에 따라 전파의 복사 또는 특성이 현저하게 저하되지 아니하는 위치에 설치할 것
　ⓕ 누설동축케이블 및 안테나는 고압의 전로로부터 1.5[m] 이상 떨어진 위치에 설치할 것(정전기 차폐장치를 설치한 경우는 제외)
　ⓖ 누설동축케이블의 끝부분에는 무반사(Dummy) 종단저항을 견고하게 설치할 것
㉡ 임피던스(Impedance) : 누설동축케이블 또는 동축케이블의 임피던스는 50[Ω]으로 하고, 이에 접속하는 안테나·분배기, 기타의 장치는 당해 임피던스에 적합한 것으로 할 것

79 비상경보설비함 상부에 설치하는 발신기 위치표시등의 불빛은 부착지점으로부터 몇 [m] 이내 떨어진 위치에서 쉽게 식별할 수 있어야 하는가?

① 5[m]　　② 10[m]
③ 15[m]　　④ 20[m]

해설 발신기의 위치를 표시하는 표시등은 함의 상부에 설치하되, 그 불빛은 부착면으로부터 15° 이상의 범위 안에서 부착지점으로부터 10[m] 이내의 어느 곳에서도 쉽게 식별할 수 있는 적색등으로 하여야 한다.

80 비상콘센트설비의 전원공급회로의 설치기준으로 옳지 않은 것은?

① 전원회로는 단상 교류 220[V]인 것으로 한다.
② 전원회로의 공급용량은 1.5[kVA] 이상의 것으로 한다.
③ 전원회로는 주배전반에서 전용회로로 한다.
④ 하나의 전용회로에 설치하는 비상콘센트는 10개 이상으로 한다.

해설 비상콘센트설비의 전원회로의 설치기준
㉠ 비상콘센트설비의 전원회로는 단상교류 220[V]인 것으로서, 그 공급용량은 1.5[kVA] 이상인 것으로 할 것
㉡ 전원회로는 각 층에 2 이상이 되도록 설치할 것. 다만, 설치하여야 할 층의 비상콘센트가 1개인 때에는 하나의 회로로 할 수 있다.
㉢ 전원회로는 주 배전반에서 전용회로로 할 것. 다만, 다른 설비의 회로의 사고에 따른 영향을 받지 아니하도록 되어 있는 것은 그러하지 아니하다.
㉣ 전원으로부터 각 층의 비상콘센트에 분기되는 경우에는 분기배선용 차단기를 보호함 안에 설치할 것
㉤ 콘센트마다 배선용 차단기(KS C 8321)를 설치하여야 하며, 충전부가 노출되지 아니하도록 할 것
㉥ 개폐기에는 "비상콘센트"라고 표시한 표지를 할 것
㉦ 비상콘센트용의 풀박스 등은 방청도장을 한 것으로서, 두께 1.6[mm] 이상의 철판으로 할 것
㉧ 하나의 전용회로에 설치하는 비상콘센트는 10개 이하로 할 것. 이 경우 전선의 용량은 각 비상콘센트(비상콘센트가 3개 이상인 경우에는 3개)의 공급용량을 합한 용량 이상의 것으로 하여야 한다.

정답 78.① 79.② 80.④

제1회 소방설비기사[전기분야] 1차 필기
[제4과목 : 소방전기구조원리]

61 무선통신보조설비에 대한 설명으로 틀린 것은?
① 소화활동설비이다.
② 증폭기에는 비상전원이 부착된 것으로 하고 비상전원의 용량은 30분 이상이다.
③ 누설동축케이블의 끝부분에는 무반사 종단저항을 부착한다.
④ 누설동축케이블 또는 동축케이블의 임피던스는 100[Ω]의 것으로 한다.

해설 누설동축케이블 등의 설치기준
㉠ 누설동축케이블 등
  ⓐ 소방전용주파수대에서 전파의 전송 또는 복사에 적합한 것으로서 소방전용의 것으로 할 것. 다만, 소방대 상호 간의 무선연락에 지장이 없는 경우에는 다른 용도와 겸용할 수 있다.
  ⓑ 누설동축케이블과 이에 접속하는 안테나 또는 동축케이블과 이에 접속하는 안테나에 따른 것으로 할 것
  ⓒ 누설동축케이블은 불연 또는 난연성의 것으로서 습기에 따라 전기의 특성이 변질되지 아니하는 것으로 하고, 노출하여 설치한 경우에는 피난 및 통행에 장애가 없도록 할 것
  ⓓ 누설동축케이블은 화재에 따라 당해 케이블의 피복이 소실된 경우에 케이블 본체가 떨어지지 아니하도록 4[m] 이내마다 금속제 또는 자기제 등의 지지금구로 벽·천장·기둥 등에 견고하게 고정시킬 것. 다만, 불연재료로 구획된 반자 안에 설치하는 경우에는 그러하지 아니하다.
  ⓔ 누설동축케이블 및 안테나는 금속판 등에 따라 전파의 복사 또는 특성이 현저하게 저하되지 아니하는 위치에 설치할 것
  ⓕ 누설동축케이블 및 안테나는 고압의 전로부터 1.5[m] 이상 떨어진 위치에 설치할 것(정전기 차폐장치를 설치한 경우는 제외)
  ⓖ 누설동축케이블의 끝부분에는 무반사(Dummy) 종단저항을 견고하게 설치할 것
㉡ 임피던스(Impedance) : 누설동축케이블 또는 동축케이블의 임피던스는 50[Ω]으로 하고, 이에 접속하는 안테나·분배기, 기타의 장치는 당해 임피던스에 적합한 것으로 할 것

62 화재안전기준에서 정하고 있는 연기감지기를 설치하지 않아도 되는 장소는?
① 에스컬레이터 경사로
② 길이가 15[m]인 복도
③ 엘리베이터 권상기실
④ 천장의 높이가 15[m] 이상 20[m] 미만의 장소

해설 연기감지기 설치장소
㉠ 계단·경사로 및 에스컬레이터 경사로
㉡ 복도(30[m] 미만의 것을 제외한다.)
㉢ 엘리베이터 승강로(권상기실이 있는 경우에는 권상기실)·린넨슈트·파이프 피트 및 덕트 기타 이와 유사한 장소
㉣ 천장 또는 반자의 높이가 15[m] 이상 20[m] 미만의 장소
㉤ 다음 각 목의 어느 하나에 해당하는 특정소방대상물의 취침·숙박·입원 등 이와 유사한 용도로 사용되는 거실
  ⓐ 공동주택·오피스텔·숙박시설·노유자시설·수련시설
  ⓑ 교육연구시설 중 합숙소
  ⓒ 의료시설, 근린생활시설 중 입원실이 있는 의원·조산원
  ⓓ 교정 및 군사시설
  ⓔ 근린생활시설 중 고시원

정답 61.④ 62.②

63 노유자시설로서 바닥면적이 몇 [m²] 이상인 층이 있는 경우에 자동화재속보설비를 설치하는가?

① 200[m²]　　② 300[m²]
③ 500[m²]　　④ 600[m²]

해설 자동화재속보설비의 설치대상
㉠ 업무시설, 공장, 창고시설, 교정 및 군사시설 중 국방·군사시설, 발전시설(사람이 근무하지 않는 시간에는 무인경비시스템으로 관리하는 시설만 해당한다)로서 바닥면적이 1천5백[m²] 이상인 층이 있는 것. 다만, 사람이 24시간 상시근무하고 있는 경우에는 자동화재속보설비를 설치하지 않을 수 있다.
㉡ 노유자 생활시설
㉢ ㉡에 해당하지 않는 노유자시설로서 바닥면적이 500[m²] 이상인 층이 있는 것. 다만, 사람이 24시간 상시근무하고 있는 경우에는 자동화재속보설비를 설치하지 않을 수 있다.
㉣ 수련시설(숙박시설이 있는 건축물만 해당한다)로서 바닥면적이 500[m²] 이상인 층이 있는 것. 다만, 사람이 24시간 상시근무하고 있는 경우에는 자동화재속보설비를 설치하지 않을 수 있다.
㉤ 「문화재보호법」 제23조에 따라 보물 또는 국보로 지정된 목조건축물. 다만, 사람이 24시간 상시근무하고 있는 경우에는 자동화재속보설비를 설치하지 않을 수 있다.
㉥ 근린생활시설 중 의원, 치과의원 및 한의원으로서 입원실이 있는 시설
㉦ 의료시설 중 다음의 어느 하나에 해당하는 것
　ⓐ 종합병원, 병원, 치과병원, 한방병원 및 요양병원(정신병원과 의료재활시설은 제외한다)
　ⓑ 정신병원 및 의료재활시설로 사용되는 바닥면적의 합계가 500[m²] 이상인 층이 있는 것
㉧ 판매시설 중 전통시장
㉨ ㉠부터 ㉧까지에 해당하지 않는 특정소방대상물 중 층수가 30층 이상인 것

[2022.12.1.이후 개정]
자동화재속보설비를 설치해야 하는 특정소방대상물은 다음의 어느 하나에 해당하는 것으로 한다. 다만, 방재실 등 화재 수신기가 설치된 장소에 24시간 화재를 감시할 수 있는 사람이 근무하고 있는 경우에는 자동화재속보설비를 설치하지 않을 수 있다.
1) 노유자 생활시설
2) 노유자 시설로서 바닥면적이 500m² 이상인 층이 있는 것
3) 수련시설(숙박시설이 있는 것만 해당한다)로서 바닥면적이 500m² 이상인 층이 있는 것
4) 문화유산 중 「문화유산의 보존 및 활용에 관한 법률」 제23조에 따라 보물 또는 국보로 지정된 목조건축물
5) 근린생활시설 중 다음의 어느 하나에 해당하는 시설
　가) 의원, 치과의원 및 한의원으로서 입원실이 있는 시설
　나) 조산원 및 산후조리원
6) 의료시설 중 다음의 어느 하나에 해당하는 것
　가) 종합병원, 병원, 치과병원, 한방병원 및 요양병원(의료재활시설은 제외한다)
　나) 정신병원 및 의료재활시설로 사용되는 바닥면적의 합계가 500m² 이상인 층이 있는 것
7) 판매시설 중 전통시장

64 환경상태가 현저하게 고온으로 되어 연기감지기를 설치할 수 없는 건조실 또는 살균실 등에 적응성 있는 열감지기가 아닌 것은?

① 정온식 1종
② 정온식 특종
③ 열아날로그식
④ 보상식 스포트형 1종

해설 설치장소별 감지기 적응성(연기감지기를 설치할 수 없는 경우)

설치 장소		적응 열감지기								불꽃감지기	비고
환경상태	적응장소	차동식 스포트형		차동식 분포형		보상식 스포트형		정온식		열아날로그식	
		1종	2종	1종	2종	1종	2종	특종	1종		
현저하게 고온으로 되는 장소	건조실, 살균실, 보일러실, 주조실, 영사실, 스튜디오	×	×	×	×	×	×	○	○	○	×

※ ○ : 적응성이 있는 감지기
　× : 적응성이 없는 감지기

65 신호의 전송로가 분기되는 장소에 설치하는 것으로 임피던스 매칭과 신호 균등분배를 위해 사용되는 장치는?

① 분배기　　② 혼합기
③ 증폭기　　④ 분파기

정답 63.③ 64.④ 65.①

해설 "분배기"란 신호의 전송로가 분기되는 장소에 설치하는 것으로 임피던스 매칭(Matching)과 신호 균등분배를 위해 사용하는 장치를 말한다.

66 비상방송설비의 특징에 대한 설명으로 틀린 것은?

① 다른 방송설비와 공용하는 경우에는 화재 시 비상경보 외의 방송을 차단할 수 있는 구조로 하여야 한다.
② 비상방송설비의 축전지는 감시상태를 10분간 지속한 후 유효하게 60분 이상 경보할 수 있어야 한다.
③ 확성기의 음성입력은 실외에 설치한 경우 3W 이상이어야 한다.
④ 음량조정기의 배선은 3선식으로 한다.

해설 ② 비상방송설비에는 그 설비에 대한 감시상태를 60분간 지속한 후 유효하게 10분 이상 경보할 수 있는 축전지설비(수신기에 내장하는 경우를 포함한다) 또는 전기저장장치(외부 전기에너지를 저장해 두었다가 필요한 때 전기를 공급하는 장치)를 설치하여야 한다.

67 축광표지의 식별도시험에 관련한 기준에서 ( )에 알맞은 것은?

축광유도표지는 200[lx] 밝기의 광원으로 20분간 조사시킨 상태에서 다시 주위조도를 0[lx]로 하여 60분간 발광시킨 후 직선거리 ( )[m] 떨어진 위치에서 유도표지가 있다는 것이 식별되어야 한다.

① 20 ② 10
③ 5   ④ 3

해설 축광표지의 성능인증 및 제품검사의 기술기준
제8조(식별도시험)
① 축광유도표지 및 축광위치표지는 200[lx] 밝기의 광원으로 20분간 조사시킨 상태에서 다시 주위조도를 0[lx]로 하여 60분간 발광시킨 후 직선거리 20[m] (축광위치표지의 경우 10[m]) 떨어진 위치에서 유도표지 또는 위치표지가 있다는 것이 식별되어야 하고, 유도표지는 직선거리 3[m]의 거리에서 표시면의 표시 중 주체가 되는 문자 또는 주체가 되는 화살표등

이 쉽게 식별되어야 한다. 이 경우 측정자는 보통 시력(시력 1.0에서 1.2의 범위를 말한다)을 가진 자로서 시험실시 20분 전까지 암실에 들어가 있어야 한다.
② 제1항의 규정에도 불구하고 보조축광표지는 200[lx] 밝기의 광원으로 20분간 조사시킨 상태에서 다시 주위조도를 0[lx]로 하여 60분간 발광시킨 후 직선거리 10[m] 떨어진 위치에서 보조축광표지가 있다는 것이 식별되어야 한다. 이 경우 측정자의 조건은 제1항의 조건을 적용한다.

68 비상방송설비가 기동장치에 의한 화재신고를 수신한 후 필요한 음량으로 화재발생 상황 및 피난에 유효한 방송이 자동으로 개시될 때까지의 소요시간은 최대 몇 초 이하인가?

① 5초   ② 10초
③ 20초 ④ 30초

해설 비상방송설비는 기동장치에 따른 화재신고를 수신한 후 필요한 음량으로 화재 발생 상황 및 피난에 유효한 방송이 자동으로 개시될 때까지의 소요시간은 10초 이하이어야 한다.

69 절연저항시험에 관한 기준에서 ( )에 알맞은 것은?

누전경보기 수신부의 절연된 충전부와 외함간 및 차단기구의 개폐부 절연저항은 직류 500[V]의 절연저항계로 측정하여 최소 ( )[MΩ] 이상이어야 한다.

① 0.1 ② 3
③ 5   ④ 10

해설 누전경보기의 수신부는 절연된 충전부와 외함 간 및 차단기구의 개폐부(열린 상태에서는 같은 극의 전원단자와 부하측 단자와의 사이, 닫힌 상태에서는 충전부와 손잡이 사이)의 절연저항을 DC 500[V]의 절연저항계로 측정하는 경우 5[MΩ] 이상이어야 한다.

[참고 : 자동화재탐지설비 수신기의 절연저항]
① 수신기의 절연된 충전부와 외함간의 절연저항은 직류 500[V]의 절연저항계로 측정한 값이 5[MΩ](교류입력측과 외함간에는 20[MΩ]) 이상이어야 한다. 다만, P형, P형복합식, GP형 및 GP형복합식의 수신기로서 접속되는 회선수가 10 이상인 것 또는 R형,

R형복합식, GR형 및 GR형복합식의 수신기로서 접속되는 중계기가 10 이상인 것은 교류입력측과 외함 간을 제외하고 1회선당 50[MΩ] 이상이어야 한다.
② 절연된 선로간의 절연저항은 직류 500[V]의 절연저항계로 측정한 값이 20[MΩ] 이상이어야 한다.

70 자동화재탐지설비의 GP형 수신기에 감지기 회로의 배선을 접속하려고 할 때 경계구역이 15개인 경우 필요한 공통선의 최소 개수는?

① 1개 ② 2개
③ 3개 ④ 4개

해설 자동화재탐지설비 감지기 회로의 배선
P형 및 GP형 수신기의 감지기 회로의 배선에 있어서 하나의 공통선에 접속할 수 있는 경계구역은 7개 이하로 할 것

$$\frac{15개}{7개} = 2.14$$

∴ 3개

71 상용전원이 서로 다른 소방시설은?

① 옥내소화전설비 ② 비상방송설비
③ 비상콘센트설비 ④ 스프링클러설비

해설 상용전원의 종류
① 옥내소화전 : 옥내소화전설비에는 그 특정소방대상물의 수전방식에 따라 다음 각 호의 기준에 따른 상용전원회로의 배선을 설치하여야 한다. 다만, 가압수조방식으로서 모든 기능이 20분 이상 유효하게 지속될 수 있는 경우에는 그러하지 아니하다.
 1. 저압수전인 경우에는 인입개폐기의 직후에서 분기하여 전용배선으로 하여야 하며, 전용의 전선관에 보호되도록 할 것
 2. 특별고압수전 또는 고압수전일 경우에는 전력용변압기 2차측의 주차단기 1차측에서 분기하여 전용배선으로 하되, 상용전원의 상시공급에 지장이 없을 경우에는 주차단기 2차측에서 분기하여 전용배선으로 할 것. 다만, 가압송수장치의 정격입력 전압이 수전전압과 같은 경우에는 제1호의 기준에 따른다.
② 비상방송설비 : 비상방송설비의 상용전원은 다음 각 호의 기준에 따라 설치하여야 한다.
 1. 전원은 전기가 정상적으로 공급되는 축전지, 전기

저장장치(외부 전기에너지를 저장해 두었다가 필요한 때 전기를 공급하는 장치) 또는 교류전압의 옥내 간선으로 하고, 전원까지의 배선은 전용으로 할 것
 2. 개폐기에는 "비상방송설비용"이라고 표시한 표지를 할 것
③ 비상콘센트설비 : 비상콘센트설비에는 다음 각 호의 기준에 따른 전원을 설치하여야 한다. 상용전원회로의 배선은 저압수전인 경우에는 인입개폐기의 직후에서, 고압수전 또는 특고압수전인 경우에는 전력용변압기 2차측의 주차단기 1차측 또는 2차측에서 분기하여 전용배선으로 할 것
④ 스프링클러설비 : 스프링클러설비에는 다음 각 호의 기준에 따른 상용전원회로의 배선을 설치하여야 한다. 다만, 가압수조방식으로서 모든 기능이 20분 이상 유효하게 지속될 수 있는 경우에는 그러하지 아니하다
 1. 저압수전인 경우에는 인입개폐기의 직후에서 분기하여 전용배선으로 하여야 하며, 전용의 전선관에 보호되도록 할 것
 2. 특별고압수전 또는 고압수전일 경우에는 전력용변압기 2차측의 주차단기 1차측에서 분기하여 전용배선으로 하되, 상용전원의 상시공급에 지장이 없을 경우에는 주차단기 2차측에서 분기하여 전용배선으로 할 것. 다만, 가압송수장치의 정격입력전압이 수전전압과 같은 경우에는 제1호의 기준에 따른다.

72 자동화재탐지설비의 수신기 설치기준에 관한 사항 중, 최소 몇 층 이상의 특정소방대상물에는 발신기와 전화통화가 가능한 수신기를 설치하여야 하는가? [현행 삭제]

① 3층 ② 4층
③ 5층 ④ 7층

해설 자동화재탐지설비 수신기의 설치기준
㉠ 당해 소방대상물의 경계구역을 각각 표시할 수 있는 회선수 이상의 수신기를 설치할 것
㉡ 4층 이상의 소방대상물에는 발신기와 전화통화가 가능한 수신기를 설치할 것
㉢ 당해 소방대상물에 가스누설탐지설비가 설치된 경우에는 가스누설탐지설비로부터 가스누설신호를 수신하여 가스누설경보를 할 수 있는 수신기를 설치할 것 (가스누설탐지설비의 수신부를 별도로 설치한 경우는 제외)

[참고]
자동화재탐지설비의 수신기는 특정소방대상물 또는 그 부분이 지하층·무창층 등으로서 환기가 잘되지 아니하거나 실내면적이 40[m²] 미만인 장소, 감지기의 부착면과 실내바닥과의 거리가 2.3[m] 이하인 장소로서 일시적으로 발생한 열·연기 또는 먼지 등으로 인하여 감지기가 화재신호를 발신할 우려가 있는 때에는 축적기능 등이 있는 것(축적형감지기가 설치된 장소에는 감지기회로의 감시전류를 단속적으로 차단시켜 화재를 판단하는 방식외의 것을 말한다)으로 설치하여야 한다. 다만, 비화재보 방지기능이 있는 감지기를 설치한 경우에는 그러하지 아니하다.

73 무창층의 도매시장에 설치하는 비상조명등용 비상전원은 당해 비상조명등을 몇 분 이상 유효하게 작동시킬 수 있는 용량으로 하여야 하는가?

① 10분 ② 20분
③ 40분 ④ 60분

해설 비상조명등용 비상전원의 용량
㉠ 일반 용도의 부분 : 20분 이상
㉡ 다음의 장소에서 피난층에 이르는 부분 : 60분 이상
 • 지하층을 제외한 층수가 11층 이상의 층
 • 지하층 또는 무창층으로서 용도가 도매시장·소매시장·여객자동차터미널·지하역사 또는 지하상가

74 누전경보기의 화재안전기준에서 규정한 용어, 설치방법, 전원 등에 관한 설명으로 틀린 것은?

① 경계전로의 정격전류가 60[A]를 초과하는 전로에 있어서는 1급 누전경보기를 설치한다.
② 변류기는 옥외 인입선 제1지점의 전원측에 설치한다.
③ 누전경보기 전원은 분전반으로부터 전용으로 하고, 각 극에 개폐기 및 15[A] 이하의 과전류차단기를 설치한다.
④ 누전경보기는 변류기와 수신부로 구성되어 있다.

해설 누전경보기의 변류기 설치위치
㉠ 변류기는 소방대상물의 형태, 인입선의 시설방법 등에 따라 옥외 인입선의 제1지점의 부하측 또는 제2종 접지선측의 점검이 쉬운 위치에 설치할 것. 다만, 인입선의 형태 또는 소방대상물의 구조상 부득이한 경우에 있어서는 인입구에 근접한 옥내에 설치할 수 있다.
㉡ 변류기를 옥외의 전로로 설치하는 경우에는 옥외형을 설치할 것

75 경계구역에 관한 다음 내용 중 ( ) 안에 맞는 것은?

외기에 면하여 상시 개방된 부분이 있는 차고, 주차장, 창고 등에 있어서는 외기에 면하는 각 부분으로부터 최대 ( )[m] 미만의 범위 안에 있는 부분은 자동화재탐지설비 경계구역의 면적에 산입하지 아니한다.

① 3 ② 5
③ 7 ④ 10

해설 자동화재탐지설비의 경계구역을 설정
외기에 면하여 상시 개방된 부분이 있는 차고·주차장·창고 등에 있어서는 외기에 면하는 각 부분으로부터 5[m] 미만의 범위 안에 있는 부분은 경계구역의 면적에 산입하지 아니한다.

76 누전경보기의 수신부 설치제외 장소로서 틀린 것은?

① 습도가 높은 장소
② 온도의 변화가 급격한 장소
③ 고주파 발생회로 등에 따른 영향을 받을 우려가 있는 장소
④ 부식성의 증기·가스 등이 체류하지 않는 장소

해설 누전경보기의 수신부 설치 제외 장소
㉠ 가연성의 증기, 먼지, 가스 등이나 부식성의 증기, 가스 등이 다량으로 체류하는 장소
㉡ 화약류를 제조하거나 저장 또는 취급하는 장소
㉢ 습도가 높은 장소
㉣ 온도의 변화가 급격한 장소
㉤ 대전류 회로, 고주파 발생회로 등에 의한 영향을 받을 우려가 있는 장소

정답 73.④ 74.② 75.② 76.④

77 누전경보기에서 감도조정장치의 조정범위는 최대 몇 [mA]인가?

① 1[mA]　　② 20[mA]
③ 1,000[mA]　　④ 1,500[mA]

해설 누전경보기의 공칭작동전류 및 감도조정 범위
㉠ 공칭작동 전류치 : 200[mA] 이하(누전경보기를 동작시키는 데 필요한 누설전류치로 제조자가 표시)
㉡ 감도조정 범위 : 200[mA], 500[mA], 1,000[mA] (최대치 1,000[mA] 즉, 1[A])

78 지하층을 제외한 층수가 11층 이상의 층에서 피난층에 이르는 부분의 소방시설에 있어 비상전원을 60분 이상 유효하게 작동시킬 수 있는 용량으로 하여야 하는 설비들로 옳게 나열된 것은?

① 비상조명등설비, 유도등설비
② 비상조명등설비, 비상경보설비
③ 비상방송설비, 유도등설비
④ 비상방송설비, 비상경보설비

해설 비상조명등 및 유도등의 비상전원
㉠ 20분 이상 : 대부분의 일반 용도 부분
㉡ 60분 이상 : 다음의 소방대상물의 경우 그 부분에서 피난층에 이르는 부분
　• 지하층을 제외한 층수가 11층 이상의 층
　• 지하층 또는 무창층으로서 용도가 도매시장・소매시장・여객자동차터미널・지하역사 또는 지하상가

79 청각장애인용 시각경보장치는 천장의 높이가 2[m] 이하인 경우 천장으로부터 몇 [m] 이내의 장소에 설치해야 하는가?

① 0.1　　② 0.15
③ 2.0　　④ 2.5

해설 청각장애인용 시각경보장치의 설치 높이
바닥으로부터 2[m] 이상 2.5[m] 이하의 장소에 설치하되, 천장의 높이가 2[m] 이하인 경우에는 천장으로부터 0.15[m] 이내의 장소에 설치할 것

[참고 : 시각경보기 설치대상]
시각경보기를 설치하여야 하는 특정소방대상물은 라목에 따라 자동화재탐지설비를 설치하여야 하는 특정소방대상물 중 다음의 어느 하나에 해당하는 것과 같다.
1) 근린생활시설, 문화 및 집회시설, 종교시설, 판매시설, 운수시설, 운동시설, 위락시설, 창고시설 중 물류터미널
2) 의료시설, 노유자시설, 업무시설, 숙박시설, 발전시설 및 장례식장
3) 교육연구시설 중 도서관, 방송통신시설 중 방송국
4) 지하가 중 지하상가

80 지하층으로서 특정소방대상물의 바닥부분 중 최소 몇 면이 지표면과 동일한 경우에 무선통신보조설비의 설치를 제외할 수 있는가?

① 1면 이상　　② 2면 이상
③ 3면 이상　　④ 4면 이상

해설 무선통신보조설비의 설치 제외 장소(해당 층에 한함)
지하층으로서 소방대상물의 바닥부분 2면 이상이 지표면과 동일하거나 지표면으로부터의 깊이가 1[m] 이하인 경우에는 해당 층에 한하여 무선통신보조설비를 설치하지 아니할 수 있다.

정답　77.③　78.①　79.②　80.②

2016년 제2회 소방설비기사[전기분야] 1차 필기

[제4과목 : 소방전기구조원리]

61 비상방송설비의 배선에 대한 설치기준으로 틀린 것은?

① 배선은 다른 용도의 전선과 동일한 관, 덕트, 몰드 또는 풀박스 등에 설치할 것
② 전원회로의 배선은 옥내소화전설비의 화재안전기준에 따른 내화배선을 설치할 것
③ 화재로 인하여 하나의 층의 확성기 또는 배선이 단락 또는 단선되어도 다른 층의 화재통보에 지장이 없도록 할 것
④ 부속회로의 전로와 대지사이 및 배선상호간의 절연저항은 1경계구역마다 직류 250[V]의 절연저항측정기를 사용하여 측정한 절연저항이 0.1[MΩ] 이상이 되도록 할 것

해설 비상방송설비의 배선은 다른 전선과 별도의 관·덕트(절연효력이 있는 것으로 구획한 때에는 그 구획된 부분은 별개의 덕트로 본다) 몰드 또는 풀박스 등에 설치할 것. 다만, 60[V] 미만의 약전류회로에 사용하는 전선으로서 각각의 전압이 같을 때에는 그러하지 아니하다.

62 누전경보기의 수신부의 절연된 충전부와 외함 간의 절연저항은 DC 500[V]의 절연저항계로 측정하는 경우 몇 [MΩ] 이상이어야 하는가?

① 0.5[MΩ]
② 5[MΩ]
③ 10[MΩ]
④ 20[MΩ]

해설 누전경보기의 형식승인 및 제품검사의 기술기준
변류기는 DC 500[V]의 절연저항계로 다음 각 호에 의한 시험을 하는 경우 5[MΩ] 이상이어야 한다.

- 절연된 1차 권선과 2차 권선 간의 절연저항
- 절연된 1차 권선과 외부 금속부 간의 절연저항
- 절연된 2차 권선과 외부 금속부 간의 절연저항

63 비상벨설비 또는 자동식사이렌설비에 사용하는 벨 등의 음향장치의 설치기준이 틀린 것은?

① 음향장치용 전원은 교류전압의 옥내간선으로 하고 배선은 다른 설비와 겸용으로 할 것
② 음향장치는 정격전압의 80[%] 전압에서 음향을 발할 수 있도록 할 것
③ 음향장치의 음량은 부착된 음향장치의 중심으로부터 1[m] 떨어진 위치에서 90[dB] 이상일 것
④ 지구음향장치는 특정소방대상물의 층마다 설치하되, 해당 특정소방대상물의 각 부분으로부터 하나의 음향장치까지의 수평거리가 25[m] 이하가 되도록 할 것

해설 비상벨설비 또는 자동식사이렌설비 설치기준
- 지구음향장치는 특정소방대상물의 층마다 설치하되, 해당 특정소방대상물의 각 부분으로부터 하나의 음향장치까지의 수평거리가 25[m] 이하가 되도록 하고, 해당 층의 각 부분에 유효하게 경보를 발할 수 있도록 설치하여야 한다.
- 음향장치는 정격전압의 80[%] 전압에서 음향을 발할 수 있도록 하여야 한다.
- 음향장치의 음량은 부착된 음향장치의 중심으로부터 1[m] 떨어진 위치에서 90[dB] 이상이 되는 것으로 하여야 한다.
- 상용전원은 전기가 정상적으로 공급되는 축전지, 전기저장장치(외부 전기에너지를 저장해 두었다가 필요한 때 전기를 공급하는 장치) 또는 교류전압의 옥내 간선으로 하고, 전원까지의 배선은 전용으로 할 것

정답 61.① 62.② 63.①

64 비상콘센트설비의 화재안전기준에서 정하고 있는 저압의 정의는?

① 직류는 750[V] 이하, 교류는 600[V] 이하인 것
② 직류는 750[V] 이하, 교류는 380[V] 이하인 것
③ 직류는 750[V]를, 교류는 600[V]를 넘고 7,000[V] 이하인 것
④ 직류는 750[V]를, 교류는 380[V]를 넘고 7,000[V] 이하인 것

해설

전원	저압	고압	특고압
직류	750[V] 이하	750[V] 초과 7[kV] 이하	7[kV] 초과
교류	600[V] 이하	600[V] 초과 7[kV] 이하	7[kV] 초과

㉠ "저압"이란 직류는 750[V] 이하, 교류는 600[V] 이하인 것을 말한다.
㉡ "고압"이란 직류는 750[V]를, 교류는 600[V]를 초과하고 7[kV] 이하인 것을 말한다.
㉢ "특고압"이란 7[kV]를 초과하는 것을 말한다.

[2022.12.1.이후 개정]
용어정의 변경
① "저압"이란 직류는 1.5[kV] 이하, 교류는 1[kV] 이하인 것을 말한다.
② "고압"이란 직류는 1.5[kV]를, 교류는 1[kV]를 초과하고, 7[kV] 이하인 것을 말한다.
③ "특고압"이란 7[kV]를 초과하는 것을 말한다.

65 자동화재탐지설비의 연기복합형 감지기를 설치할 수 없는 부착높이는?

① 4[m] 이상 8[m] 미만
② 8[m] 이상 15[m] 미만
③ 15[m] 이상 20[m] 미만
④ 20[m] 이상

해설 부착높이별 적응성 감지기의 종류

부착높이	감지기의 종류
4[m] 미만	• 차동식(스포트형, 분포형) • 보상식 스포트형 • 정온식(스포트형, 감지선형) • 이온화식 또는 광전식(스포트형, 분리형, 공기흡입형) • 열복합형, 연기복합형, 열연기복합형, 불꽃감지기
4[m] 이상 8[m] 미만	• 차동식(스포트형, 분포형) • 보상식 스포트형 • 정온식(스포트형, 감지선형 특종 또는 1종) • 이온화식 1종 또는 2종 • 광전식(스포트형, 분리형, 공기흡입형) 1종 또는 2종 • 열복합형, 연기복합형, 열연기복합형, 불꽃감지기
8[m] 이상 15[m] 미만	• 차동식 분포형 • 이온화식 1종 또는 2종 • 광전식(스포트형, 분리형, 공기흡입형) 1종 또는 2종 • 연기복합형 • 불꽃감지기
15[m] 이상 20[m] 미만	• 이온화식 1종 • 광전식(스포트형, 분리형, 공기흡입형) 1종 • 연기복합형 • 불꽃감지기
20[m] 이상	• 불꽃감지기 • 광전식(분리형, 공기흡입형) 중 아나로그방식

비고)
1. 감지기별 부착높이 등에 대하여 별도로 형식승인 받은 경우에는 그 성능 인정범위 내에서 사용할 수 있다.
2. 부착높이 20[m] 이상에 설치되는 광전식 중 아나로그방식의 감지기는 공칭감지농도 하한값이 감광율 5[%/m] 미만인 것으로 한다.

66 자동화재속보설비 속보기의 예비전원을 병렬로 접속하는 경우 필요한 조치는?

① 역충전 방지 조치
② 자동 직류전환 조치
③ 계속충전 유지 조치
④ 접지 조치

해설 자동화재속보설비의 속보기의 성능인증 및 제품검사의 기술기준
예비전원을 병렬로 접속하는 경우에는 역충전 방지 등의 조치를 하여야 한다.

67 대형피난구유도등의 설치장소가 아닌 것은?

① 위락시설　　② 판매시설
③ 지하철역사　　④ 아파트

해설 유도등 및 유도표지의 적응성

설치장소	유도등 및 유도표지의 종류
1. 공연장·집회장(종교집회장 포함)·관람장·운동시설	· 대형피난구유도등 · 통로유도등 · 객석유도등
2. 유흥주점영업시설(「식품위생법 시행령」제21조 제8호 라목의 유흥주점영업 중 손님이 춤을 출 수 있는 무대가 설치된 카바레, 나이트클럽 또는 그 밖에 이와 비슷한 영업시설만 해당한다)	
3. 위락시설·판매시설·운수시설·「관광진흥법」제3조제1항제2호에 따른 관광숙박업·의료시설·장례식장·방송통신시설·전시장·지하상가·지하철역사	· 대형피난구유도등 · 통로유도등
4. 숙박시설(제3호의 관광숙박업 외의 것을 말한다.)·오피스텔	· 중형피난구유도등 · 통로유도등
5. 제1호부터 제3호까지 외의 건축물로서 지하층·무창층 또는 층수가 11층 이상인 특정소방대상물	
6. 제1호부터 제5호까지 외의 건축물로서 근린생활시설·노유자시설·업무시설·발전시설·종교시설(집회장 용도를 사용하는 부분 제외)·교육연구시설·수련시설·공장·창고시설·교정 및 군사시설(국방·군사시설 제외)·기숙사·자동차정비공장·운전학원 및 정비학원·다중이용업소·복합건축물·아파트	· 소형피난구유도등 · 통로유도등
7. 그 밖의 것	· 피난구유도표지 · 통로유도표지

68 누전경보기의 정격전압이 몇 [V]를 넘는 기구의 금속제 외함에는 접지단자를 설치해야 하는가?

① 30[V]　　② 60[V]
③ 70[V]　　④ 100[V]

해설 누전경보기의 형식승인 및 제품검사의 기술기준
정격전압이 60[V]를 넘는 기구의 금속제 외함에는 접지단자를 설치하여야 한다.

69 1개 층에 계단참이 4개 있을 경우 계단통로유도등은 최소 몇 개 이상 설치해야 하는가?

① 1개　　② 2개
③ 3개　　④ 4개

해설 계단통로유도등 설치기준
· 각 층의 경사로 참 또는 계단참마다(1개층에 경사로 참 또는 계단참이 2 이상 있는 경우에는 2개의 계단참마다) 설치할 것
· 바닥으로부터 높이 1[m] 이하의 위치에 설치할 것

70 지상 4층인 교육연구시설에 적응성이 없는 피난기구는?

① 완강기　　② 구조대
③ 피난교　　④ 미끄럼대

해설 피난기구의 화재안전기준(NFSC 301)
[별표 1] 소방대상물의 설치장소별 피난기구의 적응성

설치장소별 구분	1층	2층	3층	4층 이상 10층 이하
1. 노유자시설	미끄럼대 구조대 피난교 다수인피난장비 승강식피난기	미끄럼대 구조대 피난교 다수인피난장비 승강식피난기	미끄럼대 구조대 피난교 다수인피난장비 승강식피난기	구조대 피난교 다수인피난장비 승강식피난기
2. 의료시설·근린생활시설 중 입원실이 있는 의원·접골원·조산원			미끄럼대 구조대 피난교 피난용트랩 다수인피난장비 승강식피난기	구조대 피난교 피난용트랩 다수인피난장비 승강식피난기
3. 「다중이용업소의 안전관리에 관한 특별법 시행령」 제2조에 따른 다중이용업소로서 영업장의 위치가 4층 이하인 다중이용업소		미끄럼대 피난사다리 구조대 완강기 다수인피난장비 승강식피난기	미끄럼대 피난사다리 구조대 완강기 다수인피난장비 승강식피난기	미끄럼대 피난사다리 구조대 완강기 다수인피난장비 승강식피난기

정답　67.④　68.②　69.②　70.④

		미관대	
4. 그 밖의 것		파상라디 구조대 완강기 파고 파용트랩 간완강기 공기안전매트 다수인피난장비 승강피난기	파상라디 구조대 완강기 파고 간완강기 공기안전매트 다수인피난장비 승강피난기

71 무선통신보조설비의 설치기준으로 틀린 것은?

① 누설동축케이블 또는 동축케이블의 임피던스 50[Ω]으로 한다.
② 누설동축케이블 및 안테나는 고압의 전로로부터 0.5[m] 이상 떨어진 위치에 설치한다.
③ 무선기기 접속단자 중 지상에 설치하는 접속단자는 보행거리 300[m] 이내마다 설치한다.
④ 누설동축케이블의 끝부분에는 무반사 종단저항을 견고하게 설치한다.

해설 누설동축케이블 등 설치기준

㉠ 누설동축케이블 및 안테나는 고압의 전로로부터 1.5[m] 이상 떨어진 위치에 설치할 것
㉡ 누설동축케이블의 끝부분에는 무반사 종단저항을 견고하게 설치할 것
㉢ 누설동축케이블 또는 동축케이블의 임피던스는 50[Ω]으로 하고, 이에 접속하는 안테나·분배기 기타의 장치는 해당 임피던스에 적합한 것으로 하여야 한다.
㉣ 지상에 설치하는 접속단자는 보행거리 300[m] 이내마다 설치하고, 다른 용도로 사용되는 접속단자에서 5[m] 이상의 거리를 둘 것 [현행 삭제]

72 부착높이가 6[m]이고 주요구조부를 내화구조로 한 특정소방대상물 또는 그 부분에 정온식 스포트형감지기 특종을 설치하고자 하는 경우 바닥면적 몇 [m²]마다 1개 이상 설치해야 하는가?

① 15[m²]   ② 25[m²]
③ 35[m²]   ④ 45[m²]

해설 자동화재탐지설비 및 시각경보장치의 화재안전기준 (NFSC 203)

부착높이 및 특정소방대상물의 구분		감지기의 종류					
		차동식 스포트형		보상식 스포트형		정온식 스포트형	
		1종	2종	1종	2종	특종	1종	2종
4[m] 미만	주요구조부를 내 화구조로 한 특정 소방대상물 또는 그 부분	90	70	90	70	70	60	20
	기타 구조의 특정 소방대상물 또는 그 부분	50	40	50	40	40	30	15
4[m] 이상 8[m] 미만	주요구조부를 내 화구조로 한 특정 소방대상물 또는 그 부분	45	35	45	35	35	30	-
	기타 구조의 특정 소방대상물 또는 그 부분	30	25	30	25	25	15	-

73 비상방송설비는 기동장치에 의한 화재신고를 수신한 후 필요한 음량으로 화재발생상황 및 피난에 유효한 방송이 자동으로 개시될 때까지의 소요시간은 몇 초 이하가 되도록 하여야 하는가?

① 5초   ② 10초
③ 20초   ④ 30초

해설 비상방송설비의 음향정치
기동장치에 따른 화재신고를 수신한 후 필요한 음량으로 화재발생 상황 및 피난에 유효한 방송이 자동으로 개시될 때까지의 소요시간은 10초 이하로 할 것

74 자동화재탐지설비 감지기의 구조 및 기능에 대한 설명으로 틀린 것은?

① 차동식분포형 감지기는 그 기판면을 부착한 정위치로부터 45°를 경사시킨 경우 그 기능에 이상이 생기지 않아야 한다.
② 연기를 감지하는 감지기는 감시챔버로 1.3±0.05[mm] 크기의 물체가 침입할 수 없는 구조이어야 한다.

정답 71.② 72.③ 73.② 74.①

③ 방사성물질을 사용하는 감지기는 그 방사성 물질을 밀봉선원으로 하여 외부에서 직접 접촉할 수 없도록 하여야 한다.
④ 차동식분포형 감지기로서 공기관식 공기관의 두께는 0.3[mm] 이상, 바깥지름은 1.9[mm] 이상이어야 한다.

해설 감지기의 형식승인 및 제품검사의 기술기준
㉠ 차동식분포형 감지기 공기관의 두께는 0.3[mm] 이상, 바깥지름은 1.9[mm] 이상이어야 한다.
㉡ 감지기는 그 기판면을 부착한 정 위치로부터 45°(차동식분포형 감지기는 5°)를 각각 경사시킨 경우 그 기능에 이상이 생기지 아니하여야 한다.
㉢ 방사성 물질을 사용하는 감지기는 그 방사성 물질을 밀봉선원으로 하여 외부에서 직접 접촉할 수 없도록 하여야 하며, 화재 시 쉽게 파괴되지 아니하는 것이어야 한다.
㉣ 연기를 감지하는 감지기는 감시챔버로 (1.3±0.05)[mm] 크기의 물체가 침입할 수 없는 구조이어야 한다.

75 3종 연기감지기의 설치기준 중 다음 ( ) 안에 알맞은 것으로 연결된 것은?

> 3종 연기감지기는 복도 및 통로에 있어서 보행거리 (㉠)[m] 마다, 계단 및 경사로에 있어서는 수직거리 (㉡)[m] 마다 1개 이상으로 설치해야 한다.

① ㉠ 15, ㉡ 10　　② ㉠ 20, ㉡ 10
③ ㉠ 30, ㉡ 15　　④ ㉠ 30, ㉡ 20

해설 연기감지기는 복도 및 통로에 있어서는 보행거리 30[m](3종에 있어서는 20[m])마다, 계단 및 경사로에 있어서는 수직거리 15[m](3종에 있어서는 10[m])마다 1개 이상으로 할 것

▶ 연기감지기 설치기준
㉠ 감지기의 부착높이에 따라 다음 표에 따른 바닥면적마다 1개 이상으로 할 것

(단위 : m²)

부착높이	감지기의 종류	
	1종 및 2종	3종
4[m] 미만	150	50
4[m] 이상 20[m] 미만	75	-

㉡ 감지기는 복도 및 통로에 있어서는 보행거리 30[m](3종에 있어서는 20[m])마다, 계단 및 경사로에 있어서는 수직거리 15[m](3종에 있어서는 10[m])마다 1개 이상으로 할 것
㉢ 천장 또는 반자가 낮은 실내 또는 좁은 실내에 있어서는 출입구의 가까운 부분에 설치할 것
㉣ 천장 또는 반자부근에 배기구가 있는 경우에는 그 부근에 설치할 것
㉤ 감지기는 벽 또는 보로부터 0.6[m] 이상 떨어진 곳에 설치할 것

76 바닥면적이 450[m²]일 경우 단독경보형 감지기의 최소 설치개수는?

① 1개　　② 2개
③ 3개　　④ 4개

해설 단독경보형 감지기 설치기준
각 실(이웃하는 실내의 바닥면적이 각각 30[m²] 미만이고 벽체의 상부의 전부 또는 일부가 개방되어 이웃하는 실내와 공기가 상호유통되는 경우에는 이를 1개의 실로 본다.)마다 설치하되, 바닥면적이 150[m²]를 초과하는 경우에는 150[m²]마다 1개 이상 설치할 것

77 누전경보기의 수신부의 설치 장소로서 옳은 것은?
① 습도가 높은 장소
② 온도의 변화가 급격한 장소
③ 고주파 발생회로 등에 따른 영향을 받을 우려가 있는 장소
④ 부식성의 증기·가스 등이 체류하지 않는 장소

해설 누전경보기 수신부의 설치 제외 장소
㉠ 가연성의 증기·먼지·가스 등이나 부식성의 증기·가스 등이 다량으로 체류하는 장소
㉡ 화약류를 제조하거나 저장 또는 취급하는 장소
㉢ 습도가 높은 장소
㉣ 온도의 변화가 급격한 장소
㉤ 대전류회로·고주파 발생회로 등에 따른 영향을 받을 우려가 있는 장소

78 비상조명등의 설치제외 장소가 아닌 것은?
① 의원의 거실　　② 경기장의 거실
③ 의료시설의 거실　　④ 종교시설의 거실

정답　75.② 76.③ 77.④ 78.④

해설 1. 비상조명등의 설치 제외
- 거실의 각 부분으로부터 하나의 출입구에 이르는 보행거리가 15[m] 이내인 부분
- 의원·경기장·공동주택·의료시설·학교의 거실
2. 휴대용 비상조명등의 설치 제외 : 지상 1층 또는 피난층으로서 복도·통로 또는 창문 등의 개구부를 통하여 피난이 용이한 경우 또는 숙박시설로서 복도에 비상조명등을 설치한 경우에는 휴대용 비상조명등을 설치하지 아니할 수 있다.

79 비상콘센트설비의 전원회로에서 하나의 전용회로에 설치하는 비상콘센트는 최대 몇 개 이하로 하여야 하는가?

① 2개 ② 3개
③ 10개 ④ 20개

해설 비상콘센트설비 하나의 전용회로에 설치하는 비상콘센트는 10개 이하로 할 것. 이 경우 전선의 용량은 각 비상콘센트(비상콘센트가 3개 이상인 경우에는 3개)의 공급용량을 합한 용량 이상의 것으로 하여야 한다.

80 무선통신보조설비의 화재안전기준에서 사용하는 용어의 정의로 옳은 것은?

① 혼합기는 신호의 전송로가 분기되는 장소에 설치하는 장치를 말한다.
② 분배기는 서로 다른 주파수의 합성된 신호를 분리하기 위해서 사용하는 장치를 말한다.
③ 증폭기는 두 개 이상의 입력 신호를 원하는 비율로 조합한 출력이 발생되도록 하는 장치를 말한다.
④ 누설동축케이블은 동축케이블 외부도체에 가느다란 홈을 만들어서 전파가 외부로 새어나갈 수 있도록 한 케이블을 말한다.

해설 무선통신보조설비 용어의 정의
㉠ "누설동축케이블"이란 동축케이블의 외부도체에 가느다란 홈을 만들어서 전파가 외부로 새어나갈 수 있도록 한 케이블을 말한다.
㉡ "분배기"란 신호의 전송로가 분기되는 장소에 설치하는 것으로 임피던스 매칭(Matching)과 신호 균등분배를 위해 사용하는 장치를 말한다.
㉢ "분파기"란 서로 다른 주파수의 합성된 신호를 분리하기 위해서 사용하는 장치를 말한다.
㉣ "혼합기"란 두 개 이상의 입력신호를 원하는 비율로 조합한 출력이 발생하도록 하는 장치를 말한다.
㉤ "증폭기"란 신호 전송 시 신호가 약해져 수신이 불가능해지는 것을 방지하기 위해서 증폭하는 장치를 말한다.

정답 79.③ 80.④

2016년 제4회 소방설비기사[전기분야] 1차 필기
[제4과목 : 소방전기구조원리]

61 비상콘센트설비의 전원회로의 공급용량은 최소 몇 [kVA] 이상인 것으로 설치해야 하는가?

① 1.5[kVA]　② 2[kVA]
③ 2.5[kVA]　④ 3[kVA]

해설 비상콘센트설비의 전원회로의 설치기준
㉠ 비상콘센트설비의 전원회로는 단상교류 220[V]인 것으로서, 그 공급용량은 1.5[kVA] 이상인 것으로 할 것
㉡ 전원회로는 각 층에 2 이상이 되도록 설치할 것. 다만, 설치하여야 할 층의 비상콘센트가 1개인 때에는 하나의 회로로 할 수 있다.
㉢ 전원회로는 주 배전반에서 전용회로로 할 것. 다만, 다른 설비의 회로의 사고에 따른 영향을 받지 아니하도록 되어 있는 것은 그러하지 아니하다.
㉣ 전원으로부터 각 층의 비상콘센트에 분기되는 경우에는 분기배선용 차단기를 보호함 안에 설치할 것
㉤ 콘센트마다 배선용 차단기(KS C 8321)를 설치하여야 하며, 충전부가 노출되지 아니하도록 할 것
㉥ 개폐기에는 "비상콘센트"라고 표시한 표지를 할 것
㉦ 비상콘센트용의 풀박스 등은 방청도장을 한 것으로서, 두께 1.6[mm] 이상의 철판으로 할 것
㉧ 하나의 전용회로에 설치하는 비상콘센트는 10개 이하로 할 것. 이 경우 전선의 용량은 각 비상콘센트(비상콘센트가 3개 이상인 경우에는 3개)의 공급용량을 합한 용량 이상의 것으로 하여야 한다.

62 연기감지기 설치 시 천장 또는 반자부근에 배기구가 있는 경우에 감지기의 설치위치로 옳은 것은?

① 배기구가 있는 그 부근
② 배기구로부터 가장 먼 곳
③ 배기구로부터 0.6[m] 이상 떨어진 곳
④ 배기구로부터 1.5[m] 이상 떨어진 곳

해설 연기감지기 설치기준
㉠ 감지기의 부착높이에 따라 다음 표에 따른 바닥면적마다 1개 이상으로 할 것

(단위 : m²)

부착높이	감지기의 종류	
	1종 및 2종	3종
4[m] 미만	150	50
4[m] 이상 20[m] 미만	75	–

㉡ 감지기는 복도 및 통로에 있어서는 보행거리 30[m](3종에 있어서는 20[m])마다, 계단 및 경사로에 있어서는 수직거리 15[m](3종에 있어서는 10[m])마다 1개 이상으로 할 것
㉢ 천장 또는 반자가 낮은 실내 또는 좁은 실내에 있어서는 출입구의 가까운 부분에 설치할 것
㉣ 천장 또는 반자부근에 배기구가 있는 경우에는 그 부근에 설치할 것
㉤ 감지기는 벽 또는 보로부터 0.6[m] 이상 떨어진 곳에 설치할 것

63 무선통신보조설비 증폭기의 설치기준으로 틀린 것은?

① 증폭기는 비상전원이 부착된 것으로 한다.
② 증폭기의 전면에는 표시등 및 전류계를 설치한다.
③ 전원은 전기가 정상적으로 공급되는 축전지 또는 교류전압 옥내간선으로 하고 전원까지의 배선은 전용으로 한다.
④ 증폭기의 비상전원용량은 무선통신보조설비를 유효하게 30분 이상 작동시킬 수 있는 것으로 한다.

정답　61.①　62.①　63.②

해설 **무선통신보조설비의 증폭기 및 무선이동중계기를 설치기준**
⊙ 전원은 전기가 정상적으로 공급되는 축전지, 전기저장장치(외부 전기에너지를 저장해 두었다가 필요한 때 전기를 공급하는 장치) 또는 교류전압 옥내간선으로 하고, 전원까지의 배선은 전용으로 할 것
ⓒ 증폭기의 전면에는 주 회로의 전원이 정상인지의 여부를 표시할 수 있는 표시등 및 전압계를 설치할 것
ⓒ 증폭기에는 비상전원이 부착된 것으로 하고 해당 비상전원 용량은 무선통신보조설비를 유효하게 30분 이상 작동시킬 수 있는 것으로 할 것
ⓔ 무선이동중계기를 설치하는 경우에는 「전파법」 제58조의 2에 따른 적합성 평가를 받은 제품으로 설치할 것

64 통로유도등의 설치기준 중 틀린 것은?

① 거실의 통로가 벽체 등으로 구획된 경우에는 거실통로유도등을 설치한다.
② 거실통로유도등은 거실통로에 기둥이 설치된 경우에는 기둥부분의 바닥으로부터 높이 1.5[m] 이하의 위치에 설치할 수 있다.
③ 복도통로유도등은 구부러진 모퉁이 및 보행거리 20[m] 마다 설치한다.
④ 계단통로유도등은 바닥으로부터 높이 1[m] 이하의 위치에 설치한다.

해설 **통로유도등 설치기준**
1. 복도통로유도등은 다음 기준에 따라 설치할 것
   가. 복도에 설치할 것
   나. 구부러진 모퉁이 및 보행거리 20[m]마다 설치할 것
   다. 바닥으로부터 높이 1[m] 이하의 위치에 설치할 것. 다만, 지하층 또는 무창층의 용도가 도매시장·소매시장·여객자동차터미널·지하역사 또는 지하상가인 경우에는 복도·통로 중앙부분의 바닥에 설치하여야 한다.
   라. 바닥에 설치하는 통로유도등은 하중에 따라 파괴하지 아니하는 강도의 것으로 할 것
2. 거실통로유도등 설치기준
   가. 거실의 통로에 설치할 것. 다만, 거실의 통로가 벽체 등으로 구획된 경우에는 복도통로유도등을 설치하여야 한다.
   나. 구부러진 모퉁이 및 보행거리 20[m] 마다 설치할 것
   다. 바닥으로부터 높이 1.5[m] 이상의 위치에 설치할 것. 다만, 거실통로에 기둥이 설치된 경우에는 기둥부분의 바닥으로부터 높이 1.5[m] 이하의 위치에 설치할 수 있다.
3. 계단통로유도등 설치기준
   가. 각 층의 경사로참 또는 계단참마다(1개 층에 경사로참 또는 계단참이 2 이상 있는 경우에는 2개의 계단참마다) 설치할 것
   나. 바닥으로부터 높이 1[m] 이하의 위치에 설치할 것

65 광전식 분리형 감지기의 설치기준 중 틀린 것은?

① 감지기의 광축의 길이는 공칭감시거리 범위 이내일 것
② 감지기의 송광부와 수광부는 설치된 뒷벽으로부터 1[m] 이내 위치에 설치할 것
③ 광축의 높이는 천장 등(천장의 실내에 면한 부분 또는 상층의 바닥하부면) 높이의 80[%] 이상일 것
④ 광축은 나란한 벽으로부터 0.5[m] 이상 이격하여 설치할 것

해설 **광전식 분리형 감지기의 설치기준**
⊙ 감지기의 수광면은 햇빛을 직접 받지 않도록 설치할 것
ⓒ 광축(송광면과 수광면의 중심을 연결한 선)은 나란한 벽으로부터 0.6[m] 이상 이격하여 설치할 것
ⓒ 감지기의 송광부와 수광부는 설치된 뒷벽으로부터 1[m] 이내 위치에 설치할 것
ⓔ 광축의 높이는 천장 등(천장의 실내에 면한 부분 또는 상층의 바닥 하부면을 말한다) 높이의 80[%] 이상일 것
ⓟ 감지기의 광축의 길이는 공칭감시거리 범위 이내일 것
ⓗ 그 밖의 설치기준은 형식승인 내용에 따르며 형식승인 사항이 아닌 것은 제조사의 시방에 따라 설치할 것

66 감지기의 설치기준 중 부착높이 20[m] 이상에 설치되는 광전식 중 아날로그방식의 감지기는 공칭감지농도 하한값이 감광율 몇 [%/m] 미만인 것으로 하는가?

① 3[%/m]
② 5[%/m]
③ 7[%/m]
④ 10[%/m]

해설 부착높이별 적응성 감지기의 종류

부착높이	감지기의 종류
4[m] 미만	• 차동식(스포트형, 분포형) • 보상식 스포트형 • 정온식(스포트형, 감지선형) • 이온화식 또는 광전식(스포트형, 분리형, 공기흡입형) • 열복합형, 연기복합형, 열연기복합형, 불꽃감지기
4[m] 이상 8[m] 미만	• 차동식(스포트형, 분포형) • 보상식 스포트형 • 정온식(스포트형, 감지선형 특종 또는 1종) • 이온화식 1종 또는 2종 • 광전식(스포트형, 분리형, 공기흡입형) 1종 또는 2종 • 열복합형, 연기복합형, 열연기복합형, 불꽃감지기
8[m] 이상 15[m] 미만	• 차동식 분포형 • 이온화식 1종 또는 2종 • 광전식(스포트형, 분리형, 공기흡입형) 1종 또는 2종 • 연기복합형 • 불꽃감지기
15[m] 이상 20[m] 미만	• 이온화식 1종 • 광전식(스포트형, 분리형, 공기흡입형) 1종 • 연기복합형 • 불꽃감지기
20[m] 이상	• 불꽃감지기 • 광전식(분리형, 공기흡입형) 중 아날로그방식

비고)
1. 감지기별 부착높이 등에 대하여 별도로 형식승인을 받은 경우에는 그 성능 인정범위 내에서 사용할 수 있다.
2. 부착높이 20[m] 이상에 설치되는 광전식 중 아나로그방식의 감지기는 공칭감지농도 하한값이 감광율 5[%/m] 미만인 것으로 한다.

67 각 실별 실내의 바닥면적이 25[m²]인 4개의 실에 단독경보형감지기를 설치 시 몇 개의 실로 보아야 하는가? (단, 각 실은 이웃하고 있으며, 벽체 상부가 일부 개방되어 이웃하는 실내와 공기가 상호 유통되는 경우이다)

① 1개　　　② 2개
③ 3개　　　④ 4개

해설 단독경보형 감지기 설치기준
㉠ 각 실(이웃하는 실내의 바닥면적이 각각 30[m²] 미만이고 벽체의 상부의 전부 또는 일부가 개방되어 이웃하는 실내와 공기가 상호유통되는 경우에는 이를 1개의 실로 본다.)마다 설치하되, 바닥면적이 150[m²]를 초과하는 경우에는 150[m²]마다 1개 이상 설치할 것
㉡ 최상층의 계단실의 천장(외기가 상통하는 계단실의 경우를 제외한다)에 설치할 것
㉢ 건전지를 주전원으로 사용하는 단독경보형감지기는 정상적인 작동상태를 유지할 수 있도록 건전지를 교환할 것
㉣ 상용전원을 주전원으로 사용하는 단독경보형감지기의 2차 전지는 법 제39조에 따라 제품검사에 합격한 것을 사용할 것

68 아파트의 4층 이상 10층 이하에 적응성이 있는 피난기구는? (단, 아파트는 주택법 시행령 제48조의 규정에 해당하는 공동주택이다)

① 간이완강기　　② 피난용 트랩
③ 미끄럼대　　　④ 공기안전매트

해설 피난기구의 화재안전기준(NFSC 301)
[별표 1] 소방대상물의 설치장소별 피난기구의 적응성

설치 장소별 구분	1층	2층	3층	4층 이상 10층 이하
1. 노유자시설	미끄럼대 구조대 피난교 다수인피난장비 승강식피난기	미끄럼대 구조대 피난교 다수인피난장비 승강식피난기	미끄럼대 구조대 피난교 다수인피난장비 승강식피난기	구조대 피난교 다수인피난장비 승강식피난기

정답 66.② 67.① 68.④

2. 의료시설·근린생활시설 중 입원실이 있는 의원·접골원·조산원		미끄럼대 구조대 피난교 피난용트랩 다수인피난장비 승강식피난기	구조대 피난교 피난용트랩 다수인피난장비 승강식피난기
3. 「다중이용업소의 안전관리에 관한 특별법 시행령」 제2조에 따른 다중이용업소로서 영업장의 위치가 4층 이하인 다중이용업소		미끄럼대 피난사다리 구조대 완강기 다수인피난장비 승강식피난기	미끄럼대 피난사다리 구조대 완강기 다수인피난장비 승강식피난기	미끄럼대 피난사다리 구조대 완강기 다수인피난장비 승강식피난기
4. 그 밖의 것			미끄럼대 피난사다리 구조대 완강기 피난교 피난용트랩 간이완강기 공기안전매트 다수인피난장비 승강식피난기	피난사다리 구조대 완강기 피난교 간이완강기 공기안전매트 다수인피난장비 승강식피난기

69 비상방송설비는 기동장치에 따른 화재신고를 수신한 후 필요한 음량으로 화재발생 상황 및 피난에 유효한 방송이 자동으로 개시될 때까지의 소요시간은 몇 초 이하여야 하는가?

① 5초 ② 10초
③ 30초 ④ 60초

해설 비상방송설비는 기동장치에 따른 화재신고를 수신한 후 필요한 음량으로 화재발생 상황 및 피난에 유효한 방송이 자동으로 개시될 때까지의 소요시간은 10초 이하로 할 것

70 누전경보기 음향장치의 설치위치로 옳은 것은?

① 옥내의 점검에 편리한 장소
② 옥외 인입선의 제1지점의 부하측의 점검이 쉬운 위치
③ 수위실 등 상시 사람이 근무하는 장소
④ 옥외인입선의 제2종 접지선측의 점검이 쉬운 위치

해설 누전경보기의 음향장치는 수위실 등 상시 사람이 근무하는 장소에 설치하여야 하며, 그 음량 및 음색은 다른 기기의 소음 등과 명확히 구별할 수 있는 것으로 하여야 한다.

71 누전경보기 수신부의 기능검사 항목이 아닌 것은?

① 충격시험
② 절연저항실험
③ 내식성시험
④ 전원전압 변동시험

해설 누전경보기의 형식승인 및 제품검사 항목
온도특성시험, 전로개폐시험, 단락전류강도시험, 과누전시험, 노화시험, 방수시험, 진동시험, 충격시험, 절연저항시험, 절연내력시험, 충격파내전압시험, 전압강하방지시험, 전원전압변동시험

72 무선통신보조설비의 누설동축케이블 및 안테나는 고압의 전로로부터 1.5[m] 이상 떨어진 위치에 설치해야 하나 그렇게 하지 않아도 되는 경우는?

① 해당 전로에 정전기 차폐장치를 유효하게 설치한 경우
② 금속제 등의 지지금구로 일정한 간격으로 고정한 경우
③ 끝부분에 무반사 종단저항을 설치한 경우
④ 불연재료로 구획된 반자 안에 설치한 경우

해설 무선통신보조설비의 누설동축케이블 등 설치기준
㉠ 소방전용주파수대에서 전파의 전송 또는 복사에 적합한 것으로서 소방전용의 것으로 할 것. 다만, 소방대 상호 간의 무선연락에 지장이 없는 경우에는 다른 용도와 겸용할 수 있다.
㉡ 누설동축케이블과 이에 접속하는 안테나 또는 동축케이블과 이에 접속하는 안테나에 따른 것으로 할 것
㉢ 누설동축케이블은 불연 또는 난연성의 것으로서 습기에 따라 전기의 특성이 변질되지 아니하는 것으로 하고, 노출하여 설치한 경우에는 피난 및 통행에 장애가 없도록 할 것
㉣ 누설동축케이블은 화재에 따라 해당 케이블의 피복이 소실된 경우에 케이블 본체가 떨어지지 아니하도록 4[m] 이내마다 금속제 또는 자기제 등의 지지금구로

벽·천장·기둥 등에 견고하게 고정시킬 것. 다만, 불연재료로 구획된 반자 안에 설치하는 경우에는 그러하지 아니하다.
ⓜ 누설동축케이블 및 안테나는 금속판 등에 따라 전파의 복사 또는 특성이 현저하게 저하되지 아니하는 위치에 설치할 것
ⓗ 누설동축케이블 및 안테나는 고압의 전로로부터 1.5[m] 이상 떨어진 위치에 설치할 것. 다만, 해당 전로에 정전기 차폐장치를 유효하게 설치한 경우에는 그러하지 아니하다.
ⓢ 누설동축케이블의 끝부분에는 무반사 종단저항을 견고하게 설치할 것

73 아파트형 공장의 지하 주차장에 설치된 비상방송용 스피커의 음량조정기 배선 방식은?

① 단선식
② 2선식
③ 3선식
④ 복합식

해설 비상방송설비 음향장치에 음량조정기를 설치하는 경우 음량조정기의 배선은 3선식으로 할 것

74 자동화재탐지설비 배선의 설치기준 중 다음 ( ) 안에 알맞은 것은?

> 자동화재탐지설비 감지기회로의 전로저항은 (㉠)이(가) 되도록 하여야 하며, 수신기 각 회로별 종단에 설치되는 감지기에 접속되는 배선의 전압은 감지기 정격전압의 (㉡)[%] 이상이어야 한다.

① ㉠ 50[Ω] 이하, ㉡ 70
② ㉠ 50[Ω] 이하, ㉡ 80
③ ㉠ 40[Ω] 이하, ㉡ 70
④ ㉠ 40[Ω] 이하, ㉡ 80

해설 자동화재탐지설비의 감지기회로의 전로저항은 50[Ω] 이하가 되도록 하여야 하며, 수신기의 각 회로별 종단에 설치되는 감지기에 접속되는 배선의 전압은 감지기 정격전압의 80[%] 이상이어야 할 것

75 비상조명등 비상점등 회로의 보호를 위한 기준 중 다음 ( ) 안에 알맞은 것은?

> 비상조명등은 비상점등을 위하여 비상전원으로 전환되는 경우 비상점등 회로로 정격전류의 (㉠)배 이상의 전류가 흐르거나 램프가 없는 경우에는 (㉡)초 이내에 예비전원으로부터 비상전원 공급을 차단해야 한다.

① ㉠ 2, ㉡ 1
② ㉠ 1.2, ㉡ 3
③ ㉠ 3, ㉡ 1
④ ㉠ 2.1, ㉡ 5

해설 비상조명등의 형식승인 및 제품검사 기술기준
제5조의2(비상점등 회로의 보호) 비상조명등은 비상점등을 위하여 비상전원으로 전환되는 경우 비상점등 회로로 정격전류의 1.2배 이상의 전류가 흐르거나 램프가 없는 경우에는 3초 이내에 예비전원으로부터의 비상전원 공급을 차단하여야 한다.

76 피난기구 중 다수인피난장비의 설치기준 중 틀린 것은?

① 사용 시에 보관실 외측 문이 먼저 열리고 탑승기가 외측으로 자동으로 전개될 것
② 하강 시에 탑승기가 건물 외벽이나 돌출물에 충돌하지 않도록 설치할 것
③ 상·하층에 설치할 경우에는 탑승기의 하강 경로가 중첩되도록 할 것
④ 보관실은 건물 외측보다 돌출되지 아니하고, 빗물·먼지 등으로부터 장비를 보호할 수 있는 구조일 것

해설 피난기구 중 다수인피난장비 설치기준
㉠ 피난에 용이하고 안전하게 하강할 수 있는 장소에 적재 하중을 충분히 견딜 수 있도록 「건축물의 구조기준 등에 관한 규칙」 제3조에서 정하는 구조안전의 확인을 받아 견고하게 설치할 것
㉡ 다수인피난장비 보관실(이하 "보관실"이라 한다)은 건물 외측보다 돌출되지 아니하고, 빗물·먼지 등으로부터 장비를 보호할 수 있는 구조일 것
㉢ 사용 시에 보관실 외측 문이 먼저 열리고 탑승기가 외측으로 자동으로 전개될 것

㉣ 하강 시에 탑승기가 건물 외벽이나 돌출물에 충돌하지 않도록 설치할 것
㉤ 상·하층에 설치할 경우에는 탑승기의 하강경로가 중첩되지 않도록 할 것
㉥ 하강 시에는 안전하고 일정한 속도를 유지하도록 하고 전복, 흔들림, 경로이탈 방지를 위한 안전조치를 할 것
㉦ 보관실의 문에는 오작동 방지조치를 하고, 문 개방 시에는 당해 소방대상물에 설치된 경보설비와 연동하여 유효한 경보음을 발하도록 할 것
㉧ 피난층에는 해당 층에 설치된 피난기구가 착지에 지장이 없도록 충분한 공간을 확보할 것
㉨ 한국소방산업기술원 또는 법 제42조 제1항에 따라 성능시험기관으로 지정받은 기관에서 그 성능을 검증받은 것으로 설치할 것

77 자동화재속보설비 속보기의 구조에 대한 설명 중 틀린 것은?

① 수동통화용 송수화장치를 설치하여야 한다.
② 접지전극에 직류전류를 통하는 회로방식을 사용하여야 한다.
③ 작동 시 그 작동시간과 작동횟수를 표시할 수 있는 장치를 하여야 한다.
④ 부식에 의한 기계적 기능에 영향을 초래할 우려가 있는 부분은 기계식 내식가공을 하거나 방청가공을 하여야 한다.

해설 자동화재속보설비의 속보기의 성능인증 및 제품검사의 기술기준
㉠ 부식에 의하여 기계적 기능에 영향을 초래할 우려가 있는 부분은 칠, 도금 등으로 기계적 내식가공을 하거나 방청가공을 하여야 하며, 전기적 기능에 영향이 있는 단자 등은 동합금이나 이와 동등이상의 내식성능이 있는 재질을 사용하여야 한다.
㉡ 외부에서 쉽게 사람이 접촉할 우려가 있는 충전부는 충분히 보호되어야 하며, 정격전압이 60[V]를 넘고 금속제 외함을 사용하는 경우에는 외함에 접지단자를 설치하여야 한다.
㉢ 극성이 있는 배선을 접속하는 경우에는 오접속 방지를 위한 필요한 조치를 하여야 하며, 커넥터로 접속하는 방식은 구조적으로 오접속이 되지 않는 형태이어야 한다.
㉣ 내부에는 예비전원(알칼리계 또는 리튬계 2차 축전지, 무보수밀폐형 축전지)을 설치하여야 하며 예비전원의 인출선 또는 접속단자는 오접속을 방지하기 위하여 적당한 색상에 의하여 극성을 구분할 수 있도록 하여야 한다.
㉤ 예비전원회로에는 단락사고 등을 방지하기 위한 퓨즈, 차단기 등과 같은 보호장치를 하여야 한다.
㉥ 전면에는 주전원 및 예비전원의 상태를 표시할 수 있는 장치와 작동 시 작동 여부를 표시하는 장치를 하여야 한다.
㉦ 화재표시 복구스위치 및 음향장치의 울림을 정지시킬 수 있는 스위치를 설치하여야 한다.
㉧ 작동 시 그 작동시간과 작동횟수를 표시할 수 있는 장치를 하여야 한다.
㉨ 수동통화용 송수화장치를 설치하여야 한다.
㉩ 표시등에 전구를 사용하는 경우에는 2개를 병렬로 설치하여야 한다. 다만, 발광다이오드의 경우에는 그러하지 아니하다.
㉪ 속보기는 다음의 회로방식을 사용하지 아니하여야 한다.
• 접지전극에 직류전류를 통하는 회로방식
• 수신기에 접속되는 외부배선과 다른 설비(화재신호의 전달에 영향을 미치지 아니하는 것은 제외한다)의 외부배선을 공용으로 하는 회로방식
㉫ 속보기의 기능에 유해한 영향을 미치는 부속장치는 설치하지 아니하여야 한다.

78 비상콘센트의 배치는 아파트 또는 바닥면적이 1,000[m²] 미만인 층은 계단의 출입구로부터 몇 [m] 이내에 설치해야 하는가? (단, 계단의 부속실을 포함하며 계단이 2 이상 있는 경우에는 그 중 1개의 계단을 말한다)

① 10[m] ② 8[m]
③ 5[m]   ④ 3[m]

해설 비상콘센트의 배치는 아파트 또는 바닥면적이 1,000[m²] 미만인 층은 계단의 출입구(계단의 부속실을 포함하여 계단이 2 이상 있는 경우에는 그중 1개의 계단을 말한다)로부터 5[m] 이내에, 바닥면적 1,000[m²] 이상인 층(아파트를 제외한다)은 각 계단의 출입구 또는 계단부속실의 출입구(계단의 부속실을 포함하며 계단이 3 이상 있는 층의 경우에는 그중 2개의 계단을 말한다)로부터 5[m] 이내에 설치하되, 그 비상콘센트로부터 그 층의 각 부분까지의 거리가 다음의 기준을 초과하는 경우에는 그

04. 소방전기구조원리

기준 이하가 되도록 비상콘센트를 추가하여 설치할 것
㉠ 지하상가 또는 지하층의 바닥면적의 합계가 3,000[m²] 이상인 것은 수평거리 25m
㉡ ㉠에 해당하지 아니하는 것은 수평거리 50[m]

79 유도등의 전기회로에 점멸기를 설치할 수 있는 장소에 해당되지 않는 것은? (단, 유도등은 3선식 배선에 따라 상시 충전되는 구조이다)

① 공연장으로서 어두워야 할 필요가 있는 장소
② 특정소방대상물의 관계인이 주로 사용하는 장소
③ 외부광에 따라 피난구 또는 피난방향을 쉽게 식별할 수 있는 장소
④ 지하층을 제외한 층수가 11층 이상의 장소

해설) 유도등은 전기회로에 점멸기를 설치하지 아니하고 항상 점등상태를 유지할 것. 다만, 특정소방대상물 또는 그 부분에 사람이 없거나 다음의 어느 하나에 해당하는 장소로서 3선식 배선에 따라 상시 충전되는 구조인 경우에는 그러하지 아니하다.
㉠ 외부광(光)에 따라 피난구 또는 피난방향을 쉽게 식별할 수 있는 장소
㉡ 공연장, 암실(暗室) 등으로서 어두워야 할 필요가 있는 장소
㉢ 특정소방대상물의 관계인 또는 종사원이 주로 사용하는 장소

80 누전경보기의 변류기는 경계전로에 정격전류를 흘리는 경우 그 경계전로의 전압강하는 몇 [V] 이하여야 하는가? (단, 경계전로의 전선을 그 변류기에 관통시키는 것은 제외한다)

① 0.3[V] ② 0.5[V]
③ 1.0[V] ④ 3.0[V]

해설) 변류기(경계전로의 전선을 그 변류기에 관통시키는 것은 제외한다)는 경계전로에 정격전류를 흘리는 경우, 그 경계전로의 전압강하는 0.5[V] 이하이어야 한다.

정답 79.④ 80.②

2017년 제1회 소방설비기사[전기분야] 1차 필기
[제4과목 : 소방전기구조원리]

61 감지기의 설치기준 중 옳은 것은?
① 보상식스포트형감지기는 정온점이 감지기 주위의 평상시 최고 온도보다 20[℃] 이상 높은 것으로 설치할 것
② 정온식감지기는 주방·보일러실 등으로서 다량의 화기를 취급하는 장소에 설치하되, 공칭작동온도가 최고주위온도보다 30[℃] 이상 높은 것으로 설치할 것
③ 스포트형감지기는 15° 이상 경사되지 아니하도록 부착할 것
④ 공기관식 차동식분포형감지기의 검출부는 45° 이상 경사되지 아니하도록 부착할 것

해설 감지기 설치기준
㉠ 감지기(차동식분포형의 것을 제외한다)는 실내로의 공기유입구로부터 1.5[m] 이상 떨어진 위치에 설치할 것
㉡ 감지기는 천장 또는 반자의 옥내에 면하는 부분에 설치할 것
㉢ 보상식스포트형감지기는 정온점이 감지기 주위의 평상시 최고온도보다 20[℃] 이상 높은 것으로 설치할 것
㉣ 정온식감지기는 주방·보일러실 등으로서 다량의 화기를 취급하는 장소에 설치하되, 공칭작동온도가 최고주위온도보다 20[℃] 이상 높은 것으로 설치할 것
㉤ 스포트형감지기는 45° 이상 경사되지 아니하도록 부착할 것
㉥ 공기관식 차동식분포형감지기는 다음의 기준에 따를 것
　ⓐ 공기관의 노출부분은 감지구역마다 20[m] 이상이 되도록 할 것
　ⓑ 공기관과 감지구역의 각 변과의 수평거리는 1.5[m] 이하가 되도록 하고, 공기관 상호간의 거리는 6[m](주요구조부를 내화구조로 한 특정소방대상물 또는 그 부분에 있어서는 9[m]) 이하가 되도록 할 것
　ⓒ 공기관은 도중에서 분기하지 아니하도록 할 것
　ⓓ 하나의 검출부분에 접속하는 공기관의 길이는 100[m] 이하로 할 것
　ⓔ 검출부는 5° 이상 경사되지 아니하도록 부착할 것
　ⓕ 검출부는 바닥으로부터 0.8[m] 이상 1.5[m] 이하의 위치에 설치할 것

62 휴대용비상조명등의 설치기준 중 틀린 것은?
① 영화상영관에는 보행거리 50[m] 이내마다 3개 이상 설치할 것
② 지하상가 및 지하역사에는 보행거리 30[m] 이내마다 3개 이상 설치할 것
③ 숙박시설 또는 다중이용업소에는 객실 또는 영업장안의 구획된 실마다 잘 보이는 곳에 1개 이상 설치할 것
④ 건전지 및 충전식 밧데리의 용량은 20분 이상 유효하게 사용할 수 있는 것으로 할 것

해설 휴대용비상조명등 설치기준
㉠ 다음 각 목의 장소에 설치할 것
　ⓐ 숙박시설 또는 다중이용업소에는 객실 또는 영업장안의 구획된 실마다 잘 보이는 곳(외부에 설치 시 출입문 손잡이로부터 1[m] 이내 부분)에 1개 이상 설치
　ⓑ 「유통산업발전법」제2조제3호에 따른 대규모점포(지하상가 및 지하역사를 제외한다)와 영화상영관에는 보행거리 50[m] 이내마다 3개 이상 설치
　ⓒ 지하상가 및 지하역사에는 보행거리 25[m] 이내마다 3개 이상 설치
㉡ 설치높이는 바닥으로부터 0.8[m] 이상 1.5[m] 이하의 높이에 설치할 것
㉢ 어둠속에서 위치를 확인할 수 있도록 할 것

정답 61.① 62.②

② 사용 시 자동으로 점등되는 구조일 것
③ 외함은 난연성능이 있을 것
④ 건전지를 사용하는 경우에는 방전방지조치를 하여야 하고, 충전식 밧데리의 경우에는 상시 충전되도록 할 것
⑤ 건전지 및 충전식 밧데리의 용량은 20분 이상 유효하게 사용할 수 있는 것으로 할 것

63 경사강하식 구조대의 구조 기준 중 틀린 것은?

① 손잡이는 출구 부근에 좌우 각 3개 이상 균일한 간격으로 견고하게 부착하여야 한다.
② 입구틀 및 취부틀의 입구는 지름 30[cm] 이상의 구체가 통과할 수 있어야 한다.
③ 구조대 본체의 활강부는 낙하방지를 위해 포를 2중구조로 하거나 또는 망목의 변의 길이가 8[cm] 이하인 망을 설치하여야 한다.
④ 구조대본체의 끝부분에는 길이 4[m] 이상, 지름 4[mm] 이상의 유도선을 부착하여야 하며, 유도선 끝에는 중량 3[N](300[g]) 이상의 모래주머니 등을 설치하여야 한다.

해설 경사강하식 구조대의 제품검사기술기준

제3조(구조) 경사강하식구조대(이하 "구조대"라 한다)의 구조는 다음 각 호에 적합하여야 한다.
1. 연속하여 활강할 수 있는 구조로 안전하고 쉽게 사용할 수 있어야 한다.
2. 입구틀 및 취부틀의 입구는 지름 50[cm] 이상의 구체가 통과할 수 있어야 한다.
3. 포지는 사용시에 수직방향으로 현저하게 늘어나지 아니하여야 한다.
4. 포지, 지지틀, 취부틀 그밖의 부속장치 등은 견고하게 부착되어야 한다.
5. 구조대 본체는 강하방향으로 봉합부가 설치되지 아니하여야 한다.
6. 구조대 본체의 활강부는 낙하방지를 위해 포를 2중 구조로 하거나 또는 망목의 변의 길이가 8[cm] 이하인 망을 설치하여야 한다. 다만, 구조상 낙하방지의 성능을 갖고 있는 구조대의 경우에는 그러하지 아니하다.
7. 본체의 포지는 하부지지장치에 인장력이 균등하게 걸리도록 부착하여야 하며 하부지지장치는 쉽게 조작할 수 있어야 한다.
8. 손잡이는 출구부근에 좌우 각 3개 이상 균일한 간격으로 견고하게 부착하여야 한다.
9. 구조대본체의 끝부분에는 길이 4[m] 이상, 지름 4[mm] 이상의 유도선을 부착하여야 하며, 유도선 끝에는 중량 3[N](300[g]) 이상의 모래주머니 등을 설치하여야 한다.
10. 땅에 닿을 때 충격을 받는 부분에는 완충장치로서 받침포 등을 부착하여야 한다.

64 전기사업자로부터 저압으로 수전하는 경우 비상전원설비로 옳은 것은?

① 방화구획형
② 전용배전반(1·2종)
③ 큐비클형
④ 옥외개방형

해설 비상전원수전설비의 종류
㉠ 고압 또는 특고압 수전의 경우
   큐비클형, 옥외개방형, 방화구획형
㉡ 저압수전의 경우
   전용배전반(1·2종)·전용분전반(1·2종) 또는 공용분전반(1·2종)

65 비상콘센트의 배치 기준 중 바닥면적이 1000[m²] 미만인 층은 계단의 출입구로부터 몇 [m] 이내에 설치하여야 하는가?

① 1.5[m]   ② 5[m]
③ 7[m]   ④ 10[m]

해설 비상콘센트의 배치는 아파트 또는 바닥면적이 1,000[m²] 미만인 층은 계단의 출입구(계단의 부속실을 포함하여 계단이 2 이상 있는 경우에는 그중 1개의 계단을 말한다)로부터 5[m] 이내에, 바닥면적 1,000[m²] 이상인 층(아파트를 제외한다)은 각 계단의 출입구 또는 계단부속실의 출입구(계단의 부속실을 포함하며 계단이 3 이상 있는 층의 경우에는 그중 2개의 계단을 말한다)로부터 5[m] 이내에 설치하되, 그 비상콘센트로부터 그 층의 각 부분까지의 거리가 다음의 기준을 초과하는 경우에는 그 기준 이하가 되도록 비상콘센트를 추가하여 설치할 것
㉠ 지하상가 또는 지하층의 바닥면적의 합계가 3,000[m²] 이상인 것은 수평거리 25[m]
㉡ ㉠에 해당하지 아니하는 것은 수평거리 50[m]

66 광원점등방식 피난유도선의 설치기준 중 틀린 것은?

① 피난유도 표시부는 50[cm] 이내의 간격으로 연속되도록 설치하되 실내장식물 등으로 설치가 곤란할 경우 2[m] 이내로 설치할 것
② 피난유도 표시부는 바닥으로부터 높이 1[m] 이하의 위치 또는 바닥 면에 설치할 것
③ 피난유도 제어부는 조작 및 관리가 용이 하도록 바닥으로부터 0.8[m] 이상 1.5[m] 이하의 높이에 설치할 것
④ 구획된 각 실로부터 주출입구 또는 비상구까지 설치할 것

해설 광원점등방식의 피난유도선 설치기준
㉠ 구획된 각 실로부터 주출입구 또는 비상구까지 설치할 것
㉡ 피난유도 표시부는 바닥으로부터 높이 1[m] 이하의 위치 또는 바닥 면에 설치할 것
㉢ 피난유도 표시부는 50[cm] 이내의 간격으로 연속되도록 설치하되 실내장식물 등으로 설치가 곤란할 경우 1[m] 이내로 설치할 것
㉣ 수신기로부터의 화재신호 및 수동조작에 의하여 광원이 점등되도록 설치할 것
㉤ 비상전원이 상시 충전상태를 유지하도록 설치할 것
㉥ 바닥에 설치되는 피난유도 표시부는 매립하는 방식을 사용할 것
㉦ 피난유도 제어부는 조작 및 관리가 용이하도록 바닥으로부터 0.8[m] 이상 1.5[m] 이하의 높이에 설치할 것

▶ 축광방식의 피난유도선 설치기준
㉠ 구획된 각 실로부터 주출입구 또는 비상구까지 설치할 것
㉡ 바닥으로부터 높이 50[cm] 이하의 위치 또는 바닥 면에 설치할 것
㉢ 피난유도 표시부는 50[cm] 이내의 간격으로 연속되도록 설치할 것
㉣ 부착대에 의하여 견고하게 설치할 것
㉤ 외광 또는 조명장치에 의하여 상시 조명이 제공되거나 비상조명등에 의한 조명이 제공되도록 설치할 것

67 자동화재속보설비의 속보기는 연동 또는 수동 작동에 의한 다이얼링 후 소방관서와 전화접속이 이루어지지 않는 경우에는 최초 다이얼링을 포함하여 몇 회 이상 반복적으로 접속을 위한 다이얼링이 이루어져야 하는가? (단, 이 경우 매회 다이얼링 완료 후 호출은 30초 이상 지속한다)

① 3회　② 5회
③ 10회　④ 20회

해설 자동화재속보설비의 속보기의 성능인증 및 제품검사 기술기준
제5조(기능) 속보기는 다음에 적합한 기능을 가져야 한다.
1. 작동신호를 수신하거나 수동으로 동작시키는 경우 20초 이내에 소방관서에 자동적으로 신호를 발하여 통보하되, 3회 이상 속보할 수 있어야 한다.
2. 주전원이 정지한 경우에는 자동적으로 예비전원으로 전환되고, 주전원이 정상상태로 복귀한 경우에는 자동적으로 예비전원에서 주전원으로 전환되어야 한다.
3. 예비전원은 자동적으로 충전되어야 하며 자동과충전방지장치가 있어야 한다.
4. 화재신호를 수신하거나 속보기를 수동으로 동작시키는 경우 자동적으로 적색 화재표시등이 점등되고 음향장치로 화재를 경보하여야 하며 화재표시 및 경보는 수동으로 복구 및 정지시키지 않는 한 지속되어야 한다.
5. 연동 또는 수동으로 소방관서에 화재발생 음성정보를 속보중인 경우에도 송수화장치를 이용한 통화가 우선적으로 가능하여야 한다.
6. 예비전원을 병렬로 접속하는 경우에는 역충전 방지 등의 조치를 하여야 한다.
7. 예비전원은 감시상태를 60분간 지속한 후 10분 이상 동작(화재속보후 화재표시 및 경보를 10분간 유지하는 것을 말한다)이 지속될 수 있는 용량이어야 한다.
8. 속보기는 연동 또는 수동 작동에 의한 다이얼링 후 소방관서와 전화접속이 이루어지지 않는 경우에는 최초 다이얼링을 포함하여 10회 이상 반복적으로 접속을 위한 다이얼링이 이루어져야 한다. 이 경우 매회 다이얼링 완료 후 호출은 30초 이상 지속되어야 한다.
9. 속보기의 송수화장치가 정상위치가 아닌 경우에도 연동 또는 수동으로 속보가 가능하여야 한다.
10. 삭제 〈2010.7.26〉

정답　66.①　67.③

68 무선통신보조설비의 설치제외 기준 중 다음 ( ) 안에 알맞은 것으로 연결된 것은?

> 지하층으로서 특정소방대상물의 바닥부분 (㉠)면 이상이 지표면과 동일하거나 지표면으로부터의 깊이가 (㉡)[m] 이하인 경우에는 해당 층에 한하여 무선통신보조설비를 설치하지 아니할 수 있다.

① ㉠ 2, ㉡ 1
② ㉠ 2, ㉡ 2
③ ㉠ 3, ㉡ 1
④ ㉠ 3, ㉡ 2

해설 지하층으로서 특정소방대상물의 바닥부분 2면 이상이 지표면과 동일하거나 지표면으로부터의 깊이가 1[m] 이하인 경우에는 해당층에 한하여 무선통신보조설비를 설치하지 아니할 수 있다.

69 5~10회로까지 사용할 수 있는 누전경보기의 집합형 수신기 내부결선도에서 그 구성요소가 아닌 것은?

① 제어부
② 조작부
③ 증폭부
④ 도통시험 및 동작시험부

해설 5~10회로 집합형 수신기 내부결선도
㉠ 자동입력 전환부
㉡ 증폭부
㉢ 제어부
㉣ 회로접합부
㉤ 전원부
㉥ 도통시험 및 동작시험부

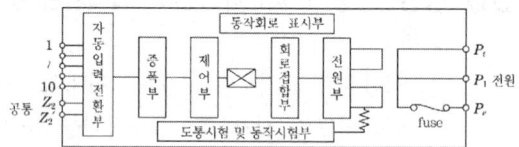
ⓐ 동작회로표시부

70 무선통신보조설비의 증폭기 전면에 주회로의 전원이 정상 인지의 여부를 표시할 수 있도록 설치하는 것으로 옳은 것은?

① 전력계 및 전류계
② 전류계 및 전압계
③ 표시등 및 전압계
④ 표시등 및 전력계

해설 증폭기 및 무선이동중계기 설치기준
1. 전원은 전기가 정상적으로 공급되는 축전지, 전기저장장치(외부 전기에너지를 저장해 두었다가 필요한 때 전기를 공급하는 장치) 또는 교류전압 옥내간선으로 하고, 전원까지의 배선은 전용으로 할 것
2. 증폭기의 전면에는 주 회로의 전원이 정상인지의 여부를 표시할 수 있는 표시등 및 전압계를 설치할 것
3. 증폭기에는 비상전원이 부착된 것으로 하고 해당 비상전원 용량은 무선통신보조설비를 유효하게 30분 이상 작동시킬 수 있는 것으로 할 것
4. 무선이동중계기를 설치하는 경우에는 「전파법」 제58조의2에 따른 적합성평가를 받은 제품으로 설치할 것

71 피난기구의 설치개수 기준 중 틀린 것은?

① 설치한 피난기구 외에 아파트의 경우에는 하나의 관리주체가 관리하는 아파트 구역마다 공기안전매트 1개 이상을 추가로 설치할 것
② 휴양콘도미니엄을 제외한 숙박시설의 경우에는 추가로 객실마다 완강기 또는 1개 이상의 간이완강기를 설치할 것
③ 층마다 설치하되, 숙박시설·노유자시설 및 의료시설로 사용되는 층에 있어서는 그 층의 바닥면적 500[m^2] 마다 1개 이상 설치할 것
④ 층마다 설치하되, 위락시설·문화집회 및 운동시설·판매시설로 사용되는 층 또는 복합용도의 층에 있어서는 그 층은 바닥면적 800[m^2] 마다 1개 이상 설치할 것

해설 피난기구의 설치개수 기준(화재안전기준)
피난기구는 다음 각 호의 기준에 따른 개수 이상을 설치하여야 한다.
㉠ 층마다 설치하되, 숙박시설·노유자시설 및 의료시설로 사용되는 층에 있어서는 그 층의 바닥면적 500[m²]마다, 위락시설·문화집회 및 운동시설·판매시설로 사용되는 층 또는 복합용도의 층에 있어서는 그 층의 바닥면적 800[m²]마다, 계단실형 아파트에 있어서는 각 세대마다, 그 밖의 용도의 층에 있어서는 그 층의 바닥면적 1,000[m²]마다 1개 이상 설치할 것
㉡ ㉠에 따라 설치한 피난기구 외에 숙박시설(휴양콘도미니엄을 제외한다)의 경우에는 추가로 객실마다 완강기 또는 둘 이상의 간이완강기를 설치할 것
㉢ ㉠에 따라 설치한 피난기구 외에 아파트(주택법시행령 제48조의 규정에 따른 아파트에 한한다)의 경우에는 하나의 관리주체가 관리하는 아파트 구역마다 공기안전매트 1개 이상을 추가로 설치할 것. 다만, 옥상으로 피난이 가능하거나 인접세대로 피난할 수 있는 구조인 경우에는 추가로 설치하지 아니할 수 있다.

72 비상콘센트설비의 전원회로의 설치기준 중 틀린 것은?
① 비상콘센트용 풀박스 등은 방청도장을 한 것으로서, 두께 1.6[mm] 이상의 철판으로 할 것
② 하나의 전용회로에 설치하는 비상콘센트는 10개 이하로 할 것
③ 콘센트마다 배선용 차단기(KS C 8321)를 설치하여야 하며, 충전부가 노출되지 아니하도록 할 것
④ 전원회로는 단상교류 220[V]인 것으로서, 그 공급용량은 3[kVA] 이상인 것으로 할 것

해설 비상콘센트설비의 전원회로의 설치기준
㉠ 비상콘센트설비의 전원회로는 단상교류 220[V]인 것으로서, 그 공급용량은 1.5[kVA] 이상인 것으로 할 것
㉡ 전원회로는 각 층에 2 이상이 되도록 설치할 것. 다만, 설치하여야 할 층의 비상콘센트가 1개인 때에는 하나의 회로로 할 수 있다.
㉢ 전원회로는 주 배전반에서 전용회로로 할 것. 다만, 다른 설비의 회로의 사고에 따른 영향을 받지 아니하도록 되어 있는 것은 그러하지 아니하다.
㉣ 전원으로부터 각 층의 비상콘센트에 분기되는 경우에는 분기배선용 차단기를 보호함 안에 설치할 것
㉤ 콘센트마다 배선용 차단기(KS C 8321)를 설치하여야 하며, 충전부가 노출되지 아니하도록 할 것
㉥ 개폐기에는 "비상콘센트"라고 표시한 표지를 할 것
㉦ 비상콘센트용의 풀박스 등은 방청도장을 한 것으로서, 두께 1.6[mm] 이상의 철판으로 할 것
㉧ 하나의 전용회로에 설치하는 비상콘센트는 10개 이하로 할 것. 이 경우 전선의 용량은 각 비상콘센트(비상콘센트가 3개 이상인 경우에는 3개)의 공급용량을 합한 용량 이상의 것으로 하여야 한다.

73 특정소방대상물의 그 부분에서 피난층에 이르는 부분의 비상조명등을 60분 이상 유효하게 작동시킬 수 있는 용량으로 하여야 하는 경우가 아닌 것은?
① 지하층을 제외한 층수가 11층 이상의 층
② 지하층 또는 무창층으로서 용도가 도매시장·소매시장
③ 지하층 또는 무창층으로서 용도가 여객자동차터미널·지하역사 또는 지하상가
④ 지하가 터널로서 길이 500[m] 이상

해설 비상조명등 및 유도등의 비상전원
㉠ 20분 이상 : 대부분의 일반 용도 부분
㉡ 60분 이상 : 다음의 소방대상물의 경우 그 부분에서 피난층에 이르는 부분
• 지하층을 제외한 층수가 11층 이상의 층
• 지하층 또는 무창층으로서 용도가 도매시장·소매시장·여객자동차터미널·지하역사 또는 지하상가

74 주요구조부를 내화구조로 한 특정소방대상물의 바닥면적이 370[m²]인 부분에 설치해야 하는 감지기의 최소 수량은? (단, 감지기의 부착높이는 바닥으로부터 4.5[m]이고, 보상식스포트형 1종을 설치한다)
① 6개 ② 7개
③ 8개 ④ 9개

정답 72.④ 73.④ 74.④

해설) $\frac{370m^2}{45m^2/개} = 8.22 ≒ 9개$

[내화구조, 4[m] 이상, 보상식스포트형 1종]

▶ 자동화재탐지설비 및 시각경보장치의 화재안전기준 (NFSC 203)

부착높이 및 특정소방대상물의 구분		감지기의 종류					
		차동식 스포트형		보상식 스포트형		정온식 스포트형	
		1종	2종	1종	2종	특종	1종	2종
4[m] 미만	주요구조부를 내화구조로 한 특정소방대상물 또는 그 부분	90	70	90	70	70	60	20
	기타 구조의 특정소방대상물 또는 그 부분	50	40	50	40	40	30	15
4[m] 이상 8[m] 미만	주요구조부를 내화구조로 한 특정소방대상물 또는 그 부분	45	35	45	35	35	30	-
	기타 구조의 특정소방대상물 또는 그 부분	30	25	30	25	25	15	-

75 자동화재탐지설비의 경계구역 설정 기준으로 옳은 것은?

① 하나의 경계구역이 3개 이상의 건축물에 미치지 아니하도록 하여야 한다.
② 하나의 경계구역의 면적은 500[m²] 이하로 하고 한 변의 길이는 60[m] 이하로 하여야 한다.
③ 지하구의 경우 하나의 경계구역의 길이는 700[m] 이하로 하여야 한다.
④ 특정소방대상물의 주된 출입구에서 그 내부 전체가 보이는 것에 있어서는 한 변의 길이가 100[m]의 범위 내에서 1,500[m²] 이하로 할 수 있다.

해설) 자동화재탐지설비 경계구역의 기준
㉠ 하나의 경계구역이 2개 이상의 건축물에 미치지 아니하도록 할 것
㉡ 하나의 경계구역이 2개 이상의 층에 미치지 아니하도록 할 것. 다만, 500[m²] 이하의 범위 안에서는 2개의 층을 하나의 경계구역으로 할 수 있다.
㉢ 하나의 경계구역의 면적인 600[m²] 이하로 하고 한 변의 길이는 50[m] 이하로 할 것. 다만, 해당 특정소방대상물의 주된 출입구에서 그 내부 전체가 보이는 것에 있어서는 한 변의 길이가 50[m]의 범위 내에서 1,000[m²] 이하로 할 수 있다.
㉣ 지하구의 경우 하나의 경계구역의 길이는 700[m] 이하로 할 것, 터널의 경우 100[m] 이하

76 피난구유도등의 설치제외 기준 중 틀린 것은?

① 거실 각 부분으로부터 하나의 출입구에 이르는 보행거리가 20[m] 이하이고 비상조명등과 유도표지가 설치된 거실의 출입구
② 바닥면적이 500[m²] 미만인 층으로서 옥내로부터 직접 지상으로 통하는 출입구(외부의 식별이 용이하지 않은 경우에 한함)
③ 출입구가 3 이상 있는 거실로서 그 거실 각 부분으로부터 하나의 출입구에 이르는 보행거리가 30[m] 이하인 경우에는 주된 출입구 2개소외의 출입구(유도표지가 부착된 출입구)
④ 거실 각 부분으로부터 쉽게 도달할 수 있는 출입구

해설) 유도등 및 유도표지의 제외기준
① 다음 각 호의 어느 하나에 해당하는 경우에는 피난구유도등을 설치하지 아니한다.
　1. 바닥면적이 1,000[m²] 미만인 층으로서 옥내로부터 직접 지상으로 통하는 출입구(외부의 식별이 용이한 경우에 한한다)
　2. 거실 각 부분으로부터 쉽게 도달할 수 있는 출입구
　3. 거실 각 부분으로부터 하나의 출입구에 이르는 보행거리가 20[m] 이하이고 비상조명등과 유도표지가 설치된 거실의 출입구
　4. 출입구가 3 이상 있는 거실로서 그 거실 각 부분으로부터 하나의 출입구에 이르는 보행거리가 30[m] 이하인 경우에는 주된 출입구 2개소외의

정답 75.③ 76.②

출입구(유도표지가 부착된 출입구를 말한다). 다만, 공연장·집회장·관람장·전시장·판매시설·운수시설·숙박시설·노유자시설·의료시설·장례식장의 경우에는 그러하지 아니하다.
② 다음 각 호의 어느 하나에 해당하는 경우에는 통로유도등을 설치하지 아니한다.
  1. 구부러지지 아니한 복도 또는 통로로서 길이가 30[m] 미만인 복도 또는 통로
  2. 제1호에 해당하지 않는 복도 또는 통로로서 보행거리가 20[m] 미만이고 그 복도 또는 통로와 연결된 출입구 또는 그 부속실의 출입구에 피난구유도등이 설치된 복도 또는 통로
③ 다음 각 호의 어느 하나에 해당하는 경우에는 객석유도등을 설치하지 아니한다.
  1. 주간에만 사용하는 장소로서 채광이 충분한 객석
  2. 거실 등의 각 부분으로부터 하나의 거실출입구에 이르는 보행거리가 20[m] 이하인 객석의 통로로서 그 통로에 통로유도등이 설치된 객석
④ 다음 각 호의 어느 하나에 해당하는 경우에는 유도표지를 설치하지 아니한다.
  1. 유도등이 제5조와 제6조에 적합하게 설치된 출입구·복도·계단 및 통로
  2. 제1항제1호·제2호와 제2항에 해당하는 출입구·복도·계단 및 통로

77 각 설비와 비상전원의 최소용량 연결이 틀린 것은?
① 비상콘센트설비 – 20분 이상
② 제연설비 – 20분 이상
③ 비상경보설비 – 20분 이상
④ 무선통신보조설비의 증폭기 – 30분 이상

[해설] 비상경보설비의 비상전원용량
감시상태를 60분간 지속한 후 10분 이상 경보를 지속될 수 있는 용량이어야 한다.

78 비상방송설비의 배선의 설치기준 중 부속회로의 전로와 대지 사이 및 배선상호간의 절연저항은 1경계구역마다 직류 250[V]의 절연저항측정기를 사용하여 측정한 절연저항이 몇 [MΩ] 이상이 되도록 해야 하는가?

① 0.1[MΩ]   ② 0.2[MΩ]
③ 10[MΩ]   ④ 20[MΩ]

[해설] 비상방송설비의 배선기준
㉠ 화재로 인하여 하나의 층의 확성기 또는 배선이 단락 또는 단선되어도 다른 층의 화재통보에 지장이 없도록 할 것
㉡ 전원회로의 배선은 옥내소화전설비의 화재안전기준(NFSC 102) 별표 1에 따른 내화배선에 따르고, 그 밖의 배선은 옥내소화전설비의 화재안전기준(NFSC 102) 별표 1에 따른 내화배선 또는 내열배선에 따라 설치할 것
㉢ 전원회로의 전로와 대지 사이 및 배선상호간의 절연저항은 「전기사업법」 제67조에 따른 기술기준이 정하는 바에 따르고, 부속회로의 전로와 대지 사이 및 배선 상호간의 절연저항은 1경계구역마다 직류 250[V]의 절연저항측정기를 사용하여 측정한 절연저항이 0.1[MΩ] 이상이 되도록 할 것
㉣ 비상방송설비의 배선은 다른 전선과 별도의 관·덕트(절연효력이 있는 것으로 구획한 때에는 그 구획된 부분은 별개의 덕트로 본다) 몰드 또는 풀박스등에 설치할 것. 다만, 60[V] 미만의 약전류회로에 사용하는 전선으로서 각각의 전압이 같을 때에는 그러하지 아니하다.

79 감지기의 부착면과 실내 바닥과의 거리가 2.3[m] 이하인 곳으로서 일시적으로 발생한 열·연기 또는 먼지 등으로 인하여 화재신호를 발신할 우려가 있는 장소에 적응성이 있는 감지기가 아닌 것은?
① 불꽃감지기
② 축적방식의 감지기
③ 정온식 감지선형 감지기
④ 광전식 스포트형 감지기

[해설] 오동작 방지 기능 감지기의 종류
㉠ 불꽃감지기
㉡ 정온식 감지선형 감지기
㉢ 분포형 감지기
㉣ 복합형 감지기
㉤ 광전식 분리형 감지기
㉥ 아날로그방식의 감지기
㉦ 다신호방식의 감지기
㉧ 축적방식의 감지기

정답 77.③ 78.① 79.④

80 비상방송설비의 음향장치의 설치기준 중 다음 ( ) 안에 알맞은 것으로 연결된 것은?

> 층수가 5층 이상으로서 연면적이 3000[m²]를 초과하는 특정소방대상물의 (㉠) 이상의 층에서 발화한 때에는 발화층 및 그 지상층에, (㉡)에서 발화한 때에는 발화층·그 지상층 및 지하층에, (㉢)에서 발화할 때에는 발화층·그 지상층 및 기타의 지하층에 경보를 발할 것

① ㉠ 2층, ㉡ 1층, ㉢ 지하층
② ㉠ 1층, ㉡ 2층, ㉢ 지하층
③ ㉠ 2층, ㉡ 지하층, ㉢ 1층
④ ㉠ 2층, ㉡ 1층, ㉢ 모든 층

해설 우선경보방식

㉠ 층수가 5층 이상으로서 연면적이 3,000[m²]를 초과하는 특정소방대상물은 다음 각목에 따라 경보를 발할 수 있도록 하여야 한다.
  ⓐ 2층 이상의 층에서 발화한 때에는 발화층 및 그 직상층에 경보를 발할 것
  ⓑ 1층에서 발화한 때에는 발화층·그 직상층 및 지하층에 경보를 발할 것
  ⓒ 지하층에서 발화한 때에는 발화층·그 직상층 및 기타의 지하층에 경보를 발할 것

㉡ 위 ㉠에도 불구하고 층수가 30층 이상의 특정소방대상물은 다음 각목에 따라 경보를 발할 수 있도록 하여야 한다.
  ⓐ 2층 이상의 층에서 발화한 때에는 발화층 및 그 직상 4개층에 경보를 발할 것
  ⓑ 1층에서 발화한 때에는 발화층·그 직상 4개층 및 지하층에 경보를 발할 것
  ⓒ 지하층에서 발화한 때에는 발화층·그 직상층 및 기타의 지하층에 경보를 발할 것

[2022.12.1.이후 개정]
NFTC로 변경 자동화재탐지설비 및 비상방송설비 우선경보설치대상 변경

층수가 11층(공동주택의 경우에는 16층) 이상의 특정소방대상물은 다음의 기준에 따라 경보를 발할 수 있도록 할 것[10층 이하, 공동주택의 경우 15층 이하의 경우 일제경보방식]
① 2층 이상의 층에서 발화한 때에는 발화층 및 그 직상 4개 층에 경보를 발할 것
② 1층에서 발화한 때에는 발화층·그 직상 4개 층 및 지하층에 경보를 발할 것
③ 지하층에서 발화한 때에는 발화층·그 직상층 및 기타의 지하층에 경보를 발할 것

정답 80.①

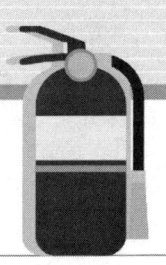

2017년 제2회 소방설비기사[전기분야] 1차 필기

[제4과목 : 소방전기구조원리]

61 비상방송설비는 기동장치에 따른 화재신고를 수신한 후 필요한 음량으로 화재발생 상황 및 피난에 유효한 방송이 자동으로 개시될 때까지의 소요시간은 몇 초 이하로 하여야 하는가?

① 5초　② 10초
③ 20초　④ 30초

해설 비상방송설비는 기동장치에 따른 화재신고를 수신한 후 필요한 음량으로 화재발생 상황 및 피난에 유효한 방송이 자동으로 개시될 때까지의 소요시간은 10초 이하로 할 것

62 비상콘센트설비 전원회로의 설치기준 중 옳은 것은?

① 전원회로는 단상교류 220[V]인 것으로서, 그 공급용량은 3.0[kVA] 이상인 것으로 할 것
② 비상콘텐트용의 풀박스 등은 방청도장을 한 것으로, 두께 2.0[mm] 이상의 철판으로 할 것
③ 하나의 전용회로에 설치하는 비상콘센트는 8개 이하로 할 것
④ 전원으로부터 각 층의 비상콘센트에 분기되는 경우에는 분기배선용 차단기를 보호함 안에 설치할 것

해설 비상콘센트설비의 전원회로의 설치기준
㉠ 비상콘센트설비의 전원회로는 단상교류 220[V]인 것으로서, 그 공급용량은 1.5[kVA] 이상인 것으로 할 것
㉡ 전원회로는 각 층에 2 이상이 되도록 설치할 것. 다만, 설치하여야 할 층의 비상콘센트가 1개인 때에는 하나의 회로로 할 수 있다.
㉢ 전원회로는 주 배전반에서 전용회로로 할 것. 다만, 다른 설비의 회로의 사고에 따른 영향을 받지 아니하도록 되어 있는 것은 그러하지 아니하다.
㉣ 전원으로부터 각 층의 비상콘센트에 분기되는 경우에는 분기배선용 차단기를 보호함 안에 설치할 것
㉤ 콘센트마다 배선용 차단기(KS C 8321)를 설치하여야 하며, 충전부가 노출되지 아니하도록 할 것
㉥ 개폐기에는 "비상콘센트"라고 표시한 표지를 할 것
㉦ 비상콘센트용의 풀박스 등은 방청도장을 한 것으로서, 두께 1.6[mm] 이상의 철판으로 할 것
㉧ 하나의 전용회로에 설치하는 비상콘센트는 10개 이하로 할 것. 이 경우 전선의 용량은 각 비상콘센트(비상콘센트가 3개 이상인 경우에는 3개)의 공급용량을 합한 용량 이상의 것으로 하여야 한다.

63 비상벨설비 또는 자동식사이렌설비의 지구음향장치는 특정소방대상물의 층마다 설치하되, 음향장치까지의 수평거리가 몇 [m] 이하가 되도록 하여야 하는가?

① 15[m]　② 25[m]
③ 40[m]　④ 50[m]

해설 비상경보설비 음향장치 설치기준
㉠ 지구음향장치는 특정소방대상물의 층마다 설치하되, 해당 특정소방대상물의 각 부분으로부터 하나의 음향장치까지의 수평거리가 25[m] 이하가 되도록 하고, 해당층의 각 부분에 유효하게 경보를 발할 수 있도록 설치하여야 한다. 다만, 「비상방송설비의 화재안전기준(NFSC 202)」에 적합한 방송설비를 비상벨설비 또는 자동식사이렌설비와 연동하여 작동하도록 설치한 경우에는 지구음향장치를 설치하지 아니할 수 있다.
㉡ 음향장치는 정격전압의 80[%] 전압에서 음향을 발할 수 있도록 하여야 한다.
㉢ 음향장치의 음량은 부착된 음향장치의 중심으로부터 1[m] 떨어진 위치에서 90[dB] 이상이 되는 것으로 하여야 한다.

정답 61.② 62.④ 63.②

64 자동화재탐지설비 중계기에 예비전원을 사용하는 경우 구조 및 기능 기준 중 다음 (   ) 안에 알맞은 것은?

> 축전지의 충전시험 및 방전시험은 방전종지전압을 기준하여 시작한다. 이 경우 방전종지전압이라 함은 원통형니켈카드뮴축전지는 셀당 (㉠)[V]의 상태를, 무보수밀폐형연축전지는 단전지당 (㉡)[V]의 상태를 말한다.

① ㉠ 1.0, ㉡ 1.5   ② ㉠ 1.0, ㉡ 1.75
③ ㉠ 1.6, ㉡ 1.5   ④ ㉠ 1.6, ㉡ 1.75

해설 중계기의 형식승인 및 제품검사 기술기준
제4조(부품의 구조 및 기능 중 예비전원기준) 축전지의 충전시험 및 방전시험은 방전종지전압을 기준하여 시작한다. 이 경우 방전종지전압이라 함은 원통형니켈카드뮴축전지는 셀당 1.0[V]의 상태를, 무보수밀폐형연축전지는 단전지당 1.75[V]의 상태를 말한다.

65 비상콘센트설비의 화재안전기준에 따른 용어의 정의 중 옳은 것은? [현행 개정]

① "저압"이란 직류는 750[V] 이하, 교류는 600[V] 이하인 것을 말한다.
② "저압"이란 직류는 700[V] 이하, 교류는 600[V] 이하인 것을 말한다.
③ "고압"이란 직류는 700[V]를, 교류는 600[V]를 초과하는 것을 말한다.
④ "특고압"이란 8[kV]를 초과하는 것을 말한다.

해설

전원	저압	고압	특고압
직류	750[V] 이하	750[V] 초과 7[kV] 이하	7[kV] 초과
교류	600[V] 이하	600[V] 초과 7[kV] 이하	7[kV] 초과

㉠ "저압"이란 직류는 750[V] 이하, 교류는 600[V] 이하인 것을 말한다.
㉡ "고압"이란 직류는 750[V]를, 교류는 600[V]를 초과하고 7kV 이하인 것을 말한다.
㉢ "특고압"이란 7[kV]를 초과하는 것을 말한다.

[2022.12.1.이후 개정]
용어정의 변경
① "저압"이란 직류는 1.5[kV] 이하, 교류는 1[kV] 이하인 것을 말한다.
② "고압"이란 직류는 1.5[kV]를, 교류는 1[kV]를 초과하고, 7[kV] 이하인 것을 말한다.
③ "특고압"이란 7[kV]를 초과하는 것을 말한다.

66 자동화재속보설비 속보기의 기능 기준 중 옳은 것은?

① 작동신호를 수신하거나 수동으로 동작시키는 경우 10초 이내에 소방관서에 자동적으로 신호를 발하여 통보하되, 3회 이상 속보할 수 있어야 한다.
② 예비전원을 병렬로 접속하는 경우에는 역충전 방지 등의 조치를 하여야 한다.
③ 예비전원은 감시상태를 30분간 지속한 후 10분 이상 동작이 지속될 수 있는 용량이어야 한다.
④ 속보기는 연동 또는 수동 작동에 의한 다이얼링 후 소방관서와 전화접속이 이루어지지 않는 경우에는 최초 다이얼링을 포함하여 20회 이상 반복적으로 접속을 위한 다이얼링이 이루어야 한다. 이 경우 매회 지속되어야 한다.

해설 자동화재속보설비의 속보기의 성능인증 및 제품검사 기술기준
제5조(기능) 속보기는 다음에 적합한 기능을 가져야 한다.
1. 작동신호를 수신하거나 수동으로 동작시키는 경우 20초 이내에 소방관서에 자동적으로 신호를 발하여 통보하되, 3회 이상 속보할 수 있어야 한다.
2. 주전원이 정지한 경우에는 자동적으로 예비전원으로 전환되고, 주전원이 정상상태로 복귀한 경우에는 자동적으로 예비전원에서 주전원으로 전환되어야 한다.
3. 예비전원은 자동적으로 충전되어야 하며 자동과충전방지장치가 있어야 한다.
4. 화재신호를 수신하거나 속보기를 수동으로 동작시키는 경우 자동적으로 적색 화재표시등이 점등되고 음향장치로 화재를 경보하여야 하며 화재표시 및 경보는 수동으로 복구 및 정지시키지 않는 한 지속되어야 한다.

5. 연동 또는 수동으로 소방관서에 화재발생 음성정보를 속보중인 경우에도 송수화장치를 이용한 통화가 우선적으로 가능하여야 한다.
6. 예비전원을 병렬로 접속하는 경우에는 역충전 방지 등의 조치를 하여야 한다.
7. 예비전원은 감시상태를 60분간 지속한 후 10분이상 동작(화재속보후 화재표시 및 경보를 10분간 유지하는 것을 말한다)이 지속될 수 있는 용량이어야 한다.
8. 속보기는 연동 또는 수동 작동에 의한 다이얼링 후 소방관서와 전화접속이 이루어지지 않는 경우에는 최초 다이얼링을 포함하여 10회 이상 반복적으로 접속을 위한 다이얼링이 이루어져야 한다. 이 경우 매회 다이얼링 완료 후 호출은 30초 이상 지속되어야 한다.
9. 속보기의 송수화장치가 정상위치가 아닌 경우에도 연동 또는 수동으로 속보가 가능하여야 한다.
10. 삭제 〈2010.7.26〉
11. 음성으로 통보되는 속보내용을 통하여 당해 소방대상물의 위치, 화재발생 및 속보기에 의한 신고임을 확인할 수 있어야 한다.
12. 속보기는 음성속보방식 외에 데이터 또는 코드전송방식 등을 이용한 속보기능을 부가로 설치 할 수 있다. 이 경우 데이터 및 코드전송방식은 [별표 1]에 따른다.
13. 제12호 후단의 [별표 1]에 따라 소방관서 등에 구축된 접수시스템 또는 별도의 시험용 시스템을 이용하여 시험한다.

67 휴대용비상조명등의 설치 기준 중 다음 ( ) 안에 알맞은 것은?

> 지하상가 및 지하역사에는 (㉠)[m] 보행거리 이내마다 (㉡)개 이상 설치할 것

① ㉠ 25, ㉡ 1   ② ㉠ 25, ㉡ 3
③ ㉠ 50, ㉡ 1   ④ ㉠ 50, ㉡ 3

해설 휴대용비상조명등 설치기준
㉠ 다음 각 목의 장소에 설치할 것
  ⓐ 숙박시설 또는 다중이용업소에는 객실 또는 영업장안의 구획된 실마다 잘 보이는 곳(외부에 설치 시 출입문 손잡이로부터 1[m] 이내 부분)에 1개 이상 설치

  ⓑ 「유통산업발전법」제2조제3호에 따른 대규모점포(지하상가 및 지하역사를 제외한다)와 영화상영관에는 보행거리 50[m] 이내마다 3개 이상 설치
  ⓒ 지하상가 및 지하역사에는 보행거리 25[m] 이내마다 3개 이상 설치
㉡ 설치높이는 바닥으로부터 0.8[m] 이상 1.5[m] 이하의 높이에 설치할 것
㉢ 어둠속에서 위치를 확인할 수 있도록 할 것
㉣ 사용 시 자동으로 점등되는 구조일 것
㉤ 외함은 난연성능이 있을 것
㉥ 건전지를 사용하는 경우에는 방전방지조치를 하여야 하고, 충전식 밧데리의 경우에는 상시 충전되도록 할 것
㉦ 건전지 및 충전식 밧데리의 용량은 20분 이상 유효하게 사용할 수 있는 것으로 할 것

68 무선통신보조설비의 누설동축케이블 또는 동축케이블의 임피던스는 몇 [Ω]으로 하여야 하는가?

① 5[Ω]   ② 10[Ω]
③ 50[Ω] ④ 100[Ω]

해설 누설동축케이블 등 설치기준
㉠ 누설동축케이블 및 안테나는 고압의 전로로부터 1.5[m] 이상 떨어진 위치에 설치할 것
㉡ 누설동축케이블의 끝부분에는 무반사 종단저항을 견고하게 설치할 것
㉢ 누설동축케이블 또는 동축케이블의 임피던스는 50[Ω]으로 하고, 이에 접속하는 안테나·분배기 기타의 장치는 해당 임피던스에 적합한 것으로 하여야 한다.
㉣ 지상에 설치하는 접속단자는 보행거리 300[m] 이내마다 설치하고, 다른 용도로 사용되는 접속단자에서 5[m] 이상의 거리를 둘 것

69 무선통신보조설비의 증폭기 및 무선이동중계기를 설치하는 경우의 설치기준으로 틀린 것은?

① 전원은 전기가 정상적으로 공급되는 축전지, 전지저장장치 또는 교류전압 옥내간선으로 하고, 전원까지의 배선은 전용으로 할 것
② 증폭기의 전면에는 주회로의 전원이 정상인지의 여부를 표시할 수 있는 표시등 및 전류계를 설치할 것

정답 67.② 68.③ 69.②

③ 증폭기에는 비상전원이 부착된 것으로 하고 해당 비상전원 용량은 무선통신보조설비를 유효하게 30분 이상 작동시킬 수 있는 것으로 할 것
④ 무선이동중계기를 설치하는 경우에는 「전파법」의 규정에 따른 적합성평가를 받은 제품으로 설치할 것

해설 증폭기 및 무선이동중계기 설치기준
㉠ 전원은 전기가 정상적으로 공급되는 축전지, 전기저장장치(외부 전기에너지를 저장해 두었다가 필요한 때 전기를 공급하는 장치) 또는 교류전압 옥내간선으로 하고, 전원까지의 배선은 전용으로 할 것
㉡ 증폭기의 전면에는 주 회로의 전원이 정상인지의 여부를 표시할 수 있는 표시등 및 전압계를 설치할 것
㉢ 증폭기에는 비상전원이 부착된 것으로 하고 해당 비상전원 용량은 무선통신보조설비를 유효하게 30분 이상 작동시킬 수 있는 것으로 할 것
㉣ 무선이동중계기를 설치하는 경우에는 「전파법」 제58조의2에 따른 적합성평가를 받은 제품으로 설치할 것

70 피난설비의 설치면제 요건의 규정에 따라 옥상의 면적이 몇 [m²] 이상이어야 그 옥상의 직하층 또는 직상층 (관람집회 및 운동시설 또는 판매시설 제외) 그 부분에 피난기구를 설치하지 아니할 수 있는가? (단, 숙박시설[휴양콘도미니엄을 제외]에 설치되는 완강기 및 간이완강기의 경우에 제외한다)

① 500[m²]   ② 800[m²]
③ 1,000[m²]   ④ 1,500[m²]

해설 피난기구 제외규정
다음 각 목의 기준에 적합한 소방대상물 중 그 옥상의 직하층 또는 최상층(관람집회 및 운동시설 또는 판매시설을 제외한다)
가. 주요구조부가 내화구조로 되어 있어야 할 것
나. 옥상의 면적이 1,500[m²] 이상이어야 할 것
다. 옥상으로 쉽게 통할 수 있는 창 또는 출입구가 설치되어 있어야 할 것
라. 옥상이 소방사다리차가 쉽게 통행할 수 있는 도로(폭 6[m] 이상의 것을 말한다. 이하 같다) 또는 공지(공원 또는 광장 등을 말한다. 이하 같다)에 면하여 설치되어 있거나 옥상으로부터 피난층 또는 지상으로 통하는 2 이상의 피난계단 또는 특별피난계단이 「건축법 시행령」 제35조의 규정에 적합하게 설치되어 있어야 할 것

71 청각장애인용 시각경보장치의 설치기준 중 천장의 높이가 2[m] 이하인 경우에는 천장으로부터 몇 [m] 이내의 장소에 설치하여야 하는가?

① 0.15[m]   ② 0.3[m]
③ 0.5[m]   ④ 0.7[m]

해설 청각장애인용 시각경보장치의 설치 높이
바닥으로부터 2[m] 이상 2.5[m] 이하의 장소에 설치하되, 천장의 높이가 2[m] 이하인 경우에는 천장으로부터 0.15[m] 이내의 장소에 설치할 것

[참고 : 시각경보기 설치대상]
시각경보기를 설치하여야 하는 특정소방대상물은 라목에 따라 자동화재탐지설비를 설치하여야 하는 특정소방대상물 중 다음의 어느 하나에 해당하는 것과 같다.
1) 근린생활시설, 문화 및 집회시설, 종교시설, 판매시설, 운수시설, 운동시설, 위락시설, 창고시설 중 물류터미널
2) 의료시설, 노유자시설, 업무시설, 숙박시설, 발전시설 및 장례식장
3) 교육연구시설 중 도서관, 방송통신시설 중 방송국
4) 지하가 중 지하상가

72 주요구조부가 내화구조인 특정소방대상물에 자동화재탐지설비의 감지기를 열전대식 차동식분포형으로 설치하려고 한다. 바닥면적이 256㎡일 경우 열전대부와 검출부는 각각 최소 몇 개 이상으로 설치하여야 하는가?

① 열전대부 11개, 검출부 1개
② 열전대부 12개, 검출부 1개
③ 열전대부 11개, 검출부 2개
④ 열전대부 12개, 검출부 2개

해설 $\dfrac{256 m^2}{22 m^2/개} = 11.63 ≒ 12개$

▶ 열전대식 차동식 분포형 감지기 설치기준
열전대식 차동식분포형감지기는 다음의 기준에 따를 것
㉠ 열전대부는 감지구역의 바닥면적 18㎡(주요구조부가 내화구조로 된 특정소방대상물에 있어서는 22[m²])마다 1개 이상으로 할 것. 다만, 바닥면적이 72㎡(주요구조부가 내화구조로 된 특정소방대상물에 있어서는 88[m²]) 이하인 특정소방대상물에 있어서는 4개 이상으로 하여야 한다.

ⓒ 하나의 검출부에 접속하는 열전대부는 20개 이하로 할 것. 다만, 각각의 열전대부에 대한 작동여부를 검출부에서 표시할 수 있는 것(주소형)은 형식승인 받은 성능인정범위 내의 수량으로 설치할 수 있다.

73 자동화재탐지설비 발신기의 작동기능 기준 중 다음 ( ) 안에 알맞은 것은? (단, 이 경우 누름판이 있는 구조로서 손끝으로 눌러 작동하는 방식의 작동스위치는 누름판을 포함한다)

> 발신기의 조작부는 작동스위치의 동작방향으로 가하는 힘이 (㉠)[kg]을 초과하고 (㉡)[kg] 이하인 범위에서 확실하게 동작되어야 하며, 2[kg] 힘을 가하는 경우 동작되지 아니하여야 한다.

① ㉠ 2, ㉡ 8
② ㉠ 3, ㉡ 7
③ ㉠ 2, ㉡ 7
④ ㉠ 3, ㉡ 8

해설 발신기의 형식승인 및 제품검사 기술기준
제4조의2(발신기의 작동기능)
① 발신기의 조작부는 작동스위치의 동작방향으로 가하는 힘이 2[kg]을 초과하고 8[kg]이하인 범위에서 확실하게 동작되어야 하며, 2[kg]의 힘을 가하는 경우 동작되지 아니하여야 한다. 이 경우 누름판이 있는 구조로서 손끝으로 눌러 작동하는 방식의 작동스위치는 누름판을 포함한다.
② 발신기는 조작부의 작동스위치가 작동되는 경우 화재신호를 전송하여야 하며, 발신기는 발신기의 확인장치에 화재신호가 전송되었음을 표기하여야 한다.
③ 발신기는 수신기와 통화가 가능한 장치를 설치할 수 있다. 이 경우 화재신호의 전송에 지장을 주지 아니하여야 한다.

74 객석 통로의 직선부분의 길이가 25[m]인 영화관의 통로에 객석유도등을 설치하는 경우 최소 설치 개수는?

① 5개
② 6개
③ 7개
④ 8개

해설 $\dfrac{25m}{4m} - 1 = 5.25 ≒ 6$개

▶ 객석통로유도등 설치기준
㉠ 객석유도등은 객석의 통로, 바닥 또는 벽에 설치할 것
㉡ 객석 내의 통로가 경사로 또는 수평로로 되어 있는 부분에 있어서는 다음의 식에 따라 산출한 수(소수점 이하의 수는 1로 간주)의 유도등을 설치하여야 한다.

$$N(설치개수) = \dfrac{객석\ 통로의\ 직선부분의\ 길이[m]}{4} - 1개$$

㉢ 객석 내의 통로가 옥외 또는 이와 유사한 부분에 있는 경우에는 당해 통로 전체에 미칠 수 있는 수의 유도등을 설치하되, 그 조도는 통로바닥의 중심선 0.5[m]의 높이에서 측정하여 0.2[lx] 이상일 것

75 공기관식 차동식분포형 감지기의 구조 및 기능 기준 중 다음 ( ) 안에 알맞은 것은?

> ㉮ 공기관은 하나의 길이(이음매가 없는 것)가 (㉠)[m] 이상의 것으로 안지름 및 관의 두께가 일정하고 흠, 갈라짐 및 변형이 없어야 하며, 부식되지 아니하여야 한다.
> ㉯ 공기관의 두께는 (㉡)[mm] 이상, 바깥지름은 (㉢)[mm] 이상이어야 한다.

① ㉠ 10, ㉡ 0.5, ㉢ 1.5
② ㉠ 20, ㉡ 0.3, ㉢ 1.9
③ ㉠ 10, ㉡ 0.3, ㉢ 1.9
④ ㉠ 20, ㉡ 0.5, ㉢ 1.5

해설 감지기의 형식승인 및 제품검사 기술기준
차동식분포형감지기로서 공기관식 또는 이와 유사한 것은 다음에 적합하여야 한다.
㉠ 리크저항 및 접점수고를 쉽게 시험할 수 있어야 한다.
㉡ 공기관의 누출 및 폐쇄여부를 쉽게 시험할 수 있고, 시험 후 시험장치를 정위치에 쉽게 복귀할 수 있는 적당한 방법이 강구되어야 한다.
㉢ 공기관은 하나의 길이(이음매가 없는 것)가 20[m] 이상의 것으로 안지름 및 관의 두께가 일정하고 흠, 갈라짐 및 변형이 없어야하며 부식되지 아니하여야 한다.
㉣ 공기관의 두께는 0.3[mm] 이상, 바깥지름은 1.9[mm] 이상이어야 한다.

76 광전식분리형감지기의 설치기준 중 광축은 나란한 벽으로부터 몇 [m] 이상 이격하여 설치하여야 하는가?

① 0.6[m]　　② 0.8[m]
③ 1[m]　　　④ 1.5[m]

해설 광전식 분리형 감지기의 설치기준
- ㉠ 감지기의 수광면은 햇빛을 직접 받지 않도록 설치할 것
- ㉡ 광축(송광면과 수광면의 중심을 연결한 선)은 나란한 벽으로부터 0.6[m] 이상 이격하여 설치할 것
- ㉢ 감지기의 송광부와 수광부는 설치된 뒷벽으로부터 1[m] 이내 위치에 설치할 것
- ㉣ 광축의 높이는 천장 등(천장의 실내에 면한 부분 또는 상층의 바닥 하부면을 말한다) 높이의 80[%] 이상일 것
- ㉤ 감지기의 광축의 길이는 공칭감시거리 범위 이내일 것
- ㉥ 그 밖의 설치기준은 형식승인 내용에 따르며 형식승인 사항이 아닌 것은 제조사의 시방에 따라 설치할 것

77 근린생활시설 중 입원실이 있는 의원 지하층에 적응성을 가진 피난기구는?

① 피난용트랩　　② 피난사다리
③ 피난교　　　　④ 구조대

해설 피난기구의 화재안전기준(NFSC 301)
[별표 1] 소방대상물의 설치장소별 피난기구의 적응성(제4조 제1항 관련) [현행 지하층 삭제]

층별 설치 장소별 구분	1층	2층	3층	4층 이상 10층 이하
1. 노유자시설	미끄럼대 구조대 피난교 다수인피난장비 승강식피난기	미끄럼대 구조대 피난교 다수인피난장비 승강식피난기	미끄럼대 구조대 피난교 다수인피난장비 승강식피난기	구조대 피난교 다수인피난장비 승강식피난기
2. 의료시설·근린생활시설 중 입원실이 있는 의원·접골원·조산원			미끄럼대 구조대 피난교 피난용트랩 다수인피난장비 승강식피난기	구조대 피난교 피난용트랩 다수인피난장비 승강식피난기
3. 「다중이용업소의 안전관리에 관한 특별법 시행령」 제2조에 따른 다중이용업소로서 영업장의 위치가 4층 이하인 다중이용업소		미끄럼대 피난사다리 구조대 완강기 다수인피난장비 승강식피난기	미끄럼대 피난사다리 구조대 완강기 다수인피난장비 승강식피난기	미끄럼대 피난사다리 구조대 완강기 다수인피난장비 승강식피난기
4. 그 밖의 것			미끄럼대 피난사다리 구조대 완강기 피난교 피난용트랩 간이완강기 공기안전매트 다수인피난장비 승강식피난기	피난사다리 구조대 완강기 피난교 간이완강기 공기안전매트 다수인피난장비 승강식피난기

78 누전경보기 부품의 구조 및 기능 기준 중 누전경보기에 변압기를 사용하는 경우 변압기의 정격 1차 전압은 몇 [V] 이하로 하는가?

① 100[V]　　② 200[V]
③ 300[V]　　④ 400[V]

해설
- 누전경보기용 변압기의 정격1차 전압 : 300[V] 이하

누전경보기의 형식승인 및 제품검사 기술기준
제4조 부품의 구조 및 기능
▶ 변압기
- ㉠ 변압기는 KS C 6308(전자기기용 소형전원변압기) 또는 이와 동등이상의 성능이 있는 것이어야 한다.
- ㉡ 정격1차 전압은 300[V] 이하로 한다.
- ㉢ 변압기의 외함에는 접지단자를 설치하여야 한다.
- ㉣ 용량은 최대사용전류에 연속하여 견딜 수 있는 크기 이상이어야 한다.

79 누전경보기 수신부의 구조 기준 중 틀린 것은?

① 2급 수신부에는 전원 입력측의 회로에 단락이 생기는 경우에 유효하게 보호되는 조치를 강구하여야 한다.
② 주전원의 양극을 동시에 개폐할 수 있는 전원 스위치를 설치하여야 한다. 다만, 보수시에 전원공급이 자동적으로 중단되는 방식은 그렇지 아니하다.

정답 76.① 77.① 78.③ 79.①

③ 감도조정장치를 제외하고 감도조정부는 외함의 바깥쪽에 노출되지 아니하여야 한다.
④ 전원입력측의 양선(1회선용은 1선 이상) 및 외부부하에 직접 전원을 송출하도록 구성된 회로에는 퓨즈 또는 브레이커 등을 설치하여야 한다.

해설 누전경보기의 형식승인 및 제품검사 기술기준
제23조(수신부의 구조) 수신부의 구조는 다음 각 호에 적합하여야 한다.
1. 전원을 표시하는 장치를 설치하여야 한다. 다만, 2급에서는 그러하지 아니하다.
2. 수신부는 다음 회로에 단락이 생기는 경우에는 유효하게 보호되는 조치를 강구하여야 한다.
   가. 전원 입력측의 회로(다만, 2급수신부에는 적용하지 아니한다)
   나. 수신부에서 외부의 음향장치와 표시등에 대하여 직접 전력을 공급하도록 구성된 외부회로
3. 감도조정장치를 제외하고 감도조정부는 외함의 바깥쪽에 노출되지 아니하여야 한다.
4. 주전원의 양극을 동시에 개폐할 수 있는 전원스위치를 설치하여야 한다. 다만, 보수시에 전원공급이 자동적으로 중단되는 방식은 그러하지 아니하다.
5. 전원입력측의 양선(1회선용은 1선 이상) 및 외부부하에 직접 전원을 송출하도록 구성된 회로에는 퓨즈 또는 브레이커 등을 설치하여야 한다.

80 발신기의 외함을 합성수지를 사용하는 경우 외함의 최소 두께는 몇 [mm] 이상이어야 하는가?
① 3[mm] ② 12[mm]
③ 1.6[mm] ④ 1.2[mm]

해설 발신기의 형식승인 및 제품검사 기술기준
외함은 불연성 또는 난연성 재질로 만들어져야 하며 다음과 같아야 한다.
㉠ 발신기의 외함에 강판을 사용하는 경우에는 다음에 기재된 두께 이상의 강판을 사용하여야 한다. 다만, 합성수지를 사용하는 경우에는 강판의 2.5배 이상의 두께이어야 한다.
   (1) 외함 1.2[mm] 이상(합성수지재 3[mm])
   (2) 삭제 〈2016.4.1〉
   (3) 직접 벽면에 접하여 벽속에 매립되는 외함의 부분은 1.6[mm] 이상

㉡ 발신기의 외함에 합성수지를 사용하는 경우에는 (80±2)[℃]의 온도에서 열로 인한 변형이 생기지 아니하여야 하며, 자기소화성이 있는 재료이어야 한다. 다만, 발신기의 누름판, 부품 및 표시명판은 제외한다.

정답 80.①

2017년 제4회 소방설비기사[전기분야] 1차 필기

[제4과목 : 소방전기구조원리]

61 자동화재속보설비를 설치하여야 하는 특정소방대상물의 기준 중 다음 ( ) 안에 알맞은 것은?

> 의료시설 중 요양병원으로서 정신병원과 의료재활시설로 사용되는 바닥면적의 합계가 ( )[m²] 이상인 층이 있는 것

① 300   ② 500
③ 1,000   ④ 1,500

해설 자동화재속보설비의 설치대상

㉠ 업무시설, 공장, 창고시설, 교정 및 군사시설 중 국방·군사시설, 발전시설(사람이 근무하지 않는 시간에는 무인경비시스템으로 관리하는 시설만 해당한다)로서 바닥면적이 1천5백[m²] 이상인 층이 있는 것. 다만, 사람이 24시간 상시근무하고 있는 경우에는 자동화재속보설비를 설치하지 않을 수 있다.
㉡ 노유자 생활시설
㉢ ㉡에 해당하지 않는 노유자시설로서 바닥면적이 500[m²] 이상인 층이 있는 것. 다만, 사람이 24시간 상시근무하고 있는 경우에는 자동화재속보설비를 설치하지 않을 수 있다.
㉣ 수련시설(숙박시설이 있는 건축물만 해당한다)로서 바닥면적이 500[m²] 이상인 층이 있는 것. 다만, 사람이 24시간 상시근무하고 있는 경우에는 자동화재속보설비를 설치하지 않을 수 있다.
㉤ 「문화재보호법」 제23조에 따라 보물 또는 국보로 지정된 목조건축물. 다만, 사람이 24시간 상시근무하고 있는 경우에는 자동화재속보설비를 설치하지 않을 수 있다.
㉥ 근린생활시설 중 의원, 치과의원 및 한의원으로서 입원실이 있는 시설
㉦ 의료시설 중 다음의 어느 하나에 해당하는 것
　ⓐ 종합병원, 병원, 치과병원, 한방병원 및 요양병원(정신병원과 의료재활시설은 제외한다)
　ⓑ 정신병원 및 의료재활시설로 사용되는 바닥면적의 합계가 500[m²] 이상인 층이 있는 것
㉧ 판매시설 중 전통시장
㉨ ㉠부터 ㉧까지에 해당하지 않는 특정소방대상물 중 층수가 30층 이상인 것

[2022.12.1.이후 개정]
자동화재속보설비를 설치해야 하는 특정소방대상물은 다음의 어느 하나에 해당하는 것으로 한다. 다만, 방재실 등 화재 수신기가 설치된 장소에 24시간 화재를 감시할 수 있는 사람이 근무하고 있는 경우에는 자동화재속보설비를 설치하지 않을 수 있다.
1) 노유자 생활시설
2) 노유자 시설로서 바닥면적이 500m² 이상인 층이 있는 것
3) 수련시설(숙박시설이 있는 것만 해당한다)로서 바닥면적이 500m² 이상인 층이 있는 것
4) 문화유산 중 「문화유산의 보존 및 활용에 관한 법률」 제23조에 따라 보물 또는 국보로 지정된 목조건축물
5) 근린생활시설 중 다음의 어느 하나에 해당하는 시설
　가) 의원, 치과의원 및 한의원으로서 입원실이 있는 시설
　나) 조산원 및 산후조리원
6) 의료시설 중 다음의 어느 하나에 해당하는 것
　가) 종합병원, 병원, 치과병원, 한방병원 및 요양병원(의료재활시설은 제외한다)
　나) 정신병원 및 의료재활시설로 사용되는 바닥면적의 합계가 500m² 이상인 층이 있는 것

62 무선통신보조설비 무선기기 접속단자의 설치기준 중 다음 ( ) 안에 알맞은 것은?

> 지상에 설치하는 접속단자는 보행거리 (㉠)[m] 이내마다 설치하고, 다른 용도로 사용되는 접속단지에서 (㉡)[m] 이상의 거리를 둘 것

① ㉠ 500, ㉡ 5   ② ㉠ 500, ㉡ 3
③ ㉠ 300, ㉡ 5   ④ ㉠ 300, ㉡ 3

해설 지상에 설치하는 접속단자는 보행거리 300[m] 이내마다 설치하고, 다른 용도로 사용되는 접속단자에서 5[m] 이상의 거리를 둘 것 [현행 삭제]

정답 61.② 62.③

63. 객석유도등을 설치하여야 하는 특정소방대상물의 대상으로 옳은 것은?

① 운수시설 ② 운동시설
③ 의료시설 ④ 근린생활시설

해설 유도등 및 유도표지의 적응성

설치장소	유도등 및 유도표지의 종류
1. 공연장·집회장(종교집회장 포함)·관람장·운동시설	• 대형피난구유도등 • 통로유도등 • 객석유도등
2. 유흥주점영업시설(「식품위생법 시행령」제21조제8호라목의 유흥주점영업중 손님이 춤을 출 수 있는 무대가 설치된 카바레, 나이트클럽 또는 그 밖에 이와 비슷한 영업시설만 해당한다)	• 대형피난구유도등 • 통로유도등 • 객석유도등
3. 위락시설·판매시설·운수시설·「관광진흥법」제3조제1항제2호에 따른 관광숙박업·의료시설·장례식장·방송통신시설·전시장·지하상가·지하철역사	• 대형피난구유도등 • 통로유도등
4. 숙박시설(제3호의 관광숙박업 외의 것을 말한다)·오피스텔	• 중형피난구유도등 • 통로유도등
5. 제1호부터 제3호까지 외의 건축물로서 지하층·무창층 또는 층수가 11층 이상인 특정소방대상물	• 중형피난구유도등 • 통로유도등
6. 제1호부터 제5호까지 외의 건축물로서 근린생활시설·노유자시설·업무시설·발전시설·종교시설(집회장 용도를 사용하는 부분 제외)·교육연구시설·수련시설·공장·창고시설·교정 및 군사시설(국방·군사시설 제외)·기숙사·자동차정비공장·운전학원 및 정비학원·다중이용업소·복합건축물·아파트	• 소형피난구유도등 • 통로유도등
7. 그 밖의 것	• 피난구유도표지 • 통로유도표지

64. 누전경보기의 구성요소에 해당하지 않는 것은?

① 차단기
② 영상변류기(ZCT)
③ 음향장치
④ 발신기

해설 누전경보기의 구성요소
㉠ 변류기
㉡ 수신부(차단기, 음향장치, 작동표시부)

65. 자동화재탐지설비 수신기의 설치기준 중 다음 ( ) 안에 알맞은 것은?

( )층 이상의 특정소방대상물에는 발신기와 전화통화가 가능한 수신기를 설치할 것

① 2 ② 4
③ 6 ④ 11

해설 자동화재탐지설비의 수신기 설치기준 [현행 삭제]
자동화재탐지설비의 수신기는 다음 각 호의 기준에 적합한 것으로 설치하여야 한다.
㉠ 해당 특정소방대상물의 경계구역을 각각 표시할 수 있는 회선수 이상의 수신기를 설치할 것
㉡ 4층 이상의 특정소방대상물에는 발신기와 전화통화가 가능한 수신기를 설치할 것
㉢ 해당 특정소방대상물에 가스누설탐지설비가 설치된 경우에는 가스누설탐지설비로부터 가스누설신호를 수신하여 가스누설경보를 할 수 있는 수신기를 설치할 것(가스누설탐지설비의 수신부를 별도로 설치한 경우에는 제외한다)

66. 피난기구 용어의 정의 중 다음 ( ) 안에 알맞은 것은?

( )란 사용자의 몸무게에 따라 자동적으로 내려올 수 있는 기구 중 사용자가 연속적으로 사용할 수 없는 것을 말한다.

① 간이완강기 ② 공기안전매트
③ 완강기 ④ 승강식 피난기

해설 피난기구 용어정의
제3조(정의) 이 기준에서 사용하는 용어의 정의는 다음과 같다.
1. "피난사다리"란 화재 시 긴급대피를 위해 사용하는 사다리를 말한다.
2. "완강기"란 사용자의 몸무게에 따라 자동적으로 내려올 수 있는 기구중 사용자가 교대하여 연속적으로 사용할 수 있는 것을 말한다.

정답 63.② 64.④ 65.② 66.④

3. "간이완강기"란 사용자의 몸무게에 따라 자동적으로 내려올 수 있는 기구중 사용자가 연속적으로 사용할 수 없는 것을 말한다.
4. "구조대"란 포지 등을 사용하여 자루형태로 만든 것으로서 화재시 사용자가 그 내부에 들어가서 내려옴으로써 대피할 수 있는 것을 말한다.
5. "공기안전매트"란 화재 발생시 사람이 건축물 내에서 외부로 긴급히 뛰어 내릴 때 충격을 흡수하여 안전하게 지상에 도달할 수 있도록 포지에 공기 등을 주입하는 구조로 되어 있는 것을 말한다.
6. 삭제〈2015.1.23.〉
7. "다수인피난장비"란 화재 시 2인 이상의 피난자가 동시에 해당층에서 지상 또는 피난층으로 하강하는 피난기구를 말한다.
8. "승강식 피난기"란 사용자의 몸무게에 의하여 자동으로 하강하고 내려서면 스스로 상승하여 연속적으로 사용할 수 있는 무동력 승강식피난기를 말한다.
9. "하향식 피난구용 내림식사다리"란 하향식 피난구 해치에 격납하여 보관하고 사용 시에는 사다리 등이 소방대상물과 접촉되지 아니하는 내림식 사다리를 말한다.

67 무선통신보조설비를 설치하여야 하는 특정소방대상물의 기준 중 옳은 것은? (단, 위험물 저장 및 처리 시설 중 가스시설은 제외한다)

① 지하가(터널은 제외)로서 연면적 500[m²] 이상인 것
② 지하가 중 터널로서 길이가 1,000[m] 이상인 것
③ 층수가 30층 이상인 것으로서 15층 이상 부분의 모든 층
④ 지하층의 층수가 3층 이상이고 지하층의 바닥면적의 합계가 1,000[m²] 이상인 것은 지하층의 모든 층

[해설] 무선통신보조설비 설치대상
㉠ 지하가(터널은 제외한다)로서 연면적 1천[m²] 이상인 것
㉡ 지하층의 바닥면적의 합계가 3천[m²] 이상인 것 또는 지하층의 층수가 3층 이상이고 지하층의 바닥면적의 합계가 1천[m²] 이상인 것은 지하층의 모든 층
㉢ 지하가 중 터널로서 길이가 5백[m] 이상인 것
㉣ 「국토의 계획 및 이용에 관한 법률」제2조제9호에 따른 공동구

㉤ 층수가 30층 이상인 것으로서 16층 이상 부분의 모든 층

68 피난기구의 종류가 아닌 것은?
① 미끄럼대 ② 공기호흡기
③ 승강식피난기 ④ 공기안전매트

[해설] 피난기구의 화재안전기준(NFSC 301)
[별표 1] 소방대상물의 설치장소별 피난기구의 적응성

층별 설치 장소별 구분	1층	2층	3층	4층 이상 10층 이하
1. 노유자시설	미끄럼대 구조대 피난교 다수인피난장비 승강식피난기	미끄럼대 구조대 피난교 다수인피난장비 승강식피난기	미끄럼대 구조대 피난교 다수인피난장비 승강식피난기	구조대 피난교 다수인피난장비 승강식피난기
2. 의료시설·근린생활시설 중 입원실이 있는 의원·접골원·조산원			미끄럼대 구조대 피난교 피난용트랩 다수인피난장비 승강식피난기	구조대 피난교 피난용트랩 다수인피난장비 승강식피난기
3. 「다중이용업소의 안전관리에 관한 특별법 시행령」제2조에 따른 다중이용업소로서 영업장의 위치가 4층 이하인 다중이용업소		미끄럼대 피난사다리 구조대 완강기 다수인피난장비 승강식피난기	미끄럼대 피난사다리 구조대 완강기 다수인피난장비 승강식피난기	미끄럼대 피난사다리 구조대 완강기 다수인피난장비 승강식피난기
4. 그 밖의 것			미끄럼대 피난사다리 구조대 완강기 피난교 피난용트랩 간이완강기 공기안전매트 다수인피난장비 승강식피난기	피난사다리 구조대 완강기 피난교 간이완강기 공기안전매트 다수인피난장비 승강식피난기

69 누전경보기의 전원은 배선용 차단기에 있어서는 몇 [A] 이하의 것으로 각 극을 개폐할 수 있는 것을 설치하여야 하는가?
① 10[A] ② 15[A]
③ 20[A] ④ 30[A]

해설 누전경보기의 전원은 분전반으로부터 전용회로로 하고, 각 극에 개폐기 및 15[A] 이하의 과전류차단기(배선용 차단기에 있어서는 20[A] 이하의 것으로 각 극을 개폐할 수 있는 것)를 설치할 것

70 자동화재탐지설비 배선의 설치기준 중 틀린 것은?
① 감지기 사이의 회로의 배선은 송배전식으로 할 것
② 감지기회로의 도통시험을 위한 종단저항은 전용함을 설치하는 경우 그 설치 높이는 바닥으로부터 1.5[m] 이내로 할 것
③ 감지기회로 및 부속회로의 전로와 대지 사이 및 배선 상호간의 절연저항은 1경계구역마다 직류 250[V]의 절연저항측정기를 사용하여 측정한 절연저항이 0.1[MΩ] 이상이 되도록 할 것
④ 피(P)형 수신기 및 지피(G.P.)형 수신기의 감지기 회로의 배선에 있어서 하나의 공통선에 접속할 수 있는 경계구역은 9개 이하로 할 것

해설 자동화재탐지설비 감지기 회로의 배선
P형 및 GP형 수신기의 감지기 회로의 배선에 있어서 하나의 공통선에 접속할 수 있는 경계구역은 7개 이하로 할 것

71 비상경보설비를 설치하여야 할 특정소방대상물의 기준 중 옳은 것은? (단, 지하구, 모래·석재 등 불연재료 창고 및 위험물 저장·처리 시설 중 가스시설은 제외한다)
① 지하층 또는 무창층의 바닥면적이 150[m^2] (공연장의 경우 100[m^2]) 이상인 것
② 연면적 500[m^2](지하가 중 터널 또는 사람이 거주하지 않거나 벽이 없는 축사 등 동·식물 관련시설은 제외) 이상인 것
③ 30명 이상의 근로자가 작업하는 옥내 작업장
④ 지하가 중 터널로서 길이가 1,000[m] 이상인 것

해설 비상경보설비 설치대상
㉠ 연면적 400[m^2](지하가 중 터널 또는 사람이 거주하지 않거나 벽이 없는 축사는 제외한다) 이상이거나 지하층 또는 무창층의 바닥면적이 150[m^2](공연장의 경우 100[m^2]) 이상인 것
㉡ 지하가 중 터널로서 길이가 500[m] 이상인 것
㉢ 50명 이상의 근로자가 작업하는 옥내 작업장

72 단독경보형감지기를 설치하여야 하는 특정소방대상물의 기준 중 옳은 것은?
① 연면적 1,000[m^2] 미만의 아파트 등
② 연면적 2,000[m^2] 미만의 기숙사
③ 교육연구시설 또는 수련시설 내에 있는 합숙소 또는 기숙사로서 연면적 1,000[m^2] 미만인 것
④ 연면적 1,000[m^2] 미만의 숙박시설

해설 단독경보형 감지기 설치대상
㉠ 연면적 1천[m^2] 미만의 아파트등
㉡ 연면적 1천[m^2] 미만의 기숙사
㉢ 교육연구시설 또는 수련시설 내에 있는 합숙소 또는 기숙사로서 연면적 2천[m^2] 미만인 것
㉣ 연면적 600[m^2] 미만의 숙박시설
㉤ 수련시설(숙박시설이 있는 것만 해당한다)
㉥ 연면적 400[m^2] 미만의 유치원

[2022.12.1.이후 개정]
단독경보형 감지기를 설치해야 하는 특정소방대상물은 다음의 어느 하나에 해당하는 것으로 한다. 이 경우 5)의 연립주택 및 다세대주택에 설치하는 단독경보형 감지기는 연동형으로 설치해야 한다.
1) 교육연구시설 내에 있는 기숙사 또는 합숙소로서 연면적 2천m^2 미만인 것
2) 수련시설 내에 있는 기숙사 또는 합숙소로서 연면적 2천m^2 미만인 것
3) 수용인원 100인 미만 수련시설(숙박시설이 있는 것만 해당한다)
4) 연면적 400m^2 미만의 유치원
5) 공동주택 중 연립주택 및 다세대주택

정답 70.④ 71.① 72.①

73 비상방송설비의 설치기준 중 기동장치에 따른 화재신고를 수신한 후 필요한 음량으로 화재발생 상황 및 피난에 유효한 방송이 자동으로 개시될 때까지의 소요시간은 몇 초 이하로 하여야 하는가?

① 10초 ② 15초
③ 20초 ④ 25초

해설 비상방송설비는 기동장치에 따른 화재신고를 수신한 후 필요한 음량으로 화재발생 상황 및 피난에 유효한 방송이 자동으로 개시될 때까지의 소요시간은 10초 이하로 할 것

74 비상방송설비를 설치하여야 하는 특정소방대상물의 기준 중 틀린 것은? (단, 위험물 저장 및 처리시설 중 가스시설, 사람이 거주하지 않는 동물 및 식물 관련 시설, 지하가 중 터널, 축사 및 지하구는 제외한다)

① 연면적 3,500[m²] 이상인 것
② 지하층을 제외한 층수가 11층 이상인 것
③ 지하층의 층수가 3층 이상인 것
④ 50명 이상의 근로자가 작업하는 옥내 작업장

해설 특정소방대상물의 관계인이 특정소방대상물의 규모·용도 및 수용인원 등을 고려하여 갖추어야 하는 소방시설의 종류(소방시설법 시행령)
비상방송설비를 설치하여야 하는 특정소방대상물(위험물 저장 및 처리 시설 중 가스시설, 사람이 거주하지 않는 동물 및 식물 관련 시설, 지하가 중 터널, 축사 및 지하구는 제외한다)은 다음의 어느 하나와 같다.
㉠ 연면적 3천5백[m²] 이상인 것
㉡ 지하층을 제외한 층수가 11층 이상인 것
㉢ 지하층의 층수가 3층 이상인 것

75 지하층·무창층 등으로서 환기가 잘되지 아니하거나 실내면적이 40[m²] 미만인 장소에 설치하여야 하는 적응성이 있는 감지기가 아닌 것은?

① 정온식 스포트형 감지기
② 불꽃감지기
③ 광전식 분리형 감지기
④ 아날로그방식의 감지기

해설 오동작 방지 기능 감지기의 종류
㉠ 불꽃감지기
㉡ 정온식 감지선형 감지기
㉢ 분포형 감지기
㉣ 복합형 감지기
㉤ 광전식 분리형 감지기
㉥ 아날로그방식의 감지기
㉦ 다신호방식의 감지기
㉧ 축적방식의 감지기

76 단독경보형감지기의 설치기준 중 다음 ( ) 안에 알맞은 것은?

> 이웃하는 실내의 바닥면적이 각각 ( )[m²] 미만이고 벽체의 상부의 전부 또는 일부가 개방되어 이웃하는 실내와 공기가 상호 유통되는 경우에는 이를 1개의 실로 본다.

① 30 ② 50
③ 100 ④ 150

해설 단독경보형감지기 설치기준
㉠ 각 실(이웃하는 실내의 바닥면적이 각각 30[m²] 미만이고 벽체의 상부의 전부 또는 일부가 개방되어 이웃하는 실내와 공기가 상호유통되는 경우에는 이를 1개의 실로 본다)마다 설치하되, 바닥면적이 150[m²]를 초과하는 경우에는 150[m²]마다 1개 이상 설치할 것
㉡ 최상층의 계단실의 천장(외기가 상통하는 계단실의 경우를 제외한다)에 설치할 것
㉢ 건전지를 주전원으로 사용하는 단독경보형감지기는 정상적인 작동상태를 유지할 수 있도록 건전지를 교환할 것
㉣ 상용전원을 주전원으로 사용하는 단독경보형감지기의 2차 전지는 법 제39조에 따라 제품검사에 합격한 것을 사용할 것

77 비상콘센트설비의 전원부와 외함 사이의 절연저항은 전원부와 외함사이를 500[V] 절연저항계로 측정할 때 몇 [MΩ] 이상이어야 하는가?

① 10[MΩ] ② 15[MΩ]
③ 20[MΩ] ④ 25[MΩ]

정답 73.① 74.④ 75.① 76.① 77.③

해설 비상콘센트설비의 전원부와 외함 사이의 절연저항 및 절연내력은 다음 각 호의 기준에 적합하여야 한다.
㉠ 절연저항은 전원부와 외함 사이를 500[V] 절연저항계로 측정할 때 20[MΩ] 이상일 것
㉡ 절연내력은 전원부와 외함 사이에 정격전압이 150V 이하인 경우에는 1,000[V]의 실효전압을, 정격전압이 150[V] 이상인 경우에는 그 정격전압에 2를 곱하여 1,000을 더한 실효전압을 가하는 시험에서 1분 이상 견디는 것으로 할 것

78 비상콘센트설비를 설치하여야 하는 특정소방대상물의 기준으로 옳은 것은? (단, 위험물 저장 및 처리시설 중 가스시설 또는 지하구는 제외한다)

① 지하가(터널은 제외)로서 연면적 1,000[m²] 이상인 것
② 층수가 11층 이상인 특정소방대상물의 경우에는 11층 이상의 층
③ 지하층의 층수가 3층 이상이고 지하층의 바닥면적의 합계가 1,500[m²] 이상인 것은 지하층의 모든 층
④ 창고시설 중 물류터미널로서 해당 용도로 사용되는 부분의 바닥면적의 합계가 1,000[m²] 이상인 것

해설 비상콘센트설비 설치대상
비상콘센트설비를 설치하여야 하는 특정소방대상물(위험물 저장 및 처리 시설 중 가스시설 또는 지하구는 제외한다)은 다음의 어느 하나와 같다.
㉠ 층수가 11층 이상인 특정소방대상물의 경우에는 11층 이상의 층
㉡ 지하층의 층수가 3층 이상이고 지하층의 바닥면적의 합계가 1천[m²] 이상인 것은 지하층의 모든 층
㉢ 지하가 중 터널로서 길이가 500[m] 이상인 것

79 비상조명등의 설치제외 기준 중 다음 ( ) 안에 알맞은 것은?

거실의 각 부분으로부터 하나의 출입구에 이르는 보행거리가 (   )[m] 이내인 부분

① 2   ② 5
③ 15   ④ 25

해설 ㉠ 비상조명등의 설치 제외
• 거실의 각 부분으로부터 하나의 출입구에 이르는 보행거리가 15[m] 이내인 부분
• 의원·경기장·공동주택·의료시설·학교의 거실
㉡ 휴대용비상조명등의 설치 제외
지상 1층 또는 피난층으로서 복도·통로 또는 창문 등의 개구부를 통하여 피난이 용이한 경우 또는 숙박시설로서 복도에 비상조명등을 설치한 경우에는 휴대용 비상조명등을 설치하지 아니할 수 있다.

80 자동화재탐지설비 수신기의 구조기준 중 정격전압이 몇 [V]를 넘는 기구의 금속제 외함에는 접지단자를 설치하여야 하는가?

① 30[V]   ② 60[V]
③ 100[V]   ④ 300[V]

해설 수신기의 형식승인 및 제품검사 기술기준
정격전압이 60[V]를 넘는 기구의 금속제 외함에는 접지단자를 설치하여야 한다.

2018년 제1회 소방설비기사[전기분야] 1차 필기
[제4과목 : 소방전기구조원리]

61 복도통로유도등의 식별도 기준 중 다음 ( ) 안에 알맞은 것은?

> 복도통로유도등에 있어서 상용전원으로 등을 켜는 경우에는 직선거리 (㉠)[m]의 위치에서, 비상전원으로 등을 켜는 경우에는 직선거리 (㉡)[m]의 위치에서 보통시력에 의하여 표시면의 화살표가 쉽게 식별되어야한다.

① ㉠ 15, ㉡ 20　② ㉠ 20, ㉡ 15
③ ㉠ 30, ㉡ 20　④ ㉠ 20, ㉡ 30

해설 식별도(직선거리) 시험

구분	피난구유도등, 거실통로유도등	복도통로유도등	유도표지
상용전원	30[m]	20[m]	20[m]-유도표지 식별 3[m]-문자, 화살표 식별(위치표지는 10[m]에서 모두 식별)
비상전원	20[m]	15[m]	

62 누전경보기를 설치하여야 하는 특정소방대상물의 기준 중 다음 ( ) 안에 알맞은 것은? (단, 위험물 저장 및 처리 시설 중 가스시설, 지하가 중 터널 또는 지하구의 경우는 제외한다)

> 누전경보기는 계약전류용량이 ( )[A]를 초과하는 특정소방대상물(내화구조가 아닌 건축물로서 벽·바닥 또는 반자의 전부나 일부를 불연재료 또는 준불연재료가 아닌 재료에 철망을 넣어 만든 것만 해당)에 설치하여야 한다.

① 60　② 100
③ 200　④ 300

해설 누전경보기 설치대상
㉠ 소방법 - 계약전류용량 100[A] 초과하는 특정소방대상물
㉡ 형식승인 - 600[V] 이하 경계전로의 누설전류 검출

63 누전경보기 수신부의 구조기준 중 옳은 것은?
① 감도조정장치와 감도조정부는 외함의 바깥쪽에 노출되지 아니하여야 한다.
② 2급 수신부는 전원을 표시하는 장치를 설치하여야 한다.
③ 전원입력측의 양선(1회선용은 1선 이상) 및 외부부하에 직접 전원을 송출하도록 구성된 회로에는 퓨즈 또는 브레이커 등을 설치하여야 한다.
④ 2급 수신부에는 전원 입력측의 회로에 단락이 생기는 경우에는 유효하게 보호되는 조치를 강구하여야 한다.

해설 ① 감도조정장치를 제외하고
② 2급 수신부를 제외하고
④ 2급 수신부를 제외하고

64 비상콘센트설비의 전원부와 외함 사이의 절연내력기준 중 다음 ( ) 안에 알맞은 것은?

> 전원부와 외함 사이에 정격전압이 150[V] 이상인 경우에는 그 정격전압에 (㉠)을/를 곱하여 (㉡)을 더한 실효전압을 가하는 시험에서 1분 이상 견디는 것으로 할 것

① ㉠ 2, ㉡ 1,500　② ㉠ 3, ㉡ 1,500
③ ㉠ 2, ㉡ 1,000　④ ㉠ 3, ㉡ 1,000

정답　61.②　62.②　63.③　64.③

해설 비상콘센트설비 절연저항 & 절연내력

절연저항	측정구간	전원부와 외함 사이
	측정장비	D.C 500[V] 절연저항계
	측정결과	20[MΩ] 이상
절연내력	측정구간	전원부와 외함 사이
	측정방법	다음과 같은 실효전압 인가 1. 정격전압이 150[V] 이하인 경우 – 1,000[V] 2. 정격전압이 150[V] 이상인 경우 – (정격전압×2)+1,000[V]
	측정결과	1분 이상 견딜 것

65 자동화재탐지설비 배선의 설치기준 중 옳은 것은?

① 감지기 사이의 회로의 배선은 교차회로방식으로 설치하여야 한다.
② 피(P)형 수신기 및 지피(G.P.)형 수신기의 감지기 회로의 배선에 있어서 하나의 공통선에 접속할 수 있는 경계구역은 10개 이하로 설치하여야 한다.
③ 자동화재탐지설비의 감지기회로의 전로저항은 80[Ω] 이하가 되도록 하여야 하며, 수신기의 각 회로별 종단에 설치되는 감지기에 접속되는 배선의 전압은 감지기 정격전압의 50[%] 이상이어야 한다.
④ 자동화재탐지설비의 배선은 다른 전선과 별도의 관·덕트·몰드 또는 풀박스 등에 설치할 것. 다만, 60[V] 미만의 약 전류회로에 사용하는 전선으로서 각각의 전압이 같을 때에는 그러하지 아니하다.

해설
① 교차회로방식 → 송배전방식
② 10개 이하 → 7개 이하
③ 50[%] 이상 → 80[%] 이상

66 광전식 분리형감지기의 설치기준 중 틀린 것은?

① 감지기의 수광면은 햇빛을 직접 받지 않도록 설치할 것
② 광축은 나란한 벽으로부터 0.6[m] 이상 이격하여 설치할 것
③ 감지기의 송광부와 수광부는 설치된 뒷벽으로부터 0.5[m] 이내 위치에 설치할 것
④ 광축의 높이는 천장 등 높이의 80[%] 이상일 것

해설 0.5[m] 이내 → 1[m] 이내

67 지하층을 제외한 층수가 7층 이상으로서 연면적이 2,000[m²] 이상이거나 지하층의 바닥면적의 합계가 3,000[m²] 이상인 특정소방대상물의 비상콘센트설비에 설치하여야 할 비상전원의 종류가 아닌 것은?

① 비상전원수전설비
② 자가발전설비
③ 전기저장장치
④ 축전지설비

해설 비상콘센트설비 비상전원 설치대상
㉠ 지하층을 제외한 층수가 7층 이상으로서 연면적이 2,000[m²] 이상
㉡ 지하층의 바닥면적의 합계가 3,000[m²] 이상

▶ 비상전원 설치 제외 대상
㉠ 둘 이상의 변전소에서 전력을 동시에 공급받을 수 있는 경우
㉡ 하나의 변전소로부터 전력의 공급이 중단되는 때에는 자동으로 다른 변전소로부터 전력을 공급받을 수 있도록 상용전원을 설치한 경우

▶ 비상전원 종류
㉠ 자가발전설비
㉡ 비상전원수전설비
㉢ 전기저장장치

68 승강식피난기 및 하향식 피난구용내림식사다리의 설치기준 중 틀린 것은?

① 착지점과 하강구는 상호 수평거리 15[cm] 이상의 간격을 두어야 한다.

② 대피실 출입문이 개방되거나, 피난기구 작동 시 해당층 및 직상층 거실에 설치된 표시등 및 경보장치가 작동되고, 감시제어반에서는 피난기구의 작동을 확인할 수 있어야 한다.
③ 하강구 내측에는 기구의 연결금속구 등이 없어야 하며 전개된 피난기구는 하강구 수평투영면적 공간 내의 범위를 침범하지 않는 구조이어야 할 것. 단, 직경 60[cm] 크기의 범위를 벗어난 경우이거나, 직하층의 바닥면으로부터 높이 50[cm] 이하의 범위는 제외한다.
④ 대피실 내에는 비상조명등을 설치하여야 한다.

해설 직상층 → 직하층

69 소방대상물의 설치장소별 피난기구의 적응성 기준 중 다음 ( ) 안에 알맞은 것은?

간이완강기의 적응성은 숙박시설의 (㉠)층 이상에 있는 객실에, 공기안전매트의 적응성은 (㉡)에 한한다.

① ㉠ 3, ㉡ 공동주택
② ㉠ 4, ㉡ 공동주택
③ ㉠ 3, ㉡ 단독주택
④ ㉠ 4, ㉡ 단독주택

해설 간이완강기의 적응성은 숙박시설의 3층 이상에 있는 객실에, 공기안전매트의 적응성은 공동주택(공동주택관리법 시행령 제2조의 규정에 해당하는 공동주택)에 한한다.

70 무선통신보조설비를 설치하지 아니할 수 있는 기준 중 다음 ( ) 안에 알맞은 것은?

(㉠)으로서 특정소방대상물의 바닥부분 2면 이상이 지표면과 동일하거나 지표면으로부터의 깊이가 (㉡)[m] 이하인 경우에는 해당층에 한하여 무선통신보조설비를 설치하지 아니할 수 있다.

① ㉠ 지하층, ㉡ 1
② ㉠ 지하층, ㉡ 2
③ ㉠ 무창층, ㉡ 1
④ ㉠ 무창층, ㉡ 2

해설 무선통신보조설비

종류	누설동축케이블방식 안테나 방식 누설동축케이블방식과 안테나 방식 혼용 방식	
설치 제외	1. 지하층으로서 특정소방대상물의 바닥부분 2면 이상이 지표면과 동일한 경우 2. 지표면으로부터의 깊이가 1[m] 이하인 경우	
설치기준	1. 4[m] 이내마다 자기제 또는 금속제로 지지(불연재료로 된 반자 안에 시설할 경우 제외) 2. 고압의 전로로부터 1.5[m] 이상 이격 (정전기 차폐장치 설치 시 제외) 3. 특성 임피던스 - 50[Ω]	
무반사 종단저항	설치위치	누설동축케이블의 끝부분
	설치목적	전송로의 종단에서 전파의 반사에 의한 통신 장애 방지
무선기 접속 단자	1. 접속단자는 보행거리 300[m] 이내마다 설치 2. 다른 용도로 사용되는 접속단자에서 5[m] 이상의 거리를 둘 것 [현행 삭제]	
증폭기	상용전원	㉠ 교류전압 옥내간선 ㉡ 축전지 ㉢ 전기저장장치
	전면 측정기기	전압계와 표시등
	비상전원 용량	30분 이상

71 피난기구 설치개수의 기준 중 다음 ( ) 안에 알맞은 것은?

층마다 설치하되, 숙박시설·노유자시설 및 의료시설로 사용되는 층에 있어서는 그 층의 바닥면적 (㉠)㎡마다, 위락시설·판매시설로 사용되는 층 또는 복합용도의 층에 있어서는 그 층의 바닥면적 (㉡)[㎡]마다, 계단실형 아파트에 있어서는 각 세대마다, 그 밖의 용도의 층에 있어서는 그 층의 바닥면적 (㉢)[㎡]마다 1개 이상 설치 할 것

① ㉠ 300, ㉡ 500, ㉢ 1,000
② ㉠ 500, ㉡ 800, ㉢ 1,000
③ ㉠ 300, ㉡ 500, ㉢ 1,500
④ ㉠ 500, ㉡ 800, ㉢ 1,500

정답 69.① 70.① 71.②

[해설] 피난기구 설치기준(NFSC301)
층마다 설치하되, 숙박시설·노유자시설 및 의료시설로 사용되는 층에 있어서는 그 층의 바닥면적 500[m²]마다, 위락시설·문화집회 및 운동시설·판매시설로 사용되는 층 또는 복합용도의 층(하나의 층이 영 별표 2 제1호 내지 제4호 또는 제8호 내지 제18호중 2 이상의 용도로 사용되는 층을 말한다)에 있어서는 그 층의 바닥면적 800[m²]마다, 계단실형 아파트에 있어서는 각 세대마다, 그 밖의 용도의 층에 있어서는 그 층의 바닥면적 1,000[m²]마다 1개 이상 설치할 것

72 수신기의 구조 및 일반기능에 대한 설명 중 틀린 것은? (단, 간이형수신기는 제외한다)

① 수신기(1회선용은 제외한다)는 2회선이 동시에 작동하여도 화재표시가 되어야 하며, 감지기의 감지 또는 발신기의 발신개시로부터 P형, P형 복합식, GP형, GP형 복합식, R형, R형 복합식, GR형 또는 GR형 복합식 수신기의 수신완료까지의 소요시간은 5초(축적형의 경우에는 60초) 이내이어야 한다.

② 수신기의 외부배선 연결용 단자에 있어서 공통신호선용 단자는 10개 회로마다 1개 이상 설치하여야 한다.

③ 화재신호를 수신하는 경우 P형, P형 복합식, GP형, GP형 복합식, R형, R형 복합식, GR형 또는 GR형 복합식의 수신기에 있어서는 2 이상의 지구표시장치에 의하여 각각 화재를 표시할 수 있어야 한다.

④ 정격전압이 60[V]를 넘는 기구의 금속제 외함에는 접지단자를 설치하여야 한다.

[해설] 10개 회로 → 7개 회로

73 비상방송설비 음향장치의 설치기준 중 옳은 것은?

① 확성기는 각 층마다 설치하되, 그 층의 각 부분으로부터 하나의 확성기까지의 수평거리가 15[m] 이하가 되도록 하고, 해당 층의 각 부분에 유효하게 경보를 발할 수 있도록 설치할 것

② 층수가 5층 이상으로서 연면적이 3,000[m²]를 초과하는 특정소방대상물의 지하층에서 발화한 때에는 직상층에만 경보를 발할 것

③ 음향장치는 자동화재탐지설비의 작동과 연동하여 작동할 수 있는 것으로 할 것

④ 음향장치는 정격전압의 60[%] 전압에서 음향을 발할 수 있는 것으로 할 것

[해설] ① 수평거리가 15[m] 이하 → 25[m] 이하
② 직상층에만 → 발화층, 그 직상층 및 기타의 지하층
④ 60[%] 전압 → 80[%] 전압

74 비상조명등의 일반구조 기준 중 틀린 것은?

① 상용전원전압의 130[%] 범위 안에서는 비상조명등 내부의 온도상승이 그 기능에 지장을 주거나 위해를 발생시킬 염려가 없어야 한다.

② 사용전압은 300[V] 이하이어야 한다. 다만, 충전부가 노출되지 아니한 것은 300[V]를 초과할 수 있다.

③ 전선의 굵기가 인출선인 경우에는 단면적이 0.75[mm²] 이상, 인출선 외의 경우에는 단면적이 0.5[mm²] 이상이어야 한다.

④ 인출선의 길이는 전선인출 부분으로부터 150[mm] 이상이어야 한다. 다만, 인출선으로 하지 아니할 경우에는 풀어지지 아니하는 방법으로 전선을 쉽고 확실하게 부착할 수 있도록 접속단자를 설치하여야 한다.

[해설] 130[%] 범위 안에서는 → 110[%] 범위 안에서는

▶ 비상조명등 형식승인 및 제품검사의 기술기준
→ 상용전원전압의 110[%] 범위안에서는 비상조명등 내부의 온도상승이 그 기능에 지장을 주거나 위해를 발생시킬 염려가 없어야 한다.

75 비상조명등의 비상전원은 지하층 또는 무창층으로서 용도가 도매시장·소매시장·여객자동차터미널·지하역사 또는 지하상가인 경우 그 부분에서 피난층에 이르는 부분의 비상조명등을 몇 분 이상 유효하게 작동시킬 수 있는 용량으로 하여야 하는가?

① 10분 ② 20분
③ 30분 ④ 60분

해설 비상전원은 비상조명등을 20분 이상 유효하게 작동시킬 수 있는 용량으로 할 것.

▶ 60분 이상 점등 장소
㉠ 지하층을 제외한 층수가 11층 이상의 층으로부터 피난층까지 이르는 부분
㉡ 지하층 또는 무창층으로서 용도가 도매시장·소매시장·여객자동차터미널·지하역사 또는 지하상가인 층으로부터 피난층까지 이르는 부분

76 자동화재속보설비 속보기의 기능에 대한 기준 중 틀린 것은?

① 작동신호를 수신하거나 수동으로 동작시키는 경우 30초 이내에 소방관서에 자동적으로 신호를 발하여 통보하되, 3회 이상 속보할 수 있어야 한다.
② 예비전원을 병렬로 접속하는 경우에는 역충전방지 등의 조치를 하여야 한다.
③ 연동 또는 수동으로 소방관서에 화재발생 음성정보를 속보중인 경우에도 송수화장치를 이용한 통화가 우선적으로 가능하여야 한다.
④ 속보기의 송수화장치가 정상위치가 아닌 경우에도 연동 또는 수동으로 속보가 가능하여야 한다.

해설 30초 이내에 → 20초 이내에

77 비상벨설비 또는 자동식사이렌설비의 설치기준 중 틀린 것은?

① 전원은 전기가 정상적으로 공급되는 축전지, 전기저장장치 또는 교류전압의 옥내간선으로 하고, 전원까지의 배선은 전용으로 설치하여야 한다.
② 비상벨설비 또는 자동식사이렌설비에는 그 설비에 대한 감시상태를 60분간 지속한 후 유효하게 10분 이상 경보할 수 있는 축전지설비(수신기에 내장하는 경우를 포함) 또는 전기저장장치를 설치하여야 한다.
③ 특정소방대상물의 층마다 설치하되, 해당 특정소방대상물의 각 부분으로부터 하나의 발신기까지의 수평거리가 25[m] 이하가 되도록 할 것. 다만, 복도 또는 별도로 구획된 실로서 보행거리가 40[m] 이상일 경우에는 추가로 설치하여야 한다.
④ 발신기의 위치표시등은 함의 상부에 설치하되, 그 불빛은 부착면으로부터 45° 이상의 범위 안에서 부착지점으로부터 10[m] 이내의 어느 곳에서도 쉽게 식별할 수 있는 적색등으로 설치하여야 한다.

해설 45°이상 → 15°이상

78 비상벨설비 음향장치의 음량은 부착된 음향장치의 중심으로부터 1m 떨어진 위치에서 몇 [dB] 이상이 되는 것으로 하여야 하는가?

① 90[dB] ② 80[dB]
③ 70[dB] ④ 60[dB]

해설 ▶ 단독경보형감지기
㉠ 화재경보 : 85[dB] 이상
㉡ 건전지 교체 경보 : 70[dB] 이상 (음성안내 60[dB] 이상) → 72시간 경보

▶ 누전경보기
㉠ 누전 시 - 70[dB] 이상
㉡ 고장 시 - 60[dB] 이상

▶ 가스누설경보기
㉠ 영업용, 가정용 - 70[dB] 이상
㉡ 공업용 - 90[dB] 이상
㉢ 고장표시용 - 60[dB] 이상

정답 75.④ 76.① 77.④ 78.①

▶ 비상벨
부착된 음향장치의 중심으로부터 1[m] 떨어진 위치에서 90[dB] 이상

79 일시적으로 발생한 열·연기 또는 먼지 등으로 인하여 화재신호를 발신할 우려가 있는 장소의 설치장소별 감지기 적응성 기준 중 항공기 격납고, 높은 천장의 창고 등 감지기 부착 높이가 8[m] 이상의 장소에 적응성을 갖는 감지기가 아닌 것은? (단, 연기감지기를 설치할 수 있는 장소이며, 설치장소는 넓은 공간으로 천장이 높아 열 및 연기가 확산하는 환경상태이다)

① 광전식 스포트형 감지기
② 차동식 분포형 감지기
③ 광전식 분리형 감지기
④ 불꽃감지기

해설 넓은 공간으로 천장이 높아 열 및 연기가 확산하는 장소
체육관, 항공기 격납고, 높은 천장의 창고·공장, 관람석 상부 등 감지기 부착 높이가 8m 이상의 장소 : 차동식분포형, 광전식분리형, 광전아날로그식분리형, 불꽃감지기

80 특정소방대상물의 비상방송설비 설치의 면제 기준 중 다음 (   ) 안에 알맞은 것은?

> 비상방송설비를 설치하여야 하는 특정소방대상물에 (   ) 또는 비상경보설비와 같은 수준 이상의 음향을 발하는 장치를 부설한 방송설비를 화재안전기준에 적합하게 설치한 경우에는 그 설비의 유효범위에서 설치가 면제된다.

① 자동화재속보설비
② 시각경보기
③ 단독경보형 감지기
④ 자동화재탐지설비

해설 소방시설법 시행령 [별표 6](소방시설 면제기준)

면제대상	대체설비
비상방송설비	자동화재탐지설비
	비상경보설비

정답 79.① 80.④

2018년 제2회 소방설비기사[전기분야] 1차 필기
[제4과목 : 소방전기구조원리]

61 비상콘센트설비 전원회로의 설치기준 중 틀린 것은?

① 전원회로는 3상 교류 380[V] 이상인 것으로서, 그 공급용량은 3[kVA] 이상인 것으로 하여야 한다.
② 전원회로는 각 층에 2 이상이 되도록 설치할 것. 다만, 설치하여야 할 층의 비상콘센트가 1개인 때에는 하나의 회로로 할 수 있다.
③ 비상콘센트용의 풀박스 등은 방청도장을 한 것으로서, 두께 1.6[mm] 이상의 철판으로 하여야 한다.
④ 하나의 전용회로에 설치하는 비상콘센트는 10개 이하로 할 것. 이 경우 전선의 용량은 각 비상콘센트(비상콘센트가 3개 이상인 경우에는 3개)의 공급용량을 합한 용량 이상의 것으로 하여야 한다.

해설 단상 교류, 220[V], 공급용량은 1.5[kVA] 이상

▶ 비상콘센트 전원회로 설치기준
㉠ 단상교류 220[V], 공급 용량 1.5[kVA]/개, 전용 배선
㉡ 전원회로는 각 층에 2 이상 → 수직 분기 의미
㉢ 콘센트마다 배선용 차단기 설치, 충전부 보호 → 보호함 내 수납을 의미
㉣ 풀박스 - 1.6[mm] 이상의 방청도장한 철판
㉤ 하나의 전용회로에 비상콘센트 설치개수 - 10개 이하
㉥ 전선의 공급용량 - 각 비상콘센트의 공급용량을 합한 용량(3개 이상일 경우 3개)
㉦ 플러그 접속기 - 접지형 2극, 제3종 접지공사
㉧ 수평거리 - 50[m] 이하(지하가 또는 지하층의 바닥면적의 합계가 3,000[m²] 이상일 경우 25[m])

62 불꽃감지기 중 도로형의 최대시야각 기준으로 옳은 것은?

① 30° 이상   ② 45° 이상
③ 90° 이상   ④ 180° 이상

해설 • 도로형 : 최대시야각이 180° 이상

63 비상경보설비를 설치하여야 하는 특정소방대상물의 기준으로 옳은 것은? (단, 지하구, 모래·석재 등 불연재료 창고 및 위험물 저장·처리시설 중 가스시설은 제외한다)

① 공연장의 경우 지하층 또는 무창층의 바닥면적이 100[m²] 이상인 것
② 지하층을 제외한 층수가 11층 이상인 것
③ 지하층의 층수가 3층 이상인 것
④ 30명 이상의 근로자가 작업하는 옥내작업장

해설 ②③ : 비상방송설비 설치대상
④ 30명 → 50명

▶ 비상경보설비 설치대상
㉠ 연면적 400[m²]이거나 지하층 또는 무창층의 바닥면적이 150[m²] 이상인 것.(공연장의 경우 바닥면적이 100[m²] 이상)
㉡ 지하가 중 터널로서 길이가 500[m] 이상인 것
㉢ 50명 이상의 근로자가 작업하는 옥내 작업장

64 휴대용 비상조명등의 설치기준 중 틀린 것은?

① 대규모점포(지하상가 및 지하역사는 제외)와 영화상영관에는 보행거리 50[m] 이내마다 3개 이상 설치할 것
② 사용 시 수동으로 점등되는 구조일 것

정답 61.① 62.④ 63.① 64.②

③ 건전지 및 충전식 배터리의 용량은 20분 이상 유효하게 사용할 수 있는 것으로 할 것
④ 지하상가 및 지하역사에서는 보행거리 25[m] 이내마다 3개 이상 설치할 것

해설 수동 → 자동

65 객석 내의 통로가 경사로 또는 수평로로 되어 있는 부분에 설치하여야 하는 객석유도등의 설치개수 산출 공식으로 옳은 것은?

① $\dfrac{객석통로의\ 직선부분의\ 길이(m)}{3} - 1$

② $\dfrac{객석통로의\ 직선부분의\ 길이(m)}{4} - 1$

③ $\dfrac{객석통로의\ 넓이(m^2)}{3} - 1$

④ $\dfrac{객석통로의\ 넓이(m^2)}{4} - 1$

해설 ▶ 객석유도등 설치기준

$N = \dfrac{객석통로의\ 길이[m]}{4} - 1$

▶ 복도통로유도등·계단통로유도등

$N = \dfrac{직선길이}{20m} - 1 + 모퉁이$

설치높이 : 복도 : 1[m] 이하, 계단 : 1[m] 이하

▶ 계단통로유도등

N = 계단참마다

설치높이 : 1[m] 이하(1개층 계단참 2개 이상일 경우 2개의 계단참마다)

▶ 통로유도표지

$N = \dfrac{직선길이}{15m} - 1 + 모퉁이 + 계단참$

설치높이 : 1[m] 이하

66 객석유도등을 설치하지 아니하는 경우의 기준 중 다음 ( ) 안에 알맞은 것은?

거실 등의 각 부분으로부터 하나의 거실 출입구에 이르는 보행거리가 ( )[m] 이하인 객석의 통로로서 그 통로에 통로유도등이 설치된 객석

① 15
② 20
③ 30
④ 50

해설 ▶ 객석유도등의 설치제외
㉠ 주간에만 사용하는 장소로서 채광이 충분한 객석
㉡ 거실 등의 각 부분으로부터 하나의 거실출입구에 이르는 보행거리가 20[m] 이하인 객석의 통로로서 그 통로에 통로유도등이 설치된 객석

▶ 비상조명등의 설치제외장소
㉠ 거실의 각 부분으로부터 하나의 출입구에 이르는 보행거리가 15[m] 이내인 부분.
㉡ 학교의 거실, 의원, 의료시설, 공동주택, 경기장

▶ 통로유도등 설치제외장소
㉠ 길이 30[m] 미만의 복도·통로(구부러지지 않은 복도·통로)
㉡ 보행거리 20[m] 미만의 복도·통로(출입구에 피난구 유도등이 설치된 복도·통로)

67 비상벨설비의 설치기준 중 다음 ( ) 안에 알맞은 것은?

비상벨설비에는 그 설비에 대한 감시상태를 (㉠)분간 지속한 후 유효하게 (㉡)분 이상 경보할 수 있는 축전지설비 또는 전기저장장치를 설치하여야 한다.

① ㉠ 30, ㉡ 10
② ㉠ 10, ㉡ 30
③ ㉠ 60, ㉡ 10
④ ㉠ 10, ㉡ 60

해설 비상경보설비 및 단독경보형감지기의 화재안전기준 제4조(비상벨설비 또는 자동식사이렌설비) 7항
비상벨설비 또는 자동식사이렌설비에는 그 설비에 대한 감시상태를 60분간 지속한 후 유효하게 10분 이상 경보할 수 있는 축전지설비(수신기에 내장하는 경우를 포함한다) 또는 전기저장장치(외부 전기에너지를 저장해 두었다가 필요한 때 전기를 공급하는 장치)를 설치하여야 한다. 다만, 상용전원이 축전지설비인 경우 또는 건전지를 주전원으로 사용하는 무선식 설비인 경우에는 그러하지 아니하다.

68 누전경보기 변류기의 절연저항시험 부위가 아닌 것은?

① 절연된 1차 권선과 단자판 사이
② 절연된 1차 권선과 외부금속부 사이
③ 절연된 1차 권선과 2차 권선 사이
④ 절연된 2차 권선과 외부금속부 사이

해설 누전경보기의 형식승인 및 제품검사의 기술기준 제19조(절연저항시험)
변류기는 DC 500[V]의 절연저항계로 다음 각 호에 의한 시험을 하는 경우 5[MΩ] 이상이어야 한다.
1. 절연된 1차권선과 2차권선간의 절연저항
2. 절연된 1차권선과 외부금속부간의 절연저항
3. 절연된 2차권선과 외부금속부간의 절연저항

69 피난기구의 설치기준 중 틀린 것은?

① 피난기구를 설치하는 개구부는 서로 동일 직선상이 아닌 위치에 있을 것. 다만, 피난교·피난용 트랩·간이완강기·아파트에 설치되는 피난기구(다수인 피난장비는 제외) 기타 피난상 지장이 없는 것에 있어서는 그러하지 아니하다.
② 4층 이상의 층에 하향식 피난구용 내림식사다리를 설치하는 경우에는 금속성 고정사다리를 설치하고, 당해 고정사다리에는 쉽게 피난할 수 있는 구조의 노대를 설치하여야 한다.
③ 다수인 피난장비 보관실은 건물 외측보다 돌출되지 아니하고, 빗물·먼지 등으로부터 장비를 보호할 수 있는 구조이어야 한다.
④ 승강식 피난기 및 하향식 피난구용 내림식사다리의 착지점과 하강구는 상호 수평거리 15[cm] 이상의 간격을 두어야 한다.

해설 하향식 피난구용 내림식사다리 → 피난사다리

70 소방시설용 비상전원수전설비에서 전력수급용 계기용 변성기·주차단장치 및 그 부속기기로 정의되는 것은?

① 큐비클설비   ② 배전반설비
③ 수전설비   ④ 변전설비

해설 비상전원수전설비의 용어 정의
㉠ "수전설비"란 전력수급용 계기용 변성기·주차단치 및 그 부속기기를 말한다.
㉡ "변전설비"란 전력용 변압기 및 그 부속장치를 말한다.
㉢ "전용큐비클식"이란 소방회로용의 것으로 수전설비, 변전설비 그 밖의 기기 및 배선을 금속제 외함에 수납한 것을 말한다.
㉣ "공용큐비클식"이란 소방회로 및 일반회로 겸용의 것으로서 수전설비, 변전설비 그 밖의 기기 및 배선을 금속제 외함에 수납한 것을 말한다.
㉤ "전용배전반"이란 소방회로 전용의 것으로서 개폐기, 과전류차단기, 계기 그 밖의 배선용 기기 및 배선을 금속제 외함에 수납한 것을 말한다.
㉥ "공용배전반"이란 소방회로 및 일반회로 겸용의 것으로서 개폐기, 과전류차단기, 계기 그 밖의 배선용 기기 및 배선을 금속제 외함에 수납한 것을 말한다.
㉦ "전용분전반"이란 소방회로 전용의 것으로서 분기 개폐기, 분기과전류차단기 그 밖의 배선용 기기 및 배선용 금속제 외함에 수납한 것을 말한다.

71 비상콘센트설비의 설치기준 중 다음 ( ) 안에 알맞은 것은?

> 도로터널의 비상콘텐트설비는 주행차로의 우측 측벽에 ( )[m] 이내의 간격으로 바닥으로부터 0.8[m] 이상 1.5[m] 이하의 높이에 설치할 것

① 15   ② 25
③ 30   ④ 50

해설 비상콘센트 설치기준
㉠ 지하상가 또는 지하층의 바닥면적의 합계가 3,000[m²] 이상인 것은 수평거리 25[m]
㉡ 그 밖의 것은 수평거리 50[m]
㉢ 터널은 주행방향의 측벽길이 50[m]

정답 68.① 69.② 70.③ 71.④

72 자동화재속보설비 속보기 예비전원의 주위온도 충방전시험 기준 중 다음 ( ) 안에 알맞은 것은?

> 무보수 밀폐형 연축전지는 방전종지전압 상태에서 0.1[C]로 48시간 충전한 다음 1시간 방치 후 0.05[C]로 방전시킬 때 정격용량의 95[%] 용량을 지속하는 시간이 ( )분 이상이어야 하며, 외관이 부풀어 오르거나 누액 등이 생기지 아니하여야 한다.

① 10 ② 25
③ 30 ④ 40

해설 속보기 성능인증시험(주위온도 충방전시험)
무보수 밀폐형 연축전지는 방전종지전압 상태에서 0.1[C]로 48시간 충전한 다음 1시간 방치하여 0.05[C]로 방전시킬 때 정격용량의 95[%] 용량을 지속하는 시간이 30분 이상이어야 하며, 외관이 부풀어 오르거나 누액 등이 생기지 아니하여야 한다.

73 비상방송설비 음향장치 설치기준 중 층수가 5층 이상으로서 연면적 3000㎡를 초과하는 특정소방대상물의 1층에서 발화한 때의 경보기준으로 옳은 것은?

① 발화층에 경보를 발할 것
② 발화층 및 그 직상층에 경보를 발할 것
③ 발화층·그 직상층 및 기타의 지하층에 경보를 발할 것
④ 발화층·그 직상층 및 지하층에 경보를 발할 것

해설 우선경보방식
㉠ 층수가 5층 이상으로서 연면적 3,000[m²]를 초과하는 특정소방대상물은 다음 각목에 따라 경보를 발할 수 있도록 하여야 한다
  ⓐ 2층 이상의 층에서 발화한 때에는 발화층 및 그 직상층에 경보를 발할 것
  ⓑ 1층에서 발화한 때에는 발화층·그 직상층 및 지하층에 경보를 발할 것
  ⓒ 지하층에서 발화한 때에는 발화층·그 직상층 및 기타의 지하층에 경보를 발할 것
㉡ 위 ㉠에도 불구하고 층수가 30층 이상의 특정소방대상물은 다음 각목에 따라 경보를 발할 수 있도록 하여야 한다.
  ⓐ 2층 이상의 층에서 발화한 때에는 발화층 및 그 직상 4개층에 경보를 발할 것
  ⓑ 1층에서 발화한 때에는 발화층·그 직상 4개층 및 지하층에 경보를 발할 것
  ⓒ 지하층에서 발화한 때에는 발화층·그 직상층 및 기타의 지하층에 경보를 발할 것

[2022.12.1.이후 개정]
NFTC로 변경 자동화재탐지설비 및 비상방송설비 우선경보설치대상 변경

층수가 11층(공동주택의 경우에는 16층) 이상의 특정소방대상물은 다음의 기준에 따라 경보를 발할 수 있도록 할 것[10층 이하, 공동주택의 경우 15층 이하의 경우 일제경보방식]
① 2층 이상의 층에서 발화한 때에는 발화층 및 그 직상 4개 층에 경보를 발할 것
② 1층에서 발화한 때에는 발화층·그 직상 4개 층 및 지하층에 경보를 발할 것
③ 지하층에서 발화한 때에는 발화층·그 직상층 및 기타의 지하층에 경보를 발할 것

74 비상방송설비 음향장치의 구조 및 성능 기준 중 다음 ( ) 안에 알맞은 것은?

> ㉮ 정격전압의 (㉠)[%] 전압에서 음향을 발할 수 있는 것으로 할 것
> ㉯ (㉡)의 작동과 연동하여 작동할 수 있는 것으로 할 것

① ㉠ 65, ㉡ 자동화재탐지설비
② ㉠ 80, ㉡ 자동화재탐지설비
③ ㉠ 65, ㉡ 단독경보형감지기
④ ㉠ 80, ㉡ 단독경보형감지기

해설 비상방송설비 설치기준
㉠ 확성기(스피커) 음성입력 – 실내 1[W] 이상, 실외 3[W] 이상
㉡ 음량조정기의 배선 – 3선식
㉢ 소요시간 – 10초 이하
㉣ 자동화재탐지설비와 연동할 것
㉤ 정격전압의 80[%] 전압에서 음향을 발할 수 있는 것으로 할 것

75 무선통신보조설비를 설치하여야 할 특정소방대상물의 기준 중 다음 ( ) 안에 알맞은 것은?

> 층수가 30층 이상인 것으로서 ( )층 이상 부분의 모든 층

① 11 ② 15
③ 16 ④ 20

해설 무선통신보조설비 설치대상
㉠ 지하가(터널은 제외한다)로서 연면적 1천[m²] 이상인 것
㉡ 지하층의 바닥면적의 합계가 3천[m²] 이상인 것 또는 지하층의 층수가 3층 이상이고 지하층의 바닥면적의 합계가 1천[m²] 이상인 것은 지하층의 모든 층
㉢ 지하가 중 터널로서 길이가 5백[m] 이상인 것
㉣ 「국토의 계획 및 이용에 관한 법률」제2조제9호에 따른 공동구
㉤ 층수가 30층 이상인 것으로서 16층 이상 부분의 모든 층

76 자동화재탐지설비 수신기의 설치기준 중 다음 ( ) 안에 알맞은 것은?

> 4층 이상의 특정소방대상물에는 ( )와 전화통화가 가능한 수신기를 설치할 것

① 감지기   ② 발신기
③ 중계기   ④ 시각경보기

해설 자동화재탐지설비 및 시각경보장치의 화재안전기준 제5조(수신기) 제1항제2호
4층 이상의 특정소방대상물에는 발신기와 전화통화가 가능한 수신기를 설치할 것

77 노유자시설 지하층에 적응성을 가진 피난기구는?
① 미끄럼대
② 다수인피난장비
③ 피난교
④ 피난용트랩

해설

층별 설치 장소별 구분	지하층	1층	2층	3층	4층 이상 10층 이하
1. 노유자시설	피난용트랩	미끄럼대 구조대 피난교 다수인피난장비 승강식피난기	미끄럼대 구조대 피난교 다수인피난장비 승강식피난기	미끄럼대 구조대 피난교 다수인피난장비 승강식피난기	피난교 다수인피난장비 승강식피난기

[지하층 현행 삭제]

78 자동화재탐지설비의 감지기 중 연기를 감지하는 감지기는 감시챔버로 몇 [mm] 크기의 물체가 침입할 수 없는 구조이어야 하는가?
① (1.3±0.05)[mm]   ② (1.5±0.05)[mm]
③ (1.8±0.05)[mm]   ④ (2.0±0.05)[mm]

해설 감지기 형식승인 제5조
연기를 감지하는 감지기는 감시챔버로 (1.3±0.05)[mm] 크기의 물체가 침입할 수 없는 구조이어야 한다.

79 무선통신보조설비 증폭기의 비상전원 용량은 무선통신보조설비를 유효하게 몇 분 이상 작동시킬 수 있는 것으로 설치하여야 하는가?
① 10분   ② 20분
③ 30분   ④ 60분

해설 증폭기 → 30분

80 광전식 분리형 감지기의 설치기준 중 옳은 것은?
① 감지기의 수광면은 햇빛을 직접 받도록 설치할 것
② 광축(송광면과 수광면의 중심을 연결한 선)은 나란한 벽으로부터 1.5[m] 이상 이격하여 설치할 것
③ 감지기의 송광부와 수광부는 설치된 뒷벽으로부터 0.6[m] 이내 위치에 설치할 것
④ 광축의 높이는 천장 등(천장의 실내에 면한 부분 또는 상층의 바닥하부면) 높이의 80[%] 이상일 것

해설 자동화재탐지설비 및 시각경보정치의 화재안전기준 제7조(감지기) 제3항 제15호
▶ 광전식 분리형 감지기는 다음의 기준에 따라 설치할 것
㉠ 감지기의 수광면은 햇빛을 직접 받지 않도록 설치할 것
㉡ 광축(송광면과 수광면의 중심을 연결한 선)은 나란한 벽으로부터 0.6[m] 이상 이격하여 설치할 것
㉢ 감지기의 송광부와 수광부는 설치된 뒷벽으로부터 1[m] 이내 위치에 설치할 것
㉣ 광축의 높이는 천장 등(천장의 실내에 면한 부분 또는 상층의 바닥하부면을 말한다) 높이의 80[%] 이상일 것
㉤ 감지기의 광축의 길이는 공칭감시거리 범위 이내일 것
㉥ 그 밖의 설치기준은 형식승인 내용에 따르며 형식승인 사항이 아닌 것은 제조사의 시방에 따라 설치할 것

2018년 제4회 소방설비기사[전기분야] 1차 필기
[제4과목 : 소방전기구조원리]

61 비상콘센트설비의 전원부와 외함 사이의 절연내력 기준 중 다음 ( ) 안에 알맞은 것은?

> 절연내력은 전원부와 외함 사이에 정격전압이 150[V] 이하인 경우에는 (㉠)[V]의 실효전압을, 정격전압이 150[V] 이상인 경우에는 그 정격전압에 (㉡)를 곱하여 1,000을 더한 실효전압을 가하는 시험에서 1분 이상 견디는 것으로 할 것

① ㉠ 500, ㉡ 2
② ㉠ 500, ㉡ 3
③ ㉠ 1,000, ㉡ 2
④ ㉠ 1,000, ㉡ 3

해설 비상콘센트설비 절연저항 & 절연내력

절연저항	측정구간	전원부와 외함 사이
	측정장비	D.C 500[V] 절연저항계
	측정결과	20[MΩ] 이상
절연내력	측정구간	전원부와 외함 사이
	측정방법	다음과 같은 실효전압 인가 1. 정격전압이 150[V] 이하인 경우 – 1,000[V] 2. 정격전압이 150[V] 이상인 경우 – (정격전압×2)+1,000[V]
	측정결과	1분 이상 견딜 것

62 누전경보기 전원의 설치기준 중 다음 ( ) 안에 알맞은 것은?

> 전원은 분전반으로부터 전용회로로 하고, 각 극에 개폐기 및 (㉠)[A] 이하의 과전류 차단기(배선용 차단기에 있어서는 (㉡)[A] 이하의 것으로 각 극을 개폐할 수 있는 것)를 설치할 것

① ㉠ 15, ㉡ 30
② ㉠ 15, ㉡ 20
③ ㉠ 10, ㉡ 30
④ ㉠ 10, ㉡ 20

해설 누전경보기 전원차단
㉠ 각 극에 개폐기 및 15[A] 이하의 과전류 차단기
㉡ 20[A] 이하의 배선용 차단기

63 비상경보설비를 설치하여야 하는 특정소방대상물의 기준 중 옳은 것은? (단, 지하구, 모래·석재 등 불연재료 창고 및 위험물 저장·처리 시설 중 가스시설은 제외한다)

① 지하층 또는 무창층의 바닥면적이 150[m²] 이상인 것
② 공연장으로서 지하층 또는 무창층의 바닥면적이 200[m²] 이상인 것
③ 지하가 중 터널로서 길이가 400[m] 이상인 것
④ 30명 이상의 근로자가 작업하는 옥내작업장

해설
② 200[m²] 이상인 것 → 100[m²] 이상인 것
③ 400[m] 이상인 것 → 500[m] 이상인 것
④ 30명 → 50명

64 무선통신보조설비 무선기기 접속단자의 설치기준 중 다음 ( ) 안에 알맞은 것은?

> 무선통신보조설비의 무선기기 접속단자를 지상에 설치하는 경우 접속단자는 보행거리 (㉠)[m] 이내마다 설치하고, 다른 용도로 사용되는 접속단자에서 (㉡)[m] 이상의 거리를 둘 것

① ㉠ 400, ㉡ 5
② ㉠ 300, ㉡ 5
③ ㉠ 400, ㉡ 3
④ ㉠ 300, ㉡ 3

정답 61.③ 62.② 63.① 64.②

해설 무선기접속단자 [현행 삭제]
㉠ 접속단자는 보행거리 300[m] 이내마다 설치
㉡ 다른 용도로 사용되는 접속단자에서 5[m] 이상의 거리를 둘 것

65 비상조명등의 설치제외 기준 중 다음 ( ) 안에 알맞은 것은?

> 거실의 각 부분으로부터 하나의 출입구에 이르는 보행거리가 ( )[m] 이내인 부분

① 2　　② 5
③ 15　　④ 25

해설 ▶ 비상조명등의 설치 제외 장소
㉠ 거실의 각 부분으로부터 하나의 출입구에 이르는 보행거리가 15[m] 이내인 부분.
㉡ 학교의 거실, 의원, 의료시설, 공동주택, 경기장

▶ 통로유도등의 설치 제외 장소
㉠ 길이 30[m] 미만의 복도·통로(구부러지지 않은 복도·통로)
㉡ 보행거리 20[m] 미만의 복도·통로(출입구에 피난구유도등이 설치된 복도·통로)

▶ 객석유도등의 설치 제외 장소
㉠ 주간에만 사용하는 장소로서 채광이 충분한 객석
㉡ 거실 등의 각 부분으로부터 하나의 거실출입구에 이르는 보행거리가 20[m] 이하인 객석의 통로로서 그 통로에 통로유도등이 설치된 객석

66 자동화재탐지설비의 경계구역에 대한 설정기준 중 틀린 것은?

① 지하구의 경우 하나의 경계구역의 길이는 800[m] 이하로 할 것
② 하나의 경계구역이 2개 이상의 층에 미치지 아니하도록 할 것
③ 하나의 경계구역의 면적은 600[m²] 이하로 하고 한 변의 길이는 50[m] 이하로 할 것
④ 하나의 경계구역이 2개 이상의 건축물에 미치지 아니하도록 할 것

해설 800[m] 이하 → 700[m] 이하(터널 : 100[m])

67 무선통신보조설비의 분배기·분파기 및 혼합기의 설치기준 중 틀린 것은?

① 먼지·습기 및 부식 등에 따라 기능에 이상을 가져오지 아니하도록 할 것
② 임피던스는 50[Ω]의 것으로 할 것
③ 전원은 전기가 정상적으로 공급되는 축전지, 전기저장장치 또는 교류전압 옥내간선으로 하고, 전원까지의 배선은 전용으로 할 것
④ 점검에 편리하고 화재 등의 재해로 인한 피해의 우려가 없는 장소에 설치할 것

해설 ③ 증폭기 및 무선이동중계기의 설치기준
▶ 증폭기 및 무선이동중계기를 설치하는 경우에는 다음 각 호의 기준에 따라 설치하여야 한다.
1. 전원은 전기가 정상적으로 공급되는 축전지, 전기저장장치(외부 전기에너지를 저장해 두었다가 필요한 때 전기를 공급하는 장치) 또는 교류전압 옥내간선으로 하고, 전원까지의 배선은 전용으로 할 것
2. 증폭기의 전면에는 주회로의 전원이 정상인지의 여부를 표시할 수 있는 표시등 및 전압계를 설치할 것
3. 증폭기에는 비상전원이 부착된 것으로 하고 해당 비상전원 용량은 무선통신보조설비를 유효하게 30분 이상 작동시킬 수 있는 것으로 할 것
4. 무선이동중계기를 설치하는 경우에는 「전파법」 제58조의2에 따른 적합성평가를 받은 제품으로 설치할 것

▶ (분배기 등) 분배기·분파기 및 혼합기 등은 다음 각 호의 기준에 따라 설치하여야 한다.
1. 먼지·습기 및 부식 등에 따라 기능에 이상을 가져오지 아니하도록 할 것
2. 임피던스는 50[Ω]의 것으로 할 것
3. 점검에 편리하고 화재 등의 재해로 인한 피해의 우려가 없는 장소에 설치할 것

정답　65.③　66.①　67.③

68 비상방송설비의 음향장치 구조 및 성능기준 중 다음 ( ) 안에 알맞은 것은?

> ㉮ 정격전압의 (㉠)[%] 전압에서 음향을 발할 수 있는 것을 할 것
> ㉯ (㉡)의 작동과 연동하여 작동할 수 있는 것으로 할 것

① ㉠ 65, ㉡ 단독경보형감지기
② ㉠ 65, ㉡ 자동화재탐지설비
③ ㉠ 80, ㉡ 단독경보형감지기
④ ㉠ 80, ㉡ 자동화재탐지설비

해설 비상방송설비의 화재안전기준 제4조(음향장치) 제1항 제12호
음향장치는 다음 각 목의 기준에 따른 구조 및 성능의 것으로 하여야 한다.
가. 정격전압의 80[%] 전압에서 음향을 발할 수 있는 것으로 할 것
나. 자동화재탐지설비의 작동과 연동하여 작동할 수 있는 것으로 할 것

69 축광방식의 피난유도선 설치기준 중 다음 ( ) 안에 알맞은 것은?

> ㉮ 바닥으로부터 높이 (㉠)[cm] 이하의 위치 또는 바닥면에 설치할 것
> ㉯ 피난유도 표시부는 (㉡)[cm] 이내의 간격으로 연속되도록 설치할 것

① ㉠ 50, ㉡ 50   ② ㉠ 50, ㉡ 100
③ ㉠ 100, ㉡ 50   ④ ㉠ 100, ㉡ 100

해설 ▶ 축광방식 피난유도선 설치기준
㉠ 바닥으로부터 높이 50[cm] 이하의 위치 또는 바닥면에 설치할 것
㉡ 피난유도 표시부는 50[cm] 이내의 간격으로 연속되도록 설치할 것
▶ 광원점등방식 피난유도선 설치기준
㉠ 피난유도 표시부는 바닥으로부터 높이 1[m] 이하의 위치 또는 바닥면에 설치할 것
㉡ 피난유도 표시부는 50[cm] 이내의 간격으로 연속되도록 설치하되 실내장식물 등으로 설치가 곤란할 경우 1[m] 이내로 설치할 것

70 비상콘센트용의 풀박스 등은 방청도장을 한 것으로서 두께는 최소 몇 [mm] 이상의 철판으로 하여야 하는가?

① 1.0[mm]   ② 1.2[mm]
③ 1.5[mm]   ④ 1.6[mm]

해설 비상콘센트설비의 화재안전기준 제4조(전원 및 콘센트) 제2항 제7호
비상콘센트용의 풀박스 등은 방청도장을 한 것으로서, 두께 1.6[mm] 이상의 철판으로 할 것

71 유도등 예비전원의 종류로 옳은 것은?
① 알칼리계 2차 축전지
② 리튬계 1차 축전지
③ 리튬-이온계 2차 축전지
④ 수은계 1차 축전지

해설 알칼리계 2차 축전지, 리튬계 2차 축전지, 콘덴서(축전기)

72 비상방송설비의 배선과 전원에 관한 설치기준 중 옳은 것은?
① 부속회로의 전로와 대지 사이 및 배선상호간의 절연저항은 1경계구역마다 직류 110[V]의 절연저항측정기를 사용하여 측정한 절연저항이 1[MΩ] 이상이 되도록 한다.
② 전원은 전기가 정상적으로 공급되는 축전지 또는 교류전압의 옥내간선으로 하고, 전원까지의 배선은 전용이 아니어도 무방하다.
③ 비상방송설비에는 그 설비에 대한 감시 상태를 30분간 지속한 후 유효하게 10분 이상 경보할 수 있는 축전지설비를 설치하여야 한다.
④ 비상방송설비의 배선은 다른 전선과 별도의 관·덕트 몰드 또는 풀박스 등에 설치하되 60[V] 미만의 약전류회로에 사용하는 전선으로서 각각의 전압이 같을 때에는 그러하지 아니하다.

정답 68.④ 69.① 70.④ 71.① 72.④

해설
① 110[V]의 절연저항측정기 → 250[V]의 절연저항측정기
   1[MΩ] 이상 → 0.1[MΩ] 이상
② 전원까지의 배선은 전용이 아니어도 무방하다.(×)
③ 감시 상태를 30분간 → 60분간 지속

73 자동화재탐지설비의 연기복합형 감지기를 설치할 수 없는 부착높이는?

① 4[m] 이상 8[m] 미만
② 8[m] 이상 15[m] 미만
③ 15[m] 이상 20[m] 미만
④ 20[m] 이상

해설 부착높이별 적응성 감지기의 종류

부착높이	감지기의 종류
4[m] 미만	• 차동식(스포트형, 분포형) • 보상식 스포트형 • 정온식(스포트형, 감지선형) • 이온화식 또는 광전식(스포트형, 분리형, 공기흡입형) • 열복합형, 연기복합형, 열연기복합형, 불꽃감지기
4[m] 이상 8[m] 미만	• 차동식(스포트형, 분포형) • 보상식 스포트형 • 정온식(스포트형, 감지선형 특종 또는 1종) • 이온화식 1종 또는 2종 • 광전식(스포트형, 분리형, 공기흡입형) 1종 또는 2종 • 열복합형, 연기복합형, 열연기복합형, 불꽃감지기
8[m] 이상 15[m] 미만	• 차동식 분포형 • 이온화식 1종 또는 2종 • 광전식(스포트형, 분리형, 공기흡입형) 1종 또는 2종 • 연기복합형 • 불꽃감지기
15[m] 이상 20[m] 미만	• 이온화식 1종 • 광전식(스포트형, 분리형, 공기흡입형) 1종 • 연기복합형 • 불꽃감지기
20[m] 이상	• 불꽃감지기 • 광전식(분리형, 공기흡입형) 중 아날로그방식

비고)
1. 감지기별 부착높이 등에 대하여 별도로 형식승인 받은 경우에는 그 성능 인정범위 내에서 사용할 수 있다.
2. 부착높이 20[m] 이상에 설치되는 광전식 중 아나로그방식의 감지기는 공칭감지농도 하한값이 감광율 5[%/m] 미만인 것으로 한다.

74 7층인 의료시설에 적응성을 갖는 피난기구가 아닌 것은?

① 구조대   ② 피난교
③ 피난용트랩   ④ 미끄럼대

해설

층별 설치 장소별 구분	1층	2층	3층	4층 이상 10층 이하
1. 노유자시설	미끄럼대 구조대 피난교 다수인피난장비 승강식피난기	미끄럼대 구조대 피난교 다수인피난장비 승강식피난기	미끄럼대 구조대 피난교 다수인피난장비 승강식피난기	구조대 피난교 다수인피난장비 승강식피난기
2. 의료시설·근린생활시설 중 입원실이 있는 의원·접골원·조산원			미끄럼대 구조대 피난교 피난용트랩 다수인피난장비 승강식피난기	구조대 피난교 피난용트랩 다수인피난장비 승강식피난기

75 청각장애인용 시각경보장치는 천장의 높이가 2[m] 이하인 경우에는 천장으로부터 몇 [m] 이내의 장소에 설치하여야 하는가?

① 0.1[m]   ② 0.15[m]
③ 1.0[m]   ④ 1.5[m]

해설 설치높이는 바닥으로부터 2[m] 이상 2.5[m] 이하의 장소에 설치할 것. 다만, 천장의 높이가 2[m] 이하인 경우에는 천장으로부터 0.15[m] 이내의 장소에 설치하여야 한다.

76 각 소방설비별 비상전원의 종류와 비상전원 최소용량의 연결이 틀린 것은? (단, 소방설비 - 비상전원의 종류 - 비상전원 최소용량 순서이다)

① 자동화재탐지설비 - 축전지설비 - 20분
② 비상조명등설비 - 축전지설비 또는 자가발전설비 - 20분
③ 할로겐화합물 및 불활성기체 소화설비 - 축전지설비 또는 자가발전설비 - 20분
④ 유도등 - 축전지 - 20분

정답 73.④ 74.④ 75.② 76.①

해설 자동화재탐지설비 - 축전지설비 - 10분
(층수가 30층 이상 : 30분)

77 비상방송설비 음향장치의 설치기준 중 다음 ( ) 안에 알맞은 것은?

> ㉮ 음량조정기를 설치하는 경우 음량조정기의 배선은 (㉠)선식으로 할 것
> ㉯ 확성기는 각 층마다 설치하되, 그 층의 각 부분으로부터 하나의 확성기까지의 수평거리가 (㉡)[m] 이하가 되도록 하고, 해당 층의 각 부분에 유효하게 경보를 발할 수 있도록 설치 할 것

① ㉠ 2, ㉡ 15
② ㉠ 2, ㉡ 25
③ ㉠ 3, ㉡ 15
④ ㉠ 3, ㉡ 25

해설 비상방송설비 설치기준
1. 확성기(스피커) 음성입력 - 실내 1[W] 이상, 실외 3[W] 이상
2. 음량조정기의 배선 - 3선식
3. 소요시간 - 10초 이하
4. 자동화재탐지설비와 연동할 것
5. 확성기 - 각 층마다 설비. 그 층의 각 부분으로부터 하나의 확성기까지의 수평거리가 25[m] 이하

78 연기감지기의 설치기준 중 틀린 것은?
① 부착높이 4[m] 이상 20[m] 미만에는 3종 감지기를 설치할 수 없다.
② 복도 및 통로에 있어서 1종·2종의 경우 보행거리 30[m] 마다 설치한다.
③ 계단 및 경사로에 있어서 3종은 수직거리 10[m] 마다 설치한다.
④ 감지기는 벽이나 보로부터 1.5[m] 이상 떨어진 곳에 설치하여야 한다.

해설 1.5[m] 이상 → 0.6[m] 이상

▶ 연기감지기는 다음의 기준에 따라 설치할 것
가. 감지기의 부착높이에 따라 다음 표에 따른 바닥면적마다 1개 이상으로 할 것

부착높이	감지기의 종류	
	1종 및 2종	3종
4m 미만	150	50
4m 이상 20m 미만	75	×

나. 감지기는 복도 및 통로에 있어서는 보행거리 30[m](3종에 있어서는 20[m])마다, 계단 및 경사로에 있어서는 수직거리 15[m](3종에 있어서는 10[m])마다 1개 이상으로 할 것
다. 천장 또는 반자가 낮은 실내 또는 좁은 실내에 있어서는 출입구의 가까운 부분에 설치할 것
라. 천장 또는 반자부근에 배기구가 있는 경우에는 그 부근에 설치할 것
마. 감지기는 벽 또는 보로부터 0.6[m] 이상 떨어진 곳에 설치할 것

79 자동화재속보설비를 설치하여야 하는 특정소방대상물의 기준 중 틀린 것은? (단, 사람이 24시간 상시 근무하고 있는 경우는 제외한다)
① 판매시설 중 전통시장
② 지하가 중 터널로서 길이가 1,000[m] 이상인 것
③ 수련시설(숙박시설이 있는 건축물만 해당)로서 바닥면적이 500[m²] 이상인 층이 있는 것
④ 업무시설, 공장, 창고시설, 교정 및 군사시설 중 국방·군사시설, 발전시설(사람이 근무하지 않는 시간에는 무인경비시스템으로 관리하는 시설만 해당)로서 바닥면적이 1,500[m²] 이상인 층이 있는 것

해설 ② 해당없음
▶ 자동화재속보설비 설치대상
㉠ 업무시설, 공장, 창고시설, 교정 및 군사시설 중 국방·군사시설, 발전시설(사람이 근무하지 않는 시간에는 무인경비시스템으로 관리하는 시설만 해당한다)로서 바닥면적이 1천5백[m²] 이상인 층이 있는 것. 다만, 사람이 24시간 상시근무하고 있는 경우에는 자동화재속보설비를 설치하지 않을 수 있다.
㉡ 노유자 생활시설

정답 77.④ 78.④ 79.②

ⓒ ⓛ에 해당하지 않는 노유자시설로서 바닥면적이 500[m²] 이상인 층이 있는 것. 다만, 사람이 24시간 상시근무하고 있는 경우에는 자동화재속보설비를 설치하지 않을 수 있다.
ⓔ 수련시설(숙박시설이 있는 건축물만 해당한다)로서 바닥면적이 500[m²] 이상인 층이 있는 것. 다만, 사람이 24시간 상시근무하고 있는 경우에는 자동화재속보설비를 설치하지 않을 수 있다.
ⓜ 「문화재보호법」 제23조에 따라 보물 또는 국보로 지정된 목조건축물. 다만, 사람이 24시간 상시근무하고 있는 경우에는 자동화재속보설비를 설치하지 않을 수 있다.
ⓗ 근린생활시설 중 의원, 치과의원 및 한의원으로서 입원실이 있는 시설
ⓢ 의료시설 중 다음의 어느 하나에 해당하는 것
  ⓐ 종합병원, 병원, 치과병원, 한방병원 및 요양병원 (정신병원과 의료재활시설은 제외한다)
  ⓑ 정신병원 및 의료재활시설로 사용되는 바닥면적의 합계가 500[m²] 이상인 층이 있는 것
ⓞ 판매시설 중 전통시장
ⓩ ㉠부터 ⓞ까지에 해당하지 않는 특정소방대상물 중 층수가 30층 이상인 것

[2022.12.1.이후 개정]
자동화재속보설비를 설치해야 하는 특정소방대상물은 다음의 어느 하나에 해당하는 것으로 한다. 다만, 방재실 등 화재 수신기가 설치된 장소에 24시간 화재를 감시할 수 있는 사람이 근무하고 있는 경우에는 자동화재속보설비를 설치하지 않을 수 있다.
1) 노유자 생활시설
2) 노유자 시설로서 바닥면적이 500m² 이상인 층이 있는 것
3) 수련시설(숙박시설이 있는 것만 해당한다)로서 바닥면적이 500m² 이상인 층이 있는 것
4) 문화유산 중 「문화유산의 보존 및 활용에 관한 법률」 제23조에 따라 보물 또는 국보로 지정된 목조건축물
5) 근린생활시설 중 다음의 어느 하나에 해당하는 시설
  가) 의원, 치과의원 및 한의원으로서 입원실이 있는 시설
  나) 조산원 및 산후조리원
6) 의료시설 중 다음의 어느 하나에 해당하는 것
  가) 종합병원, 병원, 치과병원, 한방병원 및 요양병원 (의료재활시설은 제외한다)
  나) 정신병원 및 의료재활시설로 사용되는 바닥면적의 합계가 500m² 이상인 층이 있는 것

80 피난기구의 용어의 정의 중 다음 ( ) 안에 알맞은 것은?

( )란 사용자의 몸무게에 따라 자동적으로 내려올 수 있는 기구 중 사용자가 연속적으로 사용할 수 없는 것을 말한다.

① 구조대   ② 완강기
③ 간이완강기   ④ 다수인 피난장비

해설 피난기구의 화재안전기준 제3조(정의)
1. "피난사다리"란 화재 시 긴급대피를 위해 사용하는 사다리를 말한다.
2. "완강기"란 사용자의 몸무게에 따라 자동적으로 내려올 수 있는 기구 중 사용자가 교대하여 연속적으로 사용할 수 있는 것을 말한다.
3. "간이완강기"란 사용자의 몸무게에 따라 자동적으로 내려올 수 있는 기구 중 사용자가 연속적으로 사용할 수 없는 것을 말한다.
4. "구조대"란 포지 등을 사용하여 자루형태로 만든 것으로서 화재시 사용자가 그 내부에 들어가서 내려옴으로써 대피할 수 있는 것을 말한다.
5. "공기안전매트"란 화재 발생시 사람이 건축물 내에서 외부로 긴급히 뛰어 내릴 때 충격을 흡수하여 안전하게 지상에 도달할 수 있도록 포지에 공기 등을 주입하는 구조로 되어 있는 것을 말한다.
6. 삭제
7. "다수인피난장비"란 화재 시 2인 이상의 피난자가 동시에 해당층에서 지상 또는 피난층으로 하강하는 피난기구를 말한다.
8. "승강기 피난기"란 사용자의 몸무게에 의하여 자동으로 하강하고 내려서면 스스로 상승하여 연속적으로 사용할 수 있는 무동력 승강식피난기를 말한다.
9. "하향식 피난구용 내림식사다리"란 하향식 피난구 해치에 격납하여 보관하여 사용 시에는 사다리 등이 소방대상물과 접촉되지 아니하는 내림식 사다리를 말한다.

정답 80.③

2019년 제1회 소방설비기사[전기분야] 1차 필기
[제4과목 : 소방전기구조원리]

61 경계전로의 누설전류를 자동적으로 검출하여 이를 누전경보기의 수신부에 송신하는 것을 무엇이라 하는가?

① 수신부 ② 확성기
③ 변류기 ④ 증폭기

해설 영상변류기(ZCT)
경계전로의 누설전류를 자동적으로 검출하여 이를 누설경보기의 수신부에 송신하는 것

62 누전경보기의 5~10회로까지 사용할 수 있는 집합형 수신기 내부결선도에서 구성요소가 아닌 것은?

① 제어부 ② 증폭부
③ 조작부 ④ 자동입력 절환부

해설 5~10회로 집합형 수신기의 내부결선도
- 자동입력절환부 • 증폭부
- 제어부 • 회로접합부
- 전원부 • 도통시험 및 동작시험부
- 동작회로표시부

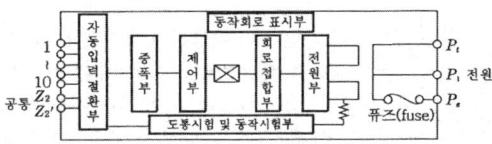

63 비상콘센트설비의 화재안전기준에서 정하고 있는 저압의 정의는?

① 직류는 750[V] 이하, 교류는 600[V] 이하인 것
② 직류는 750[V] 이하, 교류는 380[V] 이하인 것
③ 직류는 750[V]를, 교류는 600[V]를 넘고 7,000[V] 이하인 것
④ 직류는 750[V]를, 교류는 380[V]를 넘고 7,000[V] 이하인 것

해설 전압의 기준
㉠ "저압"이란 직류는 1.5[kV] 이하, 교류는 1[kV] 이하인 것을 말한다.
㉡ "고압"이란 직류는 1.5[kV]를, 교류는 1[kV]를 초과하고 7[kV] 이하인 것을 말한다.
㉢ "특고압"이란 7[kV]를 초과하는 것을 말한다.

64 비상방송설비의 음향장치는 정격전압의 몇 [%] 전압에서 음향을 발할 수 있는 것으로 하여야 하는가?

① 80[%] ② 90[%]
③ 100[%] ④ 110[%]

해설 비상방송설비의 음향장치는 다음 기준에 따른 구조 및 성능의 것으로 하여야 한다.
㉠ 정격전압의 80[%] 전압에서 음향을 발할 수 있는 것으로 할 것(→ 음압 : 90[dB] 이상)
㉡ 자동화재탐지설비의 작동과 연동하여 작동할 수 있는 것으로 할 것

65 자가발전설비, 비상전원수전설비 또는 전기저장장치(외부 전기에너지를 저장해 두었다가 필요한 때 전기를 공급하는 장치)를 비상콘센트설비의 비상전원으로 설치하여야 하는 특정소방대상물로 옳은 것은?

① 지하층을 제외한 층수가 4층 이상으로서 연면적 600[m²] 이상인 특정소방대상물
② 지하층을 제외한 층수가 5층 이상으로서 연면적 1,000[m²] 이상인 특정소방대상물
③ 지하층을 제외한 층수가 6층 이상으로서 연면적 1,500[m²] 이상인 특정소방대상물
④ 지하층을 제외한 층수가 7층 이상으로서 연면적 2,000[m²] 이상인 특정소방대상물

정답 61.③ 62.③ 63.① 64.① 65.④

해설 비상전원 설치대상
㉠ 지하층을 제외한 층수가 7층 이상으로서 연면적 2,000[m²] 이상인 특정소방대상물
㉡ 지하층의 바닥면적의 합계가 3,000[m²] 이상

66 불꽃감지기의 설치기준으로 틀린 것은?
① 수분이 많이 발생할 우려가 있는 장소에서는 방수형으로 설치할 것
② 감지기를 천장에 설치하는 경우에는 감지기는 천장을 향하여 설치할 것
③ 감지기는 화재감지를 유효하게 감지할 수 있는 모서리 또는 벽 등에 설치할 것
④ 감지기는 공칭감시거리와 공칭시야각을 기준으로 감시구역이 모두 포용될 수 있도록 설치할 것

해설 불꽃감지기 설치기준
㉠ 공칭감시거리 및 공칭시야각은 형식승인 내용에 따를 것
㉡ 감지기는 공칭감시거리와 공칭시야각을 기준으로 감시구역이 모두 포용될 수 있도록 설치할 것
㉢ 감지기는 화재감지를 유효하게 감지할 수 있는 모서리 또는 벽 등에 설치할 것
㉣ 감지기를 천장에 설치하는 경우에는 감지기는 바닥을 향하여 설치할 것
㉤ 수분이 많이 발생할 우려가 있는 장소에는 방수형으로 설치할 것
㉥ 그 밖의 설치기준은 형식승인 내용에 따르며 형식승인 사항이 아닌 것은 제조사의 시방에 따라 설치할 것

67 무선통신보조설비의 무선기기 접속단자 중 지상에 설치하는 접속단자는 보행거리 최대 몇 [m] 이내마다 설치하여야 하는가?
① 5[m]
② 50[m]
③ 150[m]
④ 300[m]

해설 무선기기 접속단자의 설치기준 [현행 삭제]
㉠ 화재층으로부터 지면으로 떨어지는 유리창 등에 의한 지장을 받지 않고 지상에서 유효하게 소방활동을 할 수 있는 장소 또는 수위실 등 상시 사람이 근무하고 있는 장소에 설치할 것
㉡ 단자는 한국산업규격에 적합한 것으로 하고, 바닥으로부터 높이 0.8[m] 이상 1.5[m] 이하의 위치에 설치할 것
㉢ 지상에 설치하는 접속단자는 보행거리 300[m] 이내마다 설치하고, 다른 용도로 사용되는 접속단자에서 5[m] 이상의 거리를 둘 것
㉣ 지상에 설치하는 단자를 보호하기 위하여 견고하고 함부로 개폐할 수 없는 구조의 보호함을 설치하고, 먼지·습기 및 부식 등에 따라 영향을 받지 않도록 조치할 것
㉤ 단자의 보호함의 표면에 "무선기 접속단자"라고 표시한 표지를 할 것

68 정온식 감지선형 감지기에 대한 설명으로 옳은 것은?
① 일국소의 주위온도 변화에 따라서 차동 및 정온식의 성능을 갖는 것을 말한다.
② 일국소의 주위온도가 일정한 온도 이상이 되었을 때 작동하는 것으로서 외관이 전선으로 되어 있는 것을 말한다.
③ 그 주위온도가 일정한 온도상승률 이상이 되었을 때 작동하는 것을 말한다.
④ 그 주위온도가 일정한 온도상승률 이상이 되었을 때 작동하는 것으로서 광범위한 열효과의 누적에 의하여 동작하는 것을 말한다.

해설 ▶ 정온식 스포트형 감지기
일국소의 주위온도가 일정 온도 이상이 되는 경우 작동하는 것으로서 외관이 전선으로 되어 있지 아니한 것(열감지기)
▶ 정온식 감지선형 감지기
일국소의 주위온도가 일정 온도 이상이 되는 경우 작동하는 것으로서 외관이 전선으로 되어 있는 것(열감지기)

69 축전지의 자기방전을 보충함과 동시에 상용 부하에 대한 전력공급은 충전기가 부담하도록 하되 충전기가 부담하기 어려운 일시적인 대전류 부하는 축전지로 하여금 부담하게 하는 충전방식은?

① 과충전방식　　② 균등충전방식
③ 부동충전방식　　④ 세류충전방식

해설 부동 충전
축전지의 자기 방전을 보충함과 동시에 상용 부하에 대한 전력공급은 충전기가 부담하도록 하되 충전기가 부담하기 어려운 일시적인 대전류 부하는 축전지로 하여금 부담하게 하는 방식이다.

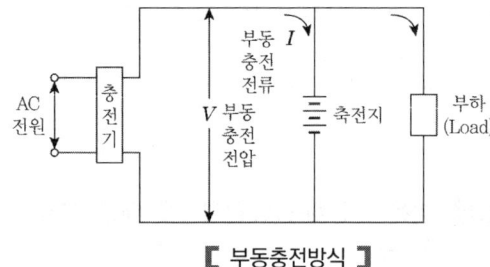

【 부동충전방식 】

70 단독경보형 감지기 중 연동식감지기의 무선 기능에 대한 설명으로 옳은 것은?

① 화재신호를 수신한 단독경보형 감지기는 60초 이내에 경보를 발해야 한다.
② 무선통신 점검은 단독경보형 감지기가 서로 송수신하는 방식으로 한다.
③ 작동한 단독경보형 감지기는 화재경보가 정지하기 전까지 100초 이내 주기마다 화재신호를 발신해야 한다.
④ 무선통신 점검은 168시간 이내에 자동으로 실시하고 이때 통신이상이 발생하는 경우에는 300초 이내에 통신이상 상태의 단독경보형 감지기를 확인할 수 있도록 표시 및 경보를 해야 한다.

해설 감지기의 형식승인 및 제품검사의 기술기준 제5조의4(무선식감지기의 기능) 제1항 제3호
통신점검기능이 있어야 하며 다음 각 목에 적합하여야 한다.

가. 무선통신 점검은 168시간 이내에 자동으로 실시하고 이때 통신이상이 발생하는 경우에는 200초 이내에 통신이상 상태의 단독경보형감지기를 확인할 수 있도록 표시 및 경보를 하여야 한다.
나. 무선통신 점검은 단독경보형감지기가 서로 송수신하는 방식으로 한다.

71 정온식감지기의 설치 시 공칭작동온도가 최고주위온도보다 최소 몇 [℃] 이상 높은 것으로 설치하여야 하나?

① 10[℃]　　② 20[℃]
③ 30[℃]　　④ 40[℃]

해설 정온식감지기는 주방·보일러실 등으로서 다량의 화기를 취급하는 장소에 설치하되, 공칭작동온도가 최고주위온도보다 20[℃] 이상 높은 것으로 설치할 것

72 무선통신보조설비의 누설동축케이블의 설치기준으로 틀린 것은?

① 끝부분에는 반사 종단저항을 견고하게 설치할 것
② 고압의 전로로부터 1.5[m] 이상 떨어진 위치에 설치할 것
③ 금속판 등에 따라 전파의 복사 또는 특성이 현저하게 저하되지 아니하는 위치에 설치할 것
④ 불연 또는 난연성의 것으로서 습기에 따라 전기의 특성이 변질되지 아니하는 것으로 설치할 것

해설 ① 반사(×), 무반사(○)
무선통신보조설비의 화재안전기준(NFSC 505) 제5조(누설동축케이블 등) 제1항 제7호
누설동축케이블의 끝부분에는 무반사 종단저항을 견고하게 설치할 것

73 소화활동 시 안내방송에 사용하는 증폭기의 종류로 옳은 것은?

① 탁상형　　② 휴대형
③ Desk형　　④ Rack형

74 계단통로유도등은 각 층의 경사로참 또는 계단참마다 설치하도록 하고 있는데 1개 층에 경사로 참 또는 계단참이 2 이상 있는 경우에는 몇 개의 계단참마다 계단통로유도등을 설치하여야 하는가?

① 2개　　② 3개
③ 4개　　④ 5개

해설 유도등 및 유도표지의 화재안전기준(NFSC 303) 제6조(통로유도등 설치기준) 제1항 제3호
계단통로유도등은 다음 각 목의 기준에 따라 설치할 것
가. 각층의 경사로참 또는 계단참마다(1개층에 경사로 참 또는 계단참이 2 이상 있는 경우에는 2개의 계단참마다) 설치할 것
나. 바닥으로부터 높이 1[m] 이하의 위치에 설치할 것

75 자동화재탐지설비의 수신기의 각 회로별 종단에 설치되는 감지기에 접속되는 배선의 전압은 감지기 정격전압의 최소 몇 [%] 이상이어야 하는가?

① 50[%]　　② 60[%]
③ 70[%]　　④ 80[%]

해설 자동화재탐지설비 및 시각경보장치의 화재안전기준(NFSC 203) 제11조(배선) 제1항 제8호
자동화재탐지설비의 감지기회로의 전로저항은 50[Ω] 이하가 되도록 하여야 하며, 수신기의 각 회로별 종단에 설치되는 감지기에 접속되는 배선의 전압은 감지기 정격전압의 80[%] 이상이어야 할 것

76 비상벨설비 또는 자동식 사이렌설비에는 그 설비에 대한 감시상태를 몇 시간 지속한 후 유효하게 10분 이상 경보할 수 있는 축전지 설비(수신기에 내장하는 경우를 포함한다)를 설치하여야 하는가?

① 1시간　　② 2시간
③ 4시간　　④ 6시간

해설 비상경보설비 및 단독경보형감지기의 화재안전기준(NFSC 201) 제4조(비상벨설비 또는 자동식사이렌설비) 제7항
비상벨설비 또는 자동식사이렌설비에는 그 설비에 대한 감시상태를 60분간 지속한 후 유효하게 10분 이상 경보할 수 있는 축전지설비(수신기에 내장하는 경우를 포함한다) 또는 전기저장장치(외부 전기에너지를 저장해 두었다가 필요한 때 전기를 공급하는 장치)를 설치하여야 한다. 다만, 상용전원이 축전지설비인 경우 또는 건전지를 주전원으로 사용하는 무선식 설비인 경우에는 그러하지 아니하다.

77 자동화재속보설비의 설치기준으로 틀린 것은?

① 조작스위치는 바닥으로부터 1[m] 이상 1.5[m] 이하의 높이에 설치할 것
② 속보기는 소방관서에 통신망으로 통보하도록 하며, 데이터 또는 코드전송방식을 부가적으로 설치할 수 있다.
③ 자동화재탐지설비와 연동으로 작동하여 자동적으로 화재발생 상황을 소방관서에 전달되는 것으로 할 것
④ 속보기는 소방청장이 정하여 고시한 「자동화재속보설비의 속보기의 성능인증 및 제품검사의 기술기준」에 적합한 것으로 설치하여야 한다.

해설 자동화재속보설비의 화재안전기준(NFSC 204) 제4조(설치기준)
① 자동화재속보설비는 다음 각 호의 기준에 따라 설치하여야 한다.
1. 자동화재탐지설비와 연동으로 작동하여 자동적으로 화재발생상황을 소방관서에 전달되는 것으로 할 것. 이 경우 부가적으로 특정소방대상물의 관계인에게 화재발생상황을 전달되도록 할 수 있다.
2. 조작스위치는 바닥으로부터 0.8[m] 이상 1.5[m] 이하의 높이에 설치할 것
3. 속보기는 소방관서에 통신망으로 통보하도록 하며, 데이터 또는 코드전송방식을 부가적으로 설치할 수 있다. 단, 데이터 및 코드전송방식의 기준은 소방청장이 정하여 고시한 「자동화재속보설비의 속보기의 성능인증 및 제품검사의 기술기준」 제5조 제12호에 따른다.
4. 문화재에 설치하는 자동화재속보설비는 제1호의 기준에도 불구하고 속보기에 감지기를 연결하는 방식(자동화재탐지설비 1개의 경계구역에 한한다)으로 할 수 있다.

정답　74.①　75.④　76.①　77.①

5. 속보기는 소방청장이 정하여 고시한 「자동화재속보설비의 속보기의 성능인증 및 제품검사의 기술기준」에 적합한 것으로 설치하여야 한다.
② 삭제

78 휴대용비상조명등 설치 높이는?

① 0.8[m]~1.0[m]   ② 0.8[m]~1.5[m]
③ 1.0[m]~1.5[m]   ④ 1.0[m]~1.8[m]

해설 비상조명등의 화재안전기준(NFSC 304) 제4조(설치기준) 제2항 제2호
설치높이는 바닥으로부터 0.8[m] 이상 1.5[m] 이하의 높이에 설치할 것

79 자동화재탐지설비의 화재안전기준에서 사용하는 용어가 아닌 것은?

① 중계기   ② 경계구역
③ 시각경보장치   ④ 단독경보형 감지기

해설 "단독경보형 감지기"란 화재발생 상황을 단독으로 감지하여 자체에 내장된 음향장치로 경보하는 감지기를 말한다.

80 비상경보설비를 설치하여야 할 특정소방대상물로 옳은 것은? (단, 지하구, 모래·석재 등 불연재로 창고 및 위험물저장·처리 시설 중 가스시설은 제외한다)

① 지하가 중 터널로서 길이가 400[m] 이상인 것
② 30명 이상의 근로자가 작업하는 옥내작업장
③ 지하층 또는 무창층의 바닥면적이 150[m^2] (공연장의 경우 100[m^2]) 이상인 것
④ 연면적 300[m^2](지하가 중 터널 또는 사람이 거주하지 않거나 벽이 없는 축사 등 동·식물 관련시설은 제외) 이상인 것

해설 소방시설법 시행령 [별표 5](특정소방대상물의 관계인이 특정소방대상물의 규모·용도 및 수용인원 등을 고려하여 갖추어야 하는 소방시설의 종류)
비상경보설비를 설치하여야 할 특정소방대상물(지하구, 모래·석재 등 불연재료 창고 및 위험물 저장·처리 시설 중 가스시설은 제외한다)은 다음의 어느 하나와 같다.
1) 연면적 400[m^2](지하가 중 터널 또는 사람이 거주하지 않거나 벽이 없는 축사 등 동·식물 관련시설은 제외한다) 이상이거나 지하층 또는 무창층의 바닥면적이 150[m^2](공연장의 경우 100[m^2]) 이상인 것
2) 지하가 중 터널로서 길이가 500[m] 이상인 것
3) 50명 이상의 근로자가 작업하는 옥내 작업장

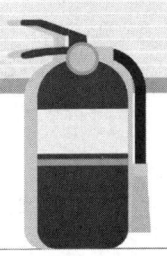

2019년 제2회 소방설비기사[전기분야] 1차 필기
[제4과목 : 소방전기구조원리]

61 무선통신보조설비의 증폭기에는 비상전원이 부착된 것으로 하고 비상전원의 용량은 무선통신보조설비를 유효하게 몇 분 이상 작동시킬 수 있는 것이어야 하는가?

① 10분　② 20분
③ 30분　④ 40분

해설 무선통신보조설비의 화재안전기준(NFSC 505) 제8조(증폭기 등)
증폭기 및 무선이동중계기를 설치하는 경우에는 다음 각 호의 기준에 따라 설치하여야 한다.
1. 전원은 전기가 정상적으로 공급되는 축전지, 전지저장장치(외부 전기에너지를 저장해 두었다가 필요한 때 전기를 공급하는 장치) 또는 교류전압 옥내간선으로 하고, 전원까지의 배선은 전용으로 할 것
2. 증폭기의 전면에는 주 회로의 전원이 정상인지의 여부를 표시할 수 있는 표시등 및 전압계를 설치할 것
3. 증폭기에는 비상전원이 부착된 것으로 하고 해당 비상전원 용량은 무선통신보조설비를 유효하게 30분 이상 작동시킬 수 있는 것으로 할 것
4. 무선이동중계기를 설치하는 경우에는 「전파법」 제58조의2에 따른 적합성평가를 받은 제품으로 설치할 것

62 비상방송설비의 배선에 대한 설치기준으로 틀린 것은?

① 배선은 다른 용도의 전선과 동일한 관, 덕트, 몰드 또는 풀박스 등에 설치할 것
② 전원회로의 배선은 옥내소화전설비의 화재안전기준에 따른 내화배선으로 설치할 것
③ 화재로 인하여 하나의 층의 확성기 또는 배선이 단락 또는 단선되어도 다른 층의 화재통보에 지장이 없도록 할 것
④ 부속회로의 전로와 대지 사이 및 배선 상호간의 절연저항은 1경계구역마다 직류 250[V]의 절연저항측정기를 사용하여 측정한 절연저항이 0.1[MΩ] 이상이 되도록 할 것

해설 ① 동일한(×), 별도의(○)

비상방송설비의 화재안전기준(NFSC 202) 제5조(배선)
비상방송설비의 배선은「전기사업법」제67조에 따른 기술기준에서 정한 것 외에 다음 각 호의 기준에 따라 설치하여야 한다.
1. 화재로 인하여 하나의 층의 확성기 또는 배선이 단락 또는 단선되어도 다른 층의 화재통보에 지장이 없도록 할 것
2. 전원회로의 배선은 옥내소화전설비의 화재안전기준(NFSC 102) [별표 1]에 따른 내화배선에 따르고, 그 밖의 배선은 옥내소화전설비의 화재안전기준(NFSC 102) [별표 1]에 따른 내화배선 또는 내열배선에 따라 설치할 것
3. 전원회로의 전로와 대지 사이 및 배선상호간의 절연저항은「전기사업법」제67조에 따른 기술기준이 정하는 바에 따르고, 부속회로의 전로와 대지 사이 및 배선 상호간의 절연저항은 1경계구역마다 직류 250[V]의 절연저항측정기를 사용하여 측정한 절연저항이 0.1[MΩ] 이상이 되도록 할 것
4. 비상방송설비의 배선은 다른 전선과 별도의 관·덕트(절연효력이 있는 것으로 구획한 때에는 그 구획된 부분은 별개의 덕트로 본다) 몰드 또는 풀박스 등에 설치할 것. 다만, 60[V] 미만의 약전류회로에 사용하는 전선으로서 각각의 전압이 같을 때에는 그러하지 아니하다.

정답　61.③　62.①

63 비상콘센트설비의 설치기준으로 틀린 것은?

① 개폐기에는 "비상콘센트"라고 표시한 표지를 할 것
② 하나의 전용회로에 설치하는 비상콘센트는 10개 이하로 할 것
③ 비상전원을 실내에 설치하는 때에는 그 실내에 비상조명등을 설치할 것
④ 비상전원은 비상콘센트설비를 유효하게 10분 이상 작동시킬 수 있는 용량으로 할 것

해설 ④ 10분(×), 20분(○)

비상콘센트설비의 화재안전기준(NFSC 504) 제4조(전원 및 콘센트 등) 제1항 제3호
제2호에 따라 비상전원 중 자가발전설비는 다음 각 목의 기준에 따라 설치하고, 비상전원수전설비는 「소방시설용 비상전원수전설비의 화재안전기준(NFSC 602)」에 따라 설치할 것
가. 점검에 편리하고 화재 및 침수 등의 재해로 인한 피해를 받을 우려가 없는 곳에 설치할 것
나. 비상콘센트설비를 유효하게 20분 이상 작동시킬 수 있는 용량으로 할 것
다. 상용전원으로부터 전력의 공급이 중단된 때에는 자동으로 비상전원으로부터 전력을 공급받을 수 있도록 할 것
라. 비상전원의 설치장소는 다른 장소와 방화구획할 것. 이 경우 그 장소에는 비상전원의 공급에 필요한 기구나 설비 외에 것(열병합발전설비에 필요한 기구나 설비는 제외한다)을 두어서는 아니 된다.
마. 비상전원을 실내에 설치하는 때에는 그 실내에 비상조명등을 설치할 것

64 비상전원이 비상조명등을 60분 이상 유효하게 작동시킬 수 있는 용량으로 하지 않아도 되는 특정소방대상물은?

① 지하상가
② 숙박시설
③ 무창층으로서 용도가 소매시장
④ 지하층을 제외한 층수가 11층 이상의 층

해설 비상조명등의 화재안전기준(NFSC 304) 제4조(설치기준) 제1항 제5호
다음 각 목의 특정소방대상물의 경우에는 그 부분에서 피난층에 이르는 부분의 비상조명등을 60분 이상 유효하게 작동시킬 수 있는 용량으로 하여야 한다.
가. 지하층을 제외한 층수가 11층 이상의 층
나. 지하층 또는 무창층으로서 용도가 도매시장·소매시장·여객자동차터미널·지하역사 또는 지하상가

65 일국소의 주위온도가 일정한 온도 이상이 되는 경우에 작동하는 것으로서 외관이 전선으로 되어 있는 감지기는 어떤 것인가?

① 공기흡입형
② 광전식분리형
③ 차동식스포트형
④ 정온식감지선형

해설 ▶ 정온식스포트형 감지기
일국소의 주위온도가 일정 온도 이상이 되는 경우 작동하는 것으로서 외관이 전선으로 되어 있지 아니한 것(열감지기)

▶ 정온식감지선형 감지기
일국소의 주위온도가 일정 온도 이상이 되는 경우 작동하는 것으로서 외관이 전선으로 되어 있는 것(열감지기)

66 비상콘센트를 보호하기 위한 비상콘센트 보호함의 설치기준으로 틀린 것은?

① 비상콘센트 보호함에는 쉽게 개폐할 수 있는 문을 설치하여야 한다.
② 비상콘센트 보호함 상부에 적색의 표시등을 설치하여야 한다.
③ 비상콘센트 보호함에는 그 내부에 "비상콘센트"라고 표시한 표지를 하여야 한다.
④ 비상콘센트 보호함을 옥내소화전함 등과 접속하여 설치하는 경우에는 옥내소화전함 등의 표시등과 겸용할 수 있다.

정답 63.④ 64.② 65.④ 66.③

해설 ③ 내부(×) → 외부(○)

비상콘센트설비의 화재안전기준(NFSC 504) 제5조 (보호함)
비상콘센트를 보호하기 위하여 비상콘센트보호함은 다음 각 호의 기준에 따라 설치하여야 한다.
1. 보호함에는 쉽게 개폐할 수 있는 문을 설치할 것
2. 보호함 표면에 "비상콘센트"라고 표시한 표지를 할 것
3. 보호함 상부에 적색의 표시등을 설치할 것. 다만, 비상콘센트의 보호함을 옥내소화전함 등과 접속하여 설치하는 경우에는 옥내소화전함 등의 표시등과 겸용할 수 있다.

67 소방회로용의 것으로 수전설비, 변전설비, 그 밖의 기기 및 배선을 금속제 외함에 수납한 것으로 정의되는 것은?

① 전용분전반　　　② 공용분전반
③ 공용큐비클식　　④ 전용큐비클식

해설 ① "전용분전반"이란 소방회로 전용의 것으로서 분기 개폐기, 분기과전류차단기, 그 밖의 배선용기기 및 배선을 금속제 외함에 수납한 것을 말한다.
② "공용분전반"이란 소방회로 및 일반회로 겸용의 것으로서 분기개폐기, 분기과전류차단기, 그 밖의 배선용기기 및 배선을 금속제 외함에 수납한 것을 말한다.
③ "공용큐비클식"이란 소방회로 및 일반회로 겸용의 것으로서 수전설비, 변전설비, 그 밖의 기기 및 배선을 금속제 외함에 수납한 것을 말한다.
④ "전용큐비클식"이란 소방회로용의 것으로서 수전설비, 변전설비, 그 밖의 기기 및 배선을 금속제 외함에 수납한 것을 말한다.

68 비상방송설비 음향장치에 대한 설치기준으로 옳은 것은?

① 다른 전기회로에 따라 유도장애가 생기지 않도록 한다.
② 음량조정기를 설치하는 경우 음량조정기의 배선은 2선식으로 한다.
③ 다른 방송설비와 공용하는 것에 있어서는 화재 시 비상경보 외의 방송을 차단되는 구조가 아니어야 한다.
④ 기동장치에 따른 화재신고를 수신한 후 필요한 음량으로 화재발생 상황 및 피난에 유효한 방송이 자동으로 개시될 때까지의 소요시간은 60초 이하로 한다.

해설 ② 2선식(×) → 3선식(○)
③ 구조가 아니어야 한다(×) → 구조이어야 한다(○)
④ 60초(×) → 10초(○)

69 객석 내의 통로의 직선부분의 길이가 85[m]이다. 객석유도등을 몇 개 설치하여야 하는가?

① 17개　　② 19개
③ 21개　　④ 22개

해설 $\dfrac{85[m]}{4[m]} - 1 = 20.25 ≒ 21개$

70 자동화재탐지설비의 감지기회로에 설치하는 종단저항의 설치기준으로 틀린 것은?

① 감지기회로 끝부분에 설치한다.
② 점검 및 관리가 쉬운 장소에 설치하여야 한다.
③ 전용함에 설치하는 경우 그 설치 높이는 바닥으로부터 0.8[m] 이내에 설치하여야 한다.
④ 종단감지기에 설치할 경우에는 구별이 쉽도록 해당감지기의 기판 및 감지기 외부 등에 별도의 표시를 하여야 한다.

해설 0.8[m] 이내(×) → 1.5[m] 이내(○)

감지기회로의 도통시험을 위한 종단시험 설치기준
가. 점검 및 관리가 쉬운 장소에 설치할 것
나. 전용함을 설치하는 경우 그 설치 높이는 바닥으로부터 1.5[m] 이내로 할 것
다. 감지기 회로의 끝부분에 설치하며, 종단감지기에 설치할 경우에는 구별이 쉽도록 해당 감지기의 기판 및 감지기 외부 등에 별도의 표시를 할 것

71 비상경보설비의 축전지설비의 구조에 대한 설명으로 틀린 것은?

① 예비전원을 병렬로 접속하는 경우에는 역충전 방지 등의 조치를 하여야 한다.
② 내부에 주전원의 양극을 동시에 개폐할 수 있는 전원스위치를 설치하여야 한다.
③ 축전지설비는 접지전극에 교류전류를 통하는 회로방식을 사용하여서는 아니된다.
④ 예비전원은 축전지설비용 예비전원과 외부부하 공급용 예비전원을 별도로 설치하여야 한다.

해설 비상경보설비의 축전지의 성능인증 및 제품검사의 기술기준 제3조(구조)
축전비설비의 구조는 다음 각 호에 적합하여야 한다.
1. 부식에 의하여 기계적 기능에 영향을 초래할 우려가 있는 부분은 칠, 도금 등으로 기계적 내식가공을 하거나 방청가공을 하여야 하며, 전기적 기능에 영향이 있는 단자, 나사 및 와셔 등은 동합금이나 이와 동등 이상의 내식성능이 있는 재질을 사용하여야 한다.
2. 외부에서 쉽게 사람이 접촉할 우려가 있는 충전부는 충분히 보호되어야 하며 정격전압이 60[V]를 넘고 금속제 외함을 사용하는 경우에는 외함에 접지단자를 설치하여야 한다.
3. 극성이 있는 배선을 접속하는 경우에는 오접속 방지를 위한 필요한 조치를 하여야 하며, 커넥터로 접속하는 방식은 구조적으로 오접속이 되지 않는 형태이어야 한다.
4. 극성이 있는 접속단자, 인출선 등은 오접속을 방지하기 위하여 적당한 색상에 의하여 극성을 구분할 수 있도록 하여야 한다.
5. 예비전원회로에는 단락사고 등을 방지하기 위한 퓨즈, 차단기 등과 같은 보호장치를 하여야 하며 퓨즈 및 차단기는 "KS" 또는 "전"자 또는 표시 승인품이어야 한다.
6. 전면에는 주전원 및 예비전원의 상태를 표시할 수 있는 장치와 작동시 작동여부를 표시하는 장치를 하여야 한다.
7. 내부에 주전원의 양극을 동시에 개폐할 수 있는 전원스위치를 설치하여야 한다.
8. 복귀스위치 또는 음향장치의 울림을 정지시키는 스위치를 설치하는 경우에는 전용의 것이어야 한다.
9. 자동적으로 정위치에 복귀하지 아니하는 스위치를 설치하는 경우에는 음신호장치 또는 점멸하는 주의등을 설치하여야 한다.
10. 예비전원은 축전지설비용 예비전원과 외부부하 공급용 예비전원을 별도로 설치하여야 한다.
11. 예비전원을 병렬로 접속하는 경우에는 역충전 방지 등의 조치를 하여야 한다.
12. 축전지설비는 접지전극에 직류전류를 통하는 회로방식을 사용하여서는 아니된다.
13. 축전지설비에 사용하는 변압기, 퓨즈, 차단기, 지시전기계기는 "KS" 또는 "전"자 표시 승인품이어야 한다.

72 신호의 전송로가 분기되는 장소에 설치하는 것으로 임피던스 매칭과 신호 균등분배 위해 사용되는 장치는?

① 혼합기   ② 분배기
③ 증폭기   ④ 분파기

해설 무선통신보조설비의 화재안전기준(NFSC 505) 제3조(정의)
이 기준에서 사용하는 용어의 정의는 다음과 같다.
1. "누설동축케이블"이란 동축케이블의 외부도체에 가는 다란 홈을 만들어서 전파가 외부로 새어나갈 수 있도록 한 케이블을 말한다.
2. "분배기"란 신호의 전송로가 분기되는 장소에 설치하는 것으로 임피던스 매칭(Matching)과 신호 균등분배를 위해 사용하는 장치를 말한다.
3. "분파기"란 서로 다른 주파수의 합성된 신호를 분리하기 위해서 사용하는 장치를 말한다.
4. "혼합기"란 두 개 이상의 입력신호를 원하는 비율로 조합한 출력이 발생하도록 하는 장치를 말한다.
5. "증폭기"란 신호 전송 시 신호가 약해져 수신이 불가능해지는 것을 방지하기 위해서 증폭하는 장치를 말한다.

73 부착높이 3[m], 바닥면적 $50[m^2]$인 주요구조부를 내화구조로 한 소방대상물에 1종 열반도체식 차동식분포형감지기를 설치하고자 할 때 감지부의 최소 설치개수는?

① 1개   ② 2개
③ 3개   ④ 4개

정답 71.③ 72.② 73.①

해설 열반도체식 차동식분포형감지기(감지부는 그 부착높이 및 특정소방대상물에 따라 다음 표에 따른 바닥면적마다 1개 이상으로 할 것

부착높이 및 소방대상물의 구분		감지기의 종류	
		1종	2종
8[m] 미만	주요구조부가 내화구조로 된 소방대상물 또는 그 부분	65	36
	기타 구조의 소방대상물 또는 그 부분	40	23
8[m] 이상 15[m] 미만	주요구조부가 내화구조로 된 소방대상물 또는 그 부분	50	36
	기타 구조의 소방대상물 또는 그 부분	30	23

$\dfrac{50[m^2]}{65[m^2]} = 0.77 \rightarrow 1개$

74 3선식 배선에 따라 상시 충전되는 유도등의 전기회로에 점멸기를 설치하는 경우 유도등이 점등되어야 할 경우로 관계없는 것은?

① 제연설비가 작동한 때
② 자동소화설비가 작동한 때
③ 비상경보설비의 발신기가 작동한 때
④ 자동화재탐지설비의 감지기가 작동한 때

해설 유도등 및 유도표지의 화재안전기준(NFSC 303) 제9조(유도등의 전원) 제4항
3선식 배선으로 상시 충전되는 유도등의 전기회로에 점멸기를 설치하는 경우에는 다음 각 호의 어느 하나에 해당되는 경우에 점등되도록 하여야 한다.
1. 자동화재탐지설비의 감지기 또는 발신기가 작동되는 때
2. 비상경보설비의 발신기가 작동되는 때
3. 상용전원이 정전되거나 전원선이 단선되는 때
4. 방재업무를 통제하는 곳 또는 전기실의 배전반에서 수동으로 점등하는 때
5. 자동소화설비가 작동되는 때

75 누전경보기의 전원은 분전반으로부터 전용회로로 하고 각 극에 개폐기와 몇 [A] 이하의 과전류차단기를 설치하여야 하는가?

① 15[A]   ② 20[A]
③ 25[A]   ④ 30[A]

해설
• 배선용차단기 : 20[A]
• 과전류차단기 : 15[A]

76 자동화재속보설비의 설치기준으로 틀린 것은?

① 조작스위치는 바닥으로부터 0.8[m] 이상 1.5[m] 이하의 높이에 설치한다.
② 비상경보설비와 연동으로 작동하여 자동적으로 화재발생상황을 소방관서에 전달하도록 한다.
③ 속보기는 소방관서에 통신망으로 통보하도록 하며, 데이터 또는 코드전송방식을 부가적으로 설치할 수 있다.
④ 속보기는 소방청장이 정하여 고시한 「자동화재속보설비의 속보기의 성능인증 및 제품검사의 기술기준」에 적합한 것으로 설치하여야 한다.

해설 ② 비상경보설비(×) → 자동화재탐지설비(○)

자동화재속보설비의 화재안전기준(NFSC 204) 제4조(설치기준)
자동화재속보설비는 다음 각호의 기준에 따라 설치하여야 한다.
1. 자동화재탐지설비와 연동으로 작동하여 자동적으로 화재발생상황을 소방관서에 전달되는 것으로 할 것. 이 경우 부가적으로 특정소방대상물의 관계인에게 화재발생상황을 전달되도록 할 수 있다.
2. 조작스위치는 바닥으로부터 0.8[m] 이상 1.5[m] 이하의 높이에 설치할 것
3. 속보기는 소방관서에 통신망으로 통보하도록 하며, 데이터 또는 코드전송방식을 부가적으로 설치할 수 있다. 단, 데이터 및 코드전송방식의 기준은 소방청장이 정하여 고시한 「자동화재속보설비의 속보기의 성능인증 및 제품검사의 기술기준」 제5조 제12호에 따른다.
4. 문화재에 설치하는 자동화재속보설비는 제1호의 기준에도 불구하고 속보기에 감지기를 직접 연결하는 방식(자동화재탐지설비 1개의 경계구역에 한한다)으로 할 수 있다.
5. 속보기는 소방청장이 정하여 고시한 「자동화재속보설비의 속보기의 성능인증 및 제품검사의 기술기준」에 적합한 것으로 설치하여야 한다.

77 다음 비상경보설비 및 비상방송설비에 사용되는 용어 설명 중 틀린 것은?

① 비상벨설비라 함은 화재발생 상황을 경종으로 경보하는 설비를 말한다.
② 증폭기라 함은 전압전류의 주파수를 늘려 감도를 좋게 하고 소리를 크게 하는 장치를 말한다.
③ 확성기라 함은 소리를 크게 하여 멀리까지 전달될 수 있도록 하는 장치로써 일명 스피커를 말한다.
④ 음량조절기라 함은 가변저항을 이용하여 전류를 변화시켜 음량을 크게 하거나 작게 조절할 수 있는 장치를 말한다.

해설 ② 주파수(×) → 진폭(○)

① "비상벨설비"라 함은 화재발생 상황을 경종으로 경보하는 설비를 말한다.
② "증폭기"라 함은 전압전류의 진폭을 늘려 감도를 좋게 하고 미약한 음성전류를 커다란 음성전류로 변화시켜 소리를 크게 하는 장치를 말한다.
③ "확성기"란 소리를 크게 하여 멀리까지 전달될 수 있도록 하는 장치로써 일명 스피커를 말한다.
④ "음량조절기"란 가변저항을 이용하여 전류를 변화시켜 음량을 크게 하거나 작게 조절할 수 있는 장치를 말한다.

78 다음 ( ) 안에 들어갈 내용으로 옳은 것은?

> 누전경보기란 ( ) 이하인 경계전로의 누설전류 또는 지락전류를 검출하여 당해 소방대상물의 관계인에게 경보를 발하는 설비로서 변류기와 수신부로 구성된 것을 말한다.

① 사용전압 220[V]
② 사용전압 380[V]
③ 사용전압 600[V]
④ 사용전압 750[V]

해설 누전경보기의 형식승인 및 제품검사의기술기준 제2조(용어의 정의)

"누전경보기"란 사용전압 600[V] 이하인 경계전로의 누설전류를 검출하여 당해 소방 대상물의 관계자에게 경보를 발하는 설비로서 변류기와 수신부로 구성된 것을 말한다.

79 부착높이가 11[m]인 장소에 적응성 있는 감지기는?

① 차동식분포형   ② 정온식스포트형
③ 차동식스포트형 ④ 정온식감지선형

해설 부착높이별 적응성 감지기의 종류

부착높이	감지기의 종류
4[m] 미만	• 차동식(스포트형, 분포형) • 보상식 스포트형 • 정온식(스포트형, 감지선형) • 이온화식 또는 광전식(스포트형, 분리형, 공기흡입형) • 열복합형, 연기복합형, 열연기복합형, 불꽃감지기
4[m] 이상 8[m] 미만	• 차동식(스포트형, 분포형) • 보상식 스포트형 • 정온식(스포트형, 감지선형 특종 또는 1종) • 이온화식 1종 또는 2종 • 광전식(스포트형, 분리형, 공기흡입형) 1종 또는 2종 • 열복합형, 연기복합형, 열연기복합형, 불꽃감지기
8[m] 이상 15[m] 미만	• 차동식 분포형 • 이온화식 1종 또는 2종 • 광전식(스포트형, 분리형, 공기흡입형) 1종 또는 2종 • 연기복합형 • 불꽃감지기
15[m] 이상 20[m] 미만	• 이온화식 1종 • 광전식(스포트형, 분리형, 공기흡입형) 1종 • 연기복합형 • 불꽃감지기
20[m] 이상	• 불꽃감지기 • 광전식(분리형, 공기흡입형) 중 아나로그방식

비고)
1. 감지기별 부착높이 등에 대하여 별도로 형식승인 받은 경우에는 그 성능 인정범위 내에서 사용할 수 있다.
2. 부착높이 20[m] 이상에 설치되는 광전식 중 아나로그방식의 감지기는 공칭감지농도 하한값이 감광율 5[%/m] 미만인 것으로 한다.

정답 77.② 78.③ 79.①

80 비상콘센트설비 상용전원회로의 배선이 고압수전 또는 특고압수전인 경우의 설치기준은?

① 인입개폐기의 직전에서 분기하여 전용배선으로 할 것
② 인입개폐기의 직후에서 분기하여 전용배선으로 할 것
③ 전력용변압기 1차측의 주차단기 2차측에서 분기하여 전용배선으로 할 것
④ 전력용변압기 2차측의 주차단기 1차측 또는 2차측에서 분기하여 전용배선으로 할 것

해설 비상콘센트설비의 화재안전기준(NFSC 504) 제4조 (전원 및 콘센트 등) 제1항 제1호
상용전원회로의 배선은 저압수전인 경우에는 인입개폐기의 직후에서, 고압수전 또는 특고압수전인 경우에는 전력용변압기 2차측의 주차단기 1차측 또는 2차측에서 분기하여 전용배선으로 할 것

정답 80.④

제4회 소방설비기사[전기분야] 1차 필기
[제4과목 : 소방전기구조원리]

61 비상방송설비의 화재안전기준(NFSC 202)에 따라 다음 (   )의 ㉠, ㉡에 들어갈 내용으로 옳은 것은?

> 비상방송설비에는 그 설비에 대한 감시상태를 (㉠)분간 지속한 후 유효하게 (㉡)분 이상 경보할 수 있는 축전지설비(수신기에 내장하는 경우를 포함한다)를 설치하여야 한다.

① ㉠ 30, ㉡ 5
② ㉠ 30, ㉡ 10
③ ㉠ 60, ㉡ 5
④ ㉠ 60, ㉡ 10

해설 비상방송설비의 화재안전기준(NFSC 202) 제6조(전원) 제2항
비상방송설비에는 그 설비에 대한 감시상태를 60분간 지속한 후 유효하게 10분 이상 경보할 수 있는 축전지설비(수신기에 내장하는 경우를 포함한다) 또는 전기저장장치(외부 전기에너지를 저장해 두었다가 필요한 때 전기를 공급하는 장치)를 설치하여야 한다.

62 무선통신보조설비의 화재안전기준(NFSC 505)에 따라 무선통신보조설비의 누설동축케이블의 설치기준으로 틀린 것은?

① 누설동축케이블은 불연 또는 난연성으로 할 것
② 누설동축케이블의 중간 부분에는 무반사 종단저항을 견고하게 설치할 것
③ 누설동축케이블 및 안테나는 고압의 전로로부터 1.5[m] 이상 떨어진 위치에 설치할 것
④ 누설동축케이블과 이에 접속하는 안테나 및 동축케이블과 이에 접속하는 안테나로 구성할 것

해설 무선통신보조설비의 화재안전기준(NFSC 505) 제5조(누설동축케이블 등) 제7호
누설동축케이블의 끝부분에는 무반사 종단저항을 견고하게 설치할 것

63 자동화재탐지설비 및 시각경보장치의 화재안전기준(NFSC 203)에 따른 자동화재탐지설비의 수신기 설치기준에 관한 사항 중, 최소 몇 층 이상의 특정소방대상물에는 발신기와 전화통화가 가능한 수신기를 설치하여야 하는가?

① 3
② 4
③ 5
④ 7

해설 자동화재탐지설비 및 시각경보장치의 화재안전기준(NFSC 203) 제5조(수신기) 제2호 [현행 삭제]
4층 이상의 특정소방대상물에는 발신기와 전화통화가 가능한 수신기를 설치할 것

64 무선통신보조설비의 화재안전기준(NFSC 505)에 따라 지하층으로서 특정소방대상물의 바닥부분 2면 이상이 지표면과 동일하거나 지표면으로부터의 깊이가 몇 [m] 이하인 경우에는 해당 층에 한하여 무선통신보조설비를 설치하지 않을 수 있는가?

① 0.5[m]
② 1.0[m]
③ 1.5[m]
④ 2.0[m]

해설 무선통신보조설비의 화재안전기준(NFSC 505) 제4조(설치 제외)
지하층으로서 특정소방대상물의 바닥부분 2면 이상이 지표면과 동일하거나 지표면으로부터의 깊이가 1[m] 이하인 경우에는 해당층에 한하여 무선통신보조설비를 설치하지 아니할 수 있다.

정답 61.④ 62.② 63.② 64.②

65 자동화재탐지설비 및 시각경보장치의 화재안전기준(NFSC 203)에 따른 경계구역에 관한 기준이다. 다음 ( )에 들어갈 내용으로 옳은 것은?

> 하나의 경계구역의 면적은 (㉠) 이하로 하고 한 변의 길이는 (㉡) 이하로 하여야 한다.

① ㉠ 600[m²], ㉡ 50[m]
② ㉠ 600[m²], ㉡ 100[m]
③ ㉠ 1,200[m²], ㉡ 50[m]
④ ㉠ 1,200[m²], ㉡ 100[m]

해설 자동화재탐지설비 및 시각경보장치의 화재안전기준(NFSC 203) 제4조(경계구역) 제1항 제2호
하나의 경계구역의 면적은 600[m²] 이하로 하고 한 변의 길이는 50[m] 이하로 할 것. 다만, 해당 특정소방대상물의 주된 출입구에서 그 내부 전체가 보이는 것에 있어서는 한 변의 길이가 50[m]의 범위 내에서 1,000[m²] 이하로 할 수 있다.

66 누전경보기의 형식승인 및 제품검사의 기술기준에 따라 누전경보기의 경보기구에 내장하는 음향장치는 사용전압의 몇 [%]인 전압에서 소리를 내어야 하는가?

① 40[%]   ② 60[%]
③ 80[%]   ④ 100[%]

해설 누전경보기의 형식승인 및 제품검사의 기술기준 제4조(부품의 구조 및 기능) 제1항 제6호 가목
사용전압의 80[%]인 전압에서 소리를 내어야 한다.

67 누전경보기의 화재안전기준(NFSC 205)의 용어정의에 따라 변류기로부터 검출된 신호를 수신하여 누전의 발생을 해당 특정소방대상물의 관계인에게 경보하여 주는 것은?

① 축전지
② 수신부
③ 경보기
④ 음향장치

해설 누전경보기의 화재안전기준(NFSC 205) 제3조(정의)
이 기준에서 사용하는 용어의정의는 다음과 같다.
1. "누전경보기"란 내화구조가 아닌 건축물로써 벽, 바닥 또는 천장의 전부나 일부를 불연재료 또는 준불연재료가 아닌 재료에 철망을 넣어 만든 건물의 전기설비로부터 누설전류를 탐지하여 경보를 발하며 변류기와 수신부로 구성된 것을 말한다.
2. "수신부"란 변류기로부터 검출된 신호를 수신하여 누전의 발생을 해당 특정소방대상물의 관계인에게 경보하여 주는 것(차단기구를 갖는 것을 포함한다)을 말한다.
3. "변류기"란 경계전로의 누설전류를 자동적으로 검출하여 이를 누전경보기의 수신부에 송신하는 것을 말한다.

68 자동화재속보설비의 속보기의 성능인증 및 제품검사의 기술기준에 따라 자동화재속보설비의 속보기의 외함에 합성수지를 사용할 경우 외함의 최소 두께(mm)는?

① 1.2[mm]
② 3[mm]
③ 6.4[mm]
④ 7[mm]

해설 자동화재속보설비의 속보기의 성능인증 및 제품검사의 기술기준 제4조(외함)
속보기의 외함은 다음에 적합하여야 한다.
• 외함의 두께
  가. 강판 외함 : 1.2[mm] 이상
  나. 합성수지 외함 : 3[mm] 이상

69 유도등 및 유도표지의 화재안전기준(NFSC 303)에 따라 운동시설에 설치하지 아니할 수 있는 유도등은?

① 통로유도등
② 객석유도등
③ 대형피난구유도등
④ 중형피난구유도등

정답 65.① 66.③ 67.② 68.② 69.④

해설 유도등 및 유도표지의 화재안전기준(NFSC 303) 제4조(유도등 및 유도표지의 종류)

설치장소	유도등 및 유도표지의 종류
1. 공연장·집회장(종교집회장 포함)·관람장·운동시설	• 대형피난구유도등 • 통로유도등 • 객석유도등
2. 유흥주점영업시설(「식품위생법 시행령」제21조제8호라목의 유흥주점영업중 손님이 춤을 출 수 있는 무대가 설치된 카바레, 나이트클럽 또는 그 밖에 이와 비슷한 영업시설만 해당한다)	• 대형피난구유도등 • 통로유도등 • 객석유도등
3. 위락시설·판매시설·운수시설·「관광진흥법」제3조제1항제2호에 따른 관광숙박업·의료시설·장례식장·방송통신시설·전시장·지하상가·지하철역사	• 대형피난구유도등 • 통로유도등
4. 숙박시설(제3호의 관광숙박업 외의 것을 말한다)·오피스텔	• 중형피난구유도등 • 통로유도등
5. 제1호부터 제3호까지 외의 건축물로서 지하층·무창층 또는 층수가 11층 이상인 특정소방대상물	• 중형피난구유도등 • 통로유도등
6. 제1호부터 제5호까지 외의 건축물로서 근린생활시설·노유자시설·업무시설·발전시설·종교시설(집회장 용도를 사용하는 부분 제외)·교육연구시설·수련시설·공장·창고시설·교정 및 군사시설(국방·군사시설 제외)·기숙사·자동차정비공장·운전학원 및 정비학원·다중이용업소·복합건축물·아파트	• 소형피난구유도등 • 통로유도등
7. 그 밖의 것	• 피난구유도표지 • 통로유도표지

비고)
1. 소방서장은 특정소방대상물의 위치·구조 및 설비의 상황을 판단하여 대형피난구유도등을 설치하여야 할 장소에 중형피난구유도등 또는 소형피난구유도등을, 중형피난구유도등을 설치하여야 할 장소에 소형피난구유도등을 설치하게 할 수 있다.
2. 복합건축물과 아파트의 경우, 주택의 세대 내에는 유도등을 설치하지 아니할 수 있다.

70 유도등 및 유도표지의 화재안전기준(NFSC 303)에 따른 통로유도등의 설치기준에 대한 설명으로 틀린 것은?

① 복도·거실통로유도등은 구부러진 모퉁이 및 보행거리 20[m] 마다 설치
② 복도·계단통로유도등은 바닥으로부터 높이 1[m] 이하의 위치에 설치
③ 통로유도등은 녹색바탕에 백색으로 피난방향을 표시한 등으로 할 것
④ 거실통로유도등은 바닥으로부터 높이 1.5[m] 이상의 위치에 설치

해설 유도등 및 유도표지의 화재안전기준(NFSC 303) 제6조(통로유도등 설치기준)

① 통로유도등은 특정소방대상물의 각 거실과 그로부터 지상에 이르는 복도 또는 계단의 통로에 다음 각 호의 기준에 따라 설치하여야 한다.
  1. 복도통로유도등은 다음 각 목의 기준에 따라 설치할 것
     가. 복도에 설치할 것
     나. 구부러진 모퉁이 및 보행거리 20[m] 마다 설치할 것
     다. 바닥으로부터 높이 1[m] 이하의 위치에 설치할 것. 다만, 지하층 또는 무창층의 용도가 도매시장·소매시장·여객자동차터미널·지하역사 또는 지하상가인 경우에는 복도·통로 중앙부분의 바닥에 설치하여야 한다.
     라. 바닥에 설치하는 통로유도등은 하중에 따라 파괴되지 아니하는 강도의 것으로 할 것
  2. 거실통로유도등은 다음 각 목의 기준에 따라 설치할 것
     가. 거실의 통로에 설치할 것. 다만, 거실의 통로가 벽체 등으로 구획된 경우에는 복도통로유도등을 설치하여야 한다.
     나. 구부러진 모퉁이 및 보행거리 20[m] 마다 설치할 것
     다. 바닥으로부터 높이 1.5[m] 이상의 위치에 설치할 것. 다만, 거실통로에 기둥이 설치된 경우에는 기둥부분의 바닥으로부터 높이 1.5[m] 이하의 위치에 설치할 수 있다.

정답 70.③

3. 계단통로유도등은 다음 각 목의 기준에 따라 설치할 것
   가. 각층의 경사로참 또는 계단참마다(1개층에 경사로참 또는 계단참이 2 이상 있는 경우에는 2개의 계단참마다) 설치할 것
   나. 바닥으로부터 높이 1[m] 이하의 위치에 설치할 것
4. 통행에 지장이 없도록 설치할 것
5. 주위에 이와 유사한 등화광고물·게시물 등을 설치하지 아니할 것

② 삭제
③ 삭제

71 비상방송설비의 화재안전기준(NFSC 202)에 따라 비상방송설비 음향장치의 정격전압이 220[V]인 경우 최소 몇 [V] 이상에서 음향을 발할 수 있어야 하는가?

① 165[V]
② 176[V]
③ 187[V]
④ 198[V]

해설 비상방송설비의 화재안전기준(NFSC 202) 제4조(음향장치) 제1항 제12조
음향장치는 다음 각 목의 기준에 따른 구조 및 성능의 것으로 하여야 한다.
가. 정격전압의 80[%] 전압에서 음향을 발할 수 있는 것으로 할 것
나. 자동화재탐지설비의 작동과 연동하여 작동할 수 있는 것으로 할 것

※ 220[V]×0.8=176[V]

72 유도등 및 유도표지의 화재안전기준(NFSC 303)에 따라 광원점등방식 피난유도선의 설치기준으로 틀린 것은?

① 구획된 각 실로부터 주출입구 또는 비상구까지 설치할 것
② 피난유도 표시부는 바닥으로부터 높이 1[m] 이하의 위치 또는 바닥면에 설치할 것
③ 피난유도 제어부는 조작 및 관리가 용이하도록 바닥으로부터 0.8[m] 이상 1.5[m] 이하의 높이에 설치할 것
④ 피난유도 표시부는 50[cm] 이내의 간격으로 연속되도록 설치하되 실내장식물 등으로 설치가 곤란할 경우 2[m] 이내로 설치할 것

해설 유도등 및 유도표지의 화재안전기준(NFSC 303) 제8조의2(피난유도선 설치기준)
① 축광방식의 피난유도선은 다음 각 호의 기준에 따라 설치하여야 한다.
   1. 구획된 각 실로부터 주출입구 또는 비상구까지 설치할 것
   2. 바닥으로부터 높이 50[cm] 이하의 위치 또는 바닥면에 설치할 것
   3. 피난유도 표시부는 50[cm] 이내의 간격으로 연속되도록 설치
   4. 부착대에 의하여 견고하게 설치할 것
   5. 외광 또는 조명장치에 의하여 상시 조명이 제공되거나 비상 조명등에 의한 조명이 제공되도록 설치할 것
② 광원점등방식의 피난유도선은 다음 각 호의 기준에 따라 설치하여야 한다.
   1. 구획된 각 실로부터 주출입구 또는 비상구까지 설치할 것
   2. 피난유도 표시부는 바닥으로부터 높이 1[m] 이하의 위치 또는 바닥면에 설치할 것
   3. 피난유도 표시부는 50[cm] 이내의 간격으로 연속되도록 설치하되 실내장식물 등으로 설치가 곤란할 경우 1[m] 이내로 설치할 것
   4. 수신기로부터의 화재신호 및 수동조작에 의하여 광원이 점등되도록 설치할 것
   5. 비상전원이 상시 충전상태를 유지하도록 설치할 것
   6. 바닥에 설치되는 피난유도 표시부는 매립하는 방식을 사용할 것
   7. 피난유도 제어부는 조작 및 관리가 용이하도록 바닥으로부터 0.8[m] 이상 1.5[m] 이하의 높이에 설치할 것
③ 피난유도선은 소방청장이 고시한 「피난유도선의 성능인증 및 제품검사의 기술기준」에 적합한 것으로 설치하여야 한다.

73 비상콘센트설비의 화재안전기준(NFSC 504)에 따른 용어의 정의 중 옳은 것은?

① "저압"이란 직류는 750[V] 이하, 교류는 600[V] 이하인 것을 말한다.
② "저압"이란 직류는 700[V] 이하, 교류는 600[V] 이하인 것을 말한다.
③ "고압"이란 직류는 700[V]를, 교류는 600[V] 초과하는 것을 말한다.
④ "고압"이란 직류는 750[V]를, 교류는 600[V] 초과하는 것을 말한다.

해설 비상콘센트설비의 화재안전기준(NFSC 504) 제3조 (정의)
이 기준에서 사용하는 용어의 정의는 다음과 같다..
1. "저압"이란 직류는 750[V] 이하, 교류는 600[V] 이하인 것을 말한다.
2. "고압"이란 직류는 750[V]를, 교류는 600[V]를 초과하고, 7[kV] 이하인 것을 말한다.
3. "특고압"이란 7[kV]를 초과하는 것을 말한다.

[2022.12.1.이후 개정]
용어정의 변경
① "저압"이란 직류는 1.5[kV] 이하, 교류는 1[kV] 이하인 것을 말한다.
② "고압"이란 직류는 1.5[kV]를, 교류는 1[kV]를 초과하고, 7[kV] 이하인 것을 말한다.
③ "특고압"이란 7[kV]를 초과하는 것을 말한다.

74 예비전원의 성능인증 및 제품검사의 기술기준에 따라 다음의 ( )에 들어갈 내용으로 옳은 것은?

> 예비전원은 1/5[C] 이상 1[C] 이하의 전류로 역충전하는 경우 ( )시간 이내에 안전장치가 작동하여야 하며, 외관이 부풀어 오르거나 누액이 없어야 한다.

① 1
② 3
③ 5
④ 10

해설 예비전원의 성능인증 및 제품검사의 기술기준 제8조 (안전장치시험)
예비전원은 1/5[C] 이상 1[C] 이하의 전류로 역충전하는 경우 5시간 이내에 안전장치가 작동하여야 하며, 외관이 부풀어 오르거나 누액 등이 없어야 한다.

75 차동식분포형감지기의 동작방식이 아닌 것은?
① 공기관식
② 열전대식
③ 열반도체식
④ 불꽃 자외선식

해설 분포형감지기 종류
공기관식, 열전대식, 열반도체식

76 자동화재탐지설비 및 시각경보장치의 화재안전기준(NFSC 203)에 따른 감지기의 설치기준으로 틀린 것은?
① 스포트형감지기는 45° 이상 경사되지 아니하도록 부착할 것
② 감지기(차동식분포형의 것을 제외한다)는 실내로의 공기유입구로부터 1.5[m] 이상 떨어진 위치에 설치할 것
③ 보상식스포트형 감지기는 정온점이 감지기 주위의 평상시 최고온도보다 10[℃] 이상 높은 것으로 설치할 것
④ 정온식감지기는 주방·보일러실 등으로서 다량의 화기를 취급하는 장소에 설치하되 공칭작동온도가 최고주위온도보다 20[℃] 이상 높은 것으로 설치할 것

해설 자동화재탐지설비 및 시각경보장치의 화재안전기준(NFSC 203) 제7조(감지기) 제3항 제3호
보상식스포트형감지기는 정온점이 감지기 주위의 평상시 최고온도보다 20[℃] 이상 높은 것으로 설치할 것

77 비상경보설비 및 단독경보형감지기의 화재안전기준(NFSC 201)에 따라 비상벨설비 또는 자동식사이렌설비의 지구음향장치는 특정소방대상물의 층마다 설치하되, 해당 특정소방대상물의 각 부분으로부터 하나의 음향장치까지의 수평거리가 몇 [m] 이하가 되도록 하여야 하는가?

① 15[m]　　② 25[m]
③ 40[m]　　④ 50[m]

해설 비상경보설비 및 단독경보형감지기의 화재안전기준(NFSC 201) 제4조(비상벨설비 또는 자동식사이렌설비) 제2항
지구음향장치는 특정소방대상물의 층마다 설치하되, 해당 특정소방대상물의 각 부분으로부터 하나의 음향장치까지의 수평거리가 25[m] 이하가 되도록 하고, 해당층의 각 부분에 유효하게 경보를 발할 수 있도록 설치하여야 한다. 다만, 「비상방송설비의 화재안전기준(NFSC 202)」에 적합한 방송설비를 비상벨설비 또는 자동식사이렌설비와 연동하여 작동하도록 설치한 경우에는 지구음향장치를 설치하지 아니할 수 있다.

78 비상콘센트설비의 화재안전기준(NFSC 504)에 따라 비상콘센트설비의 전원회로(비상콘센트에 전력을 공급하는 회로를 말한다)에 대한 전압과 공급용량으로 옳은 것은?

① 전압 : 단상교류 110[V],
　공급용량 : 1.5[kVA] 이상
② 전압 : 단상교류 220[V],
　공급용량 : 1.5[kVA] 이상
③ 전압 : 단상교류 110[V],
　공급용량 : 3[kVA] 이상
④ 전압 : 단상교류 220[V],
　공급용량 : 3[kVA] 이상

해설 비상콘센트설비의 화재안전기준(NFSC 504) 제4조(전원 및 콘센트 등) 제2항 제1호
비상콘센트설비의 전원회로는 단상교류 220[V]인 것으로서, 그 공급용량은 1.5[kVA] 이상인 것으로 할 것

79 소방시설용 비상전원수전설비의 화재안전기준(NFSC 602)에 따라 일반전기사업자로부터 특고압 또는 고압으로 수전하는 비상전원수전설비의경우에 있어 소방회로배선과 일반회로배선을 몇 [cm] 이상 떨어져 설치하는 경우 불연성 벽으로 구획하지 않을 수 있는가?

① 5[cm]　　② 10[cm]
③ 15[cm]　　④ 20[cm]

해설 소방시설용 비상전원수전설비의 화재안전기준(NFSC 602) 제5조(특별고압 또는 고압으로 수전하는 경우) 제1항 제2호
소방회로배선은 일반회로배선과 불연성 벽으로 구획할 것. 다만, 소방회로배선과 일반회로배선을 15[cm] 이상 떨어져 설치한 경우는 그러하지 아니한다.

80 비상조명등의 화재안전기준(NFSC 304)에 따라 비상조명등의 비상전원을 설치하는데 있어서 어떤 특정소방대상물의 경우에는 그 부분에서 피난층에 이르는 부분의 비상조명등을 60분 이상 유효하게 작동시킬 수 있는 용량으로 하여야 한다. 이 특정소방물에 해당하지 않는 것은?

① 무창층인 지하역사
② 무창층인 소매시장
③ 지하층은 관람시설
④ 지하층을 제외한 층수가 11층 이상의 층

해설 비상조명등의 화재안전기준(NFSC 304) 제4조(설치기준) 제1항 제5호
다음 각 목의 특정소방대상물의 경우에는 그 부분에서 피난층에 이르는 부분의 비상조명등을 60분 이상 유효하게 작동시킬 수 있는 용량으로 하여야 한다.
가. 지하층을 제외한 층수가 11층 이상의 층
나. 지하층 또는 무창층으로서 용도가 도매시장·소매시장·여객자동차터미널·지하역사 또는 지하상가

정답 77.② 78.② 79.③ 80.③

2020년 제1,2회 소방설비기사[전기분야] 1차 필기
[제4과목 : 소방전기구조원리]

61 소방시설용 비상전원수전설비의 화재안전기준(NFSC 602)에 따라 소방시설용 비상전원수전설비에서 소방회로 및 일반회로 겸용의 것으로서 수전설비, 변전설비, 그 밖의 기기 및 배선을 금속제 외함에 수납한 것은?

① 공용분전반
② 전용배전반
③ 공용큐비클식
④ 전용큐비클식

해설 비상전원수전설비 관련 용어의 정의
㉠ 전용배전반 : 소방회로 전용의 것으로서 개폐기, 과전류차단기, 계기 그 밖의 배선용기기 및 배손을 금속제 외함에 수납한 것
㉡ 공용배전반 : 소방회로 및 일반회로 겸용의 것으로서 개폐기, 과전류차단기, 계기 그 밖의 배선용기기 및 배선을 금속제 외함에 수납한 것
㉢ 전용분전반 : 소방회로 전용의 것으로서 분기 개폐기, 분기 과전류차단기 그 밖의 배선용기기 및 배선을 금속제 외함에 수납한 것
㉣ 공용분전반 : 소방회로 및 일반회로 겸용의 것으로서 분기 개폐기, 분기 과전류차단기 그 밖의 배선용기기 및 배선을 금속제 외함에 수납한 것
㉤ 전용큐비클식 : 소방회로용의 것으로 수전설비, 변전설비 그 밖의 기기 및 배선을 금속제 외함에 수납한 것
㉥ 공용큐비클식 : 소방회로 및 일반회로 겸용의 것으로서 수전설비, 변전설비 그 밖의 기기 및 배선을 금속제 외함에 수납한 것

62 비상조명등의 화재안전기준(NFSC 304)에 따른 비상조명등의 시설기준에 적합하지 않은 것은?

① 조도는 비상조명등이 설치된 장소의 각 부분의 바닥에서 0.5[lx]가 되도록 하였다.
② 특정소방대상물의 각 거실과 그로부터 지상에 이르는 복도·계단 및 그 밖의 통로에 설치하였다.
③ 예비전원을 내장하는 비상조명등에 평상시 점등여부를 확인할 수 있는 점검스위치를 설치하였다.
④ 예비전원을 내장하는 비상조명등에 해당 조명등을 유효하게 작동시킬 수 있는 용량의 축전지와 예비전원 충전장치를 내장하도록 하였다.

해설 비상조명등은 다음 각 호의 기준에 따라 설치하여야 한다.
1. 특정소방대상물의 각 거실과 그로부터 지상에 이르는 복도·계단 및 그 밖의 통로에 설치할 것
2. 조도는 비상조명등이 설치된 장소의 각 부분의 바닥에서 1[lx] 이상이 되도록 할 것
3. 예비전원을 내장하는 비상조명등에는 평상시 점등여부를 확인할 수 있는 점검스위치를 설치하고 해당 조명등을 유효하게 작동시킬 수 있는 용량의 축전지와 예비전원 충전장치를 내장할 것
4. 예비전원을 내장하지 아니하는 비상조명등의 비상전원은 자가발전설비, 축전지설비 또는 전기저장장치(외부 전기에너지를 저장해 두었다가 필요한 때 전기를 공급하는 장치)를 다음 각 목의 기준에 따라 설치하여야 한다.
   가. 점검에 편리하고 화재 및 침수 등의 재해로 인한 피해를 받을 우려가 없는 곳에 설치할 것
   나. 상용전원으로부터 전력의 공급이 중단된 때에는 자동으로 비상전원으로부터 전력을 공급받을 수 있도록 할 것
   다. 비상전원의 설치장소는 다른 장소와 방화구획 할 것. 이 경우 그 장소에는 비상전원의 공급에 필요한 기구나 설비외의 것(열병합발전설비에 필요한

정답 61.③ 62.①

기구나 설비는 제외한다)을 두어서는 아니 된다.
라. 비상전원을 실내에 설치하는 때에는 그 실내에 비상조명등을 설치할 것
5. 제3호와 제4호에 따른 비상전원은 비상조명등을 20분 이상 유효하게 작동시킬 수 있는 용량으로 할 것. 다만, 다음 각 목의 특정소방대상물의 경우에는 그 부분에서 피난층에 이르는 부분의 비상조명등을 60분 이상 유효하게 작동시킬 수 있는 용량으로 하여야 한다.
  가. 지하층을 제외한 층수가 11층 이상의 층
  나. 지하층 또는 무창층으로서 용도가 도매시장·소매시장·여객자동차터미널·지하역사 또는 지하상가
6. 영 별표 6 제10호 비상조명등의 설치면제 요건에서 "그 유도등의 유효범위안의 부분"이란 유도등의 조도가 바닥에서 1[lx] 이상이 되는 부분을 말한다.

63 자동화재탐지설비 및 시각경보장치의 화재안전기준(NFSC 203)에 따른 공기관식 차동식분포형 감지기의 설치기준으로 틀린 것은?

① 검출부는 3° 이상 경사되지 아니하도록 부착할 것
② 공기관의 노출부분은 감지구역마다 20[m] 이상이 되도록 할 것
③ 하나의 검출부분에 접속하는 공기관의 길이는 100[m] 이하로 할 것
④ 공기관과 감지구역의 각 변과의 수평거리는 1.5[m] 이하가 되도록 할 것

해설 공기관식 차동식분포형감지기는 다음의 기준에 따를 것
㉠ 공기관의 노출부분은 감지구역마다 20[m] 이상이 되도록 할 것
㉡ 공기관과 감지구역의 각 변과의 수평거리는 1.5[m] 이하가 되도록 하고, 공기관 상호간의 거리는 6[m](주요구조부를 내화구조로 한 특정소방대상물 또는 그 부분에 있어서는 9[m]) 이하가 되도록 할 것
㉢ 공기관은 도중에서 분기하지 아니하도록 할 것
㉣ 하나의 검출부분에 접속하는 공기관의 길이는 100[m] 이하로 할 것
㉤ 검출부는 5° 이상 경사되지 아니하도록 부착할 것
㉥ 검출부는 바닥으로부터 0.8[m] 이상 1.5[m] 이하의 위치에 설치할 것

64 무선통신보조설비의 화재안전기준(NFSC 505)에 따라 무선통신보조설비의 주회로 전원이 정상인지 여부를 확인하기 위해 증폭기의 전면에 설치하는 것은?

① 상순계
② 전류계
③ 전압계 및 전류계
④ 표시등 및 전압계

해설 무선통신보조설비의 증폭기 및 무선이동중계기 설치기준
㉠ 전원은 전기가 정상적으로 공급되는 축전지, 전기저장장치(외부 전기에너지를 저장해 두었다가 필요한 때 전기를 공급하는 장치) 또는 교류전압 옥내간선으로 하고, 전원까지의 배선은 전용으로 할 것
㉡ 증폭기의 전면에는 주 회로의 전원이 정상인지의 여부를 표시할 수 있는 표시등 및 전압계를 설치할 것
㉢ 증폭기에는 비상전원이 부착된 것으로 하고 해당 비상전원 용량은 무선통신보조설비를 유효하게 30분 이상 작동시킬 수 있는 것으로 할 것
㉣ 무선이동중계기를 설치하는 경우에는 「전파법」 제58조의 2에 따른 적합성 평가를 받은 제품으로 설치할 것

65 유도등 및 유도표지의 화재안전기준(NFSC 303)에 따라 지하층을 제외한 층수가 11층 이상인 특정소방대상물의 유도등의 비상전원을 축전지로 설치한다면 피난층에 이르는 부분의 유도등을 몇 분 이상 유효하게 작동시킬 수 있는 용량으로 하여야 하는가?

① 10분 ② 20분
③ 50분 ④ 60분

해설 비상조명등 및 유도등의 비상전원
㉠ 20분 이상 : 대부분의 일반 용도 부분
㉡ 60분 이상 : 다음의 소방대상물의 경우 그 부분에서 피난층에 이르는 부분
• 지하층을 제외한 층수가 11층 이상의 층
• 지하층 또는 무창층으로서 용도가 도매시장·소매시장·여객자동차터미널·지하역사 또는 지하상가

정답 63.① 64.④ 65.④

66 비상경보설비 및 단독경보형감지기의 화재안전기준(NFSC 201)에 따라 바닥면적이 450[m²]일 경우 단독경보형 감지기의 최소 설치개수는?

① 1개　　② 2개
③ 3개　　④ 4개

해설 단독경보형 감지기 설치기준
㉠ 각 실(이웃하는 실내의 바닥면적이 각각 30[m²] 미만이고 벽체의 상부의 전부 또는 일부가 개방되어 이웃하는 실내와 공기가 상호유통되는 경우에는 이를 1개의 실로 본다)마다 설치하되, 바닥면적이 150[m²]를 초과하는 경우에는 150[m²]마다 1개 이상 설치할 것
㉡ 최상층의 계단실의 천장(외기가 상통하는 계단실의 경우를 제외한다)에 설치할 것
㉢ 건전지를 주전원으로 사용하는 단독경보형감지기는 정상적인 작동상태를 유지할 수 있도록 건전지를 교환할 것
㉣ 상용전원을 주전원으로 사용하는 단독경보형감지기의 2차 전지는 법 제39조에 따라 제품검사에 합격한 것을 사용할 것

67 비상방송설비의 배선공사 종류 중 합성수지관공사에 대한 설명으로 틀린 것은?

① 금속관공사에 비해 중량이 가벼워 시공이 용이하다.
② 절연성이 있고 절단이 용이하다.
③ 열에 약하며, 기계적 충격 및 중량물에 의한 압력 등 외력에 약하다.
④ 내식성이 있어 부식성 가스가 체류하는 화학공장 등에 적합하며, 금속관과 비교하여 가격이 비싸다.

해설 합성수지관공사
㉠ 금속관공사에 비해 중량이 가벼워 시공이 용이하다.
㉡ 절연성이 있고 절단이 용이하다.
㉢ 열에 약하며, 기계적 충격 및 중량물에 의한 압력 등 외력에 약하다.
㉣ 내식성이 있어 부식성 가스가 체류하는 화학공장 등에 적합하며, 금속관과 비교하여 가격이 싸다.

68 자동화재탐지설비 및 시각경보장치의 화재안전기준(NFSC 203)에 따라 자동화재탐지설비에서 4층 이상의 특정소방대상물에는 어떤 기기와 전화통화가 가능한 수신기를 설치하여야 하는가?

① 발신기　　② 감지기
③ 중계기　　④ 시각경보장치

해설 자동화재탐지설비 수신기의 설치기준
㉠ 당해 소방대상물의 경계구역을 각각 표시할 수 있는 회선수 이상의 수신기를 설치할 것
㉡ 4층 이상의 소방대상물에는 발신기와 전화통화가 가능한 수신기를 설치할 것
㉢ 당해 소방대상물에 가스누설탐지설비가 설치된 경우에는 가스누설탐지설비로부터 가스누설신호를 수신하여 가스누설경보를 할 수 있는 수신기를 설치할 것(가스누설탐지설비의 수신부를 별도로 설치한 경우는 제외)

69 비상경보설비 및 단독경보형 감지기의 화재안전기준(NFSC 201)에 따라 비상경보설비의 발신기 설치 시 복도 또는 별도로 구획된 실로서 보행거리가 몇 [m] 이상일 경우에는 추가로 설치하여야 하는가?

① 25[m]　　② 30[m]
③ 40[m]　　④ 50[m]

해설 발신기는 층마다 설치하되, 해당 특정소방대상물의 각 부분으로부터 수평거리가 25[m] 이하가 되도록 할 것. 다만, 복도 또는 별도로 구획된 실로서 보행거리가 40[m] 이상일 경우에는 추가로 설치하여야 한다.

70 비상방송설비의 화재안전기준(NFSC 202)에 따라 비상방송설비에서 기동장치에 따른 화재신고를 수신한 후 필요한 음량으로 화재발생상황 및 피난에 유효한 방송이 자동으로 개시될 때까지의 소요시간은 몇 초 이하로 하여야 하는가?

① 5초　　② 10초
③ 15초　　④ 20초

해설 비상방송설비 설치기준
  ㉠ 확성기(스피커) 음성입력 – 실내 1[W] 이상, 실외 3[W] 이상
  ㉡ 음량조정기의 배선 – 3선식
  ㉢ 소요시간 – 10초 이하
  ㉣ 자동화재탐지설비와 연동할 것

71 비상콘센트설비의 화재안전기준(NFSC 504)에 따른 비상콘센트의 시설기준에 적합하지 않은 것은?

① 바닥으로부터 높이 1.45[m]에 움직이지 않게 고정시켜 설치된 경우
② 바닥면적이 800[m^2]인 층의 계단의 출입구로부터 4[m]에 설치된 경우
③ 바닥면적의 합계가 12,000[m^2]인 지하상가의 수평거리 30[m]마다 추가로 설치한 경우
④ 바닥면적의 합계가 2,500[m^2]인 지하층의 수평거리 40[m]마다 추가로 설치한 경우

해설 비상콘센트는 다음 각 호의 기준에 따라 설치하여야 한다.
1. 바닥으로부터 높이 0.8[m] 이상 1.5[m] 이하의 위치에 설치할 것
2. 비상콘센트의 배치는 아파트 또는 바닥면적이 1,000[m^2] 미만인 층은 계단의 출입구(계단의 부속실을 포함하며 계단이 2 이상 있는 경우에는 그중 1개의 계단을 말한다)로부터 5[m] 이내에, 바닥면적 1,000[m^2] 이상인 층(아파트를 제외한다)은 각 계단의 출입구 또는 계단부속실의 출입구(계단의 부속실을 포함하며 계단이 3 이상 있는 층의 경우에는 그중 2개의 계단을 말한다)로부터 5[m] 이내에 설치하되, 그 비상콘센트로부터 그 층의 각 부분까지의 거리가 다음 각 목의 기준을 초과하는 경우에는 그 기준 이하가 되도록 비상콘센트를 추가하여 설치할 것
   가. 지하상가 또는 지하층의 바닥면적의 합계가 3,000[m^2] 이상인 것은 수평거리 25[m]
   나. 가목에 해당하지 아니하는 것은 수평거리 50m

72 누전경보기의 형식승인 및 제품검사의 기술기준에 따라 누전경보기의 수신부는 그 정격전압에서 몇 회의 누전작동시험을 실시하는가?

① 1,000회   ② 5,000회
③ 10,000회   ④ 20,000회

해설 누전경보기의 형식승인 및 제품검사 기술기준 제31조(반복시험)
수신부는 그 정격전압에서 1만회의 누전작동시험을 실시하는 경우 그 구조 또는 기능에 이상이 생기지 아니하여야 한다.

참고
스위치
㉠ 반복시험 횟수 : 1만회(전원스위치는 5천회) 반복
㉡ 접점은 최대사용전류 및 용량에 적합하여야 하고 부식될 우려가 없는 것일 것

시험회수	기기
1,000회	감지기, 속보기
2,000회	중계기
5,000회	발신기, 전원스위치, 비상조명등
10,000회 이상	일반스위치, 기타기기

73 무선통신보조설비의 화재안전기준(NFSC 505)에 따라 서로 다른 주파수의 합성된 신호를 분리하기 위하여 사용하는 장치는?

① 분배기
② 혼합기
③ 증폭기
④ 분파기

해설 무선통신보조설비 용어의 정의
㉠ "누설동축케이블"이란 동축케이블의 외부도체에 가느다란 홈을 만들어서 전파가 외부로 새어나갈 수 있도록 한 케이블을 말한다.
㉡ "분배기"란 신호의 전송로가 분기되는 장소에 설치하는 것으로 임피던스 매칭(Matching)과 신호 균등분배를 위해 사용하는 장치를 말한다.
㉢ "분파기"란 서로 다른 주파수의 합성된 신호를 분리하기 위해서 사용하는 장치를 말한다.
㉣ "혼합기"란 두 개 이상의 입력신호를 원하는 비율로 조합한 출력이 발생하도록 하는 장치를 말한다.
㉤ "증폭기"란 신호 전송 시 신호가 약해져 수신기 불가능해지는 것을 방지하기 위해서 증폭하는 장치를 말한다.

정답 71.③ 72.③ 73.④

74 비상콘센트설비의 화재안전기준(NFSC 504)에 따라 비상콘센트설비의 전원부와 외함 사이의 절연 저항은 전원부와 외함 사이를 500[V] 절연저항계로 측정할 때 몇 [MΩ] 이상이어야 하는가?

① 20[MΩ]　② 30[MΩ]
③ 40[MΩ]　④ 50[MΩ]

해설 비상콘센트설비 절연저항 & 절연내력

절연저항	측정구간	전원부와 외함 사이
	측정장비	D.C 500[V] 절연저항계
	측정결과	20[MΩ] 이상
절연내력	측정구간	전원부와 외함 사이
	측정방법	다음과 같은 실효전압 인가 1. 정격전압이 150[V] 이하인 경우 - 1,000[V] 2. 정격전압이 150[V] 이상인 경우 - (정격전압에×2)+1,000[V]
	측정결과	1분 이상 견딜 것

75 비상경보설비의 구성요소로 옳은 것은?

① 기동장치, 경종, 화재표시등, 전원, 감지기
② 전원, 경종, 기동장치, 위치표시등
③ 위치표시등, 경종, 화재표시등, 전원, 감지기
④ 경종, 기동장치, 화재표시등, 위치표시등, 감지기

해설 비상경보설비의 구성요소
㉠ 전원
㉡ 경종 또는 사이렌
㉢ 기동장치(발신기)
㉣ 화재표시등
㉤ 위치표시등
㉥ 배선

76 수신기를 나타내는 소방시설 도시기호로 옳은 것은?

① 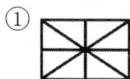　②
③ 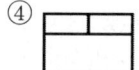　④

해설 도시기호

명칭	그림기호	적요
수신기		• 가스누설경보설비와 일체인 것
부수신기 (표시기)		• 가스누설경보설비 및 방매연 연동과 일체인 것
중계기		
제어반		
표시반		• 창이 3개인 표시반 :

77 비상경보설비 및 단독경보형 감지기의 화재안전기준(NFSC 201)에 따른 비상벨설비 또는 자동식 사이렌설비에 대한 설명이다. 다음 ( )의 ㉠, ㉡에 들어갈 내용으로 옳은 것은?

> 비상벨설비 또는 자동식 사이렌설비에는 그 설비에 대한 감시상태를 (㉠)분간 지속한 후 유효하게 (㉡)분 이상 경보할 수 있는 축전지설비(수신기에 내장하는 경우를 포함한다) 또는 전기저장장치(외부 전기에너지를 저장해 두었다가 필요한 때 전기를 공급하는 장치)를 설치하여야 한다.

① ㉠ 30, ㉡ 10
② ㉠ 60, ㉡ 10
③ ㉠ 30, ㉡ 20
④ ㉠ 60, ㉡ 20

해설 비상벨설비 또는 자동식 사이렌설비에는 그 설비에 대한 감시상태를 60분간 지속한 후 유효하게 10분 이상 경보할 수 있는 축전지설비(수신기에 내장하는 경우를 포함한다) 또는 전기저장장치(외부 전기에너지를 저장해 두었다가 필요한 때 전기를 공급하는 장치)를 설치하여야 한다.

78 비상경보설비 및 단독경보형 감지기의 화재안전기준(NFSC 201)에 따라 비상벨설비 또는 자동식 사이렌설비의 전원회로 배선 중 내열배선에 사용하는 전선의 종류가 아닌 것은?

① 버스덕트(Bus Duct)
② 600[V] 1종 비닐절연전선
③ 0.6/1[kV] EP 고무절연 클로로프렌 시스 케이블
④ 450/750[V] 저독성 난연 가교 폴리올레핀 절연전선

해설 표 2.7.2 배선에 사용되는 전선의 종류 및 공사방법
(1) 내화배선

사용전선의 종류	공사방법
1. 450/750V 저독성 난연 가교 폴리올레핀 절연 전선 2. 0.6/1KV 가교 폴리에틸렌 절연 저독성 난연 폴리올레핀 시스 전력케이블 3. 6/10kV 가교 폴리에틸렌 절연 저독성 난연 폴리올레핀 시스 전력용 케이블 4. 가교 폴리에틸렌 절연 비닐시스 트레이용 난연 전력 케이블 5. 0.6/1kV EP 고무절연 클로로프렌 시스 케이블 6. 300/500V 내열성 실리콘 고무 절연전선(180℃) 7. 내열성 에틸렌-비닐 아세테이트 고무 절연케이블 8. 버스덕트(Bus Duct) 9. 기타「전기용품 및 생활용품안전관리법」및「전기설비기술기준」에 따라 동등 이상의 내화성능이 있다고 주무부장관이 인정하는 것	금속관·2종 금속제 가요전선관 또는 합성 수지관에 수납하여 내화구조로 된 벽 또는 바닥 등에 벽 또는 바닥의 표면으로부터 25mm 이상의 깊이로 매설하여야 한다. 다만 다음의 기준에 적합하게 설치하는 경우에는 그러하지 아니하다. 가. 배선을 내화성능을 갖는 배선전용실 또는 배선용 샤프트·피트·덕트 등에 설치하는 경우 나. 배선전용실 또는 배선용 샤프트·피트·덕트 등에 다른 설비의 배선이 있는 경우에는 이로부터 15cm 이상 떨어지게 하거나 소화설비의 배선과 이웃하는 다른 설비의 배선 사이에 배선지름(배선의 지름이 다른 경우에는 가장 큰 것을 기준으로 한다)의 1.5배 이상의 높이의 불연성 격벽을 설치하는 경우
내화전선	케이블공사의 방법에 따라 설치하여야 한다.

비고 : 내화전선의 내화성능은 KS C IEC 60331-1과 2(온도 830℃ / 가열시간 120분) 표준 이상을 충족하고 난연성능 확보를 위해 KS C IEC 60332-3-24 성능 이상을 충족할 것

(2) 내열배선

사용전선의 종류	공사방법
1. 450/750V 저독성 난연 가교 폴리올레핀 절연 전선 2. 0.6/1KV 가교 폴리에틸렌 절연 저독성 난연 폴리올레핀 시스 전력 케이블 3. 6/10kV 가교 폴리에틸렌 절연 저독성 난연 폴리올레핀 시스 전력용 케이블 4. 가교 폴리에틸렌 절연 비닐시스 트레이용 난연 전력 케이블 5. 0.6/1kV EP 고무절연 클로로프렌 시스 케이블 6. 300/500V 내열성 실리콘 고무 절연전선(180℃) 7. 내열성 에틸렌-비닐아세테이트 고무 절연케이블 8. 버스덕트(Bus Duct) 9. 기타「전기용품 및 생활용품안전관리법」및「전기설비기술기준」에 따라 동등 이상의 내화성능이 있다고 주무부장관이 인정하는 것	금속관·금속제 가요전선관·금속덕트 또는 케이블(불연성 덕트에 설치하는 경우에 한한다.) 공사방법에 따라야 한다. 다만, 다음의 기준에 적합하게 설치하는 경우에는 그러하지 아니하다. 가. 배선을 내화성능을 갖는 배선전용실 또는 배선용 샤프트·피트·덕트 등에 설치하는 경우 나. 배선전용실 또는 배선용 샤프트·피트·덕트 등에 다른 설비의 배선이있는 경우에는 이로부터 15cm 이상 떨어지게 하거나 소화설비의 배선과 이웃하는 다른 설비의 배선 사이에 배선지름(배선의 지름이 다른 경우에는 지름이 가장 큰 것을 기준으로 한다)의 1.5배 이상의 높이의 불연성 격벽을 설치하는 경우
내화전선	케이블공사의 방법에 따라 설치하여야 한다.

79 자동화재탐지설비 및 시각경보장치의 화재안전기준(NFSC 203)에 따라 감지기회로의 도통시험을 위한 종단저항의 설치기준으로 틀린 것은?

① 동일층 발신기함 외부에 설치할 것
② 점검 및 관리가 쉬운 장소에 설치할 것
③ 전용함을 설치하는 경우 그 설치높이는 바닥으로부터 1.5[m] 이내로 할 것
④ 종단감지기에 설치할 경우에는 구별이 쉽도록 해당 감지기의 기판 등에 별도의 표시를 할 것

해설 감지기회로의 도통시험을 위한 종단저항 설치기준
㉠ 점검 및 관리가 쉬운 장소에 설치할 것
㉡ 전용함을 설치하는 경우 그 설치 높이는 바닥으로부터 1.5[m] 이내로 할 것

정답 78.② 79.①

㉣ 감지기 회로의 끝부분에 설치하며, 종단감지기에 설치할 경우에는 구별이 쉽도록 해당 감지기의 기판 및 감지기 외부 등에 별도의 표시를 할 것

80 자동화재속보설비의 속보기의 성능인증 및 제품검사의 기술기준에 따른 자동화재속보설비의 속보기에 대한 설명이다. 다음 ( )의 ㉠, ㉡에 들어갈 내용으로 옳은 것은?

> 작동신호를 수신하거나 수동으로 동작시키는 경우 (㉠)초 이내에 소방관서에 자동적으로 신호를 발하여 통보하되, (㉡)회 이상 속보할 수 있어야 한다.

① ㉠ 20, ㉡ 3
② ㉠ 20, ㉡ 4
③ ㉠ 30, ㉡ 3
④ ㉠ 30, ㉡ 4

해설 **자동화재속보설비 속보기의 기능**
작동신호를 수신하거나 수동으로 동작시키는 경우 20초 이내에 소방관서에 자동적으로 신호를 발하여 통보하되, 3회 이상 속보할 수 있을 것

2020년 제3회 소방설비기사[전기분야] 1차 필기
[제4과목 : 소방전기구조원리]

61 비상조명등의 화재안전기준(NFSC 304)에 따라 조도는 비상조명등이 설치된 장소의 각 부분의 바닥에서 몇 [lx] 이상이 되도록 하여야 하는가?

① 1[lx]
② 3[lx]
③ 5[lx]
④ 10[lx]

해설 조도는 비상조명등이 설치된 장소의 각 부분의 바닥에서 1[lx] 이상이 되도록 할 것

62 자동화재탐지설비 및 시각경보장치의 화재안전기준(NFSC 203)에 따라 지하층·무창층 등으로서 환기가 잘 되지 아니하거나 실내 면적이 40[m²] 미만인 장소에 설치하여야 하는 적응성이 있는 감지기가 아닌 것은?

① 불꽃감지기
② 광전식 분리형 감지기
③ 정온식 스포트형 감지기
④ 아날로그방식의 감지기

해설 오동작 방지 기능 감지기의 종류
㉠ 불꽃감지기
㉡ 정온식 감지선형 감지기
㉢ 분포형 감지기
㉣ 복합형 감지기
㉤ 광전식 분리형 감지기
㉥ 아날로그방식의 감지기
㉦ 다신호방식의 감지기
㉧ 축적방식의 감지기

63 무선통신보조설비의 화재안전기준(NFSC 505)에 따른 무선기기의 접속단자에 대한 시설기준이다. 다음 ( )에 들어갈 내용으로 옳은 것은?

지상에 설치하는 접속단자는 보행거리 (㉠)[m] 이내마다 설치하고, 다른 용도로 사용되는 접속단자에서 (㉡)[m] 이상의 거리를 둘 것

① ㉠ 300, ㉡ 3
② ㉠ 300, ㉡ 5
③ ㉠ 500, ㉡ 3
④ ㉠ 500, ㉡ 5

해설 지상에 설치하는 접속단자는 보행거리 300[m] 이내마다 설치하고, 다른 용도로 사용되는 접속단자에서 5[m] 이상의 거리를 둘 것 [현행 삭제]

64 비상콘센트설비의 화재안전기준(NFSC 504)에 따라 비상콘센트용의 풀박스 등은 방청도장을 한 것으로서, 두께 몇 [mm] 이상의 철판으로 하여야 하는가?

① 1.2[mm]
② 1.6[mm]
③ 2.0[mm]
④ 2.4[mm]

해설 비상콘센트설비의 전원회로의 설치기준
㉠ 비상콘센트설비의 전원회로는 단상교류 220[V]인 것으로서, 그 공급용량은 1.5[kVA] 이상인 것으로 할 것
㉡ 전원회로는 각 층에 2 이상이 되도록 설치할 것. 다만, 설치하여야 할 층의 비상콘센트가 1개인 때에는 하나의 회로로 할 수 있다.
㉢ 전원회로는 주 배전반에서 전용회로로 할 것. 다만, 다른 설비의 회로의 사고에 따른 영향을 받지 아니하도록 되어 있는 것은 그러하지 아니하다.
㉣ 전원으로부터 각 층의 비상콘센트에 분기되는 경우에는 분기배선용 차단기를 보호함 안에 설치할 것
㉤ 콘센트마다 배선용 차단기(KS C 8321)를 설치하여야 하며, 충전부가 노출되지 아니하도록 할 것
㉥ 개폐기에는 "비상콘센트"라고 표시한 표지를 할 것
㉦ 비상콘센트용의 풀박스 등은 방청도장을 한 것으로서, 두께 1.6[mm] 이상의 철판으로 할 것
㉧ 하나의 전용회로에 설치하는 비상콘센트는 10개 이하로 할 것. 이 경우 전선의 용량은 각 비상콘센트(비상콘센트가 3개 이상인 경우에는 3개)의 공급용량을 합한 용량 이상의 것으로 하여야 한다.

정답 61.① 62.③ 63.② 64.②

65 무선통신보조설비의 화재안전기준(NFSC 505)에 따라 금속제 지지금구를 사용하여 무선통신 보조설비의 누설동축케이블을 벽에 고정시키고자 하는 경우 몇 [m] 이내마다 고정시켜야 하는가? (단, 불연재료로 구획된 반자 안에 설치하는 경우는 제외한다)

① 2[m]
② 3[m]
③ 4[m]
④ 5[m]

해설 무선통신보조설비의 누설동축케이블 등 설치기준
㉠ 소방전용주파수대에서 전파의 전송 또는 복사에 적합한 것으로서 소방전용의 것으로 할 것. 다만, 소방대 상호 간의 무선연락에 지장이 없는 경우에는 다른 용도와 겸용할 수 있다.
㉡ 누설동축케이블과 이에 접속하는 공중선 또는 동축케이블과 이에 접속하는 공중선에 따른 것으로 할 것
㉢ 누설동축케이블은 불연 또는 난연성의 것으로서 습기에 따라 전기의 특성이 변질되지 아니하는 것으로 하고, 노출하여 설치한 경우에는 피난 및 통행에 장애가 없도록 할 것
㉣ 누설동축케이블은 화재에 따라 해당 케이블의 피복이 소실된 경우에 케이블 본체가 떨어지지 아니하도록 4[m] 이내마다 금속제 또는 자기제 등의 지지금구로 벽·천장·기둥 등에 견고하게 고정시킬 것. 다만, 불연재료로 구획된 반자 안에 설치하는 경우에는 그러하지 아니하다.
㉤ 누설동축케이블 및 공중선은 금속판 등에 따라 전파의 복사 또는 특성이 현저하게 저하되지 아니하는 위치에 설치할 것
㉥ 누설동축케이블 및 공중선은 고압의 전로로부터 1.5[m] 이상 떨어진 위치에 설치할 것. 다만, 해당 전로에 정전기 차폐장치를 유효하게 설치한 경우에는 그러하지 아니하다.
㉦ 누설동축케이블의 끝부분에는 무반사 종단저항을 견고하게 설치할 것

66 비상방송설비의 화재안전기준(NFSC 202)에 따른 음향장치의 구조 및 성능에 대한 기준이다. 다음 ( )에 들어갈 내용으로 옳은 것은?

• 정격전압의 (㉠)[%] 전압에서 음향을 발할 수 있는 것을 할 것
• (㉡)의 작동과 연동하여 작동할 수 있는 것으로 할 것

① ㉠ 65, ㉡ 자동화재탐지설비
② ㉠ 80, ㉡ 자동화재탐지설비
③ ㉠ 65, ㉡ 단독경보형 감지기
④ ㉠ 80, ㉡ 단독경보형 감지기

해설 비상방송설비 설치기준
㉠ 음량조정기를 설치하는 경우 음량조정기의 배선은 3선식으로 할 것
㉡ 층수가 5층 이상으로서 연면적이 3,000[m²]를 초과하는 특정소방대상물은 다음 각 목에 따라 경보를 발할 수 있도록 하여야 한다.
 ⓐ 2층 이상의 층에서 발화한 때에는 발화층 및 그 직상층에 경보를 발할 것
 ⓑ 1층에서 발화한 때에는 발화층·그 직상층 및 지하층에 경보를 발할 것
 ⓒ 지하층에서 발화한 때에는 발화층·그 직상층 및 기타의 지하층에 경보를 발할 것
㉢ 음향장치는 다음 각 목의 기준에 따른 구조 및 성능의 것으로 하여야 한다.
 ⓐ 정격전압의 80[%] 전압에서 음향을 발할 수 있는 것을 할 것
 ⓑ 자동화재탐지설비의 작동과 연동하여 작동할 수 있는 것으로 할 것

[2022.12.1.이후 개정]
NFTC로 변경 자동화재탐지설비 및 비상방송설비 우선경보설치대상 변경

층수가 11층(공동주택의 경우에는 16층) 이상의 특정소방대상물은 다음의 기준에 따라 경보를 발할 수 있도록 할 것[10층 이하, 공동주택의 경우 15층 이하의 경우 일제경보방식]
① 2층 이상의 층에서 발화한 때에는 발화층 및 그 직상 4개 층에 경보를 발할 것
② 1층에서 발화한 때에는 발화층·그 직상 4개 층 및 지하층에 경보를 발할 것
③ 지하층에서 발화한 때에는 발화층·그 직상층 및 기타의 지하층에 경보를 발할 것

정답 65.③ 66.②

67 예비전원의 성능인증 및 제품검사의 기술기준에 따른 예비전원의 구조 및 성능에 대한 설명으로 틀린 것은?

① 예비전원을 병렬로 접속하는 경우는 역충전방지 등의 조치를 강구하여야 한다.
② 배선은 충분한 전류용량을 갖는 것으로서 배선의 접속이 적합하여야 한다.
③ 예비전원에 연결되는 배선의 경우 양극은 청색, 음극은 적색으로 오접속방지 조치를 하여야 한다.
④ 축전지를 직렬 또는 병렬로 사용하는 경우에는 용량(전압, 전류)이 균일한 축전지를 사용하여야 한다.

해설 예비전원의 성능인증 및 제품검사 기술기준 제4조(구조 및 성능)
예비전원의 구조 및 성능은 다음 각 호에 적합하여야 한다.
1. 취급 및 보수점검이 쉽고 내구성이 있어야 한다.
2. 먼지, 습기 등에 의하여 기능에 이상이 생기지 아니하여야 한다.
3. 배선은 충분한 전류 용량을 갖는 것으로서 배선의 접속이 적합하여야 한다.
4. 부착 방향에 따라 누액이 없고 기능에 이상이 없어야 한다.
5. 외부에서 쉽게 접촉할 우려가 있는 충전부는 충분히 보호되도록 하고 외함(축전지의 보호카바를 말한다. 이하 같다)과 단자 사이는 절연물로 보호하여야 한다.
6. 예비전원에 연결되는 배선의 경우 양극은 적색, 음극은 청색 또는 흑색으로 오접속방지 조치를 하여야 한다.
7. 충전장치의 이상 등에 의하여 내부가스압이 이상 상승할 우려가 있는 것은 안전조치를 강구하여야 한다.
8. 축전지에 배선 등을 직접 납땜하지 아니하여야 하며 축전지 개개의 연결부분은 스포트용접 등으로 확실하고 견고하게 접속하여야 한다.
9. 예비전원을 병렬로 접속하는 경우는 역충전방지 등의 조치를 강구하여야 한다.
10. 겉모양은 현저한 오염, 변형 등이 없어야 한다.
11. 축전지를 직렬 또는 병렬로 사용하는 경우에는 용량(전압, 전류)이 균일한 축전지를 사용하여야 한다.

68 비상경보설비 및 단독경보형 감지기의 화재안전기준(NFSC 201)에 따라 비상벨설비의 음향장치의 음량은 부착된 음향장치의 중심으로부터 1[m] 떨어진 위치에서 몇 [dB] 이상이 되는 것으로 하여야 하는가?

① 60[dB] ② 70[dB]
③ 80[dB] ④ 90[dB]

해설 대상에 따른 음압

음압	대상
40[dB] 이하	유도등・비상조명등의 소음
60[dB] 이상	㉠ 고장표시장치용 ㉡ 전화용 부저 ㉢ 단독경보형 감지기(건전지 교체 음성안내)
70[dB] 이상	㉠ 가스누설경보기(단독형・영업용) ㉡ 누전경보기 ㉢ 단독경보형 감지기(건전지 교체 음향경보)
85[dB] 이상	단독경보형 감지기(화재경보음)
90[dB] 이상	㉠ 가스누설경보기(공업용) ㉡ 자동화재탐지설비의 음향장치 ㉢ 비상벨설비의 음향장치

69 자동화재탐지설비 및 시각경보장치의 화재안전기준(NFSC 203)에 따른 중계기에 대한 시설기준으로 틀린 것은?

① 조작 및 점검에 편리하고 화재 및 침수 등의 재해로 인한 피해를 받을 우려가 없는 장소에 설치할 것
② 수신기에서 직접 감지기회로의 도통시험을 행하지 아니하는 것에 있어서는 수신기와 발신기 사이에 설치할 것
③ 수신기에 따라 감시되지 아니하는 배선을 통하여 전력을 공급받는 것에 있어서는 전원입력측의 배선에 과전류차단기를 설치할 것
④ 수신기에 따라 감시되지 아니하는 배선을 통하여 전력을 공급받는 것에 있어서는 해당 전원의 정전이 즉시 수신기에 표시되는 것으로 할 것

정답 67.③ 68.④ 69.②

해설 자동화재탐지설비의 중계기는 다음 각 호의 기준에 따라 설치하여야 한다.
1. 수신기에서 직접 감지기회로의 도통시험을 행하지 아니하는 것에 있어서는 수신기와 감지기 사이에 설치할 것
2. 조작 및 점검에 편리하고 화재 및 침수 등의 재해로 인한 피해를 받을 우려가 없는 장소에 설치할 것
3. 수신기에 따라 감시되지 아니하는 배선을 통하여 전력을 공급받는 것에 있어서는 전원입력측의 배선에 과전류 차단기를 설치하고 해당 전원의 정전이 즉시 수신기에 표시되는 것으로 하며, 상용전원 및 예비전원의 시험을 할 수 있도록 할 것

70 비상방송설비의 화재안전기준(NFSC 202)에 따른 용어의 정의에서 소리를 크게 하여 멀리까지 전달될 수 있도록 하는 장치로서 일명 "스피커"를 말하는 것은?

① 확성기　　② 증폭기
③ 사이렌　　④ 음량조절기

해설 "확성기"란 소리를 크게 하여 멀리까지 전달될 수 있도록 하는 장치로써 일명 스피커를 말한다.

71 누전경보기의 형식승인 및 제품검사의 기술기준에 따른 누전경보기 수신부의 기능검사항목이 아닌 것은?

① 충격시험　　② 진공가압시험
③ 과입력 전압시험　　④ 전원전압 변동시험

해설 기능시험의 종류

중계기	속보기의 예비전원	누전경보기
• 주위온도시험 • 반복시험 • 방수시험 • 절연저항시험 • 절연내력시험 • 충격전압시험 • 충격시험 • 진동시험 • 습도시험 • 전자파 내성시험	• 충·방전시험 • 안전장치시험	• 전원전압 변동시험 • 온도특성시험 • 과입력 전압시험 • 개폐기의 조작시험 • 반복시험 • 진동시험 • 충격시험 • 방수시험 • 절연저항시험 • 절연내력시험 • 충격파 내전압시험 • 단락전류 강도시험

72 자동화재속보설비의 속보기의 성능인증 및 제품검사의 기술기준에 따라 교류입력측과 외함 간의 절연저항은 직류 500[V]의 절연저항계로 측정한 값이 몇 [MΩ] 이상이어야 하는가?

① 5[MΩ]　　② 10[MΩ]
③ 20[MΩ]　　④ 50[MΩ]

해설 속보기의 성능인증 및 제품검사 기술기준 제10조(절연저항시험)
① 절연된 충전부와 외함간의 절연저항은 직류 500[V]의 절연저항계로 측정한 값이 5[MΩ](교류입력측과 외함간에는 20[MΩ]) 이상이어야 한다.
② 절연된 선로간의 절연저항은 직류 500[V]의 절연저항계로 측정한 값이 20[MΩ] 이상이어야 한다.

73 유도등 및 유도표지의 화재안전기준(NFSC 303)에 따른 피난구유도등의 설치장소로 틀린 것은?

① 직통계단
② 직통계단의 계단실
③ 안전구획된 거실로 통하는 출입구
④ 옥외로부터 직접 지하로 통하는 출입구

해설 피난구유도등은 다음 각 호의 장소에 설치하여야 한다.
1. 옥내로부터 직접 지상으로 통하는 출입구 및 그 부속실의 출입구
2. 직통계단·직통계단의 계단실 및 그 부속실의 출입구
3. 제1호와 제2호에 따른 출입구에 이르는 복도 또는 통로로 통하는 출입구
4. 안전구획된 거실로 통하는 출입구

74 비상경보설비 및 단독경보형 감지기의 화재안전기준(NFSC 201)에 따른 발신기의 시설기준으로 틀린 것은?

① 발신기의 위치표시등은 함의 하부에 설치한다.
② 조작스위치는 바닥으로부터 0.8[m] 이상 1.5[m] 이하의 높이에 설치할 것
③ 복도 또는 별도로 구획된 실로서 보행거리가 40[m] 이상일 경우에는 추가로 설치하여야 한다.

정답 70.① 71.② 72.③ 73.④ 74.①

④ 특정소방대상물의 층마다 설치하되, 해당 특정소방대상물의 각 부분으로부터 하나의 발신기까지의 수평거리가 25[m] 이하가 되도록 할 것

<해설> 발신기는 다음 각 호의 기준에 따라 설치하여야 한다. 다만, 지하구의 경우에는 발신기를 설치하지 아니할 수 있다.
1. 조작이 쉬운 장소에 설치하고, 조작스위치는 바닥으로부터 0.8[m] 이상 1.5m 이하의 높이에 설치할 것
2. 특정소방대상물의 층마다 설치하되, 해당 특정소방대상물의 각 부분으로부터 하나의 발신기까지의 수평거리가 25[m] 이하가 되도록 할 것. 다만, 복도 또는 별도로 구획된 실로서 보행거리가 40[m] 이상일 경우에는 추가로 설치하여야 한다.
3. 발신기의 위치표시등은 함의 상부에 설치하되, 그 불빛은 부착 면으로부터 15° 이상의 범위 안에서 부착 지점으로부터 10[m] 이내의 어느 곳에서도 쉽게 식별할 수 있는 적색등으로 할 것

75 소방시설용 비상전원수전설비의 화재안전기준(NFSC 602)에 따른 제1종 배전반 및 제1종 분전반의 시설기준으로 틀린 것은?

① 전선의 인입구 및 입출구는 외함에 누출하여 설치하면 아니 된다.
② 외함의 문은 2.3[mm] 이상의 강판과 이와 동등 이상의 강도와 내화성능이 있는 것으로 제작하여야 한다.
③ 공용배전반 및 공용분전반의 경우 소방회로와 일반회로에 사용하는 배선 및 배선용 기기는 불연재료로 구획되어야 한다.
④ 외함은 금속관 또는 금속제 가요전선관을 쉽게 접속할 수 있도록 하고, 당해 접속부분에는 단열조치를 하여야 한다.

<해설> 제1종 배전반 및 제1종 분전반은 다음 각 호에 적합하게 설치하여야 한다.
1. 외함은 두께 1.6[mm](전면판 및 문은 2.3[mm]) 이상의 강판과 이와 동등 이상의 강도와 내화성능이 있는 것으로 제작할 것
2. 외함의 내부는 외부의 열에 의해 영향을 받지 않도록 내열성 및 단열성이 있는 재료를 사용하여 단열할 것. 이 경우 단열부분은 열 또는 진동에 따라 쉽게 변형되지 아니하여야 한다.
3. 다음 각 목에 해당하는 것은 외함에 노출하여 설치할 수 있다.
   가. 표시등(불연성 또는 난연성재료로 덮개를 설치한 것에 한한다)
   나. 전선의 인입구 및 입출구
4. 외함은 금속관 또는 금속제 가요전선관을 쉽게 접속할 수 있도록 하고, 당해 접속부분에는 단열조치를 할 것
5. 공용배전반 및 공용분전반의 경우 소방회로와 일반회로에 사용하는 배선 및 배선용 기기는 불연재료로 구획되어야 할 것

76 자동화재탐지설비 및 시각경보장치의 화재안전기준(NFSC 203)에 따른 배선의 시설기준으로 틀린 것은?

① 감지기 사이의 회로의 배선은 송배전식으로 할 것
② 자동화재탐지설비의 감지기 회로의 전로저항은 50[Ω] 이하가 되도록 할 것
③ 수신기의 각 회로별 종단에 설치되는 감지기에 접속되는 배선의 전압은 감지기 정격전압의 80[%] 이상이어야 할 것
④ 피(P)형 수신기 및 지피(G.P.)형 수신기의 감지기 회로의 배선에 있어서 하나의 공통선에 접속할 수 있는 경계구역은 10개 이하로 할 것

<해설> 피(P)형 수신기 및 지피(G.P.)형 수신기의 감지기 회로의 배선에 있어서 하나의 공통선에 접속할 수 있는 경계구역은 7개 이하로 할 것

77 유도등의 형식승인 및 제품검사의 기술기준에 따른 유도등의 일반구조에 대한 설명으로 틀린 것은?

① 축전지에 배선 등을 직접 납땜하지 아니하여야 한다.
② 충전부가 노출되지 아니한 것은 300[V]를 초과할 수 있다.

③ 예비전원을 직렬로 접속하는 경우는 역충전 방지 등의 조치를 강구하여야 한다.
④ 유도등에는 점멸, 음성 또는 이와 유사한 방식 등에 의한 유도장치를 설치할 수 있다.

해설 예비전원을 병렬로 접속하는 경우는 역충전 방지 등의 조치를 강구하여야 한다.

78 자동화재탐지설비 및 시각경보장치의 화재안전기준(NFSC 203)에 따라 외기에 면하여 상시 개방된 부분이 있는 차고·주차장·창고 등에 있어서는 외기에 면하는 각 부분으로부터 몇 [m] 미만의 범위 안에 있는 부분은 경계구역의 면적에 산입하지 아니 하는가?

① 1[m]   ② 3[m]
③ 5[m]   ④ 10[m]

해설 외기에 면하여 상시 개방된 부분이 있는 차고·주차장·창고 등에 있어서는 외기에 면하는 각 부분으로부터 5[m] 미만의 범위안에 있는 부분은 경계구역의 면적에 산입하지 아니한다.

79 누전경보기의 형식승인 및 제품검사의 기술기준에 따라 누전경보기의 변류기는 경계전로에 정격전류를 흘리는 경우, 그 경계전로의 전압강하는 몇 [V] 이하이어야 하는가? (단, 경계전로의 전선을 그 변류기에 관통시키는 것은 제외한다)

① 0.3[V]   ② 0.5[V]
③ 1.0[V]   ④ 3.0[V]

해설 누전경보기의 형식승인 및 제품검사 기술기준 제22조(전압강하방지시험)
변류기(경계전로의 전선을 그 변류기에 관통시키는 것은 제외한다)는 경계전로에 정격전류를 흘리는 경우, 그 경계전로의 전압강하는 0.5[V] 이하이어야 한다.

80 비상콘센트설비의 성능인증 및 제품검사의 기술기준에 따라 비상콘센트설비에 사용되는 부품에 대한 설명으로 틀린 것은?

① 진공차단기는 KS C 8321(진공차단기)에 적합하여야 한다.
② 접속기는 KS C 8305(배선용 꽂음 접속기)에 적합하여야 한다.
③ 표시등의 소켓은 접속이 확실하여야 하며 쉽게 전구를 교체할 수 있도록 부착하여야 한다.
④ 단자는 충분한 전류용량을 갖는 것으로 하여야 하며 단자의 접속이 정확하고 확실하여야 한다.

해설 비상콘센트설비의 성능인증 및 제품검사 기술기준 제4조(부품의 구조 및 기능)
비상콘센트설비에 다음 각 호의 부품을 사용하는 경우 해당 각호의 규정에 적합하거나 이와 동등 이상의 성능이 있는 것이어야 한다.
1. 배선용 차단기는 KS C 8321(배선용차단기)에 적합하여야 한다.
2. 접속기는 KS C 8305(배선용 꽂음 접속기)에 적합하여야 한다.
3. 표시등의 구조 및 기능은 다음과 같아야 한다.
    가. 전구는 사용전압의 130[%]인 교류전압을 20시간 연속하여 가하는 경우 단선, 현저한 광속변화, 흑화, 전류의 저하 등이 발생하지 아니하여야 한다.
    나. 소켓은 접속이 확실하여야 하며 쉽게 전구를 교체할 수 있도록 부착하여야 한다.
    다. 전구에는 적당한 보호카바를 설치하여야 한다. 다만, 발광다이오드의 경우에는 그러하지 아니하다.
    라. 적색으로 표시되어야 하며 주위의 밝기가 300[lx] 이상인 장소에서 측정하여 앞면으로부터 3[m] 떨어진 곳에서 켜진등이 확실히 식별되어야 한다.
4. 단자는 충분한 전류용량을 갖는 것으로 하여야 하며 단자의 접속이 정확하고 확실하여야 한다.

2020년 제4회 소방설비기사[전기분야] 1차 필기
[제4과목 : 소방전기구조원리]

61 비상경보설비 및 단독경보형 감지기의 화재안전기준(NFSC 201)에 따라 화재신호 및 상태신호 등을 송수신하는 방식으로 옳은 것은?

① 자동식　　② 수동식
③ 반자동식　④ 유·무선식

[해설] 화재신호 및 상태신호 등(이하 "화재신호 등"이라 한다)을 송수신하는 방식은 다음 각 호와 같다.
1. "유선식"은 화재신호 등을 배선으로 송·수신하는 방식의 것
2. "무선식"은 화재신호 등을 전파에 의해 송·수신하는 방식의 것
3. "유·무선식"은 유선식과 무선식을 겸용으로 사용하는 방식의 것

62 감지기의 형식승인 및 제품검사의 기술기준에 따른 연기감지기의 종류로 옳은 것은?

① 연복합형
② 공기흡입형
③ 차동식스포트형
④ 보상식스포트형

[해설] 연기감지기는 각 목과 같이 구분한다.
가. "이온화식스포트형"이란 주위의 공기가 일정한 농도의 연기를 포함하게 되는 경우에 작동하는 것으로서 일국소의 연기에 의하여 이온전류가 변화하여 작동하는 것을 말한다.
나. "광전식스포트형"이란 주위의 공기가 일정한 농도의 연기를 포함하게 되는 경우에 작동하는 것으로서 일국소의 연기에 의하여 광전소자에 접하는 광량의 변화로 작동하는 것을 말한다.
다. "광전식분리형"이란 발광부와 수광부로 구성된 구조로 발광부와 수광부 사이의 공간에 일정한 농도의 연기를 포함하게 되는 경우에 작동하는 것을 말한다.
라. "공기흡입형"이란 감지기 내부에 장착된 공기흡입장치로 감지하고자 하는 위치의 공기를 흡입하고 흡입된 공기에 일정한 농도의 연기가 포함된 경우 작동하는 것을 말한다.

63 비상콘센트설비의 화재안전기준(NFSC 504)에 따른 비상콘센트설비의 전원회로(비상콘센트에 전력을 공급하는 회로를 말한다)의 시설기준으로 옳은 것은?

① 하나의 전용회로에 설치하는 비상콘센트는 12개 이하로 할 것
② 전원회로는 단상 교류 220[V]인 것으로서 그 공급용량은 1.0[kVA] 이상인 것으로 할 것
③ 비상콘센트용의 풀박스 등은 방청도장을 한 것으로서, 두께 1.2[mm] 이상의 철판으로 할 것
④ 전원으로부터 각 층의 비상콘센트에 분기되는 경우에는 분기배선용 차단기를 보호함 안에 설치할 것

[해설] 비상콘센트설비의 전원회로(비상콘센트에 전력을 공급하는 회로를 말한다)는 다음 각 호의 기준에 따라 설치하여야 한다.
1. 비상콘센트설비의 전원회로는 단상교류 220[V]인 것으로서, 그 공급용량은 1.5[kVA] 이상인 것으로 할 것.
2. 전원회로는 각층에 2 이상이 되도록 설치할 것. 다만, 설치하여야 할 층의 비상콘센트가 1개인 때에는 하나의 회로로 할 수 있다.
3. 전원회로는 주배전반에서 전용회로로 할 것. 다만, 다른 설비의 회로의 사고에 따른 영향을 받지 아니하도록 되어 있는 것은 그러하지 아니하다.
4. 전원으로부터 각 층의 비상콘센트에 분기되는 경우에는 분기배선용 차단기를 보호함안에 설치할 것

정답　61.④　62.②　63.④

5. 콘센트마다 배선용 차단기(KS C 8321)를 설치하여야 하며, 충전부가 노출되지 아니하도록 할 것
6. 개폐기에는 "비상콘센트"라고 표시한 표지를 할 것
7. 비상콘센트용의 풀박스 등은 방청도장을 한 것으로서, 두께 1.6[mm] 이상의 철판으로 할 것
8. 하나의 전용회로에 설치하는 비상콘센트는 10개 이하로 할 것. 이 경우 전선의 용량은 각 비상콘센트(비상콘센트가 3개 이상인 경우에는 3개)의 공급용량을 합한 용량 이상의 것으로 하여야 한다.

64 비상방송설비의 화재안전기준(NFSC 202)에 따라 기동장치에 따른 화재신고를 수신한 후 필요한 음량으로 화재발생 상황 및 피난에 유효한 방송이 자동으로 개시될 때까지의 소요시간은 몇 초 이하로 하여야 하는가?

① 3초　　② 5초
③ 7초　　④ 10초

해설 비상방송설비 설치기준
㉠ 확성기(스피커) 음성입력 - 실내 1[W] 이상, 실외 3[W] 이상
㉡ 음량조정기의 배선 - 3선식
㉢ 소요시간 - 10초 이하
㉣ 자동화재탐지설비와 연동할 것

65 비상조명등의 화재안전기준(NFSC 304)에 따른 휴대용 비상조명등의 설치기준이다. 다음 ( )에 들어갈 내용으로 옳은 것은?

> 지하상가 및 지하역사에는 보행거리 (㉠)[m] 이내마다 (㉡)개 이상 설치할 것

① ㉠ 25, ㉡ 1
② ㉠ 25, ㉡ 3
③ ㉠ 50, ㉡ 1
④ ㉠ 50, ㉡ 3

해설 휴대용비상조명등은 다음 각 호의 기준에 적합하여야 한다.
1. 다음 각 목의 장소에 설치할 것
 가. 숙박시설 또는 다중이용업소에는 객실 또는 영업장안의 구획된 실마다 잘 보이는 곳(외부에 설치 시 출입문 손잡이로부터 1[m] 이내 부분)에 1개 이상 설치
 나. 「유통산업발전법」 제2조제3호에 따른 대규모점포(지하상가 및 지하역사는 제외한다)와 영화상영관에는 보행거리 50[m] 이내마다 3개 이상 설치
 다. 지하상가 및 지하역사에는 보행거리 25[m] 이내마다 3개 이상 설치
2. 설치높이는 바닥으로부터 0.8[m] 이상 1.5[m] 이하의 높이에 설치할 것
3. 어둠속에서 위치를 확인할 수 있도록 할 것
4. 사용 시 자동으로 점등되는 구조일 것
5. 외함은 난연성능이 있을 것
6. 건전지를 사용하는 경우에는 방전방지조치를 하여야 하고, 충전식 밧데리의 경우에는 상시 충전되도록 할 것
7. 건전지 및 충전식 밧데리의 용량은 20분 이상 유효하게 사용할 수 있는 것으로 할 것

66 자동화재탐지설비 및 시각경보장치의 화재안전기준(NFSC 203)에 따른 자동화재탐지설비의 중계기의 시설기준으로 틀린 것은?

① 조작 및 점검에 편리하고 화재 및 침수 등의 재해로 인한 피해를 받을 우려가 없는 장소에 설치할 것
② 수신기에서 직접 감지기회로의 도통시험을 행하지 아니하는 것에 있어서는 수신기와 감지기 사이에 설치할 것
③ 감지기에 따라 감시되지 아니하는 배선을 통하여 전력을 공급받는 것에 있어서는 전원입력측의 배선에 누전경보기를 설치할 것
④ 수신기에 따라 감시되지 아니하는 배선을 통하여 전력을 공급받는 것에 있어서는 해당 전원의 정전이 즉시 수신기에 표시되는 것으로 할 것

해설 자동화재탐지설비의 중계기는 다음 각 호의 기준에 따라 설치하여야 한다.
1. 수신기에서 직접 감지기회로의 도통시험을 행하지 아니하는 것에 있어서는 수신기와 감지기 사이에 설치할 것
2. 조작 및 점검에 편리하고 화재 및 침수등의 재해로 인한 피해를 받을 우려가 없는 장소에 설치할 것

정답 64.④ 65.② 66.③

3. 수신기에 따라 감시되지 아니하는 배선을 통하여 전력을 공급받는 것에 있어서는 전원입력측의 배선에 과전류 차단기를 설치하고 해당 전원의 정전이 즉시 수신기에 표시되는 것으로 하며, 상용전원 및 예비전원의 시험을 할 수 있도록 할 것

67 자동화재탐지설비 및 시각경보장치의 화재안전기준(NFSC 203)에 따라 부착높이 8[m] 이상 15[m] 미만에 설치 가능한 감지기가 아닌 것은?

① 불꽃감지기
② 보상식 분포형 감지기
③ 차동식 분포형 감지기
④ 광전식 분리형 감지기

해설) 부착높이별 적응성 감지기의 종류

부착높이	감지기의 종류
4[m] 미만	차동식(스포트형, 분포형) 보상식 스포트형 정온식(스포트형, 감지선형) 이온화식 또는 광전식(스포트형, 분리형, 공기흡입형) 열복합형, 연기복합형, 열연기복합형, 불꽃감지기
4[m] 이상 8[m] 미만	차동식(스포트형, 분포형) 보상식 스포트형 정온식(스포트형, 감지선형 특종 또는 1종) 이온화식 1종 또는 2종 광전식(스포트형, 분리형, 공기흡입형) 1종 또는 2종 열복합형, 연기복합형, 열연기복합형, 불꽃감지기
8[m] 이상 15[m] 미만	차동식 분포형 이온화식 1종 또는 2종 광전식(스포트형, 분리형, 공기흡입형) 1종 또는 2종 연기복합형 불꽃감지기
15[m] 이상 20[m] 미만	이온화식 1종 광전식(스포트형, 분리형, 공기흡입형) 1종 연기복합형 불꽃감지기
20[m] 이상	불꽃감지기 광전식(분리형, 공기흡입형) 중 아나로그방식

비고)
1. 감지기별 부착높이 등에 대하여 별도로 형식승인 받은 경우에는 그 성능 인정범위 내에서 사용할 수 있다.
2. 부착높이 20[m] 이상에 설치되는 광전식 중 아나로그방식의 감지기는 공칭감지농도 하한값이 감광율 5[%/m] 미만인 것으로 한다.

68 예비전원의 성능인증 및 제품검사의 기술기준에서 정의하는 "예비전원"에 해당하지 않는 것은?

① 리튬계 2차 축전지
② 알칼리계 2차 축전지
③ 용융염 전해질 연료전지
④ 무보수 밀폐형 연축전지

해설) "예비전원"이란 소방용품에 사용되는 알카리계 2차 축전지, 리튬계 2차 축전지 및 무보수 밀폐형 연축전지를 말한다.

69 누전경보기의 형식승인 및 제품검사의 기술기준에 따라 누전경보기에서 사용되는 표시등에 대한 설명으로 틀린 것은?

① 지구등은 녹색으로 표시되어야 한다.
② 소켓은 접촉이 확실하여야 하며 쉽게 전구를 교체할 수 있도록 부착하여야 한다.
③ 주위의 밝기가 300[lx]인 장소에서 측정하여 앞면으로부터 3[m] 떨어진 곳에서 켜진 등이 확실히 식별되어야 한다.
④ 전구는 사용전압의 130[%]인 교류전압을 20시간 연속하여 가하는 경우 단선, 현저한 광속변화, 흑화, 전류의 저하 등이 발생하지 아니하여야 한다.

해설) 누전경보기의 표시등
가. 전구는 사용전압의 130[%]인 교류전압을 20시간 연속하여 가하는 경우 단선, 현저한 광속변화, 흑화, 전류의 저하 등이 발생하지 아니하여야 한다.
나. 소켓은 접촉이 확실하여야 하며 쉽게 전구를 교체할 수 있도록 부착하여야 한다.
다. 전구는 2개 이상을 병렬로 접속하여야 한다. 다만, 방전등 또는 발광다이오드의 경우에는 그러하지 아니한다.
라. 전구에는 적당한 보호카바를 설치하여야 한다. 다만, 발광다이오드의 경우에는 그러하지 아니하다.
마. 누전화재의 발생을 표시하는 표시등(이하 "누전등"이라 한다)이 설치된 것은 등이 켜질 때 적색으로 표시되어야 하며, 누전화재가 발생한 경계전로의 위치를 표시하는 표시등(이하 "지구등"이라 한다)과 기타의 표시등은 다음과 같아야 한다.

정답 67.② 68.③ 69.①

1) 지구등은 적색으로 표시되어야 한다. 이 경우 누전등이 설치된 수신부의 지구등은 적색외의 색으로도 표시할 수 있다.
2) 기타의 표시등은 적색외의 색으로 표시되어야 한다. 다만, 누전등 및 지구등과 쉽게 구별할 수 있도록 부착된 기타의 표시등은 적색으로도 표시할 수 있다.
바. 주위의 밝기가 300[lx]인 장소에서 측정하여 앞면으로부터 3[m] 떨어진 곳에서 켜진 등이 확실히 식별되어야 한다.

70 비상콘센트설비의 화재안전기준(NFSC 504)에 따라 아파트 또는 바닥면적이 1,000[m^2] 미만인 층은 비상콘센트를 계단의 출입구로부터 몇 [m] 이내에 설치해야 하는가? (단, 계단의 부속실을 포함하며 계단이 2 이상 있는 경우에는 그 중 1개의 계단을 말한다)

① 10[m]
② 8[m]
③ 5[m]
④ 3[m]

해설 비상콘센트는 다음 각 호의 기준에 따라 설치하여야 한다.
1. 바닥으로부터 높이 0.8[m] 이상 1.5[m] 이하의 위치에 설치할 것
2. 비상콘센트의 배치는 아파트 또는 바닥면적이 1,000[m^2] 미만인 층은 계단의 출입구(계단의 부속실을 포함하며 계단이 2 이상 있는 경우에는 그중 1개의 계단을 말한다)로부터 5[m] 이내에, 바닥면적 1,000[m^2] 이상인 층(아파트를 제외한다)은 각 계단의 출입구 또는 계단부속실의 출입구(계단의 부속실을 포함하며 계단이 3 이상 있는 층의 경우에는 그중 2개의 계단을 말한다)로부터 5[m] 이내에 설치하되, 그 비상콘센트로부터 그 층의 각 부분까지의 거리가 다음 각 목의 기준을 초과하는 경우에는 그 기준 이하가 되도록 비상콘센트를 추가하여 설치할 것
가. 지하상가 또는 지하층의 바닥면적의 합계가 3,000[m^2] 이상인 것은 수평거리 25[m]
나. 가목에 해당하지 아니하는 것은 수평거리 50[m]

71 무선통신보조설비의 화재안전기준(NFSC 505)에 따른 설치제외에 대한 내용이다. 다음 ( )에 들어갈 내용으로 옳은 것은?

(㉠)으로서 특정소방대상물의 바닥부분 2면 이상이 지표면과 동일하거나 지표면으로부터의 깊이가 (㉡)[m] 이하인 경우에는 해당층에 한하여 무선통신보조설비를 설치하지 아니할 수 있다.

① ㉠ 지하층, ㉡ 1
② ㉠ 지하층, ㉡ 2
③ ㉠ 무창층, ㉡ 1
④ ㉠ 무창층, ㉡ 2

해설 무선통신보조설비

종류	㉠ 누설동축케이블방식 ㉡ 안테나 방식 ㉢ 누설동축케이블방식과 안테나 방식 혼용 방식	
설치 제외	㉠ 지하층으로서 특정소방대상물의 바닥부분 2면 이상이 지표면과 동일한 경우 ㉡ 지표면으로부터의 깊이가 1[m] 이하인 경우	
설치기준	㉠ 4[m] 이내마다 자기제 또는 금속제로 지지(불연재료된 반자 안에 시설할 경우 제외) ㉡ 고압의 전로로부터 1.5[m] 이상 이격 (정전기 차폐장치 설치 시 제외) ㉢ 특성 임피던스 - 50[Ω]	
무반사 종단저항	설치위치	누설동축케이블의 끝부분
	설치목적	전송로의 종단에서 전파의 반사에 의한 통신 장애 방지
무선기 접속 단자	㉠ 접속단자는 보행거리 300[m] 이내마다 설치 ㉡ 다른 용도로 사용되는 접속단자에서 5[m] 이상의 거리를 둘 것 [현행 삭제]	
증폭기	상용전원	㉠ 교류전압 옥내간선 ㉡ 축전지 ㉢ 전기저장장치
	전면 측정기기	전압계와 표시등
	비상전원 용량	30분 이상

72 비상방송설비의 화재안전기준(NFSC 202)에 따른 정의에서 가변저항을 이용하여 전류를 변화시켜 음량을 크게 하거나 작게 조절할 수 있는 장치를 말하는 것은?

① 증폭기 ② 변류기
③ 중계기 ④ 음량조절기

해설 비상방송설비 설치기준 제3조(정의)
이 기준에서 사용되는 용어의 정의는 다음과 같다.
1. "확성기"란 소리를 크게 하여 멀리까지 전달될 수 있도록 하는 장치로써 일명 스피커를 말한다.
2. "음량조절기"란 가변저항을 이용하여 전류를 변화시켜 음량을 크게 하거나 작게 조절할 수 있는 장치를 말한다.
3. "증폭기"란 전압전류의 진폭을 늘려 감도를 좋게 하고 미약한 음성전류를 커다란 음성전류로 변화시켜 소리를 크게 하는 장치를 말한다.

73 소방시설용 비상전원수전설비의 화재안전기준(NFSC 602)에 따라 큐비클형의 시설기준으로 틀린 것은?

① 전용큐비클 또는 공용큐비클식으로 설치할 것
② 외함은 건축물의 바닥 등에 견고하게 고정할 것
③ 자연환기구에 따라 충분히 환기할 수 없는 경우에는 환기설비를 설치할 것
④ 공용큐비클식의 소방회로와 일반회로에 사용되는 배선 및 배선용 기기는 난연재료로 구획할 것

해설 큐비클형은 다음 각 호에 적합하게 설치하여야 한다.
1. 전용큐비클 또는 공용큐비클식으로 설치할 것
2. 외함은 두께 2.3[mm] 이상의 강판과 이와 동등 이상의 강도와 내화성능이 있는 것으로 제작하여야 하며, 개구부(제3호에 게기하는 것은 제외한다)에는 갑종방화문 또는 을종방화문을 설치할 것
3. 다음 각 목(옥외에 설치하는 것에 있어서는 가목부터 다목까지)에 해당하는 것은 외함에 노출하여 설치할 수 있다.
   가. 표시등(불연성 또는 난연성재료로 덮개를 설치한 것에 한한다)
   나. 전선의 인입구 및 인출구
   다. 환기장치
   라. 전압계(퓨즈 등으로 보호한 것에 한한다)
   마. 전류계(변류기의 2차측에 접속된 것에 한한다)
   바. 계기용 전환스위치(불연성 또는 난연성재료로 제작된 것에 한한다)
4. 외함은 건축물의 바닥 등에 견고하게 고정할 것
5. 외함에 수납하는 수전설비, 변전설비 그 밖의 기기 및 배선은 다음 각 목에 적합하게 설치할 것
   가. 외함 또는 프레임(Frame) 등에 견고하게 고정할 것
   나. 외함의 바닥에서 10[cm](시험단자, 단자대 등의 충전부는 15[cm]) 이상의 높이에 설치할 것
6. 전선 인입구 및 인출구에는 금속관 또는 금속제 가요전선관을 쉽게 접속할 수 있도록 할 것
7. 환기장치는 다음 각 목에 적합하게 설치할 것
   가. 내부의 온도가 상승하지 않도록 환기장치를 할 것
   나. 자연환기구의 개부구 면적의 합계는 외함의 한 면에 대하여 해당 면적의 3분의 1 이하로 할 것. 이 경우 하나의 통기구의 크기는 직경 10[mm] 이상의 둥근 막대가 들어가서는 아니 된다.
   다. 자연환기구에 따라 충분히 환기할 수 없는 경우에는 환기설비를 설치할 것
   라. 환기구에는 금속망, 방화댐퍼 등으로 방화조치를 하고, 옥외에 설치하는 것은 빗물 등이 들어가지 않도록 할 것
8. 공용큐비클식의 소방회로와 일반회로에 사용되는 배선 및 배선용기기는 불연재료로 구획할 것
9. 그 밖의 큐비클형의 설치에 관하여는 제1항 제2호부터 제5호까지의 규정 및 한국산업표준에 적합할 것

74 비상경보설비 및 단독경보형 감지기의 화재안전기준(NFSC 201)에 따른 발신기의 시설기준에 대한 내용이다. 다음 ( )에 들어갈 내용으로 옳은 것은?

> 조작이 쉬운 장소에 설치하고, 조작스위치는 바닥으로부터 (㉠)[m] 이상 (㉡)[m] 이하의 높이에 설치할 것

① ㉠ 0.6, ㉡ 1.2
② ㉠ 0.8, ㉡ 1.5
③ ㉠ 1.0, ㉡ 1.8
④ ㉠ 1.2, ㉡ 2.0

정답 72.④ 73.④ 74.②

해설 발신기는 다음 각 호의 기준에 따라 설치하여야 한다. 다만, 지하구의 경우에는 발신기를 설치하지 아니할 수 있다.
1. 조작이 쉬운 장소에 설치하고, 조작스위치는 바닥으로부터 0.8[m] 이상 1.5[m] 이하의 높이에 설치할 것
2. 특정소방대상물의 층마다 설치하되, 해당 특정소방대상물의 각 부분으로부터 하나의 발신기까지의 수평거리가 25[m] 이하가 되도록 할 것. 다만, 복도 또는 별도로 구획된 실로서 보행거리가 40[m] 이상일 경우에는 추가로 설치하여야 한다.
3. 발신기의 위치표시등은 함의 상부에 설치하되, 그 불빛은 부착 면으로부터 15° 이상의 범위 안에서 부착 지점으로부터 10[m] 이내의 어느 곳에서도 쉽게 식별할 수 있는 적색등으로 할 것

75 누전경보기의 형식승인 및 제품검사의 기술기준에 따라 누전경보기에 차단기구를 설치하는 경우 차단기구에 대한 설명으로 틀린 것은?

① 개폐부는 정지점이 명확하여야 한다.
② 개폐부는 원활하고 확실하게 작동하여야 한다.
③ 개폐부는 KS C 8321(배선용 차단기)에 적합한 것이어야 한다.
④ 개폐부는 수동으로 개폐되어야 하며 자동적으로 복귀하지 아니하여야 한다.

해설 누전경보기에 차단기구를 설치하는 경우에는 다음에 적합하여야 한다.
가. 개폐부는 원활하고 확실하게 작동하여야 하며 정지점이 명확하여야 한다.
나. 개폐부는 수동으로 개폐되어야 하며 자동적으로 복귀하지 아니하여야 한다.
다. 개폐부는 KS C 4613(누전차단기)에 적합한 것이어야 한다.

76 감지기의 형식승인 및 제품검사의 기술기준에 따른 단독경보형 감지기(주전원이 교류전원 또는 건전지인 것을 포함한다)의 일반기능에 대한 설명으로 틀린 것은?

① 작동되는 경우 작동표시등에 의하여 화재의 발생을 표시할 수 있는 기능이 있어야 한다.
② 작동되는 경우 내장된 음향장치의 명동에 의하여 화재경보음을 발할 수 있는 기능이 있어야 한다.
③ 전원의 정상상태를 표시하는 전원표시등의 섬광주기는 3초 이내의 점등과 60초 이내의 소등으로 이루어져야 한다.
④ 자동복귀형 스위치(자동적으로 정위치에 복귀될 수 있는 스위치를 말한다)에 의하여 수동으로 작동시험을 할 수 있는 기능이 있어야 한다.

해설 주기적으로 섬광하는 전원표시등에 의하여 전원의 정상 여부를 감시할 수 있는 기능이 있어야 하며, 전원의 정상상태를 표시하는 전원표시등의 섬광주기는 1초 이내의 점등과 30초에서 60초 이내의 소등으로 이루어져야 한다.

77 자동화재속보설비의 속보기의 성능인증 및 제품검사의 기술기준에 따라 자동화재속보설비의 속보기가 소방관서에 자동적으로 통신망을 통해 통보하는 신호의 내용으로 옳은 것은?

① 당해 소방대상물의 위치 및 규모
② 당해 소방대상물의 위치 및 용도
③ 당해 화재발생 및 당해 소방대상물의 위치
④ 당해 고장발생 및 당해 소방대상물의 위치

해설 속보기의 성능인증 및 제품검사 기술기준 제2조(용어의 정의)
이 기준에서 사용하는 용어의 정의는 다음과 같다.
1. "화재속보설비"란 자동 또는 수동으로 화재의 발생을 소방관서에 통보하는 설비를 말한다.
2. "자동화재속보설비의속보기"(이하 이 기준에서 "속보기"라 한다)란 수동작동 및 자동화재탐지설비 수신기의 화재신호와 연동으로 작동하여 관계인에게 화재발생을 경보함과 동시에 소방관서에 자동적으로 통신

정답 75.③ 76.③ 77.③

망을 통한 당해 화재발생 및 당해 소방대상물의 위치 등을 음성으로 통보하여 주는 것을 말한다.
3. "문화재용 자동화재속보설비의속보기"란 제2호의 기준에도 불구하고 속보기에 감지기를 직접 연결(자동화재탐지설비 1개의 경계구역에 한한다)하는 방식의 것을 말한다.

78 유도등의 우수품질인증 기술기준에 따른 유도등의 일반구조에 대한 내용이다. 다음 ( )에 들어갈 내용으로 옳은 것은?

> 전선의 굵기는 인출선인 경우에는 단면적이 (㉠) [mm²] 이상, 인출선 외의 경우에는 면적이 (㉡) [mm²] 이상이어야 한다.

① ㉠ 0.75, ㉡ 0.5
② ㉠ 0.75, ㉡ 0.75
③ ㉠ 1.5, ㉡ 0.75
④ ㉠ 2.5, ㉡ 1.5

해설 전선의 굵기는 인출선인 경우에는 단면적이 0.75[mm²] 이상, 인출선 외의 경우에는 면적이 0.5[mm²] 이상이어야 한다.

79 유도등 및 유도표지의 화재안전기준(NFSC 303)에 따라 객석유도등을 설치하여야 하는 장소로 틀린 것은?

① 벽 ② 천장
③ 바닥 ④ 통로

해설 "객석유도등"이란 객석의 통로, 바닥 또는 벽에 설치하는 유도등을 말한다.

80 무선통신보조설비의 화재안전기준(NFSC 505)에 따라 누설동축케이블 또는 동축케이블의 임피던스는 몇 [Ω]인가?

① 5[Ω] ② 10[Ω]
③ 30[Ω] ④ 50[Ω]

해설 무선통신보조설비

종류	㉠ 누설동축케이블방식 ㉡ 안테나 방식 ㉢ 누설동축케이블방식과 안테나 방식 혼용 방식	
설치 제외	㉠ 지하층으로서 특정소방대상물의 바닥부분 2면 이상이 지표면과 동일한 경우 ㉡ 지표면으로부터의 깊이가 1[m] 이하인 경우	
설치기준	㉠ 4[m] 이내마다 자기제 또는 금속제로 지지(불연재료로 된 반자 안에 시설할 경우 제외) ㉡ 고압의 전로로부터 1.5[m] 이상 이격 (정전기 차폐장치 설치 시 제외) ㉢ 특성 임피던스 - 50[Ω]	
무반사 종단저항	설치위치	누설동축케이블의 끝부분
	설치목적	전송로의 종단에서 전파의 반사에 의한 통신 장애 방지
무선기 접속 단자	㉠ 접속단자는 보행거리 300[m] 이내마다 설치 ㉡ 다른 용도로 사용되는 접속단자에서 5[m] 이상의 거리를 둘 것 [현행 삭제]	
증폭기	상용전원	㉠ 교류전압 옥내간선 ㉡ 축전지 ㉢ 전기저장장치
	전면 측정기기	전압계와 표시등
	비상전원 용량	30분 이상

2021년 제1회 소방설비기사[전기분야] 1차 필기
[제4과목 : 소방전기구조원리]

61 비상콘센트설비의 화재안전기준(NFSC 504)에 따라 하나의 전용회로에 단상교류 비상콘센트 6개를 연결하는 경우, 전선의 용량은 몇 kVA 이상이어야 하는가?

① 1.5kVA   ② 3kVA
③ 4.5kVA   ④ 9kVA

해설 비상콘센트설비의 화재안전기준(NFSC 504) 제4조 (전원 및 콘센트 등) 제2항
1. 비상콘센트설비의 전원회로는 단상교류 220V인 것으로서, 그 공급용량은 1.5kVA 이상인 것으로 할 것
8. 하나의 전용회로에 설치하는 비상콘센트는 10개 이하로 할 것. 이 경우 전선의 용량은 각 비상콘센트(비상콘센트가 3개 이상인 경우에는 3개)의 공급용량을 합한 용량 이상의 것으로 하여야 한다.

62 무선통신보조설비의 화재안전기준(NFSC 505)에 따라 지표면으로부터의 깊이가 몇 m 이하인 경우에는 해당층에 한하여 무선통신보조설비를 설치하지 아니할 수 있는가?

① 0.5m   ② 1m
③ 1.5m   ④ 2m

해설 무선통신보조설비 설치제외
㉠ 지하층으로서 특정소방대상물의 바닥부분 2면 이상이 지표면과 동일한 경우
㉡ 지표면으로부터의 깊이가 1m 이하인 경우

63 자동화재속보설비의 속보기의 성능인증 및 제품검사의 기술기준에 따른 속보기의 구조에 대한 설명으로 틀린 것은?

① 수동통화용 송수화장치를 설치하여야 한다.
② 접지전극에 직류전류를 통하는 회로방식을 사용하여야 한다.
③ 작동 시 그 작동시간과 작동회수를 표시할 수 있는 장치를 하여야 한다.
④ 예비전원회로에는 단락사고 등을 방지하기 위한 퓨즈, 차단기 등과 같은 보호장치를 하여야 한다.

해설 자동화재속보설비의 속보기 성능인증 제품 및 제품검사 기술기준 제3조
속보기는 다음 각 호의 회로방식을 사용하지 아니하여야 한다.
가. 접지전극에 직류전류를 통하는 회로방식
나. 수신기에 접속되는 외부배선과 다른 설비(화재신호의 전달에 영향을 미치지 아니하는 것은 제외한다)의 외부배선을 공용으로 하는 회로방식

64 공기관식 차동식 분포형감지기의 기능시험을 하였더니 검출기의 접점수고치가 규정 이상으로 되어 있었다. 이때 발생되는 장애로 볼 수 있는 것은?

① 작동이 늦어진다.
② 장애는 발생되지 않는다.
③ 동작이 전혀 되지 않는다.
④ 화재도 아닌데 작동하는 일이 있다.

해설 접점 수고시험(Diaphrame 시험)
(1) 목적
실보 및 비화재보의 원인을 파악하는 것으로 접점의 수고치가 낮으면 감도가 예민하여 비화재보의 원인, 높으면 감도가 둔감하여 실보의 원인이 된다(접점 수고 : Diaphrame의 접점 간격을 수압으로 나타낸 것으로 단위 mm이다).
(2) 방법
① 공기관의 일단(P_1)을 해제한 후 그 곳에 마노미터

정답 61.③ 62.② 63.② 64.①

및 주사기를 접속한다.
② 코크레버를 DL위치로 조절하고 주사기로 미량의 공기를 서서히 주입한다(접점 수고 위치 : 리크밸브를 차단하는 것으로 리크없이 실시).
③ 감지기의 접점이 붙는 순간 수고값을 측정하여 검출기에 명시된 값의 범위와 비교한다.
④ 접점수고는 15%의 허용범위가 있으므로 15% 이내는 양호한 것으로 판단한다.

(3) 판정
검출부에 지정된 수치 범위내인지를 비교하여 양부를 판정한다.

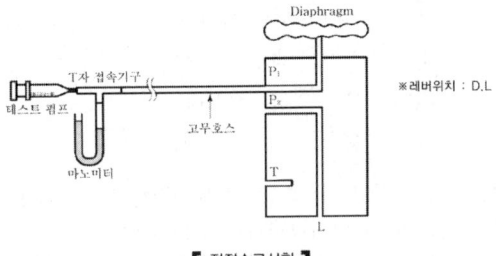

【 접점수고시험 】

65 경종의 형식승인 및 제품검사의 기술기준에 따라 경종은 전원전압이 정격전압의 ± 몇 % 범위에서 변동하는 경우 기능에 이상이 생기지 아니하여야 하는가?

① 5%　　② 10%
③ 20%　　④ 30%

[해설] 경종의 형식승인 및 제품검사의 기술기준 제4조(전원전압변동시의 기능)
경종은 전원전압이 정격전압의 ±20% 범위에서 변동하는 경우 기능에 이상이 생기지 아니하여야 한다.

66 누전경보기의 화재안전기준(NFSC 205)에 따라 누전경보기의 수신부를 설치할 수 있는 장소는? (단, 해당 누전경보기에 대하여 방폭·방식·방습·방온·방진 및 정전기 차폐등의 방호조치를 하지 않은 경우이다)

① 습도가 낮은 장소
② 온도의 변화가 급격한 장소
③ 화약류를 제조하거나 저장 또는 취급하는 장소
④ 부식성의 증기·가스 등이 다량으로 체류하는 장소

[해설]
수신부	1. 설치장소 - 옥내의 점검에 편리한 장소 2. 수신부 설치 제외 장소 - 가부화 습온 고대 ① 가연성의 증기·먼지·가스 등이나 부식성의 증기·가스 등이 다량으로 체류하는 장소 ② 화약류를 제조하거나 저장 또는 취급하는 장소 ③ 습도가 높은 장소 ④ 온도의 변화가 급격한 장소 ⑤ 대전류회로·고주파 발생회로 등에 따른 영향을 받을 우려가 있는 장소

67 자동화재탐지설비 및 시각경보장치의 화재안전기준(NFSC 203)에 따라 특정소방대상물 중 화재신호를 발신하고 그 신호를 수신 및 유효하게 제어할 수 있는 구역을 무엇이라 하는가?

① 방호구역　　② 방수구역
③ 경계구역　　④ 화재구역

[해설] 자동화재탐지설비 및 시각경보장치의 화재안전기준(NFSC 203) 제3조(정의)
1. "경계구역"이란 특정소방대상물 중 화재신호를 발신하고 그 신호를 수신 및 유효하게 제어할 수 있는 구역을 말한다.

68 소방시설용 비상전원수전설비의 화재안전기준(NFSC 602) 용어의 정의에 따라 수용장소의 조영물(토지에 정착한 시설물 중 지붕 및 기둥 또는 벽이 있는 시설물을 말한다)의 옆면 등에 시설하는 전선으로서 그 수용장소의 인입구에 이르는 부분의 전선은 무엇인가?

① 인입선　　② 내화배선
③ 열화배선　　④ 인입구배선

[해설] 전기설비기술기준 제3조(정의)
9. "연접 인입선"이란 한 수용장소의 인입선에서 분기하여 지지물을 거치지 아니하고 다른 수용 장소의 인입

구에 이르는 부분의 전선을 말한다. 여기에서 "인입선"이란 가공인입선[가공전선로의 지지물로부터 다른 지지물을 거치지 아니하고 수용장소의 붙임점에 이르는 가공전선(가공전선로의 전선을 말한다. 이하 같다)을 말한다] 및 수용장소의 조영물(토지에 정착한 시설물 중 지붕 및 기둥 또는 벽이 있는 시설물을 말한다. 이하 같다)의 옆면 등에 시설하는 전선으로서 그 수용장소의 인입구에 이르는 부분의 전선을 말한다.

69 비상콘센트설비의 성능인증 및 제품검사의 기술기준에 따른 표시등의 구조 및 기능에 대한 내용이다. 다음 ( )에 들어갈 내용으로 옳은 것은?

> 적색으로 표시되어야 하며 주위의 밝기가 (ⓐ)lx 이상인 장소에서 측정하여 앞면으로부터 (ⓑ)m 떨어진 곳에서 켜진 등이 확실히 식별되어야 한다.

① ⓐ 100, ⓑ 1
② ⓐ 300, ⓑ 3
③ ⓐ 500, ⓑ 5
④ ⓐ 1000, ⓑ 10

해설 비상콘센트설비의 성능인증 및 제품검사의 기술기준 제4조(부품의 구조 및 기능)
3. 표시등의 구조 및 기능은 다음과 같아야 한다.
  가. 전구는 사용전압의 130%인 교류전압을 20시간 연속하여 가하는 경우 단선, 현저한 광속변화, 흑화, 전류의 저하 등이 발생하지 아니하여야 한다.
  나. 소켓은 접속이 확실하여야 하며 쉽게 전구를 교체할 수 있도록 부착하여야 한다.
  다. 전구에는 적당한 보호카바를 설치하여야 한다. 다만, 발광다이오드의 경우에는 그러하지 아니하다.
  라. 적색으로 표시되어야 하며 주위의 밝기가 300lx 이상인 장소에서 측정하여 앞면으로부터 3m 떨어진 곳에서 켜진 등이 확실히 식별되어야 한다.
4. 단자는 충분한 전류용량을 갖는 것으로 하여야 하며 단자의 접속이 정확하고 확실하여야 한다.

70 감지기의 형식승인 및 제품검사의 기술기준에 따라 단독경보형감지기의 일반기능에 대한 내용이다. 다음 ( )에 들어갈 내용으로 옳은 것은?

> 주기적으로 섬광하는 전원표시등에 의하여 전원의 정상여부를 감시할 수 있는 기능이 있어야 하며, 전원의 정상상태를 표시하는 전원표시등의 섬광주기는 (ⓐ)초 이내의 점등과 (ⓑ)초에서 (ⓒ)초 이내의 소등으로 이루어져야 한다.

① ⓐ 1, ⓑ 15, ⓒ 60
② ⓐ 1, ⓑ 30, ⓒ 60
③ ⓐ 2, ⓑ 15, ⓒ 60
④ ⓐ 2, ⓑ 30, ⓒ 60

해설 감지기의 형식승인 및 제품검사의 기술기준 제5조의2(단독경보형감지기의 일반기능)
단독경보형의 감지기(주전원이 교류전원 또는 건전지인 것을 포함한다)는 다음 각 호에 적합하여야 한다.
3. 주기적으로 섬광하는 전원표시등에 의하여 전원의 정상여부를 감시할 수 있는 기능이 있어야 하며, 전원의 정상상태를 표시하는 전원표시등의 섬광주기는 1초 이내의 점등과 30초에서 60초 이내의 소등으로 이루어져야 한다.

71 일반적인 비상방송설비의 계통도이다. 다음의 ( )에 들어갈 내용으로 옳은 것은?

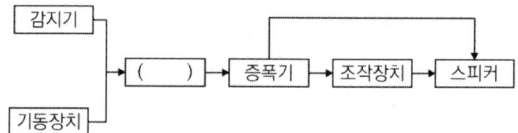

① 변류기
② 발신기
③ 수신기
④ 음향장치

72 자동화재탐지설비 및 시각경보장치의 화재안전기준(NFSC 203)에 따라 자동화재탐지설비의 주음향장치의 설치 장소로 옳은 것은?

① 발신기의 내부
② 수신기의 내부
③ 누전경보기의 내부
④ 자동화재속보설비의 내부

해설 자동화재탐지설비 및 시각경보장치의 화재안전기준 (NFSC 203) 제8조(음향장치 및 시각경보장치)
① 자동화재탐지설비의 음향장치는 다음 각 호의 기준에 따라 설치하여야 한다.
1. 주음향장치는 수신기의 내부 또는 그 직근에 설치할 것
2. 층수가 5층 이상으로서 연면적이 3,000㎡를 초과하는 특정소방대상물은 다음 각목에 따라 경보를 발할 수 있도록 하여야 한다.
   가. 2층 이상의 층에서 발화한 때에는 발화층 및 그 직상층에 경보를 발할 것
   나. 1층에서 발화한 때에는 발화층·그 직상층 및 지하층에 경보를 발할 것
   다. 지하층에서 발화한 때에는 발화층·그 직상층 및 기타의 지하층에 경보를 발할 것
3. 지구음향장치는 특정소방대상물의 층마다 설치하되, 해당 특정소방대상물의 각 부분으로부터 하나의 음향장치까지의 수평거리가 25m 이하가 되도록 하고, 해당층의 각부분에 유효하게 경보를 발할 수 있도록 설치할 것. 다만, 비상방송설비의화재안전기준(NFSC202)에 적합한 방송설비를 자동화재탐지설비의 감지기와 연동하여 작동하도록 설치한 경우에는 지구음향장치를 설치하지 아니할 수 있다.
4. 음향장치는 다음 각 목의 기준에 따른 구조 및 성능의 것으로 하여야 한다.
   가. 정격전압의 80% 전압에서 음향을 발할 수 있는 것으로 할 것. 다만, 건전지를 주전원으로 사용하는 음향장치는 그러하지 아니하다.
   나. 음량은 부착된 음향장치의 중심으로부터 1m 떨어진 위치에서 90dB 이상이 되는 것으로 할 것
   다. 감지기 및 발신기의 작동과 연동하여 작동할 수 있는 것으로 할 것
5. 제3호에도 불구하고 제3호의 기준을 초과하는 경우로서 기둥 또는 벽이 설치되지 아니한 대형공간의 경우 지구음향장치는 설치 대상 장소의 가장 가까운 장소의 벽 또는 기둥 등에 설치 할 것

[2022.12.1.이후 개정]
NFTC로 변경 자동화재탐지설비 및 비상방송설비 우선 경보설치대상 변경

층수가 11층(공동주택의 경우에는 16층) 이상의 특정소방대상물은 다음의 기준에 따라 경보를 발할 수 있도록 할 것[10층 이하, 공동주택의 경우 15층 이하의 경우 일제경보방식]
① 2층 이상의 층에서 발화한 때에는 발화층 및 그 직상 4개 층에 경보를 발할 것
② 1층에서 발화한 때에는 발화층·그 직상 4개 층 및 지하층에 경보를 발할 것
③ 지하층에서 발화한 때에는 발화층·그 직상층 및 기타의 지하층에 경보를 발할 것

73 비상조명등의 형식승인 및 제품검사의 기술기준에 따라 비상조명등의 일반구조로 광원과 전원부를 별도로 수납하는 구조에 대한 설명으로 틀린 것은?

① 전원함은 방폭구조로 할 것
② 배선은 충분히 견고한 것을 사용할 것
③ 광원과 전원부 사이의 배선길이는 1m 이하로 할 것
④ 전원함은 불연재료 또는 난연재료의 재질을 사용할 것

해설 비상조명등의 형식승인 및 제품검사의 기술기준 제3조(일반구조)
비상조명등의 일반구조는 다음 각 호에 적합하여야 한다.
25. 광원과 전원부를 별도로 수납하는 구조인 것을 다음 각목에 적합하여야 한다.
   가. 전원함은 불연재료 또는 난연재료의 재질을 사용할 것
   나. 광원과 전원부 사이의 배선길이는 1m 이하로 할 것
   다. 배선은 충분히 견고한 것을 사용할 것

정답 72.② 73.①

74 누전경보기의 형식승인 및 제품검사의 기술기준에 따라 누전경보기에 사용되는 표시등의 구조 및 기능에 대한 설명으로 틀린 것은?

① 누전등이 설치된 수신부의 지구등은 적색외의 색으로도 표시할 수 있다.
② 방전등 또는 발광다이오드의 경우 전구는 2개 이상을 병렬로 접속하여야 한다.
③ 소켓은 접촉이 확실하여야 하며 쉽게 전구를 교체할 수 있도록 부착하여야 한다.
④ 누전등 및 지구등과 쉽게 구별할 수 있도록 부착된 기타의 표시등은 적색으로도 표시할 수 있다.

[해설] 누전경보기의 형식승인 및 제품검사의 기술기준 제4조(부품의 구조 및 기능)
2. 표시등
  가. 전구는 사용전압의 130%인 교류전압을 20시간 연속하여 가하는 경우 단선, 현저한 광속변화, 흑화, 전류의 저하 등이 발생하지 아니하여야 한다.
  나. 소켓은 접촉이 확실하여야 하며 쉽게 전구를 교체할 수 있도록 부착하여야 한다.
  다. 전구는 2개 이상을 병렬로 접속하여야 한다. 다만, 방전등 또는 발광다이오드의 경우에는 그러하지 아니한다.
  라. 전구에는 적당한 보호카바를 설치하여야 한다. 다만, 발광다이오드의 경우에는 그러하지 아니하다.
  마. 누전화재의 발생을 표시하는 표시등(이하 "누전등"이라 한다)이 설치된 것은 등이 켜질 때 적색으로 표시되어야 하며, 누전화재가 발생한 경계전로의 위치를 표시하는 표시등(이하 "지구등"이라 한다)과 기타의 표시등은 다음과 같아야 한다.
    1) 지구등은 적색으로 표시되어야 한다. 이 경우 누전등이 설치된 수신부의 지구등은 적색외의 색으로도 표시할 수 있다.
    2) 기타의 표시등은 적색외의 색으로 표시되어야 한다. 다만, 누전등 및 지구등과 쉽게 구별할 수 있도록 부착된 기타의 표시등은 적색으로도 표시할 수 있다.
  바. 주위의 밝기가 300lx인 장소에서 측정하여 앞면으로부터 3m 떨어진 곳에서 켜진등이 확실히 식별되어야 한다.

75 유도등의 형식승인 및 제품검사의 기술기준에 따라 영상표시소자(LED, LCD 및 PDP 등)를 이용하여 피난유도표시 형상을 영상으로 구현하는 방식은?

① 투광식 ② 패널식
③ 방폭형 ④ 방수형

[해설] 유도등의 형식승인 및 제품검사의 기술기준 제2조(용어의 정의)
18. "패널식"이란 영상표시소자(LED, LCD 및 PDP 등)를 이용하여 피난유도표시 형상을 영상으로 구현하는 방식을 말한다.

76 발신기의 형식승인 및 제품검사의 기술기준에 따라 발신기의 작동기능에 대한 내용이다. 다음 ( )에 들어갈 내용으로 옳은 것은?

> 발신기의 조작부는 작동스위치의 동작방향으로 가하는 힘이 (ⓐ)kg을 초과하고 (ⓑ)kg 이하의 힘을 가하는 경우 동작하지 아니하여야 한다. 이 경우 누름판이 있는 구조로서 손끝으로 눌러 작동하는 방식의 작동스위치는 누름판을 포함한다.

① ⓐ 2, ⓑ 8 ② ⓐ 3, ⓑ 7
③ ⓐ 2, ⓑ 7 ④ ⓐ 3, ⓑ 8

[해설] 발신기의 작동기능(발신기 형식승인)
발신기의 조작부는 작동스위치의 동작방향으로 가하는 힘이 2kg을 초과하고 8kg 이하인 범위에서 확실하게 동작되어야 하며, 2kg의 힘을 가하는 경우 동작되지 아니하여야 한다. 이 경우 누름판이 있는 구조로서 손끝으로 눌러 작동하는 방식의 작동스위치는 누름판을 포함한다.

77 유도등의 형식승인 및 제품검사의 기술기준에 따라 객석유도등은 바닥면 또는 디딤바닥면에서 높이 0.5m의 위치에 설치하고 그 유도등의 바로 밑에서 0.3m 떨어진 위치에서의 수평조도가 몇 lx 이상이어야 하는가?

① 0.1lx ② 0.2lx
③ 0.5lx ④ 1lx

정답 74.② 75.② 76.① 77.②

해설 유도등의 형식승인 및 제품검사의 기술기준 제23조 (조도시험)
3. 객석유도등은 바닥면 또는 디딤 바닥면에서 높이 0.5m의 위치에 설치하고 그 유도등의 바로 밑에서 0.3m 떨어진 위치에서의 수평조도가 0.2lx 이상이어야 한다.

78 무선통신보조설비의 화재안전기준(NFSC 505)에 따라 무선통신보조설비의 주요구성요소가 아닌 것은?

① 증폭기　　② 분배기
③ 음향장치　　④ 누설동축케이블

해설 무선통신보조설비의 구성요소
누설동축케이블, 동축케이블, 분배기, 분파기, 혼합기, 증폭기, 무선중계기, 옥외안테나

79 소방시설용 비상전원수전설비의 화재안전기준(NFSC 602)에 따라 일반전기사업자로부터 특별고압 또는 고압으로 수전하는 비상전원 수전설비로 큐비클형을 사용하는 경우의 시설기준으로 틀린 것은? (단, 옥내에 설치하는 경우이다)

① 외함은 내화성능이 있는 것으로 제작할 것
② 전용큐비클 또는 공용큐비클식으로 설치할 것
③ 개구부에는 갑종방화문 또는 병종방화문을 설치할 것
④ 외함은 두께 2.3mm 이상의 강판과 이와 동등 이상의 강도를 가질 것

해설 소방시설용 비상전원수전설비의 화재안전기준 (NFSC 602) 제5조(특별고압 또는 고압으로 수전하는 경우)
③ 큐비클형은 다음 각 호에 적합하게 설치하여야 한다.
1. 전용큐비클 또는 공용큐비클식으로 설치할 것
2. 외함은 두께 2.3mm 이상의 강판과 이와 동등 이상의 강도와 내화성능이 있는 것으로 제작하여야 하며, 개구부(제3호에 계기하는 것은 제외한다)에는 갑종방화문 또는 을종방화문을 설치할 것
3. 다음 각 목(옥외에 설치하는 것에 있어서는 가목부터 다목까지)에 해당하는 것은 외함에 노출하여 설치할 수 있다.
   가. 표시등(불연성 또는 난연성재료로 덮개를 설치한 것에 한한다)
   나. 전선의 인입구 및 인출구
   다. 환기장치
   라. 전압계(퓨즈 등으로 보호한 것에 한한다)
   마. 전류계(변류기의 2차측에 접속된 것에 한한다)
   바. 계기용 전환스위치(불연성 또는 난연성재료로 제작된 것에 한한다)
4. 외함은 건축물의 바닥 등에 견고하게 고정할 것
5. 외함에 수납하는 수전설비, 변전설비 그 밖의 기기 및 배선은 다음 각 목에 적합하게 설치할 것
   가. 외함 또는 프레임(Frame) 등에 견고하게 고정할 것
   나. 외함의 바닥에서 10cm(시험단자, 단자대 등의 충전부는 15cm) 이상의 높이에 설치할 것
6. 전선 인입구 및 인출구에는 금속관 또는 금속제 가요전선관을 쉽게 접속할 수 있도록 할 것
7. 환기장치는 다음 각 목에 적합하게 설치할 것
   가. 내부의 온도가 상승하지 않도록 환기장치를 할 것
   나. 자연환기구의 개부구 면적의 합계는 외함의 한 면에 대하여 해당 면적의 3분의 1 이하로 할 것. 이 경우 하나의 통기구의 크기는 직경 10mm 이상의 둥근 막대가 들어가서는 아니 된다.
   다. 자연환기구에 따라 충분히 환기할 수 없는 경우에는 환기설비를 설치할 것
   라. 환기구에는 금속망, 방화댐퍼 등으로 방화조치를 하고, 옥외에 설치하는 것은 빗물 등이 들어가지 않도록 할 것
8. 공용큐비클식의 소방회로와 일반회로에 사용되는 배선 및 배선용기기는 불연재료로 구획할 것
9. 그 밖의 큐비클형의 설치에 관하여는 제1항 제2호부터 제5호까지의 규정 및 한국산업표준에 적합할 것

80 비상방송설비의 화재안전기준에 따른 비상방송설비의 음향장치에 대한 내용이다. 다음 ( )에 들어갈 내용으로 옳은 것은?

> 확성기는 각층마다 설치하되, 그 층의 각 부분으로부터 하나의 확성기까지의 수평거리가 ( )m 이하가 되도록 하고, 해당층의 각 부분에 유효하게 경보를 발할 수 있도록 설치할 것

① 10　　② 15
③ 20　　④ 25

정답 78.③ 79.③ 80.④

해설 비상방송설비의 화재안전기준(NFSC 202) 제4조(음향장치)

비상방송설비는 다음 각 호의 기준에 따라 설치하여야 한다. 이 경우 엘리베이터 내부에는 별도의 음향장치를 설치할 수 있다.

1. 확성기의 음성입력은 3W(실내에 설치하는 것에 있어서는 1W) 이상일 것
2. 확성기는 각층마다 설치하되, 그 층의 각 부분으로부터 하나의 확성기까지의 수평거리가 25m 이하가 되도록 하고, 해당층의 각 부분에 유효하게 경보를 발할 수 있도록 설치할 것
3. 음량조정기를 설치하는 경우 음량조정기의 배선은 3선식으로 할 것
4. 조작부의 조작스위치는 바닥으로부터 0.8m 이상 1.5m 이하의 높이에 설치할 것
5. 조작부는 기동장치의 작동과 연동하여 해당 기동장치가 작동한 층 또는 구역을 표시할 수 있는 것으로 할 것
6. 증폭기 및 조작부는 수위실 등 상시 사람이 근무하는 장소로서 점검이 편리하고 방화상 유효한 곳에 설치할 것
7. 층수가 5층 이상으로서 연면적이 3,000㎡를 초과하는 특정소방대상물은 다음 각 목에 따라 경보를 발할 수 있도록 하여야 한다.
    가. 2층 이상의 층에서 발화한 때에는 발화층 및 그 직상층에 경보를 발할 것
    나. 1층에서 발화한 때에는 발화층·그 직상층 및 지하층에 경보를 발할 것
    다. 지하층에서 발화한 때에는 발화층·그 직상층 및 기타의 지하층에 경보를 발할 것
8. 다른 방송설비와 공용하는 것에 있어서는 화재 시 비상경보외의 방송을 차단할 수 있는 구조로 할 것
9. 다른 전기회로에 따라 유도장애가 생기지 아니하도록 할 것
10. 하나의 특정소방대상물에 2 이상의 조작부가 설치되어 있는 때에는 각각의 조작부가 있는 장소 상호간에 동시통화가 가능한 설비를 설치하고, 어느 조작부에서도 해당 특정소방대상물의 전 구역에 방송을 할 수 있도록 할 것
11. 기동장치에 따른 화재신고를 수신한 후 필요한 음량으로 화재발생 상황 및 피난에 유효한 방송이 자동으로 개시될 때까지의 소요시간은 10초 이하로 할 것
12. 음향장치는 다음 각 목의 기준에 따른 구조 및 성능의 것으로 하여야 한다.
    가. 정격전압의 80% 전압에서 음향을 발할 수 있는 것을 할 것
    나. 자동화재탐지설비의 작동과 연동하여 작동할 수 있는 것으로 할 것

[2022.12.1.이후 개정]

NFTC로 변경 자동화재탐지설비 및 비상방송설비 우선경보설치대상 변경

층수가 11층(공동주택의 경우에는 16층) 이상의 특정소방대상물은 다음의 기준에 따라 경보를 발할 수 있도록 할 것[10층 이하, 공동주택의 경우 15층 이하의 경우 일제경보방식]

① 2층 이상의 층에서 발화한 때에는 발화층 및 그 직상 4개 층에 경보를 발할 것
② 1층에서 발화한 때에는 발화층·그 직상 4개 층 및 지하층에 경보를 발할 것
③ 지하층에서 발화한 때에는 발화층·그 직상층 및 기타의 지하층에 경보를 발할 것

2021년 제2회 소방설비기사[전기분야] 1차 필기
[제4과목 : 소방전기구조원리]

61 소방시설용 비상전원수전설비의 화재안전기준(NFSC 602)에 따라 일반전기사업자로부터 특별고압 또는 고압으로 수전하는 비상전원수전설비의 종류에 해당하지 않는 것은?

① 큐비클형
② 축전지형
③ 방화구획형
④ 옥외개방형

해설 고압 또는 특고압 수전설비의 종류
㉠ 큐비클형
㉡ 옥외개방형
㉢ 방화구획형

62 비상콘센트설비의 성능인증 및 제품검사의 기술기준에 따른 비상콘센트설비 표시등의 구조 및 기능에 대한 설명으로 틀린 것은?

① 발광다이오드에는 적당한 보호커버를 설치하여야 한다.
② 소켓은 접속이 확실하여야 하며 쉽게 전구를 교체할 수 있도록 부착하여야 한다.
③ 적색으로 표시되어야 하며 주위의 밝기가 300 lx 이상인 장소에서 측정하여 앞면으로부터 3m 떨어진 곳에서 켜진 등이 확실히 식별되어야 한다.
④ 전구는 사용전압의 130%인 교류전압을 20시간 연속하여 가하는 경우 단선, 현저한 광속변화, 흑화, 전류의 저하 등이 발생하지 아니하여야 한다.

해설 비상콘센트설비의 성능인증 및 제품검사 기술기준 제4조(부품의 구조 및 기능)
비상콘센트설비에 다음 각 호의 부품을 사용하는 경우 해당 각 호의 규정에 적합하거나 이와 동등 이상의 성능이 있는 것이어야 한다.
1. 배선용 차단기는 KS C 8321(배선용차단기)에 적합하여야 한다.
2. 접속기는 KS C 8305(배선용 꽂음 접속기)에 적합하여야 한다.
3. 표시등의 구조 및 기능은 다음과 같아야 한다.
　가. 전구는 사용전압의 130[%]인 교류전압을 20시간 연속하여 가하는 경우 단선, 현저한 광속변화, 흑화, 전류의 저하 등이 발생하지 아니하여야 한다.
　나. 소켓은 접속이 확실하여야 하며 쉽게 전구를 교체할 수 있도록 부착하여야 한다.
　다. 전구에는 적당한 보호카바를 설치하여야 한다. 다만, 발광다이오드의 경우에는 그러하지 아니하다.
　라. 적색으로 표시되어야 하며 주위의 밝기가 300[lx] 이상인 장소에서 측정하여 앞면으로부터 3[m] 떨어진 곳에서 켜진등이 확실히 식별되어야 한다.
4. 단자는 충분한 전류용량을 갖는 것으로 하여야 하며 단자의 접속이 정확하고 확실하여야 한다.

63 비상방송설비의 화재안전기준(NFSC 202)에 따라 부속회로의 전로와 대지 사이 및 배선 상호 간의 절연저항은 1경계구역마다 직류 250V의 절연저항측정기를 사용하여 측정한 절연저항이 몇 MΩ 이상이 되도록 하여야 하는가?

① 0.1MΩ
② 0.2MΩ
③ 10MΩ
④ 20MΩ

정답　61.②　62.①　63.①

해설 비상방송설비의 화재안전기준(NFSC 202) 제5조(배선)
비상방송설비의 배선은 「전기사업법」 제67조에 따른 기술기준에서 정한 것 외에 다음 각 호의 기준에 따라 설치하여야 한다.
1. 화재로 인하여 하나의 층의 확성기 또는 배선이 단락 또는 단선되어도 다른 층의 화재통보에 지장이 없도록 할 것
2. 전원회로의 배선은 옥내소화전설비의 화재안전기준(NFSC 102) [별표 1]에 따른 내화배선에 따르고, 그 밖의 배선은 옥내소화전설비의 화재안전기준(NFSC 102) [별표1]에 따른 내화배선 또는 내열배선에 따라 설치할 것
3. 전원회로의 전로와 대지 사이 및 배선상호간의 절연저항은 「전기사업법」 제67조에 따른 기술기준이 정하는 바에 따르고, 부속회로의 전로와 대지 사이 및 배선상호간의 절연저항은 1경계구역마다 직류 250[V]의 절연저항측정기를 사용하여 측정한 절연저항이 0.1[MΩ] 이상이 되도록 할 것
4. 비상방송설비의 배선은 다른 전선과 별도의 관·덕트(절연효력이 있는 것으로 구획한 때에는 그 구획된 부분은 별개의 덕트로 본다) 몰드 또는 풀박스 등에 설치할 것. 다만, 60[V] 미만의 약전류회로에 사용하는 전선으로서 각각의 전압이 같을 때에는 그러하지 아니하다.

64 자동화재탐지설비 및 시각경보장치의 화재안전기준(NFSC 203)에 따라 환경상태가 현저하게 고온으로 되어 연기감지기를 설치할 수 없는 건조실 또는 살균실 등에 적응성 있는 열감지기가 아닌 것은?

① 정온식 1종
② 정온식 특종
③ 열아날로그식
④ 보상식 스포트형 1종

해설 현저하게 고온으로 되는 건조실, 살균실 등에 적응성이 있는 감지기:정온식 특종·1종 감지기, 열아날로그식 감지기

65 자동화재속보설비의 속보기의 성능인증 및 제품검사의 기술기준에서 정하는 데이터 및 코드전송방식 신고부분 프로토콜 정의서에 대한 내용이다. 다음의 ( )에 들어갈 내용으로 옳은 것은?

> 119서버로부터 처리결과 메시지를 (㉠)초 이내 수신받지 못할 경우에는 (㉡)회 이상 재전송할 수 있어야 한다.

① ㉠ 10, ㉡ 5
② ㉠ 10, ㉡ 10
③ ㉠ 20, ㉡ 10
④ ㉠ 20, ㉡ 20

해설 자동화재속보설비의 속보기의 성능인증 및 제품검사의 기술기준 [별표1]
데이터 및 코드전송방식 신고부분 프로토콜 정의서
재전송 규약
119서버로부터 처리결과 메시지를 20초 이내 수신 받지 못할 경우에는 10회 이상 재전송 할 수 있어야 한다.

66 유도등 및 유도표지의 화재안전기준(NFSC 303)에 따른 객석유도등의 설치기준이다. 다음 ( )에 들어갈 내용으로 옳은 것은?

> 객석유도등은 객석의 (㉠), (㉡) 또는 (㉢)에 설치하여야 한다.

① ㉠ 통로, ㉡ 바닥, ㉢ 벽
② ㉠ 바닥, ㉡ 천장, ㉢ 벽
③ ㉠ 통로, ㉡ 바닥, ㉢ 천장
④ ㉠ 바닥, ㉡ 통로, ㉢ 출입구

해설 "객석유도등"이란 객석의 통로, 바닥 또는 벽에 설치하는 유도등을 말한다.

67 누전경보기의 형식승인 및 제품검사의 기술기준에 따라 외함은 불연성 또는 난연성 재질로 만들어져야 하며, 누전경보기의 외함의 두께는 몇 mm 이상이어야 하는가? (단, 직접 벽면에 접하여 벽 속에 매립되는 외함의 부분은 제외한다)

① 1mm
② 1.2mm
③ 2.5mm
④ 3mm

정답 64.④ 65.③ 66.① 67.①

해설 누전경보기의 형식승인 및 제품검사의 기술기준 제3조(구조 및 기능)
4. 외함은 불연성 또는 난연성 재질로 만들어져야 하며 다음과 같아야 한다.
   가. 외함은 다음에 기재된 두께이상이어야 한다.
      1) 누전경보기의 외함은 1.0mm 이상
      2) 직접 벽면에 접하여 벽속에 매립되는 외함의 부분은 1.6mm 이상
   나. 외함(누전화재표시창, 지구창, 조작부수납용뚜껑, 스위치의 손잡이, 발광다이오드, 지시전기계기, 각종 표시명판 등은 제외한다)에 합성수지를 사용하는 경우에는 (80±2)℃의 온도에서 열로 인한 변형이 생기지 아니하여야 하며 자기소화성이 있는 재료이어야 한다.

68 비상콘센트설비의 화재안전기준(NFSC 504)에 따라 비상콘센트설비의 전원부와 외함 사이의 절연저항은 전원부와 외함 사이를 500V 절연저항계로 측정할 때 몇 MΩ 이상이어야 하는가?

① 10MΩ
② 20MΩ
③ 30MΩ
④ 50MΩ

해설 비상콘센트설비 절연저항 & 절연내력

	측정구간	전원부와 외함 사이
절연저항	측정장비	D.C 500[V] 절연저항계
	측정결과	20[MΩ] 이상
절연내력	측정구간	전원부와 외함 사이
	측정방법	다음과 같은 실효전압 인가 1. 정격전압이 150[V] 이하인 경우 - 1,000[V] 2. 정격전압이 150[V] 이상인 경우 - (정격전압×2)+1,000[V]
	측정결과	1분 이상 견딜 것

69 자동화재탐지설비 및 시각경보장치의 화재안전기준(NFSC 203)에 따라 자동화재탐지설비의 감지기 설치에 있어서 부착높이가 20m 이상일 때 적합한 감지기 종류는?

① 불꽃감지기
② 연기복합형
③ 차동식 분포형
④ 이온화식 1종

해설 부착높이에 따른 감지기 설치기준(화재안전기준)

부착높이	감지기의 종류
4[m] 미만	• 차동식(스포트형, 분포형) • 보상식 스포트형 • 정온식(스포트형, 감지선형) • 이온화식 또는 광전식(스포트형, 분리형, 공기흡입형) • 열복합형, 연기복합형, 열연기복합형, 불꽃감지기
4[m] 이상 8[m] 미만	• 차동식(스포트형, 분포형) • 보상식 스포트형 • 정온식(스포트형, 감지선형 특종 또는 1종) • 이온화식 1종 또는 2종 • 광전식(스포트형, 분리형, 공기흡입형) 1종 또는 2종 • 열복합형, 연기복합형, 열연기복합형, 불꽃감지기
8[m] 이상 15[m] 미만	• 차동식 분포형 • 이온화식 1종 또는 2종 • 광전식(스포트형, 분리형, 공기흡입형) 1종 또는 2종 • 연기복합형 • 불꽃감지기
15[m] 이상 20[m] 미만	• 이온화식 1종 • 광전식(스포트형, 분리형, 공기흡입형) 1종 • 연기복합형 • 불꽃감지기
20[m] 이상	• 불꽃감지기 • 광전식(분리형, 공기흡입형) 중 아나로그방식

비고)
1. 감지기별 부착높이 등에 대하여 별도로 형식승인 받은 경우에는 그 성능 인정범위 내에서 사용할 수 있다.
2. 부착높이 20[m] 이상에 설치되는 광전식 중 아나로그방식의 감지기는 공칭감지농도 하한값이 감광율 5[%/m] 미만인 것으로 한다.

70 비상경보설비 및 단독경보형감지기의 화재안전기준(NFSC 201)에 따른 비상벨설비에 대한 설명으로 옳은 것은?

① 비상벨설비는 화재발생 상황을 사이렌으로 경보하는 설비를 말한다.
② 비상벨설비는 부식성가스 또는 습기 등으로 인하여 부식의 우려가 없는 장소에 설치하여야 한다.
③ 음향장치의 음량은 부착된 음향장치의 중심으로부터 1m 떨어진 위치에서 60dB 이상이 되는 것으로 하여야 한다.
④ 특정소방대상물의 층마다 설치하되, 해당 특정소방대상물의 각 부분으로부터 하나의 발신기까지의 수평거리가 30m 이하가 되도록 하여야 한다.

해설 ① 비상벨설비는 화재발생 상황을 경종으로 경보하는 설비를 말한다.
③ 음향장치의 음량은 부착된 음향장치의 중심으로부터 1m 떨어진 위치에서 90dB 이상이 되는 것으로 하여야 한다.
④ 특정소방대상물의 층마다 설치하되, 해당 특정소방대상물의 각 부분으로부터 하나의 발신기까지의 수평거리가 25m 이하가 되도록 하여야 한다.

71 비상방송설비의 화재안전기준(NFSC 202)에 따라 비상방송설비가 기동장치에 따른 화재신고를 수신한 후 필요한 음량으로 화재 발생 상황 및 피난에 유효한 방송이 자동으로 개시될 때까지의 소요시간은 몇 초 이하로 하여야 하는가?

① 5초 ② 10초
③ 20초 ④ 30초

해설 비상방송설비의 음향장치
기동장치에 따른 화재신고를 수신한 후 필요한 음량으로 화재발생 상황 및 피난에 유효한 방송이 자동으로 개시될 때까지의 소요시간은 10초 이하로 할 것

72 누전경보기의 형식승인 및 제품검사의 기술기준에 따라 감도조정장치를 갖는 누전경보기에 있어서 감도조정장치의 조정범위는 최대치가 몇 A이어야 하는가?

① 0.2A
② 1.0A
③ 1.5A
④ 2.0A

해설 전경보기의 감도조정범위
0~1,000[mA] → 최대값 1,000[mA](=1[A])

73 자동화재탐지설비 및 시각경보장치의 화재안전기준(NFSC 203)에 따른 배선의 시설기준으로 틀린 것은?

① 감지기 사이의 회로의 배선은 송배전식으로 할 것
② 감지기회로의 도통시험을 위한 종단저항은 감지기회로의 끝 부분에 설치할 것
③ 피(P)형 수신기의 감지기 회로의 배선에 있어서 하나의 공통선에 접속할 수 있는 경계구역은 5개 이하로 할 것
④ 수신기의 각 회로별 종단에 설치되는 감지기에 접속되는 배선의 전압은 감지기 정격전압의 80% 이상이어야 할 것

해설 자동화재탐지설비 감지기 회로의 배선
P형 및 GP형 수신기의 감지기 회로의 배선에 있어서 하나의 공통선에 접속할 수 있는 경계구역은 7개 이하로 할 것

74 무선통신보조설비의 화재안전기준(NFSC 505)에 따른 용어의 정의로 옳은 것은?

① "혼합기"는 신호의 전송로가 분기되는 장소에 설치하는 장치를 말한다.
② "분배기"는 서로 다른 주파수의 합성된 신호를 분리하기 위해서 사용하는 장치를 말한다.
③ "증폭기"는 두 개 이상의 입력신호를 원하는 비율로 조합한 출력이 발생되도록 하는 장치를 말한다.
④ "누설동축케이블"은 동축케이블의 외부도체에 가느다란 홈을 만들어서 전파가 외부로 새어나갈 수 있도록 한 케이블을 말한다.

해설 무선통신보조설비 용어의 정의
㉠ "누설동축케이블"이란 동축케이블의 외부도체에 가느다란 홈을 만들어서 전파가 외부로 새어나갈 수 있도록 한 케이블을 말한다.
㉡ "분배기"란 신호의 전송로가 분기되는 장소에 설치하는 것으로 임피던스 매칭(Matching)과 신호 균등분배를 위해 사용하는 장치를 말한다.
㉢ "분파기"란 서로 다른 주파수의 합성된 신호를 분리하기 위해서 사용하는 장치를 말한다.
㉣ "혼합기"란 두 개 이상의 입력신호를 원하는 비율로 조합한 출력이 발생하도록 하는 장치를 말한다.
㉤ "증폭기"란 신호 전송 시 신호가 약해져 수신이 불가능해지는 것을 방지하기 위해서 증폭하는 장치를 말한다.

75 비상조명등의 화재안전기준(NFSC 304)에 따라 비상조명등의 조도는 비상조명등이 설치된 장소의 각 부분의 바닥에서 몇 lx 이상이 되도록 하여야 하는가?

① 1lx ② 3lx
③ 5lx ④ 10lx

해설 조도는 비상조명등이 설치된 장소의 각 부분의 바닥에서 1[lx] 이상이 되도록 할 것

76 화재안전기준(NFSC)에 따른 비상전원 및 건전지의 유효 사용시간에 대한 최소 기준이 가장 긴 것은?

① 휴대용비상조명등의 건전지 용량
② 무선통신보조설비 증폭기의 비상전원
③ 지하층을 제외한 층수가 11층 미만의 층인 특정소방대상물에 설치되는 유도등의 비상전원
④ 지하층을 제외한 층수가 11층 미만의 층인 특정소방대상물에 설치되는 비상조명등의 비상전원

해설 ① 휴대용비상조명등의 건전지 용량 : 20분
② 무선통신보조설비 증폭기의 비상전원 : 30분
③ 지하층을 제외한 층수가 11층 미만의 층인 특정소방대상물에 설치되는 유도등의 비상전원 : 20분
④ 지하층을 제외한 층수가 11층 미만의 층인 특정소방대상물에 설치되는 비상조명등의 비상전원 : 20분

77 비상경보설비 및 단독경보형감지기의 화재안전기준(NFSC 201)에 따른 단독경보형감지기의 시설기준에 대한 내용이다. 다음 ( )에 들어갈 내용으로 옳은 것은?

> 단독경보형감지기는 바닥면적이 (㉠)㎡를 초과하는 경우에는 (㉡)㎡마다 1개 이상을 설치하여야 한다.

① ㉠ 100, ㉡ 100
② ㉠ 100, ㉡ 150
③ ㉠ 150, ㉡ 150
④ ㉠ 150, ㉡ 200

해설 단독경보형 감지기를 설치하는 경우 바닥면적이 150[㎡]를 초과하는 경우 150[㎡]마다 1개 이상을 설치하여야 한다.

78 무선통신보조설비의 화재안전기준(NFSC 505)에 따라 무선통신보조설비의 누설동축케이블 및 안테나는 고압의 전로로부터 1.5m 이상 떨어진 위치에 설치해야 하나 그렇게 하지 않아도 되는 경우는?

① 끝부분에 무반사 종단저항을 설치한 경우
② 불연재료로 구획된 반자 안에 설치한 경우
③ 해당 전로에 정전기 차폐장치를 유효하게 설치한 경우
④ 금속제 등의 지지금구로 일정한 간격으로 고정한 경우

[해설] 무선통신보조설비의 누설동축케이블 및 안테나는 고압의 전로로부터 1.5[m] 이상 떨어진 위치에 설치할 것. 다만, 해당 전로에 정전기 차폐장치를 유효하게 설치한 경우에는 그러하지 아니하다.

79 유도등 및 유도표지의 화재안전기준(NFSC 303)에 따라 유도표지는 각 층마다 복도 및 통로의 각 부분으로부터 하나의 유도표지까지의 보행거리가 몇 m 이하가 되는 곳과 구부러진 모퉁이의 벽에 설치하여야 하는가? (단, 계단에 설치하는 것은 제외한다)

① 5m   ② 10m
③ 15m   ④ 25m

[해설] 유도표지의 설치기준
1. 계단에 설치하는 것을 제외하고는 각 층마다 복도 및 통로의 각 부분으로부터 하나의 유도표지까지의 보행거리가 15[m] 이하가 되는 곳과 구부러진 모퉁이의 벽에 설치할 것
2. 피난구 유도표지는 출입구 상단에 설치하고, 통로유도 표지는 바닥으로부터 높이 1[m] 이하의 위치에 설치할 것
3. 주위에는 이와 유사한 등화·광고물·게시물 등을 설치하지 아니할 것
4. 유도표지는 부착판 등을 사용하여 쉽게 떨어지지 아니하도록 설치할 것
5. 축광방식의 유도표지는 외광 또는 조명장치에 의하여 상시 조명이 제공되거나 비상조명등에 의한 조명이 제공되도록 설치할 것

80 자동화재탐지설비 및 시각경보장치의 화재안전기준(NFSC 203)에 따른 발신기의 시설기준에 대한 내용이다. 다음 ( )에 들어갈 내용으로 옳은 것은?

> 발신기의 위치를 표시하는 표시등은 함의 상부에 설치하되, 그 불빛은 부착면으로부터 (㉠)° 이상의 범위 안에서 부착지점으로부터 (㉡)m 이내의 어느 곳에서도 쉽게 식별할 수 있는 적색등으로 하여야 한다.

① ㉠ 10, ㉡ 10   ② ㉠ 15, ㉡ 10
③ ㉠ 25, ㉡ 15   ④ ㉠ 25, ㉡ 20

[해설] 발신기의 위치를 표시하는 표시등은 함의 상부에 설치하되, 그 불빛은 부착면으로부터 15° 이상의 범위 안에서 부착지점으로부터 10[m] 이내의 어느 곳에서도 쉽게 식별할 수 있는 적색등으로 하여야 한다.

2021년 제4회 소방설비기사[전기분야] 1차 필기
[제4과목 : 소방전기구조원리]

61 감지기의 형식승인 및 제품검사의 기술기준에 따라 단독경보형감지기를 스위치 조작에 의하여 화재경보를 정지시킬 경우 화재경보 정지 후 몇 분 이내에 화재경보 정지기능이 자동적으로 해제되어 정상상태로 복귀되어야 하는가?

① 3분 ② 5분
③ 10분 ④ 15분

해설 단독경보형감지기에는 스위치 조작에 의하여 화재경보를 정지 시킬 수 있는 기능을 설치할 수 있다. 이 경우 화재경보 정지기능은 다음 각목에 적합하여야 한다.
가. 화재경보 정지 후 15분 이내에 화재경보 정지기능이 자동적으로 해제되어 단독경보형감지기가 정상상태로 복귀되어야 한다.
나. 화재경보 정지 표시등에 의하여 화재경보가 정지 상태임을 경고 할 수 있어야 하며, 화재경보 정지기능이 해제된 경우에는 표시등의 경고도 함께 해제되어야 한다.
다. 나목의 규정에 의한 표시등을 제2호의 규정에 의한 작동표시등과 겸용하고자 하는 경우에는 작동표시와 화재경보음 정지 표시가 표시등 색상에 의하여 구분될 수 있도록 하고 표시등 부근에 작동표시와 화재경보음 정지표시를 구분할 수 있는 안내표시를 하여야 한다.
라. 화재경보 정지 스위치는 전용으로 하거나 제2호의 규정에 의한 작동시험 스위치와 겸용하여 사용할 수 있다. 이 경우 스위치 부근에 스위치의 용도를 표시하여야 한다.

62 비상콘센트설비의 화재안전기준(NFSC 504)에 따라 하나의 전용회로에 설치하는 비상콘센트는 몇 개 이하로 하여야 하는가?

① 2개 ② 3개
③ 10개 ④ 20개

해설 하나의 전용회로에 설치하는 비상콘센트의 수는 10개 이하

63 자동화재속보설비의 속보기의 성능인증 및 제품검사의 기술기준에 따라 속보기는 작동신호를 수신하거나 수동으로 동작시키는 경우 20초 이내에 소방관서에 자동적으로 신호를 발하여 통보하되, 몇 회 이상 속보할 수 있어야 하는가?

① 1회 ② 2회
③ 3회 ④ 4회

해설 자동화재속보설비 속보기의 기능
작동신호를 수신하거나 수동으로 동작시키는 경우 20초 이내에 소방관서에 자동적으로 신호를 발하여 통보하되, 3회 이상 속보할 수 있을 것

64 자동화재탐지설비 및 시각경보장치의 화재안전기준(NFSC 203)에 따른 감지기의 설치 제외 장소가 아닌 것은?

① 실내의 용적이 $20m^3$ 이하인 장소
② 부식성가스가 체류하고 있는 장소
③ 목욕실·욕조나 샤워시설이 있는 화장실·기타 이와 유사한 장소
④ 고온도 및 저온도로서 감지기의 기능이 정지되기 쉽거나 감지기의 유지관리가 어려운 장소

해설 감지기 설치제외 장소
1. 천장 또는 반자의 높이가 20m 이상인 장소. 다만, 제1항 단서 각호의 감지기로서 부착높이에 따라 적응성이 있는 장소는 제외한다.
2. 헛간 등 외부와 기류가 통하는 장소로서 감지기에 따

정답 61.④ 62.③ 63.③ 64.①

라 화재발생을 유효하게 감지할 수 없는 장소
3. 부식성가스가 체류하고 있는 장소
4. 고온도 및 저온도로서 감지기의 기능이 정지되기 쉽거나 감지기의 유지관리가 어려운 장소
5. 목욕실·욕조나 샤워시설이 있는 화장실·기타 이와 유사한 장소
6. 파이프덕트 등 그 밖의 이와 비슷한 것으로서 2개층마다 방화구획된 것이나 수평단면적이 5㎡ 이하인 것
7. 먼지·가루 또는 수증기가 다량으로 체류하는 장소 또는 주방 등 평시에 연기가 발생하는 장소(연기감지기에 한한다)
8. 삭제 〈2015.1.23.〉 [실내의 용적이 20[m³] 이하인 장소]
9. 프레스공장·주조공장 등 화재발생의 위험이 적은 장소로서 감지기의 유지관리가 어려운 장소

65 비상콘센트의 배치와 설치에 대한 현장 사항이 비상콘센트설비의 화재안전기준(NFSC 504)에 적합하지 않은 것은?

① 전원회로의 배선은 내화배선으로 되어 있다.
② 보호함에는 쉽게 개폐할 수 있는 문을 설치하였다.
③ 보호함 표면에 "비상콘센트"라고 표시한 표지를 붙였다.
④ 3상 교류 200볼트 전원회로에 대해 비접지형 3극 플러그 접속기를 사용하였다.

[해설] 접지형2극 플러그 접속기 사용. 단상교류 220V 사용

66 자동화재탐지설비 및 시각경보장치의 화재안전기준(NFSC 203)에 따라 제2종 연기감지기를 부착높이가 4m 미만인 장소에 설치 시 기준 바닥면적은?

① 30m²
② 50m²
③ 75m²
④ 150m²

[해설] 연기감지기의 설치기준
감지기의 부착높이에 따라 다음 표에 따른 바닥면적마다 1개 이상으로 할 것

(단위 : [m²])

부착높이	감지기의 종류	
	1종 및 2종	3종
4[m] 미만	150	50
4[m] 이상 20[m] 미만	75	–

67 아래 그림은 자동화재탐지설비의 배선도이다. 추가로 구획된 공간이 생겨 가, 나, 다, 라 감지기를 증설했을 경우, 자동화재탐지설비 및 시각경보장치의 화재안전기준(NFSC 203)에 적합하게 설치한 것은?

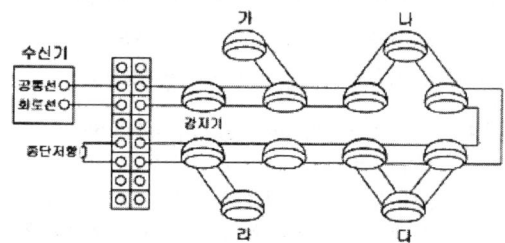

① 가
② 나
③ 다
④ 라

[해설] 송배전방식(병렬분기하지 아니하는 방식)

68 비상방송설비의 화재안전기준(NFSC 202)에 따라 비상방송설비 음향장치의 설치기준 중 다음 ( )에 들어갈 내용으로 옳은 것은?

> 층수가 (㉠)층 이상으로서 연면적이 (㉡)m²를 초과하는 특정소방대상물의 2층에서 발화한 때에는 발화층·그 직상층 및 지하층에 경보를 발할 수 있도록 하여야 한다.

① ㉠ 2, ㉡ 3,500
② ㉠ 3, ㉡ 5,000
③ ㉠ 5, ㉡ 3,000
④ ㉠ 6, ㉡ 1,500

[해설] 5층(지하층은 제외) 이상으로서 연면적이 3,000[m²]를 초과하는 소방대상물 또는 그 부분에 있어서 화재 발생시 화재 층에 따른 경보 층

[**우선경보방식**]

화재층	우선 경보되는 층	
	30층 미만	30층 이상
2층 이상	발화층, 그 직상층	발화층, 그 직상 4개 층
1층	발화층, 그 직상층 및 지하층	발화층, 그 직상 4개 층 및 지하층
지하층	발화층, 그 직상층 및 기타 지하층	발화층, 그 직상층 및 기타 지하층

[2022.12.1.이후 개정]
NFTC로 변경 자동화재탐지설비 및 비상방송설비 우선경보설치대상 변경

층수가 11층(공동주택의 경우에는 16층) 이상의 특정소방대상물은 다음의 기준에 따라 경보를 발할 수 있도록 할 것[10층 이하, 공동주택의 경우 15층 이하의 경우 일제경보방식]
① 2층 이상의 층에서 발화한 때에는 발화층 및 그 직상 4개 층에 경보를 발할 것
② 1층에서 발화한 때에는 발화층·그 직상 4개 층 및 지하층에 경보를 발할 것
③ 지하층에서 발화한 때에는 발화층·그 직상층 및 기타의 지하층에 경보를 발할 것

69 유도등의 형식승인 및 제품검사의 기술기준에 따른 용어의 정의에서 "유도등에 있어서 표시면외 조명에 사용되는 면"을 말하는 것은?

① 조사면　　② 피난면
③ 조도면　　④ 광속면

해설 유도등의 형식승인 및 제품검사의 기술기준
㉠ "표시면"이란 유도등에 있어서 피난구나 피난방향을 안내하기 위한 문자 또는 부호이 표시된 면을 말한다.
㉡ "조사면"이란 유도등에 있어서 표시면외 조명에 사용되는 면을 말한다.

70 자동화재탐지설비 및 시각경보장치의 화재안전기준(NFSC 203)에 따라 부착높이 20m 이상에 설치되는 광전식 분포형 아날로그방식의 감지기는 공칭감지농도 하한값이 감광율 몇 %/m 미만인 것으로 하는가?

① 3%/m　　② 5%/m
③ 7%/m　　④ 10%/m

해설 광전식 아날로그방식의 감지기 공칭감지농도 하한값 : 5[%/m] 미만

[**부착높이별 적응성 감지기의 종류**]

부착높이	감지기의 종류
4[m] 미만	• 차동식(스포트형, 분포형) • 보상식 스포트형 • 정온식(스포트형, 감지선형) • 이온화식 또는 광전식(스포트형, 분리형, 공기흡입형) • 열복합형, 연기복합형, 열연기복합형, 불꽃감지기
4[m] 이상 8[m] 미만	• 차동식(스포트형, 분포형) • 보상식 스포트형 • 정온식(스포트형, 감지선형 특종 또는 1종) • 이온화식 1종 또는 2종 • 광전식(스포트형, 분리형, 공기흡입형) 1종 또는 2종 • 열복합형, 연기복합형, 열연기복합형, 불꽃감지기
8[m] 이상 15[m] 미만	• 차동식 분포형 • 이온화식 1종 또는 2종 • 광전식(스포트형, 분리형, 공기흡입형) 1종 또는 2종 • 연기복합형 • 불꽃감지기
15[m] 이상 20[m] 미만	• 이온화식 1종 • 광전식(스포트형, 분리형, 공기흡입형) 1종 • 연기복합형 • 불꽃감지기
20[m] 이상	• 불꽃감지기 • 광전식(분리형, 공기흡입형) 중 아나로그방식

비고
1. 감지기별 부착높이 등에 대하여 별도로 형식승인 받은 경우에는 그 성능 인정범위 내에서 사용할 수 있다.
2. 부착높이 20[m] 이상에 설치되는 광전식 중 아나로그방식의 감지기는 공칭감지농도 하한값이 감광율 5[%/m] 미만인 것으로 한다.

71 비상조명등의 우수품질인증 기술기준에 따라 인출선인 경우 전선의 굵기는 몇 mm² 이상이어야 하는가?

① 0.5mm²　　② 0.75mm²
③ 1.5mm²　　④ 2.5mm²

정답　69.①　70.②　71.②

해설 비상조명등의 우수품질인증 기술기준 제2조
① 전선의 굵기는 인출선인 경우에는 단면적이 $0.75mm^2$ 이상, 인출선 외의 경우에는 면적이 $0.5mm^2$ 이상이어야 한다.
② 인출선의 길이는 전선 인출 부분으로부터 150mm 이상이어야 한다. 다만, 인출선으로 하지 아니할 경우에는 풀어지지 아니하는 방법으로 전선을 쉽고 확실하게 부착할 수 있도록 접속단자를 설치하여야 한다.

72 누전경보기의 형식승인 및 제품검사의 기술기준에 따른 과누전시험에 대한 내용이다. 다음 ( )에 들어갈 내용으로 옳은 것은?

> 변류기의 1개의 전선을 변류기에 부착시킨 회로를 설치하고 출력단자에 부하저항을 접속한 상태로 당해 1개의 전선에 변류기의 정격전압의 (㉠)%에 해당하는 수치의 전류를 (㉡)분간 흘리는 경우 그 구조 또는 기능에 이상이 생기지 아니하여야 한다.

① ㉠ 20, ㉡ 5
② ㉠ 30, ㉡ 10
③ ㉠ 50, ㉡ 15
④ ㉠ 80, ㉡ 20

해설 누전경보기의 형식승인 및 제품검사 기술기준 제14조
[과누전시험] 변류기는 1개의 전선을 변류기에 부착시킨 회로를 설치하고 출력단자에 부하저항을 접속한 상태로 당해 1개의 전선에 변류기의 정격전압의 20 %에 해당하는 수치의 전류를 5분간 흘리는 경우 그 구조 또는 기능에 이상이 생기지 아니하여야 한다.

73 비상방송설비의 화재안전기준(NFSC 202)에 따른 비상방송설비의 음향장치에 대한 설치기준으로 틀린 것은?

① 다른 전기회로에 따라 유도장애가 생기지 아니하도록 할 것
② 음향장치는 자동화재속보설비의 작동과 연동하여 작동할 수 있는 것으로 할 것
③ 다른 방송설비와 공용하는 것에 있어서는 화재 시 비상경보외의 방송을 차단할 수 있는 구조로 할 것
④ 증폭기 및 조작부는 수위실 등 상시 사람이 근무하는 장소로서 점검이 편리하고 방화상 유효한 곳에 설치할 것

해설 자동화재탐지설비의 작동과 연동하여 작동할 수 있는 것으로 할 것.

74 무선통신보조설비의 화재안전기준(NFSC 505)에 따른 용어의 정의 중 감시제어반 등에 설치된 무선중계기의 입력과 출력포트에 연결되어 송수신 신호를 원활하게 방사·수신하기 위해 옥외에 설치하는 장치를 말하는 것은?

① 혼합기
② 분파기
③ 증폭기
④ 옥외안테나

해설 무선통신보조설비의 화재안전기준(NFSC 505) 제3조(정의)
이 기준에서 사용하는 용어의 정의는 다음과 같다.
1. "누설동축케이블"이란 동축케이블의 외부도체에 가느다란 홈을 만들어서 전파가 외부로 새어나갈 수 있도록 한 케이블을 말한다.
2. "분배기"란 신호의 전송로가 분기되는 장소에 설치하는 것으로 임피던스 매칭(Matching)과 신호 균등분배를 위해 사용하는 장치를 말한다.
3. "분파기"란 서로 다른 주파수의 합성된 신호를 분리하기 위해서 사용하는 장치를 말한다.
4. "혼합기"란 두개 이상의 입력신호를 원하는 비율로 조합한 출력이 발생하도록 하는 장치를 말한다.
5. "증폭기"란 신호 전송 시 신호가 약해져 수신이 불가능해지는 것을 방지하기 위해서 증폭하는 장치를 말한다.
6. "무선중계기"란 안테나를 통하여 수신된 무전기 신호를 증폭한 후 음영지역에 재방사하여 무전기 상호 간 송수신이 가능하도록 하는 장치를 말한다.
7. "옥외안테나"란 감시제어반 등에 설치된 무선중계기의 입력과 출력포트에 연결되어 송수신 신호를 원활하게 방사·수신하기 위해 옥외에 설치하는 장치를 말한다.

정답 72.① 73.② 74.④

75 무선통신보조설비의 화재안전기준(NFSC 505)에 따라 무선통신보조설비의 누설동축케이블 또는 동축케이블의 임피던스는 몇 Ω으로 하여야 하는가?

① 5Ω ② 10Ω
③ 50Ω ④ 100Ω

해설 임피던스(Impedance) : 누설동축케이블 또는 동축케이블의 임피던스는 50[Ω]으로 하고, 이에 접속하는 안테나·분배기, 기타의 장치는 당해 임피던스에 적합한 것으로 할 것

76 비상경보설비 및 단독경보형감지기의 화재안전기준(NFSC 201)에 따른 단독경보형감지기에 대한 내용이다. 다음 ( )에 들어갈 내용으로 옳은 것은?

> 이웃하는 실내의 바닥면적이 각각 ( )m² 미만이고 벽체의 상부의 전부 또는 일부가 개방되어 이웃하는 실내와 공기가 상호 유통되는 경우에는 이를 1개의 실로 본다.

① 30 ② 50
③ 100 ④ 150

해설 단독경보형 감지기 설치기준
각 실(이웃하는 실내의 바닥면적이 각각 30[m²] 미만이고 벽체의 상부의 전부 또는 일부가 개방되어 이웃하는 실내와 공기가 상호유통되는 경우에는 이를 1개의 실로 본다.)마다 설치하되, 바닥면적이 150[m²]를 초과하는 경우에는 150[m²]마다 1개 이상 설치할 것

77 소방시설용 비상전원수전설비의 화재안전기준(NFSC 602)에 따른 용어의 정의에서 소방부하에 전원을 공급하는 전기회로를 말하는 것은?

① 수전설비 ② 일반회로
③ 소방회로 ④ 변전설비

해설 용어정의
① "소방회로"란 소방부하에 전원을 공급하는 전기회로를 말한다.
② "일반회로"란 소방회로 이외의 전기회로를 말한다.
③ "수전설비"란 전력수급용 계기용변성기·주차단장치 및 그 부속기기를 말한다.
④ "변전설비"란 전력용변압기 및 그 부속장치를 말한다.

78 누전경보기의 형식승인 및 제품검사의 기술기준에 따라 누전경보기의 변류기는 직류 500V의 절연저항계로 절연된 1차권선과 2차권선 간의 절연저항 시험을 할 때 몇 MΩ 이상이어야 하는가?

① 0.1MΩ ② 5MΩ
③ 10MΩ ④ 20MΩ

해설 누전경보기의 형식승인 및 제품검사의 기술기준
제19조(절연저항시험) 변류기는 DC 500[V]의 절연저항계로 다음 각 호에 의한 시험을 하는 경우 5[MΩ] 이상이어야 한다.
1. 절연된 1차권선과 2차권선간의 절연저항
2. 절연된 1차권선과 외부금속부간의 절연저항
3. 절연된 2차권선과 외부금속부간의 절연저항

79 소방시설용 비상전원수전설비의 화재안전기준(NFSC 602)에 따라 소방시설용 비상전원 수전설비의 인입구배선은「옥내소화전설비의 화재안전기준(NFSC 102)」별표 1에 따른 어떤 배선으로 하여야 하는가?

① 나전선
② 내열배선
③ 내화배선
④ 차폐배선

해설 인입구배선은「옥내소화전설비의 화재안전기준(NFSC 102)」별표 1에 따른 내화배선으로 하여야 한다.

80 유도등 및 유도표지의 화재안전기준(NFSC 303)에 따라 설치하는 유도표지는 계단에 설치하는 것을 제외하고는 각층마다 복도 및 통로의 각 부분으로부터 하나의 유도표지까지의 보행거리가 몇 m 이하가 되는 곳과 구부러진 모퉁이의 벽에 설치하여야 하는가?

① 10m ② 15m
③ 20m ④ 25m

정답 75.③ 76.① 77.③ 78.② 79.③ 80.②

[유도표지 설치기준]

① 유도표지는 다음 각 호의 기준에 따라 설치하여야 한다.
　1. 계단에 설치하는 것을 제외하고는 각층마다 복도 및 통로의 각 부분으로부터 하나의 유도표지까지의 보행거리가 15m 이하가 되는 곳과 구부러진 모퉁이의 벽에 설치할 것
　2. 피난구유도표지는 출입구 상단에 설치하고, 통로유도표지는 바닥으로부터 높이 1m 이하의 위치에 설치할 것
　3. 주위에는 이와 유사한 등화·광고물·게시물 등을 설치하지 아니할 것
　4. 유도표지는 부착판 등을 사용하여 쉽게 떨어지지 아니하도록 설치할 것
　5. 축광방식의 유도표지는 외광 또는 조명장치에 의하여 상시 조명이 제공되거나 비상조명등에 의한 조명이 제공되도록 설치 할 것

2022년 제1회 소방설비기사[전기분야] 1차 필기

[제4과목 : 소방전기구조원리]

61 비상콘센트설비의 성능인증 및 제품검사의 기술기준에 따라 비상콘센트설비의 절연된 충전부와 외함 간의 절연내력은 정격전압 150[V] 이하의 경우 60[Hz]의 정현파에 가까운 실효전압 1,000[V] 교류전압을 가하는 시험에서 몇 분간 견디어야 하는가?

① 1 ② 5
③ 10 ④ 30

해설 비상콘센트설비 절연저항 & 절연내력

절연저항	측정구간	전원부와 외함 사이
	측정장비	D.C 500[V] 절연저항계
	측정결과	20[MΩ] 이상
절연내력	측정구간	전원부와 외함 사이
	측정방법	다음과 같은 실효전압 인가 1. 정격전압이 150[V] 이하인 경우 – 1,000[V] 2. 정격전압이 150[V] 이상인 경우 – (정격전압×2)+1,000[V]
	측정결과	1분 이상 견딜 것

62 누전경보기의 형식승인 및 제품검사의 기술기준에 따라 비호환성형 수신부는 신호입력회로에 공칭작동전류치의 42[%]에 대응하는 변류기의 설계출력전압을 가하는 경우 몇 초 이내에 작동하지 아니하여야 하는가?

① 10초 ② 20초
③ 30초 ④ 60초

해설 누전경보기 형식승인기준
제26조(수신부의 기능) ① 호환성형 수신부는 신호입력회로에 공칭작동전류치에 대응하는 변류기의 설계출력전압의 52[%]인 전압을 가하는 경우 30초 이내에 작동하지 아니하여야 하며, 공칭작동전류치에 대응하는 변류기의 설계출력전압의 75[%]인 전압을 가하는 경우 1초(차단기구가 있는 것은 0.2초)이내에 작동하여야 한다. 〈개정 2011. 7. 13.〉
② 비호환성형 수신부는 신호입력회로에 공칭작동전류치의 42[%]에 대응하는 변류기의 설계출력전압을 가하는 경우 30초 이내에 작동하지 아니하여야 하며, 공칭작동전류치에 대응하는 변류기의 설계출력전압을 가하는 경우 1초(차단기구가 있는 것은 0.2초)이내에 작동하여야 한다.

63 자동화재탐지설비 및 시각경보장치의 화재안전기준(NFSC 203)에 따른 감지기의 시설기준으로 옳은 것은?

① 스포트형 감지기는 15° 이상 경사되지 아니하도록 부착할 것
② 공기관식 차동식 분포형 감지기의 검출부는 45° 이상 경사되지 아니하도록 부착할 것
③ 보상식 스포트형 감지기는 정온점이 감지기 주위의 평상시 최고온도보다 20[℃] 이상 높은 것으로 설치할 것
④ 정온식 감지기는 주방·보일러실 등으로서 다량의 화기를 취급하는 장소에 설치하되, 공칭작동온도가 최고주위온도보다 30[℃] 이상 높은 것으로 설치할 것

해설 ① 스포트형 감지기는 45° 이상 경사되지 아니하도록 부착할 것
② 공기관식 차동식 분포형 감지기의 검출부는 5° 이상 경사되지 아니하도록 부착할 것.
④ 정온식 감지기는 주방·보일러실 등으로서 다량의 화기를 취급하는 장소에 설치하되, 공칭작동온도가 최고주위온도보다 20[℃] 이상 높은 것으로 설치할 것

정답 61.① 62.③ 63.③

64 누전경보기의 화재안전기준(NFSC 205)에 따라 경계전로의 누설전류를 자동적으로 검출하여 이를 누전경보기의 수신부에 송신하는 것은 어느 것인가?

① 변류기　　② 변압기
③ 음향장치　④ 과전류차단기

해설 누전경보기의 화재안전기준(NFSC 205) 제3조(정의)
이 기준에서 사용하는 용어의정의는 다음과 같다.
1. "누전경보기"란 내화구조가 아닌 건축물로써 벽, 바닥 또는 천장의 전부나 일부를 불연재료 또는 준불연재료가 아닌 재료에 철망을 넣어 만든 건물의 전기설비로부터 누설전류를 탐지하여 경보를 발하며 변류기와 수신부로 구성된 것을 말한다.
2. "수신부"란 변류기로부터 검출된 신호를 수신하여 누전의 발생을 해당 특정소방대상물의 관계인에게 경보하여 주는 것(차단기구를 갖는 것을 포함한다)을 말한다.
3. "변류기"란 경계전로의 누설전류를 자동적으로 검출하여 이를 누전경보기의 수신부에 송신하는 것을 말한다.

65 비상방송설비의 화재안전기준(NFSC 202)에 따라 전원회로의 배선으로 사용할 수 없는 것은?

① 450/750[V] 비닐절연전선
② 0.6/1[kV] EP 고무절연 클로로프렌 시스 케이블
③ 450/750[V] 저독성 난연 가교 폴리올레핀 절연전선
④ 내열성 에틸렌-비닐 아세테이트 고무절연 케이블

해설

사용전선의 종류
1. 450/750[V] 저독성 난연 가교 폴리올레핀 절연 전선
2. 0.6/1[kV] 가교 폴리에틸렌 절연 저독성 난연 폴리올레핀 시스 전력케이블
3. 6/10[kV] 가교 폴리에틸렌 절연 저독성 난연 폴리올레핀 시스 전력용 케이블
4. 가교 폴리에틸렌 절연 비닐시스 트레이용 난연 전력 케이블
5. 0.6/1[kV] EP 고무절연 클로로프렌 시스 케이블
6. 300/500[V] 내열성 실리콘 고무 절연전선(180[℃])
7. 내열성 에틸렌-비닐 아세테이트 고무 절연 케이블
8. 버스덕트(Bus Duct)
9. 기타「전기용품 및 생활용품안전관리법」및「전기설비기술기준」에 따라 동등 이상의 내화성능이 있다고 산업통상부장관이 인정하는 것

66 층수가 5층 이상으로서 연면적 3000[m²]를 초과하는 특정소방대상물의 2층에서 발화한 때의 경보기준으로 옳은 것은? (단, 비상방송설비의 화재안전기준(NFSC 202)에 따른다)

① 발화층에만 경보를 발할 것
② 발화층 및 그 직상층에만 경보를 발할 것
③ 발화층·그 직상층 및 지하층에 경보를 발할 것
④ 발화층·그 직상층 및 기타의 지하층에 경보를 발할 것

해설 비상방송설비 설치기준
㉠ 음량조정기를 설치하는 경우 음량조정기의 배선은 3선식으로 할 것
㉡ 층수가 5층 이상으로서 연면적이 3,000[m²]를 초과하는 특정소방대상물은 다음 각 목에 따라 경보를 발할 수 있도록 하여야 한다.
　ⓐ 2층 이상의 층에서 발화한 때에는 발화층 및 그 직상층에 경보를 발할 것
　ⓑ 1층에서 발화한 때에는 발화층·그 직상층 및 지하층에 경보를 발할 것
　ⓒ 지하층에서 발화한 때에는 발화층·그 직상층 및 기타의 지하층에 경보를 발할 것
㉢ 음향장치는 다음 각 목의 기준에 따른 구조 및 성능의 것으로 하여야 한다.
　ⓐ 정격전압의 80[%] 전압에서 음향을 발할 수 있는 것을 할 것
　ⓑ 자동화재탐지설비의 작동과 연동하여 작동할 수 있는 것으로 할 것

[2022.12.1.이후 개정]
NFTC로 변경 자동화재탐지설비 및 비상방송설비 우선경보설치대상 변경

층수가 11층(공동주택의 경우에는 16층) 이상의 특정소방대상물은 다음의 기준에 따라 경보를 발할 수 있도록 할 것[10층 이하, 공동주택의 경우 15층 이하의 경우 일제경보방식]

정답 64.① 65.① 66.②

① 2층 이상의 층에서 발화한 때에는 발화층 및 그 직상 4개 층에 경보를 발할 것
② 1층에서 발화한 때에는 발화층·그 직상 4개 층 및 지하층에 경보를 발할 것
③ 지하층에서 발화한 때에는 발화층·그 직상층 및 기타의 지하층에 경보를 발할 것

67 자동화재탐지설비 및 시각경보장치의 화재안전기준(NFSC 203)에 따라 감지기회로의 도통시험을 위한 종단저항의 설치기준으로 틀린 것은?

① 감지기회로의 끝부분에 설치할 것
② 점검 및 관리가 쉬운 장소에 설치할 것
③ 전용함을 설치하는 경우 그 설치 높이는 바닥으로부터 2.0[m] 이내로 할 것
④ 종단감지기에 설치할 경우에는 구별이 쉽도록 해당 감지기의 기판 등에 별도의 표시를 할 것

해설 감지기회로의 도통시험을 위한 종단저항 설치기준
1. 점검 및 관리가 쉬운 장소에 설치할 것
2. 전용함을 설치하는 경우 그 설치 높이는 바닥으로부터 1.5[m] 이내로 할 것
3. 감지기 회로의 끝부분에 설치하며, 종단감지기에 설치할 경우에는 구별이 쉽도록 해당감지기의 기판 및 감지기 외부 등에 별도의 표시를 할 것

68 경종의 우수품질인증 기술기준에 따른 기능시험에 대한 내용이다. 다음 ( )에 들어갈 내용으로 옳은 것은?

> 경종은 정격전압을 인가하여 경종의 중심으로부터 1[m] 떨어진 위치에서 (㉠)[dB] 이상이어야 하며, 최소청취거리에서 (㉡)[dB]을 초과하지 아니하여야 한다.

① ㉠ 90, ㉡ 110
② ㉠ 90, ㉡ 130
③ ㉠ 110, ㉡ 90
④ ㉠ 110, ㉡ 130

해설 경종의 우수품질인증기술기준
제4조(기능시험) 경종은 정격전압을 인가하여 다음 각 호의 기능에 적합하여야 한다.
1. 경종의 중심으로부터 1[m] 떨어진 위치에서 90[dB] 이상이어야 하며, 최소청취거리에서 110[dB]을 초과하지 아니하여야 한다.
2. 경종의 소비전류는 50[mA] 이하이어야 한다.

69 「유통산업발전법」 제2조 제3호에 따른 대규모점포(지하상가 및 지하역사는 제외한다)와 영화상영관에는 보행거리 몇 [m] 이내마다 휴대용 비상조명등을 3개 이상 설치하여야 하는가? (단, 비상조명등의 화재안전기준(NFSC 304)에 따른다)

① 50
② 60
③ 70
④ 80

해설 휴대용 비상조명등의 설치기준
1. 다음의 각 장소에 설치할 것
  가. 숙박시설 또는 다중이용업소에는 객실 또는 영업장 안의 구획된 실마다 잘 보이는 곳(외부에 설치시 출입문 손잡이로부터 1[m] 이내 부분)에 1개 이상 설치
  나. 「유통산업발전법」 제2조 제3호에 따른 대규모점포(지하상가 및 지하역사는 제외한다)와 영화상영관에는 보행거리 50[m] 이내마다 3개 이상 설치
  다. 지하상가 및 지하역사에는 보행거리 25[m] 이내마다 3개 이상 설치
2. 설치높이는 바닥으로부터 0.8[m] 이상 1.5[m] 이하의 높이에 설치할 것
3. 어둠 속에서 위치를 확인할 수 있도록 할 것
4. 사용 시 자동으로 점등되는 구조일 것
5. 외함은 난연성능이 있을 것
6. 건전지를 사용하는 경우에는 방전방지 조치를 하여야 하고, 충전식 밧데리의 경우에는 상시 충전되도록 할 것
7. 건전지 및 충전식 배터리의 용량은 20분 이상 유효하게 사용할 수 있는 것으로 할 것

70 자동화재탐지설비 및 시각경보장치의 화재안전기준(NFSC 203)에 따라 전화기기실, 통신기기실 등과 같은 훈소화재의 우려가 있는 장소에 적응성이 없는 감지기는?

① 광전식 스포트형
② 광전아날로그식 분리형
③ 광전아날로그식 스포트형
④ 이온아날로그식 스포트형

해설 훈소화재우려가 있는 전화기기실, 통신기기실 등에 적응성있는 감지기 종류
㉠ 광전식스포트형감지기
㉡ 광전아날로그식스포트형감지기
㉢ 광전식분리형감지기
㉣ 광전아날로그식분리형감지기

71 자동화재속보설비의 속보기의 성능인증 및 제품검사의 기술기준에 따른 속보기의 기능에 대한 내용이다. 다음 ( )에 들어갈 내용으로 옳은 것은?

> 작동신호를 수신하거나 수동으로 동작시키는 경우 (㉠)초 이내에 소방관서에 자동적으로 신호를 발하여 통보하되, (㉡)회 이상 속보할 수 있어야 한다.

① ㉠ 10, ㉡ 3
② ㉠ 10, ㉡ 5
③ ㉠ 20, ㉡ 3
④ ㉠ 20, ㉡ 5

해설 자동화재속보설비의 속보기의 성능인증 및 제품검사 기술기준 제5조(기능)
속보기는 다음에 적합한 기능을 가져야 한다.
1. 작동신호를 수신하거나 수동으로 동작시키는 경우 20초 이내에 소방관서에 자동적으로 신호를 발하여 통보하되, 3회 이상 속보할 수 있어야 한다.

72 비상콘센트설비의 화재안전기준(NFSC 504)에 따른 비상콘센트설비의 전원회로(비상콘센트에 전력을 공급하는 회로를 말한다)의 설치기준으로 틀린 것은?

① 전원회로는 주배전반에서 전용 회로로 할 것
② 전원회로는 각 층에 1 이상이 되도록 설치할 것
③ 콘센트마다 배선용 차단기(KS C 8321)를 설치하여야 하며, 충전부가 노출되지 아니하도록 할 것
④ 비상콘센트설비의 전원회로는 단상 교류 220[V]인 것으로서, 그 공급용량은 1.5[kVA] 이상인 것으로 할 것

해설 비상콘센트설비의 전원회로의 설치기준
㉠ 비상콘센트설비의 전원회로는 단상교류 220[V]인 것으로서, 그 공급용량은 1.5[kVA] 이상인 것으로 할 것
㉡ 전원회로는 각 층에 2 이상이 되도록 설치할 것. 다만, 설치하여야 할 층의 비상콘센트가 1개인 때에는 하나의 회로로 할 수 있다.
㉢ 전원회로는 주 배전반에서 전용회로로 할 것. 다만, 다른 설비의 회로의 사고에 따른 영향을 받지 아니하도록 되어 있는 것은 그러하지 아니하다.
㉣ 전원으로부터 각 층의 비상콘센트에 분기되는 경우에는 분기배선용 차단기를 보호함 안에 설치할 것
㉤ 콘센트마다 배선용 차단기(KS C 8321)를 설치하여야 하며, 충전부가 노출되지 아니하도록 할 것
㉥ 개폐기에는 "비상콘센트"라고 표시한 표지를 할 것
㉦ 비상콘센트용의 풀박스 등은 방청도장을 한 것으로서, 두께 1.6[mm] 이상의 철판으로 할 것
㉧ 하나의 전용회로에 설치하는 비상콘센트는 10개 이하로 할 것. 이 경우 전선의 용량은 각 비상콘센트(비상콘센트가 3개 이상인 경우에는 3개)의 공급용량을 합한 용량 이상의 것으로 하여야 한다.

73 무선통신보조설비의 화재안전기준(NFSC 505)에 따라 분배기·분파기 및 혼합기 등의 임피던스는 몇 [Ω]의 것으로 하여야 하는가?

① 10
② 20
③ 50
④ 75

해설 증폭기 및 무선이동중계기의 설치기준
▶ 증폭기 및 무선이동중계기를 설치하는 경우에는 다음 각 호의 기준에 따라 설치하여야 한다.
1. 전원은 전기가 정상적으로 공급되는 축전지, 전기저장장치(외부 전기에너지를 저장해 두었다가 필요한 때 전기를 공급하는 장치) 또는 교류전압 옥내간선으로 하고, 전원까지의 배선은 전용으로 할 것
2. 증폭기의 전면에는 주회로의 전원이 정상인지의 여부를 표시할 수 있는 표시등 및 전압계를 설치할 것

정답 70.④ 71.③ 72.② 73.③

3. 증폭기에는 비상전원이 부착된 것으로 하고 해당 비상전원 용량은 무선통신보조설비를 유효하게 30분 이상 작동시킬 수 있는 것으로 할 것
4. 무선이동중계기를 설치하는 경우에는 「전파법」 제58조의2에 따른 적합성평가를 받은 제품으로 설치할 것

▶ (분배기 등) 분배기·분파기 및 혼합기 등은 다음 각 호의 기준에 따라 설치하여야 한다.
1. 먼지·습기 및 부식 등에 따라 기능에 이상을 가져오지 아니하도록 할 것
2. 임피던스는 50[Ω]의 것으로 할 것
3. 점검에 편리하고 화재 등의 재해로 인한 피해의 우려가 없는 장소에 설치할 것

74 자동화재탐지설비 및 시각경보장치의화재안전기준(NFSC 203)에 따라 광전식 분리형 감지기의 설치기준에 대한 설명으로 틀린 것은?

① 감지기의 수광면은 햇빛을 직접 받지 않도록 설치할 것
② 감지기의 송광부와 수광부는 설치된 뒷벽으로부터 1[m] 이내 위치에 설치할 것
③ 광축(송광면과수광면의 중심선을 연결한 선)은 나란한 벽으로부터 0.6[m] 이상 이격하여 설치할 것
④ 광축의 높이는 천장 등(천장의 실내에 면한 부분 또는 상층의 바닥하부면을 말한다) 높이의 70[%] 이상일 것

[해설] 광전식 분리형 감지기의 설치기준
㉠ 감지기의 수광면은 햇빛을 직접 받지 않도록 설치할 것
㉡ 광축(송광면과 수광면의 중심을 연결한 선)은 나란한 벽으로부터 0.6[m] 이상 이격하여 설치할 것
㉢ 감지기의 송광부와 수광부는 설치된 뒷벽으로부터 1[m] 이내 위치에 설치할 것
㉣ 광축의 높이는 천장 등(천장의 실내에 면한 부분 또는 상층의 바닥 하부면을 말한다) 높이의 80[%] 이상일 것
㉤ 감지기의 광축의 길이는 공칭감시거리 범위 이내일 것
㉥ 그 밖의 설치기준은 형식승인 내용에 따르며 형식승인 사항이 아닌 것은 제조사의 시방에 따라 설치할 것

75 유도등의 형식승인 및 제품검사의 기술기준에 따라 유도등의 교류입력측과 외함 사이, 교류입력측과 충전부 사이 및 절연된 충전부와 외함 사이의 각 절연저항을 DC 500[V]의 절연저항계로 측정한 값이 몇 [MΩ] 이상이어야 하는가?

① 0.1
② 5
③ 20
④ 50

[해설] 제14조(절연저항시험)
유도등의 교류입력측과 외함사이, 교류입력측과 충전부 사이 및 절연된 충전부와 외함사이의 각 절연저항의 DC 500[V]의 절연저항계로 측정한 값이 5[MΩ] 이상이어야 한다.

76 비상경보설비의 축전지의 성능인증 및 제품검사의 기술기준에 따른 축전지설비의 외함 두께는 강판인 경우 몇 [mm] 이상이어야 하는가?

① 0.7
② 1.2
③ 2.3
④ 3

[해설] 제4조(외함)
축전지설비의 외함은 다음에 적합하여야 한다.
1. 외함의 두께
  가. 강판 외함 : 1.2[mm] 이상
  나. 합성수지 외함 : 3[mm] 이상

77 유도등 및 유도표지의 화재안전기준(NFSC 303)에 따라 객석 내 통로의 직선부분 길이가 85[m]인 경우 객석유도등을 몇 개 설치하여야 하는가?

① 17개   ② 19개
③ 21개   ④ 22개

[해설] $\frac{85}{4} - 1 = 20.25$
∴ 21개

정답 74.④ 75.② 76.② 77.③

78 비상경보설비 및 단독경보형 감지기의 화재안전기준(NFSC 201)에 따른 용어에 대한 정의로 틀린 것은?

① 비상벨설비라 함은 화재발생상황을 경종으로 경보하는 설비를 말한다.
② 자동식 사이렌설비라 함은 화재발생상황을 사이렌으로 경보하는 설비를 말한다.
③ 수신기라 함은 발신기에서 발하는 화재신호를 간접 수신하여 화재의 발생을 표시 및 경보하여 주는 장치를 말한다.
④ 단독경보형 감지기라 함은 화재발생상황을 단독으로 감지하여 자체에 내장된 음향장치로 경보하는 감지기를 말한다.

해설) 수신기라 함은 발신기에서 발하는 화재신호를 직접 수신하여 화재의 발생을 표시 및 경보하여 주는 장치를 말한다.

79 다음의 무선통신보조설비 그림에서 ⓐ에 해당하는 것은?

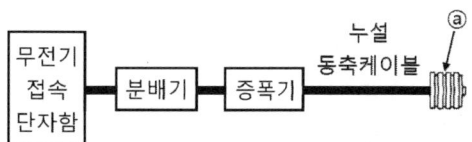

① 혼합기
② 옥외안테나
③ 무선중계기
④ 무반사종단저항

해설) 누설동축케이블의 끝부분에는 무반사 종단저항을 견고하게 설치할 것

80 자동화재탐지설비 및 시각경보장치의 화재안전기준(NFSC 203)에 따라 부착높이 8[m] 이상 15[m] 미만에 설치되는 감지기의 종류로 틀린 것은?

① 불꽃감지기   ② 이온화식 2종
③ 차동식 분포형   ④ 보상식 스포트형

해설) 부착높이에 따른 감지기 설치기준(화재안전기준)

부착높이	감지기의 종류
4[m] 미만	• 차동식(스포트형, 분포형) • 보상식 스포트형 • 정온식(스포트형, 감지선형) • 이온화식 또는 광전식(스포트형, 분리형, 공기흡입형) • 열복합형, 연기복합형, 열연기복합형, 불꽃감지기
4[m] 이상 8[m] 미만	• 차동식(스포트형, 분포형) • 보상식 스포트형 • 정온식(스포트형, 감지선형 특종 또는 1종) • 이온화식 1종 또는 2종 • 광전식(스포트형, 분리형, 공기흡입형) 1종 또는 2종 • 열복합형, 연기복합형, 열연기복합형, 불꽃감지기
8[m] 이상 15[m] 미만	• 차동식 분포형 • 이온화식 1종 또는 2종 • 광전식(스포트형, 분리형, 공기흡입형) 1종 또는 2종 • 연기복합형 • 불꽃감지기
15[m] 이상 20[m] 미만	• 이온화식 1종 • 광전식(스포트형, 분리형, 공기흡입형) 1종 • 연기복합형 • 불꽃감지기
20[m] 이상	• 불꽃감지기 • 광전식(분리형, 공기흡입형) 중 아나로그방식

비고)
1. 감지기별 부착높이 등에 대하여 별도로 형식승인 받은 경우에는 그 성능 인정범위 내에서 사용할 수 있다.
2. 부착높이 20[m] 이상에 설치되는 광전식 중 아나로그방식의 감지기는 공칭감지농도 하한값이 감광율 5[%/m] 미만인 것으로 한다.

2022년 제2회 소방설비기사[전기분야] 1차 필기

[제4과목 : 소방전기구조원리]

61 소방시설용 비상전원수전설비의 화재안전기준(NFSC 602)에 따라 저압으로 수전하는 제1종 배전반 및 분전반의 외함 두께와 전면판(또는 문) 두께에 대한 설치기준으로 옳은 것은?

① 외함 : 1.0[mm] 이상, 전면판(또는 문) : 1.2[mm] 이상
② 외함 : 1.2[mm] 이상, 전면판(또는 문) : 1.5[mm] 이상
③ 외함 : 1.5[mm] 이상, 전면판(또는 문) : 2.0[mm] 이상
④ 외함 : 1.6[mm] 이상, 전면판(또는 문) : 2.3[mm] 이상

해설 제1종 배전반 및 제1종 분전반은 다음 각 호에 적합하게 설치하여야 한다.
1. 외함은 두께 1.6[mm](전면판 및 문은 2.3[mm]) 이상의 강판과 이와 동등 이상의 강도와 내화성능이 있는 것으로 제작할 것
2. 외함의 내부는 외부의 열에 의해 영향을 받지 않도록 내열성 및 단열성이 있는 재료를 사용하여 단열할 것. 이 경우 단열부분은 열 또는 진동에 따라 쉽게 변형되지 아니하여야 한다.
3. 다음 각 목에 해당하는 것은 외함에 노출하여 설치할 수 있다.
   가. 표시등(불연성 또는 난연성재료로 덮개를 설치한 것에 한한다)
   나. 전선의 인입구 및 입출구
4. 외함은 금속관 또는 금속제 가요전선관을 쉽게 접속할 수 있도록 하고, 당해 접속부분에는 단열조치를 할 것
5. 공용배전판 및 공용분전판의 경우 소방회로와 일반회로에 사용하는 배선 및 배선용 기기는 불연재료로 구획되어야 할 것

62 무선통신보조설비의 화재안전기준(NFSC 505)에서 정하는 분배기·분파기 및 혼합기 등의 임피던스는 몇 [Ω]의 것으로 하여야 하는가?

① 10
② 30
③ 50
④ 100

해설 증폭기 및 무선이동중계기의 설치기준
▶ 증폭기 및 무선이동중계기를 설치하는 경우에는 다음 각 호의 기준에 따라 설치하여야 한다.
1. 전원은 전기가 정상적으로 공급되는 축전지, 전기저장장치(외부 전기에너지를 저장해 두었다가 필요한 때 전기를 공급하는 장치) 또는 교류전압 옥내간선으로 하고, 전원까지의 배선은 전용으로 할 것
2. 증폭기의 전면에는 주회로의 전원이 정상인지의 여부를 표시할 수 있는 표시등 및 전압계를 설치할 것
3. 증폭기에는 비상전원이 부착된 것으로 하고 해당 비상전원 용량은 무선통신보조설비를 유효하게 30분 이상 작동시킬 수 있는 것으로 할 것
4. 무선이동중계기를 설치하는 경우에는 「전파법」 제58조의2에 따른 적합성평가를 받은 제품으로 설치할 것

▶ (분배기 등) 분배기·분파기 및 혼합기 등은 다음 각 호의 기준에 따라 설치하여야 한다.
1. 먼지·습기 및 부식 등에 따라 기능에 이상을 가져오지 아니하도록 할 것
2. 임피던스는 50[Ω]의 것으로 할 것
3. 점검에 편리하고 화재 등의 재해로 인한 피해의 우려가 없는 장소에 설치할 것

정답 61.④ 62.③

63 비상콘센트설비의 성능인증 및 제품검사의 기술기준에 따라 절연저항 시험부위의 절연내력은 정격전압 150[V] 이하의 경우 60[Hz]의 정현파에 가까운 실효전압 1,000[V] 교류전압을 가하는 시험에서 몇 분간 견디는 것이어야 하는가?

① 1
② 10
③ 30
④ 60

해설 비상콘센트설비 절연저항 & 절연내력

절연저항	측정구간	전원부와 외함 사이
	측정장비	D.C 500[V] 절연저항계
	측정결과	20[MΩ] 이상
절연내력	측정구간	전원부와 외함 사이
	측정방법	다음과 같은 실효전압 인가 1. 정격전압이 150[V] 이하인 경우 - 1,000[V] 2. 정격전압이 150[V] 이상인 경우 - (정격전압×2)+1,000[V]
	측정결과	1분 이상 견딜 것

64 다음은 누전경보기의 형식승인 및 제품검사의 기술기준에 따른 표시등에 대한 내용이다. ( )에 들어갈 내용으로 옳은 것은?

> 주위의 밝기가 (㉠)[lx]인 장소에서 측정하여 앞면으로부터 (㉡)[m] 떨어진 곳에서 켜진 등이 확실히 식별되어야 한다.

① ㉠ 150, ㉡ 3
② ㉠ 300, ㉡ 3
③ ㉠ 150, ㉡ 5
④ ㉠ 300, ㉡ 5

해설 누전경보기의 표시등
바. 주위의 밝기가 300[lx]인 장소에서 측정하여 앞면으로부터 3[m] 떨어진 곳에서 켜진 등이 확실히 식별되어야 한다.

65 무선통신보조설비의 화재안전기준(NFSC 505)에 따라 무선통신보조설비의 누설동축케이블 및 동축케이블은 화재에 따라 해당 케이블의 피복이 소실된 경우에 케이블 본체가 떨어지지 아니하도록 몇 [m] 이내마다 금속제 또는 자기제 등의 지지금구로 벽·천장·기둥 등에 견고하게 고정시켜야 하는가? (단, 불연재료로 구획된 반자 안에 설치하지 않은 경우이다)

① 1
② 1.5
③ 2.5
④ 4

해설 누설동축케이블 등의 설치기준
㉠ 누설동축케이블 등
ⓓ 누설동축케이블은 화재에 따라 당해 케이블의 피복이 소실된 경우에 케이블 본체가 떨어지지 아니하도록 4[m] 이내마다 금속제 또는 자기제 등의 지지금구로 벽·천장·기둥 등에 견고하게 고정시킬 것. 다만, 불연재료로 구획된 반자 안에 설치하는 경우에는 그러하지 아니하다.

66 비상콘센트설비의 화재안전기준(NFSC 504)에 따라 비상콘센트용의 풀박스 등은 방청도장을 한 것으로서, 두께 몇 [mm] 이상의 철판으로 하여야 하는가?

① 1.0
② 1.2
③ 1.5
④ 1.6

해설 비상콘센트설비의 전원회로의 설치기준
ⓐ 비상콘센트용의 풀박스 등은 방청도장을 한 것으로서, 두께 1.6[mm] 이상의 철판으로 할 것

67 자동화재탐지설비 및 시각경보장치의 화재안전기준(NFSC 203)에서 정하는 불꽃감지기의 시설기준으로 틀린 것은?

① 폭발의 우려가 있는 장소에서 방폭형으로 설치할 것
② 공칭감시거리 및 공칭시야각은 형식승인 내용에 따를 것
③ 감지기를 천장에 설치하는 경우에는 감지기는 바닥을 향하여 설치할 것
④ 감지기는 화재감지를 유효하게 감지할 수 있는 모서리 또는 벽 등에 설치할 것

해설 불꽃감지기 설치기준
㉠ 공칭감시거리 및 공칭시야각은 형식승인 내용에 따를 것
㉡ 감지기는 공칭감시거리와 공칭시야각을 기준으로 감시구역이 모두 포용될 수 있도록 설치할 것
㉢ 감지기는 화재감지를 유효하게 감지할 수 있는 모서리 또는 벽 등에 설치할 것
㉣ 감지기를 천장에 설치하는 경우에는 감지기는 바닥을 향하여 설치할 것
㉤ 수분이 많이 발생할 우려가 있는 장소에는 방수형으로 설치할 것
㉥ 그 밖의 설치기준은 형식승인 내용에 따르며 형식승인 사항이 아닌 것은 제조사의 시방에 따라 설치할 것

68 다음은 비상조명등의 우수품질인증 기술기준에서 정하는 비상조명등의 상태를 자동적으로 점검하는 기능에 대한 내용이다. ( )에 들어갈 내용으로 옳은 것은?

> 자가점검시간은 (㉠)초 이상 (㉡)분 이하로 (㉢)일 마다 최소 한 번 이상 자동으로 수행하여야 한다.

① ㉠ 15, ㉡ 15, ㉢ 15
② ㉠ 15, ㉡ 20, ㉢ 30
③ ㉠ 30, ㉡ 30, ㉢ 30
④ ㉠ 30, ㉡ 45, ㉢ 60

해설 제15조(자가점검 및 무선점검시험) 비상조명등의 상태를 자동적으로 점검하는 기능은 다음 각 호에 적합하여야 한다.
1. 자가점검시간은 30초 이상 30분 이하로 30일 마다 최소 한번 이상 자동으로 수행하여야 한다.
2. 자가점검결과 이상상태를 확인할 수 있는 표시 또는 점등(점멸, 음향을 포함한다) 장치를 설치하여야 한다.
3. 자가점검기능은 비상전원 충전회로 고장, 예비전원 충전용량 미달 등에 대하여 표시하여야 하며, 기타 제조사가 제시하는 기능을 표시할 수 있다.
4. 상용전원 및 비상전원의 상태를 무선으로 점검할 수 있는 장치를 설치할 수 있다. 이 경우 최대점검거리 및 시야각 등을 제시하여야 한다.

69 자동화재탐지설비 및 시각경보장치의 화재안전기준(NFSC 203)에 따라 부착높이가 4[m] 미만으로 연기감지기 3종을 설치할 때, 바닥면적 몇 [m²]마다 1개 이상 설치하여야 하는가?

① 50 ② 75
③ 100 ④ 150

해설 연기감지기의 설치기준
감지기의 부착높이에 따라 다음 표에 따른 바닥면적마다 1개 이상으로 할 것

(단위 : [m²])

부착높이	감지기의 종류	
	1종 및 2종	3종
4[m] 미만	150	50
4[m] 이상 20[m] 미만	75	—

70 비상방송설비와 자동화재탐지설비의 연동 시 동작 순서로 옳은 것은?

① 기동장치 → 증폭기 → 수신기 → 조작부 → 확성기
② 기동장치 → 조작부 → 증폭기 → 수신부 → 확성기
③ 기동장치 → 수신기 → 증폭기 → 조작부 → 확성기
④ 기동장치 → 증폭기 → 조작부 → 수신부 → 확성기

정답 67.① 68.③ 69.① 70.③

해설 동작순서
기동장치 → 수신기 → 증폭기 → 조작부 → 확성기

71 유도등의 우수품질인증 기술기준에서 정하는 유도등의 일반구조에 적합하지 않은 것은?

① 축전지에 배선 등은 직접 납땜하여야 한다.
② 충전부가 노출되지 아니한 것은 사용전압이 300[V]를 초과할 수 있다.
③ 외함은 기기 내의 온도 상승에 의하여 변형, 변색 또는 변질되지 아니하여야 한다.
④ 전선의 굵기는 인출선인 경우에는 단면적이 0.75[mm²] 이상, 인출선 외의 경우에는 면적이 0.5[mm²] 이상이어야 한다.

해설 축전지에 배선 등을 직접 납땜하지 아니하여야 한다.

72 축광표지의 성능인증 및 제품검사의 기술기준에 따라 피난방향 또는 소방용품 등의 위치를 추가적으로 알려주는 보조역할을 하는 축광보조표지의 설치위치로 틀린 것은?

① 바닥   ② 천장
③ 계단   ④ 벽면

해설 "축광보조표지"란 피난로 등의 바닥·계단·벽면 등에 설치함으로서 피난방향 또는 소방용품 등의 위치를 추가적으로 알려주는 보조역할을 하는 표지를 말한다.

73 시각경보장치의 성능인증 및 제품검사의 기술기준에 따라 시각경보장치의 전원부 양단자 또는 양선을 단락시킨 부분과 비충전부를 DC 500[V]의 절연저항계로 측정하는 경우 절연저항이 몇 [MΩ] 이상이어야 하는가?

① 0.1   ② 5
③ 10   ④ 20

해설 제10조(절연저항시험) 시각경보장치의 전원부 양단자 또는 양선을 단락시킨 부분과 비충전부를 DC 500[V]의 절연저항계로 측정하는 경우 절연저항이 5[MΩ] 이상이어야 한다.

74 누전경보기의 형식승인 및 제품검사의 기술기준에서 정하는 누전경보기의 공칭작동전류치(누전경보기를 작동시키기 위하여 필요한 누설전류의 값으로서 제조자에 의하여 표시된 값을 말한다)는 몇 [mA] 이하이어야 하는가?

① 50   ② 100
③ 150   ④ 200

해설 누전경보기의 공칭작동전류 및 감도조정 범위
㉠ 공칭작동 전류치 : 200[mA] 이하(누전경보기를 동작시키는 데 필요한 누설전류치로 제조자가 표시)
㉡ 감도조정 범위 : 200[mA], 500[mA], 1,000[mA](최대치 1,000[mA] 즉, 1[A])

75 다음은 자동화재속보설비의 속보기의 성능인증 및 제품검사의 기술기준에 따른 속보기에 대한 내용이다. (   )에 들어갈 내용으로 옳은 것은?

> 속보기는 연동 또는 수동 작동에 의한 다이얼링 후 소방관서와 전화접속이 이루어지지 않는 경우에는 최초 다이얼링을 포함하며 (ⓐ)회 이상 반복적으로 접속을 위한 다이얼링이 이루어져야 한다. 이 경우 매회 다이얼링 완료 후 호출은 (ⓑ)초 이상 지속되어야 한다.

① ⓐ 10, ⓑ 30   ② ⓐ 15, ⓑ 30
③ ⓐ 10, ⓑ 60   ④ ⓐ 15, ⓑ 60

해설 자동화재속보설비의 속보기의 성능인증 및 제품검사 기술기준 제5조(기능)
속보기는 다음에 적합한 기능을 가져야 한다.
1. 작동신호를 수신하거나 수동으로 동작시키는 경우 20초 이내에 소방관서에 자동적으로 신호를 발하여 통보하되, 3회 이상 속보할 수 있어야 한다.
2. 주전원이 정지한 경우에는 자동적으로 예비전원으로 전환되고, 주전원이 정상상태로 복귀한 경우에는 자동적으로 예비전원에서 주전원으로 전환되어야 한다.
3. 예비전원은 자동적으로 충전되어야 하며 자동과충전 방지장치가 있어야 한다.
4. 화재신호를 수신하거나 속보기를 수동으로 동작시키는 경우 자동적으로 적색 화재표시등이 점등되고 음향장치로 화재를 경보하여야 하며 화재표시 및 경보는 수동으로 복구 및 정지시키지 않는 한 지속되어야 한다.

정답 71.① 72.② 73.② 74.④ 75.①

5. 연동 또는 수동으로 소방관서에 화재발생 음성정보를 속보중인 경우에도 송수화장치를 이용한 통화가 우선적으로 가능하여야 한다.
6. 예비전원을 병렬로 접속하는 경우에는 역충전 방지 등의 조치를 하여야 한다.
7. 예비전원은 감시상태를 60분간 지속한 후 10분 이상 동작(화재속보후 화재표시 및 경보를 10분간 유지하는 것을 말한다)이 지속될 수 있는 용량이어야 한다.
8. 속보기는 연동 또는 수동 작동에 의한 다이얼링 후 소방관서와 전화접속이 이루어지지 않는 경우에는 최초 다이얼링을 포함하여 10회 이상 반복적으로 접속을 위한 다이얼링이 이루어져야 한다. 이 경우 매회 다이얼링 완료 후 호출은 30초 이상 지속되어야 한다.
9. 속보기의 송수화장치가 정상위치가 아닌 경우에도 연동 또는 수동으로 속보가 가능하여야 한다.
10. 삭제 〈2010.7.26〉
11. 음성으로 통보되는 속보내용을 통하여 당해 소방대상물의 위치, 화재발생 및 속보기에 의한 신고임을 확인할 수 있어야 한다.
12. 속보기는 음성속보방식 외에 데이터 또는 코드전송방식 등을 이용한 속보기능을 부가로 설치할 수 있다. 이 경우 데이터 및 코드전송방식은 [별표 1]에 따른다.
13. 제12호 후단의 [별표 1]에 따라 소방관서 등에 구축된 접수시스템 또는 별도의 시험용 시스템을 이용하여 시험한다.

76 단독경보형 감지기에 대한 설명으로 틀린 것은?

① 단독경보형 감지기는 감지부, 경보장치, 전원이 개별로 구성되어 있다.
② 화재경보음은 감지기로부터 1[m] 떨어진 위치에서 85[dB] 이상으로 10분 이상 계속하여 경보할 수 있어야 한다.
③ 단독경보형 감지기는 수동으로 작동시험을 하고 자동복귀형 스위치에 의하여 자동으로 정위치에 복귀하여야 한다.
④ 작동되는 감지기는 작동표시등에 의하여 화재의 발생을 표시하고, 내장된 음향장치의 명동에 의하여 화재경보음을 발하여야 한다.

해설 "단독경보형 감지기"란 화재에 의해서 발생되는 열, 연기 또는 불꽃을 감지하여 작동하는 것으로서 수신기에 작동신호를 발신하지 아니하고 감지기가 단독적으로 내장된 음향장치에 의하여 경보하는 감지기를 말한다.

77 비상방송설비의 음향장치는 정격전압의 몇 [%] 전압에서 음향을 발할 수 있는 것으로 하여야 하는가?

① 80   ② 90
③ 100   ④ 110

해설 제4조(음향장치)
비상방송설비는 다음 각 호의 기준에 따라 설치해야 한다.
10. 음향장치는 정격전압의 80퍼센트 전압에서 음향을 발할 수 있고, 자동화재탐지설비의 작동과 연동하여 작동할 수 있는 것으로 할 것

78 소방시설용 비상전원수전설비의 화재안전기준(NFSC 602)에 따라 소방회로배선은 일반회로배선과 불연성 벽으로 구획하여야 하나, 소방회로배선과 일반회로배선을 몇 [cm] 이상 떨어져 설치한 경우에는 그러하지 아니하는가?

① 5   ② 10
③ 15   ④ 20

해설 소방시설용 비상전원수전설비의 화재안전기준(NFSC 602) 제5조(특별고압 또는 고압으로 수전하는 경우) 제1항 제2호
소방회로배선은 일반회로배선과 불연성 벽으로 구획할 것. 다만, 소방회로배선과 일반회로배선을 15[cm] 이상 떨어져 설치한 경우는 그러하지 아니한다.

79 경종의 우수품질인증 기술기준에 따라 경종에 정격전압을 인가한 경우 경종의 소비전류는 몇 [mA] 이하이어야 하는가?

① 10   ② 30
③ 50   ④ 100

정답 76.① 77.① 78.③ 79.③

해설 제3조의2(기능)

경종은 다음 각 호의 기능에 적합하여야 한다.
1. 정격전압을 인가하는 경우 음압은 무향실 내에서 정위치에 부착된 경종의 중심으로부터 1[m] 떨어진 위치에서 90[dB] 이상이어야 한다.
2. 정격전압을 인가하는 경우 경종의 소비전류는 50[mA] 이하이어야 한다.

80 자동화재탐지설비 및 시각경보장치의 화재안전기준(NFSC 203)에 따라 감지기 상호간 또는 감지기로부터 수신기에 이르는 감지기회로의 배선 중 전자파 방해를 받지 아니하는 쉴드선 등을 사용하지 않아도 되는 것은?

① R형 수신기용으로 사용되는 것
② 차동식 감지기
③ 다신호식 감지기
④ 아날로그식 감지기

해설 쉴드선(Shield Wire, 차폐선)은 통신선로의 전자파장해를 방지하기 위하여 사용되며, R형 수신기, 중계기, 다신호식 및 아날로그식 감지기의 배선으로 쓰인다.

정답 80.②

2022년 제4회 소방설비기사[전기분야] 1차 필기
[제4과목 : 소방전기구조원리]

61 자동화재속보설비의 속보기의 성능인증 및 제품검사의 기술기준에 따른 속보기의 구조에 대한 설명으로 틀린 것은?

① 예비전원회로에는 단락사고 등을 방지하기 위한 단로기와 같은 보호장치를 하여야 한다.
② 수동통화용 송수화장치를 설치하여야 한다.
③ 화재표시 복구스위치 및 음향장치의 울림을 정지시킬 수 있는 스위치를 설치하여야 한다.
④ 작동시 그 작동시간과 작동횟수를 표시할 수 있는 장치를 하여야 한다.

해설 자동화재속보설비의 속보기의 성능인증 및 제품검사의 기술기준

㉠ 부식에 의하여 기계적 기능에 영향을 초래할 우려가 있는 부분은 칠, 도금 등으로 기계적 내식가공을 하거나 방청가공을 하여야 하며, 전기적 기능에 영향이 있는 단자 등은 동합금이나 이와 동등이상의 내식성능이 있는 재질을 사용하여야 한다.
㉡ 외부에서 쉽게 사람이 접촉할 우려가 있는 충전부는 충분히 보호되어야 하며, 정격전압이 60[V]를 넘고 금속제 외함을 사용하는 경우에는 외함에 접지단자를 설치하여야 한다.
㉢ 극성이 있는 배선을 접속하는 경우에는 오접속 방지를 위한 필요한 조치를 하여야 하며, 커넥터로 접속하는 방식은 구조적으로 오접속이 되지 않는 형태이어야 한다.
㉣ 내부에는 예비전원(알칼리계 또는 리튬계 2차 축전지, 무보수밀폐형 축전지)을 설치하여야 하며 예비전원의 인출선 또는 접속단자는 오접속을 방지하기 위하여 적당한 색상에 의하여 극성을 구분할 수 있도록 하여야 한다.
㉤ 예비전원회로에는 단락사고 등을 방지하기 위한 퓨즈, 차단기 등과 같은 보호장치를 하여야 한다.
㉥ 전면에는 주전원 및 예비전원의 상태를 표시할 수 있는 장치와 작동 시 작동 여부를 표시하는 장치를 하여야 한다.
㉦ 화재표시 복구스위치 및 음향장치의 울림을 정지시킬 수 있는 스위치를 설치하여야 한다.
㉧ 작동 시 그 작동시간과 작동횟수를 표시할 수 있는 장치를 하여야 한다.
㉨ 수동통화용 송수화장치를 설치하여야 한다.
㉩ 표시등에 전구를 사용하는 경우에는 2개를 병렬로 설치하여야 한다. 다만, 발광다이오드의 경우에는 그러하지 아니하다.
㉪ 속보기는 다음의 회로방식을 사용하지 아니하여야 한다.
• 접지전극에 직류전류를 통하는 회로방식
• 수신기에 접속되는 외부배선과 다른 설비(화재신호의 전달에 영향을 미치지 아니하는 것은 제외한다)의 외부배선을 공용으로 하는 회로방식
㉫ 속보기의 기능에 유해한 영향을 미치는 부속장치는 설치하지 아니하여야 한다.

62 유도등의 형식승인 및 제품검사의 기술기준에 따라 복도통로유도등에 있어서 상용전원으로 등을 켜는 경우에는 직선거리 몇 [m]의 위치에서 보통시력에 의하여 표시면의 화살표가 쉽게 식별되어야 하는가?

① 20
② 15
③ 25
④ 30

해설 제16조(식별도 및 시야각시험)

① 피난구유도등 및 거실통로유도등은 상용전원으로 등을 켜는(평상사용 상태로 연결, 사용전압에 의하여 점등후 주위조도를 10[lx]에서 30[lx]까지의 범위내로 한다. 이하 이 조에서 같다) 경우에는 직선거리 30[m]의 위치에서, 비상전원으로 등을 켜는(비상전원에 의하여 유효점등시간 동안 등을 켠후 주위조도를 0[lx]에서 1[lx]까지의 범위내로 한다. 이하 이 조에서 같다) 경우에는 직선거리 20[m]의 위치에서 각

정답 61.① 62.①

기 보통시력(시력 1.0에서 1.2의 범위내를 말한다. 이하 같다)으로 피난유도표시에 대한 식별이 가능하여야 한다. 이 경우 다음 각 호의 하나에 적합하여야 한다. 〈개정 2014. 5. 8.〉
1. 제9조제1항제1호 내지 제4호의 하나, 색채 및 화살표가 함께 표시된 경우에는 화살표도 쉽게 식별될 것
2. 동영상표시형 유도등은 피난자가 비상문으로 피난하는 형태로 인식될 것
3. 단일·동영상 연계표시형 유도등은 제1호 및 제2호의 규정에 적합할 것
② 복도통로유도등에 있어서 상용전원으로 등을 켜는 경우에는 직선거리 20[m]의 위치에서, 비상전원으로 등을 켜는 경우에는 직선거리 15[m]의 위치에서 보통시력에 의하여 표시면의 화살표가 쉽게 식별되어야 한다.

63 비상경보설비 및 단독경보형 감지기의 화재안전기준(NFSC 201)에 따른 단독경보형 감지기에 대한 내용이다. 다음 ( )에 들어갈 내용으로 옳은 것은?

> 이웃하는 실내의 바닥면적이 각각 ( )[m²] 미만이고 벽체의 상부의 전부 또는 일부가 개방되어 이웃하는 실내와 공기가 상호 유통되는 경우에는 이를 1개의 실로 본다.

① 50 ② 150
③ 30 ④ 100

해설 단독경보형 감지기 설치기준
㉠ 각 실(이웃하는 실내의 바닥면적이 각각 30[m²] 미만이고 벽체의 상부의 전부 또는 일부가 개방되어 이웃하는 실내와 공기가 상호유통되는 경우에는 이를 1개의 실로 본다)마다 설치하되, 바닥면적이 150[m²]를 초과하는 경우에는 150[m²]마다 1개 이상 설치할 것

64 누전경보기의 화재안전기준(NFSC 201)에 따라 누전경보기 설치시 경계전로의 정격전류가 60A를 초과하는 전로에 있어서는 몇 급 누전경보기를 설치하는가? (단, 경계전로는 분기되어 있지 않은 경우이다)

① 4급 누전경보기 ② 1급 누전경보기
③ 2급 누전경보기 ④ 3급 누전경보기

해설 경계전로별 누전경보기 설치
㉠ 60[A]를 초과하는 경계전로 : 1급 설치
㉡ 60[A] 이하의 경계전로 : 1급 또는 2급 설치

65 무선통신보조설비 구성방식 중 안테나 방식의 특징에 대한 설명으로 틀린 것은?
① 누설동축케이블 방식보다 경제적이다.
② 케이블을 반자 내에 은폐할 수 있으므로 화재 시 영향이 적고 미관을 해치지 않는다.
③ 전파를 균일하고 광범위하게 방사할 수 있다.
④ 장애물이 적은 대강당, 극장 등에 적합하다.

해설 전파를 균일하고 광범위하게 방사할 수 있는 방식은 누설동축케이블방식이다.

66 자동화재탐지설비 및 시각경보장치 화재안전기준(NFSC 203)에 따라 광전식 분리형 감지기의 설치기준에 대한 설명으로 틀린 것은?
① 광축(송광면과 수광면의 중심을 연결한 선)은 나란한 벽으로부터 0.6[m] 이상 이격하여 설치할 것
② 감지기의 수광면은 햇빛을 직접 받지 않도록 설치할 것
③ 광축의 높이는 천장 등(천장의 실내에 면한 부분 또는 상층의 바닥하부면을 말한다) 높이의 70[%] 이상일 것
④ 감지기의 송광부와 수광부는 설치된 뒷벽으로부터 1[m] 이내 위치에 설치할 것

해설 광전식 분리형 감지기의 설치기준
㉠ 감지기의 수광면은 햇빛을 직접 받지 않도록 설치할 것
㉡ 광축(송광면과 수광면의 중심을 연결한 선)은 나란한 벽으로부터 0.6[m] 이상 이격하여 설치할 것
㉢ 감지기의 송광부와 수광부는 설치된 뒷벽으로부터 1[m] 이내 위치에 설치할 것
㉣ 광축의 높이는 천장 등(천장의 실내에 면한 부분 또는 상층의 바닥 하부면을 말한다) 높이의 80[%] 이상일 것

ⓜ 감지기의 광축의 길이는 공칭감시거리 범위 이내일 것
ⓗ 그 밖의 설치기준은 형식승인 내용에 따르며 형식승인 사항이 아닌 것은 제조사의 시방에 따라 설치할 것

5. 공용배전판 및 공용분전판의 경우 소방회로와 일반회로에 사용하는 배선 및 배선용 기기는 불연재료로 구획되어야 할 것

67 비상방송설비의 화재안전기준(NFSC 202)에 따라 음량조정기를 설치하는 경우 음량조정기의 배선은 3선식으로 하여야 한다. 음량조정기의 각 배선의 용도를 나타낸 것으로 옳은 것은?

① 전원선, 음량조정용, 접지선
② 전원선, 통신선, 예비용
③ 공통선, 업무용, 긴급용
④ 업무용, 긴급용, 접지선

해설 3선식배선 : 공통선, 업무용배선, 긴급용배선

68 소방시설용 비상전원수설비의 화재안전기준(NFSC 602)에 따라 전기사업자로부터 저압으로 수전하는 비상전원설비를 제1종 배전반 및 제1종 분전반으로 하는 경우 외함에 노출하여 설치할 수 없는 것은?

① 차단기
② 표시등(불연성 재료로 덮개를 설치한 것)
③ 표시등(난연성 재료로 덮개를 설치한 것)
④ 전선의 인입구

해설 제1종 배전반 및 제1종 분전반은 다음 각 호에 적합하게 설치하여야 한다.
1. 외함은 두께 1.6[mm](전면판 및 문은 2.3[mm]) 이상의 강판과 이와 동등 이상의 강도와 내화성능이 있는 것으로 제작할 것
2. 외함의 내부는 외부의 열에 의해 영향을 받지 않도록 내열성 및 단열성이 있는 재료를 사용하여 단열할 것. 이 경우 단열부분은 열 또는 진동에 따라 쉽게 변형되지 아니하여야 한다.
3. 다음 각 목에 해당하는 것은 외함에 노출하여 설치할 수 있다.
   가. 표시등(불연성 또는 난연성재료로 덮개를 설치한 것에 한한다)
   나. 전선의 인입구 및 입출구
4. 외함은 금속관 또는 금속제 가요전선관을 쉽게 접속할 수 있도록 하고, 당해 접속부분에는 단열조치를 할 것

69 예비전원의 성능인증 및 제품검사의 기술기준에 따른 예비전원에 해당하지 않는 것은?

① 망간 1차 축전지
② 리튬계 2차 축전지
③ 무보수 밀폐형 연축전지
④ 알칼리계 2차 축전지

해설 "예비전원"이란 소방용품에 사용되는 알카리계 2차 축전지, 리튬계 2차 축전지 및 무보수 밀폐형 연축전지를 말한다.

70 정격출력 5~15[W] 정도의 소형으로서, 소화활동 시 안내방송 등에 사용하는 증폭기의 종류로 옳은 것은?

① 휴대형   ② Rack형
③ Desk형   ④ 탁상형

71 자동화재탐지설비 및 시각경보장치의 화재안전기준(NFSC 203)에 따라 시각경보장치는 천장의 높이가 2[m] 이하인 경우 천장으로부터 몇 [m] 이내의 장소에 설치하여야 하는가?

① 0.1   ② 0.15
③ 0.2   ④ 0.25

해설 청각장애인용 시각경보장치의 설치기준
1. 복도·통로·청각장애인용 객실 및 공용으로 사용하는 거실(로비, 회의실, 강의실, 식당, 휴게실, 오락실, 대기실, 체력단련실, 접객실, 안내실, 전시실, 기타 이와 유사한 장소를 말한다)에 설치하며, 각 부분으로부터 유효하게 경보를 발할 수 있는 위치에 설치할 것
2. 공연장·집회장·관람장 또는 이와 유사한 장소에 설치하는 경우에는 시선이 집중되는 무대부 부분 등에 설치할 것
3. 설치높이는 바닥으로부터 2[m] 이상 2.5[m] 이하의 장소에 설치할 것. 다만, 천장의 높이가 2[m] 이하인 경우에는 천장으로부터 0.15[m] 이내의 장소에 설치하여야 한다.

정답 67.③ 68.① 69.① 70.① 71.②

4. 시각경보장치의 광원은 전용의 축전지설비 또는 전기 저장장치(외부 전기에너지를 저장해 두었다가 필요한 때 전기를 공급하는 장치)에 의하여 점등되도록 할 것. 다만, 시각경보기에 작동전원을 공급할 수 있도록 형식승인을 얻은 수신기를 설치 한 경우에는 그러하지 아니하다.

72 비상조명등의 화재안전기준(NFSC 304)에 따라 비상조명등의 조도는 비상조명등이 설치된 장소의 각 부분의 바닥에서 몇 [lx] 이상이 되도록 하여야 하는가?

① 3
② 10
③ 1
④ 5

해설 비상조명등의 조도는 비상조명등이 설치된 장소의 각 부분의 바닥에서 1[lx] 이상이 되도록 하여야 한다.

73 비상콘센트설비의 화재안전기준(NFSC 504)에 따른 비상콘센트를 보호하기 위한 비상콘센트 보호함의 설치기준으로 틀린 것은?

① 비상콘센트의 보호함을 옥내소화전함 등과 접속하여 설치하는 경우에는 옥내소화전함 등의 표시등과 겸용할 수 있다.
② 보호함 상부에 적색의 표시등을 설치할 것
③ 보호함에는 문을 쉽게 개폐할 수 없도록 잠금장치를 설치할 것
④ 보호함 표면에 "비상콘센트"라고 표시한 표지를 할 것

해설 비상콘센트를 보호하기 위한 비상콘센트보호함의 설치기준
㉠ 보호함에는 쉽게 개폐할 수 있는 문을 설치할 것
㉡ 보호함 표면에 "비상콘센트"라고 표시한 표지를 할 것
㉢ 보호함 상부에 표시등을 설치할 것. 다만, 비상콘센트의 보호함을 옥내소화전함 등과 접속하여 설치하는 경우에는 옥내소화전함 등의 표시등과 겸용할 수 있다.

74 비상경보설비 및 단독경보형 감지기의 화재안전기준(NFSC 201)에 따른 발신기의 설치기준에 대한 내용이다. 다음 ( )에 들어갈 내용으로 옳은 것은?

> 조작이 쉬운 장소에 설치하고, 조작스위치는 바닥으로부터 (㉠)[m] 이상 (㉡)[m] 이하의 높이에 설치할 것

① ㉠ 1.2, ㉡ 2.0
② ㉠ 1.0, ㉡ 1.8
③ ㉠ 0.6, ㉡ 1.2
④ ㉠ 0.8, ㉡ 1.5

해설 발신기는 다음 각 호의 기준에 따라 설치하여야 한다. 다만, 지하구의 경우에는 발신기를 설치하지 아니할 수 있다.
1. 조작이 쉬운 장소에 설치하고, 조작스위치는 바닥으로부터 0.8[m] 이상 1.5[m] 이하의 높이에 설치할 것
2. 특정소방대상물의 층마다 설치하되, 해당 특정소방대상물의 각 부분으로부터 하나의 발신기까지의 수평거리가 25[m] 이하가 되도록 할 것. 다만, 복도 또는 별도로 구획된 실로서 보행거리가 40[m] 이상일 경우에는 추가로 설치하여야 한다.
3. 발신기의 위치표시등은 함의 상부에 설치하되, 그 불빛은 부착 면으로부터 15° 이상의 범위 안에서 부착지점으로부터 10[m] 이내의 어느 곳에서도 쉽게 식별할 수 있는 적색등으로 할 것

75 자동화재탐지설비 및 시각경보장치의 화재안전기준(NFSC 203)에 따라 자동화재 탐지설비의 경계구역은 $500[m^2]$ 이하의 범위 안에서 몇 개의 층을 하나의 경계구역으로 할 수 있는가?

① 5
② 2
③ 3
④ 7

해설 자동화재탐지설비의 경계구역 설정기준
1. 하나의 경계구역이 2개 이상의 건축물에 미치지 아니하도록 할 것
2. 하나의 경계구역이 2개 이상의 층에 미치지 아니하도록 할 것. 다만, $500[m^2]$ 이하의 범위 안에서는 2개의 층을 하나의 경계구역으로 할 수 있다
3. 하나의 경계구역의 면적은 $600[m^2]$ 이하로 하고 한 변의 길이는 50[m] 이하로 할 것. 다만, 해당 특정소방대상물의 주된 출입구에서 그 내부 전체가 보이는 것에 있어서는 한 변의 길이가 50[m]의 범위 내에서 $1,000[m^2]$ 이하로 할 수 있다.

76 무선통신보조설비에서 송신기와 송신 안테나 또는 수신안테나에서 수신기 사이를 연결하여 고주파전력을 전송하기 위하여 사용되는 전송선로를 말하며, 전파를 누설동축케이블이나 무선접속단자까지 이송하는 역할을 수행하는 것은?

① 무선중계기   ② 종단저항기
③ 증폭기   ④ 급전선

77 유도등 및 유도표지의 화재안전기준(NFSC 303)에 따른 통로유도등의 종류로 틀린 것은?

① 거실통로유도등
② 복도통로유도등
③ 비상통로유도등
④ 계단통로유도등

해설 유도등 및 유도표지의 화재안전기준(NFSC 303) 제6조(통로유도등 설치기준)
① 통로유도등은 특정소방대상물의 각 거실과 그로부터 지상에 이르는 복도 또는 계단의 통로에 다음 각 호의 기준에 따라 설치하여야 한다.
  1. 복도통로유도등은 다음 각 목의 기준에 따라 설치할 것
    가. 복도에 설치할 것
    나. 구부러진 모퉁이 및 보행거리 20[m] 마다 설치할 것
    다. 바닥으로부터 높이 1[m] 이하의 위치에 설치할 것. 다만, 지하층 또는 무창층의 용도가 도매시장·소매시장·여객자동차터미널·지하역사 또는 지하상가인 경우에는 복도·통로 중앙부분의 바닥에 설치하여야 한다.
    라. 바닥에 설치하는 통로유도등은 하중에 따라 파괴되지 아니하는 강도의 것으로 할 것
  2. 거실통로유도등은 다음 각 목의 기준에 따라 설치할 것
    가. 거실의 통로에 설치할 것. 다만, 거실의 통로가 벽체 등으로 구획된 경우에는 복도통로유도등을 설치하여야 한다.
    나. 구부러진 모퉁이 및 보행거리 20[m] 마다 설치할 것
    다. 바닥으로부터 높이 1.5[m] 이상의 위치에 설치할 것. 다만, 거실통로에 기둥이 설치된 경우에는 기둥부분의 바닥으로부터 높이 1.5[m] 이하의 위치에 설치할 수 있다.
  3. 계단통로유도등은 다음 각 목의 기준에 따라 설치할 것
    가. 각층의 경사로참 또는 계단참마다(1개층에 경사로참 또는 계단참이 2 이상 있는 경우에는 2개의 계단참마다) 설치할 것
    나. 바닥으로부터 높이 1[m] 이하의 위치에 설치할 것
  4. 통행에 지장이 없도록 설치할 것
  5. 주위에 이와 유사한 등화광고물·게시물 등을 설치하지 아니할 것
② 삭제
③ 삭제

78 자동화재탐지설비 및 시각경보장치의 화재안전기준(NFSC 203)에 따라 주요구조부를 내화구조로 한 특정소방대상물의 바닥면적이 370[m²]인 부분에 설치해야 하는 감지기의 최소수량은? (단, 감지기의 부착높이는 바닥으로부터 4.5[m]이고, 보상식 스포트형 1종을 설치한다)

① 7개   ② 6개
③ 9개   ④ 8개

해설 $\dfrac{370[\text{m}^2]}{45[\text{m}^2/\text{개}]} = 8.22$
∴ 9개

79 비상콘센트설비의 화재안전기준(NFSC 504)에 따라 비상콘센트의 플러그접속기로 사용하여야 하는 것은?

① 접지형 2극 플러그접속기
② 플랫형 2종 절연 플러그접속기
③ 플랫형 3종 절연 플러그접속기
④ 접지형 3극 플러그접속기

해설 비상콘센트의 플러그 접속기는 접지형 2극 플러그 접속기(KS C 8305)를 사용하여야 한다.

정답 76.④ 77.③ 78.③ 79.①

80 누전경보기의 형식승인 및 제품검사의 기술기준에 따라 감도조정장치를 갖는 누전경보기에 있어서 감도조정장치의 조정범위는 최대치가 몇 [A]이어야 하는가?

① 5 ② 1
③ 10 ④ 3

해설 누전경보기의 공칭작동전류 및 감도조정 범위
㉠ 공칭작동 전류치 : 200[mA] 이하(누전경보기를 동작시키는 데 필요한 누설전류치로 제조자가 표시)
㉡ 감도조정 범위 : 200[mA], 500[mA], 1,000[mA](최대치 1,000[mA] 즉, 1[A])

정답 80.②

2023년 제1회 소방설비기사[전기분야] 1차 필기
[제4과목 : 소방전기구조원리]

61 비상방송설비에서 기동장치에 따른 화재신고를 수신한 후 필요한 음량으로 화재발생 상황 및 피난에 유효한 방송이 자동으로 개시될 때까지의 소요시간은 몇 초 이하로 하여야 하는가?

① 5초 이하　　② 10초 이하
③ 20초 이하　④ 30초 이하

해설 소요시간

기기·설비	소요시간	비고
자·탐설비의 수신기	5초 이하	화재 수신부터 출력(표시, 경보) 발하기까지
자·탐설비의 중계기	5초 이하	화재 수신부터 수신기로 출력 발하기까지
비상경보설비	10초 이하	화재 수신부터 출력(경보) 발하기까지
비상방송설비	10초 이하	화재 수신부터 출력(방송) 발하기까지
자동화재속보설비	20초 이하	화재 수신부터 소방서로 통보하기까지
가스누설경보기	60초 이하	가스누설 수신부터 출력(표시, 경보) 발하기까지

62 유도등 및 유도표지의 화재안전기준상 통로유도등의 설치기준에 관한 내용으로 옳은 것을 모두 고른 것은?

ㄱ. 복도통로유도등은 구부러진 모퉁이 및 보행거리 20[m]마다 설치할 것
ㄴ. 계단통로유도등은 바닥으로부터 높이 1[m] 이하의 위치에 설치할 것
ㄷ. 거실통로유도등은 바닥으로부터 높이 1[m] 이상의 위치에 설치할 것

① ㄱ, ㄴ　　② ㄱ, ㄷ
③ ㄴ, ㄷ　　④ ㄱ, ㄴ, ㄷ

해설 거실통로유도등은 높이 1.5m 이상의 위치에 설치(기둥 설치시 1.5m 이하)

63 공기관식 차동식 분포형 감지기의 설치기준으로 옳지 않은 것은?

① 공기관의 노출부분은 감지구역마다 20[m] 이상이 되도록 할 것
② 하나의 검출부분에 접속하는 공기관의 길이는 200[m] 이하로 할 것
③ 검출부는 5° 이상 경사되지 아니하도록 부착할 것
④ 검출부는 바닥으로부터 0.8[m] 이상 1.5[m] 이하의 위치에 설치할 것

해설 하나의 검출부분에 접속하는 공기관의 길이는 100[m] 이하로 하여야 한다.

64 통로 직선부분의 길이가 30[m]인 극장 통로바닥에 설치하여야 하는 객석유도등의 설치개수는?

① 3개　　② 4개
③ 7개　　④ 17개

해설 객석유도등의 설치개수
$N = \dfrac{L}{4} - 1 = \dfrac{30}{4} - 1 = 6.5$
∴ 7개

정답　61.② 62.① 63.② 64.③

645

65 비상콘센트를 다음과 같은 조건으로 현장 설치한 경우 화재안전기준과 맞지 않는 것은?

① 바닥으로부터 높이 1.45[m]에 움직이지 않게 고정시켜 설치된 경우
② 바닥면적이 800[m²]인 층의 계단 출입구에서 4[m] 이내 설치된 경우
③ 바닥면적의 합계가 12,000[m²]인 지하상가의 수평거리 30[m]마다 추가 설치한 경우
④ 바닥면적의 합계가 2,500[m²]인 지하층의 수평거리 40[m]마다 추가로 설치된 경우

해설 [비상콘센트]
- 바닥으로부터 높이 0.8m 이상 1.5m 이하의 위치에 설치할 것
- 비상콘센트의 배치는 아파트 또는 바닥면적이 1,000㎡ 미만인 층에 있어서는 계단의 출입구(계단의 부속실을 포함하며 계단이 2 이상 있는 경우에는 그중 1개의 계단을 말한다)로부터 5m 이내에, 바닥면적 1,000㎡ 이상인 층(아파트를 제외한다)에 있어서는 각 계단의 출입구 또는 계단부속실의 출입구(계단의 부속실을 포함하며 계단이 3 이상 있는 층의 경우에는 그중 2개의 계단을 말한다)로부터 5m 이내에 설치하되, 그 비상콘센트로부터 그 층의 각 부분까지의 거리가 다음의 기준을 초과하는 경우에는 그 기준 이하가 되도록 비상콘센트를 추가하여 설치할 것
  ① 지하상가 또는 지하층의 바닥면적의 합계가 3,000㎡ 이상인 것은 수평거리 25m
  ② ①목에 해당하지 아니하는 수평거리 50m

66 자동화재속보설비의 속보기는 자동화재탐지설비로부터 작동신호를 수신하여 몇 초 이내에 소방관서에 자동적으로 신호를 발하여 통보하여야 하는가?

① 10초   ② 20초
③ 30초   ④ 60초

해설 [속보기의 기능]
- 작동신호를 수신하거나 수동으로 동작시키는 경우 20초 이내에 소방관서에 자동적으로 신호를 발하여 통보하되, 3회 이상 속보할 수 있어야 한다.

- 예비전원은 감시상태를 60분간 지속한 후 10분 이상 동작(화재속보 후 화재표시 및 경보를 10분간 유지하는 것을 말한다)이 지속될 수 있는 용량이어야 한다.

67 비상콘센트설비의 전원회로에 대한 공급용량이 바르게 표기된 것은?

① 3상교류 380[V], 2[kVA]
② 3상교류 380[V], 3[kVA]
③ 단상교류 220[V], 1.0[kVA]
④ 단상교류 220[V], 1.5[kVA]

해설 비상콘센트설비의 전원회로 설치기준

구분	전압	공급용량
단상교류	220[V]	1.5[kVA] 이상

68 다음 중 감지기의 종별에 대한 설명으로 옳지 않은 것은?

① 차동식 스포트형 감지기는 주위온도가 일정상승률 이상이 되는 경우에 작동하는 것으로서 일국소에서의 열효과에 의하여 작동하는 것
② 차동식 분포형 감지기는 주위온도가 일정상승률 이상이 되는 경우에 작동하는 것으로서 넓은 범위 내에서의 열효과의 누적에 의하여 작동하는 것
③ 연기감지기는 주위의 공기가 일정한 온도의 연기를 포함하게 되는 경우에 작동하는 것으로서 일국소의 연기에 의하여 이온전류가 변화하여 작동하는 것
④ 정온식 스포트형 감지기는 일국소의 주위온도가 일정한 온도 이상이 되는 경우에 작동하는 것으로서 외관이 전선으로 되어 있는 것

해설 일국소의 주위온도가 일정한 온도 이상이 되는 경우에 작동하는 것으로서 외관이 전선으로 되어 있지 아니한 것을 말한다.

정답 65.③ 66.② 67.④ 68.④

69 다음 건축물에 자동화재탐지설비의 경계구역을 설정하려고 한다. 최소 몇 개 이상으로 나누어야 하는가?

> ① 건축물 규모 : 1층 1100㎡, 2층 320㎡, 3층 170㎡
> ② 건축물의 각 변의 길이는 50m 이하이다.

① 2개 ② 3개
③ 4개 ④ 5개

해설 [자동화재탐지설비의 경계구역 산출]
- 관계이론
  - 하나의 경계구역의 면적 : 600㎡ 이하, 한 변의 길이 : 50m 이하
  - 하나의 경계구역이 2개 이상의 층에 미치지 아니하도록 할 것. 다만, 500㎡ 이하의 범위 안에서는 2개의 층을 하나의 경계구역으로 할 수 있다.
- 경계구역의 산출
  - 1층 : 1100/600 = 1.83 = 2구역
  - 2층과 3층의 면접합계
    320 + 170 = 490㎡/600㎡
    = 0.82 = 1구역
  - 경계구역의 수 : 2구역 + 1구역 = 3구역

70 비상조명등은 비상점등을 위하여 비상전원으로 전환되는 경우, 비상점등 회로로 정격전류의 1.2배 이상의 전류가 흐르거나 램프가 없는 경우에는 비상점등 회로의 보호를 위하여 몇 초 이내에 예비전원으로부터 비상전원 공급을 차단하여야 하는가?

① 1초 ② 3초
③ 30초 ④ 60초

해설 비상조명등의 형식승인 및 제품검사의 기술기준 비상점등 회로의 보호
비상조명등은 비상점등을 위하여 비상전원으로 전환되는 경우 비상점등 회로로 정격전류의 1.2배 이상의 전류가 흐르거나 램프가 없는 경우에는 3초 이내에 예비전원으로부터의 비상전원 공급을 차단하여야 한다.

71 무선통신보조설비에서 2개 이상의 입력신호를 원하는 비율로 조합한 출력이 발생하도록 하는 장치는?

① 분배기 ② 동조기
③ 복합기 ④ 혼합기

해설 용어 정의
1. "누설동축케이블"이란 동축케이블의 외부도체에 가느다란 홈을 만들어서 전파가 외부로 새어나갈 수 있도록 한 케이블을 말한다.
2. "분배기"란 신호의 전송로가 분기되는 장소에 설치하는 것으로 임피던스 매칭(Matching)과 신호 균등분배를 위해 사용하는 장치를 말한다.
3. "분파기"란 서로 다른 주파수의 합성된 신호를 분리하기 위해서 사용하는 장치를 말한다.
4. "혼합기"란 두 개 이상의 입력신호를 원하는 비율로 조합한 출력이 발생하도록 하는 장치를 말한다.
5. "증폭기"란 신호 전송 시 신호가 약해져 수신이 불가능해지는 것을 방지하기 위해서 증폭하는 장치를 말한다.

72 다음 ( ) 안에 들어갈 용어로 알맞은 것은?

> "누전경보기의 수신부는 변류기로부터 송신된 신호를 수신하는 경우 (㉠) 및 (㉡)에 의하여 누전을 자동적으로 표시할 수 있어야 한다."

① ㉠ 적색 표시, ㉡ 음향신호
② ㉠ 황색 표시, ㉡ 음향신호
③ ㉠ 적색 표시, ㉡ 시각장치신호
④ ㉠ 황색 표시, ㉡ 시각장치신호

해설 누전경보기의 형식승인 및 제품검사의 기술기준
수신부는 변류기로부터 송신된 신호를 수신하는 경우 적색 표시 및 음향신호에 의하여 누전을 자동적으로 표시할 수 있어야 하며, 이 경우 차단기구가 있는 것은 차단 후에도 누전되고 있음을 적색 표시로 계속 표시되는 것이어야 한다.

73 천장 높이가 5[m]인 경우 청각장애인용 시각경보장치의 설치 높이로 알맞은 것은?

① 바닥으로부터 0.3[m] 이상 0.8[m] 이하의 장소
② 바닥으로부터 0.8[m] 이상 1.2[m] 이하의 장소
③ 바닥으로부터 2.0[m] 이상 2.5[m] 이하의 장소
④ 천장으로부터 0.15[m] 이내의 장소

해설 청각장애인용 시각경보장치의 설치기준
1. 복도·통로·청각장애인용 객실 및 공용으로 사용하는 거실(로비, 회의실, 강의실, 식당, 휴게실, 오락실, 대기실, 체력단련실, 접객실, 안내실, 전시실, 기타 이와 유사한 장소를 말한다)에 설치하며, 각 부분으로부터 유효하게 경보를 발할 수 있는 위치에 설치할 것
2. 공연장·집회장·관람장 또는 이와 유사한 장소에 설치하는 경우에는 시선이 집중되는 무대부 부분 등에 설치할 것
3. 설치높이는 바닥으로부터 2[m] 이상 2.5[m] 이하의 장소에 설치할 것. 다만, 천장의 높이가 2[m] 이하인 경우에는 천장으로부터 0.15[m] 이내의 장소에 설치하여야 한다.
4. 시각경보장치의 광원은 전용의 축전지설비 또는 전기저장장치(외부 전기에너지를 저장해 두었다가 필요한 때 전기를 공급하는 장치)에 의하여 점등되도록 할 것. 다만, 시각경보기에 작동전원을 공급할 수 있도록 형식승인을 얻은 수신기를 설치 한 경우에는 그러하지 아니하다

74 자동화재탐지설비의 수신기 구조에서 정격전압이 몇 [V]를 넘는 기구의 금속제 외함에는 접지단자를 설치하여야 하는가?

① 30[V] ② 60[V]
③ 100[V] ④ 300[V]

해설 수신기의 형식승인 및 제품검사의 기술기준
정격전압이 60[V]를 넘는 수신기 기구의 금속제 외함에는 접지단자를 설치하여야 한다.

75 발신기를 기능에 따라 분류한 것이 아닌 것은?

① R형 ② T형
③ M형 ④ P형

해설 P형, T형, M형

76 감지구역의 바닥면적이 50[m²]의 소방대상물에 열전대식 차동식 분포형 감지기를 설치하는 경우 열전대부는 몇 개 이상으로 하여야 하는가?

① 1개 ② 3개
③ 4개 ④ 10개

해설 열전대식 감지기의 설치기준
1. 열전대부는 감지구역의 바닥면적 18m²(주요구조부가 내화구조로 된 특정소방대상물에 있어서는 22[m²])마다 1개 이상으로 할 것. 다만, 바닥면적이 72[m²](주요구조부가 내화구조로 된 특정소방대상물에 있어서는 88[m²]) 이하인 특정소방대상물에 있어서는 4개 이상으로 하여야 한다.
2. 하나의 검출부에 접속하는 열전대부는 20개 이하로 할 것. 다만, 각각의 열전대부에 대한 작동 여부를 검출부에서 표시할 수 있는 것(주소형)은 형식승인받은 성능인정범위 내의 수량으로 설치할 수 있다.

77 누전경보기에서 감도조정장치의 조정범위는 최대 몇 [mA]인가?

① 1[mA] ② 20[mA]
③ 1,000[mA] ④ 1,500[mA]

해설 누전경보기 감도조정장치의 조정범위
200[mA], 500[mA] 및 1,000[mA]
따라서, 최대값은 1,000[mA]

78 지하상가 및 지하역사의 경우 휴대용 비상조명등의 설치기준으로 알맞은 것은?

① 수평거리 25[m] 이내마다 5개 이상 설치
② 수평거리 50[m] 이내마다 5개 이상 설치
③ 보행거리 25[m] 이내마다 3개 이상 설치
④ 보행거리 50[m] 이내마다 3개 이상 설치

정답 73.③ 74.② 75.① 76.③ 77.③ 78.③

해설 휴대용 비상조명등의 설치기준
1. 다음의 각 장소에 설치할 것
   가. 숙박시설 또는 다중이용업소에는 객실 또는 영업장 안의 구획된 실마다 잘 보이는 곳(외부에 설치시 출입문 손잡이로부터 1[m] 이내 부분)에 1개 이상 설치
   나. 「유통산업발전법」 제2조 제3호에 따른 대규모점포(지하상가 및 지하역사는 제외한다)와 영화상영관에는 보행거리 50[m] 이내마다 3개 이상 설치
   다. 지하상가 및 지하역사에는 보행거리 25[m] 이내마다 3개 이상 설치
2. 설치높이는 바닥으로부터 0.8[m] 이상 1.5[m] 이하의 높이에 설치할 것
3. 어둠 속에서 위치를 확인할 수 있도록 할 것
4. 사용 시 자동으로 점등되는 구조일 것
5. 외함은 난연성능이 있을 것
6. 건전지를 사용하는 경우에는 방전방지 조치를 하여야 하고, 충전식 밧데리의 경우에는 상시 충전되도록 할 것
7. 건전지 및 충전식 배터리의 용량은 20분 이상 유효하게 사용할 수 있는 것으로 할 것

79 축광방식의 피난유도선의 피난유도 표시부는 바닥 면에 설치하지 않는 경우 바닥으로부터 높이 몇 [cm] 이하의 위치에 설치하여야 하는가?
① 100[cm] 이하
② 80[cm] 이하
③ 50[cm] 이하
④ 30[cm] 이하

해설 축광방식의 피난유도선의 설치기준
1. 구획된 각 실로부터 주출입구 또는 비상구까지 설치할 것
2. 바닥으로부터 높이 50[cm] 이하의 위치 또는 바닥면에 설치할 것
3. 피난유도 표시부는 50[cm] 이내의 간격으로 연속되도록 설치할 것
4. 부착대에 의하여 견고하게 설치할 것
5. 외광 또는 조명장치에 의하여 상시 조명이 제공되거나 비상조명등에 의한 조명이 제공되도록 설치할 것

80 자동화재탐지설비 감지기의 형식별 특성에서 주위의 온도 또는 연기의 량의 변화에 따라 각각 다른 전류치 또는 전압치 등의 출력을 발하는 방식의 감지기는?
① 디지탈식
② 아날로그식
③ 다신호식
④ 분산신호식

해설 감지기의 형식승인 및 제품검사의 기술기준
"아날로그(Analog)식"이란 주위의 온도 또는 연기의 량의 변화에 따라 각각 다른 전류치 또는 전압치 등의 출력을 발하는 방식의 감지기를 말한다.

2023년 제2회 소방설비기사[전기분야] 1차 필기
[제4과목 : 소방전기구조원리]

61 거실이 4개인 특정소방대상물에 단독경보형 감지기를 설치하려고 한다. 거실의 면적은 각각 A실 28[m²], B실 310[m²], C실 35[m²], D실 155[m²]이다. 단독경보형 감지기는 몇 개 이상 설치하여야 하는가?

① 4개 ② 5개
③ 6개 ④ 7개

해설 단독경보형 감지기의 설치 수
단독경보형 감지기는 구획된 실 150[m²]마다 설치하여야 하므로

- A실 : $N = \dfrac{28}{150} = 0.18$ ∴ 1개
- B실 : $N = \dfrac{310}{150} ≒ 2.07$ ∴ 3개
- C실 : $N = \dfrac{35}{150} = 0.23$ ∴ 1개
- D실 : $N = \dfrac{155}{150} ≒ 1.03$ ∴ 2개

∴ 전체 1+3+1+2=7개

62 비상경보설비의 설치대상으로 옳지 않은 것은?

① 연면적 400m²(지하가 중 터널 또는 사람이 거주하지 않거나 벽이 없는 축사는 제외한다) 이상인 것
② 지하층 또는 무창층의 바닥면적이 200m²(공연장의 경우 150m²) 이상인 것
③ 지하가 중 터널로서 길이가 500m 이상인 것
④ 50명 이상의 근로자가 작업하는 옥내 작업장

해설 [설치대상]
㉠ 연면적 400m²(지하가 중 터널 또는 사람이 거주하지 않거나 벽이 없는 축사는 제외한다) 이상이거나 지하층 또는 무창층의 바닥면적이 150m²(공연장의 경우 100m²) 이상인 것
㉡ 지하가 중 터널로서 길이가 500m 이상인 것
㉢ 50명 이상의 근로자가 작업하는 옥내 작업장

63 단독경보형감지기의 설치기준으로 옳지 않은 것은?

① 각 실마다 설치하되, 바닥면적이 100[m²]를 초과하는 경우에는 100[m²]마다 1개 이상 설치할 것
② 최상층 계단실의 천장(외기가 상통하는 계단실은 제외)에 설치할 것
③ 건전지를 주전원으로 사용하는 단독경보형감지기는 정상적인 작동상태를 유지할 수 있도록 건전지를 교환할 것
④ 상용전원을 주전원으로 사용하는 2차전지는 성능시험에 합격한 것일 것

해설 단독경보형감지기는 다음의 기준에 따라 설치해야 한다.
1. 각 실(이웃하는 실내의 바닥면적이 각각 30m² 미만이고 벽체의 상부의 전부 또는 일부가 개방되어 이웃하는 실내와 공기가 상호 유통되는 경우에는 이를 1개의 실로 본다)마다 설치하되, 바닥면적이 150m²를 초과하는 경우에는 150m²마다 1개 이상 설치할 것
2. 계단실은 최상층의 계단실 천장(외기가 상통하는 계단실의 경우를 제외한다)에 설치할 것
3. 건전지를 주전원으로 사용하는 단독경보형감지기는 정상적인 작동상태를 유지할 수 있도록 주기적으로 건전지를 교환할 것
4. 상용전원을 주전원으로 사용하는 단독경보형감지기의 2차전지는 법 제40조에 따라 제품검사에 합격한 것을 사용할 것

정답 61.④ 62.② 63.①

64 휴대용 비상조명등을 설치한 경우이다. 화재안전기준에 적합하지 않는 경우는?

① 다중이용업소의 객실마다 잘 보이는 곳에 1개 이상 설치되었다.
② 백화점에 보행거리 50[m] 이내마다 5개씩 설치되었다.
③ 지하상가에 보행거리 25[m] 이내마다 4개씩 설치되었다.
④ 지하역사에 보행거리 50[m] 이내마다 3개씩 설치되었다.

해설 휴대용 비상조명등의 설치장소
1. 숙박시설 또는 다중이용업소 : 객실 또는 영업장 안의 구획된 실마다 잘 보이는 곳(외부에 설치시 출입문 손잡이로부터 1[m] 이내 부분)에 1개 이상 설치
2. 대규모 점포(지하상가 및 지하역사는 제외)와 영화상영관 : 보행거리 50[m] 이내마다 3개 이상 설치
3. 지하상가 및 지하역사 : 보행거리 25[m] 이내마다 3개 이상 설치

65 비상콘센트의 풀박스 등은 두께 몇 [mm] 이상의 철판을 사용하여야 하는가?

① 1.2[mm]   ② 1.6[mm]
③ 2.6[mm]   ④ 3.2[mm]

해설 비상콘센트용의 풀박스 등은 방청도장을 한 것으로서, 두께 1.6[mm] 이상의 철판으로 하여야 한다.

66 감지기의 설치기준으로 부적당한 것은?

① 감지기(차동식분포형 제외)는 실내 공기유입구로부터 1.5[m] 이상 떨어진 곳에 설치할 것
② 보상식 스포트형 감지기는 정온점이 감지기 주위의 평상시 최고온도보다 30[℃] 이상 높은 것으로 설치할 것
③ 정온식 감지기는 주방, 보일러실 등 다량의 화기를 취급하는 장소에 설치하되 공칭작동온도가 최고주위온도보다 20[℃] 이상 높은 것으로 설치할 것
④ 스포트형 감지기는 45° 이상 경사되지 아니하도록 부착할 것

해설
1. 보상식 스포트형 감지기
   정온점 ≥ 주위의 평상시 최고온도 +20℃
2. 정온식 감지기
   공칭작동온도 ≥ 최고주위온도 +20℃

67 주요구조부가 내화구조가 아닌 소방대상물에 있어서 열전대식 차동식분포형 감지기의 열전대부는 감지구역의 바닥면적 몇 [m²]마다 1개 이상으로 하여야 하는가?

① 18[m²]   ② 22[m²]
③ 50[m²]   ④ 72[m²]

해설 열전대식 차동식분포형 감지기의 설치기준
1. 열전대부는 감지구역의 바닥면적 18[m²](내화구조인 경우 22[m²])마다 1개 이상으로 할 것
2. 바닥면적이 72[m²](내화구조인 경우 88[m²]) 이하인 특정소방대상물에 있어서는 4개 이상으로 할 것
3. 하나의 검출부에 접속하는 열전대부는 20개 이하로 할 것. 다만, 각각의 열전대부에 대한 작동 여부를 검출부에서 표시할 수 있는 것(주소형)은 형식승인받은 성능인정범위 내의 수량으로 설치할 수 있다.

68 자동화재탐지설비의 중계기의 설치기준에 대한 설명 중 옳지 않은 것은?

① 수신기에서 직접 감지기회로의 도통시험을 행하지 아니하는 것에 있어서는 수신기와 감지기 사이에 설치할 것
② 조작 및 점검에 편리하고 화재 및 침수 등의 재해로 인한 피해를 받을 우려가 없는 장소에 설치할 것
③ 수신기에 따라 감시되지 않는 배선을 통하여 전력을 공급받는 것에 있어서는 전원 입력 측의 배선에 스위치를 설치할 것
④ 전원의 정전 즉시 수신기에 표시되는 것으로 하며 상용전원 및 예비전원의 시험을 할 수 있도록 할 것

정답 64.④ 65.② 66.② 67.① 68.③

해설 중계기의 설치기준
1. 수신기에서 직접 감지기회로의 도통시험을 행하지 아니하는 것에 있어서는 수신기와 감지기 사이에 설치할 것
2. 조작 및 점검에 편리하고 화재 및 침수 등의 재해로 인한 피해를 받을 우려가 없는 장소에 설치할 것
3. 수신기에 따라 감시되지 아니하는 배선을 통하여 전력을 공급받는 것에 있어서는 전원 입력 측의 배선에 과전류 차단기를 설치하고 해당 전원의 정전이 즉시 수신기에 표시되는 것으로 하며, 상용전원 및 예비전원의 시험을 할 수 있도록 할 것

69 비상조명등의 조도에 대한 설치기준으로 옳은 것은?
① 비상조명등이 설치된 장소로부터 30[m] 떨어진 곳의 바닥에서 1[lx] 이상이 되어야 한다.
② 비상조명등이 설치된 장소로부터 10[m] 떨어진 곳의 바닥에서 1[lx] 이상이 되어야 한다.
③ 비상조명등이 설치된 장소로부터 20[m] 떨어진 곳의 바닥에서 1[lx] 이상이 되어야 한다.
④ 비상조명등이 설치된 장소의 각 부분의 바닥에서 1[lx] 이상이 되어야 한다.

해설 비상조명등의 조도는 비상조명등이 설치된 장소의 각 부분의 바닥에서 1[lx] 이상이 되도록 하여야 한다.

70 지하 2층, 지상 6층이고, 연면적 3,500[m²]인 건물의 1층에서 화재가 발생된 경우 경보를 발하여야 하는 층을 모두 나열한 것은?
① 지하 2층, 지하 1층, 1층
② 지하 2층, 지하 1층, 1층, 2층
③ 1층, 2층
④ 전층

해설 현행(24.1기준) 11층 이상(아파트의 경우 16층 이상)의 경우 다음 기준에 따라 경보할 것.
① 2층 이상의 층에서 발화한 때에는 발화층 및 그 직상 4개 층에 경보를 발할 것
② 1층에서 발화한 때에는 발화층·그 직상 4개 층 및 지하층에 경보를 발할 것
③ 지하층에서 발화한 때에는 발화층·그 직상층 및 기타의 지하층에 경보를 발할 것

71 자동화재탐지설비의 경계구역 설정에 대한 설명으로 옳지 않은 것은?
① 하나의 경계구역이 2개 이상의 건축물에 미치지 아니하도록 할 것
② 하나의 경계구역이 2개 이상의 층에 미치지 아니하도록 할 것(2개의 층이 500[m²] 이하인 경우 제외)
③ 하나의 경계구역 면적은 600[m²] 이하로 하고 한 변의 길이는 50[m] 이하로 할 것
④ 지하구의 경우 하나의 경계구역의 길이는 600[m] 이하로 할 것

해설 1. 자동화재탐지설비의 경계구역은 다음의 기준에 따라 설정해야 한다. 다만, 감지기의 형식승인 시 감지거리, 감지면적 등에 대한 성능을 별도로 인정받은 경우에는 그 성능인정범위를 경계구역으로 할 수 있다.
① 하나의 경계구역이 2 이상의 건축물에 미치지 않도록 할 것
② 하나의 경계구역이 2 이상의 층에 미치지 않도록 할 것. 다만, 500[m²] 이하의 범위 안에서는 2개의 층을 하나의 경계구역으로 할 수 있다.
③ 하나의 경계구역의 면적은 600[m²] 이하로 하고 한 변의 길이는 50[m] 이하로 할 것. 다만, 해당 특정소방대상물의 주된 출입구에서 그 내부 전체가 보이는 것에 있어서는 한 변의 길이가 50[m]의 범위 내에서 1,000[m²] 이하로 할 수 있다.
2. 계단(직통계단 외의 것에 있어서는 떨어져 있는 상하 계단의 상호 간의 수평거리가 5[m] 이하로서 서로 간에 구획되지 아니한 것에 한한다. 이하 같다)·경사로(에스컬레이터경사로 포함)·엘리베이터 승강로(권상기실이 있는 경우에는 권상기실)·린넨슈트·파이프 피트 및 덕트 기타 이와 유사한 부분에 대하여는 별도로 경계구역을 설정하되, 하나의 경계구역은 높이 45[m] 이하(계단 및 경사로에 한한다)로 하고, 지하층의 계단 및 경사로(지하층의 층수가 한 개 층일 경우는 제외한다)는 별도로 하나의 경계구역으로 해야 한다.

3. 외기에 면하여 상시 개방된 부분이 있는 차고·주차장·창고 등에 있어서는 외기에 면하는 각 부분으로부터 5[m] 미만의 범위 안에 있는 부분은 경계구역의 면적에 산입하지 않는다.
4. 스프링클러설비·물분무등소화설비 또는 제연설비의 화재감지장치로서 화재감지기를 설치한 경우의 경계구역은 해당 소화설비의 방호구역 또는 제연구역과 동일하게 설정할 수 있다.

72 비상방송설비의 구성요소가 아닌 것은?
① 증폭기 ② 조작장치
③ 확성기 ④ 감지기

해설
- **기동장치 또는 발신기** : 입력기능 및 전력을 증폭하는 기능의 장치
- **입력장치** : 입력신호의 발생 장치로 마이크로폰, 테이프, 사이렌, 플레이어, 라디오 등으로 구성
- **조작장치** : 원격조작 또는 회로조작을 하는 장치
- **확성기(Speaker)** : 소리를 크게 하여 멀리까지 전달될 수 있도록 하는 출력장치
- **음량조절기(Attenuator)** : 가변저항을 이용하여 전류를 변화시켜 음량을 크게 하거나 작게 조절할 수 있는 장치 → 3선식 배선

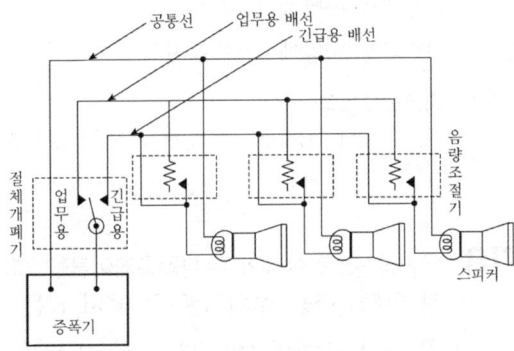

【 3선식 배선 】

- **증폭기(AMP ; Amplifier)** : 전압전류의 진폭을 늘려 감도를 좋게 하고 미약한 음성전류를 커다란 음성전류로 변환시켜 소리를 크게 하는 장치
- **전원** : 상용전원 및 비상전원 장치로 구성

73 다음 중 자동화재속보설비의 스위치 설치기준으로 옳은 것은?
① 바닥으로부터 0.5[m] 이상 1.5[m] 이하의 높이에 설치한다.
② 바닥으로부터 0.5[m] 이상 1.8[m] 이하의 높이에 설치한다.
③ 바닥으로부터 0.8[m] 이상 1.5[m] 이하의 높이에 설치한다.
④ 바닥으로부터 0.8[m] 이상 1.8[m] 이하의 높이에 설치한다.

해설 자동화재속보설비의 설치기준
1. 자동화재탐지설비와 연동으로 작동하여 자동적으로 화재발생 상황을 소방관서에 전달되는 것으로 할 것. 이 경우 부가적으로 특정소방대상물의 관계인에게 화재발생상황을 전달되도록 할 수 있다.
2. 조작스위치는 바닥으로부터 0.8[m] 이상 1.5[m] 이하의 높이에 설치할 것
3. 속보기는 소방관서에 통신망으로 통보하도록 하며, 데이터 또는 코드전송방식을 부가적으로 설치할 수 있다. 단, 데이터 및 코드전송방식의 기준은 소방청장이 정하여 고시한 「자동화재속보설비의 속보기의 성능인증 및 제품검사의 기술기준」 제5조제12호에 따른다.
4. 문화재에 설치하는 자동화재속보설비는 제1호의 기준에도 불구하고 속보기에 감지기를 직접 연결하는 방식(자동화재탐지설비 1개의 경계구역에 한한다)으로 할 수 있다.
5. 속보기는 소방청장이 정하여 고시한 「자동화재속보설비의 속보기의 성능인증 및 제품검사의 기술기준」에 적합한 것으로 설치하여야 한다.

74 누전경보기의 전원은 분전반으로부터 전용회로로 하고 각 극에 개폐기와 몇 [A] 이하의 과전류차단기를 설치하여야 하는가?
① 15[A] ② 20[A]
③ 25[A] ④ 30[A]

해설 누전경보기의 전원
분전반으로부터 전용회로로 하고, 각 극에 개폐기 및 15[A] 이하의 과전류차단기(배선용 차단기에 있어서는 20[A] 이하의 것으로 각 극을 개폐할 수 있는 것)를 설치하여야 한다. (**참조** 전력기술기준에서는 16[A]로 변경)

75 누전경보기의 수신부를 당해 부분의 전기회로를 차단할 수 있는 차단기구를 가진 수신부로 설치하여야 하는 장소로 알맞은 것은?

① 화약류를 제조하거나 저장 또는 취급하는 장소
② 가연성의 증기·먼지 등이 체류할 우려가 있는 장소
③ 온도의 변화가 급격한 장소나 습도가 높은 장소
④ 대전류회로·고주파발생회로 등에 따른 영향을 받을 우려가 있는 장소

해설 누전경보기 수신부의 설치장소
옥내의 점검에 편리한 장소에 설치하되, 가연성의 증기·먼지 등이 체류할 우려가 있는 장소의 전기회로에는 해당 부분의 전기회로를 차단할 수 있는 차단기구를 가진 수신부를 설치하여야 한다. 이 경우 차단기구의 부분은 해당 장소 외의 안전한 장소에 설치하여야 한다.

※ 누전경보기 수신부의 설치제외 장소
1. 가연성의 증기·먼지·가스 등이나 부식성의 증기·가스 등이 다량으로 체류하는 장소
2. 화약류를 제조하거나 저장 또는 취급하는 장소
3. 습도가 높은 장소
4. 온도의 변화가 급격한 장소
5. 대전류회로·고주파 발생회로 등에 따른 영향을 받을 우려가 있는 장소(다만, 해당 누전경보기에 대하여 방폭·방식·방습·방온·방진 및 정전기 차폐 등의 방호조치를 한 것은 제외)

76 유도등은 전기회로에 점멸기를 설치하지 아니하고 항상 점등상태를 유지하여야 한다. 다만, 3선식 배선에 따라 상시 충전되는 구조인 경우에는 그렇지 않아도 되는데 그 설치 장소로 적당하지 않은 것은?

① 민방위훈련 등으로 야간등화관제가 필요한 장소
② 소방대상물의 관계인 또는 종사원이 주로 사용하는 장소
③ 공연장, 암실(暗室) 등으로서 어두워야 할 필요가 있는 장소
④ 외부광(光)에 따라 피난구 또는 피난방향을 쉽게 식별할 수 있는 장소

해설 유도등 배선의 기준
1. 유도등의 인입선과 옥내배선은 직접 연결할 것
2. 유도등은 전기회로에 점멸기를 설치하지 아니하고 항상 점등상태를 유지할 것. 다만, 특정소방대상물 또는 그 부분에 사람이 없거나 다음 각 목의 어느 하나에 해당하는 장소로서 3선식 배선에 따라 상시 충전되는 구조인 경우에는 그러하지 아니하다.
   가. 외부광(光)에 따라 피난구 또는 피난방향을 쉽게 식별할 수 있는 장소
   나. 공연장, 암실(暗室) 등으로서 어두어야 할 필요가 있는 장소
   다. 특정소방대상물의 관계인 또는 종사원이 주로 사용하는 장소

77 통로유도등 표지면의 색상으로 맞는 것은?

① 녹색 바탕에 백색 문자
② 녹색 바탕에 황색 문자
③ 백색 바탕에 녹색 문자
④ 백색 바탕에 청색 문자

해설 통로유도등의 색상
백색 바탕에 녹색으로 피난방향을 표시한 등으로 하여야 한다.

78 무선통신보조설비의 누설동축케이블을 설치하고자 한다. 다음 설치기준 중 옳지 않은 것은?

① 누설동축케이블의 끝부분에는 무반사 종단저항을 설치할 것
② 소방전용 주파수대에서 전파의 전송 또는 복사에 적합한 것으로서 소방 전용의 것으로 할 것
③ 누설동축케이블은 불연성 또는 난연성의 재질을 갖출 것
④ 누설동축케이블은 고압의 전로로부터 1[m] 이상 이격하여 설치할 것

정답 75.② 76.① 77.③ 78.④

해설 누설동축케이블은 고압의 전로로부터 1.5[m] 이상 떨어진 위치에 설치하여야 한다.

79 수신기에 사용하는 전자계전기에 관한 설명 중 옳지 않은 것은?

① 접점은 G·S 합금 또는 이와 동등 이상이어야 한다.
② 자체하중에 의하여 영향을 받지 않도록 부착한다.
③ 접점밀봉형 이외의 것은 접점이나 가동부에 먼지가 들어가지 않도록 적당한 방진커버를 설치한다.
④ 동일 접점에서 동시에 내부부하와 외부부하에 직접 전력을 공급하도록 하여야 한다.

해설 [수신기 형식승인 및 제품검사의 기술기준]
전자계전기
가. 접점은 G·S합금 또는 이와 동등이상이어야 한다.
나. 자체하중에 의하여 영향을 받지 아니하도록 부착하고, 접점밀봉형외의 것은 접점이나 가동부에 먼지가 들어가지 아니하도록 적당한 방진카바를 설치하여야 한다.
다. 최대사용전압에서 최대사용전류를 저항부하를 통하여 흘려도 그 구조 또는 기능에 현저한 변화가 생기지 아니하여야 한다.
라. 접점의 사용은 다음과 같이 하여야 한다.
 1) 지구음향장치용 접점 또는 지구표시장치용 접점은 보조계전기에 접속하여 사용하는 경우를 제외하고는 다른 용도로 사용할 수 없도록 하여야 한다.
 2) 동일접점에서 동시에 내부부하와 외부부하에 직접 전력을 공급하지 아니하도록 하여야 한다.

80 비상방송설비의 배선에 대한 설치기준으로 옳지 않은 것은?

① 배선은 다른 전선과 동일한 관, 덕트, 몰드 또는 풀박스 등에 설치할 것
② 전원회로의 배선은 화재안전기준에 따른 내화배선을 설치할 것
③ 화재로 인하여 하나의 층의 확성기 또는 배선이 단락 또는 단선되어도 다른 층의 화재통보에 지장이 없도록 할 것
④ 부속회로의 전로와 대지 사이 및 배선 상호간의 절연저항은 1경계구역마다 직류 250[V]의 절연저항측정기를 사용하여 측정한 절연저항이 0.1[MΩ] 이상이 되도록 할 것

해설 1. 화재로 인하여 하나의 층의 확성기 또는 배선이 단락 또는 단선되어도 다른 층의 화재통보에 지장이 없도록 할 것
2. 전원회로의 배선은 내화배선에 따르고, 그 밖의 배선은 내화배선 또는 내열배선에 따라 설치할 것
3. 전원회로의 전로와 대지 사이 및 배선 상호간의 절연저항은 「전기사업법」 제67조에 따른 기술기준이 정하는 바에 따르고, 부속회로의 전로와 대지 사이 및 배선 상호 간의 절연저항은 1경계구역마다 직류 250[V]의 절연저항측정기를 사용하여 측정한 절연저항이 0.1[MΩ] 이상이 되도록 할 것
4. 비상방송설비의 배선은 다른 전선과 별도의 관·덕트 몰드 또는 풀박스 등에 설치할 것. 다만, 60[V] 미만의 약전류회로에 사용하는 전선으로서 각각의 전압이 같을 때에는 그러하지 아니하다.

제4회 소방설비기사[전기분야] 1차 필기
[제4과목 : 소방전기구조원리]

61 유도등 및 유도표지의 화재안전기술기준(NFTC 303)에 따라 설치하는 유도표지는 계단에 설치하는 것을 제외하고는 각층마다 복도 및 통로의 각 부분으로부터 하나의 유도표지까지의 보행거리가 몇 m 이하가 되는 곳과 구부러진 모퉁이의 벽에 설치하여야 하는가?

① 10m ② 15m
③ 20m ④ 25m

[유도표지 설치기준]
① 유도표지는 다음 각 호의 기준에 따라 설치하여야 한다.
1. 계단에 설치하는 것을 제외하고는 각층마다 복도 및 통로의 각 부분으로부터 하나의 유도표지까지의 보행거리가 15m 이하가 되는 곳과 구부러진 모퉁이의 벽에 설치할 것
2. 피난구유도표지는 출입구 상단에 설치하고, 통로유도표지는 바닥으로부터 높이 1m 이하의 위치에 설치할 것
3. 주위에는 이와 유사한 등화·광고물·게시물 등을 설치하지 아니할 것
4. 유도표지는 부착판 등을 사용하여 쉽게 떨어지지 아니하도록 설치할 것
5. 축광방식의 유도표지는 외광 또는 조명장치에 의하여 상시 조명이 제공되거나 비상조명등에 의한 조명이 제공되도록 설치 할 것

62 자동화재탐지설비의 청각장애인용 시각경보장치의 설치기준으로 옳지 않은 것은?

① 복도·통로·청각장애인용 객실 및 공용으로 사용하는 거실에 설치
② 공연장 등에 설치하는 경우 인식이 용이하도록 객석 부분 등에 설치
③ 설치높이는 바닥으로부터 2[m] 이상 2.5[m] 이하의 장소에 설치
④ 시각경보장치의 광원은 전용의 축전지설비에 의하여 점등되도록 할 것

청각장애인용 시각경보장치의 설치기준
1. 복도·통로·청각장애인용 객실 및 공용으로 사용하는 거실(로비, 회의실, 강의실, 식당, 휴게실, 오락실, 대기실, 체력단련실, 접객실, 안내실, 전시실, 기타 이와 유사한 장소를 말한다)에 설치하며, 각 부분으로부터 유효하게 경보를 발할 수 있는 위치에 설치할 것
2. 공연장·집회장·관람장 또는 이와 유사한 장소에 설치하는 경우에는 시선이 집중되는 무대부 부분 등에 설치할 것
3. 설치높이는 바닥으로부터 2[m] 이상 2.5[m] 이하의 장소에 설치할 것. 다만, 천장의 높이가 2[m] 이하인 경우에는 천장으로부터 0.15[m] 이내의 장소에 설치하여야 한다.
4. 시각경보장치의 광원은 전용의 축전지설비 또는 전기저장장치(외부 전기에너지를 저장해 두었다가 필요한 때 전기를 공급하는 장치)에 의하여 점등되도록 할 것. 다만, 시각경보기에 작동전원을 공급할 수 있도록 형식승인을 얻은 수신기를 설치 한 경우에는 그러하지 아니하다

63 다음 ( )에 알맞은 내용은?

"비상방송설비에 사용되는 확성기는 각 층마다 설치하되, 그 층의 각 부분으로부터 하나의 확성기까지의 ( )가 25[m] 이하가 되도록 하여야 하고, 해당 층의 각 부분에 유효하게 경보를 발할 수 있도록 설치할 것"

① 수평거리 ② 수직거리
③ 직통거리 ④ 보행거리

정답 61.② 62.② 63.①

해설: 비상방송설비에 사용되는 확성기는 각 층마다 설치하되, 그 층의 각 부분으로부터 하나의 확성기까지의 수평거리가 25[m] 이하가 되도록 하여야 한다.

64 자동화재탐지설비의 경계구역에 대한 설명 중 맞는 것은?

① 하나의 경계구역이 2개 이상의 건축물에 미치지 아니하도록 하여야 한다.
② 600[m²] 이하의 범위 안에서는 2개의 층을 하나의 경계구역으로 할 수 있다.
③ 하나의 경계구역의 면적은 600[m²], 한 변의 길이는 30[m] 이하로 한다.
④ 지하구에 있어서 경계구역의 길이는 500[m] 이하로 한다.

해설:
① 하나의 경계구역이 2개 이상의 건축물에 미치지 아니하도록 할 것
② 하나의 경계구역이 2개 이상의 층에 미치지 아니하도록 할 것. 다만, 500[m²] 이하의 범위 안에서는 2개의 층을 하나의 경계구역으로 할 수 있다.
③ 하나의 경계구역의 면적은 600[m²] 이하로 하고 한 변의 길이는 50[m] 이하로 할 것. 다만, 해당 특정소방대상물의 주된 출입구에서 그 내부 전체가 보이는 것에 있어서는 한 변의 길이가 50[m]의 범위 내에서 1,000[m²] 이하로 할 수 있다.

65 다음 중 부착 높이가 8[m] 이상 15[m] 미만에 설치할 수 있는 감지기가 아닌 것은?

① 불꽃감지기　　② 열연기복합형
③ 연기복합형　　④ 차동식 분포형

해설: 부착높이에 따른 감지기의 종류

부착높이	감지기의 종류
4[m] 미만	• 차동식(스포트형, 분포형) • 보상식 스포트형 • 정온식(스포트형, 감지선형) • 이온화식 또는 광전식(스포트형, 분리형, 공기흡입형) • 열복합형 • 연기복합형 • 열연기복합형 • 불꽃감지기
4[m] 이상 8[m] 미만	• 차동식(스포트형, 분포형) • 보상식 스포트형 • 정온식(스포트형, 감지선형) 특종 또는 1종 • 이온화식 1종 또는 2종 • 광전식(스포트형, 분리형, 공기흡입형) 1종 또는 2종 • 열복합형 • 연기복합형 • 열연기복합형 • 불꽃감지기
8[m] 이상 15[m] 미만	• 차동식 분포형 • 이온화식 1종 또는 2종 • 광전식(스포트형, 분리형, 공기흡입형) 1종 또는 2종 • 연기복합형 • 불꽃감지기
15[m] 이상 20[m] 미만	• 이온화식 1종 • 광전식(스포트형, 분리형, 공기흡입형) 1종 • 연기복합형 • 불꽃감지기
20[m] 이상	• 불꽃감지기 • 광전식(분리형, 공기흡입형) 중 아날로그 방식

[비고]
• 감지기별 부착높이 등에 대하여 별도로 형식승인 받은 경우에는 그 성능 인정범위 내에서 사용할 수 있다.
• 부착높이 20[m] 이상에 설치되는 광전식 중 아날로그방식의 감지기는 공칭감지농도 하한값이 감광율 5[%/m] 미만인 것으로 한다.

66 누전경보기의 수신부 설치장소로 적당한 곳은?

① 화학류를 제조하는 장소
② 습도가 높은 장소
③ 온도 변화가 급격한 장소
④ 고주파 등의 발생 우려가 없는 장소

해설: 누전경보기 수신부의 설치제외 장소
1. 가연성의 증기·먼지·가스 등이나 부식성의 증기·가스 등이 다량으로 체류하는 장소
2. 화약류를 제조하거나 저장 또는 취급하는 장소
3. 습도가 높은 장소
4. 온도의 변화가 급격한 장소

정답　64.①　65.②　66.④

5. 대전류회로・고주파 발생회로 등에 따른 영향을 받을 우려가 있는 장소
※ 다만, 해당 누전경보기에 대하여 방폭・방식・방습・방온・방진 및 정전기 차폐 등의 방호조치를 한 것은 제외

67 다음 중 유도등의 예비전원은 어떠한 축전지로 설치하여야 하는가?

① 알칼리계 2차 축전지
② 리튬계 1차 축전지
③ 리튬-이온계 2차 축전지
④ 수은계 1차 축전지

해설 유도등의 형식승인 및 제품검사의 기술기준
유도등의 예비전원은 알칼리계 2차 축전지 또는 리튬계 2차 축전지 또는 콘덴서(축전기)이어야 한다.

68 다음 중 복합형감지기의 종류에 속하지 않는 것은?

① 연기복합형
② 열복합형
③ 열・연기복합형
④ 열・연기・불꽃복합형

해설 복합형감지기 종류에 열・연기・불꽃복합형은 존재하지 않는다.

69 불꽃감지기의 설치기준으로 틀린 것은?

① 수분이 많이 발생할 우려가 있는 장소에서는 방수형으로 설치할 것
② 감지기를 천장에 설치하는 경우에는 감지기는 천장을 향하여 설치할 것
③ 감지기는 화재감지를 유효하게 감지할 수 있는 모서리 또는 벽 등에 설치할 것
④ 감지기는 공칭감시거리와 공칭시야각을 기준으로 감시구역이 모두 포용될 수 있도록 설치할 것

해설 불꽃감지기 설치기준
㉠ 공칭감시거리 및 공칭시야각은 형식승인 내용에 따를 것
㉡ 감지기는 공칭감시거리와 공칭시야각을 기준으로 감시구역이 모두 포용될 수 있도록 설치할 것
㉢ 감지기는 화재감지를 유효하게 감지할 수 있는 모서리 또는 벽 등에 설치할 것
㉣ 감지기를 천장에 설치하는 경우에는 감지기는 바닥을 향하여 설치할 것
㉤ 수분이 많이 발생할 우려가 있는 장소에는 방수형으로 설치할 것
㉥ 그 밖의 설치기준은 형식승인 내용에 따르며 형식승인 사항이 아닌 것은 제조사의 시방에 따라 설치할 것

70 소방시설용 비상전원수전설비에서 전력수급용 계기용 변성기・주차단장치 및 그 부속기기로 정의되는 것은?

① 큐비클설비
② 배전반설비
③ 수전설비
④ 변전설비

해설 소방시설용 비상전원수전설비의 용어정의
1. "수전설비"란 전력수급용 계기용 변성기・주차단장치 및 그 부속기기를 말한다.
2. "변전설비"란 전력용 변압기 및 그 부속 장치를 말한다.
3. "전용큐비클식"이란 소방회로용의 것으로 수전설비, 변전설비 그 밖의 기기 및 배선을 금속제 외함에 수납한 것을 말한다.
4. "공용큐비클식"이란 소방회로 및 일반회로 겸용의 것으로서 수전설비, 변전설비 그 밖의 기기 및 배선을 금속제 외함에 수납한 것을 말한다.
5. "전용배전반"이란 소방회로 전용의 것으로서 개폐기, 과전류차단기, 계기 그 밖의 배선용기기 및 배선을 금속제 외함에 수납한 것을 말한다.
6. "공용배전반"이란 소방회로 및 일반회로 겸용의 것으로서 개폐기, 과전류차단기, 계기 그 밖의 배선용 기기 및 배선을 금속제 외함에 수납한 것을 말한다.
7. "전용분전반"이란 소방회로 전용의 것으로서 분기 개폐기, 분기과전류차단기 그 밖의 배선용 기기 및 배선을 금속제 외함에 수납한 것을 말한다.
8. "공용분전반"이란 소방회로 및 일반회로 겸용의 것으로서 분기개폐기, 분기과전류차단기 그 밖의 배선용 기기 및 배선을 금속제 외함에 수납한 것을 말한다.

71 단독경보형 감지기를 설치하는 경우 바닥면적이 150[m²]를 초과하는 경우 몇 [m²]마다 1개 이상 설치하여야 하는가?

① 50[m²]　　② 100[m²]
③ 150[m²]　　④ 200[m²]

해설 단독경보형 감지기를 설치하는 경우 바닥면적이 150[m²]를 초과하는 경우 150[m²]마다 1개 이상 설치하여야 한다.

72 복도·거실통로유도등의 설치높이에 대한 기준을 옳게 나타낸 것은? (단, 거실통로에 기둥 등이 설치되지 아니한 경우이다.)

① 거실통로유도등 : 바닥으로부터 1.5[m] 이상
　복도통로유도등 : 바닥으로부터 1.0[m] 이하
② 거실통로유도등 : 바닥으로부터 1.0[m] 이상
　복도통로유도등 : 바닥으로부터 1.5[m] 이하
③ 거실통로유도등 : 바닥으로부터 1.5[m] 이하
　복도통로유도등 : 바닥으로부터 1.0[m] 이상
④ 거실통로유도등 : 바닥으로부터 1.0[m] 이하
　복도통로유도등 : 바닥으로부터 1.5[m] 이하

해설 유도등의 설치높이 기준
1. 거실통로유도등 : 바닥으로부터 1.5[m] 이상(기둥에 설치 시는 1.5[m] 이하도 가능)
2. 복도통로유도등 : 바닥으로부터 1.0[m] 이하

73 비상방송설비의 설치기준에 대한 설명으로 옳은 것은?

① 다른 전기회로에 따라 유도장애가 발생할 수 있을 것
② 다른 방송설비와 공용할 경우 화재 시 비상경보 외의 방송을 차단할 수 있을 것
③ 화재신고를 수신한 후 20초 이내에 방송이 자동으로 개시될 것
④ 음량조정기를 설치하는 경우 음량조정기의 배선은 2선식으로 할 것

해설 비상방송설비의 설치기준
① 다른 전기회로에 따라 유도장애가 생기지 아니하도록 할 것
② 다른 방송설비와 공용하는 것에 있어서는 화재 시 비상경보 외의 방송을 차단할 수 있는 구조로 할 것
③ 기동장치에 따른 화재신고를 수신한 후 필요한 음량으로 화재발생 상황 및 피난에 유효한 방송이 자동으로 개시될 때까지의 소요시간은 10초 이하로 할 것
④ 음량조정기를 설치하는 경우 음량조정기의 배선은 3선식으로 할 것

74 축전지의 자기방전을 보충함과 동시에 상용 부하에 대한 전력공급은 충전기가 부담하도록 하되 충전기가 부담하기 어려운 일시적인 대전류 부하는 축전지로 하여금 부담하게 하는 충전방식은?

① 과충전방식
② 균등충전방식
③ 부동충전방식
④ 세류충전방식

해설 부동 충전
축전지의 자기 방전을 보충함과 동시에 상용 부하에 대한 전력공급은 충전기가 부담하도록 하되 충전기가 부담하기 어려운 일시적인 대전류 부하는 축전지로 하여금 부담하게 하는 방식이다.

【 부동충전방식 】

75 비상콘센트설비의 비상전원을 자가발전설비 또는 비상전원수전설비로 설치하여야 하는 소방대상물로 옳은 것은?

① 지하층을 제외한 층수가 4층 이상으로 연면적 600[m²] 이상인 소방대상물
② 지하층을 제외한 층수가 5층 이상으로 연면적 1,000[m²] 이상인 소방대상물
③ 지하층을 제외한 층수가 6층 이상으로 연면적 1,500[m²] 이상인 소방대상물
④ 지하층을 제외한 층수가 7층 이상으로 연면적 2,000[m²] 이상인 소방대상물

해설 지하층을 제외한 층수가 7층 이상으로서 연면적이 2,000[m²] 이상이거나 지하층의 바닥면적(차고·주차장·보일러실·기계실 또는 전기실의 바닥면적은 제외)의 합계가 3,000[m²] 이상인 특정소방대상물의 비상콘센트설비에는 자가발전설비 또는 비상전원수전설비, 축전지설비 또는 전기저장장치(외부 전기에너지를 저장해 두었다가 필요한 때 전기를 공급하는 장치)를 비상전원으로 설치한다.

76 P형 1급 발신기에 사용하는 회선의 종류는?

① 회로선, 공통선, 소화선
② 회로선, 공통선, 표시등선
③ 회로선, 공통선, 응답선
④ 회로선, 공통선, 경종선

해설 발신기에 사용하는 회선의 종류
㉠ P형 1급 발신기 : 회로선(지구선), 공통선, 발신기선(응답선)
㉡ P형 2급 발신기 : 회로선(지구선), 공통선[현행 생산하지 않음]

77 무선통신보조설비의 누설동축케이블의 설치기준으로 틀린 것은?

① 끝부분에는 반사종단저항을 견고하게 설치할 것
② 고압의 전로로부터 1.5[m] 이상 떨어진 위치에 설치할 것
③ 금속판 등에 따라 전파의 복사 또는 특성이 현저하게 저하되지 아니하는 위치에 설치할 것
④ 불연 또는 난연성의 것으로서 습기에 따라 전기의 특성이 변질되지 아니하는 것으로 설치할 것

해설 ① 반사(×), 무반사(○)
무선통신보조설비의 화재안전기술기준(NFTC 505)
누설동축케이블의 끝부분에는 무반사 종단저항을 견고하게 설치할 것

78 자동화재탐지설비의 감지기회로에 설치하는 종단저항의 설치기준으로 옳지 않은 것은?

① 점검 및 관리가 쉬운 장소에 설치하여야 한다.
② 감지기회로 끝부분에 설치한다.
③ 전용함에 설치하는 경우 그 설치높이는 바닥으로부터 0.8[m] 이내에 설치하여야 한다.
④ 종단감지기에 설치하는 경우 구별이 쉽도록 해당 감지기의 기판 등에 별도의 표시를 하여야 한다.

해설 감지기회로의 도통시험을 위한 종단저항 설치기준
1. 점검 및 관리가 쉬운 장소에 설치할 것
2. 전용함을 설치하는 경우 그 설치 높이는 바닥으로부터 1.5[m] 이내로 할 것
3. 감지기 회로의 끝부분에 설치하며, 종단감지기에 설치할 경우에는 구별이 쉽도록 해당감지기의 기판 및 감지기 외부 등에 별도의 표시를 할 것

79 예비전원을 내장하지 아니하는 비상조명등의 비상전원은 자가발전설비 및 축전지설비를 설치하여야 한다. 설치기준으로 옳지 않은 것은?

① 비상전원을 실내에 설치하는 때에는 그 실내에는 비상조명등을 설치하지 않아도 된다.
② 점검이 편리하고 화재 및 침수 등의 재해로 인한 피해를 받을 우려가 없는 곳에 설치한다.
③ 비상전원의 설치장소는 다른 장소와의 방화구획을 하여야 한다.
④ 상용전원으로부터 전력의 공급이 중단된 때에는 자동으로 비상전원으로부터 전력을 공급받는 장치를 설치하여야 한다.

해설 예비전원 비내장형 비상조명등의 비상전원
1. 점검에 편리하고 화재 및 침수 등의 재해로 인한 피해를 받을 우려가 없는 곳에 설치할 것
2. 상용전원으로부터 전력의 공급이 중단된 때에는 자동으로 비상전원으로부터 전력을 공급받을 수 있도록 할 것
3. 비상전원의 설치장소는 다른 장소와 방화구획 할 것. 이 경우 그 장소에는 비상전원의 공급에 필요한 기구나 설비 외의 것(열병합발전설비에 필요한 기구나 설비는 제외)을 두어서는 아니 된다.
4. 비상전원을 실내에 설치하는 때에는 그 실내에 비상조명등을 설치할 것

80 자동화재탐지설비의 수신기의 각 회로별 종단에 설치되는 감지기에 접속되는 배선의 전압은 감지기 정격전압의 최소 몇 [%] 이상이어야 하는가?

① 50[%] ② 60[%]
③ 70[%] ④ 80[%]

해설 자동화재탐지설비 및 시각경보장치의 화재안전기술기준(NFTC 203)
자동화재탐지설비의 감지기회로의 전로저항은 50[Ω] 이하가 되도록 하여야 하며, 수신기의 각 회로별 종단에 설치되는 감지기에 접속되는 배선의 전압은 감지기 정격전압의 80[%] 이상이어야 할 것

정답 79.① 80.④

제1회 소방설비기사[전기분야] 1차 필기
[제4과목 : 소방전기구조원리]

61 비상조명등의 일반구조 기준 중 틀린 것은?

① 상용전원전압의 130[%] 범위 안에서는 비상조명등 내부의 온도상승이 그 기능에 지장을 주거나 위해를 발생시킬 염려가 없어야 한다.
② 사용전압은 300[V] 이하이어야 한다. 다만, 충전부가 노출되지 아니한 것은 300[V]를 초과할 수 있다.
③ 전선의 굵기가 인출선인 경우에는 단면적이 0.75[mm²] 이상, 인출선 외의 경우에는 단면적이 0.5[mm²] 이상이어야 한다.
④ 인출선의 길이는 전선인출 부분으로부터 150[mm] 이상이어야 한다. 다만, 인출선으로 하지 아니할 경우에는 풀어지지 아니하는 방법으로 전선을 쉽고 확실하게 부착할 수 있도록 접속단자를 설치하여야 한다.

해설 130[%] 범위 안에서는 → 110[%] 범위 안에서는

▶ 비상조명등 형식승인 및 제품검사의 기술기준
→ 상용전원전압의 110[%] 범위 안에서는 비상조명등 내부의 온도상승이 그 기능에 지장을 주거나 위해를 발생시킬 염려가 없어야 한다.

62 비상콘센트설비의 전원부와 외함 사이의 절연내력 기준 중 다음 ( ) 안에 알맞은 것은?

> 절연내력은 전원부와 외함 사이에 정격전압이 150[V] 이하인 경우에는 (㉠)[V]의 실효전압을, 정격전압이 150[V] 이상인 경우에는 그 정격전압에 (㉡)를 곱하여 1,000을 더한 실효전압을 가하는 시험에서 1분 이상 견디는 것으로 할 것

① ㉠ 500, ㉡ 2
② ㉠ 500, ㉡ 3
③ ㉠ 1,000, ㉡ 2
④ ㉠ 1,000, ㉡ 3

해설 비상콘센트설비 절연저항 & 절연내력

	측정구간	전원부와 외함 사이
절연 저항	측정장비	D.C 500[V] 절연저항계
	측정결과	20[MΩ] 이상
절연 내력	측정구간	전원부와 외함 사이
	측정방법	다음과 같은 실효전압 인가 1. 정격전압이 150[V] 이하인 경우 - 1,000[V] 2. 정격전압이 150[V] 이상인 경우 - (정격전압×2)+1,000[V]
	측정결과	1분 이상 견딜 것

63 일국소의 주위온도가 일정한 온도 이상이 되는 경우에 작동하는 것으로서 외관이 전선으로 되어 있는 감지기는 어떤 것인가?

① 공기흡입형
② 광전식분리형
③ 차동식스포트형
④ 정온식감지기선형

해설 ▶ 정온식스포트형 감지기
일국소의 주위온도가 일정 온도 이상이 되는 경우 작동하는 것으로서 외관이 전선으로 되어 있지 아니한 것(열감지기)

▶ 정온식감지선형 감지기
일국소의 주위온도가 일정 온도 이상이 되는 경우 작동하는 것으로서 외관이 전선으로 되어 있는 것(열감지기)

정답 61.① 62.③ 63.④

64 자동화재탐지설비의 수신기의 각 회로별 종단에 설치되는 감지기에 접속되는 배선의 전압은 감지기 정격전압의 최소 몇 [%] 이상이어야 하는가?

① 50[%]　　② 60[%]
③ 70[%]　　④ 80[%]

[해설] 자동화재탐지설비 및 시각경보장치의 화재안전기술기준(NFTC 203)
자동화재탐지설비의 감지기회로의 전로저항은 50[Ω] 이하가 되도록 하여야 하며, 수신기의 각 회로별 종단에 설치되는 감지기에 접속되는 배선의 전압은 감지기 정격전압의 80[%] 이상이어야 할 것

65 자동화재탐지설비의 감지기회로에 설치하는 종단저항의 설치기준으로 옳지 않은 것은?

① 점검 및 관리가 쉬운 장소에 설치하여야 한다.
② 감지기회로 끝부분에 설치한다.
③ 전용함에 설치하는 경우 그 설치높이는 바닥으로부터 0.8[m] 이내에 설치하여야 한다.
④ 종단감지기에 설치하는 경우 구별이 쉽도록 해당 감지기의 기판 등에 별도의 표시를 하여야 한다.

[해설] 감지기회로의 도통시험을 위한 종단저항 설치기준
1. 점검 및 관리가 쉬운 장소에 설치할 것
2. 전용함을 설치하는 경우 그 설치 높이는 바닥으로부터 1.5[m] 이내로 할 것
3. 감지기 회로의 끝부분에 설치하며, 종단감지기에 설치할 경우에는 구별이 쉽도록 해당감지기의 기판 및 감지기 외부 등에 별도의 표시를 할 것

66 경종의 형식승인 및 제품검사의 기술기준에 따라 경종은 전원전압이 정격전압의 ± 몇 % 범위에서 변동하는 경우 기능에 이상이 생기지 아니하여야 하는가?

① 5%　　② 10%
③ 20%　　④ 30%

[해설] 경종의 형식승인 및 제품검사의 기술기준 제4조(전원전압변동시의 기능)
경종은 전원전압이 정격전압의 ±20% 범위에서 변동하는 경우 기능에 이상이 생기지 아니하여야 한다.

67 누전경보기의 수신부를 당해 부분의 전기회로를 차단할 수 있는 차단기구를 가진 수신부로 설치하여야 하는 장소로 알맞은 것은?

① 화약류를 제조하거나 저장 또는 취급하는 장소
② 가연성의 증기·먼지 등이 체류할 우려가 있는 장소
③ 온도의 변화가 급격한 장소나 습도가 높은 장소
④ 대전류회로·고주파발생회로 등에 따른 영향을 받을 우려가 있는 장소

[해설] 누전경보기 수신부의 설치장소
옥내의 점검에 편리한 장소에 설치하되, 가연성의 증기·먼지 등이 체류할 우려가 있는 장소의 전기회로에는 해당 부분의 전기회로를 차단할 수 있는 차단기구를 가진 수신부를 설치하여야 한다. 이 경우 차단기구의 부분은 해당 장소 외의 안전한 장소에 설치하여야 한다.

※ 누전경보기 수신부의 설치제외 장소
1. 가연성의 증기·먼지·가스 등이나 부식성의 증기·가스 등이 다량으로 체류하는 장소
2. 화약류를 제조하거나 저장 또는 취급하는 장소
3. 습도가 높은 장소
4. 온도의 변화가 급격한 장소
5. 대전류회로·고주파 발생회로 등에 따른 영향을 받을 우려가 있는 장소(다만, 해당 누전경보기에 대하여 방폭·방식·방습·방온·방진 및 정전기 차폐 등의 방호조치를 한 것은 제외)

68 자동화재속보설비의 속보기는 자동화재탐지설비로부터 작동신호를 수신하거나 수동으로 동작시키는 경우 20초 이내에 소방관서에 자동적으로 신호를 발하여 통보하되, 몇 회 이상 속보할 수 있어야 하는가?

① 2회　　② 3회
③ 4회　　④ 5회

정답 64.④ 65.③ 66.③ 67.② 68.②

해설 **자동화재속보설비 속보기의 기능**
작동신호를 수신하거나 수동으로 동작시키는 경우 20초 이내에 소방관서에 자동적으로 신호를 발하여 통보하되, 3회 이상 속보할 수 있을 것

69 유도등의 형식승인 및 제품검사의 기술기준에 따른 유도등의 일반구조에 대한 설명으로 틀린 것은?
① 축전지에 배선 등을 직접 납땜하지 아니하여야 한다.
② 충전부가 노출되지 아니한 것은 300[V]를 초과할 수 있다.
③ 예비전원을 직렬로 접속하는 경우는 역충전 방지 등의 조치를 강구하여야 한다.
④ 유도등에는 점멸, 음성 또는 이와 유사한 방식 등에 의한 유도장치를 설치할 수 있다.

해설 예비전원을 병렬로 접속하는 경우는 역충전 방지 등의 조치를 강구하여야 한다.

70 자동화재탐지설비 및 시각경보장치의 화재안전기술기준(NFTC 203)에 따라 외기에 면하여 상시 개방된 부분이 있는 차고·주차장·창고 등에 있어서는 외기에 면하는 각 부분으로부터 몇 [m] 미만의 범위 안에 있는 부분은 경계구역의 면적에 산입하지 아니 하는가?
① 1[m]   ② 3[m]
③ 5[m]   ④ 10[m]

해설 외기에 면하여 상시 개방된 부분이 있는 차고·주차장·창고 등에 있어서는 외기에 면하는 각 부분으로부터 5[m] 미만의 범위 안에 있는 부분은 경계구역의 면적에 산입하지 아니한다.

71 자동화재탐지설비 및 시각경보장치의 화재안전기술기준(NFTC 203)에 따라 전화기기실, 통신기기실 등과 같은 훈소화재의 우려가 있는 장소에 적응성이 없는 감지기는?
① 광전식 스포트형
② 광전아날로그식 분리형
③ 광전아날로그식 스포트형
④ 이온아날로그식 스포트형

해설 **훈소화재우려가 있는 전화기기실, 통신기기실 등에 적응성 있는 감지기 종류**
㉠ 광전식스포트형감지기
㉡ 광전아날로그식스포트형감지기
㉢ 광전식분리형감지기
㉣ 광전아날로그식분리형감지기

72 유도등 및 유도표지의 화재안전기술기준(NFTC 303)에 따라 객석 내 통로의 직선부분 길이가 85[m]인 경우 객석유도등을 몇 개 설치하여야 하는가?
① 17개   ② 19개
③ 21개   ④ 22개

해설 $\dfrac{85}{4} - 1 = 20.25$ ∴ 21개

73 누전경보기의 형식승인 및 제품검사의 기술기준에서 정하는 누전경보기의 공칭작동전류치(누전경보기를 작동시키기 위하여 필요한 누설전류의 값으로서 제조자에 의하여 표시된 값을 말한다)는 몇 [mA] 이하이어야 하는가?
① 50   ② 100
③ 150   ④ 200

해설 **누전경보기의 공칭작동전류 및 감도조정 범위**
㉠ 공칭작동 전류치 : 200[mA] 이하(누전경보기를 동작시키는 데 필요한 누설전류치로 제조자가 표시)
㉡ 감도조정 범위 : 200[mA], 500[mA], 1,000[mA] (최대치 1,000[mA] 즉, 1[A])

74 무선통신보조설비 구성방식 중 안테나 방식의 특징에 대한 설명으로 틀린 것은?
① 누설동축케이블 방식보다 경제적이다.
② 케이블을 반자 내에 은폐할 수 있으므로 화재 시 영향이 적고 미관을 해치지 않는다.
③ 전파를 균일하고 광범위하게 방사할 수 있다.
④ 장애물이 적은 대강당, 극장 등에 적합하다.

정답 69.③ 70.③ 71.④ 72.③ 73.④ 74.③

해설: 전파를 균일하고 광범위하게 방사할 수 있는 방식은 누설동축케이블방식이다.

75 자동화재속보설비의 속보기는 연동 또는 수동 작동에 의한 다이얼링 후 소방관서와 전화접속이 이루어지지 않는 경우에는 최초 다이얼링을 포함하여 몇 회 이상 반복적으로 접속을 위한 다이얼링이 이루어져야 하는가? (단, 이 경우 매회 다이얼링 완료 후 호출은 30초 이상 지속한다)

① 3회 ② 5회
③ 10회 ④ 20회

해설: 자동화재속보설비의 속보기의 성능인증 및 제품검사 기술기준 제5조(기능)
속보기는 다음에 적합한 기능을 가져야 한다.
1. 작동신호를 수신하거나 수동으로 동작시키는 경우 20초 이내에 소방관서에 자동적으로 신호를 발하여 통보하되, 3회 이상 속보할 수 있어야 한다.
2. 주전원이 정지한 경우에는 자동적으로 예비전원으로 전환되고, 주전원이 정상상태로 복귀한 경우에는 자동적으로 예비전원에서 주전원으로 전환되어야 한다.
3. 예비전원은 자동적으로 충전되어야 하며 자동과충전방지장치가 있어야 한다.
4. 화재신호를 수신하거나 속보기를 수동으로 동작시키는 경우 자동적으로 적색 화재표시등이 점등되고 음향장치로 화재를 경보하여야 하며 화재표시 및 경보는 수동으로 복구 및 정지시키지 않는 한 지속되어야 한다.
5. 연동 또는 수동으로 소방관서에 화재발생 음성정보를 속보중인 경우에도 송수화장치를 이용한 통화가 우선적으로 가능하여야 한다.
6. 예비전원을 병렬로 접속하는 경우에는 역충전 방지 등의 조치를 하여야 한다.
7. 예비전원은 감시상태를 60분간 지속한 후 10분 이상 동작(화재속보후 화재표시 및 경보를 10분간 유지하는 것을 말한다)이 지속될 수 있는 용량이어야 한다.
8. 속보기는 연동 또는 수동 작동에 의한 다이얼링 후 소방관서와 전화접속이 이루어지지 않는 경우에는 최초 다이얼링을 포함하여 10회 이상 반복적으로 접속을 위한 다이얼링이 이루어져야 한다. 이 경우 매회 다이얼링 완료 후 호출은 30초 이상 지속되어야 한다.
9. 속보기의 송수화장치가 정상위치가 아닌 경우에도 연동 또는 수동으로 속보가 가능하여야 한다.
10. 삭제 〈2010.7.26〉
11. 음성으로 통보되는 속보내용을 통하여 당해 소방대상물의 위치, 화재발생 및 속보기에 의한 신고임을 확인할 수 있어야 한다.
12. 속보기는 음성속보방식 외에 데이터 또는 코드전송방식 등을 이용한 속보기능을 부가로 설치할 수 있다. 이 경우 데이터 및 코드전송방식은 [별표 1]에 따른다.
13. 제12호 후단의 [별표 1]에 따라 소방관서 등에 구축된 접수시스템 또는 별도의 시험용 시스템을 이용하여 시험한다.

76 비상방송설비의 배선의 설치기준 중 부속회로의 전로와 대지 사이 및 배선상호간의 절연저항은 1경계구역마다 직류 250[V]의 절연저항측정기를 사용하여 측정한 절연저항이 몇 [MΩ] 이상이 되도록 해야 하는가?

① 0.1[MΩ] ② 0.2[MΩ]
③ 10[MΩ] ④ 20[MΩ]

해설: 비상방송설비의 배선기준
㉠ 화재로 인하여 하나의 층의 확성기 또는 배선이 단락 또는 단선되어도 다른 층의 화재통보에 지장이 없도록 할 것
㉡ 전원회로의 배선은 옥내소화전설비의 화재안전기술기준(NFTC 102) 표 2.7.2(1)에 따른 내화배선에 따르고, 그 밖의 배선은 옥내소화전설비의 화재안전기술기준(NFTC 102) 표 2.7.2(1) 또는 표 2.7.2(2)에 따른 내화배선 또는 내열배선에 따라 설치할 것
㉢ 전원회로의 전로와 대지 사이 및 배선상호간의 절연저항은 「전기사업법」 제67조에 따른 기술기준이 정하는 바에 따르고, 부속회로의 전로와 대지 사이 및 배선 상호간의 절연저항은 1경계구역마다 직류 250[V]의 절연저항측정기를 사용하여 측정한 절연저항이 0.1[MΩ] 이상이 되도록 할 것
㉣ 비상방송설비의 배선은 다른 전선과 별도의 관·덕트(절연효력이 있는 것으로 구획한 때에는 그 구획된 부분은 별개의 덕트로 본다) 몰드 또는 풀박스등에 설치할 것. 다만, 60[V] 미만의 약전류회로에 사용하는 전선으로서 각각의 전압이 같을 때에는 그러하지 아니하다.

77 주요구조부가 내화구조인 특정소방대상물에 자동화재탐지설비의 감지기를 열전대식 차동식분포형으로 설치하려고 한다. 바닥면적이 256m²일 경우 열전대부와 검출부는 각각 최소 몇 개 이상으로 설치하여야 하는가?

① 열전대부 11개, 검출부 1개
② 열전대부 12개, 검출부 1개
③ 열전대부 11개, 검출부 2개
④ 열전대부 12개, 검출부 2개

해설 $\dfrac{256m^2}{22m^2/개} = 11.63 ≒ 12개$

▶ 열전대식 차동식 분포형 감지기 설치기준
열전대식 차동식분포형감지기는 다음의 기준에 따를 것
㉠ 열전대부는 감지구역의 바닥면적 18m²(주요구조부가 내화구조로 된 특정소방대상물에 있어서는 22[m²])마다 1개 이상으로 할 것. 다만, 바닥면적이 72m²(주요구조부가 내화구조로 된 특정소방대상물에 있어서는 88[m²]) 이하인 특정소방대상물에 있어서는 4개 이상으로 하여야 한다.
㉡ 하나의 검출부에 접속하는 열전대부는 20개 이하로 할 것. 다만, 각각의 열전대부에 대한 작동여부를 검출부에서 표시할 수 있는 것(주소형)은 형식승인 받은 성능인정범위 내의 수량으로 설치할 수 있다.

78 비상조명등의 비상전원은 지하층 또는 무창층으로서 용도가 도매시장·소매시장·여객자동차터미널·지하역사 또는 지하상가인 경우 그 부분에서 피난층에 이르는 부분의 비상조명등을 몇 분 이상 유효하게 작동시킬 수 있는 용량으로 하여야 하는가?

① 10분 ② 20분
③ 30분 ④ 60분

해설 비상전원은 비상조명등을 20분 이상 유효하게 작동시킬 수 있는 용량으로 할 것

▶ 60분 이상 점등 장소
㉠ 지하층을 제외한 층수가 11층 이상의 층으로부터 피난층까지 이르는 부분
㉡ 지하층 또는 무창층으로서 용도가 도매시장·소매시장·여객자동차터미널·지하역사 또는 지하상가인 층으로부터 피난층까지 이르는 부분

79 비상벨설비 음향장치의 음량은 부착된 음향장치의 중심으로부터 1m 떨어진 위치에서 몇 [dB] 이상이 되는 것으로 하여야 하는가?

① 90[dB] ② 80[dB]
③ 70[dB] ④ 60[dB]

해설 ▶ 단독경보형감지기
㉠ 화재경보 : 85[dB] 이상
㉡ 건전지 교체 경보 : 70[dB] 이상 (음성안내 60[dB] 이상) → 72시간 경보

▶ 누전경보기
㉠ 누전 시 - 70[dB] 이상
㉡ 고장 시 - 60[dB] 이상

▶ 가스누설경보기
㉠ 영업용, 가정용 - 70[dB] 이상
㉡ 공업용 - 90[dB] 이상
㉢ 고장표시용 - 60[dB] 이상

▶ 비상벨
부착된 음향장치의 중심으로부터 1[m] 떨어진 위치에서 90[dB] 이상

80 특정소방대상물의 비상방송설비 설치의 면제 기준 중 다음 ( ) 안에 알맞은 것은?

> 비상방송설비를 설치하여야 하는 특정소방대상물에 ( ) 또는 비상경보설비와 같은 수준 이상의 음향을 발하는 장치를 부설한 방송설비를 화재안전기술기준에 적합하게 설치한 경우에는 그 설비의 유효범위에서 설치가 면제된다.

① 자동화재속보설비
② 시각경보기
③ 단독경보형 감지기
④ 자동화재탐지설비

해설 소방시설법 시행령 [별표 6](소방시설 면제기준)

면제대상	대체설비
비상방송설비	자동화재탐지설비
	비상경보설비

정답 77.② 78.④ 79.① 80.④

제2회 소방설비기사[전기분야] 1차 필기
[제4과목 : 소방전기구조원리]

61 불꽃감지기 중 도로형의 최대시야각 기준으로 옳은 것은?

① 30° 이상 ② 45° 이상
③ 90° 이상 ④ 180° 이상

해설
• 도로형 : 최대시야각이 180° 이상

62 비상경보설비를 설치하여야 하는 특정소방대상물의 기준으로 옳은 것은? (단, 지하구, 모래·석재 등 불연재료 창고 및 위험물 저장·처리시설 중 가스시설은 제외한다)

① 공연장의 경우 지하층 또는 무창층의 바닥면적이 100[m²] 이상인 것
② 지하층을 제외한 층수가 11층 이상인 것
③ 지하층의 층수가 3층 이상인 것
④ 30명 이상의 근로자가 작업하는 옥내작업장

해설
②③ : 비상방송설비 설치대상
④ 30명 → 50명

▶ 비상경보설비 설치대상
㉠ 연면적 400[m²]이거나 지하층 또는 무창층의 바닥면적이 150[m²] 이상인 것.(공연장의 경우 바닥면적이 100[m²] 이상)
㉡ 지하가 중 터널로서 길이가 500[m] 이상인 것
㉢ 50명 이상의 근로자가 작업하는 옥내 작업장

63 수신기를 나타내는 소방시설 도시기호로 옳은 것은?

①  ②

③ ④

해설 도시기호

명칭	그림기호	적요
수신기		• 가스누설경보설비와 일체인 것
부수신기 (표시기)		• 가스누설경보설비 및 방배연 연동과 일체인 것
중계기		
제어반		
표시반		• 창이 3개인 표시반 :

64 광원점등방식 피난유도선의 설치기준 중 틀린 것은?

① 피난유도 표시부는 50[cm] 이내의 간격으로 연속되도록 설치하되 실내장식물 등으로 설치가 곤란할 경우 2[m] 이내로 설치할 것
② 피난유도 표시부는 바닥으로부터 높이 1[m] 이하의 위치 또는 바닥 면에 설치할 것
③ 피난유도 제어부는 조작 및 관리가 용이 하도록 바닥으로부터 0.8[m] 이상 1.5[m] 이하의 높이에 설치할 것
④ 구획된 각 실로부터 주출입구 또는 비상구까지 설치할 것

정답 61.④ 62.① 63.① 64.①

해설 ▶ **광원점등방식의 피난유도선 설치기준**
  ㉠ 구획된 각 실로부터 주출입구 또는 비상구까지 설치할 것
  ㉡ 피난유도 표시부는 바닥으로부터 높이 1[m] 이하의 위치 또는 바닥 면에 설치할 것
  ㉢ 피난유도 표시부는 50[cm] 이내의 간격으로 연속되도록 설치하되 실내장식물 등으로 설치가 곤란할 경우 1[m] 이내로 설치할 것
  ㉣ 수신기로부터의 화재신호 및 수동조작에 의하여 광원이 점등되도록 설치할 것
  ㉤ 비상전원이 상시 충전상태를 유지하도록 설치할 것
  ㉥ 바닥에 설치되는 피난유도 표시부는 매립하는 방식을 사용할 것
  ㉦ 피난유도 제어부는 조작 및 관리가 용이하도록 바닥으로부터 0.8[m] 이상 1.5[m] 이하의 높이에 설치할 것

▶ **축광방식의 피난유도선 설치기준**
  ㉠ 구획된 각 실로부터 주출입구 또는 비상구까지 설치할 것
  ㉡ 바닥으로부터 높이 50[cm] 이하의 위치 또는 바닥 면에 설치할 것
  ㉢ 피난유도 표시부는 50[cm] 이내의 간격으로 연속되도록 설치할 것
  ㉣ 부착대에 의하여 견고하게 설치할 것
  ㉤ 외광 또는 조명장치에 의하여 상시 조명이 제공되거나 비상조명등에 의한 조명이 제공되도록 설치할 것

65 무선통신보조설비의 설치제외 기준 중 다음 ( ) 안에 알맞은 것으로 연결된 것은?

> 지하층으로서 특정소방대상물의 바닥부분 (㉠)면 이상이 지표면과 동일하거나 지표면으로부터의 깊이가 (㉡)[m] 이하인 경우에는 해당 층에 한하여 무선통신보조설비를 설치하지 아니할 수 있다.

① ㉠ 2, ㉡ 1   ② ㉠ 2, ㉡ 2
③ ㉠ 3, ㉡ 1   ④ ㉠ 3, ㉡ 2

해설 ▶ 지하층으로서 특정소방대상물의 바닥부분 2면 이상이 지표면과 동일하거나 지표면으로부터의 깊이가 1[m] 이하인 경우에는 해당층에 한하여 무선통신보조설비를 설치하지 아니할 수 있다.

66 비상콘센트설비의 전원회로의 설치기준 중 틀린 것은?
① 비상콘센트용 풀박스 등은 방청도장을 한 것으로서, 두께 1.6[mm] 이상의 철판으로 할 것
② 하나의 전용회로에 설치하는 비상콘센트는 10개 이하로 할 것
③ 콘센트마다 배선용 차단기(KS C 8321)를 설치하여야 하며, 충전부가 노출되지 아니하도록 할 것
④ 전원회로는 단상교류 220[V]인 것으로서, 그 공급용량은 3[kVA] 이상인 것으로 할 것

해설 ▶ **비상콘센트설비의 전원회로의 설치기준**
  ㉠ 비상콘센트설비의 전원회로는 단상교류 220[V]인 것으로서, 그 공급용량은 1.5[kVA] 이상인 것으로 할 것
  ㉡ 전원회로는 각 층에 2 이상이 되도록 설치할 것. 다만, 설치하여야 할 층의 비상콘센트가 1개인 때에는 하나의 회로로 할 수 있다.
  ㉢ 전원회로는 주 배전반에서 전용회로로 할 것. 다만, 다른 설비의 회로의 사고에 따른 영향을 받지 아니하도록 되어 있는 것은 그러하지 아니하다.
  ㉣ 전원으로부터 각 층의 비상콘센트에 분기되는 경우에는 분기배선용 차단기를 보호함 안에 설치할 것
  ㉤ 콘센트마다 배선용 차단기(KS C 8321)를 설치하여야 하며, 충전부가 노출되지 아니하도록 할 것
  ㉥ 개폐기에는 "비상콘센트"라고 표시한 표지를 할 것
  ㉦ 비상콘센트용의 풀박스 등은 방청도장을 한 것으로서, 두께 1.6[mm] 이상의 철판으로 할 것
  ㉧ 하나의 전용회로에 설치하는 비상콘센트는 10개 이하로 할 것. 이 경우 전선의 용량은 각 비상콘센트(비상콘센트가 3개 이상인 경우에는 3개)의 공급용량을 합한 용량 이상의 것으로 하여야 한다.

67 무선통신보조설비의 누설동축케이블 또는 동축케이블의 임피던스는 몇 [Ω]으로 하여야 하는가?
① 5[Ω]
② 10[Ω]
③ 50[Ω]
④ 100[Ω]

정답 65.① 66.④ 67.③

해설 누설동축케이블 등 설치기준
㉠ 누설동축케이블 및 안테나는 고압의 전로로부터 1.5[m] 이상 떨어진 위치에 설치할 것
㉡ 누설동축케이블의 끝부분에는 무반사 종단저항을 견고하게 설치할 것
㉢ 누설동축케이블 또는 동축케이블의 임피던스는 50[Ω]으로 하고, 이에 접속하는 안테나·분배기 기타의 장치는 해당 임피던스에 적합한 것으로 하여야 한다.
㉣ 지상에 설치하는 접속단자는 보행거리 300[m] 이내마다 설치하고, 다른 용도로 사용되는 접속단자에서 5[m] 이상의 거리를 둘 것

68 공기관식 차동식분포형 감지기의 구조 및 기능 기준 중 다음 ( ) 안에 알맞은 것은?

> ㉮ 공기관은 하나의 길이(이음매가 없는 것)가 (㉠)[m] 이상의 것으로 안지름 및 관의 두께가 일정하고 흠, 갈라짐 및 변형이 없어야 하며, 부식되지 아니하여야 한다.
> ㉯ 공기관의 두께는 (㉡)[mm] 이상, 바깥지름은 (㉢)[mm] 이상이어야 한다.

① ㉠ 10, ㉡ 0.5, ㉢ 1.5
② ㉠ 20, ㉡ 0.3, ㉢ 1.9
③ ㉠ 10, ㉡ 0.3, ㉢ 1.9
④ ㉠ 20, ㉡ 0.5, ㉢ 1.5

해설 감지기의 형식승인 및 제품검사 기술기준
차동식분포형감지기로서 공기관식 또는 이와 유사한 것은 다음에 적합하여야 한다.
㉠ 리크저항 및 접점수고를 쉽게 시험할 수 있어야 한다.
㉡ 공기관의 누출 및 폐쇄여부를 쉽게 시험할 수 있고, 시험 후 시험장치를 정위치에 쉽게 복귀할 수 있는 적당한 방법이 강구되어야 한다.
㉢ 공기관은 하나의 길이(이음매가 없는 것)가 20[m] 이상의 것으로 안지름 및 관의 두께가 일정하고 흠, 갈라짐 및 변형이 없어야하며 부식되지 아니하여야 한다.
㉣ 공기관의 두께는 0.3[mm] 이상, 바깥지름은 1.9[mm] 이상이어야 한다.

69 비상콘센트설비의 화재안전기준에 따른 용어의 정의 중 옳은 것은?
① "저압"이란 직류는 1.5kV 이하, 교류는 1kV 이하인 것을 말한다.
② "저압"이란 직류는 700V 이하, 교류는 600V 이하인 것을 말한다.
③ "고압"이란 직류는 700V 이하, 교류는 600V 를 초과하는 것을 말한다.
④ "고압"이란 직류는 750V 이하, 교류는 600V 를 초과하는 것을 말한다

해설 ① "저압"이란 직류는 1.5kV 이하, 교류는 1kV 이하인 것을 말한다.
② "고압"이란 직류는 1.5kV를, 교류는 1kV를 초과하고, 7kV 이하인 것을 말한다.
③ "특고압"이란 7kV를 초과하는 것을 말한다.

70 비상방송설비의 화재안전기준에 따라 음량조정기를 설치하는 경우 음량조정기의 배선은 3선식으로 하여야 한다. 음량조정기의 각 배선의 용도를 나타낸 것으로 옳은 것은?
① 전원선, 음량조정용, 접지선
② 전원선, 통신선, 예비용
③ 공통선, 업무용, 긴급용
④ 업무용, 긴급용, 접지선

해설 3선식배선 : 공통선, 업무용배선, 긴급용배선

71 비상방송설비에서 기동장치에 따른 화재신고를 수신한 후 필요한 음량으로 화재발생 상황 및 피난에 유효한 방송이 자동으로 개시될 때까지의 소요시간은 몇 초 이하로 하여야 하는가?
① 5초 이하
② 10초 이하
③ 20초 이하
④ 30초 이하

정답 68.② 69.① 70.③ 71.②

해설 소요시간

기기·설비	소요시간	비고
자·탐설비의 수신기	5초 이하	화재 수신부터 출력(표시, 경보) 발하기까지
자·탐설비의 중계기	5초 이하	화재 수신부터 수신기로 출력 발하기까지
비상경보설비	10초 이하	화재 수신부터 출력(경보) 발하기까지
비상방송설비	10초 이하	화재 수신부터 출력(방송) 발하기까지
자동화재속보설비	20초 이하	화재 수신부터 소방서로 통보하기까지
가스누설경보기	60초 이하	가스누설 수신부터 출력(표시, 경보) 발하기까지

72 누전경보기의 전원은 분전반으로부터 전용회로로 하고 각 극에 개폐기와 몇 [A] 이하의 과전류차단기를 설치하여야 하는가?

① 15[A] ② 20[A]
③ 25[A] ④ 30[A]

해설 누전경보기의 전원

분전반으로부터 전용회로로 하고, 각 극에 개폐기 및 15[A] 이하의 과전류차단기(배선용 차단기에 있어서는 20[A] 이하의 것으로 각 극을 개폐할 수 있는 것)를 설치하여야 한다. (**참조** 전력기술기준에서는 16[A]로 변경)

73 유도등은 전기회로에 점멸기를 설치하지 아니하고 항상 점등상태를 유지하여야 한다. 다만, 3선식 배선에 따라 상시 충전되는 구조인 경우에는 그렇지 않아도 되는데 그 설치 장소로 적당하지 않은 것은?

① 민방위훈련 등으로 야간등화관제가 필요한 장소
② 소방대상물의 관계인 또는 종사원이 주로 사용하는 장소
③ 공연장, 암실(暗室) 등으로서 어두워야 할 필요가 있는 장소
④ 외부광(光)에 따라 피난구 또는 피난방향을 쉽게 식별할 수 있는 장소

해설 유도등 배선의 기준
1. 유도등의 인입선과 옥내배선은 직접 연결할 것
2. 유도등은 전기회로에 점멸기를 설치하지 아니하고 항상 점등상태를 유지할 것. 다만, 특정소방대상물 또는 그 부분에 사람이 없거나 다음 각 목의 어느 하나에 해당하는 장소로서 3선식 배선에 따라 상시 충전되는 구조인 경우에는 그러하지 아니하다.
   가. 외부광(光)에 따라 피난구 또는 피난방향을 쉽게 식별할 수 있는 장소
   나. 공연장, 암실(暗室) 등으로서 어두어야 할 필요가 있는 장소
   다. 특정소방대상물의 관계인 또는 종사원이 주로 사용하는 장소

74 무선통신보조설비의 누설동축케이블의 설치기준으로 틀린 것은?

① 끝부분에는 반사종단저항을 견고하게 설치할 것
② 고압의 전로로부터 1.5[m] 이상 떨어진 위치에 설치할 것
③ 금속판 등에 따라 전파의 복사 또는 특성이 현저하게 저하되지 아니하는 위치에 설치할 것
④ 불연 또는 난연성의 것으로서 습기에 따라 전기의 특성이 변질되지 아니하는 것으로 설치할 것

해설 ① 반사(×), 무반사(○)

무선통신보조설비의 화재안전기술기준(NFTC 505)
누설동축케이블의 끝부분에는 무반사 종단저항을 견고하게 설치할 것

75 자동화재탐지설비의 수신기의 각 회로별 종단에 설치되는 감지기에 접속되는 배선의 전압은 감지기 정격전압의 최소 몇 [%] 이상이어야 하는가?

① 50[%] ② 60[%]
③ 70[%] ④ 80[%]

해설 자동화재탐지설비 및 시각경보장치의 화재안전기술기준(NFTC 203)
자동화재탐지설비의 감지기회로의 전로저항은 50[Ω] 이하가 되도록 하여야 하며, 수신기의 각 회로별 종단에 설치되는 감지기에 접속되는 배선의 전압은 감지기 정격전압의 80[%] 이상이어야 할 것

76 자동화재탐지설비의 음향장치는 층수가 11층 이상인 일반특정소방대상물의 경우 지하층에서 발화 시 경보를 발할 수 있도록 하여야 하는 층은?

① 발화층·그 직상층 및 기타의 지하층
② 발화층 및 최상층
③ 발화층 및 그 직상 4개층
④ 발화층·그 직상 4개층 및 최상층

해설 층수가 11층(공동주택의 경우에는 16층) 이상의 특정소방대상물은 다음의 기준에 따라 경보를 발할 수 있도록 할 것[10층 이하, 공동주택의 경우 15층 이하의 경우 일제경보방식]
① 2층 이상의 층에서 발화한 때에는 발화층 및 그 직상 4개 층에 경보를 발할 것
② 1층에서 발화한 때에는 발화층·그 직상 4개 층 및 지하층에 경보를 발할 것
③ 지하층에서 발화한 때에는 발화층·그 직상층 및 기타의 지하층에 경보를 발할 것

77 일반전기사업자로부터 특고압 또는 고압으로 수전하는 비상전원 수전설비의 경우에 있어 소방회로배선과 일반회로 배선을 몇 [cm] 이상 떨어져 설치하는 경우 불연성 벽으로 구획하지 않을 수 있는가?

① 5[cm]   ② 10[cm]
③ 15[cm]   ④ 20[cm]

해설 일반전기사업자로부터 특별고압 또는 고압으로 수전하는 비상전원 수전설비의 기준
• 전용의 방화구획 내에 설치할 것
• 소방회로배선은 일반회로배선과 불연성 벽으로 구획할 것. 다만, 소방회로배선과 일반회로배선을 15[cm] 이상 떨어져 설치한 경우는 그러하지 아니한다.

• 일반회로에서 과부하, 지락사고 또는 단락사고가 발생한 경우에도 이에 영향을 받지 아니하고 계속하여 소방회로에 전원을 공급시켜 줄 수 있어야 할 것
• 소방회로용 개폐기 및 과전류차단기에는 "소방시설용"이라 표시할 것

78 감지기 중 주위의 온도 또는 연기의 양의 변화에 따라 각각 다른 전류치 또는 전압치 등의 출력을 발하는 방식은?

① 다신호식
② 아날로그식
③ 2신호식
④ 디지털식

해설 감지기기의 정의
㉠ 다신호식 감지기 : 1개의 감지기 내에 서로 다른 종별 또는 감도 등의 기능을 갖춘 것으로서 일정시간 간격을 두고 각각 다른 2개 이상의 화재신호를 발하는 감지기
㉡ 2신호식 감지기 : 1개의 감지기 내에 서로 다른 종별 또는 감도 등의 기능을 갖춘 것으로서 일정시간 간격을 두고 각각 다른 2개의 화재신호를 발하는 감지기 (다신호식의 일종)
㉢ 아날로그식 감지기 : 주위의 온도 또는 연기의 양의 변화에 따라 각각 다른 전류치 또는 전압치 등의 출력을 발하는 방식의 감지기

79 누전경보기의 기능검사 항목이 아닌 것은?

① 단락전압시험
② 절연저항시험
③ 온도특성시험
④ 단락전류강도시험

해설 누전경보기의 기능검사 항목에는 온도특성시험, 전로개폐시험, 단락전류강도시험, 과누전시험, 노화시험, 방수시험, 진동시험, 충격시험, 절연저항시험, 절연내력시험, 충격파내전압시험, 전압강하방지시험이 있다.

정답 76.① 77.③ 78.② 79.①

80 유도등 및 유도표지의 화재안전기준에 따라 운동시설에 설치하지 아니할 수 있는 유도등은?

① 통로유도등 ② 객석유도등
③ 대형피난구유도등 ④ 중형피난구유도등

해설 유도등 및 유도표지의 종류

설치장소	유도등 및 유도표지의 종류
1. 공연장·집회장(종교집회장 포함)·관람장·운동시설	• 대형피난구유도등 • 통로유도등 • 객석유도등
2. 유흥주점영업시설(「식품위생법 시행령」제21조제8호라목의 유흥주점영업중 손님이 춤을 출 수 있는 무대가 설치된 카바레, 나이트클럽 또는 그 밖에 이와 비슷한 영업시설만 해당한다)	
3. 위락시설·판매시설·운수시설·「관광진흥법」제3조제1항제2호에 따른 관광숙박업·의료시설·장례식장·방송통신시설·전시장·지하상가·지하철역사	• 대형피난구유도등 • 통로유도등
4. 숙박시설(제3호의 관광숙박업 외의 것을 말한다)·오피스텔	• 중형피난구유도등 • 통로유도등
5. 제1호부터 제3호까지 외의 건축물로서 지하층·무창층 또는 층수가 11층 이상인 특정소방대상물	
6. 제1호부터 제5호까지 외의 건축물로서 근린생활시설·노유자시설·업무시설·발전시설·종교시설(집회장 용도를 사용하는 부분 제외)·교육연구시설·수련시설·공장·창고시설·교정 및 군사시설(국방·군사시설 제외)·기숙사·자동차정비공장·운전학원 및 정비학원·다중이용업소·복합건축물·아파트	• 소형피난구유도등 • 통로유도등
7. 그 밖의 것	• 피난구유도표지 • 통로유도표지

비고)
1. 소방서장은 특정소방대상물의 위치·구조 및 설비의 상황을 판단하여 대형피난구유도등을 설치하여야 할 장소에 중형피난구유도등 또는 소형피난구유도등을, 중형피난구유도등을 설치하여야 할 장소에 소형피난구유도등을 설치하게 할 수 있다.
2. 복합건축물과 아파트의 경우, 주택의 세대 내에는 유도등을 설치하지 아니할 수 있다.

2024년 제3회 소방설비기사[전기분야] 1차 필기
[제4과목 : 소방전기구조원리]

61 다음은 유도등 및 유도표지의 화재안전기준상 통로유도등의 설치기준에 관한 내용이다. ( )에 들어갈 것으로 옳은 것은?

- 복도통로유도등은 구부러진 모퉁이 및 설치된 통로유도등을 기점으로 보행거리 (ㄱ)[m] 마다 설치할 것
- 계단통로유도등은 바닥으로부터 높이 (ㄴ)[m] 이하의 위치에 설치할 것

① ㄱ:15, ㄴ:1　② ㄱ:15, ㄴ:1.5
③ ㄱ:20, ㄴ:1　④ ㄱ:20, ㄴ:1.5

해설 ① 복도통로유도등의 설치기준
　㉠ 복도에 설치하되 제5조제1항제1호 또는 제2호에 따라 피난구유도등이 설치된 출입구의 맞은편 복도에는 입체형으로 설치하거나, 바닥에 설치할 것
　㉡ 구부러진 모퉁이 및 가목에 따라 설치된 통로유도등을 기점으로 보행거리 20[m]마다 설치할 것
　㉢ 바닥으로부터 높이 1[m] 이하의 위치에 설치할 것. 다만, 지하층 또는 무창층의 용도가 도매시장·소매시장·여객자동차터미널·지하역사 또는 지하상가인 경우에는 복도·통로 중앙부분의 바닥에 설치하여야 한다.
　㉣ 바닥에 설치하는 통로유도등은 하중에 따라 파괴되지 아니하는 강도의 것으로 할 것
② 계단통로유도등의 설치기준
　㉠ 각 층의 경사로참 또는 계단참마다(1개층에 경사로참 또는 계단참이 2 이상 있는 경우에는 2개의 계단참마다) 설치할 것
　㉡ 바닥으로부터 높이 1[m] 이하의 위치에 설치할 것

62 차동식분포형감지기의 동작방식이 아닌 것은?
① 공기관식　② 열전대식
③ 열반도체식　④ 불꽃 자외선식

해설 분포형감지기 종류
공기관식, 열전대식, 열반도체식

63 자동화재탐지설비 및 시각경보장치의 화재안전기준에 따라 부착높이 20m 이상에 설치되는 광전식 분포형 아날로그방식의 감지기는 공칭감지농도 하한값이 감광율 몇 %/m 미만인 것으로 하는가?
① 3%/m　② 5%/m
③ 7%/m　④ 10%/m

해설 광전식 아날로그방식의 감지기 공칭감지농도 하한값 : 5[%/m] 미만

[부착높이별 적응성 감지기의 종류]

부착높이	감지기의 종류
4[m] 미만	• 차동식(스포트형, 분포형) • 보상식 스포트형 • 정온식(스포트형, 감지선형) • 이온화식 또는 광전식(스포트형, 분리형, 공기흡입형) • 열복합형, 연기복합형, 열연기복합형, 불꽃감지기
4[m] 이상 8[m] 미만	• 차동식(스포트형, 분포형) • 보상식 스포트형 • 정온식(스포트형, 감지선형 특종 또는 1종) • 이온화식 1종 또는 2종 • 광전식(스포트형, 분리형, 공기흡입형) 1종 또는 2종 • 열복합형, 연기복합형, 열연기복합형, 불꽃감지기
8[m] 이상 15[m] 미만	• 차동식 분포형 • 이온화식 1종 또는 2종 • 광전식(스포트형, 분리형, 공기흡입형) 1종 또는 2종 • 연기복합형 • 불꽃감지기

정답　61.③　62.④　63.②

15[m] 이상 20[m] 미만	• 이온화식 1종 • 광전식(스포트형, 분리형, 공기흡입형) 1종 • 연기복합형 • 불꽃감지기
20[m] 이상	• 불꽃감지기 • 광전식(분리형, 공기흡입형) 중 아나로그방식

비고)
1. 감지기별 부착높이 등에 대하여 별도로 형식승인 받은 경우에는 그 성능 인정범위 내에서 사용할 수 있다.
2. 부착높이 20[m] 이상에 설치되는 광전식 중 아나로 그방식의 감지기는 공칭감지농도 하한값이 감광율 5[%/m] 미만인 것으로 한다.

64 비상조명등의 우수품질인증 기술기준에 따라 인출선인 경우 전선의 굵기는 몇 mm² 이상이어야 하는가?

① 0.5mm² ② 0.75mm²
③ 1.5mm² ④ 2.5mm²

해설 비상조명등의 우수품질인증 기술기준 제2조
① 전선의 굵기는 인출선인 경우에는 단면적이 0.75mm² 이상, 인출선 외의 경우에는 면적이 0.5mm² 이상이어야 한다.
② 인출선의 길이는 전선 인출 부분으로부터 150mm 이상이어야 한다. 다만, 인출선으로 하지 아니할 경우에는 풀어지지 아니하는 방법으로 전선을 쉽고 확실하게 부착할 수 있도록 접속단자를 설치하여야 한다.

65 무선통신보조설비의 화재안전기술기준(NFTC 505)에 따른 용어의 정의 중 감시제어반 등에 설치된 무선중계기의 입력과 출력포트에 연결되어 송수신 신호를 원활하게 방사·수신하기 위해 옥외에 설치하는 장치를 말하는 것은?

① 혼합기 ② 분파기
③ 증폭기 ④ 옥외안테나

해설 무선통신보조설비의 화재안전기술기준(NFTC 505) 제3조(정의)
이 기준에서 사용하는 용어의 정의는 다음과 같다.
1. "누설동축케이블"이란 동축케이블의 외부도체에 가느다란 홈을 만들어서 전파가 외부로 새어나갈 수 있도록 한 케이블을 말한다.

2. "분배기"란 신호의 전송로가 분기되는 장소에 설치하는 것으로 임피던스 매칭(Matching)과 신호 균등분배를 위해 사용하는 장치를 말한다.
3. "분파기"란 서로 다른 주파수의 합성된 신호를 분리하기 위해서 사용하는 장치를 말한다.
4. "혼합기"란 두개 이상의 입력신호를 원하는 비율로 조합한 출력이 발생하도록 하는 장치를 말한다.
5. "증폭기"란 신호 전송 시 신호가 약해져 수신이 불가능해지는 것을 방지하기 위해서 증폭하는 장치를 말한다.
6. "무선중계기"란 안테나를 통하여 수신된 무전기 신호를 증폭한 후 음영지역에 재방사하여 무전기 상호 간 송수신이 가능하도록 하는 장치를 말한다.
7. "옥외안테나"란 감시제어반 등에 설치된 무선중계기의 입력과 출력포트에 연결되어 송수신 신호를 원활하게 방사·수신하기 위해 옥외에 설치하는 장치를 말한다.

66 누전경보기의 형식승인 및 제품검사의 기술기준에 따라 누전경보기의 변류기는 직류 500V의 절연저항계로 절연된 1차권선과 2차권선 간의 절연저항 시험을 할 때 몇 MΩ 이상이어야 하는가?

① 0.1MΩ ② 5MΩ
③ 10MΩ ④ 20MΩ

해설 누전경보기의 형식승인 및 제품검사의 기술기준 제19조(절연저항시험)
변류기는 DC 500[V]의 절연저항계로 다음 각 호에 의한 시험을 하는 경우 5[MΩ] 이상이어야 한다.
1. 절연된 1차권선과 2차권선간의 절연저항
2. 절연된 1차권선과 외부금속부간의 절연저항
3. 절연된 2차권선과 외부금속부간의 절연저항

67 경종의 형식승인 및 제품검사의 기술기준에 따라 경종은 전원전압이 정격전압의 ± 몇 % 범위에서 변동하는 경우 기능에 이상이 생기지 아니하여야 하는가?

① 5% ② 10%
③ 20% ④ 30%

정답 64.① 65.④ 66.② 67.③

해설 경종의 형식승인 및 제품검사의 기술기준 제4조(전원전압변동시의 기능)
경종은 전원전압이 정격전압의 ±20% 범위에서 변동하는 경우 기능에 이상이 생기지 아니하여야 한다.

68 비상콘센트설비의 성능인증 및 제품검사의 기술기준에 따른 표시등의 구조 및 기능에 대한 내용이다. 다음 ( )에 들어갈 내용으로 옳은 것은?

> 적색으로 표시되어야 하며 주위의 밝기가 (ⓐ)lx 이상인 장소에서 측정하여 앞면으로부터 (ⓑ)m 떨어진 곳에서 켜진 등이 확실히 식별되어야 한다.

① ⓐ 100, ⓑ 1
② ⓐ 300, ⓑ 3
③ ⓐ 500, ⓑ 5
④ ⓐ 1000, ⓑ 10

해설 비상콘센트설비의 성능인증 및 제품검사의 기술기준 제4조(부품의 구조 및 기능)
3. 표시등의 구조 및 기능은 다음과 같아야 한다.
　가. 전구는 사용전압의 130%인 교류전압을 20시간 연속하여 가하는 경우 단선, 현저한 광속변화, 흑화, 전류의 저하 등이 발생하지 아니하여야 한다.
　나. 소켓은 접속이 확실하여야 하며 쉽게 전구를 교체할 수 있도록 부착하여야 한다.
　다. 전구에는 적당한 보호카바를 설치하여야 한다. 다만, 발광다이오드의 경우에는 그러하지 아니하다.
　라. 적색으로 표시되어야 하며 주위의 밝기가 300lx 이상인 장소에서 측정하여 앞면으로부터 3m 떨어진 곳에서 켜진 등이 확실히 식별되어야 한다.
4. 단자는 충분한 전류용량을 갖는 것으로 하여야 하며 단자의 접속이 정확하고 확실하여야 한다.

69 비상방송설비의 화재안전기술기준에 따른 비상방송설비의 음향장치에 대한 내용이다. 다음 ( )에 들어갈 내용으로 옳은 것은?

> 확성기는 각층마다 설치하되, 그 층의 각 부분으로부터 하나의 확성기까지의 수평거리가 ( )m 이하가 되도록 하고, 해당층의 각 부분에 유효하게 경보를 발할 수 있도록 설치할 것

① 10　　② 15
③ 20　　④ 25

해설 비상방송설비의 화재안전기술기준
비상방송설비는 다음 각 호의 기준에 따라 설치하여야 한다. 이 경우 엘리베이터 내부에는 별도의 음향장치를 설치할 수 있다.
1. 확성기의 음성입력은 3W(실내에 설치하는 것에 있어서는 1W) 이상일 것
2. 확성기는 각층마다 설치하되, 그 층의 각 부분으로부터 하나의 확성기까지의 수평거리가 25m 이하가 되도록 하고, 해당층의 각 부분에 유효하게 경보를 발할 수 있도록 설치할 것
3. 음량조정기를 설치하는 경우 음량조정기의 배선은 3선식으로 할 것
4. 조작부의 조작스위치는 바닥으로부터 0.8m 이상 1.5m 이하의 높이에 설치할 것
5. 조작부는 기동장치의 작동과 연동하여 해당 기동장치가 작동한 층 또는 구역을 표시할 수 있는 것으로 할 것
6. 증폭기 및 조작부는 수위실 등 상시 사람이 근무하는 장소로서 점검이 편리하고 방화상 유효한 곳에 설치할 것
7. 층수가 11층(공동주택의 경우에는 16층) 이상의 특정소방대상물은 다음의 기준에 따라 경보를 발할 수 있도록 할 것[10층 이하, 공동주택의 경우 15층 이하의 경우 일제경보방식]
　① 2층 이상의 층에서 발화한 때에는 발화층 및 그 직상 4개 층에 경보를 발할 것
　② 1층에서 발화한 때에는 발화층·그 직상 4개 층 및 지하층에 경보를 발할 것
　③ 지하층에서 발화한 때에는 발화층·그 직상층 및 기타의 지하층에 경보를 발할 것

8. 다른 방송설비와 공용하는 것에 있어서는 화재 시 비상경보외의 방송을 차단할 수 있는 구조로 할 것
9. 다른 전기회로에 따라 유도장애가 생기지 아니하도록 할 것
10. 하나의 특정소방대상물에 2 이상의 조작부가 설치되어 있는 때에는 각각의 조작부가 있는 장소 상호간에 동시통화가 가능한 설비를 설치하고, 어느 조작부에서도 해당 특정소방대상물의 전 구역에 방송을 할 수 있도록 할 것
11. 기동장치에 따른 화재신고를 수신한 후 필요한 음량으로 화재발생 상황 및 피난에 유효한 방송이 자동으로 개시될 때까지의 소요시간은 10초 이하로 할 것
12. 음향장치는 다음 각 목의 기준에 따른 구조 및 성능의 것으로 하여야 한다.
    가. 정격전압의 80% 전압에서 음향을 발할 수 있는 것을 할 것
    나. 자동화재탐지설비의 작동과 연동하여 작동할 수 있는 것으로 할 것

70 비상콘센트설비의 전원회로에 대한 공급용량이 바르게 표기된 것은?

① 3상교류 380[V], 2[kVA]
② 3상교류 380[V], 3[kVA]
③ 단상교류 220[V], 1.0[kVA]
④ 단상교류 220[V], 1.5[kVA]

해설 비상콘센트설비의 전원회로 설치기준

구분	전압	공급용량
단상교류	220[V]	1.5[kVA] 이상

71 다음 건축물에 자동화재탐지설비의 경계구역을 설정하려고 한다. 최소 몇 개 이상으로 나누어야 하는가?

① 건축물 규모 : 1층 1100m², 2층 320m², 3층 170m²
② 건축물의 각 변의 길이는 50m 이하이다.

① 2개   ② 3개
③ 4개   ④ 5개

해설 [자동화재탐지설비의 경계구역 산출]
• 관계이론
  – 하나의 경계구역의 면적 : 600m² 이하, 한 변의 길이 : 50m 이하
  – 하나의 경계구역이 2개 이상의 층에 미치지 아니하도록 할 것. 다만, 500m² 이하의 범위 안에서는 2개의 층을 하나의 경계구역으로 할 수 있다.
• 경계구역의 산출
  – 1층 : 1100/600=1.83=2구역
  – 2층과 3층의 면접합계
    320+170=490m²/600m²
    =0.82=1구역
  – 경계구역의 수 : 2구역+1구역=3구역

72 다음 ( ) 안에 들어갈 용어로 알맞은 것은?

"누전경보기의 수신부는 변류기로부터 송신된 신호를 수신하는 경우 (㉠) 및 (㉡)에 의하여 누전을 자동적으로 표시할 수 있어야 한다."

① ㉠ 적색 표시, ㉡ 음향신호
② ㉠ 황색 표시, ㉡ 음향신호
③ ㉠ 적색 표시, ㉡ 시각장치신호
④ ㉠ 황색 표시, ㉡ 시각장치신호

해설 누전경보기의 형식승인 및 제품검사의 기술기준
수신부는 변류기로부터 송신된 신호를 수신하는 경우 적색 표시 및 음향신호에 의하여 누전을 자동적으로 표시할 수 있어야 하며, 이 경우 차단기구가 있는 것은 차단 후에도 누전되고 있음을 적색 표시로 계속 표시되는 것이어야 한다.

73 지하상가 및 지하역사의 경우 휴대용 비상조명등의 설치기준으로 알맞은 것은?

① 수평거리 25[m] 이내마다 5개 이상 설치
② 수평거리 50[m] 이내마다 5개 이상 설치
③ 보행거리 25[m] 이내마다 3개 이상 설치
④ 보행거리 50[m] 이내마다 3개 이상 설치

해설 휴대용 비상조명등의 설치기준
1. 다음의 각 장소에 설치할 것
   가. 숙박시설 또는 다중이용업소에는 객실 또는 영업장 안의 구획된 실마다 잘 보이는 곳(외부에 설치 시 출입문 손잡이로부터 1[m] 이내 부분)에 1개 이상 설치
   나. 「유통산업발전법」 제2조 제3호에 따른 대규모점포(지하상가 및 지하역사는 제외한다)와 영화상영관에는 보행거리 50[m] 이내마다 3개 이상 설치
   다. 지하상가 및 지하역사에는 보행거리 25[m] 이내마다 3개 이상 설치
2. 설치높이는 바닥으로부터 0.8[m] 이상 1.5[m] 이하의 높이에 설치할 것
3. 어둠 속에서 위치를 확인할 수 있도록 할 것
4. 사용 시 자동으로 점등되는 구조일 것
5. 외함은 난연성능이 있을 것
6. 건전지를 사용하는 경우에는 방전방지 조치를 하여야 하고, 충전식 밧데리의 경우에는 상시 충전되도록 할 것
7. 건전지 및 충전식 배터리의 용량은 20분 이상 유효하게 사용할 수 있는 것으로 할 것

74 단독경보형감지기의 설치기준으로 옳지 않은 것은?
① 각 실마다 설치하되, 바닥면적이 $100[m^2]$를 초과하는 경우에는 $100[m^2]$마다 1개 이상 설치할 것
② 최상층 계단실의 천장(외기가 상통하는 계단실은 제외)에 설치할 것
③ 건전지를 주전원으로 사용하는 단독경보형감지기는 정상적인 작동상태를 유지할 수 있도록 건전지를 교환할 것
④ 상용전원을 주전원으로 사용하는 2차전지는 성능시험에 합격한 것일 것

해설 단독경보형감지기는 다음의 기준에 따라 설치해야 한다.
1. 각 실(이웃하는 실내의 바닥면적이 각각 $30m^2$ 미만이고 벽체의 상부의 전부 또는 일부가 개방되어 이웃하는 실내와 공기가 상호 유통되는 경우에는 이를 1개의 실로 본다)마다 설치하되, 바닥면적이 $150m^2$를 초과하는 경우에는 $150m^2$마다 1개 이상 설치할 것
2. 계단실은 최상층의 계단실 천장(외기가 상통하는 계단실의 경우를 제외한다)에 설치할 것

3. 건전지를 주전원으로 사용하는 단독경보형감지기는 정상적인 작동상태를 유지할 수 있도록 주기적으로 건전지를 교환할 것
4. 상용전원을 주전원으로 사용하는 단독경보형감지기의 2차전지는 법 제40조에 따라 제품검사에 합격한 것을 사용할 것

75 주요구조부가 내화구조가 아닌 소방대상물에 있어서 열전대식 차동식분포형 감지기의 열전대부는 감지구역의 바닥면적 몇 $[m^2]$마다 1개 이상으로 하여야 하는가?
① $18[m^2]$ ② $22[m^2]$
③ $50[m^2]$ ④ $72[m^2]$

해설 열전대식 차동식분포형 감지기의 설치기준
1. 열전대부는 감지구역의 바닥면적 $18[m^2]$(내화구조인 경우 $22[m^2]$)마다 1개 이상으로 할 것
2. 바닥면적이 $72[m^2]$(내화구조인 경우 $88[m^2]$) 이하인 특정소방대상물에 있어서는 4개 이상으로 할 것
3. 하나의 검출부에 접속하는 열전대부는 20개 이하로 할 것. 다만, 각각의 열전대부에 대한 작동 여부를 검출부에서 표시할 수 있는 것(주소형)은 형식승인받은 성능인정범위 내의 수량으로 설치할 수 있다.

76 다음 중 부착 높이가 8[m] 이상 15[m] 미만에 설치할 수 있는 감지기가 아닌 것은?
① 불꽃감지기   ② 열연기복합형
③ 연기복합형   ④ 차동식 분포형

해설 부착높이에 따른 감지기의 종류

부착높이	감지기의 종류
4[m] 미만	• 차동식(스포트형, 분포형) • 보상식 스포트형 • 정온식(스포트형, 감지선형) • 이온화식 또는 광전식(스포트형, 분리형, 공기흡입형) • 열복합형 • 연기복합형 • 열연기복합형 • 불꽃감지기

정답 74.① 75.① 76.②

설치높이	감지기 종류
4[m] 이상 8[m] 미만	• 차동식(스포트형, 분포형) • 보상식 스포트형 • 정온식(스포트형, 감지선형) 특종 또는 1종 • 이온화식 1종 또는 2종 • 광전식(스포트형, 분리형, 공기흡입형) 1종 또는 2종 • 열복합형 • 연기복합형 • 열연기복합형 • 불꽃감지기
8[m] 이상 15[m] 미만	• 차동식 분포형 • 이온화식 1종 또는 2종 • 광전식(스포트형, 분리형, 공기흡입형) 1종 또는 2종 • 연기복합형 • 불꽃감지기
15[m] 이상 20[m] 미만	• 이온화식 1종 • 광전식(스포트형, 분리형, 공기흡입형) 1종 • 연기복합형 • 불꽃감지기
20[m] 이상	• 불꽃감지기 • 광전식(분리형, 공기흡입형) 중 아날로그 방식

[비고]
- 감지기별 부착높이 등에 대하여 별도로 형식승인 받은 경우에는 그 성능 인정범위 내에서 사용할 수 있다.
- 부착높이 20[m] 이상에 설치되는 광전식 중 아날로그방식의 감지기는 공칭감지농도 하한값이 감광율 5[%/m] 미만인 것으로 한다.

77 누전경보기의 수신부 설치장소로 적당한 곳은?
① 화학류를 제조하는 장소
② 습도가 높은 장소
③ 온도 변화가 급격한 장소
④ 고주파 등의 발생 우려가 없는 장소

해설 누전경보기 수신부의 설치제외 장소
1. 가연성의 증기·먼지·가스 등이나 부식성의 증기·가스 등이 다량으로 체류하는 장소
2. 화약류를 제조하거나 저장 또는 취급하는 장소
3. 습도가 높은 장소
4. 온도의 변화가 급격한 장소

78 경계전로의 누설전류를 자동적으로 검출하여 이를 누전경보기의 수신부에 송신하는 것은?
① 변류기   ② 중계기
③ 검지기   ④ 발신기

해설 누전경보기의 구성
- 변류기 : 누전신호를 검출하여 수신기로 송신
- 수신부 : 변류기로부터 받은 신호를 증폭하고 릴레이 작동으로 출력발생(누전경보, 누전상태표시, 회로의 차단)

79 자동화재탐지설비의 경계구역에 대한 설명 중 옳은 것은?
① 하나의 경계구역이 2개 이상의 건축물에 미치지 아니하도록 하여야 한다.
② 600[m^2] 이하의 범위 안에서는 2개의 층을 하나의 경계구역으로 할 수 있다.
③ 하나의 경계구역의 면적은 600[m^2], 한 변의 길이는 최대 30[m] 이하로 한다.
④ 지하구에 있어서는 경계구역의 길이는 최대 500[m] 이하로 한다.

해설 자동화재탐지설비의 경계구역 설정기준
㉠ 하나의 경계구역이 2개 이상의 건축물에 미치지 아니하도록 할 것
㉡ 하나의 경계구역이 2개 이상의 층에 미치지 아니하도록 할 것. 다만, 500[m^2] 이하의 범위 안에서는 2개의 층을 하나의 경계구역으로 할 수 있다.
㉢ 하나의 경계구역의 면적은 600[m^2] 이하로 하고 한 변의 길이는 50[m] 이하로 할 것. 다만, 해당 특정소방대상물의 주된 출입구에서 그 내부 전체가 보이는 것에 있어서는 한 변의 길이가 50[m]의 범위 내에서 1,000[m^2] 이하로 할 수 있다.

80 비상콘센트설비의 전원부와 외함 사이의 절연저항은 전원부와 외함 사이를 500[V] 절연저항계로 측정할 때 몇 [MΩ] 이상이어야 하는가?
① 50[MΩ]   ② 40[MΩ]
③ 30[MΩ]   ④ 20[MΩ]

정답 77.④ 78.① 79.① 80.④

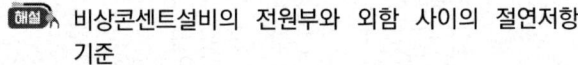 비상콘센트설비의 전원부와 외함 사이의 절연저항 기준
절연저항은 전원부와 외함 사이를 500[V] 절연저항계로 측정할 때 20[[MΩ] 이상일 것

 MEMO